Joerg M. Diehl
Thomas Staufenbiel

Statistik mit
SPSS
für Windows
Version 15

Verlag Dietmar Klotz

Die Deutsche Bibliothek – CIP Einheitsaufnahme
Ein Titeldatensatz für diesen Band ist bei der
Deutschen Bibliothek / Frankfurt am Main erhältlich

ISBN 978-3-88074-531-5

1. Auflage 2007

© **Verlag Dietmar Klotz GmbH**
Sulzbacher Str. 45
65760 Eschborn bei Frankfurt am Main
www.verlag-dietmar-klotz.de

ISBN 978-3-88074-531-5

Inhaltsverzeichnis

Deskriptive Statistik

Inferenzstatistik

Eine Stichprobe

Zwei unabhängige Stichproben

Zwei abhängige Stichproben

Mehr als zwei unabhängige Stichproben

Mehr als zwei abhängige Stichproben

Faktorielle Pläne ohne Messwiederholung

Faktorielle Pläne mit Messwiederholung

Multivariate Verfahren

Grafik

Verschiedenes

Kapitel 1

Konzept und Benutzung des Buches

In diesem Buch wird gezeigt, wie statistische Analysen mit dem Programmsystem *SPSS für Windows* (Version 15) durchgeführt werden können. Der Umfang der dargestellten Verfahren entspricht in etwa dem, was an sozialwissenschaftlichen Fachbereichen in den Methoden-Veranstaltungen behandelt wird. Aus diesem Grund eignet sich das Buch besonders als Lehrmaterial für EDV-Kurse, die parallel oder zeitlich versetzt zu diesen Veranstaltungen angeboten werden.

Schon auf Grund des Sachverhalts, dass nur auf einen Teil der Möglichkeiten von SPSS eingegangen wird, kann dieses Buch kein Manual zum Programmpaket sein. Es stellt vielmehr eine – wie Kurserfahrungen zeigen – notwendige Ergänzung zu den SPSS-Handbüchern dar, die ihren Vorteil in der ausführlichen Darstellung sowie in dem umfangreichen Beispielmaterial hat. Ziel war, die einzelnen Vorgehensweisen und Verfahren jeweils in einer Breite und Anschaulichkeit zu behandeln, die auch von solchen Anwendern als ausreichend empfunden wird, die nur unregelmäßig oder lediglich während einer mehr oder minder kurzen Phase ihrer Studien- oder Berufstätigkeit Datenauswertungen vornehmen müssen.

Das Buch setzt voraus, dass der oder die Anwender(in) hinreichende Statistik-Kenntnisse besitzt. Es eignet sich somit nicht zum Erlernen dieses Stoffgebietes. Es wird nicht der – immer zum Scheitern verurteilte – Versuch unternommen, in »zwei, drei Sätzen« komplizierte Verfahren erläutern zu wollen. Statt dessen werden bei den einzelnen Prozeduren präzise Verweise zu Lehrbüchern gegeben, die es ermöglichen, ohne längeres Suchen gewünschte Aspekte der Verfahren profund nachzulesen. Diese Verzahnung mit Statistikbüchern wird noch durch den Sachverhalt unterstützt, dass die ausgewählten Beispiele – wenn möglich und sinnvoll – diesen Büchern entnommen sind.

Alle Befehle und Verfahren werden nach einem einheitlichen Schema zuerst allgemein dargestellt. Im Anschluss daran illustrieren jeweils mehrere Beispiele deren Anwendung. Bei den Statistikprozeduren sind diesen Beispielen in der Regel die vollständigen SPSS-Ausgaben angefügt, ergänzt durch ausführliche Erläuterungen zu den gelieferten Größen und Werten. Diese Hinweise stellen einen Schwerpunkt des Buches dar, da nach unseren Erfahrungen in der EDV-Beratung die Programmausgaben von SPSS (wie die von anderen Statistikpaketen) von der Mehrheit der Anwender keineswegs als selbsterklärend angesehen werden.

Der modulare Aufbau des Buches gestattet ein schnelles Auffinden und Einarbeiten in bestimmte Befehle und Prozeduren, ohne dass in größerem Umfang weitere Stellen des Buches konsultiert werden müssen. Jedes Kapitel behandelt ein bestimmtes »Problem«. Einige Kapitel fallen auf Grund dieses Prinzips recht kurz aus, weil das zu lösende »Problem« ein kleines ist. Durch die relativ hohe Anzahl von Kapiteln gelingt es jedoch meist bereits auf Grund einer schnellen Durchsicht des Inhaltsverzeichnisses, den für die Problemlösung relevanten Bereich des Buches aufzufinden.

Um die Beispiele bei bestimmten Analysen realitätsnah gestalten zu können, wird häufig auf drei »große« Dateien zurückgegriffen. Die in Kapitel 2 besprochene Datei FRABOGEN.SAV enthält dabei (an Studierenden erhobene) »einfache« Variablen wie Größe, Gewicht und Schulbildung, die vom Alltag her bekannt sind und keiner weiteren Erläuterungen bedürfen. Die Dateien PERDAT.SAV und GESUND.SAV enthalten dagegen Daten zu Persönlichkeitsmerkmalen und ernährungs- und gewichtsbezogenen Einstellungen von Stichproben aus der Allgemeinbevölkerung. Die (schon mehr erklärungsbedürftigen) Variablen dieser Dateien sind im CD-Ordner \MERKMALE in den PDF-Files PERDAT.PDF und GESUND.PDF beschrieben. Der CD-Ordner \SAVDATEN enthält dagegen sämtliche Datendateien, auf die in diesem Buch Bezug genommen wird.

Die Kapitel, in denen die Durchführung statistischer Verfahren besprochen wird, weisen eine weitgehend einheitliche Struktur auf, die an Hand von Kapitel 49 (»Einfaktorielle Varianzanalyse«) erläutert werden soll. Ausschnittsweise wiedergegeben ist nachfolgend der »Kopf« des Kapitels:

Kapitel 49　　　　　　　　　　　　　　　　　　　　**ONEWAY**

Einfaktorielle Varianzanalyse

> **➤ Analysieren / Mittelwerte vergleichen / Einfaktorielle ANOVA ...**

In der Zeile unterhalb des Titels sind jeweils nach dem Pfeil die Menüpunkte aufgeführt, über die man zur Eingangs-Dialogbox des Verfahrens gelangt. Wenn im Text der Aufruf von Dialogfeldern beschrieben wird, sind (wie in der obigen Zeile) die nacheinander anzuklickenden Menüpunkte in Fettschrift dargestellt, getrennt jeweils durch einen Schrägstrich, z. B.: **Bearbeiten / Optionen**.

Rechts oberhalb der Kapitelüberschrift ist jeweils der Name der Prozedur angeführt, auf die programmintern zur Durchführung des Verfahrens zurückgegriffen wird (hier: ONEWAY). Dieser Name braucht beim Arbeiten mit dem Menü in der Regel nicht beachtet zu werden. Falls jedoch unter Heranziehung der Befehlssprache (Syntax) von SPSS über das Menü hinausgehende Möglichkeiten genutzt werden sollen, kann auf Grund der angegebenen Prozedur leichter auf die relevanten Stellen des über die Menüpunkte **Hilfe / Command Syntax Reference** aufrufbaren Syntax-Handbuchs zugegriffen werden (vgl. Kapitel 84, S. 687).

In jedem Kapitel sind die Dialogfelder wiedergegeben, die zur Durchführung des unter Betrachtung stehenden Verfahrens relevant sind. Die im Standardfall vorzunehmenden Eingaben als auch die darüber hinausgehenden Optionen werden ausführlich erläutert. Die Dialogfelder zeigen in der Regel die für BEISPIEL 1 des Kapitels eingegebenen Variablen und Einstellungen. Im Anschluss an die allgemeine Erläuterung der Eingabe folgt eine Gruppe verschiedenartiger Beispiele. Diesen geht jeweils eine Übersicht über die in ihnen behandelten Probleme voraus.

Für weitere Erläuterungen zu den mit SPSS durchgeführten statistischen Analysen wird häufig auf die entsprechenden Stellen in den Büchern »Deskriptive Statistik« (Diehl & Kohr, 2004) und »Einführung in die Inferenzstatistik« (Diehl & Arbinger, 2001) verwiesen. In diesen Fällen werden nicht die Autorennamen genannt, sondern die Hinweise ⇨ *Deskriptive Statistik* und ⇨ *Inferenzstatistik* verwendet.

Der überwiegende Teil der besprochenen Prozeduren ist im BASE-Modul von SPSS enthalten. Bei Verfahren, die mit der Prozedur GLM durchgeführt werden – wie faktorielle Varianzanalysen mit Messwiederholung – wird außerdem auf das Modul ADVANCED MODELS zurückgegriffen. Für Anwender, bei denen das Zusatzmodul EXACT TESTS installiert ist, wird bei den nicht parametrischen Tests sowie bei der Auswertung von I×J Kreuztabellen jeweils zusätzlich erläutert, wie sich Analysen mit diesen exakten Prüfverfahren durchführen lassen (vgl. auch Kapitel 88).

Kapitel 2

Kodierung von Variablen

Bevor die in einer Untersuchung erhobenen Daten in eine SPSS-Datendatei eingegeben werden können, ist in einem Kodierplan für jede Variable festzulegen, wie die Angaben der Befragten numerisch zu behandeln bzw. zu verschlüsseln sind. Bei metrischen Variablen – wie Alter, Größe oder Gewicht – liegen die Daten meist bereits als direkt eingebbare Zahlen vor, bei anderen Merkmalen – wie Geschlecht, Schulabschluss oder Studienfach – ist dagegen zu überlegen, nach welcher Regel den Kreuzen oder Angaben der Personen Zahlen zugewiesen werden.

Die wichtigsten Aspekte der Variablenkodierung sollen an Hand des auf S. 7-8 wiedergegebenen Fragebogens besprochen werden. Mit ihm wurden an Studierenden die Daten der Datei FRABOGEN.SAV erhoben, auf die im Rahmen der Beispiele dieses Buches häufiger zurückgegriffen wird. Der Fragebogen wurde nicht mit dem Ziel konstruiert, »hochinteressante« psychologische Fragen und Zusammenhänge zu untersuchen. Es wurde bewusst auf die Erfassung erklärungsbedürftiger Variablen (wie Persönlichkeitsmerkmale) verzichtet. Statt dessen enthält der Fragebogen ausschließlich Variablen, die jedem vertraut sind und keiner weiteren Erläuterungen bedürfen.

Die jetzt im Fragebogen in den rechten Randspalten aufgeführten Variablennamen und -nummern (letztere hochgestellt) waren in der Vorgabeform nicht enthalten, desgleichen natürlich nicht die Hervorhebungen der richtigen Lösungen bei den Variablen 20 bis 28.

Jedes Merkmal muss in der Datendatei unter einem bestimmten Namen eingegeben werden. Für diese Variablennamen gelten – ab der SPSS Version 12 – u.a. folgende Regelungen:

- Maximal 64 Zeichen
- Zulässig sind Klein- und Großbuchstaben, Ziffern sowie die Sonderzeichen @ . _ $ #
- Name muss mit einem Buchstaben beginnen
- Reservierte Schlüsselwörter (ALL, AND, BY, EQ, GE, GT, LE, LT, NE, NOT, OR, TO, WITH) dürfen nicht als Namen verwendet werden

Die Verwendung »langer« Variablennamen war in den Versionen bis SPSS 11 nicht möglich. Hier durften die Namen lediglich aus acht Zeichen bestehen und (teilweise) auch keine Umlaute oder »ß« enthalten. Großschreibung von Buchstaben wurde nicht berücksichtigt. Dateien mit »langen« Variablennamen sind somit voll abwärtskompatibel nur bis Version 12. Der Einleseversuch einer Datei mit SPSS Version 11.5 ergab: Es werden die ersten acht Zeichen des Variablennamens (in Kleinschrift) übernommen. Falls diese acht Zeichen bei zwei Variablen übereinstimmen, ändert SPSS den Namen der zweiten Variablen.

Die Besprechung der bei der Kodierung von Variablen zu berücksichtigenden Aspekte geschieht nachfolgend entsprechend der Abfolge der Merkmale im Fragebogen (bei den Namen jeweils hochgestellt die Nummer der Variablen):

- GESCHLECHT [1]: Die Kodierung ist beliebig, da das Geschlecht ein dichotomkategoriales Merkmal ist (z. B. 0-1, 1-0, 1-2, 2-1, usf.). Wie im Fragebogen gezeigt, wird in unserem Fall die Verschlüsselung 1 = *weiblich* und 2 = *männlich* gewählt. Es erleichtert die Eingabe von Daten, wenn die Kodierungen in einem Fragebogen bereits so weit wie möglich eingedruckt sind.

- GEWICHT [2], GRÖßE [3]: Hier werden die von den Befragten mitgeteilten Gewichts- und Größenwerte eingegeben.

- RELIGION [4]: Die Religionszugehörigkeit ist ein echt kategoriales Merkmal. Die numerische Kodierung ist damit beliebig. Es empfiehlt sich jedoch – wie im Fragebogen vorgenommen – eine bei »1« beginnende fortlaufende Nummerierung der Kategorien, da eine derartige Kodierung leichter einzuprägen ist.

- ZIGARETTEN [5]: Wenn man den Sachverhalt, ob jemand raucht oder nicht, als rein kategorial ansieht, ist die numerische Kodierung von »ja« und »nein« beliebig. Man kann in diesem Fall die vergebenen Zahlen jedoch auch mehr Information »transportieren« lassen, indem man wie in unserem Fall 1 = *ja* und 0 = *nein* setzt. »Eins« drückt dann aus, dass eine mehr oder minder große Menge an Nikotin, Teer etc. über Zigaretten aufgenommen wird, während bei »Null« auch ein entsprechender Null-Konsum vorliegt. Außerdem ist eine derartige Kodierung leichter zu merken.

- GEWICHTVATER [6], GRÖßEVATER [7]: Gleicher Fall wie bei den Variablen GEWICHT [2] und GRÖßE [3].

- BILDUNGVATER [8]: Auch hier ist es sinnvoll, das Merkmal nicht als rein kategorial zu betrachten, sondern – wie in unserem Fall – die Schulbildung so zu kodieren, dass der höheren Zahl auch ein höherer Bildungsgrad entspricht.

- GEWICHTMUTTER [9], GRÖßEMUTTER [10]: Gleicher Fall wie bei den Variablen GEWICHT [2] und GRÖßE [3].

- BILDUNGMUTTER [11]: Gleicher Fall wie bei Variable BILDUNGVATER [8].

- DEUTSCHNOTE [12], DEUTSCHPUNKTE [13], MATHENOTE [14], MATHEPUNKTE [15]: Eingabe der genannten (ganzzahligen) Noten und Punkte.

- ABITURNOTE [16]: Eingabe der von den Befragten mit einer Dezimalstelle genannten Note.

- BUNDESLAND [17]: Beim Bundesland, aus dem die Studierenden kommen, handelt es sich um ein rein kategoriales Merkmal, dessen Kodierung im Prinzip beliebig ist. Die von den Befragten »im Klartext« genannten Länder wurden bei der Dateneingabe wie folgt verschlüsselt (alphabetische Sortierung der Bundesländer und Durchnummerieren von 1–16): 1 = *Baden-Württemberg*, 2 = *Bayern*, 3 = *Berlin*, 4 = *Brandenburg*, 5 = *Bremen*, 6 = *Hamburg*, 7 = *Hessen*, 8 = *Mecklenburg-Vorpommern*, 9 = *Niedersachsen*, 10 = *Nordrhein-Westfalen*, 11 = *Rheinland-Pfalz*, 12 = *Saarland*, 13 = *Sachsen*, 14 = *Sachsen-Anhalt*, 15 = *Schleswig-Holstein*, 16 = *Thüringen*, 17 = *Ausland*.

- COMPUTER [18]: Durch eine Kodierung mit 1 = *ja* und 0 = *nein* kann (wie bei ZIGARETTEN) angezeigt werden, dass bei Vorliegen einer höheren Zahl auch mehr von dem Gemessenen vorhanden ist.

- STUDIENFACH [19]: Das Merkmal Studienfach ist rein kategorial. Es wurde (die leicht zu merkende) fortlaufende Nummerierung der Kategorien gewählt. Die vorgegebenen Fächer spiegeln »Gießener Verhältnisse« in den Veranstaltungen des Fachbereichs Psychologie wider.

- AUFGABE.1 [20] bis AUFGABE.9 [28]: Bei den Item-Antworten kann eine beliebige Kodierung festgelegt werden. Für die Eingabe am einfachsten ist das gewählte Durchnummerieren von links nach rechts. Die richtige Antwort ist jeweils durch Schattierung kenntlich gemacht. Ob eine Person das Item korrekt beantwortet hat, muss bei der Dateneingabe noch nicht weiter berücksichtigt werden.

- PERSON (Variable im Fragebogen nicht vorgegeben): Die zurückerhaltenen Fragebögen wurden durchnummeriert und diese Nummern jeweils bei der Variablen PERSON in die Datei eingegeben. Dies ermöglicht – für etwaige Überprüfungen von Werten – eine Zuordnung der Datenzeilen von FRABOGEN.SAV zu den Fragebögen der Personen.

Fragebogen zur Erhebung der Daten für FRABOGEN.SAV

Beantworten Sie die Fragen 1-19 bitte durch Ankreuzen der zutreffenden Alternative oder durch Eintragen des gewünschten Wertes.

Variable/Frage	Antwortmodus	Variablenname [Nr.]
Geschlecht	[1] weiblich [2] männlich	GESCHLECHT [1]
Körpergewicht	[　　] kg *(nur ganze kg)*	GEWICHT [2]
Körperhöhe	[　　] cm	GRÖßE [3]
Religions-zugehörigkeit	[1] evangelisch [3] sonstige [2] katholisch [4] keine	RELIGION [4]
Zigaretten-raucherIn	[1] ja [0] nein	ZIGARETTEN [5]
Körpergewicht Ihres Vaters	[　　] kg *(u.U. schätzen)*	GEWICHTVATER [6]
Körperhöhe Ihres Vaters	[　　] cm *(u.U. schätzen)*	GRÖßEVATER [7]
Schulische Bildung Ihres Vaters	[1] Hauptschulabschluss [2] Realschule / Mittlere Reife [3] Abitur [4] Abgeschlossenes Studium	BILDUNGVATER [8]
Körpergewicht Ihrer Mutter	[　　] kg *(u.U. schätzen)*	GEWICHTMUTTER [9]
Körperhöhe Ihrer Mutter	[　　] cm *(u.U. schätzen)*	GRÖßEMUTTER [10]
Schulische Bildung Ihrer Mutter	[1] Hauptschulabschluss [2] Realschule / Mittlere Reife [3] Abitur [4] Abgeschlossenes Studium	BILDUNGMUTTER [11]
Ihre letzten Schulnoten und die Anzahl der Punkte in den Fächern Deutsch und Mathematik	[　] Deutsch-Note [　　] Deutsch-Punkte [　] Mathe-Note [　　] Mathe-Punkte	DEUTSCHNOTE [12] DEUTSCHPUNKTE [13] MATHENOTE [14] MATHEPUNKTE [15]
Durchschnittsnote Ihres Abiturs bzw. Ihrer Hochschulzugangsberechtigung (bitte mit einer Nachkommastelle angeben):	[　　]	ABITURNOTE [16]

Aus welchem Bundes-land kommen Sie?					BUNDESLAND [17]
Besitzen Sie einen Computer (oder haben Sie ständigen Zugang zu einem PC)?	☐1 ja ☐0 nein				COMPUTER [18]
Was studieren Sie im Haupt-fach?	☐1 Psychologie ☐2 Pädagogik ☐3 Magister ☐4 Lehramt-1	☐5 Lehramt-2 ☐6 Lehramt-3 ☐7 Lehramt-5 ☐8 anderes Fach			STUDIENFACH [19]

Sie finden nachfolgend neun Aufgaben aus dem Bereich Algebra. Bei jeder Frage sind drei Antworten vorgegeben, von denen aber immer nur eine richtig ist. Umranden Sie bitte bei jeder Aufgabe die Ihrer Meinung nach richtige Antwort.

Wenn Sie bei einer Aufgabe nicht sicher sind, welche Antwort richtig ist, raten Sie bitte nicht. Umranden Sie dann vielmehr das Fragezeichen (»weiß nicht«). Sie können auf einem separaten Blatt Nebenrechnungen ausführen, jedoch ohne Zuhilfenahme eines Taschenrechners oder etwaig mitgeführter Bücher.

$-16 + 7 - 9$	$=$	-18	18	0	?	AUFGABE.1 [20]
$3\dfrac{3}{7} - \dfrac{8}{7}$	$=$	$-3\dfrac{5}{7}$	$\dfrac{1}{7}$	$2\dfrac{2}{7}$	?	AUFGABE.2 [21]
$9 - (-4 + 7)$	$=$	6	12	20	?	AUFGABE.3 [22]
9% von 270 sind		30	$24{,}3$	3	?	AUFGABE.4 [23]
$\lvert -(17 - 4)\rvert$	$=$	-13	13	21	?	AUFGABE.5 [24]
3^{-2}	$=$	$\sqrt{3}$	9	$\dfrac{1}{9}$	?	AUFGABE.6 [25]
$5 - 6{\cdot}7$	$=$	-37	-7	37	?	AUFGABE.7 [26]
$(x^a)^b$	$=$	x^{a+b}	$x^{(a^b)}$	$x^{a\cdot b}$	?	AUFGABE.8 [27]
$x \le -5$ ist falsch für		$x = -5$	$x = -3$	$x = -12$	?	AUFGABE.9 [28]

☐1   ☐2   ☐3   ☐4

Anlegen einer Datendatei

➤ **Datei / Neu / Daten** ...

Nach dem Aufruf von SPSS bzw. dem Anwählen von **Datei / Neu / Daten** erscheint jeweils ein leeres Fenster des Daten-Editors. Falls es noch nicht auf »Variablenansicht« eingestellt ist, muss es – durch Anklicken der entsprechenden Schaltfläche – in diesen Modus umgeschaltet werden. Der erste Schritt besteht nun darin, die Variablen zu definieren, unter denen die Daten der Untersuchung eingegeben werden sollen. Hierbei steht für jede Variable eine Zeile zur Spezifizierung bestimmter Attribute (Name, Typ, Dezimalstellen, Labels, usf.) zur Verfügung.

Variablenname

In der ersten Spalte ist ein aus maximal 64 Zeichen bestehender Name für die Variable einzugeben. Bei Nichtbeachtung der auf Seite 4 genannten Regeln für die Namen von Variablen gibt das Programm eine Meldung aus, so dass eigentlich nichts falsch gemacht werden kann.

Es empfiehlt sich allerdings, bei der Länge der Variablennamen Zurückhaltung zu üben. Lange Name führen – wenn sie in einer Zeile dargestellt werden sollen – zu sehr breiten Spalten im Datenfenster. Dadurch sind nur wenige Variablen bzw. Spalten gleichzeitig zu sehen, und es muss zur Betrachtung der Werte ständig seitwärts gescrollt werden. Wählt man dagegen im Datenfenster schmale Spalten, werden lange Namen zur Darstellung unschön umgebrochen.

Variablentyp

In der Voreinstellung geht das Programm davon aus, dass es sich um eine »numerische« Variable handelt. Zulässige Zeichen bei numerischen Variablen sind die Ziffern 0-9, das Dezimalkomma sowie die Vorzeichen Plus und Minus. Durch Anklicken der Schaltfläche [···] lässt sich eine Dialogbox öffnen, in der auch andere Arten von Variablen definiert werden können. Für übliche statistische Analysen werden von den dort aufgeführten Möglichkeiten jedoch lediglich (in seltenen Fällen) String-Variablen benötigt.

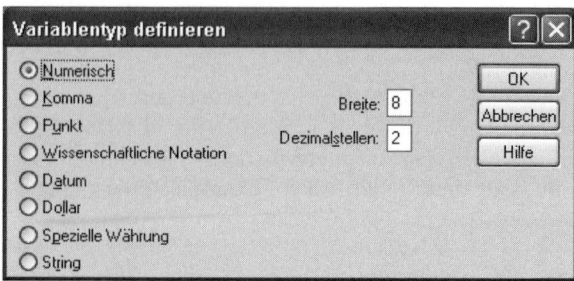

Bei diesem Variablentyp (häufig auch als »alphanumerische« Variablen bezeichnet) können statt numerischer Werte aus bis zu 255 Zeichen bestehende Namen oder Labels eingegeben werden. Wenn man z.B. das Geschlecht als String-Variable definieren würde, könnte man statt einer Kodierung wie {1} und {2} die Bezeichnungen *Frau* und *Mann* verwenden. Bei diesen »Werten« von String-Variablen dürfen Buchstaben, Ziffern und Sonderzeichen Verwendung finden.

Spaltenformat

Beim Spaltenformat kann man es bei der Voreinstellung von »8« belassen. Die hier eingegebene Zahl muss zumindest um {1} größer sein als die definierte Anzahl von Dezimalstellen. Sonst erscheint die Fehlermeldung *Zu viele Dezimalstellen für diese Feldbreite.*

Dezimalstellen

In der Voreinstellung werden bei neuen Variablen eingegebene Werte mit zwei Nachkommastellen angezeigt. Da die meisten sozialwissenschaftlichen Variablen nur ganzzahlige Werte aufweisen, besteht hier nicht selten der Wunsch, die empirisch nicht möglichen (und optisch störenden) Stellen im Datenfenster zu beseitigen. Dazu ist als Erstes die entsprechende Zelle in der Spalte *Dezimalstellen* anzuwählen. Anschließend lässt sich deren Zahl durch Anklicken von [▼] auf null vermindern. Über entsprechende Klicks auf das Symbol [▲] ist in anderen Fällen auch eine Erhöhung der Anzahl von Nachkommastellen möglich.

Bei der Festlegung der Dezimalstellen ist darauf zu achten, dass deren Anzahl geringer ist als der Wert in der Zelle *Spaltenformat*. Falls dies nicht der Fall ist, gibt das Programm eine Fehlermeldung aus (s.o.). Dann ist eine Höhersetzung beim Spaltenformat erforderlich.

Wenn überwiegend mit Variablen gearbeitet wird, bei denen nur ganzzahlige Werte auftreten können, ist es sinnvoll, die Voreinstellung für das Format neuer Variablen zu ändern. Dazu wird in dem aus dem Datenfenster über **Bearbeiten / Optionen** aufrufbaren Dialogfeld die Registerkarte [Daten] angeklickt. Es erscheint dann eine Box, bei der im Feld *Anzeigeformat für neue numerische Variablen* eine Umstellung der *Dezimalstellen* erfolgen kann.

Variablen- und Wertelabels

In der entsprechenden Zelle der Spalte *Variablenlabel* kann für die Variable eine bis zu 256 Zeichen lange Benennung eingegeben werden. Bei aller Freude am ausführlichen Beschreiben muss allerdings bedacht werden, dass lange Labels die Tabellen der Ergebnisausgabe z.T. stark »aufblähen« können. Aus diesem Grunde empfiehlt sich eine eher knappe Beschreibung.

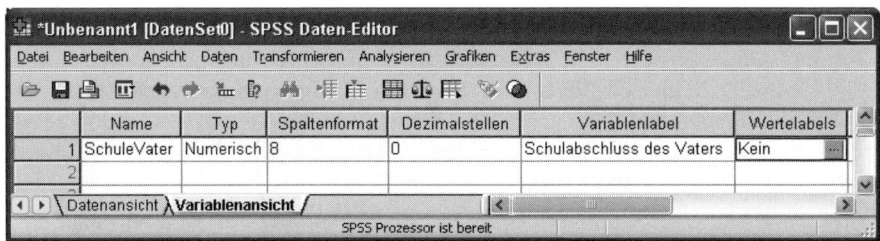

Außerdem sollten die Labels bereits am Anfang das Charakteristische der einzelnen Variablen zum Ausdruck bringen, da in den Eingangs-Dialogfeldern der verschiedenen Prozeduren – bei entsprechender Einstellung – jeweils nur ein Teil dieser Labels angezeigt wird.

Die Spalte *Variablenlabel* lässt sich – bei späterem Aufrufen der Datei – durch Anklicken und Ziehen ihrer rechten Begrenzungslinie wieder so weit verbreitern, dass auch umfangreiche Labels in voller Länge angezeigt werden. Korrekturen einzelner Zeichen sind nach einem Doppel-Klick auf das entsprechende Label möglich.

Durch Anklicken der Schaltfläche [···] in der Spalte *Wertelabels* lässt sich eine Dialogbox öffnen, über die den numerischen Kodierungen von Variablen wie Geschlecht oder Schulbildung bis zu 60 Zeichen lange Bezeichnungen zugewiesen werden können. Da derartige Labels die Verständlichkeit vieler Ergebnisausgaben deutlich erhöhen, sollte man auch bei großen Dateien mit vielen Variablen die anfängliche Mühe der Zuweisung von solchen Kategorien-Kennzeichnungen nicht scheuen. Auch hier empfiehlt sich allerdings wieder die Beschränkung auf »kurze« Labels.

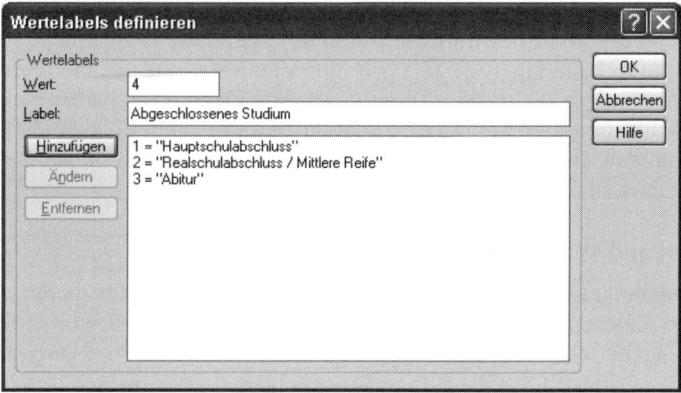

Fehlende Werte

Wenn eine Person bei einer Variablen keinen Wert aufweist (z. B. keine Angabe zu ihrem Alter gemacht hat), dann wird im Editor das entsprechende Datenfeld freigelassen. Dass hier ein Wert fehlt, macht das Programm bei numerischen Variablen durch einen Punkt kenntlich. Bei String-Variablen bleibt das Feld dagegen leer. Die so definierten Fälle mit »Fehlend-Werten« werden bei späteren statistischen Analysen automatisch ausgeschlossen.

Durch Anklicken des Schalters [···] in der Spalte *Fehlende Werte* erhält man eine Dialogbox, in der sich weitere Werte(bereiche) definieren lassen, die bei den Berechnungen zu einer Variablen ausgeschlossen werden sollen (»Benutzerdefinierte Fehlend-Werte«). Dieser Fall ist allerdings relativ selten. In der Regel braucht diese Box nicht geöffnet zu werden.

Die – etwas missverständlich formulierte – Voreinstellung *Keine fehlenden Werte* führt dazu, dass lediglich Punkte (bei numerischen Variablen) bzw. Leerfelder (bei String-Variablen) als »fehlend« behandelt werden. In der Voreinstellung gibt es somit nur »system-fehlende« aber *keine* benutzerdefinierten Fehlend-Werte.

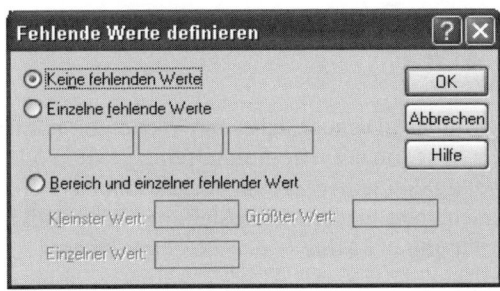

Breite der Spalten im Daten-Editor

Beim Anlegen von neuen Variablen ist bei *Spalten* ein Wert von »8« voreingestellt. Dadurch sind im Datenfenster nur relativ wenige Spalten bzw. Variablen gleichzeitig sichtbar. Im Fall, dass die erhobenen Variablen alle oder teilweise weniger Stellen aufweisen, kann – sofern auch die Namen der Variablen hinreichend kurz sind – die Breite der Variablenspalten mehr oder minder stark verkleinert werden.

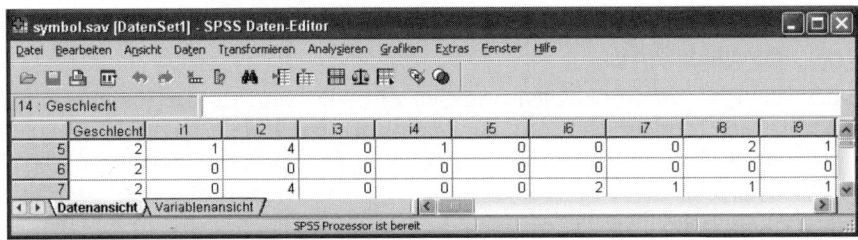

Eine Veränderung der Spaltenbreite erreicht man zum einen in der »Variablen-ansicht«, indem bei *Spalten* durch entsprechende Klicks auf die Symbole [▼] und [▲] der Wert von »8« vermindert oder (bei Bedarf) erhöht wird. Eine andere Möglichkeit bietet sich in der »Datenansicht«. Hier wird einfach die rechte Variablen-begrenzung angeklickt und dann durch Ziehen nach links oder rechts auf die gewünschte Breite gebracht.

	Geschlecht	i1	i2	i3	i4	i5	i6	i7	i8	i9	i10	i11	i12	i13	i14	i15	i16	i17	i18	i19	i20	i21	i22
5	2	1	4	0	1	0	0	0	2	1	3	1	4	1	0	2	1	0	2	1	4	0	0
6	2	0	0	0	0	0	0	0	0	0	0	0	0	0	1	0	0	0	1	0	0	0
7	2	0	4	0	0	0	2	1	1	1	2	1	0	0	2	3	0	0	4	4	0	0

symbol.sav [DatenSet1] - SPSS Daten-Editor
Datei Bearbeiten Ansicht Daten Transformieren Analysieren Grafiken Extras Fenster Hilfe
14 : Geschlecht
Datenansicht / Variablenansicht /
SPSS Prozessor ist bereit

Ausrichtung der Werte

Standardmäßig sind in der »Datenansicht« die Werte von numerischen Variablen jeweils rechtsbündig ausgerichtet. An diesem (einzig) sinnvollen Format sollte in der Spalte *Ausrichtung* keine Änderung vorgenommen werden. Eingaben bei String-Variablen erscheinen in der Voreinstellung linksbündig. Wem dies miss-fällt, kann die Ausrichtung in »Mitte« oder »Rechts« ändern.

*Unbenannt1 [DatenSet0] - SPSS Daten-Editor
Datei Bearbeiten Ansicht Daten Transformieren Analysieren Grafiken Extras Fenster Hilfe

	Dezimalstellen	Variablenlabel	Wertelabels	Fehlende Werte	Spalten	Ausrichtung	Meßniveau
1	0	Größe	Kein	Kein	8	Rechts	Metrisch
2	0	Religion	{1, evangelisch}...	Kein	8	Rechts	Nominal
3	0	Schulabschluss	{1, Hauptschule}...	Kein	8	Rechts	Ordinal
4							Metrisch
5							Ordinal
6							Nominal

Datenansicht \ Variablenansicht /
SPSS Prozessor ist bereit

Mess- oder Skalenniveau

In der Spalte *Meßniveau* können Angaben zum Skalenniveau der Variablenwerte gemacht werden (metrisch – ordinal – nominal). Per Voreinstellung wird neuen Variablen das Niveau »metrisch« zugewiesen. Die hier vorgenommene eigene Definition des Messniveaus wird allerdings bei den üblichen Statistik-Prozeduren vom Programm gar nicht berücksichtigt – so rechnet SPSS für das als nominal de-klarierte »Bundesland« auf Wunsch unbekümmert das Mittel aus. Da jedoch die

Symbole der Skalenniveaus später in den Dialogboxen für die Auswahl der Variablen vor deren Namen mitangezeigt werden, empfiehlt sich aus didaktischen Gründen eine sinnvolle Festlegung des Messniveaus.

Übertragen von Variablenattributen

Es ist recht einfach möglich, die bei einer Variablen festgelegten Attribute auf eine oder mehrere andere gleichartig skalierte Variablen (durch Kopieren) zu übertragen. Dies stellt besonders für die wiederholte Vergabe gleicher Wertelabels eine Arbeitserleichterung dar.

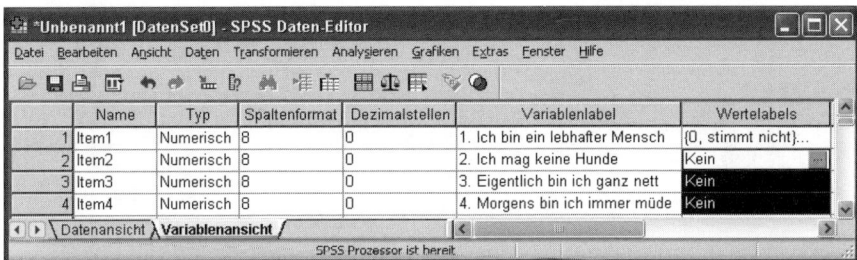

Im gezeigten Beispiel liegen vier Items vor, die alle das folgende Antwortformat aufweisen: 0 = *stimmt nicht*, 1 = *stimmt überwiegend nicht*, 2 = *stimmt überwiegend*, 3 = *stimmt*. Diese Antworten, die beim ersten Item unter *Wertelabels* eingegeben wurden, sollen nun auf die Items 2 bis 4 übertragen werden. Dies kann über Menü- oder über Tastatur-Befehle geschehen:

1. Wertelabel bei Item 1 {0, stimmt nicht} anklicken
2. Menü: Bearbeiten / Kopieren. Tastatur: ⌷Strg⌷+⌷C⌷
3. Wertelabel-Zellen bei Item 2-4 markieren
4. Menü: Bearbeiten / Einfügen. Tastatur: ⌷Strg⌷+⌷V⌷

Speichern der neuen Datei

Nach Beendigung der Variablendefinitionen (oder auch vorher) sollte die Datei mit den vorgenommenen Einstellungen auf der Festplatte abgespeichert werden. Nach Anwählen von **Datei / Speichern** (oder Anklicken des Disketten-Symbols 🖫) erscheint das nachfolgende Dialogfeld.

Da die Datei bisher noch keinen speziellen Namen hat, muss ihr im Feld *Dateiname* einer zugewiesen werden. Datendateien erhalten bei SPSS jeweils die Namenserweiterung .SAV. Die Endung muss nicht mit hingeschrieben werden. Wie allgemein unter Windows können auch lange Dateinamen vergeben werden.

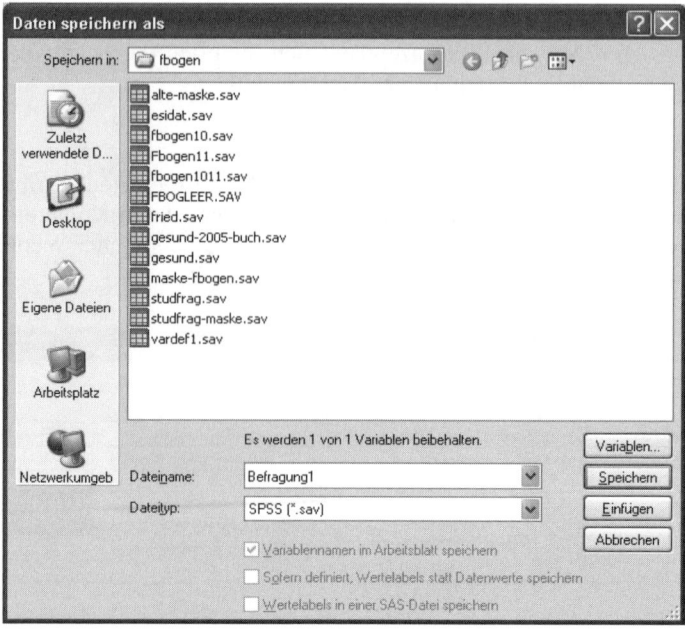

In dem in der Dialogbox gezeigten Fall wird die neue Datei unter dem Namen BEFRAGUNG1.SAV im Ordner C:\FBOGEN abgespeichert. In der Kopfzeile des Datenfensters verschwindet daraufhin die Bezeichung »*Unbenannt1 [Dataset0]« und wird durch »Befragung1.sav [Dastenset0]« ersetzt. Die Auswahl eines bestimmten Ordners (wie FBOGEN) zum Abspeichern einer Datei wird im nächsten Kapitel erläutert.

Anzeigen und Auflisten der Variablenattribute

Über das Anwählen von **Extras / Variablen** kann man sich für bestimmte – anzuklickende – Variablen die festgelegten Attribute in einem Dialogfenster ausgeben lassen. Die vorstehende Box zeigt dies für die Variable BILDUNGVATER der Datei FRABOGEN.SAV.

Weiterhin besteht die Möglichkeit, sich die eingegebenen Variablendefinitionen in einer Liste im Ausgabefenster zusammenzustellen (und von dort aus drucken) zu lassen. Wenn sich die Datei (noch) im Datenfenster befindet, kann dies durch Anklicken der Menüpunkte **Datei / Datendatei-Informationen anzeigen / Arbeitsdatei** geschehen; bei einer nicht geladenen Datei ist dagegen als letzter Menüpunkt **Externe Datei** anzuwählen. Die Art der ausgegebenen Information zeigt der nachfolgende Ausschnitt der Angaben zur Datei FRABOGEN.SAV.

Variablenbeschreibungen

Variable	Position	Label	Meßniveau	Spaltenbreite
Geschlecht	1	Geschlecht	Nominal	11
Gewicht	2	Gewicht in kg	Metrisch	8
Größe	3	Größe in cm	Metrisch	8
Religion	4	Religionszugehörigkeit	Nominal	8
Zigaretten	5	ZigarettenraucherIn	Nominal	8
GewichtVater	6	Gewicht des Vaters	Metrisch	11
GrößeVater	7	Größe des Vaters	Metrisch	10
BildungVater	8	Schulabschluss des Vaters	Ordinal	11
GewichtMutter	9	Gewicht der Mutter	Metrisch	11

Variablen in der Arbeitsdatei

Variablewerte

Wert		Label
Geschlecht	1	Frauen
	2	Männer
Religion	1	evangelisch
	2	katholisch
	3	sonstige
	4	keine
Zigaretten	0	Nein
	1	Ja
BildungVater	1	Hauptschulabschluss
	2	Realschule/Mittlere Reife
	3	Abitur
	4	Abgeschlossenes Studium
BildungMutter	1	Hauptschulabschluss
	2	Realschule/Mittlere Reife
	3	Abitur
	4	Abgeschlossenes Studium

Aufrufen und Speichern einer Datendatei

> ➤ **Datei / Öffnen / Daten** ...

> ➤ **Datei / Speichern** ...   ➤ **Datei / Speichern unter** ...

Um eine Datei bearbeiten oder mit ihren Daten Berechnungen durchführen zu können, muss sie »geöffnet«, d.h. von der Festplatte in den Arbeitsspeicher (bzw. den Daten-Editor) geladen werden. Dies kann über die Menüpunkte **Datei / Öffnen / Daten** oder schneller über das Anklicken des Öffnen-Icons 🗁 in der Symbolleiste erfolgen. In beiden Fällen erscheint die nachfolgende Dialogbox.

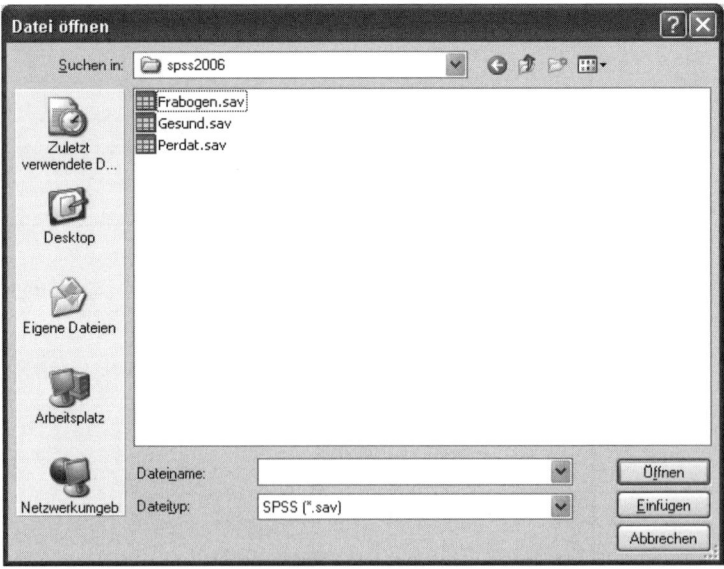

Dem Feld *Suchen in* lässt sich hier entnehmen, in welchem Ordner man sich befindet. Im Feld darunter sind die in diesem Ordner befindlichen SPSS-Datendateien aufgeführt. Durch Anklicken eines Dateinamens und [Öffnen] – oder durch Doppelklick auf den Dateinamen – wird die Datei in den Arbeitsspeicher (in den Editor) geladen. Natürlich kann die Bezeichnung der Datei auch direkt im Feld *Dateiname* eingegeben und anschließend [Öffnen] angeklickt werden.

Soll auf eine in einem anderen Ordner befindliche Datei zugegriffen werden, ist der Name des Ordners (z.B. \DIPLOMARBEIT) im Feld *Dateiname* einzugeben und anschließend die Taste ⏎ zu betätigen oder das Feld [Öffnen] anzuklicken. Es erscheint dann im zugehörigen Feld eine Auflistung der Dateien dieses Ordners, in der die gewünschte Datei markiert und mit ⏎ in den Editor gerufen wird. Statt der direkten Eingabe des Ordnernamens kann dieser auch im Feld *Suchen in* nach Anklicken des Symbols [▾] aus einer dann erscheinenden Übersicht ausgewählt werden.

Es empfiehlt sich, die für die Berechnungen mit SPSS benötigten Datendateien in einem speziell dafür vorgesehenen Ordner abzuspeichern und das Programm so einzustellen, dass beim Aufruf von SPSS automatisch auf diesen Ordner zugegriffen wird.

Dazu wird auf der Ebene des Desktop von Windows das SPSS-Symbol mit der rechten Maustaste angeklickt und im dann erscheinenden Pull-Down Menü der Punkt **Eigenschaften** angewählt. In der dadurch erhältlichen Registerkarte **Verknüpfung** ist anschließend im Feld *Ausführen in* der als Voreinstellung gewünschte Ordner (im Beispiel: C:\SPSS2006) einzugeben. Bei allen zukünftigen Aufrufen von SPSS kann dann im Dialogfeld **Datei öffnen** direkt auf die Dateien dieses Ordners zugegriffen werden.

Speichern einer Datendatei

Damit die an einer Datei im Arbeitsspeicher vorgenommenen Änderungen und Ergänzungen nicht verloren gehen, muss die modifizierte Datei auf der Festplatte abgespeichert werden. Datei-Veränderungen liegen vor, wenn Änderungen an den Daten vorgenommen, neue Variablen erzeugt oder Variablendefinitionen geändert wurden. Das dann in der Regel erforderliche Abspeichern (Sichern) kann über die Menüpunkte **Datei / Speichern** oder schneller über das Anklicken des Disketten-Icons 🖫 in der Symbolleiste erfolgen.

Dass eine Datei Änderungen enthält, die noch nicht abgespeichert sind, macht SPSS durch einen Stern vor dem Dateinamen in der Kopfleiste kenntlich. Dieser verschwindet nach erfolgter Speicherung.

Beim Sichern über **Datei / Speichern** wird die auf der Festplatte im Arbeitsverzeichnis befindliche alte Dateiversion mit den geänderten Daten überschrieben. Die alte Datei ist damit nicht mehr verfügbar. Wenn man dagegen die alte Dateiversion nicht (mit der neuen) überschreiben möchte, müssen die geänderten Daten unter einem anderen Namen abgespeichert werden.

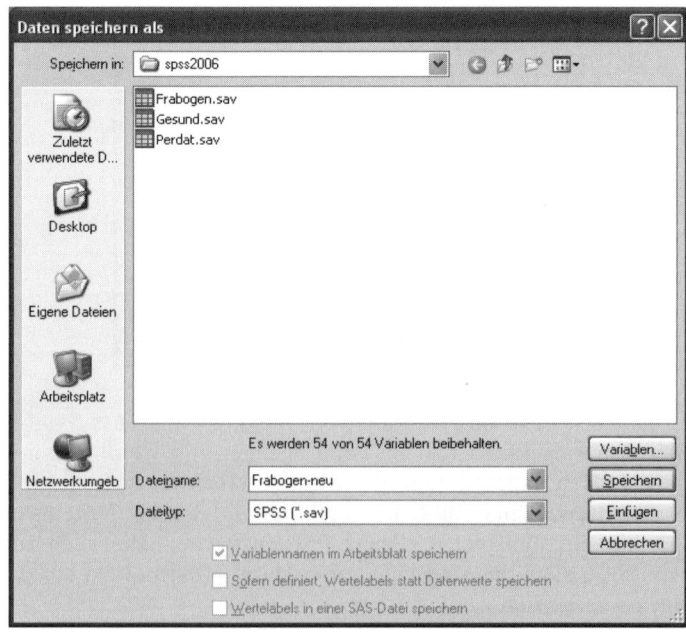

Dazu sind die Menüpunkte **Datei / Speichern unter** anzuwählen. Es erscheint dann die vorstehende Dialogbox. Hier ist im Feld *Dateiname* die neue Bezeichnung einzugeben, unter der die im Arbeitsspeicher geänderte Datei im eingestellten Ordner gespeichert werden soll. Durch Anklicken von [Speichern] wird die Ausführung des Vorgangs veranlasst. Außerdem erscheint nun die neue Datei im Daten-Editor.

Ab Version 11 bietet die Dialogbox **Daten speichern als** zusätzlich die Option, lediglich einen Teil der Variablen in einer Datei neuen Namens abzuspeichern. Dies ist u. a. nützlich, wenn aus einer großen Datei eine kleinere der besseren Handhabung willen (oder aus sonstigen Gründen) erzeugt werden soll. Zur Auswahl der gewünschten Variablen ist die Schaltfläche [Variablen] anzuklicken. Es erscheint dann die nachfolgende Box.

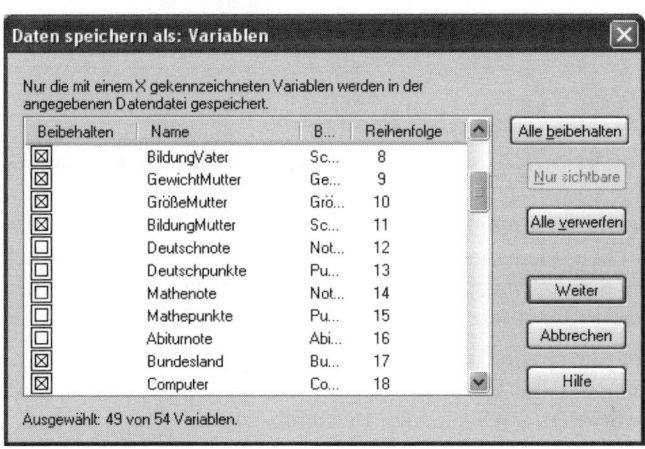

Hier können die Variablen abgeklickt werden, die nicht in die neue Datei übernommen werden sollen. Falls aus einer großen Variablenmenge nur wenige verbleiben sollen, empfiehlt es sich, zuerst sämtliche Variablen über [Alle verwerfen] abzuwählen und anschließend die gewünschten Variablen wieder hineinzuklicken. Im gezeigten Beispiel werden aus den 54 Variablen der Datei FRABOGEN.SAV 49 übernommen und in der Datei FRABOGEN-NEU.SAV abgespeichert.

Öffnen mehrerer Dateien

Ab der Version 14 können nun zwei oder mehr Datendateien gleichzeitig geöffnet werden. Die zuerst aufgerufene Datei enthält dann in der Kopfleiste hinter dem Dateinamen den Zusatz [DatenSet1], die nächste [DatenSetz2], usf. Diese neue Möglichkeit erleichtert u. a. das Kopieren von Daten und Variablenattributen von einer Datei zu einer anderen.

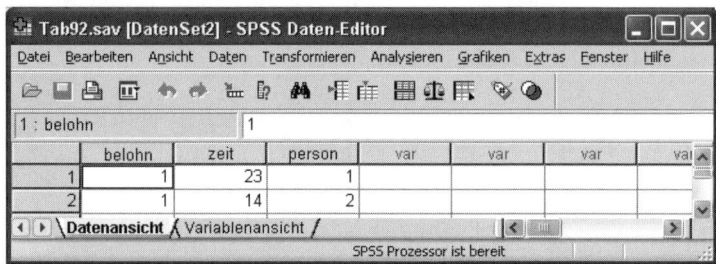

Sind mehrere Dateien geöffnet, können alle – bis auf eine verbleibende – über **Datei / Schließen** wieder geschlossen werden. Bei (nur) einer geöffneten Datei ist ein derartiges Schließen dagegen nicht möglich. Sie verbleibt im Datenfenster, bis SPSS über **Datei / Beenden** verlassen wird.

Wem die vom Programm für die geöffneten Dateien vergebenen Zusatzbezeichnungen zu unpersönlich sind, kann diese in einer nach Anklicken von **Datei / Datenset umbenennen** erscheinenden Box umbenennen. Der hier vergebene Name gilt allerdings nur für die Arbeitssitzung mit dieser Datei.

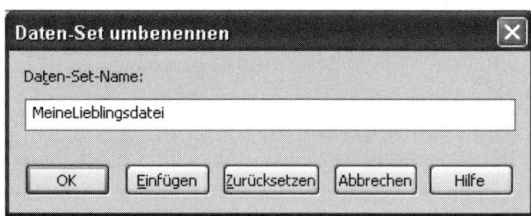

Kapitel 5

Eingeben und Bearbeiten von Daten

Zur Eingabe der Daten muss die Datei durch **Datei / Öffnen / Daten** (oder Anklicken des Öffnen-Icons 🗁 in der Symbolleiste) in den Editor geholt werden
und auf »Datenansicht« eingestellt sein. Da die Daten meist personen- oder frage-
bogenweise vorliegen, ist in der Regel eine in der Zeile fortlaufende Eingabe erforderlich. Das Eintippen eines Wertes wird dann nicht mit der Eingabetaste ⏎,
sondern durch Betätigen der Pfeiltaste → oder der Tab-Taste ⭾ abgeschlossen.
Das Datenfeld, in das die Eingabe eines Wertes erfolgt, ist durch einen Rahmen
kenntlich gemacht.

	Geschlecht	Alter	Größe	Gewicht	Schulabschluss	Familienstand	Person	var
1	2	48	1,78	82	5	3	1	
2	1	38	1,73	65	2	1	2	
3	1	25	1,65	55	6	2	3	
4	2	29	1,81		.	.	.	
5								
6								

*Eingabe.sav [DatenSet0] - SPSS Daten-Editor
Datei Bearbeiten Ansicht Daten Transformieren Analysieren Grafiken Extras Fenster Hilfe
4 : Gewicht
Datenansicht / Variablenansicht /
SPSS Prozessor ist bereit

Bei Variablen mit Nachkommastellen ist – der deutschen Gewohnheit entsprechend – das Komma als Dezimalzeichen zu verwenden. Sofern die Voreinstellung
von zwei *Dezimalstellen* beibehalten wurde, fügt der Editor bei Eingabe ganzzahliger Werte jeweils ein Komma und zwei Nullen an.

Bei fehlenden Werten geht man im Fall zeilenweiser Eingabe mit → oder ⭾
zum nächsten Feld weiter, bei spaltenweiser Eingabe mit ↓. Das so entstandene
Leerfeld bleibt durch einen Punkt gekennzeichnet. Am Ende einer Zeile (Person)
gelangt man durch die Tastenfolge ⏎ und ⌈Pos1⌉ zum ersten Feld der nächsten
Zeile (Person). Zur Korrektur von Werten wird der Rahmen auf das entsprechende Feld positioniert und der fehlerhafte Wert überschrieben.

Bei der Dateneingabe empfiehlt es sich, in regelmäßigen (und nicht zu kurzen)
Abständen die Datei mit den hinzugefügten Daten durch Anklicken des Disketten-
Icons 🖫 in der Symbolleiste auf der Festplatte zu sichern. Von besonderer Bedeu-

tung ist natürlich die abschließende Datensicherung nach Beendigung der Eingabetätigkeit, zum einen auf der Festplatte, zum anderen (zusätzlich) auf einem anderen Sicherungsmedium.

Nachfolgend ist zusammengestellt, wie der Cursor bzw. Rahmen über die Tastatur (schnell) an bestimmte Positionen der Datei gesteuert werden kann. Die Positionierungen im sichtbaren Datenfenster lassen sich natürlich auch mit Hilfe der Maus vornehmen.

Bewegungen des Rahmens im Daten-Editor	
Taste(n)	Bewegung
⬇ oder ↵	Ein Feld (eine Zeile) nach unten
⬆	Ein Feld (eine Zeile) nach oben
→ oder ⭾	Ein Feld (eine Variable) nach rechts
← oder ⇧+⭾	Ein Feld (eine Variable) nach links
Ende	Zum letzten Feld der Zeile (Person)
Pos1	Zum ersten Feld der Zeile (Person)
Strg+⬆	Zum ersten Feld der Spalte (Variablen)
Strg+⬇	Zum letzten Feld der Spalte (Variablen)
Bild⬇	Eine Bildschirmseite nach unten
Bild⬆	Eine Bildschirmseite nach oben
Strg+Ende	Zum letzten Feld der letzten Zeile
Strg+Pos1	Zum ersten Feld der ersten Zeile

Nach Beendigung der Dateneingabe ergibt sich häufig die Notwendigkeit, an der Datei noch mehr oder minder umfangreiche Korrekturen und Änderungen vorzunehmen. Dies können u. a. sein: Aufsuchen und korrigieren fehlerhafter Werte, Löschen der Daten bestimmter Personen, Einfügen der Daten weiterer Personen sowie Löschen, Einfügen oder Umordnen von Variablen. Die Durchführung derartiger Modifikationen soll nachfolgend erläutert werden. Das Fenster befindet sich dabei in der »Datenansicht«.

Löschen einer Zeile (Person)

Es wird als Erstes in der linken Randspalte die Nummer der zu löschenden Zeile angeklickt. Die Zeile ist dadurch markiert. Durch Drücken der Taste Entf wird die Zeile gelöscht. Ab der gelöschten Zeile ändert sich daraufhin die Nummerierung der Zeilen (Probanden). Nach ihrer Markierung als Block lassen sich auch mehrere aufeinanderfolgende Zeilen durch Drücken von [Entf] gleichzeitig lö-schen. Durch Anklicken von [↰] in der Symbolleiste oder die Tastenfolge [Strg] +[Z] lässt sich das Löschen einer Zeile rückgängig machen.

Einfügen einer leeren Zeile (Person)

Als Erstes ist (irgend) ein Feld in der Zeile anzuklicken, vor der die Leerzeile ein-gefügt werden soll. Die Wahl der Menüpunkte **Bearbeiten / Fälle einfügen** führt daraufhin zur gewünschten neuen Zeile, deren Felder alle einen Punkt (»fehlender Wert«) enthalten. In diese sind die Daten der hinzukommenden Person ein-zugeben. Durch wiederholtes Anklicken der Menüpunkte lassen sich auch mehre-re Leerzeilen an der gewünschten Stelle einfügen.

Löschen einer Spalte (Variablen)

Durch Anklicken des Variablennamens wird die Spalte markiert und anschließend durch Drücken der Taste [Entf] gelöscht. Die rechts befindlichen Spalten (Varia-blen) rücken auf. Nach ihrer Markierung als Block lassen sich auch mehrere auf-einanderfolgende Spalten durch Drücken von [Entf] gleichzeitig löschen. Durch Anklicken von [↰] in der Symbolleiste oder die Tastenfolge [Strg]+[Z] lässt sich das Löschen einer Spalte rückgängig machen.

Einfügen einer leeren Spalte (Variablen)

Als Erstes ist (irgend) ein Feld in der Spalte anzuklicken, vor der die Leerspalte eingefügt werden soll. Die Wahl der Menüpunkte **Bearbeiten / Variable einfü-gen** führt daraufhin zur gewünschten neuen Spalte, die vom Programm mit »VAR00001« benannt ist und deren Felder alle einen Punkt (»fehlender Wert«) enthalten. Nach Vornahme der für die neue Variable notwendigen Einstellungen können die hinzukommenden Daten in die Leerfelder eingegeben werden. Durch wiederholtes Anklicken der Menüpunkte lassen sich auch mehrere Leerspalten an der gewünschten Stelle einfügen. Sie erhalten von Spss dann die Bezeichnungen »VAR00002«, »VAR00003«, usf.

Verschieben einer Spalte (Variablen)

Als Erstes ist an der Stelle, wohin eine bestehende Variable verschoben werden soll, eine Leerspalte einzufügen (s. o.). Durch Anklicken ihres Variablennamens wird die zu verschiebende Spalte markiert und durch Drücken der Tasten [Strg] +[X] ausgeschnitten. Durch Anklicken ihres Variablennamens wird nun die Leer-spalte markiert. Nach Betätigung der Tasten [Strg]+[V] befinden sich die Daten der ausgeschnittenen Variablen an dieser neuen Position. Die Einstellungen der verschobenen Variablen bleiben erhalten. Sofern sie hintereinander angeordnet sind, lassen sich auch mehrere Variablen (nach ihrer Markierung als Block) gleichzeitig verschieben. An der gewünschten Stelle muss dann vorab die entspre-chende Anzahl von Leerspalten eingefügt werden.

Verschieben einer Zeile (Person)

Zuerst ist an der Stelle, wohin eine bestehende Zeile verschoben werden soll, eine Leerzeile einzufügen (s.o.). Durch Anklicken ihrer Nummer (in der linken Spalte) wird die zu verschiebende Zeile markiert und anschließend durch Betätigen der Tasten [Strg]+[X] ausgeschnitten. Durch Anklicken ihrer Nummer wird nun die Leerzeile markiert. Nach Drücken der Tasten [Strg]+[V] befinden sich die Werte der ausgeschnittenen Zeile an dieser neuen Position. Die Nummerierung der Zeilen ändert sich entsprechend. Sofern sie aufeinander folgen, lassen sich auch mehrere Zeilen (nach ihrer Markierung als Block) gleichzeitig verschieben. An der gewünschten Stelle muss dann vorab die entsprechende Anzahl von Leerzeilen eingefügt werden.

Aufsuchen einer Zeile

Wenn man sich in eine bestimmte Zeile der Datei begeben möchte, sind die Menüpunkte **Bearbeiten / Gehe zu Fall** anzuwählen. Nach Eingabe der Nummer der gesuchten Zeile (Person) in der dann erscheinenden Dialogbox und [OK] befindet man sich im ersten Feld der gesuchten Zeile (hier Nr. 357). Die einzugebende Fallnummer bezieht sich dabei immer auf die von SPSS in der linken Randspalte angezeigte Zeilennummerierung, nicht auf eine ggf. (in einer bestimmten Variablen) existierende eigene Personen-Kennung.

Aufsuchen einer Variablen

Bei Dateien mit vielen Variablen kann es mühsam sein, eine gewünschte Variable durch seitliches Verschieben des Bildschirmausschnitts aufzusuchen. Schneller gelingt dies dann mit Hilfe der über die Menüpunkte **Extras / Variablen** erhältlichen Dialogbox (abgebildet auf S. 16 unten). Hier ist im linken Feld die gewünschte Variable anzuwählen. Nach Anklicken von [Gehe zu] verschwindet die Box und man befindet sich in der Spalte der gesuchten Variablen. Die Position in der Spalte hängt davon ab, aus welcher Zeile (der Ausgangsvariablen) der Suchbefehl abgeschickt wurde.

Aufsuchen eines Wertes in einer Variablen (Spalte)

Für nachträgliche Korrekturen in einer Datei kann es notwendig werden, in einer Variablen einen bestimmten (z.B. falschen) Wert aufzusuchen. So sei angenommen, dass wir bei einer Auszählung der Daten unserer Stichprobe die für Erwachsene ungewöhnliche Körperhöhe von 65 cm entdeckt hätten und nun feststellen

wollen, bei welcher Person dieser Wert auftritt. Dazu wird als Erstes durch Anklicken des Variablennamens GRÖßE die gesuchte Spalte (Variable) markiert –
oder der Rahmen in die erste Zeile dieser Variablen positioniert. Durch Anwählen
der Menüpunkte **Bearbeiten / Suchen** erscheint die nachfolgende Dialogbox:

Hier ist im entsprechenden Feld der gesuchte Wert einzugeben und anschließend
der Schalter [Weitersuchen] zu betätigen. Die Option *Groß-/Kleinschreibung beachten* ist nur bei String-Variablen relevant. Nach dem Schließen der Dialogbox –
durch Anklicken des Symbols ☒ – befindet man sich in der Zeile (bei der Person), in der der gesuchte Wert (erstmalig) auftritt. Falls mit mehrmaligem Vorkommen eines gesuchten Wertes zu rechnen ist, muss der Suchprozess ab der ersten bzw. letzten Fundstelle wiederholt werden. Wenn der eingegebene Wert nicht
(mehr) gefunden wird, erscheint eine entsprechende Meldung.

Auflisten der Werte von Variablen

> **Analysieren / Berichte / Fälle zusammenfassen** ...

Über die Prozedur SUMMARIZE lassen sich die Werte einer (zuvor geladenen) Datei vollständig oder teilweise im Ausgabefenster auflisten und von dort anschließend ausdrucken. Diese Möglichkeit kann z. B. von Nutzen sein, wenn nach der Neueingabe von Daten eine Durchsicht nach Fehlern erfolgen soll. Über die Menüpunkte erhält man die nachfolgende Dialogbox:

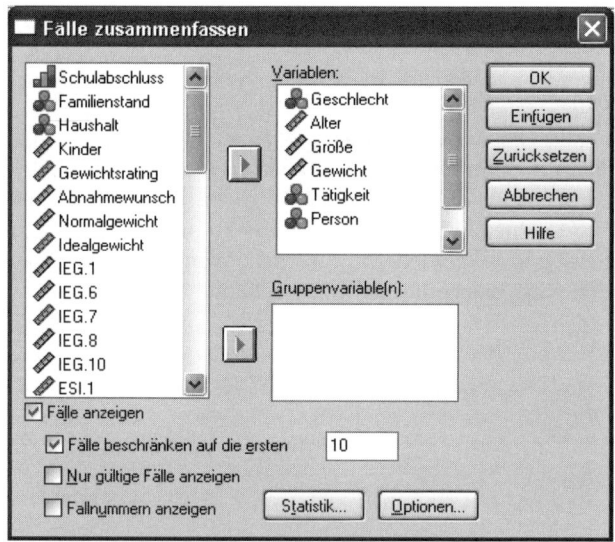

Hier sind im Feld *Variablen* die Merkmale aufzuführen, deren Werte aufgelistet werden sollen. Die Voreinstellung *Fälle anzeigen* muss (verständlicherweise) beibehalten werden, während *Nur gültige Fälle anzeigen* abzuwählen ist. Damit die Auflistung im Ausgabefenster nicht zu breit wird (und zur Gesamtbetrachtung seitliches Rollen erforderlich macht), empfiehlt es sich, nicht zu viele Variablen auf einmal anzuführen. Eine Stückelung in Variablengrupppen ist dann meist günstiger.

Im Feld *Fälle beschränken* ... lässt sich festlegen, dass nur die Werte von den ersten n_1 Personen aufgelistet werden. In unserem Beispiel wurde die Ausgabe auf die ersten $n_1 = 10$ Personen der Datei PERDAT.SAV beschränkt. Die Option *Fallnummern anzeigen* sollte gewählt werden, wenn (nur) eine Variable aufgelistet wird, bei der fehlende Werte vorkommen. Denn dann stimmt die standardmäßig ausgegebene Nummerierung nicht mit den Zeilennummern im Datenfenster überein.

Nachfolgend die in der Dialogbox veranlasste Auflistung, die sich aus dem Ausgabefenster dann über **Datei / Drucken** (oder Anklicken des Drucker-Icons ▤ in der Symbolleiste) auf's Papier bringen lässt. Weggelassen wurde die Tabelle »Verarbeitete Fälle«, in der für die einzelnen Variablen die Anzahlen gültiger und fehlender Werte zusammengestellt sind.

Zusammenfassung von Fällen[a]

		Geschlecht	Alter	Größe	Gewicht	Tätigkeit	Person
1		2	48	178	82	2	1
2		1	38	173	65	3	2
3		1	25	165	55	2	3
4		1	48	160	54	1	4
5		1	35	168	65	1	5
6		2	29	181	75	2	6
7		1	21	172	66	6	7
8		2	.	187	72	3	8
9		2	25	185	84	3	9
10		1	45	166	61	3	10
Insgesamt	N	10	9	10	10	10	10

a. Begrenzt auf die ersten 10 Fälle.

Drucken der Werte aus dem Daten-Editor

Der Druck einer Datei oder eines Teils der Werte kann auch aus dem Datenfenster heraus vorgenommen werden. Eine Auswahl von mehreren Variablen (und Fällen) ist hier allerdings nur möglich, wenn diese direkt aufeinanderfolgen. Wenn sämtliche Werte der Datei aufgelistet werden sollen, muss lediglich das Drucker-Icon ▤ in der Symbolleiste angeklickt werden. Über **Ansicht / Gitterlinien** lässt sich bestimmen, ob die Linien des Datenfensters im Ausdruck enthalten sein sollen oder nicht. Falls aus der Datei nur ein markierter Ausschnitt gedruckt werden soll, muss dies in der Dialogbox **Drucken** im Feld *Druckbereich* durch Anklicken von *Markierung* eingestellt werden. Hier kann bei Bedarf auch ein zu druckender *Seiten*-Bereich festgelegt werden.

Sortieren von Daten

> **➤ Daten / Fälle sortieren ...**

Der SORT-Befehl sortiert die Fälle einer Datei in aufsteigender oder absteigender Reihenfolge nach einer oder mehreren Variablen. Die Notwendigkeit der Sortierung nach einer Personen-Identifizierungsvariablen besteht z. B. in bestimmten Fällen bei der Vereinigung der Variablen einer Datei 1 mit den Variablen einer Datei 2 (vgl. Kapitel 9). Wird nach mehr als einer Variablen sortiert, erfolgt die Sortierung der folgenden jeweils innerhalb der vorausgehenden Variablen. Durch Anwahl der Menüpunkte erhält man die nachfolgende Dialogbox:

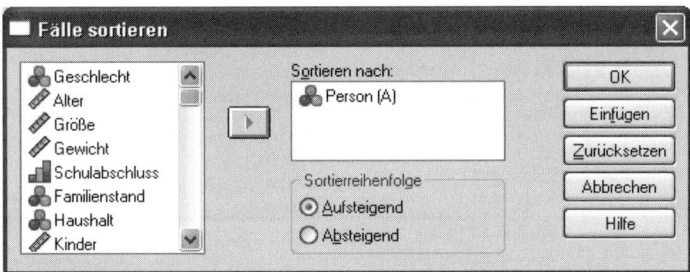

In der Regel muss lediglich nach einer Variablen sortiert werden. Diese ist im Feld *Sortieren nach* einzugeben. Voreingestellt ist die Sortier-Reihenfolge *Aufsteigend*, angezeigt durch ein vom Programm beim Variablennamen zugefügtes [A] für *ascending order*. Wird eine absteigende Sortierung gewählt, erhält die Variable die Kennung [D] für *descending*.

Enthält die Sortier-Variable fehlende Werte, erscheinen die Missing-Felder bei aufsteigender Sortierung am Anfang vor den kleinsten Werten, bei absteigender Sortierung am Ende der Datei nach diesen.

Die über den [OK]-Schalter veranlasste (und im Ausgabefenster angezeigte) Sortierung besteht zuerst lediglich für die im Arbeitsspeicher befindlichen Daten. Durch Abspeichern kann die Datei dann dauerhaft in die sortierte Form gebracht werden.

Zusammenfügung von Dateien: Fälle hinzufügen

➤ **Daten / Dateien zusammenfügen / Fälle hinzufügen** ...

Mit der ADD-FILES-Anweisung können die Daten zweier Systemdateien so zusammengefügt werden, dass in der neuen Datei die Personen der erstgenannten Datei vor denen der zweitgenannten stehen. Pro Anweisung lässt sich immer nur eine Datei dem im Arbeitsspeicher befindlichen Datensatz anfügen. Sollen mehr als zwei Dateien zusammengefügt werden, muss dies in aufeinanderfolgenden Schritten geschehen.

Es ist nicht erforderlich, dass die Variablen in beiden Dateien die gleiche Reihenfolge aufweisen. Auch Anzahl und Benennung der Variablen können – wenn es sich nicht vermeiden lässt – unterschiedlich sein. Weiterhin müssen nicht sämtliche Variablen der beiden Dateien in die neue übernommen werden.

Zur Illustration des Vorgehens wurden zwei kurze Beispieldateien erstellt. Nachfolgend der erste File DATEI1.SAV, an den die Daten von DATEI2.SAV angefügt werden sollen.

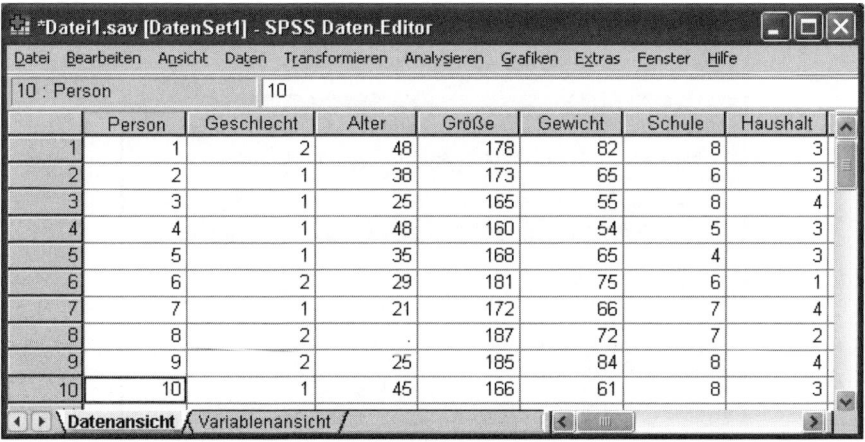

Um die Möglichkeiten des ADD-FILES-Befehls besser demonstrieren zu können, ist im Beispiel der komplizierteste Fall demonstriert, bei dem sich die zusammenzufügenden Dateien strukturell in vier Aspekten unterscheiden: [1] Die Reihenfolge der Variablen ist nicht die gleiche; die Variable PERSON steht in Datei 1 am Anfang, in Datei 2 am Ende. [2] »Gleiche« Variablen haben unterschiedliche Namen. Die »Körperhöhe« ist in Datei 1 mit GRÖßE, in Datei 2 mit HÖHE bezeichnet. [3] Die Dateien enthalten teilweise unterschiedliche Variablen; HAUSHALT ist nur in Datei 1, FAMILIE nur in Datei 2 enthalten. [4] Ein Teil der Variablen hat in den Dateien unterschiedliches Format; so sind die Werte von ALTER in Datei 1 ganzzahlig, während sie in Datei 2 eine Nachkommastelle aufweisen.

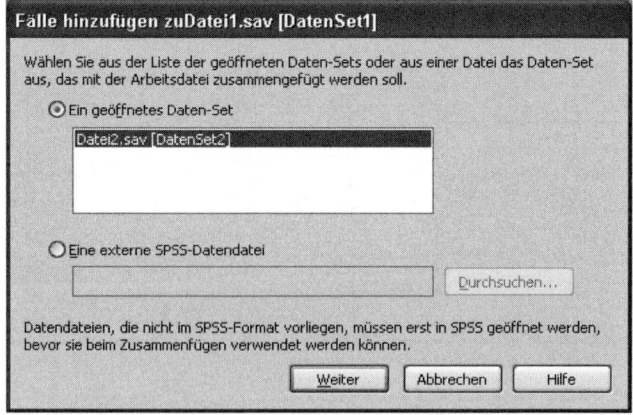

Datei2.sav [DatenSet2] - SPSS Daten-Editor

Datei Bearbeiten Ansicht Daten Transformieren Analysieren Grafiken Extras Fenster Hilfe

7 : Person   17

	Geschlecht	Alter	Höhe	Gewicht	Schule	Familie	Person
1	1	55,0	164,0	60,0	2	2	11
2	1	53,0	167,0	78,0	4	2	12
3	1	42,0	168,0	64,0	8	2	13
4	1	55,0	176,0	72,0	8	2	14
5	1	23,0	165,0	51,0	6	1	15
6	1	50,0	166,0	62,0	2	2	16
7	2	52,0	180,0	89,0	4	2	17

Datenansicht / Variablenansicht

Als Erstes sind nun die Dateien zu laden, deren Fälle zusammengefügt werden sollen. In der (»ersten«) Datei, zu der weitere Fälle angefügt werden sollen, erhält man anschließend über die Menüpunkte die nachfolgende Box, in der die gewünschte zweite Datei zu markieren und dann [Weiter] anzuklicken ist.

Fälle hinzufügen zuDatei1.sav [DatenSet1]

Wählen Sie aus der Liste der geöffneten Daten-Sets oder aus einer Datei das Daten-Set aus, das mit der Arbeitsdatei zusammengefügt werden soll.

◉ Ein geöffnetes Daten-Set

Datei2.sav [DatenSet2]

○ Eine externe SPSS-Datendatei

Durchsuchen...

Datendateien, die nicht im SPSS-Format vorliegen, müssen erst in SPSS geöffnet werden, bevor sie beim Zusammenfügen verwendet werden können.

[Weiter] [Abbrechen] [Hilfe]

In der danach erscheinenden Dialogbox enthält das Feld *Variablen in neuer Arbeitsdatei* die Merkmale, die in beiden Dateien identisch sind. Dass Variablen in Datei 1 und 2 z.T. an unterschiedlichen Positionen stehen, wird vom Programm »entdeckt«, wie die Aufnahme von PERSON zeigt.

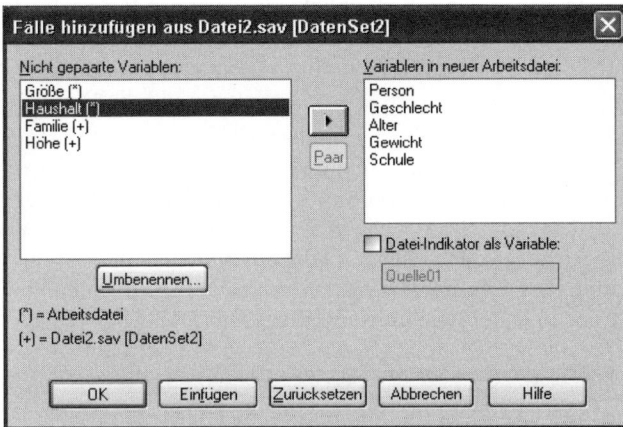

Im Feld *Nicht gepaarte Variablen* sind dagegen die Merkmale aufgeführt, die nur in einer der beiden Dateien festgestellt wurden. Hierbei bedeuten: [*] = nur in der ersten Datei (»Arbeitsdatei«) vorhanden, [+] = nur in der zweiten. Es muss nun entschieden werden, ob die in nur einer Datei vorhandenen Variablen in die neue Datei aufgenommen werden sollen. Die Variablen, bei denen dies geschehen soll, werden dazu angeklickt und anschließend ins rechte Feld verlagert (im gegebenen Beispiel: HAUSHALT [*] und FAMILIE [+]).

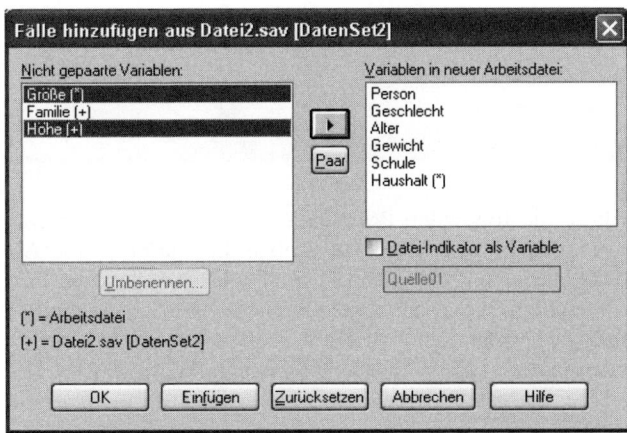

Variablen, die in Datei 1 und 2 unterschiedlich benannt sind, müssen für ihre korrekte Aufnahme unter einem (gemeinsamen) Namen zuvor miteinander verknüpft werden. Als Erstes sind hierzu beide Variablen zu markieren. Dies geschieht bei benachbarten Variablen durch Anklicken bei gedrückter ⊙-Taste. Wenn ihre Namen im Feld hingegen nicht aufeinander folgen, werden sie bei gedrückt gehaltener [Strg]-Taste nacheinander angeklickt. In unserem Beispiel erfolgt dies für GRÖßE [*] und HÖHE [+]. Ein Anklicken von [Paar] verlagert beide Variablen dann ins rechte Feld, dort verknüpft durch ein &-Zeichen (Größe & Höhe).

Nach Abschluss der Variablenselektion veranlasst ein Anklicken von [OK] die Zusammenfügung. Die im Datenfenster angezeigten Werte der aneinandergefügten Stichproben befinden sich nun alle in der Ausgangsdatei (DATEI1.SAV). Beim Abspeichern ist deshalb Vorsicht geboten. Einfaches **Datei / Speichern** (oder Anklicken von 🖫) überschreibt hier die Ausgangsdatei mit dem erweiterten Datensatz. Wenn die Ausgangsdatei dagegen erhalten bleiben soll (was aus Sicherheitsgründen zu empfehlen ist), müssen die zusammengefügten Daten über **Speichern unter** in einer neuen Datei (wie im Beispiel als DATEI12.SAV) »abgelegt« werden.

	Person	Geschlecht	Alter	Größe	Gewicht	Schule	Haushalt	Familie
1	1	2	48	178	82	8	3	.
2	2	1	38	173	65	6	3	.
3	3	1	25	165	55	8	4	.
4	4	1	48	160	54	5	3	.
5	5	1	35	168	65	4	3	.
6	6	2	29	181	75	6	1	.
7	7	1	21	172	66	7	4	.
8	8	2		187	72	7	2	.
9	9	2	25	185	84	8	4	.
10	10	1	45	166	61	8	3	.
11	11	1	55	164	60	2	.	2
12	12	1	53	167	78	4	.	2
13	13	1	42	168	64	8	.	2
14	14	1	55	176	72	8	.	2
15	15	1	23	165	51	6	.	1
16	16	1	50	166	62	2	.	2
17	17	2	52	180	89	4	.	2

Datei12.sav [DatenSet1] - SPSS Daten-Editor
Datei Bearbeiten Ansicht Daten Transformieren Analysieren Grafiken Extras Fenster Hilfe
17 : Person   17
Datenansicht / Variablenansicht

Das Beispiel lässt die folgenden Prinzipien beim Anfügen einer Datei 2 an eine Datei 1 erkennen: [1] In der neuen Datei haben die Variablen die Abfolge wie in Datei 1. [2] Das Variablenformat von Datei 1 wird für die neue Datei übernommen. [3] Bei Variablen, die in den Dateien unterschiedlich benannt sind, wird der Name aus Datei 1 übernommen. [4] Bei Variablen, die nur in einer Datei vorhanden sind, werden in der anderen Datei die fehlenden Werte auf {.} gesetzt.

Zusammenfügung von Dateien: Variablen hinzufügen

> **➤ Daten / Dateien zusammenfügen / Variablen hinzufügen ...**

Mit der MATCH-FILES-Anweisung können einer Datei 1, die die Daten von n Personen enthält, weitere Daten (Variablen) dieser Personen aus einer Datei 2 zugefügt werden. Wenn die Dateien keine Variablen enthalten, in denen eine Personennummer vermerkt ist, müssen beide Dateien aus den gleichen n Personen bestehen, sortiert in der gleichen Abfolge.

Falls Identifizierungsvariablen vorliegen, lassen sich die Daten auch dann zuordnen, wenn bestimmte Personen nur in einer der beiden Dateien vorhanden sind. Pro Anweisung lässts sich immer nur eine Datci dem im Arbeitsspeicher befindlichen Datensatz anfügen. Sollen mehr als zwei Dateien zusammengefügt werden, muss dies in aufeinanderfolgenden Schritten geschehen.

Es soll als Erstes der (in der Regel vorliegende) Fall besprochen werden, dass beide Dateien aus den gleichen n Personen bestehen, deren Abfolge identisch ist. Nachfolgend zwei Beispieldateien, bei denen dies der Fall ist. Die in beiden Dateien dennoch vorliegende Personen-Identifizierungsvariable PERSON wird für die Zusammenfügung nicht benötigt. Die Variablen dieser Dateien TEIL1.SAV und TEIL2.SAV sollen zu einer neuen Datei GESAMT1.SAV zusammengefügt werden.

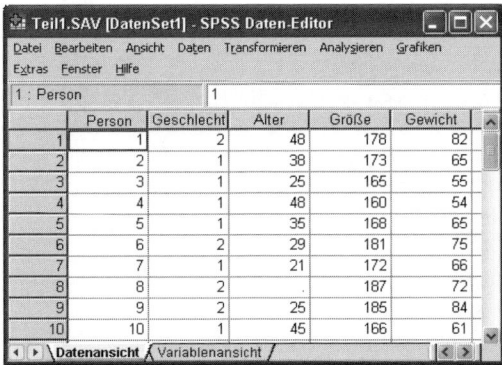

Als Erstes sind nun die Dateien zu laden, deren Variablen zusammengefügt werden sollen. In der (»ersten«) Datei, bei der weitere Variablen angefügt werden sollen, erhält man anschließend über die Menüpunkte die nachfolgende Box, in der die gewünschte zweite Datei zu markieren und dann [Weiter] anzuklicken ist.

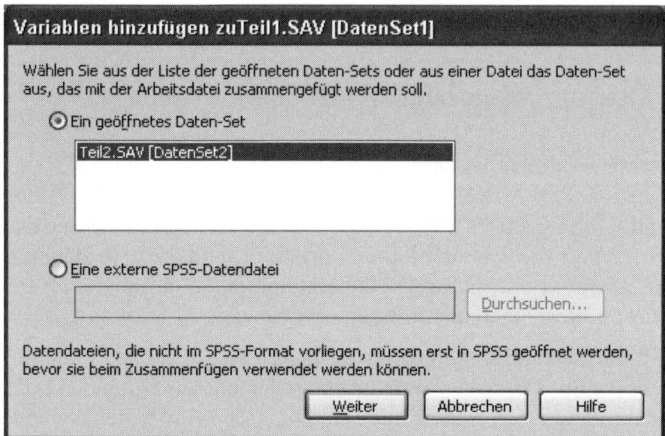

In der danach erscheinenden Dialogbox enthält das Feld *Neue Arbeitsdatei* die Variablen, die in die Gesamtdatei aufgenommen werden. Hierbei sind Variablen aus der ersten Datei mit einem [*] kenntlich gemacht, Variablen aus Datei 2 mit einem [+].

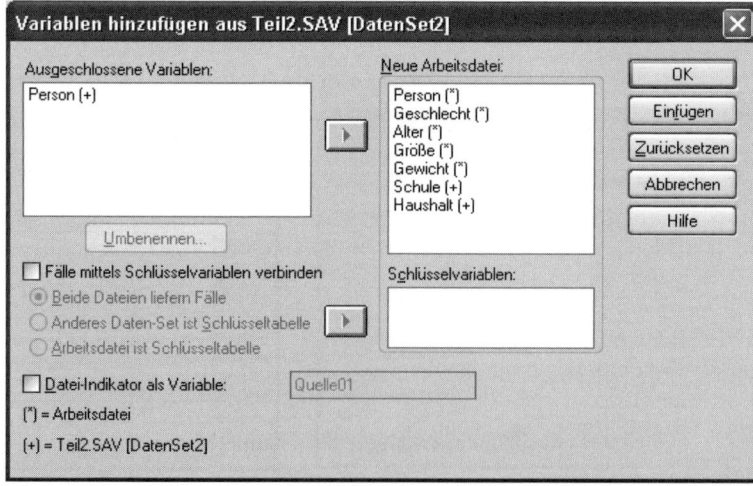

Im Feld *Ausgeschlossene Variablen* finden sich Merkmale aus der zweiten Datei, deren Bezeichnungen mit Variablennamen aus der ersten Datei identisch sind. Im vorliegenden Beispiel kann man es beim Ausschluss von PERSON belassen, weil die Personennummer in der neuen Datei nicht zweimal vorkommen soll. Falls man die ausgeschlossene Variable dennoch aufnehmen möchte, muss sie vorher umbenannt werden.

Ein Anklicken von [OK] veranlasst dann die Zusammenfügung. Die im Datenfenster angezeigten Werte der aneinandergefügten Files befinden sich nun alle in der Ausgangsdatei (TEIL1.SAV). Beim Abspeichern ist deshalb Vorsicht geboten.

Einfaches **Datei / Speichern** (oder Anklicken von 🖫) überschreibt hier die Ausgangsdatei mit dem erweiterten Datensatz. Wenn die Ausgangsdatei dagegen erhalten bleiben soll (was aus Sicherheitsgründen zu empfehlen ist), müssen die zusammengefügten Daten über **Speichern unter** in einer neuen Datei – wie im Beispiel als GESAMT1.SAV – »abgelegt« werden.

	Person	Geschlecht	Alter	Größe	Gewicht	Schule	Haushalt
1	1	2	48	178	82	8	3
2	2	1	38	173	65	6	3
3	3	1	25	165	55	8	4
4	4	1	48	160	54	5	3
5	5	1	35	168	65	4	3
6	6	2	29	181	75	6	1
7	7	1	21	172	66	7	4
8	8	2	.	187	72	7	2
9	9	2	25	185	84	8	4
10	10	1	45	166	61	8	3

Gesamt1.sav [DatenSet1] - SPSS Daten-Editor. Datei Bearbeiten Ansicht Daten Transformieren Analysieren Grafiken Extras Fenster Hilfe. 10 : Person — 10. Datenansicht / Variablenansicht.

Die auf der nächsten Seite zusammengestellten Dateien PART1.SAV und PART2.SAV illustrieren den Fall, dass bestimmte Personen nur in einer Datei vorhanden sind. So fehlt in der ersten Datei die Person 7, während in der zweiten Datei von den Personen 1, 4 und 9 keine Daten vorhanden sind. Beide Dateien enthalten jedoch die Personen-Identifizierungsvariable PERSON, so dass eine Vereinigung der Dateien möglich ist. Dazu müssen jedoch beide Dateien nach der Identifizierungsvariablen in aufsteigender Reihenfolge sortiert sein (falls dies noch nicht der Fall ist, s. Kapitel 7).

Es werden als Erstes wieder beide Dateien geladen und in der ersten Datei (PART1.SAV) die Menüpunkte, die Datei PART2.SAV sowie [Weiter] angelickt.

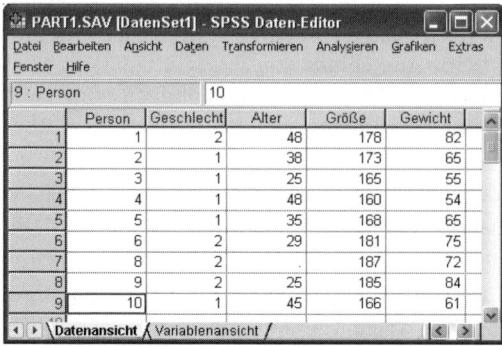 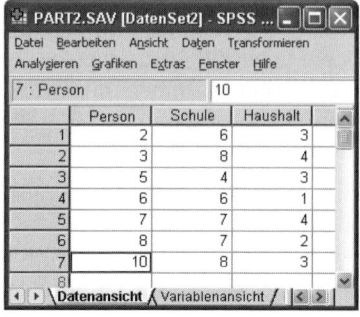

Es erscheint dann die nachfolgende (bereits bekannte) Dialogbox. Sie enthält im Feld *Ausgeschlossene Variablen* den Namen der Personen-Identifizierungsvariablen aus der zweiten Datei (im Beispiel: PERSON [+]). Es ist nun die Option *Fälle mittels Schlüsselvariablen verbinden* anzuklicken und die Voreinstellung bei *Beide Dateien liefern Fälle* zu belassen. Anschließend lässt sich die Identifizierungsvariable ins Feld *Schlüsselvariablen* verlagern.

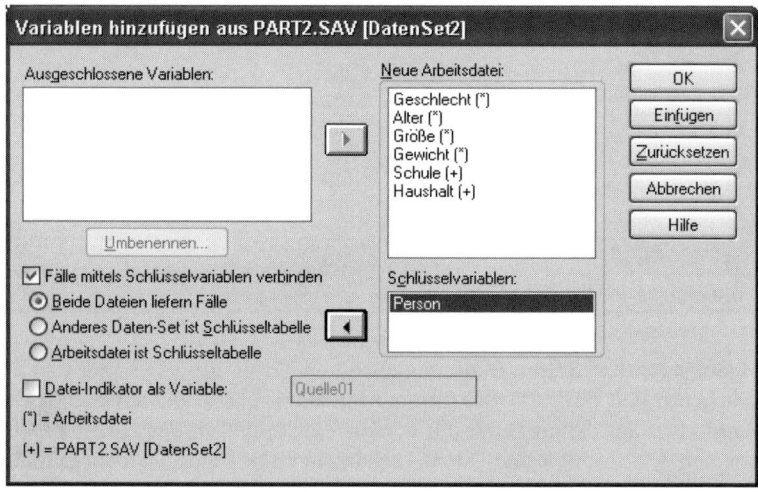

Ein Anklicken von [OK] veranlasst die Zusammenfügung der Dateien. Vorher weist das Programm allerdings in einer Box noch einmal warnend darauf hin, dass das Ergebnis der Vereinigung nur brauchbar ist, wenn beide Dateien nach der Schlüsselvariablen sortiert sind.

Die im Datenfenster angezeigten Werte der aneinandergefügten Files befinden sich nun alle in der Ausgangsdatei (PART1.SAV). Um die »alte« Datei nicht mit dem erweiterten Datensatz zu überschreiben, empfiehlt sich wieder ein **Speichern unter** in einer neuen Datei. Nachfolgend die in unserem Beispiel erzeugte (und beim Speichern mit GESAMT2.SAV bezeichnete) Datei:

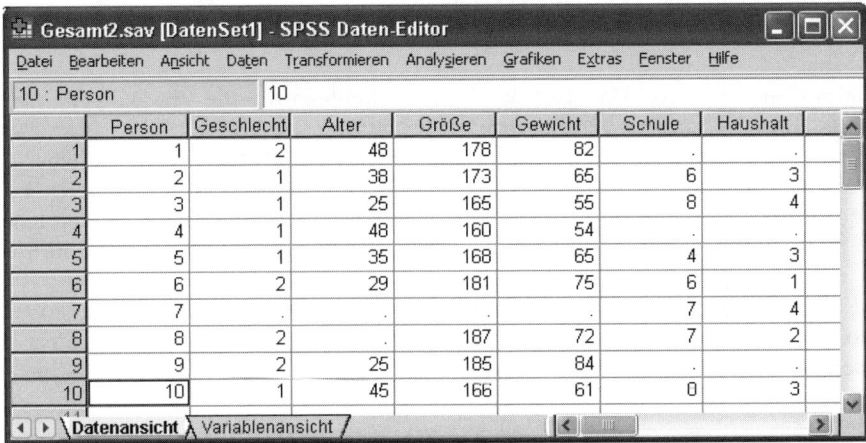

Die neue Datei enthält die nach der Identifizierungsvariablen sortierten Daten sämtlicher Personen, die in Datei 1 und/oder Datei 2 einen Wert in dieser Variablen hatten, wobei fehlende Werte jeweils auf {.} gesetzt sind.

Generierung von Variablen

> ➤ **Transformieren / Variable berechnen ...**

Beim Generieren von Variablen wird einer Variablen für alle Personen ein Wert nach einer bestimmten Rechenregel zugewiesen. Dabei können die erzeugten Werte sowohl als neue Variable der Datei hinzugefügt als auch in eine bestehende Variable statt der alten Werte hineingeschrieben werden. So könnte z. B. der Wunsch bestehen, aus der in einer Variablen GRÖßE in »cm« ausgedrückten Körperhöhe der Personen eine Variable zu erzeugen, bei der dieses Merkmal in Metern gemessen ist. Im Fall einer Rechenregel wie »GRÖßEMET = GRÖßE/100« würde eine neue Variable GRÖßEMET mit den Meter-Werten erzeugt, während bei Formulierung der Anweisung »GRÖßE = GRÖßE/100« die cm-Werte in der Variablen GRÖßE durch die neuen m-Werte überschrieben würden.

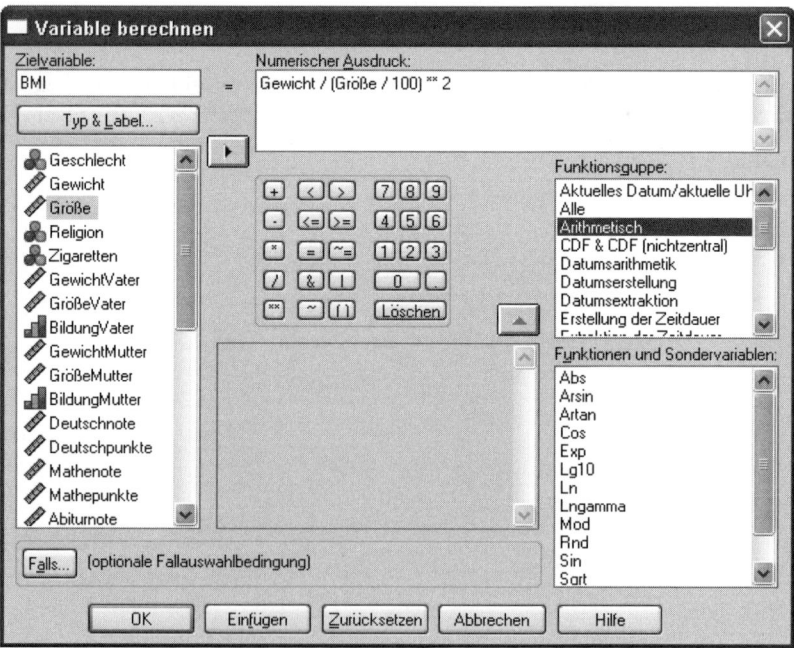

Nach Wahl der Menüpunkte **Transformieren / Variable berechnen** erscheint eine Dialogbox, bei der im Feld *Zielvariable* der Name der Variablen eingegeben wird, der die neuen Werte zugewiesen werden sollen. Dies kann (wie gesagt) ein neuer Name oder der einer bereits existierenden Variablen sein. Die Rechenregel, nach der der Zielvariablen aufgrund bestehender Variablen Werte zugewiesen werden, ist im Feld *Numerischer Ausdruck* zu formulieren. Wem die Eingabe des Ausdrucks mittels Tastatur schwer fällt, kann die benötigten Variablennamen, Zahlen und Symbole auch durch entsprechendes Anklicken im taschenrechnerartigen Tastenfeld erzeugen.

Bei den numerischen Ausdrücken werden Multiplikation durch einen Stern {*}, Division durch den Schrägstrich {/} und Exponentation durch zwei Sterne {**} veranlasst (zum Wurzelziehen s. Kapitel 14). Enthält der Ausdruck Zahlen mit Nachkommastellen, muss ein Punkt als Dezimalzeichen verwendet werden. Bei Multiplikation mit oder von Klammerausdrücken darf das Multiplikationszeichen nicht weggelassen werden. Wenn eine Person bei einer der Variablen im numerischen Ausdruck keinen Wert hat, erhält sie bei der Zielvariablen ebenfalls einen Fehlend-Wert.

Im wiedergegebenen Beispiel wird mit der (neuen) Variablen BMI für jede Person der »Body Mass Index« (als Indikator des Gewichtsstatus') erzeugt, der ausgehend von Körpergewicht (in kg) und -höhe (in m) als der Quotient »kg/m^2« definiert ist. Da bei der Variablen GRÖßE (in der Datei FRABOGEN.SAV) die Körperhöhe in cm gemessen ist, muss sie für den Index mit der Division durch 100 in Meter umgewandelt werden.

Der Zielvariablen kann in dem durch Anklicken von [Typ & Label] erhältlichen Dialogfeld ein Langname zugewiesen werden. Bei Wahl der Möglichkeit *Ausdruck als Label verwenden* lässt sich diesem Namen später entnehmen, wie die Variable erzeugt wurde.

Wurde bei der Zielvariablen der Name einer bestehenden Variablen eingegeben (was zu einem Überschreiben der alten Werte führt), fragt das Programm vor Ausführung der Anweisung nach, ob man dies wirklich möchte. (»Bestehende Variable verändern?«). Da nach dem Überschreiben die alten Werte nicht mehr verfügbar sind, sollte man dieses Vorgehen nur selten und mit Vorsicht anwenden. Denn ein etwaiger inhaltlicher Fehler im numerischen Ausdruck – der zu falschen Va-Variablenwerten geführt hat – ist zumindest nach dem Abspeichern der Datei in der Regel nicht mehr korrigierbar.

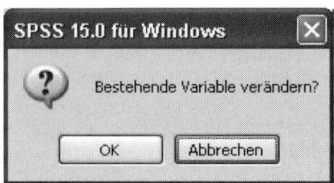

Bei der Erzeugung von Variablen kann – wie eine Durchsicht der entsprechenden Felder in der Dialogbox **Variable berechnen** zeigt – auf eine erhebliche Anzahl von Funktionen zurückgegriffen werden. Die Besprechung (einer Auswahl) dieser Funktionen erfolgt in den Kapiteln 14 und 15.

Der über die Dialogbox veranlassten Generierung oder Transformierung von Variablen liegt die COMPUTE-Anweisung von SPSS zugrunde. Das nachfolgende Syntax-Fenster zeigt im obigen Beispiel über das Dialogfeld veranlassten Befehle.

```
COMPUTE BMI = Gewicht / (Größe / 100)**2 .
EXECUTE .
```

Wenn eine größere Anzahl von Variablen erzeugt werden soll, kann es ökonomischer sein, die entsprechenden COMPUTE-Befehle direkt im Syntax-Editor einzugeben. Zum Arbeiten mit derartigen Befehlsdateien siehe Kapitel 84.

Beispiele ✳

Bei den nachfolgenden Beispielen werden Variablen der Datei FRABOGEN. SAV herangezogen. Im Kasten links vom Gleichheitszeichen befindet sich jeweils die Variable, die in der Dialogbox auf S. 40 im Feld *Zielvariable* einzugeben ist, während der rechte Kasten den numerischen Ausdruck enthält (einzugeben im entsprechenden Feld der Dialogbox). Falls mit der Befehlssyntax gearbeitet wird, müsste z.B. die Anweisung für das erste Beispiel wie folgt lauten: COMPUTE Gramm = Gewicht * 1000.

| Gramm | = | Gewicht * 1000 |

Multipliziert die Werte in der Variablen GEWICHT (gemessen in kg) mit 1000 und schreibt das Ergebnis in die neue Variable GRAMM. Die alte Variable GEWICHT bleibt unverändert erhalten.

| Gewicht | = | Gewicht * 1000 |

Wandelt die Kilogramm-Werte der Variablen GEWICHT in Gramm-Werte um. Die alten Werte werden somit überschrieben.

| Broca | = | Größe – 100 |

Berechnet mit der neuen Variablen BROCA das »Normalgewicht« einer Person (Körperhöhe in cm minus 100 = Normalgewicht in kg).

| Abnorgew | = | Gewicht – Broca |

Die neue Variable ABNORGEW enthält die Abweichung des Gewichts einer Person vom Normalgewicht (positive und negative kg-Werte möglich).

| Abnorgew | = | Gewicht – Größe + 100 |

Fasst die Berechnung der Abweichung vom Normalgewicht in einer Anweisung zusammen.

| ItemMittel | = | (Item1 + Item2 + Item3 + Item4) / 4 |

Berechnet für jede Person ihren Durchschnittswert für die Items 1 bis 4. Im Fall der Nichtbeantwortung von einem oder mehreren der vier Items erhält die neue Variable ITEMMITTEL einen Fehlend-Wert {.}. Die Bildung derartiger Summen bzw. Mittelwerte lässt sich auch – und bei Vorliegen von fehlenden Werten befriedigender – über entsprechende Funktionen vornehmen (siehe Kapitel 15).

Bedingte Generierung von Variablen

> **Transformieren / Variable berechnen ...**

Bei der bedingten Generierung von Variablen wird einer Person in einer Variablen nur dann ein Wert nach einer definierten Rechenregel zugewiesen, wenn die Person eine bestimmte Bedingung erfüllt. Dabei können die erzeugten Werte sowohl als neue Variable der Datei hinzugefügt als auch in eine bestehende Variable statt der alten Werte hineingeschrieben werden.

Ein Beispiel wäre die Berechnung des sog. *Idealgewichts*, das für Frauen und Männer unterschiedlich definiert ist. So bestimmt es sich bei Frauen nach der Regel *Idealgewicht (in kg) = Körperhöhe (in cm) minus 100 minus 15%*, während bei Männern die Differenz (cm – 100) nur um 10% zu vermindern ist. Welche der beiden Rechenregeln angewendet wird, ist somit abhängig vom Wert der Person in der Variablen »Geschlecht«.

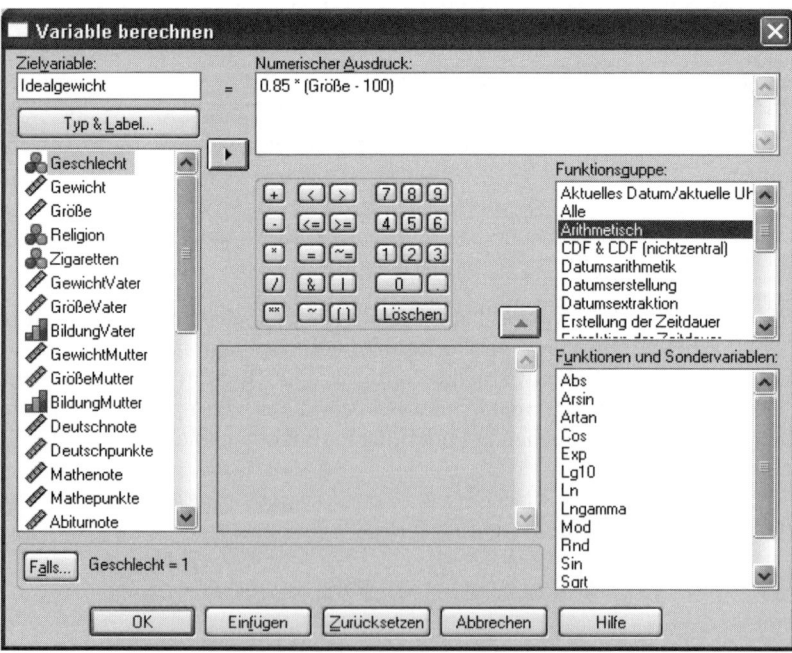

Zum bedingten Generieren einer Variablen wird als Erstes (wie beim »allgemeinen« Generieren, vgl. Kapitel 10) in der Eingangs-Dialogbox im Feld *Zielvariable* der Name der zu erzeugenden Variablen eingegeben. Dies kann ein neuer Name oder der einer bereits existierenden Variablen sein. Die Rechenregel, nach der der Zielvariablen aufgrund bestehender Variablen Werte zugewiesen werden, ist im Feld *Numerischer Ausdruck* zu formulieren (siehe dazu die Ausführungen beim »allgemeinen« Generieren auf S. 41). Nach Eingabe des numerischen Ausdrucks muss über die Schaltfläche [Falls] das nachfolgende Dialogfeld zur Definition der Bedingung für das Ausführen der Berechnungen aufgerufen werden.

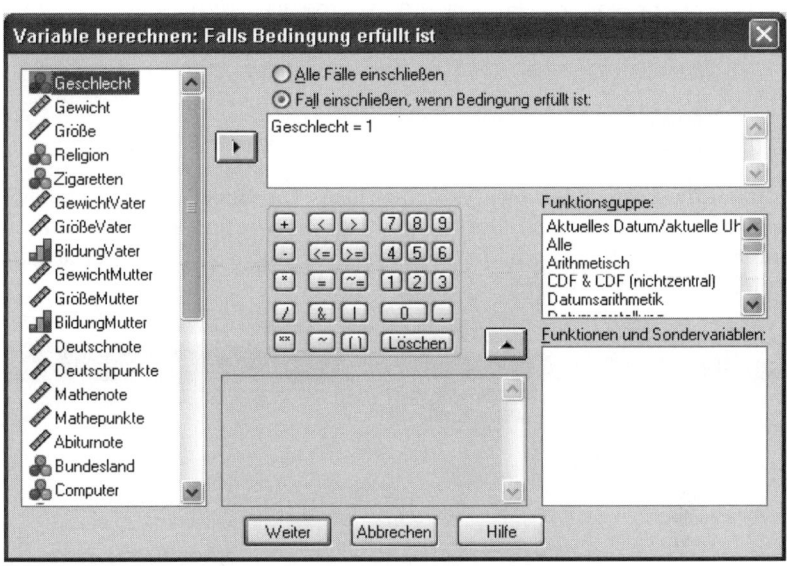

Nach Anklicken von *Fall einschließen, wenn Bedingung erfüllt ist* wird im darunterliegenden Feld diese Bedingung formuliert. Die hierzu benötigten Vergleichsoperatoren können durch Tasten angewählt oder aber direkt eingegeben werden: gleich {=}, kleiner als {<}, größer als {>}, größer oder gleich {>=}, kleiner oder gleich {<=}, sowie ungleich {<>}. Für die logischen Operatoren UND und ODER verwendet man am besten die englischen Bezeichnungen AND und OR oder wählt die Symbole {&} bzw. {|} an.

In dem in den Dialogboxen wiedergegebenen Beispiel wird (in der Datei FRABO-GEN.SAV) eine neue Variable IDEALGEWICHT erzeugt, die bei den Frauen (GESCHLECHT = 1) das oben definierte Idealgewicht enthält. In einem nächsten Schritt müsste dieses Merkmal nun für die Männer (GESCHLECHT = 2) wie folgt erzeugt werden: Idealgewicht = 0.90 * (Größe – 100).

Wurde im Eingangs-Dialogfeld bei der Zielvariablen der Name einer bestehenden Variablen eingegeben (was zu einem Überschreiben der alten Werte führt), fragt das Programm vor Ausführung der Anweisung nach, ob man dies wirklich möchte (»Bestehende Variable verändern?«).

Der über die Dialogbox durchgeführten bedingten Generierung oder Transformierung von Variablen liegt die IF-Anweisung von SPSS zugrunde. Das nachfolgende Syntax-Fenster zeigt die im obigen Beispiel über das Dialogfeld veranlassten Befehle.

```
IF (Geschlecht = 1) Idealgewicht = 0.85 * (Größe - 100) .
EXECUTE .
```

Beispiel 1

Es wird auf die Daten des 2×3-faktoriellen Plans von BEISPIEL 1 in Kapitel 57 zurückgegriffen (Zeilenfaktor LEISTUNGSNIVEAU, Spaltenfaktor LEHRMETHODE). In Tabelle ❷ auf S. 329 sind u. a. die Mittelwerte der sechs Zellen in der abhängigen Variablen TESTPUNKTE wiedergegeben.

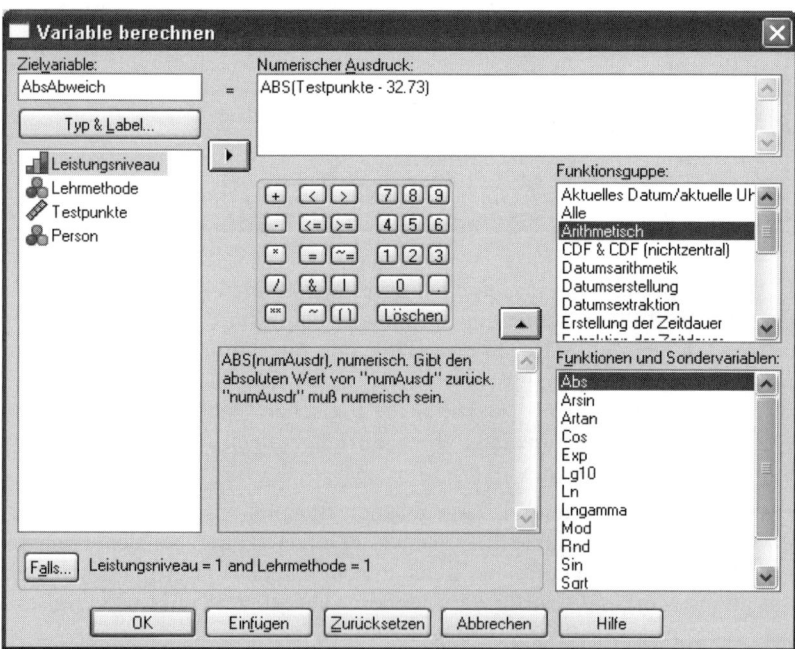

Es soll nun eine Variable ABSABWEICH erzeugt werden, die die absolute Abweichung der Personen von ihrem jeweiligen Zellenmittel enthält. In der vorangehenden Dialogbox ist die Erzeugung der ABSABWEICH-Werte für die Zelle J_1K_1 (LEISTUNGSNIVEAU = 1, LEHRMETHODE = 1) gezeigt. Die Absolutsetzung der Abweichungswerte wird mit der ABS-Funktion erreicht.

Da eine derartige Berechnung für jede der sechs Zellen zu veranlassen ist, empfiehlt sich das Arbeiten mit einer Befehlsdatei. Nachfolgend die im Syntax-Editor eingegebenen Anweisungen.

```
IF (Leistungsniveau = 1 and Lehrmethode = 1)
   AbsAbweich = abs(Testpunkte – 32.73) .
IF (Leistungsniveau = 1 and Lehrmethode = 2)
   AbsAbweich = abs(Testpunkte – 35.07) .
IF (Leistungsniveau = 1 and Lehrmethode = 3)
   AbsAbweich = abs(Testpunkte – 32.40) .
IF (Leistungsniveau = 2 and Lehrmethode = 1)
   AbsAbweich = abs(Testpunkte – 23.47) .
IF (Leistungsniveau = 2 and Lehrmethode = 2)
   AbsAbweich = abs(Testpunkte – 26.73) .
IF (Leistungsniveau = 2 and Lehrmethode = 3)
   AbsAbweich = abs(Testpunkte – 31.53) .
EXECUTE .
```

Die hier (übungshalber) vorgenommene Erzeugung der Variablen »Absolute Abweichung vom Zellenmittel« kann im konkreten Fall von praktischem Nutzen sein. Denn eine anschließende Bestimmung der Zellenmittel für ABSABWEICH führt zu den Zellenwerten für das Streuungsmaß »Durchschnittliche Abweichung« (⇨ *Deskriptive Statistik, Formel* 39).

Beispiel 2

Unter Betrachtung stehen die Merkmale »Rauchen« und »Alkoholkonsum«. Als problematisch (Risikofaktor) wird der Bereich ab den folgenden Werten angesehen: RAUCHEN (10 Zigaretten pro Tag), ALKOHOL (15g pro Tag). Es soll eine trichotome Variable RISIKO mit den Risikostufen *niedrig* (0), *mittel* (1) und *hoch* (2) gebildet werden, wobei diese wie folgt definiert sind: 0 = *kein*, 1 = *ein* und 2 = *zwei* problematische Werte.

Nachfolgend die – im Syntax-Editor eingegebenen – Befehle, mit denen sich dies erreichen lässt (Zeile 2 und 3 dürfen hierbei nicht vertauscht werden):

```
IF (Rauchen < 10 and Alkohol < 15) Risiko = 0 .
IF (Rauchen >= 10 or Alkohol >= 15) Risiko = 1 .
IF (rauchen>=10 and Alkohol >= 15) Risiko = 2 .
EXECUTE .
```

Beispiel 3

Bei drei Wissensfragen waren jeweils fünf Antwortmöglichkeiten vorgegeben, wobei die folgenden Alternativen die richtigen Lösungen darstellten: FRAGE1 → 2, FRAGE2 → 5, FRAGE3 → 4. Es soll eine Variable TESTWERT erzeugt werden, die die Anzahl der richtigen Lösungen für jede Person enthält. Nichtbeantwortung einer Frage wird hierbei als »nicht gelöst« gewertet. Nachfolgend die (im Syntax-Editor eingegebenen) Befehle, mit denen sich die gewünschte Summe bilden lässt:

```
COMPUTE Testwert = 0 .
IF (Frage1 = 2) Testwert = Testwert + 1 .
IF (Frage2 = 5) Testwert = Testwert + 1 .
IF (Frage3 = 4) Testwert = Testwert + 1.
EXECUTE .
```

Umkodieren von Variablen

> **Transformieren / Umkodieren in ...Variablen**

Beim Umkodieren werden allen oder bestimmten Werten einer Variablen neue Werte zugewiesen. Dabei können die durch Umkodierung erzeugten Werte als neue Variable der Datei hinzugefügt oder in eine bestehende Variable statt der alten Werte hineingeschrieben werden. Im ersten Fall ist im Menü **Transformieren / Umkodieren in andere Variablen** anzuwählen, im zweiten Fall die Option **Umkodieren in dieselben Variablen**. Da im Fall des Überschreibens die alten Werte nicht mehr verfügbar sind, sollte dieser Weg möglichst nicht oder nur mit Vorsicht angewendet werden. Denn etwaige inhaltliche Fehler bei den Umkodierungsanweisungen – die zu falschen neuen Werten geführt haben – sind zumindest nach Abspeichern der Datei meist nicht mehr rückgängig zu machen.

Umkodieren in eine neue Variable

Die Eingaben in die Dialogfelder sollen an Hand eines Beispiels erläutert werden. In der Datei PERDAT.SAV wurde die schulische Bildung (SCHULABSCHLUSS) achtstufig erhoben. Durch Umkodieren soll eine neue Variable SCHULABSCHLUSS4 erzeugt werden, bei der die alten Stufen 1–3 = 1 (*Hauptschule*), 4+5 = 2 (*Realschule*), 6+7 = 3 (*Abitur*) und 8 = 4 (*Studium*) gesetzt sind.

In der ersten Dialogbox wird im Feld *Numerische Var.* die Variable aufgeführt, deren Werte umkodiert werden sollen (hier: SCHULABSCHLUSS). Im Feld *Ausgabevariable* ist der *Name* der zu erzeugenden Variablen anzuführen (hier: SCHUL-ABSCHLUSS4) sowie – optional – ein informatives Label für die Variable. Nach Anklicken von [Zuweisen] erscheint auch der Name der neuen Variablen im Feld *Numerische Var.* Die Umkodierungsregeln werden in der nächsten Dialogbox eingegeben, die man über die Schaltfläche [Alte und neue Werte] erhält.

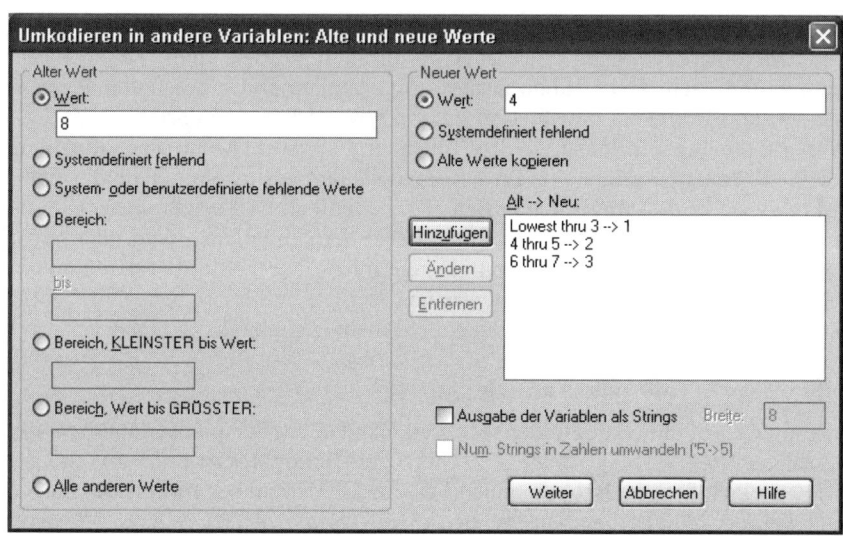

Beim Umkodieren ist jeweils erst links der alte Wert(ebereich) und anschließend rechts der neue Wert zu definieren. Nach Anklicken von [Hinzufügen] erscheint die Rekodierungs-Anweisung im Feld daneben. Bei den alten Werten können Einzelwerte sowie verschiedene Bereiche angegeben werden. In unserem Beispiel wurde Folgendes angeklickt (Eingaben beim alten Wert jeweils kursiv):

- *Bereich, Kleinster bis Wert* [3]   Neuer Wert: [1]
- *Bereich:* [4] *bis* [5]   Neuer Wert: [2]
- *Bereich:* [6] *bis* [7]   Neuer Wert: [3]
- *Wert:* [8]   Neuer Wert: [4]

Personen mit einem fehlenden Wert bei der Ausgangsvariablen erhalten automatisch auch einen Fehlend-Wert {.} bei der neuen Variablen.

Der über die Dialogboxen vorgenommenen Umkodierung liegt die RECODE-Anweisung von SPSS zugrunde. Das nachfolgende Syntax-Fenster zeigt die in unserem Beispiel über die Dialogfelder veranlassten Befehle.

```
RECODE
  Schulabschluss (8 = 4) (Lowest thru 3 = 1) (4 thru 5 = 2) (6 thru 7 = 3)
  INTO Schulabschluss4 .
VARIABLE LABELS Schulabschluss4 'Schulabschluss vierstufig'.
EXECUTE .
```

Umkodieren in eine bestehende Variable (Überschreiben)

Will man beim Umkodieren die Werte der alten Variablen – unwiederbringlich – überschreiben, dann erhält man bei Wahl ders Menüpunkts **Umkodieren in dieselben Variablen** die nachfolgende Dialogbox:

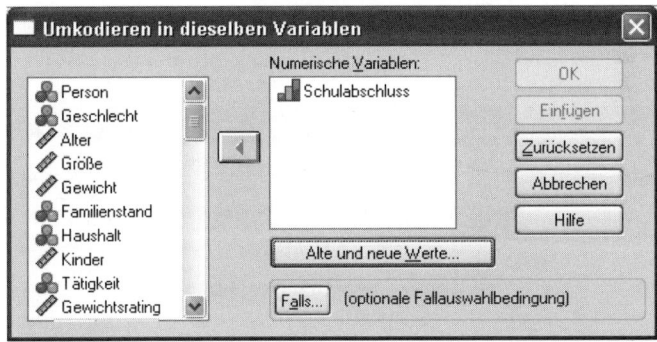

Hier ist im Feld *Numerische Variablen* die umzukodierende Variable einzugeben. Über die Schaltfläche [Alte und neue Werte] erhält man anschließend die Dialogbox zum Eingeben der Umkodierungsanweisungen.

Beispiel 1

In einer Stichprobe von Erwachsenen sollen an Hand der (ganzzahligen) Variablen ALTER fünf Altersgruppen wie folgt gebildet und kodiert werden: *1 = 24 Jahre und jünger, 2 = 25–29 Jahre, 3 = 30–34 Jahre, 4 = 35–39 Jahre* und *5 = 40 Jahre und älter.* Die ursprünglichen Alterswerte sollen erhalten bleiben, die Kodierungen in eine (neue) Variable ALTERSGRUPPE geschrieben werden.

In der ersten Dialogbox werden dazu alte und neue Variable (ALTER und ALTERSGRUPPE) eingegeben. Die Kodierungsanweisungen in der nächsten Box stellen sich dann wie folgt dar (Eingaben beim alten Wert jeweils kursiv):

- *Bereich, Kleinster bis Wert* $\boxed{24}$ Neuer Wert: $\boxed{1}$
- *Bereich:* $\boxed{25}$ *bis* $\boxed{29}$ Neuer Wert: $\boxed{2}$
- *Bereich:* $\boxed{30}$ *bis* $\boxed{34}$ Neuer Wert: $\boxed{3}$
- *Bereich:* $\boxed{35}$ *bis* $\boxed{39}$ Neuer Wert: $\boxed{4}$
- *Bereich,* $\boxed{40}$ *Wert bis grösster*   Neuer Wert: $\boxed{5}$

Beispiel 2

Eine Datei enthält sieben Einstellungsitems (ITEM.1 bis ITEM.7), die alle das folgende Antwortformat aufweisen: 1 = *stimmt nicht*, 2 = *stimmt überwiegend nicht*, 3 = *stimmt überwiegend*, 4 = *stimmt*. Alle Items sollen nun dichotomisiert werden, indem 1+2 = 0 (»Ablehnung«) und 3+4 = 1 (»Zustimmung«) werden. Die dichotomen Daten sollen dabei in die neuen Variablen ITEM.D1 bis ITEM.D7 geschrieben werden.

Da alle Variablen nach der gleichen Regel umkodiert werden, können sämtliche Items im ersten Dialogfeld aufgeführt werden. Die Spezifizierung der Umkodierungsregel ist dann im zweiten Dialogfeld nur einmal notwendig. Es müssten folgende Kodierungsanweisungen eingegeben werden (alte Werte kursiv):

- *Bereich:* $\boxed{1}$ *bis* $\boxed{2}$ Neuer Wert: $\boxed{0}$
- *Bereich:* $\boxed{3}$ *bis* $\boxed{4}$ Neuer Wert: $\boxed{1}$

Der nachfolgende Kasten zeigt die über das Dialogfeld veranlassten Befehle.

```
RECODE
  Item.1  Item.2  Item.3  Item.4  Item.5  Item.6  Item.7
  (1 thru 2 = 0)  (3 thru 4 = 1)  INTO
  Item.d1  Item.d2  Item.d3  Item.d4  Item.d5  Item.d6  Item.d7 .
EXECUTE .
```

Wenn viele Items gleichartig zu dichotomisieren sind, ist allerdings das Aufführen sämtlicher Item-Namen in der Dialogbox etwas aufwendig. Dann ist es sinnvoller, den Umkodierungsbefehl (unter Verwendung der TO-Schreibweise bei der Variablenliste) direkt im Syntax-Editor einzugeben. Die nachfolgende kurze Anweisung bewirkt das Gleiche wie die obige längere Formulierung.

```
RECODE
  Item.1 to Item.7 (1 thru 2 = 0)  (3 thru 4 = 1)  INTO  Item.d1 to Item.d7 .
EXECUTE .
```

Beispiel 3

Die Datei FRABOGEN.SAV enthält u. a. einen Test mit neun Algebra-Fragen (AUF-GABE.1 bis AUFGABE.9), bei denen jeweils eingegeben ist, welche von vier Alternativen (drei Antworten oder »weiß nicht«) die Person angekreuzt hat. Es sollen nun aus diesen Variablen neue dichotome Items gebildet werden (AUFGABE.RF1 bis AUFGABE.RF9), die jeweils den Wert {1} enthalten, wenn die richtige Lösung gewählt wurde und den Wert {0}, wenn falsch, mit »weiß nicht« oder gar nicht geantwortet wurde (Fehlend-Wert).

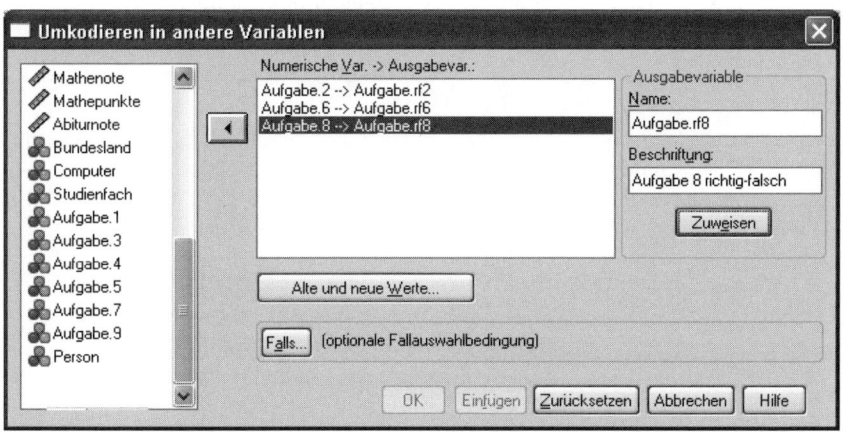

Die Dialogfelder zeigen die Eingaben für die Aufgaben 2, 6 und 8, für die in der zweiten Box eine gemeinsame Kodierungsanweisung aufgestellt werden kann, da bei diesen Items jeweils die Antwort ③ richtig ist.

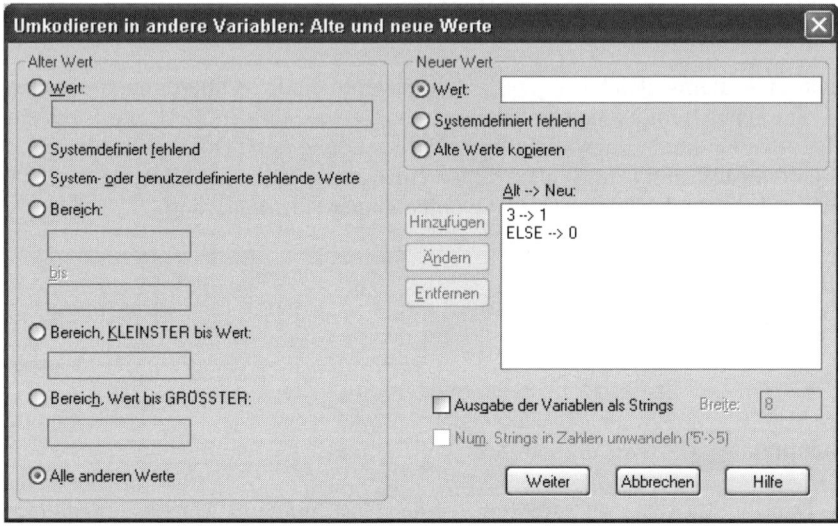

Bei der Kodierungsanweisung wird einmal über *Alter Wert* = 3, *Neuer Wert* = 1 für die richtige Lösung der Punkt vergeben, während sich alle anderen Antworten (einschließlich Nichtbeantwortung) über die Wahlmöglichkeit *Alle anderen Werte* gemeinsam auf null setzen lassen. Wollte man hingegen fehlende Werte auch in den neuen Variablen als solche erhalten (was hier nicht sinnvoll wäre), müsste man zusätzlich *Systemdefiniert fehlend* = *Systemdefiniert fehlend* anwählen.

Bedingtes Umkodieren von Variablen

> **➤ Transformieren / Umkodieren in ...Variablen**

Beim bedingten Umkodieren werden allen oder bestimmten Werten einer Variablen nur dann neue Werte zugewiesen, wenn die Person eine spezifizierte Bedingung erfüllt. Dabei können die durch Umkodierung erzeugten Werte als neue Variable der Datei hinzugefügt oder in eine bestehende Variable statt der alten Werte hineingeschrieben werden. Im ersten Fall ist im Menü **Transformieren / Umkodieren in andere Variablen** anzuwählen, im zweiten Fall die Option **Umkodieren in dieselbe Variablen**.

Da im Fall des Überschreibens die alten Werte nicht mehr verfügbar sind, sollte dieser Weg möglichst nicht oder nur mit Vorsicht angewendet werden. Nachfolgend beschrieben wird deshalb lediglich das bedingte Umkodieren in eine neue Variable. Wird hingegen das Überschreiben der alten Variablen gewünscht (wie bei BEISPIEL 2), kann entsprechend der diesbezüglichen Ausführungen in Kapitel 12 (S. 51) verfahren werden.

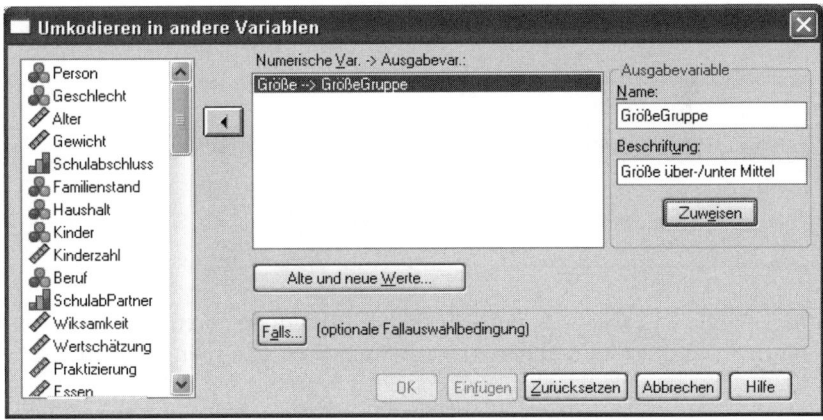

Die Eingaben in die Dialogfelder sollen an Hand eines Beispiels erläutert werden. In der Datei GESUND.SAV ist – ausgehend von der Variablen GRÖßE – durch Umkodieren eine Variable GRÖßEGRUPPE zu erzeugen, die bei Frauen (GESCHLECHT = 1) und Männern (GESCHLECHT = 2) jeweils den Wert {0} aufweist, wenn die

Person unter der Durchschnittsgröße ihres Geschlechts liegt, und den Wert {1}, wenn sie größer als das jeweilige Mittel ist.

Ausgehend von den Mittelwerten beider Gruppen (Frauen = 167,05 und Männer = 179,83 cm) sind folgende Umkodierungen in die neue Variable vorzunehmen: {bis 167} = 0, {ab 168} = 1 (Frauen) und {bis 179} = 0, {ab 180} = 1 (Männer).

In der ersten Dialogbox wird im Feld *Numerische Var.* die Variable aufgeführt, deren Werte umkodiert werden sollen (hier: GRÖßE). Im Feld *Ausgabevariable* ist der *Name* der zu erzeugenden Variablen anzuführen (hier: GRÖßEGRUPPE) sowie ein informatives *Label* für die Variable. Nach Anklicken von [Zuweisen] erscheint auch der Name der neuen Variablen im Feld *Numerische Var.*

Über die Schaltfläche [Alte und neue Werte] erhält man die nächste Dialogbox, in der die Umkodierungsanweisungen für die erste Bedingung einzugeben sind, in unserem Beispiel für die Frauen (GESCHLECHT = 1).

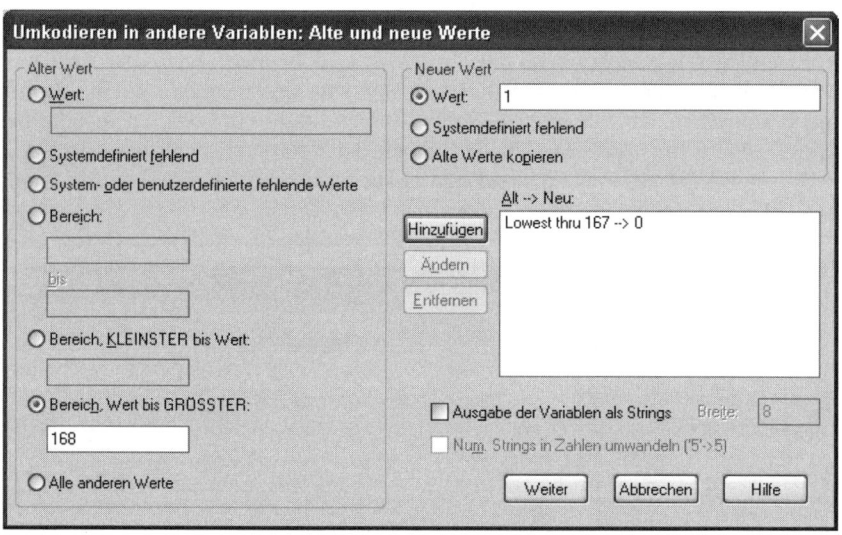

Beim Umkodieren ist jeweils erst links der alte Wert(ebereich) und anschließend rechts der neue Wert zu definieren. Nach Anklicken von [Hinzufügen] erscheint die Anweisung im Feld daneben. Bei den alten Werten können Einzelwerte sowie verschiedene Bereiche angegeben werden. In unserem Beispiel wurde folgendes angeklickt (Eingaben beim alten Wert jeweils kursiv):

- *Bereich, Kleinster bis Wert* 167   Neuer Wert: 0
- *Bereich,* 168 *Wert bis größter*   Neuer Wert: 1

Personen mit einem fehlenden Wert bei der Ausgangsvariablen erhalten automatisch auch einen Fehlend-Wert {.} in der neuen Variablen.

Nach Formulierung der Umkodierungsanweisungen für die erste Bedingung muss diese in einer weiteren Dialogbox definiert werden. Diese Box erhält man durch Anklicken von [Falls] im Eingangs-Dialogfeld.

Nach Anklicken von *Fall einschließen, wenn Bedingung erfüllt ist* wird im darunterliegenden Feld diese Bedingung formuliert. Die hierzu benötigten Vergleichsoperatoren können durch Tasten angewählt oder aber direkt eingegeben werden: gleich {=}, kleiner als {<}, größer als {>}, größer oder gleich {>=}, kleiner oder gleich {<=}, sowie ungleich {<>}. Für die logischen Operatoren UND und ODER verwendet man am besten die englischen Bezeichnungen AND und OR oder wählt die Symbole {&} bzw. {|}.

Nach Eingabe der Bedingung erscheint bei Rückkehr zur ersten Dialogbox dort neben der Schaltfläche [Falls] die soeben spezifizierte Bedingung. Sind die Umkodierungen für diesen Fall (GESCHLECHT = 1) abgeschlossen, müssen die Kodierungsanweisungen für die nächste Bedingung (GESCHLECHT = 2) eingegeben und zur Ausführung gebracht werden (siehe BEISPIEL 1).

```
DO IF (Geschlecht = 1) .
RECODE
  Größe (Lowest thru 167 = 0) (168 thru Highest = 1) INTO GrößeGruppe .
END IF .
VARIABLE LABELS GrößeGruppe 'Größe über-/unter Mittel'.
EXECUTE .
```

Der über die Dialogboxen vorgenommen bedingten Umkodierung liegen die
RECODE- sowie die DO IF-Anweisungen von SPSS zugrunde. Das vorstehende
Syntax-Fenster zeigt die in unserem Beispiel (für die Bedingung »Frau«) über die
Dialogfelder veranlassten Befehle.

Beispiel 1

Für das bisher besprochene Beispiel sollen nun die Umkodierungen für die Männer vorgenommen werden. Dazu sind als Erstes die (neuen) Kodierungsanweisungen in die entsprechende Box einzugeben. Anschließend ist über [Falls] die
Bedingung GESCHLECHT = 2 zu spezifizieren.

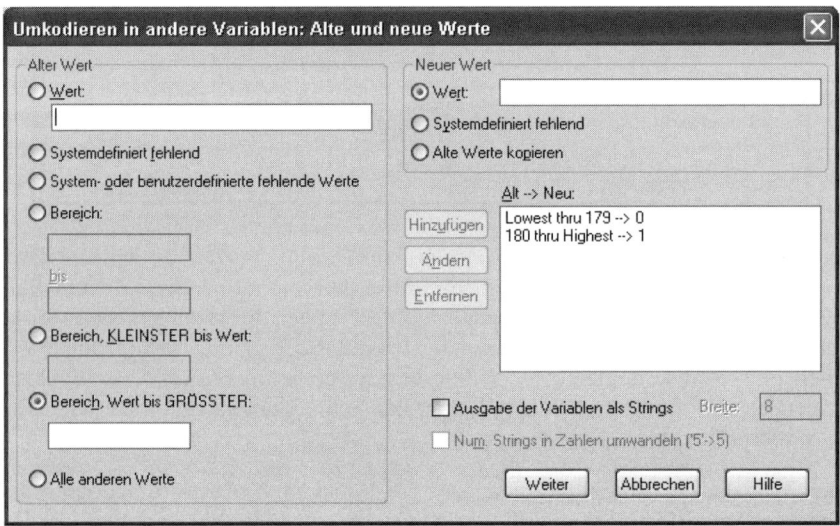

Nach Abschluss der Umkodierungen haben sämtliche Frauen und Männer einen
0-1 Wert in der Variablen GRÖßEGRUPPE, mit Ausnahme der Personen, bei denen
in den »beteiligten« Variablen GRÖßE oder/und GESCHLECHT der Wert fehlte. Sie
weisen in GRÖßEGRUPPE ebenfalls einen Fehlend-Wert {.} auf.

Beispiel 2

In der Datei GESUND.SAV sollen die Personen, die 21 Jahre oder jünger sind (AL-
TER ≤ 21) und angegeben haben, einen Hochschulabschluss zu besitzen (SCHUL-
ABSCHLUSS = 8), den Wert »fehlend« {.} bei der Variablen SCHULABSCHLUSS er-
halten. Es handelt sich hiermit um ein bedingtes Umkodieren (Überschreiben) von
Werten in einer bestehenden Variablen. Über das Menü wird deshalb **Umkodie-
ren in dieselben Variablen** angewählt.

Die Eingangs-Dialogbox entspricht der auf S. 51 abgebildeten. Wie dort ist unter
Numerische Variablen das Merkmal SCHULABSCHLUSS einzugeben. In dem durch
Anklicken von [Alte und neue Werte] erscheinenden Dialogfeld wird anschließend dem alten SCHULABSCHLUSS-Wert {8} der neue Wert {Systemdefiniert feh-
lend} zugewiesen, was sich im Feld *Alt –> Neu* als folgende Anweisung darstellt:
8 –> SYSMIS. Die Bedingung, unter der die Ersetzung erfolgen soll, wird dann in
der über [Falls] erhältlichen Dialogbox definiert.

Arithmetische Funktionen

> **Transformieren / Variable berechnen ...**

Für die in Kapitel 10 und 11 beschriebene Generierung oder Transformierung von Variablen steht eine größere Anzahl von arithmetischen Funktionen zur Verfügung. Sie können in der Dialogbox **Variable berechnen** nach Anklicken der Funktionsgruppe *Arithmetisch* im Feld *Funktionen und Sondervariablen* aus einer Liste ausgewählt oder direkt ins Feld *Numerischer Ausdruck* mit ihrer Kurzbezeichnung eingegeben werden. Im Nachfolgenden wird eine Auswahl dieser Funktionen vorgestellt. Eine Besprechung von statistischen Funktionen (z. B. Summierung oder Mittelung der Werte verschiedener Variablen für eine Person) erfolgt in Kapitel 15.

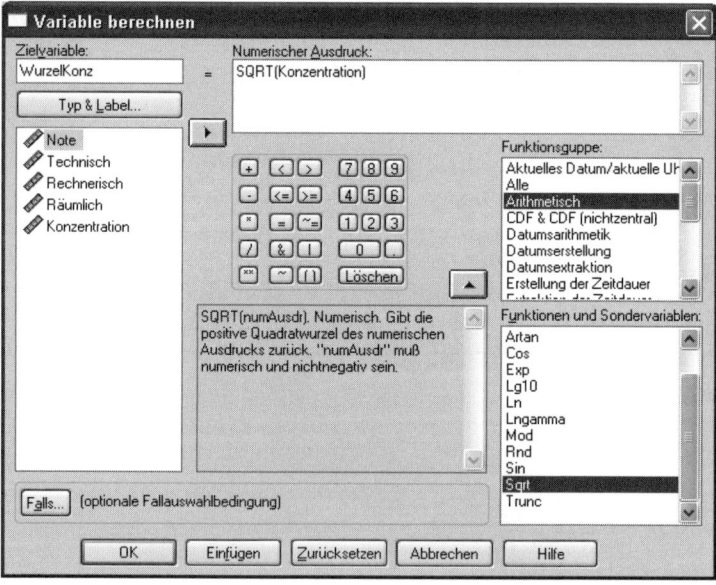

Die allgemeine Schreibweise für die arithmetischen Funktionen ist: FUNKTION (Variable) oder allgemeiner FUNKTION(NumAusdr). Nach der Bezeichnung der Funktion folgt somit in Klammern der Name einer Variablen oder ein numerischer Ausdruck, in dem auch mehrere Variablen enthalten sein können. Wenn eine Person in der bzw. in einer der Klammer-Variablen keinen Wert hat {.}, erhält sie auch in der Zielvariablen den Wert »fehlend« {.}.

Der Einsatz der Funktionen wird an der nachfolgend wiedergegebenen Datei FUNKTIONEN1.SAV illustriert. Sie enthält die Variablen *Abschlussnote* im Zeugnis (NOTE) sowie die Testwerte *Technisches Verständnis* (TECHNISCH), *Rechnerisches Denken* (RECHNERISCH), *Räumliches Vorstellungsvermögen* (RÄUMLICH) und *Konzentrationsfähigkeit* (KONZENTRATION).

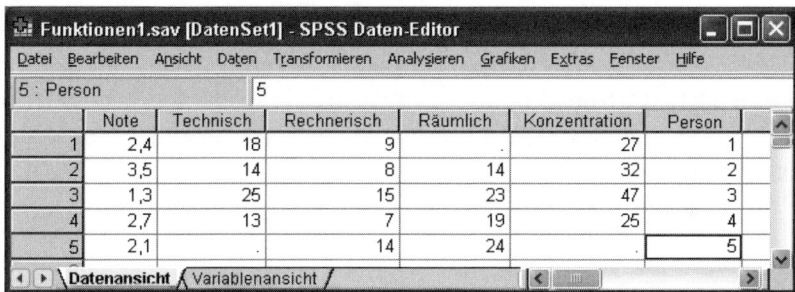

DiffAbs = ABS (Rechnerisch – Räumlich)   **ABS**

Es wird bei jeder Person der Betrag (Absolutwert) der Differenz von RECHNE-RISCH und RÄUMLICH gebildet und in die Variable DIFFABS geschrieben. Dies ergibt für die fünf Personen: ⌐.⌐ ⌐6⌐ ⌐8⌐ ⌐12⌐ ⌐10⌐.

LgTech = LG10 (Technisch)   **LG10**

Bildet bei den Werten von TECHNISCH den Logarithmus zur Basis 10 und schreibt das Ergebnis in LGTECH. Dies ergibt: ⌐1,2553⌐ ⌐1,1461⌐ ⌐1,3979⌐ ⌐1,1139⌐ ⌐.⌐. Der Klammerausdruck muss größer {0} sein.

LnTech = LN (Technisch)   **LN**

Bildet bei den Werten von TECHNISCH den natürlichen Logarithmus und schreibt das Ergebnis in LNTECH. Dies ergibt: ⌐2,8904⌐ ⌐2,6391⌐ ⌐3,2189⌐ ⌐2,5649⌐ ⌐.⌐. Der Klammerausdruck muss größer {0} sein.

RundNote = RND (Note)   **RND**

Die Werte von NOTE werden ganzzahlig gerundet und in RUNDNOTE geschrieben. Dies ergibt: ⌐2⌐ ⌐4⌐ ⌐1⌐ ⌐3⌐ ⌐2⌐.

Rund2Tech = (RND (100*LG10 (Technisch))) / 100   RND

Bildet den Logarithmus zur Basis 10 der Werte von TECHNISCH und schreibt diese gerundet auf zwei Dezimalstellen in die Variable RUND2TECH. Dies ergibt: $\boxed{1,26}$ $\boxed{1,15}$ $\boxed{1,40}$ $\boxed{1,11}$ $\boxed{.}$. Die Bildung dieser Variablen ist inhaltlich nicht unbedingt sinnvoll. Es soll mit dem Beispiel jedoch die Rundung auf zwei Dezimalstellen demonstriert werden.

WurzelKonz = SQRT (Konzentration)   SQRT

Zieht bei den Werten von KONZENTRATION jeweils die Quadratwurzel (Square Root) und schreibt das Ergebnis in WURZELKONZ. Dies ergibt: $\boxed{5,20}$ $\boxed{5,66}$ $\boxed{6,86}$ $\boxed{5,00}$ $\boxed{.}$. Der Klammerausdruck darf nicht negativ sein.

AbNote = TRUNC (Note)   TRUNC

Aus den Werten von NOTE werden durch Abschneiden der Dezimalstellen ganz-zahlige Werte erzeugt und in ABNOTE geschrieben. Dies ergibt: $\boxed{2}$ $\boxed{3}$ $\boxed{1}$ $\boxed{2}$ $\boxed{2}$. Mit dieser Funktion lassen sich somit positive Werte abrunden.

Z-Transformation

Die Standardisierung einer Variablen X auf einen Mittelwert von {0} und eine Standardabweichung von {1} erfolgt mittels der Z-Transformation $Z_i = (X_i - M)/S$ (⇨ *Deskriptive Statistik, Kap. 7.8.1*). Diese Transformation ist in der Prozedur DESCRIPTIVES verfügbar (vgl. Kapitel 26).

In der über **Analysieren / Deskriptive Statistiken / Deskriptive Statistiken** er-hältlichen Dialogbox wird im Feld *Variable(n)* die zu transformierende Variable eingegeben. Bei Anwählen von *Standardisierte Werte als Variable speichern* werden die erzeugten Z-Werte als neue Variable der Datendatei (rechts) zugefügt (vgl. S. 119). Deren Name besteht aus dem alten Variablennamen mit vorange-stelltem »Z«. Im nachfolgend gezeigten Beispiel werden für die Variable KON-ZENTRATION folgende Z-Werte berechnet und als Variable ZKONZENTRATION in die Datei geschrieben: $\boxed{-0,58}$ $\boxed{-0,08}$ $\boxed{1,43}$ $\boxed{-0,78}$ $\boxed{.}$.

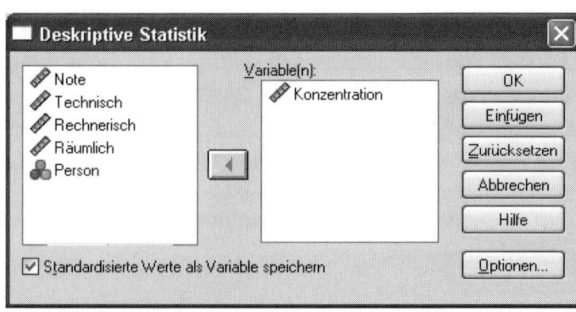

Statistische Funktionen: Summenbildung über Variablen

> ➤ **Transformieren / Variable berechnen ...**

Die in SPSS verfügbaren statistischen Funktionen können eingesetzt werden, um pro Person Summen, Mittel u. Ä. über einen Satz von Variablen zu berechnen. Diese Möglichkeit ist besonders bei der Auswertung von psychologischen Tests von Bedeutung, wo die Skalenwerte jeweils die Summe (oder das Mittel) der numerisch kodierten Anworten auf eine bestimmte Item- oder Variablengruppe sind. Die interessierende Funktion kann in der Dialogbox **Variable berechnen** nach Anklicken der Funktionsgruppe *Statistisch* im Feld *Funktionen und Sondervariablen* aus einer Liste ausgewählt oder direkt ins Feld *Numerischer Ausdruck* mit ihrer Kurzbezeichnung eingegeben werden. Die Schreibweise für eine statistische Funktion ist: FUNKTION (Variable1, Variable2, ...), wenn eine Summe o. Ä. über einen Satz von Variablen gebildet werden soll – oder allgemeiner: FUNKTION (NumAusdr1, NumAusdr2, ...).

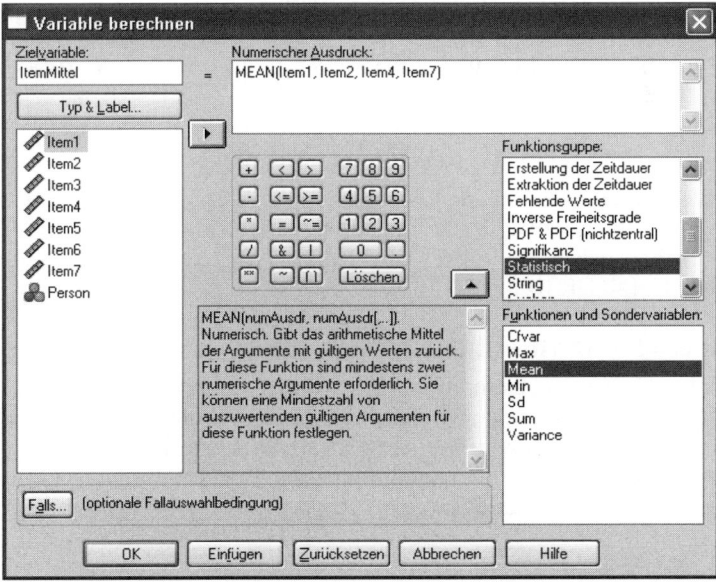

Der Einsatz von statistischen Funktionen wird an der nachfolgend wiedergegebenen Datei FUNKTIONEN2.SAV illustriert. Sie enthält die Antworten von acht Personen auf sieben Items (Kodierung jeweils: 1 = *stimmt nicht*, 2 = *stimmt überwiegend nicht*, 3 = *stimmt überwiegend*, 4 = *stimmt*). Die Items Nr. 1, 2, 4 und 7 bilden Skala 1, die übrigen Items Skala 2. Die relativ hohe Anzahl von fehlenden Werten {.} wurde eingefügt, um deren Verarbeitung durch die einzelnen Funktionen demonstrieren zu können.

```
┌─────────────────────────────────────────────────────────────────────────┐
│ ▣ Funktionen2.sav [DatenSet1] - SPSS Daten-Editor      [_][□][✕]         │
├─────────────────────────────────────────────────────────────────────────┤
│ Datei  Bearbeiten  Ansicht  Daten  Transformieren  Analysieren  Grafiken  Extras  Fenster  Hilfe │
├─────────────────────────────────────────────────────────────────────────┤
│ 8 : Person                    │8                                          │
├───────┬───────┬───────┬───────┬───────┬───────┬───────┬───────┬─────────┤
```

	Item1	Item2	Item3	Item4	Item5	Item6	Item7	Person
1	1	1	4	4	4	2	3	1
2	2	1	4	3	3	2	2	2
3	2	.	3	.	2	3	.	3
4	3	1	3	2	3	2	3	4
5	1	2	.	.	3	.	.	5
6	2	1	3	4	3	2	4	6
7	1	1	4	4	4	1	2	7
8	3	2	.	2	3	.	3	8

```
│ ◄ ► \Datenansicht /Variablenansicht /        │◄ ▥          ►│            │
└─────────────────────────────────────────────────────────────────────────┘
```

MaxWert = MAX (Item1, Item2, Item4, Item7)   **MAX**

Sucht bei jeder Person ihren größten Wert bei den Items 1, 2, 4 und 7 und schreibt ihn in die Variable MAXWERT. Dies ergibt für die acht Personen: ④ ③ ② ③ ② ④ ④ ③.

MaxWert2 = MAX.2 (Item1, Item2, Item4, Item7)   **MAX.g**

Der größte Wert wird nur bei den Personen in die Variable MAXWERT2 geschrieben, die in zumindest zwei der aufgeführten Variablen einen gültigen (d.h. nicht fehlenden) Wert haben. Bei g < 2 wird MAXWERT2 gleich fehlend {.} gesetzt. Es ergibt sich: ④ ③ . ③ ② ④ ④ ③.

ItemMittel = MEAN (Item1, Item2, Item4, Item7)   **MEAN**

Bildet bei jeder Person aus ihren gültigen Antworten auf die Items 1, 2, 4 und 7 das arithmetische Mittel und schreibt das Ergebnis in die Variable ITEMMITTEL. Bei vier gültigen Werten wird die Antwortsumme somit durch {4}, bei drei vorhandenen Werten durch {3} und bei nur einem gültigen Wert durch {1} dividiert. Dies ergibt für die acht Personen: 2,25 2,00 2,00 2,25 1,50 2,75 2,00 2,50.

Eine Mittelwertsbildung über die vier Items ließe sich auch durch folgende Anweisung erreichen: ItemMittel4 = (Item1 + Item2 + Item4 + Item7)/4. In diesem Fall würde jedoch ITEMMITTEL4 jeweils fehlend {.} gesetzt, wenn bei einem oder mehreren Items ein Wert fehlt. Für die acht Personen ergäbe sich dann: 2,25 2,00 . 2,25 . 2,75 2,00 2,50. Dieses Vorgehen kann bei der Bildung von Summenscores u.U. zu einer hohen Anzahl von fehlenden Skalenwerten führen.

ItemMittel3 = MEAN.3 (Item1, Item2, Item4, Item7) MEAN.g

Ein Mittelwert wird nur bei den Personen gebildet, die in zumindest drei der aufgeführten Items einen gültigen Wert haben. Bei g < 3 wird ITEMMITTEL3 auf fehlend {.} gesetzt. Dies ergibt: 2,25 2,00 . 2,25 . 2,75 2,00 2,50.

ItemMittel7 = MEAN (Item1 to Item7) MEAN

Bildet das Mittel der Antworten auf die Items 1 bis 7. Durch die TO-Verbindung lässt sich (bei allen statistischen Funktionen) Schreibarbeit sparen, sofern alle oder ein Teil der interessierenden Variablen in der Datei aufeinanderfolgen.

MinWert = MIN (Item1, Item2, Item4, Item7) MIN, MIN.g

Sucht bei jeder Person ihren kleinsten Wert bei den Items 1, 2, 4 und 7 und schreibt ihn in die Variable MINWERT. Dies ergibt für die acht Personen: 1 1 2 1 1 1 1 2.

Durch die Angabe einer Zahl {g} bei MIN.g lässt sich festlegen, dass nur bei den Personen, die in zumindest {g} der Variablen einen gültigen Wert haben, das Minimum in MINWERT geschrieben wird; anderenfalls wird MINWERT gleich fehlend {.} gesetzt.

Standab = SD (Item1, Item2, Item4, Item7) SD, SD.g

Berechnet bei jeder Person für ihre gültigen Antworten auf die Items 1, 2, 4 und 7 die Standardabweichung (gemäß Formel 31, *Deskriptive Statistik*) und schreibt das Ergebnis in STANDAB. Falls bei den aufgeführten Variablen nur ein gültiger Wert vorhanden ist (wie bei Person Nr. 3), wird die Zielvariable STANDAB gleich fehlend {.} gesetzt. Es ergibt sich: 1,50 0,82 . 0,96 0,71 1,50 1,41 0,58. Diese Funktion kann u.a. nützlich sein zum Auffinden von Personen mit bestimmten Antworttendenzen. Bei großer Standardabweichung wurden gehäuft (wechselnd) die Extremkategorien gewählt, bei kleiner Standardabweichung gehäuft nur eine Kategorie.

Durch die Angabe einer Zahl {g} bei SD.g lässt sich festlegen, dass nur bei den Personen, die in zumindest {g} der Variablen einen gültigen Wert haben, die Standardabweichung berechnet und in STANDAB geschrieben wird; anderenfalls wird die Zielvariable auf fehlend {.} gesetzt.

Skala1 = SUM (Item1, Item2, Item4, Item7)   **SUM, SUM.g**

Bildet für jede Person die Summe ihrer gültigen Antworten auf die Items 1, 2, 4 und 7 und schreibt sie in SKALA1. Es ergibt sich: $\boxed{9}\,\boxed{8}\,\boxed{2}\,\boxed{9}\,\boxed{3}\,\boxed{11}\,\boxed{8}\,\boxed{10}$. Durch die Angabe einer Zahl {g} bei SUM.g lässt sich festlegen, dass nur bei den Personen, die in zumindest {g} der Variablen einen gültigen Wert haben, die Summe bestimmt und in SKALA1 geschrieben wird; anderenfalls wird die Zielvariable gleich fehlend {.} gesetzt.

Die Bildung einer Summe über die vier Items ließe sich auch durch folgende Anweisung erreichen: Skala1b = Item1 + Item2 + Item4 + Item7. In diesem Fall würde jedoch SKALA1B jeweils fehlend {.} gesetzt, sobald die betreffende Person ein Item nicht beantwortet hat.

                                              VARIANCE

Varianz = VARIANCE (Item1, Item2, Item4, Item7)   **VARIANCE.g**

Berechnet bei jeder Person für ihre gültigen Antworten auf die Items 1, 2, 4 und 7 die Varianz (gemäß Formel $\boxed{25}$, *Deskriptive Statistik*) und schreibt das Ergebnis in VARIANZ. Falls bei den aufgeführten Variablen nur ein gültiger Wert vorhanden ist (wie bei Person Nr. 3), wird die Zielvariable gleich fehlend {.} gesetzt. Es ergibt sich: $\boxed{2,25}\,\boxed{0,67}\,\boxed{.}\,\boxed{0,92}\,\boxed{0,50}\,\boxed{2,25}\,\boxed{2,00}\,\boxed{0,33}$. Diese Funktion kann (wie die SD-Funktion) u. a. nützlich sein zum Auffinden von Personen mit bestimmten Antworttendenzen. Bei großer Varianz wurden gehäuft (wechselnd) die Extremkategorien gewählt, bei kleiner Varianz gehäuft nur eine Kategorie.

Durch die Angabe einer Zahl {g} bei VARIANCE.g lässt sich festlegen, dass nur bei den Personen, die in zumindest {g} der Variablen einen gültigen Wert haben, die Varianz berechnet und in VARIANZ geschrieben wird; anderenfalls wird die Zielvariable auf fehlend {.} gesetzt.

FehlWerte = NMISS (Item1 to Item7)   **NMISS**

Funktionsgruppe *Fehlende Werte*: Bestimmt für jede Person die Anzahl der fehlenden (»missing«) Werte bei den Items 1 bis 7 und schreibt sie in FEHLWERTE. Dies ergibt: $\boxed{0}\,\boxed{0}\,\boxed{3}\,\boxed{0}\,\boxed{4}\,\boxed{0}\,\boxed{0}\,\boxed{2}$. Diese Funktion ist u. a. nützlich zum Auffinden von Personen, die in einem Fragebogen »zu viele« Items nicht beantwortet haben. Eine weitere Möglichkeit, die Anzahl der pro Person fehlenden Werte auszuzählen, bietet die in Kapitel 16 beschriebene Prozedur COUNT.

GültigWerte = NVALID (Item1 to Item7)   **NVALID**

Funktionsgruppe *Fehlende Werte*: Bestimmt für jede Person die Anzahl der gültigen (»valid«) Werte bei den Items 1 bis 7 und schreibt sie in die Variable GÜLTIGWERTE. Dies ergibt: $\boxed{7}\,\boxed{7}\,\boxed{4}\,\boxed{7}\,\boxed{3}\,\boxed{7}\,\boxed{7}\,\boxed{5}$.

Auszählen von Werten über Variablen

> **➤ Transformieren / Werte in Fällen zählen ...**

Wenn in einer Gruppe von Personen eine bestimmte Anzahl von gleichartig skalierten Variablen erhoben wurde, kann es von Interesse sein festzustellen, wie
häufig die einzelnen Personen bei diesen Variablen bestimmte Werte erzielt (oder
Anworten angekreuzt) haben. Dies wäre z.B. der Fall, wenn man auszählen möchte, wie häufig bei einem aus Multiple-Choice Items bestehenden Wissenstest von
den einzelnen Befragten die Anwortmöglichkeit »weiß nicht« gewählt wurde. Ein
anderes Beispiel wäre der Wunsch, bei den Zeugnisdaten einer Schülerstichprobe
festzustellen, wie viele Einsen oder wie viele Fünfen und Sechsen die einzelnen
Schüler in ihrem Zeugnis aufweisen.

Derartige Auszählungen bestimmter Person-Werte über Variablen hinweg sind
mit der Prozedur COUNT möglich. Hierzu ist in der Eingangs-Dialogbox als Erstes
bei *Zielvariable* die (neue) Variable zu definieren, in welche die bei den Personen
festgestellten Häufigkeiten geschrieben werden sollen. Bei *Label* kann zusätzlich
eine längere Bezeichnung für die Variable vergeben werden. Anschließend sind
die Variablen, über die die Auszählung erfolgen soll, ins *Feld Numerische Variablen* zu verbringen. In dem in der Box gezeigten Beispiel handelt es sich um die
Zeugnisnoten in sechs Fächern.

Über [Werte definieren] gelangt man in die nächste Box, in der anzugeben ist,
welche Werte oder Wertebereiche hinsichtlich ihres Vorkommens in dem unter

Betrachtung stehenden Variablensatz ausgezählt werden sollen. Im gezeigten Beispiel soll die Anzahl der Fünfen und Sechsen im Zeugnis der einzelnen Schüler bestimmt werden. Statt Aufführung der Einzelwerte hätte hier auch der Weg über *Bereich: 5 bis 6* oder *Bereich, Wert bis größter: 5* gewählt werden können. Wie zu sehen ist, lässt sich durch Wahl von *Systemdefiniert fehlend* auch die Anzahl fehlender Werte bei den einzelnen Personen relativ schnell feststellen.

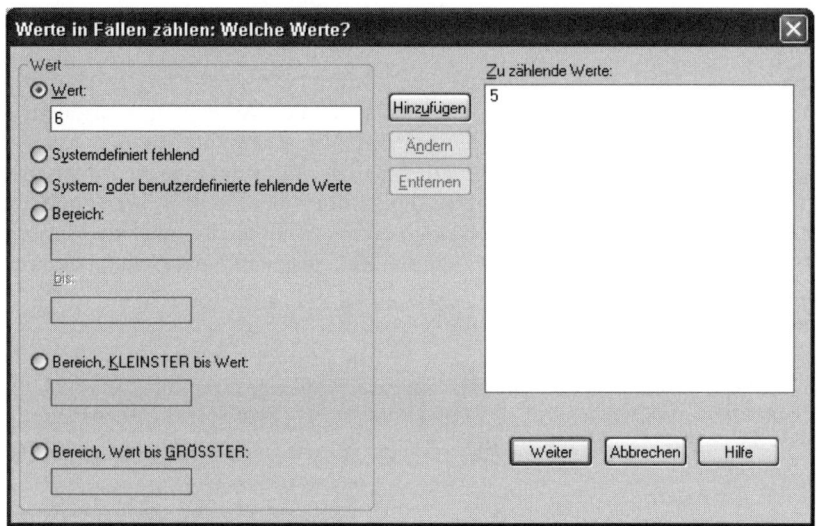

Beispiel 1

Die Datei ALGEBRA.SAV enthält von 573 Pädagogik-Studierenden die Daten des auf S. 8 beschriebenen Algebra-Tests. Neben drei Lösungsvorschlägen ist bei jedem der neun Items die – in der Datei mit {4} kodierte – Antwortkategorie »weiß nicht« vorgegeben. Es soll als Erstes für die einzelnen Personen ausgezählt werden, wie häufig sie diese Antwortmöglichkeit gewählt haben. Die *Zielvariable* wird in der Eingangsdialogbox mit WEIßNICHT bezeichnet, der *zu zählende Wert* ist {4}.

Um einen Überblick über die in der Stichprobe aufgetretenen Weiß-nicht Werte zu bekommen, wird für die neu erzeugte Variable WEIßNICHT nun eine Häufigkeitsauszählung vorgenommen (Prozedur FREQUENCIES, Kapitel 23). Nachfolgend die Ausgabe:

Statistiken

WeißNicht

N	Gültig	573
	Fehlend	0

WeißNicht

		Häufigkeit	Prozent	Gültige Prozente	Kumulierte Prozente
Gültig	0	304	53,1	53,1	53,1
	1	148	25,8	25,8	78,9
	2	67	11,7	11,7	90,6
	3	28	4,9	4,9	95,5
	4	7	1,2	1,2	96,7
	5	8	1,4	1,4	98,1
	6	1	,2	,2	98,3
	7	2	,3	,3	98,6
	8	1	,2	,2	98,8
	9	7	1,2	1,2	100,0
	Gesamt	573	100,0	100,0	

Der Tabelle lässt sich entnehmen, dass z. B. 304 Personen die Weiß-nicht Kategorie überhaupt nicht gewählt haben, 67 Studierende taten dies bei zwei Items und zwei Personen kreuzten sieben mal diese Antwort an.

Bei einer derartigen Auszählung von Antworten über Variablen wird allerdings das Ausmaß fehlender Werte bei den einzelnen Personen nicht berücksichtigt. Die Angabe »Fehlend = 0« in der Tabelle »Statistiken« bedeutet nicht, dass bei den Items keine Nichtbeantwortungen aufgetreten sind.

Um festzustellen, wie häufig von den Befragten Items bei der Beantwortung ausgelassen wurden (in der Datei mit Punkt {.} kodiert), soll deshalb eine Auszählung dieser Fehlend-Werte vorgenommen werden. Die *Zielvariable* wird hierbei mit FEHLWERTE benannt und in der nächsten Box die Möglichkeit *Systemdefiniert fehlend* angewählt. Eine anschließende Häufigkeitsauszählung der Variablen FEHLWERTE erbringt folgendes Ergebnis:

FehlWerte

		Häufigkeit	Prozent	Gültige Prozente	Kumulierte Prozente
Gültig	0	532	92,8	92,8	92,8
	1	20	3,5	3,5	96,3
	2	10	1,7	1,7	98,1
	3	6	1,0	1,0	99,1
	4	1	,2	,2	99,3
	5	2	,3	,3	99,7
	9	2	,3	,3	100,0
	Gesamt	573	100,0	100,0	

Von den Befragten haben 92,8% keines der Items bei der Beantwortung ausgelassen, von 20 wurde ein Item nicht beantwortet und zwei Personen haben den 9-Item-Test offensichtlich gar nicht bearbeitet.

Wieweit beim Auszählen bestimmter Antworten fehlende Werte ein Problem darstellen, hängt vom konkreten Fall ab. Im jetzigen Beispiel dürfte es sinnvoll sein, das Ankreuzen von »weiß nicht« und die Nichtbeantwortung von Items als eine Kategorie zu betrachten – und die Personen bei der Zählung auszuschließen, die den Test überhaupt nicht bearbeitet haben.

Beispiel 2

Die Datei NOTEN.SAV enthält von 556 Schülern der Klassen 5 und 6 die (letzten) Zeugnisnoten in den Fächern Deutsch, Mathematik, Englisch, Biologie, Gesellschaftslehre und Sport. Es soll nun festgestellt werden, wie häufig bei den einzelnen Schülern die Noten »5« und/oder »6« im Zeugnis aufgetreten sind. Die *Zielvariable* wird mit NOTE5U6 benannt (vgl. die Box auf S. 67), als zu zählende Werte werden {5} und {6} angegeben (s. Box S. 68). Eine anschließende Häufigkeitsauszählung der Variablen NOTE5U6 (mittels FREQUENCIES, Kapitel 23) erbringt folgendes Ergebnis:

Note5u6

		Häufigkeit	Prozent	Gültige Prozente	Kumulierte Prozente
Gültig	0	464	83,5	83,5	83,5
	1	68	12,2	12,2	95,7
	2	16	2,9	2,9	98,6
	3	7	1,3	1,3	99,8
	5	1	,2	,2	100,0
	Gesamt	556	100,0	100,0	

Von den befragten Schülern haben 83,5% keine »5« oder »6« im Zeugnis, 16 Kinder erzielten zweimal eine derartige Note und ein Schüler steht – außer in Sport, wie sich der Datei entnehmen lässt – in allen Fächern auf »Fünf« oder »Sechs«.

Bildung von Rangwerten

> **Transformieren / Rangfolge bilden ...**

Mit der RANK-Anweisung kann veranlasst werden, dass die X-Werte eines »metrischen« Merkmals in Rangwerte transformiert werden. Sind zwei oder mehr X-Werte gleich (d. h. es liegen »Ties« oder »Rangbindungen« vor), wird ihnen per Voreinstellung der mittlere Rangplatz zugewiesen (⇨*Deskriptive Statistik, Kap. 4.1*). Von diesem allgemeinen Vorgehen abweichend können auch andere Regeln für die Behandlung von Ties gewählt werden. Im Allgemeinen ist es sinnvoll, dass hohe Rangwerte hohen X-Werten entsprechen. Dem kleinsten X-Wert wird in diesem Fall der kleinste Rangwert zugewiesen. Das umgekehrte Vorgehen ist jedoch auch wählbar (größter X-Wert erhält den kleinsten Rangwert).

Ränge.sav [DatenSet1] - SPSS Daten-Editor

Datei Bearbeiten Ansicht Daten Transformieren Analysieren Grafiken Extras Fenster Hilfe

21 : MetWerte | 31

	MetWerte	RängeOT	RMetWert	Fortlaufend	MinRang	MaxRang
1	18	1	1,0	1	1	1
2	20	2	2,0	2	2	2
3	22	3	3,5	3	3	4
4	22	4	3,5	3	3	4
5	23	5	5,5	4	5	6
6	23	6	5,5	4	5	6
7	24	7	8,0	5	7	9
8	24	8	8,0	5	7	9
9	24	9	8,0	5	7	9
10	25	10	10,0	6	10	10
11	26	11	11,0	7	11	11
12	27	12	12,5	8	12	13
13	27	13	12,5	8	12	13
14	28	14	14,5	9	14	15
15	28	15	14,5	9	14	15
16	29	16	17,5	10	16	19
17	29	17	17,5	10	16	19
18	29	18	17,5	10	16	19
19	29	19	17,5	10	16	19
20	30	20	20,0	11	20	20
21	31	21	21,0	12	21	21

Datenansicht / Variablenansicht /

Zur besseren Veranschaulichung der Rangvergabe im Fall von Ties wurde eine Datei RÄNGE.SAV mit einer Variablen METWERTE erzeugt, die vorstehend (nach dieser Variablen aufsteigend sortiert) wiedergegeben ist. Bei den N = 21 Werten tritt eine größere Anzahl mehrfach auf. Die nächste Variable RÄNGEOT enthält die Ränge von 1 bis N (= 21), wie sie vergeben würden, wenn keine Ties vorlägen. Die übrigen Variablen entstanden erst im Rahmen der Rangvergabe. Aus der Variablen METWERTE soll nun eine Rangvariable erzeugt werden. Durch Anwählen der Menüpunkte erhält man die nachfolgende Dialogbox:

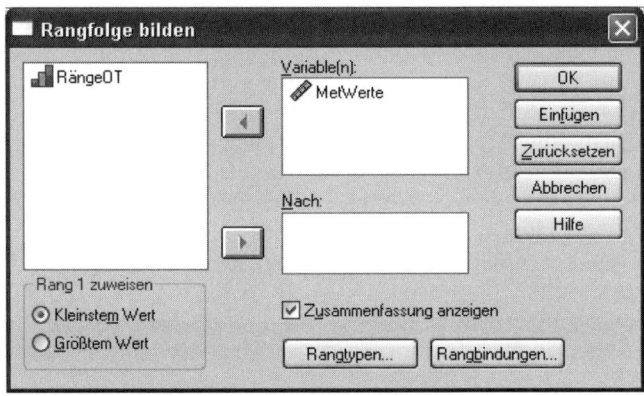

Hier ist das metrische Merkmal, dessen Werte in Ränge transformiert werden sollen, im Feld *Variable(n)* einzugeben. Das Anführen mehrerer Variablen ist möglich. Die erzeugten Rangwerte werden als neue Variable in die Datei geschrieben, wobei deren Name aus den alten Variablennamen (erste sieben Zeichen) mit vorangestelltem »R« besteht (im Bespiel: RMETWERT). Die Werte des metrischen Merkmals werden somit nicht überschrieben. Sofern die Option *Zusammenfassung anzeigen* nicht abgewählt wird, erscheint nach Durchführung der Rangbildung im Ausgabefenster eine kurze Meldung der folgenden Art:

Erzeugte Variablen (b)

Quellvariable	Funktion	Neue Variable	Label
MetWerte (a)	Rang	RMetWert	Rank of MetWerte

a. Fälle sind in aufsteigender Reihenfolge angeordnet.
b. Bei Bindungen wird der mittlere Rang der gebundenen Werte verwendet.

In der Voreinstellung erhält der kleinste X-Wert den Rang {1} bzw. – wenn der niedrigste Wert mehrfach auftritt – den kleinsten Rangwert. Dies kann im Feld *Rang 1 zuweisen* umgekehrt werden. Das Feld *Nach* bietet durch Eingabe einer Variablen die eher selten benötigte Möglichkeit, separate Rangvergaben innerhalb von Untergruppen vornehmen zu lassen, z. B. getrennt für Männer und Frauen. In der über den Schalter [Rangtypen] erhältlichen Dialogbox müssen – wenn übliche Rangwerte gewünscht sind – keine Einstellungen vorgenommen werden.

Die über den Schalter [Rangbindungen] aufrufbare Dialogbox regelt die Art der Rangvergabe im Fall von Ties. Da das voreingestellte Mittelwert-Verfahren das in der Regel sinnvollste und übliche ist, sind auch hier normalerweise keine Eingaben erforderlich. Auf die weiteren Möglichkeiten soll weiter unten dennoch kurz eingegangen werden.

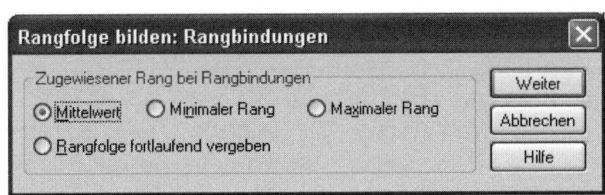

In der anfangs gezeigten Datei RÄNGE.SAV enthält die Variable RMETWERT die erzeugten Rangwerte. Ihr Vergleich mit den bei der Variablen RÄNGEOT aufgeführten Rängen (»ohne Ties«) von 1 bis 21 lässt das Prinzip der Rangzuweisung im Fall von gleichen X-Werten leicht erkennen. Die vergebenen Rangwerte sind jeweils das Mittel aus den Rängen, die man zugewiesen hätte, wenn die Werte nicht gleich gewesen wären. Nach diesem Prinzip wird häufig vorgegangen, z.B. bei der Rangvergabe im Rahmen des Mann-Whitney U-Tests (Kapitel 44) oder des Kruskal-Wallis Tests (Kapitel 52).

Die weiteren Möglichkeiten der Box **Rangbindungen** sind dagegen wenig üblich. Die Datei RÄNGE.SAV zeigt jedoch, nach welchem Prinzip hier im Fall von Ties verfahren wird. Die Rangwerte der Variablen FORTLAUFEND stellen das Ergebnis bei Anwählen von *Rangfolge fortlaufend vergeben* dar, während MINRANG bzw. MAXRANG die Rangwerte zeigen, die man bei Anklicken der Möglichkeiten *Minimaler* und *Maximaler Rang* erhält.

Den in dieser Box aufgeführten Verfahren ist die Zuweisungsregel gemeinsam, dass der größere X-Wert den größeren Rangwert erhält und dass im Fall gleicher X-Werte auch die vergebenen Rangwerte gleich sind. Einzig das allgemein verwendete Mittelwert-Verfahren stellt jedoch sicher, dass im Fall von Ties die Summe der für die X-Werte vergebenen Rangwerte gleich der Summe der Zahlen von 1 bis N ist, d.h. gleich der Summe der Ränge für den Fall ohne Ties.

Kapitel 18

Auswahl von Fällen

Es besteht häufig der Wunsch, statistische Analysen nur mit Personen (Fällen) durchzuführen, die hinsichtlich einer oder mehrerer Variablen bestimmte Bedingungen erfüllen. Beispiele wären die Frage nach der Interkorrelation von Größe und Gewicht (nur) bei den Frauen oder nach der Verteilung eines Persönlichkeitsmerkmals bei den Männern über 80 Jahren. Zur Auswahl von Fällen ist in der Eingangs-Dialogbox als Erstes *Falls Bedingung zutrifft* anzuklicken.

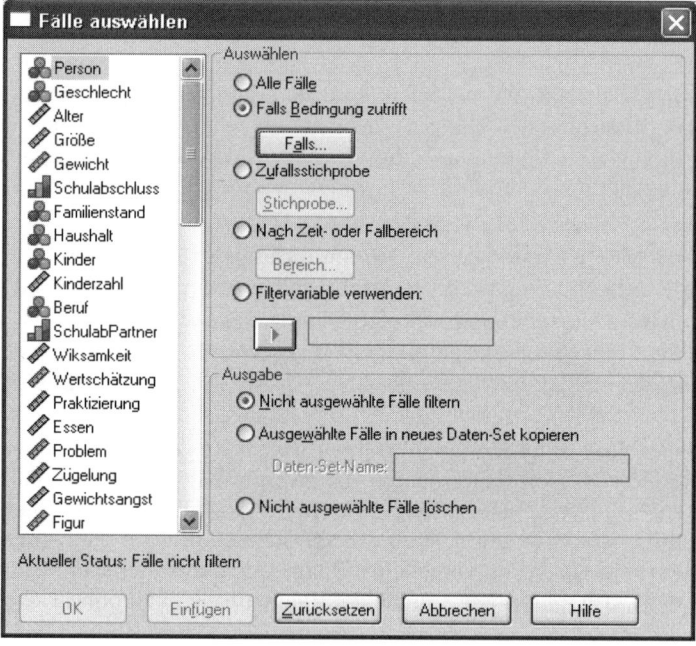

Nach Anklicken der Schaltfläche [Falls] wird in der nachfolgenden Dialogbox die Bedingung definiert, die von den auszuwählenden Personen erfüllt werden muss. Die hierzu benötigten Vergleichsoperatoren können durch Tasten angewählt oder aber direkt eingegeben werden: gleich {=}, kleiner als {<}, größer als {>}, größer oder gleich {>=}, kleiner oder gleich {<=}, sowie ungleich {<>}. Für die logischen Operatoren UND und ODER verwendet man am besten die englischen Bezeichnungen AND und OR oder wählt die Symbole {&} bzw. {|}. Die in der Box als Beispiel formulierte Bedingung veranlasst in der Datei GESUND.SAV die Auswahl der Frauen (GESCHLECHT = 1), die Abitur haben (SCHULABSCHLUSS ≥ 6) und 50 Jahre oder älter sind (ALTER ≥ 50).

Nach Definition der Bedingung erscheint diese in der Eingangs-Dialogbox neben der Schaltfläche [Falls]. Im Feld *Ausgabe* kann festgelegt werden, wie mit den (nicht) ausgewählten Fällen zu verfahren ist. In der Voreinstellung *Nicht ausgewählte Fälle filtern* werden diese nur aus den nachfolgenden Analysen ausgeschlossen, verbleiben aber in der Datei. Bei Wahl der Option *Nicht ausgewählte Fälle löschen* werden diese gänzlich aus der Datei entfernt.

Im Normalfall wird man sich natürlich hüten, eine derartige Löschung vorzunehmen. Diese Möglichkeit kann jedoch von Interessse sein, wenn man Unterdateien einer vorliegenden großen Datei herstellen oder die Datei von bestimmten Fällen »reinigen« möchte. So könnte man z.B. den Wunsch haben, die (wenigen) Probanden dauerhaft zu entfernen, die keine Angaben zu ihrem Alter oder ihrem Geschlecht gemacht haben. Es würden dann die Fälle gelöscht, die die Bedingung {Geschlecht >= 1 and Alter >= 1} nicht erfüllen. Die Herstellung einer Datei, die nur noch aus den Personen besteht, die die spezifizierte Bedingung erfüllen, lässt sich auch erreichen, indem man die Option *Ausgewählte Fälle in neues Daten-Set kopieren* anwählt.

Wenn Personen ausgewählt werden sollen, die in einer bestimmten Variablen einen fehlenden Wert {,} haben, dann führt die Schreibweise *Falls*: Variable = sysmis <u>nicht</u> zum erhofften Erfolg. Statt dessen muss formuliert werden (*Falls*): sysmis (Variable). Die Anweisung »sysmis (Alter)« führt somit dazu, dass die Personen ausgewählt werden, die ihr Alter nicht angegeben haben.

Der Sachverhalt, dass eine Auswahl von Fällen getroffen wurde (d. h. dass ein Filter eingeschaltet ist), wird im SPSS-Ausgabefenster rechts unten in der Statusleiste durch die Einblendung »Filter an« angezeigt. Im Datenfenster sind zusätzlich in der linken Randspalte die Nummern der ausgeschlossenen Zeilen bzw. Personen jeweils durchgestrichen.

Durch die Auswahl von Fällen wird der Datei eine mit FILTER_$ bezeichnete Variable hinzugefügt. In ihr haben die Personen, die die definierte Bedingung erfüllen, den Wert {1} und die ausgefilterten Fälle den Wert {0}. Bei den nachfolgenden Analysen greift dann das Programm nur auf die Personen mit dem Wert {1} zu. Wenn die Definition der Auswahlbedingungen einen gewissen Aufwand erforderte und man vorhat, diese spezielle Unterstichprobe noch öfter heranzuziehen, dann empfiehlt es sich, die Variable FILTER_$ umzubenennen (z.B in FILTER1) und mit der Datei abzuspeichern.

Bei späteren Analysen muss dann die (»lange«) Auswahlbedingung nicht jeweils neu in der Box »Fälle auswählen: Falls« definiert werden. Das Gleiche erreicht man dann (schneller) über die Eingangs-Dialogbox durch Anklicken der Option *Filtervariable verwenden* und anschließende Eingabe des Namens dieser Variablen (z. B. FILTER1).

Eine einmal veranlasste Auswahl von Personen bleibt so lange für die Analysen bestehen, bis sie durch eine neue Auswahl-Definition geändert wird. Dies geschieht entweder durch Formulierung einer neuen Auswahlbedingung oder durch Rückstellung auf die gesamte Stichprobe, indem in der Eingangs-Dialogbox der Punkt *Alle Fälle* oder der Schalter [Zurücksetzen] angeklickt wird. Ein Schließen der Datendatei führt gleichfalls zur Rückstellung auf die Gesamtstichprobe.

Wie die Eingangs-Dialogbox auf S. 74 zeigt, ist es weiterhin möglich, aus der Gesamtstichprobe eine *Zufallsstichprobe* von Personen zu ziehen. Eine Anwendung dieser Option wird bei BEISPIEL 4 von Kap. 66 illustriert.

Beispiele ✳

BildungVater >= 3 or BildungMutter >= 3

Datei FRABOGEN.SAV: Selektion der Studierenden, bei denen der Vater oder die Mutter oder beide das Abitur haben.

BildungMutter > BildungVater

Datei FRABOGEN.SAV: Auswahl der Personen, bei denen die Schulbildung der Mutter höher ist als die des Vaters.

Studienfach = 2 and Religion <> 2

Datei FRABOGEN.SAV: Selektion der Pädagogik-Studierenden, die nicht katholisch sind.

Alter >= 20 and Alter <= 40

Wählt aus der Stichprobe die 20- bis 40-jährigen Personen aus.

alter < 20 or alter > 40

Auswahl der Personen, die jünger als 20 und älter als 40 Jahre sind.

Geschlecht = 2 and Zigarettenraucher = 0 and SonstigerRaucher = 0

Datei GESUND.SAV: Auswahl der männlichen Nichtraucher, d.h. der Personen, die weder Zigaretten noch sonstige Tabakwaren rauchen.

Geschlecht = 1 and Zigarettenraucher = 2 or Geschlecht = 1 and SonstigerRaucher = 2

Datei GESUND.SAV: Wählt die Frauen aus, die Zigaretten oder sonstige Tabakwaren (oder beides) regelmäßig rauchen. Falsch wäre hier die Anweisung: Geschlecht = 1 and Zigarettenraucher = 2 or SonstigerRaucher = 2. Dadurch würden neben den Frauen auch alle Männer mitaufgenommen, die regelmäßig sonstige Tabakwaren rauchen. Ein richtige Alternative wäre hingegen die Anweisung: Geschlecht = 1 and (Zigarettenraucher = 2 or SonstigerRaucher = 2).

sysmis (Größe) or sysmis (Gewicht)

Auswahl der Personen, die ihre Größe oder ihr Gewicht oder beides nicht angegeben haben (»system missing« {.}).

Größe <> sysmis (Größe)

Auswahl der Personen, die bei der Variablen GRÖßE *keinen* fehlenden Wert haben (d.h. Ausschluss der Personen, die ihre Größe nicht angegeben haben).

Bildung von Untergruppen

> **➤ Daten / Datei aufteilen ...**

Häufig soll eine statistische Analyse für bestimmte Untergruppen der Stichprobe separat durchgeführt werden. Beispiele wären: Bestimmung der Korrelation zwischen Körperhöhe und -gewicht, getrennt für Männer und Frauen, oder Berechnung des Medianeinkommens für nach der Religionszugehörigkeit gebildete Gruppen. In der Eingangs-Dialogbox ist als Erstes zu wählen, ob die Ergebnisse für die Untergruppen zusammen in einer Tabelle dargestellt werden sollen (*Gruppen vergleichen*), oder ob eine Ausgabe in getrennten Tabellen gewünscht wird (*Ausgabe nach Gruppen aufteilen*).

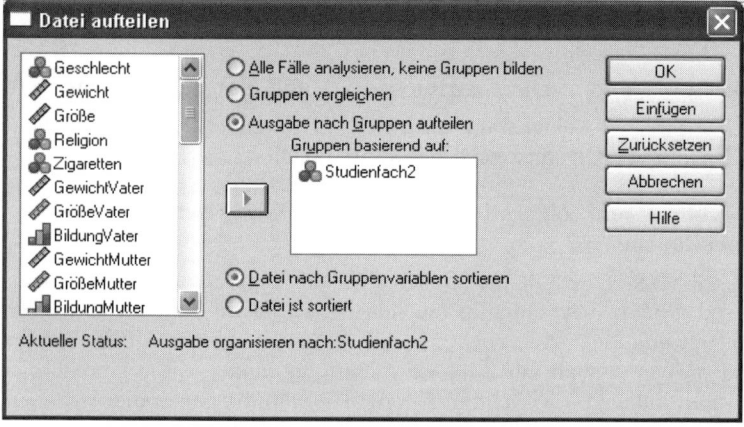

Anschließend wird im Feld *Gruppen basierend auf* das Merkmal eingegeben, nach dem die Untergruppen gebildet werden sollen. Im dargestellten Fall sollen in der Datei FRABOGEN.SAV Gruppen nach dem dichotomen Merkmal STUDIEN-FACH2 gebildet werden. Die in der Gruppierungsvariablen vorkommenden Werte definieren die Unterstichproben, für die die späteren statistischen Analysen separat durchgeführt werden.

Personen mit fehlenden Werten im Gruppierungsmerkmal werden als zusätzliche Analysestichprobe behandelt (vgl. BEISPIEL 1). Wird die Ausgabe der Ergebnisse dieser inhaltlich meist nicht sinnvollen Gruppe als störend empfunden, müssen

Fälle mit fehlenden Werten vorher durch eine entsprechende Selektionsanweisung ausgeschlossen werden. Im gezeigten Fall könnte z.B. über **Daten / Fälle auswählen** die Bedingung {Studienfach2 >= 1} gesetzt werden (vgl. Kapitel 18). Das Gleiche würde erreicht durch die Definition der Auswahlbedingung {Studienfach2 <> sysmis(Studienfach2)}.

Bei Eingabe von mehr als einem Merkmal im Feld *Gruppen basierend auf* werden so viele Unterstichproben gebildet, wie es Kombinationen der Stufen oder Kategorien dieser Variablen gibt, wobei die zweitgenannte Variable innerhalb der Stufen der ersten sortiert wird (vgl. BEISPIEL 3). Für die Durchführung der SPLIT FILE-Anweisung ist es erforderlich, dass die Datei vorab nach der oder den Gruppierungsmerkmalen geordnet wird. In der Voreinstellung – *Datei nach Gruppenvariablen sortieren* – geschieht dies automatisch. Die zweite Möglichkeit – *Datei ist sortiert* – darf nur gewählt werden, wenn die Datei wirklich bereits nach dem Merkmal geordnet ist. Bei den heutigen Rechnergeschwindigkeiten erbringt dies allerdings keinen erkennbaren Zeitgewinn mehr.

Die einmal veranlasste Bildung von Untergruppen bleibt so lange für die Analysen bestehen, bis sie durch eine neue Anweisung geändert wird. Dies geschieht entweder durch die Definition neuer Untergruppen oder durch Rückstellung auf die Gesamtstichprobe, indem in der Dialogbox der Punkt *Alle Fälle analysieren, keine Gruppen bilden* oder die Schaltfläche [Zurücksetzen] angeklickt wird.

Wenn es (nur) um die Berechnung von Mittelwerten, Varianzen, Standardabweichungen o.ä. für bestimmte Untergruppen geht, kann auch direkt die in Kapitel 27 beschriebene Prozedur MEANS herangezogen werden, die in diesem Fall eine (schnellere und) ansprechendere Ausgabe der Gruppenkennwerte liefert.

Beispiel 1

Datei FRABOGEN.SAV. Es sollen nach dem dichotomen Merkmal STUDIENFACH2 (*Psychologie* vs. *anderes Fach*) Gruppen gebildet und für diese jeweils die Verteilung der Mathematiknote (MATHENOTE) der Studierenden bestimmt werden. In der Dialogbox werden die auf S. 78 gezeigten Einstellungen vorgenomen (getrennte Tabellen für die Gruppen-Ergebnisse, Gruppierungsmerkmal STUDIENFACH2). Anschließend wird über die Prozedur FREQUENCIES (Kapitel 23) die Erstellung der Verteilungen von MATHENOTE veranlasst.

Da bei sieben Befragten keine Angaben zum Studienfach vorlagen, enthält die Ausgabe auch die Verteilung der Note in dieser »Wert fehlend« Gruppe (STUDIENFACH2 = .). Ein Weg zur Unterdrückung dieser von der Fragestellung her selten interessierenden Gruppendaten wurde oben erläutert. Eine weitere (und schnelle) Möglichkeit ist natürlich deren nachträgliche Löschung im Ausgabe-Viewer.

Studienfach (dichotom) = .

Statistiken[a]

Mathenote

N	Gültig	10
	Fehlend	3

a. Studienfach2 = .

Mathenote[a]

		Häufigkeit	Prozent	Gültige Prozente	Kumulierte Prozente
Gültig	1	3	23,1	30,0	30,0
	2	1	7,7	10,0	40,0
	3	3	23,1	30,0	70,0
	4	2	15,4	20,0	90,0
	5	1	7,7	10,0	100,0
	Gesamt	10	76,9	100,0	
Fehlend	System	3	23,1		
Gesamt		13	100,0		

a. Studienfach2 = .

Studienfach (dichotom) = Psychologie

Statistiken[a]

Mathenote

N	Gültig	1464
	Fehlend	76

a. Studienfach2 = 1 Psychologie

Mathenote[a]

		Häufigkeit	Prozent	Gültige Prozente	Kumulierte Prozente
Gültig	1	377	24,5	25,8	25,8
	2	1	,1	,1	25,8
	2	492	31,9	33,6	59,4
	3	328	21,3	22,4	81,8
	4	204	13,2	13,9	95,8
	5	55	3,6	3,8	99,5
	6	7	,5	,5	100,0
	Gesamt	1464	95,1	100,0	
Fehlend	System	76	4,9		
Gesamt		1540	100,0		

a. Studienfach2 = 1 Psychologie

Studienfach (dichotom) = anderes Fach

Statistiken[a]

Mathenote

N	Gültig	2201
	Fehlend	159

a. Studienfach2 = 2 anderes Fach

Mathenote[a]

		Häufigkeit	Prozent	Gültige Prozente	Kumulierte Prozente
Gültig	1	156	6,6	7,1	7,1
	2	539	22,8	24,5	31,6
	3	731	31,0	33,2	64,8
	4	570	24,2	25,9	90,7
	5	192	8,1	8,7	99,4
	6	13	,6	,6	100,0
	Gesamt	2201	93,3	100,0	
Fehlend	System	159	6,7		
Gesamt		2360	100,0		

a. Studienfach2 = 2 anderes Fach

Beispiel 2

Fragestellung von BEISPIEL 1. Es wird diesmal die Ausgabe der Gruppenergebnisse in einer gemeinsamen Tabelle angefordert (Option *Gruppen vergleichen*). Da in dieser Darstellungsform die Daten der »Wert fehlend« Gruppe besonders störend sind, wurden diese über **Fälle auswählen** (Studienfach2 >= 1) ausgefiltert. Bei den nachfolgenden Ausgaben ist die Abfolge der beiden Tabellen aus Formatgründen vertauscht.

Mathenote

Studienfach2			Häufigkeit	Prozent	Gültige Prozente	Kumulierte Prozente
1 Psychologie	Gültig	1	377	24,5	25,8	25,8
		2	1	,1	,1	25,8
		2	492	31,9	33,6	59,4
		3	328	21,3	22,4	81,8
		4	204	13,2	13,9	95,8
		5	55	3,6	3,8	99,5
		6	7	,5	,5	100,0
		Gesamt	1464	95,1	100,0	
	Fehlend	System	76	4,9		
	Gesamt		1540	100,0		
2 anderes Fach	Gültig	1	156	6,6	7,1	7,1
		2	539	22,8	24,5	31,6
		3	731	31,0	33,2	64,8
		4	570	24,2	25,9	90,7
		5	192	8,1	8,7	99,4
		6	13	,6	,6	100,0
		Gesamt	2201	93,3	100,0	
	Fehlend	System	159	6,7		
	Gesamt		2360	100,0		

Statistiken

Mathenote

1 Psychologie	N	Gültig	1464
		Fehlend	76
2 anderes Fach	N	Gültig	2201
		Fehlend	159

Beispiel 3

Daten des 2×3-faktoriellen kovarianzanalytischen Plans von BEISPIEL 1 in Kapitel 59 (Datei ANCOVA-2.SAV). Für die sechs Zellen soll jeweils die Korrelation zwischen Kovariate (VORTEST) und abhängiger Variablen (NACHTEST) berechnet werden. Dazu werden als Erstes in der Dialogbox im Feld *Gruppen basierend auf* die Namen des zweistufigen Zeilen- und des dreistufigen Spaltenfaktors eingegeben (METHODE und AUSBILDER). Die zu analysierenden Untergruppen sind durch die möglichen sechs Kombinationen der Stufen beider Faktoren definiert. Die Berechnung der Korrelationskoeffizienten erfolgt anschließend mit der Prozedur CORRELATIONS (Kapitel 28).

Korrelationen

Methode	Ausbilder			Vortest	Nachtest
Methode A	Ausbilder 1	Vortest	Korrelation nach Pearson	1	,938
			Signifikanz (2-seitig)		,019
		Nachtest	Korrelation nach Pearson	,938	1
			Signifikanz (2-seitig)	,019	
	Ausbilder 2	Vortest	Korrelation nach Pearson	1	,186
			Signifikanz (2-seitig)		,764
		Nachtest	Korrelation nach Pearson	,186	1
			Signifikanz (2-seitig)	,764	
	Ausbilder 3	Vortest	Korrelation nach Pearson	1	,845
			Signifikanz (2-seitig)		,071
		Nachtest	Korrelation nach Pearson	,845	1
			Signifikanz (2-seitig)	,071	
Methode B	Ausbilder 1	Vortest	Korrelation nach Pearson	1	,747
			Signifikanz (2-seitig)		,147
		Nachtest	Korrelation nach Pearson	,747	1
			Signifikanz (2-seitig)	,147	
	Ausbilder 2	Vortest	Korrelation nach Pearson	1	,645
			Signifikanz (2-seitig)		,240
		Nachtest	Korrelation nach Pearson	,645	1
			Signifikanz (2-seitig)	,240	
	Ausbilder 3	Vortest	Korrelation nach Pearson	1	,973
			Signifikanz (2-seitig)		,005
		Nachtest	Korrelation nach Pearson	,973	1
			Signifikanz (2-seitig)	,005	

Gewichtung von Werten:
Verarbeiten vorliegender Verteilungen

> **➤ Daten / Fälle gewichten** ...

Die WEIGHT-Anweisung bietet die Möglichkeit, mit Daten statistische Analysen durchzuführen, die bereits in Form einer univariaten (primären) oder bivariaten Häufigkeitsverteilung (Kreuztabelle) vorliegen. Dazu müssen als Erstes die vorliegenden Werte bzw. Wertekombinationen mit ihren Auftretenshäufigkeiten in eine Datei eingegeben werden. In der nachfolgenden Dialogbox ist anschließend unter *Fälle gewichten mit* einzugeben, welche Variable die zur Gewichtung heranzuziehenden Häufigkeiten enthält. Ein Rückgängigmachen der Gewichtung erfolgt durch Anklicken des Punktes *Fälle nicht gewichten* oder der Schaltfläche [Zurücksetzen].

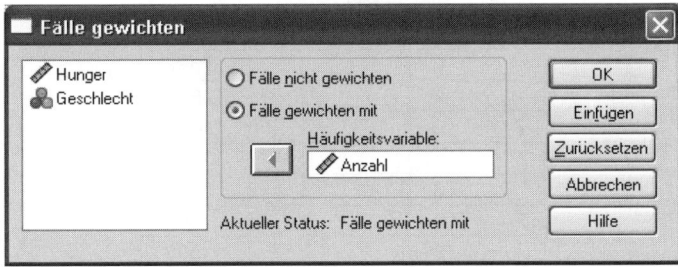

Bei den nachfolgenden Beispielen wird als Erstes das Verarbeiten einer vorliegenden univariaten Häufigkeitsverteilung demonstriert. Das zweite Beispiel zeigt die Verarbeitung einer gegebenen bivariaten Häufigkeitsverteilung (Daten einer 5×5 Kreuztabelle).

Beispiel 1

In Tabelle 8 der Handanweisung des *Fragebogens zum Essverhalten (FEV)* teilen Pudel & Westenhöfer (1989) die Werteverteilung der Skala »Erlebte Hungergefühle« für 42.182 Teilnehmerinnen und 7.935 Teilnehmer eines Trainingsprogramms zur Gewichtsreduktion mit. Die dort tabellarisch wiedergegebenen Verteilungen sollen grafisch dargestellt werden. Nachfolgend die Skalenwerte mit den zugehörigen Häufigkeiten. Ein hoher Wert zeigt u. a. an, dass eine Person sich »ständig hungrig fühlt« und »zu jeder Tageszeit essen könnte«.

Wert	Frauen	Männer		Wert	Frauen	Männer
0	1076	205		8	3581	647
1	2675	568		9	3260	508
2	3465	776		10	2953	415
3	3775	846		11	2585	378
4	3971	820		12	1995	252
5	3929	822		13	1198	165
6	3747	771		14	389	59
7	3583	703				

Die Daten werden in eine Datei FEV.SAV eingegeben. Die ersten 14 Zeilen enthalten die Daten der Frauen, die nächsten 14 Zeilen die der Männer. Unter der Variablen HUNGER sind die Skalenwerte aufgeführt, GESCHLECHT enthält die Geschlechtskodierung (1 = *Frau*, 2 = *Mann*) und die Gewichtungs-Variable ANZAHL die Auftretenshäufigkeiten der Werte. Nachfolgend ein Ausschnitt der Datei:

FEV.SAV		
Hunger	Geschlecht	Anzahl
0	1	1076
1	1	2675
2	1	3465
:	:	:
13	1	1198
14	1	389
0	2	205
1	2	568
2	2	776
:	:	:
13	2	165
14	2	59

Es soll nun – getrennt für Frauen und Männer – eine Verteilung der Skalenwerte in Form eines Säulendiagramms erstellt werden. Dazu wird als Erstes in der Box **Fälle gewichten** die Variable ANZAHL im Feld *Häufigkeitsvariable* eingegeben. Anschließend erfolgt die Auswahl der Daten der Frauen (GESCHLECHT = 1) über die Dialogbox **Fälle auswählen**. Über **Grafiken / Diagrammerstellung / Galerie / Balken** erhält man – nach Anwählen des ersten Grafik-Symbols {Einfache

Balken} – das auf S. 629 wiedergegebene Dialogfeld zur Erstellung eines Balkendiagramms, in dem die Variable HUNGER in den Rahmen [X-Achse?] verbracht wird. In der Box **Elementeigenschaften** ist weiterhin im Feld *Statistik* die Option »Prozentsatz« anzuklicken.

Die dann erhaltene Ausgangsgrafik stellt die Daten der Frauen dar. Für die Verteilung der Männer ist nach Eingabe der entsprechenden Selektionsanweisung (GESCHLECHT = 2) der Prozess zu wiederholen. Die beiden Grafiken bedürfen nur noch leichter Bearbeitung. Es ist u. a. darauf zu achten, dass die senkrechten Achsen den gleichen Wertebereich aufweisen. Die Verteilung der Skalenwerte stellt sich dann bei den Frauen wie folgt dar:

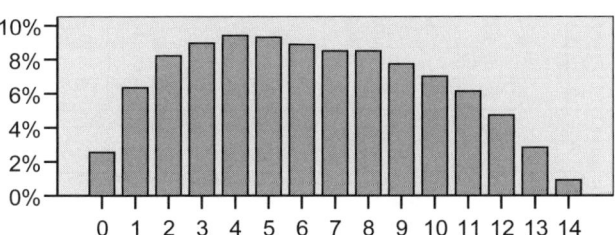

Erlebte Hungergefühle

<h1>Beispiel   2</h1>

Die nachfolgenden – in einer 5×5 Kreuztabelle angeordneten – Daten entstammen Bishop, Fienberg & Holland (1975, S. 100). Bei einer Stichprobe von 2391 dänischen Familien wurde jeweils der Beruf des Vaters und des Sohnes einer von fünf Statusstufen zugeordnet (je höher die Zahl, um so höher der Status). Untersucht werden sollte, wieweit ein Zusammenhang zwischen dem Berufsstatus von Vätern und Söhnen besteht. Es ergab sich die nachfolgende bivariate Verteilung:

Status Vater	Berufsstatus des Sohnes				
	1	2	3	4	5
1	18	17	16	4	2
2	24	105	109	59	21
3	23	84	289	217	95
4	8	49	175	348	198
5	6	8	69	201	246

Die Daten werden in eine Datei DÄNEMARK.SAV eingegeben. Die Variable VATER enthält die Kodierung des väterlichen Berufs (1-5), unter SOHN sind die entsprechenden Berufs-Kodierungen der Söhne eingegeben. Die Kombinationen der Vater-Sohn-Kodierungen indizieren jeweils die Zellen. Die zugehörigen Auftretenshäufigkeiten in den 5×5 Zellen enthält die Variable ANZAHL. Nachfolgend die Datei (deren unterer Teil aus Platzgründen rechts wiedergegeben ist):

DÄNEMARK.SAV			Fortsetzung		
Vater	Sohn	Anzahl	Vater	Sohn	Anzahl
1	1	18			
1	2	17	3	4	217
1	3	16	3	5	95
1	4	4	4	1	8
1	5	2	4	2	49
2	1	24	4	3	175
2	2	105	4	4	348
2	3	109	4	5	198
2	4	59	5	1	6
2	5	21	5	2	8
3	1	23	5	3	69
3	2	84	5	4	201
3	3	289	5	5	246

Es soll nun eine Kreuztabelle für den Zusammenhang zwischen der Berufsgruppen-Zugehörigkeit von Vätern und Söhnen erstellt werden, mit einer auf die Zeilensummen (Väter) bezogenen Prozentuierung der Zellenhäufigkeiten.

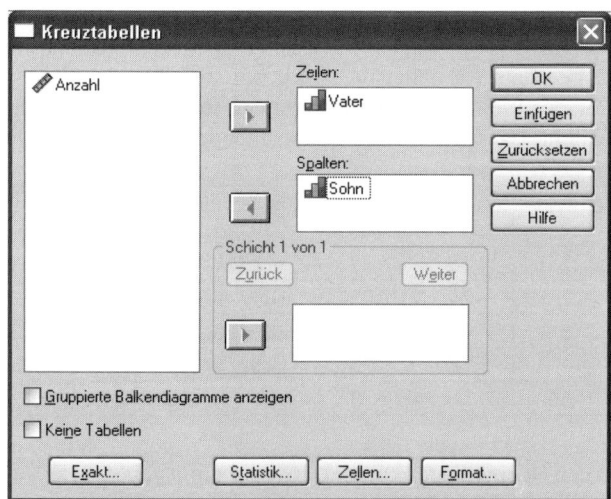

Dazu wird als Erstes in der Box **Fälle gewichten** die Variable ANZAHL im Feld *Häufigkeitsvariable* eingegeben. Über die Menüpunkte **Analysieren / Deskriptive Statistiken / Kreuztabellen** erhält man dann das (vorstehende) Dialogfeld zur Eingabe der Zeilen- und Spaltenvariablen der Kontingenztafel (in unserem Fall VATER und SOHN). Die gewünschte Prozentuierung der Zellfrequenzen auf die Zeilensummen wird in der über die Schaltfläche [Zellen] erhältlichen Dialogbox eingestellt (vgl. Kapitel 42, S. 205). Es ergibt sich die nachfolgende Kreuztabelle (bei der die Prozentwerte im Ausgabe-Viewer in »ganzzahlig« umgewandelt wurden).

Vater * Sohn Kreuztabelle

			Sohn					
			1	2	3	4	5	Gesamt
Vater	1	Anzahl	18	17	16	4	2	57
		% von Vater	32%	30%	28%	7%	4%	100%
	2	Anzahl	24	105	109	59	21	318
		% von Vater	8%	33%	34%	19%	7%	100%
	3	Anzahl	23	84	289	217	95	708
		% von Vater	3%	12%	41%	31%	13%	100%
	4	Anzahl	8	49	175	348	198	778
		% von Vater	1%	6%	22%	45%	25%	100%
	5	Anzahl	6	8	69	201	246	530
		% von Vater	1%	2%	13%	38%	46%	100%
Gesamt		Anzahl	79	263	658	829	562	2391
		% von Vater	3%	11%	28%	35%	24%	100%

Kapitel 21

Bearbeiten der Ergebnisausgabe

Die von den SPSS-Prozeduren gelieferten Ergebnisse werden als Tabellen oder Grafiken im »Viewer« (Ausgabefenster) dargestellt. Dieser besteht dabei aus zwei (in ihrer Breite veränderbaren) Bereichen. Der linke Teil enthält eine Gliederung des ausgegebenen Inhalts (Überschriften, Tabellen, Grafiken, Anmerkungen), während im rechten Hauptteil die jeweiligen Ergebnisse dargestellt sind. Von besonderem Nutzen ist das Gliederungsfenster in Situationen, wo nacheinander mehrere Analysen durchgeführt werden. Es ermöglicht dann – durch Anklicken des entsprechenden Icons – ein schnelles »Navigieren« zwischen den verschiedenen Ergebnisbereichen. Im Fall von nur einer Analyse ist es dagegen von geringerer Bedeutung.

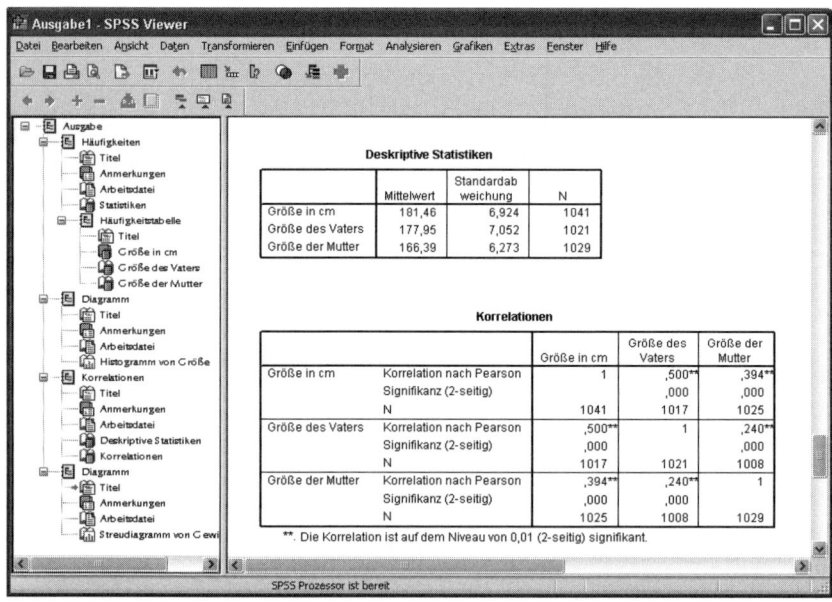

Das Aussehen der im Viewer dargestellten Tabellen und Textausgaben wird zum einen durch mehr oder minder dauerhafte Voreinstellungen bestimmt und zum anderen durch die an der konkreten Ausgabe nachträglich vorgenommenen Änderungen. Es soll zuerst auf die über entsprechende Dialogfelder zu definierenden (allgemeinen) Eigenschaften des Ausgabeformats eingegangen werden.

Über die Menüpunkte **Bearbeiten / Optionen** erhält man die nachfolgende Registerkarte [Viewer]. Hier kann man es – bei Einzelblatt-Druck auf Papier im A4-Format – in der Regel bei den Voreinstellungen belassen. Die mögliche Wahl einer Schriftart bezieht sich nur auf die Überschriften, nicht jedoch auf die Zeichen in den (Pivot-)Tabellen. Bei Anklicken von *Befehle im Log anzeigen* werden die über die Dialogfeld-Eingaben erzeugten Befehle im Viewer mitausgegeben.

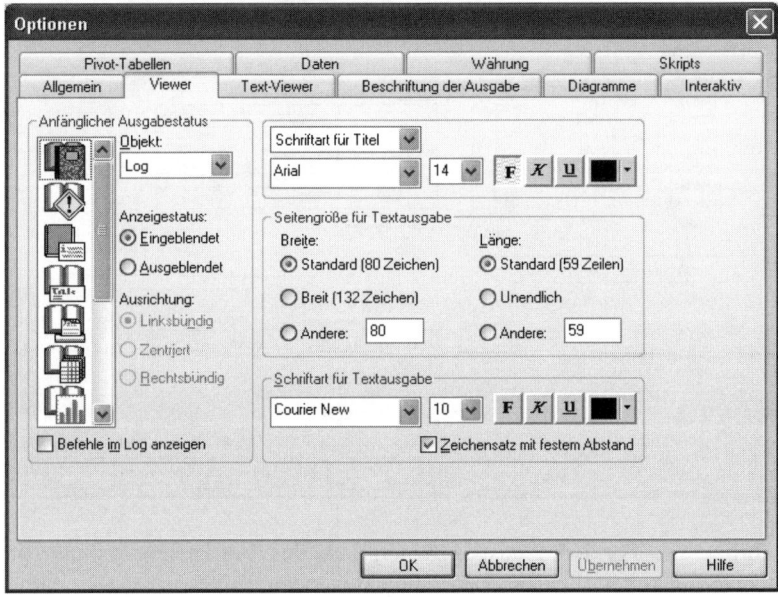

In der Registerkarte [Beschriftung der Ausgabe] kann festgelegt werden, wie Variablen und deren Werte in der Ausgabe bezeichnet sein sollen. Bei den Variablen sind folgende Optionen möglich: Nur Name, Name plus ein eventuelles Variablenlabel sowie ausschließlich das Label der Variablen. Bei den Variablenwerten sind die Möglichkeiten: Nur Werte, Werte plus eventuelle Labels sowie nur die Wertelabels. Da sowohl die Variablen- als auch die Wertelabels teilweise recht »lang« sein können, muss bei der Entscheidung berücksichtigt werden, dass durch deren Mitausgabe die Tabellen meist erheblich an Länge und Breite – jedoch nicht unbedingt an Übersichtlichkeit – zunehmen. Es empfiehlt sich daher zumindest bei den Variablen meist eine Beschränkung auf den Namen und Verzicht auf die (zusätzliche) Ausgabe der Labels.

Die im Viewer standardmäßig ausgegebenen Tabellen werden von SPSS als »Pivot-Tabellen« bezeichnet. Wer jetzt entsprechend dem Duden bei »Pivot« nur einen »Schwenkzapfen an Drehkränen« im Auge hat, missversteht die Erläuterungsabsicht von SPSS. Die Tabellen heißen so, weil man sie nachträglich »pivotieren« oder drehen (schwenken) kann, indem Zeilen und Spalten vertauscht oder sonstig anders angeordnet werden.

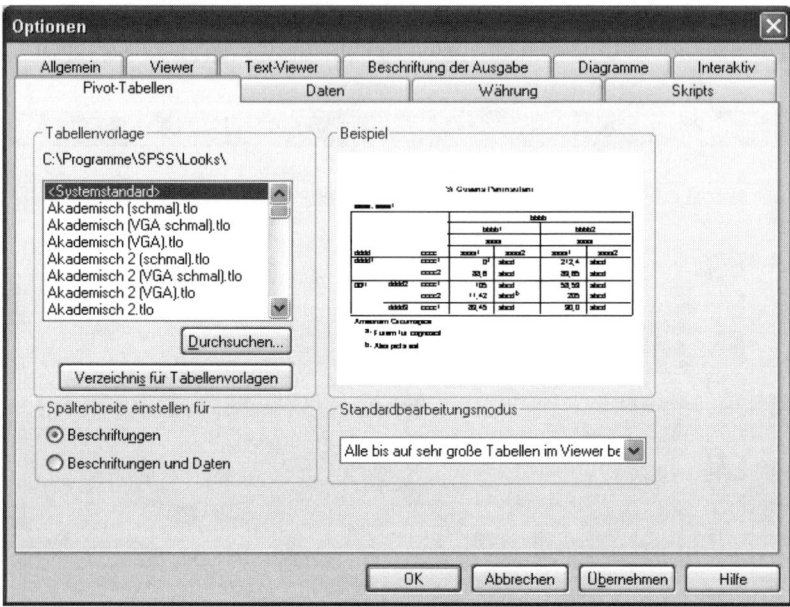

Hinsichtlich der Form der ausgegebenen Tabellen bestehen umfangreiche Variationsmöglichkeiten. Die zur Verfügung stehenden *Tabellenvorlagen* enthält die Registerkarte [Pivot-Tabellen]. Voreingestellt ist <Systemstandard>, das Format, in dem auch die in diesem Buch wiedergegebenen Tabellen sowie die nachfolgende Ausgabe der Prozedur ONEWAY dargestellt sind.

ONEWAY ANOVA

Zeit

	Quadrat-summe	df	Mittel der Quadrate	F	Signifikanz
Zwischen den Gruppen	566,750	3	188,917	14,708	,000
Innerhalb der Gruppen	565,167	44	12,845		
Gesamt	1131,917	47			

Welche der anderen möglichen Tabellenformen den eigenen Bedürfnissen u.U. besser gerecht wird, muss durch »Probieren« herausgefunden werden. Nachfolgend z.B. die gleiche Tabelle nach Wahl der Vorlage »Akademisch«.

ONEWAY ANOVA

Zeit

	Quadrat-summe	df	Mittel der Quadrate	F	Signifikanz
Zwischen den Gruppen	566,750	3	188,917	14,708	,000
Innerhalb der Gruppen	565,167	44	12,845		
Gesamt	1131,917	47			

Einige Optionen im Feld *Tabellenvorlage* bieten auch die Möglichkeit, in der Standard-Tabellenform Art und Größe der Schrift zu ändern, z. B. »Times Roman«, »Kleine Schrift«, »Große Schrift«, usf. Keinen Einfluss haben die verschiedenen Tabellenformen allerdings auf den Inhalt der Tabellen. Das bedeutet, dass inhaltlich »schlechte« – und zur Übernahme in einen Text wenig geeignete – Tabellen durch die Wahl einer anderen Vorlage auch nicht besser werden.

Nachträgliche Bearbeitung der Pivot-Tabellen

Zur Bearbeitung der ausgegeben Pivot-Tabellen bietet SPSS sehr umfangreiche Möglichkeiten an, für deren souveräne Handhabung allerdings auch eine entsprechende Einübung erforderlich ist. Ein derartiger Aufwand dürfte jedoch nur lohnend sein, wenn das Ziel darin besteht, die SPSS-Ausgabe in »publikationsfähige« Tabellen umzuwandeln. Im Standardfall statistischer Analysen geht es jedoch eher um die Bestimmung einzelner deskriptiv- und inferenzstatistischer Kennwerte, die dann meist nur einen relativ geringen Teil des in den Pivot-Tabellen enthaltenen »Zahlenmaterials« ausmachen.

Der/die Anwender/in ist somit am häufigsten mit dem Problem konfrontiert, wie sich eine (zu) umfangreiche Bildschirmausgabe auf die eigentlich benötigten Tabellen und Tabellenbereiche (für die Druckausgabe) reduzieren lässt. Aus diesem Grunde konzentrieren sich die nachfolgenden Erörterungen auf das Löschen und Ausblenden von Tabellen und Tabellenteilen (Zeilen, Spalten) sowie das Ändern des Tabellen- und Zahlenformats.

Löschen und Ausblenden einer Tabelle

Das Löschen einer Tabelle (oder eines Diagramms) im Ausgabe-Viewer ist denkbar einfach. Nach Anklicken der Tabelle muss hierzu lediglich die ⌊Entf⌉-Taste gedrückt werden. Die Tabelle wird dadurch dauerhaft aus dem Viewer entfernt. Falls dies direkt nach dem Löschen bereut wird, lässt es sich über **Bearbeiten / Rückgängig** noch ungeschehen machen.

Statt gänzlich gelöscht kann eine Tabelle auch »ausgeblendet« werden. Sie ist dann am Bildschirm und beim Druck nicht mehr zu sehen, bleibt jedoch in der Ausgabe und bei eventuellem Abspeichern erhalten, so dass zu einem späteren Zeitpunkt auch deren Wieder-Einblendung möglich ist. Die Ausblendung einer

Tabelle wird nach deren Anklicken über die Menüpunkte **Ansicht / Ausblenden** veranlasst. Zum späteren Einblenden sind nach Anklicken des Icons der Tabelle im Gliederungsfenster die Menüpunkte **Ansicht / Einblenden** zu wählen.

Löschen und Ausblenden von Zeilen und Spalten

Viele Pivot-Tabellen weisen in den Augen des Anwenders ein »ungünstiges« Format auf, indem sie durch »unnötige« Spalten oder Zeilen zu breit bzw. zu lang sind. Die Ausgabe des T-Tests für unabhängige Gruppen (vgl. Kapitel 45) ist dafür ein Beispiel. Die nachfolgend stark verkleinert wiedergegebene Tabelle ist im Original 1½ Bildschirme breit, in der A4-Druckausgabe wird sie zweimal umgebrochen und auf drei Seiten verteilt. Es bietet sich deshalb an, zur Verbesserung der Tabellenform nicht interessierende Spalten zu löschen oder auszublenden.

Test bei unabhängigen Stichproben

		Levene-Test der Varianzgleichheit		T-Test für die Mittelwertgleichheit						95% Konfidenzintervall der Differenz	
		F	Signifikanz	T	df	Sig. (2-seitig)	Mittlere Differenz	Standardfehler der Differenz		Untere	Obere
FPI.9	Varianzen sind gleich	,042	,838	3,201	332	,002	1,018	,318		,392	1,643
	Varianzen sind nicht gleich			3,193	294,727	,002	1,018	,319		,390	1,645

Die Bearbeitung von Tabellen geschieht im »Pivot-Tabellen Editor«. In diesen gelangt man durch einen Doppelklick auf die interessierende Tabelle. Diese ist danach durch eine gestrichelte Umrandung gekennzeichnet. Die Menüleiste des Viewers enthält jetzt zusätzlich die Option »Pivot«.

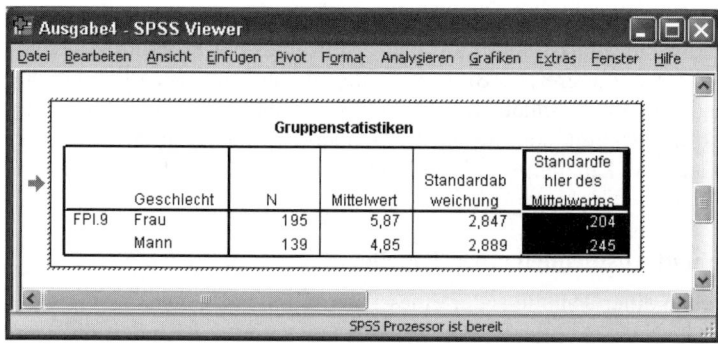

Zum Beseitigen einer Spalte muss als Erstes bei gedrückten [Strg]+[Alt] Tasten ihr Beschriftungsbereich angeklickt werden (im Beispiel: *Standardfehler des Mittelwertes*), wodurch sie schwarz markiert erscheint. Löschung der Spalte erreicht man nun durch Drücken der [Entf]-Taste oder über **Bearbeiten / Löschen**, während sich ihre Ausblendung über die Menüpunkte **Ansicht / Ausblenden** veranlassen lässt. Zum Löschen oder Ausblenden einer Zeile ist entsprechend vorzugehen. In der auf der vorangehenden Seite gezeigten überbreiten« T-Test Tabelle wurden auf die beschriebene Weise die letzten vier Spalten, deren Information im Normalfall als verzichtbar angesehen werden kann, gelöscht. Der verbleibende Tabellenteil stellt sich dann in der nachfolgenden Form dar:

Test bei unabhängigen Stichproben

		Levene-Test der Varianzgleichheit		T-Test für die Mittelwertgleichheit		
		F	Signifikanz	T	df	Sig. (2-seitig)
FPI.9	Varianzen sind gleich	,042	,838	3,201	332	,002
	Varianzen sind nicht gleich			3,193	294,727	,002

Vertauschung von Zeilen und Spalten

Manche Tabellen, die ein zu breites Format aufweisen, lassen sich – auch ohne Löschen von Spalten – über die Menüpunkte **Pivot / Zeilen und Spalten vertauschen** in ihrer Darstellungsform verbessern. Ob dieser Effekt bei einer konkreten Tabelle eintritt, muss allerdings durch einen Versuch herausgefunden werden. Bei der T-Test Tabelle auf S. 92 ist dies der Fall. Sie stellt sich nach Vertauschung von Zeilen und Spalten deutlich kompakter dar:

Test bei unabhängigen Stichproben

			FPI.9	
			Varianzen sind gleich	Varianzen sind nicht gleich
Levene-Test der Varianzgleichheit	F		,042	
	Signifikanz		,838	
T-Test für die Mittelwertgleichheit	T		3,201	3,193
	df		332	294,727
	Sig. (2-seitig)		,002	,002
	Mittlere Differenz		1,018	1,018
	Standardfehler der Differenz		,318	,319
	95% Konfidenzintervall der Differenz	Untere	,392	,390
		Obere	1,643	1,645

Änderung des Zahlenformats in den Tabellen

Häufigkeiten oder statistische Kennwerte werden von den Prozeduren jeweils mit einer bestimmten Anzahl von Dezimalstellen ausgegeben. Nicht selten werden hier Änderungen gewünscht, z.B.: Korrelationskoeffizienten mit zwei statt der voreingestellten drei Nachkommastellen oder ganzzahlige Prozentwerte statt Werte mit einer Dezimalstelle, usf. Zur Vornahme dieser Änderungen begibt man sich durch einen Doppelklick auf die Tabelle in den Pivot-Tabellen Editor.

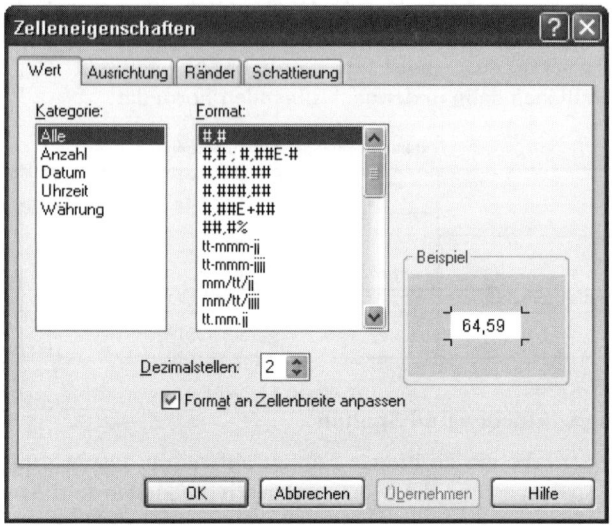

Hier sind als Erstes die zu ändernden Zahlen zu markieren. Über die Menüpunkte **Format / Zelleneigenschaften** erhält man anschließend die Registerkarte [Wert]. Das übliche Zahlenformat (mit Vor- und Nachkommastellen) ist hier durch #,# gekennzeichnet. Im Feld *Dezimalstellen* kann dann die gewünschte Anzahl der Nachkommastellen festgelegt werden (0 = ganzzahlige Werte). Auf diese Art wurden die mit zwei bzw. drei Dezimalstellen ausgegebenen Werte der linken Tabelle auf eine Nachkommastelle gerundet (rechte Tabelle).

Deskriptive Statistik

	N	Mittelwert	Standardab weichung
Gewicht	3851	64,59	11,707
GewichtVater	3769	83,61	11,032
GewichtMutter	3855	67,15	11,417
Gültige Werte (Listenweise)	3686		

Deskriptive Statistik

	N	Mittelwert	Standardab weichung
Gewicht	3851	64,6	11,7
GewichtVater	3769	83,6	11,0
GewichtMutter	3855	67,1	11,4
Gültige Werte (Listenweise)	3686		

Bei Kreuztabellen ist ##,#% das für die Prozentwerte voreingestellte Ausgabeformat, wie die nachfolgende (erste) Tabelle zeigt. Durch Wahl des Formats #,# mit 0 Dezimalstellen wurden hier die Prozentzahlen in den Spalten »Nein« und »Ja« in ganzzahlige Werte ohne %-Zeichen umgewandelt, während in der Spalte »Gesamt« bei den 100%-Werten nur eine Beseitigung der Dezimalstelle erfolgte. Das Ergebnis gibt die zweite Tabelle wieder.

Geschlecht * Zigaretten Kreuztabelle

			Zigaretten		Gesamt
			Nein	Ja	
Geschlecht	Frauen	Anzahl	1807	1051	2858
		% von Geschlecht	63,2%	36,8%	100,0%
	Männer	Anzahl	608	433	1041
		% von Geschlecht	58,4%	41,6%	100,0%
Gesamt		Anzahl	2415	1484	3899
		% von Geschlecht	61,9%	38,1%	100,0%

Geschlecht * Zigaretten Kreuztabelle

			Zigaretten		Gesamt
			Nein	Ja	
Geschlecht	Frauen	Anzahl	1807	1051	2858
		% von Geschlecht	63	37	100%
	Männer	Anzahl	608	433	1041
		% von Geschlecht	58	42	100%
Gesamt		Anzahl	2415	1484	3899
		% von Geschlecht	62	38	100%

Änderung von Schriftart und -größe in den Tabellen

Im Pivot-Tabellen Editor lässt sich über **Format / Tabelleneigenschaften** in der Registerkarte [Zellenformate] ein anderer Schrifttyp wählen sowie deren Größe (Schriftgrad) verändern. Voreingestellt ist – im Feld *Text* – die Schrift »Arial« in der Größe »9 Punkt«.

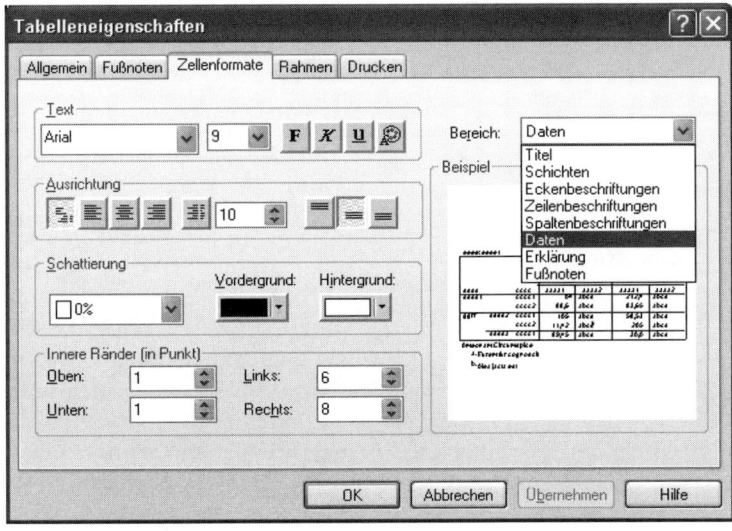

Deskriptive Statistik

	N	Mittelwert	Standardab weichung	Varianz
Gewicht	3851	64,59	11,707	137,055
Größe	3907	172,18	8,493	72,134
GewichtVater	3769	83,61	11,032	121,694
GrößeVater	3791	178,65	7,035	49,487
Gültige Werte (Listenweise)	3710			

Bei der vorstehend in »Arial 9« ausgegebenen Tabelle soll alles einschließlichlich Überschrift in die Schrift »Times 12« geändert werden. Eine Umwandlung mit einem Befehl ist hier nicht möglich. Die gewünschten Änderungs-Bereiche der Tabelle – Daten, Zeilenbeschriftungen, Spaltenbeschriftungen, Titel – müssen vielmehr nacheinander angewählt und separat durch jeweilige Eingabe von »Times« und »12« im Feld *Text* umgewandelt werden. Nachfolgend das Ergebnis:

Deskriptive Statistik

	N	Mittelwert	Standard- abweichung	Varianz
Gewicht	3851	64,59	11,707	137,055
Größe	3907	172,18	8,493	72,134
GewichtVater	3769	83,61	11,032	121,694
GrößeVater	3791	178,65	7,035	49,487
Gültige Werte (Listenweise)	3710			

Kapitel 22

Drucken, Speichern und Exportieren der Ergebnisausgabe

Nur in seltenen Fällen sind statistische Analysen mit der Betrachtung der Ergebnisse am Bildschirm abgeschlossen. In der Regel besteht der weitere Wunsch, den Inhalt des Ausgabefensters gänzlich oder teilweise ausdrucken zu lassen oder ihn durch Abspeichern als Datei für spätere Auswertungen aufzubewahren. In Sonderfällen kann es auch gewünscht sein, einen mehr oder minder großen Teil der Ausgabe zur weiteren Bearbeitung oder zu Illustrationszwecken in eine mit einem Textprogramm wie WORD erstellte Datei zu übernehmen.

Seitenansicht (Druck-Vorschau)

Tabellen ab einer gewissen Breite werden beim Ausdruck (im A4-Hochformat) nach einer bestimmten Anzahl von Spalten umgebrochen, so dass das Druckbild nicht mehr der am Bildschirm vorliegenden Tabellenform entspricht. Die auf S. 92 im Bildschirmformat wiedergegebene T-Test Tabelle ist dafür ein Beispiel. Sie wird beim Ausdruck zweimal umgebrochen und auf drei (!) Seiten verteilt. Da derartige Zerstückelungen von Tabellen nur selten deren Lesbarkeit erhöhen, empfiehlt es sich, vor dem konkretem Ausdruck ihr Druckbild zu überprüfen und bei Nichtgefallen Maßnahmen zur Verbesserung des Druckformats zu ergreifen.

Über die Menüpunkte **Datei / Seitenansicht** erhält man eine Vorschau des späteren Druckbildes. Wenn sich hier (auf Grund der Breite der Tabelle) unerwünschte Umbrüche zeigen, kann zum einen der in Kapitel 21 (S. 92) beschriebene Weg der Verkleinerung der Tabelle durch »Beseitigung« nicht benötigter Spalten beschritten werden.

Eine andere Möglichkeit ist der Ausdruck der Tabelle im Querformat. Dies lässt sich in einer über die Menüpunkte **Datei / Seite einrichten** erhältlichen Dialogbox im Feld *Orientierung* veranlassen. Sie bietet auch weitere Möglichkeiten zur Bearbeitung des späteren Druckbildes, zur Einrichtung des Druckers sowie (über *Optionen/Optionen*) zur Festlegung der Größe einer auszudruckenden Grafik.

Drucken der Ausgabe

Wenn der gesamte Inhalt des Ausgabefensters gedruckt werden soll, können die Menüpunkte **Datei / Drucken** (oder das Drucker-Icon 🖨 in der Symbolleiste) unmittelbar angewählt werden. Es erscheint dann die nachfolgende Dialogbox.

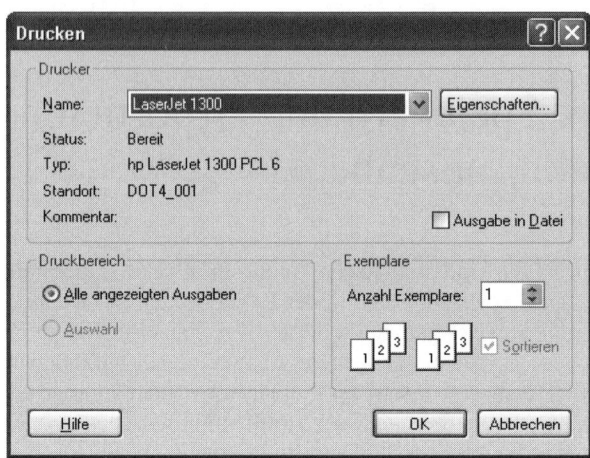

Wenn der gewünschte Drucker (mit den gewünschten Eigenschaften) eingestellt ist, kann der Ausdruck nun durch Anklicken von [OK] veranlasst werden. Falls nur eine bestimmte Tabelle des Ausgabefensters gedruckt werden soll, ist diese vorab anzuklicken. Das Markieren mehrerer Tabellen geschieht durch deren Anklicken bei gedrückter [STRG]-Taste. In der Dialogbox ist nun bei *Druckbereich* der Punkt *Auswahl* voreingestellt; Anklicken von [OK] veranlasst dann den Druck der markierten Tabelle(n).

Speichern der Ausgabe

Über die Menüpunkte **Datei / Speichern** oder durch Anklicken des Disketten-Icons ⊟ in der Symbolleiste erhält man – beim erstmaligen Speichern – eine Dialogbox **Speichern unter**. Hier ist im entsprechenden Feld ein Name für die Datei einzugeben. Ausgabe-Dateien (Viewer-Dateien) haben bei SPSS die Namenserweiterung .SPO. Wenn man nur den Dateinamen ohne Punkt und Erweiterung eingibt (was man sich zur Regel machen sollte), fügt das Programm diese Erweiterung automatisch an. Nach erfolgtem Abspeichern erscheint der vergebene Name in der Kopfleiste des Ausgabe-Viewers.

Im Rahmen weiterer Bearbeitung vorgenommene Änderungen an der Ausgabe, die dauerhaft sein sollen, lassen sich durch Anklicken von **Datei / Speichern** (oder des Disketten-Symbols ⊟) abspeichern. Die alte Ausgabedatei wird dann (ohne Warnung) überschrieben. Über **Datei / Speichern unter** kann die geänderte Ausgabe auch unter einem neuen Namen abgespeichert werden.

Aufrufen einer Ausgabedatei

Wenn eine auf der Festplatte befindliche Ausgabedatei in den Viewer geladen werden soll, sind die Menüpunkte **Datei / Öffnen / Ausgabe** anzuwählen. Befindet man sich bereits im Ausgabefenster, erreicht man das Gleiche durch Anklikken des Öffnen-Icons ⌷ in der Symbolleiste. In der dann erscheinenden Box wird die gewünschte Datei ins Feld *Dateiname* verbracht (oder geschrieben) und danach [Öffnen] angeklickt.

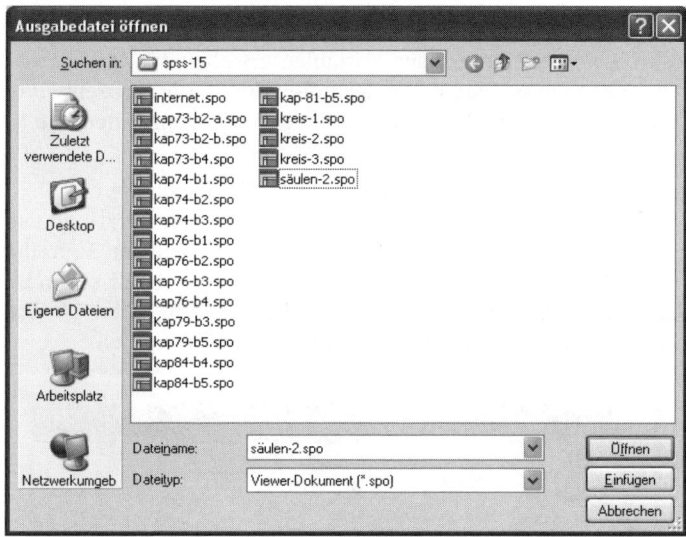

Export einer Tabelle nach WORD für Windows

Eine im Ausgabe-Viewer befindliche Tabelle lässt sich leicht in eine WORD-Datei exportieren. Nach Anklicken der Tabelle werden hierzu die Menüpunkte **Bearbeiten / Objekte kopieren** angewählt. Die Tastatur-Eingabe [Strg]+[K] bewirkt das Gleiche. Im entsprechenden WORD-Dokument lässt sich dann die Tabelle über **Bearbeiten / Einfügen** oder durch Betätigen der Tasten [Strg]+[V] an die Cursor-Position importieren. Ein Verändern des Formats der Tabelle (Verkleinern, Vergrößern) kann dann über die auf Seite 612 abgebildete und beschriebene Box **Grafik formatieren** erfolgen.

Eine markierte Tabelle kann auch über **Bearbeiten / Kopieren** oder die Tastatur Eingabe [Strg]+[C] nach WORD übergeben werden. Dieses Vorgehen hat den Vorteil, dass es sich nun um eine WORD-Tabelle handelt, die mit den Tabellen-Werkzeugen dieses Programms bearbeitet werden kann.

Häufigkeitsverteilung I

> **➤ Analysieren / Deskriptive Statistiken / Häufigkeiten ...**

Über die Prozedur FREQUENCIES lässt sich eine Tabelle mit der primären (ungruppierten) Häufigkeitsverteilung einer Variablen erstellen (⇨ *Deskriptive Statistik, Kap. 4.2*). Ausgegeben werden dabei auch die kumulierten Prozentwerte (Prozentränge). Zusätzlich kann die Ausgabe von Stichprobenkennwerten wie Mittel, Median, Varianz und Perzentilpunkten veranlasst werden.

Vor der Erstellung einer Häufigkeitsverteilung sollten auch die Möglichkeiten der Prozedur TABLES geprüft werden (Kapitel 24). Sie liefert z.T. übersichtlichere Tabellen und ermöglicht auch das Nebeneinanderstellen der Verteilungen von zwei oder mehr Gruppen bzw. Variablen. Die Erzeugung einer sekundären (gruppierten) Häufigkeitsverteilung ist in beiden Fällen nicht möglich. Hierzu muss auf die in Kapitel 25 beschriebene Prozedur zurückgegriffen werden.

In der Eingangs-Dialogbox von FREQUENCIES sind die Variablen zu definieren, für die Häufigkeitsverteilungen gewünscht werden. In der über die Schaltfläche [Format] erhältlichen Box lässt sich u. a. festlegen, in welcher Abfolge die Werte oder Kategorien des Merkmals aufgeführt sein sollen. Bei metrischen oder ordinalen Variablen müssen die Werte auf- oder absteigend geordnet sein, bei nominalen Merkmalen ist oft eine Anordnung auf- oder absteigend nach der Häufigkeit der Kategorien sinnvoll.

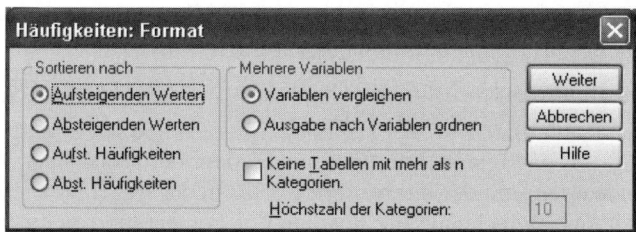

Bei der Analyse von mehreren Variablen werden die Häufigkeitstabellen immer nacheinander getrennt für die Variablen dargestellt. Hinsichtlich der gewünschten Kennwerte kann dagegen entschieden werden, ob sie – entsprechend der Voreinstellung – für alle Variablen gemeinsam in einer Tabelle (*Variablen vergleichen*) oder getrennt jeweils vor der Häufigkeitsverteilung ausgegeben werden sollen (*Ausgabe nach Variablen ordnen*).

Über das Dialogfeld **Statistik** kann – zusätzlich zur Häufigkeitsverteilung – die Ausgabe einer Reihe von statistischen Kennwerten veranlasst werden:

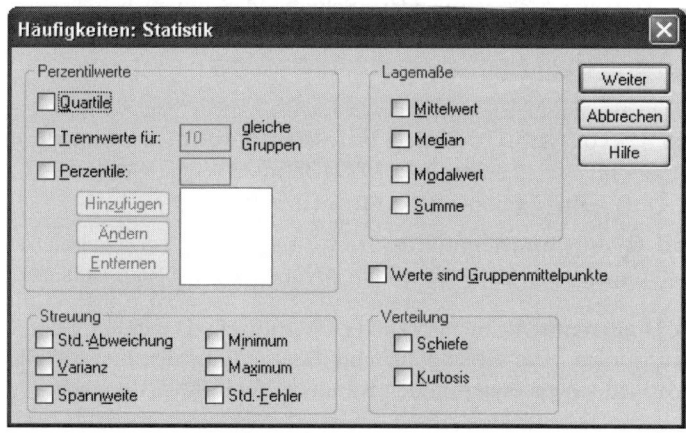

Erläuterungen zu den Statistiken

Quartile: Ausgabe der Quartilspunkte Q_1, Q_2 und Q_3; durch Berechnung von $MQA = (Q_3 - Q_1)/2$ erhält man dann z. B. den »Mittleren Quartilabstand« (⇨ *Deskriptive Statistik, Kap. 6.2*).

Trennwerte für ... gleiche Gruppen: Bei Angabe z. B. der Zahl »5« werden die Perzentilpunkte ausgegeben, die die Gesamtzahl der Werte in 5 Gruppen zu je 20% teilen, d. h. P_{20}, P_{40}, P_{60} und P_{80} (⇨ *Deskriptive Statistik, Kap. 4.5*).

Perzentile: Hier kann durch Eingabe entsprechender (Prozent-)Werte die Ausgabe bestimmter Perzentilpunkte veranlasst werden (z. B. »25« → P_{25}).

Mittelwert: Arithmetisches Mittel (⇨ *Deskriptive Statistik, Formel* ⑩).

Median: Im Standardfall wird bei sämtlichen Perzentilpunkten (und damit auch beim Median) nur das Intervall ausgegeben, in dem der Punkt liegt. Dies ist bei ganzzahligen Werten (mit der Intervallbreite »1«) in der Regel hinreichend genau. Wird dagegen eine Berechnung der Position des Perzentilpunkts im Intervall gewünscht, ist das bei BEISPIEL 2 beschriebene Vorgehen erforderlich. Die Berechnungen für den Median erfolgen dabei gemäß Formel ⑨ und für das Perzentil gemäß Formel ⑦ (⇨ *Deskriptive Statistik*).

Modalwert: Wert, der am häufigsten vorkommt. **Summe**: Summe der Werte.

Std.-Abweichung: Standardabweichung (⇨ *Deskriptive Statistik*, ㉛).

Varianz: Varianz (⇨ *Deskriptive Statistik*, ㉔).

Mini-, Maximum: Kleinster, größter Wert. **Spannweite**: Max – Min.

Std.-Fehler: Standardfehler des Mittels (⇨ *Inferenzstatistik, Formel* ③.③).

Schiefe: Zur Bedeutung der Schiefe einer Verteilung siehe *Deskriptive Statistik, Kap. 7.7.1*. Das von SPSS verwendete Schiefe-Maß unterscheidet sich von dem anderer Statistik-Programme (z. B. SYSTAT oder BMDP). Es ist wie folgt definiert (vgl. SPSS, 1997, S. 201): $[n\Sigma(x_i-M)^3] / [s^3(n-1)(n-2)]$.

Kurtosis: Zur Bedeutung der Kurtosis (= Exzess) siehe *Deskriptive Statistik, Kap. 7.7.2*. Auch das von SPSS verwendete Exzess-Maß weist Unterschiede zu dem anderer Programme auf. Es ist wie folgt definiert (vgl. SPSS, 1997, S. 202): $\{n(n+1)\Sigma(x_i-M)^4-3(n-1)[\Sigma(x_i-M)^2]^2\} / [(n-1)(n-2)(n-3)s^4]$.

Werte sind Gruppenmittelpunkte: Diese Angabe ist vorzunehmen, wenn die exakte Berechnung von Perzentilpunkten gewünscht wird (vgl. BEISPIEL 2).

In der Box **Diagramme** kann zusätzlich eine grafische Darstellung der Verteilung angefordert werden. Die Erzeugung und Bearbeitung der hier möglichen Diagramme wird jedoch gesondert in den Kapiteln 75 bis 78 besprochen.

Übersicht über die in den Beispielen behandelten Probleme

① Verteilung der Variablen Mathematikpunkte mit Mittelwert und Median.

② Verteilung der Körpergröße, Ausgabe sämtlicher Kennwerte. Exakte Bestimmung der Perzentilpunkte.

③ Analyse mehrerer Variablen, Ausgabe der statistischen Kennwerte in einer gemeinsamen Tabelle.

④ Verteilung eines kategorialen Merkmals, Anordnung der Kategorien absteigend entsprechend ihrer Häufigkeit.

Beispiel 1

Datei FRABOGEN.SAV. Erstellung einer Häufigkeitsverteilung für die *Punktezahl in Mathematik* (MATHEPUNKTE). Als Kennwerte werden Mittel und Median (ganzzahlig) angefordert.

Statistiken

Mathepunkte

N	Gültig	3619
	Fehlend	294
Mittelwert		8,64
Median		9,00

Mathepunkte

		Häufigkeit	Prozent	Gültige Prozente	Kumulierte Prozente
Gültig	0	8	,2	,2	,2
	1	78	2,0	2,2	2,4
	2	75	1,9	2,1	4,4
	3	95	2,4	2,6	7,1
	4	153	3,9	4,2	11,3
	5	357	9,1	9,9	21,2
	6	277	7,1	7,7	28,8
	7	292	7,5	8,1	36,9
	8	371	9,5	10,3	47,1
	9	362	9,3	10,0	57,1
	10	394	10,1	10,9	68,0
	11	300	7,7	8,3	76,3
	12	321	8,2	8,9	85,2
	13	257	6,6	7,1	92,3
	14	200	5,1	5,5	97,8
	15	79	2,0	2,2	100,0
	Gesamt	3619	92,5	100,0	
Fehlend	System	294	7,5		
Gesamt		3913	100,0		

❶ ❷ ❸ ❹ ❺

Erläuterungen zur Ausgabe

❶ Aufgetretene Variablenwerte (0-15); dazwischenliegende Werte mit der Häufigkeit null werden nicht aufgeführt (vgl. BEISPIEL 2). Aufgetretene »Fehlend«-Kategorien; hier nur (294) System-Fehlend {.}.

❷ Absolute Häufigkeiten.

❸ Prozentuale Häufigkeiten, bezogen auf die Gesamtzahl der Personen (3913). Fälle mit fehlenden Werten werden in die Prozentuierung miteinbezogen.

❹ Prozentuale Häufigkeiten, bezogen auf die Personen, die einen gültigen Wert in der Variablen haben (3619). Auf diese Prozentwerte wird in der Regel zurückgegriffen.

❺ Kumulierte prozentuale Häufigkeiten (= Prozentränge der Werte), unter Ausschluss der Personen mit Fehlend-Werten.

Beispiel 2

Datei FRABOGEN.SAV. Merkmal Körperhöhe (GRÖßE) bei den Männern (GE-SCHLECHT = 2). Ausgabe sämtlicher Kennwerte sowie Bestimmung der Quartilspunkte und des Perzentils P_{60}; bei allen Perzentilpunkten soll dabei die exakte Position im Intervall berechnet werden. Keine Ausgabe der Häufigkeitsverteilung (Abwahl der Voreinstellung *Häufigkeitstabellen anzeigen* in der Eingangs-Dialogbox)

Um (im Fall ganzzahliger Werte) die exakte Berechnung der Perzentilpunkte zu erreichen, muss im Dialogfeld **Statistik** neben den gewünschten Kennwerten das Kästchen *Werte sind Gruppenmittelpunkte* angewählt werden. Nach Vornahme sämtlicher Einstellungen ist dann in der Dialogbox **Häufigkeiten** statt [OK] die Schaltfläche [Einfügen] anzuklicken. Es erscheint daraufhin der Syntax-Editor mit den über das Menü veranlassten Befehlen.

```
FREQUENCIES
  VARIABLES=Größe /FORMAT=NOTABLE
  /NTILES= 4
  /PERCENTILES= 60
  /STATISTICS=STDDEV VARIANCE RANGE MINIMUM MAXIMUM SEMEAN
   MEAN MEDIAN MODE
  SUM SKEWNESS SESKEW KURTOSIS SEKURT
  /GROUPED= Größe(1)
  /ORDER= ANALYSIS .
```

Hier ist in der Anweisungszeile /GROUPED nach dem Variablennamen – wie <u>unterstrichen</u> hervorgehoben – eine Eins in Klammern (für Intervallbreite »1«) einzufügen. Durch die Tastenfolge [Strg]+[A] und [Strg]+[R] wird anschließend die Ausführung der Befehle im Editor veranlasst. Nachfolgend die Ausgabe des Programms:

Statistiken

Größe in cm

N	Gültig	1041
	Fehlend	4
Mittelwert		181,46
Standardfehler des Mittelwertes		,215
Median		181,43[a]
Modus		180
Standardabweichung		6,924
Varianz		47,935
Schiefe		,061
Standardfehler der Schiefe		,076
Kurtosis		,565
Standardfehler der Kurtosis		,151
Spannweite		60
Minimum		150
Maximum		210
Summe		188900
Perzentile	25	176,72[b]
	50	181,43
	60	183,21
	75	185,57

a. Aus gruppierten Daten berechnet

b. Perzentile werden aus gruppierten Daten berechnet.

Beispiel 3

Datei FRABOGEN.SAV: Berechnung von Mittelwert und Varianz für die Variablen DEUTSCHNOTE, MATHENOTE und ABITURNOTE. Darstellung der Kennwerte in einer Tabelle (Option *Variablen vergleichen* in der Dialogbox **Format**). Keine Ausgabe von Häufigkeitstabellen (Abwahl der Voreinstellung *Häufigkeitstabellen anzeigen* in der Eingangs-Dialogbox).

Statistiken

		Deutschnote	Mathenote	Abiturnote
N	Gültig	3676	3675	3848
	Fehlend	237	238	65
Mittelwert		2,21	2,79	2,436
Varianz		,680	1,351	,417

Bei einer größeren Anzahl von Variablen ist deren horizontale Anordnung häufig unpraktisch. Es empfiehlt sich dann, im Ausgabe-Viewer eine Vertauschung von

Zeilen und Spalten zu veranlassen (vgl. S. 93). Man erhält dadurch eine Tabelle der folgenden Art, die unabhängig von der Anzahl der Variablen ihre Breite behält.

Statistiken

	N			
	Gültig	Fehlend	Mittelwert	Varianz
Deutschnote	3676	237	2,21	,680
Mathenote	3675	238	2,79	1,351
Abiturnote	3848	65	2,436	,417

Beispiel 4

Datei FRABOGEN.SAV: Erstellung einer Häufigkeitsverteilung für das kategoriale Merkmal BUNDESLAND, aus dem die Befragten kommen. Die Länder sollen dabei absteigend entsprechend ihrer Auftretenshäufigkeit angeordnet sein. Um Letzteres zu erreichen, muss in der Dialogbox **Format** (S. 101) im Feld *Sortieren nach* die Option *Abst. Häufigkeiten* gewählt werden.

Bundesland

		Häufigkeit	Prozent	Gültige Prozente	Kumulierte Prozente
Gültig	Hessen	2062	52,7	54,1	54,1
	Nordrhein-Wesfalen	731	18,7	19,2	73,2
	Bayern	187	4,8	4,9	78,2
	Niedersachsen	185	4,7	4,9	83,0
	Baden-Württemberg	149	3,8	3,9	86,9
	Rheinland-Pfalz	135	3,5	3,5	90,5
	Ausland	83	2,1	2,2	92,6
	Thüringen	67	1,7	1,8	94,4
	Schleswig-Holstein	43	1,1	1,1	95,5
	Sachsen	36	,9	,9	96,5
	Sachsen-Anhalt	36	,9	,9	97,4
	Berlin	26	,7	,7	98,1
	Brandenburg	24	,6	,6	98,7
	Hamburg	16	,4	,4	99,1
	Mecklenburg-Vorp.	16	,4	,4	99,6
	Saarland	10	,3	,3	99,8
	Bremen	7	,2	,2	100,0
	Gesamt	3813	97,4	100,0	
Fehlend	System	100	2,6		
Gesamt		3913	100,0		

Die automatisch mitausgegebene Spalte »Kumulierte Prozente« enthält natürlich bei kategorialen Merkmalen wie dem »Bundesland« keine sinnvolle Information.

Häufigkeitsverteilung II

Die vom Anwender gewünschten Häufigkeitstabellen sollen in der Regel lediglich die absoluten oder die prozentualen Häufigkeiten der Werte oder beides enthalten. Diesem Verlangen nach einer Ausgabe ohne »unnütze« Zahlen kommt die Prozedur TABLES besser entgegen als die in Kapitel 23 besprochene Prozedur FREQUENCIES. Mit TABLES lassen sich weiterhin die Verteilungen von mehreren Gruppen oder (gleichartig skalierten) Variablen in einer Tabelle darstellen. Bei der Ausgabe von Prozentwerten ist außerdem die Anzahl ihrer Nachkommastellen wählbar. Statistische Kennwerte oder kumulierte Prozentwerte werden dagegen von TABLES nicht berechnet.

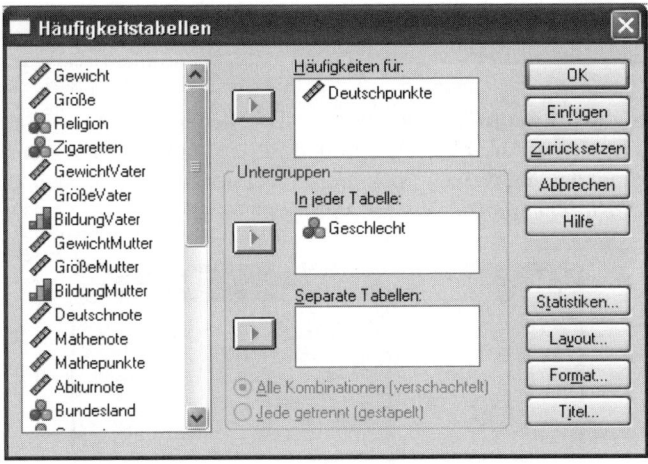

In der Eingangs-Dialogbox ist im Feld *Häufigkeiten für* die Variable anzugeben, für die eine Häufigkeitsverteilung gewünscht wird. Werden hier mehrere Variablen aufgeführt, wird immer eine gemeinsame Tabelle für sie erstellt. Falls dies nicht sinnvoll oder beabsichtigt ist, müssen getrennte Analysen für die einzelnen Variablen vorgenomen werden. Wenn die Verteilung eines Merkmals in verschiedenen Untergruppen (z.B. Frauen und Männer) dargestellt werden soll, ist im Feld *Untergruppen / In jeder Tabelle* die Gruppierungsvariable einzugeben.

In der über die Schaltfläche [Statistiken] erhältlichen Dialogbox kann durch Anklicken von *Anzeigen* jeweils festgelegt werden, ob die Tabelle absolute und/oder die prozentualen Häufigkeiten enthalten soll. Durch die Wahlmöglichkeit bei den Nachkommastellen ist es (im Gegensatz zur Prozedur FREQUENCIES) auch möglich, Prozentwerte ganzzahlig ausgeben zu lassen. In den Feldern *Beschriftung* können weiterhin die Bezeichnungen (Spaltenlabels) für die absoluten und prozentualen Häufigkeiten festgelegt werden.

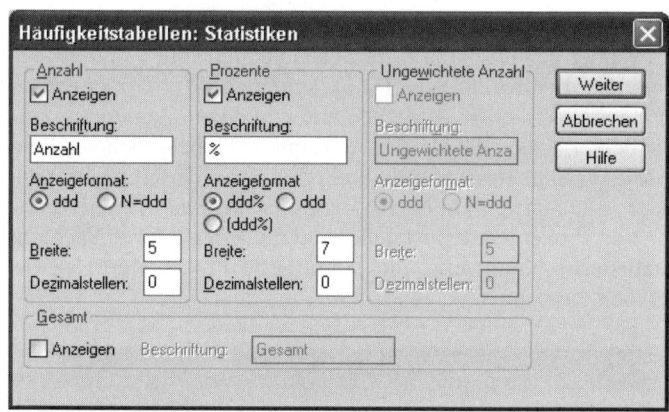

In der Dialogbox **Layout** ist die übliche Tabellenanordnung – Variablen und Gruppen als Spalten, Variablenwerte in den Zeilen – mit *Oben* voreingestellt. Bei der Darstellung der Verteilung mehrerer Variablen empfiehlt sich dagegen die Einstellung *Variablenlabels / Seitlich* (vgl. BEISPIEL 3).

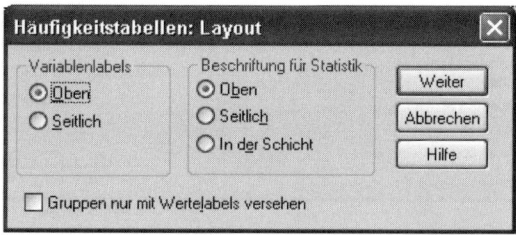

Die in der Box **Format** wählbaren Möglichkeiten sind nur von Bedeutung, wenn die Verteilungen von mehreren Gruppen oder Variablen dargestellt werden sollen. Tritt dann in einer Gruppe/Variablen ein bestimmter Wert auf, in der/den anderen aber nicht, können die Nullhäufigkeiten wahlweise durch ein Leerfeld oder als {0} dargestellt werden. Werte mit der Häufigkeit null bei allen Variablen/ Gruppen werden in der Tabelle dagegen nicht aufgeführt.

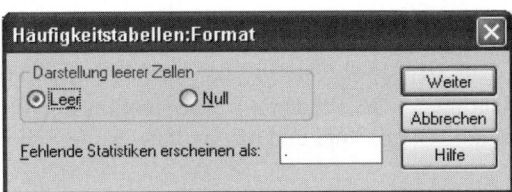

Übersicht über die in den Beispielen behandelten Probleme

① Häufigkeitsverteilung der Variablen »Mathematikpunkte« in der Gesamtstichprobe.

② Häufigkeitsverteilung der Variablen »Deutschpunkte« in zwei Untergruppen (Studentinnen und Studenten).

③ Verteilung von mehreren Variablen mit gleichartiger Skalierung (Items des Algebra-Tests).

Beispiel 1

Datei FRABOGEN.SAV. Erstellung einer Häufigkeitsverteilung für die *Punktezahl in Mathematik* (MATHEPUNKTE); absolute und prozentuale Häufigkeiten (vgl. BEISPIEL 1, Kapitel 23).

	Punkte in Mathematik	
	Anzahl	Prozent
0	8	0
1	78	2
2	75	2
3	95	3
4	153	4
5	357	10
6	277	8
7	292	8
8	371	10
9	362	10
10	394	11
11	300	8
12	321	9
13	257	7
14	200	6
15	79	2

Beispiel 2

Datei FRABOGEN.SAV. Verteilung der *Punktezahl in Deutsch* (DEUTSCHPUNKTE), getrennt für Studentinnen und Studenten (Gruppierungsmerkmal GESCHLECHT, vgl. Eingangs-Dialogbox); absolute und prozentuale Häufigkeiten.

	Geschlecht			
	Frauen		Männer	
	Punkte in Deutsch		Punkte in Deutsch	
	Anzahl	%	Anzahl	%
1	2	,1	2	,2
2	1	,0	3	,3
3	1	,0	4	,4
4	11	,4	5	,5
5	46	1,7	42	4,4
6	74	2,8	37	3,9
7	121	4,5	58	6,1
8	244	9,1	104	10,9
9	295	11,0	130	13,6
10	430	16,1	138	14,4
11	415	15,5	158	16,5
12	466	17,4	146	15,2
13	319	11,9	80	8,4
14	189	7,1	33	3,4
15	62	2,3	18	1,9

Beispiel 3

Datei FRABOGEN.SAV: Antwortverteilungen (ganzzahlige %) bei den neun Items des Algebra-Tests (AUFGABE.1 – AUFGABE.9). Anordnung der Variablen / Items in den Zeilen (Einstellung *Variablenlabels / Seitlich* in der Dialogbox **Layout**).

	1	2	3	weiß nicht	keine Antwort
	%	%	%	%	%
Aufgabe 1	89	1	9	1	0
Aufgabe 2	3	8	84	5	1
Aufgabe 3	91	2	5	1	1
Aufgabe 4	8	84	1	6	1
Aufgabe 5	26	62	5	7	1
Aufgabe 6	16	20	42	19	2
Aufgabe 7	91	1	5	2	1
Aufgabe 8	12	4	58	24	2
Aufgabe 9	4	71	15	9	1

Häufigkeitsverteilung: Gruppierte Werte

> **Transformieren / Visuelles Klassieren ...**

Die Prozeduren FREQUENCIES und TABLES bieten die Möglichkeit, Tabellen mit der primären (ungruppierten) Häufigkeitsverteilung von Variablen zu erstellen. Diese Darstellungform ist in der Regel auch die sinnvollste, wenn das Merkmal eine relativ kleine Anzahl möglicher Werte aufweist (z.B.»Punkte in Deutsch« mit einem Bereich von 0 bis 15). Bei Variablen mit einer größeren Anzahl möglicher Werte besteht jedoch häufig der Wunsch nach der Bildung von Werteintervallen und der Erstellung einer sekundären (gruppierten) Häufigkeitsverteilung. Dies wäre z.B. der Fall, wenn die Verteilung der in Zentimetern gemessenen Körperhöhe dargestellt werden soll oder die Altersverteilung in einer Stichprobe.

Die sekundäre Häufigkeitsverteilung eines Merkmals erhält man in zwei Schritten. Als Erstes ist über **Transformieren / Visuelles Klassieren** eine neue Variable mit den gewünschten Werteintervallen zu bilden. Anschließend erfolgt eine Ausgabe der Häufigkeitsverteilung dieser Variablen über FREQUENCIES oder TABLES. Dem »Visuellen Klassieren« bei einer Variablen liegt der RECODE-Befehl zugrunde.

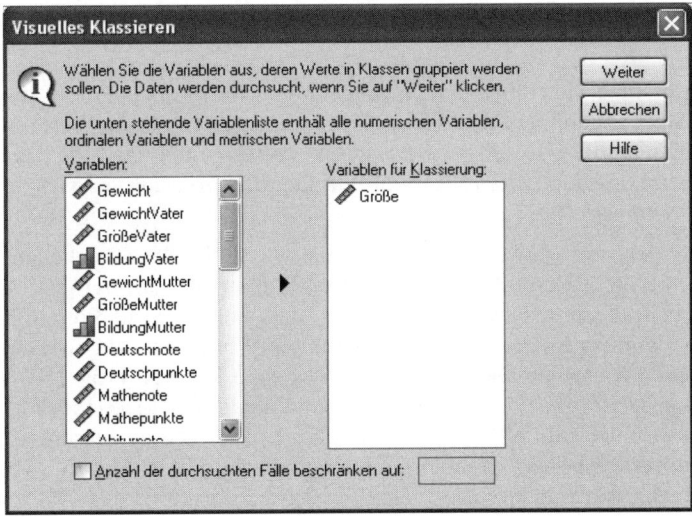

In der Eingangsdialogbox wird die zu gruppierende Variable in das entsprechende Feld verbracht. Mit einem Klick auf [Weiter] gelangt man in die nachfolgende Box. Hier wird der Name dieser Ausgangsvariablen eingegeben und bei *Klassierte Variable* der neuen Variablen mit den gruppierten Werten eine Name zugewiesen. Im vorliegenden Fall ist der kleinste Größenwert {150}. Es sollen nun Intervalle aus jeweils drei Werten gebildet werden, beginnend bei {150}, wobei im Feld *Obere Eckpunkte* die Option *Eingeschlossen* angewählt ist.

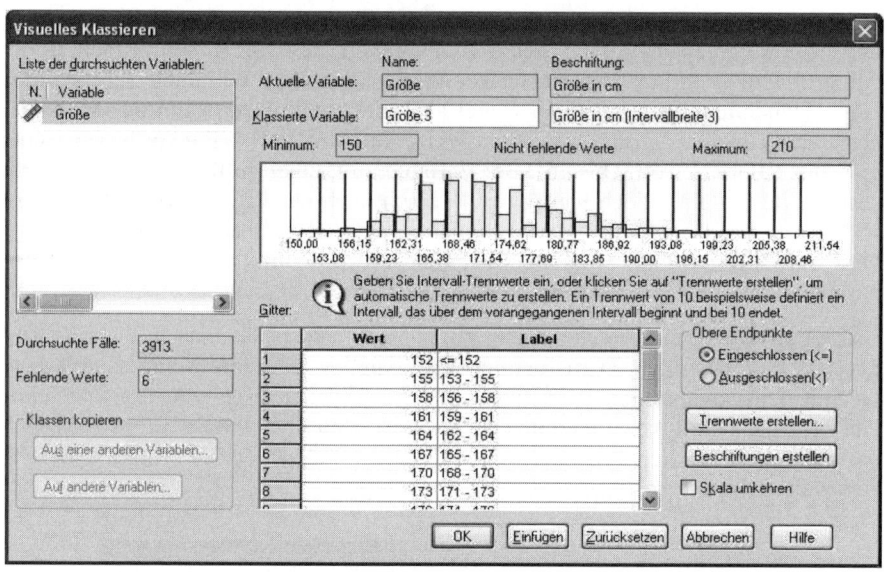

Dazu begibt man sich über den Schalter [Trennwerte erstellen] in die auf der nächsten Seite abgebildete Dialogbox. Da das erste Intervall die Werte {150, 151, 152} umfassen soll, wird als *Position des ersten Trennwertes* {152} eingegeben und als Breite des Intervalls {3}. Daraufhin fügt die Prozedur von sich aus als *Anzahl der Trennwerte* {20} ein.

Nach Betätigen von [Zuweisen] gelangt man wieder in die vorstehende Box, die nun in der Spalte »Wert« die oberen Werte der Intervalle anzeigt. Mit Anklicken von [Beschriftungen erstellen] erreicht man, dass den Intervall-Werten der neuen Variablen die in der Spalte »Label« aufgeführten Wertelabels zugewiesen werden. Bei der neuen Variablen GRÖßE.3 hat nun das erste Intervall (150-152) den Wert {1}, das nächste (153-155) den Wert {2} und das Label »153-155«, ..., usf. bis zum obersten Intervall (210-212) mit dem Wert {21}. Die gewünschte sekundäre Häufigkeitsverteilung der neuen Variablen erhält man dann über die Prozeduren FREQUENCIES oder TABLES.

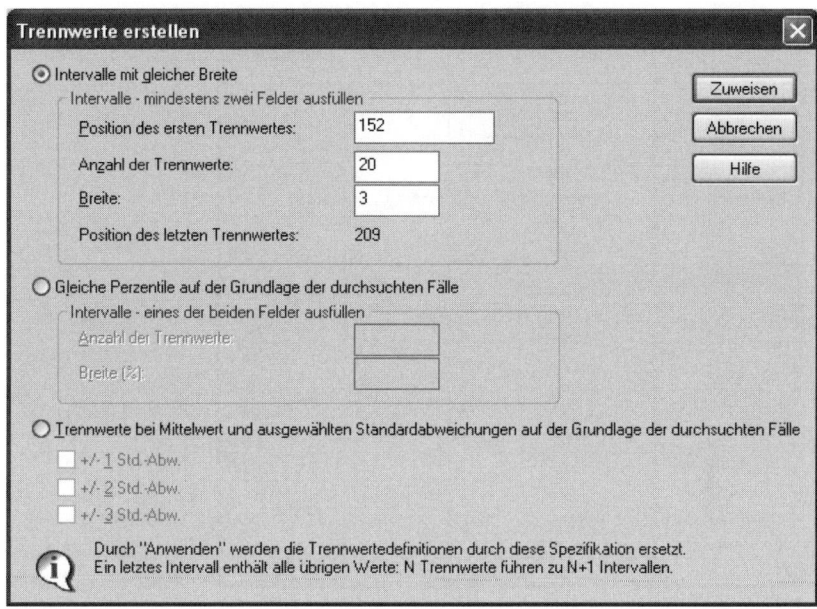

Übersicht über die in den Beispielen behandelten Probleme

① Erstellung einer sekundären Häufigkeitsverteilung für die Körperhöhe: Intervalle aus je drei Werten.

② Erstellung einer sekundären Häufigkeitsverteilung für das Lebensalter: Unterteilung in 5-Jahres-Gruppen.

Beispiel 1

Datei FRABOGEN.SAV. Für die Körpergröße der Befragten soll eine sekundäre (gruppierte) Häufigkeitsverteilung erstellt werden, mit einer Intervallbreite von {3}, beginnend beim kleinsten Wert von {150}. Die Dialogboxen auf den vorangehenden Seiten enthalten die vorgenommenen Eingaben. Die obere Tabelle auf der nächsten Seite zeigt einen – mit FREQUENCIES erstellten – Ausschnitt der primären (ungruppierten) Verteilung der Variablen GRÖßE, in der die zu bildenden Intervalle kenntlich genmacht sind.

Die neu gebildete Variable mit den 21 Werteintervallen wurde GRÖßE.3 genannt. Ihren Werten von 1 bis 21 wurden als Labels die durch sie repräsentierten Wertebereiche zugewiesen. Die untere Tabelle auf der nächsten Seite gibt dann die Verteilung der Variablen GRÖßE.3 wieder (erstellt mit FREQUENCIES).

Größe

		Häufigkeit	Prozent	Gültige Prozente	Kumulierte Prozente
Gültig	150	3	,1	,1	,1
	152	2	,1	,1	,1
	153	3	,1	,1	,2
	154	8	,2	,2	,4
	155	20	,5	,5	,9
	156	13	,3	,3	1,3
	157	25	,6	,6	1,9
	158	65	1,7	1,7	3,6
	198	4	,1	,1	99,8
	199	2	,1	,1	99,8
	200	1	,0	,0	99,8
	202	3	,1	,1	99,9
	203	1	,0	,0	99,9
	204	1	,0	,0	100,0
	210	1	,0	,0	100,0
	Gesamt	3907	99,8	100,0	
Fehlend	System	6	,2		
Gesamt		3913	100,0		

Größe.3

		Häufigkeit	Prozent	Gültige Prozente	Kumulierte Prozente
Gültig	<= 152	5	,1	,1	,1
	153 - 155	31	,8	,8	,9
	156 - 158	103	2,6	2,6	3,6
	159 - 161	206	5,3	5,3	8,8
	162 - 164	384	9,8	9,8	18,7
	165 - 167	430	11,0	11,0	29,7
	168 - 170	715	18,3	18,3	48,0
	171 - 173	481	12,3	12,3	60,3
	174 - 176	476	12,2	12,2	72,5
	177 - 179	267	6,8	6,8	79,3
	180 - 182	296	7,6	7,6	86,9
	183 - 185	236	6,0	6,0	92,9
	186 - 188	117	3,0	3,0	95,9
	189 - 191	79	2,0	2,0	97,9
	192 - 194	47	1,2	1,2	99,1
	195 - 197	21	,5	,5	99,7
	198 - 200	7	,2	,2	99,8
	201 - 203	4	,1	,1	99,9
	204 - 206	1	,0	,0	100,0
	210+	1	,0	,0	100,0
	Gesamt	3907	99,8	100,0	
Fehlend	System	6	,2		
Gesamt		3913	100,0		

Beispiel 2

Datei GESUND.SAV. Ausgehend von der Variablen ALTER soll eine Variable AL-TER.5 gebildet werden, in der das Lebensalter in 5-Jahres-Gruppen eingeteilt ist. Die jüngste Person der Stichprobe ist 18 Jahre alt, die älteste 94. Als erster Trennwert wird {20} eingegeben und eine Intervallbreite von {5}. Als Intervallwerte ergeben sich dann in der Variablen ALTER.5: 1 = 16-20 Jahre, 2 = 21-25, 3 = 26-30, usf. Die mit FREQUENCIES bestimmte Verteilung der Variablen stellt sich dann wie folgt dar:

Alter.5

		Häufigkeit	Prozent	Gültige Prozente	Kumulierte Prozente
Gültig	<= 20	181	10,6	10,6	10,6
	21 - 25	334	19,6	19,6	30,3
	26 - 30	189	11,1	11,1	41,4
	31 - 35	107	6,3	6,3	47,6
	36 - 40	100	5,9	5,9	53,5
	41 - 45	165	9,7	9,7	63,2
	46 - 50	203	11,9	11,9	75,1
	51 - 55	182	10,7	10,7	85,8
	56 - 60	102	6,0	6,0	91,8
	61 - 65	51	3,0	3,0	94,8
	66 - 70	39	2,3	2,3	97,1
	71 - 75	29	1,7	1,7	98,8
	76 - 80	13	,8	,8	99,6
	81 - 85	6	,4	,4	99,9
	91+	1	,1	,1	100,0
	Gesamt	1702	100,0	100,0	

Statistische Kennwerte

> ➤ **Analysieren / Deskriptive Statistiken / Deskriptive Statistiken ...**

Mit der Prozedur DESCRIPTIVES lassen sich die zur Beschreibung von Stichprobendaten üblichen Kennwerte berechnen. Dies sind u. a.: Mittelwert, Standardabweichung, Varianz sowie Schiefe und Exzess (Kurtosis) der Verteilung. Die
Bestimmung des Medians oder anderer Perzentilpunkte ist über die Prozedur FRE-
QUENCIES möglich (Kapitel 23). Wenn Mittelwerte oder Varianzen für mehrere
Untergruppen berechnet werden sollen, kann auch die Prozedur MEANS herangezogen werden (Kapitel 27). In der Eingangs-Dialogbox von DESCRIPTIVES sind
die Variablen zu definieren, für die Kennwerte berechnet werden sollen.

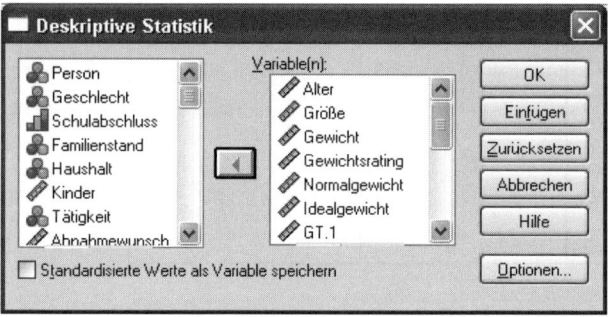

Durch Anklicken von *Standardisierte Werte als Variable speichern* kann eine Z-
Transformation der aufgeführten Variablen veranlasst werden (vgl. auch S. 62).
Die Z-Variablen werden (rechts) in die Datendatei geschrieben, wobei ihr Name
aus dem alten Variablennamen mit vorangestelltem »Z« besteht (z. B.: DEUTSCH-
PUNKTE → ZDEUTSCHPUNKTE). Die so »standardisierten« Variablen haben jeweils
ein Mittel von {0} und eine Varianz von {1} (⇨ *Deskriptive Statistik, Kap. 7.8.1*).

Über das Dialogfeld **Optionen** kann bestimmt werden, welche Kennwerte berechnet und in welcher Reihenfolge die Variablen ausgegeben (sortiert) werden
sollen. Voreingestellt ist eine Ausgabe der Variablen gemäß ihrer Abfolge in der
Variablenliste (der Eingangs-Dialogbox). Die einzelnen statistischen Kennwerte
sind in Kapitel 23 beschrieben (S. 101).

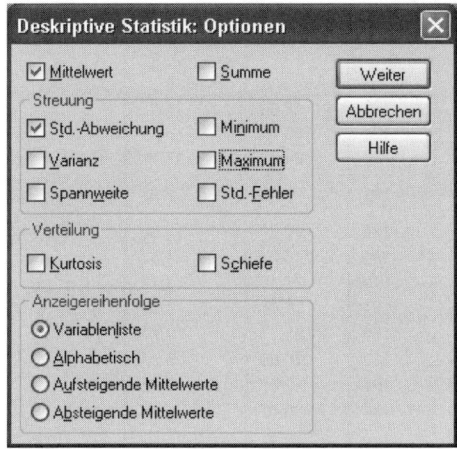

Im Fall mehrerer Variablen wird eine Person mit fehlenden Werten nur bei den Variablen aus der Berechnung der Kennwerte ausgeschlossen, in denen sie keinen Wert hat (»Variablenweiser Fallausschluss«). Sollen die Kennwerte dagegen nur auf den Personen basieren, die in keiner der Variablen einen fehlenden Wert aufweisen, muss über das bei BEISPIEL 2 beschriebene Vorgehen ein »Listenweiser Fallausschluss« gewählt werden. In diesem Fall basieren die Kennwerte sämtlicher Variablen auf der gleichen Personengruppe.

Übersicht über die in den Beispielen behandelten Probleme

① Berechnung von Mittelwerten und Standardabweichungen für mehrere Variablen. Abfolge gemäß Variablenliste.

② Variablen und Kennwerte wie bei BEISPIEL 1, jedoch listenweiser Ausschluss von Personen mit fehlendenWerten. Weg über den Syntax-Editor.

③ Erzeugung von zwei z-standardisierten Variablen.

Beispiel █ 1

Datei PERDAT.SAV. Bei den Frauen (GESCHLECHT = 1) werden für die Variablen ALTER, GRÖßE, GEWICHT, GEWICHTSRATING, NORMALGEWICHT, IDEALGEWICHT sowie die Gießen-Test Skalen GT.1 bis GT.6 jeweils Mittelwert und Standardabweichung berechnet. Anordnung der Variablen dabei entsprechend ihrer Abfolge in der Variablenliste.

Deskriptive Statistik

	N	Mittelwert	Standardab weichung
Alter	196	42,44	14,82
Größe	194	166,31	6,17
Körpergewicht	196	65,63	13,17
Einstufung des eigenen Gewichts	195	2,45	2,97
Prozent Normalgewicht	194	98,84	18,30
Prozent Idealgewicht	194	116,27	21,51
Soziale Resonanz	195	27,10	4,72
Dominanz	194	25,48	4,59
Kontrolle	194	25,73	4,77
Grundstimmung	193	26,69	5,83
Durchlässigkeit	195	22,67	5,63
Soziale Potenz	194	20,31	4,83
Gültige Werte (Listenweise)	191		

Erläuterungen zur Ausgabe

N: Anzahl der Personen, die einen gültigen Wert in der Variablen haben. Auf diesem N basieren die Kennwerte.

Gültige Werte (Listenweise): Anzahl der Personen, die in keiner Variablen einen fehlenden Wert haben.

Beispiel 2

Gleiche Aufgabe wie bei BEISPIEL 1, jedoch mit Ausschluss der Personen, die nicht in sämtlichen Variablen einen gültigen Wert haben (»Listenweiser Fallausschluss«).

Nach Vornahme der gewünschten Einstellungen ist in der Eingangs-Dialogbox statt [OK] die Schaltfläche [Einfügen] anzuklicken. Es erscheint daraufhin der Syntax-Editor mit den über das Menü veranlassten Befehlen:

```
DESCRIPTIVES
  VARIABLES=Alter Größe Gewicht Gewichtsrating Normalgewicht
  Idealgewicht
  GT.1  GT.2  GT.3  GT.4  GT.5  GT.6
  /missing=listwise  ←
  /STATISTICS=MEAN STDDEV .
```

Hier ist die durch einen Pfeil kenntlich gemachte Zeile /missing=listwise einzufügen. Durch die Tastenfolge $\boxed{\text{Strg}}+\boxed{\text{A}}$ und $\boxed{\text{Strg}}+\boxed{\text{R}}$ wird anschließend die Ausführung der Befehle im Editor veranlasst. Im vorliegenden Beispiel basieren nun sämtliche Kennwerte auf (den selben) 191 Personen.

Deskriptive Statistik

	N	Mittelwert	Standardab weichung
Alter	191	42,08	14,594
Größe	191	166,38	6,165
Körpergewicht	191	65,45	12,047
Einstufung des eigenen Gewichts	191	2,51	2,963
Prozent Normalgewicht	191	99,01	18,351
Prozent Idealgewicht	191	116,47	21,575
Soziale Resonanz	191	26,99	4,642
Dominanz	191	25,42	4,592
Kontrolle	191	25,72	4,757
Grundstimmung	191	26,67	5,838
Durchlässigkeit	191	22,65	5,670
Soziale Potenz	191	20,32	4,832
Gültige Werte (Listenweise)	191		

Beispiel 3

Datei FRABOGEN.SAV. Aus den Variablen DEUTSCHPUNKTE und MATHEPUNKTE werden zwei z-standardisierte Variablen erzeugt (Eingangs-Dialogbox: Wahl von *Standardisierte Werte als Variablen speichern*). Die erzeugten Z-Variablen werden vom Programm hinter die letzte Variable in die Datei geschrieben.

	Frabogen.sav [DatenSet1] - SPSS Daten-Editor				

Datei Bearbeiten Ansicht Daten Transformieren Analysieren Grafiken Extras Fenster Hilfe

1 : Geschlecht   2

	Studienfach2	ZDeutschpunkte	ZMathepunkte	var	var
10	1	1,51220	,98369		
11	1	-1,02509	,39855		
12	1	-,60220	-,77172		
13	1	1,08932	1,27626		

Datenansicht / Variablenansicht /

Kennwerte für Untergruppen

> **➤ Analysieren / Mittelwerte vergleichen / Mittelwerte ...**

Mit der Prozedur MEANS lassen sich auf einfache Art verschiedene Kennwerte für nach einer oder mehreren Variablen gebildete Untergruppen berechnen. Das umfangreiche Menü der wählbaren Statistiken enthält dabei neben häufig gewünschten Größen (wie Gruppenmitteln und -varianzen) auch eine Reihe eher selten benötigter Kennwerte.

Im Eingangs-Dialogfeld ist/sind unter *Abhängige Variablen* die Variable(n) anzugeben, für die die Gruppenkennwerte bestimmt werden sollen. Im Feld *Unabhängige Variablen* werden die Merkmale angeführt, deren Werte die Untergruppen definieren. Im nachfolgenden Fall sollen für die nach dem dichotomen Merkmal »Geschlecht« gebildeten Gruppen (Frauen und Männer) Kennwerte (wie Mittel und Standardabweichung) in der Variablen Körperhöhe berechnet werden.

Bei Nennung mehrerer unabhängiger Variablen auf *Schicht 1 von 1* werden diese nacheinander abgearbeitet, d.h.: Zuerst Bestimmung der Kennwerte für die nach Variable 1 gebildeten Untergruppen, dann Berechnung der Kennwerte für die durch Variable 2 definierten Gruppen, usf.

Sollen statt dessen die Gruppen nach zwei (oder mehr) unabhängigen Variablen gebildet werden (z.B. Geschlecht-×Altersgruppen), dann muss das erste Gruppierungsmerkmal auf *Schicht 1 von 2* eingegeben werden, die zweite unabhängige Variable auf *Schicht 2 von 2*, usf. (vgl. BEISPIEL 2).

Im Dialogfeld **Optionen** kann festgelegt werden, welche (der vielen möglichen) Statistiken für die Untergruppen (»Zellen«) ausgegeben werden sollen. Durch die Abfolge der Kennwerte im Feld *Zellenstatistik* kann bestimmt werden, in welcher Reihenfolge diese dann in der Tabelle angeordnet sind. Die im einzelnen wählbaren Gruppenstatistiken sind bei BEISPIEL 1 erläutert.

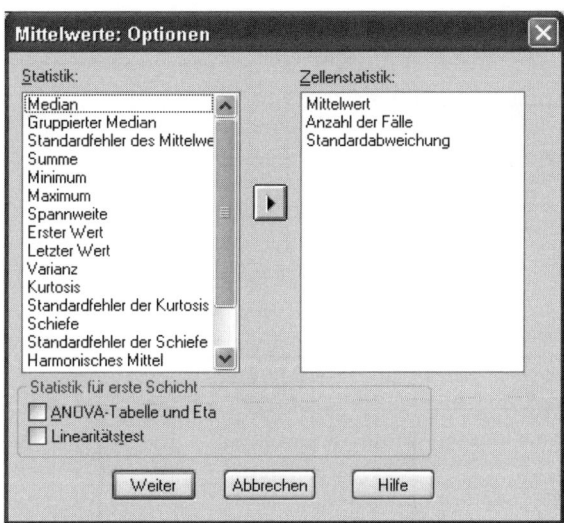

Durch Anklicken von *ANOVA-Tabelle und Eta* kann veranlasst werden, dass die Unterschiede zwischen den Mitteln der nach dem ersten Merkmal gebildeten Gruppen via Varianzanalyse auf Signifikanz geprüft werden. Weiterhin wird Eta als Maß für die Stärke des Effekts ausgegeben. Bezüglich einer Erläuterung dieser zusätzlichen Möglichkeiten siehe Kapitel 32.

Übersicht über die in den Beispielen behandelten Probleme

① Nach einer Variablen gebildete Untergruppen. Zu Illustrationszwecken: Anforderung sämtlicher Kennwerte.

② Berechnung von Kennwerten für nach zwei Variablen gebildete Unterguppen.

Beispiel 1

Datei FRABOGEN.SAV. Für die nach der Variablen GESCHLECHT gebildeten Gruppen (Frauen und Männer) sollen Kennwerte in der Variablen GRÖßE berechnet werden. Zur Illustration der Möglichkeiten von MEANS werden sämtliche der in der Dialogbox **Optionen** wählbaren Statistiken angefordert.

Verarbeitete Fälle

Fälle		Größe in cm * Geschlecht
Eingeschlossen	N	3907
	Prozent	99,8%
Ausgeschlossen	N	6
	Prozent	,2%
Insgesamt	N	3913
	Prozent	100,0%

Bericht

Größe in cm

	Geschlecht		
	Frauen	Männer	Insgesamt
Mittelwert	168,81	181,46	172,18
Median	169,00	181,00	171,00
Gruppierter Median	168,79	181,36	171,23
Geometrisches Mittel	168,70	181,33	171,98
Harmonisches Mittel	168,59	181,20	171,77
Varianz	38,320	47,935	72,134
Standardabweichung	6,190	6,924	8,493
Schiefe	,134	,061	,465
Kurtosis	-,094	,565	,031
Standardfehler des Mittelwertes	,116	,215	,136
Standardfehler der Schiefe	,046	,076	,039
Standardfehler der Kurtosis	,091	,151	,078
Minimum	150	150	150
Maximum	190	210	210
Spannweite	40	60	60
Erste	165	188	188
Letzte	164	183	164
Summe	483822	188900	672722
% der Gesamtsumme	71,9%	28,1%	100,0%
% der Gesamtanzahl	73,4%	26,6%	100,0%
N	2866	1041	3907

Bei den Tabellen wurde im Ausgabe-Viewer eine Vertauschung von Zeilen und Spalten vorgenommen (Doppel-Klick auf die Tabelle und anschließend Wahl der Menüpunkte **Pivot / Zeilen und Spalten vertauschen**).

Erläuterungen zu den Statistiken

Mittelwert: Arithmetisches Mittel (⇨ *Deskriptive Statistik, Formel* [10]).

Median: Ausgegeben wird die Mitte des Intervalls, in dem der Median liegt (z.B. Intervall 168,5–169,5 bei den Frauen). Falls bei einem Wert die kumulierte %-Häufigkeit exakt 50 ist, wird die obere Intervallgrenze als Median angegeben.

Gruppierter Median: Die Berechnungsmodalität ließ sich den Handbüchern nicht entnehmen. Sie erfolgt jedoch offensichtlich nicht – wie bei der Prozedur FREQUENCIES – entsprechend Formel [9] (⇨ *Deskriptive Statistik*). Die Dezimalstellen sind damit (für den vorliegenden Fall ganzzahliger Werte) nicht korrekt.

Geometrisches Mittel: Formel [15] (⇨ *Deskriptive Statistik*).

Harmonisches Mittel: Formel [17] (⇨*Deskriptive Statistik*).

Varianz, Standardabweichung: Formeln [24], [31] (⇨ *Deskriptive Statistik*).

Schiefe, Kurtosis (Exzess): siehe Kapitel 23, S. 102.

Standardfehler des Mittelwertes: Formel [3.3] (⇨ *Inferenzstatistik*).

Standardfehler der Schiefe: $\sqrt{[6/n]}$ (Tabachnick & Fidell, 1996, S. 72).

Standardfehler der Kurtosis: $\sqrt{[24/n]}$ (Tabachnick & Fidell, 1996, S. 72).

Minimum, Maximum: Kleinster, größter vorkommender Wert.

Spannweite: Maximum – Minimum

Erste, Letzte: Erster, letzter in der Datei vorkommender Wert der Gruppe (der erste in der Datei vorkommende Mann war 188 cm groß – eine Information, auf die man keinesfalls verzichten kann).

Summe: Summe der Werte.

% der Gesamtsumme: 483822 (Frauen) sind 71,9% von 672722.

% der Gesamtzahl: 73,4% der Gesamtstichprobe sind Frauen.

N: Anzahl der Werte (Personen).

Beispiel 2

Datei GESUND.SAV: Bei den Frauen (GESCHLECHT = 1) sowie bei den Männern (GESCHLECHT = 2) wird die mittlere »prozentale Abweichung vom Idealgewicht« (IDEALGEWICHT) für die nach der Variablen ALTERSGRUPPE gebildeten fünf Altersstufen bestimmt. Mit ausgegeben werden weiterhin die Standardabweichungen sowie die Umfänge der Gruppen. Es erfolgt somit eine Gruppenbildung nach zwei Merkmalen. Die Variable GESCHLECHT wird auf *Schicht 1 von 2* eingegeben, das Merkmal ALTERSGRUPPE bei *Schicht 2 von 2*.

Bericht

Prozentuale Abweichung vom Idealgewicht

Geschlecht	Altersgruppen (5-stufig)	Mittelwert	N	Standardab weichung
Frauen	18-25	6,96	311	15,30
	26-35	10,95	142	18,84
	36-45	17,14	168	20,75
	46-55	22,17	242	21,31
	56-94	27,03	124	21,20
	Insgesamt	15,52	987	20,46
Männer	18-25	7,15	199	19,70
	26-35	12,84	153	15,17
	36-45	15,66	96	19,35
	46-55	21,22	140	15,98
	56-94	22,02	113	20,20
	Insgesamt	14,76	701	18,99
Insgesamt	18-25	7,03	510	17,13
	26-35	11,93	295	17,03
	36-45	16,60	264	20,22
	46-55	21,82	382	19,51
	56-94	24,64	237	20,84
	Insgesamt	15,20	1688	19,86

Bei der Ausgabe ist die Tabelle »Verarbeitete Fälle« weggelassen.

Produkt-Moment Korrelation

> ➤ **Analysieren / Korrelation / Bivariat ...**

Mit der Prozedur CORRELATIONS lassen sich Pearson Produkt-Moment Korrelationskoeffizienten (r_{xy}) berechnen (⇨ *Deskriptive Statistik, Kap. 8*). Weiterhin wird ein Signifikanztest der Koeffizienten durchgeführt (⇨ *Inferenzstatistik, Kap. 16.3*). Die Ausgabe der Interkorrelationen erfolgt in Matrix-Form. Im Eingangs-Dialogfeld sind die Variablen festzulegen, deren Interkorrelationen bestimmt werden sollen.

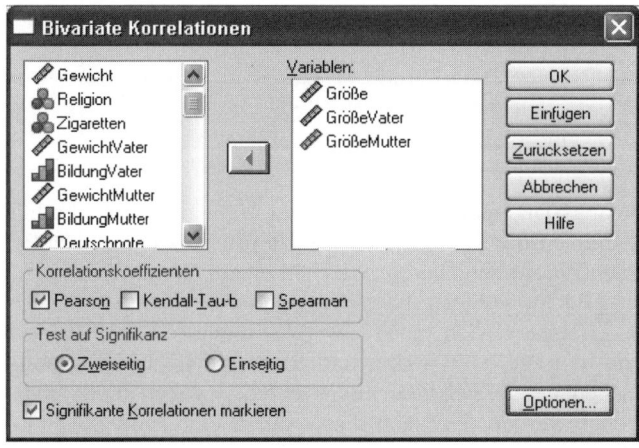

Voreingestellt sind *Pearson* (Produkt-Moment Korrelation) und *zweiseitiger* Signifikanztest. In der Ausgabematrix ist bei jedem Korrelationskoeffizienten der zugehörige P-Wert aufgeführt. Bei Beibehaltung der Voreinstellung *Signifikante Korrelationen markieren* wird zusätzlich durch einen oder zwei Sterne kenntlich gemacht, wenn ein Koeffizient auf dem 5%- bzw. dem 1%-Niveau signifikant ist (vgl. BEISPIEL 1). Eine vollständige Unterdrückung des Signifikanztests ist nicht möglich. Die neben der Pearson Produkt-Moment Korrelation anforderbaren Rangkorrelationskoeffizienten von Kendall (Tau) und Spearman (r_s) werden in Kapitel 31 besprochen.

Über das Dialogfeld **Optionen** kann u.a. die Ausgabe der Mittel und Standardabweichungen der Variablen veranlasst werden. Außerdem lässt sich hier – sofern mehr als zwei Variablen interkorreliert werden – die Behandlung von Fällen mit fehlenden Werten festlegen bzw. ändern. Voreingestellt ist *paarweiser Ausschluss* von Personen mit fehlenden Werten. Bei der Berechnung der einzelnen Koeffizienten werden immer nur die Personen eliminiert, die beim jeweiligen Variablenpaar in einer oder beiden Variablen einen fehlenden Wert aufweisen. Die Koeffizienten basieren dadurch z.T. auf unterschiedlichen Fallzahlen. Beim *listenweisen Fallausschluss* gehen dagegen in die Analyse nur Personen ein, die in sämtlichen der ausgewählten Variablen einen gültigen Wert haben. Dadurch basieren alle Koeffizienten auf der gleichen Anzahl von Personen.

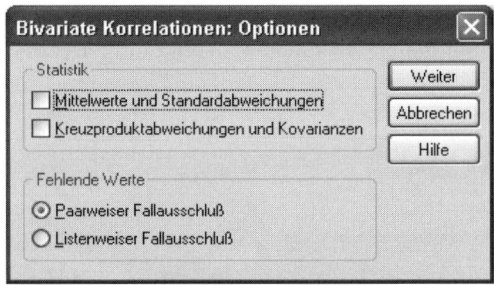

Über die Eingangs-Dialogbox wird veranlasst, dass zwischen sämtlichen der ausgewählten Variablen die Interkorrelationen bestimmt werden. Häufig ist man jedoch nur an den Zusammenhängen zwischen einem Variablensatz {A} und einem Variablensatz {B} interessiert, nicht jedoch an den Korrelationen innerhalb von {A} und {B}. Beispiel: Man möchte wissen, inwieweit die Skalen des Gießen-Tests (GT) mit den Variablen Alter und Relativgewicht korrelieren. Die Beziehungen zwischen den GT-Skalen interessieren dagegen nicht und sollen auch nicht ausgegeben werden. Wie sich dies – durch eine Einfügung in die über das Menü erstellte Befehlssyntax – erreichen lässt, wird bei BEISPIEL 3 gezeigt.

In der voreingestellten Ausgabeform von CORRELATIONS bleibt aufgrund aufwendiger Beschriftung relativ wenig Platz für die Darstellung der Koeffizienten. Dies gilt besonders für den Fall langer Variablen-Labels (vgl. BEISPIEL 1). Dadurch lassen sich beim Ausdruck häufig nur 3×3 Matrizen ohne Umbruch (in den Spalten) darstellen. Bei BEISPIEL 4 wird deshalb gezeigt, wie sich über die Prozedur FACTOR kompaktere Interkorrelationsmatrizen erstellen lassen.

In der Voreinstellung werden die Korrelationskoeffizienten ohne führende Null, mit Komma und drei Nachkommastellen ausgegeben. Bei BEISPIEL 2 wird gezeigt, wie sich dieses Format im Ausgabe-Viewer – in die häufig gewünschte Punkt-Schreibweise mit zwei Dezimalstellenstellen – ändern lässt.

Mit dem Zusatzmodul EXAKTE TESTS ist auch eine Signifikanzprüfung von r_{xy} unter Heranziehung der exakten Stichprobenverteilung möglich ($\Rightarrow$ *Inferenzstatistik, Kap. 27.1*).

Übersicht über die in den Beispielen behandelten Probleme

① Interkorrelationen zwischen drei Variablen. Voreingestellte Ausgabeform.

② Interkorrelationsmatrix wie bei BEISPIEL 1, jedoch listenweiser Fallausschluss. Änderung des Ausgabeformats der Koeffizienten.

③ Interkorrelationen zwischen zwei Gruppen von Variablen. Weg über den Syntax-Editor.

④ Erzeugung »kompakter« Korrelationsmatrizen mit der Prozedur FACTOR.

⑤ Exakter Signifikanztest eines Korrelationskoeffizienten (n = 12).

Beispiel 1

Datei FRABOGEN.SAV. Für die Gruppe der Lehramts-Studenten (GESCHLECHT = 2, STUDIENFACH = 4 bis 7) soll bestimmt werden, in welchem Ausmaß die Körperhöhe der Söhne (GRÖßE) mit der Körperhöhe von Vater (GRÖßEVATER) und Mutter (GRÖßEMUTTER) korreliert. Angefordert werden zweiseitige Signifikanztests (mit Markierung), paarweiser Fallauschluss und Ausgabe der Mittel und Standardabweichungen der Variablen.

Deskriptive Statistiken

	Mittelwert	Standardab weichung	N
Größe in cm	183,00	6,08	44
Größe des Vaters	177,34	5,62	44
Größe der Mutter	167,05	5,55	43

Korrelationen

		Größe in cm	Größe des Vaters	Größe der Mutter
Größe in cm	Korrelation nach Pearson	1	,495**	,136
	Signifikanz (2-seitig)		,001	,389
	N	44	43	42
Größe des Vaters	Korrelation nach Pearson	,495**	1	-,078
	Signifikanz (2-seitig)	,001		,623
	N	43	44	42
Größe der Mutter	Korrelation nach Pearson	,136	-,078	1
	Signifikanz (2-seitig)	,389	,623	
	N	42	42	43

**. Die Korrelation ist auf dem Niveau von 0,01 (2-seitig) signifikant.

Erläuterungen zur Ausgabe

Signifikanz (zweiseitig): P(t)-Wert des Signifikanztests. Ein Koeffizient ist (im Fall zweiseitiger Prüfung) statistisch signifikant, wenn der P-Wert ≤ dem gewählten Signifikanzniveau α ist.

N: Anzahl der Personen, auf denen die einzelnen Koeffizienten basieren.

Beispiel 2

Gleiche Aufgabe wie bei BEISPIEL 1, diesmal jedoch mit listenweisem Ausschluss von Personen mit fehlenden Werten. Alle Koeffizienten basieren nun auf der gleichen Anzahl von Personen.

Deskriptive Statistiken

	Mittelwert	Standardab weichung	N
Größe in cm	182,56	5,92	41
Größe des Vaters	177,02	5,61	41
Größe der Mutter	167,20	5,57	41

Korrelationen[a]

		Größe in cm	Größe des Vaters	Größe der Mutter
Größe in cm	Korrelation nach Pearson	1	,476**	,135
	Signifikanz (2-seitig)		,002	,399
Größe des Vaters	Korrelation nach Pearson	,476**	1	-,037
	Signifikanz (2-seitig)	,002		,819
Größe der Mutter	Korrelation nach Pearson	,135	-,037	1
	Signifikanz (2-seitig)	,399	,819	

. Die Korrelation ist auf dem Niveau von 0,01 (2-seitig) signifikant.

a. Listenweise N=41

Bei der Darstellung von Korrelationskoeffizienten ist die von SPSS ausgegebene Schreibweise mit Komma ohne führende Null eher unüblich. Häufig wünscht man sich die weiter verbreitete Punkt-Schreibweise mit (nur) zwei Dezimalstellen. Um dies zu erreichen, erfolgt als Erstes im Ausgabe-Viewer ein Doppel-Klick auf die Korrelationstabelle. Anschließend wird bei gedrückten Strg+Alt-Tasten eines der Labels »Korrelation nach Pearson« angeklickt (wodurch sämtliche Koeffizienten markiert sind). Über **Format / Zelleneigenschaften** wird dann die nachfolge Box geöffnet:

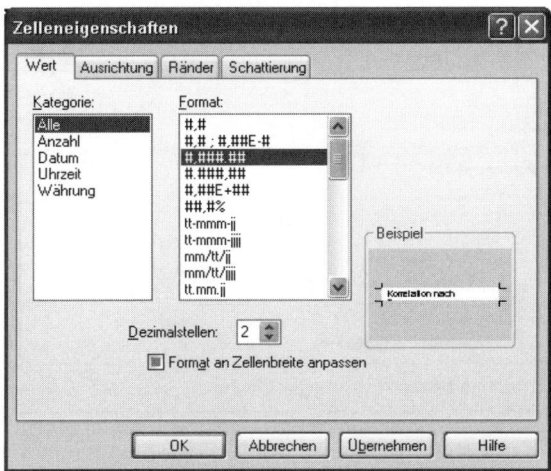

Hier sind bei *Dezimalstellen* die gewünschte Anzahl (hier 2) und im Feld *Format* die Schreibweise #,###.## anzuwählen. Nach Anklicken von [OK] stellt sich die obige Tabelle wie folgt dar:

Korrelationen[a]

		Größe in cm	Größe des Vaters	Größe der Mutter
Größe in cm	Korrelation nach Pearson	1.00	.48**	.14
	Signifikanz (2-seitig)		,002	,399
Größe des Vaters	Korrelation nach Pearson	.48**	1.00	-.04
	Signifikanz (2-seitig)	,002		,819
Größe der Mutter	Korrelation nach Pearson	.14	-.04	1.00
	Signifikanz (2-seitig)	,399	,819	

**. Die Korrelation ist auf dem Niveau von 0,01 (2-seitig) signifikant.

a. Listenweise N=41

Beispiel 3

Datei PERDAT.SAV. Die sechs Skalen des Gießen-Tests werden mit den Variablen Alter und Gewichtsstatus korreliert, ohne Mitausgabe der Korrelationen zwischen den GT-Skalen.

Dazu sind als Erstes im Dialogfeld **Bivariate Korrelationen** die interessierenden Variablen auszuwählen. Es wird zuerst die Gruppe der Variablen zusammengestellt, die in den Zeilen angeordnet sein soll (hier: GT.1 bis GT.6), gefolgt von der Variablengruppe, die die Spalten bildet (hier: ALTER, IDEALGEWICHT). Anschließend ist statt [OK] der Schalter [Einfügen] anzuklicken.

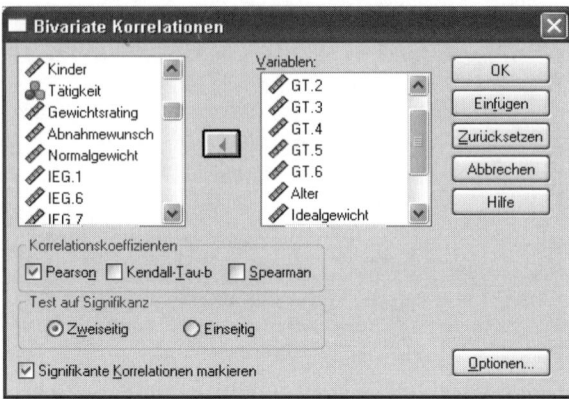

Daraufhin öffnet sich der Syntax-Editor mit den über das Menü veranlassten Befehlen. Hier ist – wie im Kasten auf der nächsten Seite durch einen Pfeil kenntlich gemacht – die Anweisung »with« zwischen den beiden Variablengruppen einzufügen. Durch $\boxed{\text{Strg}}$+$\boxed{\text{A}}$ und $\boxed{\text{Strg}}$+$\boxed{\text{R}}$ wird anschließend die Ausführung der Befehle veranlasst. In unserem Beispiel ergibt sich die folgende Ausgabe:

Korrelationen

		Alter	Prozent Idealgewicht
Soziale Resonanz	Korrelation nach Pearson	,026	-,051
	Signifikanz (2-seitig)	,631	,354
	N	334	331
Dominanz	Korrelation nach Pearson	,092	,019
	Signifikanz (2-seitig)	,093	,730
	N	333	330
Kontrolle	Korrelation nach Pearson	,332**	,009
	Signifikanz (2-seitig)	,000	,875
	N	333	330
Grundstimmung	Korrelation nach Pearson	-,020	-,052
	Signifikanz (2-seitig)	,713	,348
	N	331	329
Durchlässigkeit	Korrelation nach Pearson	,147**	-,021
	Signifikanz (2-seitig)	,007	,706
	N	334	331
Soziale Potenz	Korrelation nach Pearson	,115*	-,021
	Signifikanz (2-seitig)	,036	,706
	N	333	330

**. Die Korrelation ist auf dem Niveau von 0,01 (2-seitig) signifikant.

*. Die Korrelation ist auf dem Niveau von 0,05 (2-seitig) signifikant.

```
CORRELATIONS
  /VARIABLES=GT.1  GT.2  GT.3  GT.4  GT.5  GT.6  with  Alter Idealgewicht
  /PRINT=TWOTAIL NOSIG                    ↑
  /MISSING=PAIRWISE
```

Beispiel 4

Wenn man auf die Ausgabe der P-Werte und der Fallzahlen verzichten kann oder möchte, dann lässt sich über die Faktorenanalyse-Prozedur FACTOR eine recht kompakte Matrix erstellen, die ausschließlich die Korrelationskoeffizienten enthält. Hierzu wird nach Eingabe der Variablen in der Eingangs-Dialogbox von FACTOR (vgl. Kapitel 69) in der Box **Deskriptive Statistiken** das Kästchen *Korrelationsmatrix / Koeffizienten* angeklickt (sowie *Statistik / Anfangslösung* abgewählt) und anschließend in der Box **Optionen** der *listenweise* oder *paarweise Fallausschluss* eingestellt. Weiterhin sollte in der Box **Extraktion** die Voreinstellung *Anzeigen / Nicht rotierte Faktorlösung* abgewählt werden. Man erhält dann – nach etwas Bearbeitung (zwei Dezimalstellen, Punktschreibweise und *Format / Automatisch anpassen*) – die nachfolgende Interkorrelationsmatrix (paarweiser Fallauschluss).

Korrelationsmatrix

		FPI.1	FPI.2	FPI.3	FPI.4	FPI.5	FPI.6	FPI.7	FPI.8	FPI.9	FPI.10
Korrelation	FPI.1	1.00	.09	.32	-.32	-.37	-.27	-.39	-.41	.12	-.37
	FPI.2	.09	1.00	.13	-.05	.00	-.23	.04	-.05	-.03	-.03
	FPI.3	.32	.13	1.00	-.39	-.06	.13	-.02	-.21	.08	-.03
	FPI.4	-.32	-.05	-.39	1.00	.27	-.02	.17	.26	.09	.10
	FPI.5	-.37	.00	-.06	.27	1.00	.31	.47	.37	.11	.34
	FPI.6	-.27	-.23	.13	-.02	.31	1.00	.15	.18	-.07	.45
	FPI.7	-.39	.04	-.02	.17	.47	.15	1.00	.35	.07	.20
	FPI.8	-.41	-.05	-.21	.26	.37	.18	.35	1.00	.20	.05
	FPI.9	.12	-.03	.08	.09	.11	-.07	.07	.20	1.00	-.20
	FPI.10	-.37	-.03	-.03	.10	.34	.45	.20	.05	-.20	1.00

Beispiel 5   ZUSATZMODUL »EXAKTE TESTS«

Das Beispiel entstammt der *Deskriptiven Statistik (Tab. 39)*. An 12 Studierenden wurde mittels Fragebogen der Grad der »autoritären Einstellung« sowie das Ausmaß an »Statusstreben« erhoben. Die nachfolgende Tabelle enthält die Skalenwerte. Es soll die Produkt-Moment Korrelation berechnet und mittels exaktem Test (ohne die Annahme bivariater Normalverteilung) auf Signifikanz geprüft werden. Dies ist mit der Prozedur CROSSTABS möglich (**Analysieren / Deskriptive Statistiken / Kreuztabellen**).

Autoritäre Einstellung	82	98	87	40	116	113	111	83	85	126	106	117
Statusstreben	42	46	39	37	65	88	86	56	62	92	54	81

Die Daten werden als Variablen EINSTELLUNG und STATUSSTREBEN in eine Datei EXAKT-RXY.SAV eingegeben. In der Eingangs-Dialogbox von CROSSTABS (siehe S. 204) sind die zu korrelierenden Variablen in den Feldern *Zeilen* und *Spalten* aufzuführen. Es empfiehlt sich, die in der Voreinstellung ausgegebene Kreuztabelle durch Anklicken von *Keine Tabellen* zu unterdrücken.

Die über die Schaltfläche [Statistik] erhältliche Box ist auf Seite 205 wiedergegeben. Zum Erhalt des Produkt-Moment Koeffizienten und seiner exakten Prüfung muss hier lediglich das Kästchen *Korrelationen* angeklickt werden.

Bei der nachfolgenden Ausgabe wurde die Tabelle »Verarbeitete Fälle« gelöscht. Außerdem wurden bei der wiedergegebenen Tabelle aus Formatgründen im Ausgabe-Viewer Zeilen und Spalten vertauscht (vgl. S. 93).

Symmetrische Maße

	Intervall- bzgl. Intervallmaß	Ordinal- bzgl. Ordinalmaß	Anzahl der gültigen Fälle
	Pearson-R	Korrelation nach Spearman	
Wert	,775	,818	12
Asymptotischer Standardfehler[a]	,060	,092	
Näherungsweises T[b]	3,872	4,500	
Näherungsweise Signifikanz	,003[c]	,001[c]	
Exakte Signifikanz	,001	,002	

[a.] Die Null-Hyphothese wird nicht angenommen.

[b.] Unter Annahme der Null-Hyphothese wird der asymptotische Standardfehler verwendet.

[c.] Basierend auf normaler Näherung

Erläuterungen zur Ausgabe

Pearson-R: Ergebnisse der Signifikanzprüfung der Produkt-Moment Korrelation.

Spearman: Automatisch mitausgegebene Ergebnisse zum Signifikanztest der Spearman-Rangkorrelation zwischen beiden Variablen.

Wert: Produkt-Moment Korrelation ($r = 0{,}775$), Rangkorrelation ($r_S = 0{,}818$).

Näherungsweise Signifikanz: P-Wert der (approximativen) Signifikanzprüfung über die T-Verteilung (Standardausgabe der Prozedur CORRELATIONS).

Exakte Signifikanz: P-Wert der exakten Signifikanzprüfung.

Phi-Koeffizient

> **Analysieren / Deskriptive Statistiken / Kreuztabellen ...**

Die Stärke des Zusammenhangs zwischen zwei dichotomen Variablen wird in der Regel mit dem Phi-Koeffizienten bestimmt ($\Rightarrow$ *Deskriptive Statistik, Kap. 12.2*). Sein besonderer Name verdeckt allerdings leicht den Sachverhalt, dass die vorliegenden speziellen Berechnungsformeln lediglich algebraische Vereinfachungen der Formel für die Produkt-Moment Korrelation sind. Wenn es somit nur um die Stärke der Beziehung zweier dichotomer Merkmale geht, kann diese ohne besondere Vorkehrungen auch mit der Prozedur CORRELATIONS bestimmt werden (Kapitel 28).

In der Regel soll jedoch neben der Stärke einer Beziehung auch ihre Art bzw. Richtung beschrieben werden. Und dies gelingt im vorliegenden Fall am anschaulichsten mit einer 2×2 Kreuztabelle. Auf diese Datenanordnung kann dann auch zurückgegriffen werden, wenn eine Berechnung von Phi_{max} bzw. Phi_{min} erforderlich scheint. Zur Bestimmung von Phi mit gleichzeitiger Erstellung der zugehörigen Kreuztabelle ist die Prozedur CROSSTABS geeignet.

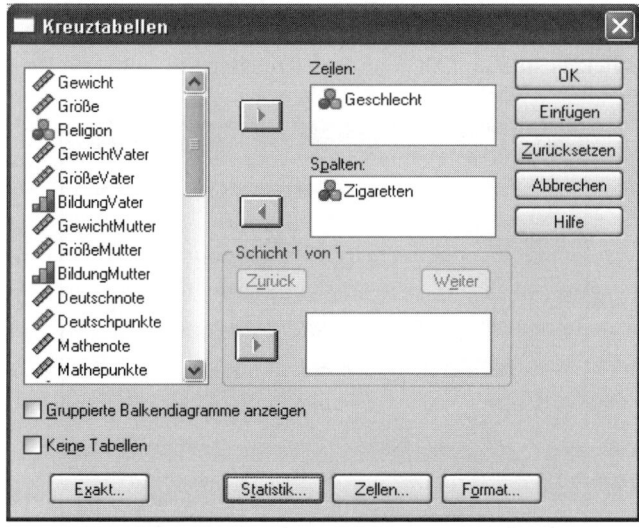

Im Eingangs-Dialogfeld ist als Erstes festzulegen, welches die Zeilen- und welches die Spaltenvariable in der jeweiligen 2×2 Tabelle sein soll. Über die Dialogbox **Zellen** kann bestimmt werden, ob die Zeilensummen und/oder die Spaltensummen die Basis für die Prozentuierung der Zellenhäufigkeiten sein sollen. Liegt ein Merkmal mit »natürlichen« Kategorien vor (wie das Geschlecht), bieten diese sich als Prozentbasis an. Eine Prozentuierung auf die Gesamtzahl der Personen ist zur Beschreibung der Beziehung ungeeignet.

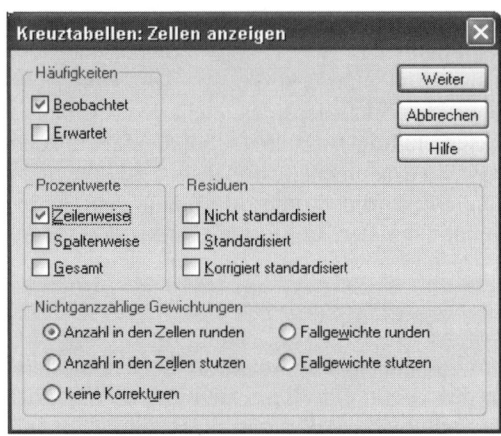

Um den Phi-Koeffizienten zu erhalten, muss im Dialogfeld **Statistik** die Option *Phi und Cramer-V* angewählt werden. Falls ein Signifikanztest von Phi gewünscht wird, ist weiterhin *Chi-Quadrat* anzuklicken. Die übrigen Wahlmöglichkeiten dieses Feldes sind im Fall einer 2×2 Kreuztabelle nicht von Bedeutung.

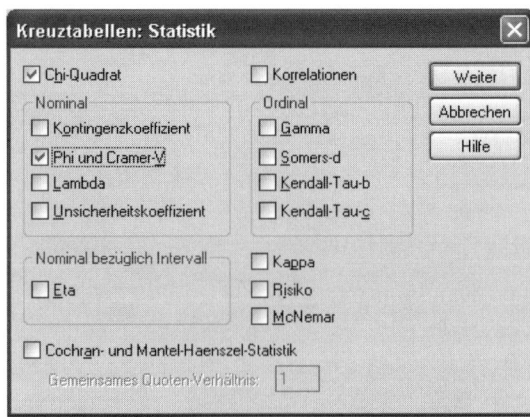

Berechnung der Grenzen des Phi-Koeffizienten (Phi$_{max}$ und Phi$_{min}$)

Wenn bei den (z. B.) mit 0 und 1 kodierten Merkmalen die Anzahl der Einsen in X nicht gleich der Anzahl der Einsen in Y ist oder f(X=1) ≠ f(Y=0), dann kann Phi auch bei engstmöglicher Beziehung nicht seine theoretischen Grenzen von +1 oder −1 annehmen (⇨ *Deskriptive Statistik, S. 266*). In einem solchen Fall ist es zur Beurteilung des erhaltenen Phi-Wertes deshalb häufig sinnvoll, den auf Grund der gegebenen Randverteilungen maximal bzw. minimal möglichen Phi-Wert zu bestimmen. Dies kann mit den nachfolgenden Formeln geschehen:

$$Phi_{max} = \sqrt{[(A_j * B_i)/(B_j * A_i)]}$$

N	=	Gesamtzahl der Personen
A_i	=	Größte Randhäufigkeit (BEISPIEL 3: 0 in Y)
A_j	=	Häufigkeit der entsprechenden Kategorie in der anderen Variablen (BEISPIEL 3: 0 in X)
B_i	=	$N - A_i$
B_j	=	$N - A_j$

$$Phi_{min} = -\sqrt{[(A_i * A_j)/(B_i * B_j)]}$$

A_i	=	Kleinste Randhäufigkeit (BEISPIEL 3: 1 in Y)
A_j	=	Häufigkeit der entsprechenden Kategorie in der anderen Variablen (BEISPIEL 3: 1 in X)
B_i	=	$N - A_i$
B_j	=	$N - A_j$

Zur Berechnung der Grenzen von Phi sind die Zeilen (Variable Y) in absteigender und die Spalten (Variable X) in aufsteigender Kodierung anzuordnen und wie nachfolgend gezeigt mit 0-1 zu labeln. Die konkrete Bestimmung von Phi$_{max}$ und Phi$_{min}$ wird bei BEISPIEL 3 illustriert.

$$
\begin{array}{cc|c|c|}
 & & \multicolumn{2}{c}{X} \\
 & & 0 & 1 \\
\hline
Y & 1 & & \\
\hline
 & 0 & & \\
\hline
 & & \multicolumn{2}{c}{N}
\end{array}
$$

Übersicht über die in den Beispielen behandelten Probleme

① Berechnung und Signifikanzprüfung des Phi-Koeffizienten. Darstellung des Zusammenhangs in Form einer Kreuztabelle.

② Alternative Berechnung von Phi mit der Prozedur CORRELATIONS.

③ Bestimmung von Phi$_{max}$ und Phi$_{min}$.

Beispiel 1

Datei FRABOGEN.SAV. Es wird bei den Psychologie-Studierenden (STUDIENFACH = 1) untersucht, wie stark und auf welche Art die Rauchgewohnheit (ZIGARETTEN) mit dem GESCHLECHT zusammenhängt. Zeilenvariable sei dabei das Geschlecht. Der Phi-Koeffizient soll weiterhin auf Signifikanz geprüft werden ($\alpha = 0,01$). Die Tabelle »Verarbeitete Fälle« ist nachfolgend weggelassen.

Geschlecht * Zigaretten Kreuztabelle

			Zigaretten		Gesamt
			Nein	Ja	
Geschlecht	Frauen	Anzahl	747	376	1123
		% von Geschlecht	66,5%	33,5%	100,0%
	Männer	Anzahl	239	172	411
		% von Geschlecht	58,2%	41,8%	100,0%
Gesamt		Anzahl	986	548	1534
		% von Geschlecht	64,3%	35,7%	100,0%

Chi-Quadrat-Tests

	Wert	df	Asymptotische Signifikanz (2-seitig)	Exakte Signifikanz (2-seitig)	Exakte Signifikanz (1-seitig)
Chi-Quadrat nach Pearson	9,174 [b]	1	,002		
Kontinuitätskorrektur [a]	8,813	1	,003		
Likelihood-Quotient	9,051	1	,003		
Exakter Test nach Fisher				,003	,002
Zusammenhang linear-mit-linear	9,168	1	,002		
Anzahl der gültigen Fälle	1534				

a. Wird nur für eine 2x2-Tabelle berechnet
b. 0 Zellen (,0%) haben eine erwartete Häufigkeit kleiner 5. Die minimale erwartete Häufigkeit ist 146,82.

Symmetrische Maße

		Wert	Näherungs-weise Signifikanz
Nominal- bzgl. Nominalmaß	Phi	,077	,002
	Cramer-V	,077	,002
Anzahl der gültigen Fälle		1534	

a. Die Null-Hypothese wird nicht angenommen.
b. Unter Annahme der Null-Hypothese wird der asymptotische Standardfehler verwendet.

Erläuterungen zur Ausgabe

Bei den nachfolgenden Erläuterungen wird nur auf die Teile der Ausgabe eingegangen, die für den Phi-Koeffizienten und seine Signifikanzprüfung relevant sind.

❶ Kreuztabelle für die Art der Beziehung. **Geschlecht**: Häufigkeiten der Zeilenvariablen (Anzahl der Frauen und Männer) sind jeweils gleich 100% gesetzt. **Gesamt**: 35,7% der Befragten rauchen Zigaretten.

❷ **Exakter Test nach Fisher**: Exakter Test zur Signifikanzprüfung des Zusammenhangs zweier dichotomer Variablen (vgl. Kapitel 41). **Exakte Signifikanz**: P-Werte (zweiseitig/einseitig).

❸ **Phi**: Wert des Phi-Koeffizienten (im 2×2 Fall identisch mit *Cramer-V*).

Es besteht eine (äußerst) schwache Beziehung zwischen Geschlecht und Rauchgewohnheit: Bei den Männern ist der Anteil der rauchenden Personen mit 41,8% etwas höher als bei den Frauen (33,5%). Auf Grund des großen Stichprobenumfangs erweist sich der (niedrige) Phi-Koeffizient von 0,077 als statistisch signifikant (exakt P-zweiseitig = 0,003).

Beispiel 2

Wie bei BEISPIEL 1 wird der Zusammenhang zwischen Geschlecht und Rauchgewohnheit bestimmt, diesmal jedoch als »Produkt-Moment Koeffizient« über die Prozedur CORRELATIONS (Kapitel 28). Dazu werden in der auf S. 125 abgebildeten Dialogbox die Variablen GESCHLECHT und ZIGARETTEN im entsprechenden Feld eingegeben. Erwartungsgemäß ist der nun erhaltene r_{xy}-Wert mit dem über die Prozedur CROSSTABS bestimmten Wert von Phi identisch.

Korrelationen

		Geschlecht	Zigaretten
Geschlecht	Korrelation nach Pearson	1	,077**
	Signifikanz (2-seitig)		,002
	N	1540	1534

** Die Korrelation ist auf dem Niveau von 0,01 (2-seitig) signifikant.

Beispiel 3

Daten von BEISPIEL 1: Für den Zusammenhang zwischen Geschlecht und Rauchgewohnheit sollen die Grenzen von Phi bestimmt werden.

Maximales positives Phi: Die nachfolgende Tabelle enthält zur Illustration auch die Zellenhäufigkeiten, die zum Wert von Phi_{max} führen. Zur Berechnung von Phi_{max} werden sie nicht benötigt.

		Rauchen Nichtr.	Rauch.				
Geschlecht		0	1				
Männer	1	0	274	274	B_i	Phi_{max}	$= \sqrt{[(A_j * B_i)/(B_j * A_i)]}$
Frauen	0	548	41	589	A_i		$= \sqrt{[(548*274)/(315*589)]}$
		548	315	863			$= 0{,}90$
		A_j	B_j	N			

Maximales negatives Phi: Die nachfolgende Tabelle enthält zur Illustration auch die Zellenhäufigkeiten, die zum Wert von Phi_{min} führen. Zur Berechnung von Phi_{min} werden sie nicht benötigt.

		Rauchen Nichtr.	Rauch.				
Geschlecht		0	1				
Männer	1	274	0	274	A_i	Phi_{min}	$= \sqrt{[(A_j * A_j)/(B_j * B_j)]}$
Frauen	0	274	315	589	B_i		$= \sqrt{[(274*315)/(589*548)]}$
		548	315	863			$= -0{,}52$
		B_j	A_j	N			

Auf Grund der gegebenen Randhäufigkeiten kann Phi somit nur Werte zwischen +0,90 und –0,52 annehmen.

Punktbiseriale Korrelation

➤ **Analysieren / Mittelwerte vergleichen / Mittelwerte ...**

Die Stärke des Zusammenhangs zwischen einem dichotomen und einem metrischen Merkmal wird in der Regel mit der punktbiserialen Korrelation r_{pbis} bestimmt (⇨ *Deskriptive Statistik, Kap. 12.3*). Wie beim Phi-Koeffizienten verdeckt auch hier die besondere Bezeichnung leicht den Sachverhalt, dass die für den punktbiserialen Koeffizienten vorliegenden (speziellen) Berechnungsformeln lediglich algebraische Vereinfachungen der Formel für die Produkt-Moment Korrelation sind. Wenn es somit nur um die Stärke der Beziehung zwischen beiden Variablen geht, kann diese ohne besondere Vorkehrungen auch mit der Prozedur CORRELATIONS bestimmt werden (Kapitel 28).

In der Regel soll jedoch neben der Stärke einer Beziehung auch ihre Art bzw. Richtung beschrieben werden. Und dies gelingt im vorliegenden Fall am anschaulichsten durch eine Gegenüberstellung der Mittel, die die nach dem dichotomen Merkmal gebildeten Gruppen in der metrischen Variablen aufweisen. Zur gleichzeitigen Bestimmung dieser Mittelwerte und des punktbiserialen Korrelationskoeffizienten ist die Prozedur MEANS geeignet. Sie berechnet neben den Mitteln auf Wunsch auch die Größe »Eta«, die bei einem dichotomen (Gruppierungs-)Merkmal mit r_{pbis} identisch ist (⇨ *Inferenzstatistik, Kap. 28.4*).

Bei der Bestimmung von Eta = r_{pbis} wird von MEANS gleichzeitig varianzanalytisch geprüft, ob zwischen den Mitteln der nach dem dichotomen Merkmal gebildeten Gruppen ein signifikanter Unterschied besteht. Dieser Test stellt zugleich eine Signifikanzprüfung des punktbiserialen Koeffizienten dar (⇨ *Inferenzstatistik, Kap. 16.8*).

In der Eingangs-Dialogbox sind unter *Abhängige Variablen* die metrische(n) Variable(n), im Feld *Unabhängige Variablen* das oder die dichotome(n) Merkmal(e) festzulegen. Im vorliegenden Beispiel soll das GESCHLECHT der Studierenden mit ihrer Körperhöhe (GRÖßE) korreliert werden.

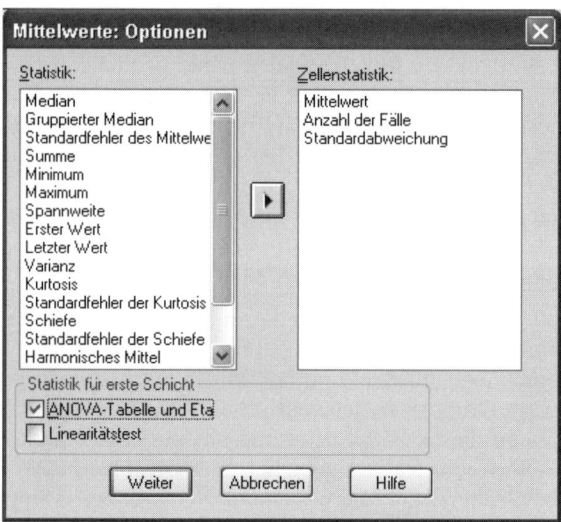

In der Dialogbox **Optionen** muss zum Erhalt der punktbiserialen Korrelation (und ihrer Signifikanzprüfung) bei *Statistik für erste Schicht* das Kästchen ANOVA-*Tabelle und Eta* angeklickt werden. Im Feld *Zellenstatistik* ist anzugeben, welche Gruppenkennwerte neben den Mitteln noch ausgegeben werden sollen.

Übersicht über die in den Beispielen behandelten Probleme

① Berechnung und Signifikanzprüfung des punktbiserialen Koeffizienten. Bestimmung der Gruppenmittelwerte zur Beschreibung der Art der Beziehung.

② Alternative Berechnung von r_{pbis} mit der Produkt-Moment Prozedur CORRELATIONS.

Beispiel 1

Datei FRABOGEN.SAV. Es wird untersucht, wie stark und auf welche Art die Körperhöhe (GRÖßE) mit dem GESCHLECHT zusammenhängt. Der punktbiseriale Koeffizient soll weiterhin auf Signifikanz geprüft werden ($\alpha = 0,01$).

In der nachfolgenden Ausgabe ist die Tabelle »Verarbeitete Fälle« weggelassen. Bei der ANOVA-Tabelle wurden im Ausgabe-Viewer Zeilen und Spalten vertauscht.

Bericht

Größe

Geschlecht	Mittelwert	N	Standardab-weichung	
Frauen	168,81	2866	6,190	❶
Männer	181,46	1041	6,924	
Insgesamt	172,18	3907	8,493	

ANOVA-Tabelle

	Größe * Geschlecht			❷
	Zwischen den Gruppen (Kombiniert)	Innerhalb der Gruppen	Insgesamt	
Quadratsumme	122116,208	159639,843	281756,051	
df	1	3905	3906	
Mittel der Quadrate	122116,208	40,881		
F	2987,123			
Signifikanz	,000			

Zusammenhangsmaße

	Eta	Eta-Quadrat	
Größe * Geschlecht	,658	,433	❸

Erläuterungen zur Ausgabe (soweit relevant für r_{pbis})

❶ Mittelwerte und Standardabweichungen im metrischen Merkmal für die nach dem dichotomen Merkmal gebildeten Gruppen.

❷ Ergebnisse der varianzanalytischen Prüfung des Mitttelwertsunterschieds (= Signifikanzprüfung von r_{pbis}). **Signifikanz**: P-Wert. Der punktbiseriale Koeffizient ist (im Fall zweiseitiger Prüfung) statistisch signifikant, wenn P $\leq$ α.

❸ **Eta**: im jetzigen dichotomen Fall gleich dem punktbiserialen Koeffizienten r_{pbis}. **Eta-Quadrat**: Punktbiserialer Determinationskoeffizient (r^2_{pbis}); gibt an, welcher Anteil der Varianz im metrischen Merkmal durch das dichotome Merkmal »aufgeklärt« wird.

Wie der Wert von $r_{pbis} = 0,66$ anzeigt, besteht eine relativ enge Beziehung zwischen Geschlecht und Körpergröße – derart, dass die Durchschnittsgröße der Männer mit 181,5 cm deutlich über der der Frauen liegt (168,8 cm). Erwartungsgemäß erweist sich der Zusammenhang auch als statistisch signifikant.

Beispiel 2

Wie bei BEISPIEL 1 wird der Zusammenhang zwischen Geschlecht und Körperhöhe bestimmt, diesmal jedoch als »Produkt-Moment Koeffizient« über die Prozedur CORRELATIONS (Kapitel 28). Dazu werden in der auf S. 125 abgebildeten Dialogbox die Variablen GESCHLECHT und GRÖßE im entsprechenden Feld eingegeben. Nachfolgend die erste Zeile der ausgegebenen Korrelationsmatrix. Erwartungsgemäß sind die r_{xy}-Werte mit den bei BEISPIEL 1 berechneten Eta- bzw. r_{pbis}-Werten identisch.

Korrelationen

		Geschlecht	Größe
Geschlecht	Korrelation nach Pearson	1	,658
	Signifikanz (2-seitig)		,000
	N	3913	3907

Rangkorrelation

> **Analysieren / Korrelation / Bivariat ...**

Mit der Prozedur NONPAR CORR lassen sich die Rangkorrelationskoeffizienten nach Spearman (r_S ; Rho) sowie nach Kendall (Tau) berechnen. Algebraisch ist r_S nichts anderes als die Produkt-Moment Korrelation (r_{xy}) zwischen zwei Rangreihen ($\Rightarrow$ *Deskriptive Statistik, Kap. 12.6*). Vorausgesetzt ist dabei, dass bei den N Personen in beiden Variablen jeweils gleichabständige Ränge zugewiesen wurden. Dies geschieht in der Regel durch die Vergabe der fortlaufenden Ränge von 1 bis N. Treten bei den Variablen Werte mehrmals auf (Rangbindungen), müssen jeweils die mittleren Ränge zugewiesen werden (vgl. Kapitel 17). Die zur Bestimmung von r_S notwendige Rangtransformation der Daten wird von NONPAR CORR automatisch vorgenommen.

Kendall's Tau basiert nicht auf dem Konzept der Produkt-Moment Korrelation. Es setzt nicht voraus, dass gleichabständige Rangwerte vergeben werden (auch wenn dies zur Vereinfachung seiner Berechnung meist geschieht). Es muss nur die Regel eingehalten werden, dass bei zwei Personen der mit der höheren Merkmalsausprägung auch eine höhere Zahl zugewiesen wird. Liegen keine Rangbindungen vor, lässt sich Tau gemäß – der häufig auch als Tau_a bezeichneten – Formel ⌐154⌐ in der *Deskriptiven Statistik* berechnen. Die im Fall von Bindungen heranzuziehende Formel ⌐159⌐ trägt – wie auch bei SPSS – meist die Bezeichnung Tau_b ($\Rightarrow$ *Inferenzstatistik, Kap. 27.3.2*). Wenn keine Bindungen vorliegen, ist Tau_b mit Tau_a identisch.

Im Eingangs-Dialogfeld der Prozedur sind die Variablen festzulegen, zwischen denen die Rangkorrelation bestimmt werden sollen. Außerdem ist die voreingestellte Pearson Produkt-Moment Korrelation zu löschen und statt dessen anzugeben, ob Kendall's Tau oder/und Spearman's r_S (Rho) gewünscht wird.

Voreingestellt ist der *zweiseitige* Signifikanztest. In der Ausgabematrix ist bei jedem Korrelationskoeffizienten der zugehörige P-Wert aufgeführt. Bei Beibehaltung der Voreinstellung *Signifikante Korrelationen markieren* wird zusätzlich durch einen oder zwei Sterne kenntlich gemacht, wenn ein Koeffizient auf dem 5%- bzw. dem 1%-Niveau signifikant ist (vgl. BEISPIEL 1). Eine gänzliche Unterdrückung des Signifikanztests ist nicht möglich.

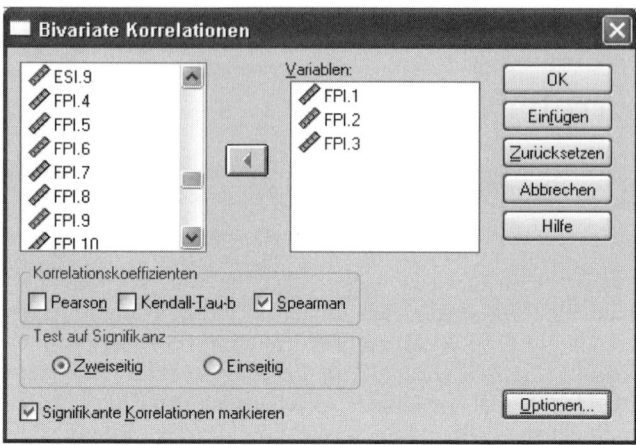

Bei mehr als zwei zu interkorrelierenden Variablen kann über das Dialogfeld **Optionen** die Behandlung von Fällen mit fehlenden Werten festgelegt bzw. geändert werden. Voreingestellt ist *paarweiser* Ausschluss von Personen mit fehlenden Werten. Bei der Berechnung der einzelnen Koeffizienten werden hierbei immer nur die Personen eliminiert, die beim jeweiligen Variablenpaar einen fehlenden Wert aufweisen. Die Koeffizienten basieren dadurch u.U. auf unterschiedlichen Fallzahlen. Beim *listenweisen Fallausschluss* gehen dagegen in die Analyse nur Personen ein, die in sämtlichen der ausgewählten Variablen einen gültigen Wert haben. Dadurch basieren alle Koeffizienten auf der gleichen Personenzahl.

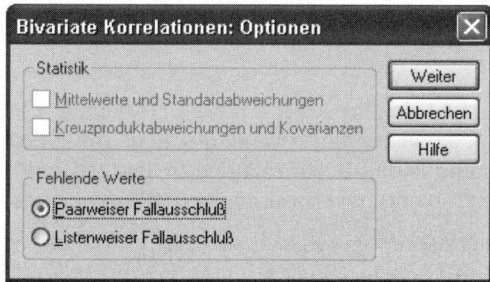

Metrische Statistiken (wie Mittel und Standardabweichung) können im Optionsfeld nur im Zusammenhang mit der Produkt-Moment Korrelation angefordert werden. Im jetzigen Fall des ordinalen Messniveaus machen sie keinen Sinn und sind deshalb nicht vorgesehen.

Mit dem Zusatzmodul EXAKTE TESTS ist auch eine Signifikanzprüfung von r_S und Tau unter Heranziehung der exakten Stichprobenverteilungen möglich. Diesem Verfahren ist im Fall kleiner Stichproben grundsätzlich der Vorzug zu geben (⇨ *Inferenzstatistik, Kap. 27.2+27.3*).

Übersicht über die in den Beispielen behandelten Probleme

① Rang-Interkorrelationen nach Spearman zwischen drei Skalen des Freiburger Persönlichkeitsinventars. Paarweiser Fallausschluss.

② Rang-Interkorrelationen nach Kendall zwischen den FPI-Skalen von BEISPIEL 1. Paarweiser Fallausschluss.

③ Alternative Berechnung von r_S mit der Prozedur CORRELATIONS.

④ Exakte Signifikanztests von r_S und Tau.

Beispiel 1

Datei PERDAT.SAV. Zwischen den ersten drei Skalen des Freiburger Persönlichkeitsinventars (FPI.1–FPI.3) werden die Rang-Interkorrelationen nach Spearman (r_S; Rho) berechnet; paarweiser Ausschluss von Personen mit fehlenden Werten. Signifikante Koeffizienten sollen markiert werden.

Korrelationen

			FPI.1	FPI.2	FPI.3
Spearman-Rho	FPI.1	Korrelationskoeffizient	1,000	,102	,331**
		Sig. (2-seitig)	.	,065	,000
		N	332	332	329
	FPI.2	Korrelationskoeffizient	,102	1,000	,127*
		Sig. (2-seitig)	,065	.	,021
		N	332	334	331
	FPI.3	Korrelationskoeffizient	,331**	,127*	1,000
		Sig. (2-seitig)	,000	,021	.
		N	329	331	331

**. Die Korrelation ist auf dem 0,01 Niveau signifikant (zweiseitig).

*. Die Korrelation ist auf dem 0,05 Niveau signifikant (zweiseitig).

Erläuterungen zur Ausgabe

Sig. (2-seitig): P-Wert des Signifikanztests. Ein Koeffizient ist (im Fall zweiseitiger Prüfung) statistisch signifikant, wenn der $P \leq \alpha$.

N: Anzahl der Fälle, auf denen die einzelnen Koeffizienten basieren.

Beispiel 2

Datei PERDAT.SAV: Zwischen den ersten drei Skalen des Freiburger Persönlichkeitsinventars (FPI.1–FPI.3) sollen nun die Rang-Interkorrelationen nach Kendall (Tau-b) berechnet werden (paarweiser Fallausschluss).

Korrelationen

			FPI.1	FPI.2	FPI.3
Kendall-Tau-b	FPI.1	Korrelationskoeffizient	1,000	,075	,243**
		Sig. (2-seitig)	.	,062	,000
		N	332	332	329
	FPI.2	Korrelationskoeffizient	,075	1,000	,093*
		Sig. (2-seitig)	,062	.	,021
		N	332	334	331
	FPI.3	Korrelationskoeffizient	,243**	,093*	1,000
		Sig. (2-seitig)	,000	,021	.
		N	329	331	331

**. Die Korrelation ist auf dem 0,01 Niveau signifikant (zweiseitig).

*. Die Korrelation ist auf dem 0,05 Niveau signifikant (zweiseitig).

Beispiel 3

In einer Gruppe von n = 12 Studierenden wurde das »Interesse an mathematischen Zusammenhängen« (MATHEMATIK) und die »Leistung im Fach Statistik« (STATISTIK) erfasst. Nachfolgend die Werte beider Variablen:

Person	1	2	3	4	5	6	7	8	9	10	11	12
MATHEMATIK	18	8	3	6	19	22	8	13	22	15	18	6
STATISTIK	22	12	16	7	29	17	16	16	22	10	24	7

Die Daten werden als Erstes in eine Datei RANGKORR.SAV eingegeben. Anschließend sind zwei Variablen RMATHEMA und RSTATIST zu erzeugen, bei denen die Werte von MATHEMATIK und STATISTIK in Ränge transformiert sind (wobei jeweils: kleinster Wert = Rang 1). Die Bestimmung der Ränge erfolgt über das Menü: **Transformieren / Rangfolge bilden** (vgl. Kapitel 17).

Die Datei RANGKORR.SAV ist auf der nächsten Seite (mit den erzeugten Rangvariablen) wiedergegeben. Zur besseren Veranschaulichung der Rangbildung sind die Daten (Zeilen) nach den Werten der Variablen MATHEMATIK sortiert.

Es soll nun gezeigt werden, dass die Spearman-Rangkorrelation zwischen MATHEMATIK und STATISTIK der Produkt-Moment Korrelation zwischen den aus diesen Merkmalen gebildeten Rangvariablen RMATHEMA und RSTATIST entspricht.

Rangkorr.sav [DatenSet2] - SPSS Daten-Editor						

Datei Bearbeiten Ansicht Daten Transformieren Analysieren Grafiken Extras Fenster Hilfe

1 : Person   3

	Person	Mathematik	Statistik	RMathema	RStatist	var
1	3	3	16	1,0	6,0	
2	4	6	7	2,5	1,5	
3	12	6	7	2,5	1,5	
4	2	8	12	4,5	4,0	
5	7	8	16	4,5	6,0	
6	8	13	16	6,0	6,0	
7	10	15	10	7,0	3,0	
8	1	18	22	8,5	9,5	
9	11	18	24	8,5	11,0	
10	5	19	29	10,0	12,0	
11	6	22	17	11,5	8,0	
12	9	22	22	11,5	9,5	

◄ ► \Datenansicht ∧ Variablenansicht /

Bei der Berechnung der Spearman Rangkorrelation zwischen den Ausgangsvariablen MATHEMATIK und STATISTIK liefert NPAR CORR das folgende Ergebnis:

Korrelationen

			Mathematik	Statistik
Spearman-Rho	Mathematik	Korrelationskoeffizient	1,000	,740
		Sig. (2-seitig)	.	,006
		N	12	12

Zur Bestimmung der Produkt-Moment Korrelation zwischen den Rangwerten werden RMATHEMA und RSTATIST in der auf S. 125 abgebildeten Dialogbox im Feld *Variablen* eingegeben. Nachfolgend die erste Zeile der von der Prozedur CORRELATIONS ausgegebenen Matrix. Erwartungsgemäß stimmt der hier erhaltene r_{xy}-Wert von 0,740 mit Spearmans r_S überein.

Korrelationen

		RMathema	RStatist
RMathema	Korrelation nach Pearson	1	,740
	Signifikanz (2-seitig)	.	,006
	N	12	12

| **Beispiel** **4** | **ZUSATZMODUL »EXAKTE TESTS«** |

Für die Daten von BEISPIEL 3 sollen Spearman's r_S und Kendall's Tau berechnet und mittels exaktem Test auf Signifikanz geprüft werden. Dies ist mit der Prozedur CROSSTABS möglich (**Analysieren / Deskriptive Statistiken / Kreuztabellen**). Die Eingangs-Dialogbox von CROSSTABS ist auf S. 204 abgebildet. Die zu korrelierenden Variablen sind hier in den Feldern *Zeilen* und *Spalten* aufzuführen. Es empfiehlt sich, die in der Voreinstellung ausgegebene Kreuztabelle durch Anklicken von *Keine Tabellen* zu unterdrücken.

Die über die Schaltfläche [Statistik] erhältliche Box ist auf S. 205 gezeigt. Zum Erhalt von Spearman's r_S und seiner exakten Prüfung ist hier das Kästchen *Korrelationen* anzuklicken. Den exakten Test von Tau erhält man durch die Wahl der Option *Kendall-Tau-b*. Bei der nachfolgenden Ausgabe wurde die Tabelle »Verarbeitete Fälle« gelöscht.

Symmetrische Maße

		Wert	Asympto- tischer Standard- fehler [a]	Nähe- rungs- weises T [b]	Nähe- rungs weise Signifi- kanz	Exakte Signifi- kanz
Ordinal- bzgl. Ordinalmaß	Kendall-Tau-b	,553	,117	4,874	,000	,015
	Korrelation nach Spearman	,740	,088	3,481	,006 [c]	,008
Intervall- bzgl. Intervallmaß	Pearson-R	,677	,116	2,907	,016 [c]	,018
Anzahl der gültigen Fälle		12				

a. Die Null-Hyphothese wird nicht angenommen.
b. Unter Annahme der Null-Hyphothese wird der asymptotische Standardfehler verwendet.
c. Basierend auf normaler Näherung

Erläuterungen zur Ausgabe

Kendall-Tau-b, **Spearman**: Ergebnisse der Signifikanzprüfung von Tau und r_S.

Pearson-R: Bei »Spearman« automatisch mitausgegebene Ergebnisse zum Signifikanztest von r_{xy}.

Wert: Werte der Koeffizienten Tau (0,553), r_S (0,740) und r_{xy} (0,677).

Näherungsweise Signifikanz: P-Werte der approximativen Signifikanzprüfungen von Tau, r_S und r (Standardausgabe der Prozedur CORRELATIONS).

Exakte Signifikanz: P-Werte der exakten Signifikanzprüfungen von Tau, r_S und r_{xy}. Bei einer Wahl von $\alpha = 0,01$ würde im vorliegenden Fall der approximative Test von Kendall's Tau fälschlicherweise »Signifikanz« anzeigen.

Korrelationsverhältnis Eta

➤ **Analysieren / Mittelwerte vergleichen / Mittelwerte ...**

Das Korrelationsverhältnis Eta kann einmal eingesetzt werden, um die Stärke einer nicht linearen Beziehung zwischen zwei metrischen Variablen auszudrücken (⇨ *Deskriptive Statistik, Kap. 13*). Ein Beispiel wäre hier die Frage nach dem Zusammenhang zwischen Lebensalter und Sehschärfe. Da es bei einem gegebenen Datensatz jeweils zwei Eta-Werte gibt – einen für die Vorhersage von Y aus X (Eta_{yx}) und einen für die umgekehrte Vorhersagerichtung (Eta_{xy}) – muss vor Durchführung der Analyse festgelegt (und später mitgeteilt) werden, welches Merkmal als Prädiktor oder »unabhängige« Variable anzusehen ist. Wenn der Prädiktor in »vielen« Ausprägungen auftritt, ist hier u. U. eine Klassenbildung erforderlich, damit die zugehörigen Mittel in der Variablen Y jeweils auf einer genügend großen Anzahl von Werten basieren. In diesem Fall hat Eta nur für die gebildeten Klassen (volle) Gültigkeit.

Eta kann weiterhin herangezogen werden, um die Stärke der Beziehung zwischen einem kategorialen (nominalen) Merkmal und einer metrischen Variablen anzugeben. Ein Beispiel wäre hier die Untersuchung des Zusammenhangs zwischen Berufsgruppe und Einkommen. In einem solchen Fall gibt es nur ein inhaltlich sinnvolles Korrelationsverhältnis mit dem kategorialen Merkmal als »unabhängiger« Variablen.

Die Art der Beziehung zwischen den unter Betrachtung stehenden Variablen lässt sich dem von 0 bis 1 variierenden Koeffizienten Eta nicht entnehmen. Zu deren numerischer oder grafischer Beschreibung müssen für die einzelnen Werte(klassen) oder Kategorien des Prädiktors (der »unabhängigen« Variablen) jeweils die Mittel der metrischen (»abhängigen«) Variablen berechnet werden. Mit der Prozedur MEANS lassen sich beide Ziele – Berechnung von Eta sowie der Mittelwerte – in »einem Durchgang« erreichen. Bei der Bestimmung von Eta wird gleichzeitig varianzanalytisch geprüft, ob zwischen den Mitteln der nach der unabhängigen Variablen gebildeten Gruppen signifikante Unterschiede bestehen. Dieser Test stellt zugleich eine Signifikanzprüfung des erhaltenen Eta-Koeffizienten dar (⇨ *Inferenzstatistik, Kap. 16.15*).

Die grafische Darstellung der Beziehung zwischen Prädiktor (»unabhängigem« Merkmal) und metrischer (»abhängiger«) Variablen ist u. a. in Form eines Balkendiagramms möglich, bei dem die Mittelwerte durch Säulen repräsentiert sind. Das Vorgehen ist bei BEISPIEL 2 und 3 illustriert.

Im Eingangs-Dialogfeld der Prozedur MEANS ist anzugeben, welches Merkmal die unabhängige Variable ist und damit die Gruppen definiert, für die die Mittel in der metrischen (»abhängigen«) Variablen bestimmt werden sollen. Die nachfolgende Box zeigt die Angaben für BEISPIEL 1.

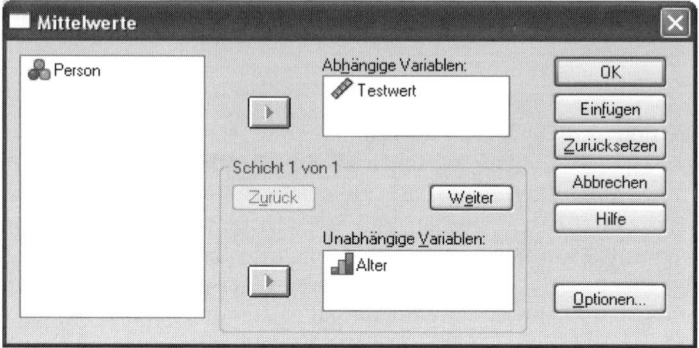

In der Dialogbox **Optionen** muss zum Erhalt des Korrelationsverhältnisses (und seiner Signifikanzprüfung) das Kästchen *ANOVA-Tabelle und Eta* angeklickt werden. Im Feld *Zellenstatistik* ist anzugeben, welche Gruppenkennwerte neben den Mitteln noch ausgegeben werden sollen.

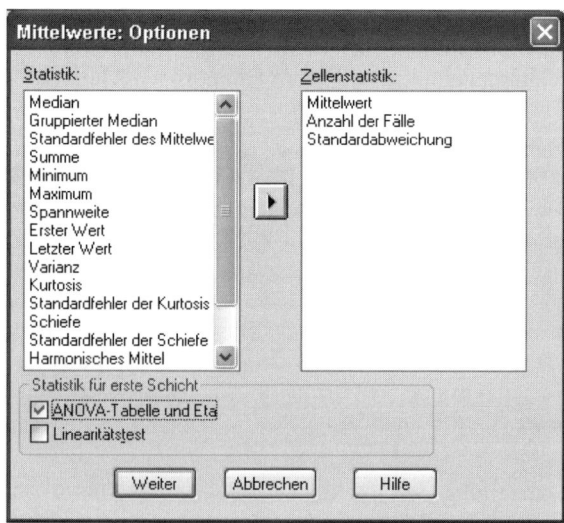

Übersicht über die in den Beispielen behandelten Probleme

① Nicht lineare Beziehung zweier metrischer Variablen. Berechnung und Signifikanzprüfung von Eta.

② Daten von BEISPIEL 1. Grafische Darstellung der Beziehung.

③ Zusammenhang zwischen einem kategorialen und einem metrischen Merkmal. Berechnung und Signifikanzprüfung von Eta.

Beispiel **1**

An 44 Personen wurde der Zusammenhang zwischen dem Lebensalter (X) und dem Abschneiden in einem Leistungstest (Y) analysiert (⇨ *Deskriptive Statistik, S. 443*). Die nachfolgende Tabelle enthält die Testwerte für die untersuchten Altersstufen (fiktive Daten). Die Daten werden in eine Datei ETA.SAV eingegeben.

Alter	12	16	20	24	28	32	36	40	44	48
Werte im Leis-tungs-test	54	56	58	58	61	63	61	59	58	57
	52	53	55	59	58	62	63	61	59	55
	55	54	59	56	62	64	61	58	56	55
	54	54	57	58	59	61	61	57	57	56
				57			60	60	58	

An dem nachfolgend wiedergegebenen Streuungsdiagramm lässt sich leicht feststellen, dass zwischen Alter und Testleistung eine (deutlich) nicht lineare Beziehung besteht (zur Erstellung eines derartigen Diagramms siehe Kapitel 81).

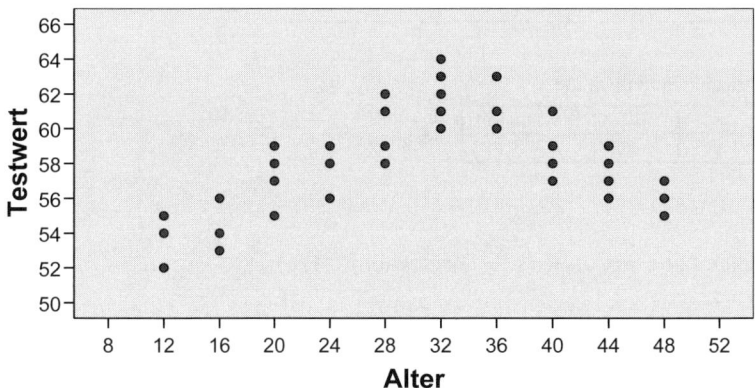

151

Die Stärke der Beziehung soll deshalb durch Eta ausgedrückt und die Art des Zusammenhangs durch die Testwertmittel für die J = 11 Altersstufen beschrieben werden. Bei der nachfolgenden Ausgabe ist die Tabelle »Verarbeitete Fälle« weggelassen.

Bericht

Testwert

Alter	Mittelwert	N	Standard-abwei-chung	❶
12	53,75	4	1,258	
16	54,25	4	1,258	
20	57,20	5	1,483	
24	57,75	4	1,258	
28	60,00	4	1,826	
32	62,00	5	1,581	
36	61,20	5	1,095	
40	58,60	5	1,517	
44	57,50	4	1,291	
48	55,75	4	,957	
Insgesamt	57,98	44	2,921	

ANOVA-Tabelle

	Testwert * Alter			❷
	Zwischen den Gruppen (Kombiniert)	Innerhalb der Gruppen	Insgesamt	
Quadratsumme	302,177	64,800	366,977	
df	9	34	43	
Mittel der Quadrate	33,575	1,906		
F	17,617			
Signifikanz	,000			

Zusammenhangsmaße

	Eta	Eta-Quadrat	❸
Testwert * Alter	,907	,823	

Erläuterungen zur Ausgabe (soweit relevant für Eta)

❶ Mittelwerte und Standardabweichungen im metrischen Merkmal für die nach der unabhängigen Variablen (dem Prädiktor) gebildeten J Gruppen (N = Gruppenumfänge).

❷ Ergebnisse der varianzanalytischen Prüfung der Unterschiede zwischen den J Gruppenmitteln (= Signifikanzprüfung von Eta).»Signifikanz«: P-Wert. Der Eta-Koeffizient ist statistisch signifikant, wenn $P \leq \alpha$.

Bei dieser Tabelle wurde im Ausgabe-Viewer eine Vertauschung von Zeilen und Spalten vorgenommen, da die Tabelle im Standardformat beim A4-Ausdruck auf zwei Seiten verteilt wird.

❸ **Eta**: Wert des Korrelationsverhältnisses. **Eta Quadrat**: Quadrierter Eta-Wert; gibt an, welcher Anteil der Varianz im metrischen Merkmal durch die unabhängige Variable (den Prädiktor)»aufgeklärt« wird. Ausgehend von den varianzanalytischen Größen ließe sich Eta^2 auch wie folgt bestimmen: $Eta^2 = $ Quadratsumme$_{Zwischen}$ / Quadratsumme$_{Insgesamt} = 0{,}823$.

Beispiel 2

Datei ETA.SAV: Der bei BEISPIEL 1 über die Mittelwerte beschriebene Zusammenhang zwischen Alter und Testleistung soll grafisch in Form eines Balkendiagramms dargestellt werden. Der Aufruf der dazu benötigten Prozedur erfolgt über die Menüpunkte **Grafiken / Diagrammerstellung / Galerie / Balken** (vgl. Kapitel 79).

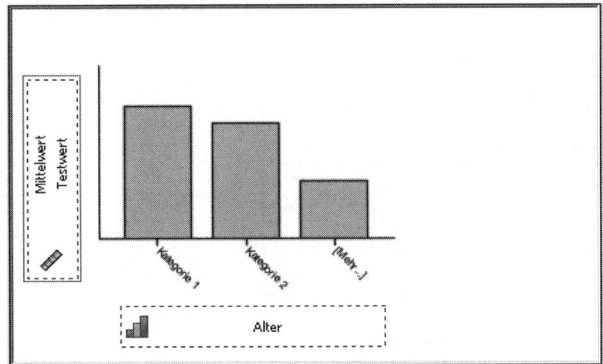

Im »einfachen Balkendiagramm« in der Zeichenfläche (vgl. S. 643) wird dann die unabhängige Variable ALTER in den Rahmen [X-Achse] gezogen, während die abhängige (metrische) Variable TESTWERT in den Rahmen [Y-Achse] verbracht wird. Nach etwas Bearbeitung der erhaltenen Ausgangsgrafik stellt sich die Beziehung zwischen Alter(sgruppe) und (durchschnittlicher) Testleistung wie folgt dar:

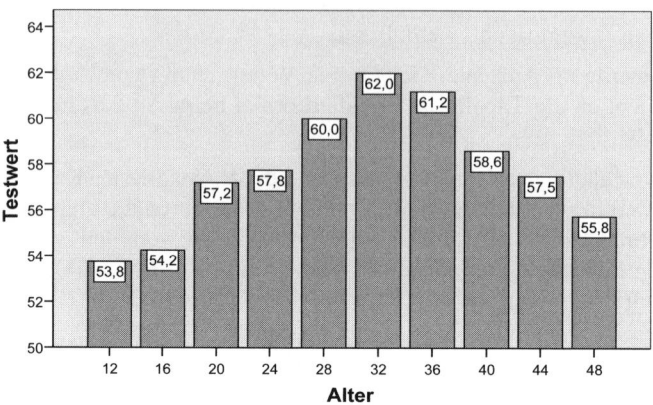

Mittlere Testleistung und Alter

Beispiel 3

Datei PERDAT.SAV. Es wird die Enge und die Art der Beziehung zwischen dem kategorialen Merkmal FAMILIENSTAND und dem metrischen Merkmal »Lebenszufriedenheit« (FPI.1) beschrieben. Der Zusammenhang wird weiterhin grafisch dargestellt (siehe Beschreibung des Vorgehens bei BEISPIEL 2). Bei der nachfolgenden Ausgabe ist die Tabelle »Verarbeitete Fälle« weggelassen.

Bericht

FPI.1

Familienstand	Mittelwert	N	Standard-abwei-chung
1	6,35	110	3,091
2	8,05	185	3,048
3	7,73	15	2,890
4	6,14	22	3,197
Insgesamt	7,35	332	3,166

ANOVA-Tabelle

	FPI.1 * Familienstand		
	Zwischen den Gruppen (Kombiniert)	Innerhalb der Gruppen	Insgesamt
Quadratsumme	235,313	3082,156	3317,470
df	3	328	331
Mittel der Quadrate	78,438	9,397	
F	8,347		
Signifikanz	,000		

Zusammenhangsmaße

	Eta	Eta-Quadrat
FPI.1 * Familienstand	,266	,071

Es zeigt sich eine statistisch signifikante, aber schwache Beziehung zwischen Familienstand und Lebenszufriedenheit. Nur 7% der Varianz in der Variablen FPI.1 sind durch den Faktor »Lebenszufriedenheit« aufklärbar. Die Art der Beziehung veranschaulicht das nachfolgende Diagramm, bei dem die Säulen nachträglich der Größe nach absteigend angeordnet wurden:

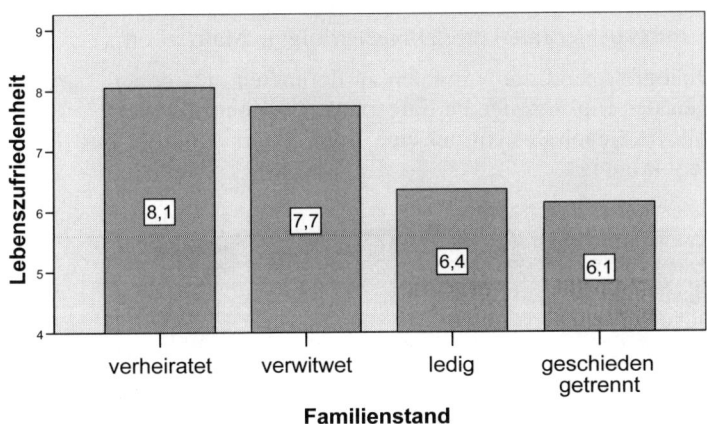

Partial-Korrelation

Mit der Prozedur PARTIAL CORR lassen sich Partial-Korrelationskoeffizienten erster, zweiter bis n-ter Ordnung berechnen. Weiterhin wird ein Signifikanztest der Koeffizienten durchgeführt (⇨ *Deskriptive Statistik, Kap 10.8.2; Inferenzstatistik, Kap. 16.7*). Die Ausgabe der Interkorrelationen erfolgt in Matrix-Form.

Im Eingangs-Dialogfeld sind die Variablen zu definieren, aus deren paarweisen Interkorrelationen der Einfluss der Partialvariablen (»Kontrollvariablen«) eliminiert werden soll. Im Regelfall wird nur eine Kontrollvariable angeführt (Partialkorrelation erster Ordnung).

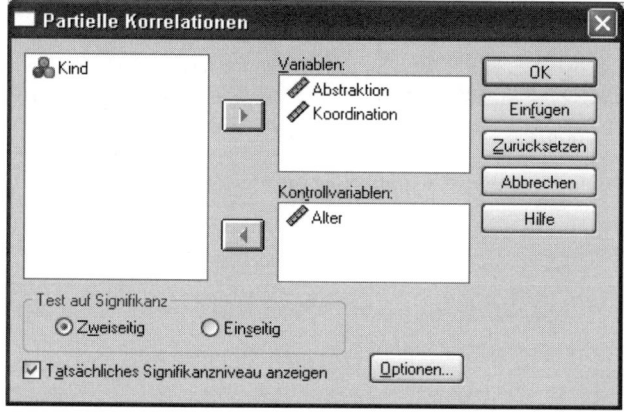

Bei der Wahl *Tatsächliches Signifikanzniveau anzeigen* wird bei jedem Koeffizienten neben dem P-Wert die Anzahl der Freiheitsgrade ausgegeben (vgl. BEISPIEL 1). Wird diese Voreinstellung abgewählt, enthält die ausgegebene Korrelationsmatrix keine P-Werte und Freiheitsgrade mehr. Durch einen oder zwei Sterne ist dann jeweils kenntlich gemacht, wenn ein Koeffizient auf dem 5%- bzw. dem 1%-Niveau signifikant ist (vgl. BEISPIEL 2).

Über das Feld **Optionen** können für die Variablen Mittelwerte und Standardabweichungen sowie die zwischen den Variablen bestehenden einfachen Korrelationen (Koeffizienten nullter Ordnung, d.h. ohne Auspartialisierung) angefordert werden. Außerdem wird hier die Behandlung von Fällen mit fehlenden Werten festgelegt.

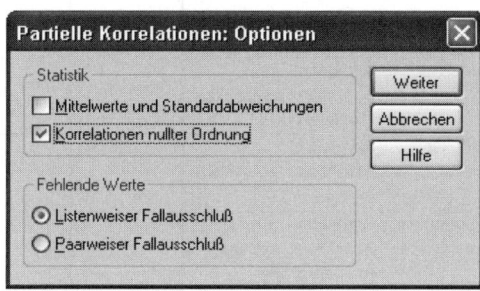

Um zu verhindern, dass bei Vorliegen von fehlenden Werten die einfache Korrelation zwischen X und Y (r_{xy}) und die Partialkorrelation ($r_{xy.z}$) u.U. auf unterschiedlichen Fallzahlen basieren (und deshalb nur bedingt miteinander verglichen werden können), sollte die Voreinstellung *listenweiser Fallausschluss* beibehalten werden. Bei *paarweisem Ausschluss* wird ein Fall nur bei den Koeffizienten nicht berücksichtigt, wo er in einer der einbezogenen Variablen einen fehlenden Wert hat.

Übersicht über die in den Beispielen behandelten Probleme

① Korrelation zwischen zwei Variablen bei Auspartialisierung einer Dritt-Variablen. Standardausgabe mit P-Werten und Freiheitsgraden.

② Partial-Korrelation von BEISPIEL 1 mit alternativer Ergebnisausgabe.

Beispiel 1

Das Beispiel entstammt Bortz (1999, S. 430). In einer Stichprobe von 15 Kindern im Alter von 6 bis 10 Jahren korrelieren die Merkmale *Abstraktiosfähigkeit* (X) und *Sensomotorische Koordination* (Y) zu $r_{xy} = 0{,}89$. Beide Merkmale weisen jedoch auch enge Beziehungen zum Alter der Kinder (Z) auf: $r_{xz} = 0{,}77$ und $r_{yz} = 0{,}80$. Es soll deshalb der Zusammenhang zwischen X und Y bestimmt werden, bei dem der »Einfluss« des Alters auspartialisiert ist ($r_{xy.z}$).

Die Daten des Beispiels enthält die Datei PARTIAL.SAV. In der Eingangs-Dialogbox werden die Voreinstellung *Tatsächliches Signifikanzniveau* belassen und in der Box **Optionen** die *Korrelationen nullter Ordnung* angefordert.

Korrelationen

Kontrollvariablen			Abstraktion	Koordination	Alter
-keine-[a]	Abstraktion	Korrelation	1,000	,892	,767
		Signifikanz (zweiseitig)	.	,000	,001
		Freiheitsgrade	0	13	13
	Koordination	Korrelation	,892	1,000	,803
		Signifikanz (zweiseitig)	,000	.	,000
		Freiheitsgrade	13	0	13
	Alter	Korrelation	,767	,803	1,000
		Signifikanz (zweiseitig)	,001	,000	.
		Freiheitsgrade	13	13	0
Alter	Abstraktion	Korrelation	1,000	,722	
		Signifikanz (zweiseitig)	.	,004	
		Freiheitsgrade	0	12	
	Koordination	Korrelation	,722	1,000	
		Signifikanz (zweiseitig)	,004	.	
		Freiheitsgrade	12	0	

a. Die Zellen enthalten Korrelationen nullter Ordnung (Pearson).

Erläuterungen zur Ausgabe

Kontrollvariablen: keine. Der obere Teil der Tabelle enthält die einfache Korrelationskoeffizienten (nichts auspartialisiert). Unterhalb der Koeffizienten sind jeweils die P-Werte sowie die Anzahl der Freiheitsgrade (n – 2) angeführt. Ein Koeffizient ist (im Fall zweiseitiger) Prüfung statistisch signifikant, wenn P ≤ α.

Kontrollvariablen: Alter. Unterer Teil der Tabelle: Partial-Korrelationskoeffizienten, ALTER auspartialisiert (⇨ *Deskriptive Statistik, Formel* ⟨114⟩). Unterhalb der Koeffizienten: zweiseitige P-Werte und Anzahl der Freiheitsgrade (n – 2 – Anzahl der Partialvariablen). Die Partialkorrelation fällt mit $r_{xy.z} = 0,72$ deutlich niedriger aus als die ursprüngliche Korrelation von $r_{xy} = 0,89$.

Beispiel 2

Gleiche Analyse wie bei BEISPIEL 1. Die Voreinstellung *Tatsächliches Signifikanzniveau* wird jedoch abgewählt. Nachfolgend die Ausgabe:

Korrelationen

Kontrollvariablen			Abstraktion	Koordination	Alter
-keine-[a]	Abstraktion	Korrelation	1,000	,892**	,767**
	Koordination	Korrelation	,892**	1,000	,803**
	Alter	Korrelation	,767**	,803**	1,000
Alter	Abstraktion	Korrelation	1,000	,722**	
	Koordination	Korrelation	,722**	1,000	

**. Die Korrelation ist auf dem 0,01-Niveau signifikant

a. Die Zellen enthalten Korrelationen nullter Ordnung (Pearson).

Cohen's Kappa

Wenn zwei Beurteiler eine Anzahl von Ereignissen oder Personen jeweils einer von K vorgegebenen Kategorien zuzuordenen haben, ist die Frage von Bedeutung, wieweit die Rater in ihren Urteilen (überhaupt) übereinstimmen. Beispiele derartiger Beurteilungsaufgaben wären: Einordnung von psychiatrischen Patienten in vier diagnostische Klassen, Beurteilung des Pausenverhaltens von Schülern anhand vorgegebener Kategorien, usf. Zur Bestimmung der Urteilskonkordanz kann in diesen Fällen das von Cohen entwickelte Maß »Kappa« herangezogen werden (Bortz & Döring, 1995, S. 253 f.; SPSS 1999b, S. 81 f.).

Die Darstellung der abgegebenen Urteile erfolgt in Form einer K×K Kreuztabelle, wobei die Summe der Häufigkeiten in der Diagonalen das Ausmaß der Urteilerübereinstimmung anzeigt. Bei perfekter Übereinstimmung haben alle Zellen außerhalb der Diagonalen Häufigkeiten von Null. Als Beispiel sei angenommen, zwei Grundschullehrerinnen sollten am Ende der vierten Klasse bei 28 ihnen aus zwei Unterrichtsfächern bekannten Kindern jeweils angeben, ob das Kind (ab der fünften Klasse) für den Hauptschul-, den Realschul- oder den Gymnasialzweig geeignet sei. Nachfolgend die Einstufungen:

		Lehrerin 1			
		Haupt.	Real.	Gym.	
	Hauptschule	5	2	0	7
Lehrerin 2	Realschule	3	8	1	12
	Gymnasium	0	3	6	9
		8	13	7	28

Von Lehrerin 1 wurden 8 Kinder dem Hauptschulzweig zugewiesen, bei Lehrerin 2 waren es 7 Kinder, usf. Bei 5+8+6 = 19 Kindern (= 68%) stimmte das Urteil der Lehrerinnen überein, bei 32% divergierte es.

Der Wertebereich von Kappa beträgt {0–1}, wobei das Maß seinen Maximalwert annimmt, wenn die beiden Beurteiler bei allen Personen oder Ereignissen in ihrer Einstufung übereinstimmen. Kappa-Werte über 0,75 deuten eine (sehr) hohe Urteilerkonkordanz an, Werte zwischen 0,40 und 0,75 stehen für eine mäßige bis gute Übereinstimmung, während Werte unter 0,40 eine schlechte oder geringe Übereinstimmung zwischen den Beurteilern anzeigen (SPSS, 1999b, S. 82.).

In der Datendatei stellen Beurteiler 1 und Beurteiler 2 jeweils eine Variable dar, während die Ereignisse oder Personen die Zeilen bilden. In jeder Zeile wird dann eingegeben, welcher der K Kategorien das Ereignis oder die Person von Beurteiler 1 und 2 zugeordnet wurde. Für die Erstellung der Kreuztabelle und die Bestimmung von Kappa kann die Prozedur CROSSTABS herangezogen werden. In der Eingangs-Dialogbox wird hierbei die eine Beurteiler-Variable im Feld *Zeilen*, die andere im Feld *Spalten* eingegeben.

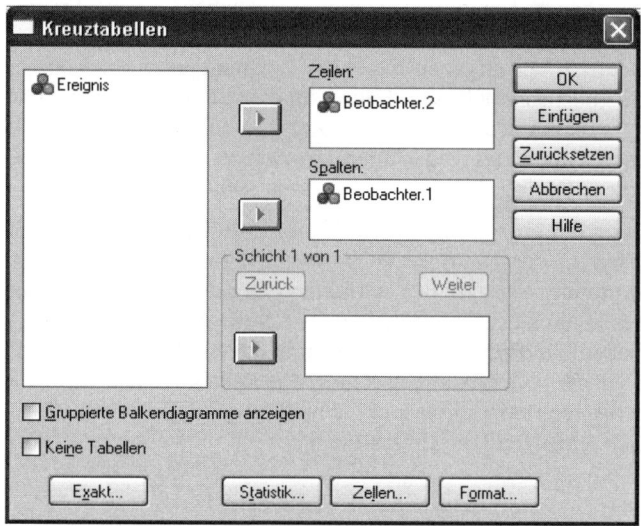

Die über die Schaltfläche [Zellen] erhältliche Dialogbox ist auf S. 205 abgebildet. Voreingestellt ist die Ausgabe einer Kreuztabelle mit absoluten (»beobachteten«) Häufigkeiten. In der Box kann nun weiterhin eine Prozentuierung der Zellenhäufigkeiten auf die Zeilen- und/oder Spalten veranlasst werden. Da jedoch für das Ausmaß der Übereinstimmung bzw. den Koeffizienten Kappa lediglich der prozentuale (Gesamt-)Anteil von Werten in der Diagonalen von Bedeutung ist – und die Bestimmung von Prozentwerten auch nur bei hinreichend großen Stichproben sinnvoll ist – wird man in der Regel in dieser Box keine Einstellungen vorzunehmen haben.

Um den Wert für Cohen's Kappa sowie eine Signifikanzprüfung des Koeffizienten zu erhalten, muss in der über die Schaltfläche [Statistik] aufrufbaren Box die Option *Kappa* angewählt werden.

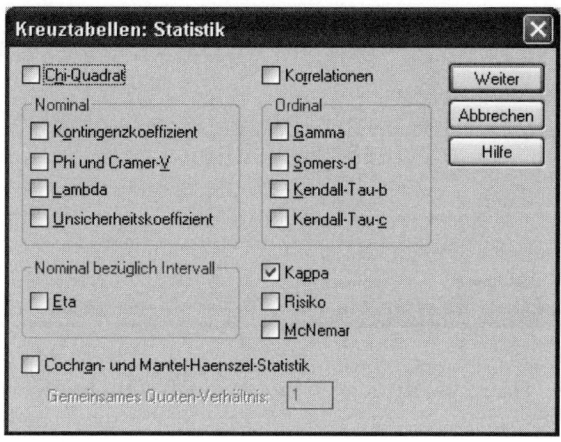

Beispiel **1**

Das Beispiel entstammt Bortz & Döring (1995, S. 253). Zwei Beobachter hatten während mehrerer Therapiesitzungen bei insgesamt 100 Ereignissen das Verhalten der Therapeutin jeweils einer von fünf Kategorien zuzuordnen (in Klammern die numerische Kodierung bei der Dateneingabe): Therapeutin wirkt ... unsicher (1) – gelangweilt (2) – ermüdet (3) – verschlossen (4) – nachdenklich (5). In der nachfolgenden Kreuztabelle sind die Einstufungen der Beobachter zusammengestellt.

	Beobachter 1					
Beobachter 2	uns	gel	erm	ver	nach	
unsicher	**8**	1	3	2	4	18
gelangweilt	1	**4**	1	1	4	11
ermüdet	1	2	**4**	4	5	16
verschlossen	4	0	3	**12**	6	25
nachdenklich	2	1	2	8	**17**	30
	16	8	13	27	36	100

Zu Demonstrationszwecken wurde aus den Häufigkeitswerten der Kreuztabelle eine Rohdatendatei erstellt (KAPPA-1.SAV). Der nachfolgende Ausschnitt zeigt die Einstufungen der Beobachter bei den ersten sechs Ereignissen.

```
Kappa-1.sav [DatenSet1] - SPSS Daten-Editor                    [_][□][X]
Datei  Bearbeiten  Ansicht  Daten  Transformieren  Analysieren  Grafiken  Extras  Fenster  Hilfe
1 : Beobachter.1          1
```

	Beobachter.1	Beobachter.2	Ereignis	var	var	var
1	unsicher ▾	unsicher	1			
2	nachdenklich	ermüdet	2			
3	ermüdet	ermüdet	3			
4	unsicher	unsicher	4			
5	verschlossen	ermüdet	5			
6	gelangweilt	gelangweilt	6			

`◄ ► \Datenansicht /Variablenansicht /`

Zur Analyse der Daten werden die in den Dialogboxen gezeigten Einstellungen vorgenommen. Bei der nachfolgenden Ausgabe wurde die Tabelle »Verarbeitete Fälle« (mit der Anzahl gültiger und fehlender Werte) weggelassen.

Beobachter.2 * Beobachter.1 Kreuztabelle

Anzahl

		Beobachter.1					
		unsi-cher	gelang-weilt	ermü-det	verschlos-sen	nachdenk-lich	Gesamt
Beobachter.2	unsicher	8	1	3	2	4	18
	gelangweilt	1	4	1	1	4	11
	ermüdet	1	2	4	4	5	16
	verschlossen	4	0	3	12	6	25
	nachdenklich	2	1	2	8	17	30
Gesamt		16	8	13	27	36	100

Symmetrische Maße

		Wert	Asymptoti-scher Standard-fehler [a]	Nähe-rungswei-ses T [b]	Nähe-rungsweise Signifikanz
Maß der Übereinstimmung	Kappa	,282	,064	5,324	,000
Anzahl der gültigen Fälle		100			

a. Die Null-Hypothese wird nicht angenommen.
b. Unter Annahme der Null-Hypothese wird der asymptotische Standardfehler verwendet.

Der niedrige Kappa-Wert von 0,28 zeigt an, dass zwischen den beiden Beobachtern nur eine (sehr) geringe Urteilsübereinstimmung besteht.

Beispiel 2

Das Beispiel entstammt Bortz, Lienert & Boehnke (2000, S. 459). Zwei Beurteiler hatten bei 100 jugendpsychiatrischen Patienten jeweils zu entscheiden, ob deren Störung als Verwahrlosung, als Neurose oder als Psychose anzusehen sei. Nachfolgend eine Kreuztabelle mit den Einstufungen der Beurteiler:

	Beurteiler B			
Beuteiler A	1 Verw	2 Neur	3 Psych	
Verwahrlosung 1	53	5	2	60
Neurose 2	11	14	5	30
Psychose 3	1	6	3	10
	65	25	10	100

Die Bestimmung von Kappa soll diesmal nicht auf Grund der Rohdaten, sondern ausgehend von der Datei KAPPA-2.SAV erfolgen, die die Kodierungen der neun Zellen (Variablen BEURTEILER.A, BEURTEILER.B) sowie die zugehörigen Häufigkeiten (Variable ANZAHL) enthält. Als Erstes wird die Variable ANZAHL in der Box **Fälle gewichten** (S. 83) als *Häufigkeitsvariable* eingegeben. In der Eingangs-Box von CROSSTABS (S. 204) wird anschließend BEURTEILER.A im Feld *Zeilen* und BEURTEILER.B im Feld *Spalten* aufgeführt.

Anzahl

Beurteiler.A * Beurteiler.B Kreuztabelle

		Beurteiler.B			
		Verwahr-losung	Neurose	Psychose	Gesamt
Beurtei-ler.A	Verwahrlo-sung	53	5	2	60
	Neurose	11	14	5	30
	Psychose	1	6	3	10
Gesamt		65	25	10	100

Symmetrische Maße

		Wert	Asymptotischer Standardfehler [a]	Näherungsweises T [b]	Näherungsweise Signifikanz
Maß der Übereinstimmung	Kappa	,429	,076	5,459	,000
Anzahl der gültigen Fälle		100			

a. Die Null-Hypothese wird nicht angenommen.
b. Unter Annahme der Null-Hypothese wird der asymptotische Standardfehler verwendet.

Der Kappa-Wert von 0,43 weist auf eine eher mäßige Übereinstimmung in den von den Beurteiler vorgenommenen Zuordnungen hin.

Kendall's Konkordanzkoeffizient W

> **➤ Analysieren / Nichtparametrische Tests / K verbundene Stichproben ...**

Wenn mehrere Beurteiler eine Anzahl von Personen oder Objekten jeweils hinsichtlich eines Merkmals in eine Rangreihe zu bringen haben, ist die Frage von Bedeutung, inwieweit die Urteiler bzw. die von ihnen vergebenen Rangfolgen übereinstimmen. Ein Maß für die Erfassung dieser Korrelation der Urteile ist der von Kendall entwickelte *Konkordanzkoeffizient* W (Diehl & Arbinger, 1992, Kap. 27.4; Siegel, 1976, S. 217 f.).

Als Beispiel sei angenommen, eine aus fünf Mitgliedern bestehende Kommission habe nach Sichtung der Unterlagen sieben Bewerber zu einem Vorstellungsgespräch eingeladen. Nach Anhörung werden diese Bewerber von jedem Kommissionsmitglied hinsichtlich ihrer Qualifikation für die ausgeschriebene Stelle in eine Rangfolge gebracht (1 = höchste Qualifikation). Nachfolgend die Rangreihen der fünf Urteiler:

		Bewerber						
		A	B	C	D	E	F	G
	1	3	6	1	2	5	7	4
	2	4	7	2	1	5	6	3
Urteiler	3	2	7	1	3	4	6	5
	4	2	5	3	1	6	7	4
	5	3	6	1	2	5	7	4

Der Konkordanzkoeffizient hat sein Maximum von {1}, wenn alle Beurteiler die gleiche Reihung vorgenommen haben. Im Fall von (nur) zwei Beurteilern (Rangreihen) bestehen zwischen Kendall's W und der Rangkorrelation nach Spearman (r_S) folgende Beziehungen: $W = (r_S + 1)/2$ bzw. $r_S = 2*W - 1$.

Die Datendatei zur Bestimmung des Konkordanzkoeffizienten muss die Struktur der vorstehenden Tabelle haben. Die beurteilten Personen oder Objekte bilden die Spalten (Variablen), während die Urteiler in den Zeilen angeordnet sind. Falls bestimmte Personen oder Objekte bei der Beurteilung als »gleich« angesehen werden, müssen ihnen gleiche Rangwerte zugewiesen werden (vgl. BEISPIEL 2). Eine Mittelung von Rangwerten (im Fall von Bindungen) seitens der Beurteiler ist dabei nicht notwendig. Diese wird später vom Programm vorgenommen.

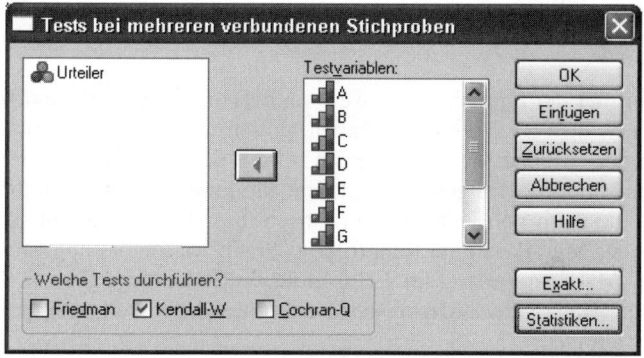

Die Bestimmung von W erfolgt mit der Prozedur NPAR TESTS. In der Eingangs-Dialogbox sind dazu die Variablen, die die beurteilten Personen oder Objekte repräsentieren, im Feld *Testvariablen* aufzuführen (im Beispiel die Bewerber A bis G). Weiterhin ist die Option *Kendall-W* anzuklicken. In der über [Statistiken] erhältlichen Dialogbox müssen keine Einstellungen vorgenommen werden.

Beispiel 1

Für das eingangs beschriebene Beispiel soll die Übereinstimmung der Urteile (Rangfolgen) der Kommissionsmitglieder mittels Kendall's W bestimmt werden. Die Daten enthält die Datei KENDALL-1.SAV. Nachfolgend die Ausgabe:

Ränge

	Mittlerer Rang
A	2,80
B	6,20
C	1,60
D	1,80
E	5,00
F	6,60
G	4,00

Statistik für Test

N	5
Kendall-W[a]	,880
Chi-Quadrat	26,400
df	6
Asymptotische Signifikanz	,000

a. Kendalls Übereinstimmungskoeffizient

Der mittlere Rang von Bewerber A berechnet sich (ausgehend von der Tabelle auf S. 164) wie folgt: $(3+4+2+2+3)/5 = 2,8$. Der Konkordanzkoeffizient von 0,88 weist auf eine relativ hohe Übereinstimmung in den Beurteilungen (Rangfolgen) der Kommissionsmitglieder hin. Wenn man den Konkordanzkoeffizienten für die Rangreihen von Urteiler 1 und 2 bestimmt, ergibt sich ein $W = 0,946429$. Die Rangkorrelation nach Spearman beträgt hier $r_S = 0,892857$. Auch für dieses Zahlenbeispiel gilt somit die Beziehung: $r_S = 2*W - 1 = 2*0,945429 - 1 = 0,893$.

Beispiel 2

Das Beispiel, bei dem gleiche Rangwerte auftreten, entstammt modifiziert Bortz et al. (2000, S. 469 f.). Vier Freundinnen wollen untersuchen, wieweit sie darin übereinstimmen, welche Merkmale für das Urteil »ein sympathischer Mann« ausschlaggebend sind. Sie einigen sich auf acht Merkmale (Größe, Intelligenz, Interessen, etc.), die dann von jeder Freundin nach ihrer Bedeutsamkeit für das Urteil »sympathischer Mann« in eine Rangfolge gebracht werden (Rangwert 1 = größte Bedeutung). Man vereinbart, im Falle gleicher Bedeutsamkeit von Merkmalen diesen gleiche Rangwerte zuzuweisen. Nachfolgend die Bedeutsamkeitsabfolgen der vier Freundinnen:

		Merkmal						
	1	2	3	4	5	6	7	8
Freundin 1	4	4	1	5	2	6	4	3
2	4	3	4	5	1	6	1	2
3	1	2	1	3	1	4	5	4
4	2	3	1	6	5	8	7	4

Aufgrund teilweise gleicher Rangwerte ist der höchste Wert nicht immer {8}. Die Daten enthält die Datei KENDALL-2.SAV (»Merkmale« in den Spalten angeordnet, »Freundinnen« in den Zeilen). Für die Bestimmung des Konkordanzkoeffizienten werden die eingegebenen Daten von NPAR TESTS zuvor in Rangwerte mit gemittelten Rängen (im Fall von Bindungen) umgewandelt. Programmintern wird somit bei Freundin 2 mit folgenden Werten gearbeitet: $5,5 - 4 - 5,5 - 7 - 1,5 - 8 - 1,5 - 3$. Auf diese umgewandelten Daten beziehen sich auch die nachfolgend ausgegebenen »mittleren Ränge«.

Ränge

	Mittlerer Rang
M.1	3,63
M.2	4,00
M.3	2,38
M.4	6,25
M.5	2,63
M.6	7,63
M.7	5,38
M.8	4,13

Statistik für Test

N	4
Kendall-W[a]	,561
Chi-Quadrat	15,702
df	7
Asymptotische Signifikanz	,028

a. Kendalls Übereinstimmungskoeffizient

Intraclass-Korrelation

Wenn mehrere Beurteiler bei einer Anzahl von Personen oder Objekten die Ausprägung eines bestimmten Merkmals an Hand einer Skala einstufen, muss u.a. auch der Frage nachgegangen werden, wieweit die von den Urteilern vergebenen Werte übereinstimmen. Für die Analyse dieser Konkordanz oder »Reliabilität« von Beurteilern bzw. Ratings wurde eine Gruppe von Maßen entwickelt, die allgemein als »Intraclass« Korrelationskoeffizienten bezeichnet werden (Bortz & Döring, 1995, S. 252 f.; Armstrong, 1981; Asendorpf & Wallbott, 1979; SPSS, 1999b, S. 366 f.).

Als Beispiel sei angenommen, dass eine Musikfirma auf der Suche nach Schlagersängernachwuchs ist und 13 Kandidaten zum »Vorsingen« eingeladen hat. Die Darbietungen der einzelnen Sänger werden jeweils von fünf Beurteilern an Hand der Schulnotenskala eingestuft (1 = *sehr gut*, 2 = *gut*, 3 = *befriedigend*, 4 = *ausreichend*, 5 = *mangelhaft*, 6 = *ungenügend*). Die vergebenen Ratings enthält die nachfolgende Tabelle.

Sänger	Beurteiler					$M_{Sänger}$
	1	2	3	4	5	
1	3	3	4	3	4	3,4
2	5	5	4	5	6	5,0
3	2	1	1	2	4	2,0
4	4	2	4	3	4	3,4
5	6	3	6	5	6	5,2
6	2	2	2	2	3	2,2
7	3	3	4	3	4	3,4
8	5	3	5	5	5	4,6
9	1	1	2	1	3	1,6
10	4	4	5	4	5	4,4
11	3	2	2	2	3	2,4
12	2	1	1	1	3	1,6
13	5	4	6	5	5	5,0
$M_{Beurteil.}$	3,46	2,62	3,54	3,15	4,23	

Bei der Untersuchung der Konkordanz oder Reliabilität von Ratings ist die Frage von Bedeutung, welche Art von Beurteilerübereinstimmung erfasst werden soll. Bei der rein korrelativen Betrachtungsweise ist die Übereinstimmung (Reliabilität) um so größer, je höher die Wertereihen der Beurteiler interkorrelieren. Eventuelle Niveauunterschiede zwischen den Beurteilern werden als nicht relevant angesehen (und sollen das gewählte Reliabilitätsmaß auch nicht beeinflussen). Die für diesen Fall zur Verfügung stehenden Koeffizienten würden dann bei unserem Beispiel nicht berücksichtigen, dass Beurteiler 5 die Gesänge im Durchschnitt (M_5 = 4,2) deutlich schlechter eingestuft hat als Beurteiler 2 (M_2 = 2,6).

Strengere Kriterien werden dagegen an die Reliabilität gestellt, wenn für das Vorliegen hoher Konkordanz bei den Ratern nicht nur gleiche »Rangreihen«, sondern auch möglichst »gleiche Werte« verlangt werden. Hierfür geeignete Koeffizienten müssen dann auch auf eventuelle Niveauunterschiede der Beurteiler reagieren (vgl. Zeile $M_{Beurteiler}$ in unserem Beispiel).

Für die Auswahl eines geeigneten Maßes ist weiterhin zu entscheiden, ob es um die Reliabilität eines einzelnen »mittleren« Raters oder um die Reliabilität der über die gesamte Beurteilergruppe gemittelten Ratings geht. Im ersten Fall würde die Reliabilität eines »durchschnittlich guten« Raters erfasst, im zweiten Fall die Reliabilität der Mittelwerte der beurteilten Personen (Spalte »$M_{Sänger}$« in unserem Beispiel).

Die Übereinstimmung bzw. Reliabilität von Beurteilern kann mit der Prozedur RELIABILITY analysiert werden. Die Datendatei muss dabei die Struktur der Tabelle auf S. 167 haben. Die Rater sind hierbei die Spalten oder Variablen (in der Terminologie von RELIABILITY die »Items«), während die beurteilten Personen oder Objekte die Zeilen bilden.

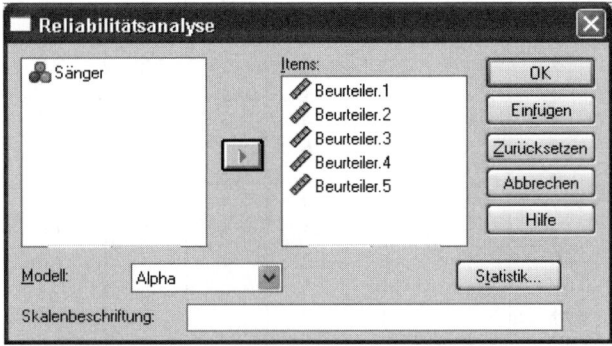

In der Eingangs-Dialogbox sind als Erstes die die Ratings enthaltenden Variablen ins Feld *Items* zu verbringen. Bei *Modell* ist die Voreinstellung »Alpha« zu belassen. In der über die Schaltfläche [Statistik] erhältlichen Dialogbox muss auf jeden

Fall die Option *Korrelationskoeffizient in Klassen* angewählt werden. Die Vorein-stellung im Feld *Modell* kann belassen werden. »Zwei-Weg, gemischt« bedeutet hier, dass im Modell der Varianzanalyse für abhängige Stichproben die (beurteil-ten) Personen eine Zufallsstichprobe darstellen, während die Beurteiler bewusst ausgewählt wurden. Bei der zweiten (wählbaren) Möglichkeit »Zwei-Weg, zufäl-lig« werden auch die Rater als Zufallsauswahl angesehen. Die unter beiden Op-tionen gelieferten Ausgaben sind jedoch identisch. Die dritte Einstellung (»Ein-Weg, zufällig«) führt dagegen zu anderen Ergebnissen. Ihre Wahl ist jedoch bei Daten wie in unserem Fall – wo Werte und Rater einander zugeordnet sind – nicht sinnvoll.

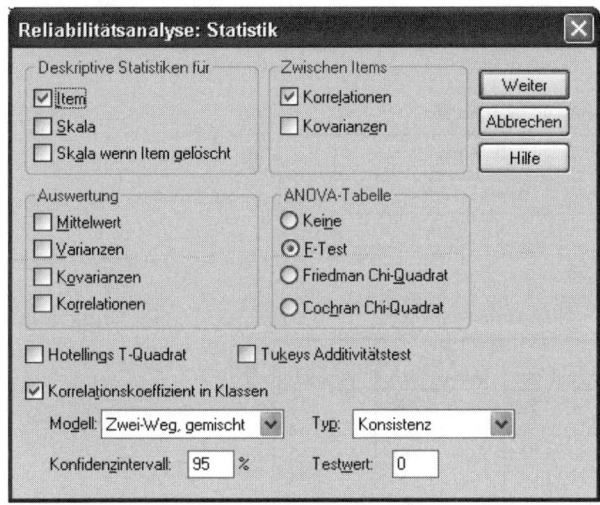

Wenn man im Feld *Typ* die Einstellung »Konsistenz« beibehält, werden Intra-class-Koeffizienten ausgegeben, die nur die korrelative Übereinstimmung der Ra-tings, nicht jedoch eventuelle Niveauunterschiede zwischen den Beurteilern be-rücksichtigen (vgl. BEISPIEL 1). Werden dagegen Koeffizienten gewünscht, die auch auf die absoluten Unterschiede zwischen den Ratings der verschiedenen Be-urteiler ansprechen, muss bei *Typ* die Option »Absolute Übereinstimmung« ge-wählt werden (vgl. BEISPIEL 2).

Bei Anklicken von *Deskriptive Statistiken für / Item* erhält man die mittleren Ra-tings der einzelnen Urteiler, während die Option *Zwischen Items / Korrelationen* eine Interkorrelationsmatrix der Beurteilerratings liefert. Die Option *ANOVA-Ta-belle / F-Test* muss im Normalfall nicht angewählt werden. An Hand der hier-durch erhältlichen Tabelle lässt sich jedoch zeigen, wie die einzelnen Intraclass-Koeffizienten in Termini der varianzanalytischen »Mittleren Quadrate« definiert sind (vgl. BEISPIEL 1 und 2).

Beispiel 1

Für das eingangs beschriebene Beispiel soll die Intraclass-Korrelation bestimmt werden. Die Daten enthält die Datei INTRACLASS.SAV. Die Boxen auf S. 168 f. zeigen die vorgenommenen Einstellungen. Nachfolgend die Ausgabe:

Zusammenfassung der Fallverarbeitung

		Anzahl	%	❶
Fälle	Gültig	13	100,0	
	Ausgeschlossen ^a	0	,0	
	Insgesamt	13	100,0	

a. Listenweise Löschung auf der Grundlage aller Variablen in der Prozedur.

Reliabilitätsstatistiken

Cronbachs Alpha	Cronbachs Alpha für standardisierte Items	Anzahl der Items	❷
,960	,967	5	

Itemstatistiken

	Mittelwert	Std.-Abweichung	Anzahl	❸
Beurteiler.1	3,46	1,506	13	
Beurteiler.2	2,62	1,261	13	
Beurteiler.3	3,54	1,761	13	
Beurteiler.4	3,15	1,519	13	
Beurteiler.5	4,23	1,092	13	

Inter-Item-Korrelationsmatrix

	Beurteiler.1	Beurteiler.2	Beurteiler.3	Beurteiler.4	Beurteiler.5	❹
Beurteiler.1	1,000	,759	,872	,950	,892	
Beurteiler.2	,759	1,000	,776	,860	,796	
Beurteiler.3	,872	,776	1,000	,901	,797	
Beurteiler.4	,950	,860	,901	1,000	,931	
Beurteiler.5	,892	,796	,797	,931	1,000	

ANOVA

	Quadrat-summe	Frei-heits-grade	Mittel der Quadrate	F	Sig.	❺
Zwischen Personen	108,400	12	9,033			
Innerhalb Personen — Zwischen Items	18,062	4	4,515	12,646	,000	
Residualer Teil	17,138	48	,357			
Insgesamt	35,200	52	,677			
Insgesamt	143,600	64	2,244			

Gesamtmittelwert = 3,40

Bei der nachfolgenden Tabelle wurden im Ausgabe-Viewer aus Format-Gründen Zeilen und Spalten vertauscht.

Korrelationskoeffizient in Klassen

	Einzelne Maße	Durchschnittli-che Maße	❻
Korrelation innerhalb der Klasse [a]	,829 [b]	,960 [c]	
95%-Konfidenzintervall — Untergrenze	,674	,912	
Obergrenze	,935	,986	
F-Test mit wahrem Wert 0 — Wert	25,300	25,300	
Freiheitsgrade 1	12,0	12,0	
Freiheitsgrade 2	48	48	
Sig.	,000	,000	

Modell mit gemischten Zwei-Weg-Effekten, bei dem die Personeneffekte zufällig und die Maßeffekte fest sind.

a. Korrelationskoeffizienten des Typs C innerhalb der Klasse unter Verwendung einer Konsistenzdefinition. Die Varianz zwischen den Maßen wird aus der Nennervarianz ausgeschlossen.

b. Der Schätzer ist derselbe, unabhängig davon, ob ein Wechselwirkungseffekt vorliegt oder nicht.

c. Die Schätzung wird unter der Annahme berechnet, daß kein Wechselwirkungseffekt vorliegt, da anderenfalls keine Schätzung durchgeführt werden könnte.

Erläuterungen zur Ausgabe

❶ Personen, bei denen Beurteilungen fehlen (ein Fall, der selten vorliegt), werden bei der Analyse ausgeschlossen.

❷ **Cronbachs Alpha**: Maß der internen Konsistenz des über die K »Items« (Beurteiler) gebildeten Summenscores bzw. Mittels.

❸ Durchschnittliche Ratings (Noten) der fünf Beurteiler, Standardabweichungen, Anzahl der beurteilten Personen.

❹ Interkorrelation der von den Beurteilern vergebenen Ratings (Noten).

❺ Ergebnisse der Varianzanalyse für abhängige Stichproben (optional). »Treatmentfaktor« sind die Beurteiler (»Zwischen Items«), Personenfaktor die Beurteilten. Die verschiedenen Intraclass-Koeffizienten sind jeweils in Termini von Mittleren Quadraten (MQ) dieser Varianzanalyse definiert (s. u.).

❻ **Modell mit gemischten Zwei-Weg-Effekten.** Beurteilte sind Zufallsfaktor, während Beurteiler bewusst ausgewählt wurden (Einstellung »Zwei-Weg, gemischt« in der Box **Statistik**). Es ergeben sich die gleichen Koeffizienten wie bei der Einstellung »Zwei-Weg, zufällig«. Der Untersucher muss somit auf Grund seines Vorgehens bei der Auswahl der Beurteiler (bewusst versus zufällig) entscheiden, ob die gefundene Übereinstimmung nur für die gewählte Ratergruppe gelten oder auch auf andere Beurteiler übertragen werden kann.

Konsistenzdefinition: Zeigt an, dass Koeffizienten angefordert wurden, die (nur) die korrelative Übereinstimmung der Beurteiler zum Ausdruck bringen.

Korrelation innerhalb der Klasse: Einzelne Maße. Der Intraclass-Koeffizient gibt die Reliabilität eines einzelnen »mittleren« Beurteilers wieder. Er wird von SPSS wie folgt berechnet (vgl. Asendorpf & Walbott, 1979, Formel »6«; Armstrong, 1981, Formel »ICC_3«):

$$IC\text{-}1_{einzeln} = (MQ_{zp} - MQ_r) / [MQ_{zp} + (K-1)*MQ_r]$$
$$= (9{,}033 - 0{,}357) / (9{,}033 + 4*0{,}357) = 0{,}829$$

wobei:

MQ_{zp} = *Zwischen Personen*, MQ_r = *Residualer Teil*, K = Anzahl der Beurteiler

Korrelation innerhalb der Klasse: Durchschnittliche Maße. Der Koeffizient gibt die Reliabilität der über die gesamte Beurteilergruppe gemittelten Ratings an. Wie ein Vergleich mit ❷ zeigt, ist er mit Cronbach's *Alpha* identisch. Der Koeffizient wird wie folgt berechnet (vgl. Asendorpf & Walbott, 1979, Formel »12«; Armstrong, 1981, Formel »ICC_6«):

$$IC\text{-}1_{durchschnitt} = (MQ_{zp} - MQ_r) / MQ_{zp} = 1 - (MQ_r / MQ_{zp})$$
$$= 1 - (0{,}357 / 9{,}033) = 0{,}960$$

Beispiel	**2**

Für die Daten von BEISPIEL 1 werden nun Koeffizienten angefordert, die auch die absolute Übereinstimmung der Beurteiler berücksichtigen (Wahl von *Typ / Absolute Übereinstimmung* in der Box **Statistik**). Nachfolgend die Ergebnisse zur Intraclass-Korrelation. Der übrige Teil der Ausgabe ist mit der von BEISPIEL 1 identisch.

Korrelationskoeffizient in Klassen

		Einzelne Maße	Durchschnittliche Maße
Korrelation innerhalb der Klasse [a]		,719 [b]	,928 [c]
95%-Konfidenzintervall	Untergrenze	,444	,796
	Obergrenze	,893	,977
F-Test mit wahrem Wert 0	Wert	25,300	25,300
	Freiheitsgrade 1	12,0	12,0
	Freiheitsgrade 2	48	48
	Sig.	,000	,000

Modell mit gemischten Zwei-Weg-Effekten, bei dem die Personeneffekte zufällig und die Maßeffekte fest sind.

a. Korrelationskoeffizienten des Typs A innerhalb der Klasse unter Verwendung einer Definition der absoluten Übereinstimmung.

b. Der Schätzer ist derselbe, unabhängig davon, ob ein Wechselwirkungseffekt vorliegt oder nicht.

c. Die Schätzung wird unter der Annahme berechnet, daß kein Wechselwirkungseffekt vorliegt, da anderenfalls keine Schätzung durchgeführt werden könnte.

Erläuterungen zur Ausgabe (soweit nicht bei BEISPIEL 1 gegeben)

Definition der absoluten Übereinstimmung: Zeigt an, dass Koeffizienten angefordert wurden, die auch die absolute Übereinstimmung der Beurteiler zum Ausdruck bringen.

Korrelation innerhalb der Klasse: Einzelne Maße. Reliabilität eines einzelnen »mittleren« Beurteilers. Er wird von SPSS wie folgt berechnet (vgl. Asendorpf & Walbott, 1979, Formel »7«; Armstrong, 1981, Formel »ICC_2«):

$$IC\text{-}2_{einzeln} = (MQ_{zp} - MQ_r) / [MQ_{zp} + (K-1)*MQ_r + K*(MQ_{zi} - MQ_r)/n]$$
$$= (9,033 - 0,357)/[9,033 + 4*0,357 + 5*(4,515 - 0,357)/13]$$
$$= 0,719$$

wobei: MQ_{zi} = *Zwischen Items*, n = Anzahl der Beurteilten

Korrelation innerhalb der Klasse: Durchschnittliche Maße. Reliabilität der gemittelten Ratings. Sie wird wie folgt berechnet (vgl. Armstrong, 1981, Formel »ICC_5«):

$$IC\text{-}2_{durchschnitt} = (MQ_{zp} - MQ_r) / [MQ_{zp} + (MQ_{zi} - MQ_r)/n]$$
$$= (9,033 - 0,357)/[9,033 + (4,515 - 0,357)/13] = 0,928$$

173

Ein-Stichproben T-Test

Mit dem Ein-Stichproben T-Test kann geprüft werden, ob das Mittel einer Stichprobe (M) signifikant von einem (in der Nullhypothese behaupteten) Wert {a} abweicht (➪ *Inferenzstatistik, Kap. 4*). Die Ausgabe der Prozedur T-Test enthält weiterhin ein Konfidenzintervall für das Mittel der Population, der die Stichprobe entstammt. Im Eingangs-Dialogfeld wird bei *Testvariable(n)* das Merkmal eingegeben, dessen Mittel auf signifikante Abweichung geprüft werden soll, während der Hypothesenwert {a} im Feld *Testwert* aufzuführen ist.

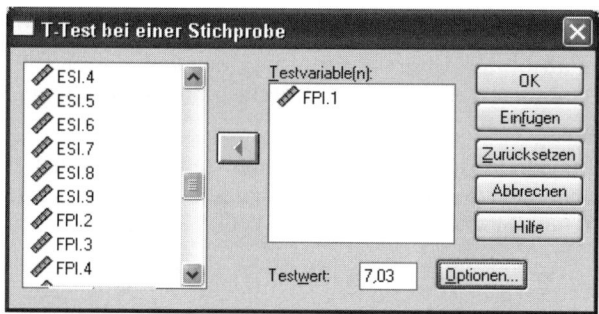

Im Dialogfeld **Optionen** kann der Sicherheitsgrad für das Konfidenzintervall festgelegt bzw. geändert werden; voreingestellt ist 95%. Die Ausgabe enthält jedoch nicht das (in der Regel erwartete) Intervall für das Populationsmittel μ, sondern ein Konfidenzintervall für die Differenz (μ – a). Aus diesem lässt sich das Intervall für μ jedoch leicht errechnen (vgl. BEISPIEL 1). Falls die Grenzen des Intervalls für μ direkt in ihrer »üblichen« Form gewünscht werden, muss {0} im Feld *Testwert* eingegeben werden (vgl. BEISPIEL 3).

Die unterschiedlichen Möglichkeiten zur Behandlung von Fällen mit fehlenden Werten werden relevant, wenn unter *Testvariable(n)* mehr als ein Merkmal aufgeführt wird. Dies ist jedoch nur in den (seltenen) Fällen sinnvoll, wo die Mittel sämtlicher Variablen gegen den gleichen Wert {a} getestet werden sollen. Beim voreingestellten *Fallausschluss Test für Test* gehen Personen nur bei den Variablen nicht in die Berechnungen ein, bei denen sie keinen Wert haben.

Beim *listenweisen* Ausschluss basieren dagegen sämtliche T-Tests nur auf den Personen, die in allen Variablen einen gültigen Wert haben, d.h. keine fehlenden Werte aufweisen.

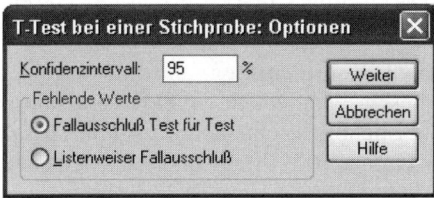

Übersicht über die in den Beispielen behandelten Probleme

① Prüfung, ob das Mittel einer Gruppe von Kindern signifikant vom Mittel der Gleichaltrigen abweicht (fiktive Daten).

② Prüfung, ob die Mittel in zwei Persönlichkeitsskalen signifikant vom jeweiligen Normwert abweichen.

③ Direkte Bestimmung eines Konfidenzintervalls für μ.

Beispiel 1

Bei einer Gruppe von 17 Kindern ergeben sich in einem Intelligenztest die folgenden Werte: 83, 121, 97, 92, 111, 130, 109, 133, 127, 113, 109, 121, 95, 105, 105, 107, 112. Es soll untersucht werden, ob der durchschnittliche Intelligenztestwert dieser Kinder signifikant vom Mittel der Gleichaltrigen ($\mu = 100$) abweicht. Die Daten werden als Variable INTELLIGENZ in eine Datei KINDER.SAV eingegeben. Der T-Test liefert dann die folgende Ausgabe:

Statistik bei einer Stichprobe

	N	Mittelwert	Standardabweichung	Standardfehler des Mittelwertes
Intelligenz	17	110,00	13,65	3,31

Test bei einer Sichprobe

	Testwert = 100					
					95% Konfidenzintervall der Differenz	
	T	df	Sig. (2-seitig)	Mittlere Differenz	Untere	Obere
Intelligenz	3,020	16	,008	10,000	2,98	17,02

Erläuterungen zur Ausgabe

Testwert: Eingegebener Wert {a}, gegen den das Stichprobenmittel M getestet wurde. **T**: T-Wert (⇨ *Inferenzstatistik, Formel* [4.9]). **df**: Freiheitsgrade. **Sig. (zweiseitig)**: P-Wert (zweiseitiger Test). Im Fall des einseitigen Tests ist der P-Wert zu halbieren. **Mittlere Differenz**: Mittelwert – Testwert (M – a).

95% Konfidenzintervall: Konfidenzintervall für μ–a (gewählter Sicherheitsgrad: 95%). In der Regel wünscht man jedoch ein Konfidenzintervall für das Mittel (μ) der Population, der die Stichprobe entstammt (⇨ *Inferenzstatistik, Formel* [4.9]). Untere (UG) und obere Grenze (OG) dieses Intervalls berechnen sich wie folgt:

UG = (Testwert) + (»Untere«) = 100 + 2,98 = 102,98
OG = (Testwert) + (»Obere«) = 100 + 17,02 = 117,02

Das Populationsmittel μ liegt hier mit einer Sicherheit von 95% im Bereich von 103 bis 117. Wenn man die hier notwendigen Zusatzrechnungen vermeiden und die Grenzen des Intervalls für μ direkt erhalten möchte, muss das bei BEISPIEL 3 gezeigte Vorgehen gewählt werden.

Beispiel 2

Datei PERDAT.SAV. Es soll geprüft werden, ob die untersuchte Stichprobe mit ihren Mittelwerten in den Skalen »Lebenszufriedenheit« (FPI.1) und »Soziale Orientierung« (FPI.2) auf dem 5%-Niveau signifikant von der Norm abweicht. Im FPI-Manual werden für diese Skalen die Bevölkerungsmittel FPI-1 = 7,03 und FPI-2 = 6,47 angegeben (Fahrenberg, Hampel & Selg, 1984, S. 69). Nachfolgend die Ergebnisse der beiden (hintereinander) durchgeführten T-Tests:

Statistik bei einer Stichprobe

	N	Mittelwert	Standardab-weichung	Standardfehler des Mittelwertes
Lebenszu-friedenheit	332	7,35	3,166	,174

Test bei einer Sichprobe

	Testwert = 7.03					
					95% Konfidenzintervall der Differenz	
	T	df	Sig. (2-seitig)	Mittlere Differenz	Untere	Obere
Lebenszu-friedenheit	1,838	331	,067	,319	-,02	,66

Statistik bei einer Stichprobe

	N	Mittelwert	Standardab-weichung	Standardfehler des Mittelwertes
Soziale Orientierung	334	7,50	2,570	,141

Test bei einer Sichprobe

	Testwert = 6.47					
			Sig. (2-seitig)	Mittlere Differenz	95% Konfidenzintervall der Differenz	
	T	df			Untere	Obere
Soziale Orientierung	7,303	333	,000	1,027	,75	1,30

Die mittlere »Lebenszufriedenheit« weicht nicht signifikant vom Normwert ab, während die durchschnittliche »Soziale Orientierung« der Stichprobe bei (α = 0,05) signifikant über der Norm liegt.

Beispiel 3

Daten von BEISPIEL 1: Die Grenzen des Konfidenzintervalls für das Populationsmittel μ sollen direkt in ihrer »endgültigen« Form ausgegeben werden. Dazu muss in der Eingangs-Dialogbox bei *Testwert* (nicht »100« sondern) der Wert {0} eingegeben werden. Die Prozedur liefert dann das gewünschte Konfidenzintervall (102,98 – 117,02). Die Ergebnisse zum T-Test selbst sind allerdings jetzt »unsinnig« und müssen außer Acht gelassen werden.

Test bei einer Sichprobe

	Testwert = 0					
			Sig. (2-seitig)	Mittlere Differenz	95% Konfidenzintervall der Differenz	
	T	df			Untere	Obere
Intelligenz-testwert	33,222	16	,000	110,000	102,98	117,02

Binomial-Test

Mit dem in der Prozedur NPAR TESTS verfügbaren Binomial-Test kann geprüft werden, ob bei einem dichotomen Merkmal die relative Häufigkeit einer Kategorie signifikant von einem Anteilswert {p} abweicht ($\Rightarrow$ *Inferenzstatistik, Kap. 17.1*). Der häufigste Einsatz des Binomial-Tests dürfte im Zusammenhang mit der Frage erfolgen, ob die unter Betrachtung stehende Kategorie eine Auftretenswahrscheinlichkeit von p = 0,5 aufweist. Dies entspricht der Prüfung, wieweit das dichotome Merkmal gleichverteilt ist.

Bis zu einem Stichprobenumfang von 25 (gültigen Werten) wird ein exakter Binomial-Test durchgeführt, danach erfolgt die Prüfung der Nullhypothese approximativ über die Standardnormalverteilung. Mit dem Zusatzmodul EXAKTE TESTS ist dagegen auch noch bei (sehr) großen Stichprobenumfängen eine exakte Prüfung unter Heranziehung der Binomialverteilung möglich (vgl. BEISPIEL 4).

Im Fall von p = 0,5 ist der Hypothesentest ungerichtet, bei p $\neq$ 0,5 werden einseitige P-Werte ausgegeben. Im gerichteten Fall (p $\neq$ 0,5) müssen – auf Grund einer Eigenart des Programms – Null- und Alternativhypothese in Hinblick auf die Kategorie formuliert werden, die in der Datei bei der Variablen als Erste auftritt (vgl. BEISPIEL 3), da deren beobachteter Anteil mit dem in H$_0$ behaupteten »verglichen« wird. Die Richtung der einseitigen Prüfung wird dabei durch die in der Stichprobe vorliegende Art der Abweichung vom »Testanteil« bestimmt.

In der Eingangs-Dialogbox wird im Feld *Testvariablen* das Merkmal eingegeben, bei dem die Auftretenswahrscheinlichkeit einer Kategorie gegen {p} getestet werden soll. Der unter *Testanteil* voreingestellte Wert von p = 0,50 ist gegebenenfalls zu ändern.

Falls das Merkmal mehr als zwei Kategorien oder Stufen aufweist, kann die gewünschte Dichotomisierung durch Eingabe eines Trennwertes im Feld *Dichotomie definieren* erfolgen. Werte gleich dem Trennwert oder kleiner bilden Kategorie 1, Werte oberhalb Kategorie 2.

Die in der Box **Optionen** anforderbaren Statistiken sind unsinnig. Man erhält hier u. a. Mittelwert und Standardabweichung der Merkmalskodierungen (!). Im Fall von BEISPIEL 1 erfährt man somit, dass das »durchschnittliche« Geschlecht der 24 PKW-Fahrer 1,75 betrug, bei einer Standardabweichung von 0,44.

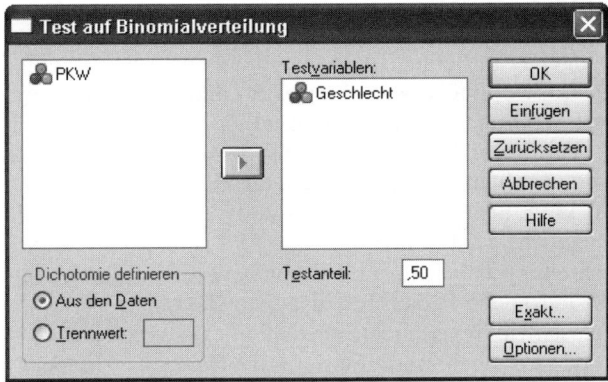

Die in der Box **Optionen** angebotenen Möglichkeiten zur Behandlung von Fällen mit fehlenden Werten können relevant werden, wenn unter *Testvariablen* mehr als ein Merkmal aufgeführt ist. Beim voreingestellten *Fallausschluss Test für Test* gehen Personen nur bei der Variablen nicht in die Berechnungen ein, bei der sie keinen Wert haben. Beim *listenweisen* Ausschluss basieren dagegen sämtliche Binomial-Tests nur auf den Personen, die bei allen aufgeführten Variablen einen gültigen Wert aufweisen.

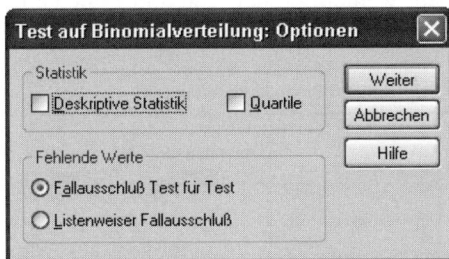

Übersicht über die in den Beispielen behandelten Probleme

① Prüfung, ob bei einem Verkehrsdelikt der Anteil von Frauen und Männern signifikant verschieden ist. Exakter Binomialtest (n = 24).

② Prüfung, ob in einer Stichprobe der Anteil von Rauchern und Nicht-rauchern signifikant verschieden ist. Approximativer Test (n = 411).

③ Prüfung, ob ein Anteilswert signifikant von p = 0,71 abweicht.

④ Exakter Binomial-Test bei BEISPIEL 2.

Beispiel 1

In einem Wohngebiet mit einer Tempobeschränkung von 30 km/h, in dem tagsüber etwa gleich viele Frauen wie Männer mit dem Auto unterwegs sind, wurde aus erzieherischen Gründen ein Gerät installiert, das deutlich sichtbar die Geschwindigkeit der vorbeifahrenden PKWs anzeigt. Eine Anwohner-Initiative möchte nun wissen, ob unter den Personen, die die vorgeschriebenen 30 km/h um mindestens 10 km/h überschreiten, der Anteil von Frauen und Männern gleich (oder unterschiedlich) ist. Bei den nächsten 25 Fahrzeugen, die diese Geschwindigkeitsüberschreitung begehen, wird deshalb versucht, durch Augenschein das Geschlecht der lenkenden Person festzustellen. Bei einem PKW war dies wegen seiner hohen Geschwindigkeit nicht möglich. Für die verbleibenden 24 ergab sich die nachfolgende Geschlechtsverteilung (fiktive Daten; m = Mann, f = Frau):

PKW Nr.	1	2	3	4	5	6	7	8	9	10	11	12
Geschlecht	m	m	m	m	f	m	m	m	m	f	m	m

PKW Nr.	13	14	15	16	17	18	19	20	21	22	23	24
Geschlecht	m	f	m	m	m	m	f	m	m	f	m	f

Die Daten werden in eine Datei KILOMETER.SAV eingegeben. Die Variable GESCHLECHT enthält die Kodierungen 1 = *Frau* und 2 = *Mann*. Mit dem Binomial-Test soll nun untersucht werden, ob der Anteil der Frauen (bzw. der Männer) signifikant vom (voreingestellten) Wert p = 0,5 abweicht ($\alpha = 0,05$).

Test auf Binomialverteilung

		Kategorie	N	Beobachteter Anteil	Testanteil	Exakte Signifikanz (2-seitig)
Geschlecht	Gruppe 1	2 Mann	18	,75	,50	,023
	Gruppe 2	1 Frau	6	,25		
	Gesamt		24	1,00		

Erläuterungen zur Ausgabe

Testanteil: Eingegebener Anteil, gegen den getestet wurde (hier: p = 0,5).

Gruppe 1: »Beobachteter Anteil« in der Kategorie, die in der Datei als erste auftritt (hier: 75% der PKW's wurden von einem Mann gelenkt).

Exakte Signifikanz: Zweiseitiger P-Wert des exakten Binomial-Tests (da »Gesamt« < 25).

Von den 24 Personen, die mit ihrem PKW das Tempolimit überschritten haben, waren signifikant mehr männlichen Geschlechts.

Beispiel 2

Datei FRABOGEN.SAV. Bei den Psychologie-Studenten (GESCHLECHT = 2 und STUDIENFACH = 1) soll untersucht werden, ob der Anteil von Rauchern und Nichtrauchern signifikant verschieden ist (Variable ZIGARETTEN, 0 = *Nein* (Nichtraucher), 1 = *Ja* (Raucher). Der Binomial-Test wird mit dem voreingestellten *Testanteil* von p = 0,50 durchgeführt.

Test auf Binomialverteilung

		Kategorie	N	Beobachteter Anteil	Testanteil	Asymptotische Signifikanz (2-seitig)
Zigaretten	Gruppe 1	0 Nein	239	,58	,50	,001[a]
	Gruppe 2	1 Ja	172	,42		
	Gesamt		411	1,00		

a. Basiert auf der Z-Approximation.

Erläuterungen zu Ausgabe (soweit nicht bei BEISPIEL 1 gegeben)

Asymptotische Signifikanz: Zweiseitiger P-Wert des approximativen Binomial-Tests über die Standardnormalverteilung ($\Rightarrow$ *Inferenzstatistik, Formel* $\boxed{17.5}$).

Unter den männlichen Studierenden ist der Anteil der Nichtraucher (58%) signifikant höher als der der Raucher (42%).

Beispiel 3

Datei FRABOGEN.SAV. In einer Studie, die einige Jahre vor der Erhebung der Daten für diese Übungsdatei durchgeführt wurde, hatten 71% der männlichen Psychologie-Studierenden die Frage»Besitzen Sie einen PC (oder haben Sie ständig Zugang zu einem)« verneint (Variable COMPUTER = 0). Es wird nun die Hypothese aufgestellt, dass der Anteil von PC-NichtbesitzerInnen in der FRABOGEN-Stichprobe (GESCHLECHT = 2 und STUDIENFACH = 1) signifikant niedriger ist.

Einseitig getestet werden soll somit die Nullhypothese: Populationsanteil (Kategorie 0) = 0,71 gegen H_1: $P_{pop} < 0,71$. Bei Eingabe dieses Wertes im Feld *Testanteil* der Dialogbox liefert der Binomial-Test die umseitige Ausgabe.

Hier wird offensichtlich geprüft, ob 0,66, der beobachtete Anteil in der Kategorie, die als Erste in der Datei aufgetreten ist (COMPUTER = 1), signifikant kleiner ist als p = 0,71. Dies ist jedoch nicht unsere Frage.

Test auf Binomialverteilung

		Kategorie	N	Beobachteter Anteil	Testanteil	Asymptotische Signifikanz (1-seitig)
Computer	Gruppe 1	1 Ja	274	,66	,71	,019[a,b]
	Gruppe 2	0 Nein	140	,34		
	Gesamt		414	1,00		

[a.] Nach der alternativen Hypothese ist der Anteil der Fälle in der ersten Gruppe < ,71.

[b.] Basiert auf der Z-Approximation.

Da vom Programm der Anteil von COMPUTER = 1 zum Hypothesentest herangezogen wird, muss die Nullhypothese in Hinblick auf diese Kategorie formuliert werden. Sie lautet dann: Populationsanteil (Kategorie 1) = 0,29. Und vorhergesagt wird, dass der Anteil von COMPUTER = 1 in der Datei FRABOGEN.SAV signifikant größer ist. Bei Eingabe von p = 0,27 im Feld *Testanteil* liefert der (einseitige) Binomial-Test dann folgendes Ergebnis:

Test auf Binomialverteilung

		Kategorie	N	Beobachteter Anteil	Testanteil	Asymptotische Signifikanz (1-seitig)
Computer	Gruppe 1	1 Ja	274	,66	,29	,000[a]
	Gruppe 2	0 Nein	140	,34		
	Gesamt		414	1,00		

[a.] Basiert auf der Z-Approximation.

Da der beobachtete Anteil größer als 0,29 ist, prüft das Programm, ob diese Abweichung »nach oben« statistisch signifikant ist. Wäre sie kleiner, würde die Abweichung »nach unten« geprüft. Im vorliegenden Fall zeigt sich, dass der Anteil von Computer-Besitzern signifikant größer ist als in der (fiktiven) früheren Studie. Damit ist der Anteil von Nicht-Besitzern automatisch signifikant kleiner.

Die Prüfung der ursprünglichen Hypothese $H_0:P_{pop}< 0,71$ hätte sich im Übrigen auch durch ein vorheriges Umsortieren der Datei nach der Variablen COMPUTER erreichen lassen, da dann der Wert COMPUTER = 0 als erster in der Datei aufgetreten wäre:

Test auf Binomialverteilung

		Kategorie	N	Beobachteter Anteil	Testanteil	Asymptotische Signifikanz (1-seitig)
Computer	Gruppe 1	0 Nein	140	,34	,71	,000[a,b]
	Gruppe 2	1 Ja	274	,66		
	Gesamt		414	1,00		

[a.] Nach der alternativen Hypothese ist der Anteil der Fälle in der ersten Gruppe < ,71.

[b.] Basiert auf der Z-Approximation.

Beispiel **4**

Mit den Daten von BEISPIEL 2 wird ein exakter Binomial-Test durchgeführt.

Test auf Binomialverteilung

		Kategorie	N	Beobach-teter Anteil	Testan-teil	Asymptoti-sche Signifikanz (2-seitig)	Exakte Signifikanz (2-seitig)
Zigaretten	Gruppe 1	0 Nein	239	,58	,50	,001[a]	,001
	Gruppe 2	1 Ja	172	,42			
	Gesamt		411	1,00			

a. Basiert auf der Z-Approximation.

Erläuterungen zur Ausgabe (soweit nicht bei BEISPIEL 2 gegeben)

Asymptotische Signifikanz: P-Wert der approximativen Prüfung über die Standardnormalverteilung (vgl. BEISPIEL 2).

Exakte Signifikanz: Ergebnis des exakten Binomial-Tests (P-Wert, 2-seitig).

Auf Grund des großen Stichprobenumfangs führt die approximative Prüfung zum gleichen Ergebnis (P-Wert) wie der exakte Test.

Vergleich einer beobachteten mit einer erwarteten Verteilung

➤ **Analysieren / Nichtparametrische Tests / Chi-Quadrat ...**

Mit dem in der Prozedur NPAR TESTS verfügbaren Chi^2-Test kann geprüft werden, ob eine beobachtete Häufigkeitsverteilung signifikant von einer erwarteten (theoretischen) Häufigkeitsverteilung abweicht. Die unter Betrachtung stehende Variable liegt dabei in I Kategorien oder Stufen vor (⇨ *Inferenzstatistik, Kap. 22.1*). Der häufigste Einsatz des Chi^2-Tests dürfte im Zusammenhang mit der Frage erfolgen, inwieweit die Verteilung eines Merkmals einer Gleichverteilung entspricht.

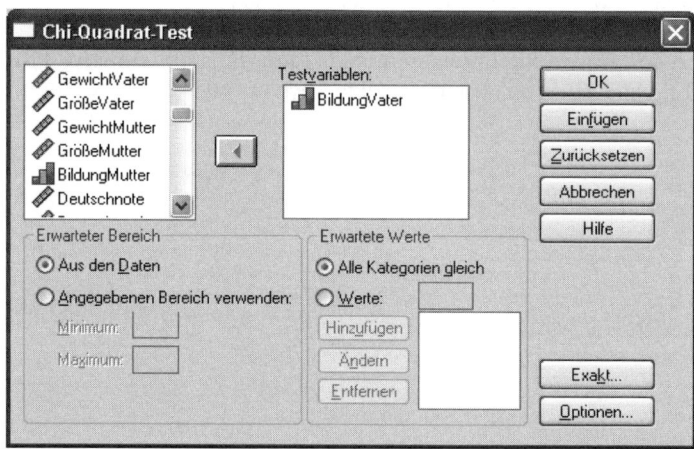

In der Eingangs-Dialogbox wird im Feld *Testvariablen* das Merkmal eingegeben, dessen Häufigkeitswerte gegen die theoretisch erwarteten Werte getestet werden sollen. Die für die I Kategorien/Stufen erwarteten Häufigkeiten sind im darunterliegenden Feld zu spezifizieren. Voreingestellt ist der Chi^2-Test auf Abweichung von der Gleichverteilung (*Alle Kategorien gleich*). Wenn die erwarteten Häufigkeiten nicht alle gleich sind, müssen die entsprechenden Erwartungen über die Option *Werte* in der Reihenfolge der Kategorien (1, 2, ..., I) eingegeben werden.

Dies kann sowohl durch Angabe der absoluten Häufigkeiten erfolgen als auch in Termini von Wahrscheinlichkeiten oder Prozentwerten. Im Feld *Angegebenen Bereich verwenden* lassen sich bei Bedarf untere oder obere Kategorien des Merkmals aus der Analyse ausschließen.

Die im Dialogfeld **Optionen** anforderbaren Statistiken machen wenig Sinn. Man erhält u. a. Mittel und Standardabweichung der Merkmalskodierungen (!). Die weit mehr interessierenden prozentualen Häufigkeiten der I Kategorien werden dagegen (auch auf Wunsch) nicht geliefert.

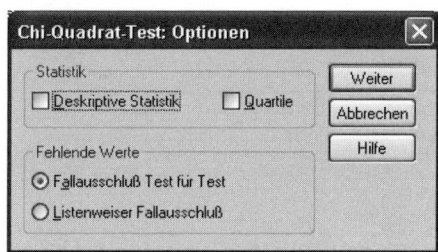

Die unterschiedlichen Möglichkeiten zur Behandlung von Fällen mit fehlenden Werten können relevant werden, wenn unter *Testvariablen* mehr als ein Merkmal aufgeführt ist. Beim voreingestellten *Fallausschluss Test für Test* gehen Personen nur bei der Variablen nicht in die Berechnungen ein, bei der sie keinen Wert haben. Beim *listenweisen* Ausschluss basieren dagegen sämtliche Chi^2-Tests nur auf den Personen, die bei allen aufgeführten Variablen einen gültigen Wert aufweisen.

Während der in der Standardinstallation zur Verfügung stehende Chi^2-Test eine approximative Prüfung der Nullhypothese darstellt, ist mit dem Zusatzmodul Exakte Tests auch eine Entscheidung über H_0 an Hand exakter P-Werte möglich. Dies ist von speziellem Interesse, wenn bei kleinen Stichprobenumfängen eine »zu hohe« Anzahl von erwarteten Häufigkeiten unter {5} auftritt.

Übersicht über die in den Beispielen behandelten Probleme

① Prüfung eines vierstufigen Merkmals auf Abweichung von der Gleichverteilung.

② Prüfung der Ziehungshäufigkeit der Lotto-Zahlen auf Abweichung von der Gleichverteilung.

③ Prüfung der Parteipräferenz von Studierenden auf Abweichung von den Präferenzen der Allgemeinbevölkerung.

④ Exakte Prüfung eines vierstufigen Merkmals auf Abweichung von der Gleichverteilung (n = 19).

Beispiel 1

Datei FRABOGEN.SAV. Bei den Studenten (GESCHLECHT = 2) verteilen sich die Schulabschlüsse der Väter (BILDUNGVATER) wie folgt: *Hauptschule* = 219 (21%), *Realschule* = 330 (32%), *Abitur* = 135 (13%) und *Studium* = 339 (32%). Es soll nun untersucht werden, ob die vier Bildungsstufen unter den Vätern der befragten Studenten »gleich häufig« vertreten sind. Es handelt sich somit um einen Test auf Abweichung von der Gleichverteilung. Die Prozedur NONPAR TESTS liefert die nachfolgende Ausgabe:

BildungVater

	Beobachtetes N	Erwartete Anzahl	Residuum
1 Hauptschule	219	255,8	-36,8
2 Realschule	330	255,8	74,3
3 Abitur	135	255,8	-120,8
4 Studium	339	255,8	83,3
Gesamt	1023		

Statistik für Test

	BildungVater
Chi-Quadrat[a]	110,947
df	3
Asymptotische Signifikanz	,000

a. Bei 0 Zellen (,0%) werden weniger als 5 Häufigkeiten erwartet. Die kleinste erwartete Zellenhäufigkeit ist 255,8.

Erläuterungen zur Ausgabe

Obere Tabelle: Beobachtete Häufigkeiten (**N**). Erwartete Häufigkeiten (hier jeweils: 1023/4 = 255,8). Beobachtete minus erwartete Häufigkeit (**Residuum**).

Untere Tabelle: Prüfwert Chi^2 ($\Rightarrow$ *Inferenzstatistik, Formel* $\boxed{22.1}$); Freiheitsgrade (**df**). P-Wert für Chi^2 (**Asymptotische Signifikanz**).

In der Fußnote wird u.a. (etwas ungeschickt) mitgeteilt, dass in keiner Zelle die erwartete Häufigkeit kleiner als 5 ist.

Wie auf Grund der Unterschiede bei den Prozentwerten bereits zu erwarten war, weichen die Schulabschlüsse der Väter signifikant von einer Gleichverteilung ab. Väter mit Abitur (aber ohne Studium) sind (deutlich) seltener vertreten.

Beispiel	2

Die bei der samstäglichen Ziehung der Lottozahlen eingesetzte Apparatur soll gewährleisten, dass bei einem Zug die in der Trommel befindlichen Zahlenkugeln alle die gleiche Chance haben, ergriffen zu werden. Wenn das Gerät in Ordnung ist, dann dürfte die Ziehungshäufigkeit der 49 Zahlen nicht signifikant – d. h. nur »zufällig« – von der Gleichverteilung abweichen. Diese zentrale Frage des 21. Jahrhunderts soll nun untersucht und beantwortet werden.

In der nachfolgenden Tabelle ist zusammengestellt, wie häufig die Zahlen 1 bis 49 in den bis Ende April 1996 veranstalteten 2116 Lottoziehungen gezogen worden sind (Quelle: Hessen-Lotto, Faltblatt »Lotto-Wink« Nr. 17). Dies entspricht 6*2116 = 12696-maliger Auswahl einer Zahl. Die erwartete Auftretenshäufigkeit jeder Zahl ist dann 12696/49 = 259,10.

Zahl	1	2	3	4	5	6	7	8	9	10
Häufigkeit	256	266	274	249	260	264	250	239	269	250

Zahl	11	12	13	14	15	16	17	18	19	20
Häufigkeit	250	254	210	247	250	248	270	262	271	258

Zahl	21	22	23	24	25	26	27	28	29	30
Häufigkeit	286	263	247	245	269	273	261	232	244	248

Zahl	31	32	33	34	35	36	37	38	39	40
Häufigkeit	267	305	268	233	255	270	268	283	267	259

Zahl	41	42	43	44	45	46	47	48	49	
Häufigkeit	262	272	257	248	243	265	246	274	289	

Die Daten werden in eine Datei LOTTO.SAV eingegeben. Die Variable ZAHL enthält die Zahlen 1 bis 49, unter ANZAHL sind die zugehörigen Ziehungshäufigkeiten eingegeben. Vor dem Aufruf der Prozedur NPAR TESTS ist über **Daten / Fälle gewichten** die Variable ANZAHL als Gewichtungsvariable zu definieren (vgl. Kapitel 20). Die Ausgabe des anschließenden Chi^2-Tests (auf Abweichung von der Gleichverteilung) ist auf der nächsten Seite (bei der ersten Tabelle im Mittelbereich gekürzt) wiedergegeben.

Der numerisch hohe P-Wert zeigt an, dass die feststellbaren Differenzen zwischen beobachteten und erwarteten Auftretenshäufigkeiten noch gut mit der Hypothese verträglich sind, dass alle 49 Zahlen die gleiche Ziehungswahrscheinlichkeit haben.

Lottozahl

	Beobachtetes N	Erwartete Anzahl	Residuum
1	256	259,1	-3,1
2	266	259,1	6,9
3	274	259,1	14,9
4	249	259,1	-10,1
5	260	259,1	,9
6	264	259,1	4,9
7	250	259,1	-9,1
:	:	:	:
44	248	259,1	-11,1
45	243	259,1	-16,1
46	265	259,1	5,9
47	246	259,1	-13,1
48	274	259,1	14,9
49	289	259,1	29,9
Gesamt	12696		

Statistik für Test

	Lottozahl
Chi-Quadrat [a]	47,636
df	48
Asymptotische Signifikanz	,488

a. Bei 0 Zellen (,0%) werden weniger als 5
Häufigkeiten erwartet. Die kleinste erwartete
Zellenhäufigkeit ist 259,1.

Beispiel 3

Das nachfolgende Beispiel für einen Fall, bei dem die erwarteten Häufigkeiten der I Kategorien unterschiedliche Werte aufweisen, entstammt der *Inferenzstatistik* (*Tab. 22.1*). Bei der Bundestagswahl 1987 entfielen auf die einzelnen Parteien folgende Stimmanteile: CDU/CSU = 44,3%, SPD = 37,0%, F.D.P. = 9,1%, GRÜNE = 8,3% und Sonstige = 1,3%. Es soll nun untersucht werden, ob die Parteipräferenzen von Studierenden davon abweichen.

Dazu wird einer Zufallsstichprobe von 1000 Personen aus dieser Teilpopulation die sog. Sonntagsfrage gestellt: *Welche Partei würden Sie wählen, wenn am nächsten Sonntag Wahlen stattfänden?* Die »Kreuze« der Studierenden verteilen sich wie folgt (fiktive Zahlen): CDU/CSU = 389, SPD = 402, F.D.P. = 72, GRÜNE = 112 und Sonstige = 25.

Die Daten werden in eine Datei TAB22-1.SAV eingegeben. Die Variable PARTEI enthält die Kodierung der Parteipräferenzen (1 = *CDU*, ... , 5 = *Sonstige*), unter

ANZAHL sind die zugehörigen Wahlhäufigkeiten eingegeben. Vor dem Aufruf der Prozedur NPAR TESTS ist über **Daten / Fälle gewichten** die Variable ANZAHL als Gewichtungsvariable zu definieren (vgl. Kapitel 20).

In der Dialogbox des Chi^2-Tests werden dann im Feld *Erwartete Häufigkeiten* nach Anwählen von *Werte* die Erwartungen für die einzelnen Kategorien eingegeben. Dies kann in Termini der (bei der Bundestagswahl festgestellten) Prozentwerte erfolgen. Die Eingabe der fünf Werte muss dabei in der Reihenfolge der Kategorien (von 1-5) vorgenommen werden: 44,3 – 37,0 – 9,1 – 8,3 – 1,3. Die Prüfung auf Abweichung von der erwarteten Verteilung ergibt dann:

Partei

	Beobachtetes N	Erwartete Anzahl	Residuum
1 CDU/CSU	389	443,0	-54,0
2 SPD	402	370,0	32,0
3 F.D.P.	72	91,0	-19,0
4 GRÜNE	112	83,0	29,0
5 Sonstige	25	13,0	12,0
Gesamt	1000		

Statistik für Test

	Partei
Chi-Quadrat[a]	34,526
df	4
Asymptotische Signifikanz	,000

a. Bei 0 Zellen (,0%) werden weniger als 5 Häufigkeiten erwartet. Die kleinste erwartete Zellenhäufigkeit ist 13,0.

Die Verteilung der Parteipräferenzen weicht bei den Studierenden signifikant von der Verteilung in der Gesamtbevölkerung ab; u.a. wird die CDU/ CSU seltener, die SPD häufiger gewählt.

Beispiel 4   ZUSATZMODUL »EXAKTE TESTS«

Die Datei GLEIBILD.SAV enthält für n = 19 Studentinnen u.a. die Schulabschlüsse der Väter (BILDUNGVATER: 1 = *Hauptschule*, 2 = *Realschule*, 3 = *Abitur*, 4 = *Studium*). Ähnlich wie bei BEISPIEL 1 soll untersucht werden, ob die vier Bildungsstufen unter den Vätern »gleich häufig« vertreten sind. Da auf Grund des geringen Stichprobenumfangs die erwartete Häufigkeit in allen Kategorien unter 5 liegt (f_e = 19/4 = 4,75), empfiehlt sich ein exakter Test der Nullhypothese.

BildungVater

	Beobachtetes N	Erwartete Anzahl	Residuum
1 Hauptschule	3	4,8	-1,8
2 Mittlere Reife	5	4,8	,3
3 Abitur	1	4,8	-3,8
4 Studium	10	4,8	5,3
Gesamt	19		

Statistik für Test

	BildungVater
Chi-Quadrat[a]	9,421
df	3
Asymptotische Signifikanz	,024
Exakte Signifikanz	,023
Punkt-Wahrscheinlichkeit	,007

a. Bei 4 Zellen (100,0%) werden weniger als 5 Häufigkeiten erwartet. Die kleinste erwartete Zellenhäufigkeit ist 4,8.

Im vorliegenden Fall differiert der P-Wert der approximativen Prüfung über die Chi²-Verteilung (0,024) nur geringfügig vom P-Wert des exakten Tests (0,023). Bei $\alpha = 0,05$ weichen die Häufigkeiten signifikant von der Gleichverteilung ab. Väter mit Studium sind häufiger vertreten.

Prüfung auf Normalverteilung: Kolmogorov-Test und Lilliefors-Test

> ➤ **Analysieren / Nichtparametrische Tests / K-S bei einer Stichprobe** ...

> ➤ **Analysieren / Deskriptive Statistiken / Explorative Datenanalyse** ...

Mit dem in der Prozedur NPAR TESTS verfügbaren Kolmogorov-Test (häufig auch als Kolmogorov-Smirnov-Test bezeichnet) kann geprüft werden, ob eine Stichprobe von n Werten aus einer normalverteilten Population mit einem spezifizierten Mittel (μ) und einer spezifizierten Standardabweichung (σ) stammt bzw. bedeutsam von dieser abweicht ($\Rightarrow$*Inferenzstatistik, Kap. 22.2*; Bortz et al. 2000, Kap. 7.3.1). So könnte gefragt werden, ob eine eine Stichprobe von 30 Werten des Intelligenz-Struktur-Tests (I-S-T) aus der normalverteilten Eichpopulation mit μ = 100 und σ = 10 stammt.

Wenn dagegen geprüft werden soll, ob eine Verteilung aus einer normalverteilten Population stammt, deren Parameter unbekannt sind und mit den Stichproben-Kennwerten M und S geschätzt werden müssen, dann sollte ein von Lilliefors entwickelter Test zum Einsatz kommen ($\Rightarrow$*Inferenzstatistik, Kap. 22.3*; Bortz et al. 2000, Kap. 7.3.2).

Bei beiden Verfahren handelt es sich um sog. »Anpassungstests«, mit denen in der Regel gezeigt werden soll, dass die Nullhypothese »gilt« und das Merkmal in der Population mit den (spezifizierten oder geschätzten) Parametern μ und σ normalverteilt ist. In diesem Fall muss das Fehler-II-Risiko – die fälschliche Annahme einer Normalverteilung – möglichst klein gehalten werden. Dies lässt sich nachträglich – d.h. bei vorliegenden Daten – nur noch durch eine Vergrößerung des Fehler-I-Risikos erreichen. Gemäß der Empfehlung von Bortz et al. (2000, S. 320) sollte deshalb die Prüfung der Nullhypothese auf einem Signifikanzniveau von α = 0,20 erfolgen.

Wenn es dagegen darum geht, zu zeigen, dass die Verteilung eines Merkmals (in der Population) von der Normalform abweicht – wenn also die Alternativhypothese »belegt« werden soll – empfiehlt sich die Verwendung eines »üblichen« Signifikanzniveaus von $\alpha \leq 0,05$.

Kolmogorov-Test

Die Durchführung eines Kolmogorov-Tests, bei dem die Parameter der Normal-verteilung vom Anwender vorgegeben werden, ist über die Dialogboxen allein nicht möglich. Dazu ist eine ergänzende Eingabe in der erzeugten Befehls-Syntax erforderlich. Dies soll an Hand der Daten von BEISPIEL 1 erläutert werden. Dort wird geprüft, ob eine Stichprobe von n = 10 Werten aus einer normalverteilten Population mit μ = 5 und σ = 2 stammt. Es wird als Erstes über **Analysieren / Nichtparametrische Tests / K-S bei einer Stichprobe** die Eingangs-Dialogbox des KS-Tests aufgerufen. Hier wird bei Testvariablen das Merkmal eingegeben, dessen Verteilung auf Normalform geprüft werden soll.

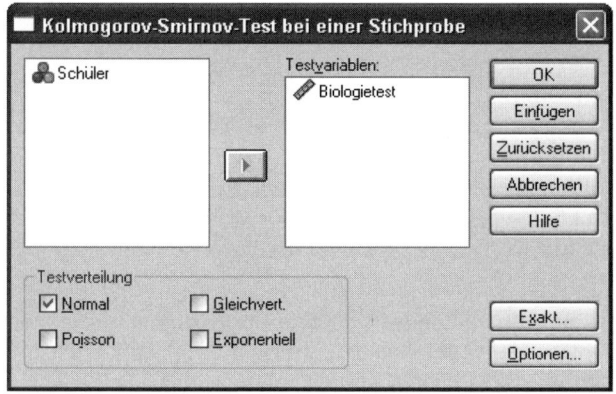

In der Eingabebox besteht keine Möglichkeit, die Populationsparameter μ und σ zu spezifizieren. Ein Anklicken von [OK] führt vielmehr immer dazu, dass der KS-Tests eine Nullhypothese prüft, bei der μ = M und σ = S sind, wie die nachfolgende Ausgabe zeigt:

Kolmogorov-Smirnov-Anpassungstest

		Biologietest
N		10
Parameter der Normalverteilung[a,b]	Mittelwert	5,000
	Standardabweichung	,7180
Extremste Differenzen	Absolut	,157
	Positiv	,135
	Negativ	-,157
Kolmogorov-Smirnov-Z		,496
Asymptotische Signifikanz (2-seitig)		,966

[a]. Die zu testende Verteilung ist eine Normalverteilung.

[b]. Aus den Daten berechnet.

Die Eingabe der Parameter μ und σ ist nur im Syntax-Fenster möglich. Bevor in dieses gewechselt wird, sollte noch über die Schaltfläche [Exakt] ein exakter KS-Test veranlasst werden. Über die Box **Optionen** sind u. a. Mittelwert und Standardabweichung der Stichprobendaten erhältlich. Nach Vornahme dieser Einstellungen ist in der Eingangs-Dialogbox der Schalter [Einfügen] anzuklicken. Die bisher veranlassten Befehle sind nachfolgend im linken Kasten wiedergegeben.

```
NPAR TESTS
  /K-S(NORMAL)= Biologietest
  /STATISTICS DESCRIPTIVES
  /MISSING ANALYSIS
  /METHOD=EXACT TIMER(5).
```

```
NPAR TESTS
  /K-S(NORMAL, 5, 2)= Biologietest
  /STATISTICS DESCRIPTIVES
  /MISSING ANALYSIS
  /METHOD=EXACT TIMER(5).
```

In der zweiten Zeile können hier nun in der Klammer hinter »Normal« die Parameter der Populations-Normalverteilung (NORMAL, μ, σ) eingefügt werden. Dies zeigt der rechte Kasten, der die Syntax-Befehle von BEISPIEL 1 wiedergibt. Der KS-Test prüft hier die Nullhypothese, dass die Stichprobe einer normalverteilten Population mit dem Mittel μ = 5 und der Standardabweichung σ = 2 entstammt. Durch die Tastenfolge [Strg]+ [A] und [Strg]+[R] wird anschließend die Ausführung der Befehle veranlasst.

Lilliefors-Test

Während mit dem Kolmogorov-Test nur die Hypothese geprüft werden kann, dass die Verteilung eines Merkmals (in der Population) eine Normalform mit bestimmten Parametern aufweist, lässt sich mit dem Test von Lilliefors eher die in der Praxis häufiger auftretende allgemeine Frage untersuchen, ob eine Variable in der Population »überhaupt« normalverteilt ist, d. h. »irgendeiner« Normalverteilung entspricht.

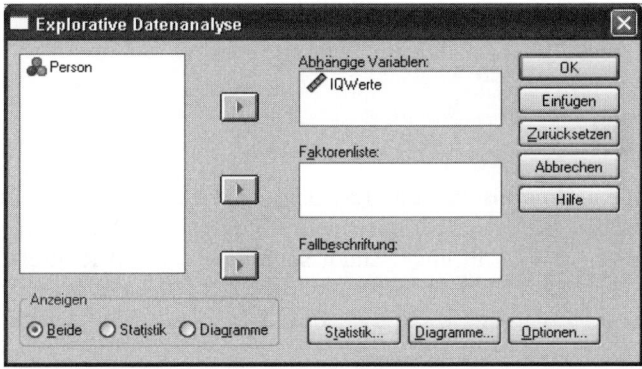

Der Lilliefors-Test lässt sich mit Hilfe der Prozedur EXAMINE durchführen. Über **Analysieren / Deskriptive Statistiken / Explorative Datenanalyse** erhält man die vorstehende Dialogbox, in der im Feld *Abhängige Variablen* das auf Normalverteilung zu prüfende Merkmal einzugeben ist. Anschließend muss über die Schaltfläche [Diagramme] die nachfolgende Box aufgerufen werden. Das Anwählen der Option Normalverteilungsdiagramm mit Tests führt dann zur Mitausgabe des Lilliefors-Tests.

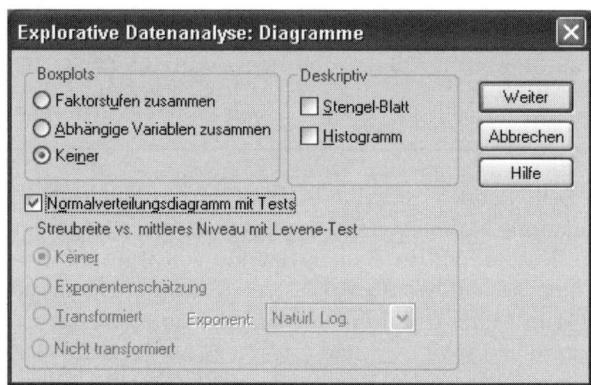

Übersicht über die in den Beispielen behandelten Probleme

① Kolmogorov-Test: Prüfung der Hypothese, dass eine Stichprobe von n = 10 Werten einer normalverteilten Population mit $\mu = 5$ und $\sigma = 2$ entstammt.

② Lilliefors-Test: Prüfung der Hypothese, dass eine Stichprobe von n = 10 Werten einer normalverteilten Population entstammt (mit $\mu = M$ und $\sigma = S$).

③ Lilliefors-Test: Prüfung auf Anpassung an eine Normalverteilung bei einer großen Stichprobe (n = 997).

Beispiel 1

Das Beispiel entstammt Bortz et al. (2000, S. 320). Ein Biologietest ist bei Schülern der 9. Klasse normalverteilt mit einem Mittel von $\mu = 5$ und einer Standardabweichung von $\sigma = 2$. In einer Zufallsstichprobe von 10 Realschülern dieser Klassenstufe ergeben sich in diesem Biologietest die folgenden Werte:

4,0 – 4,1 – 4,3 – 4,7 – 4,9 – 5,1 – 5,5 – 5,6 – 5,9 – 5,9

Es soll nun mittels Kolmogorov-Test geprüft werden, ob diese Stichprobe einer normalverteilten Population mit $\mu = 5$ und $\sigma = 2$ entstammt ($\alpha = 0,20$). Die Werte der 10 Schüler enthält die Datei KOLMOGOROV.SAV. Der gewünschte Test wird mit den im rechten Kasten auf S. 193 wiedergegebenen Befehlen veranlasst. Wir erhalten die nachfolgende Ausgabe:

Deskriptive Statistiken

	N	Mittelwert	Standardab weichung	Minimum	Maximum
Biologietest	10	5,000	,7180	4,0	5,9

Kolmogorov-Smirnov-Anpassungstest

		Biologietest
N		10
Parameter der Normalverteilung ^{a,b}	Mittelwert	5
	Standardabweichung	2
Extremste Differenzen	Absolut	,326
	Positiv	,326
	Negativ	-,309
Kolmogorov-Smirnov-Z		1,032
Asymptotische Signifikanz (2-seitig)		,237
Exakte Signifikanz (2-seitig)		,190
Punkt-Wahrscheinlichkeit		,000

a. Die zu testende Verteilung ist eine Normalverteilung.

b. Benutzerdefiniert

Erläuterungen zur Ausgabe

Obere Tabelle: Mittelwert und Standardabweichung der Stichprobendaten.

Untere Tabelle: In der Syntax-Datei eingegebene Parameter der Populationsverteilung (**Mittel, Standardabweichung**) Prüfwert des zweiseitigen Kolmogorov-Tests (**Absolut: 0,326**), P-Werte des approximativen (**0,237**) sowie des exakten Kolmogorov-Tests (**0,190**).

Da beim exakten Test P = 0,19 kleiner als $\alpha = 0,20$ ist, wird die Nullhypothese, dass die Population nach N(5; 2) verteilt ist, zurückgewiesen. Zu beachten ist hierbei, dass man nicht zu dem Schluss gelangt, dass die Population nicht normalverteilt ist. Man schlussfolgert lediglich, dass es sich bei der Population nicht um eine Normalverteilung mit dem Mittel $\mu = 5$ und der Standardabweichung $\sigma = 2$ handelt. Die Stichprobe könnte immer noch aus einer normalverteilten Population mit anderen Parametern stammen.

Beispiel 2

Das Beispiel entstammt der *Inferenzstatistik* (*Tab. 22.7*). Für eine Zufallsstichprobe von n = 10 »hochbegabten« Schülern liegen folgende Intelligenztestwerte vor (aufsteigend geordnet):

115 – 118 – 120 – 124 – 125 – 126 – 128 – 129 – 130 – 132

Es soll geprüft werden, ob diese Stichprobe einer normalverteilten Population entstammt. Die Werte der 10 Schüler enthält die Datei LILLIEFORS.SAV. Mittel und Standardabweichung der Gruppe sind M = 124,70 und S = 5,52. Die vom Lilliefors-Test geprüfte Nullhypothese lautet dann: Die Stichprobe entstammt einer normalverteilten Population mit μ = 124,7 und σ = 5,52. Nachfolgend die Ausgabe der Prozedur Examine, die für die jetzige Prüfung auf Normalverteilung relevant ist:

Deskriptive Statistik

			Statistik	Standard-fehler
IQWerte	Mittelwert		124,70	1,745
	95% Konfidenzintervall des Mittelwerts	Untergrenze	120,75	
		Obergrenze	128,65	
	5% getrimmtes Mittel		124,83	
	Median		125,50	
	Varianz		30,456	
	Standardabweichung		5,519	
	Minimum		115	
	Maximum		132	
	Spannweite		17	
	Interquartilbereich		10	
	Schiefe		-,547	,687
	Kurtosis		-,704	1,334

Tests auf Normalverteilung

	Kolmogorov-Smirnov[a]			Shapiro-Wilk		
	Statistik	df	Signifikanz	Statistik	df	Signifikanz
IQWerte	,150	10	,200*	,953	10	,703

*. Dies ist eine untere Grenze der echten Signifikanz.

a. Signifikanzkorrektur nach Lilliefors

Erläuterungen zur Ausgabe

Obere Tabelle: Kennwerte der Stichprobendaten.

Untere Tabelle: Ergebnisse des Lilliefors-Tests (**Kolmogorov-Smirnov**). Prüfwert (**0,150**) sowie P-Wert (**0,200**). Da P = 0,20 = α = 0,20, wird die Nullhypothese zurückgewiesen. Die Population verteilt sich nicht nach N(124,70; 5,52).

Beispiel	3

Ein valider Nachweis, dass ein bestimmtes Merkmal (annähernd) normalverteilt ist, lässt sich mit so kleinen bzw. »winzigen« Stichproben wie bei BEISPIEL 1 und 2 allerdings kaum erbringen. Hierzu bedarf es großer bis sehr großer Stichprobenumfänge. Nur deren Verteilungsformen und Kennwerte stellen dann hinreichend genaue Schätzungen für die Form und die Parameter der Populationsverteilung dar.

Das nachfolgende Histogramm stellt die n = 997 Größen-Werte der Frauen aus der Datei GESUND.SAV dar. Mittel und Standardabweichung derVerteilung sind M = 167,05 und S = 6,69. Zur optischen Prüfung der Güte der Anpassung ist die Normalverteilung N(167,05; 6,69) in das Histogramm eingezeichnet.

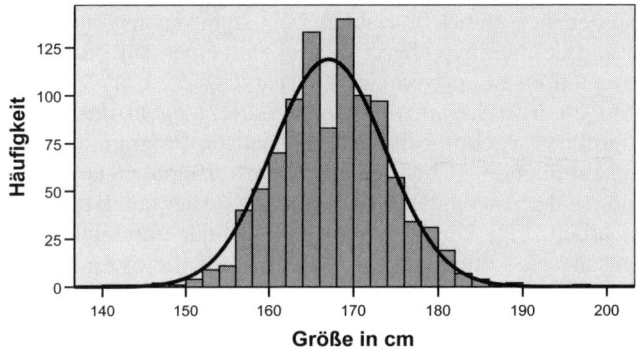

Nachfolgend die Ergebnisse des Lilliefors-Tests. Auf Grund des niedrigen P-Wertes wird geschlussfolgert, dass das Merkmal Größe sich in der Population der Frauen nicht nach N(167,05; 6,69) verteilt.

Tests auf Normalverteilung

	Kolmogorov-Smirnov[a]			Shapiro-Wilk		
	Statistik	df	Signifikanz	Statistik	df	Signifikanz
Größe	,058	997	,000	,993	997	,000

a. Signifikanzkorrektur nach Lilliefors

Dieser Befund wirkt unerwartet, da die optisch feststellbare Anpassung der empirischen Verteilung an die theoretische Normalverteilung recht gut zu sein scheint. Bei der Interpretation des Test-Ergebnisses muss jedoch berücksichtigt werden, dass keine empirische Verteilung exakt der Normalform folgt und bei großen Stichproben – wie im vorliegenden Fall – selbst »unbedeutende« Abweichungen von der theoretischen Normalverteilung zu statistischer Signifikanz führen.

Analyse von 2×2 Kreuztabellen: Fisher's exakter Test und Chi^2

Mit Hilfe der Prozedur CROSSTABS lässt sich prüfen, ob die Verteilung einer dichotomen Variablen in zwei unabhängigen Stichproben signifikant verschieden ist. Dieser Test ist identisch mit der Frage, ob zwischen der dichotomen (Gruppierungs-)Variablen I und der dichotomen Variablen J ein signifikanter Zusammenhang besteht. Zur Prüfung der Nullhypothese(n) kann zum einen auf Fisher's exakten Test, zum anderen auf einen approximativen Test über die Chi^2-Verteilung zurückgegriffen werden (⇨ *Inferenzstatistik, Kap. 18.2 + 21.1*). In der Vergangenheit stand im Fall größerer Stichproben auch bei Statistik-Programmen lediglich das – leichter durchzuführende – Chi^2-Verfahren zur Verfügung. Da jedoch in den letzten SPSS-Versionen der Anwendung des Tests von Fisher durch den Stichprobenumfang offensichtlich keine Grenzen mehr gesetzt sind, empfiehlt sich die generelle Heranziehung dieses – durch seinen Rückgriff auf die hypergeometrische Verteilung – exakten Verfahrens.

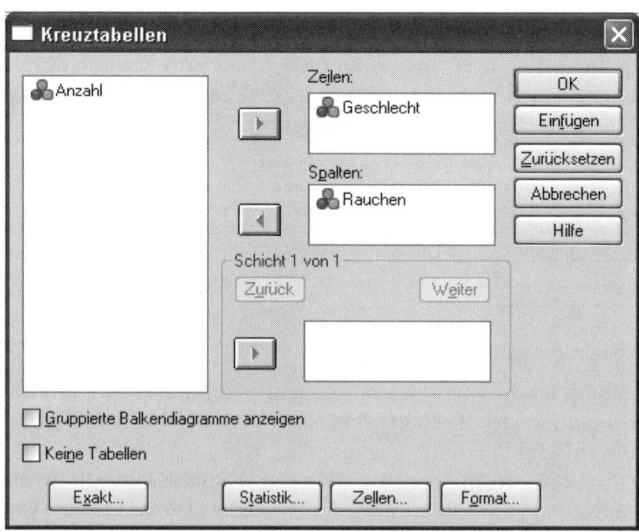

Im Eingangs-Dialogfeld ist als Erstes festzulegen, welches die Zeilen- und welches die Spaltenvariable in der 2×2 Tabelle sein soll. Um den Test nach Fisher oder den Chi^2-Test zu erhalten, ist in der Dialogbox **Statistik** die Option *Chi-Quadrat* anzuklicken. Die Programmausgabe enthält immer die Ergebnisse beider Verfahren. Da neben der Frage, ob zwischen den beiden dichotomen Variablen eine statistisch signifikante Beziehung besteht, meist auch die Stärke des Zusammenhangs von Interesse ist, empfiehlt sich weiterhin das Anfordern des Phi-Koeffizienten (vgl. Kapitel 29). Die übrigen Wahlmöglichkeiten der Dialogbox sind für den Fall von 2×2 Tabellen nicht von Bedeutung.

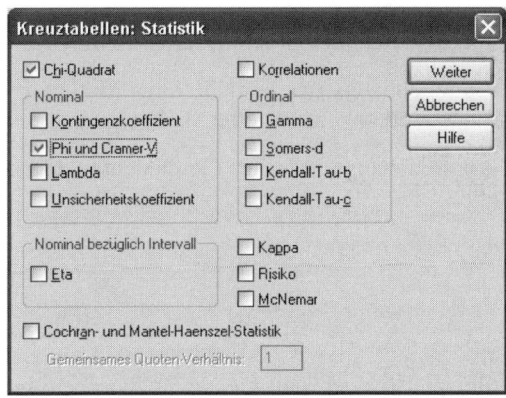

Über das Dialogfeld **Zellen anzeigen** kann u. a. bestimmt werden, ob die Zeilensummen und/oder die Spaltensummen die Basis für die Prozentuierung der Zellenhäufigkeiten sein sollen.

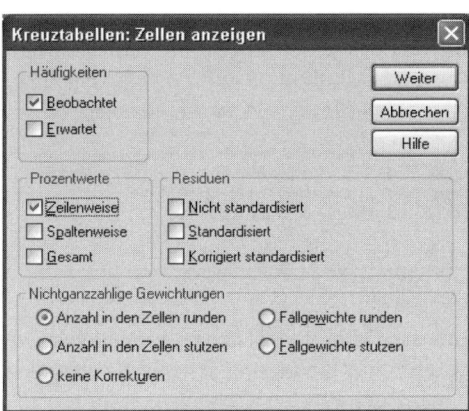

Liegt ein Merkmal mit »natürlichen« Kategorien vor (wie das *Geschlecht*), bieten diese sich als Prozentbasis an. Die auch mögliche Prozentuierung auf die Gesamtzahl der Personen ist dagegen zur Beschreibung der Beziehung ungeeignet. Die im Rahmen des Chi^2-Tests relevanten *erwarteten* Zellenhäufigkeiten sind in der Regel nicht von Interesse. Der kleinste dieser vier Werte wird vom Programm automatisch mit ausgegeben.

In der (auf S. 206 wiedergegebenen) Dialogbox **Tabellenformat** kann die Abfolge der Kategorien der Zeilenvariablen von *aufsteigend* (entsprechend ihrer numerischen Kodierung) in *absteigend* geändert werden. Die Anordnung der Spalten ist in beiden Fällen (entsprechend ihrer Kodierung) von links nach rechts ansteigend.

Übersicht über die in den Beispielen behandelten Probleme

① Prüfung des Zusammenhangs zweier dichotomer Merkmale (sportliche Betätigung und Alkoholkonsum): Kleine Stichprobe.

② Prüfung des Zusammenhangs zwischen Geschlecht und Rauchgewohnheit: Große Stichprobe.

Beispiel 1

Das nachfolgende Beispiel für den Fall kleiner Stichproben, bei dem ausschließlich Fisher's exakter Test zum Einsatz kommen sollte, entstammt der *Inferenzstatistik* (*Tab. 21.3*). Eine Stichprobe von 17 Männern wurde danach unterteilt, ob sie (nach eigenen Angaben) »regelmäßig Sport treiben« und im weiteren gefragt, ob sie »regelmäßig Alkohol trinken«.

Es soll untersucht werden, ob die Verteilung des Alkoholkonsums (regelmäßig: *ja–nein*) in den »Sportlergruppen« signifikant verschieden ist ($\alpha = 0,05$). Dieser Test ist identisch mit der Frage, ob ein signifikanter Zusammenhang zwischen sportlicher Betätigung und Alkoholkonsum besteht. Nachfolgend die erhaltenen Daten (jeweils J = *ja, regelmäßig*; N = *nein, nicht regelmäßig*).

Person	1	2	3	4	5	6	7	8	9	10	11	12	13	14	15	16	17
Sport	J	J	N	J	N	J	J	J	J	J	J	N	J	N	N	J	N
Alkohol	N	J	J	N	J	N	N	N	J	N	J	J	N	J	N	N	N

Die Daten werden in eine Datei TAB21-3.SAV eingegeben, wobei bei den Variablen SPORT und ALKOHOL die Kodierung jeweils J = 1 und N = 0 ist. Neben Fisher's exaktem Test wird der Phi-Koeffizient angefordert. Die Kreuztabelle soll lediglich absolute (Zellen-)Häufigkeiten enthalten, da eine Prozentuierung bei so geringen Zeilen- und Spaltenhäufigkeiten nicht sinnvoll ist. Nachfolgend die Ausgabe, bei der die Tabelle »Verarbeitete Fälle« weggelassen ist.

Sport * Alkohol Kreuztabelle

Anzahl

		Alkohol		Gesamt	
		Nein	Ja		❶
Sport	Nein	2	4	6	
	Ja	8	3	11	
Gesamt		10	7	17	

Chi-Quadrat-Tests

	Wert	df	Asymptoti-sche Signi-fikanz (2-seitig)	Exakte Signifi-kanz (2-seitig)	Exakte Signifi-kanz (1-seitig)	
Chi-Quadrat nach Pearson	2,487 [b]	1	,115			❷
Kontinuitätskorrektur [a]	1,127	1	,288			
Likelihood-Quotient	2,506	1	,113			
Exakter Test nach Fisher				,162	,145	❸
Zusammenhang linear-mit-linear	2,341	1	,126			
Anzahl der gültigen Fälle	17					

a. Wird nur für eine 2x2-Tabelle berechnet
b. 3 Zellen (75,0%) haben eine erwartete Häufigkeit kleiner 5. ❹
 Die minimale erwartete Häufigkeit ist 2,47.

Symmetrische Maße

		Wert	Näherungsweise Signifikanz	
Nominal- bzgl. Nominalmaß	Phi	-,383	,115	❺
	Cramer-V	,383	,115	
Anzahl der gültigen Fälle		17		

a. Die Null-Hypothese wird nicht angenommen.
b. Unter Annahme der Null-Hypothese wird der asymptotische Standardfehler verwendet.

Erläuterungen zur Ausgabe

❶ Kreuztabelle mit den absoluten Zeilen-, Spalten- und Zellenhäufigkeiten.

❷ Prüfwert des Chi^2-Tests (⇨ *Inferenzstatistik, Formel* ⌊18.18⌋ bzw. ⌊21.4⌋). Kontinuitätskorrigierter Prüfwert (⇨ *Formel* ⌊18.27⌋). Freiheitsgrade (»df«). Zweiseitige P-Werte für die Prüfgrößen (»Asymptotische Signifikanz«).

❸ Ergebnis von Fisher's exaktem Test. Einseitiger und zweiseitiger P-Wert (»Exakte Signifikanz«).

❹ Diese Information ist nur für den Chi²-Test relevant. Das Verfahren sollte im vorliegenden Fall nicht angewendet werden.

❺ Wert des Phi-Koeffizienten (vgl. Kapitel 29).

Der Zusammenhang zwischen sportlicher Betätigung und Alkoholkonsum erweist sich als statistisch insignifikant: P(Fisher, zweiseitig) > 0,05. Die Regelmäßigkeit des Alkoholkonsums ist in den beiden »Sportlergruppen« nicht signifikant verschieden.

Beispiel 2

Das Beispiel für einen Fall großer Stichproben entstammt der *Inferenzstatistik* (*Tab. 18.6*). In der dort zitierten »Shell«-Studie wurde u. a. untersucht, wieweit bei 21- bis 24-jährigen Frauen und Männern unterschiedliche Rauchgewohnheiten vorhanden sind. Nachfolgend die Anzahl der RaucherInnen und NichtraucherInnen in beiden Geschlechtsgruppen. Bei den weiblichen Befragten rauchen 48,1% (regelmäßig), bei den Männern sind es 58,0%. Mittels Fisher's exaktem Test soll nun geprüft werden, ob der Unterschied in diesen Anteilen auf dem 5%-Niveau signifikant ist.

	Raucher	Nichtraucher	
Frauen	127	137	264
Männer	181	131	312
	308	268	576

Die Daten der Kreuztabelle werden in eine Datei TAB18-6.SAV eingegeben, wobei GESCHLECHT (1 = *Frauen*, 2 = *Männer*) und RAUCHEN (0 = *Nichtraucher*, 1 = *Raucher*) die Merkmalskodierungen und die (Gewichtungs-)Variable ANZAHL die Zellenhäufigkeiten enthalten. Vor dem Aufruf der Prozedur CROSSTABS ist über **Daten / Fälle gewichten** die Variable ANZAHL als Gewichtungsvariable zu definieren (vgl. Kapitel 20). Anschließend wird GESCHLECHT als Zeilen- und RAUCHEN als Spaltenvariable der Kreuztabelle eingegeben. Die Prozentuierung der Zellenhäufigkeiten soll auf die Zeilensummen (Frauen und Männer) erfolgen. Als Maß für die Stärke des Zusammenhangs zwischen Geschlecht und Rauchverhalten wird der Phi-Koeffizient angefordert.

Geschlecht * Rauchen Kreuztabelle

| | | | Rauchen | | |
			Nichtraucher	Raucher	Gesamt
Geschlecht	Frauen	Anzahl	137	127	264
		% von Geschlecht	51,9%	48,1%	100,0%
	Männer	Anzahl	131	181	312
		% von Geschlecht	42,0%	58,0%	100,0%
Gesamt		Anzahl	268	308	576
		% von Geschlecht	46,5%	53,5%	100,0%

Chi-Quadrat-Tests

	Wert	df	Asymptotische Signifikanz (2-seitig)	Exakte Signifikanz (2-seitig)	Exakte Signifikanz (1-seitig)
Chi-Quadrat nach Pearson	5,641[b]	1	,018		
Kontinuitätskorrektur[a]	5,250	1	,022		
Likelihood-Quotient	5,646	1	,017		
Exakter Test nach Fisher				,019	,011
Zusammenhang linear-mit-linear	5,631	1	,018		
Anzahl der gültigen Fälle	576				

a. Wird nur für eine 2x2-Tabelle berechnet

b. 0 Zellen (,0%) haben eine erwartete Häufigkeit kleiner 5. Die minimale erwartete Häufigkeit ist 122,83.

Symmetrische Maße

		Wert	Näherungs-weise Signifikanz
Nominal- bzgl. Nominalmaß	Phi	,099	,018
	Cramer-V	,099	,018
Anzahl der gültigen Fälle		576	

a. Die Null-Hyphothese wird nicht angenommen.

b. Unter Annahme der Null-Hyphothese wird der asymptotische Standardfehler verwendet.

Fisher's exakter Test zeigt eine signifikante Beziehung zwischen beiden Merkmalen an. Der Anteil regelmäßig rauchender Personen ist bei den Männern mit 58% bedeutsam höher als bei den Frauen (48%). Die Stärke der Beziehung zwischen Geschlecht und Rauchverhalten erweist sich allerdings in Anbetracht eines Phi-Wertes von 0,10 als ausgesprochen gering.

Analyse von Kreuztabellen: Allgemein

> **Analysieren / Deskriptive Statistiken / Kreuztabellen ...**

Die Analyse von zwei-, drei- oder höher-dimensionalen Kreuztabellen ist mit Hilfe der Prozedur CROSSTABS möglich. Im zweidimensionalen I×J-Fall besteht die Tabelle aus I Zeilen und J Spalten, bei I×J×K-Tabellen werden I×J-Kreuztabellen für alle K Stufen oder Kategorien des dritten Merkmals erstellt. Neben der Ausgabe der absoluten und prozentualen Zellen- und Randhäufigkeiten ist eine Signifikanzprüfung des Zusammenhangs zwischen den Merkmalen I und J erhältlich. Auf Wunsch werden weiterhin Assoziationsmaße für die Stärke dieser Beziehung bestimmt. Der Spezialfall einer Auswertung von 2×2-Kreuztabellen wird in Kapitel 41 gesondert besprochen.

Im zweidimensionalen Fall ist in der Eingangs-Dialogbox lediglich festzulegen, welches die Zeilenvariable und welches die Spaltenvariable in der I×J-Kreuztabelle sein soll (vgl. BEISPIEL 1 und 2). Bei I×J×K-Tabellen muss dagegen noch im Feld unterhalb von *Schicht 1 von 1* das dritte Merkmal eingegeben werden (vgl. BEISPIEL 3).

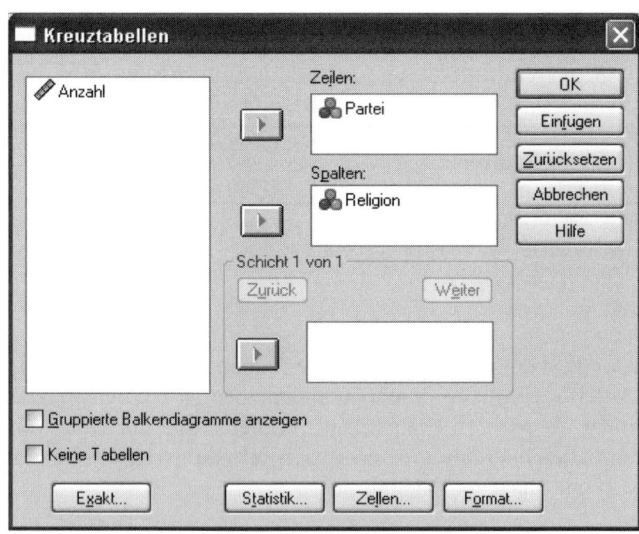

Über das Dialogfeld **Zellen anzeigen** kann u. a. bestimmt werden, ob die Zeilensummen und/oder die Spaltensummen die Basis für die Prozentuierung der Zellenhäufigkeiten sein sollen. Die auch mögliche Prozentuierung auf die Gesamtzahl der Personen ist zur Beschreibung der Beziehung zwischen I und J dagegen ungeeignet. Eine Mitausgabe der (für den Chi^2-Test) relevanten *erwarteten* Zellenhäufigkeiten dürfte nur selten von Interesse sein.

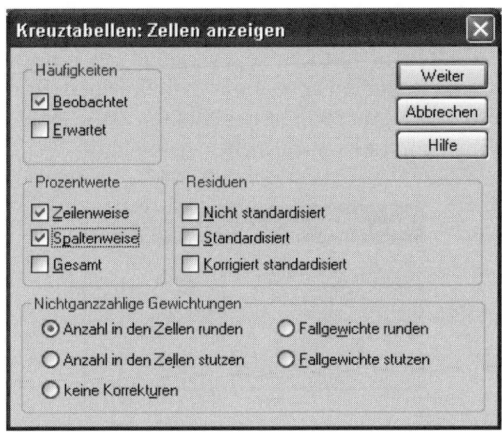

In der Box **Statistik** kann durch Ankreuzen von *Chi-Quadrat* eine Signifikanzprüfung der Beziehung zwischen Zeilen- und Spaltenmerkmal veranlasst werden. Welche der angebotenen Assoziationsmaße sinnvoll sind, hängt davon ab, ob die numerischen Kodierungen der Merkmale lediglich Kategorien bezeichnen (deren Anordnung beliebig ist), oder (zumindest) Ranginformation liefern und damit eine »natürliche« aufsteigende oder absteigende Reihenfolge aufweisen.

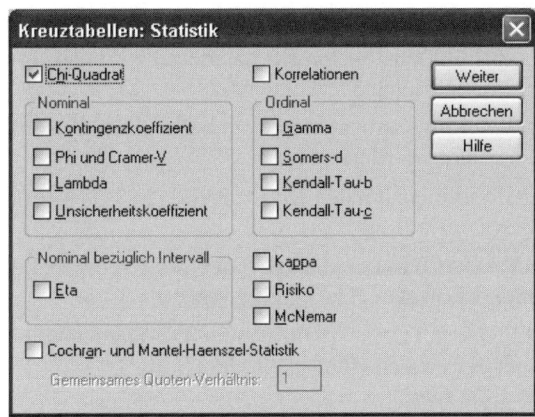

Im kategorialen Fall sind lediglich die unter *Nominal* aufgeführten Maße sinnvoll (die nicht auf Vertauschungen der Zeilen oder Spalten reagieren). Bei einer Rangfolge der Stufen beider Merkmale können dagegen (auch) die im Feld *Ordinal* zusammengestellten Koeffizienten sowie die Option *Korrelationen* gewählt werden (⇨ *Inferenzstatistik, Kap. 21+27*). Für eine eventuelle Bestimmung von Eta – im Fall, dass ein Merkmal metrisch ist – sollte der in Kapitel 32 beschriebene Weg gewählt werden. Die Option *Eta* im (eigenartig beschrifteten) Feld *Nominal bezüglich Intervall* ist hier weniger leistungsfähig.

In der Dialogbox **Tabellenformat** kann die Abfolge der Kategorien der Zeilenvariablen von *aufsteigend* (entsprechend ihrer numerischen Kodierung) in *absteigend* geändert werden. Die Anordnung der Spalten ist in beiden Fällen (entsprechend ihrer Kodierung) von links nach rechts ansteigend.

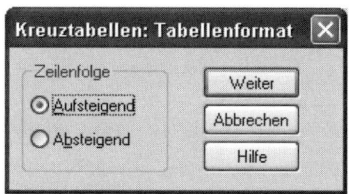

Während der in der Standardinstallation zur Verfügung stehende Chi²-Test eine approximative Signifikanzprüfung des Zusammenhangs darstellt, ist mit dem Zusatzmodul EXAKTE TESTS auch eine Entscheidung über die Nullhypothese an Hand exakter P-Werte möglich (vgl. BEISPIEL 4). Dies ist von speziellem Interesse, wenn in der Kreuztabelle in einer »zu hohen« Anzahl von Zellen die erwartete Häufigkeit kleiner als {5} ist (⇨ *Inferenzstatistik, S. 454*).

Übersicht über die in den Beispielen behandelten Probleme

① Analyse einer zweidimensionalen Kreuztabelle (5×5). Zusammenhang zwischen zwei kategorialen Merkmalen.

② Analyse einer zweidimensionalen Kreuztabelle (4×4). Zusammenhang zwischen zwei ordinalen Merkmalen.

③ Analyse einer dreidimensionalen Kreuztabelle (5×5×2). Merkmal I und J ordinalskaliert.

④ Zusatzmodul EXAKTE TESTS. Analyse einer 2×6 Kreuztabelle. 42% der Zellen mit einer erwarteten Häufigkeit kleiner als 5.

⑤ Zusatzmodul EXAKTE TESTS. Analyse einer 4×5 Kreuztabelle. 31% der Zellen mit einer erwarteten Häufigkeit kleiner als 5.

Beispiel	1

Das nachfolgende Beispiel für einen Fall, dass beide Merkmale rein kategorial sind, entstammt der *Inferenzstatistik (Tab. 21.7)*. In der dort zitierten »Shell-Studie« wurden 1472 Jugendliche auf Grund der Beantwortung verschiedener Fragen (nach »Gottesdienstbesuch«, »Beten« usw.) fünf Typen der Religiosität zugeordnet: *praktizierend, privatisierend, konventionell, formell, nicht religiös*. Gleichzeitig wurden sie nach ihrer Parteipräferenz befragt. Die nachfolgende Kontingenztabelle enthält die Auftretenshäufigkeiten für die 5*5 zwischen den Kategorien der Variablen möglichen Kombinationen. Untersucht werden soll der Zusammenhang zwischen Parteipräferenz und Art der Religiosität.

				Religiosität			
		prakt.	privat.	konven.	formell	nichtr.	
	CDU/CSU	63	55	37	95	2	252
Partei-	SPD	47	83	18	174	11	333
präfe-	GRÜNE	42	58	20	182	42	344
renz	andere	14	5	4	43	3	69
	keine	97	74	52	233	18	474
		263	275	131	727	76	1472

Die Daten werden in eine Datei TAB21-7.SAV eingegeben. Die Variable PARTEI enthält die Kodierung der Parteien (1 = *CDU/CSU*, 2 = *SPD*, 3 = *GRÜNE*, 4 = *andere*, 5 = *keine*), unter RELIGION sind die Kodierungen der Religiositätskategorien eingegeben (1 = *praktizierend*, 2 = *privatisierend*, 3 = *konventionell*, 4 = *formell*, 5 = *nicht religiös*). Die zugehörigen Auftretenshäufigkeiten in den 5*5 Zellen enthält die Variable ANZAHL.

Es soll nun eine Kreuztabelle für den Zusammenhang zwischen Parteipräferenz und Religiosität erstellt werden, mit einer sowohl auf die Zeilen- als auch die Spaltensummen bezogenen Prozentuierung der Zellenhäufigkeiten. Angefordert werden weiterhin die Signifikanzprüfung des Zusammenhangs mittels *Chi-Quadrat* sowie Assoziationsmaße für Tabellen mit kategorialen Variablen (*Kontingenzkoeffizient, Phi und Cramer-V, Lambda*).

Da die Daten als (bivariate) Häufigkeitsverteilung vorliegen, muss vor der Auswertung der Kreuztabelle in der Dialogbox **Fälle gewichten** die Variable ANZAHL im Feld *Häufigkeitsvariable* eingegeben werden (vgl. Kapitel 20). Nachfolgend die Ausgabe von CROSSTABS, bei der die Tabelle »Verarbeitete Fälle« weggelassen ist und in der Kreuztabelle die Prozentwerte im Ausgabe-Viewer ganzzahlig gerundet wurden.

Partei * Religion Kreuztabelle

			Religion					Gesamt	
			prak	priv	konv	form	nicht	Gesamt	❶
Partei	CDU	Anzahl	63	55	37	95	2	252	
		% von Partei	25%	22%	15%	38%	1%	100%	
		% von Religion	24%	20%	28%	13%	3%	17%	
	SPD	Anzahl	47	83	18	174	11	333	
		% von Partei	14%	25%	5%	52%	3%	100%	
		% von Religion	18%	30%	14%	24%	14%	23%	
	GRÜNE	Anzahl	42	58	20	182	42	344	
		% von Partei	12%	17%	6%	53%	12%	100%	
		% von Religion	16%	21%	15%	25%	55%	23%	
	Andere	Anzahl	14	5	4	43	3	69	
		% von Partei	20%	7%	6%	62%	4%	100%	
		% von Religion	5%	2%	3%	6%	4%	5%	
	Keine	Anzahl	97	74	52	233	18	474	
		% von Partei	20%	16%	11%	49%	4%	100%	
		% von Religion	37%	27%	40%	32%	24%	32%	
Gesamt		Anzahl	263	275	131	727	76	1472	
		% von Partei	18%	19%	9%	49%	5%	100%	
		% von Religion	100%	100%	100%	100%	100%	100%	

Chi-Quadrat-Tests

	Wert	df	Asymptotische Signifikanz (2-seitig)	
Chi-Quadrat nach Pearson	112,001 [a]	16	,000	❷
Likelihood-Quotient	109,531	16	,000	
Zusammenhang linear-mit-linear	4,482	1	,034	
Anzahl der gültigen Fälle	1472			

a. 1 Zellen (4,0%) haben eine erwartete Häufigkeit kleiner 5.
Die minimale erwartete Häufigkeit ist 3,56.

Richtungsmaße

Nominal- bzgl. Nominalmaß		Wert	Asymptotischer Standardfehler [a]	Näherungsweises T [b]	Näherungsweise Signifikanz	
Lambda	Symmetrisch	,019	,008	2,244	,025	❸
	Partei abhängig	,033	,015	2,244	,025	
	Religion abhängig	,000	,000	.[c]	.[c]	
Goodman- und	Partei abhängig	,021	,004		,000 [d]	❹
Kruskal-Tau	Religion abhängig	,016	,004		,000 [d]	

a. Die Null-Hypothese wird nicht angenommen.
b. Unter Annahme der Null-Hypothese wird der asymptotische Standardfehler verwendet.
c. Kann nicht berechnet werden, weil der asymptotische Standardfehler gleich Null ist.
d. Basierend auf Chi-Quadrat-Näherung

Symmetrische Maße

		Wert	Näherungs- weise Signifikanz	
Nominal- bzgl.	Phi	,276	,000	❺
Nominalmaß	Cramer-V	,138	,000	
	Kontingenzkoeffizient	,266	,000	
Anzahl der gültigen Fälle		1472		

a. Die Null-Hypothese wird nicht angenommen.
b. Unter Annahme der Null-Hypothese wird der asymptotische Standardfehler verwendet.

Erläuterungen zur Ausgabe

❶ **Anzahl**: absolute Zeilen-, Spalten- und Zellenhäufigkeiten. **% von Partei**: auf die Zeilenhäufigkeiten bezogene Prozentwerte. **% von Religion**: Auf die Spaltenhäufigkeiten bezogene Prozentwerte.

❷ **Chi-Quadrat**: Prüfwert des Chi^2-Tests auf Unabhängigkeit beider Variablen (⇨ *Inferenzstatistik, Formel* [21.5]). »df«: Freiheitsgrade. »Asymptotische Signifikanz«: P-Wert für Chi^2.

Fußnote »a«: Anzahl der Zellen mit einer erwarteten Häufigkeit unter 5. Bei einem hohen Anteil derartiger Zellen empfiehlt sich – wenn möglich – ein exakter Test von H_0 (s. BEISPIEL 4).

❸ **Symmetrisch**: Symmetrisches Lambda (⇨ *Inferenzstatistik, Formel* [21.16]). Maß für die Stärke des Zusammenhangs, wenn keine Vorhersagerichtung spezifiziert ist. **Partei abhängig**: Lambda für die Enge der Beziehung bei Vorhersage der Parteipräferenz auf Grund der Art der Religiosität (⇨ *Lambda-a Formel* [21.14]). **Religion abhängig**: Lambda für die Enge der Beziehung bei Vorhersage der Religiositäts-Kategorie auf Grund der Parteipräferenz (⇨ *Lambda-b Formel* [21.15]). »Näherungsweise Signifikanz«: Approximative P-Werte bei der Signifikanzprüfung der Koeffizienten.

❹ **Goodman- und Kruskal Tau**: Ein mit Lambda verwandtes Assoziationsmaß (siehe Norušis, 1994a, S. 218 f.).

❺ Werte von Phi, Cramer's V und Kontingenzkoeffizient (⇨ *Inferenzstatistik, Formeln* [21.6], [21.8] und [21.9]).

Die Art der (statistisch signifikanten) Beziehung muss der auf die Zeilen bzw. Spalten prozentuierten Kontingenztabelle entnommen werden. Da der Zusammenhang – je nach herangezogenem Maß – sehr schwach bis nicht existent ist, ist hier auch wenig von einer Beziehung zwischen Religiosität und Parteipräferenz zu erkennen.

Beispiel 2

Dieses Beispiel für den Fall einer Kreuztabelle mit zwei Rangvariablen, bei denen die Anordnung der Stufen eine »natürliche« (feste) Abfolge hat, entstammt (modifiziert) der *Inferenzstatistik* (*Tab. 27.7*). Eine Zufallsstichprobe von 500 Autofahrern wurde nach ihrer Einstellung zur Einführung einer Geschwindigkeitsbegrenzung auf Autobahnen befragt. Auf die Frage »Wie stehen Sie zu einem Tempolimit von 100 km/h auf Autobahnen« konnte durch Ankreuzen wie folgt geantwortet werden: *lehne ab, lehne überwiegend ab, stimme überwiegend zu, stimme zu*. Weiterhin wurden die Befragten gebeten anzugeben, in welche der nachfolgenden PS-Klassen ihr Auto fällt: *bis 60, 61-100, 101-140* und *über 140 PS*.

Die nachfolgende Kontingenztabelle enthält die Auftretenshäufigkeiten für die 4*4 zwischen den Stufen der Variablen möglichen Kombinationen (fiktive Zahlen). Untersucht werden soll, ob zwischen der Motorstärke des eigenen Autos und der Einstellung zur Einführung eines Tempolimits ein Zusammenhang besteht.

		Einstellung zum Tempolimit				
	PS-Zahl	lehne ab	lehne übw ab	stimme übw zu	stimme zu	
Motor-	über 140	30	40	5	35	110
stärke	101-140	25	50	40	10	125
	61-100	20	10	40	70	140
	bis 60	5	10	60	50	125
		80	110	145	165	500

Die Daten werden in eine Datei TAB27-7A.SAV eingegeben. Die Variable PS.ZAHL enthält die Kodierung der Motorstärke (1 = *bis 60*, 2 = *61-100*, 3 = *101-140*, 4 = *über 140 PS*), unter TEMPOLIMIT ist die Kodierung der Antworten eingegeben (0 = *lehne ab*, 1 = *lehne überwiegend ab*, 2 = *stimme überwiegend zu*, 3 = *stimme zu*). Die zugehörigen Auftretenshäufigkeiten in den 4*4 Zellen enthält die Variable ANZAHL.

Es soll nun eine Kreuztabelle für den Zusammenhang zwischen der PS-Zahl des eigenen Autos (Zeilenvariable) und der Einstellung zu einem Tempolimit erstellt werden, mit einer auf die Zeilen bezogenen Prozentuierung der Zellenhäufigkeiten. Über die Dialogbox **Tabellenformat** wird die Anordnung der Zeilenstufen in *absteigend* geändert.

Bei den mit {1-4} bzw. {0-3} kodierten Merkmalen »Motorstärke« und »Einstellung zu einem Tempolimit« handelt es sich um ordinalskalierte Variablen: Je höher die Zahl, um so höher die Motorstärke bzw. um so positiver die Einstellung. Durch diesen Sachverhalt sind (auch) Rangkorrelationskoeffizienten als Ausdruck der Stärke des monotonen/ordinalen Zusammenhangs sinnvoll. Neben der Signifikanzprüfung der Beziehung mittels *Chi²* werden deshalb in der Dialogbox **Statistik** als Assoziationsmaße *Korrelationen, Gamma* und *Kendall-Tau-b* angefordert.

Da die Daten als (bivariate) Häufigkeitsverteilung vorliegen, muss vor der Auswertung der Kreuztabelle in der Dialogbox **Fälle gewichten** die Variable ANZAHL im Feld *Häufigkeitsvariable* eingegeben werden (vgl. Kapitel 20). Die Prozedur CROSSTABS liefert anschließend die nachfolgende Ausgabe, bei der die Tabelle »Verarbeitete Fälle« weggelassen ist und in der Kreuztabelle die Prozentwerte im Ausgabe-Viewer ganzzahlig gerundet wurden.

PS.Zahl * Tempolimit Kreuztabelle

			Tempolimit				Gesamt
			lehne ab	überw ab	überw zu	stimm zu	
PS.Zahl	über 140	Anzahl	30	40	5	35	110
		% von PS.Zahl	27%	36%	5%	32%	100%
	101-140	Anzahl	25	50	40	10	125
		% von PS.Zahl	20%	40%	32%	8%	100%
	61-110	Anzahl	20	10	40	70	140
		% von PS.Zahl	14%	7%	29%	50%	100%
	bis 60	Anzahl	5	10	60	50	125
		% von PS.Zahl	4%	8%	48%	40%	100%
Gesamt		Anzahl	80	110	145	165	500
		% von PS.Zahl	16%	22%	29%	33%	100%

Chi-Quadrat-Tests

	Wert	df	Asymptotische Signifikanz (2-seitig)
Chi-Quadrat nach Pearson	151,880[a]	9	,000
Likelihood-Quotient	177,150	9	,000
Zusammenhang linear-mit-linear	60,981	1	,000
Anzahl der gültigen Fälle	500		

a. 0 Zellen (,0%) haben eine erwartete Häufigkeit kleiner 5. Die minimale erwartete Häufigkeit ist 17,60.

Symmetrische Maße

		Wert	Asympto-tischer Standard-fehler [a]	Nähe-rungs-weises T [b]	Nähe-rungsweise Signifikanz	
Ordinal- bzgl. Ordinalmaß	Kendall-Tau-b	-,290	,035	-8,146	,000	❶
	Gamma	-,378	,045	-8,146	,000	
	Korrelation nach Spearman	-,344	,042	-8,165	,000 [c]	❷
Intervall- bzgl. Intervallmaß	Pearson-R	-,350	,041	-8,327	,000 [c]	❸
Anzahl der gültigen Fälle		500				

a. Die Null-Hypothese wird nicht angenommen.
b. Unter Annahme der Null-Hypothese wird der asymptotische Standardfehler verwendet.
c. Basierend auf normaler Näherung

Erläuterungen zur Ausgabe (soweit nicht bei BEISPIEL 1 gegeben)

❶ **Kendall-Tau-b**: Rangkorrelation nach Kendall. Den gleichen Wert würde man über die (in Kapitel 31 beschriebene) Prozedur NONPAR CORR bei Interkorrelation der Variablen PS.ZAHL und TEMPOLIMIT mittels Tau erhalten (vgl. auch *Inferenz-statistik, Kap. 27.4.4).* **Gamma**: Goodman & Kruskal's Gamma, ein mit Tau ver-wandtes Zusammenhangsmaß (⇨ *Inferenzstatistik, Formel* $\boxed{27.27}$).»Näherungs-weise Signifikanz«: Approximative P-Werte bei der Signifikanzprüfung der Koef-fizienten.

❷ **Spearman**: Spearman-Rangkorrelation zwischen beiden Variablen (wie man sie auch über die in Kapitel 31 beschriebene Prozedur NPAR CORR erhalten wür-de). Zur Berechnung von r_S werden hier zuerst die {1-4}- und {0-3}-Werte der Variablen jeweils in Ränge transformiert. Beim Merkmal PS.ZAHL erhalten da-durch die 125 Personen mit dem Wert {1} den gemittelten Rang $(1+2+...+125)/$ 125. Der Wert von $r_S = -0,34361$ ist dann die Produkt-Moment Korrelation zwi-schen den Rangwerten beider Variablen. Sie unterscheidet sich im vorliegenden Fall nur geringfügig von der Produkt-Moment Korrelation zwischen den ur-sprünglichen {1-4}- und {0-3}-Werten.

❸ **Pearson-R**: Produkt-Moment Korrelation zwischen den Variablen PS.ZAHL und TEMPOLIMIT (wie man sie auch über die in Kapitel 28 besprochene Prozedur CORRELATIONS bei Interkorrelation beider Variablen erhalten würde).

Sowohl Kendall's Tau als auch Spearman's r_S zeigen an, dass eine Beziehung zwischen Motorstärke und Einstellung besteht, derart, dass Fahrer mit PS-schwä-cheren Fahrzeugen eher einem Tempolimit zustimmen. Der Zusammenhang ist statistisch signifikant.

Beispiel	3

Das nachfolgende Beispiel für den Fall einer dreidimensionalen Kreuztabelle entstammt Bishop, Fienberg & Holland (1975, S. 100). Ein Teil der Daten wurde bereits bei BEISPIEL 2 von Kapitel 20 herangezogen. Bei Stichproben von 2391 Familien in Dänemark und 3500 Familien in England wurde jeweils der Beruf des Vaters und des Sohnes einer von fünf Statusgruppen zugeordnet (je höher die Zahl, um so höher der Status). Untersucht wurde, wieweit in beiden Ländern ein Zusammenhang zwischen dem Berufsstatus von Vätern und Söhnen besteht. Es ergab sich die nachfolgende Verteilung:

		Berufstatus des Sohnes						
		1	2	3	4	5		
	5	6	8	69	201	246	530	
Status	4	8	49	175	348	198	778	
des	3	23	84	289	217	95	708	Dänemark
Vaters	2	24	105	109	59	21	318	
	1	18	17	16	4	2	57	
		79	263	658	829	562	2391	

		Berufstatus des Sohnes						
		1	2	3	4	5		
	5	3	42	72	320	411	848	
Status	4	14	150	185	714	447	1510	
des	3	11	78	110	223	96	518	England
Vaters	2	28	174	84	154	55	495	
	1	50	45	8	18	8	129	
		106	489	459	1429	1017	3500	

Die Daten werden in eine Datei ENGMARK.SAV eingegeben. Die Variablen VATER und SOHN enthalten die Kodierungen der Berufe von Vätern und Söhnen {1-5}, unter LAND sind die Kodierungen der Untersuchungsländer eingegeben (1 = *Dänemark*, 2 = *England*). Die zugehörigen Auftretenshäufigkeiten in den 5×5×2 Zellen enthält die Variable ANZAHL. Es sollen nun zwei 5×5 Kreuztabellen erstellt werden, die den Zusammenhang zwischen dem Berufsstatus von Vätern und Söhnen in den beiden Ländern zeigen.

Dazu werden in der Eingangs-Dialogbox VATER und SOHN als Zeilen- bzw. Spaltenvariable eingegeben und LAND als dritte Variable im Feld unterhalb *Schicht 1 von 1*. Die Zellen-Prozentwerte beider Tabellen sollen jeweils auf die Zeilenhäufigkeiten (Umfänge der Väterstichproben) bezogen sein. Um die Tabelle übersichtlich zu halten, werden die absoluten Häufigkeiten abgewählt. Über die Box **Tabellenformat** wird die Anordnung der Zeilenstufen in *absteigend* geändert.

Beim Berufsstatus von Vater und Sohn handelt es sich jeweils um eine Rangvariable (je höher der Wert, desto höher der Status). Neben der Signifikanzprüfung des Zusammenhangs beider Merkmale mittels Chi^2 können deshalb als Assoziationsmaße Rangkorrelationskoeffizienten herangezogen werden. Angefordert wird *Kendall-Tau-b*.

Da die Daten als (trivariate) Häufigkeitsverteilung vorliegen, muss vor der Auswertung der Kreuztabelle in der Dialogbox **Fälle gewichten** die Variable ANZAHL im Feld *Häufigkeitsvariable* eingegeben werden (vgl. Kapitel 20). Die Prozedur CROSSTABS liefert anschließend die nachfolgende Ausgabe (Tabelle »Verarbeitete Fälle« weggelassen):

Vater * Sohn * Land Kreuztabelle

% von Vater

Land			Sohn					Gesamt	
			niedrig	2	mittel	4	hoch		
Dänemark	Vater	hoch	1	2	13	38	46	100%	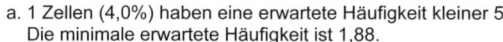
		4	1	6	22	45	25	100%	
		mittel	3	12	41	31	13	100%	
		2	8	33	34	19	7	100%	
		niedrig	32	30	28	7	4	100%	
	Gesamt		3	11	28	35	24	100%	
England	Vater	hoch	0	5	8	38	48	100%	
		4	1	10	12	47	30	100%	
		mittel	2	15	21	43	19	100%	
		2	6	35	17	31	11	100%	
		niedrig	39	35	6	14	6	100%	
	Gesamt		3	14	13	41	29	100%	

Chi-Quadrat-Tests

Land		Wert	df	Asymptotische Signifikanz (2-seitig)	
Dänemark	Chi-Quadrat nach Pearson	754,104 [a]	16	,000	
	Likelihood-Quotient	654,207	16	,000	
	Zusammenhang linear-mit-linear	547,376	1	,000	
	Anzahl der gültigen Fälle	2391			
England	Chi-Quadrat nach Pearson	1176,528 [b]	16	,000	
	Likelihood-Quotient	792,190	16	,000	
	Zusammenhang linear-mit-linear	689,839	1	,000	
	Anzahl der gültigen Fälle	3500			

a. 1 Zellen (4,0%) haben eine erwartete Häufigkeit kleiner 5.
Die minimale erwartete Häufigkeit ist 1,88.

b. 1 Zellen (4,0%) haben eine erwartete Häufigkeit kleiner 5.
Die minimale erwartete Häufigkeit ist 3,91.

Symmetrische Maße

Land			Wert	Asymptotischer Standardfehler [a]	Näherungsweises T [b]	Näherungsweise Signifikanz	
Dänemark	Ordinal- bzgl. Ordinalmaß	Kendall-Tau-b	,406	,015	26,234	,000	❸
	Anzahl der gültigen Fälle		2391				
England	Ordinal- bzgl. Ordinalmaß	Kendall-Tau-b	,346	,013	24,693	,000	
	Anzahl der gültigen Fälle		3500				

a. Die Null-Hypothese wird nicht angenommen.
b. Unter Annahme der Null-Hypothese wird der asymptotische Standardfehler verwendet.

Erläuterungen zur Ausgabe

❶ Zur Erhöhung der Übersichtlichkeit wurden die Prozentwerte der Zellen nachträglich in ganzzahliges Format (ohne Prozent-Zeichen) geändert.

❷ Chi²-Test auf Unabhängigkeit der Variablen VATER und SOHN getrennt für die Kategorien von LAND.

❸ Kendall-Rangkorrelation zwischen den Variablen VATER und SOHN getrennt für die Kategorien der Drittvariablen LAND.

In beiden Ländern besteht eine signifikante Beziehung zwischen dem Berufsstatus von Vätern und Söhnen. Bei Vätern mit einem Beruf von höherem Status ist die Wahrscheinlichkeit größer, dass auch der Sohn einer höheren Statusgruppe angehört. Kendall's Tau zeigt dabei an, dass der Zusammenhang bei den untersuchten dänischen Familien etwas enger ist als in der Stichprobe aus England.

Beispiel	**4**		**ZUSATZMODUL »EXAKTE TESTS«**

Das Beispiel einer Kreuztabelle, in der eine hohe Anzahl von Zellen eine erwartete Häufigkeit unter {5} aufweist, entstammt Blöschl (1966). Eine Gruppe von 146 Studenten und 54 Studentinnen wurde gebeten, den Grad ihres Interesses an weltanschaulichen Fragen auf einer sechsstufigen Skala (von 1= *brennend interessiert* bis 6 = *ziemlich/völlig gleichgültig*) einzuschätzen. Die Untersuchungsfrage war, ob zwischen dem Geschlecht und der Ausprägung dieses Interesses ein bedeutsamer besteht. Die Antworten der beiden Gruppen verteilten sich wie folgt:

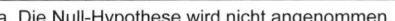

	Grad des Interesses						
	1	2	3	4	5	6	
Männer	12	66	50	17	1	0	146
Frauen	4	22	22	5	0	1	54
	16	88	72	22	1	1	200

Die Prüfung des Zusammenhangs soll nun mit einem exakten Test erfolgen. Die Daten werden in eine Datei WELTAN.SAV eingegeben. Die Variable GESCHLECHT enthält die Kodierung des Geschlechts (1 = *Frauen*, 2 = *Männer*), die Variable INTERESSE die Kodierungen der Interessenstufen (1–6). Die zugehörigen Auftretenshäufigkeiten in den 2∗6 Zellen enthält dieVariable ANZAHL.

Die Kreuztabelle soll neben den absoluten auch die *erwarteten* Zellenhäufigkeiten enthalten. Angefordert werden weiterhin die Optionen *Chi-Quadrat* (Signifikanzprüfung des Zusammenhangs) sowie *Phi und Cramer-V* und *Kendall-Tau-b* (als Zusammenhangsmaße). Da die Daten als (bivariate) Häufigkeitsverteilung vorliegen, muss vor der Auswertung der Kreuztabelle in der Dialogbox **Fälle gewichten** die Variable ANZAHL im Feld *Häufigkeitsvariable* eingegeben werden (vgl. Kapitel 20). Nachfolgend die CROSSTABS-Ausgabe des Moduls EXAKTE TESTS (Tabelle »Verarbeitete Fälle« weggelassen):

Geschlecht * Interesse Kreuztabelle

Geschlecht		Interesse 1	2	3	4	5	6	Gesamt	
Frauen	Anzahl	4	22	22	5	0	1	54	❶
	Erwartete Anzahl	4,3	23,8	19,4	5,9	,3	,3	54,0	
Männer	Anzahl	12	66	50	17	1	0	146	
	Erwartete Anzahl	11,7	64,2	52,6	16,1	,7	,7	146,0	
Gesamt	Anzahl	16	88	72	22	1	1	200	
	Erwartete Anzahl	16,0	88,0	72,0	22,0	1,0	1,0	200,0	

Chi-Quadrat-Tests

	Wert	df	Asymptotische Signifikanz (2-seitig)	Exakte Signifikanz (2-seitig)	Exakte Signifikanz (1-seitig)	Punkt-Wahrscheinlichkeit	
Chi-Quadrat nach Pearson	3,950 [a]	5	,557	,595			❷
Likelihood-Quotient	4,124	5	,532	,635			
Exakter Test nach Fisher	3,649			,636			❸
Zusammenhang linear-mit-linear	,340 [b]	1	,560	,575	,311	,062	
Anzahl der gültigen Fälle	200						

a. 5 Zellen (41,7%) haben eine erwartete Häufigkeit kleiner 5.
   Die minimale erwartete Häufigkeit ist ,27.
b. Die standardisierte Statistik ist -,583.

Symmetrische Maße

		Wert	Asympto-tischer Standard-fehler [a]	Nähe-rungs-weises T [b]	Nähe-rungs-weise Signifi-kanz	Exakte Signifi-kanz	
Nominal- bzgl. Nominalmaß	Phi	,141			,557	,595	
	Cramer-V	,141			,557	,595	
Ordinal- bzgl. Ordinalmaß	Kendall-Tau-b	-,033	,066	-,497	,619	,623	
Anzahl der gültigen Fälle		200					

a. Die Null-Hypothese wird nicht angenommen.
b. Unter Annahme der Null-Hypothese wird der asymptotische Standardfehler verwendet.

Erläuterungen zur Ausgabe

❶ Kreuztabelle mit den absoluten und erwarteten Zellenhäufigkeiten. In 5 der 12 Zellen ist die erwartete Häufigkeit kleiner als {5}, so dass eine (approximative) Prüfung des Zusammenhangs über die Chi²-Verteilung nicht geraten ist.

❷ Ergebnisse der Tests auf Unabhängigkeit der Merkmale mit der Prüfgröße Chi². »Asymptotische Signifikanz«: P-Wert bei approximativer Prüfung über die Chi²-Verteilung. »Exakte Signifikanz«: P-Wert bei Heranziehung der exakten Stichprobenverteilung von Chi².

❸ Ergebnis des Tests auf Unabhängigkeit der Merkmale mit der Prüfgröße des exakten Tests nach Fisher. Da somit Ergebnisse zweier exakter Tests zur Verfügung stehen, muss vorab festgelegt werden, auf Grund welches Verfahrens über die Nullhypothese entschieden wird. »Leistungsunterschiede«, die einen der Tests mehr empfehlen würden, gibt es allerdings nicht (vgl. Mehta & Patel, 1996, Kap. 10). Da im 2×2-Fall jedoch durchgehend Fisher's exakter Test herangezogen wird, scheint es sinnvoll, diesen der Einheitlichkeit halber auch bei größeren Kreuztabellen zu verwenden. Hinzu kommt, dass Test offensichtlich weniger Arbeitsspeicher benötigt und man seine Ergebnisse auch noch in Fällen erhält, bei denen der exakte Chi²-Test aus »Speichermangel« nicht durchgeführt werden kann (vgl. BEISPIEL 5)

❹ Angeforderte Zusammenhangsmaße und deren exakte Signifikanzprüfung. Es besteht kein Zusammenhang zwischen Geschlecht und dem Grad des Interesses an weltanschaulichen Fragen.

Beispiel 5

In BEISPIEL 2 wurde eine Kreuztabelle analysiert, bei der die Zellenhäufigkeiten von Tab 27.7 (⇨ *Inferenzstatistik*) jeweils mit 5 multipliziert waren. Für die Durchführung exakter Tests soll nun die (auf N = 100 Fällen basierende) Originaltabelle herangezogen werden (Datei TAB27-7B.SAV). Die Häufigkeiten der 4*4 Zellen können der nachfolgenden Ausgabe entnommen werden. Bei 5 (30%) der 16 Zellen liegen die erwarteten Häufigkeiten unter {5}.

Wie in Fußnote »b« mitgeteilt wird, reichte für die Durchführung des exakten Chi²-Tests der im benutzten Rechner zur Verfügung stehende freie Arbeitsspeicher von ca. 500 MB nicht aus.

PS.Zahl * Tempolimit Kreuztabelle

Anzahl

		Tempolimit				Gesamt
		lehne ab	überw ab	überw zu	stimm zu	
PS.Zahl	über 140	6	8	1	7	22
	101-140	5	10	8	2	25
	61-110	4	2	8	14	28
	bis 60	1	2	12	10	25
Gesamt		16	22	29	33	100

Chi-Quadrat-Tests

	Wert	df	Asymptotische Signifikanz (2-seitig)	Exakte Signifikanz (2-seitig)	Exakte Signifikanz (1-seitig)	Punkt-Wahrscheinlichkeit
Chi-Quadrat nach Pearson	30,376[a]	9	,000	.[b]		
Likelihood-Quotient	35,430	9	,000	,000		
Exakter Test nach Fisher	32,306			,000		
Zusammenhang linear-mit-linear	12,098[c]	1	,001	,000	,000	,000
Anzahl der gültigen Fälle	100					

a. 5 Zellen (31,3%) haben eine erwartete Häufigkeit kleiner 5. Die minimale erwartete Häufigkeit ist 3,52.

b. Kann nicht berechnet werden, da zuwenig Arbeitsspeicher vorhanden ist.

c. Die standardisierte Statistik ist -3,478.

T-Test und Welch-Test

Mit diesem Teil der Prozedur T-TEST kann geprüft werden, ob sich die Mittelwerte von zwei unabhängigen Stichproben signifikant unterscheiden. Es wird dabei (automatisch) sowohl der »klassische« T-Test durchgeführt, der varianzhomogene Populationen voraussetzt, als auch der Test von Welch, der nicht von dieser Annahme ausgeht (⇨ *Inferenzstatistik, Kap. 6*). Die Prozedur prüft ferner den Unterschied zwischen den Gruppenvarianzen mittels Levene-Test auf Signifikanz und gibt Konfidenzintervalle für die Differenz der Populationsmittel aus.

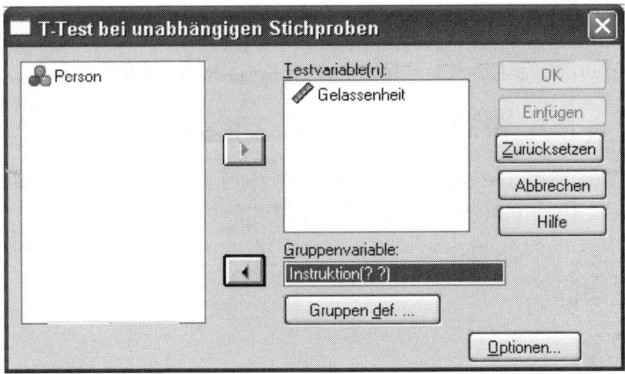

Im Eingangs-Dialogfeld von T-TEST werden bei *Testvariable(n)* die abhängigen Variablen eingegeben, während die unabhängige Variable, nach deren Werten die zwei Gruppen gebildet werden, im Feld *Gruppenvariable* aufzuführen ist.

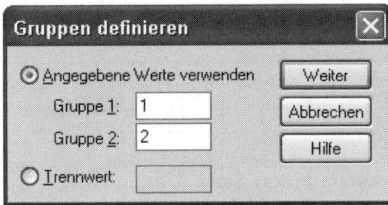

Durch Fragezeichen macht das Programm hier deutlich, dass in der über den Schalter [Gruppen def.] erhältlichen Box noch anzugeben ist, welche Werte der unabhängigen Variablen die zu vergleichenden Gruppen definieren.

In der Regel sind dies zwei bestimmte Zahlen. Es besteht aber auch die Möglichkeit, einen *Trennwert* anzugeben. Personen unterhalb dieses Wertes bilden dann Gruppe 1, während die Personen, deren Wert gleich dem Trennwert oder größer ist, Gruppe 2 zugeordnet werden.

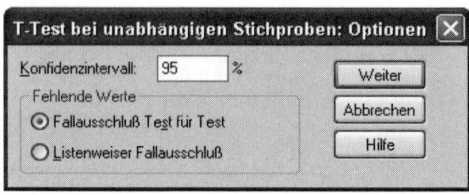

Im Dialogfeld **Optionen** kann der Sicherheitsgrad für das Konfidenzintervall festgelegt bzw. geändert werden; voreingestellt ist 95%. Die unterschiedlichen Möglichkeiten zur Behandlung von Fällen mit fehlenden Werten werden relevant, wenn unter *Testvariable(n)* mehr als eine abhängige Variable aufgeführt wird. Beim voreingestellten *Fallausschluss Test für Test* gehen Personen nur bei den Variablen nicht in die Berechnungen ein, bei denen sie keinen Wert haben. Bei *listenweisem* Fallausschluss basieren dagegen sämtliche T-Tests nur auf den Personen, die bei allen aufgeführten Variablen einen gültigen Wert haben.

Übersicht über die in den Beispielen behandelten Probleme

① Prüfung des Mittelwertsunterschieds bei zwei nach Zufall auf unterschiedliche Bedingungen aufgeteilten Gruppen.

② Prüfung des Unterschieds zwischen den Mittelwerten von zwei nach einem Person-Merkmal (Geschlecht) gebildeten Grupen.

Beispiel **1**

Die TeilnehmerInnen einer Psychologie-Veranstaltung wurden per Zufall in zwei Gruppen geteilt (⇨ *Inferenzstatistik, Tab. 6.3*). Eine Gruppe bearbeitete das Freiburger Persönlichkeitsinventar (Kurzform) unter Standardinstruktion, die andere Gruppe erhielt die Anweisung, sich in einem für eine Bewerbung als SchulpsychologIn günstigen Licht darzustellen. Nachfolgend die Werte der Studentinnen in der Skala »Gelassenheit« (hoher Wert = hohes Ausmaß an Gelassenheit).

| Standard | 1 | 9 | 14 | 9 | 15 | 12 | 17 | 15 | 9 | 3 | 8 | 8 | 4 | 9 | 12 | 6 | | |
| Bewerbung | 12 | 19 | 16 | 10 | 13 | 11 | 16 | 17 | 13 | 15 | 15 | 17 | 14 | 18 | 14 | 15 | 18 | 19 |

Untersucht werden soll, ob sich die Personen bei der Standardinstruktion (im Durchschnitt) signifikant anders darstellen als die Frauen mit der Bewerbungsinstruktion ($\alpha = 0,05$). Die Daten werden in eine Datei TAB6-3.SAV eingegeben, die unabhängige Variable wird mit INSTRUKTION, die abhängige mit GELASSENHEIT bezeichnet. Die Standardinstruktion ist hierbei mit {1}, die Bewerbungsinstruktion mit {2} kodiert.

In der Standardausgabe werden die T-Test Ergebnisse in einer sehr breiten Tabelle dargestellt, die zur Gesamtbetrachtung ein seitliches Rollen des Bildschirms erforderlich macht. Beim Druck wird diese Tabelle dann umgebrochen und auf drei (!) Seiten verteilt. Es empfiehlt sich deshalb, im Ausgabe-Viewer (bei der zweiten Tabelle) eine Vertauschung von Zeilen und Spalten vorzunehmen (Doppel-Klick auf die Tabelle und anschließend Wahl der Menüpunkte **Pivot / Zeilen und Spalten vertauschen**). Es ergibt sich dann die folgende Ausgabe:

Gruppenstatistiken

	Instruktion	N	Mittelwert	Standard-abwei-chung	Standard-fehler des Mittelwer-tes	
Gelassenheit	Standard	16	9,44	4,560	1,140	❶
	Bewerbung	18	15,11	2,654	,626	

Test bei unabhängigen Stichproben

		Gelassenheit		
		Varianzen sind gleich	Varianzen sind nicht gleich	
Levene-Test der Varianzgleichheit	F	3,679		❷
	Signifikanz	,064		
T-Test für die Mittelwertgleichheit	T	-4,496	-4,363	❸
	df	32	23,514	
	Sig. (2-seitig)	,000	,000	
	Mittlere Differenz	-5,674	-5,674	
	Standardfehler der Differenz	1,262	1,300	
	95% Konfidenzinter- Untere	-8,244	-8,361	❹
	vall der Differenz Obere	-3,103	-2,987	

Erläuterungen zur Ausgabe

❶ Gruppenumfänge, -Mittel und Standardabweichungen ($\Rightarrow$ *Deskriptive Statistik, Formel* ⟨31⟩). Standardfehler der Mittel ($\Rightarrow$ *Inferenzstatistik, Formel* ⟨3.3⟩).

❷ Prüfung, ob der Unterschied zwischen den Gruppenvarianzen statistisch signifikant ist ($\Rightarrow$ *Inferenzstatistik, Kap. 15.4.1*). **F**: Prüfwert. **Signifikanz**: P-Wert.

❸ Die Ergebnisse des T-Tests (Annahme gleicher Populationsvarianzen) werden in der Spalte »Varianzen sind gleich« ausgegeben, die des Tests von Welch (keine Varianzhomogenitätsannahme) in der Spalte »Varianzen sind nicht gleich«.

T, df: Werte der T-Prüfgrößen, Freiheitsgrade (⇨ *Inferenzstatistik, Formeln* 6.4 6.8 6.9). **Sig. (2-seitig)**: P-Wert (zweiseitiger Test). Im Fall des einseitigen Tests ist der P-Wert zu halbieren. **Mittlere Differenz**: $M_1 - M_2$. **Standardfehler** der Differenz (⇨ *Inferenzstatistik, Formeln* 8.23 8.25).

❹ Untere und obere Grenze des Konfidenzintervalls für die Differenz der Populationsmittel ($\mu_1 - \mu_2$); gewählter Sicherheitsgrad: 95% (⇨ *Inferenzstatistik, Formel* 8.29).

Sowohl T-Test als auch Welch-Test zeigen (durch Sig. < 0,05) an, dass die Personen mit der Bewerbungsinstruktion sich im Durchschnitt als signifikant gelassener darstellen als die Frauen unter der Standardinstruktion.

Beispiel	2

Datei FRABOGEN.SAV. Es soll untersucht werden, ob sich männliche und weibliche Studierende (GESCHLECHT) in ihrer durchschnittlichen Punktezahl in Mathematik (MATHEPUNKTE) signifikant unterscheiden ($\alpha = 0,05$).

Gruppenstatistiken

	Geschlecht	N	Mittelwert	Standardab weichung	Standardfehler des Mittelwertes
Mathepunkte	Frauen	2665	8,67	3,397	,066
	Männer	954	8,54	3,476	,113

Test bei unabhängigen Stichproben

		Mathepunkte	
		Varianzen sind gleich	Varianzen sind nicht gleich
Levene-Test der Varianzgleichheit	F	2,512	
	Signifikanz	,113	
T-Test für die Mittelwertgleichheit	T	1,064	1,053
	df	3617	1647,249
	Sig. (2-seitig)	,287	,293
	Mittlere Differenz	,137	,137
	Standardfehler der Differenz	,129	,130
	95% Konfidenzintervall der Differenz Untere	-,116	-,118
	Obere	,390	,393

Es besteht – wie die praktisch identischen Mittelwerte bereits anzeigen – kein signifikanter Unterschied zwischen den (durchschnittlichen) Mathematik-Punkten von Studentinnen und Studenten (Sig > 0,05).

Mann-Whitney U-Test

➤ **Analysieren / Nichtparametrische Tests / Zwei unabh. Stichproben ...**

Der Mann-Whitney U-Test kann mit der Prozedur NPAR TESTS durchgeführt werden. Mit dem Test wird geprüft, ob sich die mittleren Ränge von zwei unabhängigen Stichproben signifikant unterscheiden. Das Verfahren wird auch als »Wilcoxon Rangsummentest« bezeichnet (⇨ *Inferenzstatistik, Kap. 23.2 + 23.3*). Die Prüfung der Nullhypothese erfolgt bis zu einem Gesamtstichprobenumfang von 40 über die exakte Stichprobenverteilung, ab dann ausschließlich approximativ über die Standardnormalverteilung.

Mit dem Zusatzmodul EXAKTE TESTS lassen sich auch im Fall von größeren Stichprobenumfängen exakte P-Werte bestimmen (s. BEISPIEL 4). Hinzu kommt, dass hierbei auch das Vorliegen von Bindungen (»Ties«) Berücksichtigung findet, während die in der Standardform von NPAR TESTS ausgegebenen P-Werte »exakt« nur für Daten ohne Bindungen gelten.

Wenn die Daten in metrischer Form vorliegen (X-Werte), werden sie von der Prozedur (automatisch) in Ränge transformiert, wobei der kleinste X-Wert den kleinsten Rangwert erhält. Hohe Rangwerte entsprechen somit hohen X-Werten bzw. hoher Merkmalsausprägung. Bei gleichen Werten werden gemittelte Ränge vergeben (vgl. Kapitel 17).

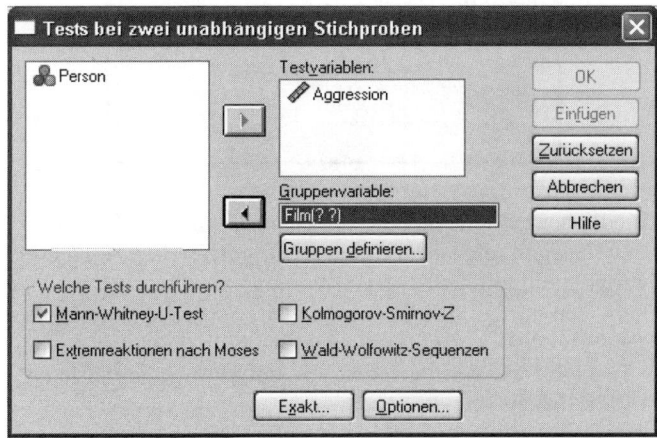

In der Eingangs-Dialogbox ist der Mann-Whitney U-Test voreingestellt. Im Feld *Testsvariablen* wird die abhängige Variable eingegeben, während die unabhängige Variable, nach deren Werten die beiden Gruppen gebildet werden, im Feld *Gruppenvariable* aufzuführen ist. Durch Fragezeichen macht das Programm hier deutlich, dass in der über die Schaltfläche [Gruppen definieren] erhältlichen Dialogbox noch anzugeben ist, welche Werte der unabhängigen Variable die zu vergleichenden Gruppen definieren.

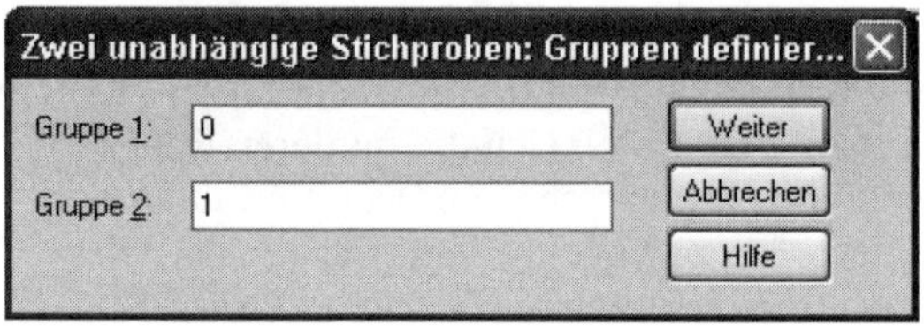

Die im Dialogfeld **Optionen** anforderbaren Kennwerte müssen auf einem Betriebsfest von SPSS programmiert worden sein. Bei Wahl von *Deskriptive Statistik* erhält man u. a. das wenig interessierende Mittel der X-Werte in der Gesamtstichprobe sowie das Mittel der Kodierungen in der Gruppenvariablen. Die über *Quartile* erhältlichen $Q_{1\text{-}3}$-Punkte beziehen sich ebenfalls auf die Gesamtverteilung der X-Werte (und sind im Zusammenhang mit dem Mann-Whitney U-Test bedeutungslos). Auch auf die Quartilspunkte bei den Kodierungen der Gruppenvariablen muss dann nicht verzichtet werden.

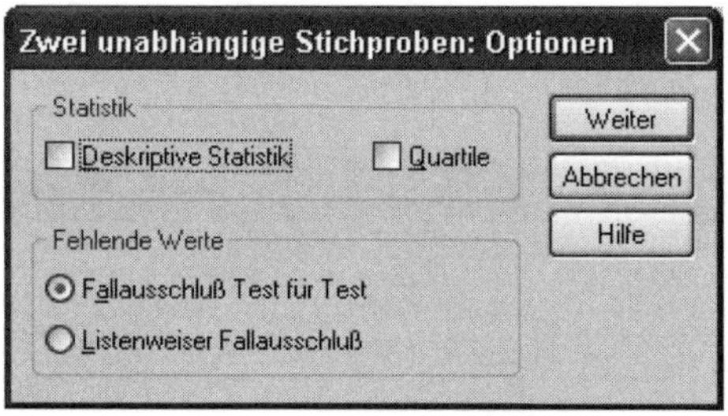

Die unterschiedlichen Möglichkeiten zur Behandlung von Fällen mit fehlenden Werten können dagegen relevant werden, wenn unter *Testvariablen* mehr als eine abhängige Variable aufgeführt ist. Beim voreingestellten *Fallausschluss Test für Test* gehen Personen nur bei den Variablen nicht in die Berechnungen ein, bei denen sie keinen Wert haben. Beim *listenweisen Fallausschluss* basieren dagegen sämtliche U-Tests nur auf den Personen, die bei allen aufgeführten Variablen einen gültigen Wert haben.

Übersicht über die in den Beispielen behandelten Probleme

① Exakter U-Test (N = 10). Metrische Ausgangsdaten ohne Bindungen.

② Approximativer U-Test (N = 67). Metrische Daten mit Bindungen.

③ Exakter U-Test (N = 12). Daten direkt als Rangwerte erhoben.

④ Zusatzmodul EXAKTE TESTS: Exakter U-Test (N = 117). Metrische Daten mit Bindungen.

Beispiel **1**

Das nachfolgende Beispiel entstammt der *Inferenzstatistik (Tab. 23.1)*. In dieser fiktiven Studie wurde einer Gruppe von sechs Schulkindern ein halbstündiger Gewalt-Film vom Typ »Rambo« gezeigt, während die Kontrollgruppe einem gleichlangen gewaltfreien Film ausgesetzt war. Während der folgenden Tage wurde dann auf dem Pausenhof durch Beobachter registriert, wie viele aggressive Verhaltensweisen (verbaler und nichtverbaler Art) die Kinder zeigten. Es ergaben sich die folgenden Werte in der abhängigen Variablen:

Gewaltfreier Film	16 17 20 22
Film Typ »Rambo«	19 28 34 35 41 44

Geprüft werden soll mittels Mann-Whitney U-Test, ob das Ausmaß aggressiver Verhaltensweisen dieser beiden Gruppen signifikant verschieden ist ($\alpha = 0,05$). Die Daten werden in eine Datei TAB23-1.SAV eingegeben, die unabhängige Variable wird mit FILM, die abhängige mit AGGRESSION bezeichnet. Der gewaltfreie Film ist hierbei mit {0}, das Rambo-Lichtspiel mit {1} kodiert.

In diesem Beispiel handelt es sich um einen Fall, bei dem keine Werte mehrfach vorkommen (d.h. keine (Rang-)Bindungen oder »Ties« vorliegen). Da der Umfang der Gesamtstichprobe klein ist, muss der exakte Test zur Signifikanzprüfung herangezogen werden. Nachfolgend die Ausgabe:

Ränge

	Film	N	Mittlerer Rang	Rangsumme	
Aggression	Gewaltfrei	4	3,00	12,00	
	Rambo	6	7,17	43,00	
	Gesamt	10			

Statistik für Test [b]

	Aggression	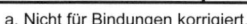
Mann-Whitney-U	2,000	
Wilcoxon-W	12,000	
Z	-2,132	
Asymptotische Signifikanz (2-seitig)	,033	
Exakte Signifikanz [2*(1-seitig Sig.)]	,038 [a]	

a. Nicht für Bindungen korrigiert.
b. Gruppenvariable: Film

Erläuterungen zur Ausgabe

❶ Umfänge (N), Rangsummen und mittlere Rangwerte der Gruppen (= Rangsumme/N). Mit dem U-Test wird geprüft, ob der Unterschied in den mittleren Rängen statistisch signifikant ist.

❷ **Mann-Whitney-U**: Prüfgröße des Mann-Whitney U-Tests (⇨ *Inferenzstatistik, Formel* $\boxed{23.6}$). **Wilcoxon-W**: Prüfgröße des äquivalenten Wilcoxon Rangsummentests (= Summe der Ränge in der kleineren Stichprobe – bzw. in der ersten Gruppe, wenn die Umfänge gleich sind).

Z: Prüfgröße des (approximativen) Tests der Nullhypothese über die Standardnormalverteilung (⇨ *Inferenzstatistik, Formeln* $\boxed{23.11}$ $\boxed{23.13}$); im Fall von Ties bindungskorrigiert. Ab einer Gesamtstichprobe von 40 wird nur noch dieser Wert ausgegeben (vgl. BEISPIEL 2). **Asymptotische Signifikanz**: Zweiseitiger P-Wert für Z.

Exakte Signifikanz: Exakter zweiseitiger P-Wert für U bzw. W. Eventuelles Vorliegen von Bindungen (Ties) wird bei seiner Bestimmung nicht berücksichtigt (vgl. *Inferenzstatistik, S. 529*). Solange dieser P-Wert ausgegeben wird, sollte er (und nicht der des darüber aufgeführten Z-Wertes) zur Entscheidung über die Nullhypothese herangezogen werden.

Da der hier aufgeführte P-Wert streng genommen nur für Daten ohne Ties »exakt« ist, sollte bei Vorliegen von Bindungen – wenn möglich – auch im Fall N ≤ 40 das Zusatzmodul EXAKTE TESTS herangezogen werden.

Der Unterschied zwischen den mittleren Rängen erweist sich (beim exakten Test) als statistisch signifikant. Die Kinder der Rambo-Bedingung zeigten bedeutsam mehr aggressive Verhaltensweisen als die Betrachter des gewaltfreien Films.

Beispiel	2

Das Beispiel (für den Fall einer Gesamtzahl von Personen über 40 und Vorliegen von Ties) entstammt der *Inferenzstatistik (Tab. 6.1 + 23.5)*. Es entspricht, bis auf die andere abhängige Variable, BEISPIEL 1 von Kapitel 43. Die TeilnehmerInnen einer Psychologie-Veranstaltung wurden per Zufall in zwei Gruppen geteilt. Eine Gruppe bearbeitete das Freiburger Persönlichkeitsinventar (Kurzform) unter Standardinstruktion, die andere Gruppe erhielt die Anweisung, sich in einem für eine Bewerbung als Schulpsychologe/in günstigen Licht darzustellen.

Nachfolgend die Werte in der Skala »Spontane Aggressivität« (hoher Wert = hohes Ausmaß an Aggressivität). Untersucht werden soll, ob sich die Personen bei der Standardinstruktion signifikant anders darstellen als bei Vorgabe der Bewerbungsinstruktion ($\alpha = 0,05$).

Standard	7 6 6 5 10 3 7 9 10 3 13 6 1 9 6 3 8 9
	8 7 9 3 8 9 6 9 4 8 6 8 7 12 2 14 10
Bewerbung	4 3 3 0 0 3 4 4 3 4 5 1 5 0 1 3 3 3
	2 1 1 8 3 4 11 3 7 4 3 2 12 3 6

Die Daten werden in eine Datei TAB6-1.SAV eingegeben, die unabhängige Variable wird mit INSTRUKTION, die abhängige mit SPONTANAGG bezeichnet. Die Standardinstruktion ist hierbei mit {1}, die Bewerbungsinstruktion mit {2} kodiert. Die Durchführung des U-Tests erbringt die nachfolgenden Ergebnisse.

Ränge

	Instruktion	N	Mittlerer Rang	Rangsumme
SpontanAgg	Standard	35	43,97	1539,00
	Bewerbung	32	23,09	739,00
	Gesamt	67		

Statistik für Test[a]

	SpontanAgg
Mann-Whitney-U	211,000
Wilcoxon-W	739,000
Z	-4,411
Asymptotische Signifikanz (2-seitig)	,000

a. Gruppenvariable: Instruktion

Der Unterschied in den mittleren Rängen erweist sich als statistisch signifikant. Die Gruppe mit der Bewerbungsinstruktion stellte sich deutlich weniger aggressiv dar als die Personen mit der Standardanweisung.

Beispiel 3

Dieses (fiktive) Beispiel illustriert einen Fall, bei dem die Daten direkt als Ränge erhoben wurden und nicht durch Transformation aus metrischen Werten entstanden sind. Bei 12 KlausurteilnehmerInnen wurde das Geschlecht (F = Frau, M = Mann) sowie die Reihenfolge der Klausurabgabe notiert (1 = als Erste/r abgegeben). Es soll untersucht werden, ob eine signifikante Beziehung zwischen Geschlecht und Abgabezeitpunkt besteht ($\alpha = 0,05$). Nachfolgend die erhaltenen Daten:

Abgabe (Rang)	1	2	3	4	5	6	7	8	9	10	11	12
Geschlecht	F	F	F	M	M	F	F	F	M	M	M	M

Die Daten werden in eine Datei KLAUSUR.SAV eingegeben, die abhängige Variable ist mit ABGABE, die unabhängige Variable mit GESCHLECHT (1 = *Frau*, 2 = *Mann*) bezeichnet. Der Mann-Whitney U-Test erbringt folgende Ergebnisse:

Ränge

	Geschlecht	N	Mittlerer Rang	Rangsumme
Abgabe	Frauen	6	4,50	27,00
	Männer	6	8,50	51,00
	Gesamt	12		

Statistik für Test[b]

	Abgabe
Mann-Whitney-U	6,000
Wilcoxon-W	27,000
Z	-1,922
Asymptotische Signifikanz (2-seitig)	,055
Exakte Signifikanz [2*(1-seitig Sig.)]	,065[a]

a. Nicht für Bindungen korrigiert.

b. Gruppenvariable: Geschlecht

Aufgrund des geringen Gesamt-Stichprobenumfangs muss die Prüfung der Nullhypothese mit dem exakten Test erfolgen. Der Unterschied zwischen den mittleren Rängen von Frauen und Männern erweist sich als insignifikant. Es zeigt sich somit keine (bedeutsame) Beziehung zwischen Geschlecht und Abgabezeitpunkt der Klausur.

Beispiel	4		ZUSATZMODUL »EXAKTE TESTS«

Datei PERDAT.SAV. Bei den ab 50-Jährigen soll mittels exaktem Mann-Whitney U-Test untersucht werden, ob zwischen Männern und Frauen ein signifikanter Unterschied im FPI-Merkmal »Gehemmtheit« (FPI.4) besteht ($\alpha = 0,05$). Der Gesamtstichprobenumfang beträgt N = 117.

Ränge

	Geschlecht	N	Mittlerer Rang	Rangsumme
FPI.4	Frau	69	64,49	4450,00
	Mann	48	51,10	2453,00
	Gesamt	117		

Statistik für Test[a]

	FPI.4
Mann-Whitney-U	1277,000
Wilcoxon-W	2453,000
Z	-2,112
Asymptotische Signifikanz (2-seitig)	,035
Exakte Signifikanz (2-seitig)	,034
Exakte Signifikanz (1-seitig)	,017
Punkt-Wahrscheinlichkeit	,000

a. Gruppenvariable: Geschlecht

Erläuterungen zur Ausgabe (soweit spezifisch für EXAKTE TESTS)

Mann-Whitney-U: Prüfgröße des Mann-Whitney U-Tests. **Wilcoxon-W**: Prüfgröße des äquivalenten Wilcoxon Rangsummentests. **Z**: Prüfgröße des (approximativen) Tests der Nullhypothese über die Standardnormalverteilung. **Asymptotische Signifikanz**: Zweiseitiger P-Wert für Z.

Exakte Signifikanz (2-seitig/1-seitig). Exakter zwei- bzw. einseitiger P-Wert für U und W. Ein eventuelles Vorliegen von Bindungen wird bei ihrer Bestimmung berücksichtigt.

Punkt-Wahrscheinlichkeit: Auftretenswahrscheinlichkeit der Prüfwerte, d.h. P(U) bzw. P(W). Die unter »Exakte Signifikanz« aufgeführten – und zum Hypothesentest herangezogenen – P-Werte geben dagegen die Wahrscheinlichkeit an, dass unter H_0 ein Prüfwert wie der beobachtete oder ein extremerer auftritt.

Die P-Werte von approximativem und exaktem Test unterscheiden sich nur geringfügig. Auf dem 5%-Niveau wird in beiden Fällen H_0 zurückgewiesen. Der Gehemmtheitsgrad (Durchschnittsrang) ist bei den Frauen signifikant höher.

T-Test für abhängige Stichproben

> **Analysieren / Mittelwerte vergleichen / T-Test bei gepaarten Stichpr. ...**

Mit diesem Teil der Prozedur T-TEST lässt sich für abhängige (korrelierende, ge-paarte) Stichproben prüfen, ob zwischen den Mittelwerten von zwei Variablen (z. B. Zeitpunkt 1 und 2) ein signifikanter Unterschied besteht (⇨ *Inferenzstatistik, Kap. 7*). Die Prozedur gibt ferner die Korrelation zwischen beiden Wertereihen sowie ein Konfidenzintervall für die Differenz der Populationsmittel aus.

In der Eingangs-Dialogbox von T-TEST sind im Feld *Aktuelle Auswahl* die beiden Variablen anzugeben, deren Mittel gegeneinander getestet werden sollen. Die Rei-henfolge ihrer Eingabe spielt dabei keine Rolle. Das Programm paart die Varia-blen automatisch entsprechend ihrer Abfolge im Variablenfeld, wodurch dann auch das Vorzeichen des ausgegebenen T-Wertes (von SPSS) festgelegt ist. Eine der Variablenliste entgegengesetzte Abfolge lässt sich jedoch durch eine entspre-chende Änderung im Syntax-Editor erreichen. Werden im Fall von mehr als zwei Variablen mehrere T-Tests gewünscht, sind die entsprechenden Variablenpaare im Feld *Gepaarte Variablen* aufzuführen (vgl. BEISPIEL 2).

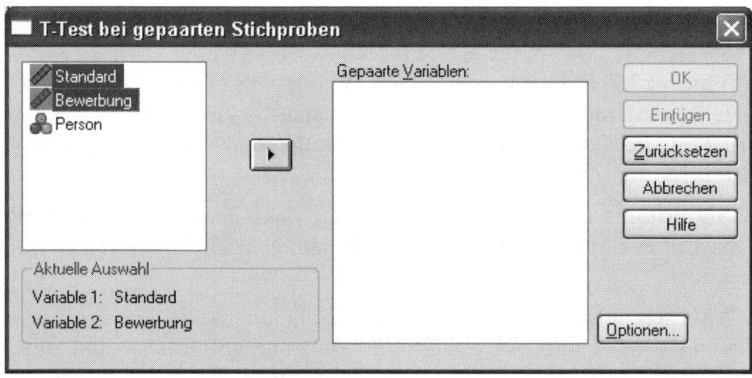

Im Dialogfeld **Optionen** kann der Sicherheitsgrad für das Konfidenzintervall fest-gelegt bzw. geändert werden; voreingestellt ist 95%. Die unterschiedlichen Mög-lichkeiten zur Behandlung von Fällen mit fehlenden Werten werden relevant, wenn mehrere T-Tests durchgeführt werden sollen.

Beim voreingestellten *Fallausschluss Test für Test* gehen Personen nur bei den Variablenpaaren nicht in die Berechnungen ein, bei denen sie einen fehlenden Wert haben. Beim *listenweisen* Ausschluss basieren dagegen sämtliche T-Tests nur auf den Personen, die bei allen im Feld *Gepaarte Variablen* aufgeführten Variablen einen gültigen Wert haben.

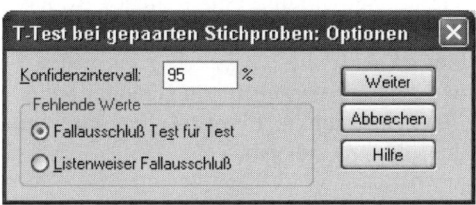

Über die Syntax ist es möglich, die Prozedur mit einer kurzen Anweisung zu veranlassen, zwischen drei oder mehr Variablen sämtliche paarweisen Mittelwertsvergleiche durchzuführen. Das Vorgehen wird bei BEISPIEL 4 von Kapitel 54 erläutert.

Übersicht über die in den Beispielen behandelten Probleme

① Vergleich der zu zwei Zeitpunkten erhobenen Mittelwerte.

② Paarweise Vergleiche der Mittelwerte von drei Variablen.

Beispiel 1

Eine Gruppe von 24 TeilnehmerInnen einer Psychologieveranstaltung bearbeitete zu Beginn der Sitzung das Freiburger Persönlichkeitsinventar (Kurzform) unter Standardinstruktion und am Ende der Veranstaltung nochmals mit der Anweisung, sich in einem für eine Bewerbung als SchulpsychologIn günstigen Licht darzustellen (⇨ *Inferenzstatistik, Tab. 7.2*). Untersucht werden soll, wieweit die Bewerbungsinstruktion zu einer signifikanten Verschiebung der Skalenwerte führt ($\alpha = 0{,}01$).

Person	1	2	3	4	5	6	7	8	9	10	11	12
Standard-Instruktion	7	9	10	8	14	20	8	11	11	10	15	0
Bewerbungs-Instruktion	3	7	0	5	7	3	1	12	14	2	10	0

Person	13	14	15	16	17	18	19	20	21	22	23	24
Standard-Instruktion	4	10	11	8	13	4	7	5	4	8	3	16
Bewerbungs-Instruktion	0	2	11	4	1	1	2	2	0	8	2	7

Die für die Skala »Gehemmtheit« erhaltenen Werte (hoher Wert = hohes Ausmaß an Gehemmtheit) sind vorstehend wiedergegeben. Die Daten werden in eine Datei TAB7-2.SAV eingegeben, wobei die Variable STANDARD die Werte der Standard-, die Variable BEWERBUNG die Werte der Bewerbungsinstruktion enthält.

In der Standardform werden die T-Test Ergebnisse in einer sehr breiten Tabelle dargestellt, die zur Gesamtbetrachtung ein seitliches Rollen des Bildschirms erforderlich macht. Beim Druck wird diese Tabelle dann umgebrochen. Es empfiehlt sich deshalb, hier im Ausgabe-Viewer (bei der dritten Tabelle) eine Vertauschung von Zeilen und Spalten vorzunehmen (Doppel-Klick auf die Tabelle und anschließend Wahl der Menüpunkte **Pivot / Zeilen und Spalten vertauschen**). Es ergibt sich dann die folgende Ausgabe:

Statistik bei gepaarten Stichproben

		Mittel-wert	N	Standardab-weichung	Standardfehler des Mittelwertes	
Paaren 1	Standard	9,00	24	4,578	,934	❶
	Bewerbung	4,33	24	4,188	,855	

Korrelationen bei gepaarten Stichproben

		N	Korrelation	Signifi-kanz	
Paaren 1	Standard & Bewerbung	24	,467	,021	❷

Test bei gepaarten Stichproben

			Paaren 1 Standard - Bewerbung	
Gepaarte	Mittelwert		4,667	❸
Differenzen	Standardabweichung		4,536	
	Standardfehler des Mittelwertes		,926	
	95% Konfidenzintervall	Untere	2,751	❹
	der Differenz	Obere	6,582	
T			5,040	❺
df			23	
Sig. (2-seitig)			,000	

Erläuterungen zur Ausgabe

❶ Anzahl der Werte(paare), Mittel und Standardabweichungen der Bedingungen (Variablen). Standardfehler der Mittel (⇨ *Inferenzstatistik, Formel* ⌐3.3⌐). »Paaren 1« – das Programm meint (Variablen-) »Paar 1«.

❷ Produkt-Moment Korrelation zwischen den Wertereihen (d.h. zwischen Variable 1 und 2). »Signifikanz«: P-Wert (zweiseitiger Test) zur Signifikanzprüfung des Korrelationskoeffizienten.

❸ Statistiken für die Differenzwerte ($D_i = X_{i1} - X_{i2}$). Mittelwert: $M_{D\text{-Werte}} = M_1 - M_2$ (hier: 9,00 – 4,33). Standardabweichung (S_D), Standardfehler von $M_1 - M_2$ (⇨ *Inferenzstatistik, Formeln* [7.15] [7.16]).

❹ Untere und obere Grenze des Konfidenzintervalls für die Differenz der Populationsmittel ($\mu_1 - \mu_2$); gewählter Sicherheitsgrad 95% (⇨ *Inferenzstatistik, Formeln* [8.30] [8.31]).

❺ **T, df**: Wert der Prüfgröße T, Freiheitsgrade (⇨ *Inferenzstatistik, Formeln* [7.23] [7.24]). **Sig. (2-seitig)**: P-Wert (zweiseitiger Test). Im Fall des einseitigen Tests ist der Wert zu halbieren.

Der T-Test zeigt durch $P < 0,01$ an, dass sich die Befragten bei der Bewerbungsinstruktion im Durchschnitt als signifikant weniger gehemmt darstellten als unter der Standardinstruktion.

| Beispiel | 2 |

Der Body Mass Index (BMI) ist ein – leicht bestimmbarer – Indikator des Körperfettanteils einer Person. Er drückt aus, wieweit Unter-, Normal- oder Übergewicht vorliegt. Man berechnet diesen Index gemäß der Formel: BMI =(Gewicht in kg)/(Größe in m)^2. Bei den Frauen (GESCHLECHT = 1) der Datei FRABOGEN.SAV soll nun untersucht werden, ob sich zwischen den durchschnittlichen BMI's von Töchtern (BMI.KIND), Vätern (BMI.VATER) und Müttern (BMI.MUTTER) signifikante Unterschiede ergeben ($\alpha = 0,01$). Die gewünschten paarweisen T-Tests zwischen den drei Variablen werden dann über das Eingangs-Dialogfeld wie folgt veranlasst:

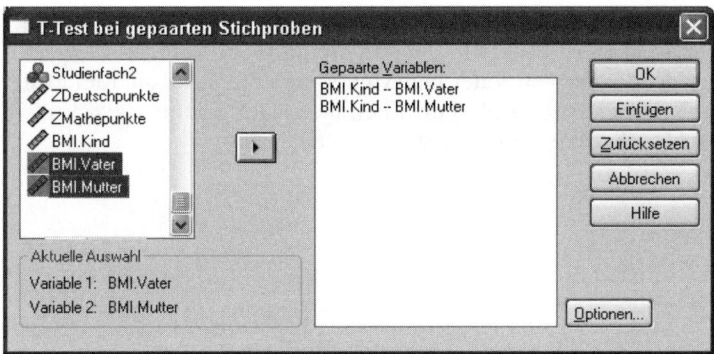

Damit die drei Analysen auf der gleichen Stichprobe basieren, wird mit *listenweisem Fallausschluss* gearbeitet. Die drei Vergleiche mittels T-Test erbringen die folgenden Ergebnisse:

Statistik bei gepaarten Stichproben

		Mittelwert	N	Standardab weichung	Standardfehler des Mittelwertes
Paaren 1	BMI.Kind	21,1779	2679	2,74229	,05298
	BMI.Vater	26,0839	2679	3,07822	,05947
Paaren 2	BMI.Kind	21,1779	2679	2,74229	,05298
	BMI.Mutter	24,3745	2679	4,00885	,07745
Paaren 3	BMI.Vater	26,0839	2679	3,07822	,05947
	BMI.Mutter	24,3745	2679	4,00885	,07745

Korrelationen bei gepaarten Stichproben

		N	Korrelation	Signifikanz
Paaren 1	BMI.Kind & BMI.Vater	2679	,230	,000
Paaren 2	BMI.Kind & BMI.Mutter	2679	,308	,000
Paaren 3	BMI.Vater & BMI.Mutter	2679	,175	,000

Test bei gepaarten Stichproben

			Paaren 1 BMI.Kind - BMI.Vater	Paaren 2 BMI.Kind - BMI.Mutter	Paaren 3 BMI.Vater - BMI.Mutter
Gepaarte Differenzen	Mittelwert		-4,90602	-3,19663	1,70939
	Standardabweichung		3,62208	4,10114	4,60680
	Standardfehler des Mittelwertes		,06998	,07924	,08900
	95% Konfidenzintervall	Untere	-5,04324	-3,35200	1,53487
	der Differenz	Obere	-4,76880	-3,04126	1,88392
T			-70,106	-40,344	19,206
df			2678	2678	2678
Sig. (2-seitig)			,000	,000	,000

In allen drei Fällen ist P < 0,01. Der durchschnittliche BMI der Töchter ist signifikant niedriger als der von Vater und Mutter, und die Väter sind im Mittel signifikant »schwergewichtiger« als ihre Ehefrauen. Die deutlichste Korrelation zeigt sich zwischen den BMI's von Müttern und Töchtern.

Wilcoxon Vorzeichen-Rangtest

> **Analysieren / Nichtparametrische Tests / Zwei verbundene Stichpr. ...**

Mit dem in der Prozedur NPAR TESTS verfügbaren Wilcoxon Vorzeichen-Rangtest für abhängige (korrelierende, verbundene) Stichproben lässt sich prüfen, ob sich zwei Variablen – z. B. Zeitpunkt 1, Zeitpunkt 2 – hinsichtlich ihrer zentralen Tendenz signifikant unterscheiden (⇨ *Inferenzstatistik, Kap. 25.4*). Bei der Bildung der Rangsummen werden nur Personen berücksichtigt, deren Differenzwerte nicht null sind.

Die Prozedur arbeitet bei der Hypothesenprüfung ausschließlich mit einem approximativen Test über die Standardnormalverteilung. Von dessen Verwendung ist bei kleinen Stichproben jedoch abzuraten. Die Signifikanzprüfung sollte hier mit dem exakten Test von Wilcoxon erfolgen. Dies geschieht am komfortabelsten über das Zusatzmodul EXAKTE TESTS (vgl. BEISPIEL 3). Falls dieses nicht installiert ist, müssen entsprechende Tabellen herangezogen werden (vgl. BEISPIEL 1).

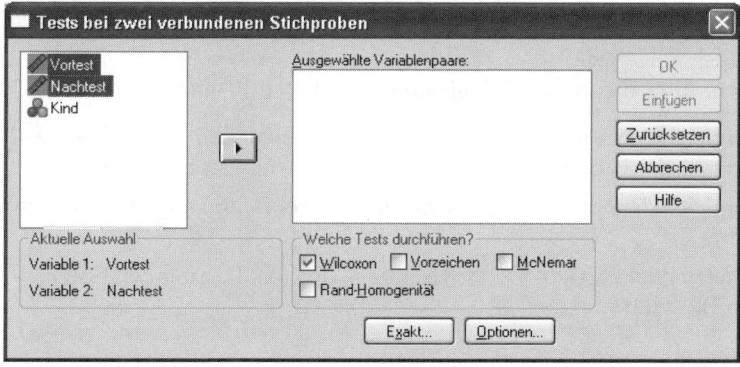

In der Eingangs-Dialogbox ist der Wilcoxon-Test voreingestellt. Im Feld *Ausgewählte Variablenpaare* sind die beiden Variablen anzugeben, deren zentrale Tendenzen gegeneinander getestet werden sollen. Die Reihenfolge ihrer Eingabe spielt dabei keine Rolle. Das Programm paart die Variablen automatisch entsprechend ihrer Abfolge im Variablenfeld. Werden im Fall von mehr als zwei Variablen mehrere Wilcoxon-Tests gewünscht, sind die entsprechenden Variablenpaare im Feld *Variablenpaare* aufzuführen.

Im Dialogfeld **Optionen** können durch Ankreuzen von *Deskriptive Statistik* u. a. die Mittel der unter Betrachtung stehenden Variablen angefordert werden. Dabei darf allerdings nicht vergessen werden, dass der Wilcoxon-Test nicht deren Unterschied, sondern die Differenz der Rangsummen auf Signifikanz prüft (s. u.). Die weiterhin erhältlichen Quartilspunkte der Verteilungen dürften im Zusammenhang mit der Fragestellung des Wilcoxon-Tests kaum von Interesse sein.

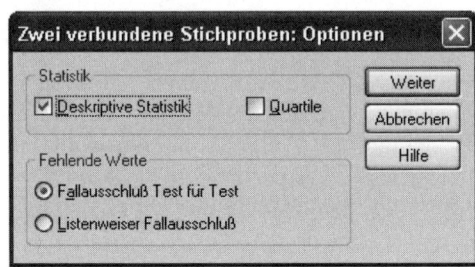

Die unterschiedlichen Möglichkeiten zur Behandlung von Fällen mit fehlenden Werten werden relevant, wenn mehrere Wilcoxon-Tests durchgeführt werden sollen. Beim voreingestellten *Fallausschluss Test für Test* gehen Personen nur bei den Variablenpaaren nicht in die Berechnungen ein, bei denen sie einen fehlenden Wert haben. Beim *listenweisen* Ausschluss basieren dagegen sämtliche Tests nur auf den Personen, die bei allen im Feld *Variablenpaare* aufgeführten Variablen einen gültigen Wert haben.

Übersicht über die in den Beispielen behandelten Probleme

① Vergleich von Vor- und Nachtestwerten bei einer kleinen Stichprobe (N = 7). Zusätzliche Durchführung des exakten Tests (über Tabelle).

② Vergleich der bei N = 24 Personen unter zwei Bedingungen erhobenen Werte.

③ Zusatzmodul EXAKTE TESTS: Exakter Wilcoxon-Test mit den Daten von BEISPIEL 1.

Beispiel 1

Das Beispiel entstammt der *Inferenzstatistik (Tab. 25.1)*. An einer Stichprobe von sieben Legasthenikern soll die Wirksamkeit eines Programms zur Verbesserung der Rechtschreibung erprobt werden. Vor und nach der Bearbeitung des Programms wurde ein Rechtschreibtest durchgeführt. Nachfolgend das Ergebnis dieser (fiktiven) Untersuchung (hoher Wert = gute Leistung):

Kind Nr.	Vortest-leistung	Nachtest-leistung
1	36	48
2	52	62
3	36	31
4	49	57
5	38	42
6	53	51
7	33	44

Es soll untersucht werden, ob das Programm zu einer signifikanten Veränderung (Verbesserung) der Rechtschreibleistung geführt hat ($\alpha = 0,05$). Die Daten werden in eine Datei TAB25-1.SAV eingegeben, wobei die Variablen VORTEST und NACHTEST die vor bzw. nach der Behandlung erhobenen Rechtschreibwerte enthalten. Die Durchführung des Wilcoxon Vorzeichen-Rangtests erbringt das folgende Ergebnis (im Feld **Optionen** wurde zusätzlich *Deskriptive Statistik* angefordert):

Deskriptive Statistiken

	N	Mittelwert	Standard-abwei-chung	Minimum	Maximum	
Vortest	7	42,43	8,541	33	53	❶
Nachtest	7	47,86	10,221	31	62	

Ränge

		N	Mittlerer Rang	Rangsumme	
Nachtest - Vortest	Negative Ränge	2 [a]	2,00	4,00	❷
	Positive Ränge	5 [b]	4,80	24,00	
	Bindungen	0 [c]			
	Gesamt	7			

a. Nachtest < Vortest
b. Nachtest > Vortest
c. Nachtest = Vortest

Statistik für Test [b]

	Nachtest - Vortest	
Z	-1,690 [a]	❸
Asymptotische Signifikanz (2-seitig)	,091	

a. Basiert auf negativen Rängen.
b. Wilcoxon-Test

Erläuterungen zur Ausgabe

❶ Über das Optionsfeld angeforderte Kennwerte der beiden Variablen (Mittelwerte, Standardabweichungen usf.).

❷ **Negative Ränge**: Anzahl der Ränge mit negativem Vorzeichen (N); Personen, bei denen der NACHTEST-Wert kleiner als der VORTEST-Wert war. Mittel der Ränge (Rangsumme/N); Summe dieser Ränge.

Positive Ränge: Anzahl, Mittel und Summe der Ränge mit positivem Vorzeichen; VORTEST-Wert größer als NACHTEST-Wert. Der Wilcoxon-Test prüft, ob die Differenz zwischen positiver und negativer Rangsumme statistisch signifikant ist.

Bindungen: Anzahl der Personen mit Null-Differenzen, d. h. VORTEST-Wert gleich NACHTEST-Wert. Diese eigentlich für die Nullhypothese sprechenden Daten bleiben bei dem vom Programm durchgeführten Test – wie meist üblich – außer Betracht. Ihre Anzahl sollte deshalb nicht zu hoch sein (⇨ *Inferenzstatistik, Kap. 25.4.2*)

❸ **Z**: Prüfgröße des (approximativen) Tests der Nullhypothese über die Standardnormalverteilung. Wenn keine Bindungen vorliegen (wie in diesem Beispiel), Berechnung gemäß Formel ⌜25.4⌝ (⇨ *Inferenzstatistik*). Im Fall von Ties ist der Prüfwert bindungskorrigiert entsprechend Formel ⌜25.8⌝. **Asymptotische Signifikanz**: Zweiseitiger P-Wert für Z.

Die Differenz der Rangsummen bzw. -mittel erweist sich als insignifikant (P > 0,05). Bei einer so geringen Anzahl von Messwertpaaren wie im vorliegenden Fall ist allerdings die Standardnormalverteilung noch keine hinreichend gute Approximation der exakten Stichprobenverteilung des Wilcoxon-Tests. Es sollte deshalb der exakte Test über entsprechende Tabellen erfolgen (⇨ *Inferenzstatistik, S. 568 f.*) – sofern nicht das Zusatzmodul EXAKTE TESTS herangezogen werden kann (vgl. BEISPIEL 3).

Hierbei dient die kleinere Rangsumme als Prüfgröße (R_{min} = 4). Die Anzahl der Nichtnull-Differenzen ist 7. Bei zweiseitigem Test auf dem 5%-Niveau ergibt sich laut Tabelle **X**2 ein R_{krit} = 2. Da $R_{min} > R_{krit}$ ist, wird die Nullhypothese beibehalten. Die Kinder wiesen im Nachtest keine signifikant bessere (andere) Rechtschreibleistung auf als im Vortest.

Beispiel 2

Das Beispiel enstammt der *Inferenzstatistik* (*Tab. 7.2+25.6*). Es wurde bereits beim T-Test für abhängige Stichproben herangezogen und beschrieben (Kapitel 45, BEISPIEL 1). Untersucht werden soll, ob Personen, denen das Freiburger Persönlichkeitsinventar sowohl mit Standard- als auch mit Bewerbungsinstruktion vorgelegt wurde, sich im Bewerbungsfall hinsichtlich des Merkmals »Gehemmtheit« anders darstellen. Die erhaltenen Gehemmtheitswerte wurden als die Variablen STANDARD und BEWERBUNG in die Datei TAB7-2.SAV eingegeben. Nachfolgend das Ergebnis des Wilcoxon-Tests (mit den zusätzlich angeforderten Kennwerten):

Deskriptive Statistiken

	N	Mittelwert	Standardab weichung	Minimum	Maximum
Standard	24	9,00	4,578	0	20
Bewerbung	24	4,33	4,188	0	14

Ränge

		N	Mittlerer Rang	Rangsumme
Bewerbung - Standard	Negative Ränge	19[a]	11,79	224,00
	Positive Ränge	2[b]	3,50	7,00
	Bindungen	3[c]		
	Gesamt	24		

a. Bewerbung < Standard

b. Bewerbung > Standard

c. Bewerbung = Standard

Statistik für Test[b]

	Bewerbung - Standard
Z	-3,778[a]
Asymptotische Signifikanz (2-seitig)	,000

a. Basiert auf positiven Rängen.

b. Wilcoxon-Test

Im vorliegenden Fall ist die Stichprobe für den Test der Nullhypothese über die Standardnormalverteilung ausreichend groß. Die Anzahl von drei Null-Differenzen ist tolerierbar. Wie der T-Test (in Kapitel 45) zeigt auch der Wilcoxon-Test an, dass sich die Personen unter der Bewerbungssituation als signifikant weniger gehemmt darstellten ($\alpha = 0{,}01$).

| Beispiel | **3** |

Mit den Daten von BEISPIEL 1 soll nun ein exakter Wilcoxon-Test durchgeführt werden. Hinsichtlich der Tabellen »Deskriptive Statistiken« und »Ränge« ist hierbei die Ausgabe mit der auf S. 237 gezeigten identisch. Nachfolgend deshalb nur die Tabelle mit den Ergebnissen des exakten Tests.

Statistik für Test[b]

	Nachtest - Vortest
Z	-1,690[a]
Asymptotische Signifikanz (2-seitig)	,091
Exakte Signifikanz (2-seitig)	,109
Exakte Signifikanz (1-seitig)	,055
Punkt-Wahrscheinlichkeit	,016

a. Basiert auf negativen Rängen.

b. Wilcoxon-Test

Erläuterungen zur Tabelle

Z: Prüfgröße des (approximativen) Tests über die Standardnormalverteilung (vgl. BEISPIEL 1). **Asymptotische Signifikanz**: Zweiseitiger P-Wert für Z.

Exakte Signifikanz (2-seitig/1-seitig): Ergebnis des exakten Wilcoxon-Tests. Zwei- bzw. einseitige P-Werte (zur Entscheidung über H_0).

Punkt-Wahrscheinlichkeit: Auftretenswahrscheinlichkeit des erhaltenen Wilcoxon-Prüfwertes.

Wie bei der approximativen Prüfung über die Standardnormalverteilung wird auch beim exakten Wilcoxon-Test die Nullhypothese beibehalten. Die P-Werte beider Verfahren unterscheiden sich dabei nur wenig (0,091 vs. 0,109).

Vorzeichen-Test

> **Analysieren / Nichtparametrische Tests / Zwei verbundene Stichpr. ...**

Mit dem in der Prozedur NPAR TESTS verfügbaren Vorzeichen-Test für abhängige (korrelierende, verbundene) Stichproben lässt sich prüfen, ob bei einem Satz von Wertepaaren die unter Bedingung B (z.B. Zeitpunkt 2) auftretenden Merkmalsausprägungen signifikant häufiger »größer« bzw. »kleiner« sind als die zugehörigen Werte unter Bedingung A (z.B. Zeitpunkt 1). Um den Test durchführen zu können, muss somit bei jeder Person lediglich feststellbar sein, ob A > B, B > A oder A = B ist ($\Rightarrow$ *Inferenzstatistik, Kap. 25.1+ 17.2*). Bei der Bildung der Prüfgröße werden allerdings nur Personen berücksichtigt, bei denen A $\neq$ B ist.

Bis zu einem Stichprobenumfang von 25 (zu berücksichtigenden) Wertepaaren wird ein exakter Test der Nullhypothese über die Binomialverteilung durchgeführt, bei größeren Stichproben erfolgt eine (approximative) Prüfung über die Standardnormalverteilung. Mit dem Zusatzmodul EXAKTE TESTS ist dann auch bei (sehr) großen Stichproben noch eine exakte Prüfung von H_0 möglich (vgl. BEISPIEL 4).

In der Eingangs-Dialogbox muss der Haken bei *Wilcoxon* entfernt und statt dessen das Kästchen *Vorzeichen* angeklickt werden. Im Feld *Ausgewählte Variablenpaare* sind die beiden Variablen anzugeben, die gegeneinander getestet werden sollen. Die Reihenfolge ihrer Eingabe ist dabei beliebig.

Das Programm paart die Variablen automatisch entsprechend ihrer Abfolge im Variablenfeld. Werden im Fall von mehr als zwei Variablen mehrere Vorzeichen-Tests gewünscht, sind diese entsprechend im Feld *Variablenpaare* aufzuführen.

Im Dialogfeld **Optionen** können durch Ankreuzen von *Deskriptive Statistik* u. a. die Mittel der unter Betrachtung stehenden Variablen angefordert werden. Dies ist allerdings bei der Art der Daten, auf die der Vorzeichen-Test angewendet wird, nur selten sinnvoll oder von Interesse. Gleiches gilt für die weiterhin erhältlichen Quartilspunkte.

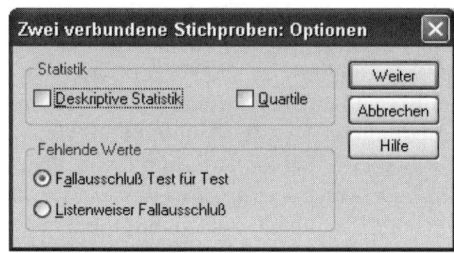

Die unterschiedlichen Möglichkeiten zur Behandlung von Fällen mit fehlenden Werten werden relevant, wenn mehrere Vorzeichen-Tests durchgeführt werden sollen. Beim voreingestellten *Fallausschluss Test für Test* gehen Personen nur bei den Variablenpaaren nicht in die Berechnungen ein, bei denen sie einen fehlenden Wert haben. Beim *listenweisen* Ausschluss basieren dagegen sämtliche Tests nur auf den Personen, die bei allen im Feld *Variablenpaare* aufgeführten Variablen einen gültigen Wert haben.

Übersicht über die in den Beispielen behandelten Probleme

① Vergleich eines Vorher–Nachher Zustandes bei N = 25 Personen mittels exaktem Vorzeichen-Test.

② Vergleich der von N = 16 Personen über zwei Objekte abgegebenen Urteile mittels exaktem Test.

③ Vergleich der Werte zweier Variablen mittels approximativem Vor-zeichen-Test (N)

④ Zusatzmodul EXAKTE TESTS: Exakter Vorzeichen-Test mit den Daten von BEISPIEL 3.

Beispiel 1

Eine Gruppe von 25 Frauen mit »Figurproblemen« nahm drei Monate lang an einem kombinierten Fitness- und Ernährungsprogramm teil. Ein Jahr später wurden sie bezüglich der Zufriedenheit mit ihrer Figur befragt. Es musste eine der drei folgenden Kategorien angekreuzt werden: *Meine Figur hat sich gebessert* (+), *Meine Figur gefällt mir jetzt noch weniger* (–), und *Meine Figur hat sich nicht wesentlich verändert* (=). Es soll geprüft werden, ob die Zufriedenheit mit der eigenen Figur ein Jahr nach dem Programm größer ist als vorher ($\alpha = 0{,}05$, zweiseitig). Nachfolgend die erhaltenen Urteile:

Person	1	2	3	4	5	6	7	8	9	10	11	12	13
Figur	+	+	–	+	+	+	–	–	+	+	=	+	+

Person	14	15	16	17	18	19	20	21	22	23	24	25
Figur	=	+	–	+	+	–	+	–	+	+	+	+

Die Daten werden in eine Datei FIGUR.SAV eingegeben, die die Variablen VORHER und NACHHER enthält. Wenn eine Person ein Pluszeichen hat, muss der NACHHER-Wert größer als der VORHER-Wert sein: dieser Fall ist mit VORHER = 0, NACHHER = 1 kodiert. Bei einem Minuszeichen ist es umgekehrt (VORHER = 1, NACHHER = 0). Bei einem Gleichheitszeichen müssen auch die Werte beider Variablen gleich sein (VORHER = 0, NACHHER = 0). Die Durchführung des Vorzeichen-Tests erbringt das folgende Ergebnis:

Häufigkeiten

		N	❶
Nachher - Vorher	Negative Differenzen [a]	6	
	Positive Differenzen [b]	17	
	Bindungen [c]	2	
	Gesamt	25	

a. Nachher < Vorher
b. Nachher > Vorher
c. Nachher = Vorher

Statistik für Test [b]

	Nachher - Vorher	❷
Exakte Signifikanz (2-seitig)	,035(a)	

a. Verwendetete Binomialverteilung.
b. Vorzeichentest

Erläuterungen zur Ausgabe

❶ **Negative Differenzen**: Anzahl der Personen (N), bei denen der NACHHER-Wert kleiner als der VORHER-Wert war (–). **Positive Differenzen**: Anzahl der Personen, bei denen der NACHHER-Wert größer als der VORHER-Wert war (+). Der Vorzeichen-Test prüft, ob der Unterschied zwischen der Anzahl positiver und negativer Vorzeichen statistisch signifikant ist.

Bindungen: Anzahl der Personen, bei denen beide Werte gleich waren (=). Diese eigentlich für die Nullhypothese sprechenden Daten bleiben bei den vom Programm durchgeführten Tests – wie meist üblich – außer Betracht. Ihre Anzahl sollte deshalb nicht zu groß sein.

❷ Zweiseitiger P-Wert des exakten Tests der Nullhypothese über die Binomialverteilung (da die Summe der Plus- und Minus-Zeichen < 25 ist). In Fußnote »a« wird versucht uns mitzuteilen, dass die Prüfung über die Binomialverteilung erfolgte.

Von den 23 Frauen, die eine Figurveränderung feststellten, berichten 17 von einer Verbesserung und 6 von einer Verschlechterung ihres Äußeren. Dieser Unterschied ist statistisch signifikant. Die Anzahl der Bindungen ist tolerierbar.

Beispiel | **2**

An einer Volkshochschule fanden in einem Semester mehrere Gymnastikkurse für Frauen statt. Die Teilnehmerinnen wurden dabei jeweils abwechselnd von zwei Sportlehrerinnen betreut. Eine Stichprobe von 16 Frauen wurde am Ende des Kurses gefragt, bei welcher der Betreuerinnen die Gymnastik »anstrengender« gewesen sei. Es soll untersucht werden, ob die beiden Betreuerinnen signifikant unterschiedich beurteilt wurden ($\alpha = 0,05$). Nachfolgend die Angaben der Personen (A, B = Lehrerin A bzw. B anstrengender, G = beide gleich anstrengend):

Person	1	2	3	4	5	6	7	8	9	10	11	12	13	14	15	16
Urteil	B	A	B	B	G	A	A	B	B	G	B	A	B	B	B	B

Die Daten werden in eine Datei SPORT.SAV eingegeben, die die Variablen LEHRERIN.A und LEHRERIN.B enthält. Die als »anstrengender« bezeichnete Lehrerin erhält jeweils den Wert {1}, die andere eine {0}. Im Fall von »gleich anstrengend« wird bei beiden Variablen eine Null eingegeben. Die Durchführung des Vorzeichen-Tests erbringt das folgende Ergebnis:

Häufigkeiten

		N	
Lehrerin.B - Lehrerin.A	Negative Differenzen [a]	4	a. Lehrerin.B < Lehrerin.A
	Positive Differenzen [b]	10	b. Lehrerin.B > Lehrerin.A
	Bindungen [c]	2	c. Lehrerin.B = Lehrerin.A
	Gesamt	16	

Statistik für Test [b]

	Lehrerin.B - Lehrerin.A
Exakte Signifikanz (2-seitig)	,180 [a]

a. Verwendetete Binomialverteilung.
b. Vorzeichentest

Von den 14 Frauen, die die Lehrerinnen unterschiedlich beurteilten, stuften 10 die Lehrerin A als »anstrengender« ein, bei vier Frauen war es Lehrerin B. Der Unterschied in diesen Urteilshäufigkeiten ist statistisch nicht signifikant.

Beispiel 3

Bei den Studentinnen (GESCHLECHT = 1) der Datei FRABOGEN.SAV wird untersucht, ob eine signifikante Tendenz besteht, dass die Tochter jeweils größer ist als ihre Mutter (Variablen GRÖßE und GRÖßEMUTTER). Über die Dialogbox **Optionen** sind dabei weiterhin die Mittelwerte beider Variablen anzufordern. Damit beide Variablen sich auf die gleiche Personengruppe (wie der Vorzeichen-Test) beziehen, muss *listenweiser Fallausschluss* (bei fehlenden Werten) angewählt werden. Nachfolgend die Ausgabe der Prozedur:

Deskriptive Statistiken

	N	Mittelwert	Standard-abwei-chung	Minimum	Maximum
Größe	2866	168,81	6,190	150	190
GrößeMutter	2848	166,07	6,047	145	190

Häufigkeiten

		N	
GrößeMutter - Größe	Negative Differenzen [a]	1837	
	Positive Differenzen [b]	739	a. GrößeMutter < Größe
	Bindungen [c]	270	b. GrößeMutter > Größe
	Gesamt	2846	c. GrößeMutter = Größe

Statistik für Test [a]

	GrößeMutter - Größe
Z	-21,614
Asymptotische Signifikanz (2-seitig)	,000

a. Vorzeichentest

Erläuterungen zur Ausgabe (soweit nicht bei BEISPIEL 1 gegeben)

❶ Über das Optionsfeld angeforderte Kennwerte der beiden Variablen. Hierbei darf allerdings nicht vergessen werden, dass der Vorzeichen-Test nicht die Differenz dieser Mittelwerte auf Signifikanz prüft, sondern den Unterschied zwischen den Häufigkeiten der Plus- und Minuszeichen.

❷ **Z**: Prüfgröße des approximativen Tests der Nullhypothese über die Standardnormalverteilung (da die Summe der Plus- und Minuszeichen > 25 ist); Berechnung entsprechend einer geringfügig modifizierten Formel $\boxed{17.19}$ ($\Rightarrow$ *Inferenzstatistik*). **Asymptotische Signifikanz**: Zweiseitiger P-Wert für Z.

In den 2576 Fällen, bei denen Mutter und Tochter nicht die gleiche Körperhöhe aufweisen, sind 1837-mal die Töchter größer und 739-mal die Mütter. Der Unterschied in diesen Häufigkeiten ist statistisch signifikant. Die Anzahl von 270 hierbei außer Acht gelassenen Bindungen ist in Anbetracht des großen Stichprobenumfangs tolerabel.

Beispiel **4**	**ZUSATZMODUL »EXAKTE TESTS«**

Mit den Daten von BEISPIEL 3 soll nun ein exakter Vorzeichen-Test durchgeführt werden. Die identischen Tabellen »Deskriptive Statistiken« und »Häufigkeiten« sind bei der nachfolgenden Ausgabe weggelassen.

Statistik für Test [a]

	GrößeMutter - Größe
Z	-21,614
Asymptotische Signifikanz (2-seitig)	,000
Exakte Signifikanz (2-seitig)	,000
Exakte Signifikanz (1-seitig)	,000
Punkt-Wahrscheinlichkeit	,000

a. Vorzeichentest

Exakte Signifikanz (2-seitig/1-seitig): Ergebnisse des exakten Vorzeichen-Tests. Zwei- bzw. einseitige P-Werte (zur Entscheidung über H_0).

McNemar-Test

➤ Analysieren / Deskriptive Statistiken / Kreuztabellen ...

Mit dem in den Prozeduren NPAR TESTS und CROSSTABS verfügbaren Test von McNemar kann geprüft werden, ob in einer Stichprobe zwischen den Verteilungen zweier dichotomer Variablen ein signifikanter Unterschied besteht. Beispiele wären der Vergleich der Meinungsverteilungen (Ja–Nein) in einer Stichprobe zu zwei Zeitpunkten oder das Testen des Unterschieds in den Verteilungen zweier dichotomer Items (⇨ *Inferenzstatistik, Kap. 20.1*).

Bei den Kombinationen der Werte beider Variablen sind zwei Gruppen zu unterscheiden: *Übereinstimmungen* (z.B. Ja–Ja, Nein–Nein oder 0–0, 1–1) und *Nicht-Übereinstimmungen* (Ja–Nein, Nein–Ja oder 0–1, 1–0). Die Prozedur NPAR TESTS (**Analysieren / Nichtparametrische Tests / Zwei verbundene Stichproben**) führt hier bis zu einer Anzahl von 25 *Nicht-Übereinstimmungen* einen exakten Test über die Binomialverteilung durch, während danach eine approximative Prüfung unter Heranziehung der Chi^2-Verteilung erfolgt.

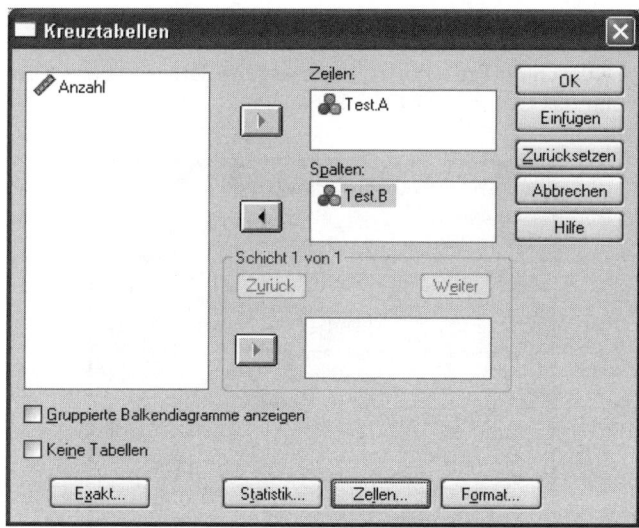

Bei der Prozedur CROSSTABS besteht dagegen keine derartige Einschränkung. Sie liefert auch noch bei (sehr) großen Stichprobenumfängen die Ergebnisse des exakten Tests (vgl. BEISPIEL 3). Da auch die hier erhältlichen Kreuztabellen informativer sind, empfiehlt es sich, den McNemar-Test grundsätzlich mit der Prozedur CROSSTABS durchzuführen.

In deren Eingangs-Dialogbox wird hierzu Variable 1 im Feld *Zeilen* und Variable 2 im Feld Spalten *Spalten* eingegeben. Zur Veranlassung des McNemar-Tests ist in der über die Schaltfläche [Statistik] erhältlichen Box das entsprechende Kästchen anzuklicken.

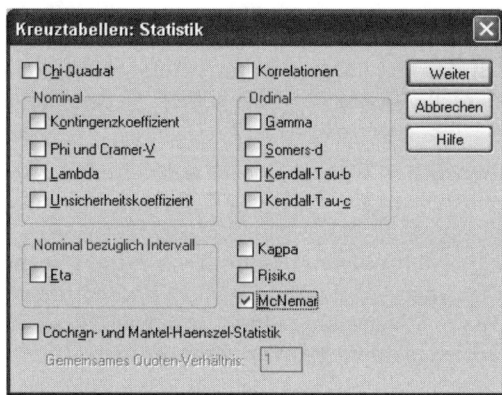

In der Box *Zellen anzeigen* können zur Beschreibung der Verteilungen beider Variablen die gewünschten Prozentuierungen angefordert werden. Es empfiehlt sich die Wahl der auf das *Gesamt* der Fälle bezogenen Prozentwerte.

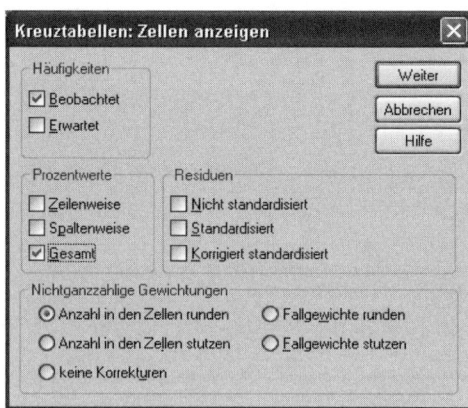

Übersicht über die in den Beispielen behandelten Probleme

① Vergleich der Ergebnisse zweier Schulreifetests (reif – nicht reif).

② Vergleich der Ja–Nein Verteilungen vor und nach einer Diskussion.

③ Vergleich des Anteils richtiger Antworten bei zwei Test-Items.

Beispiel 1

Das Beispiel entstammt der *Inferenzstatistik* (*Tab. 20.4*). An 100 Sechsjährigen wurden zwei verschiedene Schulreifetests durchgeführt. Auf Grund deren Ergebnis wurden die Kinder jeweils als »schulreif« oder »nicht schulreif« eingestuft. Es soll untersucht werden, ob die Wahrscheinlichkeit des Ergebnisses »schulreif« (bzw. »nicht schulreif«) bei beiden Tests signifikant unterschiedlich ist (α = 0,05). Es ergaben sich die folgenden Daten:

	Test B nicht reif	schulreif	
Test A			
nicht schulreif	12	5	17
schulreif	18	65	83
	30	70	100

Die Werte werden in eine Datei TAB20-4.SAV eingegeben. Bei den Variablen TEST.A und TEST.B sind die Kodierungen jeweils 0 = *nicht schulreif (»unreif«)* und 1 = *schulreif (»reif«)*. Die zugehörigen Auftretenshäufigkeiten der 2×2 Wertekombinationen enthält die Variable ANZAHL. Da die Daten als (bivariate) Häufigkeitsverteilung vorliegen, muss vor dem Aufruf von CROSSTABS in der Dialogbox **Fälle gewichten** die Variable ANZAHL im Feld *Häufigkeitsvariable* eingegeben werden (vgl. Kapitel 20). In der Box **Zellen anzeigen** wird anschließend (zusätzlich zum McNemar-Test) eine Kreuztabelle mit einer auf das Gesamt der Fälle bezogenen Prozentuierung angefordert. Nachfolgend die Ausgabe (bei der die Tabelle »Verarbeitete Fälle« weggelassen wurde):

Test.A * Test.B Kreuztabelle

			Test.B		
			unreif	reif	Gesamt
Test.A	unreif	Anzahl	12	5	17
		% der Gesamtzahl	12,0%	5,0%	17,0%
	reif	Anzahl	18	65	83
		% der Gesamtzahl	18,0%	65,0%	83,0%
Gesamt		Anzahl	30	70	100
		% der Gesamtzahl	30,0%	70,0%	100,0%

Chi-Quadrat-Tests

	Wert	Exakte Signifikanz (2-seitig)
McNemar-Test		,011[a]
Anzahl der gültigen Fälle	100	

a. Verwendete Binomialverteilung

Erläuterungen zur Ausgabe

Obere Tabelle: Angeforderte Kreuztabelle mit den Randverteilungen (Test A: 17/83%; Test B: 30/70%). Übereinstimmende Ergebnisse: 12+65 = 77%, unterschiedliche Ergebnisse: 18+5 = 23%.

Untere Tabelle: Ergebnis des exakten McNemar-Tests über die Binomialverteilung (zweiseitiger P-Wert). Die Tabellenüberschrtift »Chi-Quadrat-Tests« ist somit unpassend.

Die Anteile der Kinder, die auf Grund der Tests jeweils als »schulreif« eingestuft werden, sind signifikant verschieden. Nach ihrem Abschneiden im Test A erweisen sich 83% der Kinder als schulreif, nach Test B sind es lediglich 70%.

Beispiel 2

Das Beispiel entstammt modifiziert der *Inferenzstatistik* (*Tab. 20.1*). In einer Fernsehsendung (vom Typ »Pro und Kontra«) wurde über das Thema »Meldepflicht für bissige Goldhamster?« diskutiert. Die 75 Studiogäste wurden dabei sowohl vor als auch nach der Diskussion befragt, ob sie für (»ja«) oder gegen (»nein«) eine derartige Meldepflicht seien. Untersucht werden soll, ob sich durch die Diskussion eine signifikante Veränderung des Anteils der Meldepflicht-Befürworter ergeben hat ($\alpha = 0,01$). Nachfolgend die (fiktiven) Abstimmungsdaten:

	nachher		
vorher	nein	ja	
nein	18	27	45
ja	6	24	30
	24	51	75

Die Werte werden in eine Datei TAB20-1M.SAV eingegeben. Bei den Variablen VORHER und NACHHER sind die Kodierungen jeweils 0 = *nein* und 1 = *ja*. Die zugehörigen Auftretenshäufigkeiten der 2×2 Wertekombinationen enthält die Variable ANZAHL. Da die Daten als (bivariate) Häufigkeitsverteilung vorliegen, muss vor dem Aufruf von CROSSTABS in der Dialogbox **Fälle gewichten** die Variable ANZAHL im Feld *Häufigkeitsvariable* eingegeben werden (vgl. Kapitel 20). In der Box **Zellen anzeigen** wird anschließend (zusätzlich zum McNemar-Test) eine Kreuztabelle mit einer auf das Gesamt der Fälle bezogenen Prozentuierung angefordert. Nachfolgend die Ausgabe (bei der die Tabelle »Verarbeitete Fälle« gelöscht wurde):

Vorher * Nachher Kreuztabelle

			Nachher		Gesamt
			nein	ja	
Vorher	nein	Anzahl	18	27	45
		% der Gesamtzahl	24,0%	36,0%	60,0%
	ja	Anzahl	6	24	30
		% der Gesamtzahl	8,0%	32,0%	40,0%
Gesamt		Anzahl	24	51	75
		% der Gesamtzahl	32,0%	68,0%	100,0%

Chi-Quadrat-Tests

	Wert	Exakte Signifikanz (2-seitig)
McNemar-Test		,000[a]
Anzahl der gültigen Fälle	75	

a. Verwendete Binomialverteilung

Es zeigt sich, dass vor der Diskussion 40% für eine Meldepflicht waren und nachher 68%. Dieser Anstieg ist statistisch signifikant.

| **Beispiel** | **3** |

Datei FRABOGEN.SAV. Bei BEISPIEL 3 von Kapitel 12 wurden aus den neun Items des Algebra-Tests (AUFGABE.1 – AUFGABE.9) die dichotomen Variablen AUFGABE.RF1 bis AUFGABE.RF9 erzeugt. Diese enthalten jeweils den Wert {1}, wenn das Item richtig gelöst wurde, sonst den Wert {0}. Es soll nun untersucht werden, ob sich die Items 5 und 6 hinsichtlich ihrer Schwierigkeit (= Anteil der Personen, die die richtige Anwort angekreuzt haben) signifikant unterscheiden ($\alpha = 0,01$).

Die nachfolgend wiedergegebene Kreuztabelle zeigt, dass 61,9% der Befragten das Item 5 gelöst haben, dagegen nur 42,4% Item 6 (Variablen AUFGABE.RF5 und AUFGABE.RF6). Diese Differenz erweist sich bei Prüfung mittels exaktem McNemar-Test als statistisch signifikant. Aufgabe 6 hatte einen bedeutsam höheren Schwierigkeitsgrad als Aufgabe 5.

Aufgabe.rf5 * Aufgabe.rf6 Kreuztabelle

| | | | Aufgabe.rf6 | | |
			0 falsch	1 richtig	Gesamt
Aufgabe.rf5	0 falsch	Anzahl	1100	391	1491
		% der Gesamtzahl	28,1%	10,0%	38,1%
	1 richtig	Anzahl	1152	1270	2422
		% der Gesamtzahl	29,4%	32,5%	61,9%
Gesamt		Anzahl	2252	1661	3913
		% der Gesamtzahl	57,6%	42,4%	100,0%

Chi-Quadrat-Tests

	Wert	Exakte Signifikanz (2-seitig)
McNemar-Test		,000[a]
Anzahl der gültigen Fälle	3913	

a. Verwendete Binomialverteilung

Einfaktorielle Varianzanalyse
Brown-Forsythe Test und Welch-Test

> **Analysieren / Mittelwerte vergleichen / Einfaktorielle ANOVA ...**

Mit der Prozedur ONEWAY lässt sich eine einfaktorielle Varianzanalyse durchführen, die prüft, ob zwischen den Mittelwerten von J unabhängigen Stichproben statistisch signifikante Unterschiede bestehen (⇨ *Inferenzstatistik, Kap. 9*). Auf Wunsch erfolgt auch eine Ausgabe von Kennwerten für die unter Betrachtung stehenden Gruppen. Die mit der Prozedur weiterhin möglichen multiplen Mittelwertsvergleiche werden in Kapitel 50 besprochen.

Die einfaktorielle Varianzanalyse arbeitet bei der Prüfung der Mittelwertsunterschiede mit der Annahme, dass die J Populationen alle die gleiche Varianz haben. Ab Version 11 bietet ONEWAY zusätzlich die Möglichkeit, die Nullhypothese gleicher Populationsmittel mit den von Brown & Forsythe und Welch entwickelten Verfahren zu testen, die nicht von varianzhomogenen Populationen ausgehen (⇨ *Inferenzstatistik, Kap. 10*).

Eine weitere Neuerung ab Version 11 ist die Option, auch Varianzanalysen nach dem Zufallseffekte-Modell durchführen zu können. In diesem Fall stellen die J Stufen (Kategorien) der unabhängigen Variablen eine Zufallsauswahl aus einer Population von Stufen dar (vgl. Diehl, 1983, Kap. 8).

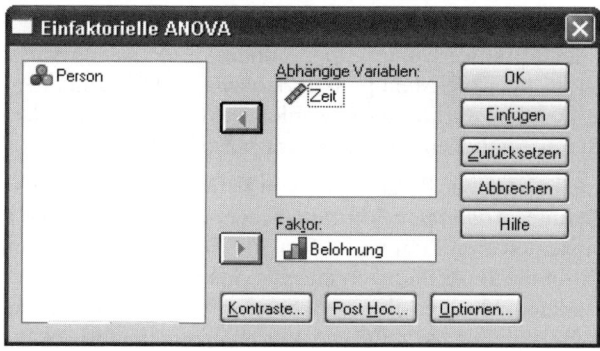

In der Eingangs-Dialogbox – das aus dem Englischen stammende Kürzel ANOVA steht hier für Analysis of Variance – werden bei *Abhängige Variablen* die abhängige(n) Variable(n) eingegeben, während die unabhängige Variable, nach deren Werten die J Gruppen gebildet werden, unter *Faktor* aufzuführen ist.

Auf die über den Schalter [Kontraste] aufrufbare Box zur Durchführung von geplanten Vergleichen und Trendanalysen sowie die über [Post Hoc] anforderbaren paarweisen Mittelwertsvergleiche wird in Kapitel 50 eingegangen.

In der über die Schaltfläche [Optionen] erhältlichen Dialogbox kann durch Anklicken von *Deskriptive Statistik* (u. a.) die Ausgabe der Gruppenmittel und Standardabweichungen veranlasst werden. Bei Wahl von *Homogenität der Varianzen* prüft die Prozedur weiterhin mittels eines Tests von Levene, ob zwischen den Varianzen der Gruppen statistisch signifikante Unterschiede bestehen. Über die Option *Diagramm der Mittelwerte* lässt sich veranlassen, dass die Gruppenmittel auch grafisch in der in Kapitel 80 beschriebenen Kurvenform dargestellt werden. Eine derartige Liniengrafik ist allerdings nur sinnvoll, wenn das die Gruppen definierende Merkmal zumindest ordinales Niveau aufweist.

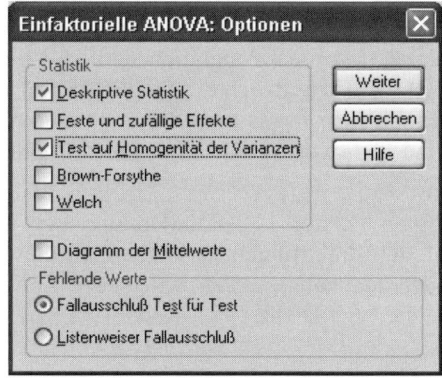

Eine Prüfung der Mittelwertsunterschiede ohne die Annahme varianzhomogener Populationen wird über die Menüpunkte *Brown-Forsythe* und/oder *Welch* veranlasst, während man bei zufällig ausgewählten Faktorstufen die entsprechende Varianzanalyse durch Anklicken von *Feste und zufällige Effekte* erhält.

Die zwei Möglichkeiten zur Behandlung von Fällen mit fehlenden Werten werden relevant, wenn unter *Abhängige Variablen* mehr als eine Variable aufgeführt ist. Beim voreingestellten *Fallausschluss Test für Test* gehen Personen nur bei den Variablen nicht in die Berechnungen ein, bei denen sie keinen Wert haben. Beim *listenweisen* Fallausschluss basieren dagegen sämtliche Varianzanalysen nur auf den Personen, die bei allen aufgeführten Variablen einen gültigen Wert haben.

Übersicht über die in den Beispielen behandelten Probleme

① Varianzanalytische Prüfung der Mittelwertunterschiede bei vier nach Zufall auf unterschiedliche Bedingungen aufgeteilten Gruppen.

② Varianzanalytische Prüfung der Unterschiede zwischen den Mitteln von vier nach einem Person-Merkmal (Familienstand) gebildeten Gruppen.

③ Prüfung von Mittelwertsunterschieden mit den Verfahren von Welch und Brown & Forsythe.

④ Durchführung einer Varianzanalyse nach dem Zufallseffekte-Modell.

Beispiel 1

Es soll die Frage untersucht werden, ob die Höhe einer in Aussicht gestellten Belohnung einen Einfluss auf die Schnelligkeit hat, mit der eine Reihe von Problemaufgaben gelöst wird (⇨ *Inferenzstatistik, Tab. 9.2*). Eine Gesamtgruppe von 48 Personen wird per Zufall auf vier gleich große Gruppen aufgeteilt. Gruppe 1 erhält die Instruktion, die gestellten Aufgaben so schnell wie möglich zu lösen (»Keine Belohnung«). Gruppe 2 erhält die gleiche Instruktion, es werden jedoch zusätzlich dem, der als Erster fertig ist, 10 Euro Belohnung versprochen. Bei Gruppe 3 werden 20 € und bei Gruppe 4 als Belohnung 30 € in Aussicht gestellt. Nachfolgend die von den Probanden unter den vier Bedingungen zur Aufgabenlösung benötigten Zeiten:

Belohnung	Lösungszeit (in Minuten)											
Keine	23	14	16	18	12	13	16	17	19	14	16	17
10 €	19	12	16	14	7	8	13	10	19	9	15	14
20 €	10	7	9	8	15	3	8	9	11	9	5	17
30 €	3	8	7	5	6	10	12	4	7	6	5	15

Die Daten werden in eine Datei TAB9-2.SAV eingegeben, die unabhängige Variable wird mit BELOHNUNG, die abhängige mit ZEIT benannt. Die Belohnungsstufen sind wie folgt kodiert: $0 = keine$, $1 = 10 €$, $2 = 20 €$ und $3 = 30 € Belohnung$.

Es soll nun mittels Varianzanalyse geprüft werden, ob zwischen den Belohnungsbedingungen signifikante Unterschiede in der durchschnittlichen Lösungszeit bestehen ($\alpha = 0,001$). Weiterhin sollen Mittel und Standardabweichungen der vier Gruppen ausgegeben und die Unterschiede zwischen den Varianzen auf Signifikanz geprüft werden. Das Programm liefert die folgende Ausgabe:

ONEWAY deskriptive Statistiken

Zeit

	N	Mittel-wert	Standardab weichung	Standard-fehler	95%-Konfidenzintervall für den Mittelwert		Mini mum	Maxi mum
					Untergrenze	Obergrenze		
Keine	12	16,25	2,958	,854	14,37	18,13	12	23
10 €	12	13,00	3,977	1,148	10,47	15,53	7	19
20 €	12	9,25	3,841	1,109	6,81	11,69	3	17
30 €	12	7,33	3,473	1,003	5,13	9,54	3	15
Gesamt	48	11,46	4,907	,708	10,03	12,88	3	23

Test der Homogenität der Varianzen

Zeit

Levene-Statistik	df1	df2	Signifikanz
,428	3	44	,734

ONEWAY ANOVA

Zeit

	Quadrat-summe	df	Mittel der Quadrate	F	Signifikanz
Zwischen den Gruppen	566,750	3	188,917	14,708	,000
Innerhalb der Gruppen	565,167	44	12,845		
Gesamt	1131,917	47			

Erläuterungen zur Ausgabe

Erste Tabelle: Gruppenumfänge, -Mittel und -Standardabweichungen (⇨ *Deskriptive Statistik, Formel* [31]). Standardfehler der Gruppenmittel (⇨ *Inferenzstatistik, Formel* [3.3]). Konfidenzintervalle (C = 0,95) für die Mittel der Populationen, denen die Stichproben entstammen (⇨ *Inferenzstatistik, Formel* [8.4]); andere Werte für C sind nicht wählbar. Größter und kleinster Wert pro Gruppe.

Zweite Tabelle: Prüfung mittels eines Tests von Levene, ob zwischen den Gruppenvarianzen signifikante Unterschiede bestehen. Prüfwert (»F«), Freiheitsgrade von F (»df«) ⇨ *Inferenzstatistik, Formel* [15.28], P-Wert für F (»Signifikanz«).

Dritte Tabelle: Ergebnisse der Varianzanalyse. Zeile »Zwischen den Gruppen«: Effekt der unabhängigen Variablen. Summen der Abweichungsquadrate, Freiheitsgrade (»df«), Mittlere Quadrate, Wert der Prüfgröße (»F«) ⇨ *Inferenzstatistik, Formeln* [9.29] bis [9.37], P-Wert für F (»Signifikanz«).

Wie der Wert von P < 0,001 anzeigt, bestehen zwischen den Mittelwerten signifikante Unterschiede. Eine Inspektion der Gruppenmittel zeigt, dass mit zunehmender Belohnung die Aufgaben im Durchschnitt immer schneller gelöst werden. Im nächsten Kapitel wird durch multiple Vergleiche zu prüfen sein, zwischen welchen Mitteln im Einzelnen ein signifikanter Unterschied besteht. Die Unterschiede zwischen den Gruppenvarianzen erweisen sich bei $\alpha = 0{,}20$ als insignifikant. Es ergeben sich somit keine Hinweise auf eine Verletzung der Varianzhomogenitätsannahme.

Beispiel 2

Datei PERDAT.SAV. Es wird geprüft, ob zwischen Personen mit unterschiedlichem FAMILIENSTAND Unterschiede in der durchschnittlichen »Lebenszufriedenheit« (FPI.1) bestehen ($\alpha = 0{,}01$). Diese Beziehung wurde bereits im Zusammenhang mit dem Korrelationsverhältnis Eta untersucht (vgl. Kapitel 32, BEISPIEL 3). Wie dort zu sehen ist, lassen sich auch mit der Prozedur MEANS einfaktorielle Varianzanalysen durchführen. Von der Ausgabe und den weiteren Möglichkeiten her ist jedoch ONEWAY die bessere Wahl. Nachfolgend die Ausgabe von ONEWAY. Bei der ersten Tabelle wurden die Spalten mit den Konfidenzintervallen im Ausgabe-Viewer gelöscht.

ONEWAY deskriptive Statistiken

FPI.1

	N	Mittelwert	Standard-abwei-chung	Standard-fehler	Minimum	Maximum
ledig	110	6,35	3,091	,295	0	12
verheiratet	185	8,05	3,048	,224	0	12
verwitwet	15	7,73	2,890	,746	4	12
geschieden getrennt	22	6,14	3,197	,682	0	11
Gesamt	332	7,35	3,166	,174	0	12

ONEWAY ANOVA

FPI.1

	Quadrat-summe	df	Mittel der Quadrate	F	Signifikanz
Zwischen den Gruppen	235,313	3	78,438	8,347	,000
Innerhalb der Gruppen	3082,156	328	9,397		
Gesamt	3317,470	331			

Der Wert von P < 0,01 zeigt an, dass zwischen den Familienstand-Gruppen signifikante Unterschiede in der durchschnittlichen »Lebenszufriedenheit« bestehen. Welche Mittel sich im einzelnen voneinander unterscheiden, wird in Kapitel 50 zu prüfen sein.

Beispiel 3

Eine Untersucherin möchte der Frage nachgehen, inwieweit bestimmte Hintergrundmusik bei weiblichen Jugendlichen das Erlernen von Vokabeln einer Fremdsprache beeinflusst (⇨ *Inferenzstatistik, Tab. 10.1*). Verglichen werden sollen die Bedingungen »Popmusik« und »Klassische Musik« (im Hintergrund) mit dem Lernen bei normalen Zimmergeräuschen (»Keine Musik«). Es stehen 66 weibliche Jugendliche zur Verfügung: per Zufall werden den Treatments jeweils 22 Personen zugeordnet.

Zum Erlernen von 100 türkischen Vokabeln wird den Teilnehmerinnen eine Stunde Zeit gegeben. Danach wird geprüft, wie viele Wörter behalten worden sind. Die Anzahl der korrekt reproduzierten Vokabeln ist somit der Wert in der abhängigen Variablen. Die AV-Werte der drei Gruppen enthält die nachfolgende Tabelle. Eliminiert wurden dabei nachträglich die Daten von Probandinnen, die die zu Beginn der Untersuchung gestellte Frage »Kennen Sie außer *Döner* und *Lamacun* noch ein türkisches Wort« bejaht hatten.

Keine Musik			Popmusik			Klass. Musik		
28	34	32	22	21	23	24	19	25
33	27	30	26	12	23	31	29	33
36	31	24	38	15	25	24	28	26
29	32	31	28	32	30	23	25	20
30	34		17	24	24	26	25	23
26	37		15	14	20	27	22	
31	28		35	24		24	21	
31	29		33	30		22	28	

Die Werte werden in eine Datei TAB10-1.SAV eingegeben. Die Kodierungen der Musikarten enthält die Variable MUSIK (1 = *keine Musik*, 2 = *Pop*, 3 = *Klassik*). Die abhängige Variable ist WÖRTER. Eine Inspektion der Streuung in den Gruppen sowie das Ergebnis des Levene-Tests zeigen, das nicht von varianzhomogenen Populationen ausgegangen werden kann. Aus diesem Grund soll die Nullhypothese mit den Verfahren von Welch und Brown & Forsythe geprüft werden ($\alpha = 0,01$). Nachfolgend die Ausgabe von ONEWAY (bei der ersten Tabelle wurden drei Spalten nachträglich gelöscht):

ONEWAY deskriptive Statistiken

Wörter

	N	Mittelwert	Standardab weichung	Standard- fehler
Keine	20	30,65	3,249	,726
Pop	22	24,14	7,039	1,501
Klassik	21	25,00	3,507	,765
Gesamt	63	26,49	5,682	,716

Test der Homogenität der Varianzen

Wörter

Levene- Statistik	df1	df2	Signifikanz
6,221	2	60	,004

ONEWAY ANOVA

Wörter

	Quadrat- summe	df	Mittel der Quadrate	F	Signifikanz
Zwischen den Gruppen	514,605	2	257,303	10,381	,000
Innerhalb der Gruppen	1487,141	60	24,786		
Gesamt	2001,746	62			

Robuste Testverfahren zur Prüfung auf Gleichheit der Mittelwerte

Wörter

	Statistik[a]	df1	df2	Sig.
Welch-Test	16,948	2	38,465	,000
Brown-Forsythe	10,799	2	40,830	,000

a. Asymptotisch F-verteilt

Erläuterungen zur Ausgabe

Vorletzte Tabelle: Auch bei Anforderung der Tests von Welch oder Brown & Forsythe werden standardmäßig die Ergebnisse der Varianzanalyse mitausgegeben (Erläuterung siehe S. 256).

Letzte Tabelle: Ergebnisse der Tests von Welch und Brown & Forsythe.: Werte der Prüfgrößen F (»Statistik«) ⇨ *Inferenzstatistik, Formeln* $\boxed{10.1}$, $\boxed{10.5}$, Zähler-Freiheitsgrade (»df1«), Nenner-Freiheitsgrade (»df2«), *Formeln* $\boxed{10.2}$, $\boxed{10.8}$, P-Werte für F (»Sig.«). Beide Tests zeigen an, dass zwischen den Mittelwerten signifikante Unterschiede bestehen.

Beispiel 4

Das nachfolgende Beispiel für ein Experiment, bei dem die Treatmentstufen eine Zufallsauswahl darstellen, entstammt Diehl (1983, Kap. 8.1). Es soll untersucht werden, welchen Einfluss der Faktor Versuchsleiter auf die Ergebnisse eines bestimmten Treatments hat. Da man auf die Population der studentischen Versuchsleiter schließen möchte, werden aus dieser Gesamtheit per Zufall sechs Studierende ausgewählt. Die zur Verfügung stehenden 54 Versuchspersonen werden anschließend per Zufall (zu gleichen Teilen) auf die sechs Versuchsleiter aufgeteilt. Jeder führt mit seiner Gruppe die vorgeschriebene Behandlung durch. Nachfolgend die Werte der Gruppen in der abhängigen Variablen. Die Daten werden in eine Datei ZUEFFEKTE.SAV eingegeben. Unabhängige Variable ist VERSUCHSLEITER, die abhängige ABVARIABLE.

Versuchsleiter/Gruppe					
1	2	3	4	5	6
34	36	40	41	33	36
26	37	30	42	35	39
32	44	33	42	42	47
35	42	36	37	40	43
31	35	37	44	38	45
29	34	38	35	30	40
28	41	34	45	37	38
27	40	31	36	39	38
26	38	39	38	33	44

Mit der Varianzanalyse (Zufallseffekte-Modell) soll nun untersucht werden, ob zwischen den bei den sechs Versuchsleitern aufgetretenen Mittelwerten signifikante Unterschiede bestehen. Weiterhin soll geschätzt werden, welche Varianz die Mittel der Versuchleiter in der (Versuchsleiter-) Population aufweisen. In der Box **Optionen** werden dazu die »Zufallseffekte« angeklickt. Man erhält dann die nachfolgende Ausgabe:

ONEWAY deskriptive Statistiken

AbVariable

		Standardabweichung	Standardfehler	95%-Konfidenzintervall für den Mittelwert		Varianz zwischen den Komponenten
				Untergrenze	Obergrenze	
Modell	Feste Effekte	3,596	,489	35,87	37,84	
	Zufallseffekte		1,669	32,56	41,14	15,278

ONEWAY ANOVA

AbVariable

	Quadrat-summe	df	Mittel der Quadrate	F	Signifikanz
Zwischen den Gruppen	752,148	5	150,430	11,634	,000
Innerhalb der Gruppen	620,667	48	12,931		
Gesamt	1372,815	53			

Erläuterungen zur Ausgabe

Erste Tabelle: »Varianz zwischen den Komponenten«: Schätzung für die Varianz der Treatmentstufenmittel um ihr Gesamtmittel (in der Population der Treatmentstufen). Sie berechnet sich: $(MQ_Z - MQ_I)/n = (150,430 - 12,931)/9 = 15,278$ (vgl. Diehl, 1983, S. 256).

Zweite Tabelle: Prüfung, ob zwischen den $J = 6$ Mittelwerten signifikante Unterschiede bestehen. Ausgabe ist identisch mit der ANOVA-Tabelle beim Modell fester Effekte.

Multiple Mittelwertsvergleiche

Zusätzlich zur Varianzanalyse bietet die Prozedur ONEWAY die Möglichkeit, mit einer Reihe von Verfahren (post hoc) paarweise Vergleiche zwischen den J Mittelwerten durchführen zu lassen. Weiterhin können selbstdefinierte Kontraste geprüft und Trendanalysen veranlasst werden. Im Vordergrund dieses Kapitels wird die Erläuterung der Durchführung von paarweisen Vergleichen (im Anschluss an die Varianzanalyse) stehen. Ein Menü der hier wählbaren Verfahren erhält man über die Schaltfläche [Post Hoc] in der – auf Seite 253 wiedergegebenen – Eingangs-Dialogbox von ONEWAY.

Dem Benutzer bietet sich eine nicht nur auf den ersten Blick verwirrende Anzahl von Verfahren zur Durchführung von Post-Hoc Analysen. Die nochmalige Vermehrung der bereits bei SPSS 6.1 bestehenden Möglichkeiten dürfte jedoch nur z.T. echten Anwender-Bedürfnissen entgegenkommen. Zu begrüßen ist jedoch, dass Prozeduren für multiple Mittelwertsvergleiche aufgenommen wurden, die nicht von varianzhomogenen Populationen ausgehen.

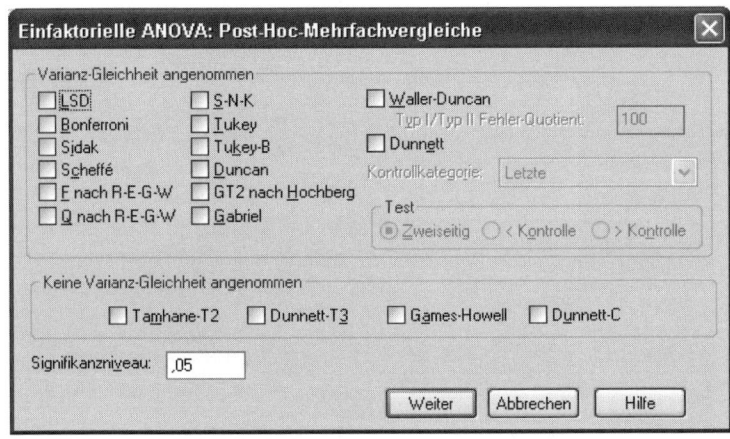

Für eine Sichtung und Beurteilung der angebotenen Post-Hoc-Vergleiche ist es sinnvoll, die beiden Gruppen von Verfahren nach ihrer Ergebnis-Ausgabe zu ordnen. Dies ist in der nachfolgenden Tabelle geschehen.

A	**Paarweise Vergleiche**	
1	LSD	Least significant difference
2	Bonferroni	Bonferroni-Test
3	Sidak	Sidak-T-Test
4	Dunnett	Dunnett-T-Test (Vergleiche mit Kontrollgruppe)
B	**Paarweise Vergleiche + Homogene Gruppen**	
5	Tukey	Tukey-HSD-Test (Honestly significant difference)
		Tukey-Kramer-Test (bei ungleichem n)
6	GT2 nach Hochberg	Hochberg's GT2
7	Gabriel	Gabriel-Test
8	Scheffé	Scheffé-Test
C	**Homogene Gruppen**	
9	S-N-K	Student-Newman-Keuls-Test
10	Duncan	Duncan-Test
11	Tukey-B	Tukey-B-Test
12	F nach R-E-G-W	F-Test nach Ryan, Einot, Gabriel & Welch
13	Q nach R-E-G-W	Q-Test nach Ryan, Einot, Gabriel & Welch
14	Waller-Duncan	Waller-Duncan-T-Test
D	**Paarweise Vergleiche (ohne Annahme von Varianzhomogenität)**	
15	Tamhane-T2	Tamhane-T2-Test
16	Dunnett-T3	Dunnett-T3-Test
17	Games-Howell	Games-Howell-Test
18	Dunnett-C	Dunnett-C-Test

Bei den Prozeduren, die von gleichen Populationsvarianzen ausgehen, liefert Gruppe [A] ausschließlich Ergebnisse zu den durchgeführten paarweisen Mittelwertsvergleichen. Bei den Verfahren von Gruppe [B] werden zusätzlich jeweils Sätze von Gruppenmitteln zusammengestellt, die keine signifikanten Unterschiede aufweisen. Erläuterungen zu diesen »Homogenen Untergruppen« werden bei BEISPIEL 1 (Fall gleicher Stichprobenumfänge) und BEISPIEL 2 (ungleiches n) gegeben.

Die Ausgaben der Verfahren in Gruppe [C] enthalten ausschließlich Zusammenstellungen solcher »homogener« Mittelwerte. Von den Prozeduren, die die Prüfung der Vergleiche ohne Annahme von Varianzhomogenität vornehmen (Gruppe [D]), werden wiederum nur die Ergebnisse zu den paarweisen Kontrasten ausgegeben.

Die meisten der angebotenen Verfahren werden bei Kirk (1982, Kap. 3; 1995, Kap. 4) ausführlich vorgestellt. In der Regel ist der/die Anwender/in (lediglich) an den Ergebnissen (sämtlicher) paarweiser Mittelwertsvergleiche interessiert. Diesem Wunsch wird die (ausschließliche) Ergebnisdarstellung in Form von Sätzen »homogener« Mittelwerte nicht gerecht (Gruppe [C]); dies gilt besonders für den Fall ungleicher Stichprobenumfänge (vgl. BEISPIEL 2).

Die Suche nach einem geeigneten Verfahren kann sich somit auf die Gruppen [A], [B] und [D] beschränken. Ergebnisse von Monte-Carlo-Studien zeigen hier, dass für den Zweck sämtlicher paarweiser Vergleiche der Tukey-Test (Nr. 5) sowie das Verfahren von Games & Howell (Nr. 17) als gute Wahl angesehen werden können (⇨ *Inferenzstatistik*, Kap. 11; Kirk 1995, Kap. 4). Welcher der beiden Tests heranzuziehen ist, hängt davon ab, wieweit von varianzgleichen Populationen ausgegangen werden kann.

Einen Sonderfall stellt der Dunnett-T-Test dar (Nr. 4). Während alle anderen Verfahren sämtliche paarweisen Vergleiche durchführen, wird hier bei einem Plan mit J Gruppen (lediglich) geprüft, welche der J–1 Treatmentmittel signifikant vom Mittel einer Kontrollgruppe abweichen. Hierbei sind auch einseitige Tests möglich. Bei einer derartigen Fragestellung stellt dann diese Prozedur das »beste« Verfahren dar.

Die im Dialogfeld erforderliche Angabe zum *Signifikanzniveau* (Voreinstellung: 0,05) bewirkt, dass bei der Ausgabe paarweiser Vergleiche die P-Werte der Kontraste, die auf diesem Niveau signifikant sind, durch einen Stern gekennzeichnet werden. Bei der Ausgabe in Form »homogener« Sätze von Mittelwerten legt dieser Wert außerdem fest, auf welchem Niveau sich die Gruppenmittel *nicht* unterscheiden dürfen. Wurde vor dem Post-Hoc-Test eine Varianzanalyse durchgeführt, dann muss dieses *Signifikanzniveau* dem der ANOVA entsprechen.

Da die multiplen Mittelwertsvergleiche bei ONEWAY nur im Verbund mit einer Varianzanalyse durchgeführt werden können, müssen vorab in der Eingangs-Dialogbox die abhängige sowie die Gruppierungsvariable definiert worden sein (vgl. Kapitel 49 und S. 253).

Selbstdefinierte Mittelwertsvergleiche

Bei bestimmten Fragestellungen ist man nicht an sämtlichen paarweisen Mittelwertsvergleichen (Kontrasten) interessiert, sondern legt im Vorhinein (a priori) eine bestimmte Teilmenge von Kontrasten fest, die man überprüfen will (»geplante Vergleiche«). So könnte es z.B. sein, dass man bei vier Bedingungen lediglich Bedingung 1 und 2 sowie 3 und 4 gegeneinander testen möchte. Die Definition dieser selbstdefinierten Vergleiche ist in der über die Schaltfläche [Kontraste] aufrufbaren Dialogbox möglich.

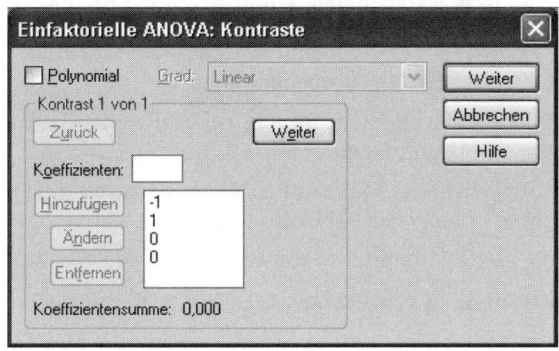

Über die Eingabe von Koeffizienten wird dem Programm mitgeteilt, welche Kontraste gewünscht werden. Die Summe der Koeffizienten muss null ergeben. Beispiele für den Fall von $J = 4$ Gruppen:

$$-1 \quad 1 \quad 0 \quad 0 \quad : \text{Prüfung der Differenz } M_1 - M_2$$
$$-1 \quad 0 \quad 0 \quad 1 \quad : \text{Prüfung der Differenz } M_1 - M_4$$
$$0 \quad -1 \quad 1 \quad 0 \quad : \text{Prüfung der Differenz } M_2 - M_3$$

Wenn mehr als ein Vergleich getestet werden soll, wird der erste im Dialogfeld unter *Kontrast 1 von 1* eingegeben, der Schalter [Weiter] betätigt, der zweite Vergleich unter *Kontrast 2 von 2* definiert, usf. Das Programm prüft anschließend jede der gewünschten Mittelwertsdifferenzen zum einen mittels T-Test, zum anderen via Welch-Test. Beim T-Test wird jeweils das Mittlere Quadrat Innerhalb (MQ_I) aus der Varianzanalyse als Schätzung der Populationsvarianz verwendet (siehe BEISPIEL 4).

Trendtests

Durch Signifikanz in der Varianzanalyse wird angezeigt, dass eine Beziehung zwischen unabhängiger und abhängiger Variablen besteht. Wenn es sich um eine metrische unabhängige Variable handelt, interessiert häufig auch die Frage, welcher Art die Beziehung ist. Man möchte den in den Daten vorhandenen »Trend« bestimmen. Bezüglich einer Beschreibung derartiger Trendtests sei auf Bortz (1999, Kap. 7.4) und Kirk (1982, Kap. 4.5) verwiesen.

Die Prozedur ONEWAY ermöglicht u. a. eine Prüfung auf linearen, quadratischen und kubischen Trend. Um den entsprechenden Test zu veranlassen, muss im Dialogfeld **Kontraste** das Kästchen *Polynomial* angeklickt und bei *Grad* die Art des zu testenden Trends gewählt werden. Die Ausgabe des Programms ist bei BEISPIEL 5 gezeigt.

Übersicht über die in den Beispielen behandelten Probleme

① Paarweise Mittelwertsvergleiche mittels Tukey-Test für BEISPIEL 1 von Kapitel 49. Gleiche Stichprobenumfänge.

② Paarweise Mittelwertsvergleiche mittels Tukey-Kramer-Test. Ungleiche Stichprobenumfänge.

③ Paarweise Mittelwertsvergleiche mittels Games-Howell-Test (keine Annahme homogener Populationsvarianzen).

④ Durchführung selbstdefinierter Mittelwertsvergleiche (Kontraste).

⑤ Prüfung der Beziehung von BEISPIEL 1 (Kapitel 49) auf linearen Trend.

Beispiel 1

Bei BEISPIEL 1 von Kapitel 49 hatte die Varianzanalyse (bei $\alpha = 0,001$) eine signifikante Beziehung zwischen Belohnungshöhe und durchschnittlicher Lösungszeit angezeigt (Datei TAB9-2.SAV). Es wird nun mittels Tukey-Test untersucht, zwischen welchen der vier Mittel signifikante Unterschiede bestehen (α_F ebenfalls 0,001). Nachfolgend die Ausgabe von ONEWAY, gekürzt um die bereits in Kapitel 49 erläuterten Tabellen mit den Gruppenkennwerten und den Ergebnissen der Varianzanalyse:

Mehrfachvergleiche

Abhängige Variable: Zeit
Tukey-HSD

(I) Beloh-nung	(J) Beloh-nung	Mittlere Differenz (I-J)	Standard-fehler	Signifi-kanz	99,9%-Konfidenzintervall Unter-grenze	Ober-grenze
Keine	10 €	3,25	1,46	,133	-2,74	9,24
	20 €	7,00*	1,46	,000	1,01	12,99
	30 €	8,92*	1,46	,000	2,93	14,90
10 €	Keine	-3,25	1,46	,133	-9,24	2,74
	20 €	3,75	1,46	,064	-2,24	9,74
	30 €	5,67	1,46	,002	-,32	11,65
20 €	Keine	-7,00*	1,46	,000	-12,99	-1,01
	10 €	-3,75	1,46	,064	-9,74	2,24
	30 €	1,92	1,46	,562	-4,07	7,90
30 €	Keine	-8,92*	1,46	,000	-14,90	-2,93
	10 €	-5,67	1,46	,002	-11,65	,32
	20 €	-1,92	1,46	,562	-7,90	4,07

* Die Differenz der Mittelwerte ist auf dem Niveau 0.001 signifikant.

Homogene Untergruppen

Zeit

Tukey-HSD [a]

Belohnung	N	Untergruppe für Alpha = 0.001.	
		1	2
30 €	12	7,33	
20 €	12	9,25	
10 €	12	13,00	13,00
Keine	12		16,25
Signifikanz		,002	,133

Die Mittelwerte für die in homogenen Untergruppen
befindlichen Gruppen werden angezeigt.
a. Verwendet ein harmonisches Mittel für
Stichprobengröße = 12,000.

Erläuterungen zur Ausgabe

❶ Etwas redundante Zusammenstellung der $K = J*(J-1)/2$ paarweisen Vergleiche M_i-M_j. Mit Stern gekennzeichnete Mittelwertdifferenzen sind auf dem gewählten Niveau signifikant (hier: 0,001).

❷ **Standardfehler** von M_i-M_j; Berechnung: $\sqrt{[MQ_I*(1/n_1 + 1/n_2)]}$. Bei gleichem »n« vereinfacht sich dies zu: $\sqrt{[(2*MQ_I)/n]} = \sqrt{[(2*12,845)/12]} = 1,46$ (für alle Vergleiche).

❸ **Signifikanz:** P-Wert für die (leider nicht mitgeteilte) Prüfgröße Q (⇨ *Inferenzstatistik, Formeln* [11.5] [11.11]). **Konfidenzintervall**: Untere und obere Grenze des Konfidenzintervalls für $\mu_i-\mu_j$ (⇨ *Formeln* [11.9] [11.17]). Der Sicherheitsgrad wird durch das gewählte *Signifikanzniveau* festgelegt $(1-\alpha)$.

❹ Hier sind Gruppen von Mitteln zusammengestellt, bei denen jeweils zwischen größtem und kleinsten Mittel kein signifikanter Unterschied besteht. Der in der Zeile »Signifikanz« aufgeführte P-Wert gilt für die Püfung dieses größten Kontrasts der Mittelwertsgruppe. Im (vorliegenden) Fall gleicher Stichprobenumfänge entspricht dieser Wert dem P-Wert, der sich bei der paarweisen Prüfung für diesen Kontrast unter ❸ ergeben hat. Bei ungleichen Umfängen trifft dies nicht zu (vgl. BEISPIEL 2).

Auf dem gewählten Niveau von $\alpha = 0,001$ erweisen sich zwei Kontraste als signifikant. Im Vergleich zur Gruppe ohne Belohnung ($M_0 = 13,00$) ist die durchschnittliche Lösungszeit unter den Belohnungsbedingungen 20 und 30 € ($M_{20} = 9,25$; $M_{30} = 7,33$) signifikant kürzer.

Beispiel 2

Datei PERDAT.SAV. In der Variablen ALTERSGRUPPE sind die Altersgruppen 18-30, 31-50 und 51-85 Jahre mit {1} bis {3} kodiert. Es soll bei den Frauen (GE-SCHLECHT = 1) mittels Tukey-Test untersucht werden, wieweit sich diese Gruppen in der durchschnittlichen Körperhöhe (GRÖßE) unterscheiden ($\alpha_F = 0,05$). Die Varianzanalyse zeigt (mit einem $P < 0,0005$) an, dass signifikante Unterschiede zwischen den Gruppenmitteln bestehen. Die nachfolgende Ausgabe ist um die ANO-VA-Tabelle sowie die Spalten mit den verschiedenen Konfidenzintervallen gekürzt.

ONEWAY deskriptive Statistiken

Größe

	N	Mittelwert	Standard-abweichung
18-30	63	168,05	5,46
31-50	74	166,91	6,18
51-85	57	163,61	6,10
Gesamt	194	166,31	6,17

Mehrfachvergleiche

Abhängige Variable: Größe

Tukey-HSD

(I) Altersgruppe	(J) Altersgruppe	Mittlere Differenz (I-J)	Standard-fehler	Signifikanz
18-30	31-50	1,14	1,017	,501
	51-85	4,43*	1,085	,000
31-50	18-30	-1,14	1,017	,501
	51-85	3,29*	1,046	,005
51-85	18-30	-4,43*	1,085	,000
	31-50	-3,29*	1,046	,005

*. Die Differenz der Mittelwerte ist auf dem Niveau .05 signifikant.

Tukey-HSD [a, b]   **Größe**   **Homogene Untergruppen**

Altersgruppe	N	Untergruppe für Alpha = .05.	
		1	2
51-85	57	163,61	
31-50	74		166,91
18-30	63		168,05
Signifikanz		1,000	,522

Die Mittelwerte für die in homogenen Untergruppen befindlichen Gruppen werden angezeigt.

a. Verwendet ein harmonisches Mittel für Stichprobengröße = 63,924.

b. Die Gruppengrößen sind nicht identisch. Es wird das harmonische Mittel der Gruppengrößen verwendet. Fehlerniveaus des Typs I sind nicht garantiert.

Die paarweisen Vergleiche zeigen an, dass die älteste Gruppe im Durchschnitt signifikant kleiner ist als die beiden übrigen Altersgruppen. Wichtig ist, dass im jetzigen Fall ungleicher Stichprobenumfänge die Ergebnisse der paarweisen Tests nicht mehr in (voller) Übereinstimmung mit den Befunden bei den »Homogenen Untergruppen« stehen. Beim Vergleich der Mittelwerte der Altersgruppen {18-30} und {31-50} gehen in die Formel des Tukey-Kramer-Tests die zugehörigen Stichprobenumfänge 63 und 74 ein. Es ergibt sich ein P-Wert von 0,500 (Tabelle »Mehrfachvergleiche«).

Bei den Analysen zur Bildung homogener Untergruppen wird die gleiche Mittelwertsdifferenz jedoch über die Formel des Tukey-Tests (für gleiche Stichprobenumfänge) unter Verwendung eines n = 63,9 (harmonisches Mittel der n_j) geprüft. Es ergibt sich ein P = 0,521. Die Tabelle »Homogene Untergruppen« gibt somit nur mehr oder minder ungenau die Ergebnisse der (exakten) paarweisen Vergleiche wieder, worauf vom Programm auch durch eine entsprechende Warnung in Fußnote »b« hingewiesen wird.

| Beispiel | 3 |

Datei TAB10-1.SAV. Bei BEISPIEL 3 von Kapitel 49 war geprüft worden, ob zwischen den durchschnittlichen Lernleistungen unter drei Musik-Bedingungen signifikante Unterschiede bestanden. Da nicht von Varianzhomogenität ausgegangen werden konnte, wurde die Nullhypothese mit den Verfahren von Welch und Brown & Forsythe getestet – und in beiden Fällen auf dem gewählten 1%-Niveau zurückgewiesen. Es soll nun mittels Games-Howell-Test – d.h. ebenfalls ohne die Annahme gleicher Populationsvarianzen – geprüft werden, zwischen welchen der drei Mitteln ein signifikanter Unterschied besteht ($\alpha = 0,01$).

Mehrfachvergleiche

Abhängige Variable: Wörter
Games-Howell

(I) Musik	(J) Musik	Mittlere Differenz (I-J)	Standard-fehler	Signifikanz	99%-Konfidenzintervall Unter-grenze	Ober-grenze
Keine	Pop	6,514*	1,667	,001	1,26	11,76
	Klassik	5,650*	1,055	,000	2,39	8,91
Pop	Keine	-6,514*	1,667	,001	-11,76	-1,26
	Klassik	-,864	1,685	,866	-6,16	4,43
Klassik	Keine	-5,650*	1,055	,000	-8,91	-2,39
	Pop	,864	1,685	,866	-4,43	6,16

*. Die Differenz der Mittelwerte ist auf dem Niveau .01 signifikant.

Erläuterungen zur Ausgabe

Standardfehler von M_i–M_j. Die Berechnung erfolgt nach der Formel $\sqrt{(V_i/n_j + V_i/n_j)}$. Dies ergibt für den Kontrast 1–2 (vgl. BEISPIEL 3, Kapitel 49): $\sqrt{(V_1/n_1 + V_2/n_2)} = (3{,}249^2/20 + 7{,}039^2/22) = 1{,}667$.

Konfidenzintervall: Untere/obere Grenze des Konfidenzintervalls für μ_i–μ_j ($\Rightarrow$ *Inferenzstatistik, Formel* $\boxed{11.26}$). Der Sicherheitsgrad wird durch das gewählte *Signifikanzniveau* festgelegt (1–α).

Der Games-Howell-Test zeigt an, dass bei beiden Arten von Musik die durchschnittliche Lernleistung signifikant schlechter ist als unter der Bedingung ohne Hintergrundmusik. Die mittleren Lernleistungen unter Popmusik und Klassik sind dagegen nicht bedeutsam verschieden.

Beispiel 4

Datei PERDAT.SAV. In der Variablen FAMILIENSTAND sind die Personen hinsichtlich ihres Familienstandes kodiert (1 = *ledig*, 2 = *verheiratet*, 3 = *verwitwet*, 4 = *geschieden/getrennt*). Es sollen nun bestimmte Gruppen hinsichtlich ihrer mittleren »Lebenszufriedenheit« (FPI.1) miteinander verglichen werden, und zwar Ledige mit Verheirateten (M_1–M_2) und Verwitwete mit Geschiedenen (M_3–M_4).

Kontrast-Koeffizienten

Kontrast	Familienstand				❶
	ledig	verheiratet	verwitwet	geschieden getrennt	
1	-1	1	0	0	
2	0	0	-1	1	

Kontrast-Tests

	FPI.1			
	Varianzen sind gleich		Varianzen sind nicht gleich	
	Kontrast		Kontrast	
	1	2	1	2
Kontrastwert	1,70	-1,60	1,70	-1,60
Standardfehler	,369	1,026	,370	1,011
T	4,605	-1,556	4,591	-1,580
df	328	328	226,627	32,173
Signifikanz (2-seitig)	,000	,121	,000	,124

❷   ❸

Der erste Kontrast wird hier durch die Koeffizienten –1, 1, 0, 0 definiert, der zweite durch 0, 0, –1, 1. Die vorstehende Ausgabe ist um die Tabellen mit den Gruppenkennwerten sowie zum Levene-Test und zur Varianzanalyse gekürzt, da diese bereits bei BEISPIEL 2 von Kapitel 49 wiedergegeben sind.

Erläuterungen zur Ausgabe

Bei der Tabelle »Kontrast-Tests« wurden im Ausgabe-Viewer aus Formatgründen Zeilen und Spalten vertauscht.

❶ Hier ist noch einmal zusammengestellt, welche Vergleiche (Kontraste) durch die Koeffizienten definiert wurden.

❷ **Varianzen sind gleich**: Prüfung der Mittelwertsdifferenzen mittels folgendem T-Test (Gruppe i und j): $T = (M_i–M_j) / \sqrt{[MQ_I *(1/n_i + 1/n_j)]}$. Da hierbei mit dem Mittel der Gruppenvarianzen gearbeitet wird, setzt dieser T-Test gleiche Varianzen in den J Populationen voraus.

Kontrastwert: Differenz der Mittelwerte $(M_i–M_j)$. **Standardfehler** der Mittelwertsdifferenz; Berechnung: $\sqrt{[MQ_I *(1/n_i + 1/n_j)]}$. **T**: Prüfwert des T-Tests. **df**: Freiheitsgrade. **Signifikanz (2-seitig)**: zweiseitiger P-Wert. Ein Kontrast kann für signifikant erklärt werden, wenn $P \leq \alpha_F/K$, wobei K = Anzahl der durchgeführten Vergleiche.

❸ **Varianzen sind nicht gleich**: Prüfung der Mittelwertsunterschiede mittels Welch-Test, der nicht von varianzhomogenen Populationen ausgeht (vgl. Kapitel 43). Der **Standardfehler** der von $M_i–M_j$ berechnet sich jetzt wie folgt: $\sqrt{(V_i/n_i + V_j/n_j)}$. **T**: Prüfwert des Welch-Tests. **df**: Freiheitsgrade.

Wird für das auf die »Familie« von K = 2 Vergleichen bezogene Fehler-I-Risiko der Wert $\alpha_F = 0,01$ gewählt, dann muss beim einzelnen Kontrast zur Erreichung von Signifikanz der Wert von $P \leq 0,005$ sein. Dies ist bei Kontrast 1 sowohl beim T-Test als auch beim Welch-Test der Fall. Die durchschnittliche Lebenszufriedenheit ist bei Verheirateten signifikant höher als bei Ledigen, während sich die Mittel von Verwitweten und Geschiedenen nicht bedeutsam unterscheiden.

Beispiel 5

Daten von BEISPIEL 1. Die Beziehung zwischen Belohnungshöhe und mittlerer Lösungszeit hatte sich in der Varianzanalyse als statistisch signifikant erwiesen. Das auf der nächsten Seite wiedergegebene Diagramm stellt den Zusammenhang grafisch dar. Es soll nun geprüft werden, ob diese Beziehung einem linearen Trend folgt.

Im Dialogfeld **Kontraste** wird dazu *Polynomial* angekreuzt und bei *Grad* der kubische Trend angewählt. Das Programm prüft dadurch zuerst auf linearen Trend, und die verbleibenden »Reste« dann auf quadratischen sowie kubischen Trend. Die grafische Darstellung der Beziehung wird über die Box **Optionen** veranlasst. Nachfolgend die Ausgabe:

ONEWAY ANOVA

Zeit

			Quadrat-summe	df	Mittel der Quadrate	F	Signi-fi-kanz
Zwischen den Gruppen	(Kombiniert)		566,750	3	188,917	14,708	,000
	Linearer Term	Kontrast	558,150	1	558,150	43,454	,000
		Abwei-chung	8,600	2	4,300	,335	,717
	Quadratischer Term	Kontrast	5,333	1	5,333	,415	,523
		Abwei-chung	3,267	1	3,267	,254	,617
	Kubischer Term	Kontrast	3,267	1	3,267	,254	,617
Innerhalb der Gruppen			565,167	44	12,845		
Gesamt			1131,917	47			

Belohnungshöhe und Lösungszeit

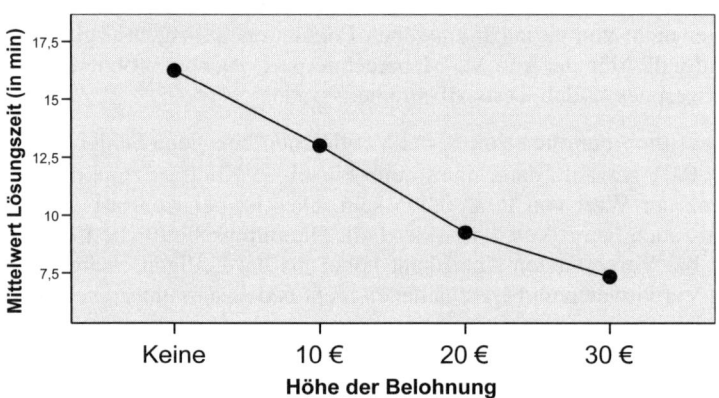

Was auch auf Grund einer Inspektion der Grafik zu vermuten war: statistisch bedeutsam ist lediglich die lineare Trendkomponente. Mit einem derartigen Trend werden die Daten am besten beschrieben.

Einfaktorielle Kovarianzanalyse

> ➤ **Analysieren / Allgemeines lineares Modell / Univariat ...**

Mit der einfaktoriellen Kovarianzanalyse wird geprüft, ob zwischen den Mittelwerten von J unabhängigen Stichproben signifikante Unterschiede bestehen, wenn der Einfluss einer (oder mehrerer) Kovariaten statistisch eliminiert worden ist (vgl. Bortz 1999, Kap. 10.1; Diehl 1983, Kap. 10; Röhr, Lohse & Ludwig, 1983, Kap. 10.1). Neben der eigentlichen Kovarianzanalyse liefert die Prozedur auch die nicht adjustierten und adjustierten Mittel der Gruppen in der abhängigen Variablen. Auf Wunsch werden weiterhin paarweise Vergleiche zwischen den adjustierten Mittelwerten durchgeführt.

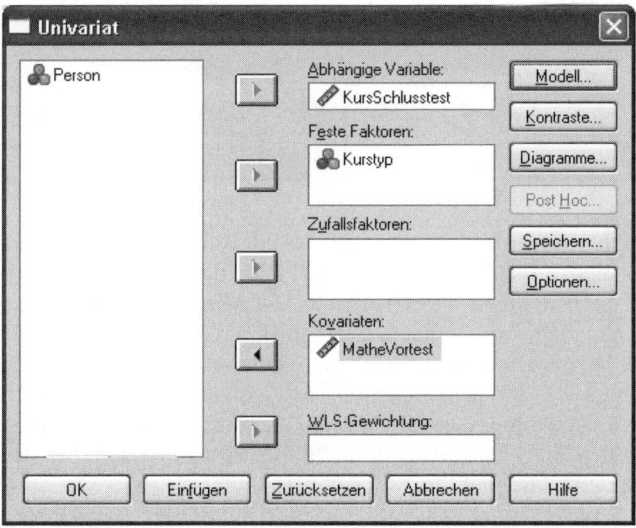

In der Eingangs-Dialogbox von UNIANOVA sind in den entsprechenden Feldern die *Abhängige Variable* und die *Kovariate(n)* zu spezifizieren, während unter *Feste Faktoren* die unabhängige Variable – deren Stufen vom Untersucher bewusst ausgewählt (»fest«-gelegt) wurden – einzugeben ist.

In der über die Schaltfläche [Modell] erhältlichen Dialogbox sind keine Veränderungen vorzunehmen. Die Voreinstellungen »Gesättigtes Modell«, »Konstanten Term in Modell einschließen« und »Quadratsumme: Typ III« müssen beibehalten werden. Die in der Box **Kontraste** veranlassbaren Vergleiche zwischen den J (adjustierten) Mittelwerten sind in Kapitel 57 (BEISPIEL 7) beschrieben.

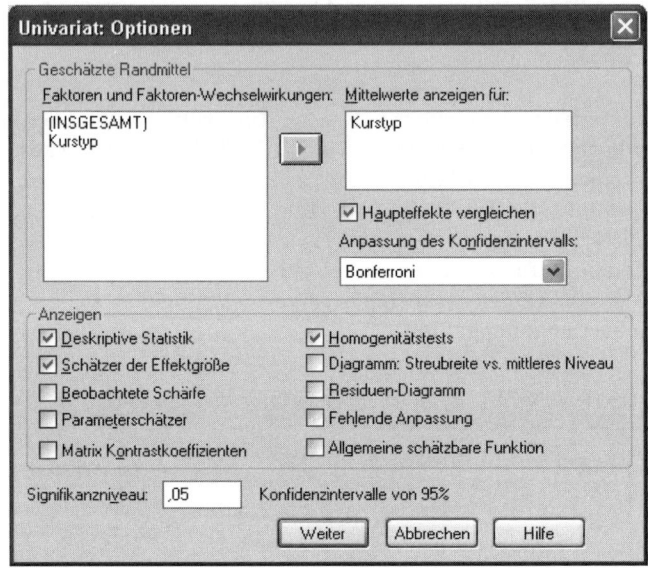

In der Dialogbox **Optionen** bewirkt die Wahl von *Deskriptive Statistik* u. a. die Ausgabe der nicht adjustierten Mittelwerte. Die adjustierten Mittel erhält man bei Angabe der unabhängigen Variablen im Feld *Mittelwerte anzeigen*. Durch Anklicken von *Haupteffekte vergleichen* lassen sich paarweise Tests zwischen diesen Mitteln veranlassen. Die hierbei sinnvolle Alpha-Adjustierung nach Bonferroni ist im Feld *Anpassung des Konfidenzintervalls* einzustellen. Die Kovarianzanalyse macht u. a. die Annahme, dass die Varianz der Residualwerte in allen Populationen den gleichen Wert hat. Eine Prüfung dieser Annahme wird bei Anklicken von *Homogenitätstests* durchgeführt.

Bei Wahl von *Schätzer der Effektgröße* enthält die Ausgabe auch einen adjustierten Eta^2-Wert für die Stärke des (»bereinigten«) Treatmenteffekts. Die Angabe bei *Signifikanzniveau* legt den Sicherheitsgrad der ausgegebenen Konfidenzintervalle fest $(1-\alpha)$. Außerdem sind dann bei den paarweisen Vergleichen die auf diesem Niveau signifikanten Differenzen mit einem Stern kenntlich gemacht.

Über die Dialogbox **Speichern** kann veranlasst werden, dass bestimmte Werte in die Datendatei geschrieben werden. Das nicht gerade kleine Angebot enthält jedoch leider nicht die Möglichkeit, die kovariaten-adjustierten Werte der abhängigen Variablen ausgeben zu lassen (auf denen die adjustierten Mittel basieren). Bei Anklicken von *Residuen: Nicht standardisiert* erhält man die (Rest-)Werte, auf die sich die kovarianzanalytischen Annahmen varianzhomogener und normalverteilter Populationen beziehen.

Übersicht über die in den Beispielen behandelten Probleme

① Prüfung der Mittelwertsunterschiede bei drei nach Zufall auf unterschiedliche Bedingungen aufgeteilten Gruppen. Vorkenntnisse in Mathematik als Kovariate.

② Grafische Gegenüberstellung der nicht adjustierten und adjustierten Gruppenmittel von BEISPIEL 1.

③ Prüfung der Unterschiede zwischen den Mitteln von zwei nach einem Person-Merkmal (Schulabschluss) gebildeten Gruppen. Lebensalter als Kovariate.

Beispiel 1

Das nachfolgende Beispiel entstammt Diehl (1983, S. 300). Eine Kommission hat drei in der Vorgehensweise unterschiedliche Kurse ausgearbeitet, nach denen StudienanfängerInnen in Psychologie die für die Statistik-Veranstaltungen notwendigen mathematischen Grundlagen vermittelt werden können. Es soll nun untersucht werden, mit welcher der drei Methoden der höchste durchschnittliche Wissensstand erzielt wird (gemessen durch einen Punktwert in einem Test am Kursende).

Für die Teilnahme an dem Mathematikkurs haben sich 21 Erstsemester gemeldet, die nach Zufall (zu je sieben) auf die drei Bedingungen aufgeteilt werden. Da bei den StudienanfängerInnen unterschiedliche Vorkenntnisse in Mathematik zu erwarten sind, die einen Einfluss auf den Lernerfolg im Kurs haben können, wird zu Beginn des Kurses ein allgemeiner Mathematiktest vorgegeben. Die in diesem Test erzielten Punkte stellen die in ihrem Einfluss zu kontrollierende Kovariate dar. Die Werte in der abhängigen Variablen (Kurs-Abschlusstest) sowie der Kovariaten enthält die nachfolgende Tabelle.

Lehrmethode (Kurstyp)					
Kurs A		Kurs B		Kurs C	
Mathe-Vor-test	Kursab-schluss-test	Mathe-Vor-test	Kursab-schluss-test	Mathe-Vor-test	Kursab-schluss-test
100	44	105	56	116	73
102	42	111	58	117	71
104	46	109	61	119	77
106	48	113	61	121	74
107	43	113	65	124	74
111	48	116	65	124	79
109	45	117	62	126	78

Untersucht werden soll, ob die Lehrmethoden zu signifikant unterschiedlichem (mittleren) Lernerfolg führen, wenn die Werte in der abhängigen Variablen hinsichtlich des Einflusses der Kovariaten korrigiert (adjustiert) sind. Die Daten werden in eine Datei ANCOVA-1.SAV eingegeben, die unabhängige Variable wird mit KURSTYP, die Kovariate mit MATHEVORTEST und die abhängige Variable mit KURSSCHLUSSTEST benannt. Die Kurstypen A, B und C sind mit {1}, {2} und {3} kodiert.

Es empfiehlt sich, mit den Werten der abhängigen Variablen vorab eine »normale« Varianzanalyse durchzuführen. Ein Vergleich des hier zu Tage tretenden Effekts der unabhängigen Variablen mit den späteren kovarianzanalytischen Befunden verdeutlicht dann, welche Änderung durch die Berücksichtigung der Kovariaten bewirkt wird. Diese Ergebnisse der normalen Varianzanalyse lassen sich am einfachsten (und übersichtlichsten) mit der Prozedur ONEWAY erzeugen (vgl. Kapitel 49). Zum besseren Vergleich mit der Kovarianzanalyse-Ausgabe von UNIANOVA wird die Varianzanalyse nun gleichfalls mit dieser Prozedur durchgeführt, wobei auch die Ausgabe eines Effektstärkemaßes angefordert wurde.

Tests der Zwischensubjekteffekte

Abhängige Variable: KursSchlusstest

Quelle	Quadratsumme vom Typ III	df	Mittel der Quadrate	F	Signifikanz
Korrigiertes Modell	3154,667[a]	2	1577,333	188,562	,000
Konstanter Term	76804,762	1	76804,762	9181,594	,000
Kurstyp	3154,667	2	1577,333	188,562	,000
Fehler	150,571	18	8,365		
Gesamt	80110,000	21			
Korrigierte Gesamtvariation	3305,238	20			

a. R-Quadrat = ,954 (korrigiertes R-Quadrat = ,949)

Im Vergleich zur ONEWAY-Ausgabe stellen sich hier die varianzanalytischen Ergebnisse eher verwirrend dar, was dann – wie zu sehen sein wird – auch für den Fall der Kovarianzanalyse gilt. Deshalb sind bereits jetzt einige Erläuterungen notwendig. Die SAQ_{Gesamt} der abhängigen Variablen wird unter »Korrigierte Gesamtvariation« ausgegeben, die $SAQ_{Zwischen}$ in der nach dem Faktor benannten Zeile (»Kurstyp«) und die $SAQ_{Innerhalb}$ in der Zeile »Fehler«. Der hohe Wert der in der Zeile »Gesamt« aufgeführten SAQ entsteht durch den Sachverhalt, dass die Prozedur zusätzlich (bei »Konstanter Term«) die inhaltlich nicht interessierende Hypothese prüft, dass der Gesamtmittelwert der J Populationen gleich null ist.

Es besteht ein deutlicher Effekt des Kurstyps auf die abhängige Variable, der u. U. aber zu einem mehr oder minder großen Teil auf die bedeutsamen Unterschiede der Gruppen in den Mathematik-Vorkenntnissen (Kovariate) zurückgeführt werden kann. Eine mit den Vortestwerten durchgeführte Varianzanalyse legt dies nahe. Nachfolgend hierzu die Ausgabe von ONEWAY:

MatheVortest

	Quadratsumme	df	Mittel der Quadrate	F	Signifikanz
Zwischen den Gruppen	840,857	2	420,429	27,055	,000
Innerhalb der Gruppen	279,714	18	15,540		
Gesamt	1120,571	20			

Bei der Kovarianzanalyse wurden in der Box **Optionen** die auf S. 274 gezeigten Einstellungen vorgenommen. Man erhält die nachfolgende Ausgabe:

Zwischensubjektfaktoren

		Wertelabel	N
Kurstyp	1	Kurs A	7
	2	Kurs B	7
	3	Kurs C	7

Deskriptive Statistiken

Abhängige Variable: KursSchlusstest

Kurstyp	Mittelwert	Standard-abwei-chung	N
Kurs A	45,14	2,340	7
Kurs B	61,14	3,338	7
Kurs C	75,14	2,911	7
Gesamt	60,48	12,855	21

Levene-Test auf Gleichheit der Fehlervarianzen [a]

Abhängige Variable: KursSchlusstest

F	df1	df2	Signifi-kanz	❸
,075	2	18	,928	

Prüft die Nullhypothese, daß die Fehlervarianz der
abhängigen Variablen über Gruppen hinweg gleich ist.

a. Design: Intercept+MatheVortest+Kurstyp

Tests der Zwischensubjekteffekte

Abhängige Variable: KursSchlusstest

Quelle	Quadrat-summe vom Typ III	df	Mittel der Quadrate	F	Signifi-kanz	Partielles Eta-Quadrat	❹
Korrigiertes Modell	3223,174 [a]	3	1074,391	222,566	,000	,975	
Konstanter Term	,469	1	,469	,097	,759	,006	
MatheVortest	68,507	1	68,507	14,192	,002	,455	
Kurstyp	482,603	2	241,301	49,987	,000	,855	
Fehler	82,064	17	4,827				
Gesamt	80110,000	21					
Korrigierte Gesamtvariation	3305,238	20					

a. R-Quadrat = ,975 (korrigiertes R-Quadrat = ,971)

Geschätzte Randmittel

Schätzungen

Abhängige Variable: KursSchlusstest

Kurstyp	Mittelwert	Standard-fehler	95% Konfidenzintervall		❺
			Untergren-ze	Obergren-ze	
Kurs A	48,749 [a]	1,267	46,075	51,422	
Kurs B	61,567 [a]	,838	59,799	63,335	
Kurs C	71,113 [a]	1,354	68,256	73,970	

a. Die Kovariaten im Modell werden anhand der folgenden Werte berechnet:
MatheVortest = 112,86.

Paarweise Vergleiche

Abhängige Variable: KursSchlusstest

(I) Kurstyp	(J) Kurstyp	Mittlere Differenz (I-J)	Stan- dard- fehler	Signifi- kanz [a]	95% Konfidenzintervall für die Differenz(a)		
					Untergren- ze	Obergren- ze
Kurs A	Kurs B	-12,819*	1,447	,000	-16,659	-8,978
	Kurs C	-22,365*	2,343	,000	-28,584	-16,145
Kurs B	Kurs A	12,819*	1,447	,000	8,978	16,659
	Kurs C	-9,546*	1,666	,000	-13,970	-5,121
Kurs C	Kurs A	22,365*	2,343	,000	16,145	28,584
	Kurs B	9,546*	1,666	,000	5,121	13,970

Basiert auf den geschätzten Randmitteln

* Die mittlere Differenz ist auf dem Niveau ,05 signifikant

a. Anpassung für Mehrfachvergleiche: Bonferroni.

Tests auf Univariate

Abhängige Variable: KursSchlusstest

	Quadrat- summe	df	Mittel der Quadrate	F	Signifi- kanz	Partielles Eta-Quadrat	
Kontrast	482,603	2	241,301	49,987	,000	,855
Fehler	82,064	17	4,827			

Jedes F prüft die einfachen Effekte von Kurstyp innerhalb jeder Kombination von Niveaus der anderen angezeigten Effekte. Diese Tests basieren auf den linear unabhängigen, paarweisen Vergleichen bei den geschätzten Randmitteln.

Erläuterungen zur Ausgabe

❶ Unabhängige Variable (Faktor), Labels der Kategorien, Gruppenumfänge.

❷ Gruppenmittelwerte und -standardabweichungen in der abhängigen Variablen KursSchlusstest.

❸ Prüfung, ob zwischen den Varianzen der Residualwerte der J Gruppen signifikante Unterschiede bestehen. Die hier untersuchten Werte erhält man (in die Datei geschrieben), wenn in der Box **Speichern** (vgl. S. 275) *Residuen / Nicht standardisiert* angeklickt wird. Der hohe P-Wert weist auf »gute« Homogenität hin.

❹ Ergebnisse der Kovarianzanalyse

Korrigiertes Modell: Prüfung des Gesamteffekts von Kovariate und unabhängiger Variablen (im allgemeinen von geringerer Bedeutung).

Konstanter Term: Prüfung einer im Zusammenhang mit der kovarianzanalytischen Fragestellung nicht interessierenden Hypothese (Test, ob der Ordinatenabschnitt im zugrundeliegenden linearen Modell von null abweicht).

MatheVortest: Prüfung des Effekts der Kovariaten (im Allgemeinen von geringerer Bedeutung).

Kurstyp (= Faktor-Name): Prüfung des adjustierten Effekts der unabhängigen Variablen. Adjustierte $SAQ_{Zwischen}$ (»Quadratsumme«), adjustiertes $MQ_{Zwischen}$ (»Mittel der Quadrate«), Freiheitsgrade (»df«), adjustierter Prüfwert (»F«), P-Wert für F (»Signifikanz«). Adjustierte Stärke des Effekts der unabhängigen Variablen, ausgedrückt als Partial-Eta^2 = $SAQ_{Kurstyp}$ / ($SAQ_{Kurstyp}$ + SAQ_{Fehler}) = 482,603/ (482,603 + 82,064) = 0,855 (»Eta-Quadrat«). Dieser Wert sollte dem nicht adjustierten Eta^2 aus der Varianzanalyse gegenübergestellt werden: Eta^2 = $SAQ_{Zwischen}$ / SAQ_{Gesamt} = 3154,667 / 3305,238 = 0,954.

Fehler: Adjustierte(s) $SAQ_{Innerhalb}$ und $MQ_{Innerhalb}$, Freiheitsgrade.

Gesamt: Kann außer Acht gelassen werden. Durch die zusätzliche Prüfung von »Konstanter Term« entstehende Gesamtvariation.

Korrigierte Gesamtvariation: (Nicht adjustierte) Gesamtvariation in der abhängigen Variablen (SAQ_{Gesamt}) – vgl. obige Varianzanalyse. Die mehr interessierende adjustierte SAQ_{Gesamt} bestimmt sich wie folgt: $SAQ_{Gesamt-adj}$ = $SAQ_{Kurstyp}$ + SAQ_{Fehler} = 482,603 + 82,064 = 564,667.

❺ Adjustierte Mittelwerte der J Gruppen in der abhängigen Variablen. Standardfehler dieser Mittel und Konfidenzintervalle (mit dem in der Box **Optionen** eingestellten Sicherheitsgrad). Die ungeschickt formulierte Fußnote (mit dem Gesamtmittel der Kovariaten) kann außer Acht gelassen werden.

❻ Paarweise Vergleiche zwischen den adjustierten Gruppenmitteln, im vorliegenden Fall (entsprechend der Eingabe in der Box **Optionen**) Bonferroni-adjustiert. Die unter »Signifikanz« ausgegebenen P-Werte können damit direkt mit dem gewählten Alpha-Wert verglichen werden. Ein Kontrast ist signifikant, wenn P $\leq$ α.

❼ Die Tabelle (und ihre erhellende Fußnote) kann außer Acht gelassen werden. Ihre Werte sind mit denen der Zeilen »Kurstyp« und »Fehler« von ❹ identisch. Man muss allerdings sagen, dass diese Tabelle eigentlich all das (und nur das) enthält, was der/die Anwender/in bezüglich der Kovarianzanalyse wissen will. So übersichtlich könnnte/sollte die Ausgabe von ❹ aussehen.

Der Effekt des Faktors »Kurstyp« erweist sich bei Berücksichtigung der Kovariaten (d. h. der unterschiedlichen Mathematik-Vorkenntnisse in den Gruppen) als deutlich geringer. Eine gute Möglichkeit, die Wirkung der Adjustierung zu veranschaulichen, ist die grafische Gegenüberstellung der nicht adjustierten und adjustierten Mittelwerte (vgl. BEISPIEL 2).

Beispiel 2

Die nicht adjustierten und adjustierten Mittelwerte von BEISPIEL 1 sollen in einem Balkendiagramm grafisch gegenübergestellt werden. Die sechs Mittel und ihre Gruppenzugehörigkeit werden dazu in eine Datei ADJUST-1.SAV eingegeben:

Adjust-1.sav		
Kurstyp	unadjustiert	adjustiert
1	45,143	48,749
2	61,143	61,567
3	75,143	71,113

Über **Grafiken / Veraltete Dialogfelder / Balken** wird als Erstes die Box **Balkendiagramme** aufgerufen, in der *Gruppiert* und *Werte einzelner Fälle* anzuwählen sind (vgl. Kapitel 82). Im nächsten Dialogfeld ist die unabhängige Variable (die auf der waagerechten Achse abgetragen wird), bei *Kategorienbeschriftungen / Variable* einzugeben, während die die Mittelwerte enthaltenden Variablen im Feld *Bedeutung der Balken* aufzuführen sind. Es erscheint dann das gewünschte Balkendiagramm in seiner Grundform, das nach etwas Bearbeitung wie folgt aussehen kann:

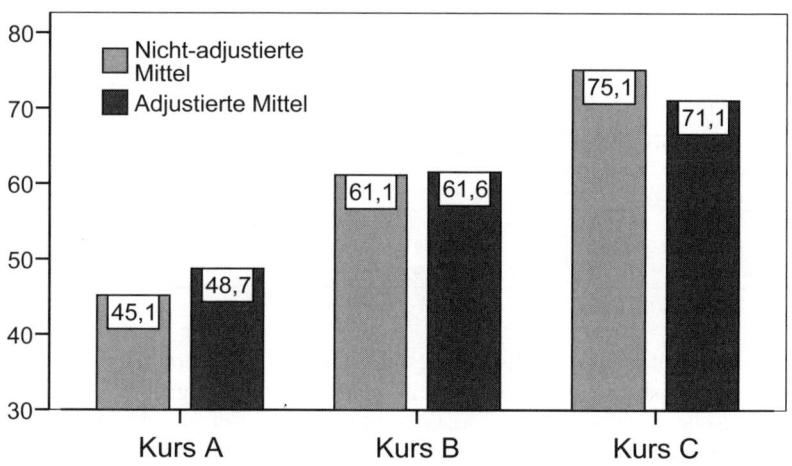

Durchschnittliche Leistung in den Kursen

Beispiel 3

Datei PERDAT.SAV. Es soll bei den Frauen (GESCHLECHT = 1) untersucht werden, ob zwischen der Bildungsschicht und dem Ausmaß an »Gesundheitssorgen« (FPI.9) ein Zusammenhang besteht. Als Bildungsindikator wird der Schulabschluss herangezogen (Variable SCHULABSCHLUSS3 mit 1 = *Hauptschule*, 2 = *Realschule* und 3 = *Abitur*). Wie die nachfolgende Ausgabe von ONEWAY (Kapitel 49) zeigt, unterscheiden sich die Bildungsgruppen zwar signifikant im mittleren Ausmaß der Gesundheitssorgen, zugleich aber auch deutlich in ihrem Durchschnittsalter.

ONEWAY deskriptive Statistiken

		N	Mittelwert	Standardab weichung
FPI.9	Hauptschule	49	6,84	2,76
	Realschule	67	6,01	2,75
	Abitur	77	5,04	2,76
	Gesamt	193	5,83	2,84
Alter	Hauptschule	50	51,06	13,97
	Realschule	67	43,82	14,67
	Abitur	77	35,27	11,93
	Gesamt	194	42,29	14,82

ONEWAY ANOVA

		Quadrat-summe	df	Mittel der Quadrate	F	Signifikanz
FPI.9	Zwischen den Gruppen	100,132	2	50,066	6,585	,002
	Innerhalb der Gruppen	1444,562	190	7,603		
	Gesamt	1544,694	192			
Alter	Zwischen den Gruppen	7794,309	2	3897,155	21,524	,000
	Innerhalb der Gruppen	34581,943	191	181,057		
	Gesamt	42376,253	193			

Da zugleich das Lebensalter direkt mit dem Grad der Gesundheitssorgen korreliert ($r = 0,43$), ist zu vermuten, dass ein mehr oder minder großer Teil der Beziehung zwischen Schulbildung und GESUNDHEITSSORGEN auf die Altersunterschiede der Gruppen zurückgeht. Es wird deshalb eine Kovarianzanalyse durchgeführt, mit SCHULABSCHLUSS3 als Faktor, FPI.9 als abhängige Variabe und ALTER als Kovariate. Nachfolgend die Ausgabe von UNIANOVA:

Zwischensubjektfaktoren

		Wertelabel	N
Schulabschluss3	1	Hauptschule	49
	2	Realschule	67
	3	Abitur	77

Tests der Zwischensubjekteffekte

Abhängige Variable: FPI.9

Quelle	Quadratsumme vom Typ III	df	Mittel der Quadrate	F	Signifikanz
Korrigiertes Modell	282,579[a]	3	94,193	14,105	,000
Konstanter Term	131,281	1	131,281	19,659	,000
Alter	182,446	1	182,446	27,321	,000
Schulabschluss3	10,388	2	5,194	,778	,461
Fehler	1262,116	189	6,678		
Gesamt	8114,000	193			
Korrigierte Gesamtvariation	1544,694	192			

a. R-Quadrat = ,183 (korrigiertes R-Quadrat = ,170)

Geschätzte Randmittel

Schulabschluss dreistufig

Abhängige Variable: FPI.9

Schulabschluss dreistufig	Mittelwert	Standard-fehler	95% Konfidenzintervall	
			Untergrenze	Obergrenze
Hauptschule	6,188[a]	,389	5,420	6,957
Realschule	5,903[a]	,316	5,279	6,527
Abitur	5,549[a]	,310	4,937	6,161

a. Die Kovariaten im Modell werden anhand der folgenden Werte berechnet: Alter = 42,28.

Zur Bestimmung der adjustierten Gruppenmittel verwendet UNIANOVA eine andere Methode als die frühere (Version 6) Prozedur MANOVA (SPSS 1999b, S. 162). Im Fall ungleicher Gruppenumfänge führt dies zu geringfügig anderen Mittelwerten.

Es zeigt sich, dass bei Berücksichtigung des Effekts der Kovariaten Bildungsgrad und Gesundheitssorgen keine signifikante Beziehung mehr aufweisen. Die zwischen den Bildungsgruppen bestehenden Unterschiede in den mittleren Gesundheitssorgen sind (auch) durch ihr unterschiedliches Lebensalter »erklärbar«.

Kruskal-Wallis Test

> **➤ Analysieren / Nichtparametrische Tests / K unabhängige Stichproben ...**

Der Kruskal-Wallis Test ist in der Prozedur NPAR TESTS enthalten. Mit dem Test wird geprüft, ob zwischen den mittleren Rängen von mehr als zwei (J) unabhängigen Stichproben signifikante Unterschiede bestehen ($\Rightarrow$ *Inferenzstatistik, Kap. 24.1*). Das Verfahren wird auch als »H-Test« oder »Kruskal-Wallis Varianzanalyse für Ränge« bezeichnet.

Wenn die Daten in metrischer Form vorliegen (X-Werte), werden sie von der Prozedur automatisch in Ränge transformiert, wobei der kleinste X-Wert den kleinsten Rangwert erhält. Hohe Rangwerte entsprechen somit hohen X-Werten bzw. hoher Merkmalsausprägung. Bei gleichen Werten werden gemittelte Ränge vergeben (vgl. Kapitel 17).

Die Prüfung der Nullhypothese erfolgt über eine Chi^2-Approximation. Bei (sehr) kleinen Stichproben empfiehlt sich jedoch die Signifikanzbeurteilung des von SPSS berechneten Prüfwertes an Hand exakter P-Werte. Mit Hilfe des Zusatzmoduls EXAKTE TESTS ist dies problemlos möglich (vgl. BEISPIEL 5). Falls dieses Modul nicht installiert ist, muss auf Tabellen zurückgegriffen werden, die allerdings meist nur für den Fall J = 3, J = 4 und bestimmte Kombinationen von Stichprobenumfängen zur Verfügung stehen (vgl. *Inferenzstatistik, Tab. W*).

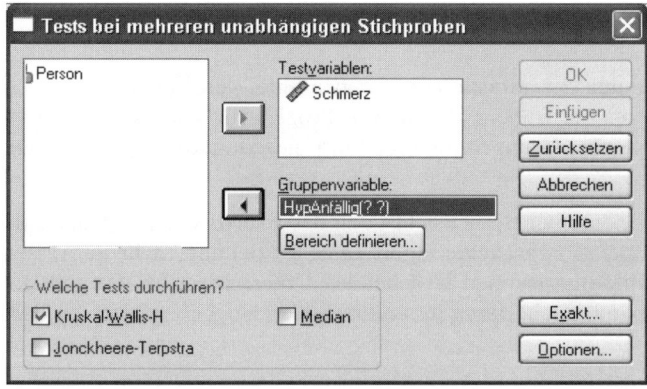

In der Eingangs-Dialogbox ist der Kruskal-Wallis Test voreingestellt. Im Feld *Testvariablen* wird die abhängige Variable eingegeben, während die unabhängige Variable, nach deren Werten die J Gruppen gebildet werden, im Feld *Gruppenvariable* aufzuführen ist. Durch die Fragezeichen bei der Gruppenvariablen macht das Programm deutlich, dass in der über [Bereich definieren] erhältlichen Dialogbox noch anzugeben ist, welcher (untere) Wert Gruppe 1 definiert und welcher (obere) Wert die Gruppe J. In der Regel werden hier Minimum und Maximum der Gruppenvariablen aufgeführt.

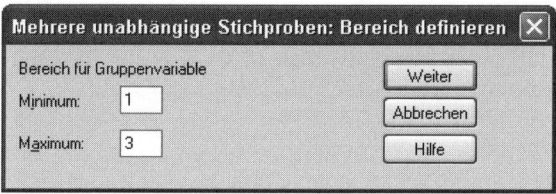

Zu den im Dialogfeld **Optionen** anforderbaren Kennwerten wurde sich bereits beim Mann-Whitney U-Test abschätzig geäußert (S. 224). Bei Ankreuzen von *Deskriptive Statistik* erhält man u.a. das Mittel der X-Werte in der Gesamtstichprobe sowie das Mittel der Gruppen-Kodierungen in der unabhängigen Variablen. Gleichermaßen uninteressant bzw. unsinnig sind die über *Quartile* erhältlichen Werte. Sie beziehen sich zum einen auf die Gesamtverteilung von X, zum anderen auf die Verteilung der Kodierungswerte in der unabhängigen Variablen.

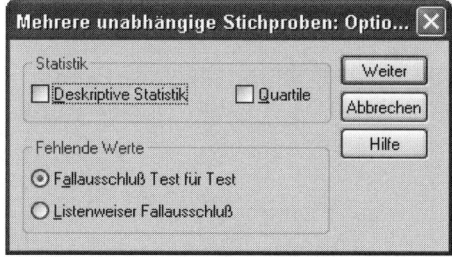

Die unterschiedlichen Möglichkeiten zur Behandlung von Fällen mit fehlenden Werten können dagegen relevant werden, wenn im Feld *Testvariablen* mehr als eine abhängige Variable aufgeführt ist. Beim voreingestellten *Fallausschluss Test für Test* gehen Personen nur bei den Variablen nicht in die Berechnungen ein, bei denen sie keinen Wert haben. Beim *listenweisen Fallausschluss* basieren dagegen sämtliche Kruskal-Wallis Tests nur auf den Personen, die bei allen aufgeführten Variablen einen gültigen Wert haben.

Übersicht über die in den Beispielen behandelten Probleme

① Vergleich der Durchschnittsränge von drei Gruppen. Metrische Ausgangsdaten ohne Bindungen.

② Multiple Vergleiche der Durchschnittsränge von BEISPIEL 1 mittels paarweiser U-Tests und Bonferroni-Adjustierung.

③ Vergleich der Durchschnittsränge von vier Gruppen. Metrische Ausgangsdaten mit Bindungen.

④ Vergleich der mittleren Ränge von drei Gruppen. Daten direkt als Rangwerte erhoben.

⑤ Zusatzmodul EXAKTE TESTS: Exakter Kruskal-Wallis Test mit den Daten von BEISPIEL 1.

Beispiel 1

In einer Studie von Price & Barber wurde untersucht, ob sich durch Hypnose das Schmerzempfinden (für Temperaturreize) reduzieren lässt. 16 Versuchspersonen wurden nach ihrer (mit einem Fragebogen ermittelten) Anfälligkeit für hypnotische Beeinflussung in drei Gruppen geteilt. Es soll nun mittels Kruskal-Wallis Test geprüft werden, ob zwischen diesen Personengruppen signifikante Unterschiede in der Reduktion der Schmerzempfindlichkeit bestehen ($\alpha = 0,05$). Die nachfolgende Tabelle (*Inferenzstatistik, Tab. 24.1*) zeigt, um wie viel Prozent die Schmerzempfindlichkeit der einzelnen Personen aufgrund der Hypnose reduziert war:

Hypnotische Anfälligkeit		
niedrig	mittel	hoch
56,8	17,8	82,7
9,0	17,5	83,9
65,5	20,7	81,7
63,1	28,3	
3,6	24,7	
60,0	50,0	
	46,8	

Die Daten werden in eine Datei TAB24-1.SAV eingegeben, die abhängige Variable ist mit SCHMERZ, die unabhängige Variable mit HYPANFÄLLIG bezeichnet (Kodierung: 1 = *niedrig*, 2 = *mittel*, 3 = *hoch*). Die Durchführung des Kruskal-Wallis Tests erbringt die nachfolgenden Ergebnisse:

Ränge

	HypAnfällig	N	Mittlerer Rang
Schmerz	niedrig	6	8,17
	mittel	7	6,00
	hoch	3	15,00
	Gesamt	16	

Statistik für Test[a,b]

	Schmerz
Chi-Quadrat	7,551
df	2
Asymptotische Signifikanz	,023

[a]. Kruskal-Wallis-Test

[b]. Gruppenvariable: HypAnfällig

Erläuterungen zur Ausgabe

Erste Tabelle. Mittlere Ränge und Umfänge der Gruppen. Der Kruskal-Wallis Test prüft, ob zwischen diesen Rangmitteln signifikante Unterschiede bestehen.

Zweite Tabelle. Prüfgröße des Kruskal-Wallis Tests (»Chi-Quadrat«). Wenn keine Bindungen (»Ties«) vorliegen, Berechnung gemäß Formel $\boxed{24.10}$ ($\Rightarrow$ *Inferenzstatistik*). Im Fall von Ties ist der Prüfwert bindungskorrigiert entsprechend Formel $\boxed{24.12}$ (s. BEISPIEL 3). Freiheitsgrade (»df«), P-Wert für Chi^2 (»Asymptotische Signifikanz«).

Bei dem gewählten Alpha erweist sich der Prüfwert als signifikant. Es bestehen bedeutsame Unterschiede zwischen den mittleren Rängen. Beim nächsten Beispiel wird durch multiple Vergleiche geprüft, welche der drei paarweisen Differenzen statistisch signifikant sind.

Beispiel 2

Es soll untersucht werden, welche der K = 3 paarweisen Kontraste (Vergleiche) von BEISPIEL 1 sich bei einem »familienweisen« $\alpha_F = 0,05$ als signifikant erweisen. Die Möglichkeit, die SPSS hier bietet, besteht in der Durchführung paarweiser Mann-Whitney U-Tests und Prüfung der einzelnen Rangmittel-Differenzen bei $\alpha_V = \alpha_F/K$, hier $\alpha_V = 0,05/3 = 0,017$ (Bonferroni-Adjustierung). Zur Veranlassung dieser U-Tests werden in der Dialogbox **Gruppen definieren** (vgl. S. 224) nacheinander die Gruppenpaare 1–2, 1–3 und 2–3 eingegeben. Nachfolgend die Ergebnisse der drei U-Tests (leicht gekürzt). Es erweist sich lediglich die größte Differenz (zwischen Gruppe *mittel* und *hoch*) als statistisch signifikant.

Ränge

	HypAnfällig	N	Mittlerer Rang
Schmerz	niedrig	6	8,17
	mittel	7	6,00
	Gesamt	13	

Statistik für Test[b]

	Schmerz
Mann-Whitney-U	14,000
Wilcoxon-W	42,000
Z	-1,000
Asymptotische Signifikanz (2-seitig)	,317
Exakte Signifikanz [2*(1-seitig Sig.)]	,366[a]

a. Nicht für Bindungen korrigiert.

b. Gruppenvariable: HypAnfällig

Ränge

	HypAnfällig	N	Mittlerer Rang
Schmerz	niedrig	6	3,50
	hoch	3	8,00
	Gesamt	9	

Statistik für Test[b]

	Schmerz
Mann-Whitney-U	,000
Wilcoxon-W	21,000
Z	-2,324
Asymptotische Signifikanz (2-seitig)	,020
Exakte Signifikanz [2*(1-seitig Sig.)]	,024[a]

a. Nicht für Bindungen korrigiert.

b. Gruppenvariable: HypAnfällig

Ränge

	HypAnfällig	N	Mittlerer Rang
Schmerz	mittel	7	4,00
	hoch	3	9,00
	Gesamt	10	

Statistik für Test[b]

	Schmerz
Mann-Whitney-U	,000
Wilcoxon-W	28,000
Z	-2,393
Asymptotische Signifikanz (2-seitig)	,017
Exakte Signifikanz [2*(1-seitig Sig.)]	,017[a]

a. Nicht für Bindungen korrigiert.

b. Gruppenvariable: HypAnfällig

Beispiel 3

Daten von BEISPIEL 1 in Kapitel 49 (TAB9-2.SAV). Es soll nun mit dem nicht parametrischen Kruskal-Wallis Test untersucht werden, ob ein signifikanter Zusammenhang zwischen Belohnungshöhe und Lösungszeit besteht ($\alpha = 0,001$). Da bei den Daten Ties vorliegen (vgl. *Inferenzstatistik, Tab. 24.2*), ist der ausgegebene Chi^2-Wert bindungskorrigiert. Die Durchführung des Kruskal-Wallis Tests zeigt, dass zwischen den durchschnittlichen Rängen der vier Gruppen signifikante Unterschiede bestehen.

Ränge

	Belohnung	N	Mittlerer Rang
Zeit	Keine	12	37,92
	10 €	12	29,04
	20 €	12	18,71
	30 €	12	12,33
	Gesamt	48	

Statistik für Test[a,b]

	Zeit
Chi-Quadrat	23,499
df	3
Asymptotische Signifikanz	,000

a. Kruskal-Wallis-Test

b. Gruppenvariable: Belohnung

Beispiel 4

Dieses (fiktive) Beispiel illustriert einen Fall, bei dem die Daten direkt als Ränge erhoben werden und nicht durch Transformation aus metrischen Werten entstehen. Ein Jugendfußball-Trainer hat in seiner Gruppe sieben deutsche, neun türkische und acht wolgadeutsche Teilnehmer. Ihn interessiert, ob zwischen der Herkunft der Jugendlichen und ihrer Körperhöhe ein signifikanter Zusammenhang besteht.

Zur Vereinfachung der Untersuchung will er die Körperhöhe lediglich ordinal erfassen und lässt die Jungen der Größe nach aufsteigend antreten. Der Kleinste erhält den Rang {1}, usf. Neben dem Größen-Rangplatz wird bei jedem Jungen die Herkunft notiert. Nachfolgend die Daten (D, T, W = deutsch, türkisch, wolgadeutsch):

Größe (Rang)	1	2	3	4	1	6	7	8	9	10	11	12
Herkunft	D	T	T	W	D	W	W	T	T	D	D	W

Größe (Rang)	13	14	15	16	17	18	19	20	21	22	23	24
Herkunft	W	T	T	T	D	D	W	W	T	D	T	W

Die Daten werden in eine Datei GRÖßELAND.SAV eingegeben, die abhängige Variable ist mit GRÖßE, die unabhängige mit HERKUNFT bezeichnet (Kodierung: D = 1, T = 2, W = 3). Nachfolgend die Ausgabe von NPAR TESTS:

Ränge

	Herkunft	N	Mittlerer Rang
Größe	Deutsch	7	12,00
	Türkisch	9	12,33
	Wodeutsch	8	13,13
	Gesamt	24	

Statistik für Test[a,b]

	Größe
Chi-Quadrat	,103
df	2
Asymptotische Signifikanz	,950

a. Kruskal-Wallis-Test

b. Gruppenvariable: Herkunft

Eine Prüfung der (geringen) Unterschiede zwischen den mittleren Rangplätzen der drei Gruppen via Kruskal-Wallis Test ergibt keine Hinweise auf eine bedeutsame Beziehung zwischen Körperhöhe und Herkunft der Jugendlichen.

Beispiel 5   ZUSATZMODUL »EXAKTE TESTS«

Mit den Daten von BEISPIEL 1 soll nun ein exakter Kruskal-Wallis Test durchgeführt werden. Die identische Tabelle »Ränge« ist bei der nachfolgenden Ausgabe weggelassen.

Statistik für Test[a,b]

	Schmerz
Chi-Quadrat	7,551
df	2
Asymptotische Signifikanz	,023
Exakte Signifikanz	,011
Punkt-Wahrscheinlichkeit	,000

a. Kruskal-Wallis-Test

b. Gruppenvariable: HypAnfällig

Der P-Wert des exakten Tests (0,011) liegt nicht unerheblich unter dem der approximativen Prüfung über die Chi²-Verteilung (0,023).

Vergleich von Verteilungen

> ➤ **Analysieren / Deskriptive Statistiken / Kreuztabellen** ...

Mit Hilfe der Prozedur CROSSTABS kann geprüft werden, ob zwischen den Verteilungen einer J-kategorialen (-stufigen) Variablen in I unabhängigen Stichproben signifikante Unterschiede bestehen. Die Prüfung erfolgt mittels Chi^2-Test. Im Fall von zwei Gruppen und einem dichotomen Merkmal kann auch auf das Ergebnis von Fisher's exaktem Test zurückgegriffen werden (⇨ *Inferenzstatistik, Kap. 19.1– 19.3*). Beide Tests sind identisch mit der Frage, ob zwischen der Gruppierungsvariablen I und der zwei- oder mehrkategorialen Variablen J ein signifikanter Zusammenhang besteht (vgl. Kapitel 41 und 42).

In der Eingangs-Dialogbox wird sinnvollerweise die Gruppenvariable I im Feld *Zeilen* eingegeben und das Merkmal J, dessen Verteilungen in den I Stichproben verglichen werden sollen, im Feld *Spalten*. Im Dialogfeld **Zellen anzeigen** kann bestimmt werden, ob die I Verteilungen in Termini der absoluten oder/und prozentualen Häufigkeiten ausgegeben werden sollen. Voreingestellt sind die absoluten Werte. Durch Ankreuzen von *Zeilenweise* erhält man die gewünschten prozentualen Verteilungen.

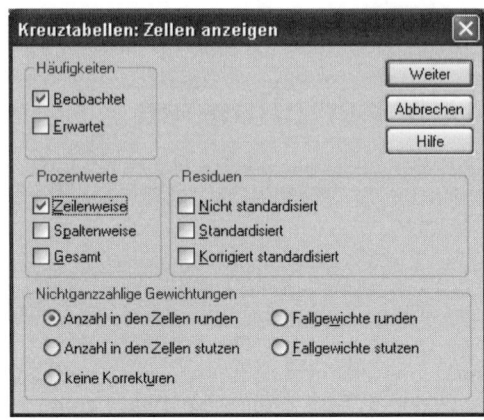

Die Signifikanzprüfung der Unterschiede zwischen den I Verteilungen erhält man durch Ankreuzen von *Chi-Quadrat* in der – auf S. 205 abgebildeten – Box **Statistik**. Im Fall I = 2, J = 2 führt dies auch zur Ausgabe von Fisher's exaktem Test. Die hier weiterhin anforderbaren Assoziationsmaße sind (nur) von Relevanz, wenn die Daten (auch) unter dem Aspekt einer Kreuztabelle gesehen und ausgewertet werden (vgl. Kapitel 41 und 42). In der – auf S. 206 abgebildeten – Dialogbox **Tabellenformat** kann u. a. die Abfolge der I Gruppen (Zeilen) von *aufsteigend* (entsprechend ihrer numerischen Kodierung) in *absteigend* geändert werden. Die Anordnung der J Kategorien (Spalten) ist in beiden Fällen (entsprechend ihrer Kodierung) von links nach rechts ansteigend.

Während der in der Standardinstallation zur Verfügung stehende Chi²-Test eine approximative Prüfung der Unterschiede in den Verteilungen darstellt, ist mit dem Zusatzmodul EXAKTE TESTS auch eine Entscheidung über H_0 an Hand exakter P-Werte möglich (vgl. BEISPIEL 3). Dies ist von speziellem Interesse, wenn in den I Zeilen eine »zu hohe« Anzahl von Zellen mit einer erwarteten Häufigkeit unter {5} auftritt (⇨ *Inferenzstatistik, S. 454*).

Übersicht über die in den Beispielen behandelten Probleme

① Prüfung der Unterschiede in der Verteilung eines vierstufigen Merkmals in zwei Stichproben mittels (approximativem) Chi²-Test.

② Prüfung des Unterschieds in der Verteilung eines dichotomen Merkmals in zwei Gruppen mittels Fisher's exaktem Test.

③ Zusatzmodul EXAKTE TESTS. Vergleich der Verteilungen eines dreikategorialen Merkmals in drei Stichproben.

Beispiel 1

Datei FRABOGEN.SAV. Es soll untersucht werden, ob die Verteilung der Schulab-schlüsse der Väter (Variable BILDUNGVATER) bei männlichen und weiblichen Studierenden (definiert durch Variable GESCHLECHT) signifikant verschieden ist. Es handelt sich somit um einen Fall von I = 2 Gruppen und ein Merkmal mit J = 4 Stufen. Die Prozedur CROSSTABS liefert die folgende Ausgabe (Tabelle »Verar-beitete Fälle« weggelassen):

Geschlecht * BildungVater Kreuztabelle

			BildungVater				
			Haupt-schule	Real-schule	Abitur	Studium	Gesamt
Geschlecht	Frauen	Anzahl	544	833	410	1015	2802
		% von Geschlecht	19%	30%	15%	36%	100%
	Männer	Anzahl	219	330	135	339	1023
		% von Geschlecht	21%	32%	13%	33%	100%
Gesamt		Anzahl	763	1163	545	1354	3825
		% von Geschlecht	20%	30%	14%	35%	100%

Chi-Quadrat-Tests

	Wert	df	Asymptotische Signifikanz (2-seitig)
Chi-Quadrat nach Pearson	6,170[a]	3	,104
Likelihood-Quotient	6,174	3	,103
Zusammenhang linear-mit-linear	5,177	1	,023
Anzahl der gültigen Fälle	3825		

a. 0 Zellen (,0%) haben eine erwartete Häufigkeit kleiner 5. Die minimale erwartete Häufigkeit ist 145,76.

Erläuterungen zur Ausgabe

Erste Tabelle. Absolute (Zellen)Häufigkeiten. Prozentuale Zellenhäufigkeiten, bezogen jeweils auf die Umfänge der I = 2 Stichproben (Zeilensummen = 100%).

Zweite Tabelle.: Prüfwert des Chi^2-Tests (»Chi-Quadrat nach Pearson«) ⇨ *Infe-renzstatistik, Formel* [19.6], Freiheitsgrade (»df«), P-Wert für Chi^2 (»Asymptoti-sche Signifikanz«).

Die Verteilung der väterlichen Schulbildung erweist sich bei Studentinnen und Studenten als sehr ähnlich. Die zu beobachtenden Unterschiede sind nicht signifi-kant.

Beispiel 2

Datei FRABOGEN.SAV. Es soll untersucht werden, ob sich die Geschlechteranteile bei den Studierenden der Psychologie (STUDIENFACH = 1) vom Verhältnis Frauen : Männer bei den Studierenden der Pädagogik (= 2) signifikant unterscheiden (α = 0,01). Es handelt sich somit um den Vergleich der Verteilung eines dichotomen Merkmals in I = 2 Gruppen. In einem solchen 2×2-Fall wird vom Programm neben dem Chi^2-Test auch das Ergebnis von Fisher's exaktem Test ausgegeben. Nach Auswahl der Personen mit der Bedingung »STUDIENFACH < 3« (vgl. Kapitel 18) liefert CROSSTABS die folgenden Ergebnisse (Tabelle »Verarbeitete Fälle« weggelassen):

Studienfach * Geschlecht Kreuztabelle

			Geschlecht		Gesamt
			Frauen	Männer	
Studienfach	Psychologie	Anzahl	1126	414	1540
		% von Studienfach	73%	27%	100%
	Pädagogik	Anzahl	1088	264	1352
		% von Studienfach	80%	20%	100%
Gesamt		Anzahl	2214	678	2892
		% von Studienfach	77%	23%	100%

Chi-Quadrat-Tests

	Wert	df	Asymptotische Signifikanz (2-seitig)	Exakte Signifikanz (2-seitig)	Exakte Signifikanz (1-seitig)
Chi-Quadrat nach Pearson	21,708[b]	1	,000		
Kontinuitätskorrektur[a]	21,301	1	,000		
Likelihood-Quotient	21,884	1	,000		
Exakter Test nach Fisher				,000	,000
Zusammenhang linear-mit-linear	21,701	1	,000		
Anzahl der gültigen Fälle	2892				

a. Wird nur für eine 2x2-Tabelle berechnet

b. 0 Zellen (,0%) haben eine erwartete Häufigkeit kleiner 5. Die minimale erwartete Häufigkeit ist 316,96.

Erläuterungen zur Ausgabe (zweite Tabelle)

Chi-Quadrat nach Pearson: Prüfwert desChi²-Tests ($\Rightarrow$ *Inferenzstatistik, Formeln* [18.18] bzw. [21.4]). **Kontinuitätskorrektur**: Korrigierter Prüfwert ($\Rightarrow$ *Formel* [18.27]). Freiheitsgrade (»df«). P-Werte für die Prüfgrößen (»Asymptotische Signifikanz«).

Exakter Test nach Fisher: Ergebnis des exakten Tests. Einseitiger und zweiseitiger P-Wert (»Exakte Signifikanz«). Wie in Kapitel 41 ausgeführt, ist Fisher's exakter Test der approximativen Prüfung über Chi^2 vorzuziehen (insbesondere im – hier nicht vorliegenden – Fall kleiner Stichproben).

Die Verteilungen unterscheiden sich signifikant. In der Pädagogik ist der Frauenanteil höher als bei den Studierenden der Psychologie.

Beispiel	3		ZUSATZMODUL »EXAKTE TESTS«

Das nachfolgende Beispiel für den Vergleich der Verteilungen eines dreikategorialen Merkmals in I = 3 Stichproben entstammt – modifiziert – der *Inferenzstatistik (Tab. 19.9)*. In einer Untersuchung wurden 44 Schülern der Klassenstufen 7 bis 9 aus drei hessischen Gesamtschulen physikalische Alltagsprobleme zur Lösung vorgelegt. Die schriftlichen Antworten der Schüler wurden in folgende Kategorien eingeordnet: *fehlende Antwort, naive Erklärung* und *Erklärung mit physikalischem Bezug*. Es soll untersucht werden, ob bei den Häufigkeiten, mit denen die einzelnen Antworttypen auftraten, zwischen den Schulen signifikante Unterschiede bestehen. Die einzelnen Antworten verteilten sich in den drei Schulen wie folgt:

	Art der Erklärung			
	fehlend	naiv	physikal.	
Schule A	9	3	1	13
Schule B	2	8	5	15
Schule C	4	10	2	16
	15	21	8	44

Die Daten werden in eine Datei TAB19-9M.SAV eingegeben. Die Variable SCHULE enthält die Kodierungen für die Schulen (1 = A, 2 = B, 3 = C), unter ERKLÄRUNG sind die Kodierungen der Antworten eingegeben (1 = *fehlend*, 2 = *naiv*, 3 = *physikalisch*). Die zugehörigen Auftretenshäufigkeiten in den 3×3 Zellen enthält die Variable ANZAHL.

Da die Daten als Häufigkeitsverteilungen vorliegen, muss vor der Auswertung mit CROSSTABS in der Dialogbox **Fälle gewichten** die Variable ANZAHL im Feld *Häufigkeitsvariable* eingegeben werden (vgl. Kapitel 20). Auf Grund der kleinen Stichprobenumfänge weist ein relativ hoher Anteil der neun Zellen eine erwartete Häufigkeit unter {5} auf. Es empfiehlt sich deshalb eine Signifikanzprüfung der Verteilungsunterschiede mittels eines exakten Tests. CROSSTABS liefert die nachfolgende Ausgabe (Tabelle »Verarbeitete Fälle« weggelassen):

Schule * Erklärung Kreuztabelle

Anzahl

		Erklärung			Gesamt
		fehlend	naiv	physika-lisch	
Schule	Schule A	9	3	1	13
	Schule B	2	8	5	15
	Schule C	4	10	2	16
Gesamt		15	21	8	44

Chi-Quadrat-Tests

	Wert	df	Asymptotische Signifikanz (2-seitig)	Exakte Signifikanz (2-seitig)	Exakte Signifikanz (1-seitig)	Punkt-Wahrschein-lichkeit
Chi-Quadrat nach Pearson	12,443[a]	4	,014	,012		
Likelihood-Quotient	12,168	4	,016	,026		
Exakter Test nach Fisher	11,096			,019		
Zusammenhang linear-mit-linear	2,863[b]	1	,091	,117	,059	,026
Anzahl der gültigen Fälle	44					

a. 4 Zellen (44,4%) haben eine erwartete Häufigkeit kleiner 5. Die minimale erwartete Häufigkeit ist 2,36.

b. Die standardisierte Statistik ist 1,692.

Erläuterungen zur Ausgabe (zweite Tabelle)

Chi-Quadrat nach Pearson. Ergebnisse der Tests der Verteilungsunterschiede mit der Prüfgröße Chi²: P-Wert bei approximativer Prüfung über die Chi²-Verteilung (»Asymptotische Signifikanz«), P-Wert bei Heranziehung der exakten Stichprobenverteilung von Chi² (»Exakte Signifikanz«).

Exakter Test nach Fisher. Ergebnis des Tests der Verteilungsunterschiede mit der Prüfgröße des exakten Tests von Fisher.

Bei Heranziehung des 1%-Niveaus zeigen beide Tests statistisch signifikante Unterschiede zwischen den Antwortverteilungen der drei Schulen an. So tritt die Kategorie »naiv« bei Schule C z. B. häufiger auf als bei Schule A.

Varianzanalyse für abhängige Stichproben

> **Analysieren / Skalieren / Reliabilitätsanalyse** ...

> **Analysieren / Allgemeines lineares Modell / Meßwiederholung** ...

Eine varianzanalytische Prüfung, ob zwischen den Mittelwerten von J abhängigen (korrelierenden) Stichproben – d. h. zwischen den Mitteln von J Variablen – signifikante Unterschiede bestehen, kann sowohl über die Prozedur RELIABILITY als auch mit der Prozedur GLM durchgeführt werden. Der Vorteil von RELIABILITY ist hierbei die knappere und übersichtlichere Ausgabe. Die Prozedur GLM ermöglicht dafür auch einen F-Test mit Epsilon-adjustierten Freiheitsgraden und anschließende paarweise Vergleiche der J Mittelwerte.

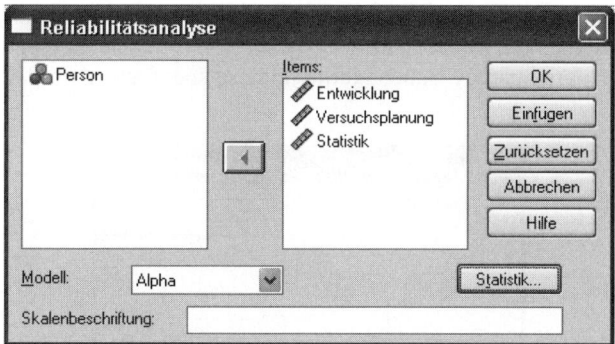

Varianzanalyse mit der Prozedur RELIABILITY

Der »eigentliche« Zweck von RELIABILITY ist die Durchführung von Item- und Skalenanalysen (vgl. Kapitel 73). Die Prozedur ermöglicht jedoch auch eine Varianzanalyse für abhängige Stichproben. Das Eingangs-Dialogfeld von RELIABILITY wird über die Menüpunkte **Skalieren / Reliabilitätsanalyse** aufgerufen. Hier sind bei *Items* die J Variablen aufzuführen, deren Mittel miteinander verglichen werden sollen (z. B. Zeitpunkt 1 bis Zeitpunkt J).

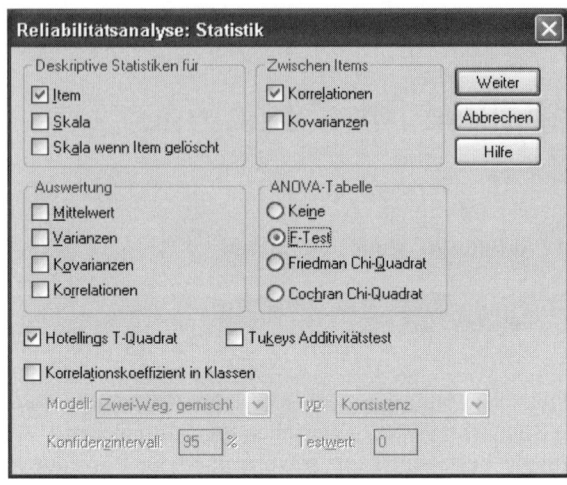

Um die gewünschte Varianzanalyse zu erhalten, muss anschließend in der Dialogbox **Statistik** im Feld *ANOVA-Tabelle* der *F-Test* angewählt werden. Um Mittelwerte und Standardabweichungen der J Bedingungen zu erhalten, empfiehlt sich weiterhin das Anklicken von *Item* im Feld *Deskriptive Statistiken*. Bei Wahl von *Korrelationen* werden die Interkorrelationen zwischen den Werten der J Bedingungen ausgegeben. Mit *Hotellings T-Quadrat* Test kann auch eine multivariate Prüfung der varianzanalytischen Nullhypothese angefordert werden.

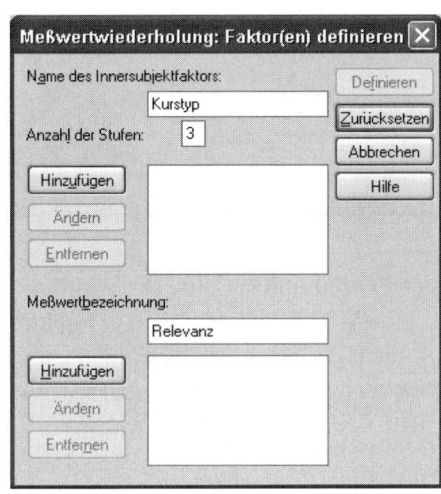

Varianzanalyse mit der Prozedur GLM

Das vorstehend wiedergegebene Eingangs-Dialogfeld von GLM wird über die Menüpunkte **Allgemeines lineares Modell / Messwiederholungen** aufgerufen. Hier sind bei *Name des Innersubjektfaktors* eine Bezeichnung für die unabhängige Variable sowie die *Anzahl der Stufen* (Kategorien) dieses Faktors anzugeben. Da durch die Datenanordnung bei Messwiederholung die abhängige Variable nicht durch eine Variable und deren Benennung definiert ist, empfiehlt es sich, bei *Meßwertbezeichnung* einen (dann in der Ausgabe erscheinenden) Namen für die AV einzugeben. Im gezeigten Beispiel wurde die Bezeichnung »Relevanz« gewählt. In beiden Fällen sind die Angaben durch Anklicken von [Hinzufügen] abzuschließen.

Nach Anklicken von [Definieren] erscheint die nächste Dialogbox. In ihr sind im Feld *Innersubjektvariablen* die Variablen (Bedingungen) aufzuführen, deren Mittel – via Varianzanalyse – miteinander verglichen werden sollen.

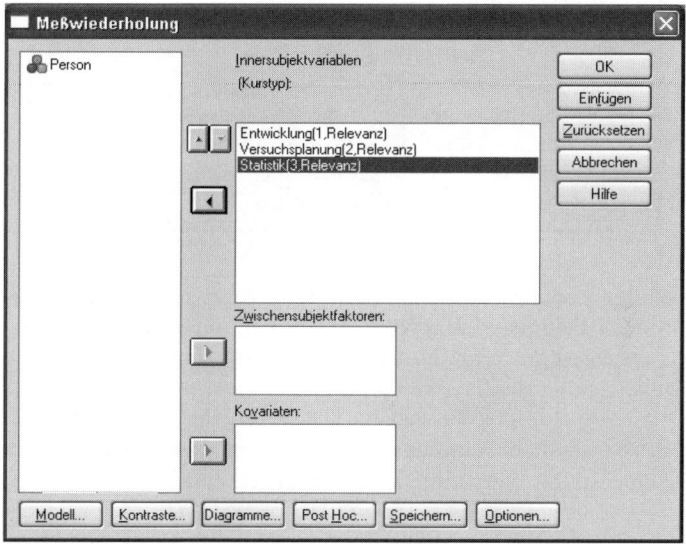

In dem über [Modell] erhältlichen Dialogfeld sind keine Veränderungen vorzunehmen. Die in der Box **Kontraste** veranlassbaren Vergleiche zwischen den J Mittelwerten sind in Kapitel 57 (BEISPIEL 7) beschrieben. Die in **Post Hoc** angebotenen Möglichkeiten sind nur für »Zwischensubjektfaktoren« (unabhängige Gruppen) relevant. In der über [Diagramme] erhältlichen Box **Profilplots** lässt sich veranlassen, dass die Mittel der J Stufen in Form einer (bei kategorialen Faktoren nicht sinnvollen) Liniengrafik dargestellt werden.

Im Dialogfeld **Optionen** erhält man bei Anklicken von *Deskriptive Statistik* die Mittel und Standardabweichungen der J Variablen (Bedingungen). Bei Wahl von *Schätzer der Effektgröße* wird ein Eta^2-Wert für die Stärke des Treatmenteffekts ausgegeben.

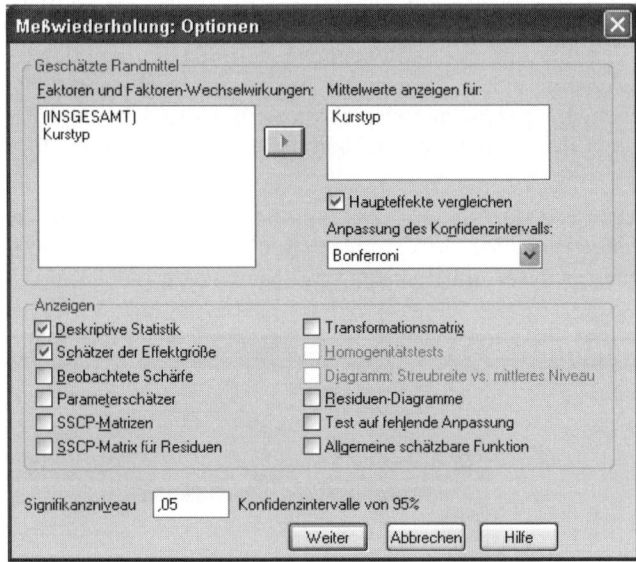

Wenn neben der Varianzanalyse auch sämtliche paarweisen Vergleiche zwischen den Mitteln der J Faktorstufen gewünscht werden, muss der Faktorname im Feld *Mittelwerte anzeigen für* aufgeführt und die Option *Haupteffekte vergleichen* angeklickt werden. Weiterhin ist es sinnvoll, bei *Anpassung des Konfidenzintervalls* die *Bonferroni*-Adjustierung zu wählen. Die ausgegebenen P-Werte können dann direkt mit dem gewählten (familienweisen) α_F verglichen werden. Der bei *Signifikanzniveau* eingestellte Wert sollte zudem diesem α_F entsprechen.

Übersicht über die in den Beispielen behandelten Probleme

① Prüfung der Unterschiede zwischen den Mitteln von drei Bedingungen mit der Prozedur RELIABILITY.

② Prüfung der Mittelwertsunterschiede mit der Prozedur GLM.

③ Paarweise Mittelwertsvergleiche mit GLM.

④ Vergleiche mittels paarweiser T-Tests und Bonferroni-Adjustierung.

Beispiel 1

Das nachfolgende Beispiel für einen Messwiederholungsplan entstammt der *Inferenzstatistik (Tab. 14.1)*. Zehn Studierende der Psychologie hatten drei von ihnen besuchte Veranstaltungen – Entwicklungspsychologie, Versuchsplanung und Statistik – hinsichtlich ihrer »Relevanz und Nützlichkeit« an Hand einer 10-Item Skala zu beurteilen. Die Skalenwerte reichen von 10 bis 40 (hoher Wert = gute Beurteilung). Es soll nun mittels der Prozedur RELIABILITY geprüft werden, ob zwischen den durchschnittlichen Beurteilungen der Veranstaltungen signifikante Unterschiede bestehen.

Entwicklungspsychologie	20	35	30	33	40	31	21	34	35	36
Versuchsplanung	17	28	19	29	35	27	15	30	29	33
Statistik	12	18	13	23	28	19	10	26	26	30
Person-Nr.	1	2	3	4	5	6	7	8	9	10

Die Daten werden in eine Datei TAB14-1.SAV eingegeben, wobei die Variable ENTWICKLUNG die Urteile über die Veranstaltung Entwicklungspsychologie und die Variablen VERSPLANUNG und STATISTIK die Einstufungen der beiden anderen Kurse enthalten. Die Varianzanalyse mittels RELIABILITY erbringt die folgenden Ergebnisse (die nicht wichtigen bzw. im Rahmen der Varianzanalyse nicht relevanten Tabellen »Zusammenfassung der Fallverarbeitung« und »Reliabilitätsstatistiken« sind weggelassen):

Itemstatistiken

	Mittelwert	Std.-Abweichung	Anzahl	
Entwicklung	31,50	6,416	10	❶
Versuchsplanung	26,20	6,828	10	
Statistik	20,50	7,153	10	

Inter-Item-Korrelationsmatrix

	Entwicklung	Versuchsplanung	Statistik	
Entwicklung	1,000	,936	,858	❷
Versuchsplanung	,936	1,000	,951	
Statistik	,858	,951	1,000	

ANOVA

		Quadrat-summe	Frei-heits-grade	Mittel der Quadrate	F	Sig.	❸
Zwischen Personen		1177,867	9	130,874			
Innerhalb Personen	Zwischen Items	605,267	2	302,633	74,896	,000	
	Residualer Teil	72,733	18	4,041			
	Insgesamt	678,000	20	33,900			
Insgesamt		1855,867	29	63,995			

Gesamtmittelwert = 26,07

Hotellings T-Quadrat-Test

Hotellings T-Quadrat	F	Freiheits-grade 1	Freiheits-grade 2	Sig.	❹
90,882	40,392	2	8	,000	

Erläuterungen zur Ausgabe

❶ Mittel und Standardabweichungen für die J Bedingungen, Anzahl der Werte.

❷ Interkorrelationen der Werte unter den J Bedingungen (⇨ *Inferenzstatistik, Kap. 14.11*).

❸ **Varianzanalyse**: Das primär interessierende Ergebnis, ob zwischen den Mitteln der J Bedingungen signifikante Unterschiede bestehen (Effekt des Treatmentfaktors), wird unter »Zwischen Items« ausgegeben (vgl. *Inferenzstatistik, Tab. 14.4*). Prüfwert (»F«). P-Wert für F (»Sig.«).

»Zwischen Personen«: Über den Quotienten F = 130,874/4,041 = 32,387 (FG_1 = 9; FG_2 = 18) lässt sich der Effekt des Personen- bzw. Blockfaktors prüfen (⇨ *Inferenzstatistik, Formel* $\boxed{14.22}$).

❹ Multivariate Prüfung des Treatmenteffekts (ohne Sphärizitäts-/Zirkularitätsannahme) mittels Hotelling's T^2-Test (⇨ *Inferenzstatistik, S. 321;* Winer, Brown & Michels, 1991, Kap. 4.7).

Beispiel 2

Daten von BEISPIEL 1. Die Varianzanalyse wird jetzt mit der Prozedur GLM durchgeführt. In der Box **Optionen** werden lediglich *Deskriptive Statistiken* angefordert. Die nachfolgend gezeigte Ausgabe stellt somit – bis auf Tabelle ❷ – den Standard-Output der Prozedur dar. Weniger – mit einer Konzentration auf das für den Anwender Wichtige – wäre hier sicherlich mehr gewesen.

Innersubjektfaktoren

Maß: Relevanz

Kurstyp	Abhängige Variable
1	Entwicklung
2	Versuchsplanung
3	Statistik

❶

Deskriptive Statistiken

	Mittelwert	Standard-abwei-chung	N
Entwicklung	31,50	6,416	10
Versuchspla-nung	26,20	6,828	10
Statistik	20,50	7,153	10

❷

Multivariate Tests [b]

Effekt		Wert	F	Hypo-these df	Fehler df	Signifi-kanz
Kurstyp	Pillai-Spur	,910	40,392 [a]	2,000	8,000	,000
	Wilks-Lambda	,090	40,392 [a]	2,000	8,000	,000
	Hotelling-Spur	10,098	40,392 [a]	2,000	8,000	,000
	Größte charakteristi-sche Wurzel nach Roy	10,098	40,392 [a]	2,000	8,000	,000

❸

a. Exakte Statistik
b. Design: Intercept   Innersubjekt-Design: Kurstyp

Mauchly-Test auf Sphärizität [b]

Maß: Relevanz

		Innersubjekt-effekt Kurstyp
Mauchly-W		,537
Approximiertes Chi-Quadrat		4,972
df		2
Signifikanz		,083
Epsilon [a]	Greenhouse-Geisser	,684
	Huynh-Feldt	,765
	Untergrenze	,500

❹

❺

Prüft die Nullhypothese, daß sich die Fehlerkovarianz-Matrix der orthonormalisierten transformierten abhängigen Variablen proportional zur Einheitsmatrix verhält.

a. Kann zum Korrigieren der Freiheitsgrade für die gemittelten Signifikanztests verwendet werden. In der Tabelle mit den Tests der Effekte innerhalb der Subjekte werden korrigierte Tests angezeigt.

b. Design: Intercept   Innersubjekt-Design: Kurstyp

Tests der Innersubjekteffekte

Maß: Relevanz

Quelle		Quadrat-summe vom Typ III	df	Mittel der Quadrate	F	Signifi-kanz	
Kurstyp	Sphärizität angenommen	605,267	2	302,633	74,896	,000	❻
	Greenhouse-Geisser	605,267	1,367	442,707	74,896	,000	
	Huynh-Feldt	605,267	1,529	395,811	74,896	,000	
	Untergrenze	605,267	1,000	605,267	74,896	,000	
Fehler (Kurs-typ)	Sphärizität angenommen	72,733	18	4,041			❼
	Greenhouse-Geisser	72,733	12,305	5,911			
	Huynh-Feldt	72,733	13,763	5,285			
	Untergrenze	72,733	9,000	8,081			

Tests der Innersubjektkontraste

Maß: Relevanz

Quelle	Kurstyp	Quadrat-summe vom Typ III	df	Mittel der Quadrate	F	Signifi-kanz	❽
Kurstyp	Linear	605,000	1	605,000	89,262	,000	
	Quadratisch	,267	1	,267	,205	,662	
Fehler (Kurstyp)	Linear	61,000	9	6,778			
	Quadratisch	11,733	9	1,304			

Tests der Zwischensubjekteffekte

Maß: Relevanz
Transformierte Variable: Mittel

Quelle	Quadrat-summe vom Typ III	df	Mittel der Quadrate	F	Signifi-kanz	❾
Konstanter Term	20384,133	1	20384,133	155,754	,000	
Fehler	1177,867	9	130,874			

Erläuterungen zur Ausgabe

❶ Beschreibung des Messwiederholungsfaktors (Variablen/Bedingungen).

❷ Mittelwerte und Standardabweichungen der J Bedingungen.

❸ Multivariate Prüfung des Treatmenteffekts (ohne Zirkularitäts-/Sphärizitätsan-nahme) mittels Hotelling's T^2-Test (⇨ *Inferenzstatistik, S. 321;* Winer et al. 1991, Kap. 4.7); vgl. ❹ bei BEISPIEL 1. Die übrigen Tests liefern im vorliegenden Fall (nur) einer abhängigen Variablen immer das gleiche Ergebnis wie Hotelling's T^2 – und müssten deshalb nicht aufgeführt werden.

❹ Bei der Tabelle wurden im Ausgabe-Viewer aus Formatgründen Zeilen und Spalten vertauscht. Prüfung mittels eines Tests von Mauchly, ob die Eigenschaft (Voraussetzung) der Sphärizität (Zirkularität) gegeben ist (⇨ *Inferenzstatistik, S. 320*; Winer et al., 1991, S. 255 f.). Der erste Teil der Fußnote stellt zweifelsohne ein sprachlich-didaktisches Meisterstück dar.

❺ **Greenhouse-Geisser** und **Huynh-Feld Epsilon**: Epsilon-Werte zur Adjustierung der Freiheitsgrade des F-Tests (⇨ *Inferenzstatistik, Formeln* $\boxed{14.27}$ $\boxed{14.28}$). Die Adjustierung ist in Tabelle ❻ bereits erfolgt.

❻ Prüfung des Effekts des Treatmentfaktors (Unterschiede zwischen den J Mitteln). **Sphärizität angenommen**: Nicht adjustierte Zähler-Freiheitsgrade (df_1) = 2. **Greenhouse-Geisser, Huynh-Feld**: Durch das entsprechende Epsilon adjustierte df_1 (z.B. 2∗0,684 = 1,37). **Untergrenze**: Minimale Zählerfreiheitsgrade (=1) des »konservativen F-Tests« (⇨ *Inferenzstatistik, S. 320*). P-Werte für die verschiedenen F-Tests (»Signifikanz«). Der Effekt erweist sich – bei z.B. α = 0,05 – sowohl auf den nicht adjustierten als auch auf den reduzierten Freiheitsgraden als statistisch signifikant.

Bei Wahl von *Schätzer der Effektgröße* in der Box **Optionen** ergibt sich für den Effekt des Treatmentfaktors ein »Eta-Quadrat« von 0,893. Es berechnet sich wie folgt: $Eta^2 = SAQ_{FAKTOR}/(SAQ_{FAKTOR} + SAQ_{Fehler}) = 605{,}267/(605{,}267 + 72{,}733) = 0{,}893$.

❼ **Sphärizität angenommen**: Nicht adjustierte Nenner-Freiheitsgrade (df_2) = 18. **Greenhouse-Geisser, Huynh-Feld**: Epsilon-adjustierte df_2 (z.B. 18∗0,648 = 12,31). **Untergrenze**: Minimale Nennerfreiheitsgrade (9 = n–1) des »konservativen F-Tests«.

❽ Prüfung der Beziehung zwischen Treatmentfaktor und abhängiger Variablen auf linearen und quadratischen Trend (Kirk, 1982, Kap. 6.6). Ein derartiger Test macht allerdings nur Sinn, wenn es sich bei dem Faktor um eine metrische Variable handelt und die Faktorstufen gleichabständig sind (z.B. Erhebung der abhängigen Variablen um 16, 18 und 20 Uhr). Im untersuchten Beispiel ist dies nicht der Fall. Der Faktor KURSTYP stellt ein kategoriales (nominales) Merkmal dar.

❾ Diese Tabelle ist zur Prüfung des Effekts der unabhängigen Variablen (des Treatmentfaktors) nicht von Bedeutung. Unter »Fehler« sind die Daten zur evtl. Prüfung des Effekts des Blockfaktors ausgegeben (vgl. ❸ bei BEISPIEL 1, Zeile »Zwischen Personen«).

Beispiel 3

Daten von BEISPIEL 1 und 2. Auch bei Epsilon-Adjustierung hat die Varianzanalyse angezeigt, dass zwischen den durchschnittlichen Beurteilungen der drei Veranstaltungen signifikante Unterschiede bestehen ($\alpha = 0,05$). Es soll nun geprüft werden, welche Mittel sich im Einzelnen signifikant voneinander unterscheiden. Dazu wird in der Box **Optionen** (S. 300) für den Faktor KURSTYP *Haupteffekte vergleichen* und die *Bonferroni*-Adjustierung angewählt. Nachfolgend der Teil der Ausgabe, der die Ergebnisse zu den paarweisen Vergleichen enthält.

Paarweise Vergleiche

Maß: Relevanz

(I) Kurstyp	(J) Kurstyp	Mittlere Differenz (I-J)	Standard-fehler	Signifi-kanz[a]	95% Konfidenzintervall für die Differenz[a] Unter-grenze	Ober-grenze
1	2	5,300*	,761	,000	3,068	7,532
	3	11,000*	1,164	,000	7,585	14,415
2	1	-5,300*	,761	,000	-7,532	-3,068
	3	5,700*	,700	,000	3,647	7,753
3	1	-11,000*	1,164	,000	-14,415	-7,585
	2	-5,700*	,700	,000	-7,753	-3,647

Basiert auf den geschätzten Randmitteln

*. Die mittlere Differenz ist auf dem Niveau ,05 signifikant

a. Anpassung für Mehrfachvergleiche: Bonferroni.

Bei den hier von GLM durchgeführten Vergleichen erfolgt keine Kontrolle etwaiger Abweichungen von der Sphärizität durch Epsilon-Adjustierung der Freiheitsgrade. Dieses Vorgehen ist jedoch widersprüchlich, wenn der Effekt des Treatmentfaktors vorab via Varianzanalyse und adjustierten/reduzierten Freiheitsgraden geprüft wurde. Dann sollte auch bei den nachfolgenden multiplen Vergleichen ein dazu »passendes« Verfahren gewählt werden, das keine Zirkularität voraussetzt. Ein solches Verfahren stellen paarweise (abhängige) T-Tests mit Bonferroni-Adjustierung dar (vgl. BEISPIEL 4).

Beispiel 4

Durch paarweise (abhängige) T-Tests mit Bonferroni-Adjustierung soll – auf dem 5%-Niveau – geprüft werden, zwischen welchen der mittleren Veranstaltungsbeurteilungen signifikante Unterschiede bestehen. Der einzelne Vergleich muss somit bei $\alpha_V = 0,05/3 = 0,016$ getestet werden. Da dieses Verfahren keine Sphärizität voraussetzt, sollte es zum Einsatz kommen, wenn beim vorangegangenen varianzanalytischen Globaltest mit Epsilon-adjustierten Freiheitsgraden gearbeitet wurde ($\Rightarrow$ *Inferenzstatistik, Kap. 14.10*).

Bei einer geringen Anzahl von Treatment-Bedingungen können die zu prüfenden K = J*(J–1)/2 Variablenpaare einzeln im Dialogfeld des T-Tests für abhängige Stichproben eingegeben werden (Kapitel 45). Bei vielen Bedingungen ist dies jedoch etwas umständlich. So müssten bei J = 5 bereits 10 Variablenpaare definiert werden. Da empfiehlt sich der Weg über den Syntax-Editor.

Als Erstes wird im Dialogfeld des T-Tests das aus der ersten und der letzten Variablen bestehende Paar (d. h. Bedingung 1 und J) eingegeben; in unserem Fall ENTWICKLUNG – STATISTIK. Durch Anklicken der Schaltfläche [Einfügen] öffnet sich nun das Syntax-Fenster mit den bisher veranlassten Anweisungen:

```
T-TEST
  PAIRS = Entwicklung  WITH Statistik (PAIRED)
  /CRITERIA = CI(.95)
  /MISSING = ANALYSIS.
```

Hier ist in der Zeile PAIRS das Wort WITH durch »to« zu ersetzen und die Klammer (PAIRED) zu löschen. Statt »to« könnten auch die noch fehlenden (dazwischenliegenden) Variablennamen aufgeführt werden. In unserem Beispiel ergeben sich dann folgende Anweisungen:

```
T-TEST
  PAIRS = Entwicklung to Statistik
  /CRITERIA = CI(.95)
  /MISSING = ANALYSIS.
```

Durch die Tastenfolge [Strg]+[A] und [Strg]+[R] wird anschließend die Ausführung der Befehle veranlasst. Von der Ausgabe ist nachfolgend nur die Tabelle mit den T-Test Ergebnissen wiedergegeben. In ihr wurden die Spalten mit den Standardfehlern und Konfidenzintervallen gelöscht. Bei $\alpha = 0,016$ erweisen sich sämtliche Mittelwertsdifferenzen als statistisch signifikant.

Test bei gepaarten Stichproben

		Gepaarte Differenzen				
		Mittelwert	Standardab-weichung	T	df	Sig. (2-seitig)
Paaren 1	Entwicklung - Versuchsplanung	5,300	2,406	6,966	9	,000
Paaren 2	Entwicklung - Statistik	11,000	3,682	9,448	9	,000
Paaren 3	Versuchsplanung - Statistik	5,700	2,214	8,143	9	,000

Friedman-Test

> **Analysieren / Nichtparametrische Tests / K verbundene Stichproben ...**

Mit dem in der Prozedur NPAR TESTS enthaltenen Friedman-Test wird geprüft, ob zwischen den mittleren Rängen von J abhängigen (korrelierenden, verbundenen) Stichproben signifikante Unterschiede bestehen. Um den Test durchführen zu können, muss bei jeder Person (bzw. jedem Block) lediglich eine Rangfolge der Ausprägungen unter den J Bedingungen feststellbar sein ($\Rightarrow$ *Inferenzstatistik, Kap. 26.1*).

Wenn die Daten in metrischer Form vorliegen (X-Werte), werden sie von der Prozedur person- bzw. blockweise in Ränge transformiert, wobei der kleinste X-Wert den kleinsten Rangwert erhält. Hohe Rangwerte entsprechen somit hohen X-Werten. Bei gleichen Werten werden gemittelte Ränge vergeben ($\Rightarrow$ *Inferenzstatistik, Tab. 26.4*).

Die Prüfung der Nullhypothese erfolgt ausschließlich über eine Chi^2-Approximation. Bei (sehr) kleinen Stichproben sollte jedoch ein exakter Friedman-Test durchgeführt werden. Am einfachsten geschieht dies mit Hilfe des Zusatzmoduls EXAKTE TESTS (vgl. BEISPIEL 4). Falls dieses Modul nicht installiert ist, muss zur Entscheidung über H_0 auf entsprechende Tabellen zurückgegriffen werden – wie Tab. **Y** der *Inferenzstatistik*, ausgelegt für J = 3 (n = 2 bis 15), J = 4 (n = 5 bis 8), J = 5 (n = 4) und J = 6 (n = 3).

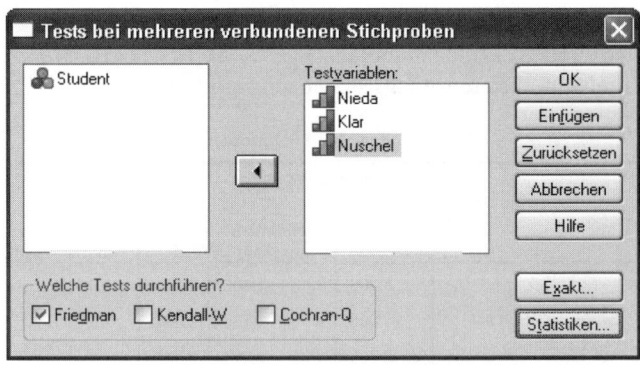

In der Eingangs-Dialogbox ist der Friedman-Test voreingestellt. Im Feld *Testvariablen* sind die J Variablen anzugeben, deren mittlere Ränge gegeneinander getestet werden sollen. Im Dialogfeld **Statistiken** können durch Ankreuzen von *Deskriptive Statistik* u. a. die Mittel der J Variablen angefordert werden. Dies ist allerdings in Anbetracht des Datenniveaus, auf dem der Friedman-Test arbeitet, nur selten sinnvoll oder von Interesse. Gleiches gilt für die weiterhin erhältlichen Quartilspunkte.

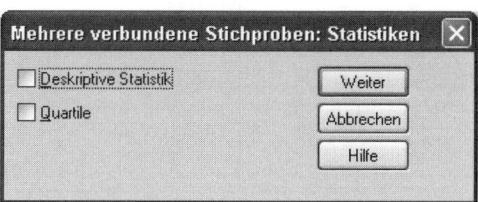

Übersicht über die in den Beispielen behandelten Probleme

① Vergleich der von 16 Studenten über drei Dozenten abgegebenen Urteile. Daten direkt als Rangwerte erhoben, keine Bindungen.

② Multiple Vergleiche der Durchschnittsränge von BEISPIEL 1 mittels paarweiser Vorzeichen-Tests und Bonferroni-Adjustierung.

③ Vergleich der unter vier Lernbedingungen erzielten Ergebnisse. Gematchte Stichproben. Metrische Ausgangsdaten mit Bindungen.

④ Zusatzmodul EXAKTE TESTS: Exakter Friedman-Test mit den Daten von BEISPIEL 1.

⑤ Zusatzmodul EXAKTE TESTS: Vergleich exakter und approximativer Friedman-Test bei einem Fall »kleiner« Stichproben.

Beispiel 1

Eine Gruppe von 16 Vordiplom-Kandidaten wurde gebeten, die drei Dozenten *Nieda*, *Klar* und *Nuschel* hinsichtlich ihrer »didaktischen Qualitäten« jeweils in eine Rangfolge zu bringen (Rang 1 = beste Leistung). Untersucht werden soll, ob zwischen den Urteilen über die Dozenten signifikante Unterschiede bestehen (α = 0,05). Nachfolgend die Einstufungen der Studierenden:

Student	Nieda	Klar	Nuschel
1	1	2	3
2	2	1	3
3	3	1	2
4	2	1	3
5	3	2	1
6	3	1	2
7	2	1	3
8	1	2	3
9	1	2	3
10	3	1	2
11	2	1	3
12	2	1	3
13	2	1	3
14	1	2	3
15	2	1	3
16	2	3	1

Die Daten werden in eine Datei DOZENTEN.SAV eingegeben, wobei die Variablen NIEDA, KLAR und NUSCHEL die Rangwerte der drei Dozenten enthalten. Die Durchführung des Friedman-Tests erbringt das folgende Ergebnis:

Ränge

	Mittlerer Rang
Nieda	2,00
Klar	1,44
Nuschel	2,56

Statistik für Test[a]

N	16
Chi-Quadrat	10,125
df	2
Asymptotische Signifikanz	,006

a. Friedman-Test

Erläuterungen zur Ausgabe

Erste Tabelle: Durchschnittliche Rangwerte der Variablen (Bedingungen, Beurteilungsobjekte). Der Friedman-Test prüft, ob zwischen diesen Rangmitteln signifikante Unterschiede bestehen.

Zweite Tabelle: Prüfgröße des (approximativen) Tests über die Chi^2-Verteilung (»Chi-Quadrat«). Wenn keine Bindungen vorliegen (wie in diesem Beispiel), Berechnung gemäß Formel $\boxed{26.6}$ ($\Rightarrow$ *Inferenzstatistik*). Im Fall von Ties ist der Prüfwert bindungskorrigiert entsprechend Formel $\boxed{26.8}$ (vgl. BEISPIEL 3). Anzahl der Personen/Blöcke (»N«). Freiheitsgrade (»df«). P-Wert für Chi^2 (»Asymptotische Signifikanz«).

Auf dem gewählten Alpha erweist sich der Prüfwert als signifikant. Deskriptiv gesehen wird Dozent *Klar* am besten, Dozent *Nuschel* hingegen am schlechtesten beurteilt. Bei BEISPIEL 2 wird durch multiple Vergleiche zu prüfen sein, bei welchen Dozentenpaaren die Beurteilung signifikant verschieden ist.

Beispiel 2

Es wird untersucht, welche der $K = 3$ paarweisen Dozenten-Vergleiche von BEISPIEL 1 sich bei einem »familienweisen« $\alpha_F = 0,05$ als signifikant erweisen. Da der Friedman-Test eine Erweiterung des Vorzeichen-Tests für den Fall von mehr als zwei Gruppen darstellt (und diesem bei $J = 2$ äquivalent ist), bietet sich für die multiplen Vergleiche die Durchführung paarweiser Vorzeichen-Tests mit Bonferroni-Adjustierung an. Um diese zu erhalten, werden in der Eingangs-Dialogbox des Vorzeichen-Tests (S. 241) im Feld *Variablenpaare* die Kombinationen NIEDA–KLAR, NIEDA–NUSCHEL und KLAR–NUSCHEL eingegeben. Nachfolgend das Ergebnis der drei Vorzeichen-Tests (ohne die Tabelle »Häufigkeiten«):

Statistik für Test[b]

	Klar - Nieda	Nuschel - Nieda	Nuschel - Klar
Exakte Signifikanz (2-seitig)	,210[a]	,210[a]	,004[a]

a. Verwendete Binomialverteilung.

b. Vorzeichentest

Beim einzelnen Vergleich muss die Prüfung nun auf einem Signifikanzniveau von $\alpha_V = 0,05/3 = 0,0167$ erfolgen. Hier erweist sich lediglich der Unterschied zwischen den Dozenten *Nuschel* und *Klar* als statistisch bedeutsam.

Beim Vergleich der Ergebnisse von Friedman-Test und den nachfolgenden multiplen Kontrasten muss allerdings berücksichtigt werden, dass die globale Nullhypothese des Friedman-Tests approximativ geprüft wird, während die paarweisen Vorzeichen-Tests bis zu einem Stichprobenumfang von 25 (zu berücksichtigenden) Paaren jeweils die exakte Stichprobenverteilung heranziehen.

Wenn Ties vorliegen, ergibt sich als weiteres Problem, dass der Friedman-Test diese mitverarbeitet, während sie bei den Vorzeichen-Tests ausgeschlossen werden. Im Fall von Rangbindungen wie bei BEISPIEL 3 ist es deshalb sinnvoller, die paarweisen Vergleiche mit entsprechenden Zwei-Gruppen Friedman-Tests (und Bonferroni-Adjustierung) durchzuführen.

Beispiel 3

Das nachfolgende Beispiel mit metrischen Ausgangswerten und Bindungen entstammt der *Inferenzstatistik* (*Tab. 26.4*). Dort ist auch gezeigt, wie in diesem Fall die Rangvergabe beim Friedman-Test erfolgt. An einer Stichprobe von 60 Schülern der 6. Klassenstufe sollte die Wirksamkeit von vier Methoden des Vokabellernens überprüft werden. Aufgrund eines Englisch-Vortests wurden Viererblöcke von jeweils leistungsgleichen Schülern gebildet, die dann jeweils per Zufall auf die vier Lernmethoden aufgeteilt wurden. Es liegen somit J = 4 parallelisierte Gruppen vor. Unter allen Lernbedingungen mussten innerhalb einer halben Stunde 30 neue englische Wörter und deren deutsche Übersetzung gelernt werden. Die Wirksamkeit der Methode wurde eine Woche später durch einen Vokabeltest überprüft. Nachfolgend die Anzahl der unter den vier Lernbedingungen behaltenen Vokabeln:

Block	Lernmethode 1	2	3	4
1	17	16	24	23
2	21	21	30	26
3	11	10	19	21
4	9	13	19	18
5	24	17	23	20
6	12	17	16	18
7	14	14	26	20
8	14	16	20	20
9	20	21	30	28
10	24	25	28	27
11	10	10	22	21
12	12	17	22	19
13	17	14	19	20
14	10	8	15	15
15	10	13	18	13

Die Daten werden in eine Datei TAB26-4.SAV eingegeben, wobei die Variablen METHODE.1 bis METHODE.4 die Werte der vier Bedingungen enthalten. Es soll nun mittels Friedman-Test untersucht werden, ob zwischen den Lernleistungen bei den vier Methoden signifikante Unterschiede bestehen. Über die Dialogbox **Statistiken** sind weiterhin die Mittelwerte der vier Variablen/Bedingungen anzufordern. Bei der Inspektion dieser Werte darf allerdings nicht vergessen werden, dass der Friedman-Test nicht deren Unterschiede auf Signifikanz prüft, sondern die Differenzen zwischen den mittleren Rängen. Nachfolgend die Ausgabe der Prozedur:

Deskriptive Statistiken

	N	Mittelwert	Standardab-weichung	Minimum	Maximum
Methode.1	15	15,00	5,196	9	24
Methode.2	15	15,47	4,565	8	25
Methode.3	15	22,07	4,758	15	30
Methode.4	15	20,60	4,120	13	28

Ränge

	Mittlerer Rang
Methode.1	1,57
Methode.2	1,67
Methode.3	3,60
Methode.4	3,17

Statistik für Test[a]

N	15
Chi-Quadrat	30,188
df	3
Asymptotische Signifikanz	,000

a. Friedman-Test

Zwischen den Lernleistungen unter den vier Bedingungen bestehen offensichtlich statistisch signifikante Unterschiede ($\alpha = 0,01$). Es müsste nun im Anschluss mittels paarweiser Friedman-Tests geprüft werden, welche Methoden sich voneinander bedeutsam unterscheiden. Die K = 6 möglichen Vergleiche wären dabei gemäß der Bonferroni-Adjustierung auf einem Signifikanzniveau von $\alpha_V = 0,01/6 = 0,00167$ durchzuführen.

Beispiel	**4**

ZUSATZMODUL »EXAKTE TESTS«

Mit den Daten von BEISPIEL 1 soll nun ein exakter Friedman-Test durchgeführt werden. Die identische Tabelle »Ränge« ist bei der nachfolgenden Ausgabe weggelassen. Der P-Wert des exakten Tests (0,005) unterscheidet sich nur geringfügig von dem der approximativen Prüfung über die Chi²-Verteilung (0,006).

Statistik für Test[a]

N	16
Chi-Quadrat	10,125
df	2
Asymptotische Signifikanz	,006
Exakte Signifikanz	,005
Punkt-Wahrscheinlichkeit	,001

a. Friedman-Test

Beispiel 5

Das Beispiel entstammt der *Inferenzstatistik (Tab. 26.1)*. Bei einer Kür zur Weinprinzessin stehen J = 3 Kandidatinnen zur Wahl (Adelheid, Brigitte, Christine). Diese werden von den n = 4 Jurymitgliedern jeweils in eine Rangfolge hinsichtlich ihrer »Eignung zur Prinzessin« gebracht (3 = beste Eignung). Untersucht werden soll, ob zwischen den Urteilen über die Kandidatinnen signifikante Unterschiede bestehen (α = 0,05). Nachfolgend die von den Jurymitgliedern vergebenen Rangreihen:

Beurteiler	Adelheid	Brigitte	Christine
1	2	3	1
2	2	3	1
3	1	3	2
4	1	3	2

Die Daten werden in eine Datei TAB26-1.SAV eingegeben, wobei die Variablen ADELHEID, BRIGITTE und CHRISTINE die Rangwerte der drei Kandidatinnen enthalten. Da mit n = 4 der Fall (sehr) kleiner Stichproben vorliegt, muss zur Entscheidung über H_0 die exakte Stichprobenverteilung herangezogen werden. Es zeigt sich, dass beim exakten Test H_0 beizubehalten ist (P = 0,069), während bei approximativer Prüfung über Chi² fälschlicherweise auf signifikante Unterschiede geschlossen würde (P = 0,05).

Ränge

	Mittlerer Rang
Adelheid	1,50
Brigitte	3,00
Christine	1,50

Statistik für Test[a]

N	4
Chi-Quadrat	6,000
df	2
Asymptotische Signifikanz	,050
Exakte Signifikanz	,069
Punkt-Wahrscheinlichkeit	,028

a. Friedman-Test

Cochran's Q-Test

> ➤ **Analysieren / Nichtparametrische Tests / K verbundene Stichproben ...**

Mit dem in der Prozedur NPAR TESTS verfügbaren Q-Test von Cochran kann geprüft werden, ob in einer Stichprobe zwischen den Verteilungen von K dichotomen Variablen signifikante Unterschiede bestehen. Beispiele wären der Vergleich
der Ansichten in einer Stichprobe (»Ja–Nein«) zu K Zeitpunkten oder das Testen
des Unterschieds in den Verteilungen von K dichotomen Items. Beim Q-Test
handelt es sich um eine Erweiterung des in Kapitel 48 besprochenen McNemar-
Tests auf den Fall von mehr als zwei Variablen (⇨ *Inferenzstatistik, Kap. 20.5*).

In der Eingangs-Dialogbox muss die Voreinstellung *Friedman* entfernt und statt
dessen das *Cochran-Q* angewählt werden. Im Feld *Testvariablen* sind die K Variablen einzugeben, deren Verteilungen gegeneinander getestet werden sollen.

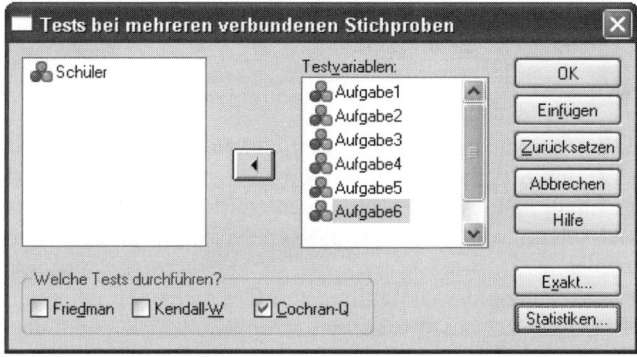

Von den in der Dialogbox **Statistiken** anforderbaren Kennwerten liefern lediglich
die u. a. ausgegebenen Mittel der Variablen sinnvolle Information. Im Fall von {0-
1}-Werten geben sie bei den K Variablen jeweils die relative Häufigkeit der mit
{1} kodierten Kategorie wieder. Und Cochran's Q-Test prüft, ob zwischen diesen
Anteilswerten signifikante Unterschiede bestehen.

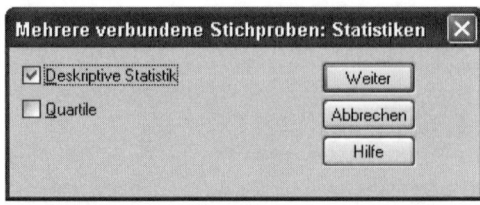

Bei dem in der Standardinstallation zur Verfügung stehenden Q-Test wird die Nullhypothese approximativ über die Chi²-Verteilung geprüft. Bei kleinen Stichprobenumfängen empfiehlt sich jedoch die Heranziehung der exakten Stichprobenverteilung von Q (⇨ *Inferenzstatistik, S. 484 f.*). Eine derartige Prüfung ist mit dem Zusatzmodul EXAKTE TESTS möglich (BEISPIEL 3).

Übersicht über die in den Beispielen behandelten Probleme

① Vergleich des Schwierigkeitsgrades von sechs Richtig-Falsch Items in einer Gruppe von Schülern.

② Vergleich der »Ja-Nein« Antwortverteilungen in einer Stichprobe zu vier Zeitpunkten.

③ Zusatzmodul EXAKTE TESTS: Exakter Q-Test mit einem Teil der Daten von BEISPIEL 1.

Beispiel 1

Das Beispiel entstammt der *Inferenzstatistik (Tab. 20.11)*. Eine Gruppe von 18 Schülern des 7. und 8. Schuljahres bearbeitete sechs Aufgaben aus dem Bereich der Prozentrechnung. Die Aufgabenlösungen wurden mit {1} (vollständig richtig) und {0} (falsch oder nur in Ansätzen gelöst) bewertet. Es ergaben sich die folgenden Daten:

Schüler	Aufgabe Nr. 1	2	3	4	5	6	Schüler	Aufgabe Nr. 1	2	3	4	5	6
1	1	1	1	1	0	1	10	0	0	1	1	0	0
2	1	0	1	1	0	1	11	1	1	1	1	0	0
3	1	1	1	1	1	1	12	1	0	1	1	0	1
4	0	1	0	1	0	1	13	1	1	1	1	0	0
5	0	1	1	1	0	1	14	1	1	1	0	1	0
6	1	0	1	0	0	1	15	1	0	0	0	0	0
7	0	0	0	1	0	0	16	0	0	0	0	0	1
8	0	0	0	0	0	0	17	1	0	1	1	0	0
9	1	0	0	0	1	1	18	1	0	1	0	0	1

Untersucht werden soll, ob zwischen den Items hinsichtlich ihres Schwierig-keits-grades (= Anteil der Einsen) signifikante Unterschiede bestehen ($\alpha = 0{,}05$). Die Daten werden in eine Datei TAB20-11.SAV eingegeben, wobei die Variablen AUF-GABE1 bis AUFGABE6 die {0–1}-Werte der sechs Aufgaben enthalten. Um die Schwierigkeitswerte der einzelnen Items zu erhalten, werden neben dem Q-Test auch die Mittelwerte der Variablen (durch Ankreuzen von *Deskriptive Statistik*) angefordert. Nachfolgend die Ausgabe:

Deskriptive Statistiken

	N	Mittel-wert	Standard-abweichung	Mini-mum	Maxi-mum	❶
Aufgabe1	18	,67	,485	0	1	
Aufgabe2	18	,39	,502	0	1	
Aufgabe3	18	,67	,485	0	1	
Aufgabe4	18	,61	,502	0	1	
Aufgabe5	18	,17	,383	0	1	
Aufgabe6	18	,56	,511	0	1	

Häufigkeiten

	Wert		❷
	0	1	
Aufgabe1	6	12	
Aufgabe2	11	7	
Aufgabe3	6	12	
Aufgabe4	7	11	
Aufgabe5	15	3	
Aufgabe6	8	10	

Statistik für Test

N	18	❸
Cochrans Q-Test	15,579 [a]	
df	5	
Asymptotische Signifikanz	,008	

a. 1 wird als Erfolg behandelt.

Erläuterungen zur Ausgabe

❶ Mittelwerte der Variablen. Im vorliegenden Fall von {0–1}-Werten geben sie jeweils den Anteil der Personen wieder, die die Aufgabe gelöst haben (z.B. 67% bei der ersten Aufgabe). Bei anderen Kodierungen der Variablen mit aufeinander-folgenden Zahlen (z.B. 1–2) ist die kleinere Kode-Zahl jeweils vom Mittel abzu-ziehen, um den Anteilswert zu erhalten.

❷ Anzahl der Personen, die bei den Variablen den Wert {1} bzw. {0} haben. Es ist bei {0-1}-Werten: Mittel = {Häufigkeit von 1}/N.

❸ **N**: Anzahl der Personen. **Cochrans Q-Test**: Prüfgröße des Q-Tests (⇨ *Inferenzstatistik, Formel* [20.23]). **df**: Freiheitsgrade. **Asymptotische Signifikanz**: P-Wert für Q (bei Prüfung über die Chi^2-Verteilung). In der Fußnote wird mitgeteilt, dass mit dem Test die Unterschiede zwischen den Anteilswerten der Kategorie {1} auf Signifikanz geprüft wurden.

Der Q-Test zeigt an, dass zwischen den Schwierigkeitswerten der Aufgaben signifikante Unterschiede bestehen (da P < 0,05).

Beispiel 2

Das Beispiel entstammt Kriz (1978, Tab. 24). Einer Gruppe von 25 Zeitsoldaten wurde im Laufe ihrer Dienstzeit mehrmals die Frage vorgelegt: *Sehen Sie in Ihrem Dienst bei der Bundeswehr eine wichtige Aufgabe gegenüber der Gesellschaft?* Die Frage konnte jeweils mit »Ja« oder »Nein« beantwortet werden. Untersucht werden soll, ob der Anteil der Personen, die dieser Aussage zustimmen, signifikanten Veränderungen (im Lauf der Dienstzeit) unterliegt. Die Befragungszeitpunkte waren: bei der Meldung (bM), nach 6 Monaten (6M) sowie nach 1, 2 und 5 Jahren (1J, 2J, 5J). Es ergaben sich die nachfolgenden Antworten (1= *ja*, 0 = *nein*):

Soldat	Zeitpunkt					Soldat	Zeitpunkt				
	bM	6M	1J	2J	5J		bM	6M	1J	2J	5J
1	1	0	0	1	1	14	1	1	1	1	1
2	1	0	1	1	0	15	1	1	1	1	0
3	1	0	0	0	1	16	0	0	0	1	0
4	1	0	1	1	1	17	1	1	1	1	0
5	1	0	1	1	1	18	1	1	0	0	1
6	1	1	1	0	1	19	0	0	0	0	0
7	0	0	1	1	0	20	1	0	1	1	1
8	1	0	0	1	0	21	1	1	1	0	1
9	1	1	1	0	0	22	1	1	1	1	1
10	1	0	0	1	0	23	1	0	0	1	1
11	0	0	0	0	0	24	1	1	1	0	0
12	1	1	1	0	1	25	1	0	1	1	0
13	0	1	0	1	1						

Die Daten werden in eine Datei KRIZTAB24.SAV eingegeben, wobei die Variablen MELDUNG bis NACH5JAHREN die {0–1}-Antworten zu den fünf Zeitpunkten enthalten. Um die Anteile der Ja-Antworten zu den einzelnen Zeitpunkten zu erhalten, werden neben Cochrans Q-Test auch die Mittel der Variablen angefordert.

Deskriptive Statistiken

	N	Mittelwert	Standardab-weichung	Minimum	Maximum
Meldung	25	,80	,408	0	1
Nach6Monaten	25	,44	,507	0	1
Nach1Jahr	25	,60	,500	0	1
Nach2Jahren	25	,64	,490	0	1
Nach5Jahren	25	,52	,510	0	1

Häufigkeiten

	Wert	
	0	1
Meldung	5	20
Nach6Monaten	14	11
Nach1Jahr	10	15
Nach2Jahren	9	16
Nach5Jahren	12	13

Statistik für Test

N	25
Cochrans Q-Test	8,519[a]
df	4
Asymptotische Signifikanz	,074

a. 1 wird als Erfolg behandelt.

Der Prozentsatz der Soldaten, die der Aussage zustimmen, schwankt zwar zwischen 44% und 80%. Aufgrund des geringen Stichprobenumfangs erreicht dieser Unterschied jedoch keine statistische Signifikanz.

| Beispiel | **3** |

ZUSATZMODUL »EXAKTE TESTS«

Zu Demonstrationszwecken wird die bei BEISPIEL 1 verwendete Datei auf die ersten 13 Personen reduziert. Deren Daten enthält die Datei TAB20-11B.SAV. Die Nullhypothese soll auf dem 1%-Niveau geprüft werden. Der exakte Q-Test erbringt die nachfolgenden Ergebnisse:

Deskriptive Statistiken

	N	Mittelwert	Standardab-weichung	Minimum	Maximum
Aufgabe1	13	,62	,506	0	1
Aufgabe2	13	,46	,519	0	1
Aufgabe3	13	,69	,480	0	1
Aufgabe4	13	,77	,439	0	1
Aufgabe5	13	,15	,376	0	1
Aufgabe6	13	,62	,506	0	1

Häufigkeiten

	Wert	
	0	1
Aufgabe1	5	8
Aufgabe2	7	6
Aufgabe3	4	9
Aufgabe4	3	10
Aufgabe5	11	2
Aufgabe6	5	8

Statistik für Test

N	13
Cochrans Q-Test	14,412[a]
df	5
Asymptotische Signifikanz	,013
Exakte Signifikanz	,010
Punkt-Wahrscheinlichkeit	,002

a. 1 wird als Erfolg behandelt.

Bei approximativer Prüfung über die Chi^2-Verteilung erweisen sich die Unterschiede zwischen den Schwierigkeitswerten als insignifikant (P > 0,01). Auf Grund des exakten Tests ist dagegen eine Zurückweisung der Nullhypothese bei α = 0,01 möglich.

Zweifaktorielle Varianzanalyse

> **➤ Analysieren / Allgemeines lineares Modell / Univariat ...**

Zweifaktorielle Varianzanalysen (für Faktoren mit »festen« Effekten) lassen sich mit der Prozedur UNIANOVA durchführen. Das Verfahren dient der Auswertung eines Plans, bei dem der Zeilenfaktor in J Stufen (Kategorien) und der Spaltenfaktor in K Stufen (Kategorien) vorliegt, wobei die J×K Zellenstichproben unabhängig sind. Auf Signifikanz geprüft werden die Haupteffekte der Faktoren sowie ihre Interaktionswirkung (➪ *Inferenzstatistik, Kap. 12*). Sind die Umfänge der J×K Zellenstichproben nicht gleich, wird die varianzanalytische Prüfung per Voreinstellung nach einem Verfahren von Yates – der »Method of Weighted Squares of Means«, auch als »Methode 1« bezeichnet – durchgeführt (➪ *Inferenzstatistik, Kap. 13*).

Diagramm des Plans (J×K = 3×3)

{2} = Stichprobe 2 Spaltenfaktor »K«

Zeilenfaktor		K₁	K₂	K₃
Zeilenfaktor	J₁	{1}	{2}	{3}
»J«	J₂	{4}	{5}	{6}
	J₃	{7}	{8}	{9}

Im Anschluss an die Varianzanalyse lassen sich mit UNIANOVA auch paarweise Vergleiche zwischen den Zeilen- und Spaltenmitteln durchführen. Auf Wunsch wird auch ein Interaktionsdiagramm ausgegeben. Über die Syntax ist weiterhin eine Prüfung der einfachen Haupteffekte der Faktoren möglich.

Im Eingangs-Dialogfeld wird die abhängige Variable im auch so benannten Feld eingegeben, während die beiden unabhängigen Variablen, nach deren Werten die J×K Zellenstichproben gebildet werden, unter *Feste Faktoren* aufzuführen sind. Faktoren mit festen Effekten stellen den üblichen Fall in der Forschung dar. Sie liegen immer dann vor, wenn die Faktor-Stufen oder -Kategorien gezielt (und nicht nach Zufall) ausgewählt wurden.

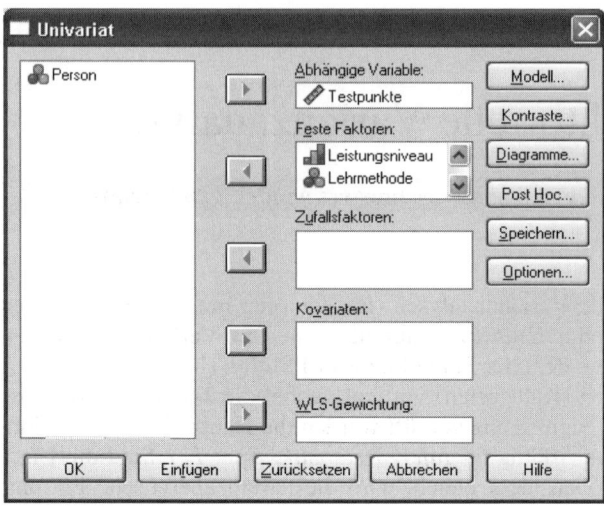

In der über [Modell] erhältlichen Box sind keine Veränderungen vorzunehmen. Das voreingestellte und mit »Quadratsumme Typ III« bezeichnete Verfahren entspricht der allgemein empfohlenen und verwendeten »Methode 1«. Die in der Box **Kontraste** veranlassbaren Vergleiche zwischen den Zeilen- und Spaltenmitteln werden bei BEISPIEL 7 erläutert.

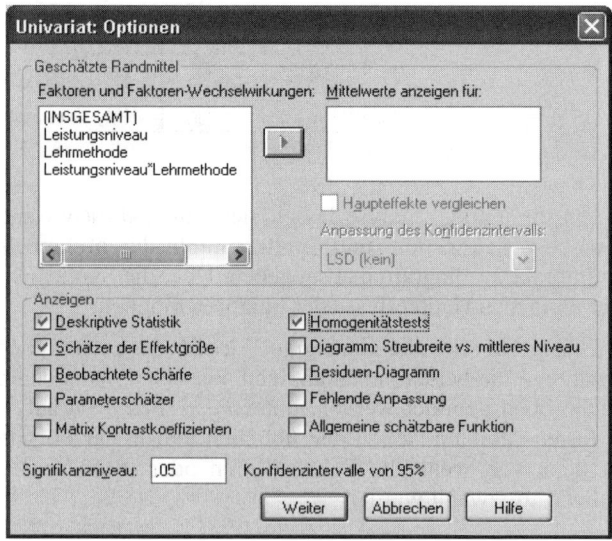

Bei den in der Dialogbox **Optionen** anforderbaren Kennwerten ist es sinnvoll, zwischen dem Fall gleicher und ungleicher Zellenumfänge zu unterscheiden. Sind alle $n_{jk} = n$, gibt es nur eine Art von Zeilen- bzw. Spaltenmitteln. Zum Erhalt sämtlicher Zellen- sowie Zeilen- und Spaltenkennwerte (Mittel, Standardabweichungen, Umfänge) reicht es dann aus, die Option *Deskriptive Statistik* anzuklikken. Im Feld *Mittelwerte anzeigen für* sind dagegen keine Angaben erforderlich. Bei Anklicken von *Homogenitätstest* prüft die Prozedur mittels Levene-Test, ob zwischen den Varianzen der J×K Zellen bedeutsame Unterschiede bestehen. Eta²-Werte für die Stärke der Haupt- und Interaktionseffekte erhält man über *Schätzer der Effektgröße*. Im Feld *Signifikanzniveau* sollte der vorher festgelegte Alpha-Wert eingegeben werden.

Bei ungleichen Zellenumfängen sind »gewichtete« und »ungewichtete« Zeilen- und Spaltenmittel zu unterscheiden. Varianzanalysen nach »Methode 1« prüfen dann bei den Haupteffekten, ob signifikante Unterschiede zwischen den ungewichteten Mitteln bestehen. Diese Werte erhält man, wenn Zeilen- und Spaltenfaktor im Feld *Mittelwerte anzeigen für* aufgeführt werden. Die Option *Haupteffekte vergleichen* wird nur im Fall paarweiser Mittelwertsprüfungen relevant.

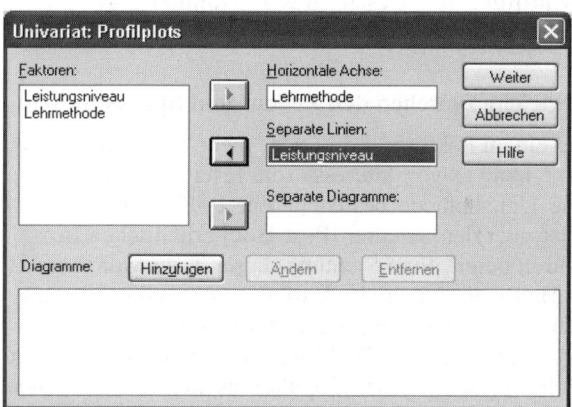

Interaktionsdiagramm

Eine grafische Darstellung der Interaktion von Zeilen- und Spaltenfaktor kann in der über den Schalter [Diagramme] erhältlichen Box **Profilplots** veranlasst werden. Hier wird bei *Horizontale Achse* der Faktor eingegeben, dessen Stufen/Kategorien auf der waagerechten Achse abgetragen werden sollen, während bei *Separate Linien* die andere unabhängige Variable aufzuführen ist. Anschließend ist das Variablenpaar über die Schaltfläche [Hinzufügen] ins Feld *Diagramme* zu verbringen. Nach Anklicken von [Weiter] erhält man ein Diagramm der nachfolgenden Art:

Geschätztes Randmittel von Test-Punkte

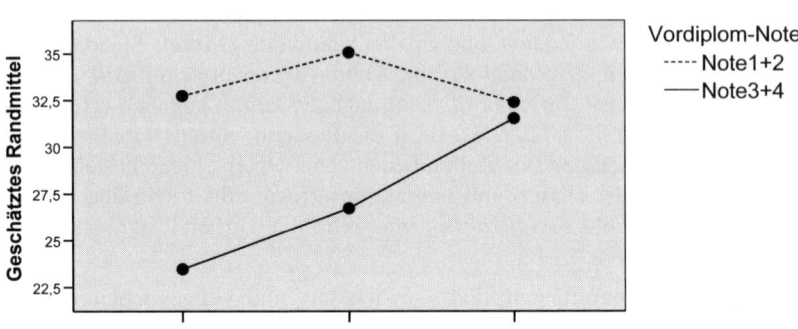

Das Diagramm ist auf jeden Fall ansehnlicher als noch in der SPSS Version 11. Im Rahmen einer Nachbearbeitung sollten aber auch hier die voreingestellten eigenartigen Beschriftungen (»Geschätztes Randmittel ...«) beseitigt bzw. in verständlichere Bezeichnungen abgeändert werden.

Paarweise Vergleiche zwischen den Zeilen- und Spaltenmitteln

Erweist sich bei einem Faktor mit drei oder mehr Stufen der Haupteffekt als statistisch signifikant, kann es von Interesse sein festzustellen, zwischen welchen Mitteln bedeutsame Unterschiede bestehen. Zur Prüfung derartiger Kontraste stellt UNIANOVA in der über den Schalter [Post-Hoc] erhältlichen Box eine größere Anzahl von Verfahren bereit. Eine Sichtung dieser Tests wurde bereits in Kapitel 50 vorgenommen. Hält man (wie in der Varianzanalyse) die Annahme gleicher Populationsvarianzen für gerechtfertigt, dann stellen die als *Tukey* und *Bonferroni* bezeichneten Verfahren eine gute Wahl dar. Will man dagegen bei den multiplen Vergleichen nicht von homogenen Populationsvarianzen ausgehen, kann auf den Test von *Games-Howell* zurückgegriffen werden.

Sämtliche in der Dialogbox **Post-Hoc** angebotenen Verfahren führen allerdings die multiplen Vergleiche mit den gewichteten Zeilen- oder Spaltenmitteln durch. Dies stellt im Fall gleicher Umfänge der Zellenstichproben kein Problem dar, da gewichtete und ungewichtete Mittel identisch sind. Die varianzanalytische Prüfung des Haupteffekts und die anschließenden multiplen Vergleiche beziehen sich damit auf die gleichen Kennwerte.

Bei ungleichen (»disproportionalen«) Zellenumfängen ist dies jedoch nicht der Fall. Hier sind in den gewichteten Zeilen- und Spaltenmitteln die Haupteffekte mehr oder minder stark konfundiert. Die multiplen Vergleiche müssten sich deshalb – wie bei der varianzanalytischen Prüfung der Haupteffekte – auf die ungewichteten Zeilen- und Spaltenmittel beziehen. Nur diese geben die (jeweils vom anderen Faktor) bereinigten Haupteffekte wieder.

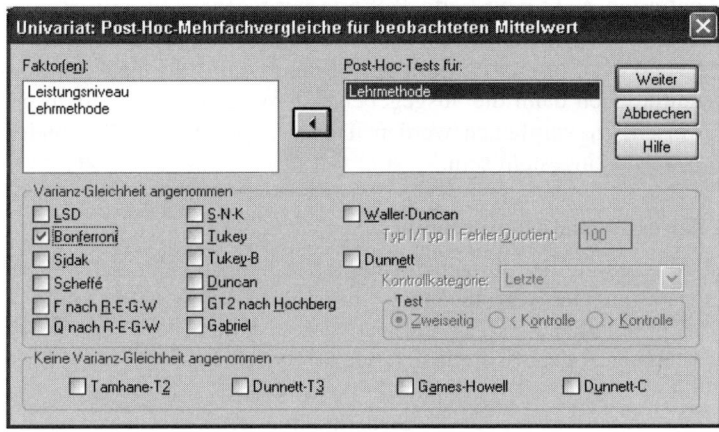

Bei ungleichen Zellenumfängen darf somit im Grunde nicht auf die unter **Post-Hoc** angebotenen Verfahren zurückgegriffen werden. Die hier nur sinnvollen Vergleiche zwischen den ungewichteten Zeilen- oder Spaltenmitteln können jedoch über die Box **Optionen** veranlasst werden.

Hierzu sind im Feld *Mittelwerte anzeigen für* die interessierenden Faktoren aufzuführen. Anschließend wird die Option *Haupteffekte vergleichen* angeklickt und bei *Anpassung des Konfidenzintervalls* (am besten) die *Bonferroni*-Adjustierung eingestellt. Bei Belassung der Voreinstellung »LSD (kein)« würden bei den einzelnen Kontrasten nicht-adjustierte P-Werte ausgegeben. Es gilt: Bonferroni P-Werte = K*P-Werte$_{\text{LSD}}$. Hierbei ist K die Anzahl der möglichen paarweisen Kontraste: [(Anzahl der Stufen)*(Anzahl der Stufen − 1)]/2. Im Fall der Bonferroni-Adjustierung können dann die ausgegebenen P-Werte direkt mit dem gewählten (familienweisen) α_F verglichen werden. Dieser Alpha-Wert sollte auch im Feld *Signifikanzniveau* eingestellt sein.

Analyse der einfachen Haupteffekte

Bei der Untersuchung der einfachen Haupteffekte eines Faktors J werden dessen Effekte separat auf den verschiedenen Stufen des Faktors K analysiert. (⇨ *Inferenzstatistik, Kap. 12.5.2-3*). Zur Illustration des Vorgehens sei der 2×3-Plan von BEISPIEL 1 herangezogen. Er stellt sich wie folgt dar:

		Spaltenfaktor »K«		
		K_1	K_2	K_3
Zeilenfaktor	J_1	M_1	M_2	M_3
»J«	J_2	M_4	M_5	M_6

Bei der Analyse der einfachen Haupteffekte des Spaltenfaktors wird nun in jeder Zeile als Erstes varianzanalytisch geprüft, ob zwischen den Zellenmitteln (M_1, M_2, M_3 sowie M_4, M_5, M_6) signifikante Unterschiede bestehen. Ist dies der Fall, wird anschließend mittels paarweiser Vergleiche weiter untersucht, welche der Mittel sich jeweils voneinander unterscheiden. Da beim Zeilenfaktor nur zwei Stufen vorliegen, beschränkt sich hier die Analyse seiner einfachen Haupteffekte auf einen Test der Differenzen M_1–M_4, M_2–M_5 und M_3–M_6. Die zur Prüfung der einzelnen Effekte gebildeten F-Quotienten enthalten im Nenner jeweils das MQ$_{\text{Innerhalb}}$ des J×K-Gesamtplans. Das bedeutet, dass auch hier (wie bei der vorgeschalteten Varianzanalyse) die Annahme gleicher Populationsvarianzen gemacht wird.

Eine Analyse der einfachen Haupteffekte unter Verwendung des MQ$_{\text{Innerhalb}}$ aus dem Gesamtplan ist allerdings nur über die Syntax unter Heranziehung des EMMEANS-Befehls möglich. Es soll als Erstes gezeigt werden, mit welchen Anweisungen für den obigen Plan eine Prüfung der einfachen Haupteffekte des Spaltenfaktors (LEHRMETHODE) erreicht wird.

In der Eingangs-Dialogbox werden LEHRMETHODE und LEISTUNGSNIVEAU als *feste Faktoren* eingegeben, die *abhängige Variable* ist TESTPUNKTE. Nach Anklikken des Schalters [Einfügen] öffnet sich das Syntaxfenster mit den bisher veranlassten Befehlen (bei denen die Zeile »CRITERIA« gelöscht werden kann):

```
UNIANOVA
    Testpunkte  BY  Leistungsniveau  Lehrmethode
/METHOD = SSTYPE(3)
/INTERCEPT = INCLUDE
/CRITERIA = ALPHA(.05)
/DESIGN = Leistungsniveau Lehrmethode Leistungsniveau*Lehrmethode .
```

Hier ist nun der nachfolgende EMMEANS-Befehl einzufügen. Er bewirkt, dass in jeder Zeile eine Varianzanalyse sowie paarweise Vergleiche zwischen den drei Mitteln durchgeführt werden, wobei in jeder Zeile die P-Werte der Kontraste Bonferroni-adjustiert sind. Bei Weglassen der Anweisung »ADJ(Bonferroni)« erfolgt keine Adjustierung. Die vom Programm gelieferte Ausgabe wird bei BEISPIEL 5 erläutert.

```
COMMENT Syntax-Datei EMMEANS-2K.SPS .
COMMENT Einfache Haupteffekte der Lehrmethode .
UNIANOVA Testpunkte  BY  Leistungsniveau  Lehrmethode
/METHOD = SSTYPE(3)
/INTERCEPT = INCLUDE
/EMMEANS = TABLES (Leistungsniveau*Lehrmethode)
 COMPARE (Lehrmethode)  ADJ (Bonferroni)
/DESIGN = Leistungsniveau Lehrmethode Leistungsniveau*Lehrmethode .
```

Die Analyse der einfachen Haupteffekte des Zeilenfaktors (LEISTUNGSNIVEAU) werden mit dem nachfolgenden EMMEANS-Befehl veranlasst. In jeder Spalte wird hier der Unterschied der Zellenmittel auf Signifikanz geprüft. Das Ergebnis ist bei BEISPIEL 6 wiedergegeben.

```
COMMENT Syntax-Datei EMMEANS-2J.SPS .
COMMENT Einfache Haupteffekte des Leistungsnievaus .
UNIANOVA Testpunkte  BY  Leistungsniveau  Lehrmethode
/METHOD = SSTYPE(3)
/INTERCEPT = INCLUDE
/EMMEANS = TABLES (Leistungsniveau*Lehrmethode)
 COMPARE (Leistungsniveau)  ADJ (Bonferroni)
/DESIGN = Leistungsniveau Lehrmethode Leistungsniveau*Lehrmethode .
```

Übersicht über die in den Beispielen behandelten Probleme

① Varianzanalytische Auswertung eine 2×3-faktoriellen Plans mit gleichen Zellenbesetzungen.

② Varianzanalytische Auswertung eine 2×3-faktoriellen Plans mit ungleichen (disproportionalen) Zellenbesetzungen.

③ Paarweise Vergleiche zwischen den Spaltenmitteln von BEISPIEL 1: Fall gleicher Stichprobenumfänge.

④ Paarweise Vergleiche zwischen den Spaltenmitteln von BEISPIEL 2: Fall disproportionaler Stichprobenumfänge.

⑤ Analyse der einfachen Haupteffekte des Spaltenfaktors von BEISPIEL 1: mehr als zwei Faktorstufen.

⑥ Analyse der einfachen Haupteffekte des Zeilenfaktors von BEISPIEL 1: zwei Faktorstufen.

⑦ Erläuterung der über die Dialogbox **Kontraste** bei UNIANOVA und GLM möglichen Vergleiche.

Beispiel 1

Dieses Beispiel für einen zweifaktoriellen Plan mit gleichen Umfängen der J×K Zellenstichproben entstammt der *Inferenzstatistik (Tab. 12.1)*. Bei einem Kurs über »Multivariate Statistik« sollen drei Lehrmethoden hinsichtlich ihrer Effektivität verglichen werden, wobei als weiterer Faktor das Abschneiden der TeilnehmerInnen im Vordiplom (»Leistungsniveau«) Berücksichtigung findet. Abhängige Variable ist die in einem Abschlusstest am Kursende erzielte Punktzahl. Nachfolgend die (fiktiven) Daten:

Leistungs-niveau	Lehrmethode		
	Lehrbuch: konventionell	Lehrbuch: linear programmiert	Lehrbuch: ver-zweigt programm.
Vordiplom-note 1+2	41 39 37 37 35 33 33 32 31 31 31 29 29 27 26	43 41 39 38 38 37 35 34 34 34 33 31 31 30 28	40 38 37 35 34 34 33 33 32 30 30 30 28 27 25
Vordiplom-note 3+4	31 39 29 28 25 25 24 23 23 23 21 19 18 18 16	34 32 30 29 29 28 27 27 27 26 26 24 22 22 18	39 37 35 35 33 32 32 32 31 30 30 30 28 25 24

Die Daten werden in eine Datei TAB12-1.SAV eingegeben, die Werte der abhängigen Variablen unter TESTPUNKTE, die Kodierung Spaltenfaktors (1 = *konventionell*, 2 = *linear*, 3 = *verzweigt*) unter LEHRMETHODE und die Kodierung des Zeilenfaktors (1 = *Note 1+2*, 2 = *Note 3+4*) unter LEISTUNGSNIVEAU. Jede der 90 Personen hat somit einen TESTPUNKTE-Wert und je eine Kodierung in beiden Faktoren.

Es soll eine Prüfung der Haupt- und Interaktionseffekte vorgenommen werden. Weiterhin werden Mittel- und Standardabweichungen sowie Eta^2 und eine Prüfung auf Varianzhomogenität angefordert (vgl. Box **Optionen** auf S. 325). UNIANOVA liefert die folgende Ausgabe:

Zwischensubjektfaktoren

		Wertelabel	N	❶
Leistungsniveau	1	Note 1+2	45	
	2	Note 3+4	45	
Lehrmethode	1	konventionell	30	
	2	linear	30	
	3	verzweigt	30	

Deskriptive Statistiken

Abhängige Variable: Testpunkte

Leistungsniveau	Lehrmethode	Mittelwert	Standardab-weichung	N	❷
Note 1+2	konventionell	32,73	4,35	15	
	linear	35,07	4,23	15	
	verzweigt	32,40	4,17	15	
	Gesamt	33,40	4,32	45	
Note 3+4	konventionell	23,47	4,52	15	
	linear	26,73	4,08	15	
	verzweigt	31,53	4,07	15	
	Gesamt	27,24	5,32	45	
Gesamt	konventionell	28,10	6,42	30	
	linear	30,90	5,89	30	
	verzweigt	31,97	4,07	30	
	Gesamt	30,32	5,73	90	

Levene-Test auf Gleichheit der Fehlervarianzen [a]

Abhängige Variable: Testpunkte

F	df1	df2	Signifi-kanz	❸
,131	5	84	,985	

Prüft die Nullhypothese, daß die Fehlervarianz der abhängigen Variablen über Gruppen hinweg gleich ist.

a. Design: Intercept+Leistungsniveau+Lehrmethode+Leistungsniveau * Lehrmethode

329

Tests der Zwischensubjekteffekte

Abhängige Variable: Testpunkte

Quelle	Quadratsumme vom Typ III	df	Mittel der Quadrate	F	Signifikanz	Partielles Eta-Quadrat
Korrigiertes Modell	1409,789 [a]	5	281,958	15,686	,000	,483
Konstanter Term	82749,344	1	82749,344	4603,681	,000	,982
Leistungsniveau	852,544	1	852,544	47,431	,000	,361
Lehrmethode	239,289	2	119,644	6,656	,002	,137
Leistungsniveau * Lehrmethode	317,956	2	158,978	8,845	,000	,174
Fehler	1509,867	84	17,975			
Gesamt	85669,000	90				
Korrigierte Gesamtvariation	2919,656	89				

a. R-Quadrat = ,483 (korrigiertes R-Quadrat = ,452)

Erläuterungen zur Ausgabe

❶ Unabhängige Variablen (Faktoren), Labels der Kategorien, Umfänge der Zeilen- und Spaltenstichproben.

❷ Mittelwerte, Standardabweichungen und Umfänge der Zeilen-, Spalten- und Zellenstichproben.

❸ Prüfung mittels eines Tests von Levene, ob zwischen den Varianzen der J∗K Zellen signifikante Unterschiede bestehen (⇨ *Inferenzstatistik, S. 359 f.*). Prüfwert (»F«), Freiheitsgrade (»df«), P-Wert für F (»Signifikanz«).

❹ Ergebnisse der Varianzanalyse

Korrigiertes Modell: Summe der Haupt- und Interaktionseffekte. Hier wird somit geprüft, ob die Faktoren zusammengenommen einen signifikanten Effekt auf die abhängige Variable haben. Es ist: Eta^2 = 1409,789 / 2919,656 = 0,483 = SAQ_{Modell} / $SAQ_{Gesamtvariation}$.

Konstanter Term: Prüfung der inhaltlich nicht interessierenden Hypothese, dass das Gesamtmittel der J×K Populationen gleich null ist.

Leistungsniveau: Prüfung des Haupteffekts des so benannten Zeilenfaktors. SAQ, Freiheitsgrade (»df«), MQ, Prüfwert (»F«), P-Wert für F (»Signifikanz«). Partial-Effektstärke (»Partielles Eta-Quadrat«) ⇨ *Inferenzstatistik, S. 659 f.*). Eta^2 = $SAQ_{Leistniv.}$ / ($SAQ_{Leistniv.}$ + SAQ_{Fehler}) = 852,544 / (852,544 + 1509,867) = 0,361.

Lehrmethode: Prüfung des Haupteffekts des so benannten Spaltenfaktors. Hier ist Eta^2 = $SAQ_{Lehrmet.}$ / ($SAQ_{Lehrmet.}$ + SAQ_{Fehler}).

Leistungsniveau*Lehrmethode: Prüfung des Interaktionseffekts der Faktoren. Hier ist Eta^2 = $SAQ_{Leistniv*Lehrmet}$ / ($SAQ_{Leistniv*Lehrmet}$ + SAQ_{Fehler}).

Fehler: Variation innerhalb der J×K Zellen. $SAQ_{Innerhalb}$, Freiheitsgrade, MQ_I.

Gesamt: Kann außer Acht gelassen werden. Durch die zusätzliche Prüfung von »Konstanter Term« entstehende Gesamtvariation. Es handelt sich nicht um die im Rahmen der Variananalyse »zerlegte« (Gesamt-)Variation der abhängigen Variablen.

Korrigierte Gesamtvariation: Gesamtvariation in der abhängigen Variablen. SAQ_{Gesamt}, Freiheitsgrade.

Sowohl die beiden Haupteffekte als auch der Interaktionseffekt erweisen sich (bei $\alpha = 0,05$) als statistisch signifikant. Die grafische Darstellung der Interaktion ist auf S. 324 wiedergegeben.

Beispiel 2

Dieses Beispiel für einen zweifaktoriellen Plan mit ungleichen Umfängen der J×K Zellen entstammt der *Inferenzstatistik* (*Tab. 13.1D*). Es soll untersucht werden, wieweit die Höhe des Bierkonsums (drei Stufen) bei Frauen und Männern einen Einfluss auf die Leistung in einem Fahrsimulator hat. Abhängige Variable ist die »Anzahl der Fahrfehler«. Die Daten werden in eine Datei TAB13-1.SAV eingegeben, die Werte der AV unter FAHRFEHLER, die Kodierung des Zeilenfaktors (1 = *Frau*, 2 = *Mann*) unter GESCHLECHT und die Kodierung des Spaltenfaktors (1 = *kein Bier*, 2 = *0,5 Liter*, 3 = *1 Liter Bier*) unter ALKOHOL.

Ge-schlecht	Alkoholdosis (Bier)											
	Kein Bier						0,5 Liter				1 Liter	
Frauen	2	8	2	8	2	8	4	11			8	15	8	15
	4	8	4	8	4	8	8	11			9	15	9	15
	6	10	6	10	6	10	8	13			11	16	11	16
	6	13	6	13	6	13	9	16			13	18	13	18
	7	14	7	14	7	14	11	17			13	21	13	21
Männer	2	8	2	8	2	8	2	7	2	7	4	11
	4	9	4	9	4	9	4	7	4	7	7	11
	6	9	6	9	6	9	4	9	4	9	7	12
	6	12	6	12	6	12	5	11	5	11	9	15
	8	15	8	15	8	15	7	14	7	14	11	16

Da ungleiche Zellenbesetzungen vorliegen, müssen zum Erhalt der ungewichteten Zeilen- und Spaltenmittel in der Box **Optionen** beide Faktoren im *Feld Mittelwerte anzeigen für* aufgeführt werden. UNIANOVA liefert die folgende Ausgabe (Anfangs-Tabelle »Zwischensubjektfaktoren« weggelassen):

Deskriptive Statistiken

Geschlecht	Alkohol	Mittelwert	Standard-abwei-chung	N
Frauen	0 Liter	7,80	3,60	30
	1/2 Liter	10,80	3,88	10
	1 Liter	13,90	3,88	20
	Gesamt	10,33	4,60	60
Männer	0 Liter	7,90	3,62	30
	1/2 Liter	7,00	3,49	20
	1 Liter	10,30	3,68	10
	Gesamt	8,00	3,70	60
Gesamt	0 Liter	7,85	3,58	60
	1/2 Liter	8,27	4,00	30
	1 Liter	12,70	4,13	30
	Gesamt	9,17	4,32	120

❶

Tests der Zwischensubjekteffekte

Abhängige Variable: Fahrfehler

❷

Quelle	Quadrat-summe vom Typ III	df	Mittel der Quadrate	F	Signifi-kanz	Partiel-les Eta-Quadrat
Korrigiertes Modell	685,667(a)	5	137,133	10,198	,000	,309
Konstanter Term	9079,882	1	9079,882	675,216	,000	,856
Geschlecht	145,336	1	145,336	10,808	,001	,087
Alkohol	334,816	2	167,408	12,449	,000	,179
Geschlecht * Alkohol	102,063	2	51,031	3,795	,025	,062
Fehler	1533,000	114	13,447			
Gesamt	12302,000	120				
Korrigierte Gesamtvariation	2218,667	119				

a. R-Quadrat = ,309 (korrigiertes R-Quadrat = ,279)

Geschätzte Randmittel

1. Geschlecht

Ge-schlecht	Mittelwert	Standard-fehler	95% Konfidenzintervall	
			Untergren-ze	Obergren-ze
Frauen	10,833	,523	9,797	11,870
Männer	8,400	,523	7,363	9,437

❸

2. Alkoholdosis (Bier)

Alkoholdosis (Bier)	Mittelwert	Standard-fehler	95% Konfidenzintervall	
			Untergren-ze	Obergren-ze
0 Liter	7,850	,473	6,912	8,788
1/2 Liter	8,900	,710	7,493	10,307
1 Liter	12,100	,710	10,693	13,507

❹

Erläuterungen zur Ausgabe (soweit nicht bei BEISPIEL 1 gegeben)

❶ Zellenmittel sowie (jeweils unter »Gesamt«) gewichtete Mittelwerte der Zeilen und Spalten.

❷ Zu den geprüften Effekten gelten die bei BEISPIEL 1 gegebenen Erläuterungen. Die Maße für die Stärke der Haupt- und Interaktionseffekte von GESCHLECHT und ALKOHOL berechnen sich wieder nach der Formel: $Eta^2 = SAQ_{Effekt} / (SAQ_{Effekt} + SAQ_{Fehler})$.

❸ Ungewichtete Mittel für die Kategorien des (Zeilen-)Faktors »Geschlecht«. Ausgehend von den bei ❶ aufgeführten Zellenmitteln berechnet sich das ungewichtete Mittel der Frauen wie folgt: $(7,8 + 10,8 + 13,9)/3 = 10,833$. Das gewichtete Mittel hat degegen den Wert 10,33.

❹ Ungewichtete Mittelwerte für die Bedingungen des (Spalten-)Faktors »Alkohol«. Das ungewichtete Mittel der Bedingung »1 Liter« berechnet sich wie folgt: $(13,9 + 10,3)/2 = 12,100$. Wert des gewichteten Mittels: 12,7.

Beispiel 3

Daten von BEISPIEL 1. In der Varianzanalyse hat sich der Haupteffekt des Spaltenfaktors »Lehrmethode« als signifikant erwiesen. Es soll nun durch paarweise Vergleiche untersucht werden, zwischen welchen der drei Mittel bedeutsame Unterschiede bestehen. Da die Zellenumfänge gleich sind, kann auf in der Box **Post-Hoc** angebotene Verfahren zurückgegriffen werden. Es wird zum einen der Test nach *Bonferroni* – der Varianzhomogenität annimmt – angewählt, zum anderen der *Games-Howell* Test, der nicht davon ausgeht, dass die Zellenpopulationen alle die gleiche Varianz haben.

Post-Hoc-Tests

Mehrfachvergleiche

Abhängige Variable: Testpunkte
Bonferroni

(I) Lehrmethode	(J) Lehrmethode	Mittlere Differenz (I-J)	Standard-fehler	Signifikanz
konventionell	linear	-2,80*	1,095	,037
	verzweigt	-3,87*	1,095	,002
linear	konventionell	2,80*	1,095	,037
	verzweigt	-1,07	1,095	,998
verzweigt	konventionell	3,87*	1,095	,002
	linear	1,07	1,095	,998

Basiert auf beobachteten Mittelwerten.

*. Die mittlere Differenz ist auf der Stufe ,05 signifikant.

Abhängige Variable: Testpunkte
Games-Howell

(I) Lehrmethode	(J) Lehrmethode	Mittlere Differenz (I-J)	Standard-fehler	Signifikanz
konventionell	linear	-2,80	1,590	,192
	verzweigt	-3,87*	1,388	,020
linear	konventionell	2,80	1,590	,192
	verzweigt	-1,07	1,307	,695
verzweigt	konventionell	3,87*	1,388	,020
	linear	1,07	1,307	,695

Basiert auf beobachteten Mittelwerten.
*. Die mittlere Differenz ist auf der Stufe ,05 signifikant.

Bei der Ausgabe wurden die (rechten) Spalten zum »Konfidenzintervall« aus Platzgründen jeweils gelöscht. Die P-Werte für die (leider nicht mitgeteilten) Prüfgrößen enthält die Spalte »Signifikanz«. Bei $\alpha_F = 0{,}05$ erweisen sich beim Bonferroni-Test zwei Vergleiche als signifikant, während dies im Verfahren von Games-Howell nur bei einer Differenz der Fall ist.

Beispiel 4

Daten von BEISPIEL 2. In der Varianzanalyse hat sich der Haupteffekt des Faktors »Alkohol« als signifikant erwiesen. Es soll nun durch paarweise Tests untersucht werden, zwischen welchen der (Spalten-)Mittel bedeutsame Unterschiede bestehen. Da disproportionale Zellenumfänge vorliegen, müssen die Vergleiche mit den ungewichteten Mitteln der Alkoholbedingungen durchgeführt werden. Es werden deshalb in der Box **Optionen** die auf S. 325 gezeigten Einstellungen vorgenommen. In der nachfolgenden Ausgabe ist die bereits bei BEISPIEL 2 gezeigte varianzanalytische Tabelle nicht mehr wiedergegeben. Bei den ersten beiden Tabellen wurden die (rechten) Spalten zum »Konfidenzintervall« aus Platzgründen gelöscht.

Geschätzte Randmittel

Schätzungen

Abhängige Variable: Fahrfehler

Alkoholdosis (Bier)	Mittelwert	Standardfehler	
0 Liter	7,850	,473	
1/2 Liter	8,900	,710	
1 Liter	12,100	,710	

Paarweise Vergleiche

Abhängige Variable: Fahrfehler

(I) Alkoholdosis (Bier)	(J) Alkoholdosis (Bier)	Mittlere Differenz (I-J)	Standard-fehler	Signifi-kanz [a]	
0 Liter	1/2 Liter	-1,050	,853	,663	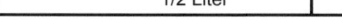
	1 Liter	-4,250*	,853	,000	
1/2 Liter	0 Liter	1,050	,853	,663	
	1 Liter	-3,200*	1,004	,006	
1 Liter	0 Liter	4,250*	,853	,000	
	1/2 Liter	3,200*	1,004	,006	

Basiert auf den geschätzten Randmitteln

* Die mittlere Differenz ist auf dem Niveau ,05 signifikant

a. Anpassung für Mehrfachvergleiche: Bonferroni.

Tests auf Univariate

Abhängige Variable: Fahrfehler

	Quadrat-summe	df	Mittel der Quadrate	F	Signifi-kanz	
Kontrast	334,816	2	167,408	12,449	,000	❸
Fehler	1533,000	114	13,447			

Jedes F prüft die einfachen Effekte von Alkoholdosis (Bier) innerhalb jeder Kombination von Niveaus der anderen angezeigten Effekte. Diese Tests basieren auf den linear unabhängigen, paarweisen Vergleichen bei den geschätzten Randmitteln.

Erläuterungen zur Ausgabe

❶ Ungewichtete Mittel der Alkoholbedingungen (von UNIANOVA als »geschätzte Randmittel« bezeichnet).

❷ Ergebnisse der paarweisen Vergleiche zwischen den ungewichteten Mitteln. Die P-Werte (»Signifikanz«) sind – entsprechend der Anforderung – Bonferroni-adjustiert und können direkt mit dem gewählten α_F verglichen werden.

❸ Die eigenartig überschriebene Tabelle kann außer Acht gelassen werden. Ihre Werte sind mit denen der Zeilen »Alkohol« und »Fehler« in der varianzanalytischen Tabelle identisch (vgl. BEISPIEL 2, Tab. ❷). Was uns das Programm in der Fußnote mitteilen möchte, bleibt unklar.

Beispiel 5

Daten von BEISPIEL 1. Es sollen die einfachen Haupteffekte des (Spalten-) Faktors »Lehrmethode« untersucht werden. Das hierzu notwendige Vorgehen über die Syntax wurde auf S. 327 erläutert. Die in der Syntax-Datei EMMEANS2-K.SPS zusammengestellten Anweisungen veranlassen die folgende Ausgabe – gekürzt um die bereits bei BEISPIEL 2 wiedergegebenen Ergebnisse der Varianzanalyse sowie die Spalten mit den Konfidenzintervallen.

Schätzungen

Abhängige Variable: Testpunkte

Vordiplom-Note	Lehrmethode	Mittelwert	Standard-fehler
Note 1+2	konventionell	32,733	1,095
	linear	35,067	1,095
	verzweigt	32,400	1,095
Note 3+4	konventionell	23,467	1,095
	linear	26,733	1,095
	verzweigt	31,533	1,095

Paarweise Vergleiche

Abhängige Variable: Testpunkte

Vordiplom-Note	(I) Lehrmethode	(J) Lehrmethode	Mittlere Differenz (I-J)	Standard-fehler	Signifikanz[a]
Note 1+2	konventionell	linear	-2,333	1,548	,407
		verzweigt	,333	1,548	1,000
	linear	konventionell	2,333	1,548	,407
		verzweigt	2,667	1,548	,266
	verzweigt	konventionell	-,333	1,548	1,000
		linear	-2,667	1,548	,266
Note 3+4	konventionell	linear	-3,267	1,548	,113
		verzweigt	-8,067*	1,548	,000
	linear	konventionell	3,267	1,548	,113
		verzweigt	-4,800*	1,548	,008
	verzweigt	konventionell	8,067*	1,548	,000
		linear	4,800*	1,548	,008

Basiert auf den geschätzten Randmitteln

*. Die mittlere Differenz ist auf dem Niveau ,050 signifikant

a. Anpassung für Mehrfachvergleiche: Bonferroni.

Tests auf Univariate

Abhängige Variable: Testpunkte

Vordiplom-Note		Quadrat-summe	df	Mittel der Quadrate	F	Signifikanz
Note 1+2	Kontrast	63,333	2	31,667	1,762	,178
	Fehler	1509,867	84	17,975		
Note 3+4	Kontrast	493,911	2	246,956	13,739	,000
	Fehler	1509,867	84	17,975		

F prüft den Effekt von Lehrmethode. Diese Test basiert auf den linear unabhängigen, paarweisen Vergleichen bei den geschätztenl Randmitteln.

Erläuterungen zur Ausgabe

Die Prüfungen beziehen sich auf die in der Tabelle **Schätzungen** wiedergegebenen Zellenmittel des 2×3-Plans.

Paarweise Vergleiche zwischen den Mitteln der Lehrmethoden bei den Personen mit der Vordiplomnote 1+2 sowie 3+4. Die Ergebnisse der paarweisen Kontraste sind allerdings nur von Interesse, wenn die in der nächsten Tabelle ausgegebene Varianzanalyse einen signifikanten Effekt anzeigt. Die P-Werte jeder Zeile sind auf die Anzahl der K = 3 Kontraste hin Bonferroni-adjustiert. Sie können somit direkt mit dem gewählten α_F (= α der Zeilen-ANOVA) verglichen werden.

Tests auf Univariate: Es wird in jeder Zeil mittels Varianzanalyse geprüft, ob zwischen den Mitteln der drei Lehrmethoden signifikante Unterschiede bestehen. Dies ist lediglich in Zeile »Note 3+4« der Fall (α = 0,05).

Unter der Bedingung »Note 3+4« erweisen sich zwei der drei Mittelwertsdifferenzen als statistisch signifikant (α_F = 0,05). In Zeile »Note 1+2« liegt dagegen keine bedeutsamer Effekt der Lehrmethode vor.

Beispiel 6

Daten von BEISPIEL 1. Es sollen die einfachen Haupteffekte des (Zeilen-) Faktors »Leistungsniveau« untersucht werden. Das hierzu notwendige Vorgehen über die Befehlssyntax wurde auf S. 327 erläutert. Die in der Syntaxdatei EMMEANS-2J.SPS zusammengestellten Anweisungen veranlassen die folgende Ausgabe (in den ersten beiden Tabellen wurden wieder die Spalten mit den Konfidenzintervallen gelöscht):

Schätzungen

Abhängige Variable: Testpunkte

Vordiplom-Note	Lehrmethode	Mittelwert	Standard-fehler
Note 1+2	konventionell	32,733	1,095
	linear	35,067	1,095
	verzweigt	32,400	1,095
Note 3+4	konventionell	23,467	1,095
	linear	26,733	1,095
	verzweigt	31,533	1,095

Paarweise Vergleiche

Abhängige Variable: Testpunkte

Lehrmethode	(I) Vordiplom-Note	(J) Vordiplom-Note	Mittlere Differenz (I-J)	Standard-fehler	Signifikanz[a]
konventionell	Note 1+2	Note 3+4	9,267*	1,548	,000
	Note 3+4	Note 1+2	-9,267*	1,548	,000
linear	Note 1+2	Note 3+4	8,333*	1,548	,000
	Note 3+4	Note 1+2	-8,333*	1,548	,000
verzweigt	Note 1+2	Note 3+4	,867	1,548	,577
	Note 3+4	Note 1+2	-,867	1,548	,577

Basiert auf den geschätzten Randmitteln

*. Die mittlere Differenz ist auf dem Niveau ,050 signifikant

a. Anpassung für Mehrfachvergleiche: Bonferroni.

Tests auf Univariate

Abhängige Variable: Testpunkte

Lehrmethode		Quadrat-summe	df	Mittel der Quadrate	F	Signifikanz
konventionell	Kontrast	644,033	1	644,033	35,830	,000
	Fehler	1509,867	84	17,975		
linear	Kontrast	520,833	1	520,833	28,976	,000
	Fehler	1509,867	84	17,975		
verzweigt	Kontrast	5,633	1	5,633	,313	,577
	Fehler	1509,867	84	17,975		

F prüft den Effekt von Vordiplom-Note. Diese Test basiert auf den linear unabhängigen, paarweisen Vergleichen bei den geschätztenl Randmitteln.

Bei einem Faktor mit nur zwei Kategorien/Stufen sind die in beiden Tabellen ausgegebenen Prüfungen (P-Werte) jeweils identisch, da nur ein Kontrast pro Bedingung (Spalte) vorliegt. Bei Lehrmethode »verzweigt« besteht kein statistisch signifikanter Effekt des Leistungsniveaus ($\alpha = 0,05$).

Beispiel 7

In der Dialogbox **Kontraste** können bei Vorliegen von mehr als zwei Faktorstufen spezielle Vergleiche zwischen den Zeilen- und Spaltenmitteln veranlasst werden. Die hier definierbaren Kontraste dürften zwar nur in relativ seltenen Fällen von Interesse sein. Da sie jedoch von den Prozeduren UNIANOVA und GLM bei der Auswertung der verschiedenen faktoriellen Pläne durchgehend angeboten werden, sollen sie im Nachfolgenden kurz vorgestellt werden. Zur (besseren) Veranschaulichung werden die Mittelwerte der vier Gruppen von BEISPIEL 1 in

Kapitel 49 herangezogen Datei TAB9-2.SAV. Für jede Bedingung lagen 12 Werte vor. Die unabhängige Variable hieß BELOHNUNG. Die vier Gruppenmittel sowie das Gesamtmittel (M_G) waren:

1	2	3	4	G
M_1	M_2	M_3	M_4	M_G
16,25	13,00	9,25	7,33	11,46

Voreingestellt sind »keine« speziellen Kontraste.

Die Box zeigt den Fall eines Faktors: BEISPIEL 1, S. 255 f.

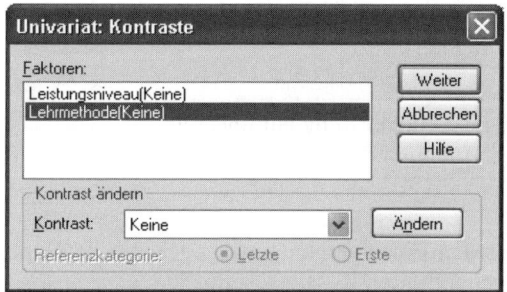

Bei zwei oder mehr unabhängigen Variablen ist als Erstes der für die Vergleiche vorgesehene Faktor zu markieren (BEISPIEL 1, S. 328 f.)

Anschließend sind die gewünschten Vergleiche im Feld *Kontrast* auszuwählen und durch Anklicken von [Ändern] ins Feld *Faktoren* zu verbringen.

Die nachfolgende Tabelle zeigt, welche Kontrasttypen angefordert und welche speziellen Vergleiche jeweils durchgeführt werden.

Kontrasttyp: Durchgeführte Vergleiche	Im Beispiel:	
Abweichung: Die Mittel der einzelnen Faktorstufen – außer der letzten – werden mit dem Gesamtmittel verglichen.	1 – G 2 – G 3 – G	= 4,79 = 1,54 = -2,21
Einfach: Die Mittel der einzelnen Faktorstufen werden jeweils mit dem Mittel der ersten oder der letzten Stufe verglichen (*Referenzkategorie*). Im Beispiel: *Erste*.	2 – 1 3 – 1 4 – 1	= -3,25 = -7,00 = -8,92
Differenz: Die Mittelwerte der einzelnen Stufen werden jeweils mit dem Mittel über die vorhergehenden Stufen verglichen.	2 – 1 3 – (1+2)/2 4 – (1+2+3)/3	= -3,25 = -5,38 = -5,50
Helmert: Die Mittelwerte der einzelnen Stufen werden jeweils mit dem Mittel über die nachfolgenden Stufen verglichen.	1 – (2+3+4)/3 2 – (3+4)/2 3 – 4	= 6,39 = 4,71 = 1,92
Wiederholt: Die Mittelwerte der einzelnen Stufen werden jeweils mit dem Mittel der nachfolgenden Stufe verglichen.	1 – 2 2 – 3 3 – 4	= 3,25 = 3,75 = 1,92
Polynomial: Mit diesen Kontrasten ist eine Prüfung auf linearen, quadratischen und kubischen Trend möglich.		

Bei allen Kontrasttypen sind die für den Einzelvergleich ausgegebenen P-Werte nicht hinsichtlich der Anzahl der durchgeführten Kontraste adjustiert.

Dreifaktorielle Varianzanalyse

> **➤ Analysieren / Allgemeines lineares Modell / Univariat ...**

Dreifaktorielle Varianzanalysen (mit »festen« Effekten) lassen sich mit der Prozedur UNIANOVA durchführen. Das Verfahren dient der Auswertung eines Plans, bei dem der Zeilenfaktor in J, der Spaltenfaktor in K und der Drittfaktor in L Stufen oder Kategorien vorliegen, wobei die J×K×L Zellenstichproben unabhängig sind. Auf Signifikanz geprüft werden die Haupteffekte der drei Faktoren sowie ihre Interaktionswirkungen (Diehl, 1983, Kap. 6 + 7). Sind die Umfänge der J×K×L Zellenstichproben nicht gleich, wird die varianzanalytische Prüfung in der Voreinstellung nach »Methode 1« durchgeführt (⇨ *Inferenzstatistik, Kap. 13*).

Diagramm des Plans (J×K×L = 3×3×2)

{2} = Stichprobe 2		Spaltenfaktor »K«			Spaltenfaktor »K«		
		K_1	K_2	K_3	K_1	K_2	K_3
Zeilenfaktor	J_1	{1}	{2}	{3}	{10}	{11}	{12}
»J«	J_2	{4}	{5}	{6}	{13}	{14}	{15}
	J_3	{7}	{8}	{9}	{16}	{17}	{18}
			L_1			L_2	
				Drittfaktor »L«			

Im Anschluss an die Varianzanalyse lassen sich mit UNIANOVA die Haupteffekte der Faktoren durch paarweise Mittelwertsvergleiche weiter analysieren. Auf Wunsch werden auch Interaktionsdiagramme für die Zwei- und Dreifaktor-Wechselwirkungen ausgegeben.

In der Eingangs-Dialogbox wird die abhängige Variable im auch so benannten Feld eingegeben, während die drei unabhängigen Variablen, nach deren Werten die J×K×L Zellenstichproben gebildet werden, unter *Feste Faktoren* aufzuführen sind. Faktoren mit festen Effekten stellen den üblichen Fall in der Forschung dar. Sie liegen immer dann vor, wenn die Faktor-Stufen oder -Kategorien gezielt (und nicht nach Zufall) ausgewählt wurden.

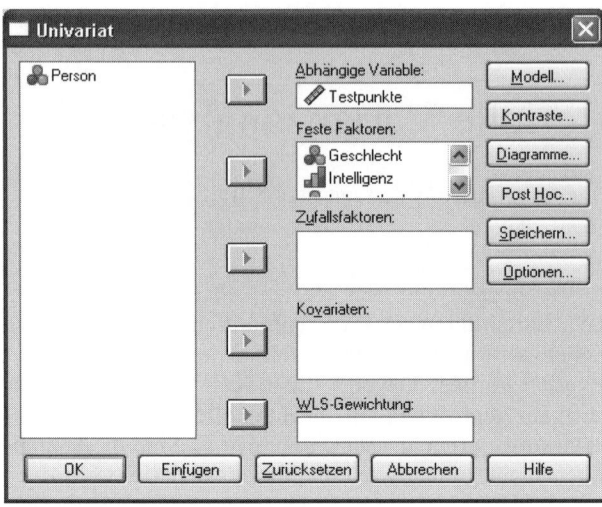

In der über [Modell] erhältlichen Box sind keine Veränderungen vorzunehmen. Das voreingestellte und mit »Quadratsumme Typ III« bezeichnete Verfahren entspricht der allgemein empfohlenen und verwendeten »Methode 1«. Die in der Box **Kontraste** veranlassbaren – sehr speziellen – Vergleiche zwischen den Mitteln der Stufen/Kategorien von Faktor J, K oder L sind in Kapitel 57 (BEISPIEL 7) beschrieben.

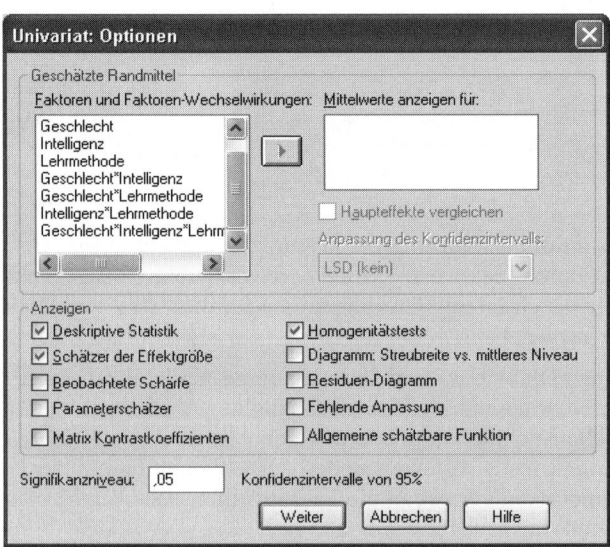

Bei den in der Dialogbox **Optionen** anforderbaren Kennwerten ist es sinnvoll, zwischen dem Fall gleicher und ungleicher Zellenumfänge zu unterscheiden. Sind alle $n_{jkl} = n$, gibt es nur eine Art von Mitteln bei den Stufen der drei Faktoren sowie ihren Zweifaktor-Interaktionen. Zum Erhalt sämtlicher Kennwerte für die Stufen und Stufenkombinationen der Faktoren (Mittel, Standardabweichungen, Umfänge) reicht es dann aus, die Option *Deskriptive Statistik* anzuklicken. Im Feld *Mittelwerte anzeigen für* sind dagegen keine Angaben erforderlich. Bei Anklicken von *Homogenitätstest* prüft die Prozedur mittels Levene-Test, ob zwischen den Varianzen der J×K×L Zellen signifikante Unterschiede bestehen. Eta^2-Werte für die Stärke der Haupt- und Interaktionseffekte erhält man über *Schätzer der Effektgröße*. Im Feld *Signifikanzniveau* sollte der vorher festgelegte Alpha-Wert eingegeben werden.

Bei ungleichen Zellenumfängen sind bei den einzelnen Stufen der Faktoren sowie bei den J×K, J×L und K×L Zellen der Zweifaktor-Interaktionen »gewichtete« und »ungewichtete« Mittelwerte zu unterscheiden. Varianzanalysen nach »Methode 1« prüfen dann bei den Haupteffekten, ob signifikante Unterschiede zwischen den ungewichteten Mitteln bestehen sowie bei den Zweifaktor-Interaktionen, ob die durch die ungewichteten Mittel verlaufenden Linien signifikant von der Parallelität abweichen. Zum Erhalt der ungewichteten Mittel müssen die Faktoren sowie die Zweifaktor-Interaktionen im Feld *Mittelwerte anzeigen für* aufgeführt werden. Die weitere Option *Haupteffekte vergleichen* wird nur im Fall paarweiser Mittelwertsprüfungen bei den Faktorstufen relevant.

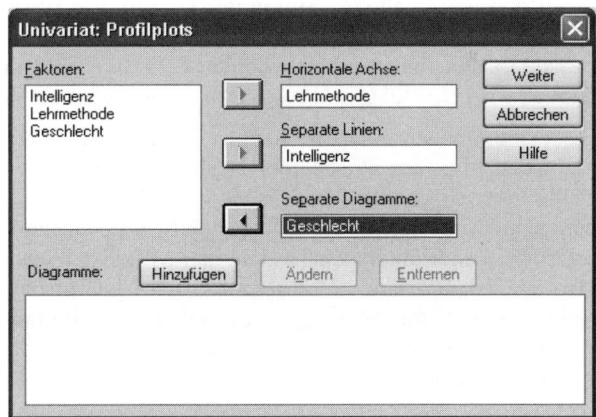

Interaktionsdiagramme

In der über den Schalter [Diagramme] erhältlichen Box **Profilplots** können grafische Darstellungen der Zwei- und Dreifaktor-Interaktionen veranlasst werden. Im Fall einer Zweifaktor-Interaktion wird bei *Horizontale Achse* der Faktor eingegeben, dessen Stufen/Kategorien auf der waagerechten Achse abgetragen werden sollen, während bei *Separate Linien* die andere unabhängige Variable aufzuführen ist. Anschließend ist das Variablenpaar über die Schaltfläche [Hinzufügen] ins Feld *Diagramme* zu verbringen. Bei ungleichen Umfängen der J×K×L Zellenstichproben werden bei den Zweifaktor-Interaktionen die ungewichteten Mittelwerte dargestellt.

Im Fall einer dreifaktoriellen Wechselwirkung wird die Interaktion zweier Faktoren (z. B. A×B) getrennt für die Stufen des dritten Faktors (C) dargestellt.»A« und »B« sind dann bei *Horizontale Achse* und *Separate Linien* einzugeben, während Faktor »C« bei *Separate Diagramme* aufgeführt wird (vgl. BEISPIEL 3).

Weitere Analyse der Haupteffekte: Paarweise Mittelwertsvergleiche

Erweist sich bei einem Faktor mit drei oder mehr Stufen der Haupteffekt als statistisch signifikant, kann es von Interesse sein festzustellen, zwischen welchen Mitteln bedeutsame Unterschiede bestehen. Die Durchführung der hier möglichen paarweisen Vergleiche wurde in Kapitel 57 im Zusammenhang mit der zweifaktoriellen Varianzanalyse ausführlich besprochen (S. 324 f.). Die dortigen Ausführungen sind direkt auf den jetzigen Fall von drei unabhängigen Variablen übertragbar, so dass auf eine erneute Darstellung verzichtet werden kann.

Analyse der einfachen Haupteffekte

Bei der Untersuchung der einfachen Haupteffekte eines Faktors K werden dessen Effekte separat auf den verschiedenen Stufen des Faktors J analysiert, wobei der Faktor L außer Betracht bleibt. Die Fragestellung läst sich an Tabelle ❾ von BEISPIEL 1 illustrieren. In den dortigen ungewichteten Mitteln sind die Werte von Männern und Frauen (des Drittfaktors GESCHLECHT) zusammengefasst.

Bei der Analyse der einfachen Haupteffekte des Spaltenfaktors »Lehrmethode« wird nun in jeder Zeile (d. h. den verschiedenen Stufen des Faktors »Intelligenz«) als Erstes varianzanalytisch geprüft, ob zwischen den Mitteln der Lehrmethoden signifikante Unterschiede bestehen. Ist dies der Fall, wird anschließend mittels paarweiser Vergleiche weiter untersucht, welche der Mittel sich jeweils voneinander unterscheiden. Die zur Prüfung der einzelnen Effekte gebildeten F-Quotienten enthalten im Nenner jeweils das $MQ_{Innerhalb}$ des J×K×L-Gesamtplans. Das bedeutet, dass auch hier (wie bei der vorgeschalteten Varianzanalyse) die Annahme gleicher Populationsvarianzen gemacht wird.

Eine Analyse der einfachen Haupteffekte der Faktoren J, K oder L ist wieder über die Syntax unter Heranziehung des EMMEANS-Befehls möglich. Als Erstes werden hierzu in der Eingangs-Dialogbox LEHRMETHODE, INTELLIGENZ und GESCHLECHT eingegeben, die *abhängige Variable* ist TESTPUNKTE. Nach Anklicken des Schalters [Einfügen] öffnet sich das Syntaxfenster mit den bisher veranlassten Befehlen (bei denen die Zeile »CRITERIA« gelöscht werden kann):

```
UNIANOVA
Testpunkte BY Intelligenz Lehrmethode Geschlecht
/METHOD = SSTYPE(3)
/INTERCEPT = INCLUDE
/CRITERIA = ALPHA(.05)
/DESIGN = Intelligenz Lehrmethode Geschlecht Intelligenz*Lehrmethode
Intelligenz*Geschlecht Lehrmethode*Geschlecht Intelligenz*Lehrmethode
*Geschlecht .
```

Hier ist nun der nachfolgende EMMEANS-Befehl einzufügen. Er bewirkt, dass in jeder Zeile eine Varianzanalyse sowie paarweise Vergleiche zwischen den drei Mitteln durchgeführt werden, wobei in jeder Zeile die P-Werte der Kontraste Bonferroni-adjustiert sind. Bei Weglassen der Anweisung »ADJ(Bonferroni)« erfolgt keine Adjustierung.

```
COMMENT Syntax-Datei EMMEANS-3K.SPS .
COMMENT Analyse der einfachen Haupteffekte der Lehrmethode .
UNIANOVA Testpunkte BY Intelligenz Lehrmethode Geschlecht
 /METHOD = SSTYPE(3)
 /INTERCEPT = INCLUDE
 /EMMEANS = TABLES (Intelligenz*Lehrmethode)
 COMPARE (Lehrmethode) ADJ (Bonferroni)
 /DESIGN = Intelligenz Lehrmethode Geschlecht Intelligenz*Lehrmethode
 Intelligenz*Geschlecht Lehrmethode*Geschlecht Intelligenz*Lehrmethode
 *Geschlecht .
```

Analyse der Einfacheffekte

Bei der Untersuchung der Einfacheffekte eines Faktors K werden dessen Effekte separat auf den verschiedenen Stufen des Faktors J analysiert - in einer bestimmten Stufe/Kategorie des Faktors L. Man befindet sich nun auf der Ebene der Mittel der J∗K∗L Zellen. Die Fragestellung läst sich an Tabelle ❶ von BEISPIEL 1 illustrieren. Man könnte nun z. B. prüfen wollen, wieweit bei den Männern der Intelligenzstufe »niedrig» signifikante Unterschiede zwischen den Mitteln von Methode, A, B und C bestehen (20,00 – 48,00 – 51,00), usf. Um dies zu erreichen, müsste die EMMEANS-Anweisung wie folgt formuliert werden (vgl. Syntax-Datei EMMEANS-4K.SPS):

```
/EMMEANS = TABLES (Intelligenz*Lehrmethode*Geschlecht)
 COMPARE (Lehrmethode) ADJ (Bonferroni)
```

Übersicht über die in den Beispielen behandelten Probleme

① Varianzanalytische Auswertung eines 3×3×2-faktoriellen Plans.

② Grafische Darstellung einer Zweifaktor-Interaktion.

③ Grafische Darstellung der Dreifaktor-Interaktion.

④ Weitere Analyse eines signifikanten Haupteffekts: Paarweise Mittelwertsvergleiche.

Beispiel 1

Dieses Beispiel für einen dreifaktoriellen Plan mit ungleichen Zellenumfängen entstammt – leicht modifiziert – Diehl (1983, Kap. 7.5). Es sollen drei Lehrmethoden hinsichtlich ihrer Effektivität verglichen werden, wobei als weitere Faktoren das Geschlecht der Kursteilnehmer sowie deren Intelligenzniveau (an Hand eines Intelligenztests in drei Klassen eingeteilt) Berücksichtigung finden. Abhängige Variable ist die in einem Abschlusstest am Kursende erzielte Punktzahl. Es ergeben sich die nachfolgenden – fiktiven – Werte:

Intelligenz	Geschlecht					
	Frauen [1]			Männer [2]		
	Lehrmethode			Lehrmethode		
	A [1]	B [2]	C [3]	A [1]	B [2]	C [3]
niedrig [1]	29 11 22 20 18	42 58 52 48 40	60 42 54 51 48	30 17 22 20	38 45 47 50 48	68 63 50 71
mittel [2]	51 39 49 47 59	50 43 57 61 52 47	59 50 46 54	63 45 80 68	47 45 63 58 40 56	43 60 47 54
hoch [3]	77 80 83 70	60 51 42 52 53 50 49 40	41 47 53 59 50	65 46 53	70 73 63 88 75 77 68	54 58 47 41

Die Daten werden in eine Datei FAKTOR-3.SAV eingegeben, die Werte der abhängigen Variablen unter TESTPUNKTE und die Kodierungen der Faktoren unter INTELIGENZ, LEHRMETHODE und GESCHLECHT. Mittels Varianzanalyse soll nun eine Prüfung der Haupt- und Interaktionseffekte vorgenommen werden. Weiterhin werden (gewichtete) Mittel- und Standardabweichungen sowie Eta^2 und eine Prüfung auf Varianzhomogenität angefordert.

Da ungleiche Zellenbesetzungen vorliegen, müssen zum Erhalt der ungewichteten Mittel für die J, K und L Stufen der Faktoren die drei unabhängigen Variablen im Feld *Mittelwerte anzeigen für* der Box **Optionen** (S. 342) aufgeführt werden. Durch die Eingabe von »Intelligenz*Lehrmethode« werden weiterhin die ungewichteten Mittelwerte für die Interaktion der Faktoren »Intelligenz« und »Lehrmethode« angefordert. UNIANOVA liefert die folgende Ausgabe (bei den Tabellen ❻ bis ❾ wurden die rechten Spalten mit den Konfidenzintervallen im Ausgabe-Viewer gelöscht):

Zwischensubjektfaktoren

		Wertelabel	N	
Geschlecht	1	Frauen	47	❶
	2	Männer	41	
Intelligenz	1	niedrig	28	
	2	mittel	29	
	3	hoch	31	
Lehrmethode	1	Meth. A	25	
	2	Meth. B	37	
	3	Meth. C	26	

Deskriptive Statistiken

Geschlecht	Intelligenz	Lehrmethode	Mittelwert	Standard-abwei-chung	N	
Frauen	niedrig	Meth. A	20,00	6,519	5	❷
		Meth. B	48,00	7,348	5	
		Meth. C	51,00	6,708	5	
		Gesamt	39,67	15,787	15	
	mittel	Meth. A	49,00	7,211	5	
		Meth. B	51,67	6,563	6	
		Meth. C	52,25	5,560	4	
		Gesamt	50,93	6,239	15	
	hoch	Meth. A	77,50	5,568	4	
		Meth. B	49,63	6,301	8	
		Meth. C	50,00	6,708	5	
		Gesamt	56,29	13,471	17	
	Gesamt	Meth. A	46,79	24,583	14	
		Meth. B	49,84	6,440	19	
		Meth. C	51,00	5,974	14	
		Gesamt	49,28	14,143	47	
Männer	niedrig	Meth. A	22,25	5,560	4	
		Meth. B	45,60	4,615	5	
		Meth. C	63,00	9,274	4	
		Gesamt	43,77	17,758	13	
	mittel	Meth. A	64,00	14,537	4	
		Meth. B	51,50	8,826	6	
		Meth. C	51,00	7,528	4	
		Gesamt	54,93	11,283	14	

↓

	hoch	Meth. A	54,67	9,609	3	
		Meth. B	73,43	7,934	7	
		Meth. C	50,00	7,528	4	
		Gesamt	62,71	13,522	14	
	Gesamt	Meth. A	46,27	21,652	11	
		Meth. B	58,39	14,427	18	
		Meth. C	54,67	9,614	12	
		Gesamt	54,05	16,009	41	
Gesamt	niedrig	Meth. A	21,00	5,852	9	❸
		Meth. B	46,80	5,922	10	
		Meth. C	56,33	9,734	9	
		Gesamt	41,57	16,545	28	
	mittel	Meth. A	55,67	12,952	9	
		Meth. B	51,58	7,416	12	
		Meth. C	51,63	6,163	8	
		Gesamt	52,86	9,094	29	
	hoch	Meth. A	67,71	13,973	7	
		Meth. B	60,73	14,069	15	
		Meth. C	50,00	6,614	9	
		Gesamt	59,19	13,659	31	
	Gesamt	Meth. A	46,56	22,864	25	
		Meth. B	54,00	11,738	37	
		Meth. C	52,69	7,918	26	
		Gesamt	51,50	15,144	88	

Tests der Zwischensubjekteffekte
Abhängige Variable: Testpunkte

Quelle	Quadrat-summe vom Typ III	df	Mittel der Quadrate	F	Signifi-kanz	Partielles Eta-Quadrat	❺
Korrigiertes Modell	15957,211(a)	17	938,659	16,448	,000	,800	
Konstanter Term	220020,800	1	220020,800	3855,386	,000	,982	
Geschlecht	179,468	1	179,468	3,145	,081	,043	
Intelligenz	4416,192	2	2208,096	38,692	,000	,525	
Lehrmethode	477,668	2	238,834	4,185	,019	,107	
Geschlecht * Intelligenz	72,098	2	36,049	,632	,535	,018	
Geschlecht * Lehrmethode	289,574	2	144,787	2,537	,086	,068	
Intelligenz * Lehrmethode	6756,268	4	1689,067	29,597	,000	,628	
Geschlecht * Intelligenz * Lehrmethode	3018,311	4	754,578	13,222	,000	,430	
Fehler	3994,789	70	57,068				
Gesamt	253350,000	88					
Korrigierte Gesamtvariation	19952,000	87					

a. R-Quadrat = ,800 (korrigiertes R-Quadrat = ,751)

[Abfolge der Tabellen ❹ und ❺ aus Formatgründen vertauscht]

Levene-Test auf Gleichheit der Fehlervarianzen [a]
Abhängige Variable: Testpunkte

F	df1	df2	Signifi-kanz	
,610	17	70	,873	

Prüft die Nullhypothese, daß die Fehlervarianz der abhängigen Variablen über Gruppen hinweg gleich ist.

a. Design: Intercept+Geschlecht+Intelligenz+Lehrmethode+Geschlecht*Intelligenz+
   Geschlecht*Lehrmethode+Intelligenz*Lehrmethode+Geschlecht*Intelligenz*Lehrmethode

Geschätzte Randmittel

1. Geschlecht

Geschlecht	Mittelwert	Standard-fehler	
Frauen	49,894	1,124	
Männer	52,827	1,214	

2. Intelligenz

Intelligenz	Mittelwert	Standard-fehler	
niedrig	41,642	1,436	
mittel	53,236	1,426	
hoch	59,203	1,436	

3. Lehrmethode

Lehrmethode	Mittelwert	Standard-fehler	❽
Meth. A	47,903	1,533	
Meth. B	53,303	1,260	
Meth. C	52,875	1,490	

4. Intelligenz * Lehrmethode

Intelligenz	Lehrmethode	Mittelwert	Standard-fehler	❾
niedrig	Meth. A	21,125	2,534	
	Meth. B	46,800	2,389	
	Meth. C	57,000	2,534	
mittel	Meth. A	56,500	2,534	
	Meth. B	51,583	2,181	
	Meth. C	51,625	2,671	
hoch	Meth. A	66,083	2,885	
	Meth. B	61,527	1,955	
	Meth. C	50,000	2,534	

Erläuterungen zur Ausgabe

❶ Unabhängige Variablen (Faktoren), Labels der Kategorien, Stichprobenumfänge bei den J, K und L Faktorstufen.

❷ Mittelwerte, Standardabweichungen und Umfänge der $J \times K \times L = 3 \times 3 \times 2 = 18$ Zellenstichproben. Unter »Gesamt« sind jeweils bestimmte gewichtete Mittelwerte ausgegeben.

❸ Gewichtete Mittelwerte für die Faktorenkombination INTELLIGENZ × LEHRME-THODE.

❹ Prüfung mittels eines Tests von Levene, ob zwischen den Varianzen der $J*K*L$ Zellen signifikante Unterschiede bestehen (⇨ *Inferenzstatistik, S. 359 f.*). Prüfwert (»F«), Freiheitsgrade (»df«), P-Wert für F (»Signifikanz«).

❺ Ergebnisse der Varianzanalyse

Korrigiertes Modell: Summe der Haupt- und Interaktionseffekte. Hier wird somit geprüft, ob die Faktoren zusammengenommen einen signifikanten Effekt auf die abhängige Variable haben. Es ist: $Eta^2 = 15957{,}211 / 19952{,}000 = 0{,}800 = SAQ_{Modell} / SAQ_{Gesamtvariation}$.

Konstanter Term: Prüfung der inhaltlich nicht interessierenden Hypothese, dass das Gesamtmittel der $J \times K \times L$ Populationen gleich null ist.

Geschlecht, Intelligenz, Lehrmethode (= Faktor-Namen): Prüfung der Haupteffekte der Faktoren. SAQ, Freiheitsgrade (»df«), MQ, Prüfwert (»F«), P-Wert für F (»Signifikanz«). Partial-Effektstärke (»Partielles Eta-Quadrat«) ⇨ *Inferenzstatistik, S. 659 f.* Es ist jeweils: $Eta^2 = SAQ_{FAKTOR} / (SAQ_{FAKTOR} + SAQ_{Fehler})$

Geschlecht*Intelligenz, Geschlecht*Lehrmethode, Intelligenz*Lehrmethode: Prüfung der Effekte der (möglichen) Zweifaktor-Interaktionen. **Geschlecht*Intelligenz*Lehrmethode**: Prüfung des Effekts der Interaktion aller drei Faktoren. Es ist jweils: $Eta^2 = SAQ_{INTERAKTION} / (SAQ_{INTERAKTION} + SAQ_{Fehler})$.

Fehler: Variation innerhalb der $J \times K \times L$ Zellen. $SAQ_{Innerhalb}$, Freiheitsgrade, MQ_I.

Gesamt: Kann außer Acht gelassen werden. Durch die zusätzliche Prüfung von »Konstanter Term« entstehende »Gesamt«-Variation.

Korrigierte Gesamtvariation: Gesamtvariation in der abhängigen Variablen. SAQ_{Gesamt}, Freiheitsgrade.

❻ Ungewichtete Mittelwerte für die Stufen/Kategorien des ersten Faktors (»Geschlecht«); z.B.: $M_{Frauen} = (\Sigma$ der $3*3$ Zellenmittel »Frauen«$) / 9 = (20{,}00 + 48{,}00 + 51{,}00 + 49{,}00 + 51{,}67 + 52{,}25 + 77{,}50 + 49{,}63 + 50{,}00) / 9 = 49{,}894$.

❼ Ungewichtete Mittelwerte für die Stufen des zweiten Faktors (»Intelligenz«); z.B.: $M_{niedrig} = (\Sigma$ der $2*3$ Zellenmittel »niedrig«$) / 6 = 20{,}00 + 48{,}00 + 51{,}00 + 22{,}25 + 45{,}60 + 63{,}00) / 6 = 41{,}642$.

❽ Ungewichtete Mittelwerte für die Stufen des dritten Faktors (»Lehrmethode«); z.B.: $M_{Methode.A}$ = (Σ der 2*3 Zellenmittel »Methode A«) / 6 = (20,00 + 49,00 + 77,50 + 22,25 + 64,00 + 54,67) / 6 = 47,903.

❾ Ungewichtete Mittelwerte für die Interaktion der Faktoren »Intelligenz« und »Lehrmethode«; z.B.: $M_{niedrig/Methode.A}$ = (Σ der 2 Zellenmittel »niedrig/Methode A«) / 2 = (20,00 + 22,25) / 2 = 21,125.

Auf dem 5%-Niveau erweisen sich die Haupteffekte von »Intelligenz« und »Lehrmethode« sowie ihr Interaktionseffekt als statistisch bedeutsam. Außerdem zeigt sich eine signifikante Wechselwirkung aller drei Faktoren.

Beispiel 2

Die Interaktion der Faktoren »Intelligenz« und »Lehrmethode«, die sich in der Varianzanalyse als signifikant erwiesen hat, soll grafisch dargestellt werden. Dazu wird in der Box **Profilplots** (S. 343) die Variable LEHRMETHODE im Feld *Horizontale Achse* eingegeben, der Faktor INTELLIGENZ bei *Separate Linien*. Nachfolgend das Diagramm in seiner voreingestellten Ausgabeform. Es stellt die in Tabelle ❾ von BEISPIEL 1 wiedergegebenen (ungewichteten) Mittelwerte dar.

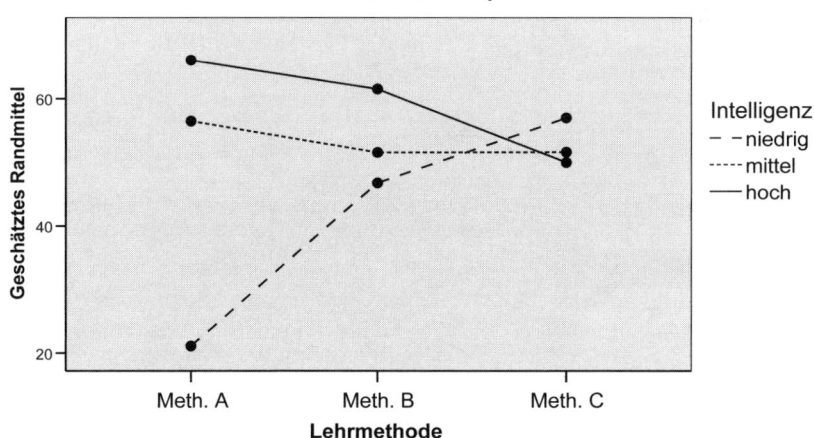

Beispiel 3

Die Dreifaktor-Interaktion, die sich in der Varianzanalyse als signifikant erwiesen hat, soll grafisch dargestellt werden. Die hierzu vorgenommenen Eingaben zeigt die auf S. 343 wiedergegebene Box **Profilplots**. Danach wird die Interaktion zwischen »Lehrmethode« und »Intelligenz« getrennt für Frauen und Männer dargestellt. Nachfolgend die erzeugten Diagramme:

Geschätztes Randmittel von Test-Punkte bei Geschlecht = Frauen

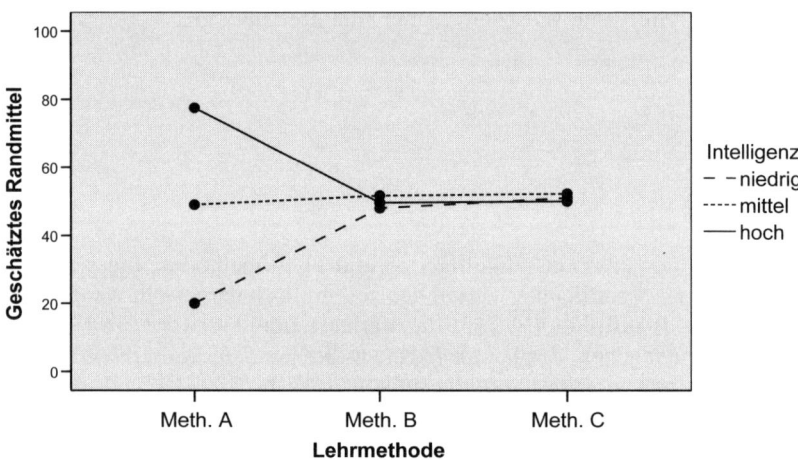

Geschätztes Randmittel von Test-Punkte bei Geschlecht = Männer

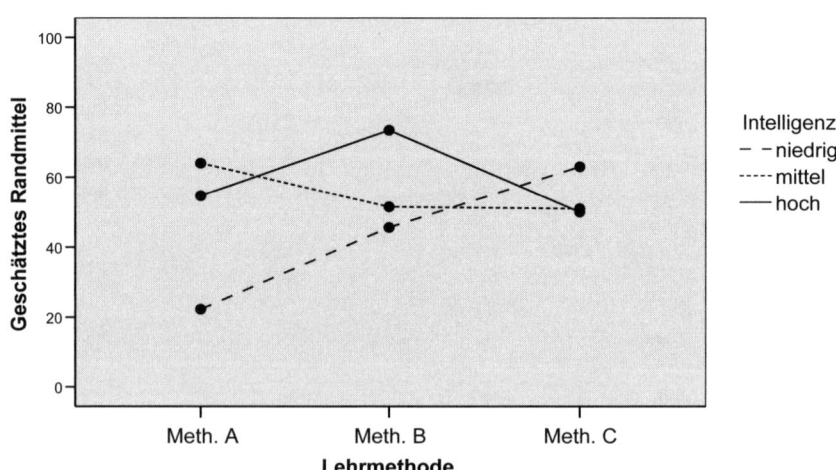

Beispiel 4

In der Varianzanalyse hat sich der Haupteffekt des Faktors »Lehrmethode« als signifikant erwiesen. Es soll nun durch paarweise Tests untersucht werden, zwischen welchen der Mittel bedeutsame Unterschiede bestehen. Da disproportionale Zellenumfänge vorliegen, müssen die Vergleiche mit den ungewichteten Mitteln der Methoden A, B und C durchgeführt werden. Diese Mittel enthält Tabelle ❽ von BEISPIEL 1. Ihre Werte sind (mit vier Dezimalstellen): A = 47,9028, B = 53,3034 und C = 52,8750.

Die gewünschten paarweisen Vergleiche werden über die Box **Optionen** veranlasst: Eingabe des Faktors LEHRMETHODE im Feld *Mittelwerte anzeigen*, Anklikken von *Haupteffekte vergleichen* und Wahl der Bonferroni-Adjustierung bei *Anpassung des Konfidenzintervalls*. Nachfolgend der Teil der Ausgabe, der die Ergebnisse zu den multiplen Vergleichen enthält (die rechten Spalten zum »Konfidenzintervall« wurden aus Platzgründen gelöscht):

Paarweise Vergleiche

Abhängige Variable: Testpunkte

(I) Lehrmethode	(J) Lehrmethode	Mittlere Differenz (I-J)	Standard-fehler	Signifikanz[a]
Meth. A	Meth. B	-5,401*	1,985	,025
	Meth. C	-4,972	2,138	,069
Meth. B	Meth. A	5,401*	1,985	,025
	Meth. C	,428	1,951	1,000
Meth. C	Meth. A	4,972	2,138	,069
	Meth. B	-,428	1,951	1,000

Basiert auf den geschätzten Randmitteln

*. Die mittlere Differenz ist auf dem Niveau ,05 signifikant

a. Anpassung für Mehrfachvergleiche: Bonferroni.

Auf dem 5%-Niveau erweist sich lediglich der Unterschied zwischen den (ungewichteten) Mittelwerten von Lehrmethode A und B als signifikant, d.h. die Differenz 47,9028–53,3034 = –5,401.

Die mitausgegebene Tabelle »Tests auf Univariate« kann (wie im zweifaktoriellen Fall) außer acht gelassen werde. Ihre Werte sind mit denen der Zeilen »Lehrmethode« und »Fehler« in der varianzanalytischen Tabelle identisch (vgl. BEISPIEL 2, Tab. ❹).

Zweifaktorielle Kovarianzanalyse

> **Analysieren / Allgemeines lineares Modell / Univariat ...**

Die mit der Prozedur UNIANOVA durchführbare zweifaktorielle Kovarianzanalyse dient der Auswertung eines Versuchsplans, bei dem der (»feste«) Zeilenfaktor in J Stufen/Kategorien und der (ebenfalls »feste«) Spaltenfaktor in K Stufen/Kategorien vorliegt, wobei die J×K Zellenstichproben unabhängig sind (vgl. das Diagramm des Plans in Kapitel 57). Gegeben ist weiterhin eine Kovariate, in der sich die Stichproben mehr oder minder stark unterscheiden. Mit dem Verfahren wird geprüft, ob signifikante Haupt- und Interaktionseffekte der Faktoren vorliegen, wenn der Einfluss der Kovariaten statistisch eliminiert worden ist (vgl. Bortz, 1999, Kap. 10.3; Winer, Brown & Michels, 1991, Kap. 10.4). Im Anschluss an die Kovarianzanalyse lassen sich mit UNIANOVA paarweise Vergleiche zwischen den adjustierten Zeilen- und Spaltenmitteln durchführen. Auf Wunsch wird auch ein Interaktionsdiagramm ausgegeben. Über die Befehlssyntax ist weiterhin eine Prüfung der einfachen Haupteffekte der Faktoren möglich.

Im Eingangs-Dialogfeld sind in den entsprechenden Feldern die *Abhängige Variable* und die *Kovariate(n)* zu spezifizieren, während die beiden unabhängigen Variablen, nach deren Werten die J×K Zellenstichproben gebildet werden, unter *Feste Faktoren* aufzuführen sind. In der über [Modell] erhältlichen Dialogbox müssen keine Veränderungen vorgenommen werden. Die in der Box **Kontraste** veranlassbaren Vergleiche zwischen den (adjustierten) Zeilen- und Spaltenmitteln sind bei BEISPIEL 7 von Kapitel 57 beschrieben.

In der Box **Optionen** bewirkt die Wahl von *Deskriptive Statistik* u.a. die Ausgabe der nicht adjustierten Zellen-, Zeilen- und Spaltenmittel. Die entsprechenden adjustierten Mittelwerte erhält man bei Eingabe der unabhängigen Variablen (einschließlich ihrer Wechselwirkung) im Feld *Mittelwerte anzeigen*. Durch Anklicken von *Haupteffekte vergleichen* lassen sich paarweise Tests zwischen den adjustierten Zeilen- und Spaltenmitteln veranlassen. Die hierbei sinnvolle Alpha-Adjustierung nach *Bonferroni* ist im Feld *Anpassung des Konfidenzintervalls* einzustellen.

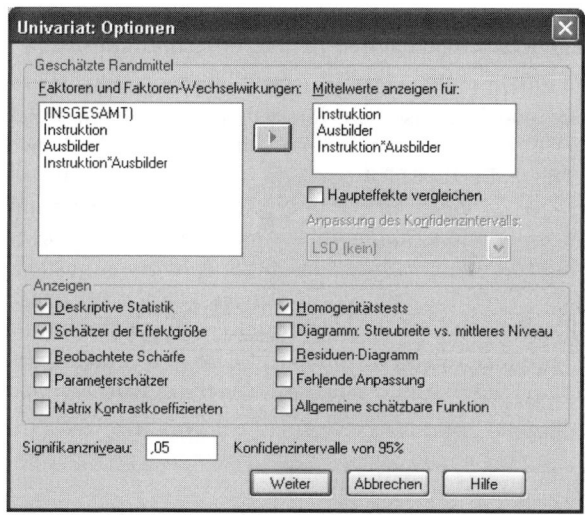

Die Kovarianzanalyse macht u.a. die Annahme, dass die Varianz der Residualwerte in allen J∗K Populationen die gleiche ist. Eine Prüfung dieser Annnahme wird bei Anklicken von *Homogenitätstests* durchgeführt. Bei der Wahl von *Schätzer der Effektgröße* enthält die Ausgabe auch adjustierte Eta^2-Werte für die Stärke der (»bereinigten«) Haupt- und Interaktionseffekte. Die Angabe bei *Signifikanzniveau* legt den Sicherheitsgrad der ausgegebenen Konfidenzintervalle fest $(1-\alpha)$. Außerdem sind dann bei den paarweisen Vergleichen die auf diesem Niveau signifikanten Differenzen mit einem Stern kenntlich gemacht.

Über die (auf S. 275 abgebildete) Box **Speichern** kann veranlasst werden, dass bestimmte Werte in die Datendatei geschrieben werden. Das nicht gerade kleine Angebot enthält jedoch leider nicht die Möglichkeit, die kovariaten-adjustierten Werte der abhängigen Variablen ausgeben zu lassen (auf denen die adjustierten Mittel basieren). Bei Anklicken von *Residuen: Nicht standardisiert* erhält man die (Rest-)Werte, auf die sich die kovarianzanalytischen Annahmen varianzhomo-gener und normalverteilter Populationen beziehen.

Interaktionsdiagramm

Eine grafische Darstellung der Interaktion von Zeilen- und Spaltenfaktor kann über [Diagramme] veranlasst werden (siehe Abbildung der Box auf S. 323). Hier wird bei *Horizontale Achse* der Faktor eingegeben, dessen Stufen/Kategorien auf der waagerechten Achse abgetragen werden sollen, während bei *Separate Linien* der andere Faktor aufzuführen ist. Anschließend ist das Variablenpaar über die Schaltfläche [Hinzufügen] ins Feld *Diagramme* zu verbringen. Im Diagramm sind die adjustierten Zellenmittel dargestellt.

Paarweise Vergleiche zwischen den Zeilen -und Spaltenmitteln

Erweist sich bei einem Faktor mit drei oder mehr Stufen der Haupteffekt als sig-nifikant, kann es von Interesse sein festzustellen, zwischen welchen der adjus-tierten Mittelwerte statistisch bedeutsame Unterschiede bestehen. Derartige Ver-gleiche können über die Box **Optionen** (S. 355) veranlasst werden. Hierzu sind im Feld *Mittelwerte anzeigen für* die interessierenden Faktoren aufzuführen. An-schließend wird die Option *Haupteffekte vergleichen* angeklickt und bei *Anpas-sung des Konfidenzintervalls* (am besten) die *Bonferroni*-Adjustierung eingestellt. Bei Belassung der Voreinstellung »LSD (kein)« würden bei den einzelnen Kon-trasten nicht adjustierte P-Werte ausgegeben. Im Fall der Bonferroni-Adjustierung können die ausgegebenen P-Werte direkt mit dem gewählten (familienweisen) α_F verglichen werden. Dieser Alpha-Wert sollte auch im Feld *Signifikanzniveau* ein-gestellt sein.

Analyse der einfachen Haupteffekte

Bei der Untersuchung der einfachen Haupteffekte eines Faktors K werden dessen (adjustierte) Effekte separat auf den verschiedenen Stufen des Faktors J analysiert. Wie in Kapitel 57 im Zusammenhang mit der zweifaktoriellen Varianzanalyse er-läutert, sind derartige Prüfungen über die Syntax unter Heranziehung des EM-MEANS-Befehls möglich (S. 326 f.). Die Übertragung der dortigen Ausführungen auf den jetzigen Fall der zweifaktoriellen Kovarianzanalyse wird bei BEISPIEL 5 vorgenommen.

Übersicht über die in den Beispielen behandelten Probleme

① Kovarianzanalytische Auswertung eines 2×3-faktoriellen Plans mit gleichen Zellenbesetzungen.

② Kovarianzanalyse bei einem 2×3-Plan mit ungleichen Zellenumfängen.

③ Grafische Darstellung des Interaktionseffekts von BEISPIEL 1.

④ Paarweise Vergleiche zwischen den adjustierten Spaltenmitteln von BEISPIEL 2.

⑤ Analyse der einfachen Haupteffekte des Spaltenfaktors von BEISPIEL 2.

Beispiel **1**

Das Beispiel (für einen Plan mit gleichen Zellenumfängen) entstammt Winer et al. (1991, S. 811). Es liegen zwei Instruktionsmethoden vor, um Pfadfindern das Kartenlesen beizubringen (Zeilenfaktor). Ferner kann auf drei Ausbilder zurückgegriffen werden (Spaltenfaktor). Abhängige Variable ist die mit einem Test am Ende der Ausbildung erfasste Fähigkeit, Landkarten zu lesen. Als Kovariate dienen die zu Beginn des Kurses erhobenen Werte in einem (anderen) Test zur Erfassung der Karten-Lesefähigkeit. Sechs Gruppen von je fünf Pfadfindern werden per Zufall den 2×3 Instruktions- und Ausbilderbedingungen zugewiesen. Nachfolgend die Werte der abhängigen Variablen (Nachtest) sowie der Kovariaten (Vortest):

Instruk-	Ausbilder					
	[1]		[2]		[3]	
tion	Vor-test	Nach-test	Vor-test	Nach-test	Vor-test	Nach-test
A [1]	40	95	30	85	50	90
	35	80	40	100	40	85
	40	95	45	85	40	90
	50	105	40	90	30	80
	45	100	40	90	40	85
B [2]	50	100	50	100	45	95
	30	95	30	90	30	85
	35	95	40	95	25	75
	45	110	45	90	50	105
	30	88	40	95	35	85

Die Daten werden in eine Datei ANCOVA-2.SAV eingegeben, die Kodierungen der Faktoren unter INSTRUKTION (A = 1, B = 2) und AUSBILDER (1, 2, 3), die Werte der Kovariaten und der abhängigen Variablen unter VORTEST bzw. NACHTEST. Untersucht werden soll, ob die Faktoren »Instruktionsmethode« und »Ausbilder« signifikante Haupt- und Interaktionseffekte zeigen, wenn die Werte im Nachtest hinsichtlich des Kovariaten-Einflusses (d. h. der unterschiedlichen Vorkenntnisse) adjustiert sind.

Es empfiehlt sich, mit den Werten der abhängigen Variablen vorab eine »normale« zweifaktorielle Varianzanalyse durchzuführen (vgl. Kapitel 56). Ein Vergleich der hier zu Tage tretenden Haupt- und Interaktionseffekte mit den späteren kovarianzanalytischen Befunden hilft dann zu verdeutlichen, welche Änderungen durch die Berücksichtigung der Kovariaten bewirkt worden sind. Weiterhin ist es sinnvoll, auch die Gruppenunterschiede bei der Kovariaten mit einer zweifaktoriellen Varianzanalyse zu untersuchen. Nachfolgend die von UNIANOVA gelieferten Ergebnisse für NACHTEST (abhängige Variable) und VORTEST (Kovariate):

Abhängige Variable: Nachtest

Quelle	Quadratsumme vom Typ III	df	Mittel der Quadrate	F	Signifi-kanz	Partielles Eta-Quadrat
Korrigiertes Modell	466,667[a]	5	93,333	1,572	,206	,247
Konstanter Term	253552,133	1	253552,13	4269,752	,000	,994
Instruktion	76,800	1	76,800	1,293	,267	,051
Ausbilder	387,267	2	193,633	3,261	,056	,214
Instruktion * Ausbilder	2,600	2	1,300	,022	,978	,002
Fehler	1425,200	24	59,383			
Gesamt	255444,000	30				
Korrigierte Gesamtvariation	1891,867	29				

a. R-Quadrat = ,247 (korrigiertes R-Quadrat = ,090)

Abhängige Variable: Vortest

Quelle	Quadratsumme vom Typ III	df	Mittel der Quadrate	F	Signifi-kanz	Partielles Eta-Quadrat
Korrigiertes Modell	87,500[a]	5	17,500	,294	,912	,058
Konstanter Term	46807,500	1	46807,500	785,580	,000	,970
Instruktion	20,833	1	20,833	,350	,560	,014
Ausbilder	15,000	2	7,500	,126	,882	,010
Instruktion * Ausbilder	51,667	2	25,833	,434	,653	,035
Fehler	1430,000	24	59,583			
Gesamt	48325,000	30				
Korrigierte Gesamtvariation	1517,500	29				

a. R-Quadrat = ,058 (korrigiertes R-Quadrat = -,139)

In der »normalen« Varianzanalyse erweist sich keiner der Effekte als statistisch signifikant. Auch in der Kovariaten bestehen zwischen den Zeilen- und Spaltenmitteln keine bedeutsamen Unterschiede.

Neben der Kovarianzanalyse werden nun – wie auf S. 355 gezeigt – über die Box **Optionen** nicht-adjustierte und adjustierte Mittelwerte, eine Prüfung auf Varianzhomogenität sowie Eta^2-Werte für die einzelnen Effekte angefordert. Nachfolgend die Ausgabe von UNIANOVA (bei den Tabellen ❺ bis ❼ wurden die rechten Spalten zum Konfidenzintervall gelöscht):

Zwischensubjektfaktoren

		Wertelabel	N
Instruktion	1	Instruktion A	15
	2	Instruktion B	15
Ausbilder	1	Ausbilder 1	10
	2	Ausbilder 2	10
	3	Ausbilder 3	10

❶

Deskriptive Statistiken

Abhängige Variable: Nachtest

Instruktion	Ausbilder	Mittelwert	Standardabweichung	N
Instruktion A	Ausbilder 1	95,00	9,354	5
	Ausbilder 2	90,00	6,124	5
	Ausbilder 3	86,00	4,183	5
	Gesamt	90,33	7,432	15
Instruktion B	Ausbilder 1	97,60	8,142	5
	Ausbilder 2	94,00	4,183	5
	Ausbilder 3	89,00	11,402	5
	Gesamt	93,53	8,626	15
Gesamt	Ausbilder 1	96,30	8,381	10
	Ausbilder 2	92,00	5,375	10
	Ausbilder 3	87,50	8,250	10
	Gesamt	91,93	8,077	30

❷

Levene-Test auf Gleichheit der Fehlervarianzen [a]

Abhängige Variable: Nachtest

F	df1	df2	Signifikanz
,385	5	24	,854

❸

Prüft die Nullhypothese, daß die Fehlervarianz der abhängigen Variablen über Gruppen hinweg gleich ist.

a. Design: Intercept+Vortest+Instruktion+Ausbilder+Instruktion*Ausbilder

Tests der Zwischensubjekteffekte

Quelle	Quadrat-summe vom Typ III	df	Mittel der Quadrate	F	Sig-nifi-kanz	Partiel-les Eta-Quadrat
Korrigiertes Modell	1291,419 [a]	6	215,237	8,245	,000	,683
Konstanter Term	3411,543	1	3411,543	130,678	,000	,850
Vortest	824,752	1	824,752	31,592	,000	,579
Instruktion	147,423	1	147,423	5,647	,026	,197
Ausbilder	292,811	2	146,405	5,608	,010	,328
Instruktion* Ausbil-der	14,412	2	7,206	,276	,761	,023
Fehler	600,448	23	26,106			
Gesamt	255444,000	30				
Korrigierte Gesamtvariation	1891,867	29				

a. R-Quadrat = ,683 (korrigiertes R-Quadrat = ,600)

Geschätzte Randmittel

1. Instruktions-Methode

Instruktions-Methode	Mittelwert	Standardfehler
Instruktion A	89,700 [a]	1,324
Instruktion B	94,166 [a]	1,324

a. Die Kovariaten im Modell werden anhand der folgenden Werte berechnet: Vortest = 39,50.

2. Ausbilder

Ausbilder	Mittelwert	Standardfehler
Ausbilder 1	95,920 [a]	1,617
Ausbilder 2	91,620 [a]	1,617
Ausbilder 3	88,259 [a]	1,621

a. Die Kovariaten im Modell werden anhand der folgenden Werte berechnet: Vortest = 39,50.

3. Instruktions-Methode * Ausbilder

Instruktions-Methode	Ausbilder	Mittelwert	Standardfehler
Instruktion A	Ausbilder 1	93,101 [a]	2,310
	Ausbilder 2	90,380 [a]	2,286
	Ausbilder 3	85,620 [a]	2,286
Instruktion B	Ausbilder 1	98,739 [a]	2,294
	Ausbilder 2	92,86 [a]	2,294
	Ausbilder 3	90,899 [a]	2,310

a. Die Kovariaten im Modell werden anhand der folgenden Werte berechnet: Vortest = 39,50.

Erläuterungen zur Ausgabe

❶ Unabhängige Variablen (Faktoren), Labels der Kategorien, Umfänge der Zeilen- und Spaltenstichproben.

❷ Nicht adjustierte Mittelwerte, Standardabweichungen und Umfänge der Zeilen-, Spalten- und Zellenstichproben.

❸ Prüfung, ob zwischen den Varianzen der Residualwerte der J∗K Zellenstichproben signifikante Unterschiede bestehen. Die hier untersuchten Werte erhält man (in die Datei geschrieben), wenn in der Box **Speichern** (vgl. S. 275) *Residuen: Nicht standardisiert* angeklickt wird.

❹ Ergebnisse der Kovarianzanalyse

Korrigiertes Modell: Prüfung des Gesamteffekts von Kovariate und beiden Faktoren (im allgemeinen von geringerer Bedeutung).

Konstanter Term: Prüfung einer im Zusammenhang mit der kovarianzanalytischen Fragestellung nicht interessierenden Hypothese (Test, ob der Ordinatenabschnitt im zugrundeliegenden linearen Modell von null abweicht).

Vortest: Prüfung des Effekts der Kovariaten (im Allgemeinen von geringerer Bedeutung).

Instruktion (= Faktor-Name): Prüfung des adjustierten Haupteffekts des Zeilenfaktors »Instruktionsmethode«. Adjustierte(s) SAQ_{Zeilen} (»Quadratsumme«) und MQ_{Zeilen} (»Mittel der Quadrate«), Freiheitsgrade (»df«), adjustierter Prüfwert (»F«), P-Wert für F (»Signifikanz«). Adjustierte Stärke des Effekts des Zeilenfaktors (»Partielles Eta-Quadrat«), ausgedrückt als Partial-Eta^2 = $SAQ_{Instruktion}$ / $(SAQ_{InstruktION} + SAQ_{Fehler})$ = 146,423 / (147,423 + 600,448) = 0,197. Dieser Wert sollte dem dem nicht adjustierten Eta^2 aus der »normalen« Varianzanalyse gegenübergestellt werden. Dort hatte sich ein Wert von 0,051 ergeben.

Ausbilder: Prüfung des adjustierten Haupteffekts des Spaltenfaktors »Ausbilder«. Hier ist Eta^2 = $SAQ_{Ausbilder}$ / $(SAQ_{Ausbilder} + SAQ_{Fehler})$.

Instruktion∗Ausbilder: Prüfung des adjustierten Interaktionseffekts beider Faktoren. Hier ist Eta^2 = $SAQ_{Instruktion∗Ausbilder}$ / $(SAQ_{Instruktion∗Ausbilder} + SAQ_{Fehler})$.

Fehler: Adjustierte Variation innerhalb der J∗K Zellen. $SAQ_{Innerhalb}$, Freiheitsgrade, MQ_I.

Gesamt: Kann außer Acht gelassen werden. Durch die zusätzliche Prüfung von »Konstanter Term« entstehende »Gesamt«-Variation.

Korrigierte Gesamtvariation: (Nicht adjustierte) Gesamtvariation in der abhängigen Variablen (SAQ_{Gesamt}) – vgl. obige Varianzanalyse. Die mehr interessierende adjustierte SAQ_{Gesamt} bestimmt sich im jetzigen Fall gleicher Zellenumfänge wie folgt: $SAQ_{Gesamt-adj}$ = $SAQ_{Instruktion}$ + $SAQ_{Ausbilder}$ + $SAQ_{Instruktion∗Ausbilder}$ + SAQ_{Fehler} = 147,423 + 292,811 + 14,412 + 600,448 = 1055,094.

❺ Adjustierte Mittelwerte des Zeilenfaktors »Instruktionsmethode«.

❻ Adjustierte Mittelwerte des Spaltenfaktors »Ausbilder«.

❼ Adjustierte Mittelwerte der J*K = 2*3 Zellen.

Während sich bei $\alpha = 0,05$ in der »normalen« Varianzanalyse keiner der Effekte als signifikant erwies, sind nach Elimination des (offensichtlich »verdeckenden«) Einflusses der Kovariaten die Haupteffekte beider Faktoren statistisch bedeutsam. Zwischen den adjustierten Zeilen- und Spaltenmitteln bestehen jeweils signifikante Unterschiede.

Beispiel 2

Die Zahlen dieses Beispiels für einen zweifaktoriellen Plan mit ungleichen Zellenbesetzungen entstammen Winer et al. (1991, S. 818). Zur Veranschaulichung sind die dort nur mit A und B bezeichneten Faktoren nachfolgend inhaltlich benannt. Es soll an Frauen und Männern (Zeilenfaktor) untersucht werden, wieweit die (jeweils im Hintergrund abgespielten) Musikrichtungen Pop-, Klassik- und Volksmusik (Spaltenfaktor) die Leistung in einem Konzentrationstest – ausgedrückt in der Anzahl der Fehler – beeinflussen.

Geschlecht	Musikrichtung					
	Popmusik [1]		Klassik [2]		Volksmusik [3]	
	Vor-test	Kon-zen-tration	Vor-test	Kon-zen-tration	Vor-test	Kon-zen-tration
Frauen [1]	3	8	2	14	3	16
	5	16	1	11	2	10
	1	10	8	20	1	14
	9	24	7	15	2	14
			4	12	6	22
					2	16
Männer [2]	7	18	0	8	0	10
	0	7	4	16	1	15
	4	10	8	20	9	26
	6	15	5	18	4	18
	9	23			4	18
					7	26
					8	24

Als Kovariate dienen die Werte in einem zu Beginn der Untersuchung vorgelegten (anderen) Konzentrationstest. Drei (ungleich große) Gruppen von jungen Frauen und Männern werden jeweils per Zufall den Musikbedingungen zugewiesen. Die vorstehende Tabelle enthält – unter »Vortest« und »Konzentration« – die Werte der abhängigen Variablen sowie der Kovariaten. Die Daten werden in eine Datei ANCOVA-3.SAV eingegeben, die Kodierungen der Faktoren unter GE-SCHLECHT und MUSIK, die Werte der Kovariaten und der abhängigen Variablen unter VORTEST bzw. KONZENTRATION. In einer mit der abhängigen Variablen durchgeführten »normalen« zweifaktoriellen Varianzanalyse erweisen sich die Haupt- und Interaktionseffekte als insignifikant:

Tests der Zwischensubjekteffekte

Abhängige Variable: Konzentration

Quelle	Quadratsumme vom Typ III	df	Mittel der Quadrate	F	Signifikanz
Korrigiertes Modell	124,423[a]	5	24,885	,835	,538
Konstanter Term	7290,559	1	7290,559	244,503	,000
Geschlecht	24,450	1	24,450	,820	,374
Musik	55,361	2	27,680	,928	,408
Geschlecht * Musik	25,873	2	12,936	,434	,653
Fehler	745,448	25	29,818		
Gesamt	8742,000	31			
Korrigierte Gesamtvariation	869,871	30			

a. R-Quadrat = ,143 (korrigiertes R-Quadrat = -,028)

Bei Eliminierung des Kovariateneinflusses auf die abhängige Variable zeigt sich jedoch – bei $\alpha = 0,01$ – ein signifikanter Haupteffekt der »Musikrichtung«. Zwischen den adjustierten Mitteln von Pop-, Klassik- und Volksmusik treten bedeutsame Unterschiede auf. Dass die Adjustierung zur »Freilegung« eines deutlichen Musikeffekts führt, liegt primär an der gegenläufigen Tendenz bei den (ungewichteten) Mittelwerten von Kovariate (4,85 > 4,33 > 3,69) und abhängiger Variablen (14,55 < 14,95 < 17,45).

Deskriptive Statistiken

Geschlecht	Musik	Mittel-wert	Standardab-weichung	N	
Frauen	Pop	14,50	7,188	4	
	Klassik	14,40	3,507	5	
	Volk	15,33	3,933	6	
	Gesamt	14,80	4,507	15	
Männer	Pop	14,60	6,348	5	
	Klassik	15,50	5,260	4	
	Volk	19,57	6,051	7	
	Gesamt	17,00	6,044	16	
Gesamt	Pop	14,56	6,287	9	
	Klassik	14,89	4,106	9	
	Volk	17,62	5,440	13	
	Gesamt	15,94	5,385	31	

Tests der Zwischensubjekteffekte

Abhängige Variable: Konzentration

Quelle	Quadratsumme vom Typ III	df	Mittel der Quadrate	F	Signifi-kanz	
Korrigiertes Modell	755,309 ^{a}	6	125,885	26,372	,000	
Konstanter Term	679,953	1	679,953	142,446	,000	
Vortest	630,886	1	630,886	132,167	,000	
Geschlecht	1,189	1	1,189	,249	,622	
Musik	132,695	2	66,347	13,899	,000	
Geschlecht * Musik	7,373	2	3,687	,772	,473	
Fehler	114,562	24	4,773			
Gesamt	8742,000	31				
Korrigierte Gesamtvariation	869,871	30				

a. R-Quadrat = ,868 (korrigiertes R-Quadrat = ,835)

Geschätzte Randmittel

1. Geschlecht

Geschlecht	Mittelwert	Standardfehler	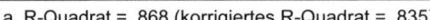
Frauen	15,399 ^{a}	,575	
Männer	15,804 ^{a}	,565	

2. Art der Musik

Art der Musik	Mittelwert	Standardfehler	
Pop	13,587 ^{a}	,738	
Klassik	14,84 ^{a}	,733	
Volk	18,375 ^{a}	,613	

3. Geschlecht * Art der Musik

Geschlecht	Art der Musik	Mittelwert	Standardfehler	
Frauen	Pop	14,107 ^{a}	1,093	
	Klassik	14,169 ^{a}	,977	
	Volk	17,922 ^{a}	,920	
Männer	Pop	13,068 ^{a}	,986	
	Klassik	15,513 ^{a}	1,092	
	Volk	18,829 ^{a}	,828	

a. Die Kovariaten im Modell werden anhand der folgenden Werte berechnet: Vortest = 4,26.

Eingangstabelle »Zwischensubjektfaktoren« weggelassen; bei den Tabellen ❸ bis ❺ wurden jeweils die rechten Spalten zum »Konfidenzintervall« und (teilweise) die Fußnoten gelöscht.

Erläuterungen zur Ausgabe

Die nachfolgenden Erläuterungen gehen nur auf Bereiche ein, bei denen aufgrund des jetzigen Falls ungleicher Zellenbesetzungen Änderungen zu den Ausführungen von BEISPIEL 1 (gleiche Zellenumfänge) zu berücksichtigen sind. Dies betrifft speziell die zu betrachtenden Zeilen- und Spaltenmittel. Sowohl bei den nicht-adjustierten als auch bei den adjustierten Werten müssen nun die ungewichteten Mittel herangezogen werden, da die von UNIANOVA verwendete varianz- und kovarianzanalytische Methode bei den Haupteffekten prüft, ob zwischen den ungewichteten Zeilen- bzw. Spaltenmitteln signifikante Unterschiede bestehen.

❶ Tabelle mit den nicht-adjustierten Mitteln: Das ungewichtete Mittel der Frauen berechnet sich aufgrund der Zellenmittel wie folgt: (14,50 + 14,40 + 15,33)/3 = 14,74. Das ungewichtete Mittel für die Bedingung »Klassik« ist: (14,40 + 15,50) /2 = 14,95.

❺ Zur Bestimmung der adjustierten Zellenmittel verwendet UNIANOVA eine andere Methode als die frühere (Version 6) Prozedur MANOVA (SPSS 1999b, S. 162). Im Fall ungleicher Zellenumfänge führt dies zu geringfügig anderen Mittelwerten. Das bei ❸ u. a. wiedergegebene adjustierte ungewichtete Mittel der Frauen berechnet sich aufgrund der adjustierten Zellenmittel von ❺ wie folgt: (14,107 + 14,169 + 17,922)/3 = 15,399. Und für die Musikrichtung »Klassik« bei ❹ ergibt sich: (14,169 + 15,513)/2 = 14,841.

Die von UNIANOVA ausgegebenen kovarianzanalytischen Befunde weichen z. T. etwas von den bei Winer et al. (1991, S. 819) mitgeteilten Werten ab. Dies liegt an dem Sachverhalt, dass dort (um die Berechnungen noch mittels Taschenrechner durchführen zu können) mit einem approximativen Verfahren – der »Un-weighted-Means Analysis« – gearbeitet wurde.

Beispiel 3

Daten von BEISPIEL 1 (Datei ANCOVA-2.SAV). Die Interaktion der Faktoren »Instruktionsmethode« und »Ausbilder« soll zu Illustrationszwecken – trotz statistischer Insignifikanz – grafisch dargestellt werden. Dazu wird in der (auf S. 323 abgebildeten) Box **Profilplots** die Variable AUSBILDER im Feld *Horizontale Achse* eingegeben, der Faktor INSTRUKTION bei *Separate Linien*. Nachfolgend das Diagramm in seiner voreingestellten Ausgabeform. Es stellt die in Tabelle ❼ von BEISPIEL 1 wiedergegebenen adjustierten Zellenmittel dar.

Geschätztes Randmittel von Lesefähigkeit nach dem Kurs

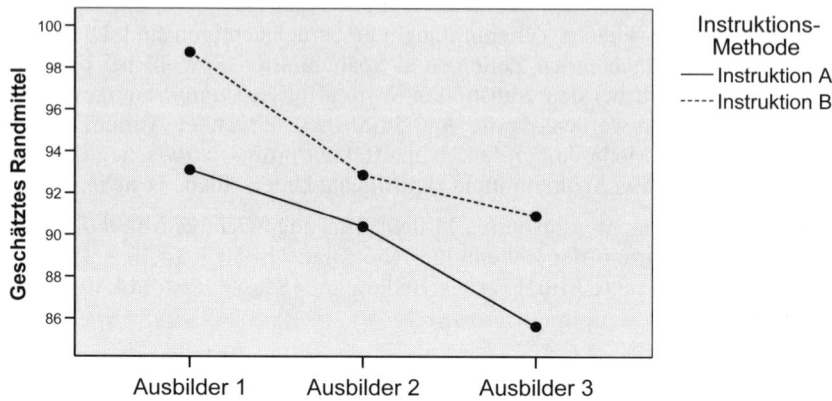

Beispiel 4

Daten von BEISPIEL 2 (Datei ANCOVA-3.SAV). In der Kovarianzanalyse hat sich der Haupteffekt des Faktors »Musikrichtung« als signifikant erwiesen ($\alpha = 0{,}05$). Es soll nun durch paarweise Tests untersucht werden, zwischen welchen der adjustierten Mittelwerte (von Tab. ❹ bei BEISPIEL 2) bedeutsame Unterschiede bestehen. Die gewünschten Vergleiche werden über die Box **Optionen** veranlasst (S. 355). Als Alpha-Adjustierung wird *Bonferroni* gewählt und bei *Signifikanzniveau* der Wert von {,05} belassen. Nachfolgend der Teil der Ausgabe, der die Ergebnisse zu den multiplen Vergleichen enthält. In der Tabelle wurden die rechten Spalten zum »Konfidenzintervall« gelöscht.

Paarweise Vergleiche

Abhängige Variable: Konzentration

(I) Art der Musik	(J) Art der Musik	Mittlere Differenz (I-J)	Standard-fehler	Signifikanz[a]
Pop	Klassik	-1,254	1,039	,718
	Volk	-4,788*	,966	,000
Klassik	Pop	1,254	1,039	,718
	Volk	-3,534*	,956	,003
Volk	Pop	4,788*	,966	,000
	Klassik	3,534*	,956	,003

Basiert auf den geschätzten Randmitteln

*. Die mittlere Differenz ist auf dem Niveau ,05 signifikant

a. Anpassung für Mehrfachvergleiche: Bonferroni.

Auf dem 5%-Niveau erweisen sich zwei der drei Differenzen als statistisch signifikant: Pop- vs. Volkmusik (13,587–18,375 = –4,788) und Klassik vs. Volksmusik (14,841–18,375 = –3,534).

Beispiel 5

Daten von BEISPIEL 2 (Datei ANCOVA-3.SAV). Es sollen die einfachen Haupteffekte des (Spalten-) Faktors »Musikrichtung« analysiert werden. Hierbei wird bei den Frauen sowie bei den Männern untersucht, welche Unterschiede zwischen den adjustierten Mitteln der drei Musikrichtungen bestehen. Diese Mittel sind bei BEISPIEL 2 in Tabelle ❺ wiedergegeben.

In der Eingangs-Dialogbox werden GESCHLECHT und MUSIK als feste Faktoren eingegeben, abhängige Variable ist KONZENTRATION, die Kovariate VORTEST. Nach Anklicken von [Einfügen] öffnet sich das Syntax-Fenster. Hier ist die nachfolgend gezeigte EMMEANS-Anweisung einzufügen.

```
COMMENT Syntax-Datei ANCOVA-K.SPS .
COMMENT Einfache Haupteffekte der Musikrichtung .
UNIANOVA Konzentration BY Geschlecht Musik WITH Vortest
/METHOD = SSTYPE(3)
/INTERCEPT = INCLUDE
/CRITERIA = ALPHA(.05)
/EMMEANS = TABLES (Geschlecht*Musik)
 COMPARE (Musik) ADJ (Bonferroni)
/DESIGN = Vortest Geschlecht Musik Geschlecht*Musik .
```

Durch den Zusatz »ADJ (Bonferroni)« erfolgt bei Analysen in den beiden Zeilen (d. h. bei Männern und Frauen) jeweils eine Alpha-Adjustierung nach Bonferroni.

Schätzungen

Abhängige Variable: Konzentration

Geschlecht	Art der Musik	Mittelwert	Standard-fehler
Frauen	Pop	14,107[a]	1,093
	Klassik	14,169[a]	,977
	Volk	17,922[a]	,920
Männer	Pop	13,068[a]	,986
	Klassik	15,513[a]	1,092
	Volk	18,829[a]	,828

a. Die Kovariaten im Modell werden anhand der folgenden Werte berechnet: Vortest = 4,26.

Paarweise Vergleiche

Abhängige Variable: Konzentration

Geschlecht	(I) Art der Musik	(J) Art der Musik	Mittlere Differenz (I-J)	Standard-fehler	Signifikanz[a]
Frauen	Pop	Klassik	-,063	1,466	1,000
		Volk	-3,815*	1,434	,041
	Klassik	Pop	,063	1,466	1,000
		Volk	-3,752*	1,346	,031
	Volk	Pop	3,815*	1,434	,041
		Klassik	3,752*	1,346	,031
Männer	Pop	Klassik	-2,445	1,472	,329
		Volk	-5,761*	1,281	,000
	Klassik	Pop	2,445	1,472	,329
		Volk	-3,316	1,371	,071
	Volk	Pop	5,761*	1,281	,000
		Klassik	3,316	1,371	,071

Basiert auf den geschätzten Randmitteln

*. Die mittlere Differenz ist auf dem Niveau ,05 signifikant

a. Anpassung für Mehrfachvergleiche: Bonferroni.

Tests auf Univariate

Abhängige Variable: Konzentration

Geschlecht		Quadrat-summe	df	Mittel der Quadrate	F	Signifikanz
Frauen	Kontrast	49,108	2	24,554	5,144	,014
	Fehler	114,562	24	4,773		
Männer	Kontrast	99,164	2	49,582	10,387	,001
	Fehler	114,562	24	4,773		

F prüft den Effekt von Art der Musik. Diese Test basiert auf den linear unabhängigen, paarweisen Vergleichen bei den geschätzenl Randmitteln.

Erläuterungen zur Ausgabe

Die Prüfungen beziehen sich auf die in der Tabelle **Schätzungen** wiedergegebenen adjustierten Zellenmittel des 2×3-Plans.

Paarweise Vergleiche zwischen den Mitteln der Musikbedingungen bei Frauen und Männern. Die Ergebnisse der paarweisen Kontraste sind allerdings nur von Interesse, wenn die in der nächsten Tabelle ausgegebene Kovarianzanalyse einen signifikanten Effekt anzeigt. Die P-Werte jeder Zeile sind auf die Anzahl der K = 3 Kontraste hin Bonferroni-adjustiert. Sie können somit direkt mit dem gewählten α_F (= α der Zeilen-ANCOVA) verglichen werden.

Tests auf Univariate: Es wird in jeder Zeile mittels Kovarianzanalyse geprüft, ob zwischen den Mitteln der drei Musikbedingungen signifikante Unterschiede bestehen. Dies ist bei Frauen und Männern der Fall ($\alpha = 0{,}05$).

Zweifaktorieller Plan:
Messwiederholung auf einem Faktor

➤ **Analysieren / Allgemeines lineares Modell / Meßwiederholung ...**

Zur varianzanalytischen Auswertung eines J×K faktoriellen Plans, bei dem beim Spaltenfaktor Messwiederholung vorliegt (K abhängige Spaltenstichproben), während es sich bei den J Stichproben des Zeilenfaktors um unabhängige Gruppen handelt, kann die Prozedur GLM herangezogen werden. Der Plan ist näher beschrieben bei Kirk (1982, Kap. 11) unter der Bezeichnung »Split-Plot-Factorial - p.q-Design« und bei Winer et al. (1991, Kap. 7.2) als »Two Factor Design, Repeated Measures on One Factor«.

Diagramm des Plans (J×K = 3×4)				
{2} = Stichprobe 2		Spaltenfaktor »K«		
	K_1	K_2	K_3	K_4
Zeilenfaktor J_1	{1}	{1}	{1}	{1}
»J« J_2	{2}	{2}	{2}	{2}
J_3	{3}	{3}	{3}	{3}

Mit der Varianzanalyse wird geprüft, ob zwischen den Zeilen- und Spaltenmitteln bedeutsame Unterschiede bestehen und ob eine signifikante Interaktion beider Faktoren vorliegt. Im Fall signifikanter Haupteffekte lassen sich im Anschluss paarweise Vergleiche zwischen den Zeilen- und Spaltenmitteln durchführen. Auf Wunsch wird auch ein Interaktionsdiagramm ausgegeben. Über die Befehlssyntax ist weiterhin eine Prüfung der einfachen Haupteffekte der Faktoren möglich.

Im Eingangs-Dialogfeld von GLM sind für den Messwiederholungsfaktor bei *Name des Innersubjektfaktors* eine Bezeichnung sowie die *Anzahl der Stufen* (Kategorien) dieses Faktors einzugeben. Da durch die Datenanordnung bei Messwiederholung die abhängige Variable nicht durch eine Variable und deren Benennung definiert ist, empfiehlt es sich, bei *Meßwertbezeichnung* einen (dann in der Ausgabe erscheinenden) Namen für die AV einzugeben. In beiden Fällen sind die Angaben durch Anklicken von [Hinzufügen] abzuschließen.

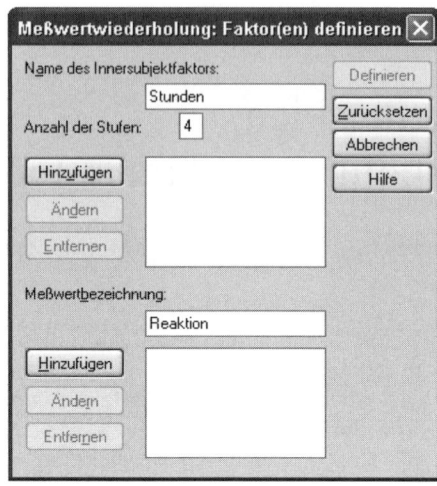

Nach Anklicken von [Definieren] erscheint die nächste Dialogbox. In ihr sind im Feld *Innersubjektvariablen* die Stufen des Spaltenfaktors – d.h. die Variablen mit den Werten der K Messwiederholungsbedingungen – aufzuführen, während bei *Zwischensubjektfaktoren* der Zeilenfaktor (mit seinen unabhängigen Stichproben) einzugeben ist.

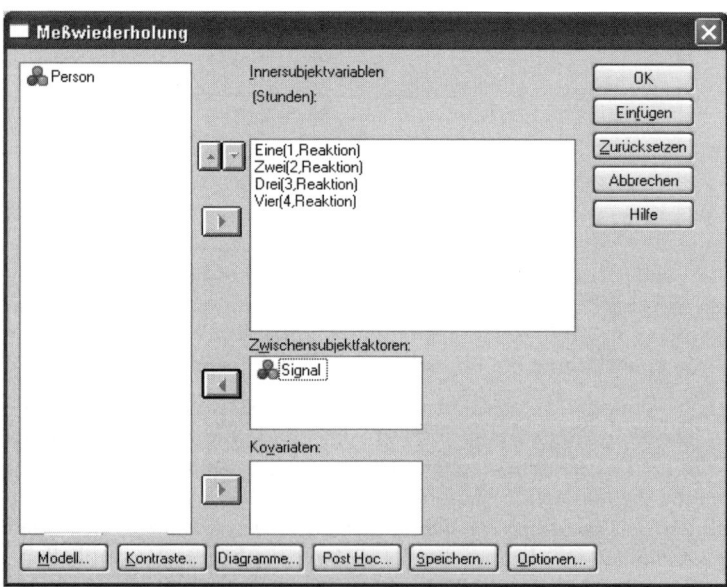

In dem über [Modell] erhältlichen Dialogfeld sind keine Veränderungen vorzunehmen. Die in der Box **Kontraste** veranlassbaren Vergleiche zwischen den Zeilen- und Spaltenmitteln sind in Kapitel 57 (BEISPIEL 7) beschrieben. Über [Post Hoc] können paarweise Vergleiche zwischen den Mitteln der J unabhängigen Stichproben des Zeilenfaktors (»Zwischensubjektfaktor«) durchgeführt werden. Die hier angebotenen Verfahren zeigt die auf S. 325 abgebildete Dialogbox.

In der Dialogbox **Optionen** erhält man bei Anklicken von *Deskriptive Statistik* die Mittelwerte und Standardabweichungen für die J×K Zellen sowie die Stufen des Messwiederholungsfaktors (»Spalten«). Werden auch die Mittelwerte für die J unabhängigen (Zeilen-) Stichproben gewünscht (was in der Regel der Fall sein dürfte), muss der Zeilenfaktor im Feld *Mittelwerte anzeigen* aufgeführt sein. Bei Wahl von *Schätzer der Effektgröße* werden Eta^2-Werte für die Stärke der Haupt- und Interaktionseffekte ausgegeben. Mit den angebotenen *Homogenitätstests* lassen sich bestimmte Annahmen überprüfen (vgl. BEISPIEL 2).

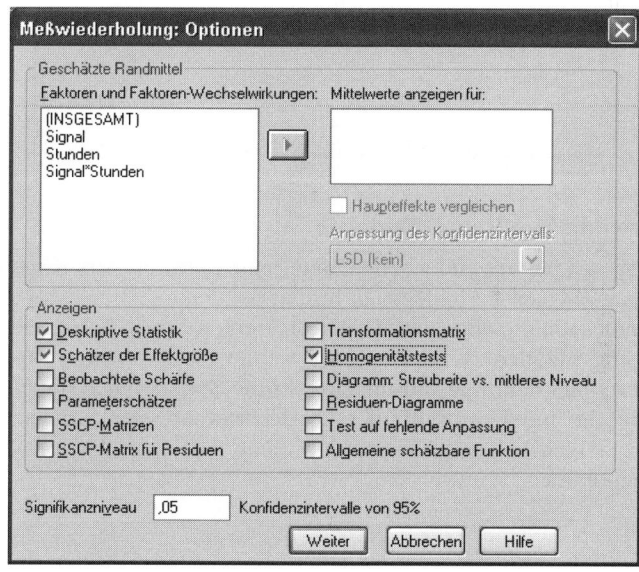

Wenn neben der Varianzanalyse auch paarweise Vergleiche zwischen den K Mitteln des Spaltenfaktors (»Messwiederholung«) gewünscht werden, muss der Name des Faktors im Feld *Mittelwerte anzeigen* aufgeführt und *Haupteffekte vergleichen* angeklickt werden. Weiterhin ist es sinnvoll, bei *Anpassung des Konfidenzintervalls* die *Bonferroni*-Adjustierung zu wählen. Die ausgegebenen P-Werte können dann direkt mit dem gewählten (familienweisen) α_F verglichen werden. Der bei *Signifikanzniveau* eingestellte Wert sollte zudem diesem α_F entsprechen.

Eine grafische Darstellung der Interaktion von Zeilen- und Spaltenfaktor kann in der über [Diagramme] erhältlichen Box veranlasst werden. Hier wird bei *Horizontale Achse* der Faktor eingegeben, dessen Stufen/Kategorien auf der waagerechten Achse abgetragen werden sollen, während bei *Separate Linien* der andere Faktor aufzuführen ist. Anschließend ist das Variablenpaar über Anklicken von [Hinzufügen] ins Feld Diagramme zu verbringen.

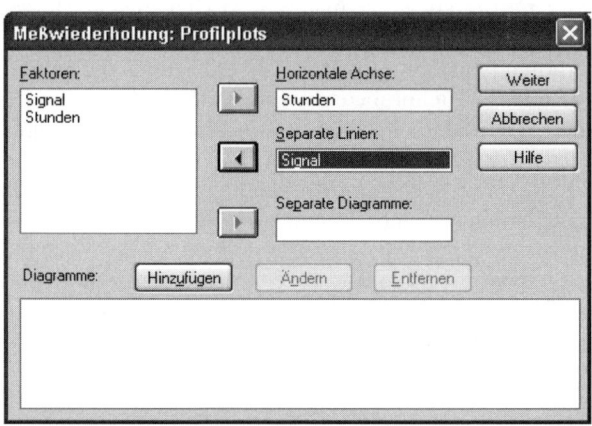

Analyse der einfachen Haupteffekte

Bei der Untersuchung der einfachen Haupteffekte eines Faktors K werden dessen Effekte separat auf den verschiedenen Stufen des Faktors J analysiert – und umgekehrt, wenn es um die einfachen Haupteffekte von J geht. Wie in Kapitel 57 im Zusammenhang mit der zweifaktoriellen Varianzanalyse (ohne Messwiederholung) erläutert, sind derartige Prüfungen über die Syntax unter Heranziehung des EMMEANS-Befehls möglich (S. 326 f.). Die Übertragung der dortigen Ausführungen auf den jetzigen Fall mit Messwiederholung auf einem Faktor wird bei BEISPIEL 6 vorgenommen.

Übersicht über die in den Beispielen behandelten Probleme

① Varianzanalytische Auswertung eines 2×4-faktoriellen Plans. Messung der abhängigen Variablen zu vier Zeitpunkten; Zufallsaufteilung der Probanden auf die unabhängigen Stichproben.

② Paarweise Vergleiche zwischen den Mitteln der Messwiederholungsbedingungen von BEISPIEL 1.

③ Grafische Darstellung des Interaktionseffekts von BEISPIEL 1.

④ Varianzanalytische Auswertung eines 3×2-faktoriellen Plans. Bildung der unabhängigen Gruppen nach einem Person-Merkmal (Studienfach).

⑤ Paarweise Vergleiche zwischen den Mitteln der unabhängigen Gruppen von BEISPIEL 2.

⑥ Analyse der Einfachen Haupteffekte von Zeilen- und Spaltenfaktor von BEISPIEL 2

Beispiel 1

Das Beispiel entstammt Kirk (1982, S. 494). Untersucht wird die Aufmerksamkeitsleistung an einem Monitor. Abhängige Variable ist ein Maß der Reaktionsgeschwindigkeit auf die auftretenden Signale. Faktor J ist die »Art der Signaldarbietung« (1 = *akustisches Signal*, 2 = *optisches Signal*).

Acht Personen werden per Zufall (zu je vier) auf die beiden Bedingungen aufgeteilt. Faktor K ist die »Dauer der Beobachtungstätigkeit«. Bei den acht Personen wird die Reaktionsgeschwindigkeit jeweils nach einer, nach zwei sowie nach drei und vier Stunden Monitortätigkeit erhoben (abhängige Variable). Nachfolgend die Daten (niedriger Wert = schnelle Reaktion):

Art des Signals	Beobachtungstätigkeit (in Stunden)				Block/ Person
	1 St.	2 St.	3 St.	4 St.	
Ton	3	4	7	7	1
	6	5	8	8	2
	3	4	7	9	3
	3	3	6	8	4
Licht	1	2	5	10	5
	2	3	6	10	6
	2	4	5	9	7
	2	3	6	11	8

Die Daten werden in eine Datei ZWEIFAK-1-MW.SAV eingegeben. Die Kodierung des Faktors »Signaldarbietung« enthält die Variable SIGNAL, während die Variablen EINE bis VIER die zu den vier Messzeitpunkten erfassten Werte der Personen enthalten. Varianzanalytisch untersucht werden die Haupteffekte von Signaldarbietung und Beobachtungsdauer sowie deren Interaktionswirkung. An Optionen wird die Ausgabe der Zeilen-, Spalten- und Zellenkennwerte gewählt.

Innersubjektfaktoren
Maß: Reaktion

Stunden	Abhängige Variable	
1	Eine	
2	Zwei	
3	Drei	
4	Vier	

Zwischensubjektfaktoren

		Wertelabel	N	
Signal	1	Ton	4	
	2	Licht	4	

Deskriptive Statistiken

	Signal	Mittelwert	Standard-abwei-chung	N	
Eine	Ton	3,75	1,500	4	
	Licht	1,75	,500	4	
	Gesamt	2,75	1,488	8	
Zwei	Ton	4,00	,816	4	
	Licht	3,00	,816	4	
	Gesamt	3,50	,926	8	
Drei	Ton	7,00	,816	4	
	Licht	5,50	,577	4	
	Gesamt	6,25	1,035	8	
Vier	Ton	8,00	,816	4	
	Licht	10,00	,816	4	
	Gesamt	9,00	1,309	8	

Multivariate Tests [b]

Effekt		Wert	F	Hypo-these df	Fehler df	Signifi-kanz	
Stunden	Pillai-Spur	,973	47,192 [a]	3,000	4,000	,001	
	Wilks-Lambda	,027	47,192 [a]	3,000	4,000	,001	
	Hotelling-Spur	35,394	47,192 [a]	3,000	4,000	,001	
	Größte charakteristische Wurzel nach Roy	35,394	47,192 [a]	3,000	4,000	,001	
Stunden *Signal	Pillai-Spur	,856	7,906 [a]	3,000	4,000	,037	
	Wilks-Lambda	,144	7,906 [a]	3,000	4,000	,037	
	Hotelling-Spur	5,930	7,906 [a]	3,000	4,000	,037	
	Größte charakteristische Wurzel nach Roy	5,930	7,906 [a]	3,000	4,000	,037	

a. Exakte Statistik
b. Design: Intercept+Signal
   Innersubjekt-Design: Stunden

Mauchly-Test auf Sphärizität [b]

	Innersubjekteffekt
	Stunden
Mauchly-W	,315
Approximiertes Chi-Quadrat	5,449
df	5
Signifikanz	,372
Epsilon [a] Greenhouse-Geisser	,584 ❻
Huynh-Feldt	,943
Untergrenze	,333

Prüft die Nullhypothese, daß sich die Fehlerkovarianz-Matrix der orthonormalisierten transformierten abhängigen Variablen proportional zur Einheitsmatrix verhält.
a. Kann zum Korrigieren der Freiheitsgrade für die gemittelten Signifikanztests verwendet werden.
   In der Tabelle mit den Tests der Effekte innerhalb der Subjekte werden korrigierte Tests angezeigt.
b. Design: Intercept+Signal Innersubjekt-Design: Stunden

Tests der Innersubjekteffekte ❼

Quelle		Quadrat-summe vom Typ III	df	Mittel der Quadra-te	F	Signifi-kanz
Stunden	Sphärizität angenom-men	194,500	3	64,833	127,890	,000
	Greenhouse-Geisser	194,500	1,752	110,992	127,890	,000
	Huynh-Feldt	194,500	2,830	68,738	127,890	,000
	Untergrenze	194,500	1,000	194,500	127,890	,000
Stunden	Sphärizität angenom-men	19,375	3	6,458	12,740	,000
* Signal	Greenhouse-Geisser	19,375	1,752	11,056	12,740	,002
	Huynh-Feldt	19,375	2,830	6,847	12,740	,000
	Untergrenze	19,375	1,000	19,375	12,740	,012
Fehler	Sphärizität angenom-men	9,125	18	,507		
(Stunden)	Greenhouse-Geisser	9,125	10,514	,868		
	Huynh-Feldt	9,125	16,978	,537		
	Untergrenze	9,125	6,000	1,521		

Tests der Innersubjektkontraste ❽

Quelle	Stunden	Quadrat-summe vom Typ III	df	Mittel der Quadrate	F	Signifi-kanz
Stunden	Linear	184,900	1	184,900	182,617	,000
	Quadratisch	8,000	1	8,000	25,600	,002
	Kubisch	1,600	1	1,600	8,170	,029
Stunden	Linear	13,225	1	13,225	13,062	,011
*Signal	Quadratisch	3,125	1	3,125	10,000	,020
	Kubisch	3,025	1	3,025	15,447	,008
Fehler	Linear	6,075	6	1,013		
(Stunden)	Quadratisch	1,875	6	,313		
	Kubisch	1,175	6	,196		

Tests der Zwischensubjekteffekte

Transformierte Variable: Mittel

Quelle	Quadrat-summe vom Typ III	df	Mittel der Quadrate	F	Signifi-kanz	
Konstanter Term	924,500	1	924,500	591,680	,000	
Signal	3,125	1	3,125	2,000	,207	
Fehler	9,375	6	1,563			

Geschätzte Randmittel

Signalart

Signalart	Mittelwert	Standardfehler	
Ton	5,688	,313	
Licht	5,063	,313	

Erläuterungen zur Ausgabe

❶ Beschreibung des Faktors mit den K Messwiederholungsbedigungen (Spaltenfaktor »Beobachtungsdauer«).

❷ Beschreibung des Faktors mit den J unabhängigen Stichproben (Zeilenfaktor »Signalart«).

❸ Mittelwerte und Standardabweichungen für die J∗K Zellen sowie die Stufen des Messwiederholungsfaktors. Die »unabhängigen« Mittelwerte für die Stufen des Zeilenfaktors enthält Tabelle ❿.

❹ Multivariate Prüfung des Haupteffekts des Messwiederholungsfaktors sowie des Interaktionseffekts mittels Hotelling's T^2-Test (Winer et al., 1991, Kap. 4.7); das Verfahren macht nicht die Annahme der Sphärizität. Die übrigen Tests liefern im vorliegenden Fall (nur) einer abhängigen Variablen immer das gleiche Ergebnis wie Hotelling's T^2 – und müssten deshalb nicht aufgeführt werden.

❺ Prüfung mittels eines Tests von Mauchly, ob die Eigenschaft (Voraussetzung) der Sphärizität (Zirkularität) gegeben ist (⇨ *Inferenzstatistik, S. 320*; Winer et al., 1991, S. 255 ff.). Bei der Tabelle wurden im Ausgabe-Viewer aus Formatgründen Zeilen und Spalten vertauscht.

❻ **Greenhouse-Geisser** und **Huynh-Feld Epsilon**: Epsilon-Werte zur Adjustierung der Freiheitsgrade der F-Tests. Die Adjustierung wird vom Programm in Tabelle ❼ bereits selbst vorgenommen.

❼ Ergebnisse zum Messwiederholungsfaktor und zur Interaktion.

Stunden (= Faktor-Name): Prüfung des Haupteffekts des Messwiederholungsfaktors »Beobachtungsdauer« (Unterschiede zwischen den Spaltenmitteln). **Sphärizität angenommen**: Nicht adjustierte Zähler-Freiheitsgrade $df_1 = 3$. **Greenhouse-**

Geisser, Huynh-Feldt: Durch das entsprechende Epsilon adjustierte df_1 (z.B. $3*0,584 = 1,752$). **Untergrenze**: Minimale Freiheitsgrade des »konservativen F-Tests« ($\Rightarrow$ *Inferenzstatistik, S. 320;* Winer et al., 1991, S. 520). P-Werte für die verschiedenen F-Tests (»Signifikanz«).

Stunden*Signal: Prüfung des Interaktionseffekts. Nicht adjustierte $df_1=3$, Greenhouse-Geisser adjustierte $df_1 = 3*0,584 = 1,752$.

Fehler (Stunden): Nicht adjustierte Nenner-Freiheitsgrade $df_2=18$, Greenhouse-Geisser adjustierte $df_2 = 18*0,58413 = 10,514$.

Bei Wahl von *Schätzer der Effektgröße* in der Dialogbox **Optionen** ergibt sich für den Haupteffekt des Messwiederholungsfaktors STUNDEN ein »Eta-Quadrat« von 0,955. Es berechnet sich wie folgt: $Eta^2 = SAQ_{FAKTOR} / (SAQ_{FAKTOR} + SAQ_{Fehler}) = 194,5 / (194,5 + 9,125) = 0,955$. Für die Interaktion erhält man: $Eta^2 = SAQ_{INTERAKTION} / (SAQ_{INTERAKTION} + SAQ_{Fehler}) = 19,375 / (19,375 + 9,125) = 0,680$.

❽ Prüfung der Beziehung zwischen Messwiederholungsfaktor und abhängiger Variablen auf linearen, quadratischen und kubischen Trend (Winer et al., 1991, Kap. 7.6). Eine derartige Prüfung macht allerdings nur Sinn, wenn es sich bei dem Faktor – wie im vorliegenden Fall – um eine metrische Variable handelt und die Faktorstufen gleichabständig sind.

❾ **Signal**: Prüfung des Haupteffekts des Zeilenfaktors »Signalart« (unabhängige Gruppen), d.h. Test, ob zwischen den Zeilenmitteln signifikanteUnterschiede bestehen. P-Wert für F (»Signifikanz«) . **Fehler**: Nenner-Größen der F-Quotienten. Bei Anforderung eines Effektstärkemaßes ergibt sich: $Eta^2 = SAQ_{FAKTOR} / (SAQ_{FAKTOR} + SAQ_{Fehler}) = 3,125 / (3,125 + 9,375) = 0,250$.

❿ Angeforderte Mittelwerte für die Stufen des Zeilenfaktors »Signalart« (unabhängige Stichproben), die in Tabelle ❸ nicht mitausgegeben werden (rechte Spalten zum »Konfidenzintervall« gelöscht). Die nachfolgende Tabelle stellt die nun für den Plan komplett vorliegenden Zeilen-, Spalten- und Zellmittel noch einmal übersichtlich zusammen:

Signal	Beobachtungstätigkeit				Zeilen
	1 St.	2 St.	3 St.	4 St.	
Ton	3,75	4,00	7,00	8,00	5,69
Licht	1,75	3,00	5,50	10,00	5,06
Spalten	2,75	3,50	6,25	9,00	

Bei $\alpha = 0,01$ und Greenhouse-Geisser adjustierten Freiheitsgraden erweisen sich der Effekt des Faktors »Beobachtungsdauer« sowie der Interaktionseffekt als signifikant, während der (geringe) Unterschied zwischen den Zeilenmitteln (»Signalart«) insignifikant ist.

Beispiel 2

Daten von BEISPIEL 1. Auch bei Epsilon-Adjustierung hat die Varianzanalyse angezeigt, dass zwischen den durchschnittlichen Reaktionsleistungen zu den vier Erhebungszeitpunkten signifikante Unterschiede bestehen ($\alpha = 0,01$). Es soll nun geprüft werden, welche der Spaltenmittel sich im Einzelnen signifikant voneinander unterscheiden. Dazu wird in der Box **Optionen** (S. 371) für den Faktor STUNDEN *Haupteffekte vergleichen* und die *Bonferroni*-Adjustierung gewählt sowie bei *Signifikanzniveau* der Wert »,01« eingegeben. Nachfolgend der Teil der Ausgabe, der die Ergebnisse zu den paarweisen Vergleichen enthält. In der Tabelle wurden die (rechten) Spalten zum »Konfidenzintervall« gelöscht. Bis auf die Differenz 1 vs. 2 Stunden erweisen sich sämtliche Mittelwertsunterschiede auf dem 1%-Niveau als signifikant.

Paarweise Vergleiche

Maß: Reaktion

(I) Stunden	(J) Stunden	Mittlere Differenz (I-J)	Standard-fehler	Signifikanz[a]
1	2	-,750	,270	,193
	3	-3,500*	,270	,000
	4	-6,250*	,489	,000
2	1	,750	,270	,193
	3	-2,750*	,250	,000
	4	-5,500*	,456	,000
3	1	3,500*	,270	,000
	2	2,750*	,250	,000
	4	-2,750*	,323	,001
4	1	6,250*	,489	,000
	2	5,500*	,456	,000
	3	2,750*	,323	,001

Basiert auf den geschätzten Randmitteln

*. Die mittlere Differenz ist auf dem Niveau ,05 signifikant

a. Anpassung für Mehrfachvergleiche: Bonferroni.

Beispiel 3

Die Interaktion zwischen den Faktoren »Beobachtungsdauer« und »Signalart«, die sich in der Varianzanalyse als signifikant erwiesen hat, soll grafisch dargestellt werden. Dazu wird in der Box **Profilplots** (S. 372) die Variable STUNDEN im Feld *Horizontale Achse* eingegeben, der Faktor SIGNAL bei *Separate Linien*. Nachfolgend das Diagramm in seiner voreingestellten Ausgabeform. Es stellt die in Tabelle ❸ von BEISPIEL 1 wiedergegebenen Zellenmittelwerte dar.

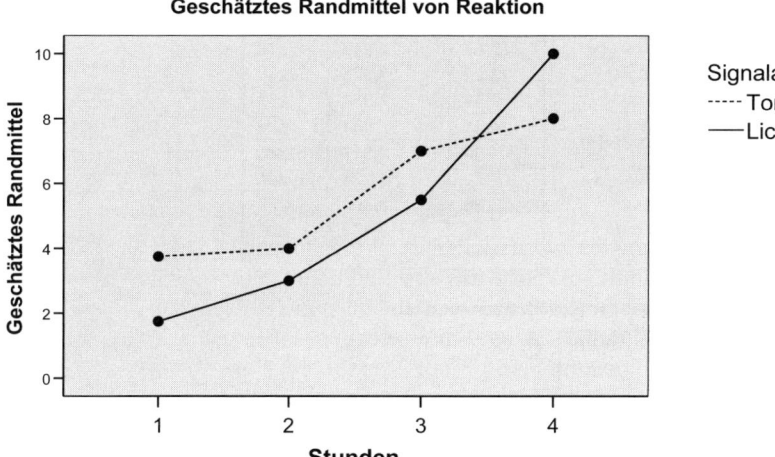

Geschätztes Randmittel von Reaktion

Beispiel 4

Die Datei FRABOGEN.SAV enthält eine Variable STUDIENFACH3, bei der das Fach der Befragten wie folgt kategorisiert ist: 1 = *Psychologie*, 2 = *Pädagogik*, 3 = *Magister*. Es soll untersucht werden, ob bei den männlichen Studierenden (Variable GESCHLECHT = 2) ein signifikanter Unterschied zwischen der durchschnittlichen Punktzahl in Deutsch und Mathematik besteht und wieweit sich die drei Fächer in ihren mittleren Noten unterscheiden. Der Zeilenfaktor (mit den unabhängigen Stichproben) ist hier das »Studienfach«, während die Werte der Noten (Variablen DEUTSCHPUNKTE und MATHEPUNKTE) die abhängigen Stichproben darstellen. Es handelt sich somit um einen 3×2-faktoriellen Plan. Der Messwiederholungsfaktor wird im Eingangs-Dialogfeld mit »Schulfach« benannt, die Werte der abhängigen Variablen mit »Punkte«. In der Box **Optionen** werden neben den Kennwerten für die Zeilen, Spalten und Zellen auch die angebotenen *Homogenitätstests* angefordert.

Innersubjektfaktoren

Maß: Punkte

Schulfach	Abhängige Variable
1	Deutschpunkte
2	Mathepunkte

Zwischensubjektfaktoren

		Wertelabel	N
Studienfach3	1	Psychologie	370
	2	Pädagogik	246
	3	Magister	253

379

Deskriptive Statistiken

	Studienfach3	Mittel-wert	Standard-abweichung	N	
Deutschpunkte	Psychologie	10,86	2,247	370	
	Pädagogik	9,22	2,375	246	
	Magister	9,52	2,356	253	
	Gesamt	10,01	2,431	869	
Mathepunkte	Psychologie	9,50	3,517	370	
	Pädagogik	7,72	3,234	246	
	Magister	7,96	3,304	253	
	Gesamt	8,55	3,473	869	

Box-Test auf Gleichheit der Kovarianzenmatrizen [a]

Box-M-Test	19,398	❷
F	3,222	
df1	6	
df2	10321010,116	
Signifikanz	,004	

Prüft die Nullhypothese, daß die beobachteten Kovarianzenmatrizen der abhängigen Variablen über die Gruppen gleich sind.

a. Design: Intercept+Studienfach3   Innersubjekt-Design: Schulfach

Multivariate Tests	❸

Mauchly-Test auf Sphärizität	❹

Tests der Innersubjekteffekte

Quelle		Quadrat-summe vom Typ III	df	Mittel der Quadrate	F	Signi-fi-kanz	❺
Schulfach	Sphärizität angenom.	909,341	1	909,341	121,344	,000	
	Greenhouse-Geisser	909,341	1	909,341	121,344	,000	
	Huynh-Feldt	909,341	1	909,341	121,344	,000	
	Untergrenze	909,341	1	909,341	121,344	,000	
Schulfach	Sphärizität angenom.	3,066	2	1,533	,205	,815	
*Studien-	Greenhouse-Geisser	3,066	2	1,533	,205	,815	
fach3	Huynh-Feldt	3,066	2	1,533	,205	,815	
	Untergrenze	3,066	2	1,533	,205	,815	
Fehler	Sphärizität angenom.	6489,750	866	7,494			
(Schulfach)	Greenhouse-Geisser	6489,750	866	7,494			
	Huynh-Feldt	6489,750	866	7,494			
	Untergrenze	6489,750	866	7,494			

Tests der Innersubjektkontraste	❻

Levene-Test auf Gleichheit der Fehlervarianzen [a]

	F	df1	df2	Signifi-kanz
Deutschpunkte	,750	2	866	,473
Mathepunkte	2,026	2	866	,132

Prüft die Nullhypothese, daß die Fehlervarianz der abhängigen Variablen
über Gruppen hinweg gleich ist.

a. Design: Intercept+Studienfach3   Innersubjekt-Design: Schulfach

Tests der Zwischensubjekteffekte

Transformierte Variable: Mittel

Quelle	Quadrat-summe vom Typ III	df	Mittel der Quadrate	F	Signifi-kanz	
Konstanter Term	139964,315	1	139964,315	15091,708	,000	
Studienfach3	1077,824	2	538,912	58,108	,000	
Fehler	8031,503	866	9,274			

Geschätzte Randmittel

1. Studienfach (3-kategorial)

Studienfach (3-kategorial)	Mittelwert	Standardfehler	
Psychologie	10,184	,112	
Pädagogik	8,465	,137	
Magister	8,741	,135	

2. Schulfach

Schulfach	Mittelwert	Standardfehler	
1	9,866	,080	
2	8,394	,117	

Erläuterungen zur Ausgabe (soweit nicht bei BEISPIEL 1 gegeben)

❶ Zellenmittel und gewichtete Mittel des Messwiedertholungsfaktors SCHULFACH
(»Gesamt«). Die Mittelwerte der drei Studienfächer enthält Tabelle ❾.

❷ Bei der multivariaten Prüfung der Effekte des Messwiederholungsfaktors (siehe ❸) wird die Annahme gemacht, dass die Varianz-Kovarianz-Matrizen der J
unabhängigen Zeilenpopulationen gleich sind. Der Box-Test stellt eine Überprüfung dieser Annahme dar.

❸ Aus Platzgründen wurden die Tabelle mit den ergebnisgleichen multivariaten
Tests von Pillai, Wilks Hotelling und Roy gelöscht (vgl. BEISPIEL 1).

❹ Aus Platzgründen ist die (bei BEISPIEL 1 erläuterte) Tabelle zum Mauchly-Test nicht wiedergegeben, zumal die Annahme der »Sphärizität« bei Messwiederholungsfaktoren mit nur zwei Stufen/Kategorien nicht relevant ist.

❺ Varianzanalytische Ergebnisse zum Messwiederholungsfaktor und zur Interaktion. Da die Annahme von Sphärizität nur relevant ist, wenn mehr als zwei Stufen/Kategorien vorliegen, findet keine Adjustierung der Freiheitsgrade statt und alle Prüfungen führen zum gleichen Ergebnis.

❻ Die Tabelle mit den Ergebnissen zur Trendprüfung beim Messwiederholungsfaktor (vgl. BEISPIEL 1) wurde gelöscht. Eine derartige Prüfung ist ohnehin unsinnig, wenn der Faktor nur zwei Stufen aufweist.

❼ Beim Test der Effekte des Zeilenfaktors (unabhängige Stichproben) wird die Annahme gemacht, dass bei den K Messwiederholungsbedingungen die J Populationsvarianzen jeweils gleich sind. Der Levene-Test stellt eine Überprüfung dieser Annahme dar.

❽ Prüfung des Haupteffekts des Faktors »Studienfach« (unabhängige Gruppen), d.h. Test, ob zwischen den Zeilenmitteln signifikanteUnterschiede bestehen.

❾ Angeforderte Mittelwerte für den Zeilenfaktor »Studienfach« (in Tabelle ❶ nicht enthalten). In dieser und der nächsten Tabelle wurden die rechten Spalten zum»Konfidenzintervall« gelöscht.

❿ Ungewichtete Mittel des Messwiederholungsfaktors, die – im Fall von ungleichen Umfängen der unabhängigen Stichproben – von der Varianzanalyse auf signifikanten Unterschied geprüft werden. Das ungewichtete Mittel der DEUTSCH-PUNKTE berechnet sich (auf Grund der Zellenmittelwerte in Tabelle ❶) wie folgt: $(10,86 + 9,22 + 9,52)/3 = 9,867$.

Auf dem 5%-Niveau erweisen sich die Haupteffekte der Faktoren als statistisch signifikant, nicht jedoch ihr Interaktionseffekt. Eine Inspektion des Interaktionsdiagramms zeigt hier, dass die Mittelwertslinien fast perfekt parallel verlaufen.

Beispiel 5

Daten von BEISPIEL 4. Die Varianzanalyse hat angezeigt, dass zwischen den durchschnittlichen Punktezahlen der drei Gruppen von Studierenden (wiedergegeben in Tabelle ❾) signifikante Unterschiede bestehen. Es soll nun mittels Tukey-Test (bei $\alpha_F = 0,05$) geprüft werden, welche der Mittel sich im Einzelnen bedeutsam voneinander unterscheiden. Dazu wird in der Box **Post-Hoc** (vgl. S. 325) der Faktor STUDIENFACH3 im Feld *Post-Hoc-Tests* aufgeführt und die Option *Tukey* angeklickt.

Nachfolgend der Teil der Ausgabe, der die Ergebnisse zu den paarweisen Vergleichen enthält. In der Tabelle wurden die (rechten) Spalten zum »Konfidenzintervall« gelöscht. Die durchschnittliche Punktezahl der Psychologiestudenten ist jeweils signifikant höher als die der Pädagogik- und Magister-Studenten. Pädago-
gik- und Magistergruppe unterscheiden sich dagegen nicht signifikant.

Mehrfachvergleiche

Maß: Punkte
Tukey-HSD

(I) Studienfach (3-kategorial)	(J) Studienfach (3-kategorial)	Mittlere Differenz (I-J)	Standard-fehler	Signifikanz
Psychologie	Pädagogik	1,72*	,177	,000
	Magister	1,44*	,176	,000
Pädagogik	Psychologie	-1,72*	,177	,000
	Magister	-,28	,193	,326
Magister	Psychologie	-1,44*	,176	,000
	Pädagogik	,28	,193	,326

Basiert auf beobachteten Mittelwerten.
*. Die mittlere Differenz ist auf der Stufe ,05 signifikant.

Beispiel 6

Daten von BEISPIEL 4 (Datei FRABOGEN.SAV). Es sollen als Erstes die einfachen
Haupteffekte des Zeilenfaktors »Studienfach« analysiert werden. Hierbei wird bei
den Variablen DEUTSCHPUNKTE und MATHEPUNKTE jeweils untersucht, welche
Unterschiede zwischen den Mitteln der drei Studenten-Gruppen bestehen.

Die Eingaben in der Eingangs-Dialogbox entsprechen denen bei Bespiel 4: Name
des Messwiederholungsfaktors »Schulfach«, STUDIENFACH3 als »Zwischensubjektfaktor«. Nach Anklicken von [Einfügen] öffnet sich das Syntax-Fenster. Hier
ist die nachfolgend gezeigte EMMEANS-Anweisung einzufügen:

```
COMMENT Syntax-Datei MESSWIED-1.SPS .
COMMENT Einfache Haupteffekte von Studienfach 3 (unabh. Gruppen).
GLM  Deutschpunkte Mathepunkte BY Studienfach3
 /WSFACTOR = Schulfach 2 Polynomial
 /MEASURE = Punkte
 /METHOD = SSTYPE(3)
 /CRITERIA = ALPHA(.05)
 /EMMEANS = TABLES (Studienfach3*Schulfach)
  COMPARE (Studienfach3)  ADJ (Bonferroni)
 /WSDESIGN = Schulfach
 /DESIGN = Studienfach3 .
```

Die paarweise verglichenen Mittelwerte lassen sich Tabelle ❶ von Beispiel 4 entnehmen. So entsteht die erste Differenz bei »Schulfach 1« (Punkte in Deutsch) wie folgt: $10,86 - 9,22 = 1,64$.

Paarweise Vergleiche

Maß: Punkte

Schulfach	(I) Studienfach (3-kategorial)	(J) Studienfach (3-kategorial)	Mittlere Differenz (I-J)	Standard-fehler	Signifikanz[a]
1	Psychologie	Pädagogik	1,649*	,191	,000
		Magister	1,347*	,189	,000
	Pädagogik	Psychologie	-1,649*	,191	,000
		Magister	-,302	,207	,436
	Magister	Psychologie	-1,347*	,189	,000
		Pädagogik	,302	,207	,436
2	Psychologie	Pädagogik	1,787*	,278	,000
		Magister	1,538*	,276	,000
	Pädagogik	Psychologie	-1,787*	,278	,000
		Magister	-,249	,302	1,000
	Magister	Psychologie	-1,538*	,276	,000
		Pädagogik	,249	,302	1,000

Basiert auf den geschätzten Randmitteln

*. Die mittlere Differenz ist auf dem Niveau ,05 signifikant

a. Anpassung für Mehrfachvergleiche: Bonferroni.

Tests auf Univariate

Maß: Punkte

Schulfach		Quadrat-summe	df	Mittel der Quadrate	F	Signifikanz
1	Kontrast	486,977	2	243,488	45,405	,000
	Fehler	4643,995	866	5,363		
2	Kontrast	593,913	2	296,957	26,036	,000
	Fehler	9877,258	866	11,406		

F prüft den Effekt von Studienfach (3-kategorial). Diese Test basiert auf den linear unabhängigen, paarweisen Vergleichen bei den geschätzten Randmitteln.

Erläuterungen zur Ausgabe

Paarweise Vergleiche zwischen den Mitteln der Studentengruppen bei den Deutsch- und Mathematikpunkten. Die Ergebnisse der paarweisen Kontraste sind allerdings nur von Interesse, wenn die in der nächsten Tabelle ausgegebene Varianzanalyse einen signifikanten Effekt anzeigt. Die P-Werte jeder Spalte sind auf die Anzahl der K = 3 Kontraste hin Bonferroni-adjustiert. Sie können somit direkt mit dem gewählten α_F (= α der Spalten-ANOVA) verglichen werden.

Tests auf Univariate: Es wird in jeder Spalte mittels Varianzanalyse geprüft, ob zwischen den Mitteln der drei Studentengruppen signifikante Unterschiede bestehen. Dies ist bei beiden Schulfächern der Fall ($\alpha = 0,05$).

Bei der Analyse der einfachen Haupteffekte des Faktors »Schulfach« wird in jeder der Studentengruppen geprüft, ob sich die Mittelwerte der Deutsch- und Mathematikpunkte signifikant unterscheiden. Die in die Syntax-Datei einzufügende EMMEANS-Anweisung lautet dann wie folgt (vgl. Datei MESSWIED-2.SPS):

```
/EMMEANS = TABLES (Studienfach3*Schulfach)
  COMPARE (Schulfach) ADJ (Bonferroni)
```

In der ersten Tabelle wurden die rechten Spalten zum »Konfidenzintervall« gelöscht, in der zweiten Tabelle die Zeilen mit den ergebnisgleichen Tests von Pillai, Wilks und Roy.

Paarweise Vergleiche

Maß: Punkte

Studienfach (3-kategorial)	(I) Schulfach	(J) Schulfach	Mittlere Differenz (I-J)	Standardfehler	Signifikanz [a]
Psychologie	1	2	1,362*	,201	,000
	2	1	-1,362*	,201	,000
Pädagogik	1	2	1,500*	,247	,000
	2	1	-1,500*	,247	,000
Magister	1	2	1,553*	,243	,000
	2	1	-1,553*	,243	,000

Basiert auf den geschätzten Randmitteln

* Die mittlere Differenz ist auf dem Niveau ,05 signifikant

a. Anpassung für Mehrfachvergleiche: Bonferroni.

Multivariate Tests

Studienfach (3-kategorial)		Wert	F	Hypothese df	Fehler df	Signifikanz
Psychologie	Hotelling-Spur	,053	45,806 [a]	1,000	866,000	,000
Pädagogik	Hotelling-Spur	,043	36,930 [a]	1,000	866,000	,000
Magister	Hotelling-Spur	,047	40,731 [a]	1,000	866,000	,000

Jedes F prüft die multivariaten einfachen Effekte von Schulfach innerhalb jeder Kombination von Niveaus der anderen angezeigten Effekte. Die Tests basieren auf den linear unabhängigen, paarweisen Vergleichen bei den geschätzten Randmitteln.

a. Exakte Statistik

Wie die zweite Tabelle zeigt, wird die Frage, ob zwischen den Mitteln der Messwiederholungsbedingungen (überhaupt) signifikante Unterschiede bestehen, mit multivariaten Verfahren geprüft. Im vorliegenden Fall von nur zwei Messwiederholungsbedingungen führen die paarweisen Vergleiche und der Globaltest zum selben Ergebnis.

Zweifaktorieller Plan:
Messwiederholung über beide Faktoren

Die varianzanalytische Auswertung eines J×K-faktoriellen Plans, bei dem (vollständige) Messwiederholung über beide Faktoren vorliegt, kann mit der Prozedur GLM vorgenommen werden. Eine Stichprobe von n Personen durchläuft hier sämtliche Kombinationen der Faktorenstufen (J∗K abhängige Zellenstichproben). Im Fall von Matching liegen n Blöcke von jeweils J∗K Personen vor, deren Elemente per Zufall den J∗K Bedingungen zugewiesen werden. Der Plan und seine Auswertung sind beschrieben bei Kirk (1982, Kap. 9.4) unter der Bezeichnung »Randomized Block Factorial Design«. Die Berechnung der F-Quotienten nimmt GLM gemäß der bei Kirk auf S. 448 definierten Größe F^x vor.

Diagramm des Plans (J×K = 3×3)

$\{1\}$ = Stichprobe 1   Spaltenfaktor »K«

		K_1	K_2	K_3
Zeilenfaktor	J_1	$\{1\}_{1,1}$	$\{1\}_{1,2}$	$\{1\}_{1,3}$
»J«	J_2	$\{1\}_{2,1}$	$\{1\}_{2,2}$	$\{1\}_{2,3}$
	J_3	$\{1\}_{3,1}$	$\{1\}_{3,2}$	$\{1\}_{3,3}$

Mit der Varianzanalyse wird geprüft, ob zwischen den Zeilen- und Spaltenmitteln statistisch bedeutsame Unterschiede bestehen und ob eine signifikante Interaktion beider Faktoren vorliegt. Im Fall signifikanter Haupteffekte lassen sich im Anschluss paarweise Vergleiche zwischen den Zeilen- und Spaltenmitteln durchführen. Auf Wunsch wird auch ein Interaktionsdiagramm ausgegeben. Über die Befehlssyntax ist weiterhin eine Prüfung der einfachen Haupteffekte möglich.

Die Werte der J∗K Zellen werden als J∗K Variablen in die Datendatei eingegeben. Hierbei empfiehlt es sich, als Erstes die Zellendaten von Zeile J = 1 einzugeben, dann die von Zeile J = 2, usf. Im dargestellten 3×3 Plan wäre dies in der Folge: $\{1\}_{1,1}$ = Variable 1, ..., $\{1\}_{1,3}$ = Variable 3; $\{1\}_{2,1}$ = Variable 4, ..., $\{1\}_{2,3}$ = Variable 6; $\{1\}_{3,1}$ = Variable 7, ..., $\{1\}_{3,3}$ = Variable 9.

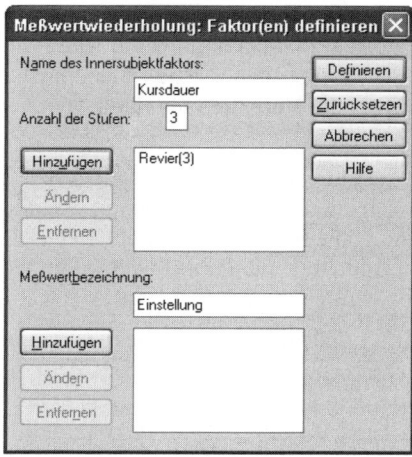

Im Eingangs-Dialogfeld von GLM sind als Erstes für den Zeilenfaktor (bei *Name des Innersubjektfaktors*) eine Bezeichnung sowie die *Anzahl* seiner *Stufen* oder Kategorien (J) einzugeben. Auf die gleiche Weise werden für den Spaltenfaktor ein Name und die Anzahl der Stufen (K) hinzugefügt. Weiterhin sollte bei *Meßwertbezeichnung* ein (dann in der Ausgabe erscheinender) Name für die abhängige Variable eingegeben werden. In beiden Fällen sind die Angaben mit [Hinzufügen] abzuschließen.

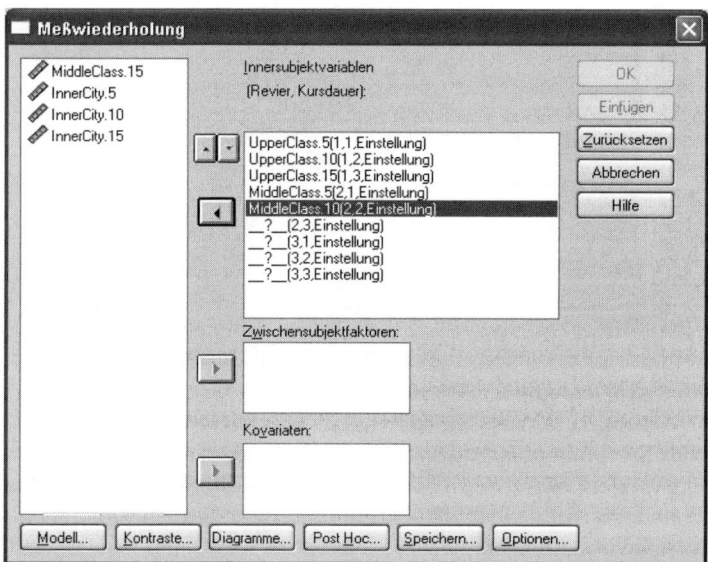

In der nächsten Dialogbox sind im Feld *Innersubjektvariablen* die J∗K Variablen mit den Zellendaten aufzuführen. Wie die in Klammern vorgegebenen Zellenindices (j, k) zeigen, muss dies in der oben für die Dateneingabe empfohlenen Reihenfolge geschehen: Als Erstes die Variablen mit den Daten von Zeile J = 1, dann die Daten der Zellen von Zeile J = 2, usf.

In dem über [Modell] erhältlichen Dialogfeld sind keine Veränderungen vorzunehmen. Die in der Box **Kontraste** veranlassbaren – sehr speziellen – Vergleiche zwischen den Zeilen- und Spaltenmitteln sind bei BEISPIEL 7 von Kapitel 57 beschrieben. Die in **Post Hoc** angebotenen Möglichkeiten sind nur für »Zwischensubjektfaktoren« (unabhängige Gruppen) relevant.

Im Dialogfeld **Optionen** erhält man bei Anklicken von *Deskriptive Statistik* die Mittelwerte und Standardabweichungen für die J∗K Zellen. Werden zusätzlich die Zeilen- und Spaltenmittel gewünscht (was in der Regel der Fall sein dürfte), müssen beide Faktoren im Feld *Mittelwerte anzeigen* aufgeführt sein. Bei Wahl von *Schätzer der Effektgröße* werden Eta^2-Werte für die Stärke der Haupt- und Interaktionseffekte ausgegeben.

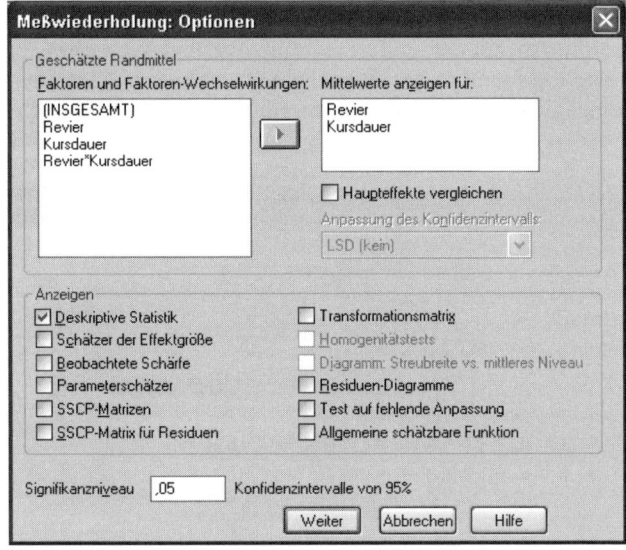

Wenn im Anschluss an die Varianzanalyse paarweise Vergleiche zwischen den Zeilen- oder Spaltenmitteln gewünscht werden, muss der Name des interessierenden Faktors im Feld *Mittelwerte anzeigen* aufgeführt und die Option *Haupteffekte vergleichen* angeklickt werden. Weiterhin ist es sinnvoll, bei *Anpassung des Konfidenzintervalls* die *Bonferroni*-Adjustierung zu wählen. Die ausgegebenen P-

Werte können dann direkt mit dem gewählten (familienweisen) α_F verglichen werden. Der bei *Signifikanzniveau* eingestellte Wert sollte zudem diesem α_F entsprechen.

Eine grafische Darstellung der Interaktion von Zeilen- und Spaltenfaktor kann in der über [Diagramme] erhältlichen Box **Profilplots** veranlasst werden. Hier wird bei *Horizontale Achse* der Faktor eingegeben, dessen Stufen/Kategorien auf der waagerechten Achse abgetragen werden sollen, während bei *Separate Linien* der andere Faktor aufzuführen ist. Anschließend ist das Variablenpaar über Anklicken von [Hinzufügen] ins Feld Diagramme zu verbringen.

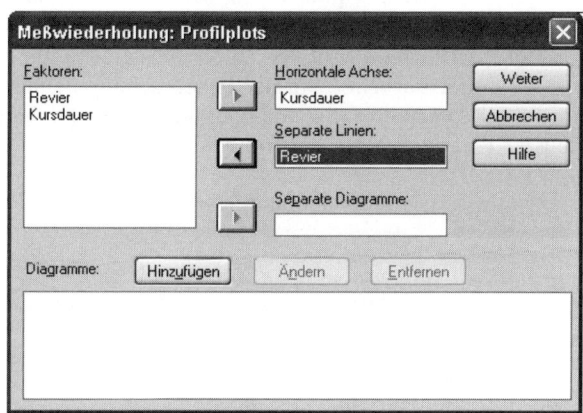

Analyse der einfachen Haupteffekte

Bei der Untersuchung der einfachen Haupteffekte eines Faktors K werden dessen Effekte separat auf den verschiedenen Stufen des Faktors J analysiert – und umgekehrt. Wie in Kapitel 57 im Zusammenhang mit der zweifaktoriellen Varianzanalyse (ohne Messwiederholung) erläutert, sind derartige Prüfungen über die Syntax unter Heranziehung des EMMEANS-Befehls möglich (S. 326 f.). Die Übertragung der dortigen Ausführungen auf den jetzigen Fall mit (vollständiger) Messwiederholung wird bei BEISPIEL 4 vorgenommen.

Übersicht über die in den Beispielen behandelten Probleme

① Varianzanalytische Auswertung eines 3×3-faktoriellen Plans.

② Paarweise Vergleiche zwischen den Spaltenmitteln.

③ Grafische Darstellung des Interaktionseffekts.

④ Analyse der einfachen Haupteffekte des Spaltenfaktors.

Beispiel **1**

Das Beispiel eines 3×3 Plans mit randomisierten Blöcken entstammt Kirk (1982, S. 444). Im einem Human-Relations Kurs für Polizisten sollte deren Einstellung gegenüber Minoritäten (abhängige Variable) positiv beeinflusst werden. Als Matching-Variable dient der Vortestwert in der Skala zur Erfassung dieser Einstellung. Die Polizisten mit den neun höchsten Werten bilden Block 1, Block 2 besteht aus den neun Personen mit den nächsthöchsten Werten, usf.

Zeilenfaktor J ist das Revier, in dem die Polizisten während des Zeitraums der Kursteilnahme eingesetzt werden (Upper-Class, Middle-Class und Inner-City Gebiet). Spaltenfaktor K ist die Dauer des Kurses (5, 10 und 15 Stunden Human Relations Training). Bei jedem Block wird per Zufall entschieden, unter welcher Bedingung der einzelne Polizist arbeitet. An der Untersuchung nehmen fünf Blöcke zu je neun Personen teil. Die Werte in der abhängigen Variablen enthält die nachfolgende Tabelle [in Klammern: Nummerierung der Zellen].

Revier	Kursdauer (Stunden)		
	5	10	15
Upper Class	[1] 37 42 33 29 24	[2] 43 44 36 27 25	[3] 48 47 29 38 28
Middle Class	[4] 39 30 34 26 21	[5] 35 40 31 22 27	[6] 46 36 45 27 26
Inner City	[7] 31 21 20 18 10	[8] 41 50 39 36 34	[9] 64 52 53 42 49

Varianzanalytisch sollen die Haupteffekte der »Kursdauer« und des Einsatzgebietes (»Revier«) sowie die Interaktionswirkung dieser Faktoren auf die Einstellung untersucht werden. Die Daten werden als neun Variablen in der Reihenfolge der Zellennummern in eine Datei ZWEIFAK-2-MW.SAV eingegeben. Die Fak-

toren erhalten in der Eingangs-Dialogbox die Bezeichnungen »Revier« und
»Kursdauer«, die abhängige Variable wird mit »Einstellung« (... zu Minoritäten
nach dem Kurs) benannt. Als Optionen werden die Mittelwerte der Zeilen, Spal-
ten- und Zellen angefordert. GLM liefert die nachfolgende Ausgabe:

Innersubjektfaktoren
Maß: Einstellung

Revier	Kursdauer	Abhängige Variable
1	1	UpperClass.5
	2	UpperClass.10
	3	UpperClass.15
2	1	MiddleClass.5
	2	MiddleClass.10
	3	MiddleClass.15
3	1	InnerCity.5
	2	InnerCity.10
	3	InnerCity.15

❶

Deskriptive Statistiken

	Mittelwert	Standard-abweichung	N
UpperClass.5	33,00	6,964	5
UpperClass.10	35,00	8,803	5
UpperClass.15	38,00	9,513	5
MiddleClass.5	30,00	6,964	5
MiddleClass.10	31,00	6,964	5
MiddleClass.15	36,00	9,513	5
InnerCity.5	20,00	7,517	5
InnerCity.10	40,00	6,205	5
InnerCity.15	52,00	7,969	5

❷

Multivariate Tests [b]

Effekt		Wert	F	Hypothe-se df	Fehler df	Signifi-kanz
Revier	Hotelling-Spur	7,506	11,259 [a]	2,000	3,000	,040
Kursdauer	Hotelling-Spur	52,543	78,815 [a]	2,000	3,000	,003
Revier *Kursdauer	Hotelling-Spur	259,150	64,788 [a]	4,000	1,000	,093

❸

a. Exakte Statistik
b. Design: Intercept   Innersubjekt-Design: Revier+Kursdauer+Revier*Kursdauer

Aus Platzgründen wurden in Tabelle ❸ die ergebnisgleichen Tests von Pillai,
Wilks und Roy gelöscht (vgl. Tabelle ❹ von BEISPIEL 1, Kapitel 60).

Mauchly-Test auf Sphärizität [b]

	Innersubjekteffekt			
	Revier	Kursdauer	Revier *Kursdauer	
Mauchly-W	,417	,562	,050	❹
Approximiertes Chi-Quadrat	2,621	1,729	7,256	
df	2	2	9	
Signifikanz	,270	,421	,699	
Epsilon [a] Greenhouse-Geisser	,632	,695	,590	❺
Huynh-Feldt	,789	,949	1,000	
Untergrenze	,500	,500	,250	

Tests der Innersubjekteffekte ❻

Quelle		Quadrat-summe vom Typ III	df	Mittel der Quadrate	F	Signifi-kanz
Revier	Sphärizität angenom.	190,000	2	95,000	4,362	,052
	Greenhouse-Geisser	190,000	1,264	150,348	4,362	,087
	Huynh-Feldt	190,000	1,578	120,383	4,362	,070
	Untergrenze	190,000	1,000	190,000	4,362	,105
Fehler	Sphärizität angenom.	174,222	8	21,778		
(Revier)	Greenhouse-Geisser	174,222	5,055	34,466		
	Huynh-Feldt	174,222	6,313	27,596		
	Untergrenze	174,222	4,000	43,556		
Kursdauer	Sphärizität angenom.	1543,333	2	771,667	35,570	,000
	Greenhouse-Geisser	1543,333	1,391	1109,699	35,570	,001
	Huynh-Feldt	1543,333	1,899	812,887	35,570	,000
	Untergrenze	1543,333	1,000	1543,333	35,570	,004
Fehler	Sphärizität angenom.	173,556	8	21,694		
(Kursdauer)	Greenhouse-Geisser	173,556	5,563	31,198		
	Huynh-Feldt	173,556	7,594	22,853		
	Untergrenze	173,556	4,000	43,389		
Revier*	Sphärizität angenom.	1236,667	4	309,167	17,229	,000
Kursdauer	Greenhouse-Geisser	1236,667	2,360	523,901	17,229	,001
	Huynh-Feldt	1236,667	4,000	309,167	17,229	,000
	Untergrenze	1236,667	1,000	1236,667	17,229	,014
Fehler	Sphärizität angenom.	287,111	16	17,944		
(Revier*	Greenhouse-Geisser	287,111	9,442	30,408		
Kursdauer)	Huynh-Feldt	287,111	16,000	17,944		
	Untergrenze	287,111	4,000	71,778		

Tests der Innersubjektkontraste	❼

Tests der Zwischensubjekteffekte	❽

Geschätzte Randmittel
1. Revier

Revier	Mittelwert	Standardfehler	
1	35,333	3,545	❾
2	32,333	3,155	
3	37,333	2,702	

2. Kursdauer

Kursdauer	Mittelwert	Standardfehler	
1	27,667	2,959	❿
2	35,333	3,157	
3	42,000	3,330	

Erläuterungen zur Ausgabe

❶ Zusammenstellung der Variablen, die die Werte der J∗K Zellen des Plans enthalten.

❷ Mittelwerte und Standardabweichungen der J∗K Zellen. Die weiterhin angeforderten Zeilen- und Spaltenmittel enthalten die Tabellen ❾ und ❿.

❸ Multivariate Prüfung der Haupt- und Interaktionseffekte der Faktoren mittels Hotelling's T^2-Test (Winer et al., 1991, Kap. 4.7); das Verfahren macht nicht die Annahme der Sphärizität.

❹ Prüfung mittels eines Tests von Mauchly, ob die Eigenschaft (Voraussetzung) der Sphärizität (Zirkularität) gegeben ist (⇨ *Inferenzstatistik, S. 320*; Winer et al., 1991, S. 255 f.). Bei der Tabelle wurden im Ausgabe-Viewer Zeilen und Spalten vertauscht und die Fußnote gelöscht.

❺ **Greenhouse-Geisser** und **Huynh-Feldt Epsilon**: Epsilon-Werte zur Adjustierung der Freiheitsgrade der F-Tests. Die Adjustierung wird vom Programm in Tabelle ❻ bereits selbst vorgenommen.

❻ Ergebnisse der Varianzanalyse

Revier (= Faktor-Name). Prüfung des Haupteffekts des Zeilenfaktors »Revier«. SAQ, Freiheitsgrade (»df«), MQ, Prüfwert (»F«), P-Wert für F (»Signifikanz«). **Sphärizität angenommen**: Nicht adjustierte Zähler-Freiheitsgrade $df_1 = 2$. **Greenhouse-Geisser, Huynh-Feldt**: Durch das entsprechende Epsilon adjustierte df_1 (z.B. $2*0,632 = 1,264$). **Untergrenze**: Minimale Freiheitsgrade des »konservativen F-Tests« (⇨ *Inferenzstatistik, S. 320;* Winer et al., 1991, S. 520). P-Werte für die verschiedenen F-Tests (»Signifikanz«).

Fehler (Revier). Nenner-SAQ, -Freiheitsgrade und -MQ der verschiedenen F_{Revier}-Quotienten.

Kursdauer. Prüfung des Haupteffekts des Spaltenfaktors »Kursdauer«.

Fehler (Kursdauer). Nenner-Größen der verschiedenen $F_{Kursdauer}$-Quotienten.

Revier*Kursdauer. Prüfung des Interaktionseffekts der Faktoren.

Fehler (Revier*Kursdauer). Nenner-Größen der $F_{Revier*Kursdauer}$-Quotienten.

Bei Wahl von *Schätzer der Effektgröße* in der Box **Optionen** wird »Eta-Quadrat« jeweils wie folgt bestimmt: $Eta^2 = SAQ_{Effekt} / (SAQ_{Effekt} + SAQ_{Fehler})$.

Dies ergibt für die einzelnen Effekte: $Eta^2_{Revier} = 190 / (190 + 174{,}222) = 0{,}522$; $Eta^2_{Kursdauer} = 15543{,}333 / (1543{,}333 + 173{,}556) = 0{,}899$; $Eta^2_{Revier*Kursdauer} = 1236{,}667 / (1236{,}667 + 287{,}111) = 0{,}812$.

❼ Prüfung der Beziehungen zwischen den Faktoren und der abhängigen Variablen auf linearen, quadratischen und kubischen Trend (Winer et al., 1991, Kap. 7.6). Aus Platzgründen ist diese (umfangreiche) Tabelle nicht wiedergegeben. Eine derartige Prüfung macht auch nur Sinn, wenn es sich bei dem jeweiligen Faktor um eine metrische Variable handelt und die Faktorstufen gleichabständig sind. Dies wäre beim Faktor »Kursdauer« der Fall, nicht jedoch bei der kategorialen unabhängigen Variablen »Revier«.

❽ Diese (nicht wiedergegebene) Tabelle ist für die Prüfung der Effekte beider Faktoren nicht von Bedeutung. Der Plan weist keinen »Zwischensubjektfaktor« (mit unabhängigen Gruppen) auf.

❾ Angeforderte Mittelwerte für die Bedingungen des Zeilenfaktors »Revier«, die in Tabelle ❷ nicht mitausgegeben werden. Die rechten Spalten zum »Konfidenzintervall« wurden gelöscht.

❿ Angeforderte Mittelwerte für die Stufen des Spaltenfaktors »Kursdauer«.

Die nachfolgende Tabelle stellt die nun für den Plan komplett vorliegenden Zeilen-, Spalten- und Zellenmittel noch einmal übersichtlich zusammen:

Revier	Kursdauer (Stunden)			Zeilen
	5	10	15	
Upper	33,00	35,00	38,00	35,33
Middle	30,00	31,00	36,00	32,33
City	20,00	40,00	52,00	37,33
Spalten	27,67	35,33	42,00	

Bei $\alpha = 0{,}01$ und Greenhouse-Geisser adjustierten Freiheitsgraden erweisen sich der Haupteffekt der »Kursdauer« sowie der Interaktionseffekt beider Faktoren als statistisch bedeutsam, während der Haupteffekt des Faktors »Revier« nicht signifikant ist.

Beispiel 2

Selbst beim »konservativen« F-Test (mit »minimalen« Freiheitsgraden) war der Haupteffekt des Faktors »Kursdauer« statistisch signifikant ($\alpha = 0,01$). Es soll nun geprüft werden, zwischen welchen Spaltenmitteln im Einzelnen bedeutsame Unterschiede bestehen. Dazu wird in der Box **Optionen** (S. 388) für den Faktor KURSDAUER *Haupteffekte vergleichen* und die *Bonferroni*-Adjustierung angewählt sowie bei *Signifikanzniveau* der α_F-Wert $\{0,01\}$ eingegeben. Nachfolgend der Teil der Ausgabe, der die Ergebnisse zu den paarweisen Vergleichen enthält. In der Tabelle wurden die (rechten) Spalten zum »Konfidenzintervall« gelöscht. Es erweist sich lediglich die größte Mittelwertsdifferenz ($M_5-M_{15} = 27,667 - 42,000 = -14,333$) als statistisch signifikant.

Paarweise Vergleiche

Maß: Einstellung

(I) Kursdauer	(J) Kursdauer	Mittlere Differenz (I-J)	Standard-fehler	Signifikanz[a]
1	2	-7,667	1,894	,047
	3	-14,333*	1,000	,000
2	1	7,667	1,894	,047
	3	-6,667	2,022	,090
3	1	14,333*	1,000	,000
	2	6,667	2,022	,090

Basiert auf den geschätzten Randmitteln

*. Die mittlere Differenz ist auf dem Niveau ,01 signifikant

a. Anpassung für Mehrfachvergleiche: Bonferroni.

Beispiel 3

Die Interaktion zwischen den Faktoren »Revier« und »Kursdauer«, die sich in der Varianzanalyse als signifikant erwiesen hat, soll grafisch dargestellt werden. Dazu wird in der Box **Profilplots** (S. 389) die Variable KURSDAUER im Feld *Horizontale Achse* eingegeben, der Faktor REVIER bei *Separate Linien*. Nachfolgend das Diagramm in seiner voreingestellten Ausgabeform. Es stellt die in Tabelle ❷ von BEISPIEL 1 wiedergegebenen Zellenmittelwerte dar.

Geschätztes Randmittel von Einstellung

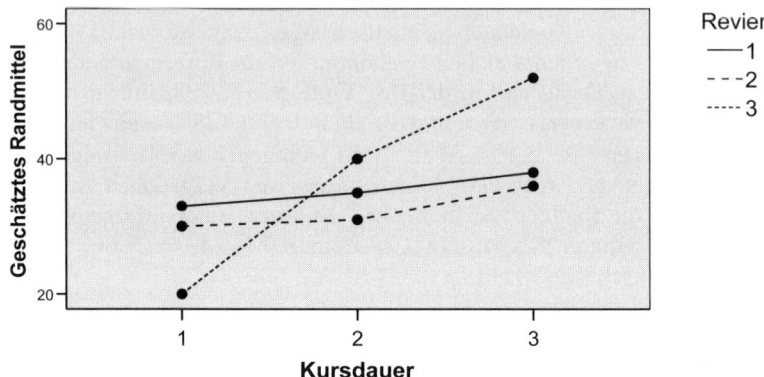

Beispiel	4

Es sollen die einfachen Haupteffekte des (Spalten-) Faktors »Kursdauer« analysiert werden. Hierbei wird in den drei Revier-Bedingungen (Zeilen) jeweils untersucht, welche Unterschiede zwischen den drei Kurs-Bedingungen bestehen. In der Eingangs-Dialogbox werden REVIER und KURSDAUER als Faktoren definiert und die Abhängige Variable wieder mit »Einstellung« benannt. Nach Anklicken von [Einfügen] öffnet sich das Syntax-Fenster. Hier ist die nachfolgend gezeigte EMMEANS-Anweisung einzufügen.

```
COMMENT Syntax-Datei MESSWIED-3.SPS .
COMMENT Analyse der einfachen Haupteffekte von Kursdauer .
GLM  UpperClass.5 UpperClass.10 UpperClass.15 MiddleClass.5
   MiddleClass.10 MiddleClass.15 InnerCity.5 InnerCity.10 InnerCity.15
   /WSFACTOR = Revier 3 Polynomial Kursdauer 3 Polynomial
   /MEASURE = Einstellung
   /METHOD = SSTYPE(3)
   /CRITERIA = ALPHA(.05)
   /EMMEANS = TABLES (Revier*Kursdauer)
    COMPARE (Kursdauer)  ADJ (Bonferroni)
   /WSDESIGN = Revier Kursdauer Revier*Kursdauer .
```

Durch den Zusatz »ADJ (Bonferroni)« erfolgt bei den Analysen in den drei Zeilen jeweils eine Alpha-Adjustierung nach Bonferroni.

Schätzungen

Revier	Kursdauer	Mittel-wert	Standardfehler
1	1	33,000	3,114
	2	35,000	3,937
	3	38,000	4,254
2	1	30,000	3,114
	2	31,000	3,114
	3	36,000	4,254
3	1	20,000	3,362
	2	40,000	2,775
	3	52,000	3,564

Paarweise Vergleiche

Revier	(I) Kursdauer	(J) Kursdauer	Mittlere Differenz (I-J)	Standard-fehler	Signifi-kanz [a]
1	1	2	-2,000	1,304	,599
		3	-5,000	2,588	,377
	2	1	2,000	1,304	,599
		3	-3,000	2,898	1,000
	3	1	5,000	2,588	,377
		2	3,000	2,898	1,000
2	1	2	-1,000	2,933	1,000
		3	-6,000	1,612	,061
	2	1	1,000	2,933	1,000
		3	-5,000	3,421	,653
	3	1	6,000	1,612	,061
		2	5,000	3,421	,653
3	1	2	-20,000*	3,178	,010
		3	-32,000*	2,408	,001
	2	1	20,000*	3,178	,010
		3	-12,000	3,674	,093
	3	1	32,000*	2,408	,001
		2	12,000	3,674	,093

Basiert auf den geschätzten Randmitteln
*. Die mittlere Differenz ist auf dem Niveau ,05 signifikant
a. Anpassung für Mehrfachvergleiche: Bonferroni.

Multivariate Tests

Revier		Wert	F	Hypo-these df	Fehler df	Signifi-kanz
1	Hotelling-Spur	1,521	2,282 [a]	2,000	3,000	,250
2	Hotelling-Spur	3,534	5,301 [a]	2,000	3,000	,104
3	Hotelling-Spur	48,680	73,021 [a]	2,000	3,000	,003

a. Exakte Statistik

Erläuterungen zur Ausgabe

Die Prüfungen beziehen sich auf die in der Tabelle **Schätzungen** wiedergegebenen Zellenmittel des 2×3-Plans (rechte Spalten zum »Konfidenzintervall« gelöscht).

Paarweise Vergleiche zwischen den Mitteln der Kurs-Bedingungen in den einzelnen Zeilen (Revier-Bedingungen). Die Ergebnisse der paarweisen Kontraste sind allerdings nur von Interesse, wenn die in der nächsten Tabelle ausgegebenen multivariaten Globaltests einen signifikanten Effekt anzeigen. Die P-Werte jeder Zeile sind auf die Anzahl der K = 3 Kontraste hin Bonferroni-adjustiert. Sie können somit direkt mit dem gewählten α_F verglichen werden.

Multivariate Tests zur Prüfung, ob zwischen den Mitteln der Kurs-Bedingungen (überhaupt) signifikante Unterschiede bestehen. Dies ist bei $\alpha = 0{,}05$ lediglich in der Revierbedingung 3 (»Inner City«) der Fall. In dieser Tabelle wurden aus Platzgründen die Zeilen mit den ergebnisgleichen Tests von Pillai, Wilks und Roy gelöscht.

In der Revier-Bedingung 3 (»Inner City«) erweisen sich zwei der drei Kontraste als statistisch signifikant ($\alpha_F = 0{,}05$): Kursdauer 5 vs. 10 Stunden und 5 vs. 15 Stunden. Insignifikant ist dagegen die Mittelwertdifferenz 10 vs. 15 Stunden.

Dreifaktorieller Plan:
Messwiederholung auf einem Faktor

> **Analysieren / Allgemeines lineares Modell / Meßwiederholung ...**

Die varianzanalytische Auswertung eines J×K×L-faktoriellen Plans mit Messwiederholung bei einem Faktor kann mit der Prozedur GLM durchgeführt werden. Es liegen hier beim Spaltenfaktor K abhängige Stichproben vor (Messwiederholung oder Matching), während die J∗L Stichproben unter den Kombinationen der Stufen von Zeilenfaktor J und Drittfaktor L unabhängige Stichproben darstellen. Der Plan und seine Auswertung sind beschrieben bei Kirk (1982, Kap. 11) unter der Bezeichnung »Split-Plot-Factorial-pr.p-Design«, bei Winer et al. (1991, Kap. 7.4) als »Three Factor Experiment with Repeated Measures (Case II)« sowie bei Bortz (1999, Kap. 9.2).

Diagramm des Plans (J×K×L = 2×3×2)

{2} = Stichprobe 2   Spaltenfaktor »K«

		K₁	K₂	K₃	
Zeilenfaktor	J₁	{1}	{1}	{1}	L₁
»J«	J₂	{2}	{2}	{2}	Drittfaktor »L«
Zeilenfaktor	J₁	{3}	{3}	{3}	L₂
»J«	J₂	{4}	{4}	{4}	

Mit der Varianzanalyse werden die Haupteffekte der drei Faktoren sowie ihre Interaktionswirkungen auf Signifikanz geprüft. Im Fall statistisch bedeutsamer Haupteffekte lassen sich im Anschluss paarweise Vergleiche zwischen den Mittelwerten der Faktorstufen durchführen. Auf Wunsch werden auch Interaktionsdiagramme für die Zwei- und Dreifaktor-Wechselwirkungen ausgegeben. Über die Befehlssyntax ist weiterhin eine Analyse der einfachen Haupteffekte der Faktoren sowie ihrer Einfacheffekte möglich.

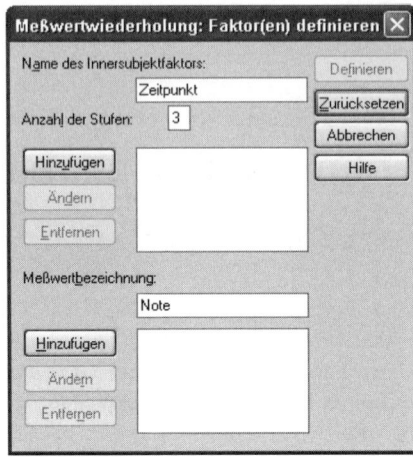

Im Eingangs-Dialogfeld von GLM sind als Erstes für den Messwiederholungsfaktor bei *Name des Innersubjektfaktors* eine Bezeichnung sowie die *Anzahl der Stufen* (Kategorien) dieses Faktors einzugeben. Weiterhin sollte bei *Meßwertbezeichnung* ein (dann in der Ausgabe erscheinender) Name für die abhängige Variable eingegeben werden. In beiden Fällen sind die Angaben mit [Hinzufügen] abzuschließen.

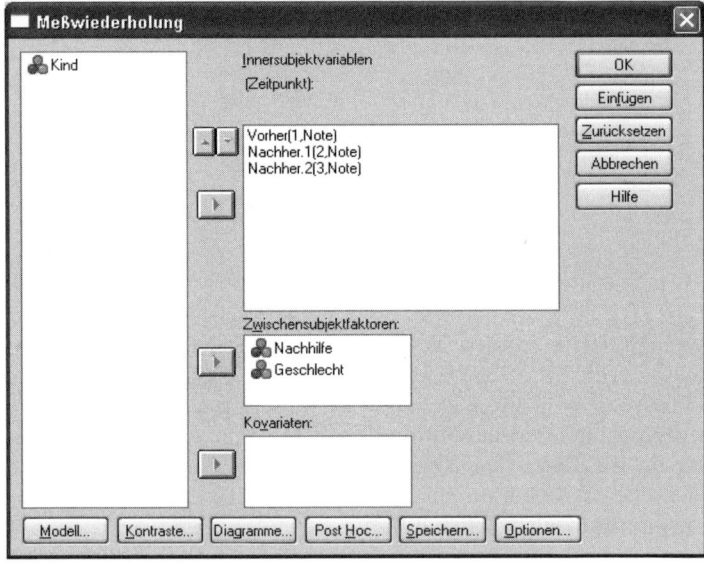

Nach Anklicken von [Definieren] erscheint die nächste Dialogbox. In ihr sind im Feld *Innersubjektvariablen* die Stufen des Spaltenfaktors – d. h. die Variablen mit den Werten der K Messwiederholungsbedingungen – aufzuführen, während bei *Zwischensubjektfaktoren* der Zeilen- sowie der Drittfaktor (mit ihren unabhängigen Stichproben) einzugeben sind.

In dem über [Modell] erhältlichen Dialogfeld sind keine Veränderungen vorzunehmen. Die in der Box **Kontraste** veranlassbaren – sehr speziellen – Vergleiche zwischen den Mitteln der Stufen/Kategorien von Faktor J, K oder L sind in Kapitel 57 (BEISPIEL 7) beschrieben.

Über [Post Hoc] können paarweise Vergleiche zwischen den J und L Mitteln der unabhängigen Stichproben des Zeilen- bzw. des Drittfaktors (»Zwischensubjektfaktoren«) durchgeführt werden. Die hier angebotenen Verfahren zeigt die auf S. 325 abgebildete Box. Da alle diese Tests jeweils die Unterschiede zwischen den gewichteten Mitteln der Faktorstufen prüfen, sind sie nur für den Fall gleicher Umfänge in den J×L Zellen geeignet (vgl. Kapitel 57, S. 324 f.).

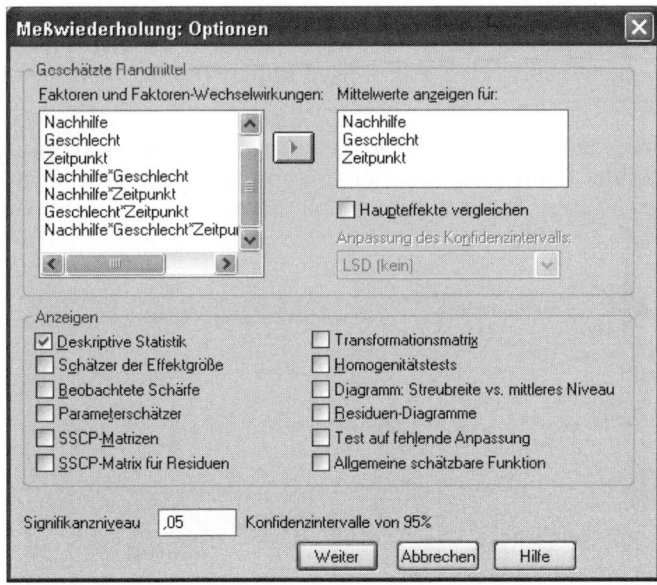

In der Dialogbox **Optionen** erhält man bei Wahl von *Deskriptive Statistik* u.a. die Mittelwerte und Standardabweichungen für die J×K×L Zellen sowie die gewichteten Mittel der Stufen des Messwiederholungsfaktors K. Werden auch die Mittelwerte für die J und L unabhängigen Stichproben des Zeilen- bzw. des Drittfaktors gewünscht, müssen beide Faktoren im Feld *Mittelwerte anzeigen* aufgeführt sein.

Bei ungleichen (»disproportionalen«) Umfängen der J×L unabhängigen Zellen-stichproben gibt das Programm hierbei die ungewichteten Mittel für die Stufen der Faktoren aus. Da sich die varianzanalytischen Prüfungen (nach der voreinge-stellten »Quadratsumme III«) bei ungleichem »n« auf die ungewichteten Mittel beziehen, müsste in diesem Fall auch der Messwiederholungsfaktor K im Feld *Mittelwerte anzeigen* aufgeführt werden.

Wenn neben der varianzanalytischen Prüfung des Haupteffekts auch paarweise Vergleiche zwischen den K Mitteln des Messwiederholungsfaktors gewünscht werden, muss der Name des Faktors im Feld *Mittelwerte anzeigen* aufgeführt und die Option *Haupteffekte vergleichen* angeklickt werden. Weiterhin ist es sinnvoll, bei *Anpassung des Konfidenzintervalls* die *Bonferroni*-Adjustierung zu wählen. Die ausgegebenen P-Werte können dann direkt mit dem gewählten (familienwei-sen) α_F verglichen werden. Der bei *Signifikanzniveau* eingestellte Wert sollte zu-dem diesem α_F entsprechen.

Bei ungleichen Umfängen der J×L unabhängigen Zellenstichproben müssen even-tuelle paarweise Vergleiche zwischen den ungewichteten Mitteln der J bzw. L Faktorstufen ebenfalls über den Weg *Haupteffekte vergleichen* in der Box **Optio-nen** durchgeführt werden, da die Tests der Dialogbox **Post Hoc** sich in diesem Fall auf die (nicht geeigneten) gewichteten Mittelwerte der einzelnen Bedingun-gen beziehen.

Bei Wahl von *Schätzer der Effektgröße* (in der Box **Optionen**) werden Eta^2-Werte für die Stärke der Haupt- und Interaktionseffekte ausgegeben. Mit den angebote-nen *Homogenitätstests* lassen sich bestimmte Annahmen überprüfen (vgl. Kapitel 60, BEISPIEL 4).

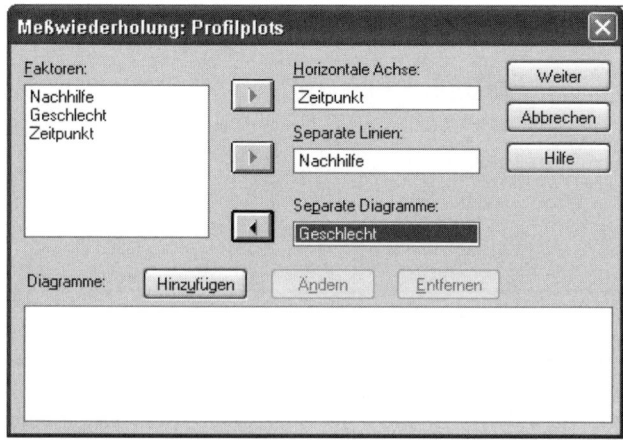

In der über den Schalter [Diagramme] erhältlichen Box **Profilplots** können grafische Darstellungen der Zwei- und Dreifaktor-Interaktionen veranlasst werden. Im Fall einer Zweifaktor-Interaktion wird bei *Horizontale Achse* der Faktor eingegeben, dessen Stufen/Kategorien auf der waagerechten Achse abgetragen werden sollen, während bei *Separate Linien* die andere unabhängige Variable aufzuführen ist. Anschließend ist das Variablenpaar über die Schaltfläche [Hinzufügen] ins Feld *Diagramme* zu verbringen. Bei ungleichen Umfängen der J×K×L Zellenstichproben werden bei den Zweifaktor-Interaktionen die ungewichteten Mittelwerte dargestellt.

Im Fall einer dreifaktoriellen Wechselwirkung wird die Interaktion zweier Faktoren (z. B. A×B) getrennt für die Stufen des dritten Faktors (C) dargestellt. »A« und »B« sind dann bei *Horizontale Achse* und *Separate Linien* einzugeben, während Faktor »C« bei *Separate Diagramme* aufgeführt wird.

Analyse der einfachen Haupteffekte

Bei der Untersuchung der einfachen Haupteffekte eines Faktors K werden dessen Effekte separat auf den verschiedenen Stufen des Faktors J untersucht, wobei der Faktor L außer Betracht bleibt. Wie in Kapitel 58 (S. 344 f.) im Zusammenhang mit der dreifaktoriellen Varianzanalyse (ohne Messwiederholung) erläutert, sind derartige Prüfungen über die Syntax unter Heranziehung der EMMEANS-Anweisung möglich. Die Übertragung der dortigen Ausführungen auf den jetzigen Fall mit Messwiederholung auf einem Faktor wird bei BEISPIEL 3 vorgenommen.

Analyse der Einfacheffekte

Bei der Untersuchung der Einfacheffekte eines Faktors K werden dessen Effekte separat auf den verschiedenen Stufen des Faktors J analysiert - in einer bestimmten Stufe/Kategorie des Faktors L. Man befindet sich nun auf der Ebene der Mittel der J*K*L Zellen. Das Analyse-Vorgehen wurde ebenfalls in Kapitel 58 (S. 345) ausführlich erläutert. In BEISPIEL 4 wird gezeigt, mit welchen EMMEANS-Befehlen die Prüfung der Einfacheffekte im jetzigen Fall eines Messwiederholungsfaktors veranlasst werden kann.

Übersicht über die in den Beispielen behandelten Probleme

① Varianzanalytische Auswertung eines 2×3×2-faktoriellen Plans. Messung der abhängigen Variablen zu drei Zeitpunkten.

② Paarweise Vergleiche zwischen den Mitteln der Messwiederholungsbedingungen.

③ Analyse von einfachen Haupteffekten des Messwiederholungsfaktors.

④ Analyse der Einfacheffekte des Messwiederholungsfaktors.

Beispiel **1**

Das nachfolgende Beispiel entstammt Bortz (1999, S. 332 f.). Es soll überprüft werden, ob Nachhilfeunterricht die Schulnoten verbessert (Faktor »L«), wobei das Geschlecht der Kinder als weiterer Faktor (»J«) in die Analyse eingeht. Von den an der Untersuchung teilnehmenden sechs Jungen und fünf Mädchen werden drei bzw. zwei per Zufall der Nachhilfebedingung zugeordnet, während die verbleibenden Kinder die Kontrollgruppe bilden und keine derartige Hilfe erhalten. Die Noten der SchülerInnen (abhängige Variable) werden zu drei Zeitpunkten erhoben (Messwiederholungsfaktor »K«): Zu Beginn der Untersuchung, direkt nach dem Ende der Nachhilfeperiode sowie nach einem halben Jahr. Es ergeben sich die nachfolgenden Daten [in Klammern = Kodierung der Gruppen/Bedingungen].

Nachhilfe	Geschlecht	Zeitpunkt			Kind
		1	2	3	
Mit Nachhilfe [1]	Jungen [1]	5	4	4	1
		4	2	3	2
		5	3	4	3
	Mädchen [2]	4	4	4	4
		5	3	3	5
Ohne Nachhilfe [2]	Jungen [1]	4	3	3	6
		4	4	4	7
		5	5	5	8
	Mädchen [2]	5	4	4	9
		4	5	4	10
		5	4	4	11

Die Daten werden in eine Datei DREIFAK-1-MW.SAV eingegeben. Die Kodierungen der Faktoren »Nachhilfebedingung« und »Geschlecht« enthalten die Variablen NACHHILFE und GESCHLECHT, während die Variablen VORHER, NACHHER.1 UND NACHHER.2 die zu den drei Messzeitpunkten erfassten Noten der Kinder enthalten.

Durch die Varianzanalyse sollen nun die Haupteffekte sowie die Interaktionswirkungen der drei Faktoren geprüft werden. Der Messwiederholungsfaktor erhält in der Eingangs-Dialogbox die Bezeichnung »Zeitpunkt«, die abhängige Variable wird mit »Note« benannt. In der Box **Optionen** werden über *Deskriptive Statistik* die Mittel der J×K×L Zellen angefordert (vgl. S. 401). Da die J×L unabhängigen Stichproben nicht den gleichen Umfang haben, werden zum Erhalt der ungewichteten Mittel der Faktorstufen die drei unabhängigen Variablen im *Feld Mittelwerte anzeigen* aufgeführt. GLM liefert die nachfolgende Ausgabe:

Innersubjektfaktoren

Maß: Note

Zeitpunkt	Abhängige Variable	
1	Vorher	
2	Nachher.1	
3	Nachher.2	

Zwischensubjektfaktoren

		Wertelabel	N	
Nachhilfe	1	Mit Nachhilfe	5	
	2	Ohne Nachhilfe	6	
Geschlecht	1	Jungen	6	
	2	Mädchen	5	

Deskriptive Statistiken

	Nachhilfe	Geschlecht	Mittelwert	Standard-abwei-chung	N	
Vorher	Mit Nachhilfe	Jungen	4,67	,577	3	
		Mädchen	4,50	,707	2	
		Gesamt	4,60	,548	5	
	Ohne Nachhilfe	Jungen	4,33	,577	3	
		Mädchen	4,67	,577	3	
		Gesamt	4,50	,548	6	
	Gesamt	Jungen	4,50	,548	6	
		Mädchen	4,60	,548	5	
		Gesamt	4,55	,522	11	
Nachher.1	Mit Nachhilfe	Jungen	3,00	1,000	3	
		Mädchen	3,50	,707	2	
		Gesamt	3,20	,837	5	
	Ohne Nachhilfe	Jungen	4,00	1,000	3	
		Mädchen	4,33	,577	3	
		Gesamt	4,17	,753	6	
	Gesamt	Jungen	3,50	1,049	6	
		Mädchen	4,00	,707	5	
		Gesamt	3,73	,905	11	
Nachher.2	Mit Nachhilfe	Jungen	3,67	,577	3	
		Mädchen	3,50	,707	2	
		Gesamt	3,60	,548	5	
	Ohne Nachhilfe	Jungen	4,00	1,000	3	
		Mädchen	4,00	,000	3	
		Gesamt	4,00	,632	6	
	Gesamt	Jungen	3,83	,753	6	
		Mädchen	3,80	,447	5	
		Gesamt	3,82	,603	11	

Multivariate Tests [b]

Effekt		Wert	F	Hypo-these df	Fehler df	Signi-fi-kanz	❹
Zeitpunkt	Hotelling-Spur	1,840	5,519 [a]	2,000	6,000	,044	
Zeitpunkt*Nachhilfe	Hotelling-Spur	,556	1,667 [a]	2,000	6,000	,266	
Zeitpunkt*Geschlecht	Hotelling-Spur	,654	1,963 [a]	2,000	6,000	,221	
Zeitpunkt*Nachhilfe *Geschlecht	Hotelling-Spur	,062	,185 [a]	2,000	6,000	,836	

a. Exakte Statistik
b. Design: Intercept+Nachhilfe+Geschlecht+Nachhilfe*Geschlecht
Innersubjekt-Design: Zeitpunkt

Mauchly-Test auf Sphärizität [b]

	Innersubjekteffekt
	Zeitpunkt
Mauchly-W	,422 ❺
Approximiertes Chi-Quadrat	5,178
df	2
Signifikanz	,075
Epsilon [a] Greenhouse-Geisser	,634 ❻
Huynh-Feldt	1,000
Untergrenze	,500

Tests der Innersubjekteffekte

Quelle		Qua-dratsumme vom Typ III	df	Mittel der Quadra-te	F	Signifi-kanz	❼
Zeitpunkt	Sphärizität angenom.	4,494	2	2,247	8,847	,003	
	Greenhouse-Geisser	4,494	1,267	3,546	8,847	,013	
	Huynh-Feldt	4,494	2,000	2,247	8,847	,003	
	Untergrenze	4,494	1,000	4,494	8,847	,021	
Zeitpunkt*	Sphärizität angenom.	1,333	2	,667	2,625	,108	
Nachhilfe	Greenhouse-Geisser	1,333	1,267	1,052	2,625	,137	
	Huynh-Feldt	1,333	2,000	,667	2,625	,108	
	Untergrenze	1,333	1,000	1,333	2,625	,149	
Zeitpunkt*	Sphärizität angenom.	,346	2	,173	,681	,522	
Geschlecht	Greenhouse-Geisser	,346	1,267	,273	,681	,466	
	Huynh-Feldt	,346	2,000	,173	,681	,522	
	Untergrenze	,346	1,000	,346	,681	,437	
Zeitpunkt*	Sphärizität angenom.	,148	2	,074	,292	,751	
Nachhilfe*	Greenhouse-Geisser	,148	1,267	,117	,292	,656	
Geschlecht	Huynh-Feldt	,148	2,000	,074	,292	,751	
	Untergrenze	,148	1,000	,148	,292	,606	
Fehler	Sphärizität angenom.	3,556	14	,254			
(Zeitpunkt)	Greenhouse-Geisser	3,556	8,871	,401			
	Huynh-Feldt	3,556	14,000	,254			
	Untergrenze	3,556	7,000	,508			

Tests der Innersubjektkontraste

❽

Tests der Zwischensubjekteffekte

Transformierte Variable: Mittel

Quelle	Quadrat-summe vom Typ III	df	Mittel der Quadrate	F	Signifi-kanz
Konstanter Term	515,562	1	515,562	495,884	,000
Nachhilfe	1,389	1	1,389	1,336	,286
Geschlecht	,154	1	,154	,148	,711
Nachhilfe*Geschlecht	,056	1	,056	,053	,824
Fehler	7,278	7	1,040		

❾

Geschätzte Randmittel

1. Nachhilfe

Nachhilfe	Mittelwert	Sandardfehler
Mit Nachhilfe	3,806	,269
Ohne Nachhilfe	4,222	,240

❿

2. Geschlecht

Geschlecht	Mittelwert	Standardfehler
Jungen	3,944	,240
Mädchen	4,083	,269

❿

3. Zeitpunkt

Zeitpunkt	Mittelwert	Standardfehler
1	4,542	,183
2	3,708	,263
3	3,792	,206

❿

Erläuterungen zur Ausgabe

❶ Beschreibung des Faktors mit den K Messwiederholungsbedingungen (Spaltenfaktor »Zeitpunkt«).

❷ Beschreibung der Faktoren mit den J bzw. L unabhängigen Stichproben (Zeilenfaktor »Geschlecht«, Drittfaktor »Nachhilfebedingung«).

❸ Mittelwerte und Standardabweichungen für die J∗K∗L Zellen sowie die Stufen des Messwiederholungsfaktors. Bei den unter »Gesamt« ausgegebenen Werten (4,55 - 3,73 - 3,82) handelt es sich um die gewichteten Mittel der drei Bedingungen. Die ungewichteten Mittelwerte enthält Tabelle ❿-3.

❹ Multivariate Prüfung der Haupt- und Interaktionseffekte des Messwiederholungsfaktors mittels Hotelling's T^2-Test (Winer et al., 1991, Kap. 4.7); das Verfahren macht nicht die Annahme der Sphärizität. Aus Platzgründen wurden die ergebnisgleichen Tests von Pillai, Wilks und Roy in der Tabelle gelöscht.

❺ Prüfung mittels eines Tests von Mauchly, ob die Eigenschaft (Voraussetzung) der Sphärizität (Zirkularität) gegeben ist (⇨ *Inferenzstatistik, S. 320*; Winer et al., 1991, S. 255 f.). Bei der Tabelle wurden Zeilen und Spalten vertauscht und die Fußnote gelöscht.

❻ **Greenhouse-Geisser** und **Huynh-Feldt Epsilon**: Epsilon-Werte zur Adjustierung der Freiheitsgrade der F-Tests. Die Adjustierung wird vom Programm in Tabelle ❼ bereits selbst vorgenommen.

❼ Varianzanalytische Ergebnisse zum Messwiederholungsfaktor.

Zeitpunkt (= Faktor-Name). Prüfung des Haupteffekts des Messwiederholungsfaktors »Zeitpunkt«. SAQ, Freiheitsgrade (»df«), MQ, Prüfwert (»F«), P-Wert für F (»Signifikanz«). **Sphärizität angenommen**: Nicht adjustierte Zähler-Freiheitsgrade $df_1 = 2$. **Greenhouse-Geisser, Huynh-Feldt**: Durch das entsprechende Epsilon adjustierte df_1 (z. B. $2*0,634 = 1,267$). **Untergrenze**: Minimale Freiheitsgrade des »konservativen F-Tests« (⇨ *Inferenzstatistik, S. 320;* Winer et al., 1991, S. 520). P-Werte für die verschiedenen F-Tests (»Signifikanz«).

Zeitpunkt*Nachhilfe, Zeitpunkt*Geschlecht. Prüfung der Effekte der Zweifaktor-Interaktionen, an denen der Messwiederholungsfaktor beteiligt ist. **Zeitpunkt *Nachhilfe*Geschlecht**. Prüfung des Effekts der Wechselwirkung aller drei Faktoren.

Fehler (Zeitpunkt). Nenner-Größen der verschiedenen F-Quotienten.

Bei Wahl von *Schätzer der Effektgröße* in der Box **Optionen** enthält die Tabelle (wie auch Tab. ❾) eine Spalte »Partielles Eta-Quadrat«, deren Werte jeweils wie folgt bestimmt wurden: $Eta^2 = SAQ_{EFFEKT} / (SAQ_{EFFEKT} + SAQ_{Fehler})$.

❽ Prüfung der Beziehungen zwischen Messwiederholungsfaktor und abhängiger Variablen auf linearen und quadratischen Trend (Winer et al., 1991, Kap. 7.6). Aus Platzgründen ist diese (umfangreiche) Tabelle nicht wiedergegeben. Eine derartige Prüfung macht auch nur Sinn, wenn es sich beim Messwiederholungsfaktor um eine metrische Variable handelt und die Faktorstufen gleichabständig sind. Eine solche Äquidistanz (der Erhebungszeitpunkte) ist im vorliegenden Fall nicht gegeben.

❾ **Nachhilfe, Geschlecht**. Prüfung der Haupteffekte der Faktoren mit unabhängigen Stichproben. P-Werte für F (»Signifikanz«).

Nachhilfe*Geschlecht. Prüfung des Effekts der Interaktion der Nicht-Messwiederholungsfaktoren. **Fehler**: Nennergröße der F-Quotienten.

⑩ Angeforderte Mittelwerte für die Stufen/Kategorien der drei Faktoren. Bei ungleichen Umfängen der J×L unabhängigen Zellenstichproben erhält man hier die (gewünschten) ungewichteten Mittel. In den Tabellen wurden die rechten Spalten zum »Konfidenzintervall« jeweils gelöscht.

Bei $\alpha = 0,05$ und Greenhouse-Geisser adjustierten Freiheitsgraden erweist sich lediglich der Haupteffekt des Faktors »Erhebungszeitpunkt« als signifikant. Die Durchschnittsnote aller Kinder ist nach der Nachhilfeperiode offensichtlich besser als vorher.

Beispiel 2

Auch bei Greenhouse-Geisser adjustierten Freiheitsgraden hat die Varianzanalyse angezeigt, dass zwischen den Durchschnittsnoten der verschiedenen Erhebungszeitpunkte signifikante Unterschiede bestehen ($\alpha = 0,05$). Es soll nun geprüft werden, welche der Mittelwerte sich im Einzelnen signifikant voneinander unterscheiden.

Dazu wird in der Box **Optionen** (S. 401) für den Messwiederholungsfaktor ZEIT-PUNKTPUNKT *Haupteffekte vergleichen* und die *Bonferroni*-Adjustierung gewählt sowie bei *Signifikanzniveau* der Wert {,05} belassen. Nachfolgend der Teil der Ausgabe, der die Ergebnisse zu den paarweisen Vergleichen enthält. In der Tabelle wurden die (rechten) Spalten zum »Konfidenzintervall« gelöscht. Es erweist sich lediglich die Differenz zwischen den Mitteln von Zeitpunkt 1 und Zeitpunkt 3 als signifikant.

Paarweise Vergleiche

Maß: Note

(I) Zeitpunkt	(J) Zeitpunkt	Mittlere Differenz (I-J)	Standard-fehler	Signifikanz[a]
1	2	,833	,283	,065
	3	,750*	,211	,028
2	1	-,833	,283	,065
	3	-,083	,134	1,000
3	1	-,750*	,211	,028
	2	,083	,134	1,000

Basiert auf den geschätzten Randmitteln

*. Die mittlere Differenz ist auf dem Niveau ,05 signifikant

a. Anpassung für Mehrfachvergleiche: Bonferroni.

Beispiel 3

Es sollen die einfachen Haupteffekte des Messwiederholungsfaktors »Zeitpunkt« in der Gruppe »mit Nachhilfe« und »ohne Nachhilfe« untersucht werden. Hierbei bleibt der Faktor »Geschlecht« außer Betracht. Nach Erzeugung der Syntax-Datei mit den Grundeinstellungen ist in diese die nachfolgend gezeigte EMMEANS-Anweisung einzufügen:

```
COMMENT Syntax-Datei MESSWIED-4.SPS .
COMMENT Einfache Haupteffekte von Zeitpunkt bei Nachhilfe 1+2 .
GLM  Vorher Nachher.1 Nachher.2 BY Nachhilfe Geschlecht
 /WSFACTOR = Zeitpunkt 3 Polynomial
 /MEASURE = Note
 /METHOD = SSTYPE(3)
 /CRITERIA = ALPHA(.05)
 /EMMEANS = TABLES (Nachhilfe*Zeitpunkt)
  COMPARE (Zeitpunkt)  ADJ (Bonferroni)
 /WSDESIGN = Zeitpunkt
 /DESIGN = Nachhilfe Geschlecht Nachhilfe*Geschlecht .
```

Beispiel 4

Es sollen die Einfacheffekte des Messwiederholungsfaktors »Zeitpunkt« in der Gruppe »mit Nachhilfe« und »ohne Nachhilfe« untersucht werde – getrennt für Jungen und Mädchen. In diesem Fall ist die EMMEANS-Anweisung wie folgt zu formulieren (vgl. Syntax-Datei MESSWIED-5.SPS):

```
/EMMEANS = TABLES (Nachhilfe*Zeitpunkt*Geschlecht)
 COMPARE (Zeitpunkt)  ADJ (Bonferroni)
```

Dreifaktorieller Plan:
Messwiederholung über zwei Faktoren

➤ **Analysieren / Allgemeines lineares Modell / Meßwiederholung** ...

Die Prozedur GLM ermöglicht auch die varianzanalytische Auswertung eines J×K×L-faktoriellen Plans, bei dem (vollständige) Messwiederholung über die Faktoren K und L vorliegt, während es sich bei den Stichproben unter den Bedingungen des (Zeilen-)Faktors J um unabhängige Gruppen handelt. Jede dieser J Stichproben durchläuft sämtliche Faktorstufen von K und L (jeweils K∗L abhängige Zellenstichproben). Der Plan und seine Auswertung sind beschrieben bei Kirk (1982, Kap. 11.11) unter der Bezeichnung »Split-Plot-Factorial-p.qr-Design«, bei Winer et al. (1991, Kap. 7.1) als »Three Factor Experiment with Repeated Measures (Case I)« sowie bei Bortz (1999, Kap. 9.2).

Diagramm des Plans (J×K×L = 3×2×3)

		Drittfaktor »L«			Drittfaktor »L«		
		L_1	L_2	L_3	L_1	L_2	L_3
Zeilen-	J_1	{1}	{1}	{1}	{1}	{1}	{1}
faktor	J_2	{2}	{2}	{2}	{2}	{2}	{2}
»J«	J_3	{3}	{3}	{3}	{3}	{3}	{3}
			K_1			K_2	

{2} = Stichprobe 2 — Zweitfaktor »K«

Mit der Varianzanalyse werden die Haupteffekte der drei Faktoren sowie ihre Interaktionswirkungen auf Signifikanz geprüft. Im Fall statistisch bedeutsamer Haupteffekte lassen sich im Anschluss paarweise Vergleiche zwischen den Mittelwerten der Faktorstufen durchführen. Auf Wunsch werden auch Interaktionsdiagramme für die Zwei- und Dreifaktor-Wechselwirkungen ausgegeben. Über die Befehlssyntax ist weiterhin eine Analyse der Einfachen Haupteffekte der Faktoren sowie ihrer Einfacheffekte möglich.

Die Werte der K∗L Spalten werden als K∗L Variablen in die Datendatei eingegeben. Hierbei empfiehlt es sich, zuerst die Daten der L Spalten von K_1 einzugeben, dann die L Spalten von K_2, usf.

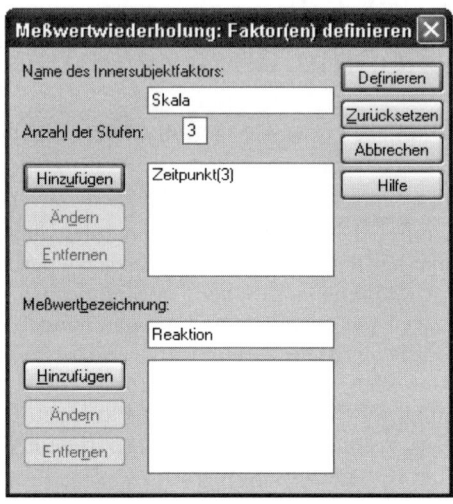

Im Eingangs-Dialogfeld von GLM sind als Erstes bei *Name des Innersubjektfaktors* jeweils Bezeichnungen für die Messwiederholungsfaktoren K und L (in dieser Reihenfolge) sowie die *Anzahl* ihrer *Stufen* oder Kategorien einzugeben. Weiterhin sollte bei *Messwertbezeichnung* ein (dann in der Ausgabe erscheinender) Name für die abhängige Variable eingegeben werden. In beiden Fällen sind die Angaben mit [Hinzufügen] abzuschließen.

In der nächsten Dialogbox sind im Feld *Innersubjektvariablen* die K∗L Variablen mit den Daten der K∗L Spalten aufzuführen. Wie die in Klammern vorgegebenen Spaltenindices (k , l) zeigen, muss dies in der oben für die Dateneingabe empfohlenen Reihefolge geschehen. Im vorliegenden K∗L = 3∗3 Fall ist dies: K_1 (L_1 L_2 L_3) → K_2 (L_1 L_2 L_3) → K_3 (L_1 L_2 L_3). Der Faktor mit den unabhängigen Stichproben (Zeilenfaktor J) wird bei *Zwischensubjektfaktoren* eingetragen.

In dem über [Modell] erhältlichen Dialogfeld sind keine Veränderungen vorzunehmen. Die in der Box [Kontraste] veranlassbaren – sehr speziellen – Vergleiche zwischen den Mitteln der Stufen/Kategorien von Faktor J, K oder L sind in Kapitel 57 (BEISPIEL 7) beschrieben.

Über [Post Hoc] können paarweise Vergleiche zwischen den J Mitteln der unabhängigen Stichproben des Zeilenfaktors (»Zwischensubjektfaktor«) durchgeführt werden. Die hier angebotenen Verfahren zeigt die auf S. 325 abgebildete Box.

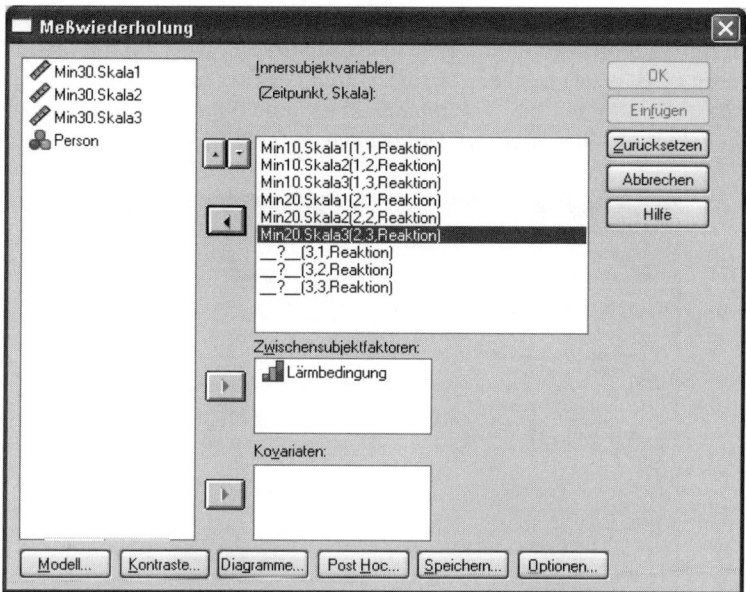

In der (auf der nächsten Seite abgebildeten) Dialogbox **Optionen** erhält man bei Anklicken von *Deskriptive Statistik* die Mittelwerte und Standardabweichungen für die J×K×L Zellen. Werden zusätzlich die Mittelwerte für die J, K und L Stufen der drei unabhängigen Variablen gewünscht, müssen die Faktoren im Feld *Mittelwerte anzeigen* aufgeführt sein. Bei Wahl von *Schätzer der Effektgröße* werden Eta²-Werte für die Stärke der Haupt- und Interaktionseffekte ausgegeben. Mit den angebotenen Homogenitätstests lassen sich bestimmte Annahmen überprüfen (vgl. Kapitel 60, BEISPIEL 4).

Wenn neben der varianzanalytischen Prüfung der Haupteffekte auch paarweise Vergleiche zwischen den K und L Mitteln der Messwiederholungsfaktoren gewünscht werden, müssen die Namen der Faktoren im Feld *Mittelwerte anzeigen* aufgeführt und die Option *Haupteffekte vergleichen* angeklickt werden. Weiterhin ist es sinnvoll, bei *Anpassung des Konfidenzintervalls* die *Bonferroni*-Adjustierung zu wählen. Die ausgegebenen P-Werte können dann direkt mit dem gewählten (familienweisen) α_F verglichen werden. Der bei *Signifikanzniveau* eingestellte Wert sollte zudem diesem α_F entsprechen.

In der über den Schalter [Diagramme] erhältlichen Box **Profilplots** (s. Abb. auf S. 402) können grafische Darstellungen der Interaktionen veranlasst werden. Im Fall einer Zweifaktor-Interaktion wird bei *Horizontale Achse* der Faktor eingegeben, dessen Stufen auf der waagerechten Achse abzutragen sind, während bei *Separate Linien* die andere unabhängige Variable aufzuführen ist. Anschließend ist das Variablenpaar über die Schaltfläche [Hinzufügen] ins Feld *Diagramme* zu verbringen. Im Fall einer dreifaktoriellen Wechselwirkung wird die Interaktion zweier Faktoren (z.B. A×B) getrennt für die Stufen des dritten Faktors (C) dargestellt. »A« und »B« sind dann bei *Horizontale Achse* und *Separate Linien* einzugeben, während Faktor »C« bei *Separate Diagramme* aufgeführt wird.

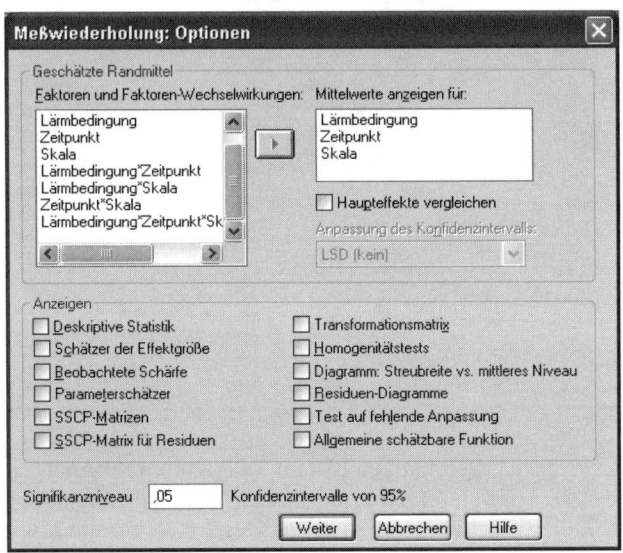

Analyse der einfachen Haupteffekte

Bei der Untersuchung der einfachen Haupteffekte eines Faktors K werden dessen Effekte separat auf den verschiedenen Stufen des Faktors J untersucht, wobei der Faktor L außer Betracht bleibt. Wie in Kapitel 58 (S. 344 f.) im Zusammenhang mit der dreifaktoriellen Varianzanalyse (ohne Messwiederholung) erläutert, sind derartige Prüfungen über die Syntax unter Heranziehung der EMMEANS-Anweisung möglich. Die Übertragung der dortigen Ausführungen auf den jetzigen Fall mit Messwiederholung auf einem Faktor wird bei BEISPIEL 3 vorgenommen.

Analyse der Einfacheffekte

Bei der Untersuchung der Einfacheffekte eines Faktors K werden dessen Effekte separat auf den verschiedenen Stufen des Faktors J analysiert - in einer bestimmten Stufe/Kategorie des Faktors L. Man befindet sich nun auf der Ebene der Mittel der J∗K∗L Zellen. Das Analyse-Vorgehen wurde ebenfalls in Kapitel 58 (S. 345) ausführlich erläutert. In BEISPIEL 4 wird gezeigt, mit welchen EMMEANS-Befehlen die Prüfung der Einfacheffekte im jetzigen Fall veranlasst werden kann.

Übersicht über die in den Beispielen behandelten Probleme

① Varianzanalytische Auswertung eines 2×3×3-faktoriellen Plans.

② Paarweise Vergleiche zwischen den Mitteln eines Messwiederholungsfaktors.

③ Analyse von einfachen Haupteffekten eines Messwiederholungsfaktors.

④ Analyse der Einfacheffekte eines Messwiederholungsfaktors.

Beispiel 1

Das nachfolgende Beispiel entstammt Winer et al. (1991, S. 537). Es soll untersucht werden, wie gut bei unterschiedlichem Lärm auf drei Typen von Anzeigeskalen reagiert wird. Dazu werden sechs Personen per Zufall (zu je drei) zwei Lärmbedingungen zugewiesen. Es liegen drei Entwürfe von Skalen vor, über die angezeigt wird, wenn eine Maschine im »roten Bereich« arbeitet. Die Versuchsperson soll dann über einen Regler die Maschine möglichst schnell und genau in den Normalbereich zurücksteuern. Jede Person wird allen drei Skalentypen ausgesetzt. Außerdem wird ihre Reaktionsleistung (abhängige Variable) jeweils zu drei Zeitpunkten der Beobachtungsphase erfasst (nach 10, 20 und 30 Minuten).

Die Stichproben der Stufen von (Zeilen-)Faktor J (»Lärmbedingung«) sind somit unabhängig, während über die Kombinationen der Stufen von Faktor K (»Messzeitpunkt«) und L (»Anzeigeskala«) Messwiederholung vorliegt (3*3 = 9 abhängige Stichproben). Es ergeben sich die folgenden Daten (hoher Wert = gute Reaktionsleistung):

Lärmbe-dingung	Messzeitpunkt									Person
	10 min			20 min			30 min			
	Anzeigeskala			Anzeigeskala			Anzeigeskala			
	1	2	3	1	2	3	1	2	3	
wenig	45	53	60	40	52	57	28	37	46	1
	35	41	50	30	37	47	25	32	41	2
	60	65	75	58	54	70	40	47	50	3
viel	50	48	61	25	34	51	16	23	35	4
	42	45	55	30	37	43	22	27	37	5
	56	60	77	40	39	57	31	29	46	6

Die Daten werden in eine Datei DREIFAK-2-MW.SAV eingegeben. Die Kodierung des Faktors »Lärmbedingung« enthält die Variable LÄRMBEDINGUNG (1 = wenig, 2 = viel), während die Variablen MIN10.SKALA1 bis MIN30.SKALA3 die unter den neun Kombinationen der beiden anderen Faktoren erhobenen Reaktionswerte der sechs Personen enthalten. Die Abfolge der Variablen entspricht der oben gegebe-nen Empfehlung: K_1 (L_1 L_2 L_3) $\rightarrow$ K_2 (L_1 L_2 L_3) $\rightarrow$ K_3 (L_1 L_2 L_3).

Durch die Varianzanalyse sollen nun die Haupteffekte sowie die Interaktionswir-kungen der drei Faktoren geprüft werden. Die Messwiederholungsfaktoren erhal-ten in der Eingangs-Dialogbox die Bezeichnungen »Zeitpunkt« und »Skala«, während die abhängige Variable mit »Reaktion« benannt wird. Als Optionen wer-den die Mittelwerte für die J∗K∗L Zellen sowie die Stufen der drei Faktoren ange-fordert. GLM liefert die nachfolgende Ausgabe.

Innersubjektfaktoren

Maß: Reaktion

Zeitpunkt	Skala	Abhängige Variable	
1	1	Min10.Skala1	❶
	2	Min10.Skala2	
	3	Min10.Skala3	
2	1	Min20.Skala1	
	2	Min20.Skala2	
	3	Min20.Skala3	
3	1	Min30.Skala1	
	2	Min30.Skala2	
	3	Min30.Skala3	

Zwischensubjektfaktoren

		Wertelabel	N	
Lärmbedingung	1	wenig Lärm	3	❷
	2	viel Lärm	3	

Deskriptive Statistiken

	Lärmbedingung	Mittelwert	Standard-abweichung	N	
Min10.Skala1	wenig Lärm	46,67	12,583	3	❸
	viel Lärm	49,33	7,024	3	
	Gesamt	48,00	9,230	6	
Min10.Skala2	wenig Lärm	53,00	12,000	3	
	viel Lärm	51,00	7,937	3	
	Gesamt	52,00	9,165	6	
Min10.Skala3	wenig Lärm	61,67	12,583	3	
	viel Lärm	64,33	11,372	3	
	Gesamt	63,00	10,826	6	
Min20.Skala1	wenig Lärm	42,67	14,189	3	
	viel Lärm	31,67	7,638	3	
	Gesamt	37,17	11,839	6	
Min20.Skala2	wenig Lärm	47,67	9,292	3	
	viel Lärm	36,67	2,517	3	
	Gesamt	42,17	8,565	6	

Min20.Skala3	wenig Lärm	58,00	11,533	3
	viel Lärm	50,33	7,024	3
	Gesamt	54,17	9,517	6
Min30.Skala1	wenig Lärm	31,00	7,937	3
	viel Lärm	23,00	7,550	3
	Gesamt	27,00	8,198	6
Min30.Skala2	wenig Lärm	38,67	7,638	3
	viel Lärm	26,33	3,055	3
	Gesamt	32,50	8,526	6
Min30.Skala3	wenig Lärm	45,67	4,509	3
	viel Lärm	39,33	5,859	3
	Gesamt	42,50	5,822	6

Multivariate Tests

Effekt		Wert	F	Hypo-these df	Fehler df	Signifi-kanz	
Zeitpunkt	Hotelling	18,764	28,145 ^{a}	2,000	3,000	,011	➍
Zeitpunkt* Lärmbedingung	Hotelling	5,407	8,111 ^{a}	2,000	3,000	,062	
Skala	Hotelling	60,971	91,456 ^{a}	2,000	3,000	,002	
Skala* Lärmbedingung	Hotelling	,770	1,155 ^{a}	2,000	3,000	,425	
Zeitpunkt*Skala	Hotelling	1325,780	331,445 ^{a}	4,000	1,000	,041	
Zeitpunkt*Skala* Lärmbedingung	Hotelling	2327,500	581,875 ^{a}	4,000	1,000	,031	

a. Exakte Statistik

Mauchly-Test auf Sphärizität

		Innersubjekteffekt			
		Zeitpunkt	Skala	Zeitpunkt * Skala	
Mauchly-W		,456	,910	,000	➎
Approximiertes Chi-Quadrat		2,357	,284	29,575	
df		2	2	9	
Signifikanz		,308	,867	,002	
Epsilon	Greenhouse-Geisser	,648	,917	,513	➏
	Huynh-Feldt	1,000	1,000	1,000	
	Untergrenze	,500	,500	,250	

Tests der Innersubjekteffekte

Quelle		Quadrat-summe vom Typ III	df	Mittel der Quadrate	F	Signifi-kanz	
Zeitpunkt	Sphärizität angenom.	3722,333	2	1861,167	63,389	,000	➐
	Greenhouse-Geisser	3722,333	1,295	2873,955	63,389	,000	
	Huynh-Feldt	3722,333	2,000	1861,167	63,389	,000	
	Untergrenze	3722,333	1,000	3722,333	63,389	,001	

Zeitpunkt*	Sphärizität angenom.	333,000	2	166,500	5,671	,029
Lärmbe-	Greenhouse-Geisser	333,000	1,295	257,104	5,671	,057
dingung	Huynh-Feldt	333,000	2,000	166,500	5,671	,029
	Untergrenze	333,000	1,000	333,000	5,671	,076
Fehler	Sphärizität angenom.	234,889	8	29,361		
(Zeitpunkt)	Greenhouse-Geisser	234,889	5,181	45,339		
	Huynh-Feldt	234,889	8,000	29,361		
	Untergrenze	234,889	4,000	58,722		
Skala	Sphärizität angenom.	2370,333	2	1185,167	89,823	,000
	Greenhouse-Geisser	2370,333	1,834	1292,345	89,823	,000
	Huynh-Feldt	2370,333	2,000	1185,167	89,823	,000
	Untergrenze	2370,333	1,000	2370,333	89,823	,001
Skala*	Sphärizität angenom.	50,333	2	25,167	1,907	,210
Lärmbe-	Greenhouse-Geisser	50,333	1,834	27,443	1,907	,215
dingung	Huynh-Feldt	50,333	2,000	25,167	1,907	,210
	Untergrenze	50,333	1,000	50,333	1,907	,239
Fehler	Sphärizität angenom.	105,556	8	13,194		
(Skala)	Greenhouse-Geisser	105,556	7,337	14,388		
	Huynh-Feldt	105,556	8,000	13,194		
	Untergrenze	105,556	4,000	26,389		
Zeitpunkt*	Sphärizität angenom.	10,667	4	2,667	,336	,850
Skala	Greenhouse-Geisser	10,667	2,054	5,194	,336	,729
	Huynh-Feldt	10,667	4,000	2,667	,336	,850
	Untergrenze	10,667	1,000	10,667	,336	,593
Zeitpunkt*	Sphärizität angenom.	11,333	4	2,833	,357	,836
Skala*	Greenhouse-Geisser	11,333	2,054	5,519	,357	,716
Lärmbe-	Huynh-Feldt	11,333	4,000	2,833	,357	,836
dingung	Untergrenze	11,333	1,000	11,333	,357	,583
Fehler	Sphärizität angenom.	127,111	16	7,944		
(Zeitpunkt*	Greenhouse-Geisser	127,111	8,215	15,474		
Skala)	Huynh-Feldt	127,111	16,000	7,944		
	Untergrenze	127,111	4,000	31,778		

Tests der Innersubjektkontraste	❽

Tests der Zwischensubjekteffekte

Transformierte Variable: Mittel

Quelle	Quadrat-summe vom Typ III	df	Mittel der Quadrate	F	Signifi-kanz	❾
Konstanter Term	105868,167	1	105868,167	169,993	,000	
Lärmbedingung	468,167	1	468,167	,752	,435	
Fehler	2491,111	4	622,778			

Geschätzte Randmittel

1. Lärmbedingung

Lärmbedingung	Mittelwert	Standardfehler	
wenig Lärm	47,222	4,803	
viel Lärm	41,333	4,803	

2. Zeitpunkt

Zeitpunkt	Mittelwert	Standardfehler	
1	54,333	4,359	
2	44,500	3,577	
3	34,000	2,464	

3. Skala

Skala	Mittelwert	Standardfehler	
1	37,389	3,843	
2	42,222	2,951	
3	53,222	3,548	

Erläuterungen zur Ausgabe

❶ Beschreibung des Faktors mit den J unabhängigen Stichproben (Zeilenfaktor »Lärmbedingung«).

❷ Zusammenstellung der Variablen, die die Werte der K∗L abhängigen Zellenstichproben enthalten (Messwiederholungsfaktoren »Messzeitpunkt« und »Anzeigeskala«).

❸ Mittelwerte und Standardabweichungen der J∗K∗L Zellen. Die Mittel für die J, K und L Stufen der drei Faktoren enthalten die Tabellen von ❿.

❹ Multivariate Prüfung der Haupt- und Interaktionseffekte der Messwiederholungsfaktoren mittels Hotelling's T^2-Test (Winer et al., 1991, Kap. 4.7); das Verfahren macht nicht die Annahme der Sphärizität. Aus Platzgründen wurden die ergebnisgleichen Tests von Pillai, Wilks und Roy in der Tabelle gelöscht.

❺ Prüfung mittels eines Tests von Mauchly, ob die Eigenschaft (Voraussetzung) der Sphärizität (Zirkularität) gegeben ist (⇨ *Inferenzstatistik, S. 320*; Winer et al., 1991, S. 255 ff.). Bei der Tabelle wurden Zeilen und Spalten vertauscht und die Fußnote gelöscht.

❻ **Greenhouse-Geisser** und **Huynh-Feldt Epsilon**: Epsilon-Werte zur Adjustierung der Freiheitsgrade der F-Tests. Die Adjustierung wird vom Programm in Tabelle ❼ bereits selbst vorgenommen.

❼ Varianzanalytische Ergebnisse zu den Messwiederholungsfaktoren

Zeitpunkt (= Faktor-Name). Prüfung des Haupteffekts des Messwiederholungsfaktors »Messzeitpunkt«. SAQ, Freiheitsgrade (»df«), MQ, Prüfwert (»F«), P-Wert für F (»Signifikanz«). **Sphärizität angenommen**: Nicht adjustierte Zähler-Freiheitsgrade $df_1 = 2$. **Greenhouse-Geisser, Huynh-Feldt**: Durch das entsprechende Epsilon adjustierte df_1. **Untergrenze**: Minimale Freiheitsgrade des »konservativen F-Tests« (⇨ *Inferenzstatistik, S. 320;* Winer et al., 1991, S. 520). P-Werte für die verschiedenen F-Tests (»Signifikanz«).

Zeitpunkt*Lärmbedingung, Skala*Lärmbedingung, Zeitpunkt*Skala. Prüfung der Effekte der (möglichen) Zweifaktor-Interaktionen. **Zeitpunkt*Skala* Lärmbedingung**. Prüfung des Effekts der Interaktion aller drei Faktoren.

Fehler (Zeitpunkt), Fehler(Skala), Fehler(Zeitpunkt*Skala). Nenner-Größen bei den F-Quotienten zur Prüfung der Effekte von ZEITPUNKT und SKALA.

Bei Wahl von *Schätzer der Effektgröße* in der Box **Optionen** enthält die Tabelle (wie auch Tab. ❾) eine Spalte »Partielles Eta-Quadrat«, deren Werte jeweils wie folgt bestimmt wurden: $Eta^2 = SAQ_{EFFEKT} / (SAQ_{EFFEKT} + SAQ_{Fehler})$.

❽ Prüfung der Beziehungen zwischen den Messwiederholungsfaktoren und der abhängigen Variablen auf linearen und quadratischen Trend (Winer et al., 1991, Kap. 7.6). Aus Platzgründen ist diese umfangreiche Tabelle nicht wiedergegeben. Eine derartige Prüfung macht auch nur Sinn, wenn es sich beim Messwiederholungsfaktor um eine metrische Variable handelt und die Faktorstufen gleichabständig sind. Dies wäre beim Faktor »Messzeitpunkt« der Fall, nicht jedoch bei der kategorialen unabhängigen Variablen »Anzeigeskala«.

❾ **Lärmbedingung**. Prüfung des Haupteffekts des (Zeilen-)Faktors, bei dem unabhängige Stichproben vorliegen. P-Werte für F (»Signifikanz«). **Fehler**: Nenner-Größe des F-Quotienten.

❿ Angeforderte Mittelwerte für die Stufen/Kategorien der drei Faktoren. In den Tabellen wurden die rechten Spalten zum »Konfidenzintervall« jeweils gelöscht.

Bei $\alpha = 0{,}05$ und Greenhouse-Geisser adjustierten Freiheitsgraden erweisen sich die Haupteffekte von ZEITPUNKT und SKALA als statistisch bedeutsam. Sowohl bei den durchschnittlichen Reaktionen auf die drei Skalentypen als auch zwischen den Messzeitpunkten ergeben sich signifikante Unterschiede.

Beispiel **2**

Auch bei Greenhouse-Geisser adjustierten Freiheitsgraden hat die Varianzanalyse angezeigt, dass zwischen den durchschnittlichen Reaktionsleistungen zu den drei Messzeitpunkten signifikante Unterschiede bestehen ($\alpha = 0,05$). Es soll nun geprüft werden, welche der Mittel sich im Einzelnen signifikant voneinander unterscheiden. Dazu wird in der Box **Optionen** (S. 414) für den Messwiederholungsfaktor ZEITPUNKT *Haupteffekte vergleichen* und die *Bonferroni*-Adjustierung angewählt sowie bei *Signifikanzniveau* der Wert {,05} belassen.

Nachfolgend der Teil der Ausgabe, der die Ergebnisse zu den paarweisen Vergleichen enthält. In der Tabelle wurden die (rechten) Spalten zum »Konfidenzintervall« gelöscht. Alle drei Mittelwertsdifferenzen erweisen sich als statistisch signifikant. Mit zunehmender Beobachtungsdauer ist ein bedeutsamer Rückgang der mittleren Reaktionsleistung feststellbar.

Paarweise Vergleiche

Maß: Reaktion

(I) Zeitpunkt	(J) Zeitpunkt	Mittlere Differenz (I-J)	Standardfehler	Signifikanz[a]
1	2	9,833*	1,305	,005
	3	20,333*	2,373	,003
2	1	-9,833*	1,305	,005
	3	10,500*	1,566	,008
3	1	-20,333*	2,373	,003
	2	-10,500*	1,566	,008

Basiert auf den geschätzten Randmitteln

*. Die mittlere Differenz ist auf dem Niveau ,05 signifikant

a. Anpassung für Mehrfachvergleiche: Bonferroni.

Beispiel **3**

Es sollen die einfachen Haupteffekte des Messwiederholungsfaktors »Zeitpunkt« bei den drei Anzeigenskalen untersucht werden. Hierbei bleibt der Faktor »Lämbedingung« außer Betracht. Nach Erzeugung der Syntax-Datei mit den Grundeinstellungen ist in diese die nachfolgende EMMEANS-Anweisung einzufügen:

```
COMMENT Syntax-Datei MESSWIED-6.SPS .
COMMENT Einfache Haupteffekte von Zeitpunkt  bei Skala 1-3 .
GLM  Min10.Skala1  Min10.Skala2  Min10.Skala3  Min20.Skala1
Min20.Skala2  Min20.Skala3  Min30.Skala1  Min30.Skala2
Min30.Skala3 BY Lärmbedingung
/WSFACTOR = Zeitpunkt 3 Polynomial Skala 3 Polynomial
/MEASURE = Reaktion
/METHOD = SSTYPE(3)
/CRITERIA = ALPHA(.05)
/EMMEANS = TABLES (Skala*Zeitpunkt)
 COMPARE (Zeitpunkt) ADJ (Bonferroni)
/WSDESIGN = Zeitpunkt Skala Zeitpunkt*Skala
/DESIGN = Lärmbedingung .
```

Beispiel **4**

Es sollen die Einfacheffekte des Messwiederholungsfaktors »Zeitpunkt« bei den drei Anzeigenskalen untersucht werden – getrennt für die Bedingungen »viel Lärm« und »wenig Lärm«. In diesem Fall ist die EMMEANS-Anweisung wie folgt zu formulieren (vgl. Syntax-Datei MESSWIED-7.SPS):

```
/EMMEANS = TABLES (Lärmbedingung*Skala*Zeitpunkt)
 COMPARE (Zeitpunkt) ADJ (Bonferroni)
```

Multiple Korrelation und Regression

> **Analysieren / Regression / Linear ...**

Die Prozedur REGRESSION ermöglicht die Durchführung von einfachen und multiplen linearen Regressionsverfahren und die Berechnung der entsprechenden (multiplen) Korrelationen (⇨ *Deskriptive Statistik,* Kap. 9+14; Bortz, 1999, Kap. 6+13; Tabachnick & Fidell, 2005, Kap. 5). Neben der Korrelation und der Regressionsgleichung mit ihren Statistiken können auch verschiedene Regressionsdiagnostiken numerisch und grafisch ausgegeben werden (vgl. Belsley, Kuh & Welsch, 1980; Darlington, 1990, Kap. 14). Ferner stehen verschiedene Methoden zur schrittweisen Regression zur Verfügung.

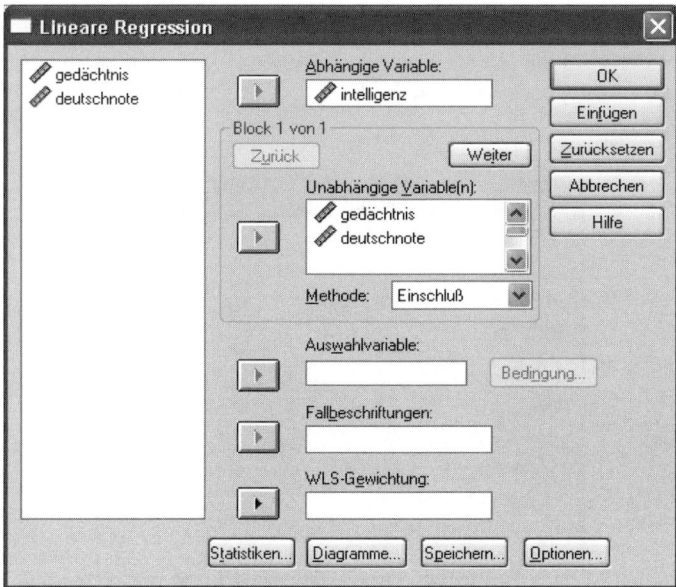

Einfache Regression

Zur Bestimmung einer einfachen linearen Regression (Form: $\hat{Y} = b_0 + b_1 * X$) sind in der Eingangs-Dialogbox **Lineare Regression** lediglich die Kriteriumsvariable

Y unter *Abhängige Variable* und die Prädiktorvariable X unter *Unabhängige Variable(n)* zu spezifizieren. Der in diesem Fall relevante Teil der Programmausgabe – mit den Werten für die Steigung und den Ordinatenabschnitt der Regressionsgeraden – wird in Kapitel 81 (S. 665 f.) erläutert.

Multiple Regression

Bei der Durchführung einer multiplen Regression (allgemeine Form: $\hat{Y} = b_0 + b_1*X_1 + b_2*X_2 + ... + b_k*X_k$) ist wie bei der einfachen Regression die Kriteriumsvariable Y unter *Abhängige Variable* festzulegen. Die k Prädiktorvariablen X_1, X_2, ..., X_k sind unter *Unabhängige Variable(n)* anzugeben.

Liegen fehlende Werte vor, kann in der über die Schaltfläche [Optionen] erhältlichen Box festgelegt werden, wie damit umgegangen werden soll. Bei der (sinnvollen) Voreinstellung *Listenweiser Fallausschluß* werden nur Fälle in die Analyse aufgenommen, die in allen ausgewählten Prädiktorvariablen und der Kriteriumsvariable gültige Werte aufweisen. Beim *Paarweisen Fallausschluß* werden bei der Berechnung der der Regression zugrundeliegenden Korrelationen immer nur die Fälle eliminiert, die beim jeweiligen Variablenpaar nicht beide einen gültigen Wert aufweisen.

Schließlich besteht die Möglichkeit, jeden fehlenden Wert durch das arithmetische Mittel der gültigen Werte in der betreffenden Variablen zu substituieren und dann wie ein vorliegendes Datum in die Analysen einzubeziehen (Option *Durch Mittelwert ersetzen*).

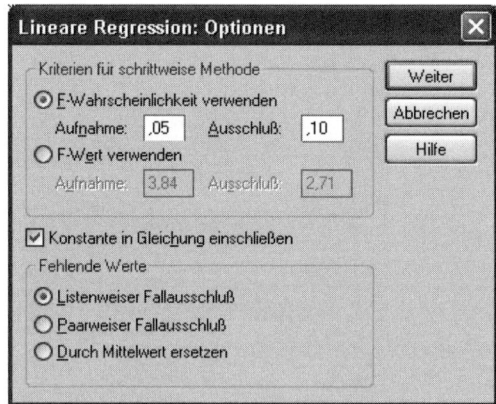

Schrittweise multiple Regression

Sollen abweichend vom Standardfall nicht alle Prädiktoren simultan in die Regressionsgleichung aufgenommen werden, so können diese

- in Blöcke aufgeteilt werden. Die Variablen-Blöcke werden vorab nach theoretischen Überlegungen gebildet, bei denen meist inhaltlich zusammengehörige Variablen in einen Block zusammengefasst werden. Die Blöcke werden dann in einer spezifizierten Reihenfolge nacheinander in die Regressionsgleichung aufgenommen und jeweils betrachtet, wie viel zusätzliche Varianz ein neuer Block in der Kriteriumsvariablen aufklärt (nachfolgend bezeichnet als »blockweise schrittweise Regression«).

- mittels bestimmter formal-statistischer Methoden der schrittweisen Regression als Prädiktoren ausgewählt werden. In diesem Fall werden innerhalb eines Blocks anhand von bestimmten statistischen Kriterien Variablen schrittweise aufgenommen bzw. eliminiert (»statistische schrittweise Regression«).

Blockweise und statistische schrittweise Regression sind kombinierbar, d.h. für jeden definierten Variablen-Block kann unabhängig eine andere statistische *Methode* festgelegt werden. Folgende Methoden stehen zur Verfügung:

Einschluß Alle Variablen des Blocks werden simultan in einem Schritt aufgenommen (voreingestellt).

Ausschluß Alle Variablen des Blocks werden simultan in einem Schritt ausgeschlossen.

Vorwärts Die Variablen des Blocks werden einzeln schrittweise entsprechend dem Aufnahmekriterium hinzugefügt.

Rückwärts Die Variablen des Blocks werden einzeln schrittweise entsprechend dem Ausschlusskriterium entfernt.

Schrittweise Die Variablen des Blocks werden einzeln schrittweise entsprechend der Kriterien hinzugefügt oder entfernt.

Die in den die Methoden *Vorwärts*, *Rückwärts* und *Schrittweise* verwendeten Aufnahme- bzw. Ausschlusskriterien können in der Dialogbox **Optionen** unter *Kriterien für schrittweise Methode* verändert werden.

Ergebnisausgabe

Standardmäßig werden die *Schätzer* der Regressionskoeffizienten einschließlich deren Statistiken (Standardfehler etc.) und als Indizes zur Quantifizierung der *Anpassungsgüte des Modells* der multiple Korrelationskoeffizient R, der Determinationskoeffizient R^2, das adjustierte R^2 (s. Darlington, 1990, S. 120 ff.) und der Standardschätzfehler sowie eine varianzanalytische ANOVA-Tabelle, die zur Signifikanzprüfung von R herangezogen wird, ausgegeben.

Veränderungen an der Ergebnisausgabe sind in der über die Schaltfläche [Statistiken] erhältlichen Box möglich. So werden bei Anklicken von *Deskriptive Statistik* Mittelwerte und Standardabweichungen sowie die Interkorrelationsmatrix aller beteiligten Variablen ausgegeben. Indizes der *Kollinearitätsdiagnose* sind bei hoch korrelierten Prädiktoren von Nutzen (vgl. Belsley et al., 1980).

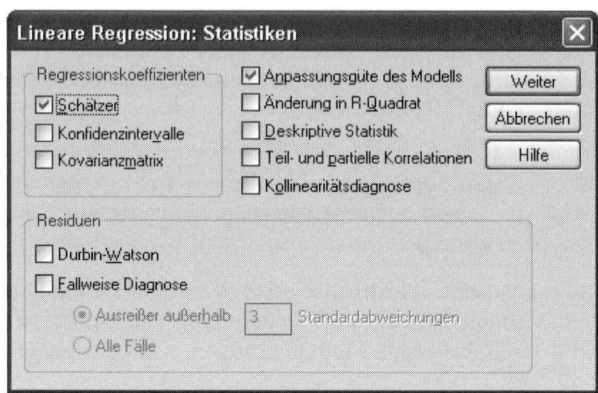

Neben den numerischen Ausgaben können in der über [Diagramme] erhältlichen Box verschiedene grafische Darstellungen angefordert werden. Diese sind vor allem geeignet, die für die Inferenzstatistik benötigten Annahmen (Normalverteilung, Homoskedastizität) visuell zu prüfen, systematische Abweichungen vom linearen Zusammenhang festzustellen sowie Ausreißer und solche Daten zu identifizieren, die die Regressionsgleichung besonders stark beeinflussen. Theoretische Hintergründe dazu finden sich z. B. bei Darlington (1990).

Eine Vielzahl der bei der Regression anfallenden Variablen (vorhergesagte Kriteriumswerte, Residuen, Regressionsdiagnostiken usw.) können außerdem mittels der über die Schaltfläche [Speichern] erhältlichen Dialogbox zur Weiterverarbeitung in eine SPSS-Datendatei gesichert werden (s. SPSS 2005, Kap. 27)

Neben den durch REGRESSION durchgeführten (auch als *ordinary least-squares, OLS*, bezeichneten) Verfahren verfügt SPSS über eine Vielzahl weiterer Regressionsmethoden, die in diesem Buch nicht dargestellt werden (siehe dazu SPSS, 2003a, 2003r), darunter

- nicht-lineare Regression unter **Analysieren / Regression / Nichtlinear**, bei der nicht-lineare Zusammenhänge zwischen den Prädiktoren und dem Kriterium untersucht werden (s. SPSS 2003b, Kap. 5). Bestimmte nicht-lineare Modelle sind aber auch per multipler Regression überprüfbar, vgl. BEISPIEL 7.

- gewichtete lineare Regression (weighted least squares) unter **Regression / Gewichtsschätzung**, besonders geeignet bei inhomogenen Varianzen der Prädiktoren (s. SPSS 2003b, Kap. 6).

- ordinale Regression unter **Regression / Ordinal** für die Regression bei einer rangskalierten (ordinalen) Kriteriumsvariablen (s. SPSS 2003a, Kap. 8).

- loglineare Modelle unter **Analysieren / Loglinear** für die Analyse von Mehrweg-Kreuztabellen, also kategorialen Prädiktoren (s. SPSS 2003a, Kap. 5-7).

Die logistische Regression wird in Kapitel 67 dargestellt. Die Möglichkeit, eine Regressionsgleichung grafisch als Gerade darzustellen, wird in Kapitel 81 behandelt.

Übersicht über die in den Beispielen behandelten Probleme

① Multiple Korrelation/Regression mit zwei Prädiktoren.

② Multiple Regression mit Kreuzvalidierung.

③ Blockweise schrittweise Regression.

④ Statistische schrittweise Regression.

⑤ Moderatoranalyse (mit Multikollinearitätsdiagnose).

⑥ Mediatoranalyse.

⑦ Nicht-lineare Regression per multipler Regression.

Beispiel 1

Das Beispiel für eine multiple Regression entstammt Bortz (1999, S. 437). Die Leistung von zehn Schülern in einem Intelligenztest wird an Hand ihrer »Deutschnote« und ihrer »Gedächtnisleistung«, gemessen als Zahl der Fehler in einem Gedächtnistest, vorhergesagt. Nachfolgend die Daten. Die Gedächtnis-, Noten- und Intelligenz-Werte werden als die Variablen GEDÄCHTNIS, DEUTSCHNOTE und INTELLIGENZ in eine Datei MR_INTELLIGENZ.SAV eingegeben.

Nr. der Person	1	2	3	4	5	6	7	8	9	10
Gedächtnisleistung	12	12	13	10	11	13	12	10	14	15
Deutschnote	2	3	3	4	2	4	4	1	2	3
Intelligenz	107	105	101	102	114	97	92	118	111	95

In der Eingangs-Dialogbox müssen lediglich die Variablen angegeben werden: INTELLIGENZ als *Abhängige Variable* und die beiden Variablen DEUTSCHNOTE und GEDÄCHTNIS als Prädiktoren unter *Unabhängige Variable(n)*. In der Box **Statistiken** wird zusätzlich die Option *Deskriptive Statistik* angewählt. Das Programm liefert die folgende Ausgabe:

Deskriptive Statistiken

	Mittelwert	Standard-abwei-chung	N
intelligenz	104,20	8,443	10
gedächtnis	12,20	1,619	10
deutschnote	2,80	1,033	10

Korrelationen

		intelligenz	gedächtnis	deutschno-te
Korrelation nach Pearson	intelligenz	1,000	-,466	-,874
	gedächtnis	-,466	1,000	,159
	deutschnote	-,874	,159	1,000
Signifikanz (einseitig)	intelligenz	.	,087	,000
	gedächtnis	,087	.	,330
	deutschnote	,000	,330	.
N	intelligenz	10	10	10
	gedächtnis	10	10	10
	deutschnote	10	10	10

Aufgenommene/Entfernte Variablen[b]

Modell	Aufgenommene Variablen	Entfernte Variablen	Methode
1	deutschnote, gedächtnis[a]	.	Eingeben

a. Alle gewünschten Variablen wurden aufgenommen.
b. Abhängige Variable: intelligenz

Modellzusammenfassung

Modell	R	R-Quadrat	Korrigiertes R-Quadrat	Standardfehler des Schätzers
1	,935[a]	,874	,838	3,401

a. Einflußvariablen : (Konstante), deutschnote, gedächtnis

ANOVA[b]

Modell		Quadrat-summe	df	Mittel der Quadrate	F	Signifi-kanz
1	Regression	560,642	2	280,321	24,238	,001[a]
	Residuen	80,958	7	11,565		
	Gesamt	641,600	9			

a. Einflußvariablen : (Konstante), deutschnote, gedächtnis
b. Abhängige Variable: intelligenz

Koeffizienten[a]

Modell		Nicht standardisierte Koeffizienten		Standardisierte Koeffizienten	T	Signifikanz
		B	Standardfehler	Beta		
1	(Konstante)	144,333	8,781		16,437	,000
	gedächtnis	-1,750	,709	-,336	-2,468	,043
	deutschnote	-6,708	1,112	-,821	-6,034	,001

a. Abhängige Variable: intelligenz

Erläuterungen zur Ausgabe

❶ Hier werden – angefordert durch die Option *Deskriptive Statistik* – die Anzahl der gültigen Werte (**N**) sowie Mittelwerte und Standardabweichungen aller beteiligten Variablen ausgegeben.

❷ Angefordert durch die Option *Deskriptive Statistik*: Interkorrelationen aller beteiligten Variablen, P-Werte zur einseitigen Signifikanzprüfung der Korrelationen sowie Anzahl der Fälle, auf denen die einzelnen Korrelationskoeffizienten basieren.

❸ In dieser Tabelle wird der Ablauf der Regressionsrechnung protokolliert. Dies beinhaltet die in den einzelnen Schritten aufgenommenen und entfernten Variablen und die dabei angewandte Methode. Im Standardfall werden alle Prädiktoren (hier GEDÄCHTNIS und DEUTSCHNOTE) in einem Schritt aufgenommen (voreingestellte Methode *Einschluß*, was hier – etwas merkwürdig – mit »Eingeben« bezeichnet wird).

❹ Hier wird der multiple Korrelationskoeffizient (**R**), dessen Quadrat, das adjustierte R^2 (**Korrigiertes R-Quadrat**) sowie der Standardschätzfehler (**Standardfehler des Schätzers**, entspricht $\sqrt{MS_{Residuen}}$; hier: 3,401 = $\sqrt{11,565}$) angegeben. R^2 als Determinationskoeffizient lässt sich als Anteil der Varianz im Kriterium deuten, der durch die beiden Prädiktoren »aufgeklärt« wird (hier also 87%). Eine unverzerrtere Schätzung des Determinationskoeffizienten in der Population stellt das adjustierte R^2 dar.

❺ An Hand der varianzanalytischen Tabelle lässt sich neben der Varianzaufspaltung dem Wert von **Signifikanz** des F-Wertes entnehmen, ob der multiple Korrelationskoeffizient signifikant von Null verschieden ist. Im Beispiel ist dies mit **Signifikanz** = 0,001 < 0,05 bei 5%iger Irrtumswahrscheinlichkeit der Fall.

❻ Hier werden die Regressionsgewichte und ihre Prüfung auf Signifikanz ausgegeben. Es sind dies die (unstandardisierten) Regressionskoeffizienten (Spalte **B**), deren Standardfehler (**Standardfehler**), die standardisierten Regressionskoeffizienten = β-Gewichte (**Beta**) sowie der für die Signifikanzprüfung benötigte T-Wert (**T**) und die zweiseitigen P-Werte (**Signifikanz**). Im Beispiel leisten beide Prädiktoren einen signifikanten Beitrag zur Vorhersage.

Mittels der Werte unter »B« lässt sich nun die multiple Regressionsgleichung aufstellen: »Vorhergesagte Intelligenz« = 144,33 − 1,75*GEDÄCHTNIS − 6,71* DEUTSCHNOTE. Die Vorzeichen beider Regressionsgewichte sind erwartungsgemäß negativ, weil eine hohe Intelligenz mit guten Noten, d. h. niedrigen Werten in DEUTSCHNOTE und wenigen Fehlern in GEDÄCHTNIS einhergeht. Für die Person 1 wird z. B. aufgrund der Gleichung ein Intelligenzwert von 144,33 − 6,71*2 − 1,75*12 = 109,9 vorhergesagt, was dem beobachteten Intelligenzwert von 107 (s.o.) »relativ nahe« kommt.

Beispiel 2

Die Daten sind Teil einer vom Zweitautor betreuten Diplomarbeit von Klaus Lang. In einem Stahlunternehmen bearbeiteten 1987 und 1988 alle eingestellten Auszubildenden zum Industriemechaniker eine Testbatterie, bestehend aus Subtests des »Wilde-Intelligenztest« (WIT) und dem »Mannheimer Test zur Erfassung physikalisch-technischen Problemlösens« (MTP). Jeweils zwei Jahre später wurde überprüft, wieweit sich durch die Ergebnisse in diesen Tests der Ausbildungserfolg der Azubis, gemessen durch die Abschlussnote in der Berufsschule, vorhersagen lässt und welche Komponenten der Testbatterie dabei besonders geeignet sind. Dazu werden die multiple Regression zunächst mit der Stichprobe von 1987 durchgeführt und die Ergebnisse dann an der zweiten Stichprobe kreuzvalidiert.

Folgende Variablen liegen in der Datei MR_AZUBI.SAV vor:

JAHRGANG   Jahrgang der Azubis (1 = 1987 und 2 = 1988).

WIT_ANAL   WIT-Subtest »Analogien« zur Erfassung des schlussfolgernden Denkens (Bevölkerungsstandardwerte).

WIT_SCHAETZ   WIT-Subtest »Schätzen« zur Erfassung des rechnerischen Denkens (Bevölkerungsstandardwerte).

WIT_BEOB   WIT-Subtest »Beobachten« zur Erfassung der Wahrnehmungsgeschwindigkeit/-genauigkeit (Bevölkerungsstandardwerte).

MTP   MTP zur Erfassung des physikalisch-technischen Problemlösens (Standardwerte).

BERUFNOTE   Abschlussnote in der Berufsschule.

Statt über **Daten / Fälle auswählen** alle Azubis der ersten 1987er Stichprobe zu selegieren, bietet die Eingangs-Dialogbox eine komfortablere Möglichkeit. Man kann unter *Auswahlvariable* die Variable JAHRGANG angeben und dann nach Betätigung der Schaltfläche [Bedingung] den Wert (gleich) {1} eingeben. Die multiple Regressionsanalyse mit der Variablen BERUFNOTE als abhängige und den übrigen als unabhängige Variablen ergibt dann folgendes Ergebnis:

Aufgenommene/Entfernte Variablen[b,c]

Modell	Aufgenommene Variablen	Entfernte Variablen	Methode
1	mtp, wit_schaetz, wit_anal, wit_beob[a]	.	Eingeben

a. Alle gewünschten Variablen wurden aufgenommen.
b. Abhängige Variable: berufnote
c. Die Modelle basieren auf den Fällen, bei denen jahrgang = 1 Jahrgang 1987

Modellzusammenfassung

Modell	R jahrg = 1 Jahrgang 1987 (ausgewählt)	R-Quadrat	Korrigiertes R-Quadrat	Standardfehler des Schätzers
1	,764[a]	,583	,519	,5666

a. Einflußvariablen : (Konstante), mtp, wit_schaetz, wit_anal, wit_beob

ANOVA[b,c]

Modell		Quadrat-summe	df	Mittel der Quadrate	F	Signifi-kanz
1	Regression	11,670	4	2,918	9,089	,000[a]
	Residuen	8,346	26	,321		
	Gesamt	20,017	30			

a. Einflußvariablen : (Konstante), mtp, wit_schaetz, wit_anal, wit_beob
b. Abhängige Variable: berufnote
c. Ausschließliche Auswahl von Fällen, bei denen jahrg = 1 Jahrgang 1987

Koeffizienten[a,b]

Modell		Nicht standardisierte Koeffizienten		Standardisierte Koeffizienten	T	Signifi-kanz
		B	Standard-fehler	Beta		
1	(Konstante)	15,197	2,257		6,733	,000
	wit_anal	-,055	,016	-,440	-3,317	,003
	wit_schaetz	-,019	,016	-,202	-1,184	,247
	wit_beob	-,021	,012	-,299	-1,677	,106
	mtp	-,020	,015	-,180	-1,332	,194

a. Abhängige Variable: berufnote
b. Ausschließliche Auswahl von Fällen, bei denen jahrg = 1 Jahrgang 1987

Es resultiert ein multiples R von 0,76. Die Regressionsgleichung lautet: »Vorher-gesagte Berufsschulnote« = 15,197 – 0,055*WIT_ANAL (*Schlussfolgerndes Denken*) – 0,019*WIT_SCHAETZ (*Rechnerisches Denken*) – 0,021*WIT_BEOB (*Wahrnehmungsgeschwindigkeit*) – 0,020*MTP (*Technische Problemlösefähigkeit*).

Zur Kreuzvalidierung muss die an der ersten Stichprobe berechnete Regressionsgleichung nun auf die Daten der zweiten Stichprobe angewendet werden. Dazu muss eine neue Variable, hier mit dem Namen VBERUFNOTE, über **Transformieren / Berechnen** entsprechend obiger Regressionsgleichung wie folgt erzeugt werden (vgl. Kap. 10; man achte auf den Dezimalpunkt):

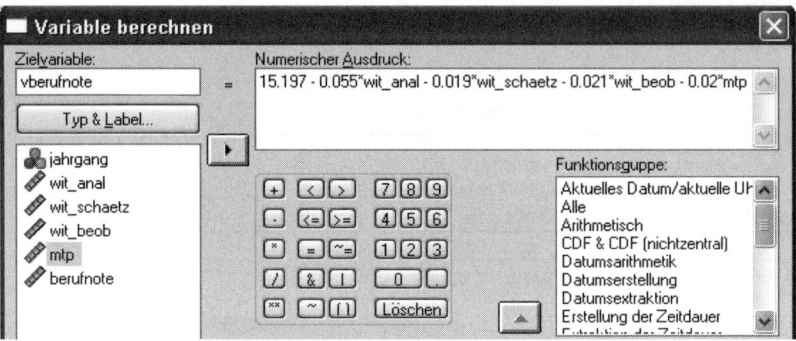

Die Korrelation dieser neu erzeugten Variablen VBERUFNOTE mit den beobachteten Kriteriumswerten BERUFNOTE in der zweiten Stichprobe gibt dann an, wie gut die an der ersten Stichprobe gewonnenen Regressionsgewichte zur Vorhersage in der zweiten Stichprobe geeignet sind.

Bevor diese Korrelation bestimmt werden kann, muss über **Daten / Datei aufteilen** eine getrennte Ausgabe für beide Stichproben angefordert werden (vgl. Kap. 19), indem *Ausgabe nach Gruppen aufteilen* angeklickt und dann bei *Gruppen basierend auf* die Variable JAHRGANG angegeben wird. Im zweiten Schritt werden die Korrelationen der beiden Variablen BERUFNOTE und VBERUFNOTE über **Analysieren / Korrelation / bivariat** (vgl. Kap. 28) erzeugt. Nachfolgend die Ausgabe (um die redundanten Teile gekürzt):

Korrelationen[a]

		berufnote	vberufnote
berufnote	Korrelation nach Pearson	1	,764**
	Signifikanz (2-seitig)		,000
	N	31	31

**. Die Korrelation ist auf dem Niveau von 0,01 (2-seitig) signifikant.
a. Jahrgang = 1 Jahrgang 1987

		berufnote	vberufnote
berufnote	Korrelation nach Pearson	1	,482**
	Signifikanz (2-seitig)		,009
	N	28	28

a. Jahrgang = 2 Jahrgang 1988

Für die erste Gruppe ergibt sich (wie oben bereits gesehen) eine multiple Korrelation von $R_1 = 0{,}76$, für die zweite Stichprobe reduziert sich der Zusammenhang auf $R_2 = 0{,}48$.

Beispiel	3

Volmer und Staufenbiel (2006) untersuchten die Wirksamkeit eines strukturierten Telefoninterviews zur internationalen Personalauswahl von Trainees an einer Stichprobe von 61 deutschen Studierenden, die sich für ein Praktikum in einer amerikanischen Firma beworben hatten. Als Kriterium für eine erfolgreiche Personalauswahl wurden die Leistungsbeurteilungen der Trainees im Anschluss an das Praktikum durch deren Vorgesetzten in den Unternehmen herangezogen.

Es soll überprüft werden, ob es gelingt, die Vorhersage der Leistung (prognostische Validität) zu erhöhen, wenn man nicht nur die in den Bewerbungsschreiben vorliegenden Informationen verwendet, sondern zusätzlich das Telefoninterview einsetzt. Dazu soll eine *blockweise schrittweise Regression* durchgeführt werden (Datendatei MR_INTERVIEW.SAV).

Die Variablen aus den Bewerbungsschreiben sollen zunächst in drei thematisch zusammenhängenden Blöcken nacheinander aufgenommen werden. Dies sind:

① Alter in Jahren (ALTER) + Geschlecht (GESCHLECHT).

② Note im Abitur (ABINOTE) + Note im Vordiplom (VORDIPLOM).

③ Gesamtdauer bisheriger Auslandsaufenthalte in Monaten (AUSLAND) + Anzahl bisher durchgeführter Praktika im In- und Ausland (PRAKTIKA).

Im vierten Block schließlich soll dann die Leistung im Interview (INTERVIEW) aufgenommen werden. Die vorherzusagende Kriteriumsvariable ist die Leistung, beurteilt durch die Vorgesetzten (LEISTUNG).

Wie immer muss die *Abhängige Variable* (hier LEISTUNG) angegeben werden. Die Prädiktoren werden nacheinander in das Feld *Unabhängige Variable(n)* eingetragen und zwar zunächst der erste Block mit den Variablen ALTER und GESCHLECHT. Dann muss im Feld *Block 1 von 1* die Schaltfläche [Weiter] angeklickt werden. Anschließend sind die Variablen des nächsten Blocks einzugeben (ABINOTE und VORDIPLOM). Dieses Vorgehen wiederholt man bis zum vierten Block, der nur aus der Variablen INTERVIEW besteht. Zusätzlich muss nach dem Drücken der Schaltfläche [Statistiken] die Option *Änderung in R-Quadrat* aktiviert werden. Diese bewirkt, dass für jeden Block die Statistik ΔR^2 mit statistischem Test ausgegeben wird.

Es darf in keinem Block die *Methode* verändert werden. Die voreingestellte Methode *Einschluß* bewirkt, dass in jedem Block alle spezifizierten Variablen in die Regressionsgleichung aufgenommen werden.

Die durch die Blöcke erklärbaren Varianzanteile finden wir in folgender Tabelle:

Modellzusammenfassung

Mo-dell	R	R-Qua-drat	Korri-giertes R-Quadrat	Stan-dardfeh-ler des Schät-zers	Änderung in R-Quadrat	Änderung in F	df1	df2	Änderung in Signifikanz von F
					Änderungsstatistiken				
1	,192[a]	,037	,004	,54440	,037	1,113	2	58	,335
2	,474[b]	,225	,169	,49708	,188	6,783	2	56	,002
3	,556[c]	,309	,232	,47796	,084	3,285	2	54	,045
4	,604[d]	,365	,281	,46255	,056	4,658	1	53	,035

a. Einflußvariablen : (Konstante), geschlecht, alter
b. Einflußvariablen : (Konstante), geschlecht, alter, abinote, vordiplom
c. Einflußvariablen : (Konstante), geschlecht, alter, abinote, vordiplom, ausland, praktika
d. Einflußvariablen : (Konstante), geschlecht, alter, abinote, vordiplom, ausland, praktika, interview

Hier finden wir für jeden Block (= Zeile = Modell) alle bekannten Statistiken plus die inkrementellen ΔR^2-Statistiken (Spalte **Änderung in R-Quadrat**) und deren Signifikanz (Spalte **Änderung in Signifikanz von F**). Im Beispiel ist also mit den Variablen Alter und Geschlecht mit $R^2 = 0,037$ nur eine statistisch insignifikante Vorhersage der Leistung möglich.

Nimmt man im zweiten Block die beiden Noten hinzu, so erhöht sich der Anteil der erklärten Varianz von 3,7% auf 22,5%. Der Zuwachs von $\Delta R^2 = 0,188$ ist statistisch signifikant (der Wert in der Spalte **Änderung in Signifikanz von F** von 0,002 ist kleiner als ein gesetzter Alpha-Wert von 0,05). Auch die Auslandserfahrung und das Ausmaß an Praktika erhöhen den erklärten Varianzanteil statistisch signifikant. Dies gilt schließlich – dies war ja unsere Kernfrage – auch für das Interview mit $\Delta R^2 = 0,06$, P< 0,05. Die Regressionsgewichte enthält wieder die nachfolgende Tabelle:

Koeffizienten[a]

Modell		Nicht standardisierte Koeffizienten B	Nicht standardisierte Koeffizienten Standard-fehler	Standardisierte Koeffizienten Beta	T	Signifi-kanz
1	(Konstante)	2,984	,734		4,063	,000
	alter	,033	,029	,148	1,140	,259
	geschlecht	,118	,141	,109	,842	,403
2	(Konstante)	3,213	,718		4,477	,000
	alter	,040	,026	,182	1,535	,130
	geschlecht	,105	,135	,097	,775	,442
	abinote	-,536	,158	-,480	-3,399	,001
	vordiplom	,379	,129	,421	2,940	,005

3	(Konstante)	2,953	,714		4,138	,000
	alter	,023	,027	,102	,829	,411
	geschlecht	,027	,135	,025	,201	,841
	abinote	-,363	,166	-,325	-2,193	,033
	vordiplom	,377	,124	,418	3,030	,004
	ausland	,020	,013	,202	1,623	,110
	praktika	,095	,058	,220	1,653	,104
4	(Konstante)	1,965	,829		2,371	,021
	alter	,024	,026	,109	,916	,364
	geschlecht	,089	,134	,082	,665	,509
	abinote	-,303	,163	-,272	-1,863	,068
	vordiplom	,299	,126	,331	2,380	,021
	ausland	,014	,012	,142	1,148	,256
	praktika	,041	,061	,096	,678	,501
	interview	,305	,141	,291	2,158	,035

a. Abhängige Variable: leistung

In dieser Tabelle findet man nun für die blockweisen Modelle untereinander die Regressionsgewichte und ihre Statistiken. Im letzten Modell mit allen vier Blökken erhalten nur noch die Vordiplomnote und die Interviewleistung ein statistisch signifikantes Regressionsgewicht (das Regressionsgewicht der Vordiplomnote ist dabei erstaunlicherweise positiv).

Beispiel 4

Der Datensatz entstammt Röhr, Lohse und Ludwig (1983, S. 255). Die Werte der nachfolgend aufgeführten Variablen sind in der Datei MR_LERNTEST.SAV enthalten. Die Lernfähigkeit im schlussfolgernden Denken (Kriterium: LERNTEST) wird vorhergesagt an Hand von sieben Prädiktoren: MATHE = Leistung im Fach Mathematik, DEUTSCH = Leistung im Fach Deutsch, INFOANGST = Informationssuchangst, ERKENNT = Erkenntnisstreben, INFOSUCH = Informationssuchverhalten am Rastertestgerät, KLASSIF = begriffsanaloges Klassifizieren, IMPULSIV = kognitive Impulsivität/Reflexivität. Die Prädiktoren werden schrittweise ausgewählt (Methode: *Vorwärts*). Weiterhin wird in der über die Schaltfläche [Diagramme] erhältlichen Box im Feld *Diagramme der standardisierten Residuen* die Option »Histogramm« aktiviert.

Aufgenommene/Entfernte Variablen[a]

Modell	Aufgenommene Variablen	Entfernte Variablen	Methode	
1	klassif	.	Vorwärts- (Kriterium: Wahrscheinlichkeit von F-Wert für Aufnahme <= ,050)	
2	mathe	.	Vorwärts- (Kriterium: Wahrscheinlichkeit von F-Wert für Aufnahme <= ,050)	

a. Abhängige Variable: lerntest

Modellzusammenfassung^c

Modell	R	R-Quadrat	Korrigiertes R-Quadrat	Standardfehler des Schätzers	
1	,867^a	,751	,744	8,138	
2	,892^b	,796	,785	7,458	

a. Einflußvariablen : (Konstante), klassif
b. Einflußvariablen : (Konstante), klassif, mathe   c. Abhängige Variable: lerntest

ANOVA^c

Modell		Quadrat-summe	df	Mittel der Quadrate	F	Signifi-kanz	
1	Regression	7584,191	1	7584,191	114,511	,000^a	
	Residuen	2516,784	38	66,231			
	Gesamt	10100,975	39				
2	Regression	8042,732	2	4021,366	72,290	,000^b	
	Residuen	2058,243	37	55,628			
	Gesamt	10100,975	39				

a. Einflußvariablen : (Konstante), klassif
b. Einflußvariablen : (Konstante), klassif, mathe
c. Abhängige Variable: lerntest

Koeffizienten^a

Modell		Nicht standardisierte Koeffizienten		Standardisierte Koeffizienten	T	Signifi-kanz	
		B	Standard-fehler	Beta			
1	(Konstante)	82,824	3,153		26,271	,000	
	klassif	-3,049	,285	-,867	-10,701	,000	
2	(Konstante)	59,627	8,581		6,949	,000	
	klassif	-2,146	,409	-,610	-5,250	,000	
	mathe	2,252	,784	,334	2,871	,007	

a. Abhängige Variable: lerntest

Ausgeschlossene Variablen^c

Modell		Beta In	T	Signifi-kanz	Partielle Korrelation	Kollinearitäts statistik	
						Toleranz	
1	mathe	,334^a	2,871	,007	,427	,408	
	deutsch	,216^a	2,016	,051	,315	,528	
	infoangst	-,042^a	-,483	,632	-,079	,874	
	erkennt	,130^a	1,485	,146	,237	,827	
	infosuch	,159^a	1,325	,193	,213	,444	
	impulsiv	,004^a	,036	,971	,006	,719	
2	deutsch	,017^b	,113	,911	,019	,263	
	infoangst	-,027^b	-,338	,738	-,056	,870	
	erkennt	,110^b	1,351	,185	,220	,820	
	infosuch	,105^b	,924	,362	,152	,430	
	impulsiv	,041^b	,464	,645	,077	,704	

a. Einflußvariablen im Modell: (Konstante), klassif
b. Einflußvariablen im Modell: (Konstante), klassif, mathe   c. Abhängige Variable: lerntest

Residuenstatistik[a]

	Minimum	Maximum	Mittelwert	Standard-abwei-chung	N
Nicht standardisierter vorhergesagter Wert	34,19	71,31	52,03	14,360	40
Nicht standardisierte Residuen	-16,717	21,981	,000	7,265	40
Standardisierter vorhergesagter Wert	-1,242	1,343	,000	1,000	40
Standardisierte Residuen	-2,241	2,947	,000	,974	40

a. Abhängige Variable: lerntest

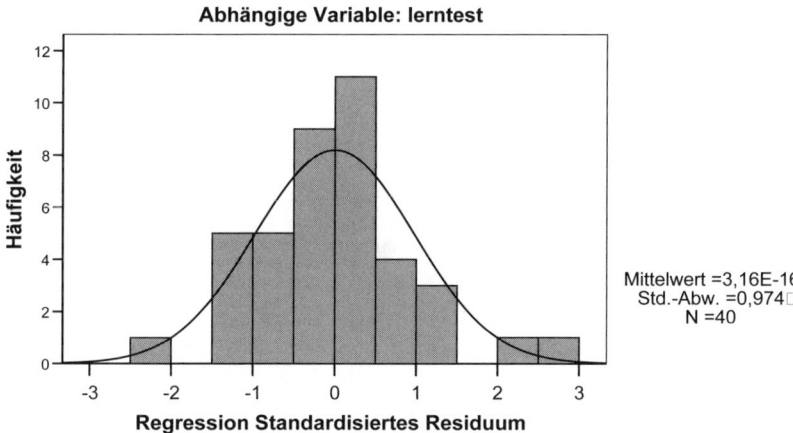

Abhängige Variable: lerntest

Mittelwert =3,16E-16
Std.-Abw. =0,974
N =40

Erläuterungen zur Ausgabe

❶ Die Tabelle dokumentiert, dass im ersten Schritt die Variable KLASSIF aufgenommen wurde (**Modell = 1**). Sie weist die höchste bivariate Korrelation mit dem Kriterium auf. Im zweiten Schritt wurde die Mathematiknote MATHE in die Regressionsgleichung eingeschlossen (**Modell = 2**) und danach kein weiterer Prädiktor mehr aufgenommen. Das – unter [Optionen] abweichend definierbare – Kriterium für den Einschluss einer Variable ist, dass der P-Wert beim »Signifikanztests« des β-Gewichts des Prädiktors im Falle der Aufnahme kleiner als ,05 ausfällt.

Alle folgenden Ergebnisdarstellungen erfolgen jetzt jeweils getrennt für alle Modelle, d.h. hier für die Regressionsanalyse nur mit dem Prädiktor KLASSIF (**Modell 1**) und die Analyse mit beiden Prädiktoren (**Modell 2**).

❷, ❸, ❹ Wie in den vorangegangenen Beispielen, nur getrennt für beide Modelle. Zu beachten ist, dass bei diesen Ergebnissen die vorangegangene Optimierung keine Berücksichtigung findet. Mit inflationierten inferenzstatistischen Ergebnissen ist also zu rechnen (s. dazu Wilkinson, 1997).

❺ Hier wird für alle Modelle angegeben, was jeweils passieren würde, wenn die noch nicht in der Regressionsgleichung befindlichen Variablen im nächsten Schritt aufgenommen würden. So wird etwa in der Spalte **Beta In** für alle Variablen angegeben, welches Beta-Gewicht diese jeweils erhalten würden, wenn sie im nächsten Schritt in die Gleichung einbezogen würden.

❻ Hier werden – auf Grund der Anforderung des Histogramms der Residuen – deskriptive Statistiken für standardisierte und unstandardisierte vorhergesagte Werte und Residuen ausgegeben. Das folgende Histogramm (unmodifizierte Darstellung) stellt die Verteilung der standardisierten Residuen dar, die sich möglichst einer Normalverteilung angleichen sollte.

Beispiel 5

Demonstriert wird eine Moderatoranalyse per multipler Regression (Baron & Kenny, 1986). Eine Moderatorvariable Z ist eine Variable, die die Stärke oder/ und Richtung des Zusammenhangs zwischen zwei Variablen X und Y beeinflusst. Z kann kategorial oder kontinuierlich sein.

Staufenbiel (2000) untersuchte an einer Stichprobe von 205 Mitarbeitern in mittelständischen Fahrrad- und Trecking-Läden, ob Mitarbeiter, die bei Entscheidungen in einem Unternehmen stärker beteiligt werden (Variable PARTIZIP) auch mehr freiwilliges Arbeitsengagement (ENGAGE) zeigen (Datei MR_FAHRRAD. SAV). Darüber hinaus bestand die Hypothese, dass dieser Zusammenhang höher ausfallen sollte, wenn die Partizipation mit einem geringeren Ausmaß an Konflikten bei der Entscheidungsfindung einhergeht (Moderatorvariable KONFLIKT).

Die zweite Hypothese ist eine Moderatorhypothese: Das Ausmaß an Konflikten (Z) soll den Zusammenhang zwischen Partizipation (X) und dem freiwilligen Arbeitsengagement (Y) moderieren. Eine Moderatorhypothese lässt sich per multipler Regression prüfen, indem man neben den Prädiktoren (hier: PARTIZIP und KONFLIKT) den multiplikativen Interaktionsterm PARTIZIP*KONFLIKT zusätzlich in die Regressionsgleichung aufnimmt. Dazu muss als Vorarbeit zunächst die neue multiplikative Variable erzeugt werden, z.B. im Syntax-Editor durch die Befehle:

```
COMPUTE int_pk = partizip*konflikt.
EXECUTE.
```

Dann werden unter **Analysieren / Regression / Linear...** die *Abhängige Variable* ENGAGE und die *Unabhängige Variablen* PARTIZP, KONFLIKT und INT_PK angegeben. Da bei Analysen mit multiplikativen Termen häufiger Multikollinearitätsprobleme auftreten, wird unter [Statistiken...] zusätzlich die Option *Kollinearitätsdiagnose* aktiviert. Die Ergebnisse dieser Diagnose werden in der folgenden Tabelle dargestellt:

Koeffizienten[a]

Modell		Nicht standardisierte Koeffizienten		Standardisierte Koeffizienten	T	Signifikanz	Kollinearitäts statistik	
		B	Standardfehler	Beta			Toleranz	VIF
1	(Konstante)	5,337	,467		11,417	,000		
	partizip	,118	,095	,294	1,245	,214	,072	13,802
	konflikt	-,177	,140	-,293	-1,264	,208	,075	13,372
	int_pk	,001	,029	,015	,048	,962	,042	23,573

a. Abhängige Variable: engage

Man erkennt, dass Multikollinearitätsprobleme bestehen: die **VIF**-Werte liegen über der kritischen Grenze von 10. Da Multikollinearitätsprobleme manchmal durch die Zentrierung der Variablen (d.h. die Subtraktion von deren Mittelwert) verschwinden, versuchen wir diesen Weg. Für die Zentrierung benötigen wir zunächst die Mittelwerte der Variablen, die unter **Analysieren / Deskriptive Statistiken / Deskriptive Statistiken...** angefordert werden können. Es resultiert:

Deskriptive Statistik

	N	Minimum	Maximum	Mittelwert	Standardabweichung
partizip	205	1,33	7,00	4,4634	1,31995
konflikt	205	1,25	6,50	3,1984	,88239
Gültige Werte (Listenweise)	205				

Für die Zentrierung erzeugen wir wie folgt drei neue Variablen und wiederholen dann die obige multiple Regressionsanalyse, indem wir die drei Prädiktoren durch ihre zentrierten Pendants ersetzen. Das Ergebnis zeigt die Tabelle auf der nächsten Seite.

```
COMPUTE z_partizip = partizip - 4.4634.
COMPUTE z_konflikt = konflikt - 3.1984.
COMPUTE intz_pk = z_partizip*z_konflikt.
EXECUTE.
```

Koeffizienten[a]

Modell		Nicht standardi-sierte Koeffizien-ten		Standardi-sierte Koef-fizienten	T	Signifikanz	Kollinearitäts-statistik	
		B	Standard-fehler	Beta			Toleranz	VIF
1	(Konstante)	5,319	,034		157,261	,000		
	z_partizip	,123	,026	,305	4,775	,000	,989	1,011
	z_konflikt	-,171	,039	-,283	-4,380	,000	,964	1,038
	intz_pk	,001	,029	,003	,048	,962	,973	1,028

a. Abhängige Variable: engage

Man erkennt, dass durch diese Transformationen das Multikollinearitätsproblem verschwunden ist. Wir können uns daher der Moderatoranalyse zuwenden. Die Variable KONFLIKT ist genau dann ein Moderator, wenn das β-Gewicht des multiplikativen Terms statistisch signifikant wird. Dies ist hier nicht der Fall. Die Moderatorhypothese muss also zurückgewiesen werden.

Man erkennt, dass das freiwillige Arbeitsengagement umso stärker ausfällt, je mehr partizipiert wird ($\beta = 0,31$, $P < 0,01$) und je weniger Konflikte bestehen ($\beta = -0,28$, $P < 0,01$). Es handelt sich also um einfache »Haupteffekte«. Für eine Wechselwirkung derart, dass sich die Partizipation nur dann positiv auswirkt, wenn wenig Konflikte auftreten, gibt es hingegen keine Bestätigung ($\beta = 0,00$).

Beispiel 6

Es wird gezeigt, wie man per multipler Regression eine Mediatoranalyse durchführt (Baron und Kenny, 1986). Unter einer Mediatorvariable Z versteht man eine Variable, die den Zusammenhang zwischen zwei Variablen X und Y vermittelt (= mediiert). Es wird also angenommen, dass die Wirkung von X auf Y vollständig oder partiell dadurch zustande kommt, dass X auf Z und Z auf Y wirkt.

In einer Studie von Staufenbiel (2000) wurde die Hypothese getestet, dass es einen negativen Einfluss der Arbeitsplatzunsicherheit (d.h. das Ausmaß der Befürchtung, seinen Arbeitsplatz verlieren zu können) auf das freiwillige Arbeitsengagement von Mitarbeitern eines Unternehmens gibt. Zudem wurde vermutet, dass dieser Zusammenhang vermittelt wird durch das Commitment dem Unternehmen gegenüber. Die Mediatorhypothese lautet also, dass Mitarbeiter, die stärker um ihren Arbeitsplatz bangen (Variable UNSICH), sich weniger mit dem Unternehmen identifizieren (weniger Commitment aufweisen, COM) und dies wiederum dazu führt, dass sie sich weniger im Unternehmen engagieren (ENGAGE). Die Daten liegen in der Datei MR_UNSICHER.SAV vor.

Damit eine Mediatorwirkung besteht, muss gelten, dass X statistisch signifikante Einflüsse auf Y und auf Z aufweist (jeweils mit den postulierten Vorzeichen). Zudem muss Z einen signifikanten Einfluss auf Y haben, wenn der Einfluss von X statistisch kontrolliert wird. Dies wird anhand der Signifikanz des Regressionsgewichts von Z in einer multiplen Regression geprüft, in der X und Z als Prädiktoren aufgenommen werden. Wenn dabei das Regressionsgewicht von X insignifikant wird, dann liegt vollständige Mediation vor, andernfalls partielle.

Wir führen also eine multiple Regression mit der *Abhängigen Variablen* (Y=) Engage und den beiden *Unabhängigen Variable(n)* (X=) Unsich sowie (Z=) Com durch. Dabei lassen wir uns unter [Statistiken] auch die *Deskriptiven Statistiken* ausgeben.

Korrelationen

		engage	com	unsich
Korrelation nach Pearson	engage	1,000	,550	-,234
	com	,550	1,000	-,329
	unsich	-,234	-,329	1,000
Signifikanz (einseitig)	engage	.	,000	,003
	com	,000	.	,000
	unsich	,003	,000	.
N	engage	136	136	136
	com	136	136	136
	unsich	136	136	136

An der Korrelationsmatrix erkennt man, dass die ersten beiden Voraussetzungen für das Vorliegen von Mediation erfüllt sind: Unsich korreliert wie vorhergesagt statistisch signifikant negativ mit Engage und Com.

Koeffizienten[a]

Modell		Nicht standardisierte Koeffizienten		Standardisierte Koeffizienten	T	Signifikanz
		B	Standardfehler	Beta		
1	(Konstante)	4,246	,294		14,427	,000
	com	,307	,044	,531	6,935	,000
	unsich	-,031	,040	-,059	-,774	,440

a. Abhängige Variable: engage

Am Tableau mit den Regressionsgewichten sieht man, dass tatsächlich eine vollständige Mediation vorliegt: Der (negative) Einfluss von Unsich wird durch die Aufnahme des Mediators Com insignifikant, der seinerseits wie erwartet positiv mit Engage zusammenhängt.

Beispiel 7

Bestimmte Formen nicht-linearer Zusammenhänge können ebenfalls mit der (linearen) multiplen Regression untersucht werden – solche, die linear in den Parametern sind (vgl. Cohen, Cohen, West & Aiken, 2003, Kap. 6). Dazu zählen etwa U-förmige oder umgekehrt-U-förmige Zusammenhänge zwischen zwei Variablen.

Verwenden wir einen einfachen (fiktiven) Datensatz von Cohen et al. (2003, S. 194) mit nur zwei Variablen X = *Zahl der Credits, die Studierende bisher in einem Nebenfach erworben haben* und Y = *Interesse der Studierenden an dem Nebenfach* (sowie einer laufenden Fall-Nr. in der Variablen CASE). Die Werte der 100 Befragten enthält die Datei MR_COHEN.SAV.

Betrachten wir zunächst das Streuungsdiagramm der beiden Variablen und die Regression von Y auf X sowie die bivariate Korrelation. Die multiple Regression (die hier nur eine einfache ist) liefert bei der Angabe von Y als *Abhängige Variable* und X unter *Unabhängige Variable(n)* und der Anforderung der »Deskriptiven Statistiken« die folgenden Ergebnisse:

Deskriptive Statistiken

	Mittelwert	Standard-abwei-chung	N
y	18,1049	4,74804	100
x	8,17	3,095	100

Modellzusammenfassung

Modell	R	R-Quadrat	Korrigiertes R-Quadrat	Standardfehler des Schätzers
1	,749[a]	,561	,556	3,16257

a. Einflußvariablen : (Konstante), x

ANOVA[b]

Modell		Quadratsumme	df	Mittel der Quadrate	F	Signifi-kanz
1	Regression	1251,667	1	1251,667	125,144	,000[a]
	Residuen	980,179	98	10,002		
	Gesamt	2231,846	99			

a. Einflußvariablen: (Konstante), x   b. Abhängige Variable: y

Koeffizienten[a]

Modell		Nicht standardisierte Koeffizienten		Standardisierte Koeffizienten	T	Signifi-kanz
		B	Standard-fehler	Beta		
1	(Konstante)	8,718	,897		9,721	,000
	x	1,149	,103	,749	11,187	,000

a. Abhängige Variable: y

Es ergibt sich also ein hoher, statistisch signifikanter bivariater Zusammenhang (in diesem Fall bei nur einem Prädiktor entspricht R der bivariaten Produkt-Moment Korrelation) von R = r = 0,75. Je mehr Credits die Studierenden gemacht haben, desto mehr interessiert sie das Nebenfach.

Das Streuungsdiagramm (erzeugt gemäß Kap. 81) aber zeigt eine gewisse systematische Abweichung vom linearen Trend, wie man in der nachfolgenden Abbildung sieht, in der zusätzlich die lineare Regressionsgerade hinzugefügt wurde.

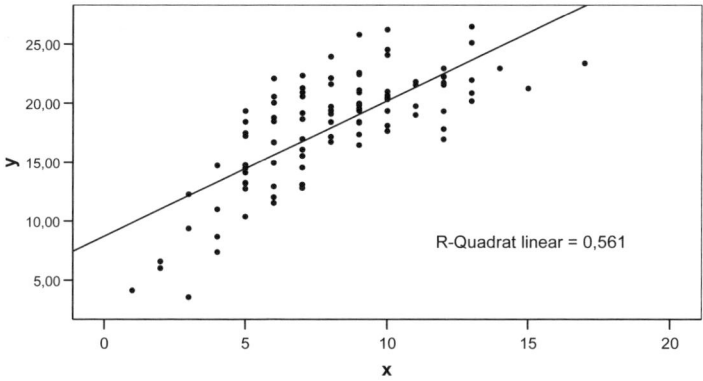

Ab Werten in X um ca. 10 steigen die Y-Werte nicht mehr linear an und später fallen sie (evtl.) sogar leicht wieder ab. Ein solcher Trend kann also durch ein umgekehrtes »U« charakterisiert werden. Zeichnen wir einen solchen quadratischen Trend in das Streuungsdiagramm ein (im Diagramm-Editor unter **Elemente / Anpassungslinie bei Gesamtwert** anforderbar), dann sehen wir nachfolgend, dass er schon per Augenmaß die Daten besser repräsentiert.

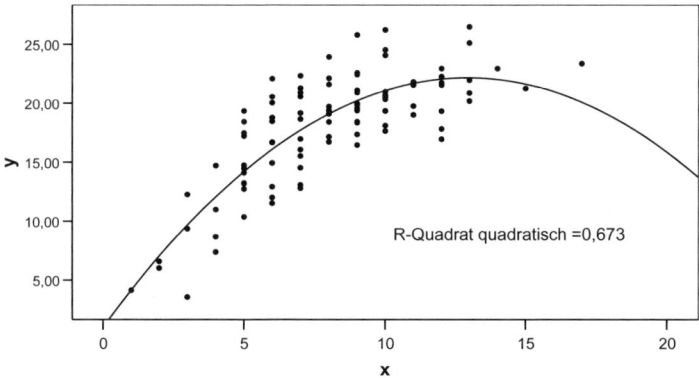

Wir können die Existenz dieses umgekehrt U-förmigen Trends statistisch prüfen, indem wir zusätzlich zu dem Prädiktor X seine quadrierten Werte X^2 in eine multiple Regressionsgleichung aufnehmen. Vorher aber sollte man die Variable X zentrieren, d.h. deren Mittelwert subtrahieren. Die vorherige Zentrierung wird aus verschiedenen Gründen von vielen Autoren empfohlen (vgl. Cohen et al., 2003). Ein Grund ist, dass die unzentrierten X- und X^2-Werte meist sehr hoch korrelieren und dann häufig Multikollinearitätsprobleme auftreten. Dies ist auch in diesem Beispiel der Fall.

Den Mittelwert der Variable X von 8,17 entnehmen wir obiger Tabelle »Deskriptive Statistiken«. Die zentrierte Variable XC und deren Quadrat XC2 ergeben sich dann per Syntax wie folgt:

```
COMPUTE xc = x - 8.17.
COMPUTE xc2 = xc*xc.
EXECUTE.
```

Jetzt führen wir eine blockweise multiple Regression durch, indem wir wieder Y als *Abhängige Variable* angeben. Die Variable XC wird zunächst unter *Unabhängige Variable(n)* angegeben, dann die Schaltfläche [Weiter] geklickt und im zweiten Block dort die Variable XC2 angegeben. Außerdem aktivieren wir im Dialog **Statistiken** die Optionen »Änderung in R-Quadrat« und »Kollinearitätsdiagnose«. Folgende Ergebnisse resultieren (um unwichtige Tabellen gekürzt):

Modellzusammenfassung

Modell	R	R-Qua-drat	Korri-giertes R-Quadrat	Standard-fehler des Schätzers	Änderungsstatistiken				
					Änderung in R-Quadrat	Änderung in F	df1	df2	Änderung in Signifikanz von F
1	,749[a]	,561	,556	3,16257	,561	125,144	1	98	,000
2	,820[b]	,673	,666	2,74476	,112	33,106	1	97	,000

a. Einflußvariablen : (Konstante), xc
b. Einflußvariablen : (Konstante), xc, xc2

Die erste Zeile (**Modell 1**) wiederholt noch mal die obige Analyse: Nur mit dem linearen Prädiktor besteht ein statistisch signifikanter Zusammenhang von $r^2 = R^2 = 0,56$. Der zweiten Zeile kann man entnehmen, dass die Hinzunahme des quadratischen Terms einen Zuwachs an erklärter Varianz erbringt, $\Delta R^2 = 0,11$ (**Änderung in R-Quadrat**), der ebenfalls statistisch signifikant wird (**Änderung in Signifikanz von F**).

Koeffizienten^a

Modell		Nicht standardisierte Koeffizienten		Standardisierte Koeffizienten	T	Signifikanz	Kollinearitätsstatistik	
		B	Standardfehler	Beta			Toleranz	VIF
1	(Konstante)	18,105	,316		57,247	,000		
	xc	1,149	,103	,749	11,187	,000	1,000	1,000
2	(Konstante)	19,305	,345		56,000	,000		
	xc	1,206	,090	,786	13,446	,000	,988	1,012
	xc2	-,127	,022	-,336	-5,754	,000	,988	1,012

a. Abhängige Variable: y

Die Regressionsgleichung lautet also $Y = 19,31 + 1,21*X - 0,13*X^2 +$ Fehler. Das Regressionsgewicht des quadratischen Terms weist also ein negatives Vorzeichen auf – wie erwartet, da es sich ja um eine <u>umgekehrt</u> U-förmige Beziehung handelt. Beide Regressionsgewichte sind statistisch signifikant. Die VIF-Werte zeigen weiter, dass keine Multikollinearitätsprobleme bestehen.

Multivariate Varianzanalyse

Ein- und mehrfaktorielle multivariate Varianzanalysen für unabhängige Stichproben können mittels der Prozedur GLM (für General Linear Model) durchgeführt werden. Bei diesen Verfahren wird geprüft, ob ein oder mehrere Faktoren einen signifikanten Einfluss auf die Mittelwerte einer Gruppe von mehreren abhängigen Variablen ausüben. Statt für jede abhängige Variable einzeln eine Varianzanalyse durchzuführen, wird in der multivariaten Analyse der Effekt auf alle abhängigen Variablen simultan überprüft (vgl. Bortz, 1999, Kap. 17; Tabachnick & Fidell, 2005, Kap. 7).

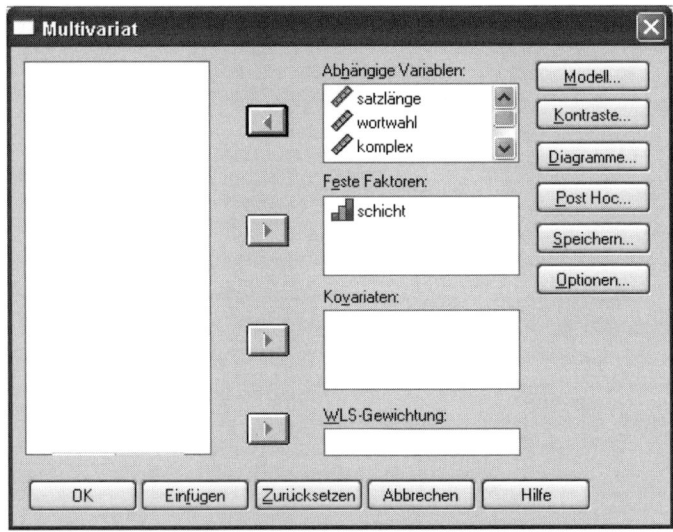

In der Eingangs-Dialogbox sind im gleichnamigen Feld die abhängigen Variablen aufzuführen, während die unabhängige(n) Variable(n) bei *Feste Faktoren* eingegeben werden. Standardmäßig gibt GLM die Ergebnisse der multivariaten Tests und im Anschluss daran zusätzlich die univariaten Tests für alle berücksichtigten abhängigen Variablen aus.

Zusätzlich kann in der Dialogbox **Optionen** durch Anklicken von »Deskriptive Statistiken« im Feld *Anzeigen* die Ausgabe der Mittelwerte der abhängigen Variablen in den Zellen veranlasst werden.

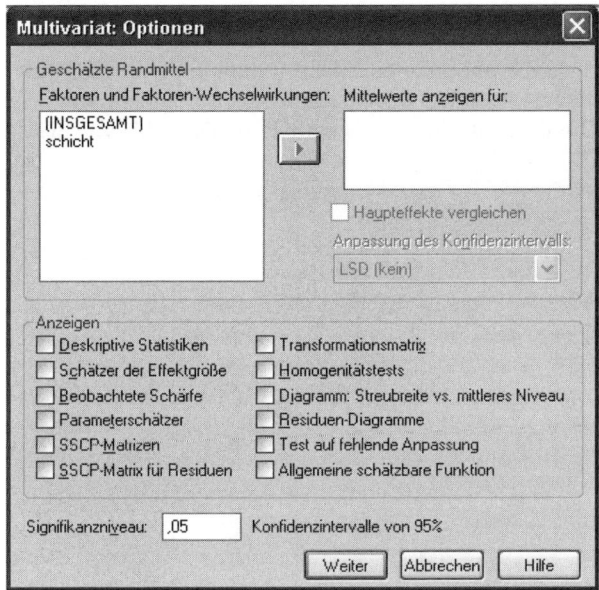

Für die Vielzahl weiterer Möglichkeiten der sehr mächtigen GLM-Prozedur (Pläne mit Messwiederholung, Berücksichtigung von Kovariaten, Bestimmung von Kontrasten, Tests zur Überprüfung der Voraussetzungen der multivariaten Varianzanalyse, Ausgabe von Power-Schätzungen, Regressions- und Multikollinearitätsdiagnostiken usw.) sei auf das Handbuch *Advanced Models* verwiesen (SPSS, 2003a, Kap. 1 und 2).

Übersicht über die in den Beispielen behandelten Probleme

① Multivariate einfaktorielle Varianzanalyse.

② Multivariate einfaktorielle Varianzanalyse mit nur zwei Ausprägungen in dem Faktor (entspricht Hotellings T^2-Test).

③ Multivariate zweifaktorielle Varianzanalyse mit Ausgabe der Mittelwerte.

Beispiel 1

Das Beispiel für eine multivariate, einfaktorielle Varianzanalyse ist Bortz (1999, S. 577) entnommen. Aus Aufsätzen von Kindern aus der Unter-, Mittel- und Oberschicht wurden als abhängige Variablen je ein Index für die Satzlänge (SATZLÄNGE), einer für die Vielfalt der Wortwahl (WORTWAHL) und einer für die Komplexität der Satzkonstruktionen (KOMPLEX) entnommen. Überprüft wird, ob sich die soziale Schicht (SCHICHT) auf alle erhobenen linguistischen Variablen simultan auswirkt. Die Daten des Beispiels enthält die Datei MVVA_BORTZ1.SAV.

Schicht	Abhängige Variablen		
	Satz-länge	Wort-wahl	Kom-plexität
Unter-schicht	3	3	4
	4	4	3
	4	4	6
	2	5	5
	2	4	5
	3	4	6
Mittel-schicht	3	4	4
	2	5	5
	4	3	6
	5	5	6
Ober-schicht	4	5	7
	4	6	4
	3	6	6
	4	7	6
	6	5	6

In der Eingangs-Dialogbox werden SATZLÄNGE, WORTWAHL und KOMPLEX als *Abhängige Variablen* eingegeben, während SCHICHT in das Feld *Feste Faktoren* eingetragen wird. Nachfolgend die Ausgabe (Abfolge Tab. 1 + 2 vertauscht):

Multivariate Tests[c]

Effekt		Wert	F	Hypo-these df	Fehler df	Signi-fikanz	
Konstanter Term	Pillai-Spur	,990	347,487[a]	3,000	10,000	,000	
	Wilks-Lambda	,010	347,487[a]	3,000	10,000	,000	
	Hotelling-Spur	104,246	347,487[a]	3,000	10,000	,000	
	Größte charakteristische Wurzel nach Roy	104,246	347,487[a]	3,000	10,000	,000	
schicht	Pillai-Spur	,717	2,049	6,000	22,000	,102	
	Wilks-Lambda	,297	2,784[a]	6,000	20,000	,039	
	Hotelling-Spur	2,321	3,481	6,000	18,000	,018	
	Größte charakteristische Wurzel nach Roy	2,300	8,435[b]	3,000	11,000	,003	

a. Exakte Statistik
b. Die Statistik ist eine Obergrenze auf F, die eine Untergrenze auf dem Signifikanzniveau ergibt.
c. Design: Intercept+schicht

Zwischensubjektfaktoren

		Wertelabel	N	
schicht	1	Unterschicht	6	
	2	Mittelschicht	4	
	3	Oberschicht	5	

Tests der Zwischensubjekteffekte

Quelle	Abhängige Variable	Quadrat-summe vom Typ III	df	Mittel der Quadrate	F	Signi-fikanz	❸
Korrigiertes Modell	satzlänge	3,933[a]	2	1,967	1,710	,222	
	wortwahl	9,783[b]	2	4,892	7,775	,007	
	komplex	2,550[c]	2	1,275	1,064	,376	
Konstanter Term	satzlänge	185,659	1	185,659	161,443	,000	
	wortwahl	320,112	1	320,112	508,788	,000	
	komplex	409,103	1	409,103	341,314	,000	
schicht	satzlänge	3,933	2	1,967	1,710	,222	
	wortwahl	9,783	2	4,892	7,775	,007	
	komplex	2,550	2	1,275	1,064	,376	
Fehler	satzlänge	13,800	12	1,150			
	wortwahl	7,550	12	,629			
	komplex	14,383	12	1,199			
Gesamt	satzlänge	205,000	15				
	wortwahl	344,000	15				
	komplex	433,000	15				
Korrigierte Gesamt-variation	satzlänge	17,733	14				
	wortwahl	17,333	14				
	komplex	16,933	14				

a. R-Quadrat = ,222 (korrigiertes R-Quadrat = ,092)
b. R-Quadrat = ,564 (korrigiertes R-Quadrat = ,492)
c. R-Quadrat = ,151 (korrigiertes R-Quadrat = ,009)

Erläuterungen zur Ausgabe

❶ Hier werden für alle Faktoren die Stufen/Kategorien mit den Fallzahlen in den Zellen ausgegeben.

❷ Der Effekt der unabhängigen Variablen auf die drei abhängigen Variablen simultan wird überprüft. Die Prüfung findet sich im unteren Teil der Tabelle mit der Zeile SCHICHT. Die Zeile KONSTANTER TERM ist in diesem Kontext ohne Bedeutung.

Dazu werden für die vier multivariaten Teststatistiken Pillai's Spurkriterium (**Pillai Spur**), Wilks Likelihood-Quotient Λ (**Wilks-Lambda**), Hotelling-Lawley's T (**Hotelling-Spur**), und Roy's größter Eigenwert λ (**Größte charakteristische Wurzel nach Roy**) der Wert der Prüfgröße (**Wert**), die aus ihnen abgeleiteten approximativ F-verteilten Statistiken (**F**), die Zähler-Freiheitsgrade (**Hypothese df**) und die Nenner-Freiheitsgrade (**Fehler df**) sowie der P-Wert (**Signifikanz**) tabellarisch dargestellt.

Setzt man α = 0,05, so tritt in diesem Beispiel der unangenehme Fall ein, dass die Prüfverfahren zu unterschiedlichen Entscheidungen führen: Die Tests nach Hotelling, Wilks und Roy zeigen einen signifikanten Effekt an, das Verfahren von Pillai kommt zum gegenteiligen Schluss. Bei größeren Stichprobenumfängen finden sich solche Divergenzen allerdings selten. Eine Diskussion der unterschiedlichen Power und der Robustheit der verschiedenen Prüfgrößen finden sich bei Pillai (1985, S. 24 ff.).

❸ Hier folgen – wiederum in der einzig bedeutsamen Zeile SCHICHT – univariate Signifikanztests für jede der abhängigen Variablen (**Abhängige Variable**) einzeln. Ausgegeben werden die Summen der Abweichungsquadrate für die Zähler (**Quadratsumme**) sowie deren Freiheitsgrade (**df**) und Mittleren Quadrate (**Mittel der Quadrate**), der Wert der Prüfgröße F (**F**) und der P-Wert (**Signifikanz**). Die korrespondierenden Abweichungsquadratsummen und deren Freiheitsgrade, die in den F-Prüfgrößen als Fehler jeweils in die Nenner eingehen, finden sich entsprechend in der Zeile FEHLER.

Signifikante univariate Mittelwertsunterschiede ergeben sich hier nur in der Variablen WORTWAHL, $F(2, 12) = 7,78$, $P < 0,01$. Die hier dargestellten Ergebnisse sind identisch mit denen, die man erhält, wenn man, wie in Kapitel 49 beschrieben, die Varianzanalysen univariat mittels ONEWAY durchführt.

Beispiel | **2**

Der Datensatz zur Erläuterung eines multivariaten T^2-Tests entstammt Bortz (1999, S. 573). Zwei Gruppen von Schülern wurden mit je einer Lehrmethode A oder B unterrichtet. Danach wurde erhoben, wie sich die Lehrmethode auf die »Leistung« und die »Zufriedenheit« der Schüler auswirkt. Die Daten werden als Variablen LEISTUNG und ZUFRIEDENHEIT in eine Datei MVVA_BORTZ2.SAV eingegeben. Die Variable METHODE enthält die Gruppenkodierung (1 = A, 2 = B).

Methode A		Methode B	
Leistung	Zufrie-denheit	Leistung	Zufrie-denheit
11	5	10	4
9	3	8	4
10	4	9	4
10	4	9	7
11	3	10	5
14	4	13	3
10	5	8	3
12	7	12	6
13	3		
8	6		

Da der multivariate (Hotelling's) T^2-Test ein Spezialfall der einfaktoriellen Varianzanalyse mit zwei Faktorstufen darstellt, wird wie bei der Varianzanalyse verfahren. Die unabhängige Variable METHODE wird unter *Feste Faktoren* eingetragen, die beiden Variablen LEISTUNG und ZUFRIEDENHEIT unter *Abhängige Variablen*. Das Programm liefert die folgende Ausgabe:

Zwischensubjektfaktoren

		Wertelabel	N
methode	1	Meth. A	10
	2	Meth. B	8

Multivariate Tests[b]

Effekt		Wert	F	Hypothese df	Fehler df	Signifikanz
Konstanter Term	Pillai-Spur	,981	380,886[a]	2,000	15,000	,000
	Wilks-Lambda	,019	380,886[a]	2,000	15,000	,000
	Hotelling-Spur	50,785	380,886[a]	2,000	15,000	,000
	Größte charakteristische Wurzel nach Roy	50,785	380,886[a]	2,000	15,000	,000
methode	Pillai-Spur	,068	,547[a]	2,000	15,000	,590
	Wilks-Lambda	,932	,547[a]	2,000	15,000	,590
	Hotelling-Spur	,073	,547[a]	2,000	15,000	,590
	Größte charakteristische Wurzel nach Roy	,073	,547[a]	2,000	15,000	,590

a. Exakte Statistik
b. Design: Intercept+methode

Tests der Zwischensubjekteffekte

Quelle	Abhängige Variable	Quadratsumme vom Typ III	df	Mittel der Quadrate	F	Signifikanz
Korrigiertes Modell	leistung	3,803[a]	1	3,803	1,159	,298
	zufriedenheit	,044[b]	1	,044	,023	,880
Konstanter Term	leistung	1899,803	1	1899,803	579,263	,000
	zufriedenheit	352,044	1	352,044	185,287	,000
methode	leistung	3,803	1	3,803	1,159	,298
	zufriedenheit	,044	1	,044	,023	,880
Fehler	leistung	52,475	16	3,280		
	zufriedenheit	30,400	16	1,900		
Gesamt	leistung	1999,000	18			
	zufriedenheit	386,000	18			
Korrigierte Gesamtvariation	leistung	56,278	17			
	zufriedenheit	30,444	17			

a. R-Quadrat = ,068 (korrigiertes R-Quadrat = ,009)
b. R-Quadrat = ,001 (korrigiertes R-Quadrat = -,061)

Erläuterungen zur Ausgabe

❶ Analog zu Tabelle ❶ bei BEISPIEL 1.

❷ Der Effekt der unabhängigen Variablen METHODE auf die beiden abhängigen Variablen wird simultan überprüft (vgl. ❷ von BEISPIEL 1). Im Fall des Vergleichs von nur zwei Gruppen führen, wie man sieht, alle vier statistischen Prüfverfahren zu gleichen F-Werten und damit auch zu identischen Entscheidungen. Mit einem P-Wert von 0,59 erweisen sich die Unterschiede zwischen beiden Lehrmethoden als nicht signifikant.

❸ Hier folgen univariate Signifikanztests für beide abhängigen Variablen getrennt, analog zu Tabelle ❸ von BEISPIEL 1. Die univariaten Varianzanalysen sind identisch mit denen in Kapitel 49 beschriebenen. Im Fall von zwei Gruppen entsprechen diese den T-Tests für unabhängige Gruppen (vgl. Kap. 43). Die T-Werte ergeben sich über die Beziehung T= $\sqrt{F}$ aus den F-Werten (⇨ *Inferenzstatistik, Kap. 9.10*).

Beispiel 3

Das Beispiel für eine zweifaktorielle, multivariate Varianzanalyse entstammt ebenfalls Bortz (1999, S. 581). Untersucht wird, wie sich ein Medikament versus ein Plazebo (Faktor 1: MEDIKATION) bei Männern und Frauen (Faktor 2: GESCHLECHT) auf die »sensumotorische Koordinationsfähigkeit« und die »Gedächtnisleistung« auswirken.

Gechlecht	Medikation		Plazebo	
	Koordi-nation	Gedächtnis	Koordi-nation	Gedächtnis
Männer	2	4	1	3
	3	5	2	4
	2	5	1	3
	3	3	2	3
Frauen	1	4	2	5
	2	3	2	5
	2	4	1	4
	2	4	1	5

Die Daten werden in eine Datei MVVA_BORTZ3.SAV eingegeben. Abhängige Variablen sind KOORDINATION und GEDÄCHTNIS, die Kodierungen der beiden Faktoren enthalten die Variablen MEDIKATION und GESCHLECHT. In der Eingangs-Dialogbox werden KOORDINATION und GEDÄCHTNIS als *Abhängige Variablen* und MEDIKATION und GESCHLECHT bei *Feste Faktoren* eingegeben. Zum Erhalt der Zellenmittelwerte wird in der Dialogbox **Optionen** das Kästchen *Deskriptive Statistiken* angewählt.

Zwischensubjektfaktoren

		Wertelabel	N
medikation	0	Plazebo	8
	1	Medikament	8
geschlecht	1	Männer	8
	2	Frauen	8

Deskriptive Statistiken

	medikation	geschlecht	Mittelwert	Standard-abweichung	N
koordination	0 Plazebo	1 Männer	1,50	,577	4
		2 Frauen	1,50	,577	4
		Gesamt	1,50	,535	8
	1 Medikament	1 Männer	2,50	,577	4
		2 Frauen	1,75	,500	4
		Gesamt	2,13	,641	8
	Gesamt	1 Männer	2,00	,756	8
		2 Frauen	1,63	,518	8
		Gesamt	1,81	,655	16
gedächtnis	0 Plazebo	1 Männer	3,25	,500	4
		2 Frauen	4,75	,500	4
		Gesamt	4,00	,926	8
	1 Medikament	1 Männer	4,25	,957	4
		2 Frauen	3,75	,500	4
		Gesamt	4,00	,756	8
	Gesamt	1 Männer	3,75	,886	8
		2 Frauen	4,25	,707	8
		Gesamt	4,00	,816	16

Multivariate Tests[b]

Effekt		Wert	F	Hypo-these df	Fehler df	Signi-fikanz
Konstanter Term	Pillai-Spur	,984	342,821[a]	2,000	11,000	,000
	Wilks-Lambda	,016	342,821[a]	2,000	11,000	,000
	Hotelling-Spur	62,331	342,821[a]	2,000	11,000	,000
	Größte charakteristische Wurzel nach Roy	62,331	342,821[a]	2,000	11,000	,000
medikation	Pillai-Spur	,295	2,299[a]	2,000	11,000	,146
	Wilks-Lambda	,705	2,299[a]	2,000	11,000	,146
	Hotelling-Spur	,418	2,299[a]	2,000	11,000	,146
	Größte ... nach Roy	,418	2,299[a]	2,000	11,000	,146
geschlecht	Pillai-Spur	,271	2,042[a]	2,000	11,000	,176
	Wilks-Lambda	,729	2,042[a]	2,000	11,000	,176
	Hotelling-Spur	,371	2,042[a]	2,000	11,000	,176
	Größte ... nach Roy	,371	2,042[a]	2,000	11,000	,176
medikation * geschlecht	Pillai-Spur	,477	5,022[a]	2,000	11,000	,028
	Wilks-Lambda	,523	5,022[a]	2,000	11,000	,028
	Hotelling-Spur	,913	5,022[a]	2,000	11,000	,028
	Größte ... nach Roy	,913	5,022[a]	2,000	11,000	,028

a. Exakte Statistik
b. Design: Intercept+medikation+geschlecht+medikation * geschlecht

Tests der Zwischensubjekteffekte ❹

Quelle	Abhängige Variable	Quadrat-summe vom Typ III	df	Mittel der Quadrate	F	Signi-fikanz
Korrigiertes Modell	koordination	2,688ᵃ	3	,896	2,867	,081
	gedächtnis	5,000ᵇ	3	1,667	4,000	,035
Konstanter Term	koordination	52,563	1	52,563	168,200	,000
	gedächtnis	256,000	1	256,000	614,400	,000
medikation	koordination	1,563	1	1,563	5,000	,045
	gedächtnis	,000	1	,000	,000	1,000
geschlecht	koordination	,563	1	,563	1,800	,205
	gedächtnis	1,000	1	1,000	2,400	,147
medikation * geschlecht	koordination	,563	1	,563	1,800	,205
	gedächtnis	4,000	1	4,000	9,600	,009
Fehler	koordination	3,750	12	,313		
	gedächtnis	5,000	12	,417		
Gesamt	koordination	59,000	16			
	gedächtnis	266,000	16			
Korrigierte Gesamtvariation	koordination	6,438	15			
	gedächtnis	10,000	15			

a. R-Quadrat = ,417 (korrigiertes R-Quadrat = ,272)
b. R-Quadrat = ,500 (korrigiertes R-Quadrat = ,375)

Erläuterungen zur Ausgabe

❶ Analog zu Tabelle ❶ bei BEISPIEL 1.

❷ Die Tabelle enthält für alle Faktorkombinationen die Mittelwerte, Standardabweichungen und Fallzahlen (**N**) aller abhängigen Variablen.

❸ Hier werden die multivariaten Tests für die Haupteffekte der unabhängigen Variablen MEDIKATION, GESCHLECHT sowie die Wechselwirkung der beiden Faktoren MEDIKATION*GESCHLECHT dargestellt. Erläuterungen siehe Tabelle ❷ von BEISPIEL 1. Lediglich die Interaktion erweist sich hier als signifikant mit $F(2, 11)$ = 5,02, $P < 0,05$.

❹ Hier folgen wiederum für beide abhängigen Variablen getrennt die univariaten Signifikanztests für die Haupteffekte der Variablen MEDIKATION, GESCHLECHT sowie die Interaktion MEDIKATION*GESCHLECHT. Erläuterungen siehe Tabelle ❸ bei BEISPIEL 1.

Lediglich der Haupteffekt des Medikaments für die abhängige Variable »Koordinationsfähigkeit«, $F(1, 12)$ = 5,00, $P < 0,05$, und die Wechselwirkung beider Faktoren bezüglich der Variablen »Gedächtnisleistung«, $F(1, 12)$ = 9,60, $P < 0,01$, führen zu statistisch bedeutsamen Ergebnissen.

Diskriminanzanalyse

➤ Analysieren / Klassifizieren / Diskriminanzanalyse ...

Mit der Prozedur DISCRIMINANT lassen sich lineare Diskriminanzanalysen mit zwei oder mehr Gruppen durchführen. Das Ziel der Diskriminanzanalyse besteht darin, durch eine optimal gewichtete Verknüpfung von Prädiktorvariablen die (bekannte) Gruppenzugehörigkeit möglichst genau vorherzusagen. Dazu werden Diskriminanzfunktionen (manchmal auch als Diskriminanzfaktoren bezeichnet) bestimmt, die zu einer maximalen Trennung der Gruppen führen (vgl. Bortz, 1999, Kap. 18). Über die Bestimmung dieser Funktionen hinaus ist häufig von Interesse, die Güte der Klassifikation für die in die Analyse eingegangenen oder ggf. auch weitere Fälle zu betrachten. Nähere Erläuterungen zur Diskriminanzanalyse finden sich z. B. bei Bortz (1999, Kap. 18) oder Tabachnick und Fidell (2007, Kap. 9).

Neben der standardmäßigen Bestimmung der Diskriminanzfunktionen und deren inferenzstatistischer Absicherung liefert die Prozedur DISCRIMINANT auf Wunsch auch Informationen über die (Fehl-)Klassifikationen der Fälle. Auch das Vorgehen einer schrittweisen Aufnahme von Prädiktoren in die Diskriminanzanalyse ist möglich.

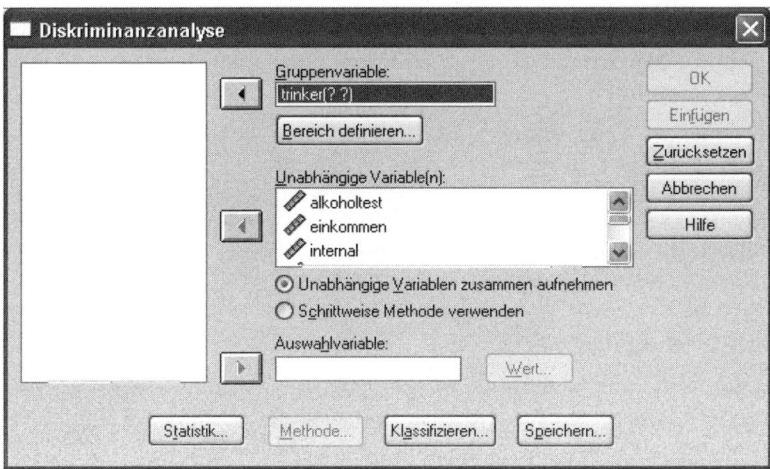

Im Eingangs-Dialogfeld sind aus der Variablenliste die kategoriale oder ordinale *Gruppenvariable* anzugeben, die die Information über die Gruppenzugehörigkeit der Fälle enthält sowie unter *Unabhängige Variable(n)* mindestens zwei metrische Prädiktorvariablen, anhand derer die Trennung der Gruppen erfolgen soll.

Durch ein Fragezeichen nach der eingegebenen Gruppenvariablen macht das Programm deutlich, dass in der über die Schaltfläche [Bereich definieren] erhältlichen Box noch anzugeben ist, in welchem Wertebereich die Kategorien/Stufen dieser Variablen liegen. In der Regel werden hier größter und kleinster Wert der Gruppenvariablen angegeben.

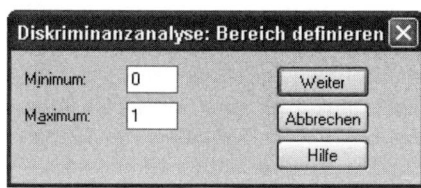

Die Voreinstellung *Unabhängige Variablen zusammen aufnehmen* muss nur geändert werden, wenn eine schrittweise Diskriminanzanalyse durchgeführt werden soll. Diese Möglichkeit mit den dann erforderlichen Angaben in der Dialogbox **Methode** wird hier nicht dargestellt (s. dazu SPSS, 1999b, Kap. 14).

Nach Betätigen der Schaltfläche [Auswählen] besteht die Möglichkeit, in dem herunterklappenden Feld eine *Auswahlvariable* und danach einen Wert für diese Variable anzugeben. Dies bewirkt, dass nur die Fälle in die Berechnung der Diskriminanzfunktionen einbezogen werden, die in der ausgewählten Variablen den spezifizierten Wert aufweisen. Bei eventuell nachfolgenden Klassifikationsanalysen werden wieder alle Fälle berücksichtigt (vgl. BEISPIEL 4). Die Möglichkeit, Fälle für die gesamte Analyse auszuschließen, besteht davon unabhängig über **Daten / Fälle auswählen**.

Liegen fehlende Werte in den Variablen vor, dann werden für die Analyse alle Fälle ausgeschlossen, die einen oder mehrere Fehlend-Werte aufweisen (»listenweiser Ausschluss«). Nur für die Klassifikationsanalyse besteht in einer über die Schaltfläche [Klassifizieren] erhältlichen Box die Möglichkeit, alle fehlenden Werte durch die Mittelwerte in der betreffenden Variable ersetzen zu lassen (Option: *Fehlende Werte durch Mittelwert ersetzen*).

Numerische Ausgabe

In der Voreinstellung werden die standardisierten Diskriminanzkoeffizienten und die Strukturkoeffizienten für alle Diskriminanzfunktionen, deren inferenzstatistische Absicherung sowie die Gruppenmittel der Diskriminanzfunktionen ausgegeben.

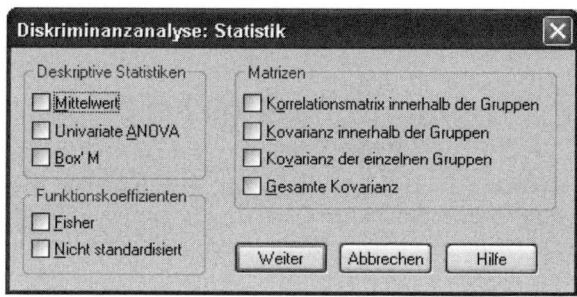

Zusätzlich können in einer über [Statistik] erhältlichen Box folgende Kennwerte angefordert werden: Mittelwerte und Standardabweichungen aller unabhängigen Variablen (*Mittelwert*), ANOVA-Tabellen für jede unabhängige Variable (*Univariate ANOVA*; die in der Diskriminanzanalyse als unabhängig bezeichneten Variablen sind dabei die abhängigen), der Box M-Test zur Überprüfung der Homogenität der Kovarianzmatrizen in den Gruppen, verschiedene Kovarianz- und Korrelationsmatrizen (im Feld *Matrizen*), die Diskriminanzkoeffizienten der unstandardisierten unabhängigen Variablen (*Nicht standardisiert*) sowie die Klassifikationskoeffizienten in Fisher's linearen Diskriminanzfunktionen (*Fisher*).

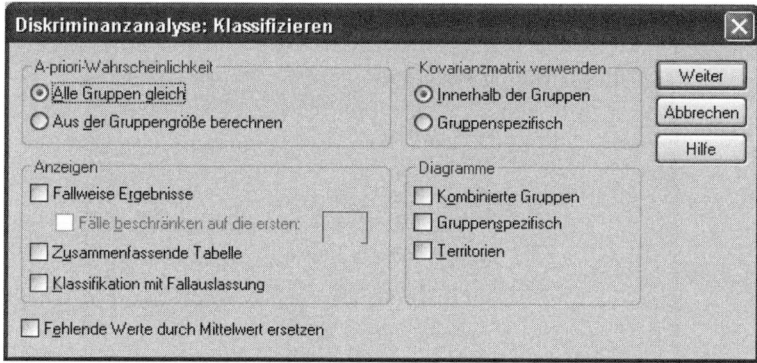

In der Voreinstellung werden keine Informationen zur Klassifikation der Fälle ausgegeben. Um diese anzufordern, muss die Box **Klassifizieren** geöffnet werden. Im Feld *Anzeigen* kann hier über *Fallweise Ergebnisse* eine detaillierte Auflistung der Klassifikation für jeden Fall (u. a. seine tatsächliche und vorhergesagte Gruppenzugehörigkeit, seine beiden höchsten a posteriori Wahrscheinlichkeiten sowie seine Diskriminanzwerte) und über *Zusammenfassende Tabelle* eine Kreuztabelle angefordert werden, in der summarisch die tatsächlichen gegen die vorhergesagten Gruppenzugehörigkeiten tabelliert werden (vgl. BEISPIEL 3).

DISCRIMINANT nimmt die Zuordnung der Fälle an Hand ihres Diskriminanzwertes über die Bayes-Entscheidungsregel vor. Danach ist die Wahrscheinlichkeit, dass ein Fall mit einem Diskriminanzwert D zur Gruppe G_i ($i=1, ..., k$) gehört, gleich $P(G_i|D) = P(D|G_i)*P(G_i) / \Sigma_i^k [p(D|G_i)*P(G_i)]$. Der Fall wird dann der Gruppe zugeordnet, für die die a posteriori Wahrscheinlichkeit $P(G_i|D)$ am größten ist.

Für $P(G_i)$, die a priori Wahrscheinlichkeit der Zugehörigkeit zu einer Gruppe, wird standardmäßig angenommen, dass sie für alle Gruppen gleich ist, also $P(G_i)$ = 1/k (Option *Alle Gruppen gleich*). Diese Voreinstellung kann im Feld *A-priori-Wahrscheinlichkeit* in *Aus der Gruppengröße berechnen* geändert werden. In diesem Fall werden als Schätzungen der a priori Wahrscheinlichkeiten die relativen Auftretenshäufigkeiten der Gruppen in den Daten eingesetzt.

Die Berechnung der bedingten Wahrscheinlichkeiten $P(D|G_i)$ erfolgt an Hand der über die Gruppen aggregierten Kovarianzmatrix (Option *Innerhalb der Gruppen* im Feld *Kovarianzmatrix verwenden*). Alternativ können die separaten Kovarianzmatrizen zur Klassifikation herangezogen werden (*Gruppenspezifisch*).

Darüber hinaus besteht nach Anklicken von [Speichern] im Eingangs-Dialogfeld die Möglichkeit, die Diskriminanzwerte (*Wert der Diskriminanzfunktion*), die auf Grund der Diskriminanzfunktionen vorhergesagten Gruppenzugehörigkeiten (*Vorhergesagte Gruppenzugehörigkeit*) sowie die a posteriori Wahrscheinlichkeiten für alle Gruppen (*Wahrscheinlichkeiten der Gruppenzugehörigkeit*) an die aktuelle Datendatei anfügen zu lassen.

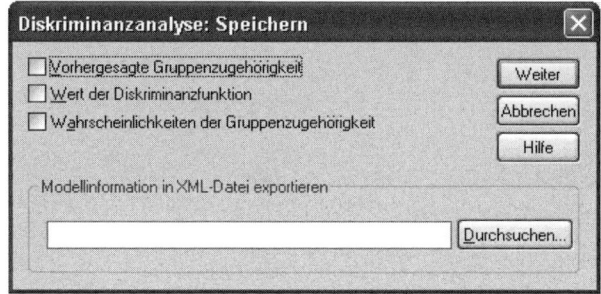

DISCRIMINANT erzeugt dabei neue Variablen mit den Namen DIS_# für die Gruppenzugehörigkeiten und DIS#_# für die anderen Variablen, wobei das # vor dem Unterstrich die Nummer der Diskriminanzfunktion angibt und das # hinter dem Unterstrich eine fortlaufende Nummer, um die Variablen eindeutig zu identifizieren. Welche Variable dabei welche Information enthält, lässt sich aus dem Ergebnisfenster oder im Zweifelsfall auch dem Variablenlabel entnehmen.

Grafische Ausgabe

In der Voreinstellung erfolgen keine grafischen Ausgaben. Im Dialogfeld **Klassifizieren** lassen sich im Feld *Diagramme* Plots der Diskriminanzwerte der Fälle/Personen anfordern. Dazu stehen drei Varianten zur Verfügung:

- *Kombinierte Gruppen*: Hier wird ein zweidimensionales Streuungsdiagramm der Diskriminanzwerte in den ersten beiden Diskriminanzfunktionen gezeichnet. Die Gruppenzugehörigkeit der Fälle und die Zentroide der Gruppen sind durch unterschiedliche Symbole (und Farben) kenntlich gemacht, so dass die Trennbarkeit (bei nicht zu vielen Fällen) optisch inspiziert werden kann (vgl. BEISPIEL 2 und 3).

  Wird nur eine Diskriminanzfunktion bestimmt, so erfolgt keine grafische Ausgabe (lediglich die Warnung: »Das gestapelte Histogramm aller Gruppen wird nicht länger angezeigt«). Dasselbe gilt analog für die folgende Option:

- *Gruppenspezifisch*: Hier wird dieselbe Information wie unter *Kombinierte Gruppen* für jede Gruppe separat in einem Streuungsdiagramm dargestellt.

- *Territorien*: Diese Option ist nur bei der Berechnung von mindestens zwei Diskriminanzfunktionen wirksam. Sie erzeugt eine Textgrafik im Ausgabefenster, welche die durch einen Stern gekennzeichneten Zentroide sowie die Grenzlinien zwischen den Gruppen in der durch die beiden ersten Diskriminanzfunktionen aufgespannten Fläche zeigt (vgl. BEISPIEL 2).

Will man andere als die beiden ersten Diskriminanzfunktionen grafisch darstellen, bleibt nur die Möglichkeit, im Dialogfeld **Neue Variablen speichern** die Diskriminanzwerte (*Wert der Diskriminanzfunktion*) der aktuellen Datei zuzufügen (s. o.) und das Streudiagramm dann selbst über **Grafiken / Diagrammerstellung / Galerie / Streudiagramm** zu erzeugen (vgl. Kap. 81, »Streuungsdiagramm mit Untergruppen«), indem die gespeicherten Variablen DIS#_# in den Feldern *X*- bzw. *Y-Achse* und die Gruppen entsprechend der »Gruppenvariablen« in der Diskriminanzanalyse definiert werden. Eine Darstellung der Zentroide ist auf diese Weise allerdings nicht möglich.

Übersicht über die in den Beispielen behandelten Probleme

① Diskriminanzanalyse mit zwei Gruppen.

② Diskriminanzanalyse mit drei Gruppen einschließlich grafischer Ausgabe.

③ Diskriminanzanalyse mit drei Gruppen. Grafische Ausgabe und Klassifikationsanalyse.

④ Diskriminanzanalyse mit vier Gruppen an einem größeren Datensatz und Kreuzvalidierung der Klassifikation.

Beispiel **1**

Das Beispiel ist Crocker und Algina (1986, S. 265) entnommen. Eine Therapie-Einrichtung für Alkoholiker ist daran interessiert, vorherzusagen, welche Patienten sechs Monate nach einer Therapie noch abstinent (bzw. kontrolliert trinkend) leben und welche wieder unkontrolliert zu trinken begonnen haben. Als Prädiktor-Variablen stehen zur Verfügung: Ein Alkohol Screening Verfahren (Variable ALKOHOLTEST), das Einkommen in 1000 \$ (EINKOMMEN), Rotter's Skala zur Messung der Internalität der Kontrollüberzeugungen (INTERNAL), der Ausbildungsstand (AUSBILDUNG) der Personen sowie das Einstiegsalter in den Alkoholismus (EINSTIEG).

Gruppe	Alkohol-Test	Ein-kommen	Interna-lität	Ausbil-dung	Einst.-Alter
	17	24	6	16	8
	14	21	11	11	12
Abstinent	16	23	8	14	17
oder	18	26	4	12	12
kontrolliert	18	25	10	9	16
trinkend	17	22	12	17	14
	15	23	6	9	17
	19	25	11	10	15
	17	24	8	16	14
	18	22	5	11	16
	14	25	5	11	15
	17	28	7	13	14
	18	27	7	17	13
Unkon-	12	24	4	13	11
trolliert	17	26	8	16	16
trinkend	18	29	6	15	13
	11	22	6	17	12
	14	25	9	16	15
	17	28	5	14	15
	18	26	8	16	14

Die Daten werden in eine Datei DA_CROCKER.SAV eingegeben. Die Variable TRINKER enthält hierbei die Gruppenkodierung (0 = *abstinent/kontrolliert*, 1 = *unkontrolliert*). Zur Bestimmung der Standard-Diskriminanzanalyse sind im Eingangs-Dialogfeld lediglich als *Gruppenvariable* TRINKER (mit dem Bereich *Minimum* = 0 und *Maximum* = 1) und die übrigen Variablen ALKOHOLTEST bis EINSTIEG unter *Unabhängige Variable(n)* anzugeben. Das Programm liefert die nachfolgende Ausgabe:

Analyse der verarbeiteten Fälle

Ungewichtete Fälle		N	Prozent	
Gültig		20	100,0	
Ausgeschlossen	Gruppencodes fehlend oder außerhalb des Bereichs	0	,0	
	Mindestens eine fehlende Diskriminanz-Variable	0	,0	
	Beide fehlenden oder außerhalb des Bereichs liegenden Gruppencodes und mindestens eine fehlende Diskriminanz-Variable	0	,0	
	Gesamtzahl der ausgeschlossenen	0	,0	
Gesamtzahl der Fälle		20	100,0	

Gruppenstatistik

trinker		Gültige Werte (listenweise)		
		Ungewichtet	Gewichtet	
0 Abstinente/kontroll. Trinker	alkoholtest	10	10,000	
	einkommen	10	10,000	
	internal	10	10,000	
	ausbildung	10	10,000	
	einstieg	10	10,000	
1 Unkontrollierte Trinker	alkoholtest	10	10,000	
	einkommen	10	10,000	
	internal	10	10,000	
	ausbildung	10	10,000	
	einstieg	10	10,000	
Gesamt	alkoholtest	20	20,000	
	einkommen	20	20,000	
	internal	20	20,000	
	ausbildung	20	20,000	
	einstieg	20	20,000	

Eigenwerte

Funktion	Eigenwert	% der Varianz	Kumulierte %	Kanonische Korrelation	
1	4,723[a]	100,0	100,0	,908	

a. Die ersten 1 kanonischen Diskriminanzfunktionen werden in dieser Analyse verwendet.

Wilks' Lambda

Test der Funktion(en)	Wilks-Lambda	Chi-Quadrat	df	Signifikanz	
1	,175	27,039	5	,000	

**Standardisierte kanonische
Diskriminanzfunktionskoeffizienten**

	Funktion ❺
	1
alkoholtest	-1,754
einkommen	1,811
internal	-,028
ausbildung	,752
einstieg	,461

Struktur-Matrix

	Funktion ❻
	1
einkommen	,325
ausbildung	,218
internal	-,170
alkoholtest	-,147
einstieg	-,032

Gemeinsame Korrelationen innerhalb der Gruppen zwischen Diskriminanzvariablen
und standardisierten kanonischen Diskriminanzfunktionen Variablen sind nach ihrer
absoluten Korrelationsgröße innerhalb der Funktion geordnet.

Funktionen bei den Gruppen-Zentroiden

	Funktion ❼
trinker	1
0 Abstinente/kontroll. Trinker	-2,062
1 Unkontrollierte Trinker	2,062

Nicht-standardisierte kanonische Diskriminanzfunktionen, die bezüglich
des Gruppen-Mittelwertes bewertet werden

Erläuterungen zur Ausgabe

❶ In dieser Tabelle werden die Zahl der gültigen und der aufgrund verschiedener Ursachen aus der Analyse ausgeschlossenen Fälle aufgeführt.

❷ Hier werden für alle zu trennenden Gruppen (= Zeilen) sowie insgesamt für alle unabhängigen Variablen die Zahl der gültigen Fälle ausgegeben (**Ungewichtet**). Die Angaben in der Spalte **Gewichtet** enthalten nur dann abweichende Informationen, wenn über **Daten / Fälle gewichten** eine Gewichtung vorgenommen wurde.

❸ Hier wird für alle berechneten Diskriminanzfunktionen (Spalte **Funktion**; hier nur eine) der Eigenwert berichtet, der das durch die Diskriminanzanalyse maximierte Verhältnis der Summe der Abweichungsquadrate zwischen und innerhalb der Gruppen darstellt. Unter **% der Varianz** wird angegeben, wie groß der Anteil der Varianzaufklärung der betreffenden Diskriminanzfunktion an der insgesamt durch alle Diskriminanzfunktionen aufgeklärten Varianz ist.

Im Fall von zwei Gruppen besitzt diese Angabe keinen Informationswert, da immer nur eine Funktion extrahiert werden kann und daher der Anteil immer 100% beträgt. In der Spalte **Kumulierte %** werden die Varianzen der vorangegangenen Spalte über die Funktionen aufsummiert. Entsprechend ist auch diese Spalte im Zwei-Gruppen Fall nicht von Interesse.

Die **Kanonische Korrelation** gibt den Zusammenhang zwischen den Diskriminanzwerten und den Gruppenzugehörigkeiten an. Hier im Zwei-Gruppen Fall entspricht die kanonische Korrelation der einfachen Produkt-Moment Korrelation zwischen der dichotom {0-1} codierten Gruppenzugehörigkeit und den Diskriminanzwerten.

❹ Hier wird der Beitrag der Diskriminanzfunktionen zur Trennung der Gruppen auf statistische Signifikanz geprüft. Die Nullhypothese, dass die den Gruppen zugehörigen Populationen auf allen Diskriminanzfunktionen jeweils die gleichen Mittelwerte haben, lässt sich über die Wilks-Λ Statistik (Spalte **Wilks' Lambda**) prüfen, indem Λ in eine χ^2-Prüfgröße transformiert wird (**Chi-Quadrat**), deren Freiheitsgrade (**df**) und P-Wert (**Signifikanz**) in den letzten beiden Spalten der Tabelle berichtet werden. Im Beispiel kann diese Hypothese zurückgewiesen werden ($P = 0{,}000 < \alpha = 0{,}05$); die beiden Gruppenmittel/-zentroide unterscheiden sich also statistisch signifikant.

❺ Hier werden die Diskriminanzkoeffizienten für die standardisierten Variablen angegeben. Der Vorteil der Standardisierung besteht darin, dass die Koeffizienten direkt verglichen werden können, da sie unabhängig vom Maßstab der Variablen sind. Die Diskriminanzfunktion lautet: D = −1,75∗ALKOHOLTEST + 1,81∗EINKOMMEN − 0,03∗INTERNAL + 0,75∗AUSBILDUNG + 0,46∗EINSTIEG. Den (betragsmäßig) größten Beitrag leisten also die Variablen ALKOHOLTEST und EINKOMEN, allerdings mit unterschiedlichem Vorzeichen.

❻ Die Strukturmatrix enthält die Korrelationen zwischen den unabhängigen Variablen und der Diskriminanzfunktion. Diese Strukturkoeffizienten dienen ebenfalls der Einschätzung des Beitrags der einzelnen Variablen zur Trennung der Gruppen. Sie ergeben sich rechnerisch als die über die Gruppen (nach Fisher-Z) gemittelten Korrelationen der Variablen mit den aufgrund der Diskriminanzfunktion vorhergesagten Diskriminanzwerten. Im Zwei-Gruppen Fall sind die Variablen aufsteigend nach der (betragsmäßigen) Höhe der Strukturkoeffizienten angeordnet.

Den höchsten Beitrag zur Klassifikation weist auch hier die Variable EINKOMMEN auf. Beobachtbare Unterschiede zwischen den Größen bzw. Vorzeichen der Diskriminanz- und Strukturkoeffizienten hängen mit den Interkorrelationen der Prädiktoren zusammen.

❼ Die hier ausgegebenen Gruppenzentroide sind die Mittelwerte der Diskriminanzwerte in den Gruppen.

Beispiel 2

Der bei BEISPIEL 1 der multivariaten Varianzanalyse bereits verwendete Datensatz von Bortz (1999, S. 577) wird wieder aufgegriffen (Datei MVVA_BORTZ1. SAV, vgl. S. 448). Aufsätzen von Kindern aus der Unter-, Mittel- und Oberschicht wurden drei abhängige Variablen entnommen: ein Index für die Satzlänge, einer für die Vielfalt der Wortwahl und einer für die Komplexität der Satzkonstruktionen. Unter diskriminanzanalytischer Perspektive wird jetzt überprüft, ob es anhand der erhobenen linguistischen Variablen gelingt, die drei Schicht-Gruppen zu trennen.

Festzulegen sind in der Eingangs-Dialogbox wiederum die *Gruppenvariable* SCHICHT (mit dem Bereich *Minimum* = 1, *Maximum* = 3) und die *Abhängigen Variable(n)* SATZLÄNGE, WORTWAHL und KOMPLEX. Zusätzlich werden die Mittel der Gruppen (*Mittelwert* in der Box **Statistik**) sowie grafische Ausgaben (*Kombinierte Gruppen* sowie *Territorien* im Dialogfeld **Klassifizieren**) angefordert. Die Analyse unterscheidet sich weiterhin von der in BEISPIEL 1 darin, dass jetzt drei Gruppen zu trennen sind und entsprechend zwei Diskriminanzfunktionen bestimmt werden können. Das Programm liefert die nachfolgende Ausgabe:

Analyse der verarbeiteten Fälle.

Ungewichtete Fälle		N	Prozent	❶
Gültig		15	100,0	
Ausge-schlossen	Gruppencodes fehlend oder außerhalb des Bereichs	0	,0	
	Mindestens eine fehlende Diskriminanz-Variable	0	,0	
	Beide fehlenden oder außerhalb des Bereichs liegenden Gruppencodes und mindestens eine fehlende Diskriminanz-Variable	0	,0	
	Gesamtzahl der ausgeschlossenen	0	,0	
Gesamtzahl der Fälle		15	100,0	

Gruppenstatistik

schicht		Mittelwert	Standard-abweichung	Gültige Werte (listenweise)		❷
				Ungewichtet	Gewichtet	
1 Unterschicht	satzlänge	3,00	,894	6	6,000	
	wortwahl	4,00	,632	6	6,000	
	komplex	4,83	1,169	6	6,000	
2 Mittelschicht	satzlänge	3,50	1,291	4	4,000	
	wortwahl	4,25	,957	4	4,000	
	komplex	5,25	,957	4	4,000	
3 Oberschicht	satzlänge	4,20	1,095	5	5,000	
	wortwahl	5,80	,837	5	5,000	
	komplex	5,80	1,095	5	5,000	
Gesamt	satzlänge	3,53	1,125	15	15,000	
	wortwahl	4,67	1,113	15	15,000	
	komplex	5,27	1,100	15	15,000	

Eigenwerte

Funktion	Eigenwert	% der Varianz	Kumulierte %	Kanonische Korrelation	
1	2,300^a	99,1	99,1	,835	
2	,020^a	,9	100,0	,141	

a. Die ersten 2 kanonischen Diskriminanzfunktionen werden in dieser Analyse verwendet.

Wilks' Lambda

Test der Funktion(en)	Wilks-Lambda	Chi-Quadrat	df	Signifikanz	
1 bis 2	,297	13,357	6	,038	
2	,980	,222	2	,895	

Standardisierte kanonische Diskriminanzfunktionskoeffizienten

	Funktion		
	1	2	
satzlänge	,627	,527	
wortwahl	,961	-,439	
komplex	,237	,539	

Struktur-Matrix

	Funktion		
	1	2	
wortwahl	,748*	-,633	
satzlänge	,345	,734*	
komplex	,271	,622*	

Gemeinsame Korrelationen innerhalb der Gruppen zwischen Diskriminanzvariablen und standardisierten kanonischen Diskriminanzfunktionen
Variablen sind nach ihrer absoluten Korrelationsgröße innerhalb der Funktion geordnet.
* Größte absolute Korrelation zwischen jeder Variablen und einer Diskriminanzfunktion

Funktionen bei den Gruppen-Zentroiden

	Funktion		
schicht	1	2	
1 Unterschicht	-1,214	-,107	
2 Mittelschicht	-,528	,206	
3 Oberschicht	1,879	-,037	

Nicht-standardisierte kanonische Diskriminanzfunktionen, die bezüglich des Gruppen-Mittelwertes bewertet werden

A-priori-Wahrscheinlichkeiten der Gruppen

		In der Analyse verwendete Fälle		
schicht	A-priori	Ungewichtet	Gewichtet	
1 Unterschicht	,333	6	6,000	
2 Mittelschicht	,333	4	4,000	
3 Oberschicht	,333	5	5,000	
Gesamt	1,000	15	15,000	

```
                              Territorien                          ❾
Kanonische Diskriminanz-
funktion 2
     -6,0       -4,0       -2,0        ,0        2,0        4,0        6,0
      +---------+---------+---------+---------+---------+---------+
  6,0 +              12                  23                              +
      |              12                  23                              |
      |               12                 23                              |
      |                12                23                              |
      |                12                23                              |
      |                12                23                              |
  4,0 +         +      12    +        +   23      +          +           +
      |                12                23                              |
      |                12                23                              |
      |                 12               23                              |
      |                 12               23                              |
      |                12                23                              |
  2,0 +         +      +12       +       23      +          +            +
      |                 12               23                              |
      |                 12               23                              |
      |                  12              23                              |
      |                  12              23                              |
      |                 12*              23                              |
   ,0 +         +        +  *12   +      23     *+         +             +
      |                  12              23                              |
      |                  12      23                                      |
      |                  12      23                                      |
      |                  12      23                                      |
      |                  12   23                                         |
 -2,0 +         +         +        1223         +          +            +
      |                              123                                 |
      |                              123                                 |
      |                               13                                 |
      |                               13                                 |
      |                               13                                 |
 -4,0 +         +         +        + 13          +          +           +
      |                               13                                 |
      |                               13                                 |
      |                               13                                 |
      |                               13                                 |
      |                               13                                 |
 -6,0 +                               13                                 +
      +---------+---------+---------+---------+---------+---------+
     -6,0       -4,0       -2,0        ,0        2,0        4,0        6,0
              Kanonische Diskriminanzfunktion 1
```

Symbole für Territorien

Symbol Grp. Label
------ ---- --------------------
   1   1   Unterschicht
   2   2   Mittelschicht
   3   3   Oberschicht
   *   Markiert Gruppenzentroide

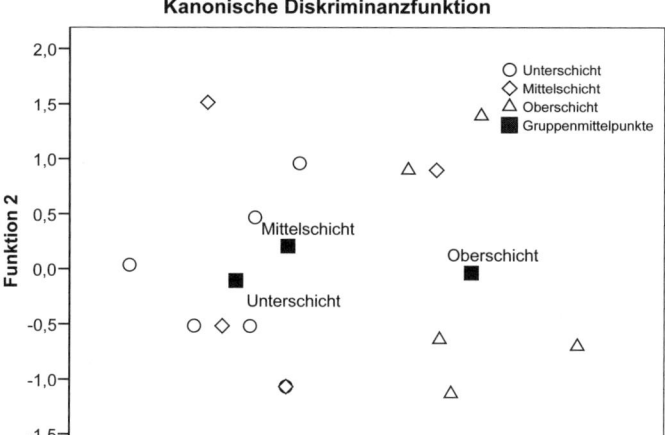

Erläuterungen zur Ausgabe

❶ Erläuterungen vgl. Tabelle ❶ von BEISPIEL 1.

❷ Hier werden (zusätzlich angefordert durch die Option *Mittelwert*) zunächst die Mittel und Standardabweichungen der Prädiktorvariablen für alle (drei) Gruppen getrennt und insgesamt dargestellt.

❸ Erläuterungen vgl. Tabelle ❸ bei BEISPIEL 1. Da hier drei Gruppen vorliegen, werden zwei Diskriminanzfunktionen extrahiert. Man erkennt, dass die erste Diskriminanzfunktion 99 Prozent der Varianz erklärt.

❹ Der Signifikanzprüfung von Wilks Lambda entnimmt man, dass durch beide Funktionen zusammen (Zeile »1 bis 2«) eine signifikante Trennung gelingt (P = 0,038 ≤ 0,05 = α). Nur durch die zweite Funktion, d.h. nach der Extraktion der ersten Diskriminanzfunktion (Zeile »2«), unterscheiden sich die durchschnittlichen Diskriminanzwerte der drei Gruppen nicht mehr signifikant (was in Übereinstimmung mit der hohen Varianzaufklärung der ersten Funktion steht).

❺ Erläuterungen vgl. Tabelle ❺ von BEISPIEL 1. Hier werden die standardisierten Koeffizienten von beiden orthogonalen Funktionen dargestellt.

❻ Erläuterungen vgl. Tabelle ❻ bei BEISPIEL 1. Liegt mehr als eine Funktion vor, so werden bei jeder Variablen der betragsmäßig größte Strukturkoeffizient mit einem Stern markiert und die Variablen innerhalb der Blöcke absteigend hinsichtlich der Höhe der Koeffizienten geordnet.

❼ Erläuterungen vgl. Tabelle ❼ bei BEISPIEL 1.

❽ Sobald irgendeine Form von Klassifizierungsstatistiken angefordert wird, werden hier die Schätzungen der A-priori-Wahrscheinlichkeiten für alle Gruppen angegeben. Wird die Voreinstellung *Alle Gruppen gleich* beibehalten, so ist $P(G_i)$ immer gleich 1/(Zahl der Gruppen), im Beispiel 1/3.

❾ Hier werden (zusätzlich angefordert durch die Option *Territorien*) die ersten beiden Diskriminanzfunktionen in einem Streuungsdiagramm dargestellt. In dem Diagramm sind die Grenzlinien zwischen den Gruppen sowie die Zentroide, gekennzeichnet durch einen Stern, eingezeichnet; **12** bezeichnet also die Grenzlinie zwischen Gruppe 1 und 2. Für jeden Fall, dessen Diskriminanzwerte bekannt sind, lässt sich an Hand dieser Darstellung feststellen, zu welcher Gruppe er zugeordnet wird. Beispiel: Ein Fall mit den Diskriminanzwerten {–2,0} in der ersten Diskriminanzfunktion und {+4,0} in der zweiten Diskriminanzfunktion wird entsprechend der Gruppe 2 (= Mittelschicht) zugeordnet, da er in die von Zweien umrandeten Region fällt.

❿ Grafische Darstellung der Diskriminanzfunktionen. Die durch die Option *Kombinierte Gruppen* angeforderte Grafik sieht nach etwas Überarbeitung wie hier gezeigt aus. Es fehlen, verglichen mit obiger Textgrafik, die Grenzlinien, dafür sind alle Fälle einzeln eingezeichnet. In dieser Grafik sieht man, was oben schon die Analysen zeigten: Die drei Gruppen werden vor allem durch die erste Funktion getrennt, die Zentroide liegen fast auf einer Parallelen zur X-Achse (was noch deutlicher würde, wenn der Maßstab auf beiden Achsen gleich wäre).

Beispiel 3

Der Datensatz ist Röhr, Lohse und Ludwig (1983, S. 338, 367) entnommen. Es wurde untersucht, wie das Lernen in Gruppen in Abhängigkeit vom Persönlichkeitsmerkmal *Extraversion* variiert. Dazu wurde eine Reihe von Variablen vor, während und nach einer standardisierten Lernsituation erhoben, im Einzelnen:

V_1	GRUPPENLERNEN	Änderung der Einstellung zum Gruppenlernen
V_2	KOOPERATION	Änderung der Kooperationsbereitschaft
V_3	LEISTUNG	Leistung unmittelbar nach dem Lernen
V_4	BEHALTEN	Behaltensleistung nach vier Monaten
V_5	ATMOSPHÄRE	Subjektiv erlebte Arbeitsatmosphäre beim Lernen
V_6	LERNBEDARF	Lernzeitbedarf
V_7	LEISTUNGSVOR	Mathematische Leistungsvoraussetzungen

Das Merkmal *Extraversion* weist die Ausprägungen »extravertiert«, »ambivalent« und »introvertiert« auf. Für drei Personen liegen keine Extraversionswerte vor (in der Tabelle mit {?} gekennzeichnet). Für diese Personen sollen die Gruppenzugehörigkeiten aufgrund der Diskriminanzfunktionen geschätzt werden.

Gruppe	Vp	V_1	V_2	V_3	V_4	V_5	V_6	V_7
Extra-vertierte	1	135	117	24,0	1,0	81	70	1,88
	2	142	122	30,0	2,0	72	70	1,88
	3	176	134	15,5	1,0	59	105	1,83
	4	159	148	18,5	10,5	73	110	2,50
	5	134	111	25,5	5,5	76	105	2,75
	6	150	140	7,0	12,5	60	95	3,00
	7	168	144	14,5	7,0	87	130	3,00
	8	135	128	26,0	4,0	101	95	2,00
	9	158	134	19,0	7,0	70	90	3,25
Ambivalente	10	155	135	25,5	11,0	104	150	1,75
	11	156	106	20,0	21,5	79	125	1,50
	12	169	108	25,0	12,5	77	150	2,50
	13	168	135	17,0	14,0	71	135	2,50
	14	164	125	22,5	12,0	96	130	2,75
	15	159	133	23,5	27,0	84	120	3,00
Intro-vertierte	16	130	103	20,0	7,0	128	70	1,88
	17	147	104	28,0	27,0	92	100	2,13
	18	143	91	12,0	11,5	76	130	2,75
	19	136	109	19,5	15,5	84	130	3,00
	20	128	89	28,5	3,5	92	135	3,00
	21	161	116	13,0	11,0	123	125	3,50
	22	162	112	20,0	2,0	118	200	3,50
	23	141	96	12,5	5,0	85	90	3,50
	24	126	105	16,5	2,5	89	85	2,13
?	25	145	132	16,0	10,0	70	105	2,75
	26	150	117	24,0	6,0	92	135	2,62
	27	172	124	16,5	8,5	90	155	2,50

Die Daten liegen in der Datei DA_RÖHR.SAV vor, die Variable EXTRA enthält hier die Gruppenkodierung (1 = *Extravertierte*, 2 = *Ambivalente*, 3 = *Introvertierte*). Bei den drei Personen ohne Extraversionswerte weist diese Variable einen {.} (»fehlend«) auf.

Die *Gruppenvariable* ist in diesem Fall EXTRAVERSION (mit dem Bereich *Minimum* = 1, *Maximum* = 3), als *Abhängige Variable(n)* werden alle übrigen Variablen bis auf VPNR angegeben. Zusätzlich werden eine grafische Darstellung (*Kombinierte Gruppen* im Dialogfeld **Klassifizieren**) und die vollständigen klassifikatorischen Ergebnisse angefordert (*Fisher* in der Dialogbox **Statistik** sowie *Fallweise Ergebnisse* und *Zusammenfassende Tabelle* in der Box **Klassifizieren**). Nachfolgend die Ausgabe des Programms (gekürzt um einige – bereits besprochene – Tabellen und Fußnoten):

Analyse der verarbeiteten Fälle	*Tabelle weggelassen*

Gruppenstatistik	*Tabelle weggelassen*

Eigenwerte

Funktion	Eigenwert	% der Varianz	Kumulierte %	Kanonische Korrelation	
1	5,272[a]	80,3	80,3	,917	
2	1,296[a]	19,7	100,0	,751	

a. Die ersten 2 kanonischen Diskriminanzfunktionen werden in dieser Analyse verwendet.

Wilks' Lambda

Test der Funktion(en)	Wilks-Lambda	Chi-Quadrat	df	Signifikanz	
1 bis 2	,069	48,009	14	,000	
2	,436	14,958	6	,021	

Standardisierte kanonische Diskriminanzfunktionskoeffizienten

	Funktion		
	1	2	
gruppenlernen	,156	,514	
kooperation	1,132	-,034	
leistung	,682	,282	
behalten	-,559	,643	
atmosphäre	-,840	-,029	
lernbedarf	-,406	,532	
leistungsvor	-,113	-,583	

Struktur-Matrix

	Funktion		
	1	2	❹
kooperation	,492*	,210	
atmosphäre	-,300*	-,030	
behalten	-,113	,567*	
gruppenlernen	,151	,484*	
lernbedarf	-,154	,420*	
leistungsvor	-,126	-,199*	
leistung	,040	,187*	

Funktionen bei den Gruppen-Zentroiden

	Funktion		
extraversion	1	2	❺
1 extravertiert	2,442	-,651	
2 ambivalent	,111	1,843	
3 introvertiert	-2,516	-,578	

Zusammenfassung der Verarbeitung von Klassifizierungen *Tabelle weggelassen*

A-priori-Wahrscheinlichkeiten der Gruppen *Tabelle weggelassen*

Klassifizierungsfunktionskoeffizienten

	extraversion			
	1 extravertiert	2 ambivalent	3 introvertiert	
gruppenlernen	1,306	1,377	1,249	
kooperation	,958	,723	,474	
leistung	2,690	2,543	2,133	
behalten	-,616	-,160	-,174	
atmosphäre	-,075	,047	,193	
lernbedarf	-,350	-,266	-,274	
leistungsvor	7,169	5,187	8,032	
(Konstant)	-176,508	-174,312	-137,811	

Lineare Diskriminanzfunktionen nach Fisher

Fallweise Statistiken

				Höchste Gruppe					Zweithöchste Gruppe			Diskriminanzwerte	
	Fall-nummer	Tatsäch-liche Gruppe	Vorherge-sagte Gruppe	P(D>d | G=g)			Quadrierter Mahalanobis-Abstand zum Zentroid		Gruppe	P(G=g | D=d)	Quadrierter Mahalanobis-Abstand zum Zentroid	Funk-tion 1	Funk-tion 2
				p	df	P(G=g | D=d)							
Original	1	1	1	,625	2	,999	,939		2	,001	14,526	1,958	-1,490
	2	1	1	,499	2	1,000	1,390		2	,000	19,366	3,607	-,829
	3	1	1	,205	2	,998	3,170		2	,002	15,693	3,826	,469
	4	1	1	,359	2	,998	2,050		2	,002	14,224	3,538	,270
	5	1	1	,201	2	,934	3,206		2	,045	9,271	,720	-1,140
	6	1	1	,801	2	,998	,444		2	,002	12,584	2,007	-1,155
	7	1	1	,730	2	,958	,629		2	,042	6,896	1,961	-,020
	8	1	1	,646	2	,982	,872		2	,018	8,926	1,519	-,792
	9	1	1	,806	2	1,000	,432		2	,000	16,552	2,842	-1,172
	10	2	2	,761	2	,989	,546		1	,011	9,487	,837	1,978
	11	2	2	,122	2	,973	4,205		3	,027	11,346	-1,751	2,702
	12	2	2	,810	2	,995	,422		3	,005	11,041	-,500	2,063
	13	2	2	,288	2	,780	2,490		1	,220	5,024	1,637	1,441
	14	2	2	,688	2	,963	,749		1	,023	8,209	,086	,978
	15	2	2	,969	2	,995	,064		1	,005	10,841	,357	1,897
	16	3	3	,680	2	1,000	,772		2	,000	19,598	-2,986	-1,320
	17	3	2**	,087	2	,798	4,894		3	,202	7,644	-2,080	2,152
	18	3	3	,558	2	1,000	1,167		2	,000	17,824	-3,549	-,261
	19	3	3	,717	2	,970	,665		2	,030	7,639	-1,858	-,097
	20	3	3	,877	2	,999	,263		2	,001	14,477	-2,346	-1,062
	21	3	3	,711	2	1,000	,683		2	,000	17,577	-3,341	-,536
	22	3	3	,547	2	,995	1,208		2	,005	11,664	-2,990	,414
	23	3	3	,153	2	1,000	3,749		2	,000	25,750	-2,490	-2,514
	24	3	3	,120	2	,988	4,243		1	,009	13,635	-1,004	-1,977
	25	Ungrup-piert	1	,789	2	,988	,475		2	,011	9,403	1,759	-,743
	26	Ungrup-piert	2	,234	2	,771	2,906		1	,121	6,610	-,003	,142
	27	Ungrup-piert	2	,840	2	,983	,348		3	,014	8,909	-,290	1,410

** Falsch klassifizierter Fall

Klassifizierungsergebnisse[a]

		extraversion	Vorhergesagte Gruppenzugehörigkeit			Gesamt	
			extravertiert	ambivalent	introvertiert		
Original	An-zahl	1 extravertiert	9	0	0	9	
		2 ambivalent	0	6	0	6	
		3 introvertiert	0	1	8	9	
		Ungruppierte Fälle	1	2	0	3	
	%	1 extravertiert	100,0	,0	,0	100,0	
		2 ambivalent	,0	100,0	,0	100,0	
		3 introvertiert	,0	11,1	88,9	100,0	
		Ungruppierte Fälle	33,3	66,7	,0	100,0	

a. 95,8% der ursprünglich gruppierten Fälle wurden korrekt klassifiziert.

⑨

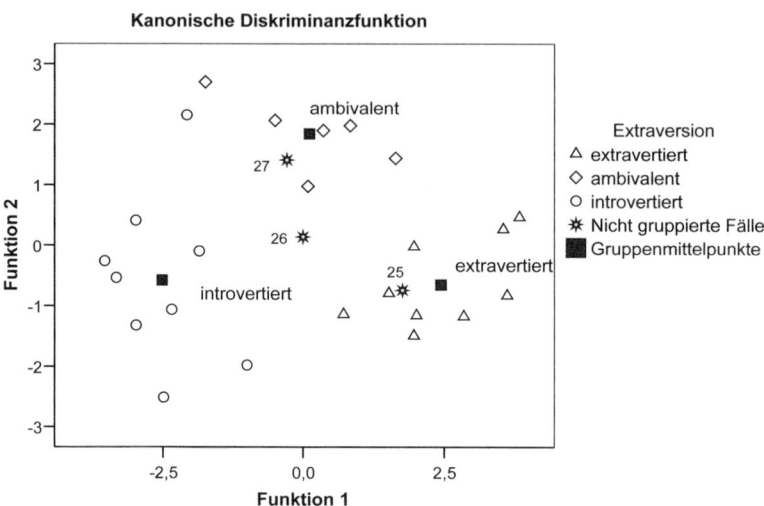

Erläuterungen zur Ausgabe

❶ Erläuterungen vgl. Tabelle **❸** bei BEISPIEL 1 und 2. Auch hier liegen wieder drei Gruppen vor und es werden zwei Diskriminanzfunktionen extrahiert.

❷ Erläuterungen vgl. Tabelle **❹** bei BEISPIEL 2. Diesmal ergibt die Signifikanzprüfung von Wilks Λ, dass auch die zweite Funktion über die erste hinaus einen signifikanten Beitrag zur Diskrimination leistet.

❸, **❹**, **❺** Erläuterungen vgl. Tabellen **❺**, **❻**, **❼** bei BEISPIEL 1.

❻ Diese Matrix (zusätzlich angefordert durch die Option *Fisher*) enthält für jede Gruppe die Klassifikationsfunktionen nach Fisher.

Variable	Extravertiert	Ambivalent	Introvertiert
GRUPPENLERNEN	+1,31*135	+1,38*135	+1,25*135
KOOPERATION	+0,96*117	+0,72*117	+0,47*117
LEISTUNG	+2,69*24	+2,54*24	+2,13*24
BEHALTEN	–0,62*1	–0,16*1	–0,17*1
ATMOSPHÄRE	–0,07*81	+0,05*81	+0,19*81
LERNBEDARF	–0,35*70	–0,27*70	–0,27*70
LEISTUNGSVOR	+7,17*1,88	+5,19*1,88	+8,03*1,88
Konstante	–176,51	–174,31	–137,81
=	**159,91**	**151,94**	**148,47**

Setzt man für eine Person ihre Daten jeweils in die drei Gleichungen ein, so lässt sich den resultierenden Funktionswerten entnehmen, zu welcher Gruppe sie zugeordnet wird. Es ist dies die Gruppe mit dem größten Funktionswert. Für Person 1 z. B. resultiert, wie die vorstehendeTabelle zeigt, der größte Funktionswert von 159,91 für die Gruppe der Extravertierten. Sie wird also (korrekt) in diese Gruppe klassifiziert.

❼ Diese Tabelle (angefordert durch die Option *Fallweise Ergebnisse*) enthält für jeden Fall (**Fallnummer**):

- Seine tatsächliche Gruppenzugehörigkeit (**Tatsächliche Gruppe**) bzw. die Kennzeichnung UNGRUPPIERT, falls diese unbekannt ist (was im Beispiel bei den letzten drei Personen 25 bis 27 der Fall ist).

- In den letzten Spalten die Diskriminanzwerte der Diskriminanzfunktionen (**Diskriminanzwerte**).

Außerdem enthält die Tabelle getrennt dafür, dass die Person jeweils auf Grund der höchsten bzw. der zweithöchsten a posteriori Wahrscheinlichkeit zugeordnet wird:

- Die Gruppe, zu der sie dann gehört (**Vorhergesagte Gruppe**). Falls die Zuordnung aufgrund der höchsten a posteriori Wahrscheinlichkeit fehlerhaft ist, wird dies in der betreffenden Spalte durch ** markiert.

- Die bedingte Wahrscheinlichkeit $P(D|G_i)$, dass der aufgetretene Diskriminanzwert oder ein extremerer auftritt, wenn der Fall entsprechend klassifiziert wird [Spalte **p** unter **P(D>d | G=g)** mit den entsprechenden Freiheitsgraden unter **df**].

- Die a posteriori Wahrscheinlichkeit $P(G_i|D)$ bei entsprechender Zuordnung [Spalte **P(G=g | D=d)**].

- Die quadrierte Mahalanobis-Distanz des Falles zum Zentroiden der Gruppe.

Im vorliegenden Fall wird nur Person 17 fehlklassifiziert. Sie wird Gruppe 2 (»Ambivalente«) zugeordnet (mit einer a posteriori Wahrscheinlichkeit von 0,80) obwohl sie zur Gruppe 3 (»Introvertierte«) gehört, die nur die zweitgrößte Wahrscheinlichkeit von 0,20 aufweist. Die Wahrscheinlichkeit der Zugehörigkeit zur Gruppe der »Extravertierten« ist also praktisch null. Von den drei Fällen, die nicht in die Bestimmung der Diskriminanzfunktionen eingingen, werden zwei den »Ambivalenten« (Nr. 26 und 27) und einer den »Extravertierten« (Nr. 25) zugeordnet.

❽ Dieser Kreuztabelle (zusätzlich angefordert durch die Option *Zusammenfassende Tabelle*) lässt sich die Zahl der richtig und falsch klassifizierten Fälle entnehmen. In den Zeilen (**Original**) sind die tatsächlichen, in den Spalten die vorhergesagten Gruppenzugehörigkeiten abgetragen. In der Diagonalen der Tabelle finden sich damit die Häufigkeiten der korrekten Klassifikationen. Die Trefferquote beträgt hier insgesamt 95,8% (vgl. Fußnote). Die unterste Zeile (**Ungrup-pierte Fälle**) geht in die Berechnung der Trefferquote nicht mit ein, da bei diesen Fällen die Gruppenzugehörigkeit unbekannt ist.

❾ Grafische Darstellung der Diskriminanzfunktionen. Vergleicht man die zusätzlich angeforderte Grafik mit der von BEISPIEL 2, erkennt man, dass diesmal beide Diskriminanzfunktionen zur Trennung der drei Gruppen beitragen. Die erste Diskriminanzfunktion trennt vor allem die Intro- von den Extravertierten. Die Ambivalenten unterscheiden sich von beiden durch ihre höhere Ausprägung auf der zweiten Diskriminanzfunktion.

Die Platzierung der nicht gruppierten Fälle verdeutlicht nochmals visuell, warum die Personen Nr. 26 und 27 zu den »Ambivalenten« und Nr. 25 zu den »Extravertierten« gruppiert wurden. Die Fall-Nummern wurden über **Optionen / Anmerkung** positioniert.

Beispiel 4

Die Datei ESIDAT.SAV enthält von 1276 Frauen die Skalenwerte des *Ess-Störungsinventars ESI* (Diehl & Staufenbiel, 1994). Die neun Skalen dieses Fragebogens sind auf der CD im Ordner \MERKMALE (Datei PERDAT.PDF) beschrieben (ESI1 bis ESI9). Die Stichprobe besteht aus 430 »essgestörten« Frauen und einer Vergleichsgruppe von 846 Frauen ohne diese Störung. Innerhalb der Essgestörten werden drei Gruppen unterschieden: 1 = Auftreten von Essanfällen und Erbrechen nach dem Essen, 2 = Essanfälle, aber kein Erbrechen, 3 = »essgestört«, aber keine Essanfälle; teilweise Erbrechen. Diese Gruppenzugehörigkeits-Werte enthält die Variable ESSTYP4, wobei die Vergleichsgruppe der nicht Essgestörten hier mit {4} kodiert ist. Untersucht werden soll, wie gut sich die vier Gruppen mittels der neun ESI-Skalen (Prädiktoren) trennen lassen.

In diesem Beispiel werden die Diskriminanzfunktionen nur an Hand der Hälfte der Stichprobendaten bestimmt und dann überprüft, wie gut die Klassifikation der übrigen Personen gelingt. Dazu wird zunächst in der über **Daten / Fälle auswählen** erhältlichen Box (vgl. S. 74) die Option *Zufallsstichprobe* angeklickt. Nach Anklicken von [Stichprobe] erscheint dann das nachfolgende Dialogfeld, in dem die *Größe der Stichprobe* auf *ungefähr* 50% *aller Fälle* festgelegt wird.

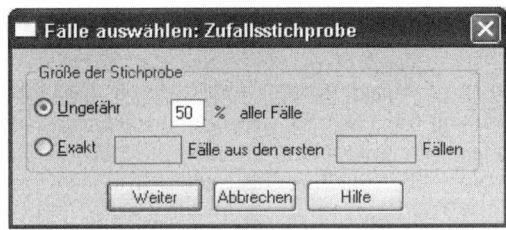

Nach dem Verlassen der Dialogbox legt SPSS eine Variable mit dem Namen FIL-TER_$ an, die für die 50% zufällig ausgewählten Fälle eine {1} und für die übrigen eine {0} enthält. Diese Variable wird im Folgenden weiter verwendet. Zunächst muss aber das Dialogfeld **Fälle auswählen** nochmals geöffnet und die *Auswahl* wieder auf *Alle Fälle* zurückgestellt werden. Andernfalls verbleibt auch für die Klassifikation von DISCRIMINANT nur die ausgewählte Zufallsstichprobe.

Beim Aufruf der Diskriminanzanalyse sind wie üblich die *Gruppenvariable* (ESS-TYP4 mit dem Bereich *Minimum = 1, Maximum = 4*) und die *Abhängige Variable(n)* (ESI1 bis ESI9) anzugeben. Um die Bestimmung der Diskriminanzfunktionen auf die Zufallsauswahl einzuschränken, wird die Variable FILTER_$ angewählt, als Auswahlvariable angegeben und der [Wert] {1} spezifiziert. Zusätzlich wird *Zusammenfassende Tabelle* in der Dialogbox **Klassifizieren** angefordert. Das Programm liefert die nachfolgende Ausgabe (gekürzt um die hier irrelevanten Teile):

Analyse der verarbeiteten Fälle.

Ungewichtete Fälle		N	Prozent	
Gültig		655	51,3	
Ausgeschlossen	Gruppencodes fehlend oder außerhalb des Bereichs	0	,0	
	Mindestens eine fehlende Diskriminanz-Variable	0	,0	
	Beide fehlenden oder außerhalb des Bereichs liegenden Gruppencodes und mindestens eine fehlende Diskriminanz-Variable	0	,0	
	Nicht ausgewählt	621	48,7	
	Gesamtzahl der ausgeschlossenen	621	48,7	
Gesamtzahl der Fälle		1276	100,0	

Eigenwerte

Funktion	Eigenwert	% der Varianz	Kumulierte %	Kanonische Korrelation	
1	2,185ª	77,8	77,8	,828	❷
2	,388ª	13,8	91,6	,529	
3	,235ª	8,4	100,0	,436	

a. Die ersten 3 kanonischen Diskriminanzfunktionen werden in dieser Analyse verwendet.

Wilks' Lambda

Test der Funktion(en)	Wilks-Lambda	Chi-Quadrat	df	Signifikanz	
1 bis 3	,183	1098,902	27	,000	❸
2 bis 3	,584	348,761	16	,000	
3	,810	136,489	7	,000	

Klassifizierungsergebnisse[a,b] ❹

			Vorhergesagte Gruppenzugehörigkeit				
		esstyp4 Esstypen (4 Gruppen)	1 Essanfälle + Erbrechen	2 Ess- anfälle	3 Keine Essanfälle	4 Nicht essgestört	Gesamt
Original	Anzahl	1 Essanfälle + Erbrechen	86	13	5	4	108
		2 Essanfälle	7	58	4	2	71
		3 Keine Essanfälle	2	6	32	5	45
		4 Nicht essgestört	6	33	40	352	431
Ausge- wählte Fälle	%	1 Essanfälle + Erbrechen	79,6	12,0	4,6	3,7	100,0
		2 Essanfälle	9,9	81,7	5,6	2,8	100,0
		3 Keine Essanfälle	4,4	13,3	71,1	11,1	100,0
		4 Nicht essgestört	1,4	7,7	9,3	81,7	100,0
Original	Anzahl	1 Essanfälle + Erbrechen	62	23	9	8	102
		2 Essanfälle	10	40	9	7	66
Nicht ausge- wählte Fälle		3 Keine Essanfälle	3	7	22	6	38
		4 Nicht essgestört	8	43	32	332	415
	%	1 Essanfälle + Erbrechen	60,8	22,5	8,8	7,8	100,0
		2 Essanfälle	15,2	60,6	13,6	10,6	100,0
		3 Keine Essanfälle	7,9	18,4	57,9	15,8	100,0
		4 Nicht essgestört	1,9	10,4	7,7	80,0	100,0

a. 80,6% der ausgewählten ursprünglich gruppierten Fälle wurden korrekt klassifiziert.
b. 73,4% der nicht ausgewählten ursprünglich gruppierten Fälle wurden korrekt klassifiziert.

Erläuterungen zur Ausgabe

❶ Erläuterungen vgl. Tabelle ❶ bei BEISPIEL 1. Von den insgesamt 1276 Personen verbleiben nach der Elimination der Personen, die nicht zur Zufallsauswahl gehören (dies sind 621 und damit tatsächlich nur *ungefähr* 50% der Stichprobe) für die Analyse noch 655 Personen. (Je nach Einstellung des Zufallszahlengenerators können hier natürlich auch eine andere Zufallsauswahl und damit auch nachfolgend andere Ergebnisse resultieren. Wenn man die Ergebnisse hier exakt reproduzieren will, muss unter **Transformieren / Zufallszahlengeneratoren** die Option *Aktiven Generator festlegen* auf die Option »Mit SPSS 12 kompatibel« und der Anfangswert auf den festen Wert {2000000} eingestellt werden).

❷, ❸ Erläuterungen vgl. Tabelle ❸ und ❹ bei BEISPIEL 1. Mittels der drei Diskriminanzfunktionen gelingt für die ausgewählte Teilstichprobe eine signifikante Trennung der vier Gruppen.

❹ Erläuterungen vgl. Tabelle ❶ und ❷ bei BEISPIEL 3. Wenn im Eingangs-Dialogfeld eine Auswahl getroffen wurde, werden getrennte Kreuztabellen für die in die Analyse einbezogenen (**Ausgewählte Fälle**) und ausgeschlossenen Fälle (**Nicht ausgewählte Fälle**) dargestellt.

Man erkennt, dass die Gesamt-Trefferquote bei dieser »Kreuzvalidierung« von 80,6% auf 73,4% nur geringfügig abfällt (vgl. Fußnoten a und b). Eine genauere Inspektion der Gruppen zeigt, dass der Abfall hauptsächlich durch die Zunahme der Fehlklassifikationen bei den essgestörten Gruppen (1 bis 3) bedingt ist, während sich der Prozentsatz korrekter Zuordnungen bei den nicht Essgestörten (4) kaum vermindert.

Logistische Regression

> **Analysieren / Regression / Binär logistisch ...**

Logistische Regression kann in SPSS mittels der Prozedur LOGISTIC REGRESSION durchgeführt werden (s. SPSS 2003b, Kap. 2; Tabachnick & Fidell, 2005, Kap. 10, Hosmer & Lemeshew, 2000). In der logistischen Regression wird eine kategoriale Variable durch eine Batterie von Prädiktoren vorhergesagt. In der Prozedur LOGISTIC REGRESSION muss die vorhergesagte Variable dichotom sein (z.B. codiert als 1 = *Krankheit liegt vor* und 0 = *Krankheit liegt nicht vor*).

Die Prädiktoren können intervallskaliert (metrisch) oder nominalskaliert (kategorial) oder ein Mix beider Typen sein. Die Prozedur gibt u.a. eine Reihe von globalen Fitmaßen, die Regressionsgewichte und Odds Ratios für die Prädiktoren sowie eine Reihe von Regressionsdiagnostiken aus. Schrittweise Regression ist ebenfalls möglich. Verwandte Prozeduren in SPSS werden am Ende dieser Übersicht aufgeführt.

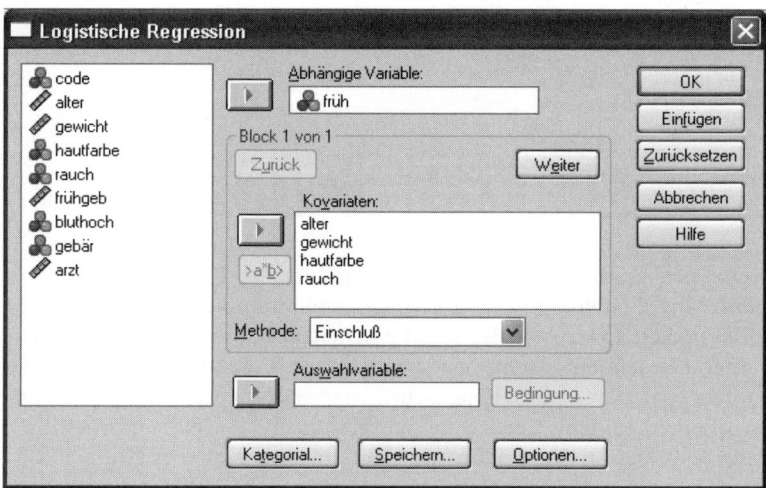

Festlegung des Modells

Bei der Durchführung einer logistischen Regression der Form

$\hat{Y} = e^u/(1+e^u)$ mit $u = b_0 + b_1 * X_1 + b_2 * X_2 + ... + b_k * X_k$

bzw. – in der alternativen Darstellung –

$$logit(\hat{Y}) = ln[\hat{Y}/(1-\hat{Y})] = b_0 + b_1*X_1 + b_2*X_2 + ... + b_k*X_k$$

sind im Eingangsdialogfeld die vorherzusagende dichotome (binäre) Variable Y unter *Abhängige Variable* und alle k Prädiktorvariablen X_1 ... X_k des Modells, das man prüfen möchte, unter *Kovariaten* zu spezifizieren.

Dabei ist es auch möglich, Interaktionen (also multiplikativen Verknüpfungen) zwischen solchen Variablen als zusätzliche Prädiktoren aufzunehmen. Dazu sind links die Variablen anzuwählen die in den Interaktionsterm aufgenommen werden sollen (mindestens 2). Dadurch wird die Schaltfläche [>a*b>] aktivierbar, durch deren Drücken dann die multiplikative Verknüpfung der Variablen als zusätzlicher Prädiktor unter *Kovariaten* aufgenommen wird.

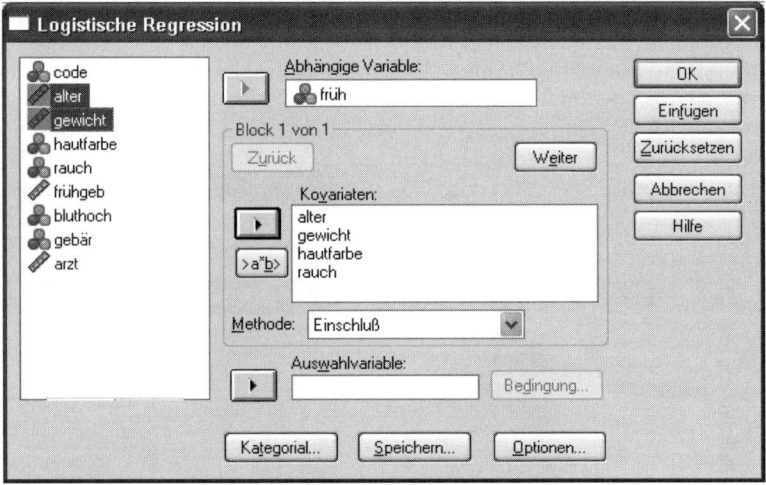

Sind unter den Prädiktoren kategoriale Variablen, so ist dies anzugeben. (Eine Ausnahme sind dichotome Prädiktoren, die man am besten schon in der Datendatei mit 0-1 codiert.) Dazu drückt man die Schaltfläche [Kategorial] und findet dort links unter *Kovariaten* alle bisher spezifizierten Prädiktoren. Alle kategorialen Prädiktoren sind nun in das Listenfeld *Kategoriale Kovariaten* zu verschieben. Mit der standardmäßigen Einstellung des Kontrasttyps »Indikator« wird jede Variable mit k Kategorien in k-1 Dummy-Variablen zerlegt (bei Hosmer & Lemeshow, 2000, als *reference cell coding* bezeichnet).

Eine kategoriale Variable HAUTFARBE mit den drei Ausprägungen 1 = *weiß*, 2 = *schwarz* und 3 = *andere* wird also automatisch in zwei Dummy-Variablen HAUTFARBE(1) und HAUTFARBE(2) wie folgt aufgespalten (d.h. SPSS legt diese beiden Variablen intern zusätzlich an):

HAUTFARBE	HAUTFARBE(1)	HAUTFARBE(2)
1	1	0
2	0	1
3	0	0

Setzt man abweichend von der Voreinstellung die *Referenzkategorie* statt *Letzte* auf *Erste*, so wird die kleinste Kategorie (hier also HAUTFARBE = 1) in die Codierung HAUTFARBE(1) = HAUTFARBE(2) = 0 abgebildet (die vorgenommene Codierung wird im Output dann in der Tabelle **Codierungen kategorialer Variablen** auch noch mal dargestellt).

Abweichend von der Voreinstellung »Indikator« können für jeden kategorialen Prädiktor auch andere Kontrasttypen gewählt werden (z.B. »Abweichung«, von Hosmer & Lemeshow, 2000, als *deviation from means coding* bezeichnet; zur Beschreibung der übrigen Optionen s. SPSS 2003b, S. 8f, SPSS 2006, Anhang A). Veränderungen der Voreinstellungen sind immer durch Anklicken der Schaltfläche [Ändern] zu bestätigen.

Soll die Analyse nur für eine Teilmenge von Personen durchgeführt werden, kann die Auswahlbedingung nach Festlegung der *Auswahlvariable* und dem Drücken der Schaltfläche [Bedingung] menügesteuert angegeben werden. (Bei komplexeren Auswahlbedingungen, die auf mehr als einer Variablen basieren, muss die Fallauswahl vorab unter **Daten / Fälle auswählen** erfolgen, vgl. Kap 18, oder eine entsprechend Auswahlvariable vorab erzeugt werden).

Das besondere bei der Verwendung der *Auswahlvariable* im Hauptdialog ist, dass die nicht eingeschlossenen Fälle automatisch zur Kreuzvalidierung herangezogen werden. Dies bedeutet, dass das logistische Modell anhand der Fälle, die die Bedingung erfüllen, geschätzt wird und dann zusätzlich auf die übrigen Fälle angewendet wird und die dabei resultierende Trefferrate (in der **Klassifizierungstabelle**) ausgegeben wird.

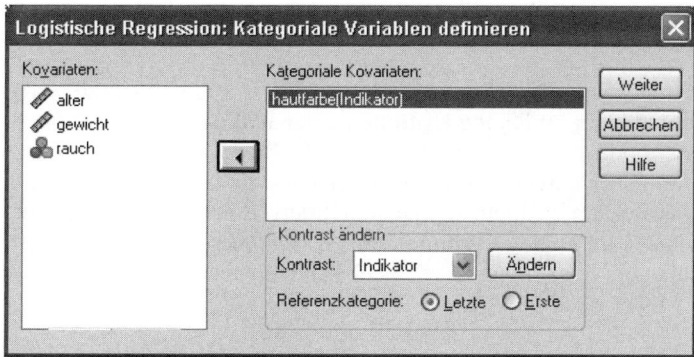

Schrittweise logistische Regression

Standardmäßig werden alle spezifizierten Prädiktoren auf einmal in die Regressionsgleichung aufgenommen. Wie bei der multiplen Regression (vgl. Kap. 64) können aber auch hier Prädiktoren schrittweise aufgenommen werden. Die Abfolge der Aufnahme kann anhand von inhaltlichen oder statistischen Kriterien vorgenommen werden.

Bei einer inhaltlichen begründeten Vorgehensweise unterteilt man die Prädiktorvariablen in Blöcke und legt dann die Reihenfolge der Aufnahme der Blöcke fest. Dazu gibt man im Eingangsdialog zunächst die Prädiktoren des ersten Blocks als *Kovariaten* an (mit ggf. erforderlichen Spezifizierungen, falls sie kategorial sind), klickt dann auf die Schaltfläche [Weiter], gibt die Variablen des zweiten Blocks an, usw. Die *Methode* bleibt dabei in allen Blöcken auf der Voreinstellung »Einschluß« stehen.

Bei einer Festlegung der Schrittabfolge allein anhand statistischer Kriterien gibt man alle Prädiktoren unter *Kovariaten* an und ändert dann die *Methode*. Grundsätzlich kann bei der Auswahl *Vorwärts* (forward selection) oder *Rückwärts* (backward elimination) vorgegangen werden. Im ersten Fall werden ausgehend vom Modell mit nur der Konstanten b_0 Schritt für Schritt geeignete Prädiktoren aufgenommen (und jeweils wieder auf Ausschluss überprüft).

Bei der Rückwärts-Vorgehensweise werden ausgehend von allen gewählten Prädiktoren sukzessive ungeeignete eliminiert (und wieder auf Einschluss überprüft). Über die Aufnahme von Prädiktoren entscheidet SPSS anhand der *Score-Statistik*, die einfacher als Wald- oder Likelihoodstatistiken für jeden einzelnen Prädiktoren zu berechnen sind. Der Ausschluss kann wahlweise auf der Basis der Likelihood (LR)-, der Wald- oder einer bedingten Likelihoodstatistik erfolgen.

Als eine mögliche Kombination kann also beispielsweise als *Methode* »Vorwärts: LR« gewählt werden. SPSS sucht dann im ersten Schritt aus den *Kovariaten* die Variable heraus, die in der Score-Statistik den kleinsten P-Wert aufweist. Unterschreitet dieser Wert das Aufnahmekriterium, dann wird diese Variable in das Modell aufgenommen. Erfüllt die Variable das Kriterium nicht, so wird mit der Suche abgebrochen.

Das Aufnahmekriterium (»Signifikanzniveau«) ist auf Aufnahme = {0,05} voreingestellt und kann im Dialog **Optionen** unter *Wahrscheinlichkeit für schrittweise Methode* modifiziert werden. Nachdem ein Prädiktor hinzugefügt worden ist, werden alle bisher aufgenommenen Prädiktoren daraufhin untersucht, ob sie das Ausschlusskriterium erfüllen. Überschreitet der P-Wert der LR-Statistik einer der Prädiktoren das im Dialog **Optionen** mit *Ausschluß* = {0,10} voreingestellte »Signifikanzniveau« (bzw. einen dort abweichend angegebenen Wert), so wird dieser Prädiktor wieder eliminiert.

Dieses alternierende Vorgehen aus Suche und ggf. Ausschluss von Prädiktoren wird so lange fortgesetzt, bis keine Prädiktoren mehr gefunden werden, die das Einschlußkriterium erfüllen, alle Kovariaten aufgenommen wurden oder ein Modell resultiert, das schon vorher einmal aufgetreten ist. Bei dieser vielfach kritisierten Vorgehensweise der Selektion anhand statistischer Kriterien ist zu beachten, dass die inferenzstatistischen Tests nicht mehr zu korrekten statistischen Entscheidungen führen.

Die inhaltlich begründete Definition von Blöcken und die statistische Selektion können kombiniert werden, in dem innerhalb der Blöcke eine *Methode* abweichend von »Einschluß« gewählt wird. Dann wird innerhalb jedes inhaltlich festgelegten Blocks eine Auswahl anhand der gewählten statistischen Vorgehensweise vorgenommen.

Ergebnisausgabe

Standardmäßig gibt SPSS als globale Fitindizes einen Likelihoodquotiententest zum Vergleich des betrachteten Modells mit dem Modell mit nur einer Konstanten, die R^2-Statistiken von Cox & Snell sowie Nagelkerke, sowie die Klassifizierungstabelle (Kreuztabelle der beobachteten und vorhergesagten Häufigkeiten; der cutoff-Wert für die Dichotomisierung der vorhergesagten Werte kann im Dialog **Optionen** abweichend von der Voreinstellung {0,5} unter *Klassifikationsschwellenwert* gesetzt werden) aus. Ferner werden standardmäßig für alle Prädiktoren die Regressionskoeffizienten b_j mit dem Signifikanztest nach Wald sowie die Odds Ratios OR_j berichtet.

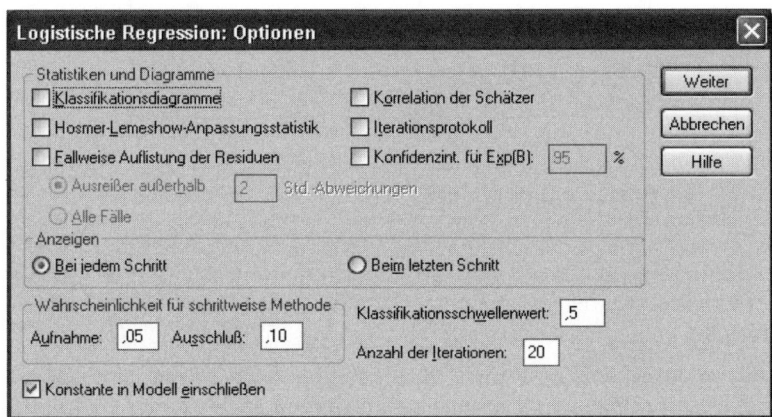

Über die Schaltfläche [Optionen] können eine Reihe weiterer Statistiken und Diagramme angefordert werden, darunter etwa als zusätzlicher globaler Modelltest die »Hosmer-Lemeshow-Anpassungsstatistik«. Nützlich sind auch die Konfidenzintervalle für die Odds Ratios [»Konfidenzint. für Exp(B)«] mit der Angabe der gewünschten statistischen Sicherheit (standardmäßig 95%, entsprechend einer Irrtumswahrscheinlichkeit von $\alpha = 0,05$).

Zudem können nach dem Drücken der Schaltfläche [Speichern] eine Reihe von Regressionsdiagnostiken (vgl. Hosmer & Lemeshow, 2000, Kap. 5.3 oder allgemeiner Belsley et al., 1980) gespeichert werden, sowie die aus dem Modell geschätzten *Wahrscheinlichkeiten*. Diese werden dann (je nach Index mit anderen Namen für die Variablen) in die aktuelle Datendatei angehängt und können anschließend mit grafischen Prozeduren weiterverarbeitet werden. Ausreißerwerte können zudem auch tabellarisch ausgegeben werden, indem im Dialogfeld **Optionen** die *Fallweise Auflistung von Residuen* aktiviert und dann definiert wird, wie viele Standardabweichungen der Fall entfernt liegen muss, um als Ausreißer klassifiziert zu werden (Voreinstellung ist {2} Standardabweichungen).

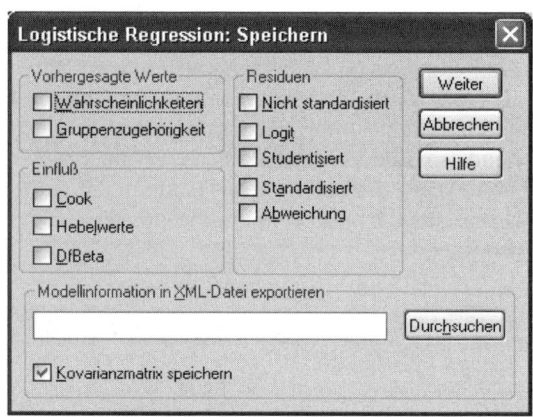

Verwandte Analyseverfahren in SPSS

Wie dargestellt können mit der Prozedur LOGISTIC REGRESSION nur Kriterien modelliert werden, die dichotom sind. Sollen Kriterien mit mehr nominalen Kategorien vorhergesagt werden, so steht unter **Analysieren / Regression / Multinomial logistisch** die Prozedur NOMREG zur Verfügung (s. SPSS 2003b, Kap. 3).

Wird davon ausgegangen, dass die Kategorien der Kriteriumsvariablen ordinale Informationen beinhalten, kann unter **Analysieren / Regression / Ordinal** zudem die Prozedur PLUM herangezogen werden (s. SPSS 2003a, Kap. 8).

Schließlich steht unter **Analysieren / Regression / Probit** noch die Prozedur PROBIT zur Verfügung, die bei der Modellierung der Wahrscheinlichkeiten statt der logistischen Funktion die Normalverteilungsfunktion verwendet (SPSS 2003b, Kap 4; Norušis, 1993, Kap. 8). Zum Vergleich verschiedener Programme und Prozeduren siehe ausführlicher Tabachnick und Fidell (2007, Kap. 10.8).

Übersicht über die in den Beispielen behandelten Probleme

① Logistische Regression mit einem Prädiktor (incl. Ausgabe von Regressionsdiagnostiken).

② Logistische Regression mit metrischen und kategorialen Variablen.

③ Schrittweise logistische Regression.

④ Kreuzvalidierung einer logistischen Regression.

Beispiel 1

Datei LR_HERZ.SAV. Der Datensatz aus Hosmer und Lemeshow (2000) enthält für 100 Personen die Angaben, ob sie an einer koronaren Herzerkrankung leiden (Variable HERZ, 1 = *ja*, 0 = *nein*) und ihr Alter in Jahren (ALTER). Mittels einer einfachen logistischen Regression soll untersucht werden, ob das Auftreten der Herzerkrankung altersabhängig ist.

Dazu sind lediglich die Variable HERZ als *Abhängige Variable* und die Variable ALTER unter *Kovariaten* anzugeben. Zusätzlich fordern wir unter [Optionen] das »Konfidenzint. für Exp(B)« an (mit Voreinstellung 95%). Im Dialog [Speichern] werden außerdem als *Vorhergesagte Werte* die *Wahrscheinlichkeiten* und als *Einfluß*-Statistik *Cook* aktiviert. Folgende Ergebnisausgabe resultiert:

Zusammenfassung der Fallverarbeitung

Ungewichtete Fälle[a]		N	Prozent	❶
Ausgewählte Fälle	Einbezogen in Analyse	100	100,0	
	Fehlende Fälle	0	,0	
	Gesamt	100	100,0	
Nicht ausgewählte Fälle		0	,0	
Gesamt		100	100,0	

a. Wenn die Gewichtung wirksam ist, finden Sie die Gesamtzahl der Fälle in der Klassifizierungstabelle.

Codierung abhängiger Variablen

Ursprünglicher Wert	Interner Wert	❷
0	0	
1	1	

Anfangsblock

Klassifizierungstabelle[a,b] ❸

			Vorhergesagt		
			herz		Prozentsatz
Beobachtet			0	1	der Richtigen
Schritt 0	herz	0	57	0	100,0
		1	43	0	,0
	Gesamtprozentsatz				57,0

a. Konstante in das Modell einbezogen.
b. Der Trennwert lautet ,500

Variablen in der Gleichung

		Regressions koeffizientB	Standard- fehler	Wald	df	Sig.	Exp(B)	❹
Schritt 0	Konstante	-,282	,202	1,947	1	,163	,754	

Variablen nicht in der Gleichung

			Wert	df	Sig.	❺
Schritt 0	Variablen	alter	26,399	1	,000	
	Gesamtstatistik		26,399	1	,000	

Block 1: Methode = Einschluß

Omnibus-Tests der Modellkoeffizienten

		Chi-Quadrat	df	Sig.	❻
Schritt 1	Schritt	29,310	1	,000	
	Block	29,310	1	,000	
	Modell	29,310	1	,000	

Modellzusammenfassung

Schritt	-2 Log- Likelihood	Cox & Snell R-Quadrat	Nagelkerkes R-Quadrat	❼
1	107,353[a]	,254	,341	

a. Schätzung beendet bei Iteration Nummer 5, weil die Parameterschätzer sich um weniger als ,001 änderten.

Klassifizierungstabelle[a]

			Vorhergesagt			❽
			herz		Prozentsatz	
Beobachtet			0	1	der Richtigen	
Schritt 1	herz	0	45	12	78,9	
		1	14	29	67,4	
	Gesamtprozentsatz				74,0	

a. Der Trennwert lautet ,500

Variablen in der Gleichung   ❾

		Regressionskoeffizient B	Standardfehler	Wald	df	Sig.	Exp(B)	95,0% Konfidenzintervall für EXP(B)	
								Unterer Wert	Oberer Wert
Schritt 1ᵃ	alter	,111	,024	21,254	1	,000	1,117	1,066	1,171
	Konstante	-5,309	1,134	21,935	1	,000	,005		

a. In Schritt 1 eingegebene Variablen: alter.

Erläuterungen zur Ausgabe

❶ In dieser Tabelle wird die Zahl der in die Analyse einbezogenen Fälle angegeben, die um Fehlend-Werte in einer der Variablen (**Fehlende Fälle**) oder durch eine im Dialog **Logistische Regression** vorgenommene Fallauswahl (**Nicht ausgewählte Fälle**) gegenüber der Gesamtzahl der Fälle reduziert sein kann.

❷ Hier wird die Codierung der Kriteriumsvariablen nochmals angezeigt, die intern immer auf die Werte 0 (die Kategorie mit dem kleineren Wert) und 1 recodiert wird. Meist ist die Kriteriumsvariable – wie hier – ohnehin bereits in der Datendatei so codiert, so dass sich keine Änderung durch diese Wertezuweisung ergibt.

❸, ❹ und ❺. Die im Bereich **Anfangsblock** des Viewers ausgegebenen Tabellen beziehen sich alle auf das Null-Modell, in dem die dichotome Kriteriumsvariable nur durch den konstanten Term b_0 vorhergesagt wird (also ohne Prädiktorvariablen). Dieses Modell ist nur als Referenz für andere Modelle und nicht an sich von Interesse. Der **Klassifizierungstabelle** kann man in diesem Fall entnehmen, dass 43 der 100 Personen eine Herzerkrankung aufweisen (und 57 nicht).

❻ Die Tabelle enthält den globalen Test der Vorhersage, dass das gewählte Modell (hier: $b_0 + b_1*$ALTER; Vorhersage-Modell) die Kriteriumsvariable besser vorhersagt, als ein Modell, dass keinen Prädiktor enthält (also nur b_0; Null-Modell). Dabei wird die Differenz des Log-Likelihood-Wertes des Null-Models LL_0 und des Vorhersage-Modells LL_v gebildet. Der unter **Chi-Quadrat** angegebene Wert (auch bezeichnet als Likelihoodquotiententest) entspricht dann der mit df Freiheitsgraden χ^2-verteilten Prüfgröße $-2*(LL_0 - LL_v) = -2*(-68,332 -[-53,677]) = 29,310$. Der Wert ist statistisch signifikant, wie man in der letzten Spalte **Sig.** erkennt: 0,000 ist kleiner als das konventionell gewählte Signifikanzniveau von $\alpha = 0,05$. (Die Werte in den Zeilen »Schritt«, »Block« und »Modell« sind hier redundant; sie geben nur bei der schrittweisen Vorgehensweisen unterschiedliche Informationen.)

(Den Wert $-2*LL_0$ kann man sich zusätzlich ausgeben lassen, indem man unter [Optionen] das *Iterationsprotokoll* anfordert. Er steht dann in der letzten Zeile der Spalte **-2 Log-Likelihood** im Verzeichnis **Anfangsblock**. Der Wert $-2*LL_v$ wird in der nachfolgend beschriebenen Tabelle ausgegeben.)

❼ In der zweiten Spalte wird die Log-Likelihood des Vergleichsmodells $-2*LL_v$ = 107,353 ausgegeben. Die beiden folgenden zwei globalen Fitindizes von Cox & Snell sowie Nagelkerke sind Gütemaße, die wie das multiple R^2 in der multiplen Regression zwischen 0 und 1 liegen, können aber nicht als erklärte Varianz interpretiert werden. Das Maß von Nagelkerke hat den Vorteil, so normiert zu sein, dass es im Falle des perfekten Fits den Wert {1} annimmt.

Eine Signifikanzprüfung bzw. die Bestimmung eines Konfidenzintervalls für R^2 gibt SPSS nicht aus. Smithson (2001) gibt zu diesem Zweck SPSS-Skripte an; alternativ kann zur Berechnung ein DOS-Programm von Steiger und Fouladi (1992) auf der Website von James Steiger kostenlos heruntergeladen werden (unter: http://www.statpower.net/page5).Wendet man letzteres auf Nagelkerkes R^2 an, so ergibt sich ein Konfidenzintervall von [0,19 bis 0,49], das die {0} nicht einschließt.

Die Fußnote zu der Tabelle zeigt an, dass die iterative Schätzung des Modells erfolgreich war. Das Konvergenzkriterium wurde nach 5 Iterationen erreicht. Erscheint hier die Meldung »Schätzung beendet bei Iteration Nummer 20 weil die Höchstzahl der Iterationen erreicht wurde. Endlösung kann nicht gefunden werden.«, so wurde das Konvergenzkriterium nicht erreicht und die Lösung ist nicht brauchbar. Selten hilft hier, im Dialog **Optionen** die Zahl der Iterationen hochzusetzen und die Analyse zu wiederholen. Meist liegt dann eines der in Hosmer und Lemeshow (2000) in Kap. 4.5 beschriebenen Probleme vor.

❽ Die Klassifizierungstabelle ist eine Kreuztabelle, in der die beobachteten Häufigkeiten in der Kriteriumsvariablen (Zeilen) gegen die vorhergesagten Häufigkeiten (Spalten) dargestellt werden. Die dichotomen {0-1}-Werte ergeben sich in der Vorhersage dadurch, dass alle Fälle mit vorhergesagten Werten $\hat{Y} < 0,5$ eine {0} zugewiesen wird und Werten $\hat{Y} > 0,5$ eine {1} (bei voreingestelltem *Klassifikationsschwellenwert* von 0,5). Hier werden auf der Basis des Modells von den Personen mit einer Herzerkrankung 67,4% richtig erkannt (Sensitivität) und von denen ohne Herzerkrankung 78,9% (Spezifität). Insgesamt werden 26 Personen fehlklassifiziert (100% − 74,0% = 26,0%).

❾ In der Spalte **RegressionskoeffizientB** finden sich die Regressionsgewichte b_0 und b_1. Die Regressionsgleichung lautet also Logit($\hat{Y}$) = $b_0 + b_1*X_1$ = $-5,309 + 0,111*$ALTER bzw. $\hat{Y} = e^{-5,309 + 0,111*\text{ALTER}}/(1 + e^{-5,309 + 0,111*\text{ALTER}})$. Die aufgrund des Modells geschätzte Wahrscheinlichkeit für eine 60-jährige Person, unter einer koronaren Herzerkrankung zu leiden, ist also beispielsweise:

$$e^{-5,309 + 0,111*60}/(1 + e^{-5,309 + 0,111*60}) = 3,861/(1 + 3,861) = 0,79.$$

Die **Wald**-Statistiken ergeben sich jeweils als Quotient des quadrierten Regressionsgewichts, dividiert durch dessen quadrierten **Standardfehler** – z.B. für ALTER: $0,111^2/0,024^2$ oder genauer $0,11092^2/0,02406^2 = 21,25$ – und erlauben bei **df** Freiheitsgraden eine Signifikanzprüfung der Nullhypothese, dass das Regressionsgewicht des jeweiligen Prädiktors gleich {0} ist. In der Spalte **Sig.** erkennt man, dass wegen $0{,}000 < 0{,}05 = \alpha$ der (einzige) Prädiktor ALTER einen statistisch signifikanten Beitrag zu Vorhersage leistet.

In der Spalte **Exp(B)** werden die Odds Ratios OR_j für jeden Prädiktor j ausgegeben ($OR_j = e^{b_j}$, z.B. für Alter: $e^{0{,}111} = 1{,}12$). Die Odds Ratios sind Maße der Stärke des Effektes des Prädiktors, die bei einem Wert von {1} minimal ausfällt.

Eine Alterszunahme um ein Lebensjahr (eine Einheit im Prädiktor) erhöht also das geschätzte Risiko einer Herzerkrankung um den Faktor 1,12. (Für eine Alterzunahme von 10 Jahren erhöht sich das Risiko entsprechend des Modells um $e^{10 \cdot 0{,}111} = 3{,}03$, also um etwa das Dreifache.)

Durch die zusätzliche Anforderung erhalten wir in den letzten beiden Spalten der Tabelle das Konfidenzintervall für die Odds Ratios. Das Intervall beträgt entsprechend für den Prädiktor ALTER [1,07 bis 1,17] (für eine Änderung von einem Jahr). Da es den Wert {1} nicht einschließt, können wir schließen, dass es statistisch signifikant ausfällt. (Für eine Änderung von 10 Jahren ergibt sich ein Konfidenzintervall von [1,90 bis 4,86]; vgl. Hosmer & Lemeshow, 2000, S. 63f.)

Zur zusätzlich angeforderten Abspeicherung der vorhergesagten Wahrscheinlichkeiten und der Cook-Statistiken werden von SPSS die beiden Variablen PRE_1 und COO_1 neu angelegt. Sie können jetzt beispielsweise in einem Streuungsdiagramm gegeneinander aufgetragen werden, Variable PRE_1 auf der X- und Variable COO_1 auf der Y-Achse (vgl. Kap. 81). Verwendet man zudem die Werte der Variablen CODE als Fallbeschriftung, dann resultiert folgende Abbildung:

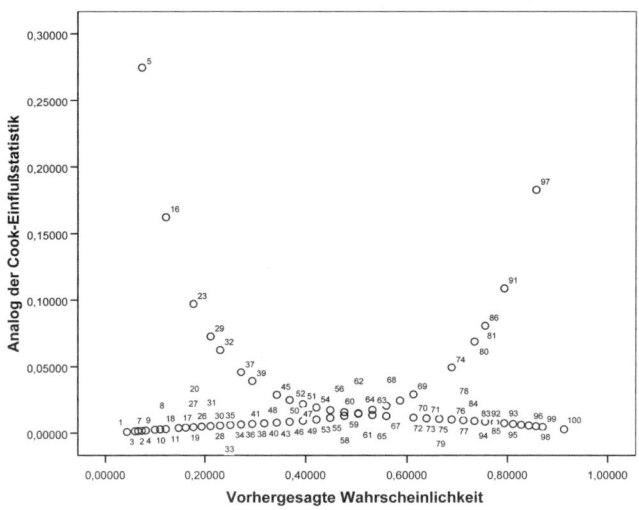

Man erkennt, dass die Fälle 5, 16 und 97 den stärksten Einfluss auf die Regressionsgewichte haben. Die Cook-Werte liegen aber noch deutlich unter der als kritisch angesehen Grenze von {1}.

Beispiel 2

In der Studie wurden Risikofaktoren dafür untersucht, dass ein Kind mit einem geringen Gewicht (< 2500 gr) geboren werden (hier bezeichnet als Frühgeburten). Der Hosmer und Lemeshow (2000) entnommene Datensatz enthält dazu die folgenden Informationen für 189 Geburten (Datei LR_GEBURT.SAV):

FRÜH	Frühgeburt: 1 = Geburtsgewicht < 2500gr; 0 = Geburtsgewicht ≥ 2500gr
ALTER	Alter der Mutter bei der Geburt
GEWICHT	Gewicht der Mutter bei der Geburt in kg
HAUTFARBE	Hautfarbe: 1 = weiß, 2 = schwarz, 3 = andere
RAUCH	Hat die Mutter während der Schwangerschaft geraucht? 1 = ja; 0 = nein
FRÜHGEB	Wie viele Frühgeburten hatte die Mutter bereits vorher?
BLUTHOCH	Leidet die Mutter unter Bluthochdruck? 1 = ja; 0 = nein
GEBÄR	Liegt eine Irritabilität der Gebärmutter vor? 1 = ja; 0 = nein
ARZT	Wie viele Arztbesuche hatte die Mutter im ersten Vierteljahr der Schwangerschaft?

Es soll geprüft werden, ob das Auftreten einer Frühgeburt durch die obigen (z.T. metrischen und z.T. kategorialen) Variablen vorhergesagt werden kann. Die Kriteriumsvariable FRÜH wird dazu als *Abhängige Variableangegeben,* während die Variablen ALTER bis ARZT die *Kovariaten* darstellen. Da die dichotomen Prädiktoren RAUCH, BLUTHOCH und GEBÄR bereits {0-1} codiert sind, können sie so belassen werden.

Die Variable HAUTFARBE mit drei nominalen Klassen wird nach Drücken der Schaltfläche [Kategorial] unter *Kategoriale Kovariaten* angewählt und für diese Variable die *Referenzkategorie* von »Letzte« in »Erste« geändert. (Bestätigung durch [Ändern] nicht vergessen!). Zusätzlich wird wie in BEISPIEL 1 unter [Optionen] das »Konfidenzint. für Exp(B)« angefordert (mit Voreinstellung 95%) sowie die »Hosmer-Lemeshow-Anpassungsstatistik« als globales Fitmaß. SPSS gibt die folgenden Ergebnisse aus:

Zusammenfassung der Fallverarbeitung

Ungewichtete Fälle[a]		N	Prozent	
Ausgewählte Fälle	Einbezogen in Analyse	189	100,0	❶
	Fehlende Fälle	0	,0	
	Gesamt	189	100,0	
Nicht ausgewählte Fälle		0	,0	
Gesamt		189	100,0	

a. Wenn die Gewichtung wirksam ist, finden Sie die Gesamtzahl der Fälle in der Klassifizierungstabelle.

Codierung abhängiger Variablen

Ursprünglicher Wert	Interner Wert	
0 >=2500gr	0	❷
1 <2500gr	1	

Codierungen kategorialer Variablen

		Häufigkeit	Parametercodierung		
			(1)	(2)	❸
hautfarbe	1 weiß	96	,000	,000	
	2 schwarz	26	1,000	,000	
	3 andere	67	,000	1,000	

Anfangsblock

Ausgaben zum Anfangsblock = Null-Modell	*Tabellen weggelassen*

Block 1: Methode = Einschluß

Omnibus-Tests der Modellkoeffizienten

		Chi-Quadrat	df	Sig.	
Schritt 1	Schritt	33,387	9	,000	❹
	Block	33,387	9	,000	
	Modell	33,387	9	,000	

Modellzusammenfassung

Schritt	-2 Log-Likelihood	Cox & Snell R-Quadrat	Nagelkerkes R-Quadrat	
1	201,285[a]	,162	,228	❺

a. Schätzung beendet bei Iteration Nummer 5, weil die Parameterschätzer sich um weniger als ,001 änderten.

Hosmer-Lemeshow-Test

Schritt	Chi-Quadrat	df	Sig.	
1	5,660	8	,685	❻

489

Kontingenztabelle für Hosmer-Lemeshow-Test

		früh = 0 >=2500gr		früh = 1 <2500gr		
		Beobachtet	Erwartet	Beobachtet	Erwartet	Gesamt
Schritt 1	1	19	17,861	0	1,139	19
	2	17	16,964	2	2,036	19
	3	14	15,848	5	3,152	19
	4	15	14,718	4	4,282	19
	5	14	14,112	5	4,888	19
	6	15	13,352	4	5,648	19
	7	10	12,401	9	6,599	19
	8	12	10,817	7	8,183	19
	9	10	8,672	9	10,328	19
	10	4	5,254	14	12,746	18

❼

Klassifizierungstabelle[a]

			Vorhergesagt		
			früh		Prozentsatz
			0 >=2500gr	1 <2500gr	der Richtigen
Beobachtet					
Schritt 1	früh	0 ≥2500gr	117	13	90,0
		1 <2500gr	36	23	39,0
Gesamtprozentsatz					74,1

❽

a. Der Trennwert lautet ,500

Variablen in der Gleichung

❾

		RegressionskoeffizientB	Standardfehler	Wald	df	Sig.	Exp(B)	95,0% Konfidenzintervall für EXP(B)	
								Unterer Wert	Oberer Wert
Schritt 1[a]	alter	-,030	,037	,637	1	,425	,971	,903	1,044
	gewicht	-,034	,015	4,969	1	,026	,967	,938	,996
	hautfarbe			7,116	2	,028			
	hautfarbe(1)	1,272	,527	5,820	1	,016	3,569	1,270	10,033
	hautfarbe(2)	,880	,441	3,990	1	,046	2,412	1,017	5,723
	rauch	,939	,402	5,450	1	,020	2,557	1,163	5,624
	bluthoch	1,863	,698	7,136	1	,008	6,445	1,642	25,291
	gebär	,768	,459	2,793	1	,095	2,155	,876	5,301
	arzt	,065	,172	,143	1	,705	1,067	,761	1,497
	frühgeb	,543	,345	2,474	1	,116	1,722	,875	3,388
	Konstante	,481	1,197	,161	1	,688	1,617		

a. In Schritt 1 eingegebene Variablen: alter, gewicht, hautfarbe, rauch, bluthoch, gebär, arzt, frühgeb.

Erläuterungen zur Ausgabe

❶ Erläuterungen vgl. Tabelle ❶ bei BEISPIEL 1. Der vollständige Datensatz mit 189 Fällen geht in die Analyse ein.

❷ Erläuterungen vgl. Tabelle ❷ bei BEISPIEL 1. Die {0-1}-Codierung der Kriteriumsvariable wird wieder unverändert übernommen.

❸ Hier werden alle in der Dialogbox **Kategorial** unter *Kategoriale Kovariaten* aufgenommen Variablen mit ihrer Codierung angezeigt. In diesem Fall ist das nur die Variable HAUTFARBE. Für die werden zwei Dummy-Variablen HAUTFARBE(1) und HAUTFARBE(2) gebildet, deren Werte in den Spalten **Parametercodierung** unter **(1)** und **(2)** angegeben sind. Für die 96 (Spalte **Häufigkeit**) weißen Frauen (Referenzkategorie) lauten die Codierungen also beispielsweise HAUTFARBE(1) = HAUTFARBE(2) = 0.

❹ Erläuterungen vgl. Tabelle ❻ bei BEISPIEL 1. Der statistisch signifikante χ^2-Wert von 33,387 (**Sig.** = ,000 < 0,05 = α) zeigt an, dass das Modell mit den gewählten Prädiktoren die Frühgeburten besser vorhersagt als ein Modell mit nur einer Konstanten.

❺ Erläuterungen vgl. Tabelle ❼ bei BEISPIEL 1. Der Log-Likelihood Wert für das Modell beträgt $-2*LL_v = 201.285$ und Nagelkerkes $R^2 = 0.228$. Die Fußnote zeigt an, dass die Schätzung erfolgreich war.

❻ und ❼. In Tabelle ❻ wird als weiteres globales Fitmaß der zusätzlich angeforderte, auf Hosmer und Lemeshow zurückgehende **Chi-Quadrat** Test ausgegeben. Der χ^2-Test wird anhand einer Kontingenztabelle berechnet, in der die Zeilen die anhand der vorhergesagten Wahrscheinlichkeiten der Größe nach in 10 Gruppen unterteilten Personen bilden (in manchen Büchern als »deciles of risk« bezeichnet; in der ersten Zeile befinden sich also die N/10 = 189/10 ≈19 Personen mit den 19 kleinsten $\hat{Y}$-Werten) und die beiden Spalten die empirischen (= **Beobachte**ten) und vorhergesagten (= **Erwarteten**) Werte.

Tabelle ❼ zeigt die beobachteten und erwarteten Häufigkeiten für die beiden Kriteriumsgruppen (Spalten) getrennt für die 10 Gruppen (Dezile), die der Berechnung der χ^2-Statistik zugrunde liegen: Beispielsweise ist die beobachtete Häufigkeit der Frühgeburten in der Gruppe der 19 Geburten, die aufgrund des Modells die geringste Wahrscheinlichkeit einer Frühgeburt haben, = {0}; die aufgrund des Modells erwartete Häufigkeit beträgt {1,1} und weicht davon nur gering ab.

Der in Tabelle ❻ ausgegebene Wert von $\chi^2(df = 8) = 5,66$ wird mit einem P-Wert von 0,685 statistisch nicht signifikant. Erwartete und vorhergesagte weichen also gering voneinander ab, was für das Modell spricht. (Sinnvoll wird hier ein Signifikanzniveau größer 0.05 gewählt, da die Modellgültigkeit in der Nullhypothese behauptet wird, also z. B. $\alpha = 0,10$ oder $0,20$.)

❽ Erläuterungen vgl. Tabelle ❾ bei BEISPIEL 1. Man erkennt hier, dass mit 90% zwar ein hoher Prozentsatz nicht frühgeborenen Kinder durch die Prädiktoren richtig identifiziert werden kann, die Trefferquote bei den Frühgeburten mit 39% aber deutlich geringer ist.

❾ Erläuterungen vgl. Tabelle ❾ bei BEISPIEL 1. Statistisch signifikante Regressionsgewichte ergeben sich für die Prädiktoren GEWICHT der Mutter (größeres Risiko einer Frühgeburt bei geringerem Gewicht, angezeigt durch negatives Vorzeichen des **Regressionskoeffizienten** $b_1 = -0,034$) sowie RAUCHen und BLUT-HOCHdruck (jeweils größeres Risiko). Auch die Konfidenzintervalle um die Odds Ratios **Exp(B)** dieser Variablen schließen jeweils die {1} nicht ein.

Zudem weist auch das kategoriale Merkmal HAUTFARBE einen statistisch signifikanten Einfluss auf, und zwar sowohl global als auch für beide Dummy-Variablen separat. Der signifikante Einfluss der Dummy-Variable HAUTFARBE(1) bedeutet, dass gegenüber der Referenzgruppe der weißen Mütter (vgl. Tabelle ❸) schwarze Mütter ein erhöhtes Risiko von Frühgeburten aufweisen. Am Odds Ratio in der Zeile HAUTFARBE(1) erkennt man, dass die Wahrscheinlichkeit für diese Mütter 3,6 mal so groß ist (mit einem allerdings sehr breiten Konfidenzintervall von 1,3 bis 10,0).

Zu beachten ist, dass die Aussage für dieses untersuchte Modell (d.h. bei der Betrachtung dieses Satzes von untereinander abhängigen Prädiktoren) gilt und den Einfluss der Variable HAUTFARBE (schwarz vs. weiß) betrachtet, der hinsichtlich des Einfluss anderer Variablen in dem Modell adjustiert ist. Die zweite Dummy-Variable HAUTFARBE(2) zeigt ein ähnliches Muster: Das Risiko für Frauen mit einer anderen Hautfarbe (also nicht weiß und nicht schwarz) ist 2,4 Mal größer, ein frühgeborenes Kind zu bekommen, als bei weißen Müttern.

Beispiel 3

Der in BEISPIEL 1 untersuchte Datensatz wird erneut verwendet (Datei LR_GE-BURT.SAV). Diesmal soll eine schrittweise logistische Regression durchgeführt werden. Dabei sollen die Variablen in zwei Blöcken aufgenommen werden. Der erste Block soll alle soziodemographischen Variablen der Mutter (ALTER, HAUTFARBE) und der zweite Block die übrigen Risikofaktoren (GEWICHT, RAUCH, FRÜHGEB, BLUTDRUCK, GEBÄR, ARZT) enthalten. Nur innerhalb des zweiten Blocks sollen anhand statistischer Kriterien die optimalen Prädiktoren selegiert werden.

Dazu werden wieder die Variable FRÜH als *Abhängige Variable* und die Variablen des ersten Blocks (ALTER und HAUTFARBE) unter *Kovariaten* spezifiziert. Wie in BEISPIEL 2 wird das nominale Merkmal HAUTFARBE als *Kategoriale Kovariate* in der Dialogbox **Kategorial** definiert (mit den Einstellungen Kontrast = »Indikator«, Referenzkategorie = »Erste«). Nach Anklicken von [Weiter] in der Eingangsdialogbox werden dann die übrigen Variablen bei *Kovariaten* als zweiter Block eingegeben. Um die statistische Selektion zu aktivieren, wird die Methode für diesen Block auf »Vowärts:LR« geändert. (Die Voreinstellungen für die »Signifikanzniveaus« wird mit *Aufnahme* = »0,05« und *Ausschluß* = »0,10« im Dialogfeld **Optionen** unter *Wahrscheinlichkeit für schrittweise Methode* beibehalten.)

Zusammenfassung der Fallverarbeitung
Codierung abhängiger Variablen
Codierungen kategorialer Variablen

Tabellen weggelassen,
da identisch mit BEISPIEL *2*

Ausgaben zum Anfangsblock = Null-Modell

Tabellen weggelassen

Block 1: Methode = Einschluß

Omnibus-Tests der Modellkoeffizienten

		Chi-Quadrat	df	Sig.	
Schritt 1	Schritt	6,544	3	,088	❶
	Block	6,544	3	,088	
	Modell	6,544	3	,088	

Modellzusammenfassung

Schritt	-2 Log-Likelihood	Cox & Snell R-Quadrat	Nagelkerkes R-Quadrat	
1	228,128[a]	,034	,048	❷

a. Schätzung beendet bei Iteration Nummer 4, weil die Parameterschätzer sich um weniger als ,001 änderten.

Klassifizierungstabelle[a]

			Vorhergesagt			❸
			früh			
	Beobachtet		0 >=2500gr	1 <2500gr	Prozentsatz der Richtigen	
Schritt 1	früh	0 >=2500gr	130	0	100,0	
		1 <2500gr	59	0	,0	
	Gesamtprozentsatz				68,8	

a. Der Trennwert lautet ,500

Variablen in der Gleichung

		RegressionskoeffizientB	Standardfehler	Wald	df	Sig.	Exp(B)	❹
Schritt 1[a]	alter	-,040	,032	1,489	1	,222	,961	
	hautfarbe			3,737	2	,154		
	hautfarbe(1)	,745	,471	2,499	1	,114	2,107	
	hautfarbe(2)	,570	,352	2,614	1	,106	1,768	
	Konstante	-,208	,802	,067	1	,795	,812	

a. In Schritt 1 eingegebene Variablen: alter, hautfarbe.

Block 2: Methode = Vorwärts Schrittweise (Likelihood-Quotient)

Omnibus-Tests der Modellkoeffizienten

		Chi-Quadrat	df	Sig.
Schritt 1	Schritt	9,265	1	,002
	Block	9,265	1	,002
	Modell	15,810	4	,003
Schritt 2	Schritt	5,131	1	,023
	Block	14,397	2	,001
	Modell	20,941	5	,001
Schritt 3	Schritt	3,922	1	,048
	Block	18,319	3	,000
	Modell	24,863	6	,000
Schritt 4	Schritt	5,702	1	,017
	Block	24,021	4	,000
	Modell	30,566	7	,000

Modellzusammenfassung

Schritt	-2 Log-Likelihood	Cox & Snell R-Quadrat	Nagelkerkes R-Quadrat	
1	218,862[a]	,080	,113	
2	213,731[a]	,105	,147	
3	209,809[a]	,123	,173	
4	204,106[b]	,149	,210	

a. Schätzung beendet bei Iteration Nummer 4, weil die Parameterschätzer sich um weniger als ,001 änderten.
b. Schätzung beendet bei Iteration Nummer 5, weil die Parameterschätzer sich um weniger als ,001 änderten.

Klassifizierungstabelle[a]

			Vorhergesagt		
			früh		
	Beobachtet		0 >=2500gr	1 <2500gr	Prozentsatz der Richtigen
Schritt 1	früh	0 >=2500gr	120	10	92,3
		1 <2500gr	49	10	16,9
	Gesamtprozentsatz				68,8
Schritt 2	früh	0 >=2500gr	120	10	92,3
		1 <2500gr	47	12	20,3
	Gesamtprozentsatz				69,8
Schritt 3	früh	0 >=2500gr	117	13	90,0
		1 <2500gr	43	16	27,1
	Gesamtprozentsatz				70,4
Schritt 4	früh	0 >=2500gr	119	11	91,5
		1 <2500gr	40	19	32,2
	Gesamtprozentsatz				73,0

a. Der Trennwert lautet ,500

Variablen in der Gleichung

		Regressions-koeffizientB	Standard-fehler	Wald	df	Sig.	Exp(B)	
Schritt 1[a]	alter	-,035	,033	1,091	1	,296	,966
	hautfarbe			7,899	2	,019	
	hautfarbe(1)	1,011	,493	4,202	1	,040	2,749
	hautfarbe(2)	1,057	,406	6,776	1	,009	2,877
	rauch	1,101	,372	8,755	1	,003	3,006
	Konstante	-1,008	,862	1,367	1	,242	,365
Schritt 2[b]	alter	-,045	,035	1,659	1	,198	,956
	hautfarbe			7,282	2	,026	
	hautfarbe(1)	1,031	,497	4,312	1	,038	2,805
	hautfarbe(2)	1,011	,414	5,960	1	,015	2,747
	rauch	,964	,382	6,372	1	,012	2,623
	frühgeb	,729	,328	4,926	1	,026	2,073
	Konstante	-,877	,878	,998	1	,318	,416
Schritt 3[c]	alter	-,047	,035	1,763	1	,184	,954
	hautfarbe			6,955	2	,031	
	hautfarbe(1)	,974	,501	3,773	1	,052	2,648
	hautfarbe(2)	1,022	,419	5,945	1	,015	2,779
	rauch	,973	,386	6,341	1	,012	2,646
	frühgeb	,750	,330	5,173	1	,023	2,117
	bluthoch	1,228	,625	3,864	1	,049	3,414
	Konstante	-,924	,892	1,073	1	,300	,397
Schritt 4[d]	alter	-,032	,036	,778	1	,378	,969
	hautfarbe			6,877	2	,032	
	hautfarbe(1)	1,220	,526	5,383	1	,020	3,387
	hautfarbe(2)	,874	,434	4,061	1	,044	2,396
	gewicht	-,034	,015	5,053	1	,025	,966
	rauch	,933	,397	5,507	1	,019	2,541
	frühgeb	,646	,340	3,622	1	,057	1,908
	bluthoch	1,723	,690	6,230	1	,013	5,599
	Konstante	,741	1,178	,396	1	,529	2,098

a. In Schritt 1 eingegebene Variablen: rauch.
b. In Schritt 2 eingegebene Variablen: frühgeb.
c. In Schritt 3 eingegebene Variablen: bluthoch.
d. In Schritt 4 eingegebene Variablen: gewicht.

Modellieren, wenn Term entfernt

Variable		Log-Likelihood des Modells	Änderung der -2 Log-Likelihood	df	Signifikanz der Änderung	
Schritt 1	rauch	-114,064	9,265	1	,002
Schritt 2	rauch	-110,172	6,614	1	,010
	frühgeb	-109,431	5,131	1	,023
Schritt 3	rauch	-108,196	6,582	1	,010
	frühgeb	-107,594	5,380	1	,020
	bluthoch	-106,865	3,922	1	,048
Schritt 4	gewicht	-104,904	5,702	1	,017
	rauch	-104,907	5,707	1	,017
	frühgeb	-103,939	3,771	1	,052
	bluthoch	-105,339	6,571	1	,010

Variablen nicht in der Gleichung

			Wert	df	Sig.	
Schritt 1	Variablen	gewicht	4,045	1	,044	⑩
		frühgeb	5,418	1	,020	
		bluthoch	3,941	1	,047	
		gebär	3,973	1	,046	
		arzt	,115	1	,734	
	Gesamtstatistik		17,681	5	,003	
Schritt 2	Variablen	gewicht	2,890	1	,089	
		bluthoch	4,224	1	,040	
		gebär	2,287	1	,130	
		arzt	,046	1	,830	
	Gesamtstatistik		12,529	4	,014	
Schritt 3	Variablen	gewicht	5,336	1	,021	
		gebär	3,140	1	,076	
		arzt	,002	1	,961	
	Gesamtstatistik		8,400	3	,038	
Schritt 4	Variablen	gebär	2,787	1	,095	
		arzt	,080	1	,777	
	Gesamtstatistik		2,939	2	,230	

Erläuterungen zur Ausgabe

❶ bis ❹ Erläuterungen vgl. Tabellen ❻ bis ❾ bei BEISPIEL 1. Die logistische Regression mit den beiden Prädiktoren ALTER und HAUTFARBE im ersten Block ermöglicht keine präzise Vorhersage des Risikos einer Frühgeburt: Der Fit dieses Modells ist nicht besser als der eines Modells mit nur einer additiven Konstanten, $\chi^2(\text{df} = 3) = 6.54$, *ns* (Tabelle ❶), Nagelkerkes $R^2 = 0.05$ ist klein (Tabelle ❷). Die Klassifizierungstabelle ❸ zeigt, dass keine einzige Frühgeburt richtig identifiziert wurde und Tabelle ❹ kann man entnehmen, dass alle Prädiktoren statistisch insignifikante Regressionsgewichte aufweisen (auch die Variable HAUTFARBE, vgl. die abweichende Rolle dieses Prädiktors im Konzert aller Variablen des logistischen Regressionsmodells in BEISPIEL 2).

❹ Erläuterungen vgl. Tabelle ❻ bei BEISPIEL 1. Die nun im Verzeichnis **Block 2: Methode = Vorwärts Schrittweise (Likelihood-Quotient)** folgenden Tabellen sind das Ergebnis der statistischen schrittweisen Selektion im zweiten Variablenblock. Man erkennt zunächst, dass vier der insgesamt sechs Variablen in sukzessiven Schritten aufgenommen wurden.

Im ersten Schritt erhöht sich durch die erste aufgenommene Variable (das es sich dabei um die Variable RAUCH handelt, sieht man erst in Tabelle ❽) die Diskrepanz zwischen dem Null-Modell und dem Vorhersagemodell um einen statistisch signifikanten Loglikelihood-Wert von 9,265 (Zeile **Schritt**, identisch mit Zeile **Block**). Insgesamt ergibt sich für das Modell, das ja neben dieser Variable auch noch die Variablen des ersten Blocks enthält, eine statistisch signifikante Loglikelihood von 9,265 + 6,544 = 15,810 (Zeile **Modell**; vgl. Tabelle ❶; die Loglikelihood-Werte verhalten sich also additiv).

Darunter folgt nun in den drei Zeilen unter **Schritt 2** die analogen Informationen für die Aufnahme des zweiten Prädiktors in Block 2 (FRÜHGEB, vgl. Tabelle ❸). Die Zunahme der Loglikelihood beträgt durch diese Variable 5.131 (Zeile »Schritt«), insgesamt also durch die beiden bisher im zweiten Block aufgenommenen Variablen 14.397 = 5.131 + 9.265 (Zeile **Block**) und für das Gesamtmodell resultiert insgesamt bis hierhin – d.h. inklusive der beiden Variablen ALTER und HAUTFARBE im ersten Block und den beiden Variablen RAUCH und FRÜHGEB – eine statistisch signifikante Diskrepanz zum Null-Modell von 20,941 = 14,397 + 6,544 (Zeile **Modell**).

In den Schritten 3 und 4 werden analog zwei weitere Variablen aufgenommen, dann bricht der statistische Algorithmus ab. Das finale selegierte Modell beinhaltet also die Variablen des ersten Blocks plus vier der sechs im zweiten Block.

Der Tabelle kann man implizit entnehmen, dass die nach jeder Aufnahme erfolgte Prüfung auf Ausschluss der Prädiktoren niemals einen wieder auszuschließenden Prädiktor erbracht hat. Wäre dies der Fall, so würde man das in einem Schritt daran erkennen, das der **Chi-Quadrat**-Wert negativ würde (und natürlich auch in den noch folgenden Tabellen an den Auflistungen der Variablen).

❺ Erläuterungen vgl. Tabelle ❼ bei BEISPIEL 1. Die Tabelle enthält jeweils für die einzelnen Schritte den absoluten Loglikelihood-Wert des Modells, und die beiden R^2-Werte. Das finale Modell weist also ein $R^2 = 0{,}21$ nach Nagelkerke auf.

❻ Erläuterungen vgl. Tabelle ❽ bei BEISPIEL 1. Hier wird die nach jedem Schritt resultierende Klassifikationstabelle ausgegeben. Durch das finale Modell werden insgesamt 73,0% der Fälle richtig zugeordnet.

❼ Erläuterungen vgl. Tabelle ❾ bei BEISPIEL 1. Die Tabelle enthält untereinander für die vier Schritte die in den jeweiligen Modellen resultierenden Regressionskoeffizienten und Odds-Ratios. Die Signifikanztests der Regressionskoeffizienten sind hier nicht vertrauenswürdig, da ja im zweiten Block anhand der Daten die optimalen Prädiktoren selegiert wurden.

❽ In dieser Tabelle wird in jedem Schritt angegeben, wie sich die Loglikelihood verändern würde, wenn einer der im zweiten Block selegierten Prädiktoren wieder aus dem Modell eliminiert werden würde. Nach Schritt 1 könnte dies nur der Prädiktor RAUCH sein, der zu einer statistisch signifikanten Verringerung des Loglikelihood-Wertes um 9,265 (**Änderung der -2 Log-Likelihood**) führen würde, was ohne diesen Prädiktor dann zu einem Wert von $-2*LL_v = 228{,}128$ führt. SPSS gibt in der Spalte **Log-Likelihood des Modells** stattdessen den LL_v-Wert aus: $-2*(-114{,}064) = 228{,}128$. (Diesen Wert konnten wir schon Tabelle ❷ entnehmen, denn wenn aus dem zweiten Block der erste ausgewählte Prädiktor wieder eliminiert würde, resultiert wieder das Modell nach dem ersten Block.)

Entsprechend ergäbe etwa die Elimination des Prädiktors FRÜHGEB aus dem Modell nach dem zweiten Schritt eine ebenfalls statistisch signifikante Verschlechterung des Modellfits um 5,131 usw.

Erreicht einer der Prädiktoren hier einen P-Wert in der Spalte **Signifikanz der Änderung**, der kleiner als das Ausschlusskriterium ist (hier mit der unveränderten Voreinstellung, also 0,10), dann würde er wieder eliminiert. Wie wir schon gesehen haben, ist dies niemals der Fall.

❾ In der letzten Tabelle werden schließlich für jeden Schritt alle Kovariaten aufgelistet, die bisher nicht aufgenommen wurden. In Schritt 1 sind dies alle im zweiten Block angegebenen Prädiktoren bis auf die selegierte Variable RAUCH. Für diese Prädiktoren werden jeweils die Score-Statistiken (Spalte **Wert**) angegeben, die resultieren würden, wenn man den Prädiktor zusätzlich aufnehmen würde und die zur Entscheidung über den Einschluss herangezogen werden. Der für jeden Schritt abschließend in der Zeile **Gesamtstatistik** angegebene χ^2-Wert prüft die Nullhypothese, dass alle noch nicht in das Modell aufgenommenen Prädiktoren ein Regressionsgewicht von Null aufweisen. Diese sollte also signifikant werden, damit eine weitere Suche nach Prädiktoren sinnvoll ist. (Dies wird aber als Prüfkriterium von SPSS nicht herangezogen).

Beispiel 4

Die Datei LR_ESIDAT.SAV enthält Daten über das Vorliegen einer Essstörung bei 1276 Frauen sowie deren Alter, Bildung und die Skalenwerte des *Ess-Störungs-inventars ESI* (Diehl & Staufenbiel, 1994). Es soll untersucht werden, wie gut die essgestörten Frauen (Variable ESSTYP = 1) von einer Vergleichsgruppe nicht essgestörter Frauen (ESSTYP = 0) anhand der neun Skalen ESI1 bis ESI9 sowie der Variablen ALTER und BILDUNG (Abstufungen: 0 = *Schülerinnen*, 1 = *Hauptschule*, 2 = *Mittlere Reife/Realschule*, 3 = *Abitur*) getrennt werden können. Zusätzlich soll eine Kreuzvalidierung vorgenommen werden, bei der an einer Zufallsauswahl der Hälfte der Stichprobe die logistische Regression bestimmt wird und die Regressionsgleichung dann an der anderen Hälfte (Kreuzvalidierungsstichprobe) überprüft wird.

Dazu muss zunächst eine Variable erzeugt werden, die zufällig festlegt, welche Person in die ursprüngliche und die Kreuzvalidierungsstichprobe gelangt. Dies kann geschehen über **Daten / Fälle auswählen** durch die Anwahl der Option *Zufallsstichprobe* (vgl. S. 74). Nach Betätigen der Schaltfläche [Stichprobe] erscheint dann ein Dialogfeld, in dem die *Größe der Stichprobe* auf *Ungefähr 50% aller Fälle* festgelegt wird.

Nach dem Verlassen der Dialogbox legt SPSS eine Variable mit dem Namen FIL-TER_$ an, die für die 50% zufällig ausgewählten Fälle eine {1} und für die übrigen eine {0} enthält. Diese Variable wird im Folgenden weiter verwendet. Zunächst muss aber das Dialogfeld **Fälle auswählen** nochmals geöffnet und die *Auswahl* wieder auf *Alle Fälle* zurückgestellt werden.

Um die logistische Regression anzufordern, werden die Variable ESSTYP als *Abhängige Variable* und die Variablen ALTER, BILDUNG und ESI1 bis ESI9 unter *Kovariaten* spezifiziert. Die Variable BILDUNG wird im Dialog **Kategorial** unter *Kategoriale Kovariaten* eingetragen, die *Referenzkategorie* unter Beibehaltung der Voreinstellung *Kontrast* = »Indikator« auf »Erste« gesetzt und dies durch Klicken auf den Button [Ändern] bestätigt. Um die Kreuzvalidierung anzufordern, wird im Eingangsdialog als *Auswahlvariable* die neue Variable FILTER_$ angegeben und dafür nach Klicken auf [Bedingung] der Wert gleich {0} eingetragen (gleich {1} wäre ebenso möglich). Folgende Ergebnisausgabe resultiert:

Zusammenfassung der Fallverarbeitung

Ungewichtete Fälle[a]		N	Prozent	❶
Ausgewählte Fälle	Einbezogen in Analyse	617	48,4	
	Fehlende Fälle	4	,3	
	Gesamt	621	48,7	
Nicht ausgewählte Fälle		655	51,3	
Gesamt		1276	100,0	

a. Wenn die Gewichtung wirksam ist, finden Sie die Gesamtzahl der Fälle in der Klassifizierungstabelle.

Codierung abhängiger Variablen

Ursprünglicher Wert	Interner Wert	❷
0 nicht essgestört	0	
1 essgestört	1	

Codierungen kategorialer Variablen

		Häufigkeit	Parametercodierung			❸
			(1)	(2)	(3)	
bildung	0 Schülerinnen	68	,000	,000	,000	
	1 Hauptschule	76	1,000	,000	,000	
	2 Mittlere Reife	197	,000	1,000	,000	
	3 Abitur	276	,000	,000	1,000	

Anfangsblock

Klassifizierungstabelle[d,e]

Beobachtet	Vorhergesagt					
	Ausgewählte Fälle[a]			Nicht ausgewählte Fälle[b,c]		
	Essstörung?		Prozent-satz der Richtigen	Essstörung?		Prozent-satz der Richtigen
Essstörung?	0 nicht essgestört	1 ess-gestört		0 nicht essgestört	1 ess-gestört	
Schritt 0 0 nicht essgestört	413	0	100,0	424	0	100,0
1 essgestört	204	0	,0	222	0	,0
Gesamtprozentsatz			66,9			65,6

a. Ausgewählte Fälle filter_$ EQ 0
b. Nicht ausgewählte Fälle filter_$ NE 0
c. Einige der nicht ausgewählten Fälle werden nicht klassifiziert, weil es entweder fehlenden Werte bei den unabhängigen Variablen oder kategoriale Variablen mit Werten außerhalb des Bereichs der gewählten Fälle gibt.
d. Konstante in das Modell einbezogen.
e. Der Trennwert lautet ,500

| Weitere Ausgaben im Anfangsblock | *Tabellen weggelassen*

Block 1: Methode = Einschluß

Omnibus-Tests der Modellkoeffizienten

		Chi-Quadrat	df	Sig.
Schritt 1	Schritt	406,823	13	,000
	Block	406,823	13	,000
	Modell	406,823	13	,000

Modellzusammenfassung

Schritt	-2 Log-Likelihood	Cox & Snell R-Quadrat	Nagelkerkes R-Quadrat
1	376,305[a]	,483	,672

a. Schätzung beendet bei Iteration Nummer 6, weil die Parameterschätzer sich um weniger als ,001 änderten.

Klassifizierungstabelle[d,e]

Beobachtet	Vorhergesagt					
	Ausgewählte Fälle[a]			Nicht ausgewählte Fälle[b,c]		
	Essstörung?		Prozent-satz der Richtigen	Essstörung?		Prozent-satz der Richtigen
Essstörung?	0 nicht essgestört	1 ess-gestört		0 nicht essgestört	1 ess-gestört	
Schritt 0 0 nicht essgestört	381	32	92,3	396	26	93,4
1 essgestört	41	163	79,9	42	180	81,1
Gesamtprozentsatz			88,2			89,2

a. Ausgewählte Fälle filter_$ EQ 0
b. Nicht ausgewählte Fälle filter_$ NE 0
c. Einige der nicht ausgewählten Fälle werden nicht klassifiziert, weil es entweder fehlenden Werte bei den unabhängigen Variablen oder kategoriale Variablen mit Werten außerhalb des Bereichs der gewählten Fälle gibt.
d. Der Trennwert lautet ,500

Variablen in der Gleichung　　　❽

		Regres-sions-koeffizientB	Stan-dard-fehler	Wald	df	Sig.	Exp(B)	95,0% Konfidenz-intervall für EXP(B)	
								Unterer Wert	Oberer Wert
Schritt 1ᵃ	alter	,050	,014	12,642	1	,000	1,051	1,022	1,080
	bildung			17,187	3	,001			
	bildung(1)	-1,990	,613	10,531	1	,001	,137	,041	,455
	bildung(2)	-1,745	,523	11,122	1	,001	,175	,063	,487
	bildung(3)	-1,988	,483	16,963	1	,000	,137	,053	,353
	esi1	-,014	,022	,383	1	,536	,987	,945	1,030
	esi2	,036	,020	3,394	1	,065	1,037	,998	1,078
	esi3	,103	,020	25,642	1	,000	1,109	1,065	1,154
	esi4	,065	,025	6,964	1	,008	1,067	1,017	1,120
	esi5	,064	,019	11,197	1	,001	1,066	1,027	1,107
	esi6	,080	,027	8,692	1	,003	1,084	1,027	1,143
	esi7	,012	,025	,244	1	,621	1,012	,964	1,063
	esi8	,004	,025	,032	1	,857	1,004	,957	1,054
	esi9	,045	,024	3,452	1	,063	1,046	,998	1,096
	Konstante	-4,902	,776	39,908	1	,000	,007		

a. In Schritt 1 eingegebene Variablen: alter, bildung, esi1, esi2, esi3, esi4, esi5, esi6, esi7, esi8, esi9.

Erläuterungen zur Ausgabe

❶ Erläuterungen vgl. Tabelle ❶ bei BEISPIEL 1. Man sieht, dass 617 der 1276 Fälle in die logistische Regression eingehen (zusätzlich gibt es 4 Fälle mit einem fehlenden Wert in einer der Variablen; insgesamt weisen also durch die Zufalls-prozedur 621 Personen den Wert {0} in der Variable FILTER_$ auf, also nur *ungefähr* 50%).

❷ Erläuterungen vgl. Tabelle ❷ bei BEISPIEL 1.

❸ Erläuterungen vgl. Tabelle ❸ bei BEISPIEL 2. Hier wird die Dummy-Codierung für die Variable BILDUNG ausgegeben: Erzeugt werden die drei Dummy-Variablen BILDUNG (1), BILDUNG(2) und BILDUNG(3). Die Gruppe der 68 Schülerinnen bildet die Referenzkategorie.

❹ Erläuterungen vgl. Tabelle ❸ bei BEISPIEL 1. Der **Klassifizierungstabelle** kann man entnehmen, dass in der Teilstichprobe, mit der die logistische Regression durchgeführt wird (in der Tabelle unterhalb **Ausgewählte Fälle**) 204 essgestörte Frauen und 413 nicht essgestörte Frauen sind. In der Kreuzvalidierungs-stichprobe (Nicht ausgewählte Fälle) ist dieses Verhältnis 222 zu 424.

❺ und ❻ Erläuterungen vgl. Tabellen ❻ und ❼ bei BEISPIEL 1. Das untersuchte Modell sagt besser vorher, ob eine Frau essgestört ist oder nicht, als ein Modell ohne Prädiktoren, χ^2(df = 13) = 406,823, P < 0,05. Numerische Probleme bei der Schätzung gab es nicht (Tabelle ❻). Nagelkerks R^2 beträgt 0.67 (Tabelle ❺).

❼ Erläuterungen vgl. Tabelle ❽ bei BEISPIEL 1. Hier sieht man im linken Teil (**Ausgewählte Fälle**) die Kreuztabelle wie bekannt: 88,2% der Fälle werden anhand der logistischen Regression, bestimmt an der Teilstichprobe von 617 Frauen, korrekt zugeordnet. Wendet man die an dieser Teilstichprobe (in Tabelle ❽ dargestellte) Regressionsgleichung auf die zweite, zurückgehaltene Stichprobe an, so ergibt sich ein Klassifizierungsergebnis, dass mit 89,2% in derselben Größenordnung liegt. Auch die Selektivität und Spezifität sind vergleichbar. Dies spricht für die Stabilität der Ergebnisse.

❽ Erläuterungen vgl. Tabelle ❾ bei BEISPIEL 1. Es ergaben sich statistisch signifikante Einflüsse der ESI-Skalen 3 bis 6 und des Alters (alle mit positiven Regressionskoeffizienten, d.h. eine stärkere Ausprägung in den Variablen erhöht das Risiko, essgestört zu sein). Auch die Variable BILDUNG global sowie alle daraus abgeleiteten Indikatorvariablen sind statistisch signifikant. Es zeigt sich, dass das Risiko einer Essstörung bei Frauen geringer ist, die einen der Schulabschlüsse aufweisen.

Ähnlichkeits- und Distanzmaße

Die Prozedur PROXIMITIES ermöglicht die Berechnung einer Vielzahl von paarweisen Ähnlichkeits- und Unähnlichkeitsindizes für Daten mit unterschiedlichem Skalenniveau. Vor der Berechnung der Indizes können verschiedene Standardisierungen der Daten durchgeführt werden. Nach der Berechnung können auch die Indizes noch bestimmten Transformationen unterworfen werden. Neben der Verwendung der Prozedur zur direkten Ausgabe der (Un)Ähnlichkeitsindizes greifen auch multivariate SPSS-Prozeduren wie die Multidimensionale Skalierung oder die Clusteranalyse intern auf PROXIMITIES zurück (vgl. Kap. 70 bis 72).

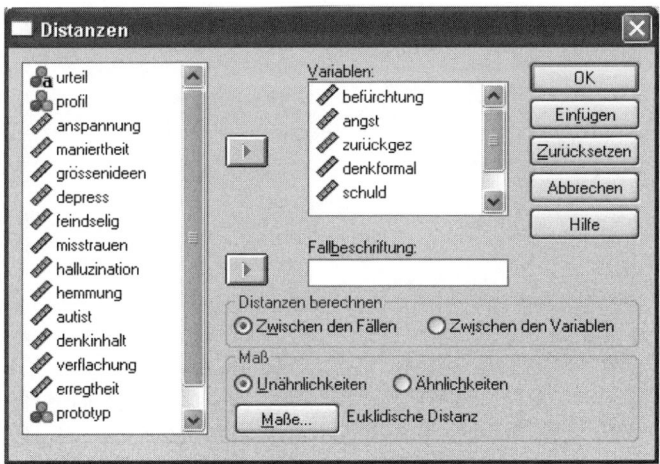

In der Eingangs-Dialogbox **Distanzen**[†] wird unter *Distanzen berechnen* zunächst angegeben, ob die (Un)Ähnlichkeitsindices *Zwischen den Fällen* (also den Zeilen der Datendatei; dies ist die Voreinstellung) oder *Zwischen den Variablen* (den Spalten der Datendatei; wie etwa unter **Korrelation / Bivariat** üblich) berechnet

---

[†] SPSS verwendet den Begriff »Distanz« nicht immer technisch korrekt. So werden auch Indizes, die nicht die formalen Eigenschaften einer Distanz aufweisen, als solche bezeichnet. Um keine Verwirrung zu stiften, wird im Folgenden der Sprachgebrauch von SPSS übernommen.

werden sollen. Bei der Berechnung zwischen Fällen müssen dann mindestens eine, andernfalls mindestens zwei *Variablen* ausgewählt werden. Die (Un)Ähnlichkeiten zwischen den Fällen basieren nur auf den ausgewählten Variablen. Sollen die paarweisen (Un)Ähnlichkeiten nicht zwischen allen Fällen bestimmt werden, oder sollen die (Un)Ähnlichkeiten zwischen Variablen nur auf einer Teilmenge der Fälle basieren, so müssen diese Fälle vorher über **Daten / Fälle auswählen** selegiert werden.

Werden die (Un)Ähnlichkeiten zwischen Fällen bestimmt, so bewirkt die Eingabe einer String-Variablen unter *Fallbeschriftung*, dass die Fälle in der ausgegebenen (Un)Ähnlichkeitsmatrix mit den Werten dieser Variablen gekennzeichnet werden (statt mit der fortlaufenden Fallnummer).

Der zu berechnende Index wird nach Anklicken der Schaltfläche [Maße] ausgewählt, nachdem man vorher die Auswahl zwischen *Ähnlichkeiten* oder *Unähnlichkeiten* getroffen hat.

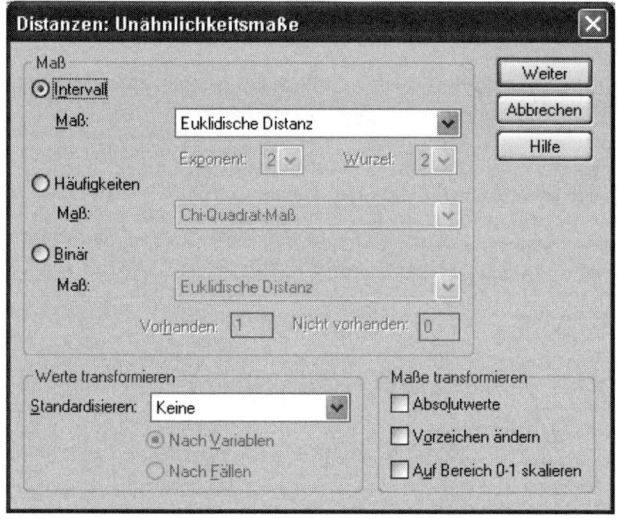

Die nachfolgende tabellarische Übersicht zeigt, welche Maße – gegliedert nach *Ähnlichkeiten* bzw. *Unähnlichkeiten* (festzulegen im Eingangs-Dialogfeld **Distanzen**) und den drei Datentypen *Intervallskalierte Daten*, *Häufigkeiten* oder *Binär* (wählbar im Dialogfeld **Ähnlichkeitsmaße** bzw. **Unähnlichkeitsmaße**) – in den Dropdown-Listen zur Verfügung stehen. Nähere Erläuterungen zur Begründung, zu den Wertebereichen und den Zusammenhängen der Indizes finden sich bei Norušis (1994b, Kap. 5) sowie bei Anderberg (1973, Kap. 4+5).

	Unähnlichkeiten	**Ähnlichkeiten**
Intervall-skalierte Daten	• (Quadrierte) euklidische Distanz • Tschebyscheff Distanz • City-Block Distanz • allg. Minkowski-Distanz • Benutzerdefinierte Distanz	• Pearson Produkt-Moment Korrelation • Kosinus = Kongruenz-koeffizient
Häufig-keiten	• Chi-Quadrat Maß • Phi-Quadrat Maß	
Binär	• (Quadrierte) euklidische Distanz • Größendifferenz • Musterdifferenz • Varianz • Form • Lance & Williams non-metric measure	• Russel & Rao Koeffizient • Einfache Übereinstimmung = Simple matching Koeffizient von Sokal & Michener (SMC) • S-Koeffizient von Jaccard = similarity ratio • Würfel = Dice = Czekanowski = Sorenson Koeffizient • Rogers & Tanimoto • Koeffizient • Sokal & Sneath Koeff. 1–5 • Kulczynski Koeff. 1+2 • Hamann Koeffizient = G-Index von Holley & Guilford • Goodman & Kruskal's λ • Anderbergs D • Yules Y + Q • Index von Ochiai • 4-Felder Phi • Streuung

Intervallskalierte Daten: Unähnlichkeiten

Als Unähnlichkeitsindizes stehen die Minkowski-Potenzmetriken und deren Spezialfälle der euklidischen ($p = 2$), Tschebyscheff ($p = \infty$, auch als Dominanz- oder Supremumsmetrik bezeichnet) und City-Block Distanzen ($p = 1$) zur Verfügung. Bei der Minkowski-Distanz ist der *Exponent* p anzugeben, bei deren benutzerdefinierten Verallgemeinerung zusätzlich die *Wurzel* r. Für die Parameter p und r können ganzzahlige Werte zwischen 1 und 4 gewählt werden. Die Unähnlichkeiten zwischen zwei Fällen bzw. Variablen X und Y sind wie folgt definiert:

Euklidische Distanz (Voreinstellung)	$$\text{EUCLID}_{xy} = \sqrt{\sum_i (x_i - y_i)^2}$$
Quadrierte Euklidische Distanz	$$\text{SEUCLID}_{xy} = \sum_i (x_i - y_i)^2$$
Tschebyscheff	$$\text{CHEBYCHEV}_{xy} = \max_i \lvert x_i - y_i \rvert$$
Block	$$\text{BLOCK}_{xy} = \sum_i \lvert x_i - y_i \rvert$$
Minkowski	$$\text{MINKOWSKI(p)}_{xy} = \sqrt[p]{\sum_i (x_i - y_i)^p}$$
Benutzerdefiniert	$$\text{POWER(p, r)}_{xy} = \sqrt[r]{\sum_i (x_i - y_i)^p}$$

In dieser und den folgenden Auflistungen stehen links immer die unter *Maß* anzuwählende Bezeichnung (z. B. »Euklidische Distanz«). Rechts in den Formeln wird immer die in der Prozedur PROXIMITIES intern gebrauchte Bezeichnung der Indices (z. B. EUCLID) verwendet. Der Summationsindex i läuft bei Indizes, die zwischen Fällen berechnet werden über alle i = 1, ..., k angewählten gültigen Variablen und bei Indices, die zwischen Variablen berechnet werden über alle i = 1, ..., n gültigen Fälle/Personen.

Intervallskalierte Daten: Ähnlichkeiten

Als Ähnlichkeitsindizes für intervallskalierte Daten stehen die Pearson Produkt-Moment Korrelation (⇨ *Deskriptive Statistik, Formel* [62]) und der Kosinus (auch als Kongruenzkoeffizient bezeichnet) als Korrelation für verhältnisskalierte Daten zu Verfügung [Z( ) bezeichnet die Z-Transformation]:

Pearson-Korrelation	$$\text{CORRELATION}_{xy} = \frac{\sum_i Z(x_i) - Z(y_i)}{n - 1}$$
Kosinus	$$\text{COSINE}_{xy} = \frac{\sum_i (x_i \cdot y_i)}{\sqrt{\sum_i x_i^2 \cdot \sum_i y_i^2}}$$

Häufigkeiten: Unähnlichkeiten

Für Häufigkeiten steht ein als Chi-Quadrat-Maß bezeichneter Unähnlichkeitsindex zur Verfügung, der die Wurzel aus der CHI-Statistik darstellt ($\Rightarrow$ *Inferenzstatistik, Formel* [21.5]) sowie ein demgegenüber an der Stichprobengröße normierter, als Phi-Quadrat-Maß bezeichneter, Index:

Chi-Quadrat-Maß	$CHISQ_{xy} = \sqrt{\sum_i \dfrac{(x_i - E(x_i))^2}{E(x_i)} + \sum_i \dfrac{(y_i - E(y_i))^2}{E(y_i)}}$
Phi-Quadrat-Maß	$PH2_{xy} = \sqrt{\dfrac{\sum_i \dfrac{(x_i - E(x_i))^2}{E(x_i)} + \sum_i \dfrac{(y_i - E(y_i))^2}{E(y_i)}}{n}}$

E( ) bezeichnen die bei Unabhängigkeit von x und y resultierenden Häufigkeiten. Es gilt: $PH2_{xy} = CHISQ_{xy} / \sqrt{n}$.

Binäre Daten: Unähnlichkeiten

Binäre Variablen weisen nur zwei Werte auf, die angeben, ob ein Merkmal vorhanden ist oder nicht. Voreingestellt wird angenommen, dass der Wert {1} zur Kodierung von »vorhanden« und der Wert {0} für »nicht vorhanden« verwendet wird (alle anderen Werte werden ignoriert). Sollte dies nicht der Fall sein, können die beiden Werte in den Eingabefeldern *Vorhanden* bzw. *Nicht vorhanden* geändert werden. Es liegt also folgende Kontingenztafel vor:

Variable / Fall y	Variable / Fall x {1}	{0}	
vorhanden {1}	a	b	a + b
nicht vorhanden {0}	c	d	c + d
	a + c	b + d	a + b + c + d = n

Insgesamt stehen sieben Koeffizienten zur Wahl, u. a. auch wieder die (quadrierte) euklidische Distanz. Bezeichnen wir die Häufigkeiten wie in obiger Kontingenztafel, so resultieren folgende Definitionen:

Euklidische Distanz	$BEUCLID_{xy} = \sqrt{b+c}$
Quadrierte euklidische Distanz	$BSEUCLID_{xy} = b+c$
Größendifferenz	$SIZE_{xy} = \dfrac{(b-c)^2}{n^2}$
Musterdifferenz	$PATTERN_{xy} = \dfrac{b \cdot c}{n^2}$
Varianz	$VARIANCE_{xy} = \dfrac{b+c}{4n}$
Form	$BSHAPE_{xy} = \dfrac{n \cdot (b+c) - (b-c)^2}{n^2}$
Lance & Williams	$BLWMN_{xy} = \dfrac{b+c}{2a+b+c}$

Binäre Daten: Ähnlichkeiten

Die 20 Ähnlichkeitskoeffizienten für binäre Koeffizienten sind meist nach ihren Autoren benannt. Ausnahmen sind der Koeffizient *Einfache Übereinstimmung*, der den von Sokal und Michener vorgeschlagenen Simple-Matching-Coefficient (SMC) bezeichnet. *Lambda* bezeichnet Goodman & Kruskal's λ (⇨ *Inferenzstatistik, Formel* 21.14 ; auch die Definitionen für Yules Q und Y finden sich dort: *Formeln* 21.27 + 21.28).

Russell & Rao	$RR_{xy} = \dfrac{a}{n}$
Einfache Übereinstimmung	$SM_{xy} = \dfrac{a+d}{n}$
Jaccard	$JACCARD_{xy} = \dfrac{a}{a+b+c}$
Würfel	$DICE_{xy} = \dfrac{2a}{2a+b+c}$

Rogers & Tanimoto	$RT_{xy} = \dfrac{a+d}{a+d+2(b+c)}$
Sokal & Sneath 1	$SS1_{xy} = \dfrac{2(a+d)}{2(a+d)+b+c}$
Sokal & Sneath 2	$SS2_{xy} = \dfrac{a}{a+2(b+c)}$
Sokal & Sneath 3	$SS3_{xy} = \dfrac{a+d}{b+c}$
Kulczynski 1	$K1_{xy} = \dfrac{a}{b+c}$
Kulczynski 2	$K2_{xy} = \dfrac{1}{2}\left(\dfrac{a}{a+b}+\dfrac{a}{a+c}\right)$
Sokal & Sneath 4	$SS4_{xy} = \dfrac{1}{4}\left(\dfrac{a}{a+b}+\dfrac{a}{a+c}+\dfrac{d}{b+d}+\dfrac{d}{c+d}\right)$
Hamann	$HAMANN_{xy} = \dfrac{(a+d)-(b+c)}{n}$
Lambda	$LAMBDA_{xy} = \dfrac{v-w}{2n-w}, \quad \text{wobei}$ $v = max(a,b)+max(c,d)+max(a,c)+max(b,d)$ $w = max(a+c,b+d)+max(a+b,c+d)$
Anderberg-D	$D_{xy} = \dfrac{v-w}{2n} \quad \text{mit } v,w \text{ wie bei Lambda}$
Yule-Y	$Y_{xy} = \dfrac{\sqrt{a\cdot d}-\sqrt{b\cdot c}}{\sqrt{a\cdot d}+\sqrt{b\cdot c}}$
Yule-Q	$Q_{xy} = \dfrac{a\cdot d-b\cdot c}{a\cdot d+b\cdot c}$
Ochiai	$OCHIAI_{xy} = \sqrt{\dfrac{a}{a+b}\cdot\dfrac{a}{a+c}}$

Sokal & Sneath 5	$SS5_{xy} = \dfrac{a \cdot d}{\sqrt{(a+b) \cdot (a+c) \cdot (b+d) \cdot (c+d)}}$
Phi-4-Punkt-Korrelation	$PHI_{xy} = \dfrac{a \cdot d - b \cdot c}{\sqrt{(a+b) \cdot (a+c) \cdot (b+d) \cdot (c+d)}}$
Streuung	$DISPER_{xy} = \dfrac{a \cdot d - b \cdot c}{n^2}$

Standardisierung der Daten

Vor Berechnung der (Un)Ähnlichkeitskoeffizienten können die betreffenden Daten standardisiert werden. Dazu stehen im Dialogfeld **(Un)Ähnlichkeitsmaße** – vorausgesetzt, im Feld *Maß* ist nicht *Binär* gewählt – bei *Werte transformieren* alternativ die folgenden Standardisierungs-Transformationen zur Verfügung:

Option	Wirkung	Transformation
Z-Werte	danach weisen die Fälle bzw. Variablen das Mittel 0 und die Standardabweichung 1 auf (Z-Standardisierung)	$x_i' = \dfrac{x_i - M}{S}$
Bereich –1 bis 1	danach beträgt der kleinste Wert der Fälle bzw. Variablen –1 und der größte Wert +1	$x_i' = \dfrac{x_i}{Max - Min}$
Bereich 0 bis 1	danach beträgt der kleinste Wert der Fälle bzw. Variablen 0 und der größte Wert +1	$x_i' = \dfrac{x_i - Min}{Max - Min}$
Maximale Größe von 1	danach beträgt der größte Wert der Fälle bzw. Variablen +1	$x_i' = \dfrac{x_i}{Max}$
Mittelwert 1	danach weisen die Fälle bzw. Variablen das Mittel 0 auf (die Standardabweichung bleibt unverändert)	$x_i' = \dfrac{x_i}{M}$
Standardabweichung 1	danach weisen die Fälle bzw. Variablen die Standardabweichung 1 auf (das Mittel bleibt unverändert)	$x_i' = \dfrac{x_i}{S}$

x_i ... Wert i des Falls / der Variablen x
x'_i ... transformierter Wert i des Falls / der Variablen x
M ... Mittelwert des Falls / der Variablen x
S ... Standardabweichung des Falls / der Variablen x
Min ... minimaler Wert des Falls / der Variablen x
Max ... maximaler Wert des Falls / der Variablen x

Standardisierung der Koeffizienten

Darüber hinaus können im Dialogfeld **(Un)Ähnlichkeitsmaße** die Indizes **nach** deren Berechnung auf dreierlei Weisen transformiert werden. Werden mehrere Transformationen gleichzeitig angewählt, so werden diese in der Reihenfolge des Dialogfeldes von oben nach unten durchgeführt.

Option	Wirkung	Transformation
Absolutwerte	danach weisen alle Indices ein positives Vorzeichen auf	$s'_{xy} = \left| s_{xy} \right|$
Vorzeichen ändern	die Vorzeichen werden bei allen Indices umgekehrt (Ähnlichkeiten werden zu Unähnlichkeiten und umgekehrt)	$s'_{xy} = -s_{xy}$
Auf Bereich 0-1 skalieren	danach beträgt der kleinste Index 0 und der größte Index +1	$s'_{xy} = \dfrac{s_{xy} - \mathrm{Min}}{\mathrm{Max} - \mathrm{Min}}$

s_{xy} ... (Un)Ähnlichkeitsindex der beiden Fälle / Variablen x und y
s'_{xy} ... transformierter (Un)Ähnlichkeitsindex der beiden Fälle / Variablen
Min ... kleinster Index, der in der (Un)Ähnlichkeitsmatrix aufgetreten ist
Max ... größter Index, der in der (Un)Ähnlichkeitsmatrix aufgetreten ist

Übersicht über die in den Beispielen behandelten Probleme

① Berechnung euklidischer Distanzen zwischen Fällen.

② Bestimmung von Yules Q zwischen Variablen mit erforderlicher vorheriger Umkodierung der Variablen.

③ Berechnung von Produkt-Moment Korrelationen mit anschließender Transformation der Korrelationen in Unähnlichkeitskoeffizienten mit dem Wertebereich {0, 1}.

Beispiel 1

Das Beispiel ist Borg und Staufenbiel (2007, S. 42 ff.) entnommen: Mezzich und Worthington (1978) baten 11 Psychiater, sich jeweils einen typischen depressiven, einen manischen, einen schizophrenen und einen paranoiden Patienten vorzustellen und diese prototypischen Patienten hinsichtlich von 17 Symptomen auf einer 7-stufigen Skala von 0 = *Symptom nicht vorhanden* bis 6 = *Symptom sehr stark ausgeprägt* einzustufen. Die 17 Symptome sind (mit ihren Variablennamen in der Datei MEZZICH.SAV):

A = Krankheitsbefürchtungen (BEFÜRCHTUNG), B = Angst (ANGST), C = Emotionale Zurückgezogenheit (ZURÜCKGEZ), D = Formale Denkstörungen (DENKFORMAL), E = Schuldgefühle (SCHULD), F = Anspannung (ANSPANNUNG), G = Maniertheit (MANIERTHEIT), H = Größenideen (GRÖSSENIDEEN), I = Depressive Verstimmung (DEPRESS), J = Feindseligkeit (FEINDSELIG), K = Misstrauen (MISSTRAUEN), L = Halluzinationen (HALLUZINATION), M = Psychomotorische Hemmung (HEMMUNG), N = Autistisches Verhalten (AUTIST), O = Inhaltliche Denkstörungen (DENKINHALT), P = Affektive Verflachung (VERFLACHUNG), Q = Erregtheit (ERREGTHEIT).

Patiententyp (Prototyp)	Psy	Profil	A	B	C	D	E	F	G	H	I	J	K	L	M	N	O	P	Q
Zyklothymie: Depression	1	1	4	3	3	0	4	3	0	0	6	3	2	0	5	2	2	2	1
	2	2	5	5	6	2	6	1	0	0	6	1	0	1	6	4	1	4	0
	3	3	6	5	6	5	6	3	2	0	6	0	5	3	6	5	5	0	0
	4	4	5	5	1	0	6	1	0	0	6	0	1	2	6	0	3	0	2
	5	5	6	6	5	0	6	0	0	0	6	0	4	3	5	3	2	0	0
	6	6	3	3	5	1	4	2	1	0	6	2	1	1	5	2	2	1	1
	7	7	5	5	5	2	5	4	1	1	6	2	3	0	6	3	5	2	3
	8	8	4	5	5	1	6	1	1	0	6	1	1	0	5	2	1	1	0
	9	9	5	3	5	1	6	3	1	0	6	2	1	1	6	2	5	5	0
	10	10	3	5	5	3	2	4	2	0	6	3	2	0	6	1	4	5	1
	11	11	5	6	6	4	6	3	1	0	6	2	0	0	6	4	4	6	0
Zyklothymie: Manie	1	12	2	2	1	2	0	3	1	6	2	3	3	2	1	4	4	0	6
	2	13	0	0	0	4	1	5	0	6	0	5	4	4	0	5	5	0	6
	3	14	0	3	0	5	0	6	0	6	0	3	2	0	0	3	4	0	6
	4	15	0	0	0	3	0	6	0	6	1	3	1	1	0	2	3	0	6
	5	16	3	4	0	0	0	5	0	6	0	6	0	0	0	5	0	0	6
	6	17	2	4	0	3	1	5	1	6	2	5	3	0	0	5	3	0	6
	7	18	1	2	0	2	1	4	1	5	1	5	1	1	0	4	1	0	6
	8	19	0	2	0	2	1	5	1	5	0	2	1	1	0	3	1	0	6
	9	20	0	0	0	6	0	5	1	6	0	5	5	4	0	5	6	0	6
	10	21	5	5	1	4	0	5	5	6	0	4	4	3	0	5	5	0	6
	11	22	1	3	0	4	1	4	2	6	3	3	2	0	0	4	3	0	6

	1	23	3	2	5	2	0	2	2	1	2	1	2	0	1	2	2	4	0
	2	24	4	4	5	4	3	3	1	0	4	2	3	0	3	2	4	5	0
	3	25	2	0	6	3	0	0	5	0	0	3	3	2	3	5	3	6	0
	4	26	1	1	6	2	0	0	1	0	0	3	0	1	0	1	1	6	0
Schizophrenia	5	27	3	3	5	6	3	2	5	0	3	0	2	5	3	3	5	6	2
Simplex	6	28	3	0	5	4	0	0	3	0	2	1	1	1	2	3	3	6	0
	7	29	3	3	5	4	2	4	2	1	3	1	1	1	4	2	2	5	2
	8	30	3	2	5	2	2	2	2	1	2	2	3	1	2	2	3	5	0
	9	31	3	3	6	6	1	3	5	1	3	2	2	5	3	3	6	6	1
	10	32	1	1	5	3	1	1	3	0	1	1	1	0	5	1	2	6	0
	11	33	2	3	5	4	2	3	0	0	3	2	2	0	0	2	4	5	0
	1	34	2	4	3	5	0	3	1	4	2	5	6	5	0	5	6	3	3
	2	35	2	4	1	1	0	3	1	6	0	6	6	4	0	6	5	0	4
	3	36	5	5	5	6	0	5	5	6	2	5	6	6	0	5	6	0	2
	4	37	1	4	2	1	1	1	0	5	1	5	6	5	0	6	6	0	1
Paranoide	5	38	4	5	6	3	1	6	3	5	2	6	6	4	0	5	6	0	5
Schizophrenie	6	39	4	5	4	6	2	4	2	4	1	5	6	5	1	5	6	2	4
	7	40	3	4	3	4	1	5	2	5	2	5	5	3	1	5	5	1	5
	8	41	2	5	4	3	1	4	3	4	2	5	5	4	0	5	4	1	4
	9	42	3	3	4	4	1	5	5	5	0	5	6	5	1	5	5	3	4
	10	43	4	4	2	6	1	4	1	5	3	5	6	5	1	5	6	2	4
	11	44	3	5	5	5	2	5	4	5	2	4	6	5	0	5	6	5	5

Die vorstehende Tabelle enthält die von den Psychiatern abgegebenen Urteile. Es sollen nun die euklidischen Distanzen zwischen allen Psychiaterprofilen (= Zeilen der Datendatei) bestimmt werden.

In der Datei MEZZICH.SAV enthält die String-Variable URTEIL die Information, welcher Psychiater das Urteil zu welchem Prototyp abgegeben hat. PROFIL ist eine fortlaufende Nummerierung, während die Variablen BEFÜRCHTUNG bis ERREGTHEIT die Werte der Spalten A–Q enthalten. In der Variablen PROTOTYP sind die Patiententypen kodiert (1 = *Depression*, 2 = *Manie*, 3 = *Schizophrenie*, 4 = *Paranoia*).

In der Eingangs-Dialogbox werden BEFÜRCHTUNG bis ERREGTHEIT im Feld *Variablen* eingegeben. Die Variable URTEIL wird zur Fallbeschriftung verwendet. Alle anderen Voreinstellungen bleiben unverändert. Nachfolgend – auf der nächsten Seite – die (gekürzte) Ausgabe der Prozedur PROXIMITIES.

Nach der Tabellierung der in die Analyse eingegangenen Fälle (**Verarbeitete Fälle**) werden die euklidischen Distanzen zwischen allen Paaren von Fällen in einer symmetrischen, quadratischen Matrix dargestellt (etwas merkwürdig mit »Näherungsmatrix« bezeichnet). Die euklidische Distanz zwischen den ersten beiden Fällen, die mit »Psy-1,Dp« und »Psy-2,Dp« gekennzeichnet sind, beträgt also z. B. 6,78.

Näherungsmatrix

	Euklidisches Distanzmaß						
	1:Psy-1,Dp	2:Psy-2,Dp	3:Psy-3,Dp	4:Psy-4,Dp	...	43:Psy-10,Pa	44:Psy-11,Pa
1:Psy-1,Dp	,000	6,782	10,050	6,481		13,342	14,697
2:Psy-2,Dp	6,782	,000	9,000	8,485		15,556	15,875
3:Psy-3,Dp	10,050	9,000	,000	10,440		12,610	13,528
4:Psy-4,Dp	6,481	8,485	10,440	,000		15,297	16,971
:	:	:	:	:	...	:	:
42:Psy-9,Pa	14,353	16,432	14,036	16,912		6,164	4,472
43:Psy-10,Pa	13,342	15,556	12,610	15,297		,000	6,000
44:Psy-11,Pa	14,697	15,875	13,528	16,971		6,000	,000

Dies ist eine Unähnlichkeitsmatrix

Beispiel 2

Datei FRABOGEN.SAV. Der Zusammenhang zwischen den drei dichotomen Variablen Geschlecht (GESCHLECHT), Rauchgewohnheit (ZIGARETTEN) und Besitz eines Computers (COMPUTER) wird per Yules Assoziationsmaß Q bestimmt. Um den Ähnlichkeitskoeffizienten zwischen den binären Variablen bestimmen zu können, müssen alle Variablen die gleiche Kodierung aufweisen. ZIGARETTEN und COMPUTER sind mit {0} und {1} codiert, die Variable GESCHLECHT hingegen mit {1} und {2}. Daher wird über **Transformieren / Berechnen** und die Anweisung [geschlecht01 = geschlecht – 1] eine neue (mit {0} und {1} codierte) Variable GESCHLECHT01 erzeugt und diese dann zur Berechnung herangezogen.

Dazu sind zunächst im Eingangs-Dialogfeld die Optionen *Zwischen den Variablen* und *Ähnlichkeiten* und dann nach Betätigung der Schaltfläche [Maße] unter *Binär* das Maß »Yule-Q« anzuwählen. Nachfolgend die (um die Tabelle »Verarbeitete Fälle« gekürzte) Ausgabe des Programms. Yule's Q zwischen dem Geschlecht und der Rauchgewohnheit beträgt hier beispielsweise Q = 0,10.

Näherungsmatrix

	Yule-Q		
	geschlecht01	Zigaretten	Computer
geschlecht01	1,000	,104	,066
Zigaretten	,104	1,000	-,105
Computer	,066	-,105	1,000

Dies ist eine Ähnlichkeitsmatrix

Beispiel 3

Für die Skalen FPI.1 bis FPI.10, GT.1 bis GT.6 und ESI.6 bis ESI.9 aus der Datei PERDAT.SAV wird eine Produkt-Moment Korrelationsmatrix berechnet. Die Korrelationen werden durch Vorzeichenänderung in Unähnlichkeiten transformiert, auf den Bereich {0–1} standardisiert und als Datei MDS_COR.SAV abgespeichert.

Nach Eingabe der Variablen FPI.1 bis ESI.9 werden unter *Distanzen berechnen* die Option *Zwischen Variablen* angewählt, im Feld *Maß* die Voreinstellung auf *Ähnlichkeiten* geändert (Pearson Korrelation ist dann bereits voreingestellt) und schließlich nach Aktivieren der Schaltfläche [Maße] in der Gruppe *Maße transformieren* die Optionen *Vorzeichen ändern* und *Auf Bereich 0-1 umskalieren* angeklickt.

Um die transformierte Korrelationsmatrix zusätzlich als SAV-Datei zu speichern, sind im Eingangs-Dialogfeld statt [OK] das Feld [Einfügen] anzuklicken, im Syntax-Fenster die mit einem Pfeil kenntlich gemachte Zeile mit der spezifizierten Ausgabedatei einzufügen und die Befehle dann auszuführen.

```
PROXIMITIES
   FPI.1  FPI.2 FPI.3  FPI.4  FPI.5  FPI.6  FPI.7  FPI.8  FPI.9  FPI.10
   GT.1   GT.2  GT.3  GT.4  GT.5  GT.6  ESI.6   ESI.7 ESI.8   ESI.9
   /VIEW = VARIABLE
   /MEASURE = REVERSE RESCALE CORRELATION
   /matrix out ("c:\spss\mdscor.sav")   ←
   /STANDARDIZE = NONE .
```

Nachfolgend die – um die Tabelle »Verarbeitete Fälle« gekürzte – Ausgabe des Programms:

Näherungsmatrix

	FPI.1	FPI.2	FPI.3	FPI.4	FPI.5	FPI.6	FPI.7	FPI.8	FPI.9	FPI.10	GT.1	GT.2	GT.3	GT.4	GT.5	GT.6	ESI.6	ESI.7	ESI.8	ESI.9
	neu skalierte(s) umgekehrte(s) Korrelation zwischen Wertevektoren																			
FPI.1	1,000	,430	,244	,788	,831	,735	,843	,863	,418	,829	,246	,499	,419	,999	,752	,749	1,000	,610	,675	,912
FPI.2	,430	1,000	,406	,563	,517	,723	,489	,554	,533	,543	,514	,435	,491	,484	,658	,587	,523	,589	,738	,592
FPI.3	,244	,406	1,000	,845	,565	,401	,527	,692	,452	,536	,272	,683	,348	,740	,564	,761	,749	,245	,575	,661
FPI.4	,788	,563	,845	1,000	,291	,533	,378	,287	,443	,427	,771	,402	,469	,211	,221	,186	,223	,484	,202	,320
FPI.5	,831	,517	,565	,291	1,000	,255	,118	,196	,422	,231	,656	,714	,511	,204	,453	,445	,253	,399	,440	,364
FPI.6	,735	,723	,401	,533	,255	1,000	,394	,360	,573	,134	,501	,754	,637	,442	,428	,528	,406	,334	,433	,295
FPI.7	,843	,489	,527	,378	,118	,394	1,000	,212	,451	,350	,686	,485	,396	,186	,412	,413	,179	,311	,449	,338
FPI.8	,863	,554	,692	,287	,196	,360	,212	1,000	,345	,474	,667	,506	,498	,170	,390	,361	,231	,448	,392	,211
FPI.9	,418	,533	,452	,443	,422	,573	,451	,345	1,000	,672	,488	,452	,301	,468	,438	,438	,603	,449	,399	,579
FPI.10	,829	,543	,536	,427	,231	,134	,350	,474	,672	1,000	,563	,691	,764	,348	,498	,568	,280	,388	,476	,274
GT.1	,246	,514	,272	,771	,656	,501	,686	,667	,488	,563	1,000	,576	,498	,793	,803	,939	,891	,406	,723	,712
GT.2	,499	,435	,683	,402	,714	,754	,485	,506	,452	,691	,576	1,000	,392	,465	,488	,413	,453	,610	,517	,544
GT.3	,419	,491	,348	,469	,511	,637	,396	,498	,301	,764	,498	,392	1,000	,489	,298	,470	,541	,354	,372	,602
GT.4	,999	,484	,740	,211	,204	,442	,186	,170	,468	,348	,793	,465	,489	1,000	,260	,273	,084	,407	,407	,155
GT.5	,752	,658	,564	,221	,453	,428	,412	,390	,438	,498	,803	,488	,298	,260	1,000	,030	,312	,371	,000	,279
GT.6	,749	,587	,761	,186	,445	,528	,413	,361	,438	,568	,939	,413	,470	,273	,030	1,000	,288	,603	,188	,320
ESI.6	1,000	,523	,749	,223	,253	,406	,179	,231	,603	,280	,891	,453	,541	,084	,312	,288	1,000	,446	,379	,065
ESI.7	,610	,589	,245	,484	,399	,334	,311	,448	,449	,388	,406	,610	,354	,407	,371	,603	,446	1,000	,341	,386
ESI.8	,675	,738	,575	,202	,440	,433	,449	,392	,399	,476	,723	,517	,372	,407	,000	,188	,379	,341	1,000	,275
ESI.9	,912	,592	,661	,320	,364	,295	,338	,211	,579	,274	,712	,544	,602	,155	,279	,320	,065	,386	,275	1,000

Dies ist eine Unähnlichkeitsmatrix

Faktorenanalyse

➤ **Analysieren / Dimensionsreduktion / Faktorenanalyse ...**

Die Prozedur FACTOR führt in der Voreinstellung eine Hauptkomponenten-Analyse durch. Diesem Verfahren, bei dem die Diagonalelemente der zu faktorisierenden Korrelationsmatrix gleich eins gesetzt sind, wird wegen seiner relativen Problemlosigkeit im allgemeinen der Vorzug gegeben gegenüber anderen Methoden der Faktorenanalyse (vgl. Borg & Staufenbiel 1997, Kap. 7; Bortz 1999, Kap. 15; Diehl & Kohr 2004, Kap. 15). Optional lässt sich mit der Prozedur jedoch (u. a.) auch eine Faktorenanalyse nach dem Modell mehrerer gemeinsamer Faktoren durchführen (»Hauptachsen-Analyse«). Hierbei enthält die Diagonale der Korrelationsmatrix als Anfangsschätzung für die Kommunalitäten die quadrierten multiplen Korrelationen der einzelnen Variablen mit den jeweils übrigen.

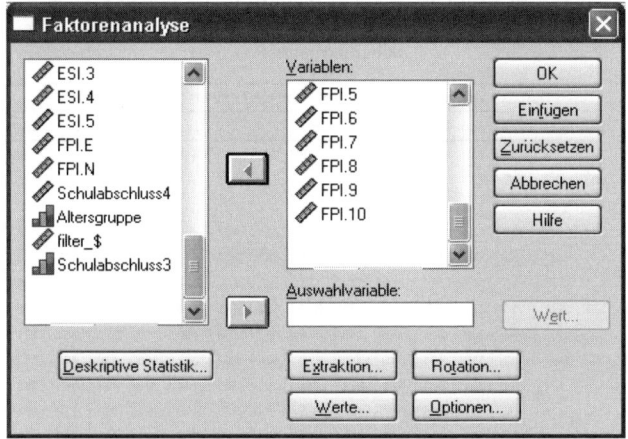

In der Eingangs-Dialogbox sind im entsprechenden Feld die *Variablen* einzugeben, deren Interkorrelationsmatrix faktorisiert werden soll. Über *Auswahlvariable* und [Wert] kann festgelegt werden, dass die Faktorenanalyse nur mit den Daten von Personen durchgeführt wird, die im angeführten Merkmal einen bestimmten Wert haben.

In der Dialogbox **Extraktion** ist die Hauptkomponenten-Methode voreingestellt. Bezüglich der neben der Hauptachsen-Faktorenanalyse weiterhin wählbaren Verfahren (*Ungewichtete* und *Verallgemeinerte kleinste Quadrate, Maximum Likelihood, Alpha-* und *Image-Faktorisierung*) sei auf Norušis (1994b, S. 60 f.) und Bortz (1999, Kap. 15.6) verwiesen. Wenn bei *Anzahl Faktoren* kein anderer Wert eingegeben wird, extrahiert das Programm (voreingestellt) alle Faktoren mit einem Eigenwert größer als eins.

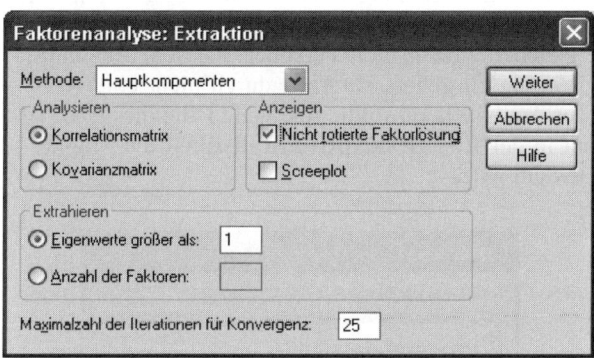

Nur wenn im Feld *Anzeigen* die (eher selten interessierende) *Nicht rotierte Faktorlösung* angefordert wird, gibt das Programm auch die Kommunalitäten für die Ladungsmatrix aus. Durch Wahl von *Screeplot* wird die Erstellung eines Eigenwertediagramms veranlasst. Falls das Programm eine entsprechende Meldung ausgibt, muss die Anzahl der Iterationen zur Erreichung des Konvergenzkriteriums höher (als 25) gesetzt werden.

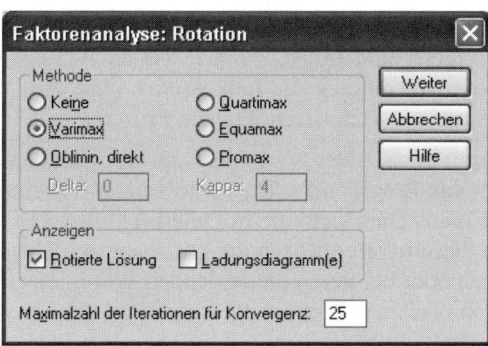

In der Dialogbox **Rotation** stehen drei orthogonale (*Varimax, Quartimax, Equamax*) und zwei schiefwinklige Verfahren (*Oblimin, Promax*) zur Verfügung. Üblicherweise erfolgt eine Faktorenrotation nach dem Varimax-Kriterium. Die Ausgabe der rotierten Ladungsmatrix (Lösung) ist voreingestellt. Meldet das Programm »Die Rotation konnte nicht in 25 Iterationen konvergieren«, dann muss die Anzahl der Iterationen zur Erreichung von Konvergenz höher (als 25) gesetzt werden.

In der Box **Optionen** muss die Behandlung von fehlenden Werten festgelegt werden. Beim voreingestellten *listenweisen Fallausschluss* basiert die faktorisierte Interkorrelationsmatrix nur auf den Personen, die in sämtlichen (für die Analyse ausgewählten) Variablen einen gültigen Wert haben. Alle Koeffizienten basieren damit auf der gleichen Anzahl von Personen. Diesem Ausschluss-Verfahren ist unbedingt der Vorzug zu geben, sofern dadurch nicht eine zu hohe Anzahl von Personen von der Analyse herausfällt. Wie viele Fälle dies sind, erfährt man allerdings nur, wenn in der Box **Deskriptive Statistiken** die Möglichkeit *Univariate Statistiken* angewählt wird.

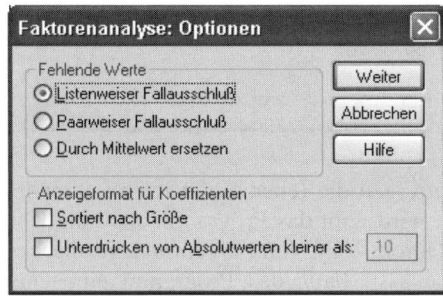

Beim *paarweisen Fallausschluss* werden bei der Berechnung der Interkorrelationen immer nur die Personen eliminiert, die beim jeweiligen Variablenpaar einen fehlenden Wert haben. Auch bei Anforderung der Interkorrelationsmatrix lässt sich dem Ausdruck nicht entnehmen, auf wie vielen Wertepaaren die einzelnen Koeffizienten basieren. Wenn dies von Interesse ist, muss zusätzlich eine Korrelationsmatrix mit der in Kapitel 28 beschriebenen Prozedur erstellt werden.

Wenn bei paarweisem Ausschluss Variablen mit besonders vielen Fehlend-Werten auftreten, bricht das Programm u. U. mit folgender Meldung ab: »Die Matrix ist nicht positiv definiert. Dies kann die Folge einer paarweisen Löschung fehlender Werte sein«. In diesem Fall müssten die kritischen Variablen entweder aus der Analyse weggelassen oder bei ihnen die fehlenden Werte jeweils durch das Mittel der übrigen Personen ersetzt werden (dritte Möglichkeit der Behandlung von Fehlend-Werten in der Dialogbox).

In der Standardausgabe sind bei den Ladungsmatrizen die Variablen entsprechend ihrer Abfolge im *Variablen*-Feld der Eingangs-Dialogbox angeordnet. Die Wahl der Option *Sortiert nach Größe* veranlasst ihre Ordnung absteigend nach der Höhe ihrer Ladungen auf den einzelnen Faktoren. Die ersten Zeilen der Matrix bestehen hierbei aus den Variablen, die auf Faktor 1 die höchsten Ladungen aufweisen (absteigend angeordnet). Es folgt die Gruppe von Variablen, die auf Faktor 2 am höchsten laden usf., bis zum letzten extrahierten Faktor. Diese Darstellung der (rotierten) Ladungsmatrix lässt die für die Interpretation der Faktoren bedeutsamen Variablen besser erkennen.

Die Struktur einer Ladungsmatrix wird noch deutlicher, wenn man niedrige Ladungen, die für die Interpretation der einzelnen Faktoren nicht von Bedeutung sind, in der Ausgabe durch ein Leerfeld ersetzen lässt. Dies wird durch die Wahl der Option *Unterdrücken von Absolutwerten kleiner als* erreicht, wobei noch der Betrag zu spezifizieren ist, ab dem Ladungen ausgegeben werden sollen.

In der Box **Deskriptive Statistiken** ist die Ausgabe der *Anfangslösung* voreingestellt. Sie beinhaltet u. a. die anfänglichen Kommunalitäten sowie die Eigenwerte sämtlicher Faktoren. Bei Wahl von *Univariate Statistiken* erhält man die Mittel und Standardabweichungen der eingegebenen Variablen, sowie – bei paarweisem Ausschluss von Personen mit fehlenden Werten – jeweils die Anzahl gültiger Werte. Bei listenweisem Fallausschluss erfährt man, wie viele Personen bei diesem Verfahren für die Analyse verblieben sind.

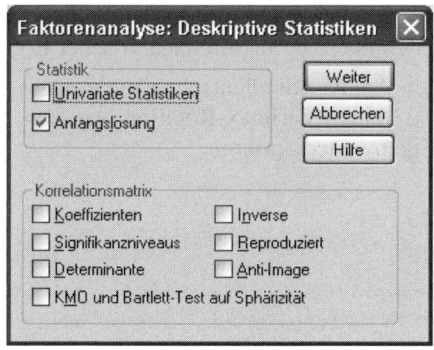

Im Feld *Korrelationsmatrix* können u. a. die Interkorrelationen der Variablen (*Koeffizienten*) sowie ihre Prüfung auf Signifikanz angefordert werden. Ausgegeben werden im letzteren Fall allerdings einseitige P-Werte. Die zur Beantwortung der Frage, ob der *Betrag* eines Koeffizienten signifikant von Null abweicht, eigentlich notwendigen zweiseitigen Wahrscheinlichkeiten erhält man durch Verdoppelung des jeweils ausgegebenen P-Wertes. Bezüglich der im weiteren erhältlichen Größen und Matrizen sei auf Norušis (1994b, S. 77) verwiesen.

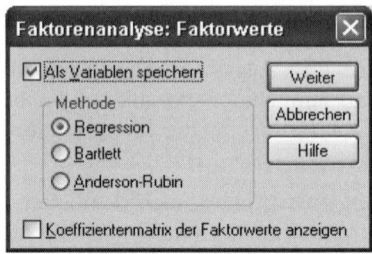

In der über die Schaltfläche [Werte] erhältlichen Box kann durch Anklicken von *Als Variablen speichern* die Ausgabe verschiedener Faktorscores in die Datendatei veranlasst werden. Sie haben dort die Namen FAC1_1, FAC2_1, usf. (bei Wahl einer Methode), bzw. FAC1_2 (FAC1_3) usf. bei der (sukzessiven) Wahl von zwei oder aller drei Methoden.

Übersicht über die in den Beispielen behandelten Probleme

① Hauptkomponenten-Analyse von 20 Persönlichkeitsskalen. Varimax-Rotation; unsortierte Ladungsmatrix. Eigenwertediagramm.

② Ausgabe der sortierten Ladungsmatrix für den Fall von BEISPIEL 1. Demonstration der Darstellung faktorenanalytischer Ergebnisse.

③ Hauptkomponenten-Analyse der deutschen Version des Bem Sex-Role-Inventory (60 Items). Varimax-Rotation, Ausgabe der sortierten Ladungsmatrix. Eigenwertediagramm.

Beispiel **1**

Datei PERDAT.SAV. Neben den Skalen des *Freiburger Persönlichkeitsinventars* und des *Gießen-Tests* erfassen auch die Subskalen 6–9 des *Ess-Störungs-Inventars* im Grunde Persönlichkeitseigenschaften. Es soll deshalb eine Hauptkomponenten-Analyse der FPI-Standardskalen 1–10, der GT-Skalen 1–6 sowie der ESI-Skalen 6–9 durchgeführt werden, mit Extraktion und anschließender Varimax-Rotation der Faktoren mit einem Eigenwert > 1. Personen mit fehlenden Werten werden fallweise ausgeschlossen. Weiterhin werden univariate Statistiken für die Variablen sowie ein Eigenwertediagramm angefordert. Das Programm liefert die folgende Ausgabe:

Deskriptive Statistiken

	Mittel-wert	Standardab-weichung	Analyse N
ESI.6	4,84	3,719	322
ESI.7	7,76	3,013	322
ESI.8	6,72	3,152	322
ESI.9	2,97	3,210	322
GT.1	27,46	4,792	322
GT.2	25,17	4,812	322
GT.3	25,75	4,881	322
GT.4	25,18	5,967	322
GT.5	22,64	5,769	322
GT.6	20,13	5,039	322
FPI.1	7,35	3,168	322
FPI.2	7,45	2,581	322
FPI.3	6,69	2,823	322
FPI.4	5,66	2,989	322
FPI.5	5,87	3,134	322
FPI.6	4,06	2,527	322
FPI.7	5,89	3,225	322
FPI.8	3,52	2,556	322
FPI.9	5,43	2,916	322
FPI.10	6,31	2,695	322

Kommunalitäten

	Anfänglich	Extraktion
ESI.6	1,00	,672
ESI.7	1,00	,661
ESI.8	1,00	,686
ESI.9	1,00	,578
GT.1	1,00	,631
GT.2	1,00	,627
GT.3	1,00	,608
GT.4	1,00	,606
GT.5	1,00	,772
GT.6	1,00	,697
FPI.1	1,00	,671
FPI.2	1,00	,670
FPI.3	1,00	,725
FPI.4	1,00	,466
FPI.5	1,00	,729
FPI.6	1,00	,615
FPI.7	1,00	,584
FPI.8	1,00	,609
FPI.9	1,00	,629
FPI.10	1,00	,592

Erklärte Gesamtvarianz

Komponente	Anfängliche Eigenwerte		
	Gesamt	% der Varianz	Kumulierte %
1	4,775	23,873	23,873
2	2,363	11,814	35,687
3	1,938	9,691	45,378
4	1,612	8,058	53,436
5	1,136	5,682	59,118
6	1,004	5,020	64,138
7	,831	4,155	68,294
8	,801	4,004	72,298
9	,718	3,590	75,888
10	,615	3,075	78,963
11	,586	2,928	81,892
12	,580	2,899	84,790
13	,507	2,536	87,326
14	,439	2,193	89,519
15	,417	2,085	91,604
16	,385	1,923	93,527
17	,365	1,827	95,355
18	,352	1,761	97,116
19	,314	1,568	98,684
20	,263	1,316	100,000

Extraktionsmethode: Hauptkomponentenanalyse.

Erklärte Gesamtvarianz

Kompo-nente	Summen von quadrierten Faktorladungen für Extraktion			Rotierte Summe der quadrierten Ladungen		
	Gesamt	% der Varianz	Kumu-lierte %	Gesamt	% der Varianz	Kumu-lierte %
1	4,775	23,873	23,873	3,790	18,952	18,952
2	2,363	11,814	35,687	2,640	13,199	32,151
3	1,938	9,691	45,378	1,883	9,417	41,568
4	1,612	8,058	53,436	1,731	8,657	50,225
5	1,136	5,682	59,118	1,477	7,387	57,612
6	1,004	5,020	64,138	1,305	6,526	64,138

❹ ❺

Screeplot ❻

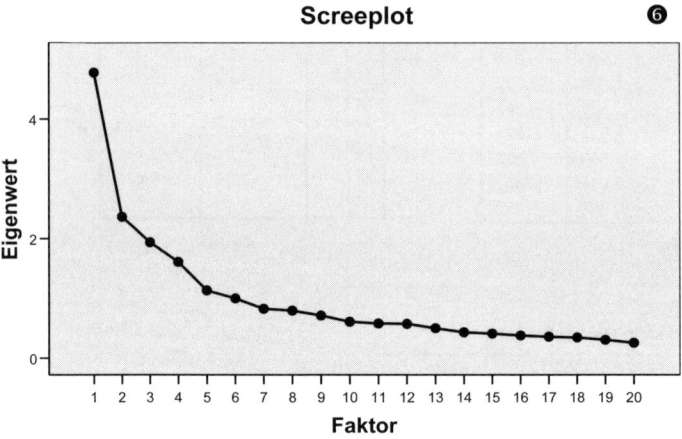

Komponentenmatrix [a]

❼

	Komponente					
	1	2	3	4	5	6
ESI.6	,729	,073	-,218	,120	,255	,092
ESI.7	,177	,296	,623	,067	,288	,259
ESI.8	,464	-,320	,447	-,410	,001	,015
ESI.9	,638	,160	-,049	-,144	,192	,293
GT.1	-,554	,312	,220	,077	-,132	,394
GT.2	,013	-,505	-,186	,281	,194	,470
GT.3	,006	-,361	,580	,340	,158	,025
GT.4	,713	,021	-,094	,279	,080	,061
GT.5	,548	-,394	,402	-,325	,181	-,129
GT.6	,542	-,517	-,003	-,228	-,002	-,289
FPI.1	-,761	-,202	,179	-,018	-,060	-,125
FPI.2	-,151	-,019	-,211	,525	,413	-,395

FPI.3	-,382	,303	,586	,083	,317	-,191
FPI.4	,586	-,310	-,047	-,017	-,155	-,003
FPI.5	,524	,388	,110	,291	-,306	-,337
FPI.6	,293	,598	,221	-,319	-,143	-,005
FPI.7	,524	,214	,154	,482	,065	-,051
FPI.8	,568	,069	,036	,323	-,381	,175
FPI.9	,036	-,257	,434	,340	-,507	-,023
FPI.10	,361	,619	-,114	-,213	,110	-,084

Extraktionsmethode: Hauptkomponentenanalyse.
a. 6 Komponenten extrahiert

Rotierte Komponentenmatrix(a)

| | Komponente | | | | | | |
	1	2	3	4	5	6	
ESI.6	,760	,230	-,009	-,037	-,184	-,076	
ESI.7	,221	-,016	,102	,755	,012	,176	
ESI.8	,076	,701	,031	,224	,076	,363	
ESI.9	,628	,200	,051	,088	-,252	,265	
GT.1	-,305	-,612	-,038	,280	,075	,279	
GT.2	,175	-,012	-,771	-,038	-,011	,013	
GT.3	-,054	,225	-,325	,530	,383	-,146	
GT.4	,739	,205	-,018	-,015	,087	-,095	
GT.5	,147	,819	-,008	,245	,012	,139	
GT.6	,163	,785	-,055	-,214	,065	-,036	
FPI.1	-,763	-,185	-,156	,086	,112	-,103	
FPI.2	,033	-,134	-,121	,042	-,072	-,793	
FPI.3	-,349	-,152	,238	,692	-,008	-,213	
FPI.4	,396	,461	-,085	-,207	,190	,105	
FPI.5	,484	,037	,550	-,023	,401	-,171	
FPI.6	,215	-,028	,643	,171	-,080	,344	
FPI.7	,619	,011	,129	,237	,263	-,240	
FPI.8	,603	,012	,054	-,095	,455	,159	
FPI.9	-,059	,075	-,075	,094	,775	,074	
FPI.10	,386	-,068	,566	,026	-,335	,068	

Extraktionsmethode: Hauptkomponentenanalyse.
Rotationsmethode: Varimax mit Kaiser-Normalisierung.
a. Die Rotation ist in 9 Iterationen konvergiert.

Komponententransformationsmatrix

Komponente	1	2	3	4	5	6	
1	,829	,517	,166	-,045	,071	,103	
2	,244	-,584	,713	,202	-,218	,055	
3	-,199	,244	,150	,815	,418	,199	
4	,355	-,416	-,301	,141	,515	-,571	
5	,106	,132	-,252	,494	-,704	-,410	
6	,277	-,376	-,536	,171	-,109	,673	

Erläuterungen zur Ausgabe

❶ Mittelwerte und Standardabweichungen der Variablen, Anzahl der Personen, auf denen die Analyse basiert (da *listenweiser* Fallausschluss). Die Datei PER-DAT.SAV enthält 336 Personen. Aufgrund von fehlenden Werten wurden somit 14 Fälle ausgeschlossen.

❷ **Anfänglich:** Kommunalitäten aller k Variablen bei Extraktion von k Faktoren/Komponenten (= 1 bei der Hauptkomponenten-Analyse). **Extraktion:** Kommunalitäten der Variablen für die 6-Faktoren Lösung (jeweils: Zeilensumme der quadrierten Ladungen in der Faktormatrix ❽).

❸ **Gesamt:** Eigenwerte der Faktoren. **% der Varianz:** Varianzanteil der einzelnen Faktoren (jeweils: 100∗Eigenwert/k). **Kumulierte %:** Aufsummierte Varianzanteile (nach Extraktion von k Faktoren/Komponenten = 100%).

❹ Entsprechend dem gewählten Kriterium (Eigenwert > 1) wurden die ersten sechs Faktoren (zur weiteren Analyse) extrahiert. **Gesamt:** Eigenwerte dieser 6 Faktoren vor der Rotation (identisch mit den Werten von Tab. ❸).

❺ **Gesamt:** Eigenwerte der extrahierten 6 Faktoren nach der Rotation. **% der Varianz:** Varianzanteil der einzelnen Faktoren nach der Rotation. **Kumulierte %:** Kumulierte Varianzanteile der Faktoren. Die Summe der Varianzanteile ist vor und nach der Rotation die gleiche (64,1%).

❻ Angefordertes Eigenwertediagramm (*Screeplot*). Es stellt den Verlauf der Eigenwerte von Tab. ❸ grafisch dar.

❼ Matrix mit den Ladungen der Variablen auf den unrotierten Faktoren/Komponenten. Diese Ladungsmatrix wird in der Regel nicht benötigt. Bei ihrer »Unterdrückung« erfolgt jedoch auch keine Ausgabe der auf die extrahierten Faktoren bezogenen Kommunalitäten (Spalte »Extraktion« in Tab. ❷).

❽ Matrix mit den Ladungen der Variablen auf den Varimax-rotierten Faktoren/Komponenten.

❾ Dieser Matrix braucht man in der Regel keine Beachtung zu schenken. Sie enthält Rotationsgewichte (Richtungscosini), mit denen sich die Faktorladungen der rotierten Lösung aus denen der unrotierten berechnen lassen (vgl. Harman 1976, S. 248 f.).

Da die Variablen in der (rotierten) Faktormatrix entsprechend der Abfolge angeordnet sind, wie sie in der Eingangs-Dialogbox im Feld *Variablen* eingegeben wurden, gestaltet sich das Erfassen der auf den Faktoren/Komponenten jeweils gemeinsam ladenden Variablen etwas schwierig. Es empfiehlt sich deshalb, in einem weiteren Lauf eine nach Faktoren und Ladungshöhe sortierte Faktormatrix zu erstellen (vgl. BEISPIEL 2).

Beispiel 2

Fragestellung von BEISPIEL 1. Zur Erleichterung der Interpretation der extrahierten Faktoren soll nun in der Box **Optionen** eine nach Faktoren und Ladungshöhe sortierte Faktormatrix angefordert werden, mit Unterdrückung von Ladungen mit einem Betrag kleiner als 0,30. Nachfolgend die ausgegebene Matrix mit den Ladungen der Variablen auf den rotierten Faktoren:

Rotierte Komponentenmatrix

	Komponente					
	1	2	3	4	5	6
Lebenszufriedenheit	-,76					
Überforderungs- und Minderwertigkeitsgefühle	,76					
Grundstimmung	,74					
Angst vor den eigenen Gefühlen	,63					
Beanspruchung	,62					
Körperliche Beschwerden	,60				,46	
Durchlässigkeit		,82				
Soziale Potenz		,78				
Zwischenmenschliche Verschlossenheit		,70				,36
Soziale Resonanz	-,30	-,61				
Gehemmtheit	,40	,46				
Dominanz			-,77			
Aggressivität		,64				,34
Offenheit	,39	,57		-,34		
Erregbarkeit	,48	,55		,40		
Perfektionismus und Leistungsmotiviertheit				,76		
Leistungsorientierung	-,35			,69		
Kontrolle			-,32	,53	,38	
Gesundheitssorgen					,77	
Soziale Orientierung						-,79

Da bei der Darstellung und Interpretation von faktoranalytischen Ergebnissen bei den Ladungen in der Regel zwei Dezimalstellen ausreichen, empfiehlt es sich, die Werte der Ladungsmatrix nachträglich im Ausgabe-Viewer auf zwei Stellen runden zu lassen.

Die endgültigen Ergebnisse einer Faktorenanalyse werden am besten in Form einer Tabelle dargestellt, die die (sortierten) Ladungen enthält sowie die Kommunalitäten der (ausreichend benannten) Variablen und die Eigenwerte und/oder Varianzanteile der rotierten Faktoren. Die nachfolgende Tabelle ist ein Beispiel dafür. Die Ladungen entstammen der vorstehenden Matrix, die Kommunalitäten und Eigenwerte/Varianzanteile den Tabellen ❶ und ❹ von BEISPIEL 1.

Ladung auf Faktor/Komponente Nr.							S k a l a
1	2	3	4	5	6	Kom	(E, F, G = ESI, FPI, GT)
-.76	:	:	:	:	:	.67	Lebenszufriedenheit F1
.76	:	:	:	:	:	.67	Überforderungs-/Minderwertigkeitsgefühle E6
.73	:	:	:	:	:	.61	Grundstimmung G4
.63	:	:	:	:	:	.58	Angst vor den eigenen Gefühlen E9
.61	:	:	:	:	:	.58	Beanspruchung F7
.60	:	:	:	.46	:	.61	Körperliche Beschwerden F8
:	.82	:	:	:	:	.77	Durchlässigkeit G5
:	.78	:	:	:	:	.70	Soziale Potenz G6
:	.70	:	:	:	.36	.69	Zwischenmenschliche Verschlossenheit E8
-.30	-.61	:	:	:	:	.63	Soziale Resonanz G1
.40	.46	:	:	:	:	.47	Gehemmtheit F4
:	:	-.77	:	:	:	.62	Dominanz G2
:	:	.64	:	:	.34	.61	Aggressivität F6
.39	:	.57	:	-.34	:	.59	Offenheit F10
.48	:	.55	:	.40	:	.73	Erregbarkeit F5
:	:	:	.76	:	:	.66	Perfektionismus/Leistungsmotiviertheit E7
-.35	:	:	.69	:	:	.73	Leistungsorientierung F3
:	:	-.32	.53	.38	:	.61	Kontrolle G3
:	:	:	:	.77	:	.63	Gesundheitssorgen F9
:	:	:	:	:	-.79	.67	Soziale Orientierung F2
3,8	2,6	1,9	1,7	1,5	1,3		Eigenwerte der rotierten Faktoren
19,0	13,2	9,4	8,7	7,4	6,5%		Durch Faktoren aufgeklärter Varianzanteil

Bei Heranziehung der (auf der CD befindlichen) Erläuterungen zu den einzelnen Persönlichkeitsmerkmalen zeigt sich, dass Skalen, die Ähnliches erfassen, auch gemeinsam auf eigenen Faktoren gruppiert sind. Die ersten vier Faktoren könnte man (vorläufig) wie folgt benennen: *Belastung und Stimmung, Soziale Beziehungen, Aggressivität* und *Ehrgeiz und Leistungswillen*. Die beiden letzten Faktoren repräsentieren jeweils Einzelskalen, die offensichtlich mit den übrigen Merkmalen nicht in Beziehung stehen.

Beispiel 3

Bei der von Schneider-Düker & Kohler (1988) konstruierten deutschen Version des Bem Sex-Role-Inventory werden 60 persönlichkeitsbeschreibende Aussagen drei Skalen zugeordnet. Skala 1 (m-Skala) besteht aus 20 Eigenschaften, die nach den Geschlechtsrollenvorstellungen der Gesellschaft als »erwünscht für einen Mann« gelten. Die 20 Items von Skala 2 (f-Skala) beschreiben »für Frauen erwünschte« Eigenschaften, während die neutrale Skala 3 (SE-Skala) 20 Eigenschaften enthält, die (nach überwiegend an Studierenden der Psychologie erhobenen Urteilen) für Frauen und Männer in gleichem Maße erwünscht (oder unerwünscht) sind.

In einer Untersuchung möglicher Beziehungen zwischen der individuellen Geschlechtsrollenorientierung und ernährungs- und gewichtsbezogenen Einstellungen und Verhaltensweisen wurde dieser Fragebogen Anfang 1996 in Gießen Studierenden verschiedener Fachrichtungen mit folgender Instruktion vorgelegt:

»Sie finden nachfolgend eine Reihe von Aussagen über Eigenschaften, Verhaltensweisen und Zustände. Sie sollen sich mit Hilfe dieser Aussagen selbst beschreiben. Machen Sie bitte bei jeder Aussage durch Ankreuzen der entsprechenden Zahl kenntlich, wie sehr diese Eigenschaft, Verhaltensweise oder dieser Zustand für Sie zutrifft oder nicht zutrifft«.

Hinter jeder Aussage war die folgende siebenstufige Antwortskala vorgegeben (in Klammern: numerische Kodierung): *trifft nie oder fast nie zu* (0), *trifft gewöhnlich nicht zu* (1), *trifft manchmal, aber selten zu* (2), *trifft gelegentlich zu* (3), *trifft oft zu* (4), *trifft meistens zu* (5) und *trifft immer zu* (6). Die 60 Aussagen enthält (in der Reihenfolge der Vorgabe) die erste Tabelle der SPSS-Ausgabe auf Seite 528 f.

Es soll nun an diesen Daten untersucht werden, wieweit den Skalen des deutschen Bem-Geschlechtsrolleninventars jeweils eigene (und voneinander weitgehend unabhängige) Faktoren zugrunde liegen. Dies wäre der Fall, wenn sich in einer Faktorenanalyse hauptsächlich drei Faktoren ergeben würden, auf denen jeweils (relativ) ausschließlich die Items einer Skala (bedeutsam) laden.

Um dies in der Ladungsmatrix leichter prüfen zu können, besteht in der Datendatei der Name der einzelnen Variablen jeweils aus der Item-Nr. und der Nummer der Bem-Skala. Somit handelt es sich z. B. bei Variable »it26..2« um das im Fragebogen an 26. Stelle stehende Item, das Skala 2 (f-Skala) zugeordnet ist.

Die Datei BEMSTUD.SAV enthält die Antworten von 363 Studierenden auf die 60 Aussagen »über sich selbst«. Mit diesen soll eine Hauptkomponenten-Analyse durchgeführt werden. Das in einem Vorlauf erstellte Eigenwertediagramm ergibt Hinweise, dass es sinnvoll ist, vier Faktoren zu extrahieren:

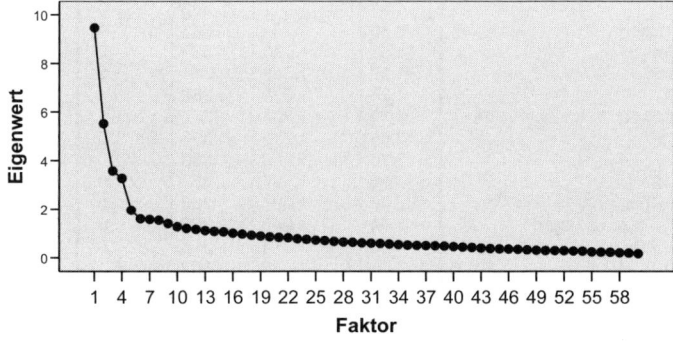

Die nachfolgende SPSS-Ausgabe zeigt im zweiten Teil die varimax-rotierte Faktormatrix. Es wurde ihre sortierte Form angefordert, mit Unterdrückung von Ladungen mit einem Betrag kleiner als 0,30. Die Rundung auf zwei Dezimalstellen erfolgte nachträglich im Ausgabe-Viewer. In der Box **Optionen** wurde der *paarweise Fallausschluss* gewählt, so dass in der ersten Tabelle bei den Variablen jeweils die Anzahl gültiger (»Analyse N«) und fehlender Werte aufgeführt ist:

Deskriptive Statistiken

	Mittel-wert	Standard-abwei-chung	Analy-se N	Fehlen-des N
it01..1 habe Führungseigenschaften	3,22	1,229	363	0
it02..2 bin romantisch	4,09	1,254	363	0
it03..3 bin gesellig	4,17	1,196	363	0
it04..1 trete bestimmt auf	3,40	1,254	363	0
it05..2 bin abhängig	1,93	1,552	362	1
it06..3 bin nervös	2,60	1,434	363	0
it07..1 bin ehrgeizig	3,81	1,310	363	0
it08..2 bin weichherzig	3,98	1,320	362	1
it09..3 bin gesund	4,66	1,060	363	0
it10..1 bin respekteinflößend	2,43	1,361	363	0
it11..2 bemühe mich, verletzte Gefühle zu besänftigen	4,43	1,119	363	0
it12..3 bin steif	1,77	1,414	362	1
it13..1 kann andere kritisieren, ohne mich dabei unbehaglich zu fühlen	2,80	1,559	363	0
it14..2 bin glücklich	4,17	1,094	362	1
it15..3 bin gründlich	3,96	1,189	363	0
it16..1 verteidige die eigene Meinung	4,35	1,077	362	1
it17..2 bin feinfühlig	4,50	1,081	363	0
it18..3 bin teilnahmslos	1,42	1,231	363	0
it19..1 bin entschlossen	3,90	1,139	363	0
it20..2 bin sinnlich	3,82	1,258	363	0
it21..3 bin vertrauenswürdig	4,87	,891	363	0
it22..1 bin sachlich	3,80	1,072	363	0
it23..2 bin fröhlich	4,24	1,095	363	0
it24..3 bin überspannt	2,37	1,320	363	0
it25..1 bin nicht leicht beeinflussbar	3,22	1,388	363	0
it26..2 bin nachgiebig	3,45	1,137	363	0
it27..3 bin zuverlässig	4,93	,912	363	0
it28..1 bin unerschrocken	3,30	1,261	363	0
it29..2 bin bescheiden	3,58	1,233	363	0
it30..3 bin unpraktisch	1,97	1,359	361	2
it31..1 bin intelligent	4,26	1,001	362	1
it32..2 bin empfänglich für Schmeicheleien	4,19	1,364	362	1
it33..3 bin fleißig	3,65	1,216	363	0
it34..1 bin hartnäckig	3,76	1,228	363	0
it35..2 bin empfindsam	4,66	1,097	363	0
it36..3 bin niedergeschlagen	2,48	1,297	363	0
it37..1 bin bereit, etwas zu riskieren	3,44	1,245	363	0
it38..2 bin selbstaufopfernd	3,00	1,374	363	0
it39..3 bin geschickt	3,73	1,085	362	1
it40..1 bin kraftvoll	3,34	1,175	363	0
it41..2 benutze keine barschen Worte	3,19	1,570	363	0
it42..3 bin eingebildet	1,94	1,422	363	0

it43..1 bin furchtlos	2,70	1,361	362	1
it44..2 bin verspielt	3,68	1,465	363	0
it45..3 bin gesetzestreu	4,22	1,238	363	0
it46..1 bin scharfsinnig	3,75	,964	362	1
it47..2 bin verführerisch	3,13	1,268	362	1
it48..3 bin stumpf	1,22	1,194	361	2
it49..1 bin wetteifernd	2,73	1,447	362	1
it50..2 achte auf die eigene äußere Erscheinung	4,47	1,208	363	0
it51..3 bin gewissenhaft	4,38	1,031	362	1
it52..1 bin sicher	3,65	1,096	363	0
it53..2 bin leidenschaftlich	4,00	1,215	363	0
it54..3 bin unhöflich	1,46	1,218	362	1
it55..1 zeige geschäftsmäßiges Verhalten	2,57	1,463	362	1
it56..2 bin herzlich	4,20	1,053	361	2
it57..3 bin aufmerksam	4,35	,906	363	0
it58..1 bin konsequent	3,87	1,159	362	1
it59..2 liebe Sicherheit	4,47	1,183	363	0
it60..3 bin vergesslich	2,75	1,486	363	0

Rotierte Komponentenmatrix

	Komponente			
	1	2	3	4
it01..1 habe Führungseigenschaften	,68			
it10..1 bin respekteinflößend	,67			
it04..1 trete bestimmt auf	,66			
it52..1 bin sicher	,61			,48
it19..1 bin entschlossen	,58			,32
it34..1 bin hartnäckig	,56			
it49..1 bin wetteifernd	,55			
it28..1 bin unerschrocken	,53			,30
it16..1 verteidige die eigene Meinung	,53			,31
it37..1 bin bereit, etwas zu riskieren	,51			
it46..1 bin scharfsinnig	,51			
it58..1 bin konsequent	,48	,39		
it55..1 zeige geschäftsmäßiges Verhalten	,47			
it43..1 bin furchtlos	,47			
it07..1 bin ehrgeizig	,47	,43		
it40..1 bin kraftvoll	,43			
it13..1 kann andere kritisieren, ohne mich dabei unbehaglich zu fühlen	,43			
it31..1 bin intelligent	,41			
it39..3 bin geschickt	,38			
it42..3 bin eingebildet	,36	-,31		
it25..1 bin nicht leicht beeinflussbar				
it51..3 bin gewissenhaft		,73		
it15..3 bin gründlich		,68		
it27..3 bin zuverlässig		,63		
it33..3 bin fleißig	,38	,60		
it57..3 bin aufmerksam		,55		
it59..2 liebe Sicherheit		,54		
it21..3 bin vertrauenswürdig		,47		
it54..3 bin unhöflich		-,44		-,37
it45..3 bin gesetzestreu		,42		
it22..1 bin sachlich	,36	,42		
it60..3 bin vergesslich		-,41		
it29..2 bin bescheiden		,31		

it41..2 benutze keine barschen Worte			
it20..2 bin sinnlich		,66	
it02..2 bin romantisch		,64	
it53..2 bin leidenschaftlich		,62	
it56..2 bin herzlich		,60	
it08..2 bin weichherzig		,60	
it35..2 bin empfindsam		,58	
it47..2 bin verführerisch	,31	,57	
it44..2 bin verspielt		,48	
it17..2 bin feinfühlig	,41	,48	
it03..3 bin gesellig		,47	,41
it32..2 bin empfänglich für Schmeicheleien		,47	
it11..2 bemühe mich, verletzte Gefühle zu besänftigen		,43	
it26..2 bin nachgiebig		,37	-,34
it38..2 bin selbstaufopfernd		,32	
it50..2 achte auf die eigene äußere Erscheinung			
it36..3 bin niedergeschlagen			-,69
it14..2 bin glücklich			,62
it12..3 bin steif			-,59
it23..2 bin fröhlich		,37	,58
it48..3 bin stumpf			-,53
it06..3 bin nervös			-,50
it18..3 bin teilnahmslos			-,50
it24..3 bin überspannt			-,48
it05..2 bin abhängig			-,44
it30..3 bin unpraktisch			-,38
it09..3 bin gesund			,35

Es zeigt sich, dass die Items (Eigenschaften) von Skala 1 (m-Skala) recht gut einen »eigenen« Faktor bilden. Dies gilt auch für einen großen Teil der Items von Skala 2 (f-Skala). Den in Skala 3 zusammengestellten Eigenschaften scheint dagegen kein einheitlicher Faktor zugrunde zu liegen. Sie verteilen sich (in Mischung mit Items von Skala 2) auf (zumindest) zwei Faktoren. Auf die Ergebnisse dieser Faktorenanalyse wird im Rahmen der Item- und Skalenanalyse in Kapitel 73 noch einmal zurückzukommen sein, wo dann versucht wird, speziell für die Konzepte, die von Skala 2 und 3 erfasst werden sollen, etwas »verbesserte« (eindimensionalere) Skalen zu erstellen.

Multidimensionale Skalierung

Verfahren der Multidimensionalen Skalierung (MDS) können in SPSS mit der Prozedur ALSCAL ausgeführt werden. MDS-Verfahren bilden Unähnlichkeiten einer Menge von Objekten in Distanzen eines Raumes vorgegebener Dimensionalität ab (vgl. einführend z. B. Borg & Staufenbiel, 2007; oder vertiefend Borg & Groenen, 2005). ALSCAL erlaubt die Durchführung einer Vielzahl von MDS-Varianten. Im Folgenden wird jedoch nur die Durchführung der »klassischen« MDS dargestellt, in der eine quadratische, symmetrische Datenmatrix skaliert wird. Weitere Möglichkeiten von ALSCAL (andere MDS-Verfahren, z. B. mit mehr als einer Datenmatrix wie INDSCAL, mit asymmetrischen Daten, mit nominalen Daten, mehrdimensionales Unfolding und zusätzliche Optionen wie z. B. die Eingabe einer externen Startkonfiguration) beschreibt Norušis (1994b, Kap. 7).

Verfügt man zusätzlich über das SPSS CATEGORIES add-on Modul, so steht als eine weitere, hier nicht dargestellte MDS-Prozedur PROXSCAL zur Verfügung (für einen Vergleich beider Prozeduren siehe Borg & Groenen, 2005, Appendix A).

Daten für die MDS

Die Daten für die Durchführung der MDS können auf drei verschiedenen Wegen bereitgestellt werden:

1. Vorliegende (Un)Ähnlichkeiten zwischen den Objekten werden im Dateneditor direkt in eine quadratische Matrix eingegeben (vgl. BEISPIEL 1).

2. Es liegt die »übliche« rechteckige Datenmatrix mit den Variablen als Spalten und den Personen als Zeilen vor; die (Un)Ähnlichkeiten werden durch ALSCAL selbst bestimmt (vgl. BEISPIEL 2).

3. Die Matrix mit den Unähnlichkeiten wird zunächst durch eine andere SPSS-Prozedur bestimmt (vgl. BEISPIEL 3).

Fall 1: Direkte Eingabe der (Un)Ähnlichkeiten im Dateneditor

In diesem Fall werden die (Un)Ähnlichkeiten direkt als untere Dreiecksmatrix in den Dateneditor eingegeben (vgl. BEISPIEL 1). In der Eingangs-Dialogbox **Multidimensionale Skalierung** kann dann im Feld *Distanzen* die Voreinstellung *Daten sind Distanzen* mit der Form »Quadratisch und symmetrisch« beibehalten werden.

Fall 2: Bestimmung der (Un)Ähnlichkeiten in ALSCAL

Müssen die (Un)Ähnlichkeiten zwischen den Objekten erst noch bestimmt werden, kann im Eingangs-Dialogfeld die Option *Distanzen aus Daten erzeugen* gewählt und dann nach Betätigen der Schaltfläche [Maß] festgelegt werden, auf welche Art die (Un)Ähnlichkeiten bestimmt werden sollen (vgl. BEISPIEL 2).

In der Dialogbox **Distanzen aus Daten erstellen** kann auch festgelegt werden, ob und wie die Daten vor der Ähnlichkeitsberechnung transformiert werden sollen *(Werte transformieren,* vgl. Kap. 68, S. 510 f.) und ob Personen *(Distanzmatrix erstellen / Zwischen den Variablen)* oder Variablen *(Distanzmatrix erstellen / Zwischen den Fällen)* skaliert werden sollen.

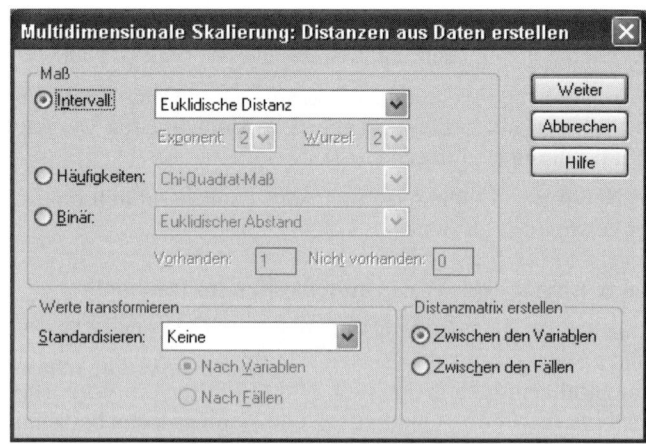

Fall 3: Bestimmung der (Un)Ähnlichkeiten durch eine andere SPSS-Prozedur

In diesem Fall liegt wiederum eine rechteckige Datenmatrix vor und die erforderliche Unähnlichkeitsmatrix wird vorher durch eine andere SPSS-Prozedur (z. B. über **Analysieren / Korrelation / Bivariat** oder **Analysieren / Korrelation / Distanzen**) bestimmt und als SAV-Datei abgespeichert. Mit der so erzeugten SAV-Datei wird dann verfahren wie unter FALL 1 beschrieben. Dieses Vorgehen wird bei BEISPIEL 2 verdeutlicht.

Durchführung der MDS

Nachdem die zu skalierenden Variablen (mindestens vier, höchstens 100) ausgewählt wurden, sind bei den »klassischen« MDS-Analysen folgende drei Entscheidungen zu treffen:

1. *In welcher Dimensionalität soll skaliert werden?*

In der Dialogbox **Modell** kann die Dimensionalität oder eine Bandbreite von Dimensionalitäten unter *Minimum* und *Maximum* im Feld *Dimensionen* gewählt werden. Voreinstellung ist *Minimum* und *Maximum* = 2; dies entspricht der Skalierung im zweidimensionalen Raum, d. h. einer Ebene. *Minimum* = 2 und *Maximum* = 4 führen dazu, dass die vier, drei und zweidimensionalen Lösungen nacheinander ausgegeben werden. Es muss gelten: $2 \leq Minimum \leq Maximum \leq 6$.

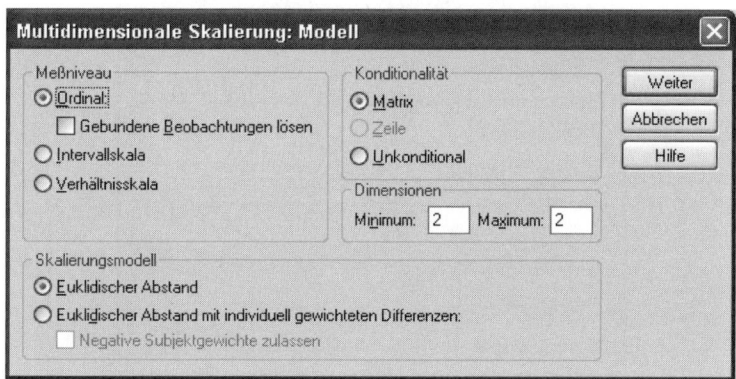

2. *Welches Modell soll verwendet werden?*

In Abhängigkeit vom Skalenniveau der Daten kann im Dialogfeld **Modell** unter *Messniveau* die Art des Daten-Distanz Zusammenhangs spezifiziert werden. Meist fällt die Entscheidung zwischen der ordinalen = nicht metrischen MDS (*Ordinalskala*) und der metrischen = Intervall-MDS (*Intervallskala*), seltener findet auch die Verhältnis-MDS Anwendung (*Verhältnisskala*).

Bei Wahl der ordinalen MDS ist wählbar, dass beim Vorliegen von Rangbindungen (Ties) in den Daten gleiche Ränge in unterschiedliche Distanzen abgebildet werden dürfen (*Gebundene Beobachtungen lösen*). In der Regel sollte man diese Option wählen (zu einer Diskussion des primären vs. sekundären Ansatzes der Behandlung von Ties siehe Borg & Groenen, 2005, S. 211 f.)

3. Handelt es sich bei den Daten um Ähnlichkeiten oder Unähnlichkeiten?

ALSCAL nimmt standardmäßig an, dass es sich um Unähnlichkeiten handelt (d.h. je größer der Wert, desto unähnlicher sind sich die Objekte und desto größer wird nachher ihre Distanz in der Lösung). Gilt dies nicht, wie z.B. bei Korrelationen oder direkten Ähnlichkeitsratings, lässt sich bei Wahl der ordinalen MDS über die Befehlsdatei angeben, dass es sich um Ähnlichkeiten handelt (vgl. BEISPIEL 1).

Bei der Intervall- oder Verhältnis-MDS ist dies nicht möglich[†]. Will man trotzdem diese Modelle verwenden, besteht die (etwas umständliche) Möglichkeit, die Ähnlichkeiten vor Durchführung der MDS in Unähnlichkeiten zu transformieren. Dabei ist zu beachten, dass negative Werte standardmäßig wie Fehlend-Werte behandelt werden (änderbar in **Optionen**).

Eine Einschränkung des ALSCAL zugrunde liegenden *Alternating Least-Squares* Algorithmus besteht darin, dass die Distanzen im Lösungsraum immer euklidisch sind.

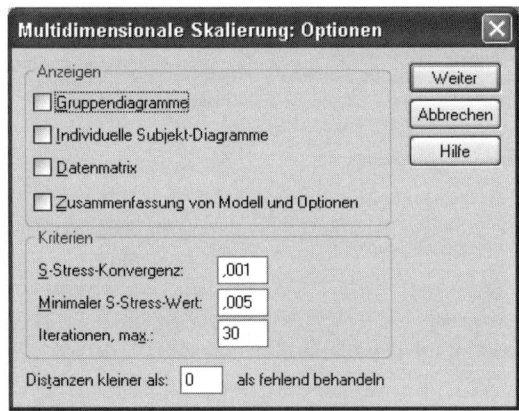

Numerische Ausgabe

Standardmäßig gibt ALSCAL die Iterationsgeschichte bei der Optimierung mit einigen Fit-Indizes sowie die Koordinaten der Lösungskonfiguration aus. Zusätzlich

---

[†] Werden bei diesen Modellen Ähnlichkeiten skaliert, beendet SPSS häufig die Optimierung mit einer Warnung, z.B.: A linear transformation of your data has negative slope; oder: ALSCAL terminated iterations because SSTRESS increased.

kann manchmal von Interesse sein, die skalierte Datenmatrix auszugeben. Dies kann nach Betätigen der Schaltfläche [Optionen] durch Aktivieren von *Datenmatrix* geschehen.

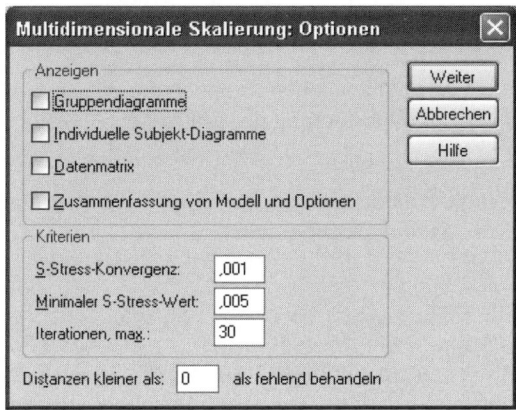

Grafische Ausgabe

In der Regel ist es sinnvoll, im Dialogfeld **Optionen** die *Gruppendiagramme* anzuwählen. Dies produziert folgende grafische Darstellungen:

- Die grafische Darstellung der Skalierungslösung (von SPSS etwas unverständlich bezeichnet als *Konfiguration des abgeleiteten Stimulus*). Bei Skalierung in zwei Dimensionen wird standardmäßig die Ebene, bei höherdimensionalen Skalierungen die 3-D Darstellung der (ersten) drei Dimensionen gewählt.

  Die standardmäßig angebotenen grafischen Darstellungen sind allerdings nur sehr eingeschränkt brauchbar. Dies liegt daran, dass die SPSS-Grafik nicht berücksichtigt, dass gleiche Unterschiede in den Koordinaten der Dimensionen X und Y in der Darstellung in gleiche Abstände (in cm) abgebildet werden müssen. So entsteht meist eine hinsichtlich einer Dimension gestreckte Darstellung, die die wahren Distanzen zwischen den Objekten fehlerhaft repräsentiert. Dieser Fehler kann nur einigermaßen mühsam »von Hand« ausgebessert werden, was damit zusammenhängt, dass SPSS keine Fixierung der Längen der Koordinatenachsen (z. B. in cm) erlaubt. BEISPIEL 1 demonstriert ein solches Vorgehen.

- Das häufig als Shepard-Diagramm bezeichnete Streudiagramm der Daten = Beobachtungen und Distanzen (bezeichnet als *Streudiagramm mit linearer* bzw. *nicht-linearer Anpassung).* Hier ist bei ordinaler MDS die Darstellung mit nicht linearer und bei metrischer MDS die Darstellung mit linearer Anpassung von Interesse.

- Nur bei ordinaler MDS: Das Streudiagramm der optimal transformierten Daten gegen die Distanzen (bezeichnet als *Transformations-Streudiagramm*). Warum SPSS dies bei metrischer MDS nicht ausgibt, ist unklar.

Übersicht über die in den Beispielen behandelten Probleme

① Ordinale MDS in zwei Dimensionen. Eingabe der direkten Ähnlichkeits- daten in Daten-Editor. Optimierung der grafischen Ausgabe.

② Ordinale MDS in vier Dimensionen. Ähnlichkeiten in ALSCAL berechnet.

③ Intervall-MDS in zwei Dimensionen. Transformierte Korrelationsmatrix aus anderem SPSS-Modul übernommen.

Beispiel 1

Das Beispiel ist Borg und Staufenbiel (2007, S. 157 f.) entnommen und demon- striert die Durchführung einer MDS, bei der die Ähnlichkeitsurteile direkt erhoben wurden. Der Datensatz stammt von Wish (1971), der Studierende 12 Länder paarweise bezüglich ihrer globalen Ähnlichkeit auf einer Rating-Skala von 1 = *sehr unähnlich* bis 9 = *sehr ähnlich* einstufen ließ. Es wird eine zweidimensiona- le, ordinale MDS durchgeführt.

Da die Daten nur in einer Richtung erhoben wurden (es wurde also, wie meist üb- lich, nicht getrennt nach der Ähnlichkeit von »Brasilien – Kongo« und »Kongo – Brasilien« gefragt) liegen symmetrische Daten vor. Es braucht deshalb nur die untere Dreiecksmatrix betrachtet zu werden (die in der Hauptdiagonalen fehlende Werte aufweist, da z. B. die Ähnlichkeit von »Kongo – Kongo« sinnvoller Weise nicht erhoben wurde). Der Datensatz, bei dem die Ähnlichkeiten bereits über die Personen gemittelt wurden, sieht wie folgt aus (Datei MDS_WISH.SAV):

Land	Bra	Kon	Kub	Ägy	Fra	Ind	Isr	Jap	Chi	UdS	USA	Jug
Brasilien	--											
Kongo	4,83	--										
Kuba	5,28	4,56	--									
Ägypten	3,44	5,00	5,17	--								
Frankreich	4,72	4,00	4,11	4,78	--							
Indien	4,50	4,83	4,00	5,83	3,44	--						
Israel	3,83	3,33	3,61	4,67	4,00	4,11	--					
Japan	3,50	3,39	2,94	3,83	4,22	4,50	4,83	--				
China	2,39	4,00	5,50	4,39	3,67	4,11	3,00	4,17	--			
UdSSR	3,06	3,39	5,44	4,39	5,06	4,50	4,17	4,61	5,72	--		
USA	5,39	2,39	3,17	3,33	5,94	4,28	5,94	6,06	2,56	5,00	--	
Jugoslawien	3,17	3,50	5,11	4,28	4,72	4,00	4,44	4,28	5,06	6,67	3,56	--

Nachdem im Eingangs-Dialogfeld die Variablen BRASILILIEN bis JUGOSLAWIEN selegiert wurden, wird in der Box **Optionen** das Kästchen *Gruppendiagramme* und in der Dialogbox **Modell** das Messniveau *Ordinalskala* sowie die Option »Gebundene Beobachtungen lösen« angewählt. Da es sich bei den Daten um Ähnlichkeiten handelt, muss noch im über die Schaltfläche [Einfügen] erhältlichen Syntax-Fenster in der Zeile /LEVEL das (durch einen Pfeil kenntlich gemachte) Schlüsselwort SIMILAR in der Klammer hinzugefügt werden.

```
ALSCAL
 VARIABLES = brasilien kongo kuba ägypten frankreich indien israel
 japan china udssr usa jugoslawien
 /SHAPE=SYMMETRIC
 /LEVEL=ORDINAL (UNTIE, SIMILAR)
 /CONDITION=MATRIX          ↑
 /MODEL=EUCLID
 /CRITERIA=CONVERGE(.001) STRESSMIN(.005) ITER(30)
  CUTOFF(0) DIMENS(2,2)
 /PLOT=DEFAULT .
```

Das Starten der Befchlsdatei führt dann zu folgender Ausgabe:

```
Iteration history for the 2 dimensional solution (in squared distances)
            Young's S-stress formula 1 is used.

         Iteration      S-stress      Improvement    ❶

             1           ,28041
             2           ,25045          ,02997
             3           ,24596          ,00449
             4           ,24526          ,00070

              Iterations stopped because
        S-stress improvement is less than   ,001000
        Stress and squared correlation (RSQ) in distances
     RSQ values are the proportion of variance of the scaled data
  (disparities)in the partition (row, matrix, or entire data) which
        is accounted for by their corresponding distances.
         Stress values are Kruskal's stress formula 1.

                 For  matrix
       Stress  =  ,19406      RSQ =  ,73537    ❷

       Configuration derived in 2 dimension

                     Stimulus Coordinates      ❸
                          Dimension
       Stimulus   Stimulus    1        2
        Number      Name
           1       BRASIL    -,9429   -1,6453
           2       KONGO     1,0847   -1,5751
           3       KUBA      1,0049    -,8517
```

```
   4        AEGYP      1,0046    -,1876
   5        FRANKR     -,8193    -,2524
   6        INDIEN      ,2217    -,3360
   7        ISRAEL    -1,2310     ,4349
   8        JAPAN      -,7907    1,1121
   9        CHINA      1,6295     ,8925
  10        UDSSR       ,1843    1,1373
  11        USA       -1,8451     ,2734
  12        JUGOS       ,4993     ,9978

Abbreviated   Extended
Name          Name

brasilie      brasilien
frankrei      frankreich
jugoslaw      jugoslawien
```

Konfiguration des abgeleiteten Stimulus ❹
Euklidisches Distanzmodell

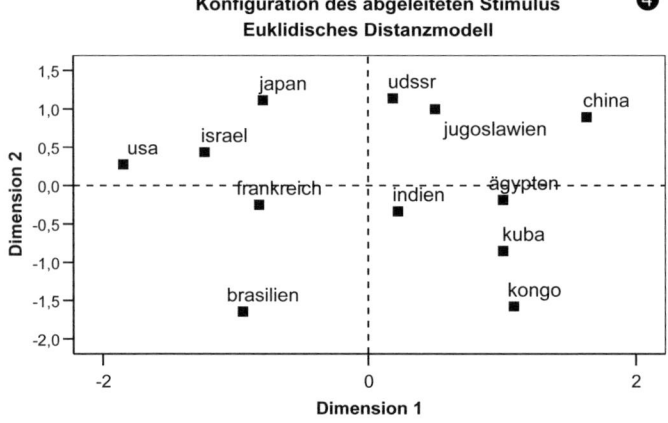

Streudiagramm mit linearer Anpassung ❺
Euklidisches Distanzmodell

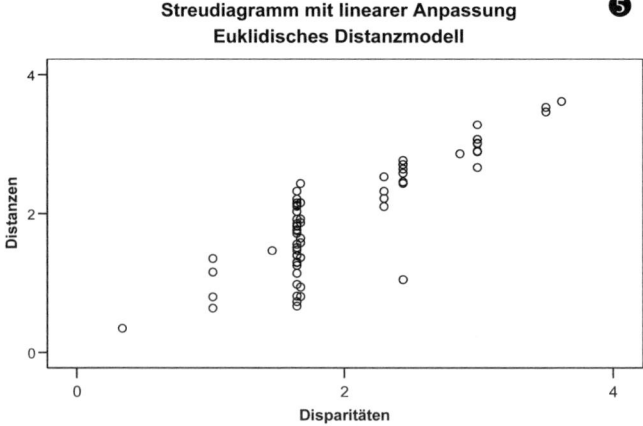

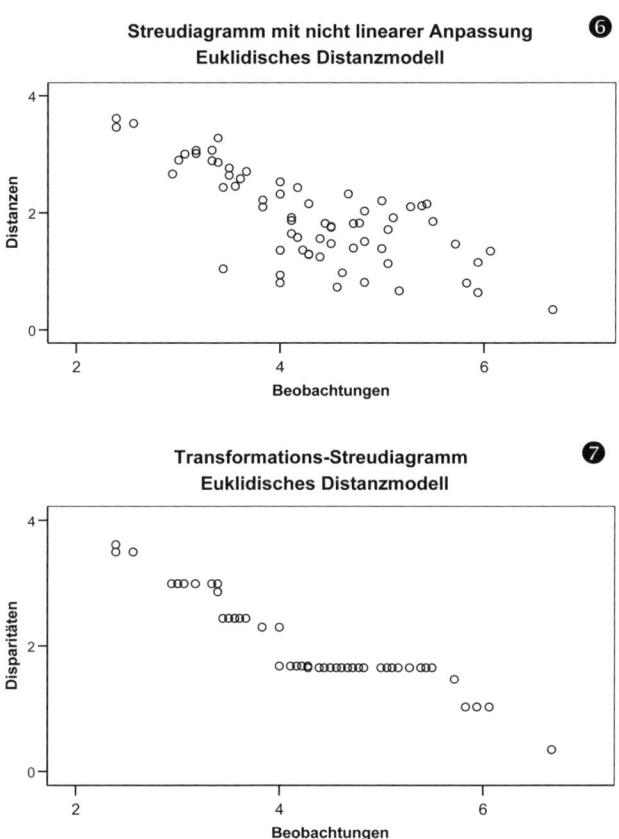

Streudiagramm mit nicht linearer Anpassung ❻
Euklidisches Distanzmodell

Transformations-Streudiagramm ❼
Euklidisches Distanzmodell

Erläuterungen zur Ausgabe

❶ **Iteration**: Hier wird die Iterationsgeschichte mit der Veränderung im optimierten Missfit-Index S-Stress angegeben. Die Optimierung wird abgebrochen, wenn entweder die maximale Zahl an Iterationen durchgeführt, ein minimaler Stresswert erreicht oder die Stressreduktion in einer Iteration unter einen bestimmten Grenzwert fällt. Diese drei Abbruchkriterien können in der Box **Optionen** unter *Kriterien* verändert werden. Im Beispiel wurden vier Iterationen benötigt, um zur Lösung zu gelangen, die einen Missfit von S-Stress = 0,245 aufweist.

❷ **Stress** = ...: Als weitere nicht durch ALSCAL optimierte (Miss-)Fit-Indizes werden Kruskal's Stress = 0,194 und die quadrierte Korrelation zwischen den optimal transformierten Daten und den Distanzen, RSQ = 0,735, angegeben.

❸ **Stimulus coordinates**: Schließlich werden die Koordinaten der Objekte angegeben. Hier handelt es sich bei der zweidimensionalen Lösung um je zwei Koordinaten pro Objekt (Stimulus): Frankreich z. B. weist auf der 1. Dimension (später als X-Achse dargestellt) den Wert –0,82 und auf der 2. Dimension (Y-Achse) die Koordinate –0,25 auf.

❹ **Konfiguration des abgeleiteten Stimulus:** Hier wird die zweidimensionale Lösung grafisch dargestellt. Wie bereits erwähnt, ist diese Grafik wenig brauchbar, weil sie die Distanzen zwischen den Objekten verzerrt darstellt.

Um dies zu korrigieren, wird wie folgt vorgegangen. Zunächst wird die Grafik vollständig so gestaltet, wie sie später aussehen soll: Schriftarten, Achsenbeschriftungen, Titel usw. werden entsprechend modifiziert

In der nachfolgend wiedergegebenen Grafik wurden die Überschriften gelöscht, die Achsenbeschriftungen zentriert, das wenig sinnvolle Fadenkreuz beseitigt, schwarz gefüllte Punkte gewählt sowie alle Beschriftungen auf den Schrifttyp »Arial 6« eingestellt. Nach der Fertigstellung wurde ein Probeausdruck auf dem Drucker erstellt und per Lineal die Breite und Höhe der beiden Koordinatenachsen ausgemessen. Es resultierten: Breite der X-Achse = 10,6 cm, Höhe der Y-Achse = 8,2 cm und damit ein Seitenverhältnis von 10,6 cm/8,2 cm = 1,29.

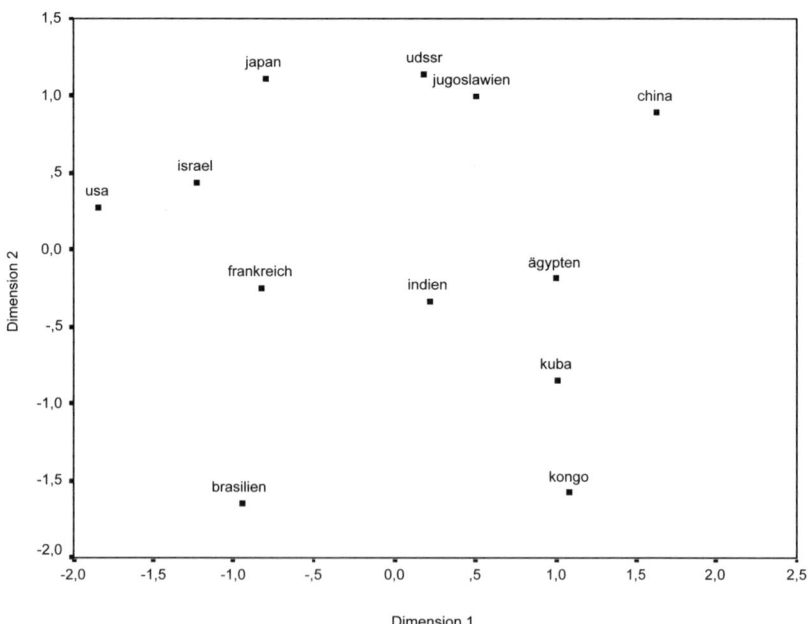

Nun müssen die dargestellten Koordinatenbereiche auf beiden Achsen so gewählt werden, dass ihr Verhältnis 1,29 entspricht. In der Voreinstellung beträgt das Verhältnis (2,0 bis –2,0)/(1,5 bis –2,0) = 4/3,5 = 1,14. Im Beispiel schien es am sinnvollsten, den Wertebereich der X-Achse um 0,5 zu erweitern, so dass dann 4,5/3,5 ziemlich genau dem angestrebten Seitenverhältnis von 1,29 entspricht. Bei der resultierenden Darstellung sind jetzt die Distanzen zwischen den Punkten korrekt wiedergegeben. Zur Deutung der vorliegenden MDS-Struktur siehe Borg und Staufenbiel (2007, S. 158 ff.) oder ausführlicher Wish (1971).

❺ Das Streuungsdiagramm mit linearer Anpassung ist im Kontext der hier gewählten ordinalen MDS irrelevant.

❻ Hier finden wir das für diese Analyse adäquate Shepard-Diagramm, dass die Streuung der Daten-Distanz Punkte visualisiert.

❼ Dieses Diagramm zeigt die monoton fallende Regressionslinie (um welche die in der vorherigen Grafik dargestellten Daten-Distanz Punkte streuen), die sich durch die Verbindung der dargestellten optimal transformierten Daten (= Disparitäten) ergibt.

Beispiel 2

Der Datensatz dieses Beispiels, bei dem die Unähnlichkeiten zwischen den zu skalierenden Daten zunächst berechnet werden müssen, ist in Borg und Staufenbiel (1997, S. 92 f.) beschrieben. Die Daten sind einer Studie von Galinat und Borg (1987) zum Erleben zeitlicher Dauer entnommen. Versuchspersonen mussten 24 beschriebene Situationen daraufhin beurteilen, wie lang andauernd ihnen die Situation wohl subjektiv vorkommen würde. Die Datei MDS_DAUER.SAV enthält die Daten. Es wird eine vierdimensionale ordinale MDS berechnet. Als Ähnlichkeitsmaß werden euklidische Distanzen bestimmt, die auch ausgegeben werden.

Zwischen den Objekten müssen, anders als bei BEISPIEL 1, zunächst Unähnlichkeitsindizes berechnet werden. Dies wird im Eingangs-Dialogfeld durch das Anwählen von *Distanzen aus Daten erzeugen* erreicht. Die über [Maß] erhältliche Dialogbox muss nicht aufgerufen werden, da die Voreinstellung *Euklidische Distanzen* die gewünschte ist. Im Dialogfeld **Modell** wird *Ordinalskala* sowie »Gebundene Beobachtungen lösen« angeklickt und im Feld *Dimensionen* sowohl *Minimum* als auch *Maximum* = 4 gesetzt. Schließlich wird in der Box **Optionen** neben *Gruppendiagramme* auch die *Datenmatrix* angewählt.

Da wir zusätzlich die Koordinaten der Lösung in einer SPSS-Datendatei speichern wollen, fügen wir die bisherigen Befehle in die Syntax ein und fügen dort in das ALSCAL-Kommando die durch einen Pfeil kenntlich gemachte Zeile mit dem /OUTFILE-Unterbefehl ein (Die vorgelagerte Prozedur PROXIMITIES erzeugt die Ähnlichkeitsmatrix.):

```
PROXIMITIES sit1 sit2 sit3 sit4 sit5 sit6 sit7 sit8 sit9 sit10 sit11 sit12
  sit13 sit14 sit15 sit16 sit17 sit18 sit19 sit20 sit21 sit22 sit23 sit24
  /PRINT NONE /MATRIX OUT('c:\spss-15\spssalsc.tmp')
  /MEASURE=EUCLID /STANDARDIZE=NONE /VIEW=VARIABLE.
ALSCAL
  /MATRIX= IN('c:\spss-15\spssalsc.tmp')
  /LEVEL=ORDINAL (UNTIE)
  /CONDITION=MATRIX
  /MODEL=EUCLID
  /CRITERIA=CONVERGE(.001) STRESSMIN(.005) ITER(30) CUTOFF(0)
  DIMENS(4,4)
  /PLOT=DEFAULT
  /OUTFILE='c:\spss-15\mds_dauer_coord.sav'    ←
  /PRINT=DATA .
```

Nachfolgend die (etwas gekürzte) Ausgabe des Programms:

Verarbeitete Fälle[a]

Fälle					
Gültig		Fehlenden Werten		Insgesamt	
N	Prozent	N	Prozent	N	Prozent
76	100,0%	0	,0%	76	100,0%

a. Euklidisches Distanzmaß wurde verwendet

```
            Raw (unscaled) Data for Subject 1          ❷
               1          2          3          4          5
     1       ,000
     2     17,748       ,000
     3     17,607     18,788       ,000
     4     21,071     19,975     20,833       ,000
     5     19,799     19,157     18,330     19,596       ,000
     6     21,119     20,125     21,307     21,494     19,026
     7     20,100     18,947     20,543     17,263     20,736
     8     24,940     21,932     20,149     18,111     22,136
     9     22,000     18,947     19,900     18,601     18,221
    10     21,378     22,226     20,224     21,932     18,947
     :        :          :          :          :          :
    23     29,411     25,179     26,173     26,325     27,037
    24     29,138     26,944     24,718     25,199     22,956
     :        :          :          :          :          :

              21         22         23         24
    21       ,000
    22     15,100       ,000
    23     22,428     21,331       ,000
    24     17,117     15,524     21,494       ,000

Iteration history for the 4 dimensional solution (in squared distances)
            Young's S-stress formula 1 is used.
```

```
        Iteration    S-stress    Improvement    ❸
            1          ,23752
            2          ,16739         ,07013
            3          ,15910         ,00829
            4          ,15755         ,00155
            5          ,15710         ,00044
```

Iterations stopped because
S-stress improvement is less than   ,001000

Stress and squared correlation (RSQ) in distances

RSQ values are the proportion of variance of the scaled data
(disparities)in the partition (row, matrix, or entire data)
which is accounted for by their corresponding distances.
Stress values are Kruskal's stress formula 1.

For matrix

Stress =   ,10956   RSQ =   ,88598   ❹

Configuration derived in 4 dimensions
Stimulus Coordinates   ❺

		Dimension			
Stimulus Number	Stimulus Name	1	2	3	4
1	sit1	2,1192	-1,3555	-,3100	,7548
2	sit2	1,2664	-,3559	1,2131	-,0810
3	sit3	,9774	,0782	-,1585	1,1060
4	sit4	1,4956	,5556	-,2771	-,4954
5	sit5	,8863	-,8458	-,4966	,5206
6	sit6	1,3176	-,5118	1,3115	-,6533
7	sit7	,9426	-,3217	-1,0844	-,3037
:	:	:	:	:	:
21	sit21	-1,1845	-,2209	,8578	,4032
22	sit22	-,8600	-,4025	,0053	-,2628
23	sit23	-2,6627	,6063	,3281	-1,4908
24	sit24	-2,2986	-,2035	,1154	,2223

Optimally scaled data (disparities) for subject   1   ❻

	1	2	3	4	5
1	,000				
2	1,702	,000			
3	1,702	1,813	,000		
4	2,326	1,979	2,108	,000	
5	1,979	1,979	1,702	1,979	,000
6	2,326	1,979	2,326	2,326	1,979
7	1,979	1,979	2,046	1,339	2,046
8	3,474	2,433	1,979	1,702	2,433
9	2,433	1,979	1,979	1,742	1,702
10	2,326	2,433	2,046	2,433	1,813
:	:	:	:	:	:

	21	22	23	24
21	,000			
22	1,022	,000		
23	2,433	2,326	,000	
24	1,339	1,339	2,326	,000

Konfiguration des abgeleiteten Stimulus
Euklidisches Distanzmodell

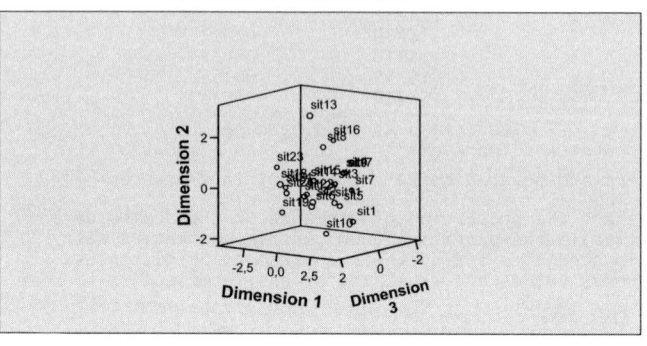

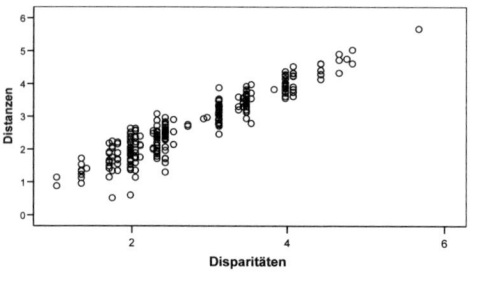

Streudiagramm mit linearer
Anpassung
Euklidisches Distanzmodell

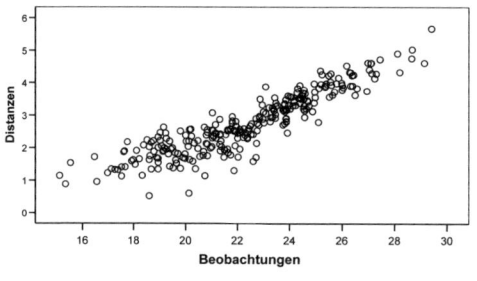

Streudiagramm mit nicht linearer
Anpassung
Euklidisches Distanzmodell

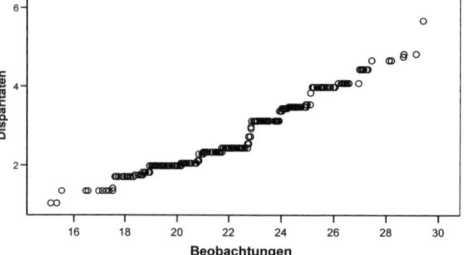

Transformations-Streudiagramm
Euklidisches Disntanzmodell

Erläuterungen zur Ausgabe

❶ Anzahl der gültigen Fälle, die zur Berechnung der Unähnlichkeiten (= euklidischen Distanzen) herangezogen werden (intern erzeugt durch den Aufruf der Prozedur PROXIMITIES).

❷ **Raw (unscaled) Data** ...: Hier werden die euklidischen Distanzen zwischen den 24 Situationen in einer unteren Dreiecksmatrix dargestellt.

❸ bis ❺ vgl. Erläuterungen ❶ bis ❸ bei BEISPIEL 1.

❻ **Optimally scaled data** ...: Abschließend wird die Matrix der optimal transformierten Daten (disparities) ausgegeben. Diese Disparitäten werden im Transformations-Streudiagramm gegen die Daten aus ❷ aufgetragen.

❼ **Konfiguration des abgeleiteten Stimulus**: Da die Lösung höher als zweidimensional ist, wird eine »räumliche« dreidimensionale Darstellung der ersten drei Dimensionen ausgegeben.

Diese dreidimensionale Darstellungsform von MDS-Lösungen findet sich in der Literatur eher selten, da sie sehr schwierig »zu durchschauen« ist. Darüber hinaus weist sie ebenfalls die oben beschriebenen Probleme der Achsenskalierung auf.

Üblicherweise und insbesondere hier, wo ja auch die vierte Dimension von Interesse ist, stellt man die vierdimensionale Lösung deshalb durch getrennte Darstellungen der Ebenen dar, die durch die Dimensionen 1 und 2 bzw. 3 und 4 aufgespannt werden. Um diese beiden Ebenen darstellen zu können, ruft man die in ALSCAL erstellte Datei mit den Koordinaten – hier mit dem oben vergebenen Dateinamen MDS_DAUER_COORD.SAV – auf. Dort sind die Koordinaten der 24 Situationen auf den vier Dimensionen unter den Namen DIM1 bis DIM4 abgespeichert. In der Variablen SITUATION sind die 24 Situationen durchnummeriert.

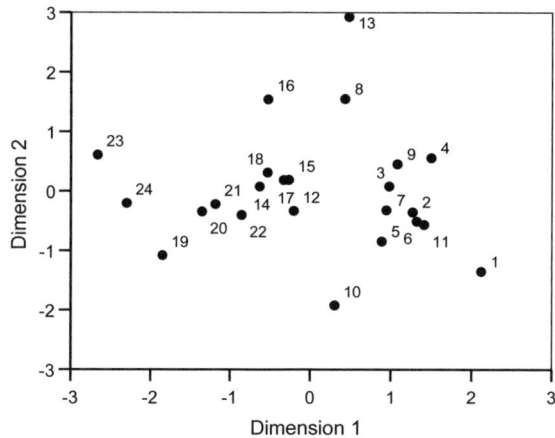

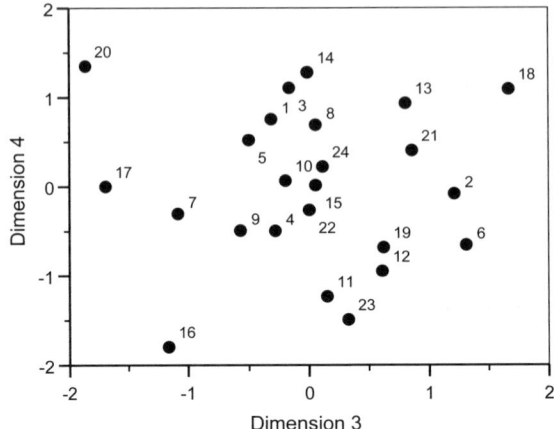

Die beiden Darstellungen können nun als einfache Streuungsdiagramme erzeugt werden (vgl. Kap. 81). Für die Darstellung der ersten beiden Dimensionen wird DIM1 auf die X-Achse und DIM2 auf die Y-Achse gezogen sowie die Variable SITUATION als *Fallbeschriftung* verwendet. Analog wird für die Darstellung mit den Variablen DIM3 und DIM4 verfahren. Nach geringfügiger Nachbearbeitung ergeben sich die vorstehenden Grafiken. Zur Deutung der Lösung siehe Galinat und Borg (1987).

❽ Erläuterungen vgl. Diagramme ❺ bis ❼ bei BEISPIEL 1.

Beispiel 3

Wie in BEISPIEL 1 und 2 bei der Faktorenanalyse (Kap. 69) werden die Skalen des Freiburger Persönlichkeitsinventars (FPI1 bis FPI10), die Skalen des Gießen-Test (GT1 bis GT6) sowie die Skalen ESI6 bis ESI9 des Ess-Störungsinventars auf ihre Struktur hin untersucht (Datei PERDAT.SAV). Dazu wird eine zweidimensionale Intervall-MDS der Interkorrelationen der Skalen durchgeführt. Da SPSS nicht vorsieht, innerhalb des MDS-Moduls die Korrelationen zu berechnen, muss ein etwas umständlicher Weg beschritten werden. Dabei wird auf die bei BEISPIEL 3 von Kapitel 68 geleisteten Vorarbeiten zurückgegriffen.

Dort wurde dargestellt, wie man für die Variablen FPI1 bis FPI10, GT1 bis GT6 und ESI6 bis ESI9 die Interkorrelationsmatrix bestimmt, die Korrelationen durch Vorzeichenänderung in Unähnlichkeiten transformiert und auf den Bereich {0-1} standardisiert. Die Vorzeichenänderung ist erforderlich, um zu Unähnlichkeiten zu gelangen. Die Standardisierung auf den {0-1} Bereich bewirkt, dass keine negativen Unähnlichkeiten existieren, die standardmäßig von ALSCAL als fehlende Werte behandelt würden. Beide Transformationen sind zulässig, verändern also die Lösung nicht.

Die resultierende Unähnlichkeitsmatrix wurde unter dem Namen MDS_COR.SAV gespeichert und dient nun als Datendatei für ALSCAL. Nach der Anwahl der betreffenden Variablen in der Datei werden nach Betätigen der Schaltfläche [Modell] unter *Meßniveau* die Option *Intervallskala* angeklickt sowie im Dialogfeld **Optionen** die Möglichkeit *Gruppendiagramme*. Die Lösung weist einen S-Stress = 0,244 auf. Die Lösungskonfiguration und das Shepard-Diagramm sehen nach etwas Überarbeitung wie folgt aus:

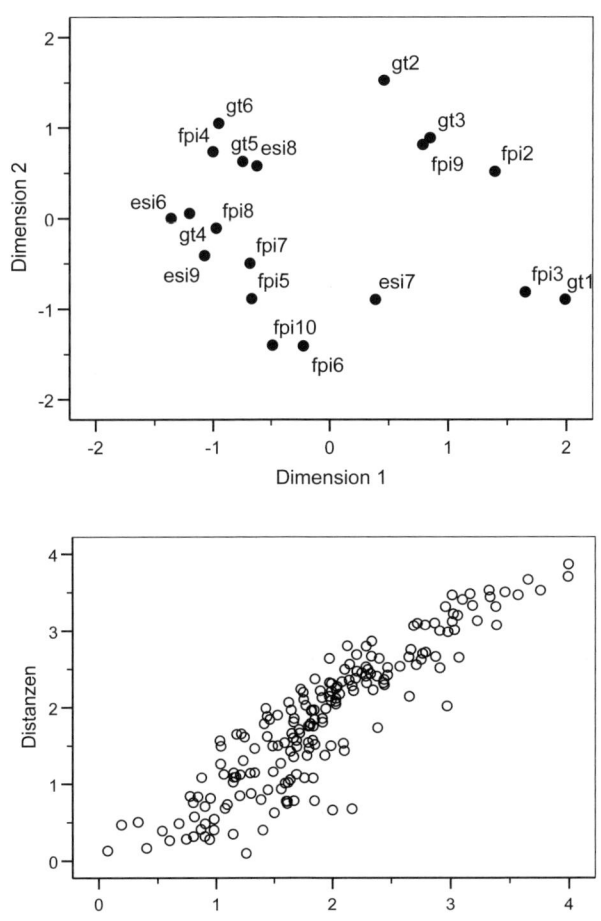

Clusteranalyse I:
Hierarchische Verfahren

SPSS stellt unter **Analysieren / Klassifizieren** drei Verfahren zur Clusteranalyse bereit. In diesem Kapitel wird die Prozedur CLUSTER dargestellt, die auf dem wohl am häufigsten verwendeten hierarchischen, agglomerativen Verfahren beruht. Im nächsten Kapitel wird die Prozedur QUICK CLUSTER beschrieben, die eine als »K-Means« bezeichnete, nicht hierarchische Methode verwendet, die zu den Partitionierungsverfahren gehört. Die dritte Two-Step-Methode wird in diesem Buch nicht näher beschrieben (siehe dazu SPSS 2005, Kap. 32).

Neben Unterschieden in den Skalierungsalgorithmen der beiden hier dargestellten Verfahren ergeben sich für die Anwendung zwei praktisch bedeutsame Unterschiede. Der erste besteht darin, dass CLUSTER wahlweise das Clustern von Fällen (Personen) oder Variablen ermöglicht, während QUICK CLUSTER nur Fälle clustern kann. Außerdem unterscheiden sich beide Verfahren in der Ausgabe der Clusterlösungen. Hierarchische Verfahren wie CLUSTER geben schrittweise die Lösungen mit 1, 2, ..., k Clustern an (bei k zu skalierenden Objekten), während QUICK CLUSTER als Partitionierungsverfahren erfordert, dass man vorher die gewünschte Zahl an Clustern festlegt.

CLUSTER arbeitet als hierarchisches Verfahren wie folgt: Beginnend mit k Clustern, die jeweils aus einem der k zu skalierenden Objekte bestehen, werden diese sukzessiv an Hand eines ansteigenden Agglomerationskriteriums fusioniert, bis schließlich alle Objekte in einem Cluster vereinigt sind. Nähere Erläuterungen zur Clusteranalyse finden sich einführend z.B. bei Bortz (1999, Kap. 16) und weiterführend z.B. bei Eckes & Roßbach (1980), Anderberg (1973) oder Everitt, Landau und Leese (2001).

Daten für die Clusteranalyse

Als Daten erwartet CLUSTER (standardmäßig) die übliche »rechteckige« Datendatei, in der in der Regel die Zeilen (= Fälle) die Personen und die Spalten die Variablen darstellen. Soll eine Teilmenge der Personen geclustert werden, muss diese vorher über **Daten / Fälle auswählen** selegiert werden. Liegen fehlende Werte vor, werden für die Clusteranalyse alle Fälle ausgeschlossen, die in einer oder mehreren der angewählten Variablen keinen Wert aufweisen.

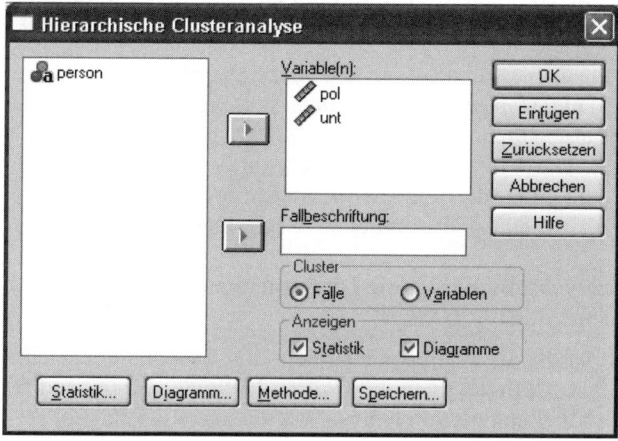

Durchführung der Clusteranalyse

Nachdem die zu skalierenden Variablen (beim Clustern von Personen mindestens eine, beim Clustern von Variablen mindestens drei) ausgewählt wurden, sind bei der hierarchischen Clusteranalyse folgende drei Entscheidungen zu treffen:

1. Sollen Fälle (Personen) oder Variablen geclustert werden?

Voreingestellt sind Personencluster. Sollen Variablen geclustert werden, ist in der Eingangs-Dialogbox im Feld *Cluster* die Einstellung von *Fälle* auf *Variablen* zu ändern.

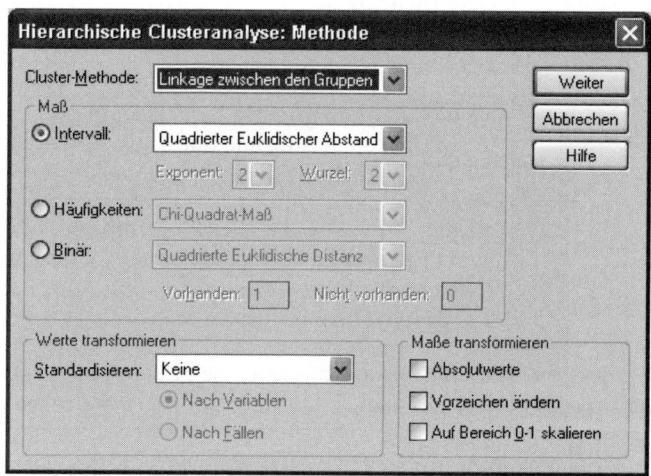

2. Mit welchem Maß soll die Unähnlichkeit zwischen den Objekten berechnet werden?

Der gewünschte Index kann in der über die Schaltfläche [Methode] erhältlichen Dialogbox im Feld *Maß* festgelegt werden. Voreingestellt ist die Bestimmung der Unähnlichkeit als »Quadrierter Euklidischer Abstand«, die intervallskalierte Daten voraussetzt. Die Vielzahl der alternativ zur Verfügung stehenden Maße sind wie die Möglichkeiten, die Indizes oder/und die Daten vor der Indexbildung zu transformieren, ausführlich in Kapitel 68 beschrieben.

3. Nach welcher Methode soll die Unähnlichkeit zwischen den Clustern berechnet werden?

Voreingestellt ist die als »Linkage zwischen den Gruppen« bezeichnete *Methode*. In der Dialogbox **Methode** kann die *Cluster-Methode* abweichend festgelegt werden. Folgende Möglichkeiten stehen zur Verfügung:

Cluster-Methode	Die Distanz zwischen zwei Clustern C_a und C_b wird definiert ...
Linkage zwischen den Gruppen (Voreinstellung)	als Mittelwert der Distanzen aller Elementpaare, bei denen je ein Element aus C_a und eines aus C_b stammt (*average linkage*; genauer: *average linkage between groups method*; *unweighted pair-group method using arithmetic averages*).
Linkage innerhalb der Gruppen	als Mittelwert der Distanzen zwischen allen möglichen Elementpaaren des Clusters, das durch die Fusion von C_a und C_b entsteht (*average linkage within groups method*).
Nächstgelegener Nachbar	als die kleinste Distanz aller Elementpaare, bei denen je ein Element aus C_a und eines aus C_b stammt (*single linkage, nearest neighbor, Minimum-Verfahren*)
Entferntester Nachbar	als die größte Distanz aller Elementpaare, bei denen je ein Element aus C_a und eines aus C_b stammt (*complete linkage, farthest neighbor, Maximum-Verfahren*).
Zentroid-Clustering	als die Distanz zwischen den Zentroiden (Mittelwerten) von C_a und C_b (*centroid clustering*).

Median-Clustering	als eine Variante des Zentroid-Clustering, bei der bei der Berechnung des Zentroids eines neuen Clusters die beiden konstituierenden Cluster unabhängig von ihrer Größe gleichgewichtig eingehen (*median clustering*).
Ward's Methode	nach dem Verfahren von Ward (vgl. z. B. Eckes & Roßbach 1980, S. 74 f.).

Beim Zentroid-, Median- und Ward-Verfahren sollten die Variablen mindestens intervallskaliert sein. Bei diesen Verfahren wird in der Regel die (quadrierte) euklidische Distanz als Unähnlichkeitsmaß verwendet.

Numerische Ausgabe

Standardmäßig wird der Ablauf der fortlaufenden Cluster-Fusionierung in einer als *Zuordnungsübersicht* bezeichneten Tabelle dargestellt. Nach Anklicken der Schaltfläche [Statistik] im Eingangs-Dialogfeld lässt sich diese *Zuordnungsübersicht* deaktivieren. In der Box **Statistik** kann zusätzlich die Ausgabe der *Distanz-Matrix* (d. h. der Datenbasis für die Clusteranalyse) und im Feld *Cluster-Zugehörigkeit* für einen Schritt oder einen Bereich von aufeinanderfolgenden Schritten die Ausgabe der Zugehörigkeit der Objekte zu den Clustern angefordert werden.

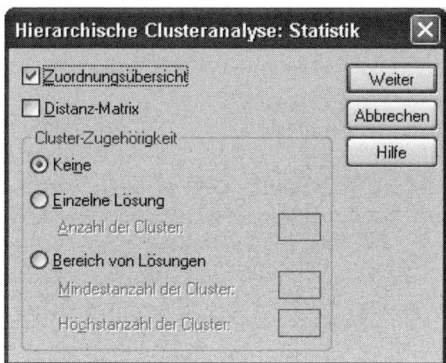

Will man z. B. für die Lösungen mit drei, vier und fünf Clustern diese erweiterte Information haben, trägt man in die Kästchen bei *Mindestzahl von Clustern* und *Höchstanzahl von Clustern* unter *Bereich von Lösungen* die Zahlen {3} und {5} ein. Ist man nur an einer Lösung interessiert, so gibt man diese analog im Kästchen bei *Einzelne Lösung* an.

Unabhängig von den Einstellungen im Dialogfeld **Statistik** lassen sich alle numerischen Ergebnisausgaben in der Eingangs-Dialogbox deaktivieren, indem man im Feld *Anzeigen* die Option *Statistiken* abwählt.

Speichern der Ergebnisse in die Datendatei

In einer aus dem Eingangs-Dialogfeld über die Schaltfläche [Speichern] erhältlichen Box lässt sich veranlassen, dass die Clusterzugehörigkeiten an die aktuelle Datendatei angefügt werden. Die Wahl der zu speichernden Clusterzugehörigkeiten erfolgt dabei wie gerade für das Dialogfeld **Statistik** beschrieben. CLUSTER erzeugt dabei neue Variablen mit den Namen CLU#_#, wobei das erste # die Clusterzahl angibt und das zweite # eine fortlaufende Nummer, die bei jeder erneuten Hinzufügung einer Clusterlösung um eins erhöht wird.

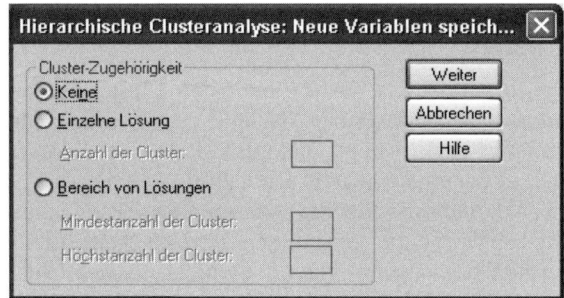

Grafische Ausgabe

In der Voreinstellung gibt CLUSTER im Ausgabefenster ein (vertikales) *Eiszapfendiagramm* aus. Das *Eiszapfendiagramm* stellt den Verlauf der Fusionierung grafisch dar. Die Spalten der vertikalen (linken) Variante stellen die zu skalierenden Objekte dar (beschriftet durch die Werte der in *Fallbeschriftung* im Eingangsdialogfeld bezeichneten String-Variablen, oder – falls dort nichts angegeben wurde – durch die Fallnummer), während in den Zeilen die Cluster(zahlen) von 1 bis k-1 angeordnet sind.

Vertikales Eiszapfendiagramm

			Fall						
Anzahl der Cluster	4		5		3		2		1
1	X	X	X	X	X	X	X	X	X
2	X	X	X	X	X		X	X	X
3	X		X	X	X		X	X	X
4	X		X		X		X	X	X

Horizontales Eiszapfendiagramm

Fall	Anzahl der Cluster			
	1	2	3	4
4	X	X	X	X
	X	X		
5	X	X	X	X
	X	X	X	
3	X	X	X	X
	X			
2	X	X	X	X
	X	X	X	
1	X	X	X	X

Der Verlauf der Fusionierung zeigt sich, wenn man das Diagramm zeilenweise von unten nach oben liest. Im Beispiel werden im ersten Schritt (Anzahl der Cluster = 4) Fall 1 und 2 zu einem Cluster vereint (grafisch gezeigt durch ein verbindendes X zwischen den Xsen von 1 und 2. Im nächsten Schritt (Cluster = 3) findet eine Zusammenlegung der Fälle 3 und 5 statt. Zu diesem Cluster stößt im nächsten Schritt Fall 4 (die drei Fälle sind jetzt durch Xse verbunden). Zum Schluss werden noch die beiden Cluster {1, 2} und {3, 4, 5} zu einem vereint (alle Fälle jetzt durch Xse verbunden).

Veränderungen des Eiszapfendiagramms lassen sich in der über die Schaltfläche [Diagramm] erhältlichen Box vornehmen. Hier kann die Grafik gekippt werden (Option *Horizontal*), was bei einer großen Zahl von Objekten übersichtlicher sein kann (vgl. rechte Abbildung).

Durch die Festlegung von *Angegebener Clusterbereich* im Feld *Eiszapfen* lässt sich die Darstellung auf einen bestimmten Bereich beschränken. Innerhalb dieses Bereichs kann man durch Spezifizieren von *Schritt* = a nur jede a-te Fusionierung ausgeben lassen. Die Festlegung von *Start-Cluster* = 8, *Stop-Cluster* = 16 und *Schritt* = 2 bewirkt also die Darstellung von 8, 10, 12, 14 und 16 Clustern im Eiszapfendiagramm.

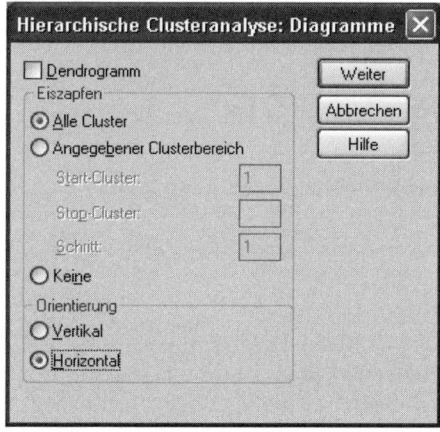

Eine weitere Darstellung des Fusionsprozesses als »Textgrafik« erhält man, wenn man in der Dialogbox **Diagramme** die Option *Dendrogramm* aktiviert. Am Dendrogramm oder Baumdiagramm lässt sich, von links nach rechts gelesen, zusätzlich gegenüber dem Eiszapfendiagramm erkennen, wann (d.h. mit welcher Distanz) die Cluster jeweils zusammengefügt wurden.

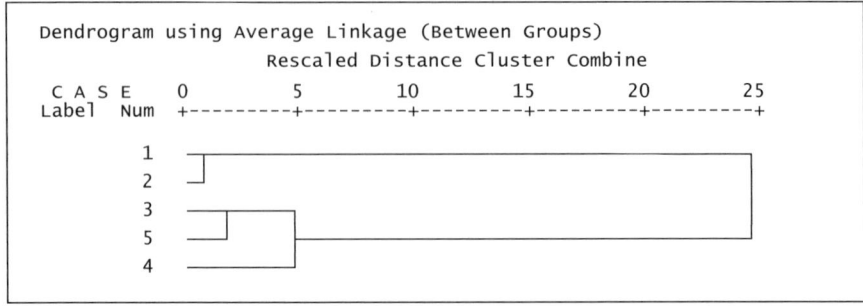

```
Dendrogram using Average Linkage (Between Groups)
                  Rescaled Distance Cluster Combine

   C A S E    0        5        10       15       20       25
   Label  Num +--------+--------+--------+--------+--------+

        1      ┐
        2      ┘
        3
        5
        4
```

Unabhängig von den Einstellungen in der Dialogbox **Diagramme** lassen sich alle grafischen Ergebnisausgaben im Eingangs-Dialogfeld deaktivieren, indem man die Option *Diagramme* abwählt.

Übersicht über die in den Beispielen behandelten Probleme

① Clusteranalyse von Personen, Single-Linkage Methode.

② Clusteranalyse von Personen, Ward-Verfahren mit Bestimmung der Clusterzahl und Erstellung von Profillinien.

③ Replikation der Clusterstruktur aus Beispiel 2 und Überprüfung der Übereinstimmung.

④ Konfirmatorische Clusteranalyse von Personen, Average-Linkage- und Ward-Verfahren.

⑤ Clusteranalyse von Variablen, Ward-Verfahren.

Beispiel 1

Mit dem nachfolgenden, fiktiven Datensatz von Borg und Staufenbiel (2007, S. 50 ff.), in dem fünf Personen ihren Fernsehkonsum von politischen Sendungen und Unterhaltungssendungen in Stunden angegeben haben, wird eine Clusteranalyse der Personen durchgeführt. Als Unähnlichkeitsmaß soll die euklidische Distanz und als Verfahren die Minimum-Methode Anwendung finden. Zusätzlich sollen Datenmatrix und Dendrogramm ausgegeben werden. Die Daten enthält die Datei CA_POL.SAV.

Person-Nr.	1 2 3 4 5
Politik	1 1 8 6 8
Unterhaltung	1 2 2 3 0

Nach der Anwahl der beiden *Variable(n)* POL und UNT werden im Dialogfeld **Methode** abweichend die *Cluster-Methode* auf »Nächstgelegener Nachbar« (= Minimum-Methode) und als *Maß* bei *Intervall* »Euklidischer Abstand« festgelegt. Darüber hinaus werden im Dialogfeld **Statistik** zusätzlich die *Distanz-Matrix* und im Dialogfeld **Diagramme** das *Dendrogramm* angewählt.

Verarbeitete Fälle[a]

		Fälle				❶
Gültig		Fehlend		Gesamt		
N	Prozent	N	Prozent	N	Prozent	
5	100,0	0	,0	5	100,0	

a. Single Linkage

Näherungsmatrix

Fall	Euklidisches Distanzmaß					❷
	1	2	3	4	5	
1	,000	1,000	7,071	5,385	7,071	
2	1,000	,000	7,000	5,099	7,280	
3	7,071	7,000	,000	2,236	2,000	
4	5,385	5,099	2,236	,000	3,606	
5	7,071	7,280	2,000	3,606	,000	

Dies ist eine Unähnlichkeitsmatrix

Zuordnungsübersicht

Schritt	Zusammengeführte Cluster		Koeffi-zienten	Erstes Vorkommen des Clusters		Nächster Schritt	❸
	Cluster 1	Cluster 2		Cluster 1	Cluster 2		
1	1	2	1,000	0	0	4	
2	3	5	2,000	0	0	3	
3	3	4	2,236	2	0	4	
4	1	3	5,099	1	3	0	

Vertikales Eiszapfendiagramm	*Siehe Abbildung auf S. 552*

Dendogramm	*Siehe Abbildung auf S. 554*

Erläuterungen zur Ausgabe

❶ In der Tabelle werden die in die Berechnung der Unähnlichkeitsmatrix eingehenden Fälle (**Gültig**) sowie die aufgrund von fehlenden Werten in einer Variablen ausgeschlossenen Personen (**Fehlend**) ausgegeben (Listweiser Ausschluß von fehlenden Werten).

❷ Hier wird die zusätzlich durch die Option *Distanz-Matrix* angeforderte Datenmatrix ausgegeben. Man erkennt, dass diese Matrix durch die Prozedur PROXIMITIES erzeugt wird (vgl. Kap. 68). In einer quadratischen, symmetrischen Matrix sind die euklidischen Distanzen zwischen allen Personen dargestellt. Die euklidische Distanz z. B. zwischen Person 3 und 5 beträgt d(3,5) = 2,0 = d(5,3).

❸ In dieser Tabelle ist der Ablauf der fortlaufenden Cluster-Fusionierung dargestellt. Für jeden Fusionsschritt (**Schritt**) wird angegeben, welche beiden Cluster in diesem Schritt zusammengefasst wurden (**Cluster 1** und **Cluster 2** unter der Überschrift **Zusammengeführte Cluster**), wie groß die Distanz der beiden fusionierten Cluster ist (**Koeffizienten**), und – falls eines der beiden beteiligten Cluster aus mehr als einer Person besteht – in welchem Schritt dieses Cluster gebildet wurde (**Cluster 1** und **Cluster 2** unter **Erstes Vorkommen des Clusters**). Die letzte Spalte (**Nächster Schritt**) zeigt an, wann das in diesem Schritt erzeugte Cluster wieder in ein übergeordnetes aufgenommen wird.

Der Zuordnungsübersicht lässt sich entnehmen, dass im ersten Schritt die Personen 1 und 2 mit der minimalen euklidischen Distanz d(1,2) = 1 fusioniert wurden. Da beide Cluster nur aus einer Person bestehen, finden sich in den Spalten unter **Erstes Vorkommen des Clusters** nur Nullen. Der letzten Spalte entnehmen wir, dass das Cluster (1|2) erst in Schritt 4 wieder mit einem anderen zusammengelegt wird.

Im zweiten Schritt werden ebenfalls zwei Personen fusioniert: Das Cluster (3|5) weist die Distanz von 2,0 auf. Im dritten Schritt werden die Person 4 und das Cluster (3|5) verschmolzen. In der Spalte **Cluster 1** unter **Erstes Vorkommen des Clusters** erscheint eine 2, weil das Cluster (3|5) im zweiten Fusionsschritt erzeugt wurde. Im letzten Schritt schließlich werden die Cluster (1|2) und (3|4|5) zusammengefasst.

Man erkennt, dass ein Cluster immer durch seinen ersten aufgenommenen Fall bezeichnet wird: Cluster »3« bezeichnet in Schritt 2 die Person (3), in Schritt 3 das Cluster (3|5) und in Schritt 4 schließlich das Cluster (3|4|5).

Beispiel **2**

In der bevölkerungsrepräsentativen Allbus-Umfrage 2004 wurden die Befragten danach befragt, wie stark sie sich u.a. für folgende Arten von Fernsehsendungen interessieren: Fernsehshows, Quizsendungen (Variable SHOWS), Sportsendungen (SPORT), Spielfilme (SPIEL), Politische Magazine (POLIT), Kunst- und Kultursendungen (KULTUR), Heimatfilme (HEIMAT), Krimis, Krimiserien (KRIMIS), Actionfilme (ACTION), Familien- und Unterhaltungssendungen (UNTERHALT). Die Antwortskala reichte jeweils von 1 = *überhaupt nicht* bis 5 = *sehr stark*.

Die hier verwendete Datendatei CA_FERNSEH1.SAV enthält eine zufällig ausge-wählte Teilstichprobe von 500 Personen aus dem Allbus-Datensatz. Untersucht werden soll, ob sich anhand der genannten Variablen eine Typologie der Fernseh-konsumenten erstellen lässt.

Zunächst sind in der Eingangs-Dialogbox die *Variable(n)* SHOWS bis UNTERHALT zu spezifizieren. Außerdem werden dort unter *Anzeigen* die Diagramme abge-schaltet, da sie bei einer so großen Zahl an Personen nur zu sehr unübersichtlichen Ausgaben führen. In der über [Methode] erhältlichen Box wird als *Cluster-Methode* die »Ward-Methode« und als *Maß* die Voreinstellung »Quadrierter Euk-lidischer Abstand« beibehalten. Es resultiert die folgende Ausgabe:

Verarbeitete Fälle[ab]

	Fälle					❶
Gültig		Fehlend		Gesamt		
N	Prozent	N	Prozent	N	Prozent	
500	100,0	0	,0	500	100,0	

a. Quadriertes euklidisches Distanzmaß wurde verwendet
b. Ward-Linkage

Zuordnungsübersicht

Schritt	Zusammengeführte Cluster		Koeffi-zienten	Erstes Vorkommen des Clusters		Nächster Schritt	❷
	Cluster 1	Cluster 2		Cluster 1	Cluster 2		
1	219	500	,000	0	0	3	
2	92	250	,000	0	0	54	
3	109	219	,000	0	1	15	
4	61	497	,500	0	0	172	
5	402	484	1,000	0	0	269	
⋮	⋮	⋮	⋮	⋮	⋮	⋮	
490	5	22	3608,919	481	475	494	
491	10	11	3719,156	488	485	497	
492	3	12	3851,508	480	478	496	
493	2	4	4023,305	479	487	498	
494	5	6	4208,569	490	489	499	
495	1	9	4432,627	483	484	496	
496	1	3	4740,646	495	492	497	
497	1	10	5061,521	496	491	498	
498	1	2	5550,335	497	493	499	
499	1	5	6221,952	498	494	0	

❶: Zur Erläuterung siehe Tabelle ❶ bei BEISPIEL 1.

❷ Zur Erläuterung siehe Tabelle ❸ bei BEISPIEL 1. Anhand der Zunahme der Di-stanz zwischen den fusionierten Clustern in der Spalte *Koeffizienten* kann man etwa eine formal-statistische Entscheidung über die Zahl der Cluster treffen, die man extrahieren will. Im Falle des Ward-Algorithmus entnimmt man dieser Spalte die Zunahme der Fehlerquadratsumme über die Fusionsschritte.

Nach der letzten, 499. Fusion sind alle Personen in einem Cluster, nach der 498. Fusion noch in zwei Clustern usw. Deutlichere Zunahmen der Fehlerquadratsummen findet man im 496. Fusionsschritt von 4432,6 auf 4740,6 (= 4 Cluster) bzw. im 497. Fusionsschritt von 4740,6 auf 5061, 5 (= 3 Cluster) statt. Wir entscheiden uns hier für die 3-Cluster Lösung.

Um uns diese Cluster genauer anzusehen, führen wir die Clusteranalyse nochmals durch, lassen uns aber die Clusterzugehörigkeiten der 500 Personen in die Datendatei speichern. Dies erreichen wir, in dem wir unter [Speichern] in der Option *Einzelne Lösung* den Wert {3} eintragen. Nach der Ausführung finden wir in der Datendatei eine neue Variable mit der Bezeichnung CLU3_1.

Wir schauen uns nun zunächst grafisch an, wie sich die Personen in den drei Clustern in den zur Clusteranalyse verwendeten Variablen unterscheiden. Dazu wählen wir unter **Grafiken / Veraltete Dialogfelder / Linie** das Einfache Liniendiagramm mit der Option *Auswertung über verschiedene Variablen* und geben dann in der nächsten Dialogbox im Feld *Linie entspricht* die Variablen SHOWS bis UNTERHALT ein (von denen dann standardmäßig die Mittelwerte dargestellt werden). Zudem spezifizieren wir die Variable CLU3_1 unter *Felder anordnen nach* in den *Zeilen*. Die resultierende Grafik zeigt die Profillinien der drei Cluster untereinander und sieht nach etwas Bearbeitung wie folgt aus:

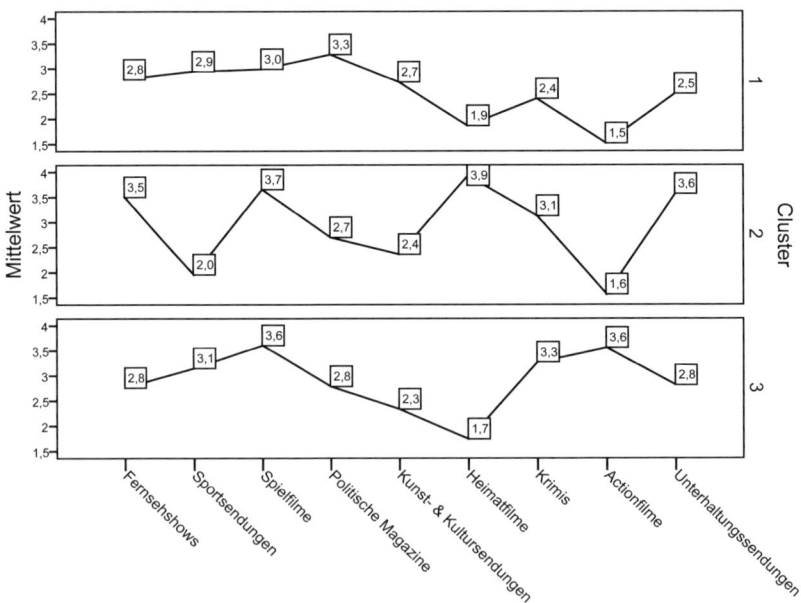

Man erkennt, dass sich in einigen Variablen kaum Unterschiede zwischen den Clustern zeigen (z.B. sind alle relativ stark an Spielfilmen interessiert). In anderen Variablen hingegen sind die Diskrepanzen deutlich. So präferieren die Personen in dem dritten (obersten) Cluster etwa Spiel-, Sport- und Actionfilme, sowie Krimis, interessieren sich aber überhaupt nicht für Heimatfilme. Dies ist hingegen die beliebteste Fernsehkategorie bei der zweiten Gruppe. Die Personen in Cluster 1 zeigen insgesamt weniger Interesse am Fernsehen als die beiden anderen Gruppen und präferieren am stärksten politische Sendungen.

Man kann nun weiter spekulieren, wie sich die Personen-Cluster in anderen externen Variablen unterscheiden. In der Datei liegen aus der Allbus-Umfrage noch die Angaben zum Geschlecht und dem Alter vor. Wir würden beispielsweise vermuten, dass die Personen aus dem zweiten Cluster mit ihrem Faible für Heimat-, Spiel- und Unterhaltungsfilme sowie Quizzes und dem geringen Interesse für Actionfilme eher ein überdurchschnittliches Alter aufweisen sollten. Dazu lassen wir uns etwa über **Analysieren / Mittelwerte vergleiche / Mittelwerte** die entsprechenden Werte ausgeben (*Abhängige Variable* = ALTER; *Unabhängige Variablen* = CLU3_1). Wir sehen, dass unsere Hypothese (deskriptiv) bestätigt wird. Bei der Durchführung einer einfaktoriellen Varianzanalyse stellen wir weiterhin fest, dass sich die Altersmittel auch statistisch signifikant unterscheiden.

alter

CLU3_1	Mittelwert	N	Standard-abweichung
1	50,52	226	16,461
2	59,24	92	16,297
3	39,12	182	14,441
Insgesamt	47,97	500	17,355

Erstellen wir über **Analysieren / Deskriptive Statistiken / Kreuztabellen** eine Kreuztabelle, indem wir unter Zeilen die Variable CLU3_1 und unter Spalten die Variable GESCHLECHT angeben, so können wir folgender Tabelle beispielsweise entnehmen, dass im zweiten Cluster die Frauen deutlich unterrepräsentiert sind:

CLU3_1 * geschlecht Kreuztabelle

			geschlecht		Gesamt
			1 männlich	2 weiblich	
CLU3_1	1	Anzahl	107	119	226
		% von CLU3_1	47,3%	52,7%	100,0%
	2	Anzahl	13	79	92
		% von CLU3_1	14,1%	85,9%	100,0%
	3	Anzahl	110	72	182
		% von CLU3_1	60,4%	39,6%	100,0%
Gesamt		Anzahl	230	270	500
		% von CLU3_1	46,0%	54,0%	100,0%

Beispiel 3

Die in BEISPIEL 2 durchgeführte Clusteranalyse wird anhand einer zweiten – von der in Beispiel 2 unabhängigen – zufälligen Teilstichprobe des Allbus-Datensatzes von ebenfalls 500 Personen wiederholt. Es soll untersucht werden, ob sich die Clusterstruktur replizieren lässt. Die Clusteranalyse mit der Datei CA_FERN-SEH2.SAV wird mit analogen Einstellungen wie in BEISPIEL 2 durchgeführt. Es resultiert folgende Zuordnungsübersicht:

Zuordnungsübersicht

Schritt	Zusammengeführte Cluster		Koeffizienten	Erstes Vorkommen des Clusters		Nächster Schritt
	Cluster 1	Cluster 2		Cluster 1	Cluster 2	
1	165	357	,000	0	0	68
2	144	276	,000	0	0	69
3	197	255	,000	0	0	20
4	19	231	,000	0	0	19
5	258	464	,500	0	0	183
⋮	⋮	⋮	⋮	⋮	⋮	⋮
490	10	13	3511,410	483	456	493
491	14	18	3599,750	485	472	494
492	1	4	3742,000	478	476	497
493	2	10	3891,526	484	490	496
494	9	14	4064,237	487	491	495
495	5	9	4296,174	486	494	499
496	2	11	4541,135	493	489	497
497	1	2	4834,068	492	496	498
498	1	7	5328,991	497	488	499
499	1	5	5909,468	498	495	0

Vom Verlauf der Fehlerquadratsummen her erscheint auch hier eine 3-Clusterlösung sinnvoll. Speichern wir wieder die Clusterzugehörigkeit und verfahren mit der Profilanalyse wie oben, so resultiert die auf der nächsten Seite wiedergegebene Darstellung.

Offensichtlich lassen sich visueller Inspektion hier gewisse Ähnlichkeiten zu den drei Clusterprofilen von BEISPIEL 2 erkennen. So ist etwa das Cluster 3 hier dem Cluster 3 in der obigen Analyse von der Profilform her ähnlich.

Wie können wir diese Ähnlichkeit quantifizieren? Hätten wir eine Datendatei, die die Mittelwerte (die Profile) für die drei Gruppen – jeweils für die beiden Analysen getrennt – enthält, so könnten wir die Ähnlichkeit etwa mittels Korrelationen quantifizieren. Das Datenfenster auf der nächsten Seite zeigt, wie diese Datei aufgebaut sein sollte.

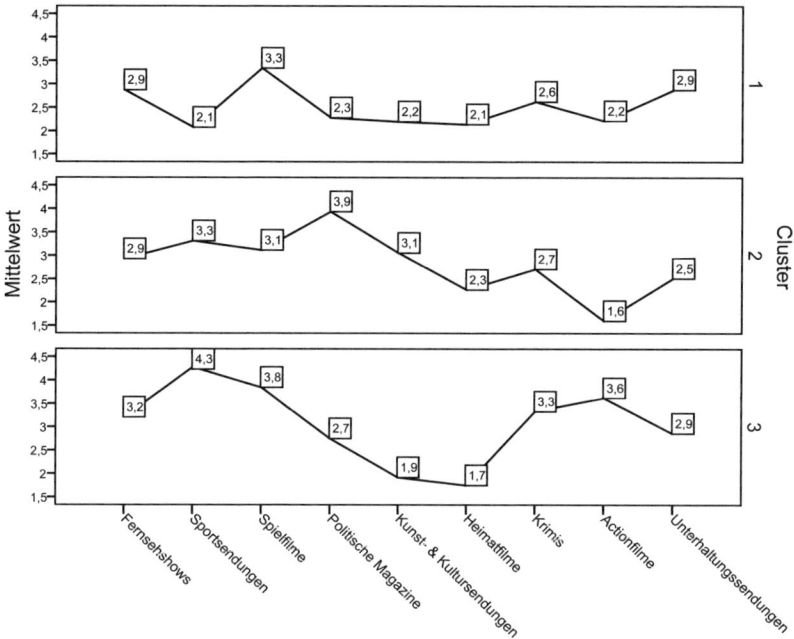

Diese Datei lässt sich z. B. wie folgt erzeugen: Zunächst lässt man sich unter **Analysieren / Tabellen / Einfache Tabellen** die Mittelwerte aller drei Cluster ausgeben, in dem die Variablen SHOWS bis UNTERHALT unter *Auswerten* und die Variable CLU3_1 unter *Spalten* festlegt.

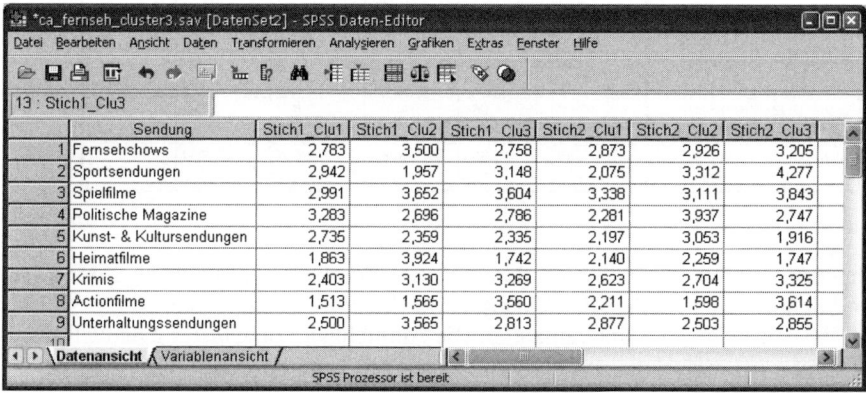

Dies erzeugt die nachfolgende Tabelle, in der die Zahl der *Dezimalstellen* (im AusgabeViewer bereits auf {5} erhöht wurde. Diese Mittelwerte werden nun einfach markiert und per Zwischenablage in eine neue Datendatei kopiert. Nach der entsprechenden Benennung der Variablen und der Hinzufügung der analogen Mittelwerts-Tabelle aus BEISPIEL 2 resultiert dann die oben gezeigte Datendatei.

	Ward Method		
	1	2	3
Fernsehshows	2,87281	2,92593	3,20482
Sportsendungen	2,07456	3,31217	4,27711
Spielfilme	3,33772	3,11111	3,84337
Politische Magazine	2,28070	3,93651	2,74699
Kunst- & Kultursendungen	2,19737	3,05291	1,91566
Heimatfilme	2,14035	2,25926	1,74699
Krimis	2,62281	2,70370	3,32530
Actionfilme	2,21053	1,59788	3,61446
Unterhaltungssendungen	2,87719	2,50265	2,85542

Auf der Basis dieser Datendatei können wir über **Analysieren / Korrelation/ Bivariat** die Pearson-Produkt Moment Korrelationen zwischen allen Variablen (= Profilen) ausgeben lassen (vgl. Kapitel 28, andere Profilähnlichkeitsmaße wären auch möglich, vgl. Kapitel 68). Das Ergebnis sieht wie folgt aus (die Zeilen »N« wurden jeweils gelöscht):

Korrelationen

		Stich1_Clu1	Stich1_Clu2	Stich1_Clu3	Stich2_Clu1	Stich2_Clu2	Stich2_Clu3
Stich1_Clu1	Korrelation ...	1	,124	,093	,295	,961**	,188
	Signifikanz		,750	,812	,441	,000	,628
Stich1_Clu2	Korrelation ...	,124	1	-,381	,608	,064	-,350
	Signifikanz	,750		,312	,083	,870	,356
Stich1_Clu3	Korrelation ...	,093	-,381	1	,416	-,038	,878**
	Signifikanz	,812	,312		,265	,923	,002
Stich2_Clu1	Korrelation ...	,295	,608	,416	1	,077	,297
	Signifikanz	,441	,083	,265		,844	,438
Stich2_Clu2	Korrelation ...	,961**	,064	-,038	,077	1	,071
	Signifikanz	,000	,870	,923	,844		,856
Stich2_Clu3	Korrelation ...	,188	-,350	,878**	,297	,071	1
	Signifikanz	,628	,356	,002	,438	,856	

** Die Korrelation ist auf dem Niveau von 0,01 (2-seitig) signifikant.

Man erkennt, dass das Cluster 1 der ersten Stichprobe und das Cluster 2 der zweiten Stichprobe eine hohe Ähnlichkeit der Profile aufweisen ($r = 0{,}96$). Das gleiche gilt für beide Cluster 3 untereinander. Die Ähnlichkeit von Cluster 2 und Cluster 1 fällt mit $r = 0.61$ relativ am geringsten aus. Ingesamt sprechen diese Ergebnisse für die Replizierbarkeit der Clusterstruktur.

| **Beispiel** | **4** |

Mit dem in Kapitel 68 dargestellten Datensatz von Mezzich und Worthington (Datei MEZZICH.SAV) wird eine Clusteranalyse durchgeführt. Der Datensatz enthält Beschreibungen von vier prototypischen Patienten auf 17 Merkmalen durch 11 Psychiater. Mittels Clusteranalyse soll untersucht werden, ob sich die vier prototypischen Patienten an Hand der Merkmalseinstufungen der Psychiater als homogene Gruppen identifizieren lassen.

Anzugeben sind die *Variable(n)* BEFÜRCHTUNG bis ERREGTHEIT und unter *Fallbeschriftung* die String-Variable URTEIL. Die Cluster-Methode (»Linkage zwischen den Gruppen«) wird ebenso wie die Unähnlichkeiten (»Quadrierter Euklidischer Abstand«) in der Voreinstellung belassen. Im Dialogfeld **Diagramme** wird das *Dendrogramm* angewählt und das Eiszapfendiagramm unterdrückt (»Eiszapfen: Keine«). Schließlich wird in der Box **Statistik** sowie im Dialogfeld **Speichern** jeweils die Ausgabe bzw. Speicherung der 4-Cluster Lösung durch die Angabe von {4} unter *Einzelne Lösung* veranlasst. Folgende Ergebnisausgabe resultiert:

Verarbeitete Fälle[a,b]   ❶

	Fälle				
Gültig		Fehlend		Gesamt	
N	Prozent	N	Prozent	N	Prozent
44	100,0	0	,0	44	100,0

a. Quadriertes euklidisches Distanzmaß wurde verwendet
b. Linkage zwischen den Gruppen

Zuordnungsübersicht

	Zusammengeführte Cluster		Koeffi-zienten	Erstes Vorkommen des Clusters		Nächster Schritt	❷
Schritt	Cluster 1	Cluster 2		Cluster 1	Cluster 2		
1	13	20	8,000	0	0	37	
2	23	30	10,000	0	0	18	
3	40	41	11,000	0	0	15	
4	39	43	12,000	0	0	9	
5	17	22	12,000	0	0	13	
6	1	6	12,000	0	0	14	
7	27	31	13,000	0	0	39	
8	18	19	13,000	0	0	20	
9	34	39	15,000	0	4	22	
10	24	33	18,000	0	0	18	
11	14	15	18,000	0	0	20	
12	42	44	20,000	0	0	25	
13	12	17	20,000	0	5	23	
14	1	8	20,000	6	0	29	
15	38	40	20,500	0	3	22	
16	35	37	22,000	0	0	38	
17	28	32	24,000	0	0	26	
18	23	24	25,000	2	10	21	
19	2	11	25,000	0	0	24	
20	14	18	25,500	11	8	23	

21	23	29	27,500	18	0	34
22	34	38	28,778	9	15	25
23	12	14	28,917	13	20	33
24	2	9	30,500	19	0	32
25	34	42	31,333	22	12	28
26	25	28	34,000	0	17	30
27	7	10	36,000	0	0	32
28	34	36	40,625	25	0	35
29	1	4	41,333	14	0	31
30	25	26	44,667	26	0	34
31	1	5	45,000	29	0	36
32	2	7	45,333	24	27	36
33	12	16	50,286	23	0	37
34	23	25	50,900	21	30	39
35	21	34	51,111	0	28	38
36	1	2	59,240	31	32	40
37	12	13	63,000	33	1	41
38	21	35	65,600	35	16	41
39	23	27	73,611	34	7	42
40	1	3	81,700	36	0	42
41	12	21	103,717	37	38	43
42	1	23	118,529	40	39	43
43	1	12	203,033	42	41	0

Cluster-Zugehörigkeit

Fall	4 Cluster	Fall	4 Cluster
1:Psy-1,Dp	1	23:Psy-1,Sz	4
2:Psy-2,Dp	1	24:Psy-2,Sz	4
3:Psy-3,Dp	1	25:Psy-3,Sz	4
4:Psy-4,Dp	1	26:Psy-4,Sz	4
5:Psy-5,Dp	1	27:Psy-5,Sz	4
6:Psy-6,Dp	1	28:Psy-6,Sz	4
7:Psy-7,Dp	1	29:Psy-7,Sz	4
8:Psy-8,Dp	1	30:Psy-8,Sz	4
9:Psy-9,Dp	1	31:Psy-9,Sz	4
10:Psy-10,Dp	1	32:Psy-10,Sz	4
11:Psy-11,Dp	1	33:Psy-11,Sz	4
12:Psy-1,Ma	2	34:Psy-1,Pa	3
13:Psy-2,Ma	2	35:Psy-2,Pa	3
14:Psy-3,Ma	2	36:Psy-3,Pa	3
15:Psy-4,Ma	2	37:Psy-4,Pa	3
16:Psy-5,Ma	2	38:Psy-5,Pa	3
17:Psy-6,Ma	2	39:Psy-6,Pa	3
18:Psy-7,Ma	2	40:Psy-7,Pa	3
19:Psy-8,Ma	2	41:Psy-8,Pa	3
20:Psy-9,Ma	2	42:Psy-9,Pa	3
21:Psy-10,Ma	3	43:Psy-10,Pa	3
22:Psy-11,Ma	2	44:Psy-11,Pa	3

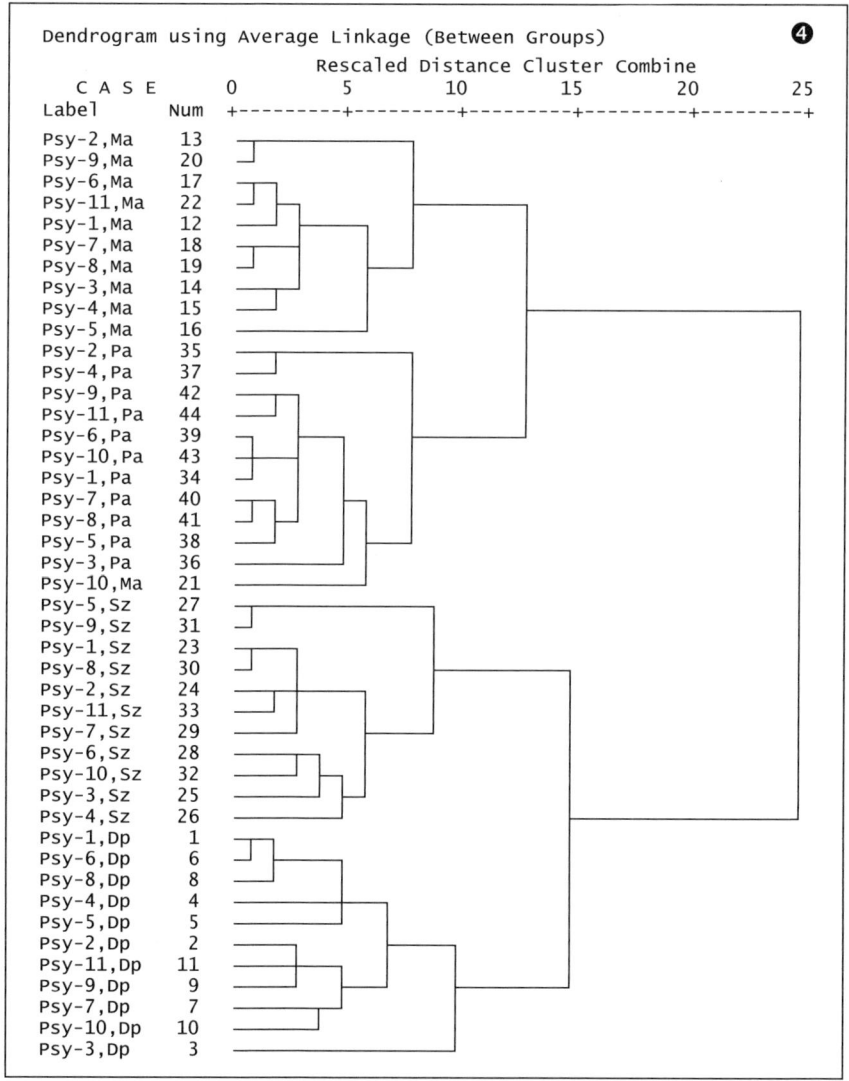

```
Dendrogram using Average Linkage (Between Groups)          ❹
                         Rescaled Distance Cluster Combine
     C A S E        0         5        10        15        20        25
     Label    Num   +---------+---------+---------+---------+---------+
     Psy-2,Ma   13
     Psy-9,Ma   20
     Psy-6,Ma   17
     Psy-11,Ma  22
     Psy-1,Ma   12
     Psy-7,Ma   18
     Psy-8,Ma   19
     Psy-3,Ma   14
     Psy-4,Ma   15
     Psy-5,Ma   16
     Psy-2,Pa   35
     Psy-4,Pa   37
     Psy-9,Pa   42
     Psy-11,Pa  44
     Psy-6,Pa   39
     Psy-10,Pa  43
     Psy-1,Pa   34
     Psy-7,Pa   40
     Psy-8,Pa   41
     Psy-5,Pa   38
     Psy-3,Pa   36
     Psy-10,Ma  21
     Psy-5,Sz   27
     Psy-9,Sz   31
     Psy-1,Sz   23
     Psy-8,Sz   30
     Psy-2,Sz   24
     Psy-11,Sz  33
     Psy-7,Sz   29
     Psy-6,Sz   28
     Psy-10,Sz  32
     Psy-3,Sz   25
     Psy-4,Sz   26
     Psy-1,Dp    1
     Psy-6,Dp    6
     Psy-8,Dp    8
     Psy-4,Dp    4
     Psy-5,Dp    5
     Psy-2,Dp    2
     Psy-11,Dp  11
     Psy-9,Dp    9
     Psy-7,Dp    7
     Psy-10,Dp  10
     Psy-3,Dp    3
```

Erläuterungen zur Ausgabe

❶, ❷: Zur Erläuterung siehe Tabelle ❶ und ❸ bei BEISPIEL 1.

❸ Hier werden die Zugehörigkeiten der Fälle/Profile zu den Clustern der 4-Cluster Lösung angegeben. Fall Nr. 1 mit dem Label »Psy-1,Dp« wird z. B. Cluster 1 zugeordnet. ❹ Zur Erläuterung des Dendrogramms siehe S. 553.

Da in der Variablen PROTO in der Datei MEZZICH.SAV außerdem die Information vorliegt, welches Profil zu welchem Prototyp gehört, lässt sich über eine Kreuztabelle darstellen, wieweit die verschiedenen Prototypen jeweils eigene Cluster bilden. Dazu wird in der über **Analysieren / Deskriptive Statistiken / Kreuztabellen** erhältlichen Box die Variable PROTO im Feld *Zeilen* und die Variable CLU4_1 unter *Spalten* eingegeben. Es ergibt sich folgende Kreuztabelle:

prototyp * CLU4_1 Kreuztabelle

		CLU4_1				Gesamt
		1	2	3	4	
proto-typ	1 Zyklothymie: Depression	11	0	0	0	11
	2 Zyklothymie: Manie	0	10	1	0	11
	3 Schizophrenia Simplex	0	0	0	11	11
	4 Paranoide Schizophrenie	0	0	11	0	11
Gesamt		11	10	12	11	44

Man erkennt, dass lediglich ein Profil fehlerhaft zugeordnet wird. Der obigen Auflistung unter ❸ kann man entnehmen, dass dies Profil 21 (»Psy-10,Ma«) ist. Obwohl ein Maniker, wird Fall 21 in das Cluster der Paranoiden eingeschlossen. Ändert man das Verfahren auf die von Bortz (1999, S. 557) empfohlene »Ward-Methode« und führt obige Analyse nochmals analog durch, so erkennt man, dass eine geringfügig andere Clusterlösung resultiert, in der – wie in untenstehender Kreuztabelle zu sehen – jetzt vier Klassifikationsfehler auftreten.

prototyp * CLU4_2 Kreuztabelle

		CLU4_2				Gesamt
		1	2	3	4	
proto-typ	1 Zyklothymie: Depression	10	1	0	0	11
	2 Zyklothymie: Manie	0	0	8	3	11
	3 Schizophrenia Simplex	0	11	0	0	11
	4 Paranoide Schizophrenie	0	0	0	11	11
Gesamt		10	12	8	14	44

Beispiel 5

Mit den Daten von BEISPIEL 2 (Datei MEZZICH.SAV) wird jetzt eine Clusteranalyse der Variablen mittels der Ward-Methode durchgeführt. Nach Angabe der *Variable(n)* BEFÜRCHTUNG bis ERREGTHEIT sind in der Eingangs-Dialogbox im Feld *Cluster* die Option auf *Variablen* zu ändern sowie im Dialogfeld **Methode** die *Cluster Methode* auf »Ward-Methode«. Schließlich wird wiederum in der Box **Diagramme** das *Dendrogramm* angewählt und das Eiszapfendiagramm unterdrückt. Nachfolgend die Ausgabe. Wie das Dendogramm zeigt, ergeben sich zwei relativ kompakte Cluster.

Zuordnungsübersicht

Schritt	Zusammengeführte Cluster		Koeffizi-enten	Erstes Vorkommen des Clusters		Nächster Schritt
	Cluster 1	Cluster 2		Cluster 1	Cluster 2	
1	8	17	29,500	0	0	14
2	5	9	64,000	0	0	4
3	1	2	106,000	0	0	12
4	5	13	148,167	2	0	12
5	10	14	192,167	0	0	7
6	11	15	243,667	0	0	9
7	6	10	318,333	0	5	11
8	7	12	401,833	0	0	13
9	4	11	490,333	0	6	11
10	3	16	589,333	0	0	15
11	4	6	719,667	9	7	13
12	1	5	907,000	3	4	15
13	4	7	1126,875	11	8	14
14	4	8	1420,400	13	1	16
15	1	3	1737,114	12	10	16
16	1	4	2957,059	15	14	0

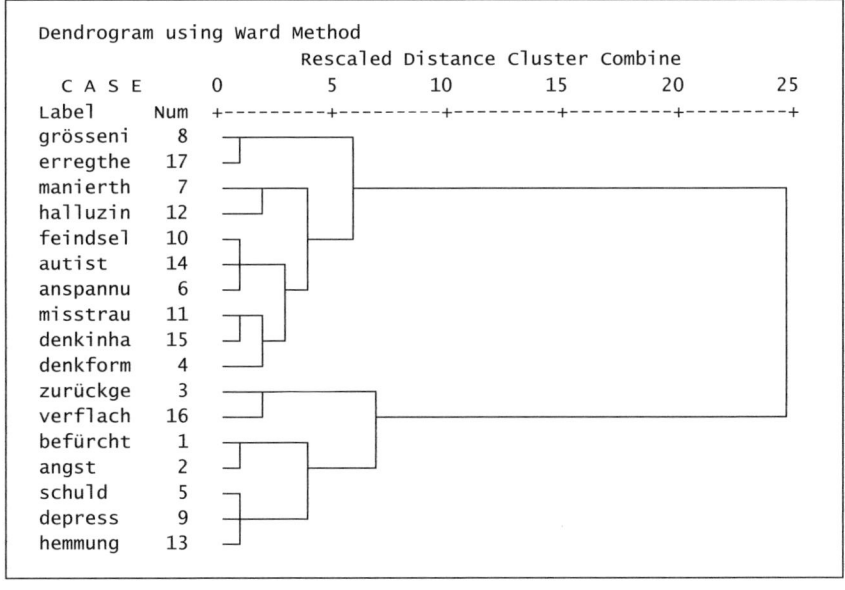

Clusteranalyse II: Partitionierungsverfahren

> Analysieren / Klassifizieren / Clusterzentrenanalyse ...

Die Prozedur QUICK CLUSTER stellt die zweite Variante dar, Clusteranalysen in SPSS durchzuführen. Bei Clusteranalysen mittels QUICK CLUSTER wird eine (hinsichtlich der Minimierung der Quadratsummen innerhalb der Cluster) optimale Partitionierung der Fälle in eine vorgegebene Zahl von Clustern gesucht. Diese Methode gehört damit zu den nicht hierarchischen, iterativ-partiellen Verfahren und wird auch als »K-Means« Verfahren bezeichnet (vgl. einführend Bortz, 1999, S. 555-562, oder weiterführend Anderberg, 1973). Eine Abgrenzung der Anwendungsbereiche beider Prozeduren wurde im letzten Kapitel gegeben (S. 548).

Daten für die Clusteranalyse

Als Daten erwartet CLUSTER (standardmäßig) die übliche »rechteckige« Datendatei, in der in der Regel die Zeilen (= Fälle) die Personen und die Spalten die Variablen darstellen. Geclustert werden immer Fälle. Soll eine Teilmenge der Personen geclustert werden, muss diese vorher über **Daten / Fälle auswählen** selegiert werden. Falls Variablen geclustert werden sollen, muss entweder die in Kapitel 71 dargestellte Prozedur verwendet werden oder vor dem Aufruf von QUICK CLUSTER müssen die Zeilen und Spalten der Datendatei über **Daten / Transponieren** vertauscht werden.

Fehlende Werte werden per Voreinstellung so behandelt, dass jeder Fall herausfällt, der in einer oder mehreren der für die Analyse spezifizierten Variablen keinen Wert aufweist (*Listenweiser Fallausschluß*). Abweichend davon kann in der über die Schaltfläche [Optionen] erhältlichen Box ein *Paarweiser Fallausschluß* angefordert werden. Dann werden bei der Berechnung der Distanz eines Falles zum Clusterzentrum nur die gültigen Werte herangezogen und jeder Fall, der mindestens einen gültigen Wert aufweist, wird einem Cluster zugeordnet.

Durchführung der Clusteranalyse

Im Eingangs-Dialogfeld sind zunächst die zu skalierenden *Variablen* (mindestens eine) sowie die gewünschte *Anzahl der Cluster* (größer 1, kleiner als die Zahl der Fälle) anzugeben.

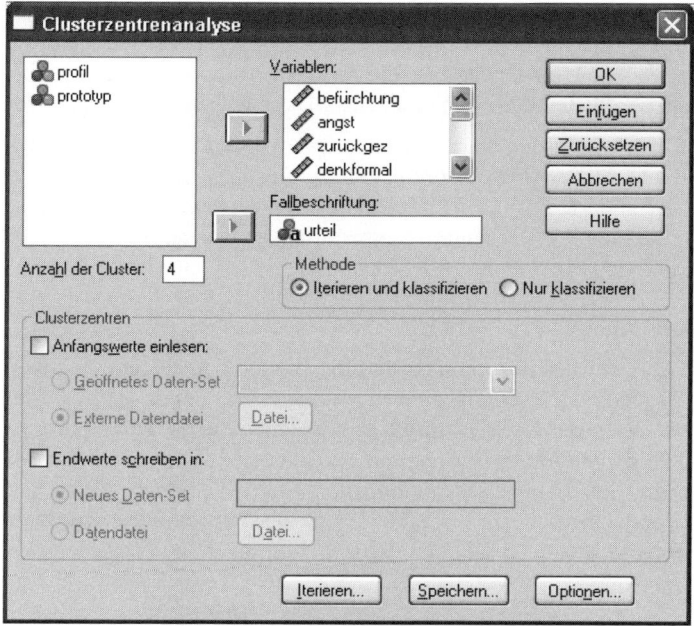

Standardmäßig wird, ausgehend von einer initialen Festlegung der Clusterzentren, jeder Fall jeweils dem Cluster zugeordnet, zu dessen Zentrum er die geringste euklidische Distanz aufweist. Nachdem alle Fälle zugeordnet sind, werden die Clusterzentren neu berechnet und die Zuordnung wird wiederholt. Der Prozess wird iterativ solange fortgeführt, bis die eingestellte maximale Zahl an Iterationen erreicht ist oder sich kaum noch Veränderungen ergeben (d. h. das Konvergenzkriterium erreicht wurde). Diese Abbruchkriterien können in der über die Schaltfläche [Iterieren] erhältlichen Box modifiziert werden.

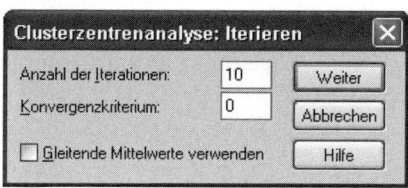

Die initialen Clusterzentren bestimmt QUICK CLUSTER standardmäßig aus den Daten. Abweichend davon können die Clusterzentren auch aus einer externen Datei eingelesen werden. Dazu muss im Feld *Clusterzentren* nach Anklicken der Option *Anfangswerte einlesen* die Option *Externe Datendatei* aktiviert und dann die

SPSS-Datendatei ausgewählt werden, die die Informationen über die Clusterzentren enthält (vgl. BEISPIEL 2). Im Feld *Clusterzentren* lässt sich auch – über *Endwerte schreiben in* – festlegen, dass die nach Beendigung der Analyse resultierenden (= finalen) Clusterzentren in einer SPSS-Datendatei gespeichert werden.

Die iterative Optimierung kann unterbunden werden, indem man im Eingangs-Dialogfeld bei *Methode* die Voreinstellung *Iterieren und klassifizieren* in *Nur klassifizieren* ändert. Dann wird die endgültige Zuordnung der Fälle schon aufgrund der initialen Clusterzentren vorgenommen, was in der Regel nur sinnvoll ist, wenn diese extern eingelesen wurden.

Ergebnisausgabe

Standardmäßig werden die initialen und die finalen Clusterzentren sowie die Zahl der Fälle in jedem Cluster ausgegeben. Abweichend davon ist es in den meisten Fällen sinnvoll, in der Box **Optionen** die Ausgabe der initialen Clusterzentren zu unterdrücken (*Anfängliche Clusterzentren*) und zusätzlich die Liste der Clusterzugehörigkeiten der Fälle (*Cluster-Informationen für jeden Fall*) anzufordern. Merkwürdigerweise bewirkt die Aktivierung der Cluster-Informationen auch die Ausgabe der Distanzen der (finalen) Clusterzentren.

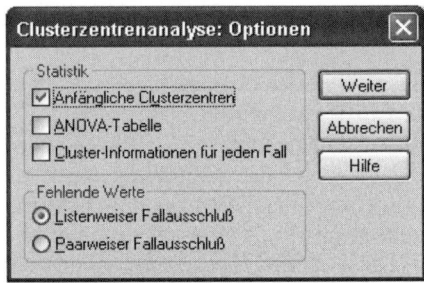

Zusätzlich kann eine varianzanalytische Tabelle für jede Variable (*ANOVA-Tabelle*) angefordert werden. Diesen ANOVA-Tabellen lässt sich entnehmen, wie groß das Verhältnis der Varianz zwischen den Clustern relativ zur Varianz innerhalb der Cluster für eine Variable ist.

In einer aus dem Eingangs-Dialogfeld über [Speichern] erhältlichen Box lässt sich veranlassen, dass für alle Fälle ihre *Cluster-Zugehörigkeit* sowie die euklidischen Distanzen zum finalen Clusterzentrum (*Distanz vom Clusterzentrum*) an die aktuelle Datendatei angefügt werden. Die angefügten Variablen benennt Spss mit QCL_#, wobei # eine fortlaufende Nummerierung darstellt (vgl. BEISPIEL 3).

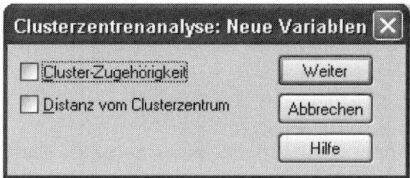

Übersicht über die in den Beispielen behandelten Probleme

① Konfirmatorische K-Means Clusteranalyse mit vier Clustern.

② Anwendung der Ergebnisse der Clusteranalyse von BEISPIEL 1 auf einen zweiten Datensatz.

③ Vergleich der Ergebnisse der K-Means Clusteranalyse mit denen einer hierarchischen Clusteranalyse-Methode.

Beispiel 1

Der in Kapitel 68 (S. 512 f.) dargestellte und im letzten Kapitel bei BEISPIEL 4 wieder aufgegriffene Datensatz von Mezzich und Worthington wird erneut herangezogen (Datei MEZZICH.SAV). Der Datensatz enthält Beschreibungen von vier prototypischen Patienten auf 17 Merkmalen durch 11 Psychiater. Mittels Clusteranalyse soll untersucht werden, ob sich die vier prototypischen Patienten anhand der Merkmalseinstufungen der Psychiater als homogene Gruppen identifizieren lassen.

Dazu werden die 17 *Variablen* BEFÜRCHTUNG bis ERREGTHEIT ausgewählt, die *Anzahl Cluster* auf {4} festgesetzt, als *Fallbeschriftung* die String-Variable URTEIL eingesetzt und unter **Optionen** zusätzlich die *Cluster-Informationen für jeden Fall* aktiviert. Das Programm liefert die folgende Ausgabe:

Anfängliche Clusterzentren

	Cluster				❶
	1	2	3	4	
befürchtung	3	1	6	3	
angst	4	1	5	5	
zurückgez	0	6	6	5	
denkformal	0	2	5	5	
schuld	0	0	6	2	
anspannung	5	0	3	5	
maniertheit	0	1	2	4	
grössenideen	6	0	0	5	
depress	0	0	6	2	
feindselig	6	3	0	4	

misstrauen	0	0	5	6
halluzination	0	1	3	5
hemmung	0	0	6	0
autist	5	1	5	5
denkinhalt	0	1	5	6
verflachung	0	6	0	5
erregtheit	6	0	0	5

Iterationsprotokoll[a]

Iteration	Änderung in Clusterzentren			
	1	2	3	4
1	5,842	4,877	7,018	4,568
2	,708	1,479	,000	1,379
3	,000	,474	,483	,000
4	,000	,000	,000	,000

a. Konvergenz wurde aufgrund geringer oder keiner Änderungen der Clusterzentren erreicht. Die maximale Änderung der absoluten Koordinaten für jedes Zentrum ist ,000. Die aktuelle Iteration lautet 4. Der Mindestabstand zwischen den anfänglichen Zentren beträgt 13,528.

Cluster-Zugehörigkeit

Fall-nummer	urteil	Cluster	Distanz		Fall-nummer	urteil	Cluster	Distanz
1	Psy-1,Dp	3	4,144		23	Psy-1,Sz	2	3,701
2	Psy-2,Dp	3	4,274		24	Psy-2,Sz	2	4,735
3	Psy-3,Dp	3	7,006		25	Psy-3,Sz	2	5,630
4	Psy-4,Dp	3	6,142		26	Psy-4,Sz	2	6,065
5	Psy-5,Dp	3	5,664		27	Psy-5,Sz	2	6,206
6	Psy-6,Dp	3	3,502		28	Psy-6,Sz	2	3,459
7	Psy-7,Dp	3	4,033		29	Psy-7,Sz	2	4,052
8	Psy-8,Dp	3	3,579		30	Psy-8,Sz	2	2,605
9	Psy-9,Dp	3	4,144		31	Psy-9,Sz	2	6,140
10	Psy-10,Dp	3	5,728		32	Psy-10,Sz	2	4,468
11	Psy-11,Dp	3	5,608		33	Psy-11,Sz	2	4,519
12	Psy-1,Ma	1	3,464		34	Psy-1,Pa	4	3,594
13	Psy-2,Ma	1	4,879		35	Psy-2,Pa	4	5,315
14	Psy-3,Ma	1	3,633		36	Psy-3,Pa	4	5,204
15	Psy-4,Ma	1	3,688		37	Psy-4,Pa	4	6,702
16	Psy-5,Ma	1	6,340		38	Psy-5,Pa	4	4,233
17	Psy-6,Ma	1	3,347		39	Psy-6,Pa	4	3,149
18	Psy-7,Ma	1	3,066		40	Psy-7,Pa	4	2,566
19	Psy-8,Ma	1	3,795		41	Psy-8,Pa	4	2,814
20	Psy-9,Ma	1	6,372		42	Psy-9,Pa	4	3,775
21	Psy-10,Ma	4	5,635		43	Psy-10,Pa	4	3,663
22	Psy-11,Ma	1	3,406		44	Psy-11,Pa	4	4,907

Clusterzentren der endgültigen Lösung

	Cluster				
	1	2	3	4	
befürchtung	,900	2,545	4,636	3,167	
angst	2,000	2,000	4,636	4,417	
zurückgez	,100	5,273	4,727	3,333	
denkformal	3,100	3,636	1,727	4,000	
schuld	,500	1,273	5,182	,833	
anspannung	4,800	1,818	2,273	4,167	
maniertheit	,700	2,636	,818	2,667	
grössenideen	5,800	,364	,091	5,000	
depress	,900	2,091	6,000	1,417	
feindselig	4,000	1,636	1,455	5,000	
misstrauen	2,200	1,818	1,818	5,667	
halluzination	1,300	1,455	1,000	4,500	
hemmung	,100	2,364	5,636	,333	
autist	4,000	2,364	2,545	5,167	
denkinhalt	3,000	3,182	3,091	5,500	
verflachung	,000	5,455	2,364	1,417	
erregtheit	6,000	,455	,727	3,917	

Distanz zwischen Clusterzentren der endgültigen Lösung

Cluster	1	2	3	4	❺
1		12,168	14,283	8,050	
2	12,168		8,369	10,901	
3	14,283	8,369		13,108	
4	8,050	10,901	13,108		

Anzahl der Fälle in jedem Cluster

Cluster	1	10,000	❻
	2	11,000	
	3	11,000	
	4	12,000	
Gültig		44,000	
Fehlend		,000	

Erläuterungen zur Ausgabe

❶ Zunächst werden die initialen Clusterzentren dargestellt. Nach einem bei Norušis (1994p, S. 116 ff.) näher beschriebenen Verfahren wählt QUICK CLUSTER für die Startwerte der Clusterzentren Fälle aus, die sich möglichst stark unterscheiden. Wie man im Vergleich mit den Rohdaten erkennt (vgl. S. 512), sind dies die Fälle 16 (initiales Clusterzentrum von Cluster 1), 26 (Cluster 2), 3 (Cluster 3) und 44 (Cluster 4).

❷ Hier wird (falls durchgeführt) der Ablauf der Optimierung dargestellt. Für jeden Schritt (**Iteration**) werden die quantitativen Verschiebungen der Clusterzentren angegeben (**Änderung in Clusterzentren**). Nach drei Iterationen wurde das Konvergenzkriterium erreicht.

❸ Hier werden (zusätzlich angefordert durch die Option *Cluster-Informationen für jeden Fall*) die Zugehörigkeiten der Fälle zu den Clustern angegeben. Durch die Kennzeichnung der Fälle mit der String-Variablen URTEIL fällt es hier leicht, die Abweichung der gefundenen Zuordnung von der erwarteten festzustellen. Es gibt nur eine Divergenz: Der von Psychiater Nr. 10 als »Maniker« beschriebene Prototyp (Profil Nr. 21) wird von der Clusteranalyse dem Cluster 4 der »Paranoiden« zugeordnet. (Dieselbe »Fehl«-Klassifikation erbrachte auch die hierarchische Clusteranalyse, vgl. S. 566).

❹ Hier werden die finalen Clusterzentren ausgegeben. Die Voreinstellung dieser Tabelle, die Werte ohne Nachkommastellen anzugeben, ist irreführend. Man sollte hier nachträglich im Ausgabe-Viewer (vgl. S. 94) die *Dezimalstellen* auf den Wert {3} stellen (hier bereits geschehen). Nachfolgend ist für Fall/Profil 1 des Datensatzes (vgl. S. 512) gezeigt, wie sich die Distanzen dieses Profils zu den vier Clustern bestimmen:

$$d(C_1) = \sqrt{[(4 - 0{,}90)^2 + (3 - 2{,}00)^2 + (3 - 0{,}10)^2 + ... + (1 - 6{,}00)^2]} = 12{,}85$$
$$d(C_2) = \sqrt{[(4 - 2{,}55)^2 + (3 - 2{,}00)^2 + (3 - 5{,}27)^2 + ... + (1 - 0{,}45)^2]} = 8{,}80$$
$$d(C_3) = \sqrt{[(4 - 4{,}64)^2 + (3 - 4{,}64)^2 + (3 - 4{,}72)^2 + ... + (1 - 0{,}73)^2]} = 4{,}14$$
$$d(C_4) = \sqrt{[(4 - 3{,}17)^2 + (3 - 4{,}41)^2 + (3 - 3{,}33)^2 + ... + (1 - 3{,}92)^2]} = 13{,}19$$

Das Profil wird nun dem Cluster zugeordnet, zu dem es die minimale Distanz aufweist. Dies ist Cluster Nr. 3 (»Depressive«) mit einer Distanz 4,14 (vgl. auch die entsprechende Angabe in der letzten Spalte von Tabelle ❸).

❺ Ebenfalls veranlasst durch die Option *Cluster-Informationen für jeden Fall*, werden hier die euklidischen Distanzen zwischen den finalen Clustern als symmetrische, quadratische Matrix ausgegeben. Man erkennt, dass die beiden Cluster 1 (»Maniker«) und 4 (»Paranoide«) die geringste Distanz aufweisen. Die Fehlzuordnung des Profils Nr. 21 findet hierin seine Entsprechung.

❻ Abschließend werden die Zahl der Fälle in allen (hier: 4) Clustern ausgegeben.

Beispiel 2

Die für die 4-Cluster Lösung des Datensatzes MEZZICH.SAV aus BEISPIEL 1 bestimmten Clusterzentren werden genutzt, um weitere, gleichartige Daten zu clustern. Dazu wird ein zweiter, analog an elf weiteren Psychiatern erhobener Datensatz herangezogen (Mezzich & Solomon, 1980, S. 64). Die Datei MEZZICH2. SAV enthält die Daten (Aufbau analog MEZZICH.SAV).

Als Erstes müssen die bei BEISPIEL 1 vorgenommene Analyse nochmals durchgeführt und dabei die Mittelpunkte gespeichert werden. Dazu sind zusätzlich im Eingangsdialog nach Aktivieren der Option *Endwerte schreiben in* nach Anklikken der Schaltfläche [Datei] die Ausgabedatei (hier CA_MEZZ4.SAV) anzugeben. Diese Datei sieht dann wie folgt aus:

CA_MEZZ4.SAV						
cluster_	befürchtung	angst	zurückgez	...	verflachung	erregtheit
1	,900	2,000	,100		,000	6,000
2	2,545	2,000	5,273		5,455	,455
3	4,636	4,636	4,727	...	2,364	,727
4	3,167	4,417	3,333		1,417	3,917

Sie enthält die bei BEISPIEL 1 in Tabelle ❺ ausgegebenen Mittelpunkte. Um die Nachkommastellen sichtbar zu machen, wurde bei allen betreffenden Variablen das *Spaltenformat* auf {5} und die Anzahl der *Dezimalstellen* auf {3} geändert.

Für die Analyse der neuen Daten in MEZZICH2.SAV werden im Eingangs-Dialogfeld zunächst wieder die *Variablen* BEFÜRCHTUNG bis ERREGTHEIT sowie als Fallbeschriftung URTEIL angewählt, die *Anzahl der Cluster* auf {4} festgelegt und unter **Optionen** zusätzlich die *Cluster-Informationen für jeden Fall* angefordert. Dann wird nach Aktivieren der Option *Anfangswerte einlesen* nach Drücken der Schaltfläche [Datei] die Datendatei CA_MEZZ4.SAV angegeben. Schließlich bewirkt die Änderung der *Methode* auf *Nur klassifizieren*, dass eine Zuordnung auf Grund der gespeicherten Mittelpunkte ohne eine weitere Optimierung der vorhandenen Daten erfolgt. Das Programm liefert die folgende Ausgabe:

Anfängliche Clusterzentren

	Cluster				
	1	2	3	4	
befürchtung	,900	2,545	4,636	3,167	
angst	2,000	2,000	4,636	4,417	
zurückgez	,100	5,273	4,727	3,333	
denkformal	3,100	3,636	1,727	4,000	
schuld	,500	1,273	5,182	,833	
anspannung	4,800	1,818	2,273	4,167	
maniertheit	,700	2,636	,818	2,667	
grössenideen	5,800	,364	,091	5,000	
depress	,900	2,091	6,000	1,417	
feindselig	4,000	1,636	1,455	5,000	
misstrauen	2,200	1,818	1,818	5,667	
halluzination	1,300	1,455	1,000	4,500	
hemmung	,100	2,364	5,636	,333	
autist	4,000	2,364	2,545	5,167	
denkinhalt	3,000	3,182	3,091	5,500	
verflachung	,000	5,455	2,364	1,417	Aus Unterbefehl
erregtheit	6,000	,455	,727	3,917	FILE eingeben

Cluster-Zugehörigkeit

Fall-num mer	urteil	Clus-ter	Distanz	Fall-num-mer	urteil	Clus-ter	Distanz
1	Psy-1,Dp	3	4,757	23	Psy-1,Sz	2	5,532
2	Psy-2,Dp	3	6,067	24	Psy-2,Sz	2	4,905
3	Psy-3,Dp	3	4,823	25	Psy-3,Sz	2	5,967
4	Psy-4,Dp	3	3,953	26	Psy-4,Sz	2	2,918
5	Psy-5,Dp	3	2,906	27	Psy-5,Sz	2	2,605
6	Psy-6,Dp	3	4,188	28	Psy-6,Sz	2	5,491
7	Psy-7,Dp	3	6,395	29	Psy-7,Sz	2	3,676
8	Psy-8,Dp	3	4,611	30	Psy-8,Sz	2	3,256
9	Psy-9,Dp	3	3,884	31	Psy-9,Sz	2	3,588
10	Psy-10,Dp	3	4,981	32	Psy-10,Sz	2	4,509
11	Psy-11,Dp	3	4,880	33	Psy-11,Sz	2	5,906
12	Psy-1,Ma	1	3,795	34	Psy-1,Pa	4	4,349
13	Psy-2,Ma	1	5,459	35	Psy-2,Pa	4	4,481
14	Psy-3,Ma	1	4,858	36	Psy-3,Pa	4	5,605
15	Psy-4,Ma	1	2,966	37	Psy-4,Pa	4	4,787
16	Psy-5,Ma	1	3,847	38	Psy-5,Pa	4	3,202
17	Psy-6,Ma	1	3,688	39	Psy-6,Pa	4	5,737
18	Psy-7,Ma	4	5,107	40	Psy-7,Pa	4	4,368
19	Psy-8,Ma	1	4,099	41	Psy-8,Pa	4	4,387
20	Psy-9,Ma	1	3,768	42	Psy-9,Pa	4	4,500
21	Psy-10,Ma	1	4,517	43	Psy-10,Pa	4	6,185
22	Psy-11,Ma	1	3,435	44	Psy-11,Pa	4	5,560

Clusterzentren der endgültigen Lösung ❸

	Cluster			
	1	2	3	4
befürchtung	1,300	1,727	4,455	2,500
angst	,900	1,455	3,727	4,167
zurückgez	,000	5,455	4,091	3,000
denkformal	3,500	3,364	2,545	4,000
schuld	,700	1,182	5,091	1,083
anspannung	3,800	1,455	3,000	3,583
maniertheit	,900	2,364	,364	2,167
grössenideen	5,200	,909	,091	5,083
depress	1,600	1,727	5,727	1,250
feindselig	4,100	1,636	2,000	4,833
misstrauen	2,800	1,909	1,727	5,583
halluzination	1,800	1,636	2,000	3,917
hemmung	,000	2,455	5,273	,417
autist	3,700	2,636	2,182	4,917
denkinhalt	2,400	3,364	3,091	4,583
verflachung	,500	5,182	1,364	2,000
erregtheit	5,700	,545	,545	3,250

Distanz zwischen Clusterzentren der endgültigen Lösung

Cluster	1	2	3	4	
1		10,956	12,745	7,123	
2	10,956		8,750	9,686	
3	12,745	8,750		11,812	
4	7,123	9,686	11,812		

Anzahl der Fälle in jedem Cluster

Cluster	1	10,000	❺
	2	11,000	
	3	11,000	
	4	12,000	
Gültig		44,000	
Fehlend		,000	

Erläuterungen zur Ausgabe

❶ Zur Erläuterung siehe Tabelle ❶ bei BEISPIEL 1. Die initialen Clusterzentren sind hier aus der externen Datei CA_MEZZ4.SAV eingelesen, was durch die unverständliche Fußnote »Aus Unterbefehl FILE eingeben« deutlich gemacht werden soll (Nachkommastellen wiederum nachträglich auf {3} gesetzt, vgl. Tabelle ❹ bei BEISPIEL 1).

❷ Zur Erläuterung siehe Tabelle ❸ bei BEISPIEL 1. Trotz fehlender Optimierung wird nur ein Fall in ein »falsches« Cluster zugeordnet: Der Fall Nr. 18 mit dem Label »Psy-7,Ma«, also ein »Maniker«, wird in das Cluster 4 der »Paranoiden« eingeschlossen. Interessanterweise entsprechen die Ergebnisse bei diesem Datensatz den Erwartungen wesentlich weniger, wenn man die Clusteranalyse standardmäßig mit der Optimierung an Hand der Daten durchführt.

❸, ❹, ❺: Zur Erläuterung siehe Tabelle ❹, ❺ und ❻ bei BEISPIEL 1.

Beispiel 3

Der im vorangegangenen Kapitel in BEISPIEL 2 verwendete Teildatensatz einer Allbus-Umfrage soll hier mittels der K-Means-Methode nochmals analysiert werden (Datei CA_FERNSEH1.SAV). Dazu sind zunächst die *Variablen* SHOW bis UNTERHALT anzugeben, Die Clusterzahl wird auf {3} festgesetzt. Ferner wird nach Drücken von [Speichern] die Option *Cluster-Zugehörigkeit* aktiviert. Folgende Ergebnisse resultieren:

Anfängliche Clusterzentren	*zunächst weglassen*

Iterationsprotokoll[a]

Iteration	Änderung in Clusterzentren		
	1	2	3
1	3,188	3,942	3,359
2	,288	,535	,429
3	,166	,184	,268
4	,185	,150	,184
5	,208	,068	,223
6	,134	,098	,172
7	,154	,071	,153
8	,146	,036	,145
9	,047	,050	,069
10	,060	,030	,043

a. Die Iterationen wurden angehalten, weil bereits die maximal zulässige Anzahl von Iterationen durchgeführt wurde. Die Iterationen sind nicht konvergiert. Die maximale Änderung der absoluten Koordinaten für jedes Zentrum ist ,037. Die aktuelle Iteration lautet 10. Der Mindestabstand zwischen den anfänglichen Zentren beträgt 8,185.

Der Fußnote der Tabelle entnimmt man, dass die Lösung in der vorgegebenen Maximalzahl von Iterationen nicht konvergierte. Es ist also sinnvoll diese Maximalzahl hochzusetzen. Dies geschieht, in dem in der Eingangs-Dialogbox auf die Schaltfläche [Iterieren...] geklickt wird und die *Anzahl der Iterationen* vom voreingestellten Wert {10} hochgesetzt wird, z.B. auf {100}. Die erneute Ausführung der Prozedur führt dann zu folgender Ausgabe:

Anfängliche Clusterzentren

	Cluster		
	1	2	3
shows	3	3	1
sport	5	1	1
spiel	4	5	1
polit	5	1	1
kultur	2	5	1
heimat	1	5	1
krimi	3	1	1
action	4	2	1
unterhalt	4	5	1

Iterationsprotokoll[a]

Iteration	Änderung in Clusterzentren		
	1	2	3
1	3,188	3,942	3,359
2	,288	,535	,429
3	,166	,184	,268
4	,185	,150	,184
5	,208	,068	,223
6	,134	,098	,172

7	,154	,071	,153
8	,146	,036	,145
9	,047	,050	,069
10	,060	,030	,043
11	,074	,035	,051
12	,052	,022	,040
13	,016	,000	,015
14	,000	,000	,000

a. Konvergenz wurde aufgrund geringer oder keiner Änderungen der Clusterzentren erreicht. Die maximale Änderung der absoluten Koordinaten für jedes Zentrum ist ,000. Die aktuelle Iteration lautet 14. Der Mindestabstand zwischen den anfänglichen Zentren beträgt 8,185.

Clusterzentren der endgültigen Lösung

	Cluster			
	1	2	3	
shows	2,938	3,575	2,402	
sport	3,514	2,321	2,566	
spiel	3,701	3,515	2,868	
polit	2,655	2,836	3,423	
kultur	2,186	2,470	2,868	
heimat	1,712	3,694	1,593	
krimi	3,362	2,948	2,307	
action	3,554	1,500	1,608	
unterhalt	2,989	3,582	2,095	

Anzahl der Fälle in jedem Cluster

Cluster	1	177,000	❹
	2	134,000	
	3	189,000	
Gültig		500,000	
Fehlend		,000	

Erläuterungen zur Ausgabe

❶ Zur Erläuterung siehe Tabelle ❶ bei BEISPIEL 1.

❷ Zur Erläuterung siehe Tabelle ❷ bei BEISPIEL 1. Man erkennt, dass jetzt nach 14 Iterationen eine Lösung gefunden wurde, die die Konvergenzkriterien erfüllt.

❸, ❹: Zur Erläuterung siehe Tabelle ❸ und ❹ bei BEISPIEL 1.

Man kann jetzt vergleichen, wie übereinstimmend die Clusterlösung hier mit der hierarchischen Methode im letzten Kapitel (Ward-Verfahren mit quadrierten euklidischen Distanzen) übereinstimmt. Hat man dort die Fallzuordnung der 3-Clusterlösung in der Datendatei gespeichert (Variable CLU3_1), so kann man diese in einer Kreuztabelle mit der hier in der Variable QCL_1 abgelegten vergleichen. Man gibt dazu unter **Analysieren / Deskriptive Statistiken / Kreuztabellen** die Variable CLU3_1 unter *Zeilen* und die Variable QCL_1 unter *Spalten* an und erhält dann folgende Tabelle:

CLU3_1 * QCL_1 Kreuztabelle

Anzahl

		QCL_1			Gesamt
		1	2	3	
CLU3_1	1	27	45	154	226
	2	6	79	7	92
	3	144	10	28	182
Gesamt		177	134	189	500

Die Übereinstimmung zwischen beiden Lösungen wird hier in den (nachträglich zur Illustration) grau hinterlegten Zellen deutlich. Insgesamt werden also (144 + 79 + 154)/500*100 = 75.4% der Fälle übereinstimmend klassifiziert. Ein besseres Maß zur Quantifizierung der Übereinstimmung ist Cohen's Kappa (κ). Um κ bestimmen zu können, müssen die Kategorien in beiden Variablen in der gleichen Weise geordnet sein. Wir müssen hier also die Kategorien 1 und 3 in einer der beiden Variablen vertauschen.

Dies kann z.B. unter **Transformieren / Umkodieren in dieselben Variablen** geschehen, indem man für die Variable CLU3_1 nach Betätigen der Schaltfläche [Alte und neue Werte…] den Wert 1→3 und 3→1 ändert [oder einfach per Syntax mittels: RECODE CLU3_1 (1=3) (3=1).] Das erneute Anfordern der Kreuztabelle – diesmal zusätzlich mit der Aktivierung der Option *Kappa* nach Betätigen der Schaltfläche [Statistik] (vgl. Kap. 34) – führt zu folgenden Ergebnissen:

CLU3_1 * QCL_1 Kreuztabelle

Anzahl

		QCL_1			Gesamt
		1	2	3	
CLU3_1	1	144	10	28	182
	2	6	79	7	92
	3	27	45	154	226
Gesamt		177	134	189	500

Symmetrische Maße

	Wert	Asymptotischer Standardfehler[a]	Näherungsweises T[b]	Näherungsweise Signifikanz
Maß der Übereinstimmung Kappa	,622	,029	19,565	,000
Anzahl der gültigen Fälle	500			

a. Die Null-Hyphothese wird nicht angenommen.
b. Unter Annahme der Null-Hyphothese wird der asymptotische Standardfehler verwendet.

Wie man sieht, resultiert ein Wert von $\kappa = 0{,}62$.

Item- und Skalenanalyse

> ➤ **Analysieren / Skalieren / Reliabilitätsanalyse ...**

Die Durchführung von Item- und Skalenanalysen nach dem Konzept der klassischen Testtheorie ist mit der Prozedur RELIABILITY möglich. Als Itemkennwerte werden jeweils Mittel und Standardabweichung sowie korrigierte Trennschärfekoeffizienten (Item-Skala-Korrelationen) ausgegeben. Als Maß der internen Konsistenz der definierten Skala wird in der Voreinstellung Cronbach's α bestimmt (⇨ *Deskriptive Statistik, Kap. 16*). Eine Umpolung oder Inversion (der Beantwortungsrichtung) bestimmter Items kann mit der Prozedur selbst nicht vorgenommen werden. Die betroffenen Items müssen deshalb vorab durch entsprechende COMPUTE- oder RECODE-Anweisungen invertiert werden.

Es ist weiterhin nicht möglich, die im Rahmen der Itemanalyse von RELIABILITY bestimmten Skalenwerte in die Datendatei ausgeben zu lassen. Sie müssen deshalb nachträglich durch entsprechende SUM- oder MEAN-Anweisungen erzeugt werden. Wenn ein Test oder Fragebogen aus mehreren Subskalen besteht, können diese nur nacheinander analysiert werden. Die Feststellung, wie hoch die Items einer Skala jeweils mit den übrigen Skalen korrelieren (»Fremdtrennschärfen«), ist mit der Prozedur selbst nicht möglich.

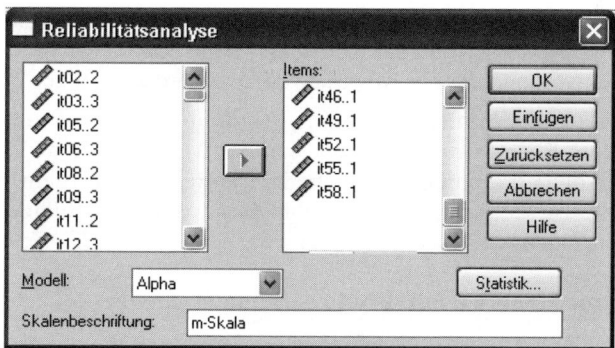

In der Eingangs-Dialogbox sind die Aufgaben bzw. Aussagen des Tests oder der Skala im Feld *Items* einzugeben. Das voreingestellte Modell (»Alpha«) bewirkt die Ausgabe von Cronbach's α als Maß der internen Konsistenz. Bezüglich der weiterhin zur Verfügung stehenden (aber eher selten benötigten) Reliabilitätsschätzungen – *Split-Half, Guttman, Parallel* und *Streng parallel* – sei auf das SPSS-Handbuch verwiesen (SPSS, 1999b, S. 362-365). Die Prozedur arbeitet grundsätzlich mit listenweisem Ausschluss bei fehlenden Itembeantwortungen. Es verbleiben in der Analyse nur die Personen, die bei sämtlichen Items der definierten Skala einen gültigen Wert haben.

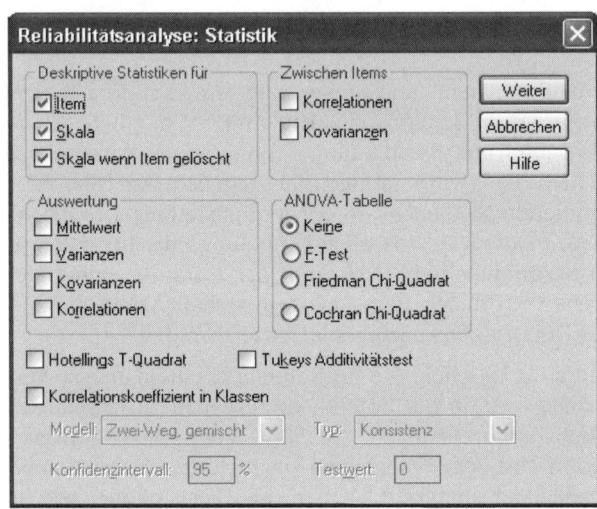

Zum Erhalt der Item-Mittel und -Trennschärfen müssen in der Dialogbox **Statistik** (zumindest) das erste und dritte Kästchen im Feld *Deskriptive Statistiken* angeklickt werden. Bei Wahl von *Skala* wird u. a. auch der durchschnittliche Skalenwert ausgegeben. Über das Feld *Zwischen Items* kann eine Matrix der Item-Interkorrelationen (und/oder der Kovarianzen) angefordert werden.

Durch entsprechende Wahlen im Feld *Auswertung* erhält man u. a. die durchschnittliche Item-Beantwortung (*Mittelwert*), das Mittel der Item-Varianzen und -Kovarianzen sowie die durchschnittliche Interkorrelation der Items (*Korrelationen*). Die weiteren Möglichkeiten der Dialogbox werden im Rahmen »üblicher« Item- und Skalenanalysen nicht benötigt.

Item- und Skalenanalysen mit dem Programm ITAMIS-PC

Auf der Buch-CD wird im Ordner \ITAMIS ein DOS-Programm vorgestellt, das im Fall der Analyse von mehreren Subskalen eines Tests/Fragebogens komfortablere Möglichkeiten als die Prozedur RELIABILITY bietet. Es setzt allerdings den Export der SPSS-Daten in eine ASCII-Datei voraus.

Übersicht über die in den Beispielen behandelten Probleme

① Analyse einer (Persönlichkeits-) Skala ohne Umpolung von Items.
Ausgabe der Prozedur im Fall von »Methode 1«.

② Analyse einer Skala ohne Umpolung von Items. Ausgabe der Prozedur im Fall von »Methode 2«.

③ Analyse einer Skala, bei der Inversionen von Items erforderlich sind.

④ Gemeinsame Betrachtung von Subskalen eines Fragebogens.
Bestimmung der Fremdtrennschärfen.

⑤ Vorgehensweisen bei der Bildung von Skalenwerten.

⑥ Analyse eines Leistungstests mit dichotomen Richtig–Falsch Items.

Bei den Beispielen 1 bis 5 wird auf Daten zurückgegriffen, die an Studierenden mit dem Bem-Geschlechtsrolleninventar erhoben wurden. Zur besseren Übersicht sollen deshalb die Items und Skalen dieses Fragebogens vorab besprochen werden. Dabei kann z.T. auf BEISPIEL 3 von Kapitel 69 verwiesen werden, wo die Daten dieser Studie bereits einer Faktorenanalyse unterzogen wurden.

Bci der von Schneider-Düker & Kohler (1988) konstruierten deutschen Version des »Bem Sex-Role-Inventory« werden 60 persönlichkeitsbeschreibende Aussagen drei Skalen zugeordnet. Die erste Skala (m-Skala) besteht aus 20 Eigenschaften, die nach den Geschlechtsrollenvorstellungen der Gesellschaft als »erwünscht für einen Mann« gelten. Die 20 Items der zweiten Skala (f-Skala) beschreiben »für Frauen erwünschte« Eigenschaften, während die dritte neutrale Skala (SE-Skala) 20 Eigenschaften enthält, die (nach überwiegend an Studierenden der Psychologie erhobenen Urteilen) für Frauen und Männer in gleichem Maße erwünscht (oder unerwünscht) sind.

In der auf der nächsten Seite wiedergegebenen Tabelle sind die Items der drei Skalen zusammengestellt. Die Spalte »Nr.« gibt die Position der Items im Fragebogen wieder, in Spalte »r_{it}« sind die von Schneider-Düker & Kohler (in Tabelle 4) mitgeteilten Trennschärfekoeffizienten wiedergegeben. Beim letzten Item der SE-Skala (»bin vergesslich«) ist kein Wert angeführt, da es in der Tabelle offensichtlich vergessen wurde. Die bei der SE-Skala mit (i) gekennzeichneten Items werden bei der Bildung des Skalenwertes invertiert (umgepolt). Bei jedem Item hatten die Befragten anzugeben, ob die Eigenschaft auf sie: *nie oder fast nie ...*; *gewöhnlich nicht ...*; *manchmal, aber selten ...*; *gelegentlich ...*; *oft ...*; *meistens ...* oder *immer zutrifft.*

Nach dem Urteil der Autoren sind »die Trennschärfe-Indices als günstig zu betrachten« (S. 262). Dieser Ansicht kann bei der f-Skala und der SE-Skala mit Item-Skala-Korrelationen bis hinunter zu 0,08 allerdings nur bedingt zugestimmt werden.

Es sollen deshalb an den neuerhobenen Daten zum Bem-Geschlechtsrolleninventar weitere Analysen zur Test- und Itemgüte der drei Skalen durchgeführt werden. Die 60 Items des Fragebogens wurden den Studierenden mit der auf S. 527 wiedergegebenen Instruktion vorgelegt. Das Antwortformat war ebenfalls siebenstufig, mit numerischer Kodierung von {0} bis {6}: 0 = *trifft nie oder fast nie zu*, 1 = *trifft gewöhnlich nicht zu*, 2 = *trifft manchmal, aber selten zu*, 3 = *trifft gelegentlich zu*, 4 = *trifft oft zu*, 5 = *trifft meistens zu* und 6 = *trifft immer zu*.

Nr.	m-Skala		r_{it}
1	habe Führungseigenschaften		.58
4	trete bestimmt auf		.57
7	bin ehrgeizig		.30
10	bin weichherzig		.52
13	kann andere kritisieren, ohne mich dabei unbehaglich zu fühlen		.38
16	verteidige die eigene Meinung		.49
19	bin entschlossen		.60
22	bin sachlich		.35
25	bin nicht leicht beeinflussbar		.36
28	bin unerschrocken		.47
31	bin intelligent		.32
34	bin hartnäckig		.48
37	bin bereit, etwas zu riskieren		.40
40	bin kraftvoll		.49
43	bin furchtlos		.44
46	bin scharfsinnig		.43
49	bin wetteifernd		.27
52	bin sicher		.60
55	zeige geschäftsmäßiges Verhalten		.28
58	bin konsequent		.48

Nr.	f-Skala		r_{it}
2	bin romantisch		.49
5	bin abhängig		.19
8	bin weichherzig		.49
11	bemühe mich, verletzte Gefühle zu besänftigen		.35
14	bin glücklich		.12
17	bin feinfühlig		.48
20	bin sinnlich		.45
23	bin fröhlich		.20
26	bin nachgiebig		.35
29	bin bescheiden		.08
32	bin empfänglich für Schmeicheleien		.26
35	bin empfindsam		.45
38	bin selbstaufopfernd		.25
41	benutze keine barschen Worte		.10
44	bin verspielt		.20
47	bin verführerisch		.28
50	achte auf die eigene äußere Erscheinung		.35
53	bin leidenschaftlich		.37
56	bin herzlich		.49
59	liebe Sicherheit		.20

Nr.	SE-Skala		r_{it}
3	bin gesellig		.12
6	bin nervös	(i)	.22
9	bin gesund		.28
12	bin steif	(i)	.26
15	bin gründlich		.37
18	bin teilnahmslos	(i)	.28
21	bin vertrauenswürdig		.34
24	bin überspannt	(i)	.31
27	bin zuverlässig		.47
30	bin unpraktisch	(i)	.33

Nr.	SE-Skala		r_{it}
33	bin fleißig		.31
36	bin niedergeschlagen	(i)	.24
39	bin geschickt		.46
42	bin eingebildet	(i)	.28
45	bin gesetzestreu		.12
48	bin stumpf	(i)	.34
51	bin gewissenhaft		.44
54	bin unhöflich	(i)	.32
57	bin aufmerksam		.33
60	bin vergesslich	(i)	?

Die Daten der Erhebung enthält die Datei BEMSTUD.SAV. Den Variablennamen lässt sich jeweils die Item-Nummer (entsprechend Schneider-Düker & Kohler) sowie die Skalenzugehörigkeit entnehmen. So handelt es sich z.B. bei Variable »it54..3« um das Item Nr. 54, das der dritten Skala (SE-Skala) zugeordnet ist.

Beispiel 1

Datei BEMSTUD.SAV: Mit den Eigenschaftsbegriffen der m-Skala soll eine Itemanalyse durchgeführt werden. Da alle Items eine gleichartige Polung aufweisen, sind Inversionen von Antwortkodierungen nicht erforderlich. Ausgegeben werden Item-Mittelwerte, -Trennschärfekoeffizienten und -Labels, Cronbach's α sowie Mittel und Standardabweichung der Skalenwerte. Das Programm liefert die folgende Ausgabe:

Zusammenfassung der Fallverarbeitung

		Anzahl	%
Fälle	Gültig	356	98,1
	Ausgeschlossen [a]	7	1,9
	Insgesamt	363	100,0

a. Listenweise Löschung auf der Grundlage aller Variablen in der Prozedur.

Reliabilitätsstatistiken

Cronbachs Alpha	Anzahl der Items
,865	20

Itemstatistiken

	Mittelwert	Std.-Abweichung	Anzahl
it01..1	3,24	1,231	356
it04..1	3,43	1,228	356
it07..1	3,82	1,314	356
it10..1	2,44	1,351	356
it13..1	2,81	1,557	356
it16..1	4,37	1,078	356
it19..1	3,91	1,119	356
it22..1	3,82	1,065	356
it25..1	3,23	1,369	356
it28..1	3,31	1,254	356
it31..1	4,26	1,000	356
it34..1	3,77	1,216	356
it37..1	3,44	1,251	356
it40..1	3,35	1,173	356
it43..1	2,70	1,358	356
it46..1	3,76	,963	356
it49..1	2,75	1,449	356
it52..1	3,67	1,088	356
it55..1	2,58	1,462	356
it58..1	3,88	1,160	356

Item-Skala-Statistiken

	Skalenmittelwert, wenn Item weggelassen	Skalenvarianz, wenn Item weggelassen	Korrigierte Item-Skala-Korrelation	Cronbachs Alpha, wenn Item weggelassen	
it01..1	65,30	153,856	,605	,854	❹
it04..1	65,11	154,298	,591	,854	
it07..1	64,72	158,333	,417	,861	
it10..1	66,10	153,418	,556	,855	
it13..1	65,73	157,027	,369	,864	
it16..1	64,17	158,244	,532	,857	
it19..1	64,62	156,111	,590	,855	
it22..1	64,72	163,116	,353	,863	
it25..1	65,30	164,578	,210	,869	
it28..1	65,22	156,513	,502	,857	
it31..1	64,27	162,565	,403	,861	
it34..1	64,77	156,872	,509	,857	
it37..1	65,09	158,372	,442	,860	
it40..1	65,19	159,834	,426	,860	
it43..1	65,83	157,637	,421	,861	
it46..1	64,78	161,097	,483	,859	
it49..1	65,79	156,725	,414	,861	
it52..1	64,87	154,990	,652	,853	
it55..1	65,96	158,440	,360	,864	
it58..1	64,66	158,113	,493	,858	

Skala-Statistiken

Mittelwert	Varianz	Std.-Abweichung	Anzahl der Items	
68,54	173,844	13,185	20	❺

Erläuterungen zur Ausgabe

Wenn in der Box **Statistik** lediglich Wahlen im Feld *Deskriptive Statistiken* vorgenommen wurden, rechnet das Programm nach einer speichersparenden »Methode 1«. Bei der in den anderen Fällen herangezogenen »Methode 2« ist die Ausgabe im Bereich ❹ etwas erweitert (vgl. BEISPIEL 2).

❶ Die Prozedur arbeitet mit listenweisem Fallausschlus. Sieben der 363 Personen hatten somit zumindest ein Item der Skala nicht beantwortet.

❷ Wert von Cronbach's α (⇨ *Deskriptive Statistik, Formel* 225).

❸ Angeforderte Mittelwerte und Standardabweichungen der Items. Bei {0–1} kodierten Items eines Leistungstests stellen die Mittelwerte die Schwierigkeitsindices dar (Anteil der Personen, die das Item gelöst haben, vgl. BEISPIEL 6). Anzahl der in die Analyse aufgenommenen Fälle.

❹ Korrigierte Trennschärfekoeffizienten (»Item-Skala-Korrelationen«). Es handelt sich jeweils um die Produkt-Moment Korrelation zwischen der Itembeantwortung und der Summe der Antworten auf die übrigen Items (⇨ *Deskriptive Statistik, Formel* ⎡230⎤). Mittelwert und Varianz der Skala sowie Wert von Cronbach's α, wenn das Item aus der Skala entfernt wird.

❺ Angeforderter durchschnittlicher Skalenwert der 356 Personen sowie dessen Varianz und Standardabweichung. Der Skalenwert einer Person ist jeweils die Summe der ihren Itembeantwortungen zugewiesenen Zahlen. Er kann somit im vorliegenden Fall Werte zwischen null und 20∗6 = 120 annehmen.

Eine Beurteilung der durch die Trennschärfekoeffizienten und Cronbach's α zum Ausdruck kommenden Item- und Skalengüte wird bei BEISPIEL 4 – unter gemeinsamer Betrachtung aller drei Bem-Skalen – vorgenommen.

Beispiel 2

Datei BEMSTUD.SAV: Es wird nun mit der zweiten Skala (f-Skala) eine Itemanalyse durchgeführt. Auch hier sind keine Umpolungen von Items erforderlich. Ausgegeben werden sollen Item-Mittelwerte, -Trennschärfen und -Labels, Cronbach's α sowie das Mittel der Skalenwerte und die durchschnittliche Beantwortung und Interkorrelation der Items. Durch die Anforderung der beiden letztgenannten Kennwerte in der Box **Statistik** (Wahl von *Mittelwert* und *Korrelationen*) greift die Prozedur bei der Itemanalyse auf »Methode 2« zurück. Nachfolgend die Ausgabe (erste Tabelle »Zusammenfassung der Fallverarbeitung« weggelassen):

Reliabilitätsstatistiken

Cronbachs Alpha	Cronbachs Alpha für standardisierte Items	Anzahl der Items	
,773	,787	20	**❶**

Itemstatistiken

	Mittelwert	Std.- Abweichung	Anzahl
it02..2	4,10	1,248	356
it05..2	1,94	1,547	356
it08..2	3,99	1,311	356
it11..2	4,43	1,127	356
it14..2	4,16	1,100	356
it17..2	4,49	1,084	356
it20..2	3,82	1,257	356
it23..2	4,24	1,101	356
it26..2	3,45	1,141	356
it29..2	3,59	1,236	356

it32..2	4,19	1,371	356
it35..2	4,65	1,099	356
it38..2	3,01	1,381	356
it41..2	3,18	1,577	356
it44..2	3,67	1,470	356
it47..2	3,14	1,267	356
it50..2	4,47	1,218	356
it53..2	4,00	1,221	356
it56..2	4,22	1,042	356
it59..2	4,46	1,187	356

Auswertung der Itemstatistiken

	Item-Mittelwerte	Inter-Item-Korrelationen
Mittelwert	3,859	,156
Minimum	1,935	-,242
Maximum	4,649	,621
Bereich	2,713	,863
Maximum / Minimum	2,402	-2,561
Varianz	,438	,022
Anzahl der Items	20	20

❷   ❸

Item-Skala-Statistiken

	Skalenmittelwert, wenn Item weggelassen	Skalenvarianz, wenn Item weggelassen	Korrigierte Item-Skala-Korrelation	Quadrierte multiple Korrelation	Cronbachs Alpha, wenn Item weggelassen
it02..2	73,08	103,118	,564	,405	,747
it05..2	75,24	116,360	,007	,166	,790
it08..2	73,19	103,293	,524	,412	,750
it11..2	72,75	109,426	,351	,217	,762
it14..2	73,02	113,701	,174	,466	,773
it17..2	72,69	107,348	,466	,443	,756
it20..2	73,36	102,862	,571	,537	,747
it23..2	72,94	110,200	,328	,544	,764
it26..2	73,73	109,219	,355	,339	,762
it29..2	73,59	113,826	,138	,171	,776
it32..2	72,99	107,653	,332	,200	,764
it35..2	72,53	105,968	,522	,430	,752
it38..2	74,17	107,844	,322	,262	,764
it41..2	74,00	113,082	,102	,094	,783
it44..2	73,51	107,805	,295	,288	,767
it47..2	74,04	107,686	,368	,435	,761
it50..2	72,71	111,816	,221	,187	,771
it53..2	73,18	105,045	,497	,464	,752
it56..2	72,96	105,505	,579	,457	,750
it59..2	72,72	111,576	,239	,118	,769

Skala-Statistiken

Mittelwert	Varianz	Std.-Abweichung	Anzahl der Items
77,18	118,982	10,908	20

Erläuterungen zur Ausgabe (soweit nicht bei BEISPIEL 1 gegeben)

❶ **Alpha für standardisierte Items**: Dieser Koeffizient bestimmt sich wie folgt (SPSS 1999, S. 362): $(k*M_R) / (1 + (k-1)*M_R)$. Hierbei sind k die Anzahl und M_R die durchschnittliche Interkorrelation der Items. Es ist somit im vorliegenden Fall: $0{,}787 = (20*0{,}156) / (1 + 19*0{,}156)$.

❷ **Mittelwert**: Durchschnittliche Item-Beantwortung. Es ist jeweils: Mittlerer Skalenwert dividiert durch Anzahl der Items = Durchschnittliche Item-Beantwortung (hier: $77{,}18/20 = 3{,}859$).

❸ **Mittelwert**: Durchschnittliche Interkorrelation der Items (hier: 0,156).

❹ Quadrierte multiple Korrelation (R^2) zwischen dem Item (Kriterium) und den jeweils übrigen Items (als Prädiktoren). Die Wurzel des Wertes ist damit die Korrelation zwischen dem Item und der Summe aus den (im Hinblick auf maximalem Zusammenhang) gewichteten anderen Itembeantwortungen. Ein derartiger Koeffizient passt allerdings wenig zum Konzept der Itemanalyse, da bei der Trennschärfebestimmung und Skalenwertbildung in der Regel un- bzw. gleichgewichtete Itemantworten summiert werden.

Eine Beurteilung der durch die Trennschärfekoeffizienten und Cronbach's α zum Ausdruck kommenden Item- und Skalengüte wird bei BEISPIEL 4 – unter gemeinsamer Betrachtung aller drei Bem-Skalen – vorgenommen.

Beispiel 3

Datei BEMSTUD.SAV: Es soll mit der dritten Skala des Geschlechtsrolleninventars (SE-Skala) eine Itemanalyse durchgeführt werden. Hierzu sind allerdings vorab die Antwortkodierungen bei 10 der Items zu invertieren. Bei ihnen müssen den Antworten dadurch wie folgt Zahlen zugewiesen werden: 6 = *trifft nie oder fast nie zu*, 5 = *trifft gewöhnlich nicht zu*, 4 = *trifft manchmal, aber selten zu*, 3 = *trifft gelegentlich zu*, 2 = *trifft oft zu*, 1 = *trifft meistens zu* und 0 = *trifft immer zu*. Dabei empfiehlt es sich, die invertierten Itemdaten jeweils in neue Variablen zu schreiben.

Die Umpolung der Antworten kann dabei zum einen über entsprechende RECODE-Anweisungen erfolgen (vgl. Kapitel 12). Ein anderer Weg macht sich die nachfolgende allgemeine Formel zur Umpolung von Itemantworten zunutze (UW, OW = unterer, oberer Wert der Antwort-Kodierung):

$$ITEM_{invertiert} = (OW + UW) - ITEM$$

Da im vorliegenden Fall UW = 0 und OW = 6 sind, wurde die Umpolung der 10 Items mit Hilfe der folgenden (auszugsweise wiedergegebenen) COMPUTE-Befehle (über eine Syntax-Datei) vorgenommen (vgl. Kapitel 10):

```
COMMENT Syntax-Datei INVERSION.SPS .
COMMENT Inversion von 10 Items der SE-Skala .
COMPUTE it06..3i = 6 - it06..3 .
COMPUTE it12..3i = 6 - it12..3 .
    ↓        ↓         ↓
COMPUTE it60..3i = 6 - it60..3 .
EXECUTE .
```

Die mit den invertierten Items durchgeführte Itemanalyse erbrachte das nachfolgende Ergebnis. Angefordert wurden die Trennschärfekoeffizienten sowie Cronbach's α (Tabelle »Zusammenfassung der Fallverarbeitung« weggelassen, Reihenfolge der Tabellen aus Formatgründen vertauscht).

Item-Skala-Statistiken

	Skalenmittelwert, wenn Item weggelassen	Skalenvarianz, wenn Item weggelassen	Korrigierte Item-Skala-Korrelation	Cronbachs Alpha, wenn Item weggelassen
it03..3	78,78	117,329	,267	,803
it09..3	78,28	118,760	,256	,803
it15..3	79,01	114,350	,388	,797
it21..3	78,10	116,453	,435	,796
it27..3	78,03	114,793	,518	,792
it33..3	79,33	113,661	,407	,795
it39..3	79,23	116,705	,328	,800
it45..3	78,75	118,136	,220	,806
it51..3	78,58	113,651	,495	,792
it57..3	78,61	115,057	,499	,793
it06..3i	79,56	113,783	,318	,801
it12..3i	78,72	111,977	,392	,796
it18..3i	78,39	111,170	,497	,790
it24..3i	79,29	116,851	,255	,804
it30..3i	78,94	112,943	,373	,798
it36..3i	79,43	112,681	,412	,795
it42..3i	78,91	115,147	,277	,804
it48..3i	78,19	112,074	,478	,791
it54..3i	78,42	113,013	,429	,794
it60..3i	79,71	111,993	,364	,798

Reliabilitätsstatistiken

Cronbachs Alpha	Anzahl der Items
,806	20

Eine Beurteilung der durch die Trennschärfekoeffizienten und Cronbachs α zum Ausdruck kommenden Item- und Skalengüte wird bei BEISPIEL 4 – unter gemeinsamer Betrachtung aller drei Bem-Skalen – vorgenommen.

Beispiel 4

Wenn im Rahmen einer Itemanalyse lediglich eine Skala untersucht werden soll, ist das Hauptkriterium, nach dem über den »Verbleib« von Items in der Skala entschieden wird, ihre (korrigierte) Trennschärfe, d. h. ihre Korrelation mit dem Skalenwert (= Summe aus den übrigen Items). Besteht ein Instrument jedoch aus mehreren Skalen, dann sollte ein »gutes« Item hoch mit der eigenen Skala korrelieren, aber möglichst niedrige Korrelationen (»Fremdtrennschärfen«) zu den übrigen Skalenwerten aufweisen (vgl. *Deskriptive Statistik, Kap. 16.4.1.4*).

Um diese Fremdtrennschärfen bestimmen zu können, müssen vorab für jede Person ihre Skalenwerte (als Summe der jeweiligen Itembeantwortungen) erzeugt werden. Für die drei Bem-Skalen wurden diese mit Hilfe der SUM-Funktion über eine Syntax-Datei wie folgt gebildet (vgl. Kapitel 15):

```
COMMENT Syntax-Datei BEM-SUMMEN.SPS .
COMMENT Bildung der Bem-Skalenwerte .
COMPUTE m.Summe = SUM.20 (it01..1, it04..1, it07..1, it10..1, it13..1,
    it16..1, it19..1, it22..1, it25..1, it28..1, it31..1, it34..1, it37..1, it40..1,
    it43..1, it46..1, it49..1, it52..1, it55..1, it58..1) .
COMPUTE f.Summe = SUM.20 (it02..2, it05..2, it08..2, it11..2, it14..2,
    it17..2, it20..2, it23..2, it26..2, it29..2, it32..2, it35..2, it38..2, it41..2,
    it44..2, it47..2, it50..2, it53..2, it56..2, it59..2) .
COMPUTE SE.Summe = SUM.20 (it03..3, it09..3, it15..3, it21..3, it27..3,
    it33..3, it39..3, it45..3, it51..3, it57..3, it06..3i, it12..3i, it18..3i, it24..3i,
    it30..3i, it36..3i, it42..3i, it48..3i, it54..3i, it60..3i) .
EXECUTE .
```

Die Skalenwerte werden somit als die Variablen M.SUMME (m-Skala), F.SUMME (f-Skala) und SE.SUMME (SE-Skala) der Datei BEMSTUD.SAV hinzugefügt. Bei Personen, die nicht jeweils alle 20 Items beantwortet haben, wird der Skalenwert auf fehlend {.} gesetzt. Die gewünschten Fremdtrennschärfen erhält man nun, indem die Items der m-Skala mit F.SUMME und SE.SUMME korreliert werden, die Items der f-Skala mit M.SUMME und SE.SUMME, usf. Dies wurde mittels der nachfolgenden Syntax-Datei veranlasst (vgl. Kapitel 28):

```
COMMENT Syntax-Datei FREMD-TS.SPS .
COMMENT Fremd-Trennschärfen der Bem-Skalen .
CORRELATIONS
  /VARIABLES = it01..1 it04..1 it07..1 it10..1 it13..1 it16..1 it19..1
  it22..1 it25..1 it28..1 it31..1 it34..1 it37..1 it40..1 it43..1 it46..1
  it49..1 it52..1 it55..1 it58..1 WITH f.Summe SE.Summe
  /missing = pairwise .
CORRELATIONS
  /VARIABLES = it02..2 it05..2 it08..2 it11..2 it14..2 it17..2 it20..2
  it23..2 it26..2 it29..2 it32..2 it35..2 it38..2 it41..2 it44..2 it47..2
  it50..2 it53..2 it56..2 it59..2 WITH m.Summe SE.Summe
  /missing = pairwise .
CORRELATIONS
  /VARIABLES = it03..3 it09..3 it15..3 it21..3 it27..3 it33..3 it39..3
  it45..3 it51..3 it57..3 it06..3i it12..3i it18..3i it24..3i it30..3i it36..3i
  it42..3i it48..3i it54..3i it60..3i WITH m.Summe f.Summe
  /missing = pairwise .
```

Es ergeben sich die nachfolgenden Korrelationen der Items zu den »fremden« Skalenwerten. In den (aus Platzgründen nebeneinander angeordneten) Tabellen wurde im Ausgabe-Viewer »Alles« bis auf die – auf zwei Stellen gerundeten – Koeffizienten gelöscht.

m-Skala

	f. Summe	SE. Summe
it01..1	,04	,20
it04..1	-,03	,19
it07..1	,21	,33
it10..1	,03	,12
it13..1	-,06	,07
it16..1	,10	,34
it19..1	,10	,39
it22..1	,01	,25
it25..1	-,07	,08
it28..1	-,11	,20
it31..1	,22	,29
it34..1	,16	,25
it37..1	,15	,11
it40..1	,11	,31
it43..1	-,06	,07
it46..1	,17	,28
it49..1	,06	,06
it52..1	,07	,45
it55..1	-,07	,07
it58..1	,08	,40

f-Skala

	m. Summe	SE. Summe
it02..2	-,03	,23
it05..2	-,29	-,31
it08..2	-,19	,05
it11..2	-,01	,12
it14..2	,35	,48
it17..2	-,01	,27
it20..2	,24	,27
it23..2	,22	,45
it26..2	-,24	-,10
it29..2	,00	,16
it32..2	,15	,10
it35..2	-,02	,18
it38..2	,06	,11
it41..2	-,12	,12
it44..2	,07	,03
it47..2	,29	,21
it50..2	,13	,27
it53..2	,32	,35
it56..2	,16	,44
it59..2	-,02	,19

SE-Skala

	m. Summe	f. Summe
it03..3	,24	,35
it09..3	,13	,13
it15..3	,33	,25
it21..3	,18	,38
it27..3	,26	,28
it33..3	,42	,28
it39..3	,38	,24
it45..3	,04	,17
it51..3	,34	,25
it57..3	,28	,40
it06..3i	,30	-,04
it12..3i	,18	,21
it18..3i	,20	,31
it24..3i	,02	-,08
it30..3i	,19	,04
it36..3i	,27	-,03
it42..3i	-,17	,15
it48..3i	,04	,25
it54..3i	-,04	,27
it60..3i	,17	,07

In den nachfolgenden Tabellen sind die Korrelationen der Items mit der eigenen Skala (korrigierte Trennschärfen) und die Korrelationen mit den jeweils anderen Skalen noch einmal übersichtlich zusammengestellt (Spalten »Alte Skalen«). Bei den Fremdtrennschärfen sind nur Koeffizienten mit einem Betrag über |.15| aufgeführt. Durch Hinterlegung ist jeweils deutlich gemacht, mit welcher Skala ein Item am höchsten korreliert.

Wie bei Schneider-Düker & Kohler zeigt auch bei den vorliegenden Daten die m-Skala die zufriedenstellendsten Item- und Skalenkennwerte. Die Items korrelieren durchgehend am höchsten mit dem eigenen Skalenwert. Bei der f- und SE-Skala ist dies hingegen nicht der Fall. Hinzu kommen hier teilweise sehr niedrige Trennschärfekoeffizienten.

Durch Eliminierung »kritischer« Items wurde deshalb versucht, verbesserte Skalen zu erstellen. Die verbleibenden Items sollten eine Trennschärfe möglichst nicht unter .30 aufweisen und höher mit der eigenen Skala als mit den jeweils übrigen Skalenwerten korrelieren. Bei der m-Skala wurden zudem noch drei Items aus inhaltlich-formalen Gesichtspunkten herausgenommen.

Das Endergebnis der Itemanalysen ist in den Spalten »Neue Skalen« zusammengestellt. Die mit einem Strich {–} gekennzeichneten Items wurden schließlich eliminiert. Bis auf zwei Fälle konnten bei den verbliebenen Items die vorgegebenen Kriterien eingehalten werden.

Alte Skalen			Items der m-skala	Neue Skalen		
m	f	SE		m	f	SE
.60		.20	1 habe Führungseigenschaften	.61		
.59		.19	4 trete bestimmt auf	.58		
.42	.21	.33	7 bin ehrgeizig	.41	.18	.30
.56			10 bin respekteinflößend	.56		
.37			13 kann andere kritisieren, ...	–	–	–
.53		.34	16 verteidige die eigene Meinung	.54	.16	.30
.59		.39	19 bin entschlossen	.60		.34
.35		.25	22 bin sachlich	–	–	–
.21			25 bin nicht leicht beeinflussbar	–	–	–
.50		.20	28 bin unerschrocken	.51		
.40	.22	.29	31 bin intelligent	.40	.25	.23
.51	.16	.25	34 bin hartnäckig	.53	.19	.20
.44	.15		37 bin bereit, etwas zu riskieren	.46	.20	
.43	.11	.31	40 bin kraftvoll	.43		.25
.42			43 bin furchtlos	.42		
.48	.17	.28	46 bin scharfsinnig	.48	.20	.19
.41			49 bin wetteifernd	.42		
.65		.45	52 bin sicher	.64		.36
.36			55 zeige geschäftsmäßiges Verhalten	–	–	–
.49		.40	58 bin konsequent	.48		.37
.87			Cronbach's α	.87		

Alte Skalen			Items der f-Skala	Neue Skalen		
m	f	SE		m	f	SE
	.56	.23	2 bin romantisch		.56	.23
-.29	.01	-.31	5 bin abhängig	–	–	–
-.19	.52		8 bin weichherzig	-.17	.50	
	.35		11 bemühe mich, verletzte Gefühle zu besänftigen		.35	
.35	.17	.48	14 bin glücklich	–	–	–
	.47	.27	17 bin feinfühlig		.43	.31
.24	.57	.27	20 bin sinnlich	.26	.62	.25
.22	.33	.45	23 bin fröhlich	.26	.33	.36
-.24	.35		26 bin nachgiebig	-.22	.29	
	.14	.16	29 bin bescheiden	–	–	–
.15	.33		32 bin empfänglich für Schmeicheleien	.19	.38	
	.52	.18	35 bin empfindsam		.51	.22
	.32		38 bin selbstaufopfernd	–	–	–
	.10		41 benutze keinen barschen Worte	–	–	–
	.30		44 bin verspielt		.37	
.29	.37	.21	47 bin verführerisch	.31	.44	.17
	.22	.27	50 achte auf die eigene äußere Erscheinung	–	–	–
.32	.50	.35	53 bin leidenschaftlich	.36	.55	.31
.16	.58	.44	56 bin herzlich	.18	.55	.46
	.24	.19	59 liebe Sicherheit	–	–	–
.77			Cronbach's α		.81	

Alte Skalen			Items der SE-Skala i = Item invertiert	Neue Skalen		
m	f	SE		m	f	SE
.24	.35	.27	3 bin gesellig	–	–	–
.30		.32	6 bin nervös i	–	–	–
		.26	9 bin gesund	–	–	–
.18	.21	.39	12 bin steif i	.21	.27	.36
.33	.25	.39	15 bin gründlich	.33	.16	.40
.20	.31	.50	18 bin teilnahmslos i	.23	.31	.50
.18	.38	.44	21 bin vertrauenswürdig	.19	.36	.44
		.25	24 bin überspannt i	–	–	–
.26	.28	.52	27 bin zuverlässig	.25	.22	.54
.19		.37	30 bin unpraktisch i	.20		.30
.42	.28	.41	33 bin fleißig	–		–
.27		.41	36 bin niedergeschlagen i	.28		.32
.38	.24	.33	39 bin geschickt	–	–	–
-.17	.15	.28	42 bin eingebildet i	-.18		.34
	.17	.22	45 bin gesetzestreu	–	–	–
	.25	.48	48 bin stumpf i		.27	.50
.34	.25	.49	51 bin gewissenhaft	.34	.19	.49
	.27	.43	54 bin unhöflich i		.20	.45
.28	.40	.50	57 bin aufmerksam	.28	.35	.52
.17		.36	60 bin vergesslich i	.17		.35
.81			Cronbach's α			.78

Beispiel 5

Nachdem auf Grund der Itemanalyse der endgültige Satz der Items festliegt, der eine Skala konstituiert, müssen durch entsprechende COMPUTE-Anweisungen die Skalenwerte der Personen erzeugt und in die Datendatei geschrieben werden. In der Regel wird der Skalenwert einer Person definiert als die Summe der ihren Itembeantwortungen zugewiesenen Zahlen. Wenn UW der untere Wert des Antwortformats ist (meist {0} oder {1}), OW der obere Wert und k die Anzahl der Items, dann hat bei dieser Vorgehensweise die Skala jeweils einen möglichen Wertebereich von k*UW bis k*OW.

Vor Bildung der Skalenwerte sind allerdings Überlegungen notwendig, wie bei Fällen verfahren werden soll, die ein oder mehrere Item(s) einer Skala nicht (korrekt) beantwortet haben. Bei einem Leistungstest werden ausgelassene Fragen sinnvollerweise wie »nicht gelöst« behandelt und mit {0} Punkten kodiert. Bei Einstellungs- und Persönlichkeitsskalen ist eine derartige Null-Kodierung von fehlenden Werten jedoch nicht sinnvoll. Es bieten sich hier zwei Strategien an. Die rigorosere besteht darin, den Skalenwert auf fehlend {.} zu setzen, sobald ein Item nicht beantwortet wurde. Dies kann allerdings bei »langen« Fragebögen und Skalen zu einer deutlichen Verkleinerung der endgültigen Analysestichprobe führen, da selbst motivierte Befragte gegen das versehentliche »Übergehen« von Items nicht gefeit sind.

Eine datenschonendere Methode besteht deshalb darin, bei fehlenden Itembeantwortungen diese aus dem Antwortverhalten der Person auf die übrigen Items der Skala zu »schätzen«. Ein sinnvolles Vorgehen ist hierbei das Ersetzen einer fehlenden Itembeantwortung durch das Mittel der Antworten auf die übrigen Items.

Im nachfolgenden Syntax-Fenster ist ein COMPUTE-Befehl gezeigt, der für die bei BEISPIEL 4 gebildete neue f-Skala den Skalenwert über die SUM-Funktion erzeugt (vgl. Kapitel 15). Bei Heranziehung dieser Funktion können fehlende Werte nicht ersetzt werden. Die Summe darf deshalb bei einer Person nur gebildet werden, wenn alle k = 13 Items beantwortet wurden; sonst wird der Skalenwert auf fehlend {.} gesetzt.

```
COMPUTE f.Summe.neu = SUM.13 (it02..2, it08..2, it11..2, it17..2, it20..2,
        it23..2, it26..2, it32..2, it35..2, it44..2, it47..2, it53..2, it56..2) .
EXECUTE .
```

Wenn fehlende Itembeantwortungen (bis zu einem gewissen Grad) ersetzt werden sollen, muss statt der SUM- die MEAN-Funktion herangezogen werden. In der nachfolgenden Syntax-Datei werden damit die Skalenwerte für die bei BEISPIEL 4 überarbeiteten m-, f- und SE-Skalen erzeugt. Bei jeder Skala muss die mittels MEAN berechnete durchschnittliche Itembeantwortung anschließend mit der Anzahl der Items (k) multipliziert werden. Außerdem sollte bei der MEAN-Anweisung jeweils festgelegt werden, wie viele gültige Itemantworten mindestens vorhanden sein sollten (um zu verhindern, dass im Extremfall von nur einem beantworteten Item ein Skalenwert hochgerechnet wird). Damit im Fall von fehlenden Itemantworten der an sich ganzzahlige Skalenwert nicht u. U. Dezimalstellen aufweist, empfiehlt sich die abschließende Rundung des berechneten Wertes mit der RND-Funktion.

```
COMMENT Syntax-Datei BEM-SKALEN-A.SPS .
COMMENT Bildung der Bem-Skalenwerte A (unterschiedlicher Range) .
COMPUTE m.Skala.A = RND(16*MEAN.14(it01..1, it04..1, it07..1, it10..1,
   it16..1, it19..1, it28..1, it31..1, it34..1, it37..1, it40..1, it43..1, it46..1,
   it49..1, it52..1, it58..1)) .
COMPUTE f.Skala.A = RND(13*MEAN.11(it02..2, it08..2, it11..2, it17..2,
   it20..2, it23..2, it26..2, it32..2, it35..2, it44..2, it47..2, it53..2, it56..2)) .
COMPUTE SE.Skala.A = RND(13*MEAN.11(it15..3, it21..3, it27..3, it51..3,
   it57..3, it12..3i, it18..3i, it30..3i, it36..3i, it42..3i, it48..3i, it54..3i,it60..3i)) .
EXECUTE .
```

Die drei Anweisungen führen dazu, dass bei der Bildung der Skalenwerte jeweils maximal zwei fehlende Antworten toleriert werden. Bei mehr als zwei Nichtbeantwortungen wird der Skalenwert auf fehlend {.} gesetzt. Der mögliche Wertebereich ist bei der m-Skala jetzt 0 bis 16*6 = 96 und bei der f- und SE-Skala jeweils 0 bis 13*6 = 78.

Wie unser Beispiel zeigt, führen bei einem Fragebogen mit mehreren Subskalen unterschiedliche Itemanzahlen bei den einzelnen Skalen zu unterschiedlichen Wertebereichen, was die Vergleichbarkeit der Werte zwischen den Skalen etwas erschwert. Eine Vereinheitlichung der Skalenbereiche lässt sich hier erreichen, indem man die über die MEAN-Funktion erzeugten durchschnittlichen Itemantworten *nicht* mit der Itemanzahl multipliziert. Die möglichen Wertebereiche sämtlicher Skalen sind dann UW bis OW. Die nachfolgende Syntaxdatei illustriert dies für die überarbeiteten Bem-Skalen. Durch die nachträgliche Multiplikation mit 10 haben alle Skalen einen (möglichen) Wertebereich von 0 bis 60. Die Skalenwerte sind jetzt allerdings nicht mehr (durchgehend) ganzzahlig, was jedoch für die Berechnung von Kennwerten unerheblich ist.

```
COMMENT Syntax-Datei BEM-SKALEN-B.SPS .
COMMENT Bildung der Bem-Skalenwerte B (gleicher Range: 0-60) .
COMPUTE m.Skala.B = 10*MEAN.14( - s.o. - ) .
COMPUTE f.Skala.B = 10*MEAN.11( - s.o. - ) .
COMPUTE SE.Skala.B = 10*MEAN.11( - s.o. - ) .
EXECUTE .
```

Beispiel 6

Die Datei FRABOGEN.SAV enthält u.a. einen Test mit neun Algebra-Aufgaben (AUFGABE.1 bis AUFGABE.9), bei denen jeweils eingegeben ist, welche von vier Alternativen (drei Antworten oder »weiß nicht«) die Person angekreuzt hat. Aus diesen Variablen wurden mittels der nachfolgenden Syntax-Datei neun dichotome Items gebildet (AUFGABE.RF1 bis AUFGABE.RF9), die jeweils den Wert {1} enthalten, wenn die richtige Lösung gewählt wurde und den Wert {0}, wenn falsch, mit »weiß nicht« oder gar nicht geantwortet wurde {.}.

```
COMMENT Syntax-Datei ALGEBRA-ITEMS-RF.SPS .
COMMENT Rekodierung der Algebra-Aufgaben: richtig-falsch .
RECODE  Aufgabe.1 (1=1)  (ELSE=0)  INTO  Aufgabe.rf1 .
RECODE  Aufgabe.2 (3=1)  (ELSE=0)  INTO  Aufgabe.rf2 .
RECODE  Aufgabe.3 (1=1)  (ELSE=0)  INTO  Aufgabe.rf3 .
RECODE  Aufgabe.4 (2=1)  (ELSE=0)  INTO  Aufgabe.rf4 .
RECODE  Aufgabe.5 (2=1)  (ELSE=0)  INTO  Aufgabe.rf5 .
RECODE  Aufgabe.6 (3=1)  (ELSE=0)  INTO  Aufgabe.rf6 .
RECODE  Aufgabe.7 (1=1)  (ELSE=0)  INTO  Aufgabe.rf7 .
RECODE  Aufgabe.8 (3=1)  (ELSE=0)  INTO  Aufgabe.rf8 .
RECODE  Aufgabe.9 (2=1)  (ELSE=0)  INTO  Aufgabe.rf9 .
EXECUTE .
```

Dieser aus neun Richtig-Falsch Items bestehende Algebra-Test soll nun einer Itemanalyse unterzogen werden. Nachfolgend die Ausgabe von RELIABILITY:

Reliabilitätsstatistiken

Cronbachs Alpha	Anzahl der Items
,570	9

Itemstatistiken

	Mittelwert	Std.-Abweichung	Anzahl
Aufgabe.rf1	,90	,302	3741
Aufgabe.rf2	,85	,357	3741
Aufgabe.rf3	,92	,275	3741
Aufgabe.rf4	,85	,360	3741
Aufgabe.rf5	,63	,483	3741
Aufgabe.rf6	,44	,496	3741
Aufgabe.rf7	,93	,262	3741
Aufgabe.rf8	,59	,492	3741
Aufgabe.rf9	,72	,450	3741

Item-Skala-Statistiken

	Skalenmittelwert, wenn Item weggelassen	Skalenvarianz, wenn Item weggelassen	Korrigierte Item-Skala-Korrelation	Cronbachs Alpha, wenn Item weggelassen
Aufgabe.rf1	5,91	2,575	,213	,554
Aufgabe.rf2	5,96	2,416	,297	,533
Aufgabe.rf3	5,89	2,630	,188	,560
Aufgabe.rf4	5,96	2,472	,239	,548
Aufgabe.rf5	6,18	2,153	,343	,514
Aufgabe.rf6	6,37	2,156	,323	,522
Aufgabe.rf7	5,88	2,567	,282	,542
Aufgabe.rf8	6,22	2,341	,192	,569
Aufgabe.rf9	6,09	2,217	,338	,516

Im vorliegenden Fall von {0–1} kodierten Richtig-Falsch Aufgaben stellen die in der zweiten Tabelle ausgegebenen »Mittelwerte« die Schwierigkeitsindices der Items dar (Anteil der Personen, die bei der Aufgabe die richtige Antwort gewählt haben). Der größte Teil der Aufgaben erweist sich erwartungsgemäß als »zu leicht« für den untersuchten Personenkreis, da bewusst Fragen ausgewählt wurden, die bei der Erhebung der Übungsdaten die Befragten nicht zu lange ins Grübeln versinken lassen würden. Der Übungscharakter der Aufgabenzusammenstellung zeigt sich auch in den durchgehend niedrigen Trennschärfekoeffzienten.

Für diesen Algebra-Test wurde anschließend der Testwert (Anzahl der gelösten Aufgaben) wie folgt über die SUM-Funktion bestimmt (vgl. Kapitel 15):

```
COMPUTE AlgebraWert = SUM(Aufgabe.rf1 to Aufgabe.rf9) .
```

Der geringe Schwierigkeitsgrad der Aufgaben führt erwartungsgemäß zu einer recht schiefen Testwertverteilung mit einem eindeutigen »Deckeneffekt«, wie das nachfolgende Diagramm zeigt.

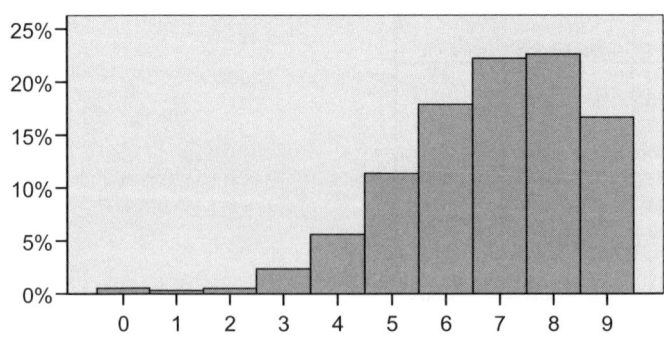

Verteilung des Algebra-Testwertes

Erstellen, Bearbeiten und Ausgeben von Grafiken

> **Grafiken / Diagrammerstellung**

Zur Erstellung einer Grafik bietet SPSS zum einen die Gruppe der »Standarddiagramme« und zum anderen sog. »Interaktive Diagramme« an. Letzteren ist gemeinsam, dass nachträglich bei der Bearbeitung noch stärkere Veränderungen (wie Aufnahme neuer Variablen) »interaktiv« vorgenommen werden können. Auch viele Änderungen an bestehenden Grafikattributen sind zumindest schneller durchführbar. Eine insgesamt leichtere »Bedienbarkeit« dieses Diagrammtyps lässt sich jedoch nicht feststellen.

Dem Vorgehen bei der Erstellung von grafischen Darstellungen für Präsentationen, Publikationen und andere wissenschaftliche Arbeiten kommt hier eher das »Handling« der Standardgrafiken entgegen, bei denen die zu veranschaulichenden Merkmale und Beziehungen »in Ruhe« konzipiert und bei der Bearbeitung des Diagramms umgesetzt werden müssen.

Ein weiterer Grund für die Entscheidung, in den folgenden Kapiteln (ausschließlich) die Erstellung von Standarddiagrammen zu erläutern, war der Sachverhalt, dass die bei einer Reihe von Statistik-Prozeduren optional (mit-)erzeugbaren Grafiken auch durchgehend von diesem Diagrammtyp sind.

Die Erstellung einer (Standard-)Grafik erfolgt in der Regel über die Menüpunkte **Grafiken / Diagrammerstellung** und anschließender Wahl der gewünschten Diagrammform. Nach Vornahme der notwendigen Eingaben erscheint dann das Diagramm (in seiner voreingestellten Form) »allein« im Ausgabe-Viewer. Wird die grafische Darstellung dagegen über eine Statistik-Prozedur mitangefordert, wird das Diagramm zusammen mit den numerischen Ergebnissen (Tabellen) der Prozedur ausgegeben.

Beim Weg über die Menüpunkte **Grafiken / Diagrammerstellung** greift das Programm auf das (neuere) Grafik-Modul GGRAPH zu. Werden die gewünschten Diagramme dagegen über **Grafiken / Veraltete Dialogfelder** ausgewählt und erstellt, zieht SPSS die Prozeduren des (älteren) Moduls GRAPH heran.

Da GGRAPH inzwischen leistungsfähiger ist und das ältere Modul wohl zunehmend ausgedünnt wird, beschreiben dieses und die nachfolgenden Kapitel ausschließlich das Vorgehen über das Dialogfeld **Diagrammerstellung**. Lediglich bei der Erstellung von Abbildungen auf Grund bereits vorliegender Kennwerte (Kapitel 82 und 83) erweist sich der Weg über die »veralteten« Dialogfelder als praktischer.

Im Ausgabe-Viewer kann ein Drucken des Diagramms und/oder seine Abspeicherung veranlasst werden. Die meist notwendige weitere Bearbeitung der Abbildung ist dagegen nur im »Diagramm-Editor« möglich. In diesen gelangt man durch einen Doppel-Klick auf die Grafik. Durch Anklicken der entsprechenden Schaltflächen in der Task-Leiste kann zwischen Viewer-Fenster und Diagramm-Editor hin und her geschaltet werden. Im Viewer-Fenster ist die in Bearbeitung befindliche Grafik mit einer Schraffur hinterlegt.

Die Bearbeitung der mehr spezifischen Attribute einer Grafik ist in den Kapiteln 75 bis 83 jeweils für die verschiedenen Diagrammformen beschrieben. Durch diese auf die einzelnen Grafiktypen zugeschnittene Erörterung soll erreicht werden, dass sich ein bestimmtes Diagramm weitgehend – d. h. in seiner voreingestellten Form – nur aufgrund »seines« Kapitels (d. h. ohne häufiges Nachschlagen an anderen Stellen des Buches) erstellen lässt. Bei einigen Attributen einer Grafik, die größtenteils unabhängig vom Typ des unter Betrachtung stehenden Diagramms sind, bietet es sich jedoch an, sie (vorab) nur an einer Stelle hinsichtlich ihrer Bearbeitungsmöglichkeiten zu besprechen.

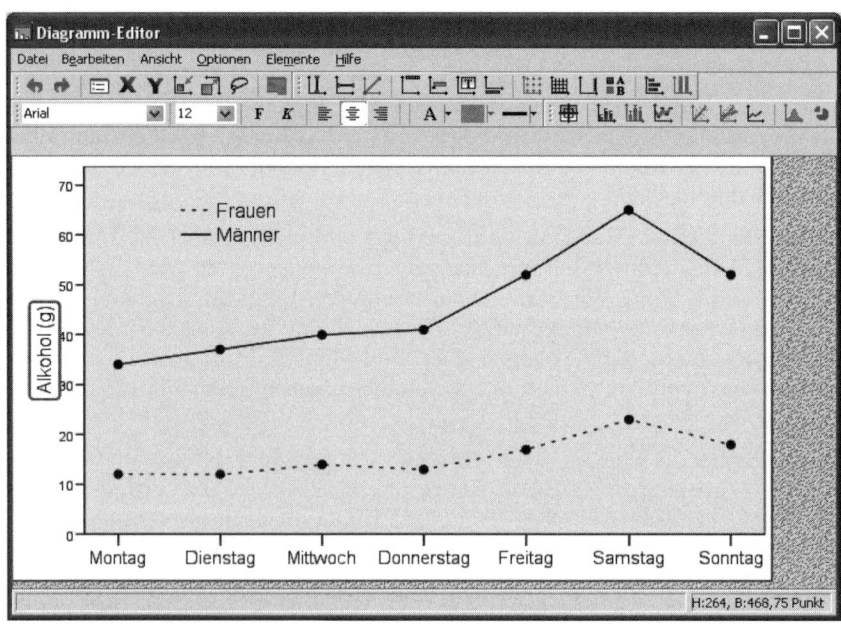

Änderungen an der waagerechten Achse (X-Achse)

Die Art der auf der waagerechten Achse änderbaren Attribute (Eigenschaften) hängt davon ab, ob es sich um ein kategoriales oder metrisches Merkmal handelt. Die zur Bearbeitung notwendigen Dialog-Boxen erhält man in beiden Fällen über **Bearbeiten / X-Achse auswählen** oder durch Anklicken des »fetten« **X** in der Bearbeitungsleiste des Diagramm-Editors.

Bei den meisten Diagrammformen stellt die waagerechte Achse ein kategoriales Merkmal dar, bei dem die Abfolge der Kategorien im Grunde (beliebig) änderbar ist. Lediglich bei ordinalen oder metrischen Merkmalen (mit wenigen Stufen) liegt eine mehr oder weniger »natürliche« Abfolge der Stufen vor, bei der es in der Regel nicht sinnvoll ist, sie nachträglich zu ändern.

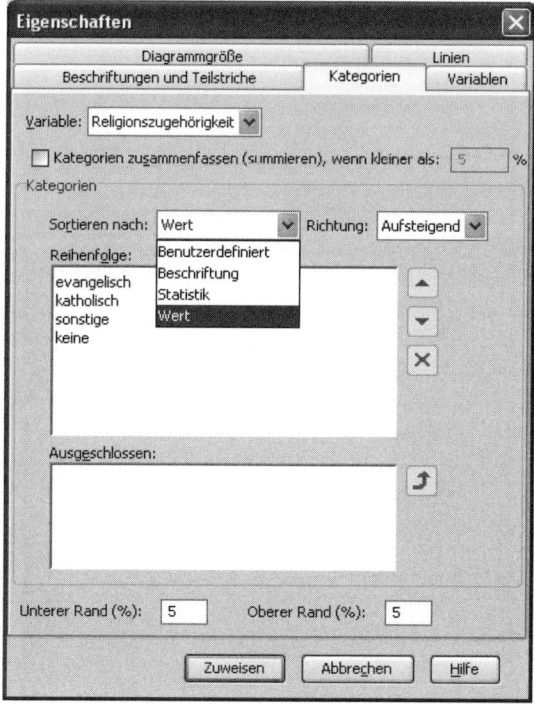

Bei Anklicken von **X** erhält man die Box **Eigenschaften**. Die wichtigsten Einstellungen und Veränderungen erfolgen hier über die Registerkarte [Kategorien]. In der Voreinstellung werden die Kategorien aufsteigend entsprechend ihrer numerischen Kodierung (ihrem »Wert«) im Diagramm angeordnet. Bei Wahl von »Statistik« im Feld *Sortieren nach* werden die Kategorien entsprechend ihrer Häufigkeiten oder ihrer Mittelwerte *aufsteigend* oder *absteigend* angeordnet.

Bei Anwahl von »Benutzerdefiniert« können die Kategorien im Feld *Reihenfolge* über die Pfeiltasten [▲] und [▼] auch nach anderen Prinzipien umsortiert oder über [✖] ausgeschlossen werden. Der Abstand der äußeren Säulen oder Punkte zum linken und rechten Rand des Diagramms lässt sich über die Felder *Unterer / Oberer Rand* festlegen.

In der Registerkarte [Beschriftungen und Teilstriche] lassen sich Veränderungen an diesen Attributen vornehmen. Die dortigen Optionen sind jedoch weitgehend selbsterklärend, so dass auf eine Abbildung und Besprechung dieser Registerkarte verzichtet werden kann.

In seltenen Fällen – z. B. bei Streuungsdiagrammen – stellt die waagerechte Achse die Skala eines metrischen Merkmals dar. Die Bearbeitung der Skala erfolgt dann gemäß der im nächsten Abschnitt zur Y-Achse gemachten Ausführungen.

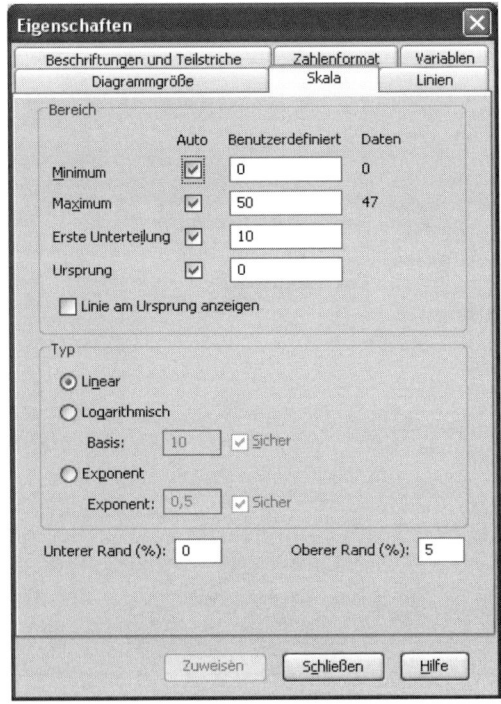

Änderungen an der senkrechten Achse (Y-Achse)

Bei der senkrechten Achse handelt es sich immer um die Skala eines metrischen Merkmals (Häufigkeiten, Merkmalsausprägungen). Über **Bearbeiten / Y-Achse auswählen** oder durch Anklicken des »fetten« **Y** in der Bearbeitungsleiste erhält

man die Dialogbox **Eigenschaften**. In der Registerkarte [Skala] kann der Wertebereich der Skala festgelegt werden (*Minimum / Maximum*) sowie die Anzahl der
Einheiten, aus der die Hauptunterteilung bestehen soll. Weitere Unterteilungen
können dann in der Registerkarte [Beschriftungen und Teilstriche] im Feld *Hilfs-
teilstriche* veranlasst werden. Bei *Unterer Rand* wird festgelegt, ob die Skala in
der X-Achse beginnen soll {0} oder in einem bestimmten Abstand darüber.

Die Registerkarte [Zahlenformat] bietet die Möglichkeit, die Anzahl der *Dezimalstellen* bei den Werten der Skala zu bestimmen. In der Regel wählt man hier {0}.
Im Feld *Abschlusszeichen* lässt sich veranlassen, dass den Werten der Skala jeweils ein bestimmtes Zeichen angefügt wird, z.B. {%}.

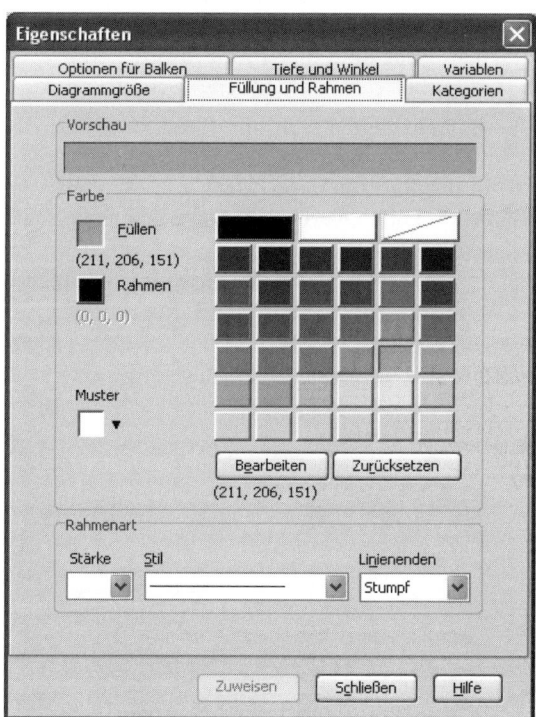

Bearbeitung der Säulen in Balkendiagrammen

In der Voreinstellung werden bei Balkendiagrammen die Säulen über den Kategorien in einer bestimmten Farbe ausgegeben. Bei Darstellung von Untergruppen
sind deren Säulen durch unterschiedliche Farben gekennzeichnet, mit entsprechender »Erläuterung« in der Legende. Die Dialogbox **Eigenschaften**, über die
sich Veränderungen vornehmen lassen, erhält man im Fall einer Stichprobe durch

Doppel-Klick auf eine der Säulen. Bei mehreren Stichproben ist das Farbfeld der gewünschten Untergruppe (in der Legende) doppelt anzuklicken, wodurch sich die Eigenschafts-Box zur Bearbeitung der Säulen dieser Gruppe öffnet.

In der Registerkarte [Füllung und Rahmen] können den Säulen andere Farben zugewiesen werden. Bei Anwahl von »Muster« erhält man alternativ eine Auswahl verschiedener Schraffuren zur Kenntlichmachung der Säulen. Wieweit bei der Darstellung die volle Breite der möglichen Farben ausgenutzt werden kann, hängt allerdings von der geplanten Druckausgabe ab.

Bei Verwendung eines Farbdruckers entspricht die Papierausgabe weitgehend dem, was am Bildschirm farblich gestaltet und gesehen wurde. Im Fall des Schwarzweiß-Drucks bzw. der Schwarzweiß-Reproduktion ist dagegen die Farbpalette nur begrenzt einsetzbar. Vor der endgültigen Entscheidung für eine (optimale) Farbe oder Schattierung sind hier Probeausdrucke unvermeidbar. Dies gilt selbst dann, wenn statt Farben (unterschiedliche) Schraffuren verwendet werden.

Über [Optionen für Balken] lassen sich die voreingestellten Abstände zwischen den Säulen und – im Fall von mehr als einer Stichprobe – zwischen den Untergruppen verändern. In der Registerkarte [Tiefe und Winkel] kann u.a. veranlasst werden, dass die Säulen Schatten werfen oder dreidimensional wirken.

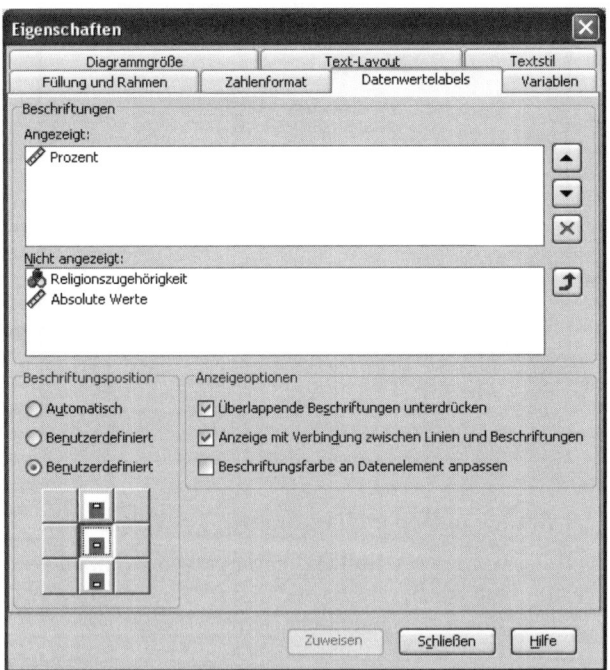

Der Informationsgehalt von Balkendiagrammen wird in der Regel deutlich erhöht, wenn man über **Elemente / Datenbeschriftungen einblenden** die Häufigkeits- oder Mittelwerte der einzelnen Kategorien in die entsprechenden Säulen hinein- schreiben lässt. In diesem Fall kann auch das Abtragen einer Skala auf der senk- rechten Achse entfallen. Mit dem Anfordern der Beschriftungen erhält man die vorstehende Dialogbox, über deren verschiedene Registerkarten Veränderungen am Format und Aussehen der Wertelabels möglich sind.

Bearbeitung der Kurven in Liniendiagrammen

In der Voreinstellung wird bei Liniendiagrammen, die auf einer Stichprobe basie- ren, die Kurve in schwarz ausgegeben. Bei Darstellung von mehreren Gruppen sind deren Kurven durch unterschiedliche Farben gekennzeichnet, mit entspre- chender »Erläuterung« in der Legende. Die Dialogbox **Eigenschaften**, über die sich Veränderungen vornehmen lassen, erhält man im Fall einer Stichprobe durch Doppel-Klick auf die Kurve. Bei mehreren Stichproben ist das Linienstück der gewünschten Untergruppe (in der Legende) doppelt anzuklicken, wodurch sich die Eigenschafts-Box zur Bearbeitung der Linie öffnet.

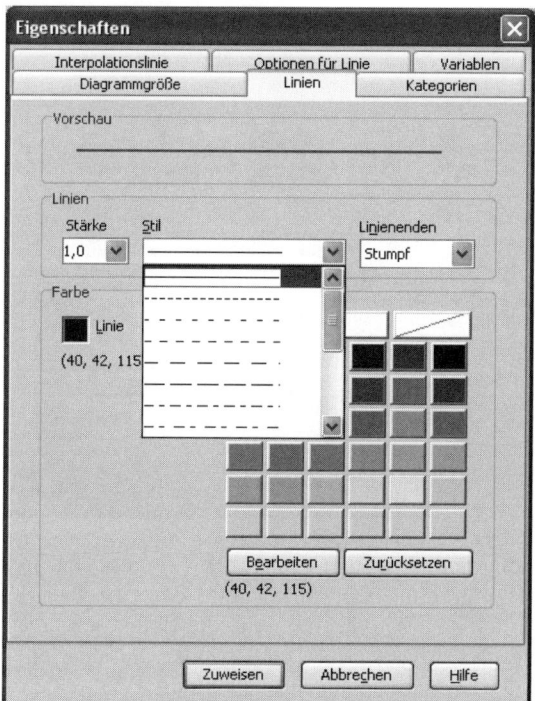

In der Registerkarte [Linien] können den Kurven andere als die voreingestellten Farben zugewiesen werden. Wieweit eine farbliche Kenntlichmachung von Untergruppen zufriedenstellend möglich ist, hängt wieder von der Art der geplanten Ausgabe ab. Bei Farbdruck ergeben sich in der Regel wenig Probleme, während es sich bei einer Schwarzweiß-Ausgabe eher empfiehlt, die Gruppen durch unterschiedliche Linienarten voneinander abzuheben.

Über **Elemente / Linienmarkierungen anzeigen** kann veranlasst werden, dass die Häufigkeits- oder Mittelwerte, durch die die Linien bei den einzelnen Kategorien verlaufen, durch Punkte angezeigt werden. Gleichzeitig (bzw. später durch einen Doppel-Klick auf einen der Punkte) erhält man die nachfolgende Dialogbox. Hier können in der Registerkarte [Markierung] den Datenpunkten – bei Anklicken von »Typ« – andersartige und -farbige Symbole zugewiesen werden.

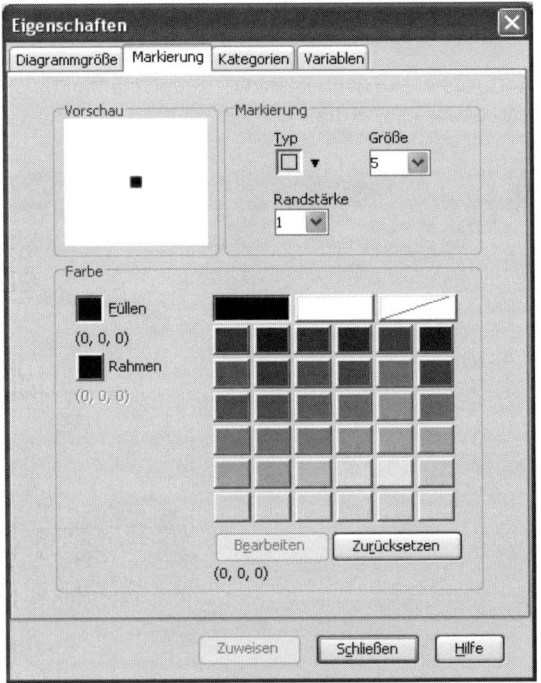

Auch bei Liniendiagrammen kann man über **Elemente / Datenbeschriftungen einblenden** die Häufigkeits- oder Mittelwerte der einzelnen Kategorien an die Datenpunkte bzw. statt der Punkte an oder in die Linien schreiben lassen. Mit dem Anfordern der Beschriftungen erhält man wieder die auf Seite 604 abgebildete Dialogbox, über deren verschiedene Registerkarten Veränderungen am Format und Aussehen der Wertelabels möglich sind.

Beschriftungen im Diagramm

Über die Menüpunkte **Optionen / Anmerkung** lassen sich Beschriftungen im Diagramm bzw. an den Säulen oder Kurven vornehmen. Es erscheint als Erstes ein kleines Feld, in das die Beschriftung einzugeben ist. Mit einem Doppel-Klick auf dieses Feld erhält man dann die nachfolgende Dialogbox. Hier lässt sich in der Registerkarte [Anmerkung] die Beschriftung über der gewünschten Kategorie (X-*Achsenposition*) in einer gewünschten Höhe (Y-*Achsenposition*) plazieren. Nach nur einmaligem Anklicken lässt sich die dann umrandete Anmerkung allerdings auch mit dem Mauszeiger in eine gewünschte Höhe über einer Kategorie verschieben. In weiteren Registerkarten können dann Veränderungen an Format und Aussehen der Beschriftung vorgenommen werden.

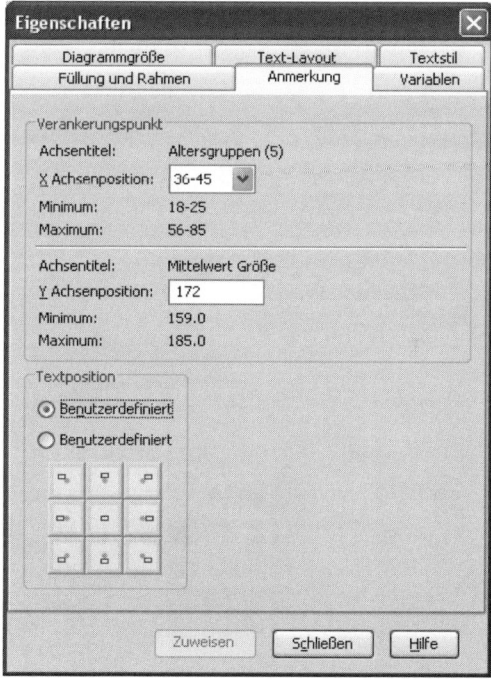

Beschriftungen im Diagramm lassen sich allerdings auch in einem über die Menüpunkte **Optionen / Textfeld** erhältlichen Rahmen vornehmen. Dieses Feld kann anschließend mit der Maus an eine gewünschte Stelle im Diagramm verschoben werden. Durch Doppel-Klick auf das Textfeld erhält man später eine Dialogbox, über deren Registerkarten Änderungen am Format und dem Aussehen der Beschriftung vorgenommen werden können.

Überschrift und Fußnote für das Diagramm

Über die Menüpunkte **Optionen / Titel** erhält man ein Feld, in dem ein Titel für das Diagramm eingegeben werden kann. Mit einem Doppel-Klick auf den Titel erhält man (später) eine Dialogbox, in der sich u. a. Schriftgröße und -art des Titels verändern lassen. Die Möglichkeit, das Diagramm mit einem Titel zu versehen, ist allerdings hauptsächlich für Abbildungen interessant, die bei Vorträgen und Präsentationen eingesetzt werden sollen. Bei Diagrammen für Publikationen und sonstige wissenschaftliche Arbeiten ist dies eher unerwünscht, da diese meist nachträglich im Text selbst mit Überschriften versehen werden.

Zusätzliche Anmerkungen unterhalb der waagerechten Achse können in einem über **Optionen / Fußnote** erhältlichen Feld eingegeben werden. Zur nachträglichen Bearbeitung der Fußnote ist diese wieder doppelt anzuklicken. Wie Überschriften finden auch Fußnoten hauptsächlich bei Abbildungen Verwendung, die für Vortrags- und Präsentationszwecke erstellt werden.

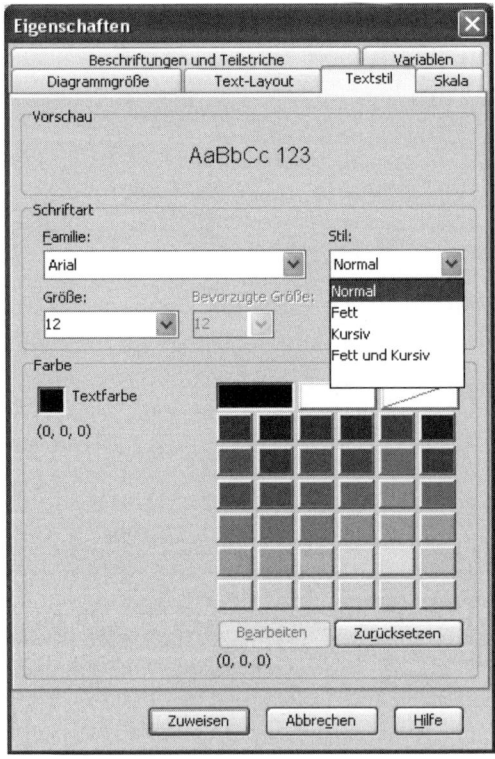

Veränderungen an den Beschriftungen

Soll der Text einer Beschriftung an den Achsen oder im Diagramm geändert werden, ist diese durch einmaliges Anklicken zu markieren. Mit einem weiteren Klick gelangt man in den nun veränderbaren Text. Wenn es dagegen darum geht, Schriftart und -größe einer Beschriftung zu verändern, ist ein Doppel-Klick auf diese erforderlich. Es erscheinen dann – in Abhängigkeit von der angewählten Textstelle leicht differierende – Dialogboxen, bei denen die Registerkarte [Textstil] anzuwählen ist (s.o.). Die Größe der Schrift wird hierbei in »Punkt« angegeben (je höher die Zahl, um so größer die Schrift). Die Palette der im Feld *Familie* wählbaren Schriftarten ist installationsabhängig.

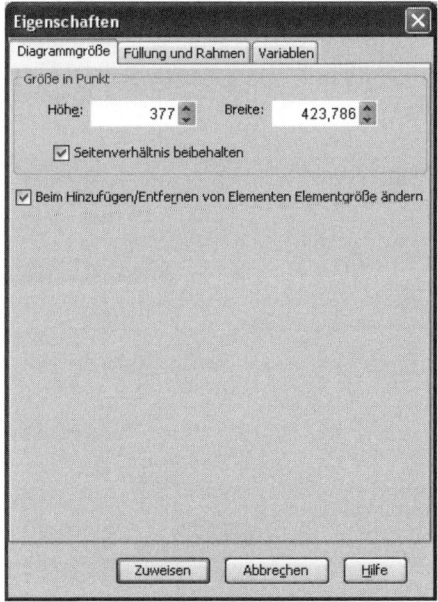

Veränderungen von Breite und Höhe des Diagramms

Mit einem Doppel-Klick auf die Diagrammfläche erhält man die vorstehende Dialogbox, bei der in der Registerkarte [Diagrammgröße] Veränderungen an der Höhe und Breite des Diagramms vorgenommen werden können. Bei Wahl der Option *Seitenverhältnis beibehalten* wird bei Veränderung einer Dimension die andere so mitverändert, dass auch das vergrößerte oder verkleinerte Diagramm das voreingestellte Verhältnis von Breite zu Höhe aufweist. Wenn man dagegen ein flacheres oder beiteres Diagramm erhalten – d.h. nur eine Dimension verändern – möchte, muss die Option vorher abgewählt werden.

In der Registerkarte [Füllung und Rahmen] kann die Hintergrundfarbe des Diagramms verändert und ein innerer Rahmen angefordert oder beseitigt werden.

Grundeinstellungen für Grafiken

Wenn man im Ausgabe-Viewer in dem über **Bearbeiten / Optionen** erhältlichen Dialogfeld die Schaltfläche [Diagramme] betätigt, erscheint die nachfolgende Registerkarte, in der bestimmte Voreinstellungen angezeigt (und veränderbar) sind. Bei *Schriftart* ist der standardmäßig in der Grafik zu verwendende Schrifttyp definiert. Das Format einer Grafik ist im Feld *Seitenverhältnis für Diagramm* festgelegt und veränderbar.

Die in der Box angezeigte Zahl 1,25 bedeutet z. B., dass bei einem neu erzeugten Diagramm das Verhältnis von Breite zu Höhe = 1,25:1 ist. Als Seitenverhältnis können Zahlen zwischen 0.1 und 10.0 (mit Dezimalpunkt) eingegeben werden. Breite/Höhe-Quotienten kleiner als Eins erzeugen dann Diagramme, die höher als breit sind. Ein Quotient von Eins bewirkt ein quadratisches Diagramm.

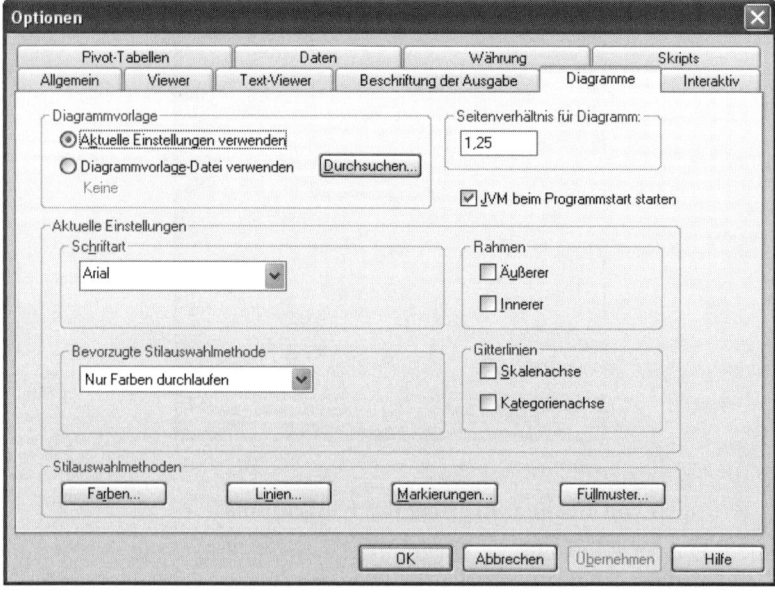

Im Feld *Stilauswahlmethoden* kann festgelegt werden, welche voreingestellten Farben oder Füllmuster die Säulen in Balkendiagrammen haben sollen. Gleichermaßen können für Liniengrafiken bestimmte Voreinstellungen getroffen werden. Im Feld *Rahmen* scheint es gleichgültig zu sein, was man an- oder abwählt – das Diagramm enthält immer einen inneren und nie einen äußeren Rahmen.

Drucken einer Grafik

Der Ausdruck eines Diagramms wird im Ausgabe-Viewer veranlasst. Über die Menüpunkte **Datei / Drucken** oder durch Anklicken des Drucker-Icons 🖨 in der Symbolleiste erhält man die auf S. 98 wiedergegebene Box, in der – nach Kontrolle oder Änderung der bestehenden Einstellungen – der Druck durch Anklicken von [OK] zur Ausführung kommt.

Über **Datei / Seite einrichten** und die Wahl von *Optionen / Optionen* erhält man eine Registerkarte, in der sich vor dem Druck Einstellungen an der Ausgabegröße des Diagramms vornehmen lassen. Eine deutliche Verkleinerung des Diagramms bewirkt allerdings nur die letzte Option (»Viertel der Seitengröße«). Wie sich die gewählte Option letztlich auf die Größe der Grafik auswirkt, kann vor dem Ausdruck über **Datei / Seitenansicht** am Bildschirm überprüft werden.

Speichern einer Grafik

Auch das Speichern eines Diagramms wird im Ausgabe-Viewer veranlasst. Über die Menüpunkte **Datei / Speichern** oder durch Anklicken des Disketten-Icons 🖫 in der Symbolleiste erhält man eine Dialogbox **Ausgabe Speichern unter**. Hier ist im entsprechenden Feld ein Name für die Datei einzugeben. Ausgabe-Dateien (Viewer-Dateien) haben bei SPSS die Namenserweiterung .SPO. Wenn man nur den Dateinamen ohne Punkt und Erweiterung eingibt (was man sich zur Regel machen sollte), fügt das Programm diese Erweiterung automatisch an. Nach erfolgtem Speichern erscheint der vergebene Name in der Kopfleiste des Ausgabe-Viewers.

Im Rahmen weiterer Bearbeitung am Diagramm vorgenommene Änderungen, die dauerhaft sein sollen, lassen sich durch Anklicken der Menüpunkte **Datei / Speichern** (oder des Disketten-Symbols 🖫) sichern. Die alte Grafikdatei wird dann überschrieben. Durch Anwahl von **Datei / Speichern unter** kann das geänderte Diagramm auch unter einem neuen Namen abgespeichert werden.

Aufrufen einer Grafikdatei

Wenn eine auf der Festplatte als Datei befindliche Grafik in den Viewer geladen werden soll, sind die Menüpunkte **Datei / Öffnen / Ausgabe** anzuwählen. Befindet man sich bereits im Ausgabefenster, erreicht man das Gleiche durch Anklikken des Öffnen-Icons 🗁 in der Symbolleiste. In der dann erscheinenden Box wird die gewünschte Datei ins Feld *Dateiname* verbracht (oder geschrieben) und danach [Öffnen] angeklickt.

Export einer Grafik nach WORD für Windows

Eine im Diagramm-Editor befindliche Abbildung lässt sich relativ leicht in eine WORD-Datei exportieren. Hierzu werden die Menüpunkte **Bearbeiten / Diagramm kopieren** angewählt. Im entsprechenden WORD-Dokument lässt sich dann das Diagramm über **Bearbeiten / Einfügen** oder durch Betätigen der Tasten [Strg]+[V] an die Cursor-Position importieren.

Um das Diagramm in ein gewünschtes (meist kleineres) Format zu bringen, wird es mit der rechten Maustaste angeklickt und in der dann erscheinenden Dialogbox die Registerkarte [Größe] angewählt. Hier kann im Feld *Skalieren* eine Verkleinerung oder Vergrößerung der Grafik erfolgen. Um Verzerrungen zu vermeiden, empfiehlt es sich, die Sperrung des (in SPSS festgelegten) Seitenverhältnisses beizubehalten.

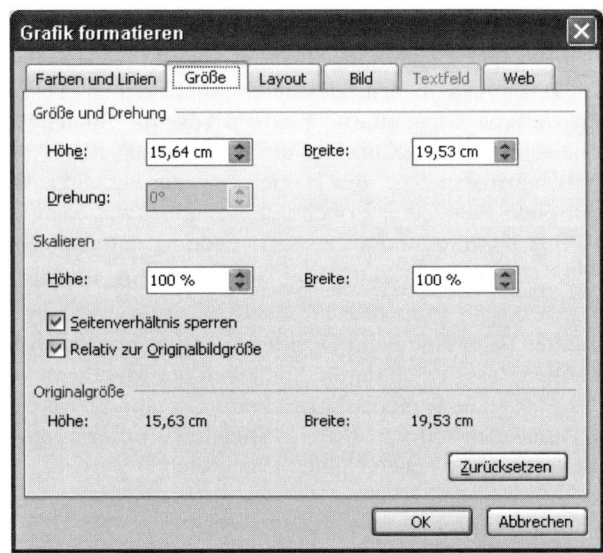

Histogramm

Mit der in der Diagramm-Galerie verfügbaren Option HISTOGRAM lassen sich die Häufigkeitsverteilungen metrischer Variablen in Histogrammform darstellen (⇨ *Deskriptive Statistik, Kap. 4.4.1*). Voreingestellt wird eine sekundäre (gruppierte) Häufigkeitsverteilung ausgegeben. Eine primäre (ungruppierte) Häufigkeitsverteilung erhält man bei der Bearbeitung der Grafik über eine Dialogbox durch die Eingabe einer Intervallbreite von eins.

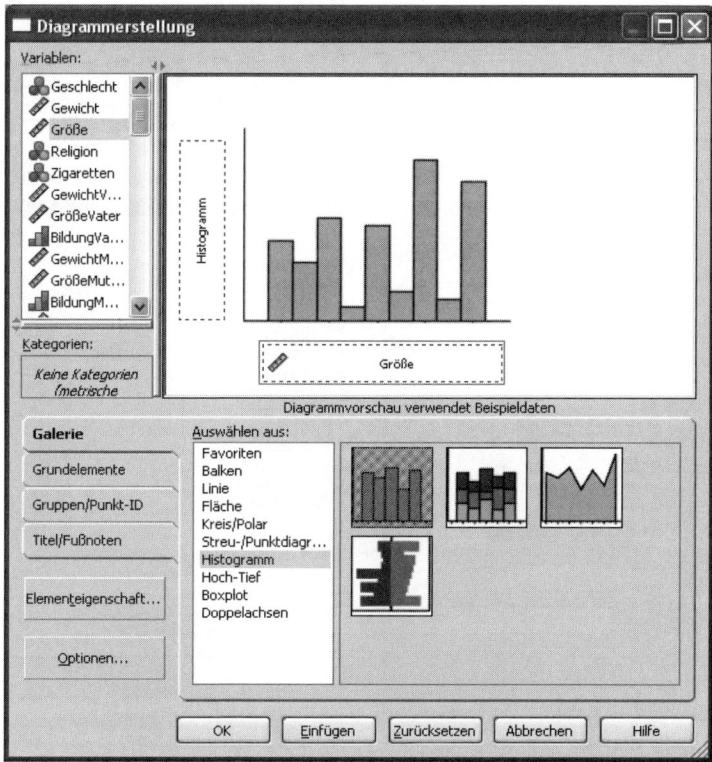

Im Dialogfeld **Diagrammerstellung** wird als Erstes in der Registerkarte [Galerie] die Option HISTOGRAMM angewählt und das erste Diagramm-Symbol {Einfaches Histogramm} auf die Zeichenfläche gezogen. Anschließend wird das Merkmal, für dessen Verteilung ein Histogramm erstellt werden soll, durch Ziehen aus dem Feld *Variablen* in den Rahmen [X-Achse?] verbracht.

In der Voreinstellung ist nun die senkrechte Achse des Diagramms in der Zeichenfläche mit »Histogramm« beschriftet. Dies bedeutet, dass die Verteilung der absoluten Häufigkeiten dargestellt wird. Wird das Abtragen von prozentualen Häufigkeiten auf der senkrechten Achse gewünscht, ist über die entsprechende Schaltfläche die Dialogbox **Elementeigenschaften** aufzurufen, in der dann im Feld *Statistik* die Option »Histogrammprozent« auszuwählen ist.

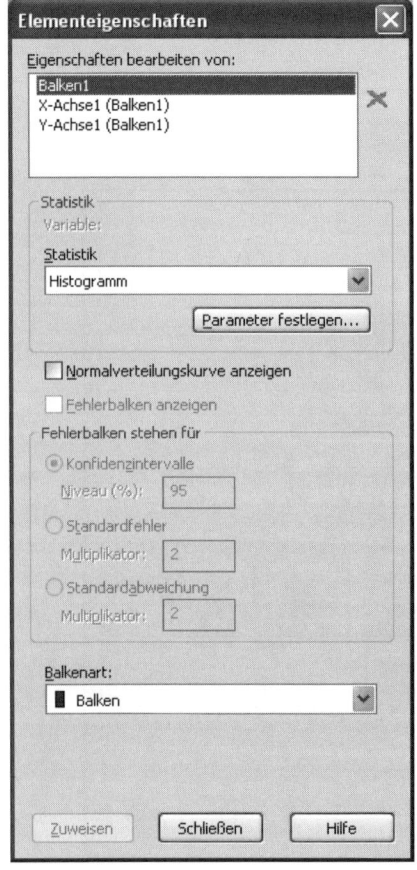
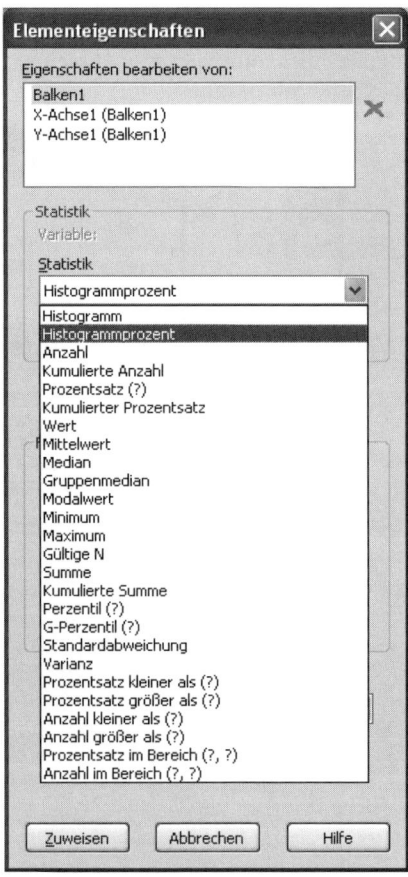

In diesem Dialogfeld kann auch das Einzeichnen einer Normalverteilungkurve in das Histogramm angefordert werden. Da dies jedoch auch später bei der Bearbeitung des Histogramms im Diagramm-Editor möglich ist, muss dies nicht unbedingt jetzt geschehen.

Über die Schaltfläche [Gruppen/Punkt-ID] kann veranlasst werden, dass getrennte Histogramme für bestimmte – nach einem Merkmal gebildete – Untergruppen ausgegeben werden. Nach Anklicken von *Zeilenfeldvariable* erscheint rechts in der Zeichenfläche ein Feld, in das die Gruppierungsvariable zu ziehen ist. Die Diagramme sind in diesem Fall untereinander angeordnet (vgl. BEISPIEL 2). Sollen die Diagramme dagegen nebeneinander angeordnet sein, ist *Spaltenfeldvariable* anzuwählen. Es erscheint dann ein entsprechendes Eingabefeld im oberen Bereich der Zeichenfläche.

Durch Eingabe eines Merkmals bei *Zeilenfeldvariable* und eines weiteren bei *Spaltenfeldvariable* lassen sich weiterhin getrennte Diagramme für sämtliche Wertekombinationen dieser Variablen erzeugen (vgl. BEISPIEL 4).

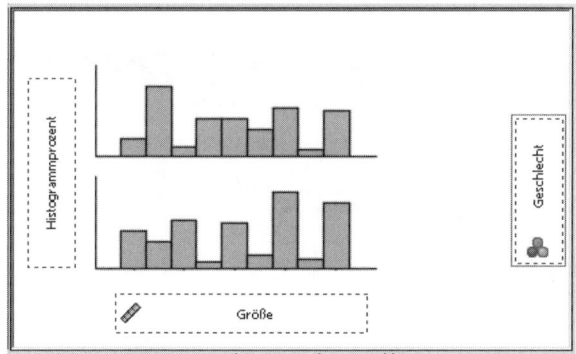

Beim Vergleich der Verteilungen von unterschiedlich großen Untergruppen ist es sinnvoll, prozentuale Häufigkeiten darzustellen, bei denen die Prozentbasis der jeweilige Gruppenumfang ist (und nicht die Gesamtzahl aller Fälle). Die Histogramme weisen dadurch alle die gleiche Fläche von 100% auf. Um dies zu erreichen, muss in der Dialogbox **Elementeigenschaften** zum einen »Histogrammprozent« eingestellt werden (s. o.) und zum anderen in der über [Parameter festlegen] erhältlichen Box im Feld *Nenner für die Berechnung des Prozentsatzes* die Option »Gesamt für jedes Feld« angewählt werden.

Änderungen bei der Legende

Die – im Fall absoluter Häufigkeiten – per Voreinstellung neben dem Histogramm ausgegebenen Kennwerte (Mittel, Standardabweichung, Anzahl der Fälle) werden (zumindest an dieser Stelle) meist als optisch störend empfunden. Nach Anklicken der Legende lässt sich diese deshalb mit der Maus verschieben (z. B. ins Diagramm) oder über **Bearbeiten / Löschen** ganz entfernen. Das Diagramm kann dadurch auch ein gefälligeres Breitformat annehmen. Das bei Balken- oder Liniendiagrammen (im Fall von mehreren Gruppen) mögliche Aus- und Wiedereinblenden der Legende steht bei HISTOGRAMM als Option nicht zur Verfügung.

Änderungen bei der Merkmalsachse

Über **Bearbeiten / X-Achse auswählen** gelangt man in die nachfolgende Dialogbox. Hier kann bei der Registerkarte [Skala] u. a. der Wertebereich der Merkmalsachse sowie die Unterteilung der Skala festgelegt/geändert werden.

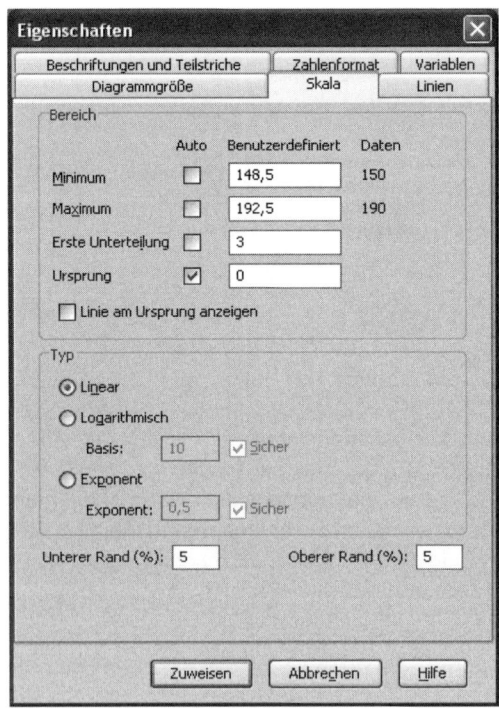

Wenn die vom Programm gewählten Werteintervalle/-klassen nicht zusagen, können diese in einer Registerkarte [Klassierung/Gruppierung] geändert werden. Diese erhält man nach Anklicken der Balken über **Bearbeiten / Eigenschaften**. Es lässt sich hier bei *Benutzerderfiniert* entweder die Anzahl der Intervalle oder deren Breite festlegen. Außerdem muss für die erste Klasse ein Wert für *Anker* so gewählt werden, dass die Skalenstriche in der Mitte der Intervalle liegen.

In der Regel sollten bei ganzzahligen Variablen Intervallbreite und Minimum-Maximum Bereich so gewählt werden, dass auch ganzzahlige Intervallmittelpunkte entstehen. Die Differenz Maximum-Minimum muss dabei ein ganzzahliges Vielfaches der Intervallbreite sein. Wird die primäre Häufigkeitsverteilung einer (ganzzahligen) Variablen gewünscht, dann ist im Feld *Intervallbreite* der Wert {1} einzugeben (vgl. BEISPIEL 3).

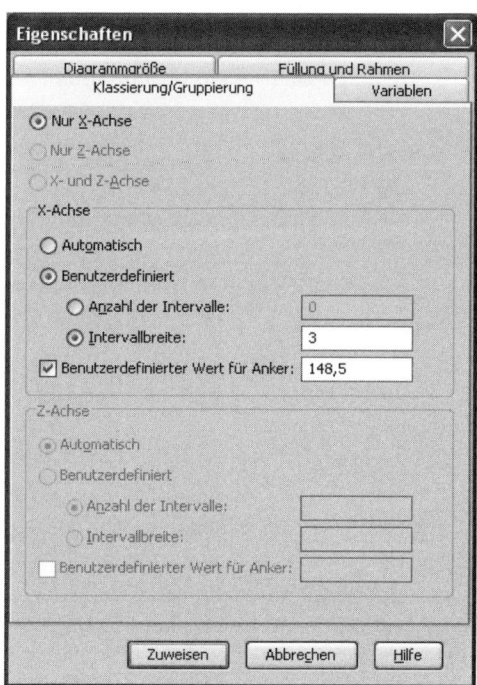

Änderungen bei der Häufigkeitsachse

Über **Bearbeiten / Y-Achse auswählen** erhält man eine Box, in der u. a. der Wertebereich der Häufigkeitsachse sowie die Unterteilung der Skala festgelegt/geändert werden können. *Minimum* und *Ursprung* belässt man sinnvollerweise bei

{0}. In der Registerkarte [Zahlenformat] sind bei einem Histogramm, das absolute Häugkeiten darstellt, in der Regel keine Veränderungen vorzunehmen. Bei prozentualen Häufigkeiten kann es sinnvoll sein, den Zahlen der Skala über das Feld *Abschlusszeichen* jeweils ein Prozent-Symbol (%) anzufügen.

Einzeichnen einer Normalverteilungskurve

Wenn eine Verteilung per Inspektion auf Abweichung von der Normalform geprüft werden soll, ist es meist hilfreich, wenn in das Histogramm zum Vergleich die den Verteilungskennwerten zugehörige Normalverteilungskurve eingezeichnet ist. Dies kann in einer über **Elemente / Verteilungskurve anzeigen** erhältlichen Registerkarte veranlasst werden. Hier sind auch eine Reihe weiterer theoretischer Verteilungskurven wählbar.

Übersicht über die in den Beispielen behandelten Probleme

① Darstellung einer sekundären Häufigkeitsverteilung mit vorgegebener Intervallbreite.

② Gegenüberstellung zweier Häufigkeitsverteilungen. Prozentskala auf der senkrechten Achse.

③ Histogramm einer primären Häufigkeitsverteilung mit eingezeichneter Normalverteilungskurve.

④ Darstellung der Zellenverteilungen eines 2×3-faktoriellen Plans.

Beispiel 1

Datei FRABOGEN.SAV. Es wird für die Studentinnen (GESCHLECHT = 1) eine sekundäre Häufigkeitsverteilung der Körperhöhe in Histogrammform erstellt (Variable GRÖßE), mit einer Intervallbreite von {3}. Dazu werden (im Diagramm-Editor) in der Eigenschaftsbox für die Balken bei der Registerkarte [Klassierung/ Gruppierung] die folgenden Einstellungen vorgenommen (vgl. S. 617): *Intervallbreite* = 3, *Wert für Anker* = 148,5. Die Angaben in der Registerkarte [Skala] sind (vgl. S. 616): *Minimum* = 148,5, *Maximum* = 192,5 und *Erste Unterteilung* = 3. Das erste Intervall reicht damit von 148,5 bis 151,5, mit einem ganzzahligen Mittelpunkt von 150. Das nächste Intervall (152,5–155,5) hat den Mittelpunkt von 153, usf. Es ergibt sich dann das nachfolgende Diagramm (Legende gelöscht):

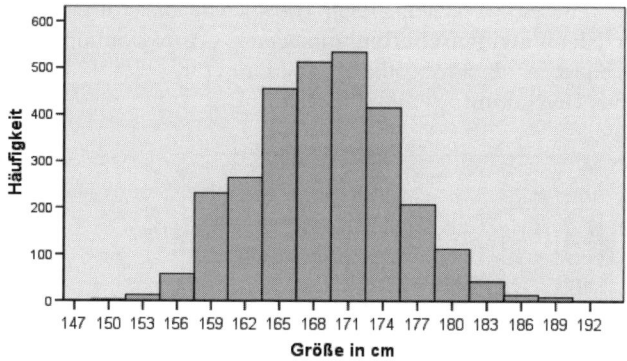

Größe in cm

Beispiel 2

Datei FRABOGEN.SAV. Getrennt für männliche und weibliche Studierende soll die Häufigkeitsverteilung der Körperhöhe erstellt werden. Wenn es dabei nur um den Vergleich der absoluten Verteilungen geht, erhält man die beiden Diagramme am bequemsten durch Wahl von »Histogramm« und die zusätzliche Eingabe von GE-SCHLECHT als *Zeilefeldvariable.* In diesem Fall werden die Diagramme untereinander angeordnet – was am besten erkennen lässt, wie weit die Verteilungen gegeneinander verschoben sind. Nachfolgend das Diagramm (weitgehend in seiner voreingestellten Ausgabeform):

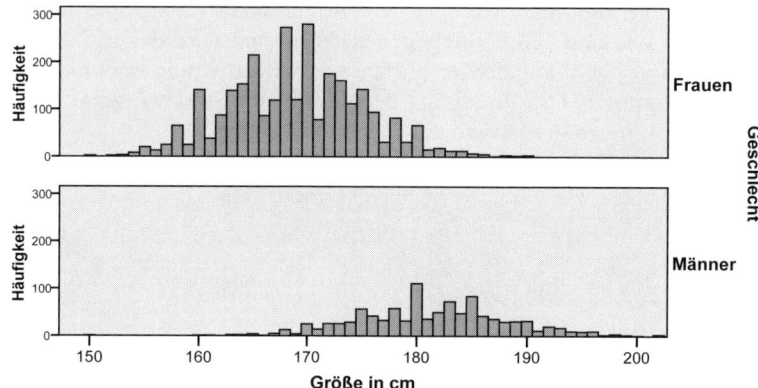

Größe in cm

Nachteilig – und den Vergleich der Verteilungen erschwerend – ist hierbei, dass die Flächen beider Verteilungen unterschiedlich groß sind (n_F = 2866 Einheiten bei den Frauen gegenüber n_M = 1041 Einheiten bei den Männern). Wünschenswert wären deshalb Diagramme, in denen prozentuale Häufigkeiten dargestellt sind (in diesem Fall wären beide Flächen gleich 100%). Um dies zu erreichen, wird in der Dialogbox **Elementeigenschaften** zum einen »Histogrammprozent« angefordert und zum anderen als Prozentbasis »Gesamt für jedes Feld« eingestellt. Nachfolgend das Diagramm:

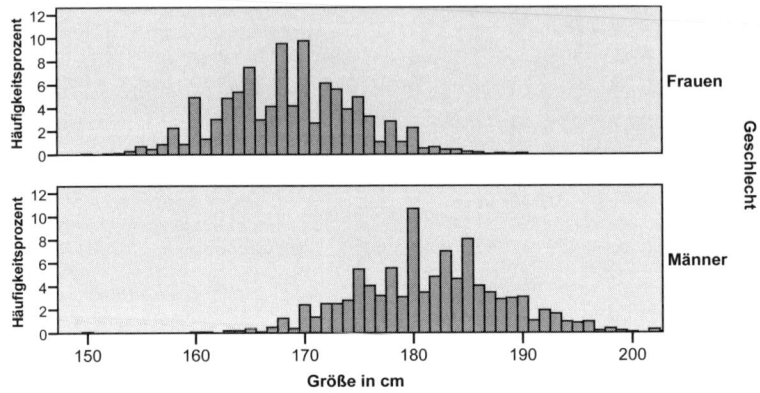

Beispiel 3

Datei BEMSTUD.SAV. Es soll durch Inspektion geprüft werden, wieweit die primäre Häufigkeitsverteilung der f-Skala (F.SKALA.A) von der Form einer Normalverteilung abweicht. Dazu werden in den Registerkarten [Klassierung/Gruppierung] und [Skala] eine Intervallbreite von {1}, als Anker-Wert {19,5} und die Bereichswerte {19,5} und und {75,5} eingegeben. Weiterhin wird das Einzeichnen der Normalverteilungskurve angefordert. Nach etwas Bearbeitung ergibt sich das nachfolgende Histogramm. Die Verteilung der Variablen F.SKALA.A zeigt danach eine gewisse Anpassung an die Form einer Normalverteilung.

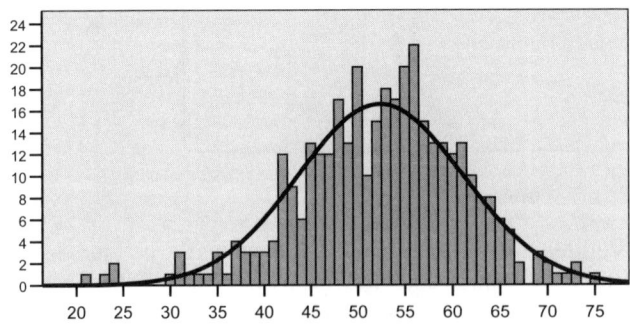

Beispiel 4

Datei TAB12-1.SAV. Bei BEISPIEL 1 von Kapitel 57 wurde ein 2×3-faktorieller Plan ausgewertet. Die Varianzanalyse machte dabei die Annahme, dass die 2∗3 Zellen varianzgleichen und normalverteilten Populationen entstammen. Um die Verteilungsannahme per Inspektion zu prüfen, sollen deshalb Histogramme für die sechs Zellen erstellt werden. Dazu wird in der Eingangs-Dialogbox unter [Gruppen/Punkt-ID] der Faktor LEISTUNGSNIVEAU als *Zeilenfeldvariable* und der Faktor LEHRMETHODE als *Spaltenfeldvariable* eingegeben. Abhängige Variable ist TESTPUNKTE. Wir erhalten das nachfolgende (übersichliche) Diagramm.

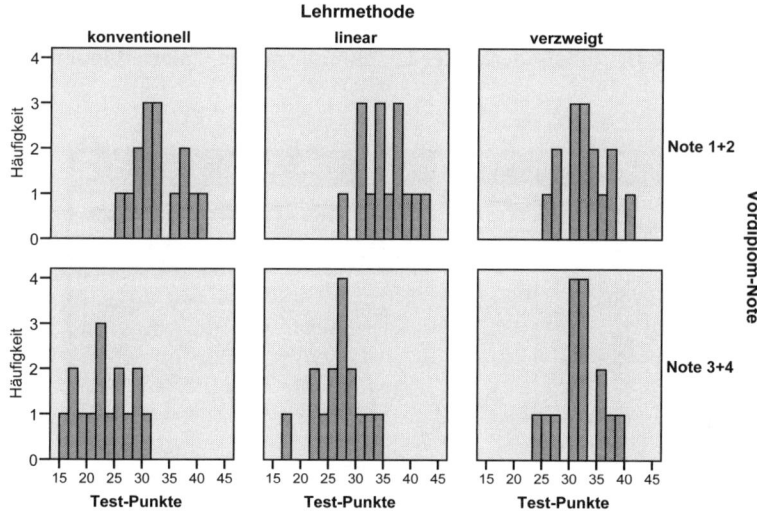

Bei derartig kleinen Stichproben ist allerdings bestenfalls eine Prüfung auf (deutliche) Abweichungen von der Symmetrie möglich. Auf das Vorliegen derartiger Abweichungen ergeben sich keine Hinweise.

Polygonzug

> **Grafiken / Diagrammerstellung / Galerie / Linie**

Bei einer metrischen Variablen kann die Häufigkeitsverteilung statt in Form eines Histogramms auch als Polygonzug dargestellt werden (⇨ *Deskriptive Statistik, Kap. 4.4.2*). Diese Diagrammform ist besonders geeignet, um in *einer* Abbildung zu zeigen, wie gleich oder andersartig sich ein Merkmal in zwei oder mehr Gruppen verteilt. Für die Erstellung derartiger Diagramme ist die Galerie-Option LINIE vorgesehen.

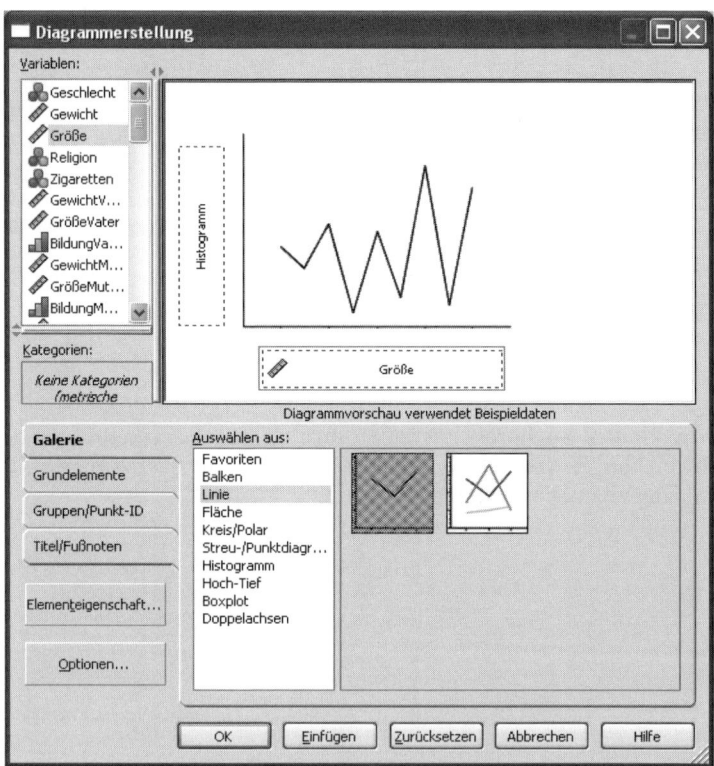

Voreingestellt wird eine sekundäre (gruppierte) Häufigkeitsverteilung ausgegeben. Eine primäre (ungruppierte) Häufigkeitsverteilung erhält man bei der Bearbeitung der Grafik über eine Dialogbox durch die Eingabe einer Intervallbreite von eins.

Zum Erhalt des Polygonzuges für eine Stichprobe wird im Dialogfeld **Diagrammerstellung** als Erstes in der Registerkarte [Galerie] die Option LINIE angewählt und das linke Diagramm-Symbol {Einfache Linie} auf die Zeichenfläche gezogen. Wenn eine Darstellung der absoluten Häufigkeiten beabsichtigt ist, kann anschließend das entsprechende Merkmal durch Ziehen aus dem Feld *Variablen* in den Rahmen [X-Achse?] verbracht werden. Die senkrechte Achse des Diagramms in der Zeichenfläche ist dann mit »Histogramm« beschriftet.

 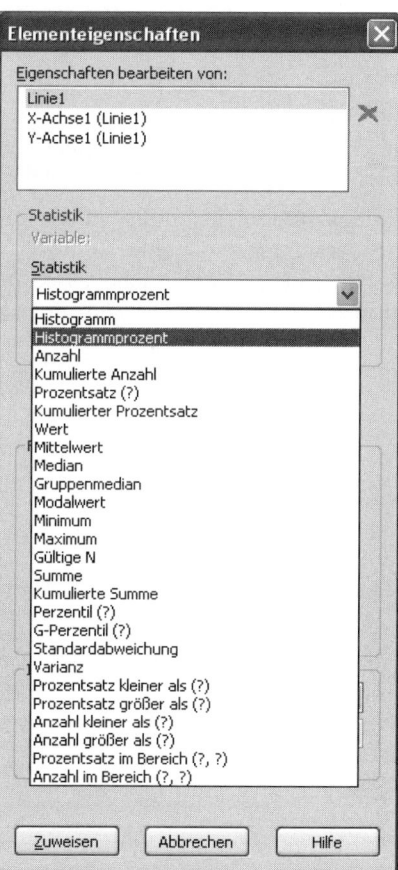

Wird dagegen das Abtragen von prozentualen Häufigkeiten auf der senkrechten Achse gewünscht, muss vor (!) dem Hereinziehen des Merkmals in die Zeichenfläche in der Dialogbox **Elementeigenschaften** im Feld *Statistik* die Option »Histogrammprozent« angewählt werden.

In diesem Dialogfeld kann auch das Einzeichnen einer Normalverteilungskurve in das Histogramm angefordert werden. Da dies jedoch auch später bei der Bearbeitung des Histogramms im Diagramm-Editor möglich ist, muss dies nicht unbedingt jetzt geschehen.

Polygonzüge für mehrere Stichproben

Wenn die Polygonzüge von zwei oder mehr Gruppen (z. B. Männern und Frauen) in einer Abbildung dargestellt werden sollen, muss das rechte Diagramm-Symbol {Mehrere Linien} auf die Zeichenfläche gezogen werden. Diese enthält dann rechts oben ein zusätzliches Feld, in das die Gruppenvariable verbracht wird.

Beim Vergleich der Verteilungen von unterschiedlich großen Gruppen ist es sinnvoll, prozentuale Häufigkeiten darzustellen, bei denen die Prozentbasis der jeweilige Gruppenumfang ist (und nicht die Gesamtzahl aller Fälle). Die Polygonzüge umschließen dadruch alle die gleiche Fläche von 100%.

Um dies zu erreichen, muss in der Dialogbox **Elementeigenschaften** zum einen »Histogrammprozent« eingestellt werden (s.o.). und zum anderen in der über [Parameter festlegen] erhältlichen Box im Feld *Nenner für die Berechnung des Prozentsatzes* die Option »Gesamt für jede Kategorie der Legendenvariablen« angewählt werden. Anschließend kann das Merkmal, dessen Verteilungen in den Untergruppen dargestellt werden soll, ins Feld unter der X-Achse gezogen werden.

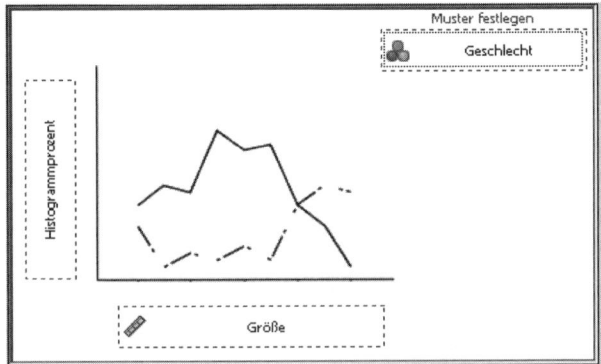

Polygonzug mit der Prozedur HISTOGRAMM

Im Fall einer Stichprobe lässt sich ein Polygonzug auch mit der Galerie-Option HISTOGRAMM erstellen. Dazu ist in der auf S. 613 wiedergegebenen Dialogbox von HISTOGRAMM das rechte Diagramm-Symbol {Häufigkeitspolygon} in die Zeichenfläche zu ziehen. In der grafischen Darstellung der Verteilung umschließt hier der Polygonzug eine farblich hervorgehobene Fläche (vgl. BEISPIEL 2).

Bearbeitung im Diagramm-Editor

Änderungen bei der Legende

Die – im Fall absoluter Häufigkeiten – per Voreinstellung neben dem Histogramm ausgegebenen Kennwerte (Mittel, Standardabweichung, Anzahl der Fälle) werden (zumindest an dieser Stelle) meist als optisch störend empfunden. Nach Anklicken der Legende lässt sich diese deshalb mit der Maus verschieben (z.B. ins Diagramm) oder über **Bearbeiten / Löschen** ganz entfernen.

Bei der Darstellung mehrerer Verteilungen wird in der Legende weiterhin kenntlich gemacht, welchen Gruppen die einzelnen Polygonzüge zugehören. Dieser Teil der Legende kann über **Optionen / Legende ausblenden-einblenden** beseitigt oder auf Wunsch auch wieder eingefügt werden.

Änderungen bei der Merkmalsachse

Über **Bearbeiten / X-Achse auswählen** gelangt man in die auf S. 616 wiedergegebene Dialogbox. Hier kann bei der Registerkarte [Skala] u.a. der Wertebereich der Merkmalsachse sowie die Unterteilung der Skala festgelegt/geändert werden.

Wenn die vom Programm gewählten Werteintervalle/-klassen nicht zusagen, können diese in einer Registerkarte [Klassierung/Gruppierung] geändert werden. Diese erhält man nach Anklicken des Polygonzuges über **Bearbeiten / Eigenschaften**. Es lässt sich hier bei *Benutzerdefiniert* entweder die Anzahl der Intervalle oder deren Breite festlegen. Außerdem muss für die erste Klasse ein Wert für *Anker* so gewählt werden, dass die Skalenstriche in der Mitte der Intervalle liegen.

In der Regel sollten bei ganzzahligen Variablen Intervallbreite und Minimum-Maximum Bereich so gesetzt werden, dass auch ganzzahlige Intervallmittelpunkte entstehen. Die Differenz Maximum-Minimum muss dabei ein ganzzahliges Vielfaches der Intervallbreite sein. Wird die primäre Häufigkeitsverteilung einer (ganzzahligen) Variablen gewünscht, dann ist im Feld *Intervallbreite* der Wert {1} einzugeben (vgl. BEISPIEL 3).

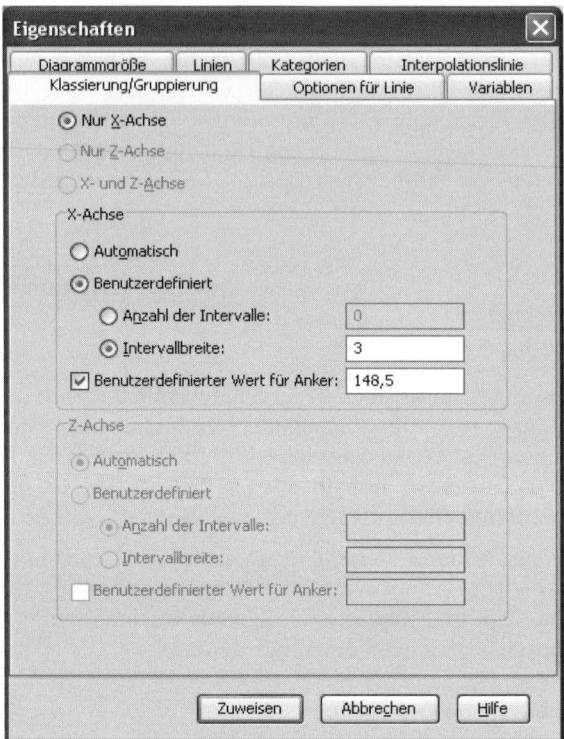

Änderungen bei der Häufigkeitsachse

An der voreingestellten Ausgabe der Häufigkeitsachse sind nur unbedeutende Änderungen möglich. Beim Histogramm konnten in der über **Bearbeiten / Y-Achse auswählen** erhältlichen Box in den Registerkarten [Skala] und [Zahlenformat] u. a. der Wertebereich der Häufigkeitsachse, die Unterteilung der Skala sowie die Beschriftung der Zahlen festgelegt bzw. geändert werden. In der beim Polygonzug ausgegebenen Box sind diese Registerkarten jedoch nicht enthalten.

Einzeichnen einer Normalverteilungskurve

Wenn eine Verteilung per Inspektion auf Abweichung von der Normalform geprüft werden soll, ist es meist hilfreich, wenn in das Diagramm die den Verteilungskennwerten zugehörige Normalverteilungskurve eingezeichnet ist. Dies kann in einer über **Elemente / Verteilungskurve anzeigen** erhältlichen Registerkarte veranlasst werden. Hier sind auch eine Reihe weiterer theoretischer Verteilungskurven wählbar.

Übersicht über die in den Beispielen behandelten Probleme

① Darstellung einer sekundären Häufigkeitsverteilung mit vorgegebener Intervallbreite.

② Darstellung der Verteilung von BEISPIEL 1 mit der Prozedur HISTOGRAMM.

③ Gegenüberstellung zweier Häufigkeitsverteilungen. Prozentskala auf der senkrechten Achse.

Beispiel 1

Datei FRABOGEN.SAV. Die bei BEISPIEL 1 von Kapitel 75 als Histogramm dargestellte Verteilung der Größe der weiblichen Studierenden soll nun in Form eines Polygonzuges veranschaulicht werden, unter Verwendung der gleichen Einstellungen bei der Merkmalsachse. Wir erhalten das nachfolgende Diagramm:

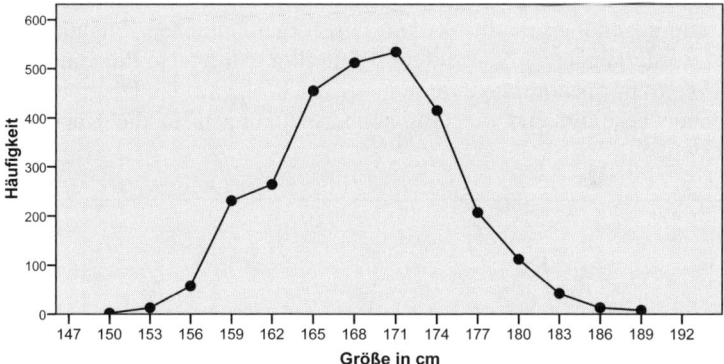

Beispiel 2

Datei FRABOGEN.SAV. Die Verteilung von BEISPIEL 1 soll nun mittels der Prozedur HISTOGRAMM (Option »Häufigkeitspolygon«) dargestellt werden. Die Einstellungen bei der Merkmalsachse sind die gleichen. Bei dieser Ausgabe ist nun die Fläche unter dem Polygonzug farblich hervorgehoben.

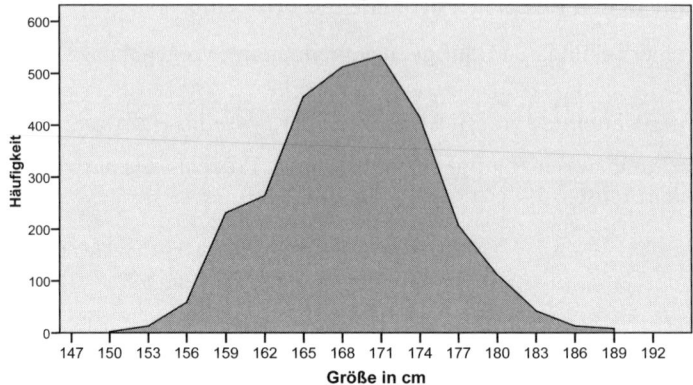

Beispiel 3

Datei FRABOGEN.SAV. Die Größenverteilungen von Männern und Frauen sollen in einem Diagramm gegenübergestellt werden. Die vorgenommenen Eingaben zeigt das auf S. 624 wiedergegebene Zeichenfeld. Weiterhin wurde eine Prozentuierung auf die jeweiligen Gruppenumfänge veranlasst. Nachfolgend das Diagramm, bei dem die Legende beseitigt und die Gruppenbezeichnungen an die Kurven geschrieben wurden.

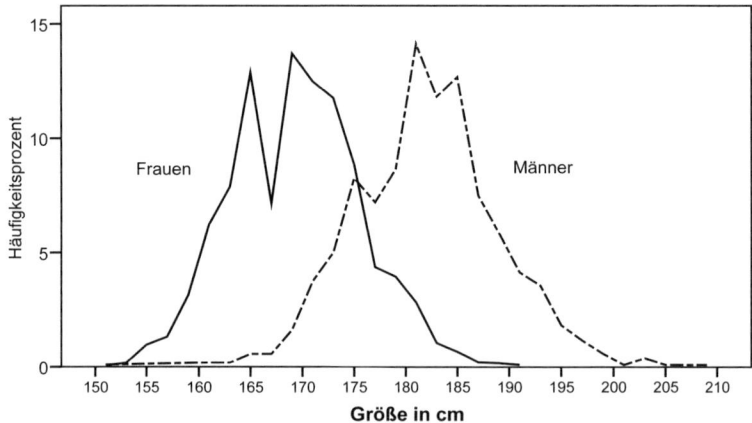

Säulendiagramm für Häufigkeiten

> **Grafiken / Diagrammerstellung / Galerie / Balken**

Die Darstellung der Verteilung von Variablen, die lediglich kategoriales oder ordinales Messniveau aufweisen, erfolgt am häufigsten in Form von Diagrammen, bei denen die Häufigkeiten der einzelnen Kategorien als Säulen (Balken) repräsentiert sind. Für die Erstellung derartiger Abbildungen kann die Galerie-Option BALKEN herangezogen werden.

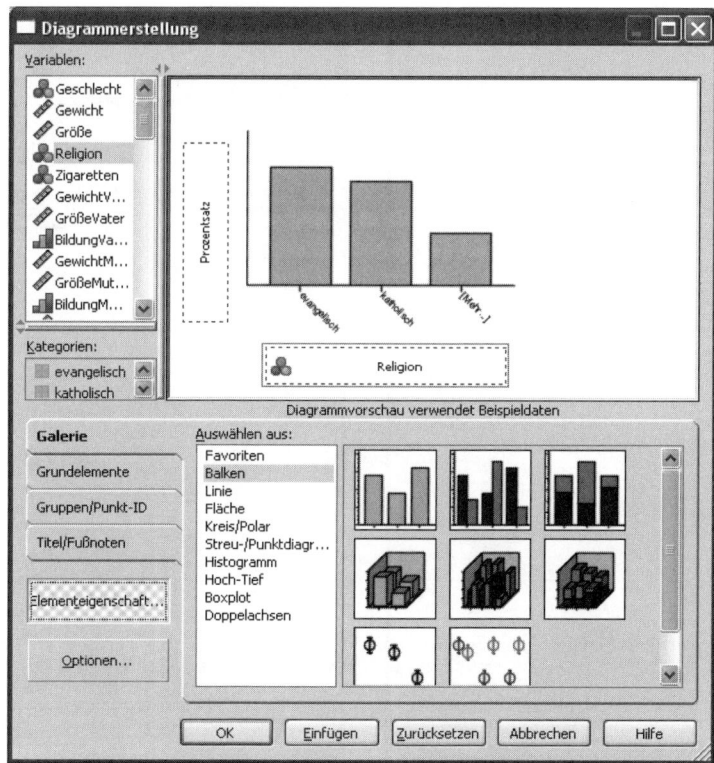

Zum Erhalt der Häufigkeitsverteilung für eine Stichprobe wird im Dialogfeld **Diagrammerstellung** als Erstes in der Registerkarte [Galerie] die Option BALKEN angewählt und das linke Diagramm-Symbol {Einfache Balken} auf die Zeichenfläche gezogen und anschließend das gewünschte Merkmal aus dem Feld *Variablen* in den Rahmen [X-Achse?] verbracht.

Voreingestellt ist die Darstellung absoluter Kategorien-Häufigkeiten. Die senkrechte Achse des Diagramms in der Zeichenfläche ist dann mit »Anzahl« beschriftet. Wird dagegen das Abtragen von prozentualen Häufigkeiten auf der senkrechten Achse gewünscht, muss in der Dialogbox **Elementeigenschaften** im Feld *Statistik* die Option »Prozentsatz« angewählt werden.

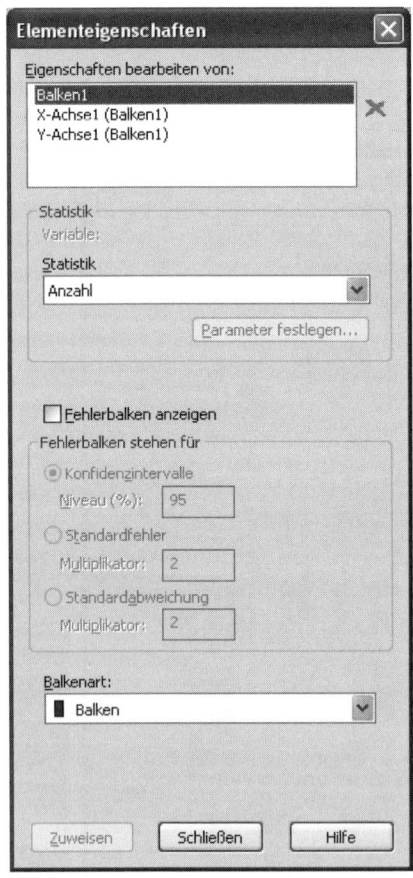 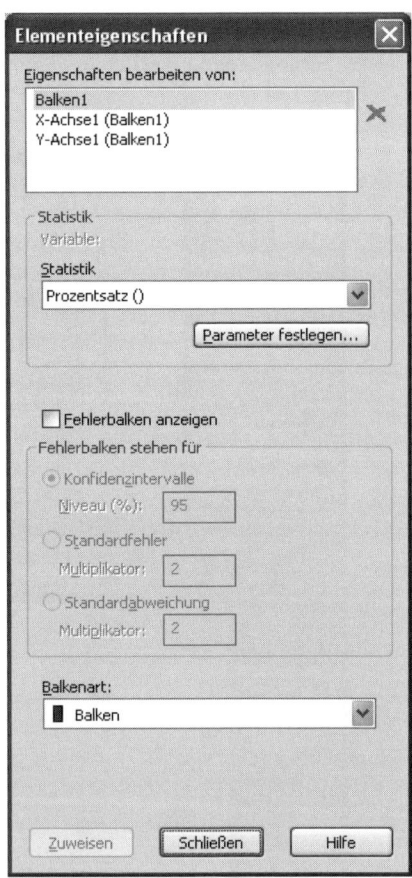

Verteilungen für Untergruppen: Separate Diagramme

Über die Schaltfläche [Gruppen/Punkt-ID] kann veranlasst werden, dass getrennte Säulendiagramme für bestimmte – nach einem Merkmal gebildete – Untergruppen ausgegeben werden. Nach Anklicken von *Zeilenfeldvariable* erscheint rechts in der Zeichenfläche ein Feld, in das die Gruppierungsvariable zu ziehen ist. Die Diagramme sind in diesem Fall untereinander angeordnet (vgl. BEISPIEL 2). Sollen die Diagramme dagegen nebeneinander angeordnet sein, ist *Spaltenfeldvariable* anzuwählen. Es erscheint dann ein entsprechendes Eingabefeld im oberen Bereich der Zeichenfläche.

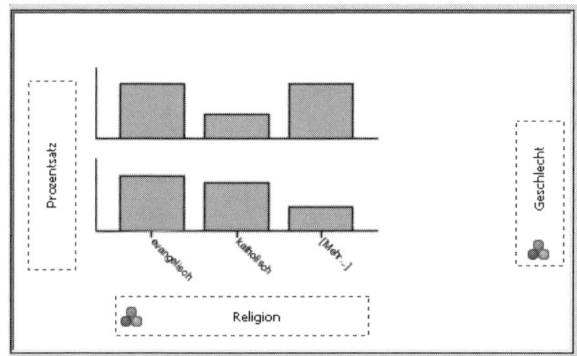

Beim Vergleich der Verteilungen von unterschiedlich großen Gruppen ist es sinnvoll, prozentuale Häufigkeiten darzustellen, bei denen die Prozentbasis der jeweilige Gruppenumfang ist (und nicht die Gesamtzahl aller Fälle). Um dies zu erreichen, muss in der Dialogbox **Elementeigenschaften** zum einen »Prozentsatz« eingestellt werden und zum anderen in der über [Parameter festlegen] erhältlichen Box bei *Nenner für die Berechnung von Prozentsatz* die Option »Gesamt für jedes Feld« angewählt werden.

Verteilungen für Untergruppen: Darstellung in einem Diagramm

Wenn in einer Grafik (durch unterschiedlich gefärbte oder schraffierte Säulen) gezeigt werden soll, wie gleich- oder andersartig sich ein Merkmal in zwei oder mehr Stichproben verteilt, muss das zweite Diagramm-Symbol {Gruppierte Balken} in die Zeichenfläche gezogen werden. Diese enthält dann rechts oben ein zusätzliches Feld, in das die Gruppenvariable verbracht wird (s. u.).

Um die Verteilungen der Untergruppen besser vergleichen zu können, ist es sinnvoll, prozentuale Häufigkeiten darzustellen, bei denen die Prozentbasis die jeweiligen Gruppenumfänge sind. Um dies zu erreichen, muss in der Box **Elementeigenschaften** zum einen »Prozentsatz« eingestellt werden (s. o.) und weiterhin in der über [Parameter festlegen] erhältlichen Dialogbox im Feld *Nenner für die Berechnung von Prozentsatz* die Option »Gesamt für jede Kategorie der Legendenvariabllen (gleiche Füllfarbe)« angewählt werden.

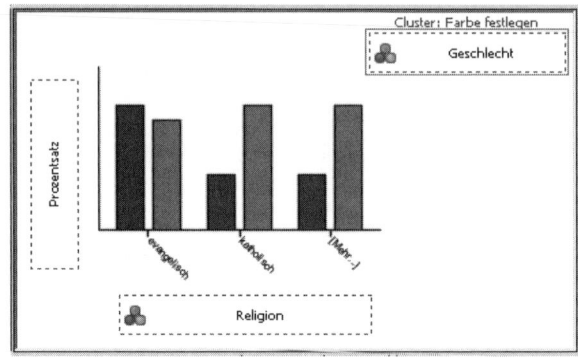

Bearbeitung im Diagramm-Editor

Änderungen bei der Legende

Bei der Darstellung mehrerer Verteilungen mittels der Option {Gruppierte Balken} wird in der Legende gezeigt, durch welche Farben oder Muster die einzelnen Untergruppen gekennzeichnet sind. Bei Bedarf lässt sich diese Legende ins Diagramm verschieben. Über **Optionen / Legende ausblenden-einblenden** kann die Legende weiterhin beseitigt oder auf Wunsch auch wieder eingefügt werden.

Änderungen bei der Merkmalsachse

In der Voreinstellung werden im Diagramm die Kategorien aufsteigend entsprechend ihrer numerischen Kodierung angeordnet. Bei einem (zumindest) ordinalen Merkmal ist dies in der Regel auch die sinnvollste Abfolge. Bei nominalen Variablen gibt es hingegen keine solche »natürliche« Reihung der Kategorien. Hier empfiehlt sich häufig eine Anordnung der Kategorien auf- oder absteigend entsprechend ihrer Auftretenshäufigkeit.

Dies kann in der über **Bearbeiten / X-Achse auswählen** erhältlichen Dialogbox in der Registerkarte [Kategorien] veranlasst werden (vgl. S. 601). Statt der Voreinstellung »Wert« ist dazu im Feld *Sortieren nach* die Option »Statistik« anzuwählen und im Feld daneben die gewünschte Abfolgerichtung einzustellen.

Änderungen bei der Häufigkeitsachse

Über **Bearbeiten / Y-Achse auswählen** erhält man die auf S. 602 wiedergegebene Box, in der u. a. der Wertebereich der Häufigkeitsachse sowie die Unterteilung der Skala festgelegt/geändert werden können. *Minimum* und *Ursprung* belässt man sinnvollerweise bei {0}. In der Registerkarte [Zahlenformat] sind bei einem Balkendiagramm, das absolute Häufigkeiten darstellt, in der Regel keine Veränderungen vorzunehmen. Bei prozentualen Häufigkeiten kann es sinnvoll sein, den Zahlen der Skala über das Feld *Abschlusszeichen* jeweils ein Prozent-Symbol (%) anzufügen.

Übersicht über die in den Beispielen behandelten Probleme

① Prozentuale Verteilung eines vier-kategorialen Merkmals.

② Diagramm von BEISPIEL 1, jedoch mit vertauschten Achsen und Anordnung der Kategorien entsprechend ihrer Häufigkeit.

③ Diagramm für die Verteilung eines kategorialen Merkmals in zwei Gruppen (gruppierte Balken)

④ Darstellung der Verteilung eines metrischen/ordinalen Merkmals in drei Gruppen (gruppierte Balken)

⑤ Verteilung eines metrischen/ordinalen Merkmals in zwei Gruppen (separate Diagramme)

Beispiel 1

Datei FRABOGEN.SAV. Dargestellt wird die (prozentuale) Häufigkeitsverteilung des 4-kategorialen Merkmals »Religionszugehörigkeit« (RELIGION). Beim nachfolgenden Diagramm wurden die Prozentwerte nachträglich in die Säulen geschrieben und die Überschrift eingefügt.

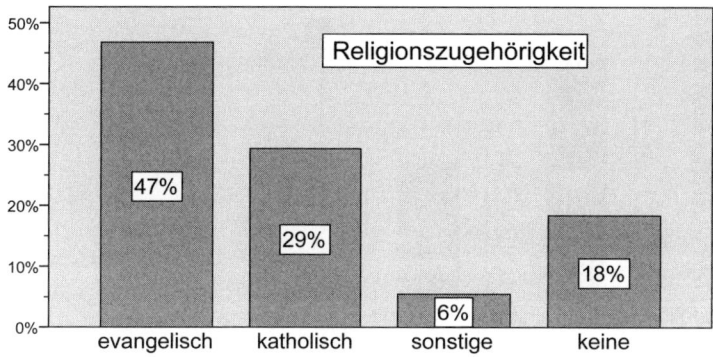

Beispiel 2

Datei FRABOGEN.SAV. Es soll wiederum die Verteilung der Variablen RELIGION dargestellt werden, jedoch mit Vertauschung der Achsen (**Optionen / Diagramm transponieren**) und einer Anordnung der Kategorien absteigend entsprechend ihrer Auftretenshäufigkeit. Im nachfolgenden Diagramm wurden die Achsenlinien entfernt und die Anzeige der Prozentwerte in den Balken veranlasst.

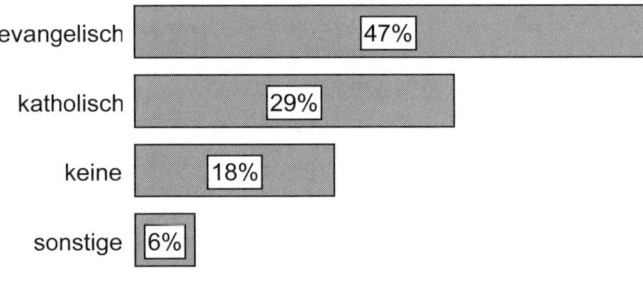

Beispiel 3

Datei FRABOGEN.SAV. Es wird in einem Diagramm dargestellt, wie sich das 4-kategoriale Merkmal RELIGION bei Frauen und Männern verteilt. Gruppierungsvariable ist somit GESCHLECHT. Bei dem nachfolgenden Diagramm wurden die Merkmalsachse ausgeblendet, die Prozentwerte in die Säulen geschrieben sowie die Kategorien nach ihrer Auftretenshäufigkeit absteigend angeordnet.

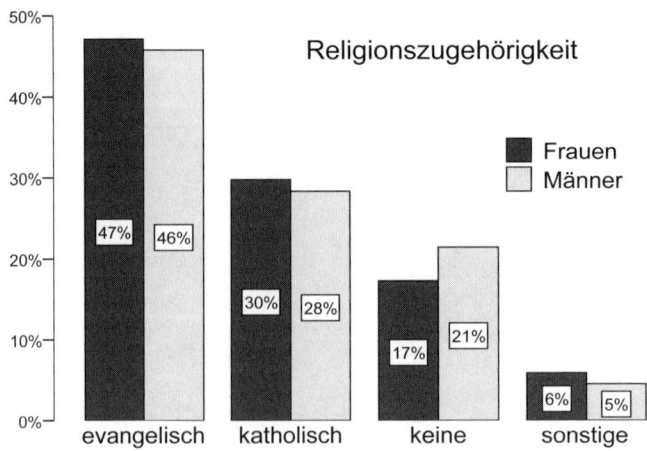

Beispiel 4

Datei FRABOGEN.SAV. In der Variablen STUDIENFACH3 ist die Fachrichtung der Befragten in die Kategorien *Psychologie*, *Pädagogik* und *Magister* eingeteilt. In einem Säulendiagramm soll nun dargestellt werden, wie sich die Mathematiknoten 1 bis 6 (Variable MATHENOTE) bei diesen drei Gruppen verteilen.

In der Datei FRABOGEN.SAV ist das Merkmal MATHENOTE als »metrisch« definiert. Beim Hereinziehen der Variablen in das Feld [X-Achse] erscheint daraufhin eine Box mit der Meldung »Auf der für die Gruppierung verwendeten Achse darf keine metrische Variable abgelegt werden«. Abhilfe schafft hier ein (kurzfristiges) Umdefinieren des Messniveaus in »ordinal«.

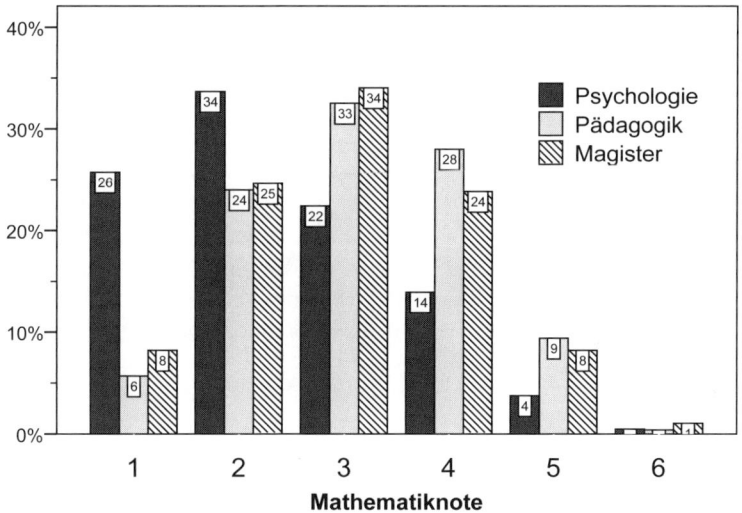

Beispiel 5

Datei PERDAT.SAV. Es soll die Verteilung der »Einstufung des eigenen Gewichtsstatus« (GEWICHTSRATING) bei Frauen und Männern – in getrennten Diagrammen – dargestellt werden. Die Kategorien bzw. Stufen des Ratings weisen hier eine »natürliche« Ab- bzw. Rangfolge von [–5] bis [+10] auf. Die Diagramme sollen untereinander angeordnet sein, so dass das Gruppierungsmerkmal GESCHLECHT als *Zeilenfeldvariable* eingegeben wird. Für die Erstellung des Diagramms wird (entsprechend dem Vorgehen bei BEISPIEL 4) die in der Datei als »metrisch« festgelegte Variable GEWICHTSRATING kurzfristig in »ordinal« umdefiniert.

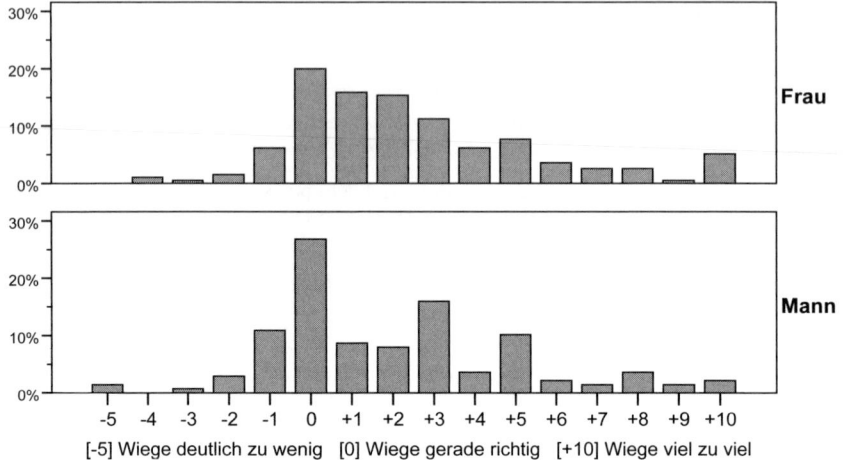

Frau

Mann

[-5] Wiege deutlich zu wenig   [0] Wiege gerade richtig   [+10] Wiege viel zu viel

Kreisdiagramm (Tortendiagramm)

> **Grafiken / Diagrammerstellung / Galerie / Kreis-Polar**

Die Darstellung der Verteilung von Variablen, die lediglich kategoriales oder ordinales Messniveau aufweisen, kann (außer als Säulengrafik) auch in Form eines Kreis- oder Tortendiagramms erfolgen. Die Flächen der »Tortenstücke« (Kreissegmente) entsprechen dabei jeweils den Anteilen der einzelnen Kategorien oder Stufen. Zur Erstellung derartiger Grafiken kann die Galerie-Option KREIS/POLAR herangezogen werden.

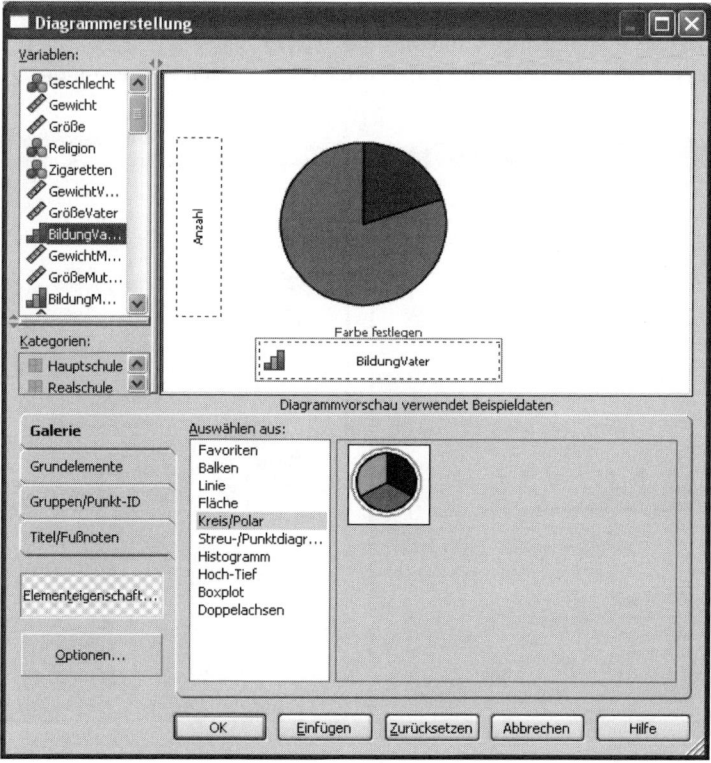

Zum Erhalt eines Kreisdiagramms wird im Dialogfeld **Diagrammerstellung** in der Registerkarte [Galerie] die Option KREIS/POLAR angewählt und das Kreissymbol auf die Zeichenfläche gezogen und anschließend das Merkmal, dessen Verteilung dargestellt werden soll, aus dem Feld *Variablen* in den Rahmen [Aufteilen nach?] verbracht. Im Feld [Winkelvariable?] wird nun mit »Anzahl« angezeigt, dass die Kreissegmente absolute Häufigkeiten darstellen. Dabei kann man es belassen, da sich bei der späteren Bearbeitung im Diagramm-Editor sowohl absolute als auch prozentuale Häufigkeiten in die Segmente schreiben lassen.

Bearbeitung im Diagramm-Editor

Mit einem Doppel-Klick auf die Kreisfläche erhält man eine Dialogbox **Eigenschaften**, in der eine Reihe von Änderungen am Diagramm vorgenommen werden können. In der Registerkarte [Tiefe und Winkel] lässt sich u.a. festlegen, ob das erste Segment »oben« oder in einer anderen Position (in Termini des Uhrzeigers) beginnen soll. Wer möchte, kann hier bei *Effekt* den Kreis auch einen Schatten werfen lassen oder das Diagramm als Torte schräg in den Raum stellen.

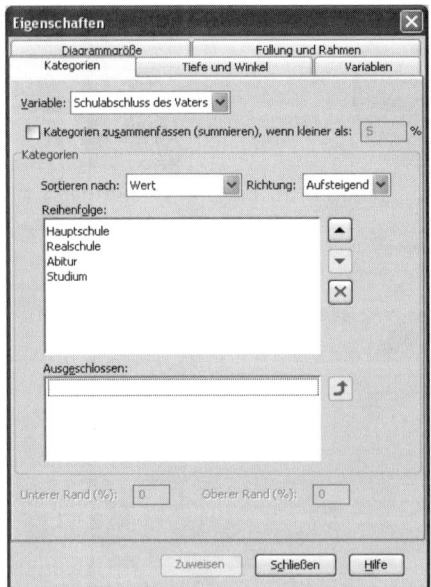

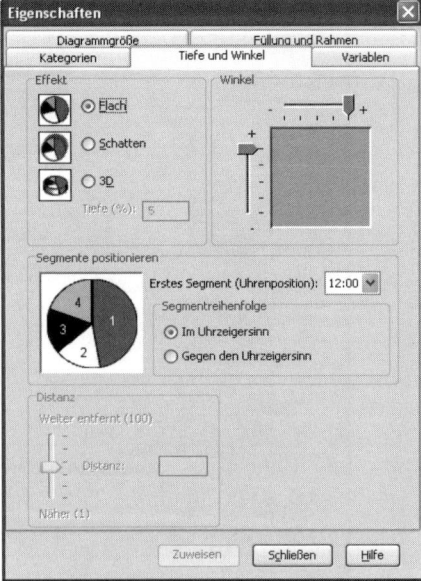

Voreingestellt werden die Kategorien im Uhrzeigersinn aufsteigend entsprechend ihrer numerischen Kodierung angeordnet. Bei einem (zumindest) ordinalen Merkmal ist dies in der Regel auch die sinnvollste Abfolge. Bei nominalen Variablen gibt es hingegen keine solche »natürliche« Abfolge der Kategorien. Hier empfiehlt sich häufig eine (nachträgliche) Anordnung der Kategorien auf- oder absteigend entsprechend ihrer Auftretenshäufigkeit. Dies kann in der Registerkarte [Kategorien] durch *Sortieren nach:* »Statistik« veranlasst werden. Weiterhin lassen sich hier Kategorien mit »zu geringer« Häufigkeit für die Darstellung zu einer Restkategorie zusammenfassen.

Sehr entscheidend für die optische Wirkung des Kreisdiagramms ist die Art der Hinterlegung seiner Segmente. Die vom Programm gewählten Farben und Schattierungen erweisen sich hier nur selten als optimal – insbesondere, wenn das Diagramm später lediglich schwarz-weiß ausgedruckt werden soll. Notwendige Änderungen an den Farben oder Mustern der einzelnen Segmente können in der Registerkarte [Füllung und Rahmen] vorgenommen werden.

In der Voreinstellung wird das Diagramm mit einer Legende ausgegeben, der sich entnehmen lässt, welche Farben/Schattierungen den Kategorien zugewiesen wurden. Über **Optionen / Legende ausblenden-einblenden** kann die Legende beseitigt oder auf Wunsch wieder eingefügt werden

Über **Elemente / Datenbeschriftungen einblenden** erhält man die auf der nächsten Seite wiedergegebene Dialogbox, bei der in der Registerkarte [Datenwertelabels] festgelegt werden kann, ob die absoluten oder prozentualen Häufigkeiten der Kategorien in oder an die Kreisfläche geschrieben werden sollen. Das Gewünschte ist dazu ins Feld *Angezeigt* zu verbringen.

Statt die Kategorienbeschriftungen in der Legende mitzuteilen, ist es häufig optisch ansprechender, die Labels der Kategorien direkt in oder an die Kreisfläche zu schreiben. Wird dies gewünscht, muss das darzustellende Merkmal (im Beispiel: »Schulabschluss des Vaters«) aus dem Feld *Nicht angezeigt* ins Feld *Angezeigt* verschoben werden. Die bei den Prozentwerten gewünschten Nachkommastellen (in der Regel sollten es {0} sein) müssen in der Registerkarte [Zahlenformat] vor dem Hinzufügen der Kategorienbeschriftungen eingestellt werden.

Wenn man wünscht, dass neben den Prozentwerten die Kategorienlabels in oder an die Segmente geschrieben werden, muss (nach Festlegung der Nachkommastellen) wie folgt vorgegangen werden: Verbringen des Merkmals ins Feld *Angezeigt* (numerische Kodierungen der Kategorien sichtbar) – Verbringen von »Absolute Werte« nach *Angezeigt* (Kategorienlabels werden nun sichtbar) – Zurück-Verbringen von »Absolute Werte« nach *Nicht angezeigt* (Labels bleiben). Die eingefügten Beschriftungen lassen sich mit der Maus an beliebige Positionen (außerhalb des Kreises) ziehen. In diesem Fall sollte die Option *Anzeige mit Verbindung zwischen Linien und Beschriftungen* angeklickt werden.

In der Praxis zeigt sich allerdings, dass die Prozedur hier Mängel aufweist. Wenn die Kategorienlabels neben den Prozentwerten in oder an die Segmente geschrieben werden soll, befindet sich beim Ausdrucken dann neben den Prozentwerten ein störendes Quadrat (wohl ein Zeilenumbruch-Zeichen) – welches in der Bildschirmausgabe nicht vorhanden war (vgl. BEISPIEL 2).

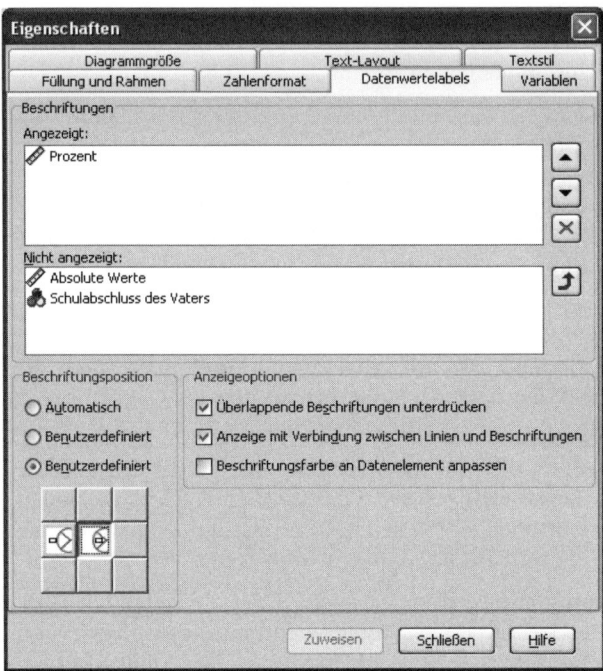

Über die Menüpunkte **Elemente / Kreissegment ausrücken** kann die Heraustrennung eines einzelnen Segments veranlasst werden. Die gewünschte Kategorie muss dazu vorher in der Legende markiert werden. Durch das Ausrücken ändert das Kreisdiagramm allerdings meist völlig sein Format.

Übersicht über die in den Beispielen behandelten Probleme

① Diagramm für ein 4-stufiges, ordinales Merkmal.

② Diagramm mit Beschriftung der Keissegmente, ohne Legende.

③ Diagramm für ein 8-kategoriales Merkmal.

Beispiel 1

Datei FRABOGEN.SAV. Dargestellt wird die (prozentuale) Häufigkeitsverteilung der Schulabschlüsse der Väter (BILDUNGVATER). Nachfolgend das nach etwas Bearbeitung erhaltene Diagramm (Neu-Hinterlegung der Segmente, Einfügung der Prozentwerte).

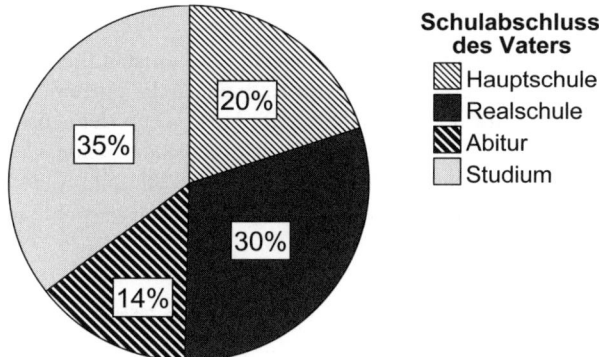

Beispiel 2

Datei FRABOGEN.SAV. Die prozentuale Häufigkeitsverteilung der Schulabschlüsse der Mütter (BILDUNGMUTTER) wird dargestellt, wobei – unter Verzicht auf die Legende – die Segmentbeschriftungen neben den Prozentwerten die Kategorien-labels enthalten sollen. Das hierzu erforderliche Vorgehen wurde auf S. 639 beschrieben. Das nun im Druck neben den Prozentwerten ausgegebene Quadrat macht das Diagramm weitgehend unbrauchbar.

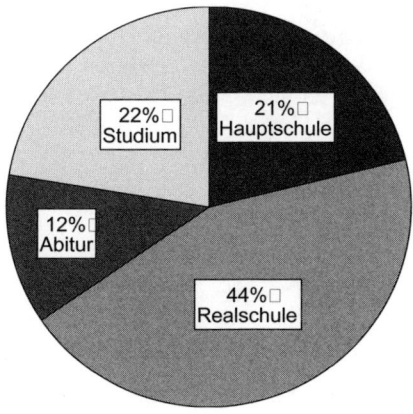

Beispiel **3**

Datei GESUND.SAV. Die Verteilung des 8-kategorialen Merkmals »Derzeitige berufliche Tätigkeit« soll in Kreisform dargestellt werden. Bis auf das Hineinschreiben der Prozentwerte wurde das nachfolgende Diagramm in seiner von SPSS ausgegebenen Form belassen (speziell auch, was die Farbwahl für die Segmente angeht).

An diesem Beispiel wird gut deutlich, wie schwierig (und umständlich) es teilweise ist, bei Vorliegen einer größeren Anzahl von Kategorien die einzelnen Segmente diesen Kategorien an Hand der Legende zuzuordnen, wenn der Ausdruck des Diagramms nur schwarz-weiß und nicht farbig erfolgen kann. Eine Darstellung der Verteilung als Balkendiagramm böte hier – was die schnelle Veranschaulichung der Auftretenshäufigkeit der einzelnen Kategorien angeht – eindeutige Vorteile.

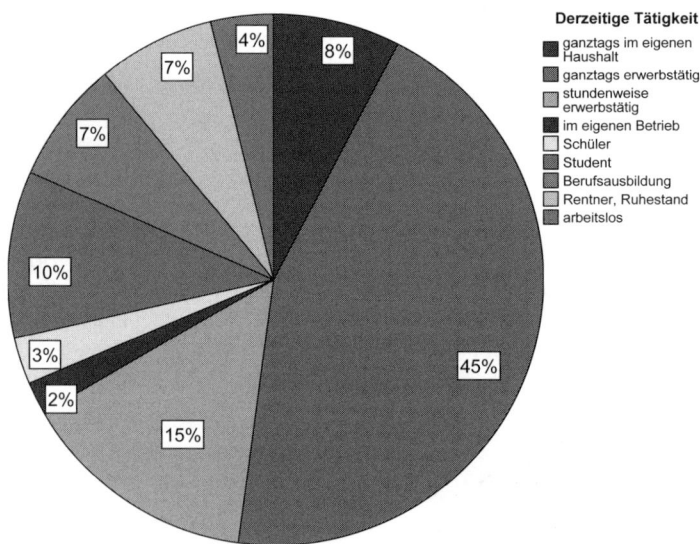

Derzeitige Tätigkeit

■ ganztags im eigenen Haushalt
■ ganztags erwerbstätig
▫ stundenweise erwerbstätig
■ im eigenen Betrieb
□ Schüler
■ Student
■ Berufsausbildung
▫ Rentner, Ruhestand
■ arbeitslos

Säulendiagramm für Mittelwerte und andere Stichproben-Kennwerte

➤ **Grafiken / Diagrammerstellung / Galerie / Balken**

Die Galerie-Option BALKEN kann auch herangezogen werden, um statistische Kennwerte von Untergruppen einer Stichprobe in Form eines Säulendiagramms darzustellen. In der Regel handelt es sich bei den zu veranschaulichenden Größen um Mittelwerte. Beispiele wären: Durchschnittsgröße von 12-, 13-, 14- und 15-jährigen Jugendlichen, durchschnittlicher Zigarettenkonsum von Personen mit Hauptschulabschluss, Realschule, Abitur, usf.

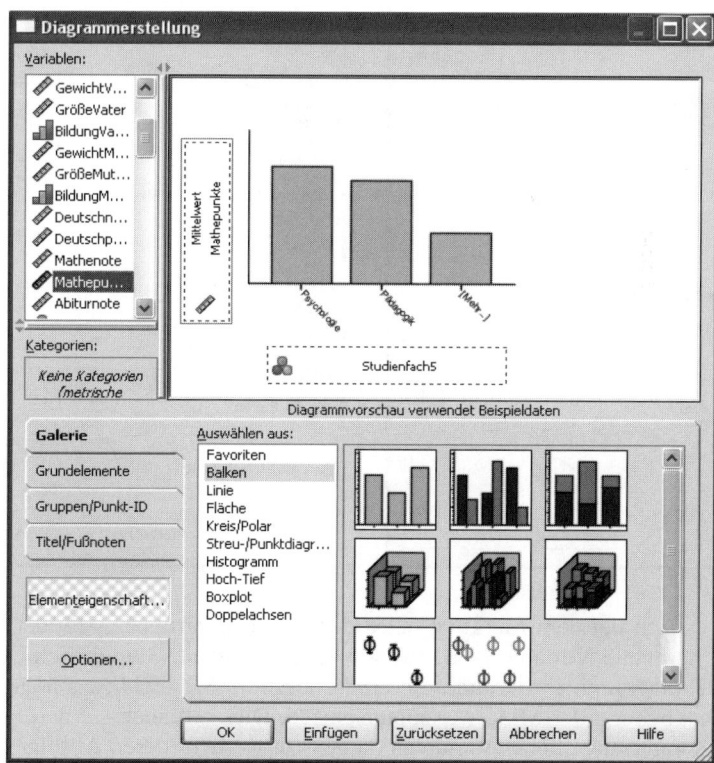

Neben Mittelwerten lassen sich u. a. auch die in Untergruppen vorliegenden Anteile bestimmter Kategorien darstellen, z. B.: Prozentualer Anteil von Raucherinnen bei 20-, 30-, 40- und 50-jährigen Frauen. Weiterhin ist es möglich, in einem Diagramm zu zeigen, welche Mittel (oder sonstigen Kennwerte) eine Stichprobe in einer Reihe von Variablen aufweist. Beispiele wären hier: Mittelwerte einer Stichprobe in den Subskalen eines Intelligenztests, die durchschnittlichen Leistungen einer Gruppe zu fünf Messzeitpunkten, usf.

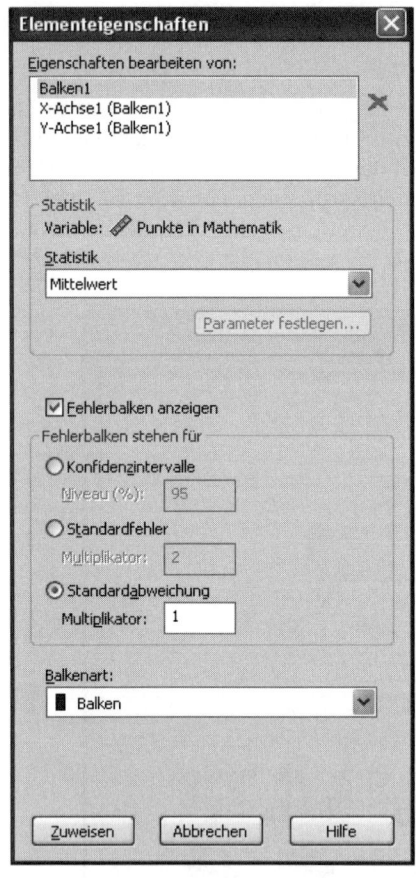 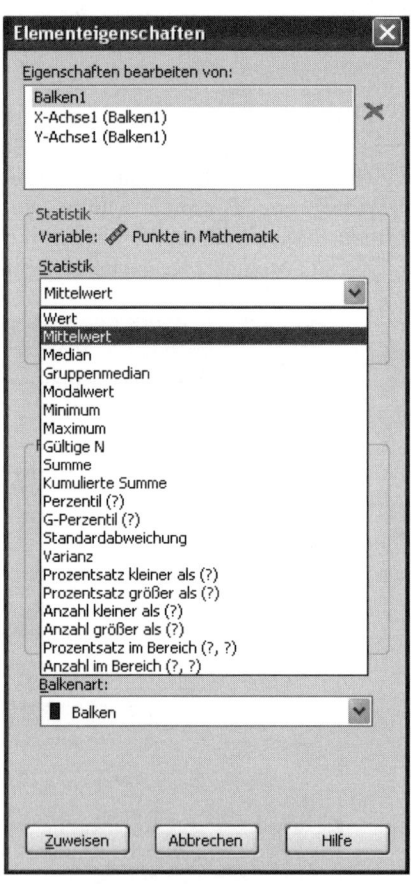

Handelt es sich bei dem Merkmal, nach dem die Untergruppen gebildet werden, um eine nominale Variable (z. B. Religionszugehörigkeit, Studienfach), dann ist das Säulendiagramm im Grunde die einzig legitime Möglichkeit zur grafischen Veranschaulichung der Mittelwertunterschiede. Dies gilt auch für den Fall, dass die Mittel unterschiedlicher Variablen dargestellt werden (deren Abfolge beliebig ist). Wenn es dagegen Sinn macht, die Mittelwerte durch Linien zu verbinden (»kontinuierliches« Gruppierungsmerkmal bzw. Messwiederholung bei einer Variablen), können auch die in Kapitel 80 gezeigten Darstellungen in Form von Mittelwertskurven in Betracht gezogen werden.

Im Gegensatz zu früheren SPSS-Versionen (bis 11) ist es nun möglich, bei den Säulen der Gruppen die Werte der jeweiligen Standardabweichungen durch eine Strecke (einen »Balken«) zu veranschaulichen. Neben der Standardabweichung können bei den Mittelwertspunkten auch die zugehörigen Standardfehler dargestellt werden oder Konfidenzintervalle für die Mittel der Populationen, aus denen die Untergruppen bzw. Variablenwerte stammen.

Zum Erhalt der Mittelwertssäulen für nach einem Merkmal gebildete Untergruppen einer Stichprobe wird im Dialogfeld **Diagrammerstellung** (S. 643) als Erstes in der Registerkarte [Galerie] die Option BALKEN angewählt und das erste Diagramm-Symbol {Einfache Balken} auf die Zeichenfläche gezogen. Anschließend wird das Gruppierungsmerkmal aus dem Feld *Variablen* in den Rahmen [X-Achse?] verbracht und die (abhängige) Variable, deren Mittel dargestellt werden sollen, in den Rahmen [Y-Achse] gezogen. Daraufhin ist der Y-Rahmen mit »Mittelwert *Variable*« beschriftet, während das Feld *Statistik* in der Box **Elementeigenschaften** (S. 644) den Eintrag »Mittelwert« enthält. Sollen statt der Mittel andere Gruppenkennwerte als Säulen dargestellt werden, ist die gewünschte *Statistik* im Menü anzuwählen.

Säulen für verschiedene Stichproben: Separate Diagramme

Über die Registerkarte [Gruppen/Punkt-ID] kann veranlasst werden, dass getrennte Säulendiagramme für zwei oder mehr Stichproben – z. B. Männer und Frauen – ausgegeben werden. Nach Anklicken von *Zeilenfeldvariable* erscheint rechts in der Zeichenfläche ein Feld, in das die Gruppierungsvariable zu ziehen ist. Die Diagramme sind in diesem Fall untereinander angeordnet.

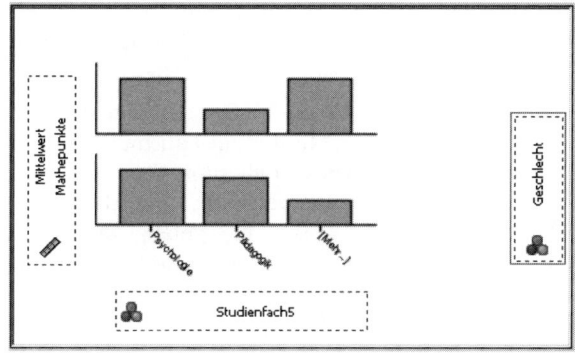

Sollen die Diagramme dagegen nebeneinander angeordnet sein, ist *Spaltenfeld-variable* anzuwählen. Es erscheint dann ein entsprechendes Eingabefeld im oberen Bereich der Zeichenfläche.

Säulen für verschiedene Stichproben: Darstellung in einem Diagramm

Wenn in einer Grafik (durch unterschiedlich gefärbte/schraffierte Säulen) gezeigt werden soll, wieweit in zwei oder mehr Stichproben unterschiedliche Mittelwertsmuster vorliegen, muss das zweite Diagramm-Symbol {Gruppierte Balken} in die Zeichenfläche gezogen werden. Diese enthält dann rechts oben ein zusätzliches Feld, in welches das die Stichproben definierende Merkmal verbracht wird.

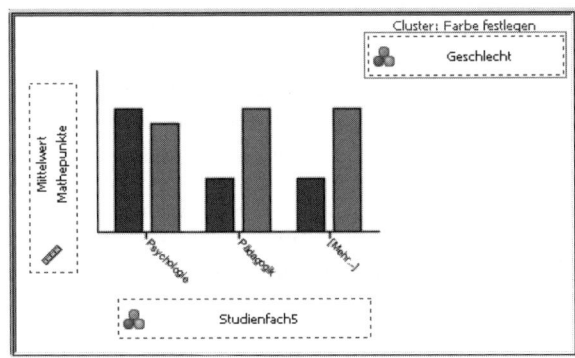

Einzeichnen der Gruppen-Standardabweichungen

In der Dialogbox **Elementeigenschaften** (S. 644) kann über *Fehlerbalken anzeigen* u.a. veranlasst werden, dass bei den Mittelwertssäulen die Werte der zugehörigen Standardabweichungen durch Balken dargestellt werden (vgl. BEISPIEL 3). Der kleinste hier wählbare Multiplikator-Wert ist {1}. In diesem Fall wird am Ende jeder Säule nach oben und nach unten jeweils eine Standardabweichung abgetragen. Die führt häufig noch zu sehr breiten Streuungsbalken, wodurch die Säulen stark gestaucht werden.

Optisch ansprechender ist es meist, wenn die Gesamtlänge der Strecke jeweils eine Standardabweichung repräsentiert. In diesem Fall müsste mit einem Multiplikator von {0,5} gearbeitet werden. Dies ist allerdings nur über die Befehls-Syntax möglich. Nach Anforderung der Standardabweichung als »Fehlerbalken« (und Eingabe eines Multiplikators von z.B. {1}) gelangt man in der Eingangs-Dialogbox (S. 643) über [Einfügen] in den Syntax-Editor. Hier muss dann an den durch einen Pfeil kenntlich gemachten Stellen der in der Dialogbox eingegebene Multiplikator-Wert von z.B. {1} durch {.5} ersetzt werden, wobei die Syntax nur die Punkt-Schreibweise akzeptiert.

```
GGRAPH
  /GRAPHDATASET NAME="graphdataset" VARIABLES=Studienfach5
  MEANSD(Mathepunkte, 1)[name="MEANSD_Mathepunkte_1" LOW=
  :                    ↑
  GUIDE: text.footnote(label("Fehlerbalken: +/- 1 SD"))
  :                                              ↑
  END GPL.
```

Diagramm für verschiedene Variablen

Wenn für eine Stichprobe die Mittel (oder andere Kennwerte) von zwei oder mehr Variablen als Säulen dargestellt werden sollen, ist in der Eingangs-Dialogbox (S. 643) wieder das erste Diagramm-Symbol in die Zeichenfläche zu verbringen. Anschließend werden die gewünschten Variablen nacheinander ins Feld [Y-Achse?] gezogen. Nach der zweiten »Ziehung« erscheint eine Box **Zusammenfassungsgruppe erstellen** – nach Anklicken von [OK] kann mit den weiteren Variablen fortgefahren werden. Dass nun die X-Achse mit »Index« beschriftet ist, muss nicht weiter irritieren.

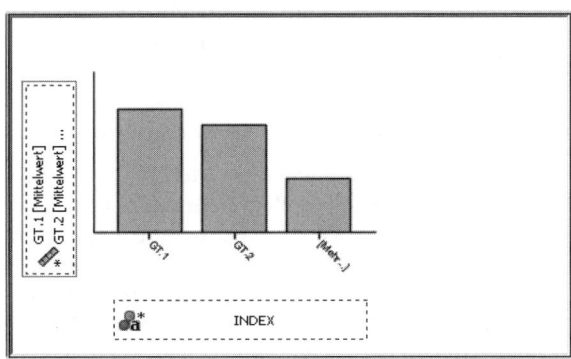

Da im jetzigen Fall mehrere Variablen unter Betrachtung stehen, gibt es zwei Möglichkeiten der Behandlung von fehlenden Werten, die in der über den Schalter [Optionen] erhältlichen Dialogbox unter *Auswertungsstatistik und Fallwerte* aufgeführt sind. Beim voreingestellten »Listenweise ausschließen« basiert das Diagramm auf den Personen, die bei keiner der Variablen einen fehlenden Wert haben. Bei der anderen Vorgehensweise (»Variable für Variable ausschließen«) bleibt dagegen eine Person nur bei den Variablen (Säulen) unberücksichtigt, bei denen sie einen Fehlend-Wert hat. Die Säulen basieren dadurch u.U. auf unterschiedlich vielen Personen.

Bearbeitung im Diagramm-Editor

Änderungen bei der Legende

Bei der Darstellung der Säulen mehrerer Stichproben mittels der Option {Gruppierte Balken} wird in der Legende gezeigt, durch welche Farben oder Muster die einzelnen Stichproben gekennzeichnet sind. Bei Bedarf lässt sich diese Legende ins Diagramm verschieben oder auch über **Optionen / Legende ausblenden** beseitigen. Fall gewünscht, ist ein späteres Wiedereinblenden – gleichfalls über **Optionen** – möglich

Änderungen bei der waagerechten Achse (Gruppenachse)

In der Voreinstellung werden im Diagramm die Kategorien (Untergruppen) aufsteigend entsprechend ihrer numerischen Kodierung angeordnet. Bei einem (zumindest) ordinalen Merkmal ist dies in der Regel auch die sinnvollste Abfolge. Bei nominalen Variablen gibt es hingegen keine solche »natürliche« Reihung der Kategorien. Hier empfiehlt sich häufig eine Anordnung der Kategorien auf- oder absteigend entsprechend ihrer Mittelwerte. Dies kann in der über **Bearbeiten / X-Achse auswählen** erhältlichen Dialogbox (S. 601) in der Registerkarte [Kategorien] veranlasst werden. Statt der Voreinstellung »Wert« ist dazu im Feld *Sortieren nach* die Option »Statistik« anzuwählen und im Feld daneben die gewünschte Abfolgerichtung einzustellen.

Änderungen bei der senkrechten Achse (Merkmalsachse)

Auf der senkrechten Achse ist das metrische Merkmal abgetragen, für das die Gruppenmittel berechnet werden. Über **Bearbeiten / Y-Achse auswählen** erhält man die auf S. 602 wiedergegebene Dialogbox, in der u.a. der Wertebereich sowie die Unterteilung der Skala festgelegt/geändert werden können. *Minimum* und *Maximum* sollten so gewählt werden, dass die Unterschiede zwischen den Mittelwertssäulen in »realistischer« Größe erscheinen. In der Registerkarte [Zahlenformat] lässt sich u.a. die Anzahl der Nachkommastellen bei den an der Skala ausgegebenen Werten ändern.

Übersicht über die in den Beispielen behandelten Probleme

① Mittelwertsdiagramm für ein kategoriales Gruppierungsmerkmal.

② Gleiche Variablen wie bei BEISPIEL 1. Getrennte Diagramme für Frauen und Männer.

③ Mittelwertsdiagramm für ein ordinales Gruppierungsmerkmal. Einzeichnen von Streuungsbalken.

④ Gleiche Variablen wie bei BEISPIEL 3. Darstellung der Mittel von Frauen und Männern in einem Diagramm.

⑤ Darstellung eines in Untergruppen vorliegenden Prozentsatzes.

⑥ Darstellung der Mittelwerte verschiedener Variablen.

Beispiel 1

Datei FRABOGEN.SAV. Es soll dargestellt werden, welche durchschnittliche Mathematiknote (gemessen auf der Punkteskala von 0-15) die Studierenden der in der Stichprobe auftretenden Fachrichtungen haben. In der Variablen STUDIEN-FACH5 sind die Studienrichtungen wie folgt kodiert: 1 = *Psychologie*, 2 = *Pädagogik*, 3 = *Magister*, 4 = *Lehramt* und 5 = *anderes Fach*. Abhängige Variable ist somit die »Punktezahl in Mathematik« (MATHEPUNKTE), während STUDIENFACH5 die Gruppen definiert. Bei dem in der Voreinstellung ausgegebenen Diagramm wurden die Säulen nachträglich absteigend der Größe nach angeordnet und ein Hineinschreiben der Mittelwerte veranlasst.

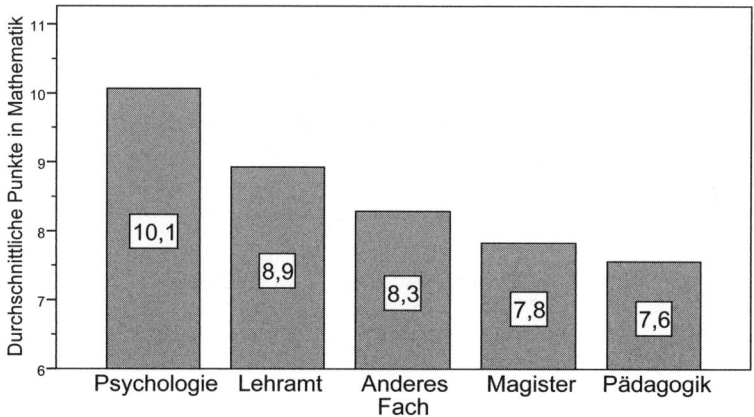

Beispiel 2

Datei FRABOGEN.SAV. Gleiche Variablen wie bei BEISPIEL 1. Die Mittelwerte der Studienfächer in Mathematik sollen nun getrennt für männliche und weibliche Studierende nebeneinander dargestellt werden. Dazu wird in der Registerkarte [Gruppen/Punkt-ID] die Option *Spaltenfeldvariable* angeklickt und das Merkmal GESCHLECHT auf der Zeichenfläche im Rahmen [Feld?] eingegeben.

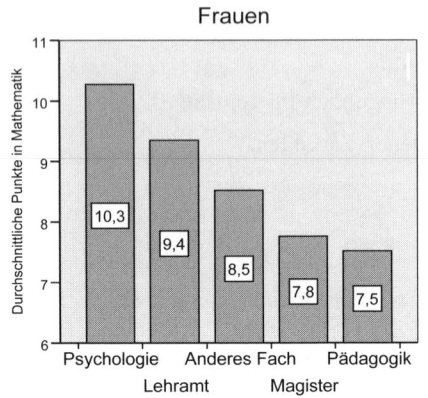
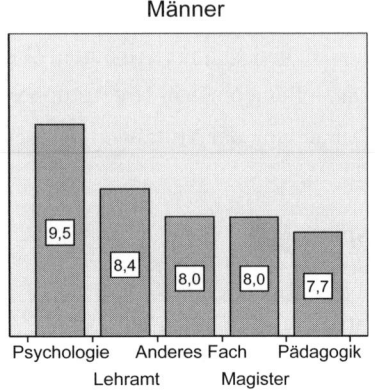

Beispiel	**3**

Datei GESUND.SAV. In der Variablen ALTERSGRUPPE ist das Lebensalter der Befragten wie folgt gruppiert: 1 = *18–25*, 2 = *26–35*, 3 = *36–45*, 4 = *46–55* und 5 = *56–94* Jahre. Es soll dargestellt werden, wieweit bei den Frauen (GESCHLECHT = 1) der Gewichtsstatus (Variable IDEALGEWICHT) eine Beziehung zum Lebensalter aufweist. Abhängige Variable ist somit die »Prozentuale Abweichung vom Idealgewicht«, während ALTERSGRUPPE die Gruppen definiert.

Die Streuung in den Gruppen soll jeweils durch Balken mit der Gesamtlänge einer Standardabweichung veranschaulicht werden. Da dies einen (in der Box **Elementeigenschaften** nicht eingebbaren) Multiplikator-Wert von {0,5} erfordert, muss der auf Seite 646 erläuterte Weg über den Syntax-Editor gewählt werden.

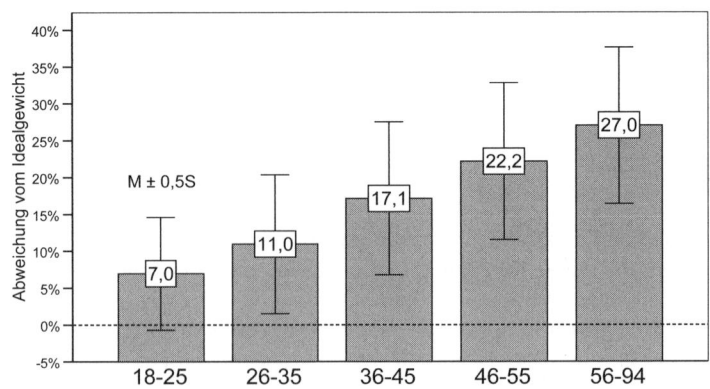

Beispiel 4

Datei GESUND.SAV. Bei BEISPIEL 3 wurde in einem Diagramm gezeigt, welchen Gewichtsstatus Frauen auf verschiedenen Altersstufen aufweisen. In der jetzt zu erstellenden Grafik sollen diese Daten der Frauen den entsprechenden Mitteln der Männer – in einer Abbildung – gegenübergestellt werden. Dazu wird in der Eingangs-Dialogbox (S. 643) das zweite Diagramm-Symbol {Gruppierte Balken} in die Zeichenfläche gezogen und die Gruppenvariable GESCHLECHT in das entsprechende Feld verbracht.

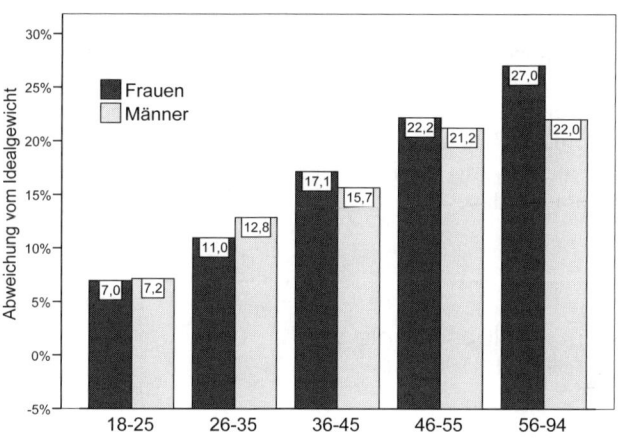

Gewichtsstatus auf verschiedenen Altersstufen

Beispiel 5

Datei GESUND.SAV. Es soll in Form eines Säulendiagramms gezeigt werden, wieviel Prozent der Männer in den fünf Altergruppen von BEISPIEL 3 jeweils einen Volks- bzw. Hauptschulabschluss besitzen. Dieser ist in der Variablen SCHULABSCHLUSS3 mit {1} kodiert.

Dazu wird in der Eingangs-Dialogbox (S. 643) das erste Diagramm-Symbol in die Zeichenfläche gezogen und die Variable ALTERSGRUPPE in das Feld [X-Achse?] verbracht. Anschließend wird das Merkmal, bei dem der Anteil eines Wertes oder Wertebereichs bestimmt werden soll, in das Feld [Y-Achse?] eingegeben. Die Variable muss hierbei als »metrisch« definiert sein.

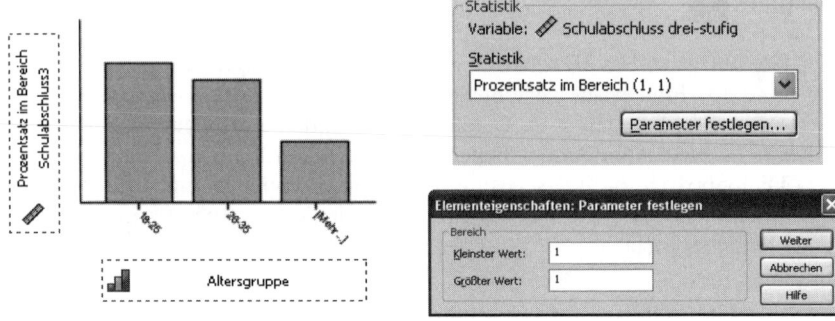

In der Dialogbox **Elementeigenschaften** (S. 644) ist nun im Feld *Statistik* die Option »Prozentsatz im Bereich (?,?)« anzuwählen und anschließend in der Box **Parameter festlegen** der gewünschte Wert oder Wertebereich einzugeben (im Beispiel, da es sich nur um einen Wert handelt, beide male {1}). Nachfolgend das Diagramm, bei dem die Prozentwerte in die Balken geschrieben und eine Überschrift als Textfeld eingefügt wurden.

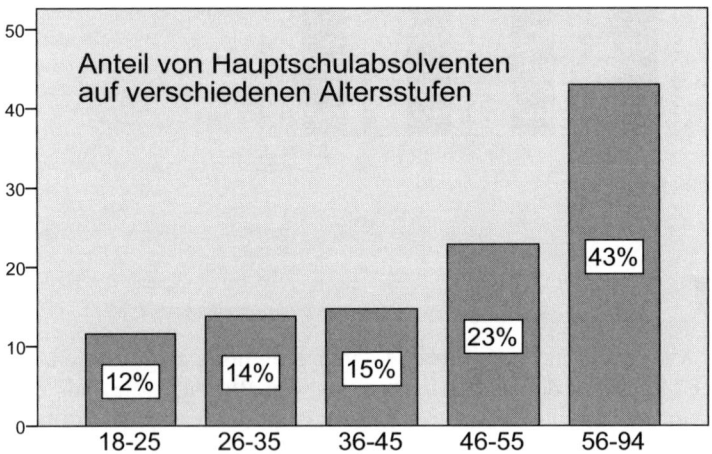

Beispiel 6

Datei PERDAT.SAV. Die Mittelwerte der sechs Skalen des Gießen-Tests sollen in einem Säulendiagramm dargestellt werden. Die Eingabe zeigt die Zeichenfläche auf S. 647. Die gemeinsame Veranschaulichung der Mittel ist hier sinnvoll, weil alle Skalen einen einheitlichen Wertebereich (von 6–42) aufweisen. Bei dem Diagramm wurden u. a. die Achsen vertauscht sowie die Skalenmittel in die Balken geschrieben.

Mittelwerte der Skalen des Gießen-Test

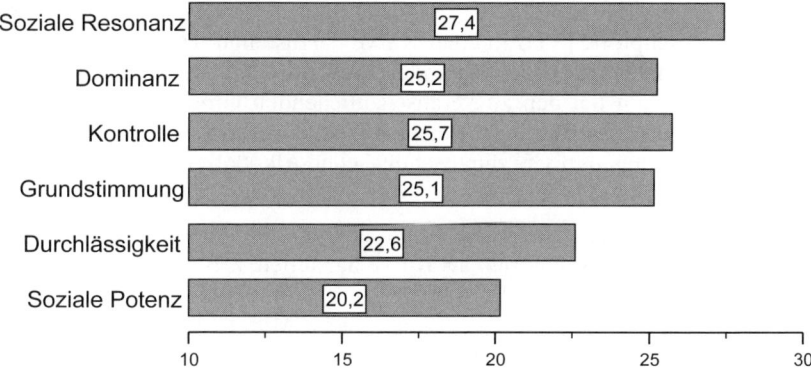

Liniendiagramm für Mittelwerte und andere Stichproben-Kennwerte

Mit der Galerie-Option LINIE ist es möglich, statistische Kennwerte von Untergruppen einer Stichprobe in Form einer Kurve darzustellen. Das die Gruppen definierende Merkmal muss dabei zumindest ordinales Niveau aufweisen. In der Regel handelt es sich bei den zu veranschaulichenden Größen um Mittelwerte. Beispiele wären: Durchschnittliche Leistung in einem Englischtest von Schülern mit den Englischnoten 1 bis 5, durchschnittlicher Alkoholkonsum von Männern aus vier Sozialschichten.

Neben Durchschnittswerten lassen sich u. a. auch die in Untergruppen vorliegenden Anteile bestimmter Kategorien als Kurve darstellen, z. B.: Prozentualer Anteil von Raucherinnen bei 20-, 30-, 40- und 50-jährigen Frauen. Weiterhin ist es möglich, in einem Liniendiagramm zu zeigen, welche Mittel (oder sonstigen Kennwerte) eine Stichprobe in einer Reihe von (sinnvoll aufeinander folgenden) Variablen aufweist. In der Regel handelt es sich hierbei um die Untersuchung des zeitlichen Verlaufs bei einer Variablen, z. B.: durchschnittliche Fehlerzahl einer Stichprobe bei fünf Übungsdurchgängen.

Wie beim Säulendiagramm (Kapitel 79) ist es möglich, zusätzlich zu den Mitteln der Gruppen die Werte der jeweiligen Standardabweichungen durch eine Strecke (einen »Balken«) zu veranschaulichen. Statt der Standardabweichungen können auch die zugehörigen Standardfehler als Strecke eingezeichnet werden oder Konfidenzintervalle für die Mittel der Populationen, aus denen die Untergruppen bzw. Variablenwerte stammen.

Zum Erhalt der Mittelwertskurve für nach einem Merkmal gebildete Untergruppen wird im Dialogfeld **Diagrammerstellung** als Erstes in der Registerkarte [Galerie] die Option LINIE angewählt und das linke Diagramm-Symbol {Einfache Linie} auf die Zeichenfläche gezogen. Anschließend wird das Gruppierungsmerkmal aus dem Feld *Variablen* in den Rahmen [X-Achse?] verbracht und die (abhängige) Variable, deren Mittel dargestellt werden sollen, in den Rahmen [Y-Achse] gezogen. Daraufhin ist der Y-Rahmen mit »Mittelwert *Variable*« beschriftet, während das Feld *Statistik* in der Box **Elementeigenschaften** den Eintrag »Mittelwert« enthält. Sollen statt der Mittel andere Gruppenkennwerte als Kurve dargestellt werden, ist die gewünschte *Statistik* im Menü anzuwählen.

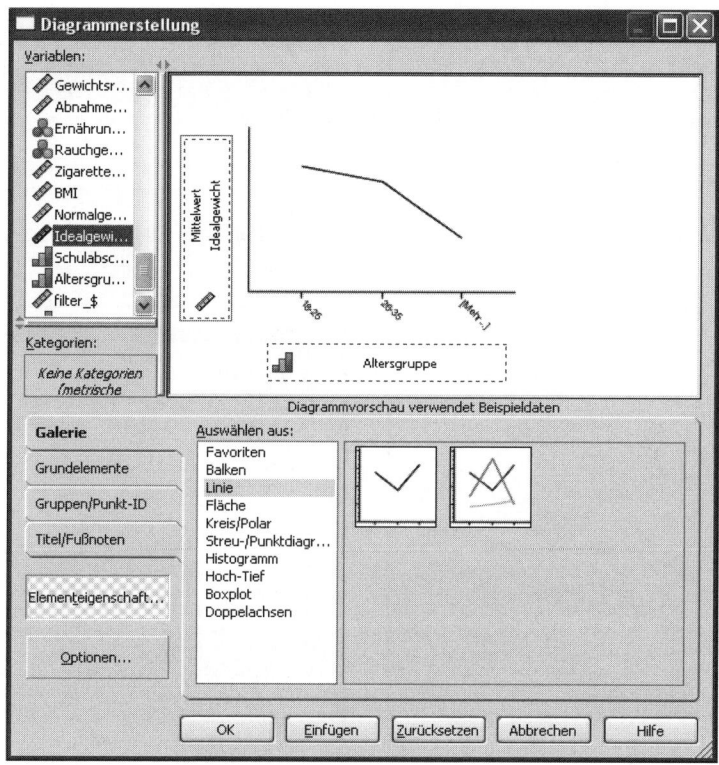

Einzeichnen der Gruppen-Standardabweichungen

In der Dialogbox **Elementeigenschaften** kann über *Fehlerbalken anzeigen* u.a. veranlasst werden, dass bei den Mittelwertspunkten die Werte der zugehörigen Standardabweichungen durch Balken dargestellt werden (vgl. BEISPIEL 3). Der kleinste hier wählbare Multiplikator-Wert ist {1}. In diesem Fall wird bei jedem Punkt nach oben und nach unten jweils eine Standardabweichung abgetragen. Dies führt häufig noch zu sehr breiten Streuungsbalken, wodurch der Kurvenverlauf stark gestaucht wird.

Optisch ansprechender ist es meist, wenn die Gesamtlänge der Strecke jeweils eine Standardabweichung repräsentiert. In diesem Fall müsste mit einem Multiplikator von {0,5} gearbeitet werden. Dies ist allerdings nur über die Befehlssyntax möglich. Nach Anforderung der Standardabweichung als »Fehlerbalken« (und Eingabe eines Multiplikators von von z. B. {1}) gelangt man in der Eingangs-Dialogbox über [Einfügen] in den Syntax-Editor.

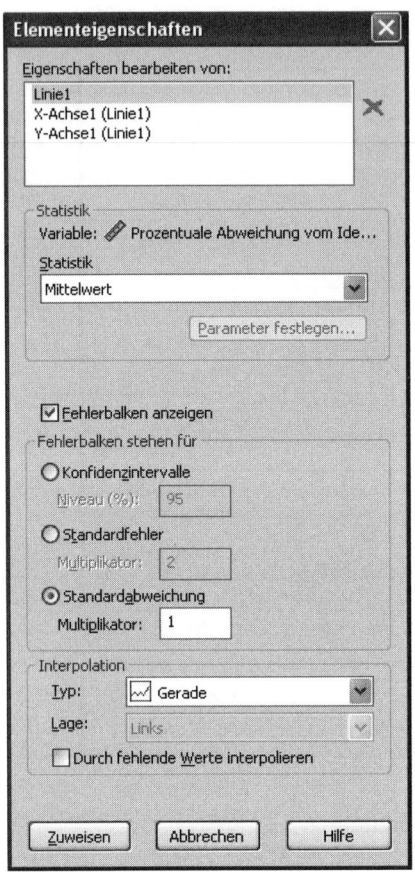 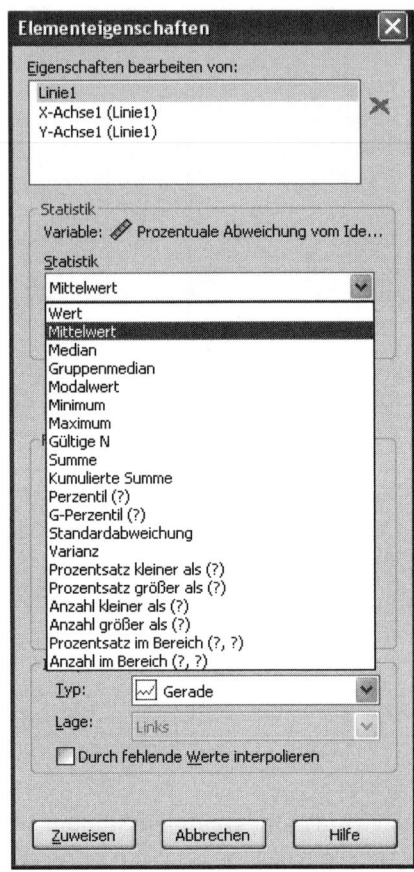

Hier muss dann an den durch einen Stern (*) kenntlich gemachten Stellen der in der Dialogbox eingegebene Multiplikator-Wert von z.B. {1} durch {.5} ersetzt werden, wobei die Syntax nur die Punkt-Schreibweise akzeptiert.

```
GGRAPH
  /GRAPHDATASET NAME="graphdataset" VARIABLES=Altersgruppe
  MEANSD(Idealgewicht, 1)[name="MEANSD_Idealgewicht_1" LOW=
    :                  ↑
  GUIDE: text.footnote(label("Fehlerbalken: +/- 1 SD"))
    :                                                  ↑
  END GPL.
```

Mittelwertslinien für verschiedene Stichproben: Separate Diagramme

Über die Schaltfläche [Gruppen/Punkt-ID] kann veranlasst werden, dass getrennte Diagramme für zwei oder mehr Stichproben – z. B. Männer und Frauen – ausgegeben werden. Nach Anklicken von *Zeilenfeldvariable* erscheint rechts in der Zeichenfläche ein Feld, in das die Gruppierungsvariable zu ziehen ist. Die Diagramme sind in diesem Fall untereinander angeordnet. Sollen die Grafiken dagegen nebeneinander plaziert sein, ist *Spaltenfeldvariable* anzuwählen. Es erscheint dann ein entsprechendes Eingabefeld im oberen Bereich der Zeichenfläche.

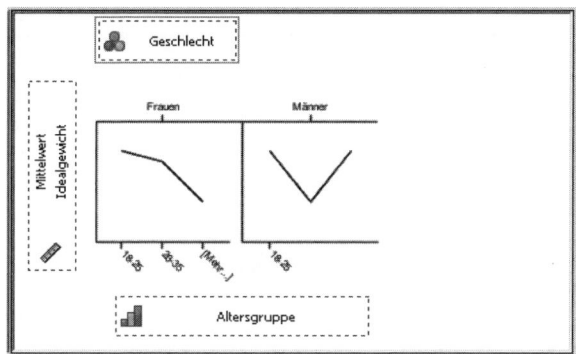

Mittelwertslinien für verschiedene Stichproben in einem Diagramm

Wenn in einer Grafik (durch unterschiedlich gefärbte/gestrichelte Linien) gezeigt werden soll, wieweit in zwei oder mehr Stichproben unterschiedliche Mittelwertverläufe vorliegen, muss das zweite Diagramm-Symbol {Mehrere Linien} in die Zeichenfläche gezogen werden. Diese enthält dann rechts oben ein zusätzliches Feld, in welches das die Stichproben definierende Merkmal verbracht wird.

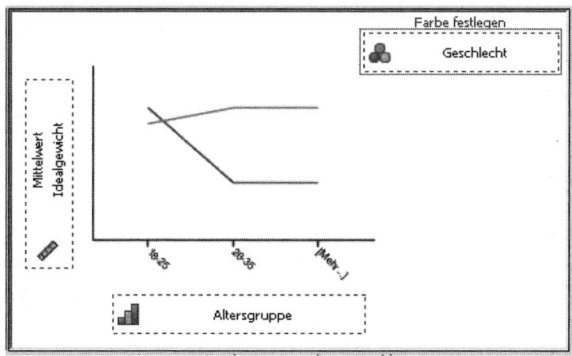

Mittelwertslinie über mehrere Variablen

Wenn für eine Stichprobe die Mittel (oder andere Kennwerte) von zwei oder mehr Variablen als (Verlaufs-)Kurve dargestellt werden sollen, ist in der Eingangs-Dialogbox (S. 655) wieder das erste Diagramm-Symbol in die Zeichenfläche zu verbringen. Anschließend werden die gewünschten Variablen nacheinander ins Feld [Y-Achse?] gezogen. Nach der zweiten »Ziehung« erscheint eine Box **Zusammenfassungsgruppe erstellen** – nach Anklicken von [OK] kann mit den weiteren Variablen fortgefahren werden. Dass nun die X-Achse mit »Index« beschriftet ist, muss nicht weiter irritieren.

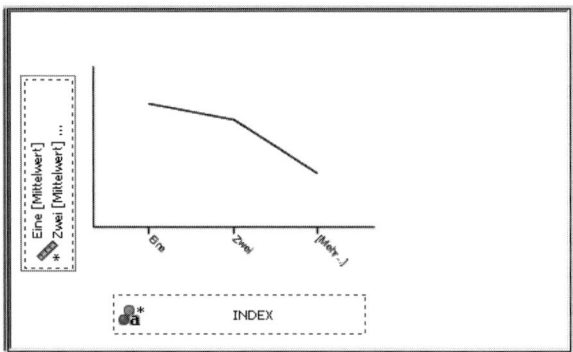

Da im jetzigen Fall mehrere Variablen unter Betrachtung stehen, gibt es zwei Möglichkeiten der Behandlung von fehlenden Werten, die in der über den Schalter [Optionen] erhältlichen Dialogbox unter *Auswertungsstatistik und Fallwerte* aufgeführt sind. Beim voreingestellten »Listenweise ausschließen« basiert das Diagramm auf den Personen, die bei keiner der Variablen einen fehlenden Wert haben. Bei der anderen Vorgehensweise (»Variable für Variable auschließen«) bleibt dagegen eine Person nur bei den Variablen (Säulen) unberücksichtigt, bei denen sie einen Fehlend-Wert hat. Die Säulen basieren dadurch u.U. auf unterschiedlich vielen Personen.

Bearbeitung im Diagramm-Editor

Änderungen bei der Legende

Bei der Darstellung der Linien mehrerer Stichproben in einem Diagramm wird in der Legende gezeigt, durch welche Farbe oder Strichelung die einzelnen Stichproben gekennzeichnet sind. Bei Bedarf lässt sich diese Legende ins Diagramm verschieben oder auch über **Optionen / Legende ausblenden-einblenden** beseitigen oder, falls gewünscht, auch wieder einfügen.

Änderungen bei der waagerechten Achse (Gruppenachse)

In der Voreinstellung werden im Diagramm die Stufen (Untergruppen) aufsteigend entsprechend ihrer numerischen Kodierung angeordnet. Eine Umkehrung der Folge (in absteigend) kann in der über **Bearbeiten / X-Achse auswählen** erhältlichen Dialogbox in der Registerkarte [Kategorien] veranlasst werden.

Änderungen bei der senkrechten Achse (Merkmalsachse)

Auf der senkrechten Achse ist das metrische Merkmal abgetragen, für das die Gruppenmittel berechnet werden. Über **Bearbeiten / Y-Achse auswählen** erhält man die auf S. 602 wiedergegebene Dialogbox, in der u.a. der Wertebereich sowie die Unterteilung der Skala festgelegt/geändert werden können. *Minimum* und *Maximum* sollten so gewählt werden, dass die Unterschiede zwischen den Mittelwertpunkten in »realistischer« Größe erscheinen. In der Registerkarte [Zahlenformat] lässt sich u.a die Anzahl der Nachkommastellen bei den an der Skala ausgegebenen Werten ändern.

Übersicht über die in den Beispielen behandelten Probleme

① Mittelwertsdiagramm für ein ordinales Gruppierungsmerkmal.

② Gleiche Variablen wie bei BEISPIEL 1. Mittelwertsverlauf bei zwei Stichproben (Frauen und Männer).

③ Mittelwertsverlauf über mehrere Messzeitpunkte (Variablen). Einzeichnen von Streuungsbalken.

⑤ Darstellung eines in Untergruppen vorliegenden Prozentsatzes.

| Beispiel | 1 |

Datei GESUND.SAV. Bei BEISPIEL 3 von Kapitel 79 wurde mit einem Säulendiagramm gezeigt, wieweit bei den Frauen (GESCHLECHT = 1) der Gewichtsstatus (Variable IDEALGEWICHT) eine Beziehung zum in fünf Stufen eingeteilten Lebensalter (Variable ALTERSGRUPPE) aufweist. Die gleiche Beziehung soll jetzt in Form einer Mittelwertskurve dargestellt werden. Die Dialogbox auf S. 655 zeigt die vorgenommenen Eingaben. Nachfolgend das nach etwas Bearbeitung (u.a. Hineinschreiben der Mittelwerte) erhaltene Diagramm:

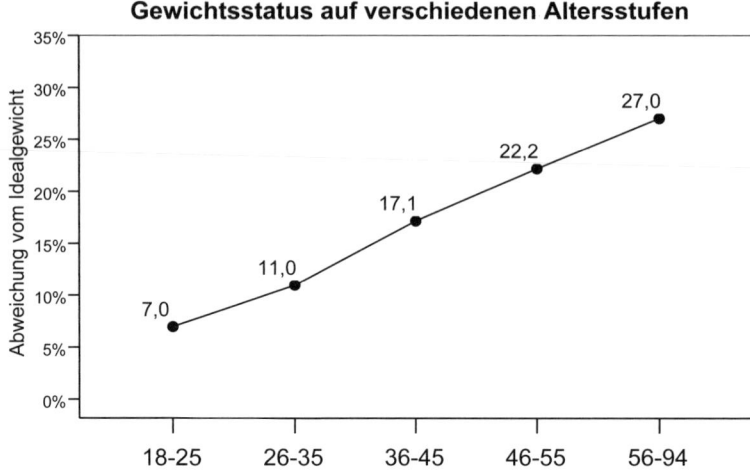

Gewichtsstatus auf verschiedenen Altersstufen

Beispiel 2

Datei GESUND.SAV. Bei BEISPIEL 4 von Kapitel 79 wurde mit einem Säulendiagramm gezeigt, wieweit bei Frauen und Männern der Gewichtsstatus (Variable IDEALGEWICHT) eine Beziehung zum in fünf Stufen eingeteilten Lebensalter (Variable ALTERSGRUPPE) aufweist. Diese Beziehungen sollen jetzt in Form zweier Mittelwertslinien dargestellt werden. Die auf S. 571 (unten) wiedergegebene Zeichenfläche zeigt die vorgenommenen Eingaben. Nach etwas Bearbeitung (u. a. Hineinschreiben der Gruppenbezeichnungen) ergibt sich das folgende Diagramm:

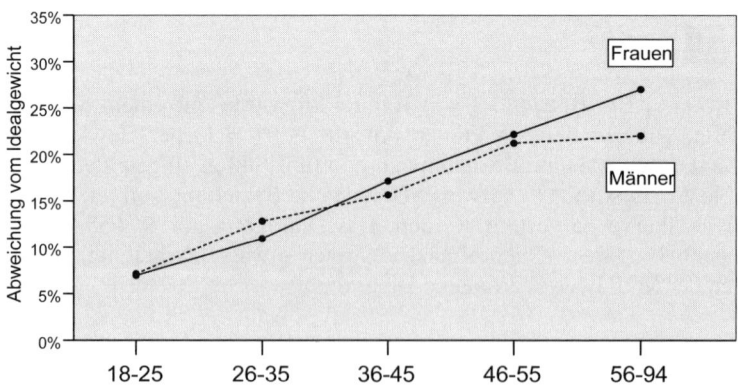

Gewichtsstatus auf verschiedenen Altersstufen

Beispiel 3

Datei ZWEIFAK-1-MW.SAV. Bei BEISPIEL 1 von Kapitel 60 wurde beim Messwiederholungsfaktor eine Beobachtungsleistung zu vier Zeitpunkten untersucht. Es soll nun der Verlauf der durchschnittlichen Reaktionsleistung über die vier Erhebungszeitpunkte (nach 1, 2, 3 und 4 Stunden) dargestellt werden. Der zweite Faktor (»Signaldarbietung«) bleibt dabei außer Betracht. Die vorgenommenen Eingaben zeigt die Zeichenfläche auf S. 658.

Die Streuung zu den vier Messzeitpunkten soll jeweils durch Balken mit der Gesamtlänge einer Standardabweichung veranschaulicht werden. Da dies einen (in der Box **Elementeigenschaften** nicht eingebbaren) Multiplikatorwert von {0,5} erfordert, muss der auf Seite 656 erläuterte Weg über den Syntax-Editor gewählt werden. Nachfolgend das nach etwas Bearbeitung (u. a. Anmerkung: »M ± 0,5S«) erhaltene Diagramm:

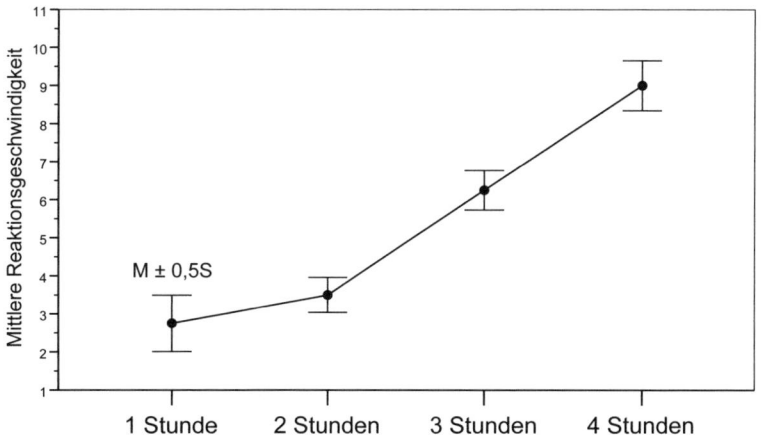

Dauer der Beobachtungstätigkeit und Reaktionsleistung

Beispiel 4

Datei GESUND.SAV. Die Variable RAUCHGEWOHNHEIT weist folgende Kategorien auf: 0 = *Nichtraucher, lebenslang*, 1 = *Nichtraucher, früher geraucht*, 2 = *raucht nur ganz selten*, 3 = *raucht regelmäßig*. Der Anteil der Frauen und Männer, die zum Befragungszeitraum NichtraucherInnen waren {0 oder 1}, soll in Abhängigkeit vom Lebensalter (Variable ALTERSGRUPPE) dargestellt werden.

Dazu wird in der Eingangs-Dialogbox (S. 655) das zweite Diagramm-Symbol in die Zeichenfläche gezogen, die Variable ALTERSGRUPPE in das Feld [X-Achse?] und das Gruppenmerkmal GESCHLECHT in das Feld rechts oben verbracht sowie das Merkmal RAUCHGEWOHNHEIT – als »metrisch« definiert – bei [Y-Achse?] eingegeben.

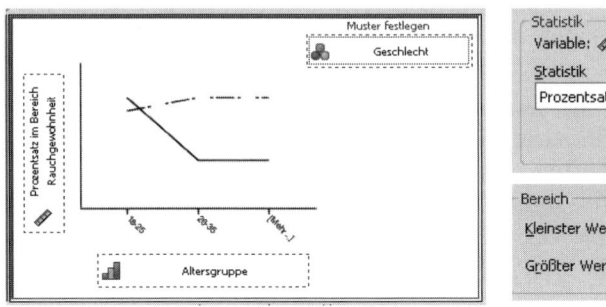
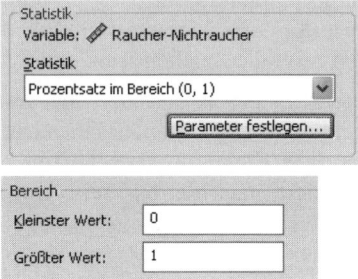

In der Dialogbox **Elementeigenschaften** (S. 656) ist nun im Feld *Statistik* die Option »Prozentsatz im Bereich (?,?)« anzuwählen und anschließend in der Box **Parameter festlegen** der Wertbereich {0 bis 1} einzugeben. Nachfolgend das Diagramm, bei dem die Prozentwerte an die Linien geschrieben und Beschriftungen vorgenommen wurden.

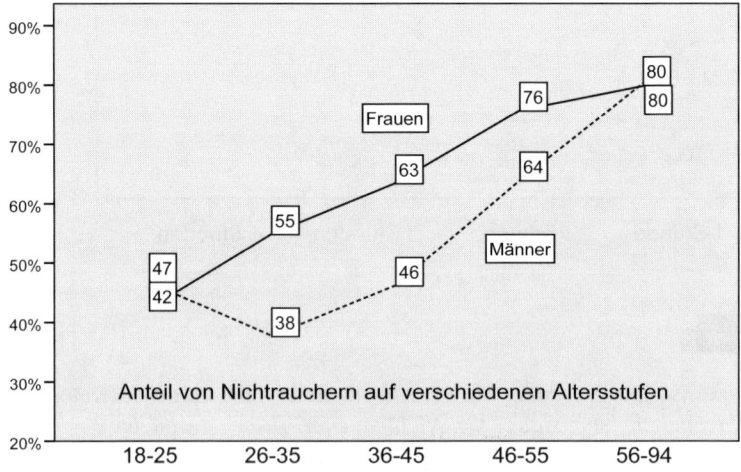

Streuungsdiagramm

> **Grafiken / Diagrammerstellung / Galerie / Streu-, Punktdiagramm**

Die grafische Darstellung des Zusammenhangs zwischen einer metrischen Variablen X und einem metrischen Merkmal Y erfolgt in Form eines Streuungsdiagramms (vgl. *Deskriptive Statistik, Kap. 8.1*). Im Normalfall soll dabei die Beziehung für lediglich eine Stichprobe veranschaulicht werden. In selteneren Fällen wird eine Grafik gewünscht, die die Korrelation zwischen X und Y in zwei oder mehr (Unter-)Gruppen darstellt. Für beide Diagrammtypen kann die in der Galerie verfügbare Option STREU-/PUNKTDIAGRAMM herangezogen werden.

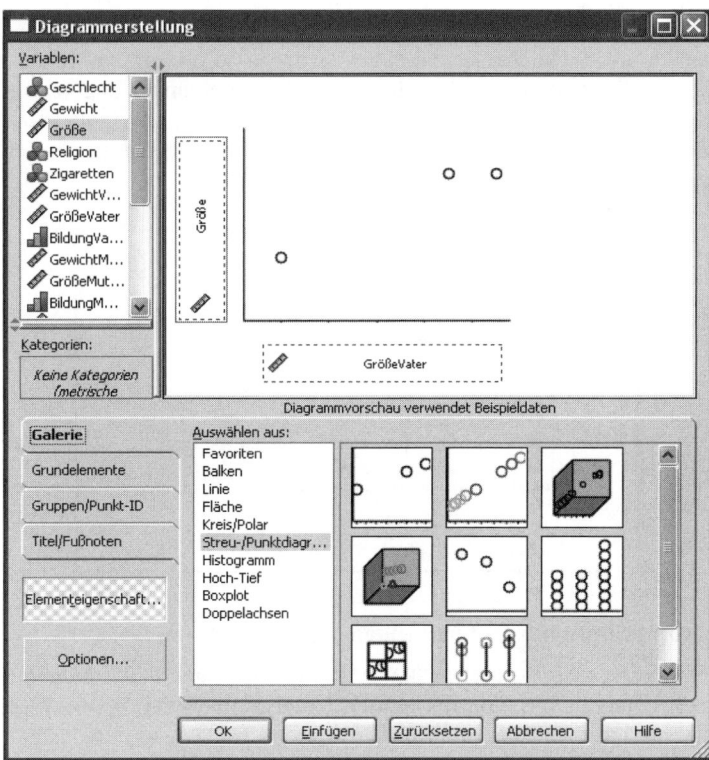

Auf Wunsch kann im Diagramm-Editor das Einzeichnen der Regressionsgeraden für die Vorhersage von Y aus X veranlasst werden. Die Geradengleichung wird allerdings nicht mitausgegeben. Deren Steigung und Ordinatenabschnitt müssen separat bestimmt werden. Dazu kann die Prozedur REGRESSION herangezogen werden.

Streuungsdiagramm für eine Stichprobe

Zum Erhalt der Grafik wird im Dialogfeld **Diagrammerstellung** als Erstes in der Registerkarte [Galerie] die Option STREU-/PUNKTDIAGRAMM angewählt und das erste Symbol {Einfaches Streudiagramm} auf die Zeichenfläche gezogen. Anschließend werden die Merkmale, deren Zusammenhang dargestellt werden soll, in die Felder [X-Achse?] und [Y-Achse?] verbracht. In der Box **Elementeigenschaften** müssen keine Einstellungen vorgenommen werden.

Streuungsdiagramme für mehrere Stichproben

Über die Registerkarte [Gruppen/Punkt-ID] kann veranlasst werden, dass getrennte Streuungsdiagramme für zwei oder mehr – nach einem Merkmal gebildete – Stichproben ausgegeben werden. Nach Anklicken von *Zeilenfeldvariable* erscheint rechts in der Zeichenfläche ein Feld, in das die Gruppierungsvariable zu ziehen ist. Die Diagramme sind in diesem Fall untereinander angeordnet. Sollen die Diagramme dagegen nebeneinander angeordnet sein, ist *Spaltenfeldvariable* anzuwählen. Es erscheint dann ein entsprechendes Eingabefeld im oberen Bereich der Zeichenfläche.

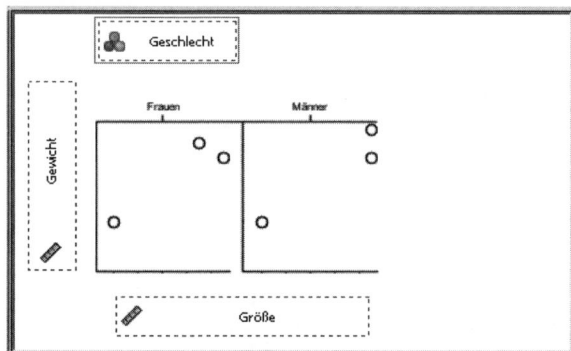

Streuungsdiagramm mit Untergruppen

Mit der Option STREU-/PUNKTDIAGRAMM lassen sich auch Abbildungen erstellen, in denen die Datenpunkte von definierten Untergruppen durch verschiedenartige Symbole kenntlich gemacht sind. So wird z. B. bei BEISPIEL 3 der Zusammenhang zwischen Körpergröße und -gewicht dargestellt, wobei die Daten von Frauen und

Männern durch unterschiedliche Symbole voneinander abgehoben sind. Zur Erstellung eines derartigen Diagramms muss in der Eingangs-Dialogbox (S. 663) das zweite Galerie-Symbol {Gruppiertes Streudiagramm} auf die Zeichenfläche gezogen werden. Diese enthält dann rechts oben ein zusätzliches Feld, in welches das die Untergruppen definierende Merkmal verbracht wird.

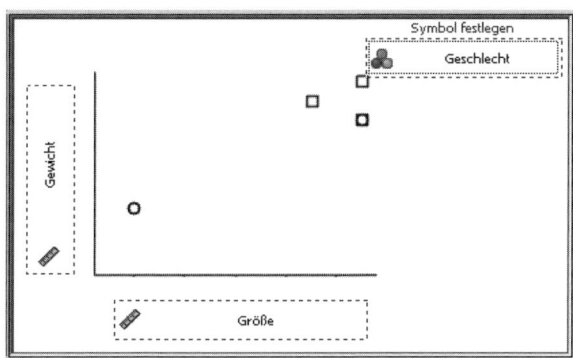

Einzeichnen der Regressionsgeraden

Im Diagramm-Editor kann über **Elemente / Anpassungslinie bei Gesamtwert** das Einzeichnen der Regressionsgeraden (für die Vorhersage von Y aus X) veranlasst werden. Außerdem erscheint dann im Diagramm die Anmerkung »R-Quadrat linear = ... «. Bei Nichtgefallen kann diese gelöscht werden.

Für Vorhersagezwecke ist man häufig an den konkreten Werten für die Steigung (b) und den Ordinatenabschnitt (a) der Regressionsgeraden $Y' = b*X + a$ interessiert. Diese werden von der Prozedur leider nicht mit ausgegeben. Die Bestimmung dieser Größen ist jedoch über die Prozedur REGRESSION möglich.

Dazu wird über **Analysieren / Regression / Linear** die auf S. 423 wiedergegebene Box aufgerufen. Hier ist im Feld *Abhängige Variable* das Merkmal Y (Kriterium) einzugeben und bei *Unabhängige Variable(n)* das Merkmal X (Prädiktor). Weitere Einstellungen müssen nicht vorgenommen werden. Von der längeren Ausgabe, die man von REGRESSION erhält, ist für die jetzige Fragestellung nur die letzte – mit »Koeffizienten« überschriebene – Tabelle von Bedeutung (nachfolgend gezeigt mit den Daten von BEISPIEL 2).

In diesem Teil enthält Spalte »B« den Wert des Ordinatenabschnitts (hier: a = 77,529) sowie der Steigung (hier: b = 0,549), während der Korrelationskoeffizient unter »Beta« ausgegeben ist (hier: r = 0,529). Im vorliegenden Fall lautet die Gleichung zur Vorhersage der Größe der Tochter aus der Größe der Mutter somit:
GRÖßE$_{vorhergesagt}$ = 0,549*GRÖßEMUTTER + 77,529.

Koeffizienten[a]

Modell		Nicht standardisierte Koeffizienten		Standardisierte Koeffizienten		
		B	Standard-fehler	Beta	T	Signi-fikanz
1	(Konstante)	77,529	26,423		2,934	,006
	Größe der Mutter	,549	,158	,529	3,470	,002

a. Abhängige Variable: Größe in cm

Übersicht über die in den Beispielen behandelten Probleme

① Streuungsdiagramm für die Beziehung zwischen der Körpergröße von Vätern und Söhnen.

② Streuungsdiagramm für die Beziehung zwischen der Größe von Müttern und Töchtern mit Einzeichnen der Regressionsgeraden.

③ Streuungsdiagramm für den Zusammenhang Größe-Gewicht mit kenntlich gemachten Untergruppen (Frauen, Männer).

④ Streuungsdiagramme für den Zusammenhang Größe-Gewicht – getrennt für Frauen und Männer.

Beispiel **1**

Die Datei RHEINPFALZ.SAV enthält die Daten von 75 Studierenden, die aus dem Bundesland Rheinland-Pfalz stammen. Es soll nun in einem Streuungsdiagramm der Zusammenhang zwischen der Körpergröße von Vätern und Söhnen dargestellt werden (Variablen GRÖßEVATER und GRÖßE).

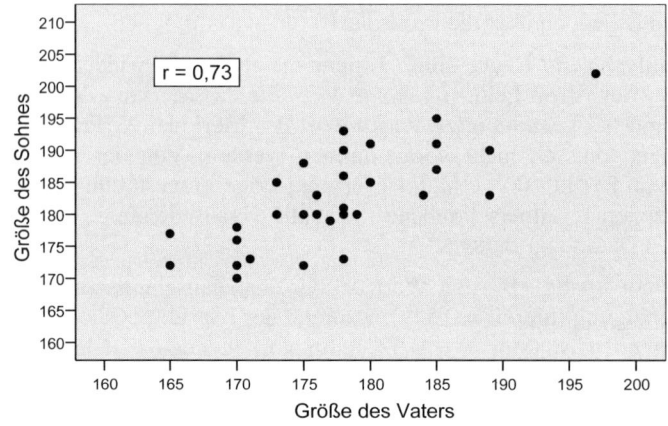

In die Auswertung gehen somit nur die Daten der männlichen Studierenden ein (GESCHLECHT = 2). Sinnvollerweise wird die Größe des Vaters auf der X-Achse abgetragen (»Prädiktor«). Bei dem in der Voreinstellung ausgegebenen Diagramm müssen nur geringfügige Änderungen vorgenommen werden (u.a. Anmerkung: »r = 0,73«).

Beispiel 2

Datei RHEINPFALZ.SAV. Es wird nun der Zusammenhang zwischen der Körpergröße von Töchtern (Studentinnen) und Müttern dargestellt (GESCHLECHT = 1, Variablen GRÖßE und GRÖßEMUTTER). Im Diagramm soll außerdem die Regressionsgerade eingezeichnet sein. Weiterhin wird die Geradengleichung mit den auf S. 665 bestimmten Werten von {b} und {a} hineingeschrieben. Nachfolgend das Ergebnis. Dass die Regressionsgerade die Ordinatenachse nicht beim Punkt 77,53 schneidet, liegt an den für die Darstellung gewählten Skalenbereichen von X und Y. Dies wäre nur der Fall, wenn beide Achsen bei {0} beginnen würden.

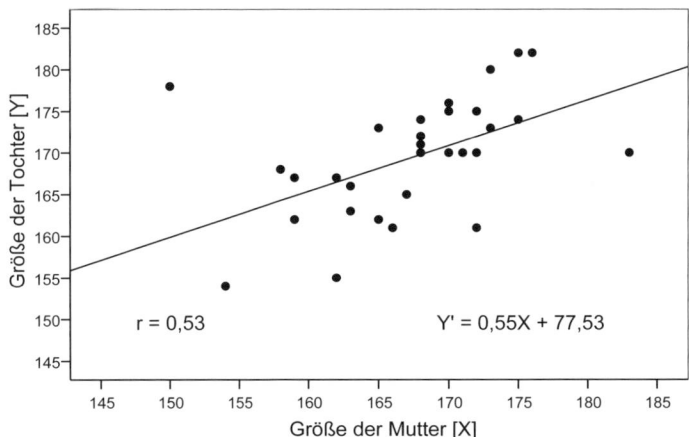

Beispiel 3

Datei RHEINPFALZ.SAV. Es wird der Zusammenhang zwischen Körpergröße und Gewicht dargestellt, wobei die Datenpunkte der männlichen und weiblichen Studierenden durch unterschiedliche Symbole gekennzeichnet sein sollen. Nach etwas Bearbeitung (u.a. Hineinschreiben der Korrelationskoeffizienten in die Legende) stellt sich das Diagramm wie folgt dar:

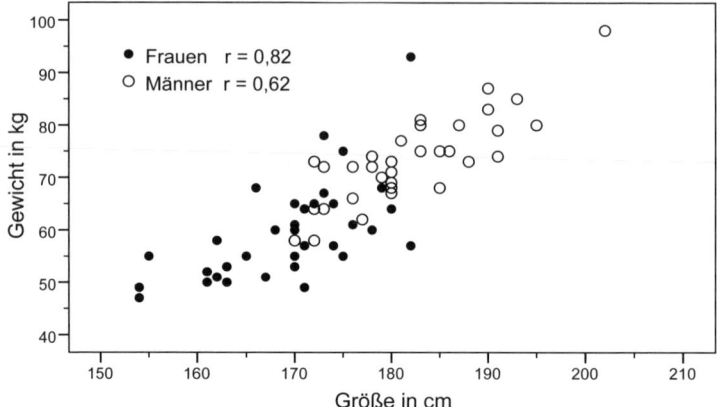

Beispiel 4

Datei RHEINPFALZ.SAV. Der bei Frauen und Männern vorliegende Zusammenhang zwischen Körpergröße und Gewicht soll wiederum dargestellt werden, diesmal jedoch in getrennten, nebeneinander angeordneten Diagrammen. Die Eingabe zeigt die auf S. 664 wiedergegebene Zeichenfläche.

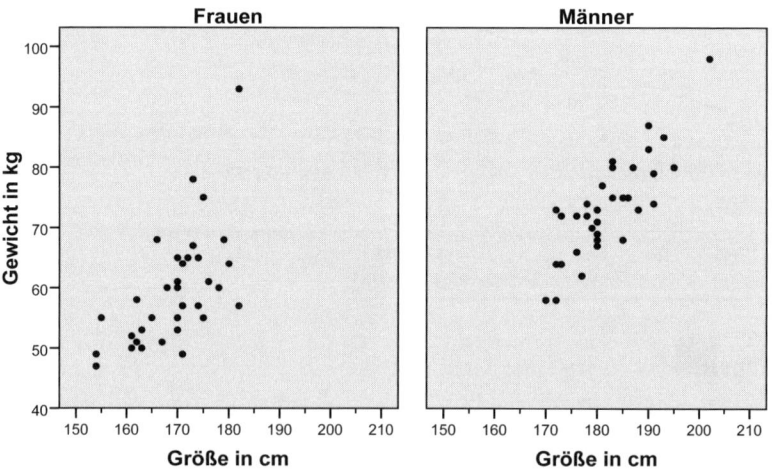

Säulendiagramm für vorliegende Häufigkeits- oder Mittelwerte

➤ Grafiken / Veraltete Dialogfelder / Balken

In den Kapiteln 77 und 79 wurde gezeigt, wie sich Säulendiagramme auf Grund der in einer Datei vorliegenden Rohdaten einer Stichprobe erstellen lassen. Das Programm hat in diesen Fällen die darzustellenden Kennwerte (wie Prozente oder Mittelwerte) selbst berechnet. Es kann jedoch auch Situationen geben, in denen bestimmte Kennwerte (z. B. in Tabellenform) bereits vorliegen und für Präsentationen oder Übersichten grafisch in Form eines Säulendiagramms veranschaulicht werden sollen. Eine derartige Darstellung gegebener Werte ist am einfachsten über die von SPSS nun als »veraltet« bezeichneten Dialogfelder möglich.

Eine Gruppe   Mehrere Gruppen

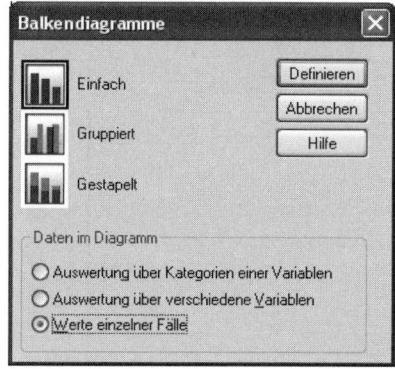 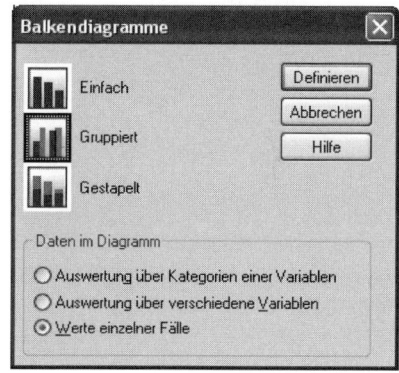

Diagramm für die Werte einer Gruppe

Liegen die darzustellenden Daten bereits als (absolute/prozentuale) Häufigkeiten oder als Mittelwerte vor, sind diese vorab in eine Datei einzugeben, auf Grund derer dann das Diagramm erstellt werden kann. Das Vorgehen soll an einem Beispiel erläutert werden. In der *Gießener Allgemeinen Zeitung* vom 10. November 2000 wird für verschiedene europäische Länder der Anteil der Privathaushalte mitgeteilt, die über einen Internet-Anschluss verfügen. Nachfolgend die Zahlen:

Land	%	Land	%
Belgien/Lux.	32	Italien	23
Dänemark	47	Niederlande	48
Deutschland	23	Norwegen	53
Finnland	43	Österreich	29
Frankreich	13	Schweden	49
Großbritannien	42	Schweiz	39
Irland	33	Spanien	14

Die Werte werden in eine Datei INTERNET.SAV eingegeben. Die String-Variable
LAND enthält die Ländernamen, die Variable PROZENT die zugehörigen Anteils-
werte (%). In der Eingangs-Dialogbox ist nun das Feld *Einfach* sowie die Option
Werte einzelner Fälle anzuwählen. Es erscheint dann die nachfolgende Dialogbox. Hier wird bei *Bedeutung der Balken* die Variable eingegeben, die die Prozentwerte enthält (hier: PROZENT). Im Feld *Kategorienbeschriftungen* ist dagegen
die Variable aufzuführen, unter der die Kategorien des Merkmals eingegeben
wurden (hier: LAND).

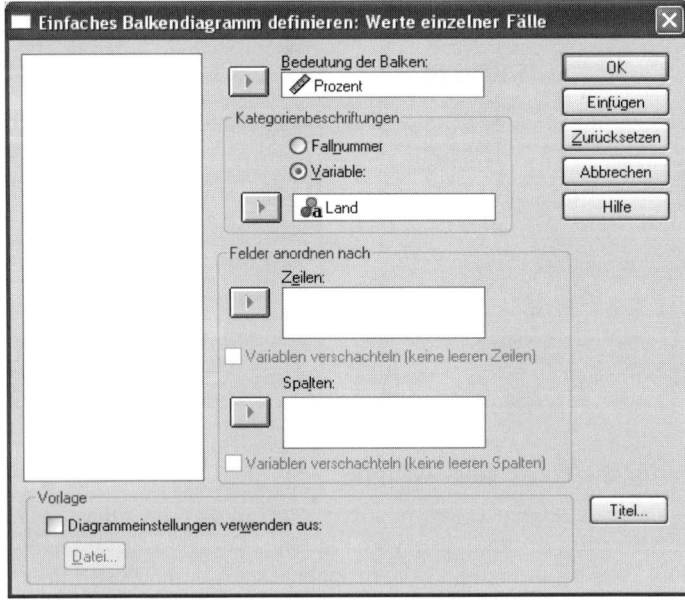

Diagramm für die Werte mehrerer Gruppen

Auch hier soll das Vorgehen wieder an einem Beispiel erläutert werden. In einer Studie der Firma Iglo (1995) wurden Frauen und Männer u.a. nach ihrer Kochkompetenz befragt. Nachfolgend die Verteilungen auf die vorgegebenen Antwortkategorien. Die Prozentwerte der beiden Gruppen sollen nun in einem Diagramm durch unterschiedlich schraffierte Säulen dargestellt werden.

Frage	Frauen	Männer	Antworten
	13%	4%	sehr gut
Wie gut können Sie	47%	12%	gut
Ihrer Meinung nach	28%	14%	durchschnittlich
kochen?	8%	27%	ein bisschen
	2%	14%	wenig
	1%	29%	gar nicht

Die Werte werden in eine Datei IGLO.SAV eingegeben. Die String-Variable KO-CHEN enthält die Antwortkategorien, während die Variablen FRAUEN und MÄN-NER die zugehörigen Prozentwerte beider Gruppen enthalten. In der Eingangs-Dialogbox (S. 669) wird nun als Erstes das Diagramm *Gruppiert* sowie die Option *Werte einzelner Fälle* angewählt.

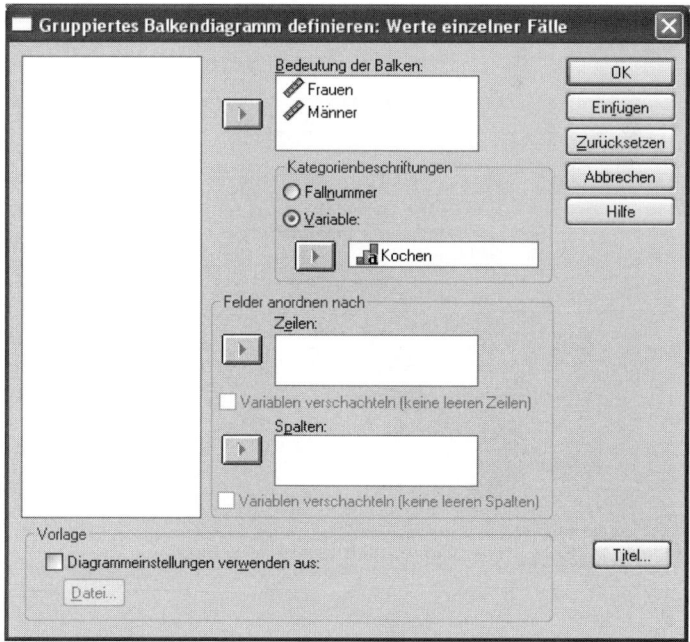

Nach Anklicken von [Definieren] erscheint dann die vorstehende Dialogbox. Hier werden bei *Bedeutung der Balken* die Variablen eingegeben, die die Prozentwerte der Gruppen enthalten. Im Feld *Kategorienbeschriftungen* ist dagegen die Variable aufzuführen, unter der die Kategorien des Merkmals eingegeben wurden.

Die weitere Bearbeitung der Grafiken im Diagramm-Editor (wie Änderungen an den Achsen oder den Säulen) kann den Kapiteln 77 und 79 entnommen werden.

Übersicht über die in den Beispielen behandelten Probleme

① Darstellung von Prozentwerten einer Gruppe (eines Zeitpunkts).

② Gegenüberstellung von Prozentwerten aus zwei Gruppen.

③ Darstellung von Mittelwerten einer Gruppe (eines Zeitpunkts).

④ Gegenüberstellung der Mittelwerte von zwei Zeitpunkten.

Beispiel 1

Datei INTERNET.SAV. Die im Abschnitt »Diagramm für die Werte einer Gruppe« wiedergegebenen Daten sollen sollen als Balkengrafik dargestellt werden. Veranlasst wird eine absteigende Anordnung der Kategorien entsprechend ihrer Häufigkeit sowie eine Vertauschung der Achsen (zur besseren Darstellung der langen Kategorienlabels).

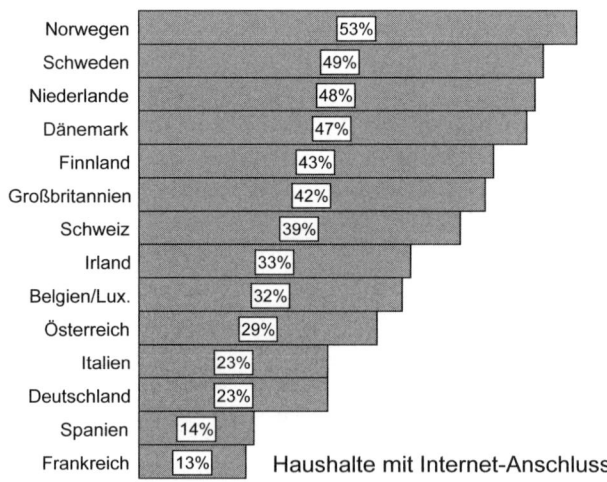

Norwegen	53%
Schweden	49%
Niederlande	48%
Dänemark	47%
Finnland	43%
Großbritannien	42%
Schweiz	39%
Irland	33%
Belgien/Lux.	32%
Österreich	29%
Italien	23%
Deutschland	23%
Spanien	14%
Frankreich	13%

Haushalte mit Internet-Anschluss

Beispiel 2

Datei IGLO.SAV. Die im Abschnitt »Diagramm für die Werte mehrerer Gruppen« wiedergegebenen Daten sollen als Balkengrafik dargestellt wereden. Nach etwas Bearbeitung ergibt sich das folgende Diagramm:

Beurteilung der eigenen Kochfähigkeiten
Frage: Wie gut können Sie Ihrer Meinung nach kochen?

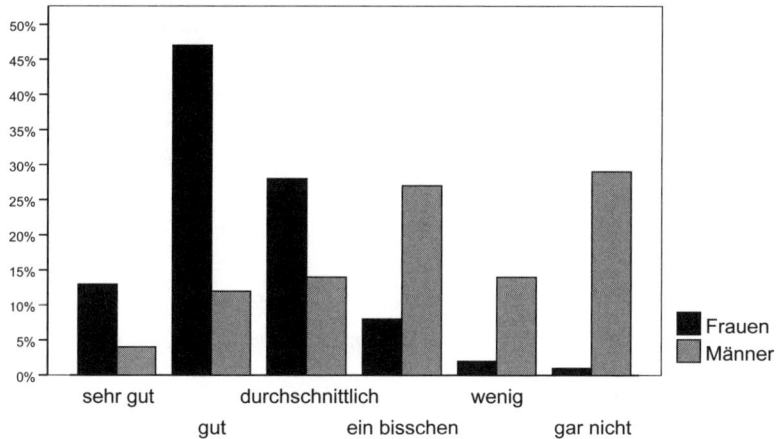

Beispiel 3

Im Jahrbuch Sucht 2004 (DHS 2003) wird auf S. 33 der durchschnittliche jährliche Pro-Kopf-Konsum (Liter reinen Alkohols) für verschiedene Länder und Jahre mitgeteilt. Nachfolgend eine Auswahl der Länder mit den Durchschnittswerten für die Jahre 1998 und 2001.

Land	1998	2001	Land	1998	2001
Luxemburg	13,3	12,4	Russland	7,9	8,6
Tschechien	10,8	10,9	Italien	7,7	7,6
Frankreich	10,8	10,5	Polen	6,7	7,0
Deutschalnd	10,6	10,4	USA	6,6	6,7
Österreich	9,3	9,2	Norwegen	4,2	4,4

Die Werte werden in eine Datei ALKONSUM.SAV eingegeben. Die String-Variable LAND enthält die Ländernamen, während in JAHR1998 und JAHR2001 die zugehörigen Konsumdaten aufgeführt sind. Als Erstes sollen die Verbrauchswerte von 2001 (alleine) dargestellt werden (»Werte einer Gruppe«).

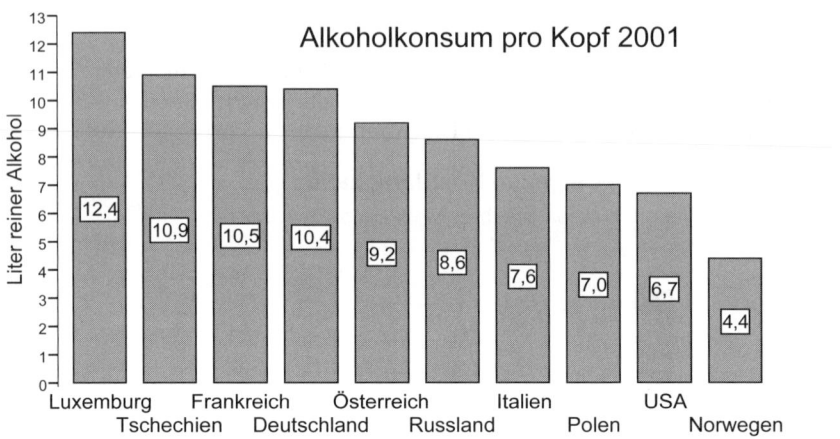

Beispiel 4

Daten von BEISPIEL 3. Es sollen nun die Konsummittelwerte der Länder von 1998 und 2001 als unterschiedlich schattierte Säulen in einem Balkendiagramm gegenübergestellt werden (»Werte mehrerer Gruppen«).

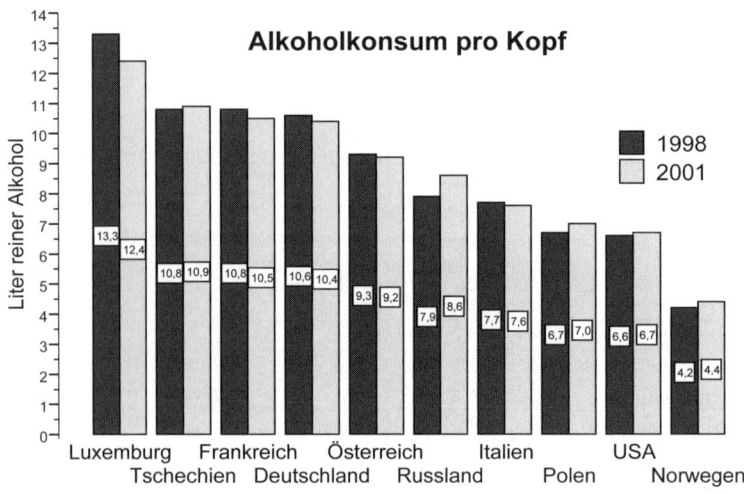

Liniendiagramm für vorliegende Häufigkeits- oder Mittelwerte

In den Kapiteln 76 und 80 wurde gezeigt, wie sich Liniendiagramme auf Grund der in einer Datei vorliegenden Rohdaten einer Stichprobe erstellen lassen. Das Programm hat in diesen Fällen die darzustellenden Kennwerte (wie Häufigkeiten oder Mittelwerte) selbst bestimmt. Es kann jedoch auch Situationen geben, in denen bestimmte Kennwerte (z. B. in Tabellenform) bereits vorliegen und für Präsentationen oder Übersichten grafisch in Form eines Liniendiagramms veranschaulicht werden sollen. Eine derartige Darstellung gegebener Werte ist am einfachsten über die von SPSS als »veraltet« bezeichneten Dialogfelder möglich.

Eine Gruppe	Mehrere Gruppen
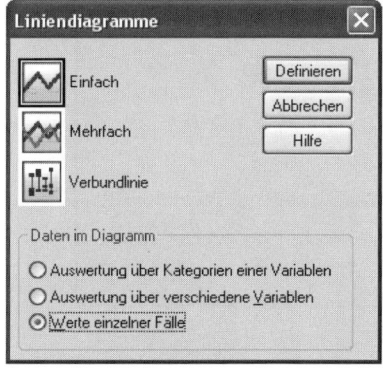	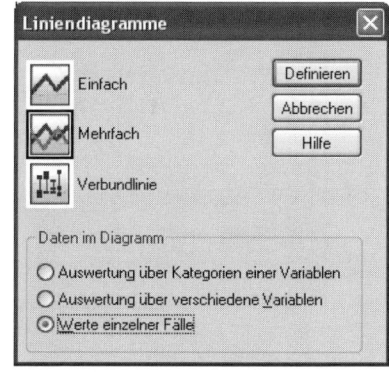

Diagramm für die Werte einer Gruppe

Liegen die darzustellenden Daten bereits als (absolute/prozentuale) Häufigkeiten oder als Mittelwerte vor, sind diese vorab in eine Datei einzugeben, auf Grund derer dann das Diagramm erstellt werden kann. Das Vorgehen soll an einem Beispiel erläutert werden.

In der *Gießener Allgemeinen* vom 6. Juli 1996 wurden die folgenden Daten zur Anzahl landwirtschaftlicher Betriebe im Kreis Gießen für die Jahre 1960 bis 1995 mitgeteilt: 1960 (6695), 1970 (3305), 1975 (2882), 1980 (2912), 1985 (2484),

1990 (2010) und 1995 (1520 Betriebe). Der Rückgang in der Anzahl der Betriebe soll als Kurve dargestellt werden. Dazu werden als Erstes die Werte in eine Datei BETRIEBE.SAV eingegeben. Die Variable JAHR enthält hierbei die Jahreszahlen, die Variable ANZAHL die zugehörigen Häufigkeitswerte.

In der Eingangs-Dialogbox wird nun die Grafik *Einfach* sowie die Option *Werte einzelner Fälle* angewählt. Nach Anklicken von [Definieren] erscheint dann die nachfolgende Dialogbox. Hier wird bei *Linie entspricht* die Variable eingegeben, die die Häufigkeits- oder Mittelwerte enthält (hier: ANZAHL). Im Feld *Kategorienbeschriftungen* ist dagegen die Variable aufzuführen, unter der die Stufen des Merkmals eingegeben wurden (hier: JAHR).

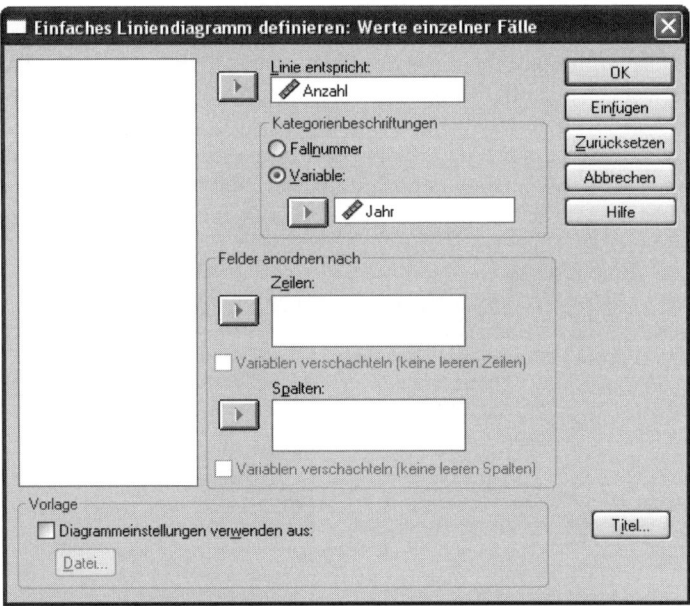

Diagramm für die Werte mehrerer Gruppen

Auch hier soll das Vorgehen wieder an einem Beispiel erläutert werden. Darschin & Frank (1994) teilen Daten zur durchschnittlichen täglichen Fernsehdauer verschiedener Altersgruppen in West- und Ostdeutschland mit. Die nachfolgende Tabelle zeigt, wie viele Minuten auf den einzelnen Altersstufen pro Tag mit Fernsehen verbracht werden.

Die Beziehung zwischen Alter und Fernsehkonsum soll in zwei getrennten Kurven für Ost- und Westdeutschland dargestellt werden. Die Daten werden dazu in eine Datei OSTWEST.SAV eingegeben. Die String-Variable ALTER enthält hierbei die Altersgruppen. In den Variablen WESTEN und OSTEN sind die zugehörigen Werte der Fersehdauer aus West- und Ostdeutschland eingegeben.

Altersgruppe	14-19	20-29	30-39	40-49	50-65	ab 65
Westdeutschland	78	113	150	157	195	234
Ostdeutschland	119	155	196	208	244	281

In der Eingangs-Dialogbox wird nun als Erstes das Diagramm *Mehrfach* sowie die Option *Werte einzelner Fälle* angewählt. Nach Anklicken von [Definieren] erscheint dann die nachfolgende Dialogbox. Hier werden bei *Linien entsprechen* die Variablen eingegeben, die die Häufigkeits- oder Mittelwerte der Gruppen enthalten. Im Feld *Kategorienbeschriftungen* ist dagegen die Variable aufzuführen, unter der die Kategorien des Merkmals eingegeben wurden.

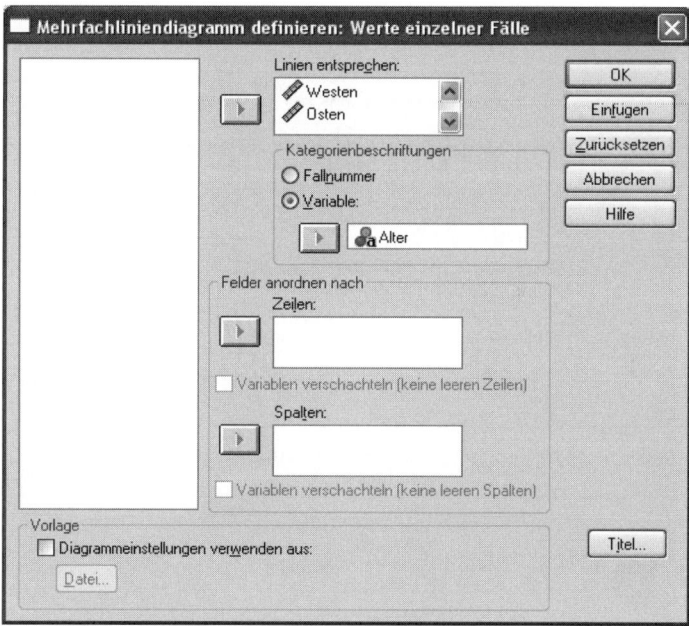

Die weitere Bearbeitung der Grafiken im Diagramm-Editor (wie Änderungen an den Achsen oder den Linien) kann den Kapiteln 76 und 80 entnommen werden.

Übersicht über die in den Beispielen behandelten Probleme

① Darstellung von Häufigkeitswerten zu verschiedenen Zeitpunkten.

② Darstellung des Mittelwertsverlaufs über verschiedene Altersstufen.

③ Gegenüberstellung des Prozentwertverlaufs von zwei Stichproben.

④ Gegenüberstellung des Mittelwertsverlaufs von zwei Regionen.

Beispiel 1

Datei BETRIEBE.SAV. Im Abschnitt »Diagramm für die Werte einer Gruppe« wurden Daten zum Rückgang der Anzahl landwirtschaftlicher Betriebe im Kreis Gießen im Zeitraum von 1960 bis 1995 mitgeteilt. Diese Zahlen sollen nun grafisch dargestellt werden. Nachfolgend das Diagramm, bei dem u.a. nachträglich die Häufigkeitswerte in die Kurve geschrieben wurden.

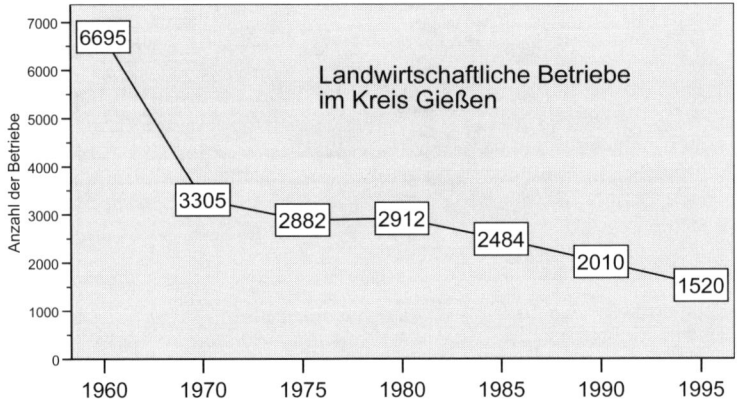

Beispiel 2

Vom Statistischen Bundesamt wurde 2004 im Internet u.a. mitgeteilt, welche Durchschnittsgröße Männer in verschiedenen Altersgruppen aufweisen. Der Zusammenhang zwischen Alter und Größe soll in einer Liniengrafik dargestellt werden. Die Daten werden in eine Datei GRÖßE-ALTER.SAV eingegeben. Nachfolgend das Diagramm, bei dem die Mittelwerte über **Anmerkung** an die Kurve geschrieben wurden.

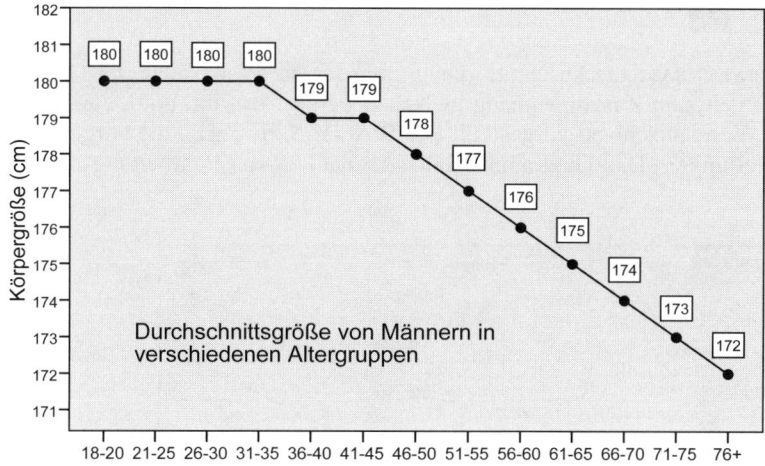

Beispiel 3

Vom Statistischen Bundesamt wurde 2004 im Internet weiterhin in einer Tabelle gezeigt, wie sich mit zunehmendem Lebensalter bei Frauen und Männern der Anteil Übergewichtiger (BMI 25 bis 30) verändert. Die Prozentwerte enthält die Datei BMI-ALTER.SAV. Nachfolgend die grafische Darstellung der Beziehung zwischen Alter und Gewichtsstatus.

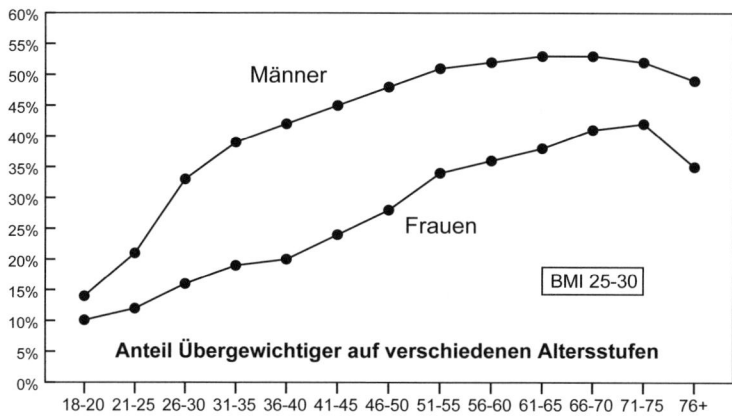

Beispiel 4

Datei OSTWEST.SAV. Im Abschnitt »Diagramm für die Werte mehrerer Gruppen« wurden Daten zum Zusammenhang zwischen Fernsehkonsum und Altersstufe in Ost- und Westdeutschland vorgestellt. Die Box auf S. 677 zeigt die vorgenommenen Einstellungen. Das Diagramm stellt sich nach etwas Bearbeitung dann wie folgt dar:

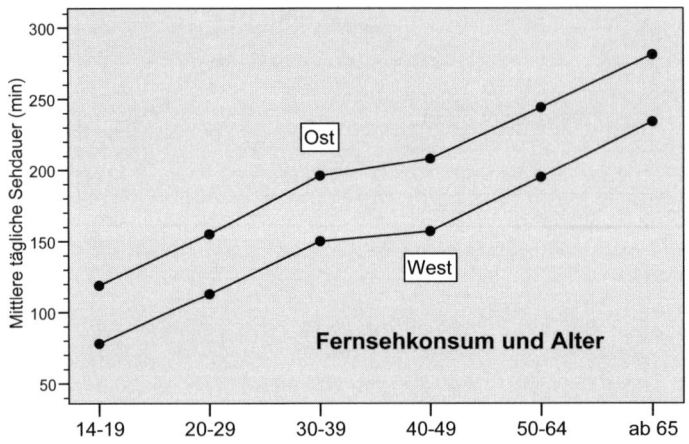

Im Gegensatz zum Fall einer Linie (BEISPIEL 1) und dem Fall gruppierter Balken lassen sich bei zwei Linien statt der Markierungspunkte nicht die Mittel- oder Prozentwerte der Kategorien (über **Datenbeschriftungen einblenden**) in die Grafik schreiben. Wird dies gewünscht, ist bei der Erstellung des Diagramms in der Eingangs-Dialogbox das Symbol *Mehrfach* und die Option *Auswertung über verschiedene Variablen* anzuwählen.

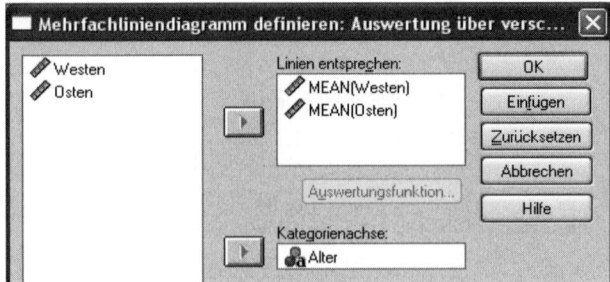

Nach [Definieren] erscheint dann die vorstehende Box (Ausschnitt), in der die Eingaben wie gezeigt vorzunehmen sind. In dem so erstellten Diagramm lassen sich dann die Mittel- oder Prozentwerte der Kategorien/Stufen einblenden.

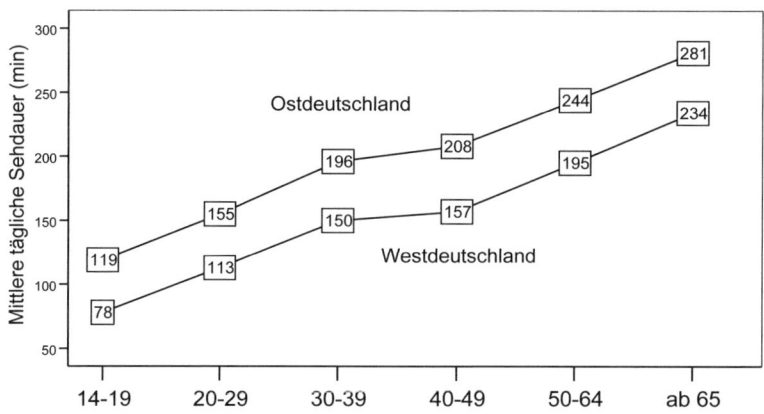

Arbeiten mit der Befehlssyntax

Bei dem für den PC konzipierten SPSS FÜR WINDOWS handelt es sich zu einem großen Teil um die »alte« Großrechnerversion von SPSS, deren Steuersprache (Befehlssyntax) in ein Menüsystem umgesetzt wurde. Dies hat für den Benutzer den Vorteil, dass Kenntnisse in der aus einer Unzahl von Befehlen bestehenden Steuersprache kaum noch erforderlich sind. Die gewünschten statistischen Operationen lassen sich vielmehr (meist) relativ leicht in entsprechenden Dialogfeldern »im Klartext« anwählen oder eingeben.

Das Programm selbst »versteht« allerdings weiterhin nur Kommandos in der Befehlssyntax. Die vom Benutzer in den Dialogfeldern eingegebenen Anweisungen werden deshalb von SPSS jeweils in die Befehlssprache umgesetzt und in dieser zur Ausführung an die einzelnen Prozeduren übergeben. Dieser Prozess – der den Anwender in der Regel nicht zu interessieren braucht – soll nachfolgend an einem Beispiel gezeigt werden.

Herangezogen wird die Datei PERDAT.SAV. In der Variablen ALTER.5STUFIG sind fünf Altersgruppen kodiert (unabhängige Variable). Es soll nun mittels einfaktorieller Varianzanalyse (Prozedur ONEWAY) untersucht werden, wieweit bei den sechs Skalen des Gießen-Tests (GT.1 bis GT.6, abhängige Variablen) signifikante Mittelwertunterschiede zwischen diesen Altersgruppen bestehen. In der über die Menüpunkte **Analysieren / Mittelwerte vergleichen / Einfaktorielle ANOVA** erhältlichen Dialogbox (vgl. Kapitel 49) werden die nachfolgenden Eingaben vorgenommen:

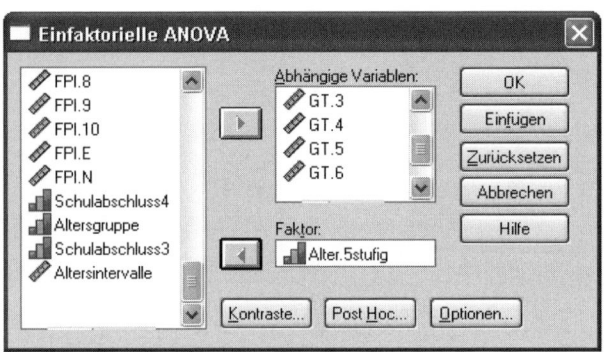

In der Box **Optionen** werden
Kennwerte für die Altersgruppen, eine Prüfung auf Varianzhomogenität sowie die Tests
von Brown & Forsythe und
Welch angefordert.

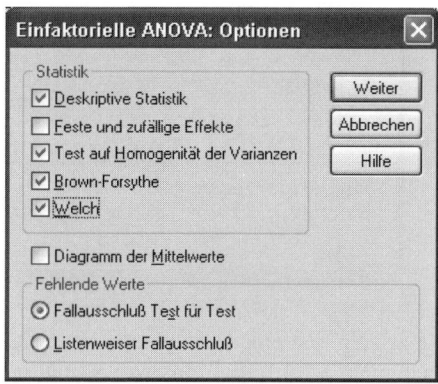

Zusätzlich zu den Varianzanalysen wird in der über [Post Hoc] erhältlichen Dialogbox die Durchführung zweier Verfahren für paarweise Mittelwertsvergleiche
veranlasst (Tukey- und Games-Howell-Test).

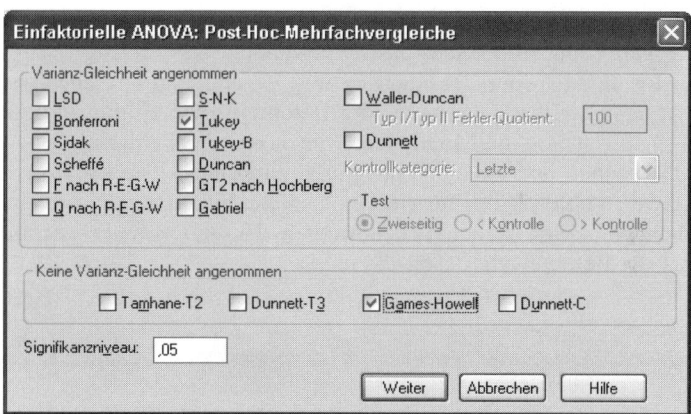

Die Umsetzung der Dialogfeld-Eingaben in die Befehlssprache lässt sich nun ein-
sehen, wenn man in der Eingangs-Dialogbox die Schaltfläche [Einfügen] anklickt.
Es erscheint dann das auf der nächsten Seite wiedergegebene Syntaxfenster
(»Syntax-Editor«) mit den für die Prozedur ONEWAY »verständlichen« Anweisungen. Dies ist zugleich (annähernd) die Form, in der bei der SPSS-Großrechner-
version die gewünschten Operationen angefordert werden mussten (vgl. Schubö et
al., 1991, Kap. 9.24). Bei den im Syntax-Editor angezeigten Befehlszeilen handelt
es sich um Text im ANSI-Format, der bei Bedarf bearbeitet und/oder als Datei abgespeichert werden kann.

Wie erwähnt ist eine Betrachtung oder Heranziehung der Befehlssyntax normalerweise nicht erforderlich. In zwei Situationen kann es jedoch notwendig oder günstiger sein, den Weg über den Syntax-Editor zu wählen. Dies ist zum einen der Fall, wenn bestimmte Operationen oder Optionen nur über die Befehlssprache möglich sind. So wurde z. B. in Kapitel 28 (BEISPIEL 3) gezeigt, dass eine spezielle Form der Korrelationsmatrix, die ausschließlich die zwischen zwei Variablengruppen bestehenden Korrelationen enthält, nur über eine entsprechende Eingabe im Syntax-Editor angefordert werden kann.

Der zweite Fall kann eintreten, wenn umfangreiche Anweisungen zur Generierung, Transformierung oder Rekodierung von Variablen geschrieben werden sollen. Hier ist dann die direkte Eingabe der Befehle im Syntax-Editor u.U. der einfachere Weg, der zudem die Möglichkeit bietet, etwaige Fehler in den Anweisungen besser erkennen und leichter korrigieren zu können. Die nachfolgende Syntaxdatei GEWICHTSINDEX.SPS illustriert eine solche Situation. Die mit einem Stern (*) beginnenden Zeilen stellen Erläuterungen dar, die vom Programm bei der Ausführung der Befehle »überlesen« werden.

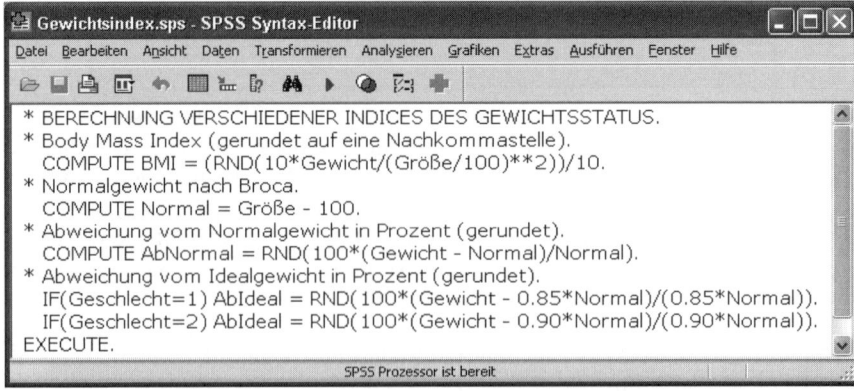

Bei der Zusammenstellung eines Befehlssatzes empfiehlt es sich meist, einen Teil der Anweisungen und Einstellungen im Haupt-Dialogfeld vorzunehmen und sich dann über den Schalter [Einfügen] in den Syntax-Editor zu begeben. Falls dieser Weg nicht gewählt wird und sämtliche Anweisungen direkt in ein neues Fenster eingegeben werden sollen, muss ein solches durch Anwählen der Menüpunkte **Datei / Neu / Syntax** geöffnet werden.

Ausführung der Befehle im Syntax-Editor

Hinsichtlich des in einem Syntax-Fenster befindlichen Satzes von Anweisungen sind (was die Notwendigkeit des Markierens der auszuführenden Befehle angeht) zwei Situationen zu unterscheiden. In dem einen Fall sollen die Anweisungen einer Statistik-Prozedur zur Ausführung gebracht werden. Das obere Fenster auf der vorangehenden Seite ist ein Beispiel dafür. Wenn sich – wie hier – lediglich eine Prozedur im Fenster befindet, ist eine Markierung des Befehlssatzes nicht erforderlich. Die Ausführung der Anweisungen erreicht man dann direkt durch die Tastenfolge Strg+R oder durch Anklicken des Start-Icons [▶] in der Symbolleiste.

Befinden sich Anweisungen für mehrere Prozeduren im Syntax-Editor, wird – wenn nichts markiert ist – auf das Start-Kommando hin nur die letzte Prozedur ausgeführt. Eine Markierung des gesamten Fensterinhalts (oder eines bestimmten Bereichs) wird nur erforderlich, wenn sämtliche (oder eine andere als die letzte) Prozedur(en) gestartet werden sollen.

Der andere Fall liegt vor, wenn Anweisungen zur Generierung, Transformierung oder Rekodierung von Variablen zur Ausführung gebracht werden sollen. Das untere Fenster auf der vorangehenden Seite ist dafür ein Beispiel. Hier ist der interessierende Teil der Befehlszeilen – in der Regel handelt es sich um den Gesamtsatz – immer zuerst zu markieren. Das Markieren des gesamten Inhalts eines Syntaxfensters erreicht man durch die Tastenfolge Strg+A oder (umständlicher) über die Menüpunkte **Bearbeiten / Alles markieren**. Anschließend lässt sich der (schwarz hinterlegte) Befehlssatz durch die Tastenfolge Strg+R oder durch Anklicken des Start-Ikons [▶] in der Symbolleiste zur Ausführung bringen.

Soll nur ein Teil der Befehle ausgeführt werden, ist dieser zu markieren. Die in den Anweisungen definierten (neuen) Werte erhält man beim ersten Ausführungsbefehl allerdings nur, wenn die Zeile EXECUTE in der Markierung eingeschlossen war. Falls nicht, muss dieser Befehl in einem zweiten Schritt markiert und ausgeführt werden.

Ausdrucken des Inhalts eines Syntaxfensters

Wenn der gesamte Inhalt eines Syntaxfensters ausgedruckt werden soll, können die Menüpunkte **Datei / Drucken** oder das Drucker-Icon 🖨 in der Symbolleiste unmittelbar angewählt werden. Es erscheint dann das nachfolgende Dialogfeld.

Wenn dagegen nur ein bestimmter Bereich des Syntax-Fensters gedruckt werden soll, ist dieser vorab zu markieren und in der Dialogbox **Drucken** die Option *Markierung* anzuklicken. Über [OK] wird anschließend in beiden Fällen der Druck veranlasst.

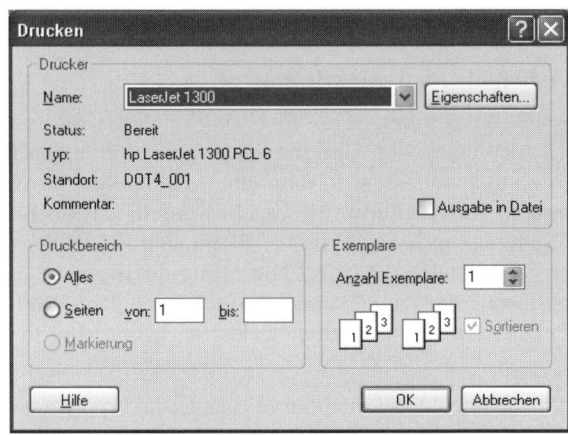

Speichern des Inhalts eines Syntaxfensters

Das Speichern des Inhalts eines Syntaxfensters lässt sich über die Menüpunkte **Datei / Speichern** oder durch Anklicken des Disketten-Icons 🖫 in der Symbolleiste veranlassen. Hier ist im entsprechenden Feld ein Name für die Datei einzugeben. Syntaxdateien haben bei SPSS die Namenserweiterung .SPS. Wenn man nur den Dateinamen ohne Punkt und Erweiterung eingibt (was man sich zur Regel machen sollte), fügt das Programm diese Erweiterung automatisch an.

Aufrufen einer Syntaxdatei

Wenn eine auf der Festplatte befindliche Befehlsdatei in ein Syntaxfenster geladen werden soll, sind die Menüpunkte **Datei / Öffnen / Syntax** anzuwählen. Befindet man sich bereits im Syntaxfenster, erreicht man das Gleiche durch Anklicken des Öffnen-Icons 🗁 in der Symbolleiste. In der dann erscheinenden Box wird die gewünschte Datei ins Feld *Dateiname* verbracht (oder geschrieben) und danach [Öffnen] angeklickt.

Änderungen an der Datei, die dauerhaft sein sollen, lassen sich über **Datei / Speichern** oder durch Anklicken des Disketten-Icons 🖫 abspeichern. Die alte Syntaxdatei wird dann (ohne Warnung) überschrieben. Durch Anwahl von **Datei / Speichern unter** kann die geänderte Datei auch unter einem neuen Namen abgespeichert werden.

Syntax-Handbuch

Durch Anklicken der Menüpunkte **Hilfe / Command Syntax Reference** erhält man Zugang zu dem über 2000 Seiten umfassenden Syntax-Handbuch. Es liegt im PDF-Format vor und kann mit dem ACROBAT READER von ADOBE eingesehen und ausgedruckt werden. Im linken Fenster lässt sich dabei die interessierende Prozedur oder der interessierende Befehl anwählen.

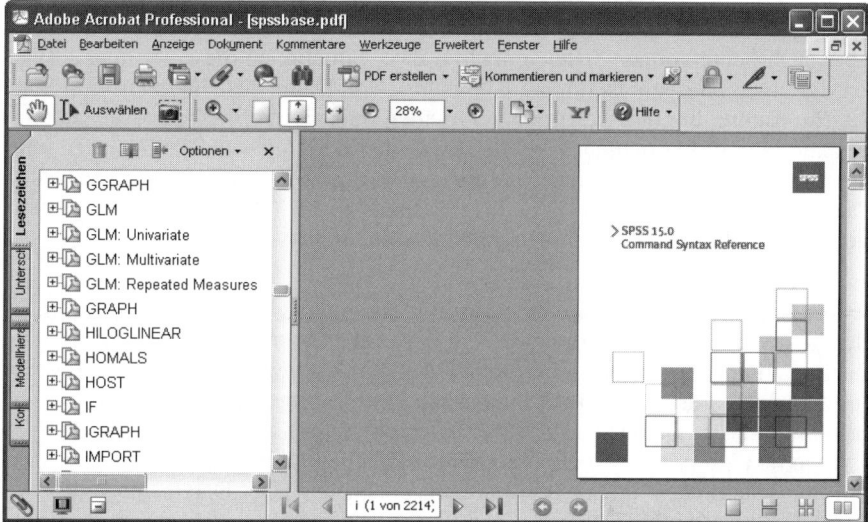

Einlesen einer Ascii-Datei

In diesem Kapitel wird gezeigt, wie Daten aus einer (fest) formatierten Ascii-Datei in eine Spss-Datendatei eingelesen (konvertiert) werden können. Derartige Ascii-Files waren für die Großrechnerversion von Spss die übliche Dateiform. Aber auch heute können Dateien noch in zwei Situationen dieses Format aufweisen. Im einen Fall geht es um die Übernahme von Daten aus einem anderen Statistik-Programm, die (aus bestimmten Gründen) nur als Ascii-Files vorliegen. Und im anderen Fall hat man sich bei der Erfassung der Daten für das Anlegen einer Ascii-Datei entschieden, weil dies unter bestimmten Bedingungen einen deutlichen Zeitgewinn bringt. So ist z.B. die Eingabe von (vielen) einstelligen Itemwerten hierbei wesentlich schneller möglich als im Spss-Datenfenster.

Eine formatierte Ascii-Datei enthält in der Regel nur numerische Variablen, wobei die Werte einer Variablen bei jeder Person an der gleichen Stelle (d.h. in den gleichen Spalten einer bestimmten Zeile) stehen. Um mit einer derartigen Datei arbeiten zu können, muss demnach ein Datenplan vorliegen, dem sich die Position der einzelnen Variablen sowie ihr Format (ganzzahlig oder mit Dezimalstellen) entnehmen lässt. Damit eine Ascii-Datei problemlos in eine Spss-Datei konvertiert werden kann, müssen als Dezimaltrennzeichen Kommata verwendet und im Fall von fehlenden Werten »Blanks« eingegeben sein. Der Dateiname sollte weiterhin die Erweiterung .DAT aufweisen.

Bei einer un- oder frei formatierten Ascii-Datei haben die einzelnen Variablen keine festen Spaltenpositionen. Ihre Werte müssen lediglich bei jeder Person in der gleichen Reihenfolge eingegeben und auf eine definierte Art getrennt sein (z.B. durch Komma oder Leerzeichen). Falls eine derartige Datei vorliegt, sei auf das Spss-Handbuch verwiesen (Spss, 1999a, S. 45 f.).

Um das Einlesen einer formatierten Ascii-Datei besser illustrieren zu können, wurde mit den Werten von 10 Personen aus der Datei FRABOGEN.SAV eine Ascii-Datei ASCFORM.DAT erzeugt, wobei zu Demonstrationszwecken die Daten einer Person jeweils auf drei Zeilen verteilt sind. Diese Datei ist nachfolgend wiedergegeben. Zur leichteren Lokalisierung der einzelnen Variablen und Werte sind im Kopf ein Spaltenlineal und zwischen den einzelnen Personen Trennlinien eingefügt. Beides ist in der Datei selbst natürlich nicht enthalten.

Der Datenplan für diese Datei, dem sich die Positionen der einzelnen Variablen und ihr Dezimalformat entnehmen lassen, ist auf der übernächsten Seite wiedergegeben. Die hier in der Spalte »Variable« aufgeführten Namen sollen auch in der Spss-Datei Verwendung finden.

```
                        ASCFORM.DAT
1    5   10    15    20    25    30    35    40
+---+----+----+----+----+----+----+----+----+

2 881881   901852 6516514 62113,2 1  1
71113122314224,926,323,9          2  1
211111110181891                   3  1

1 6016521 701754 5515743  3  2,7 1  2
70113121313222,022,922,3          2  2
311110111171651                   3  2

1 5617440      4        42122101,9 1 3
20113122313218,5                  2  3
311111111181741                   3  3

1 5717020 751851 5716412113 91,7 1  4
100114121311219,721,921,2         2  4
110110110161711                   3  4

1 6217410 751802 7017523 93 82,9 1  5
70113122311220,523,122,9          2  5
211111110181741                   3  5

1 7317520 751744 7017543  5  1,0 1  6
71133123311223,824,822,9          2  6
301110110161741                   3  6

1 5817621 921842 5815812113 83,0 1  7
71133121333118,727,223,2          2  7
201110101041771                   3  7

1 5617010 751784 6517533 93 92,8 1  8
100113121333219,423,721,2         2  8
311110101161711                   3  8

2 8017840 751751 5516512  4  3,1 1  9
100113121312125,224,520,2         2  9
111110110061771                   3  9

1 5716411 751723 6817211142121,2 1 10
100113121424221,225,423,0         2 10
311110000151651                   3 10
```

Es wird nachfolgend erläutert, wie das Einlesen von formatierten ASCII-Daten mit Hilfe der DATA LIST-Anweisung vorgenommen werden kann. Der (ausschließliche) Weg über die Befehlssyntax bietet sich an, weil die für den Import vorzunehmenden (und nicht selten umfangreichen) Eingaben sinnvollerweise protokolliert und – vor ihrer Ausführung – kontrolliert werden sollten.

SPSS stellt zwar über die Menüpunkte **Datei / Textdaten lesen** einen »Assistenten« für den Import von formatierten ASCII-Daten zur Verfügung, bei dem sich die Eingaben auch über Dialogfelder vornehmen lassen. Die Definition des Variablenformats dauert hierbei jedoch eher länger als bei direkter Eingabe der entsprechenden DATA LIST-Anweisungen in den Syntax-Editor. Außerdem legt die über die Dialogfelder produzierte Befehlssyntax die Position der Variablen nicht (wie DATA LIST) in Termini der Spalten in der ASCII-Datei fest (was sich bei der nachträglichen Kontrolle der Eingaben als Erschwernis erweist).

Datenplan für ASCFORM.DAT			
Variable	Beschreibung der Variablen	Zeile	Spalte(n)
GESCHLE	Geschlecht (1-2) *	1	1
GEWICHT	Gewicht des/der Befragten (ganze kg) *	1	2-4
GROESSE	Größe des/der Befragten (ganze cm) *	1	5-7
RELIGION	Religionszugehörigkeit (1-4)	1	8
ZRAUCH	Zigarettenraucher/in ? (1-2)	1	9
VGEWICHT	Gewicht des Vaters (ganze kg)	1	10-12
VGROESSE	Größe des Vaters (ganze kg)	1	13 -15
VBILDUNG	Schulbildung des Vaters (1-4)	1	16
MGEWICHT	Gewicht der Mutter (ganze kg)	1	17-19
MGROESSE	Größe der Mutter (ganze kg)	1	20-22
MBILDUNG	Schulbildung der Mutter (1-4)	1	23
DNOTE	Abi-Deutschnote (1-5)	1	24
DPUNKT	Abi-Deutschpunkte (1-15)	1	25-26
MNOTE	Abi-Mathematiknote (1-5)	1	27
MPUNKT	Abi-Mathematikpunkte (1-15)	1	28-29
ABINOTE	Abi-Durchschnittsnote (1 Dezimalstelle) *	1	30-32
	Zeilen-Nummer (1)	1	34
	Person-Nummer *	1	36-37
BULAND	Herkunfts-Bundesland (1-17)	2	1-2
COMPUTER	Eigener Computer? (1-2)	2	3
FACH	Studienfach (1-8) *	2	4
ITEM1	Item 1 (1-4): Algebra-Test *	2	5
ITEM2	Item 2 (1-4) *	2	6
ITEM3	Item 3 (1-4) *	2	7
ITEM4	Item 4 (1-4) *	2	8
ITEM4	Item 5 (1-4) *	2	9
ITEM6	Item 6 (1-4) *	2	10
ITEM7	Item 7 (1-4) *	2	11
ITEM8	Item 8 (1-4) *	2	12
ITEM9	Item 9 (1-4) *	2	13
BMIKIND	BMI des/der Befragten (1 Dezimalstelle) *	2	14-17
BMIVATI	Body Mass Index des Vaters *	2	18-21
BMIMUTTI	Body Mass Index der Mutter *	2	22-25
	Zeilen-Nummer (2)	2	34
	Person-Nummer	2	36-37
VSCHULAB	Schulbildung des Vaters (rekodiert: 1-3)	3	1
RFITEM1	Item 1 (0-1): richtig-falsch *	3	2
RFITEM2	Item 2 (0-1) *	3	3
RFITEM3	Item 3 (0-1) *	3	4
RFITEM4	Item 4 (0-1) *	3	5
RFITEM5	Item 5 (0-1) *	3	6
RFITEM6	Item 6 (0-1) *	3	7
RFITEM7	Item 7 (0-1) *	3	8
RFITEM8	Item 8 (0-1) *	3	9
RFITEM9	Item 9 (0-1) *	3	10
ALGTEST	Punkte im Algebratest (0-9) *	3	11
GROESSE2	Größe (rekodiert)	3	12-14
STUDFACH	Studienfach, rekodiert (1-5)	3	15
	Zeilen-Nummer (3)	3	34
	Person-Nummer	3	36-37

Aus der Datei ASCFORM.DAT sollen die in der vorangehenden Tabelle mit einen Stern (*) kenntlich gemachten Variablen nach SPSS eingelesen werden. Durch die nachfolgenden DATA LIST-Anweisungen lässt sich dies veranlassen.

```
COMMENT Syntax-Datei ASCEIN.SPS .
SET
  BLANKS=SYSMIS
  UNDEFINED=WARN.
DATA LIST
  FILE='C:\SPSS-14-CD\ASCFORM.DAT' FIXED RECORDS=3 TABLE
    /1 person 36-37 geschle 1-1 gewicht 2-4 groesse 5-7 abinote 30-32
    /2 fach 4 item1 to item9 5-13 bmikind bmivati bmimutti 14-25
    /3 rfitem1 to rfitem9 2-10 algtest 11 .
EXECUTE .
```

Durch BLANKS=SYSMIS wird festgelegt, dass »Blanks« fehlende Werte darstellen. Auf Grund von UNDEFINED=WARN. wird bei Vorliegen unzulässiger Zeichen eine Warnung ausgegeben. Die zu importierende Datei ASCFORM.DAT befindet sich im Ordner \SPSS-14-CD. FIXED kenzeichnet den Fall fest formatierter Daten. Es liegen pro Person drei Datenzeilen vor (RECORDS=3). Die vorgenommene Variablenformatierung wird im Ausgabe-Viewer zur Kontrolle noch einmal aufgelistet (TABLE).

Von der ersten Datenzeile (/1) wird als Erstes die in den Spalten 36-37 befindliche Personen-Nummer eingelesen, die in der SPSS-Datei dann den Namen PERSON hat. Danach folgen die Werte aus Spalte 1 (zugewiesener Variablenname GESCHLE), die Werte in Spalte 2-4 (GEWICHT), usf.

Bei den aus Zeile 2 (/2) einzulesenden Daten wird illustriert, wie bei aufeinanderfolgenden Variablen gleichen Formats (hier die einstelligen Items 1-9) mit der TO-Verknüpfung gearbeitet werden kann. Bei den gleichformatigen BMI-Variablen reicht die Angabe von erster und letzter Spalte. Das Programm teilt dann die Spalten zu gleichen Teilen auf die drei Variablen auf.

	person	geschle	gewicht	groesse	abinote	fach	item1	item2	item3	item4
1	1	2	88	188	3	1	1	3	1	2
2	2	1	60	165	3	1	1	3	1	2
3	3	1	56	174	2	1	1	3	1	2
4	4	1	57	170	2	1	1	4	1	2

Unbenannt2 [] - SPSS Daten-Editor
Datei Bearbeiten Ansicht Daten Transformieren Analysieren Grafiken Extras Fenster Hilfe
1 : person   1
Datenansicht Variablenansicht

Die Ausführung der Befehle im Syntax-Editor kann wieder durch Betätigung der Tasten [Strg]+[A] und [Strg]+[R] veranlasst werden. Die aus der ASCII-Datei eingelesenen Werte werden anschließend im SPSS-Datenfenster mit »Unbenannt« angezeigt (s.o.) und können hier unter einem gewünschten Namen als Systemdatei abgespeichert werden (IMPORT.SAV in unserem Fall).

Die im Ausgabefenster zur Kontrolle aufgelistete Variablenbenennung und -formatierung ist nachfolgend (gekürzt) wiedergegeben. Falls sie nicht gewünscht wird, ist im Syntax-Editor NOTABLE (statt TABLE) anzugeben.

```
Data List will read 3 records fromC:\SPSS-14-CD\ASCFORM.DAT
Variable    Rec    Start    End        Format
PERSON       1      36      37          F2.0
GESCHLE      1       1       1          F1.0
GEWICHT      1       2       4          F3.0
GROESSE      1       5       7          F3.0
ABINOTE      1      30      32          F3.0
FACH         2       4       4          F1.0
ITEM1        2       5       5          F1.0
ITEM2        2       6       6          F1.0
  :          :       :       :            :
ITEM9        2      13      13          F1.0
BMIKIND      2      14      17          F4.0
BMIVATI      2      18      21          F4.0
BMIMUTTI     2      22      25          F4.0
RFITEM1      3       2       2          F1.0
RFITEM2      3       3       3          F1.0
  :          :       :       :            :
RFITEM9      3      10      10          F1.0
ALGTEST      3      11      11          F1.0
```

Wenn der Wunsch besteht, die einzulesende ASCII-Datei vorab zu betrachten und/oder zu bearbeiten, kann sie nach Änderung ihrer Namenserweiterung in .SPS in ein Syntaxfenster geladen werden. Dass der Syntax-Editor mit dem ANSI-Code arbeitet, spielt bei Dateien mit numerischen Variablen keine Rolle, da ASCII- und ANSI-Zeichensatz im Bereich der Ziffern identisch sind. Zum späteren Einlesen ist dann die Namenserweiterung wieder in .DAT zurückzuwandeln.

Export von Daten in eine ASCII-Datei

In manchen Situationen besteht der Wunsch, SPSS-Daten in eine ASCII-Datei ausgeben zu lassen. Dies kann notwendig werden, wenn die SPSS-Datei mit einem Statistik-Programm analysiert werden soll, in das keine direkte Konvertierung möglich ist oder wenn Analysen mit einem Programm geplant sind, das nur ASCII-Dateien lesen kann.

Zur Konvertierung ist als Erstes die gewünschte SPSS-Datei ins Datenfenster zu laden. Über die Menüpunkte **Datei / Speichern unter** erhält man dann die nachfolgende Dialogbox:

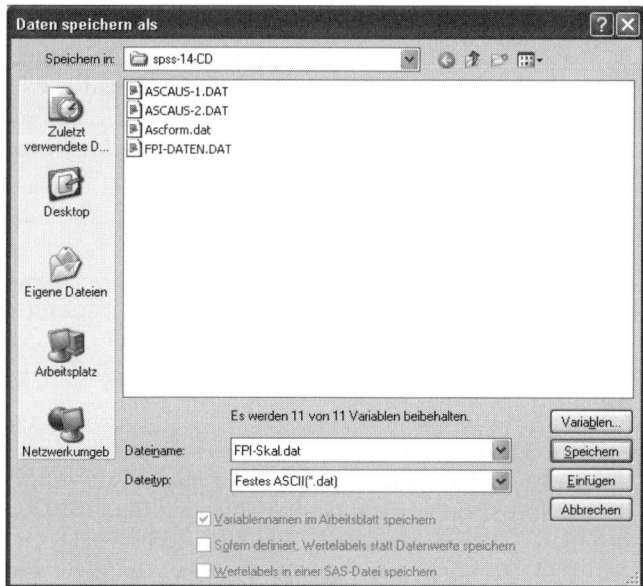

Hier ist im Feld *Dateityp* die Möglichkeit »Festes ASCII (*.dat)« anzuwählen und bei Dateiname entsprechend ein Name für die ASCII-Datei (Erweiterung .DAT) einzugeben. Durch Anklicken von [Speichern] wird dann die Konvertierung veranlasst. Im gezeigten Beispiel wird die (geladene) Datei FPI-SKAL.SAV nach FPI-SKAL.DAT exportiert.

Die Variablen haben in der Ascii-Datei das gleiche Format wie in der Spss-Datei, d.h.: gleiche Gesamtzahl von Stellen, gleiche Anzahl von Vor- und Nachkommastellen. System-Fehlend {.} erscheinen in der Ascii-Datei als Blanks (Leerstellen). Wie in der Spss-Datei stehen in der Ascii-Datei sämtliche Werte einer Person jeweils in einer Zeile. Dies kann bei Spss-Dateien mit vielen Variablen zu sehr »breiten« Ascii-Dateien führen, die dann in dieser Breite möglicherweise nicht von allen Programmen verarbeitet werden können. Damit im Fall vieler Variablen die Ascii-Datei nicht unnötig viele (leere) Spalten aufweist, empfiehlt es sich, vorab in der Spss-Datei Spaltenformat und Dezimalstellen der einzelnen Variablen auf den minimal nötigen Umfang zu reduzieren.

Mit diesem Vorgehen über das Menü lassen sich allerdings nur komplette Dateien exportieren. Die Übergabe lediglich einer Teilmenge von Variablen ist nicht möglich. Falls dies gewünscht wird, muss eine entsprechende Syntaxdatei erstellt werden. Die Syntax ist auch heranzuziehen, wenn die Variablen in der Ascii-Datei ein anderes als das von Spss gewählte Format aufweisen sollen. Das Vorgehen in diesen Fällen soll an zwei Beispielen erläutert werden.

Aus der Datei Fbogen-10.sav sollen die Variablen Geschlecht, Größe, Abiturnote, BMI und Person in eine Ascii-Datei Ascaus-1.dat (im Ordner \SPSS-14-CD) geschrieben werden. Hierbei sind Geschle, Groesse und Person ganzzahlige Variablen, während Abinote eine und Bmikind zwei Dezimalstellen haben. Nachfolgend die Write-Anweisungen, die durch Betätigen der Tasten [Strg]+[A] und [Strg]+[R] zur Ausführung gebracht werden.

```
COMMENT Syntax-Datei ASCAUS-1.SPS .
WRITE OUTFILE='C:\SPSS-14-CD\ASCAUS-1.DAT' RECORDS=1 TABLE
/1 geschle 1-2 groesse 3-6 abinote (F4.1) bmikind (F6.2) person (F5.0) .
EXECUTE .
```

Durch Records=1 wird veranlasst, dass in Ascaus-1.dat die Daten einer Person jeweils in eine Zeile geschrieben werden. Zeile (/1) enthält die Festlegungen zu »Record 1«. Die Position der Variablen kann bei ganzzahligen Werten durch die Angabe der Spalten festgelegt werden, bei Variablen mit Dezimalstellen ist das F-Format zu verwenden. Hierbei erhält z. B. Bmikind sechs Spalten in folgendem Format: xxx,xx (das Dezimalzeichen muss als eine Spalte mitgezählt werden).

Wenn die Variablenspalten optisch voneinander getrennt sein sollen, müssen den einzelnen Variablen mehr Spalten zugewiesen werden als sie »benötigen«. Durch die Angabe Table enthält der Ausgabe-Viewer zusätzlich eine Zusammenstellung der zugewiesenen Variablen-Positionen (vgl. linker Teil der nachfolgenden Tabelle). Im rechten Teil ist ein Ausschnitt der erzeugten Ascii-Datei wiedergegeben.

Ausgabe-Viewer	Ascaus-1.dat
Write will generate the following Variable Rec Start End Format geschle 1 1 2 F2.0 groesse 1 3 6 F4.0 abinote 1 7 10 F4.1 bmikind 1 11 16 F6.2 person 1 17 21 F5.0	2 188 3,2 24,90 1 1 165 2,7 22,04 2 1 174 1,9 18,50 3 1 170 1,7 19,72 4 : : : : : 1 167 1,9 19,00 1752 1 172 1,5 23,66 1753 1 165 2,1 23,88 1754 2 194 2,1 23,65 1755

Die Datei FPI-DATEN.SAV enthält von 205 Personen deren (0-1 kodierte) Antworten auf die 138 Items des Freiburger Persönlichkeitsinventars (Variablen FPI1 bis FPI138). Diese Variablen sollen (einstellig aufeinander folgend) in eine ASCII-Datei ASCAUS-2.DAT (im Ordner \SPSS-14-CD) geschrieben werden. Damit die Datei nicht »zu breit« wird, sollen die Items (bei jeder Person) in zwei Zeilen angeordnet sein. Nachfolgend die WRITE-Anweisungen:

```
Comment Syntax-Datei ASCAUS-2.SPS .
WRITE OUTFILE='C:\SPSS-14-CD\ASCAUS-2.DAT' RECORDS=2 TABLE
  /1 fpi1 to fpi70 1-70
  /2 fpi71 to fpi138 1-68 person 72-75 .
EXECUTE .
```

RECORDS=2 veranlasst die Anordnung der Daten in zwei Zeilen. Die Formatangaben zu diesen Zeilen sind durch (/1) bzw. (/2) gekennzeichnet. Datenzeile 1 enthält in den Spalten 1-70 die Werte der ersten 70 Items, die restlichen 68 Items befinden sich jeweils in Zeile 2. Nachfolgend ein Ausschnitt aus der erzeugten ASCII-Datei. Eine Betrachtung dieser Datei ist im Syntax-Editor möglich. Hierzu muss ihre Namenserweiterung in .SPS geändert werden.

Ascaus-2.dat	
1111100111011010100110011110100101000101011010100011101001110001101 10	
1001011100010000101010011001010010101001110110011111000000010011011000111	1
1111101101011101101010101111001100100101010111000001101001100101010001	
100101000100001110001100111001100001110111010101000000000011011010101	2
: : : : : : : : : : :	:
11101110001001100000001011101000111100001110000010100100001111001000 00	
011000001000001001000100010010100010100100001001100011010010001011101	205
11111011110011101000111111001001000100101001110010001100011000011000011010	
1011011010000011100100001100010010110010011110100001011010111011111	206

695

Allgemeine Einstellungen

> **Bearbeiten / Optionen ...**

Über die Menüpunkte **Bearbeiten / Optionen** erhält man eine Registerkarte, in der sich bestimmte allgemeine Programmeinstellungen vornehmen lassen. Auf zwei der Optionen soll nachfolgend eingegangen werden.

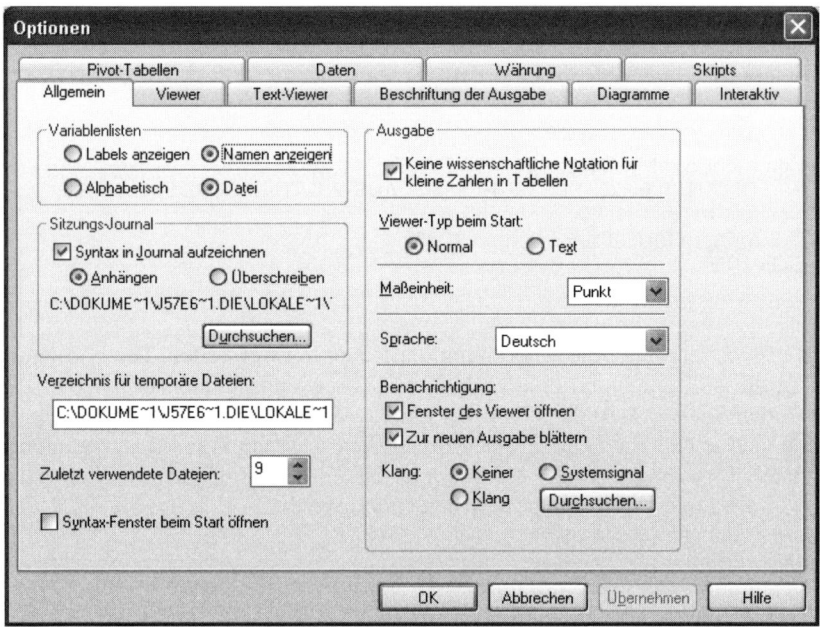

Im Feld *Variablenlisten* kann festgelegt werden, ob in den Dialogboxen der verschiedenen Prozeduren die in der Datei vorhandenen bzw. für die Analyse ausgewählten Variablen mit ihrem Namen oder mit den ihnen zugewiesenen (mehr oder minder langen) Labels angezeigt werden. Die nachfolgende Eingangs-Dialogbox der Prozedur FREQUENCIES (vgl. Kap. 23) zeigt die Einstellung »Namen«; aufgerufen wurde die Datei FRABOGEN.SAV.

Bei Wahl der Einstellung »Labels« stellt sich die gleiche Dialogbox wie nachfolgend gezeigt dar. Hinter den Labels sind jeweils noch [in Klammern] die Namen der Variablen aufgeführt. Man sieht, dass in der Gesamtliste bei langen Labels nur ihr Anfangsteil erkennbar ist. Aus diesem Grunde wurde auf S. 11 empfohlen, bei der Vergabe von Labels das Charakteristische der Variablen bereits am Anfang der »Erläuterung« zum Ausdruck zu bringen. Für einzelne Variablen lässt sich allerdings durch Berühren ihres Labels mit dem Mauszeiger – für die Dauer des Kontakts – erreichen, dass die gesamte Bezeichnung einschließlich [Name] angezeigt wird (im Beispiel: »Schulabschluss der Mutter ... «).

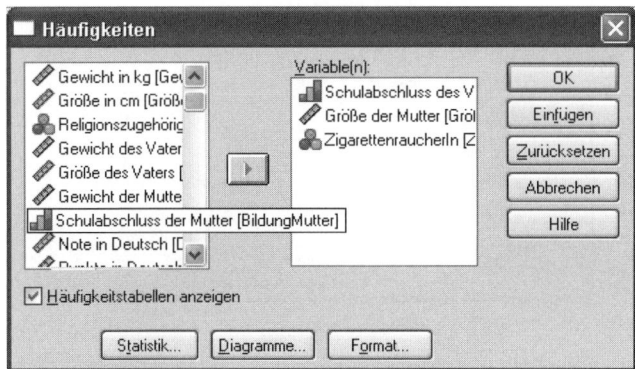

Bei beiden Anzeigeformen kann gewählt werden, ob die Variablen in der Liste entsprechend ihrer Abfolge in der Datei angeordnet sein sollen oder eine alphabetische Sortierung nach ihrem Namen bzw. ihrem Label gewünscht wird. Die Listen in den obigen Dialogboxen illustrieren die Option *Datei*.

Bei der Ausgabe kleiner Zahlen wechselt das Programm teilweise in die »wissenschaftliche Notation«, z. B. 1,317E-03 statt 0,00131. Da dies die Lesbarkeit der Ausgabetabellen nicht unbedingt erhöht, empfiehlt es sich, im Feld *Ausgabe* die Option *Keine wissenschaftliche Notation für kleine Zahlen ...* anzuwählen.

Da das in Deutschland verwendete WINDOWS standardmäßig auf ein Komma als Dezimaltrennzeichen eingestellt ist, folgt auch das unter diesem Standard installierte SPSS der Komma-Schreibweise. Eine etwa gewünschte Änderung in die Punkt-Schreibweise lässt sich in einer Registerkarte [Zahlen] im Feld *Dezimaltrennzeichen* (durch Eingabe eines Punktes) vornehmen. Diese Registerkarte erhält man unter WINDOWS XP über: Einstellungen → Systemsteuerung → Regions- und Sprachoptionen → Regionale Einstellungen [Anpassen].

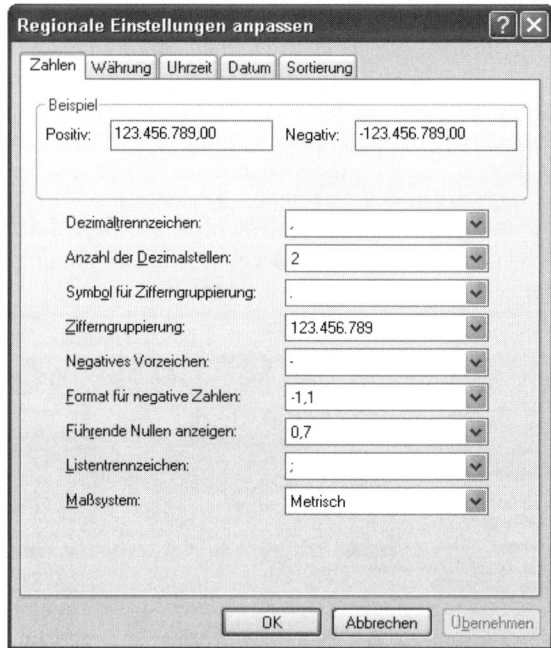

Zusatzmodul EXAKTE TESTS

Die im BASE-Modul von SPSS verfügbaren Prozeduren für nicht parametrische Tests und die Analyse von Kreuztabellen prüfen die unter Betrachtung stehenden Nullhypothesen in der Regel über approximative Verfahren, indem sie theoretische Verteilungen wie die Standardnormal- oder die Chi^2-Verteilung zur Beurteilung des gefundenen Prüfwertes heranziehen. Nur in wenigen Fällen wird ein exakter Test von H_0 durchgeführt.

Rückgriffe auf approximative Stichprobenverteilungen sind hier jedoch bei Vorliegen kleiner Stichprobenumfänge meist problematisch, weil die verwendeten theoretischen Verteilungen unter diesen Bedingungen häufig nicht unerheblich von der exakten Stichprobenverteilung der Prüfgröße abweichen. Zumindest für den Fall kleiner Stichproben ergibt sich deshalb die Notwendigkeit, die üblichen nicht parametrischen Tests sowie die Auswertung von Kreuztabellen mit Hilfe exakter Verfahren vorzunehmen.

Derartige exakte Prüfungen sind mit dem SPSS-Zusatzmodul EXAKTE TESTS möglich. Seine allgemeine »Bedienung« soll an Hand des Mann-Whitney U-Tests erläutert werden (vgl. Kapitel 44). Wenn das Modul EXAKTE TESTS installiert ist, dann weisen die Eingangs-Dialogboxen der Prozeduren, die auf dieses Modul zurückgreifen können, eine zusätzliche Schaltfläche [Exakt...] auf.

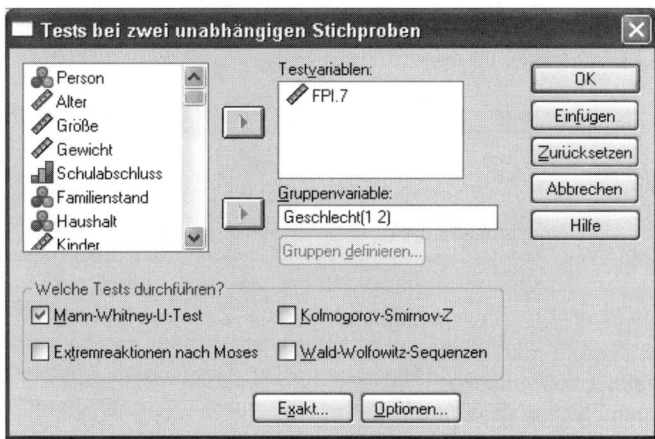

Im vorliegenden Beispiel soll mittels U-Test bei den ab 50-Jährigen der Datei PERDAT.SAV geprüft werden, ob zwischen Männern und Frauen ein signifikanter Unterschied im FPI-Merkmal »Beanspruchung« (FPI.7) besteht. Die nachfolgende (vom U-Test u. a. ausgegebene) Tabelle zeigt die Umfänge der Stichproben sowie deren mittlere Ränge.

Ränge

	Geschlecht	N	Mittlerer Rang	Rangsumme
FPI.7	Frau	70	65,90	4613,00
	Mann	48	50,17	2408,00
	Gesamt	118		

Da der Umfang der Gesamtstichprobe über 40 liegt, würde beim U-Test des BASE-Moduls lediglich eine approximative Prüfung über die Standardnormalverteilung (Z-Verteilung) erfolgen. Zur Durchführung eines exakten U-Tests wird deshalb die entsprechende Schaltfläche angeklickt. Es erscheint die nachfolgende allgemeine Dialogbox des Moduls EXAKTE TESTS.

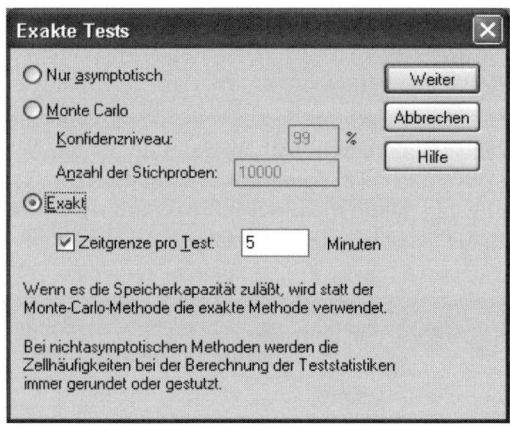

Die erste Option der Box (»Nur asymptotisch«) ist kaum von Interesse, da es sich hier um die approximative Prüfung von H_0 handelt, die das BASE-Modul üblicherweise durchführt. Den gewünschten exakten Test erhält man dagegen jeweils durch Anklicken der Option »Exakt«. Ob die voreingestellte Zeitgrenze von {5} Minuten erhöht werden muss, wird vom Programm im Bedarfsfall mitgeteilt. Häufiger als über einen Mangel an Zeit klagt das Programm über »zu wenig Arbeitsspeicher«, speziell bei der Analyse von I×J-Kreuztabellen. Der angeforderte exakte U-Test erbringt die in der nachfolgenden Tabelle gezeigten Ergebnisse (Anzahl der Dezimalstellen bei den P-Werten im Ausgabe-Viewer auf {6} erhöht):

Statistik für Test[a]

	FPI.7
Mann-Whitney-U	1232,000
Wilcoxon-W	2408,000
Z	-2,464148
Asymptotische Signifikanz (2-seitig)	,013734
Exakte Signifikanz (2-seitig)	,013393
Exakte Signifikanz (1-seitig)	,006695
Punkt-Wahrscheinlichkeit	,000051

a. Gruppenvariable: Geschlecht

Unter »Asymptotische Signifikanz« wird jeweils das Ergebnis der approximativen Prüfung ausgegeben (wie es auch das BASE-Modul liefert). Das Ergebnis der exakten Prüfung von H_0 findet man dagegen jeweils in der mit »Exakte Signifikanz« bezeichneten Zeile (oder Spalte). Der hier durchgeführte exakte U-Test ist wie folgt abgelaufen: Als Erstes wurden den 118 FPI-Werten Ränge zugewiesen. Dann wurden diese 118 Rangwerte auf alle möglichen Arten auf zwei Gruppen zu 70 und 48 Werten aufgeteilt, mit Berechnung der Prüfgröße bei jeder Aufteilung. Die relative Häufigkeitsverteilung der so bestimmten (möglichen) Prüfwerte ist dann die exakte Stichprobenverteilung unter H_0. Der unter »Exakte Signifikanz (2-seitig)« ausgegebene P-Wert (hier: 0,013393) gibt dann an, mit welcher relativen Häufigkeit ein Prüfwert wie der festgestellte oder ein extremerer in dieser Verteilung auftritt.

Im vorliegenden Fall unterscheidet sich der (approximativ) über die Standardnormalverteilung bestimmte P-Wert nur sehr geringfügig von dem bei exakter Prüfung erhaltenen. Dies ist ein Hinweis, dass bei ausreichend großen Stichprobenumfängen (wie im Beispiel) die theoretische Z-Verteilung ein gutes Modell für die exakte Stichprobenverteilung des U-Tests darstellt.

Wenn die Durchführung eines exakten Tests an der Zeitgrenze oder – was weit häufiger der Fall ist – am vorhandenen Arbeitsspeicher scheitert, dann empfiehlt sich die Heranziehung der »Monte-Carlo« Methode. Hier nimmt das Programm nicht sämtliche möglichen Aufteilungen vor, sondern nur eine bestimmte – vom Anwender festgelegte – Anzahl von Zufallsaufteilungen. Den voreingestellten Wert von 10.000 Aufteilungen kann man beherzt erhöhen (bis auf maximal 1.000.000.000). Im nachfolgenden Beipiel wurde eine Million gewählt.

Das Programm teilt nun eine Million mal per Zufall die 118 Rangwerte auf zwei Gruppen des Umfangs 70 und 48 auf und berechnet jeweils die Prüfgröße. Die relative Häufigkeitsverteilung der so bestimmten 1 Million Werte stellt dann eine »Schätzung« der exakten Stichprobenverteilung dar, die man bei unendlich vielen oder der Vornahme aller möglichen Aufteilungen erhalten würde. In dieser (Annäherung an die exakte) Verteilung wird bestimmt, mit welcher relativen Häufigkeit ein Prüfwert wie der beobachtete oder ein extremerer auftritt. Da das Programm weiterhin schätzt, in welchem Bereich der P-Wert liegt, den man an der exakten Stichprobenverteilung erhalten würde, muss im Feld *Konfidenzniveau* ein Sicherheitsgrad für dieses Konfidenzintervall festgelegt werden. Der maximale Wert ist hier 99,9.

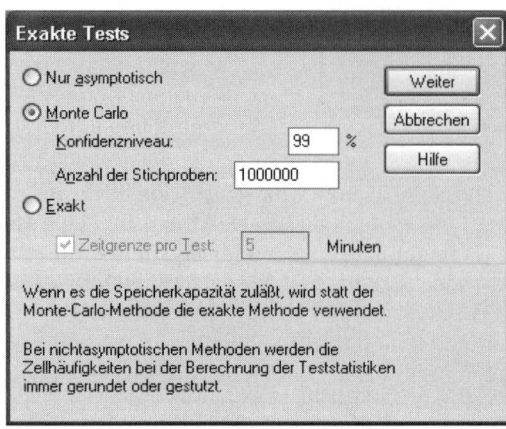

Für die angeforderten eine Million Zufallsaufteilungen benötigt das Programm nur wenige Sekunden. Die nachfolgende Tabelle zeigt das Ergebnis dieser Monte-Carlo-Methode:

Statistik für Test[b]

			FPI.7
Mann-Whitney-U			1232,000000
Wilcoxon-W			2408,000000
Z			-2,464148
Asymptotische Signifikanz (2-seitig)			,013734
Monte-Carlo-Signifikanz(2-seitig)	Signifikanz		,013452[a]
	99%-Konfidenzintervall	Untergrenze	,013155
		Obergrenze	,013749
Monte-Carlo-Signifikanz (1-seitig)	Signifikanz		,006795[a]
	99%-Konfidenzintervall	Untergrenze	,006583
		Obergrenze	,007007

a. Basiert auf 1000000 Stichprobentabellen mit einem Startwert von 624387341.

b. Gruppenvariable: Geschlecht

Unter »Asymptotischer Signifikanz« ist wieder das Ergebnis der approximativen Prüfung (über die Z-Verteilung) ausgegeben, wie sie auch das BASE-Modul vornimmt. Der zweiseitige P-Wert der jetzt interessierenden »Monte-Carlo-Signi-fikanz« (0,013452) stimmt sehr eng mit dem oben bei allen möglichen Aufteilun-gen erhaltenen exakten P-Wert überein (0,013393). Auf Grund der eine Million Zufallsaufteilungen schätzt das Programm, dass der exakte (zweiseitige) P-Wert mit einer Sicherheit von 99% im Bereich von 0,013155 bis 0,013749 liegt. Die »Breite« dieses Intervalls ist bei festgehaltenem Sicherheitsgrad von der Anzahl der angeforderten Aufteilungen abhängig. Es wird deutlich, dass sich durch das Veranlassen von »vielen« Aufteilungen sehr präzise Schätzungen der exakten P-Werte erzielen lassen.

Bei der wiederholten Aufteilung des Gesamtdatensatzes auf die Untergruppen greift das Programm auf Zufallszahlen zurück. Wenn man sich diese Zufallszah-len als eine große Liste oder Tabelle vorstellt (eine Form, in der sie früher auch meist vorlagen), dann hängt das Ergebnis von Zufallsaufteilungen davon ab, »wo« man in der Tabelle mit dem Ablesen der Zufallszahlen beginnt. Diese Stelle wird durch Festlegung des in der Fußnote erwähnten »Startwertes« bestimmt.

Wenn mit dem gleichen Datensatz mehrmals ein Monte-Carlo U-Test durchge-führt wird, dann ergeben sich auf Grund der voreingestellten »zufälligen« Wahl des Startwertes jeweils (mehr oder minder) unterschiedliche Ergebnisse. Für die Replikation eines Ergebnisses muss dagegen vom gleichen Startwert ausgegangen werden. Dieser gewünschte Startwert kann in einer über die Menüpunkte **Trans-formieren / Zufallszahlengeneratoren** erhältlichen Dialogbox eingegeben wer-den (in unserem Beispiel: 624387341).

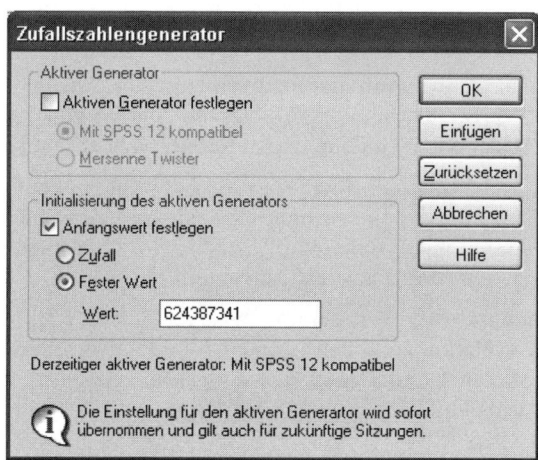

Kapitel 89

Prüfung von Unterschieden zwischen Korrelationskoeffizienten

Neben der Berechnung von Produkt-Moment Korrelationen liefert die Prozedur CORRELATIONS durch die Ausgabe von P-Werten standardmäßig Information zur Signifikanzbeurteilung der einzelnen Koeffizienten (vgl. Kapitel 28). Sie bietet dagegen keine Möglichkeit, Unterschiede zwischen Korrelationskoeffizienten auf statistische Signifikanz zu prüfen. Für diese Zwecke kann jedoch das auf der Buch-CD befindliche DOS-Programm COR herangezogen werden. Es erfordert bei den angebotenen Prüfmöglichkeiten jeweils nur die Eingabe der (mit SPSS) berechneten (Produkt-Moment) Koeffizienten sowie der Anzahl der Fälle, auf denen sie basieren. Die Signifikanzbeurteilung erfolgt an Hand der ausgegebenen P-Werte. Folgende Unterschiedsfragen können geprüft werden:

- Korrelieren die Variablen X und Y in zwei unabhängigen Stichproben in unterschiedlichem Ausmaß? – z.B.: Ist die Korrelation zwischen Größe und Gewicht bei Männern und Frauen signifikant verschieden?

- Bestehen zwischen den Koeffizienten aus mehr als zwei unabhängigen Stichproben signifikante Unterschiede? – z.B.: Korrelieren Größe und Gewicht unterschiedlich bei 20-, 25-, 30 und 35-jährigen Frauen?

- Korrelieren X und Y in signifikant unterschiedlichem Ausmaß mit einer dritten Variablen Z? – z.B.: Korrelieren in einer Stichprobe von 5- bis 15-Jährigen Größe und Gewicht unterschiedlich hoch mit dem Lebensalter?

- Korrelieren X und Y in einer Stichprobe zu zwei Zeitpunkten in unterschiedlichen Ausmaß? – z.B.: In einer Stichprobe wird im Abstand von fünf Jahren jeweils die Korrelation zwischen Größe und Gewicht bestimmt. Ist der Unterschied zwischen den r-Werten statistisch signifikant?

- Ist in einer Stichprobe die Korrelation zwischen X und Y signifikant verschieden von der Korrelation zwischen U und Z? – z.B.: Korrelieren in einer Stichprobe die Subskalen 1 und 2 eines Leistungstests bedeutsam höher oder niedriger als die Subskalen 7 und 8?

Die Programmdatei COR.EXE sowie eine kurze Beschreibung (PDF-Datei COR-MANUAL.PDF) befinden sich auf der Buch-CD im Ordner \KORRDIFF.

Kapitel 90

Item- und Skalenanalyse mit ITAMIS-PC

Das ursprünglich für Großrechner in FORTRAN geschriebene Item- und Skalen-analyse-Programm ITAMIS (Kohr, 1978) hat auf Grund seiner vielfältigen Möglichkeiten im Lauf der Zeit einen breiten Anwenderkreis gefunden. Wegen des Fehlens einer auf dem PC verwendbaren Version mussten allerdings immer mehr Interessenten auf den Einsatz dieses Programms verzichten.

Da der Leistungsumfang von ITAMIS die Möglichkeiten der Itemanalyse-Prozeduren in den gängigen Statistik-Programmen (wie SPSS) jedoch weiterhin deutlich übersteigt, wurde eine auf dem PC lauffähige Version entwickelt, die sich in ihrer Ausgabe auch auf das A4-Papierformat beschränkt (Kohr, Diehl, Reuschling & Sachsse, 2000).

Dieses im DOS-Fenster ablaufende Programm mit dem Namen ITAMIS-PC wurde im Vergleich zur Großrechnerversion um einige kaum verwendete Funktionen reduziert. Dadurch ließ sich auch die Programmbeschreibung deutlich kürzer und verständlicher gestalten.

Seine besonderen Vorzüge spielt das Programm in Situationen aus, in denen mehrere (z.B. aufgrund einer Faktorenanalyse bestimmte) Itemgruppen zu endgültigen Skalen sortiert werden sollen. Hier sind die ausgegebenen »Fremdtrennschärfen« (Korrelationen eines Items jeweils mit sämtlichen Skalenwerten) sowie seine Möglichkeiten der schnellen Umsortierung und Umpolung von Items entscheidende – und von anderen Prozeduren in diesem Umfang nicht angebotene – Hilfen.

Die von ITAMIS-PC zu bearbeitenden Daten sowie die Datei mit den Steueranweisungen müssen im ASCII-Format vorliegen. Auch die Ergebnisse sowie die gebildeten Skalenwerte gibt ITAMIS-PC als ASCII-Dateien aus. Eine einfache Erzeugung oder Betrachtung solcher Dateien ist mit dem auf der Buch-CD im Ordner \ITAMIS-PC befindlichen Editor PCEDIT möglich.

Zur »Installation« von ITAMIS-PC genügt es, von der CD den gesamten Inhalt des Ordners \ITAMIS-PC in einen Order auf der Festplatte zu kopieren. Daraufhin können mit **itamis** ⏎ bzw. **pcedit** ⏎ Itemanalyseprogramm und Editor unmittelbar aufgerufen werden. Eine 24-seitige Beschreibung des Programms enthält die PDF-Datei ITAMIS-MANUAL.DOC. In dieser Datei wird der (im Ordner befindliche) Sonderzeichen-Font KEYB.TTF verwendet. Er muss vor Betrachtung oder Ausdruck der Datei unter Windows installiert werden.

Leistungsumfang von ITAMIS-PC

Die Druckausgabe von ITAMIS-PC enthält standardmäßig oder optional weitgehend alle der im Rahmen der Test- und Fragebogenanalyse benötigten Item- und Skalenkennwerte. In der nachfolgenden Übersicht sind die wichtigsten zusammengestellt.

Itemkennwerte

- Mittelwert des Items (= Schwierigkeit bei 0–1 Leistungsitems)
- Standardabweichung
- Anzahl der fehlenden Werte (Missing Data)
- Verteilung der Itemantworten (absolut, prozentual)
- Trennschärfe: unkorrigiert
- Trennschärfe: korrigiert
- Fremdtrennschärfen (im Fall von mehreren Skalen): Korrelationen des Items mit den Scores der übrigen Skalen
- Interkorrelation der Items einer Skala

Skalenkennwerte

- Mittelwert der Skala
- Standardabweichung
- Maße der internen Konsistenz: Cronbach's α, Spearman-Brown, Flanagan
- Verteilung der Werte der Skala (absolut, prozentual, kumulativ)
- Skalen-Interkorrelation (im Fall von mehreren Skalen)

Weitere Möglichkeiten

- Ersetzung von fehlenden Itemwerten
- Dichotomisierung von mehrstufigen Items
- Verwendung einer Richtig-Falsch Schablone bei Multiple Choice Items
- Ausgabe der gebildeten Skalenwerte in eine Datei

Begrenzungen

- Maximal 30 Skalen
- Wertebereich der Items maximal 0–9

Literaturverzeichnis

Anderberg, M. R. (1973). *Cluster analysis for applications.* New York: Academic Press.

Armstrong, G. D. (1981). The intraclass correlation as a measure of interrater reliability of subjective judgments. *Nursing Research*, 30, 314-315, 320A.

Asendorpf, J. & Wallbott, H. G. (1979). Maße der Beobachterübereinstimmung: Ein systematischer Vergleich. *Zeitschrift für Sozialpsychologie*, 10, 243-252.

Baron, R M. & und Kenny, D. A. (1986) The moderator-mediator variable distinction in social psychological research: Conceptual, strategic, and statistical considerations. *Journal of Personality and Social Psychology*, 51, 1173-1182.

Belsley, D. A., Kuh, E. & Welsch, R. E. (1980). *Regression diagnostics: Identifying influential data and sources of collinearity.* New York: Wiley.

Bishop, Y. M. M., Fienberg, S. E. & Holand, P. W. (1975). *Discrete multivariate analysis: Theory and practice.* Cambridge: MIT Press.

Blöschl, L. (1966). Kullbacks $2\hat{I}$-Test als ökonomische Alternative zur χ^2-Probe. *Psychologische Beiträge*, 9, 379-391.

Borg, I. & Groenen, P. J. F. (2005). Modern multidimensional scaling: Theory and application (2nd ed.). New York: Springer.

Borg, I. & Staufenbiel, T. (1997). Theorien und Methoden der Skalierung (3. Aufl.). Bern: Huber.

Borg, I. & Staufenbiel, T. (2007). Theorien und Methoden der Skalierung (4. Aufl.). Bern: Huber.

Bortz, J. (1999). *Statistik für Sozialwissenschaftler* (5. Aufl.). Berlin: Springer-Verlag.

Bortz, J. & Döring, N. (1995). *Forschungsmethoden und Evaluation* (2. Aufl.). Berlin: Springer-Verlag.

Bortz, J., Lienert, G. A. & Boehnke, L. (2000). *Verteilungsfreie Methoden in der Biostatistik* (2. Aufl.). Berlin: Springer-Verlag.

Cohen, J., Cohen, P., West, S. G. & Aiken, L. S. (2003). *Applied multiple regression/correlation analysis for the behavioral sciences* (3rd ed.). Mahwah, NJ: Erlbaum.

Crocker, L. & Algina, J. (1986). *Introduction to classical and modern test theory.* Fort Worth: Holt, Rinehart & Winston.

Darlington, R. B. (1990). *Regression and linear models.* New York: McGraw Hill.

Darschin, W. & Frank, B, (1994). Tendenzen im Zuschauerverhalten. *Media Perspektiven*, Nr. 3, 98-110.

Deskriptive Statistik: ⇨ Diehl & Kohr (2004).

Diehl, J. M. (1983). *Varianzanalyse* (4. Aufl.). Frankfurt/M.: Verlag Fachbuchhandlung für Psychologie.

Diehl, J. M. & Arbinger, R. (2001). *Einführung in die Inferenzstatistik* (3. Aufl.). Eschborn: Verlag D. Klotz.

Diehl, J. M. & Kohr, H.-U. (2004). *Deskriptive Statistik* (13. Aufl.). Eschborn: Verlag D. Klotz.

Diehl, J. M. & Staufenbiel, T. (1994). *Ess-Störungsinventar (ESI). Supplement zum IEG* (auf Diskette). Giessen/Eschborn: Fachbereich Psychologie/Verlag D. Klotz.

Eckes, T. & Roßbach, H. (1980). *Clusteranalysen.* Stuttgart: Verlag W. Kohlhammer.

Everitt, B. S., Landau, S. & Leese, M. (2001). *Cluster analysis* (4th ed.). London: Arnold.

Fahrenberg, J., Hampel, R. & Selg, H. (1984). *Das Freiburger Persönlichkeitsinventar (FPI)* (4. Aufl.). Göttingen: Verlag für Psychologie.

Galinat, W. & Borg, I. (1987). On symbolic temporal information: Beliefs about the experience of duration. *Memory and Cognition, 15,* 308 – 317.

Harman, H. H. (1976). *Modern factor analysis* (3rd ed.). Chicago: University of Chicago Press.

Hosmer, D. W. & Lemeshow, S. (2000). *Applied logistic regression* (2nd ed.). New York: Wiley.

Iglo-Forum (1995). *Kochen in Deutschland.* Hamburg: Iglo.

Inferenzstatistik: ⇨ Diehl & Arbinger (1992).

Kirk, R. E. (1982). *Experimental design: Procedures for the behavioral sciences (2nd ed.).* Belmont: Brooks/Cole.

Kirk, R. E. (1995). *Experimental design: Procedures for the behavioral sciences (3rd ed.).* Belmont: Brooks/Cole.

Kohr, H.-U. (1978). *ITAMIS. Ein benutzerorientiertes FORTRAN-Programmsystem zur Test- und Fragebogenanalyse* (2. Aufl.). Berichte aus dem Sozialwissenschaftlichen Institut der Bundeswehr, Heft 6. München: SOWI.

Kohr, H.-U., Diehl, J. M., Reuschling, H. & Sachsse, S. (2000). *Item- und Skalenanalyse mit ITAMIS-PC.* Giessen: Justus-Liebig-Universität, Fachbereich Psychologie und Sportwissenschaft.

Kriz, J. (1978). *Statistik in den Sozialwissenschaften.* Reinbeck: Rowohlt-Verlag

Mezzich, J. E. & Solomon, H. (1980). *Taxonomy and behavioral science.* London: Academic Press.

Mezzich, J. E. & Worthington, D. R. L. (1978). A comparison of graphical representations of multidimensional psychiatric diagnostic data. In P. C. Wang (Ed.), *Graphical representation of multivariate data* (pp. 123-141). New York: Academic Press.

Norušis, M. J. (1993). *SPSS for Windows. Advanced Statistics. Release 6.0.* Chicago: SPSS Inc.

Norušis, M. J. (1994a). *SPSS für Windows Anwenderhandbuch für das Base System Version 6.0.* München: SPSS GmbH.

Norušis, M. J. (1994b). *SPSS Professional statistics 6.1.* Chicago: SPSS Inc.

Pillai, K. C. S. (1985). Multivariate analysis of variance (Manova). In S. Kotz & N. L. Johnson (Eds.), *Encyclopedia of statistical sciences, Volume 6* (pp. 20-29). New York: Wiley.

Pudel, V. & Westenhöfer, J. (1989). *Fragebogen zum Essverhalten (FEV). Handanweisung.* Göttingen: Verlag für Psychologie.

Röhr, M., Lohse, H. & Ludwig, R. (1983). *Statistik für Soziologen, Pädagogen, Psychologen und Mediziner. 2: Statistische Verfahren.* Thun: Verlag H. Deutsch.

Schneider-Düker, M. & Kohler, A. (1988). Die Erfassung von Geschlechtsrollen. Ergebnisse zur deutschen Neukonstruktion des Bem-Sex-Role-Inventory. *Diagnostica*, 34, 256-270.

Schubö, W., Uehlinger, H.-M., Perleth, C., Schröger, E. & Sierwald, W. (1991). *SPSS Handbuch der Programmversionen 4.0 und SPSS-X 3.0.* Stuttgart: G. Fischer Verlag.

Siegel, S. (1976). *Nichtparametrische statistische Methoden.* Frankfurt a. M.: Fachbuchhandlung für Psychologie, Verlagsabteilung.

Smithson, M. (2001) Correct confidence intervals for various regression effect sizes and parameters: The importance of noncentral distributions in computing intervals. *Educational and Psychological Measurement*, 61, 605-632.

SPSS (1997). *SPSS 7.5 Statistical algorithms.* Chicago: SPSS Inc.

SPSS (1999a). *SPSS Base 10.0 Benutzerhandbuch.* Chicago: SPSS Inc.

SPSS (1999b). *SPSS Base 10.0 Applications guide.* Chicago: SPSS Inc.

SPSS (2003a). *SPSS Advanced Models 12.0.* Chicago: SPSS Inc.

SPSS (2003b). *Regression Models 12.0.* Chicago: SPSS Inc.

SPSS (2005). *SPSS 14.0 Base Benutzerhandbuch.* Chicago: SPSS Inc.

SPSS (2006). *Advanced models 15.0.* Chicago: SPSS Inc.

Staufenbiel, T. (2000). *Organizational citizenship behavior.* Marburg: Unveröffentliche Habilitationsschrift.

Steiger, J. H. & Fouladi, R. T. (1992). R2: A computer program for interval estimation, power calculation, and hypothesis testing fort he squared multiple correlation. *Behavior Research Methods, Instruments, and Computers*, 4, 581-582.

Tabachnick, B. G. & Fidell, L. S. (2007). *Using multivariate statistics* (5th ed.). Boston: Pearson.

Volmer, J. & Staufenbiel, T. (2006). Entwicklung und Erprobung eines strukturierten Interviews zur internationalen Personalauswahl. *Zeitschrift für Arbeits- und Organisationspsychologie, 50,* 17-22.

Wilkinson, L. (1979). Tests of significance in stepwise regression. *Psychological Bulletin, 86,* 168-174.

Winer, B. J., Brown, D. R. & Michels, K. M. (1991). *Statistical principles in experimental design* (3rd ed.). New York: McGraw-Hill.

Wish, M. (1971). Individual differences in perception and preferences among nations. In C. W. King & D. Tigert (Eds.), *Attitude research reaches new heights* (pp. 312-328). Chicago: American Marketing Association.

Sachverzeichnis

Lesebeispiele: »Analysegruppen bilden« wird in (dem auf Seite 78 beginnenden) Kapitel 19 behandelt, das »Aufsuchen eines Wertes« auf Seite 26 erläutert. Auf das »Average-linkage Verfahren« wird auf Seite 550 sowie bei BEISPIEL 4 auf Seite 563 eingegangen.

Joerg M. Diehl/Heinz-U. Kohr

Deskriptive Statistik

13. Aufl. 2004   514 S.

Dieser Band führt ein in die Methoden der deskriptiven (»beschreibenden«) Statistik. Die statistischen Konzepte und Verfahren werden dabei so ausführlich abgehandelt, daß auch ein selbstständiges Erarbeiten des Stoffes möglich ist.

Aufgrund langjähriger Kurserfahrungen wird gezielt auf die sich den Studierenden bei der Anwendung der Statistik ergebenden Probleme eingegangen.

Breiter Raum ist der Behandlung linearer und nichtlinearer Korrelation und Regression gewidmet. Hinzu kommt eine Einführung in die Faktorenanalyse sowie ein Kapitel über Item- und Skalenanalyse.

Durch diese Schwerpunktsetzung kommt das Buch den Bedürfnissen von Studierenden der Psychologie sowie der übrigen Sozialwissenschaften in besonderem Maße entgegen.

ISBN 3-88074-110-7   Euro 17,70   sFr 32,40

Verlag Dietmar Klotz

Weiterhin lieferbar

Joerg M. Diehl/Thomas Staufenbiel

Statistik mit SPSS für Windows Version 10+11

1. Aufl. 2002   721 S.   5€ (statt 25,40) + Porto 0,85 €   ISBN 3-88074-461-0

Verlag Dietmar Klotz

Joerg M. Diehl/Roland Arbinger

Einführung in die

Inferenzstatistik

3. Aufl. 2001   817 S.

Entsprechend dem didaktischen Konzept der *Deskriptiven Statistik* bietet dieses Buch eine leicht verständliche Einführung in die Methoden der »schließenden« Statistik. Breiter Raum ist der Erörterung der Logik und der Proleme des statistischen Hypothesentestens gewidmet.

Neben den parametrischen und nicht parametrischen Verfahren werden folgende Themen in speziellen Kapiteln behandelt: Konfidenzintervallbestimmung, Kontrolle des Beta-Fehlers, Maße der praktischen Signifikanz, Robustheit parametrischer Tests.

Die Durchführung der statistischen Verfahren wird jeweils anhand realistischer Beispiele illustriert. Das Buch ist auf Grund seiner ausführlichen Darstellung auch für das Selbststudium geeignet. Besondere mathematische Vorkenntnisse sind nicht erforderlich.

ISBN 3-88074-237-5   Euro 22,90   sFr 41,70

Verlag Dietmar Klotz

Sulzbacher Str. 45, 65760 Eschborn
Tel. 06196/481533 ▪ Fax 06196/48532
E-Mail: info@verlag-dietmar-klotz.de

Keine Angst vor Statistik

Siegfried Grubitzsch
Testtheorie – Testpraxis
Psychologische Tests und Prüfverfahren im kritischen Überblick
2. Aufl. der vollständig überarbeiteten und erw. Neuausgabe 1991,1999, 607 Seiten, kart.,
€ 18,80   ISBN 978-3-88074-281-9

Das Buch bahnt einen Weg durch das verwirrende Dickicht von Theorien, Methoden
und Verfahren, mit denen getestet, eingeschätzt, geprüft oder differenziert wird. Es
untersucht die allgemeine Funktion von Tests und Prüfverfahren, die Messbarkeit
psychischer Merkmale, Eigenschaften oder Verhaltensweisen und nimmt das
Verhältnis von Anspruch und Wirklichkeit der Tests kritisch unter die Lupe.

Frank J. McGuigan
Einführung in die experimentelle Psychologie
Bearbeitet und übersetzt von Joerg M. Diehl
6. Aufl. 2001, 316 Seiten, kart., € 20,35   (Mengenpreis ab 10 Expl. je € 15,20)
ISBN 9-78-3-88074-123-2

Der Band bietet eine ausführliche Einführung in die Probleme der Planung,
Auswertung und Interpretation von experimentellen Untersuchungen. In seiner
Klarheit und Verständlichkeit der Darstellung verlangt dieses Buch nur wenig
Voraussetzungen von dem Studierenden. Nur mit den elementaren statistischen
Methoden sollte man vertraut sein.

Sidney Siegel
Nichtparametrische statistische Methoden
5. Aufl. 2001, 320 Seiten, kart.,15,20 EUR   ISBN978- 3-88074-102-7

Dieses Standardwerk der psychologischen Statistik, vor zwanzig Jahren erstmals
erschienen, ist nach wie vor aktuell. Dies liegt in der überdurchschnittlich methodisch-
didaktischen Qualität und am klaren und systematischen Aufbau. Einfache statistische
Prüfverfahren, auch parametrische, sind im Anhang als Flussdiagramme dargestellt.

Helger T. Kranz
Einführung in die klassische Testtheorie
5. Aufl. 2001, 282 Seiten, kart., € 18,80
ISBN 3-88074-121-2

Der Autor geht gezielt auf die Schwierigkeiten im Erlernen des Stoffes ein. Das
Buch enthält daher ausführliche Erklärungen der logischen Grundlagen und
Ableitungen der Formeln in kleinsten Schritten. Die vielen Anwendungsbeispiele
garantieren große Anschaulichkeit.

Arthur Cropley
Qualitative Forschungsmethoden
Eine praxisnahe Einführung.

2. Aufl. 2005, kart., 198 S., 15,80 €, ISBN 978-3-88074-460-8

In jüngerer Zeit bemerkt man in den Verhaltens- und Sozialwissenschaften ein steigendes Interesse für qualitative Forschungsansätze. Im Gegensatz zum englischsprachigen Raum jedoch ist dieses Interesse hierzulande weniger stark ausgeprägt, so dass grundlegende auf die Praxis bezogene Einführungen in diese Forschungsorientierung in deutscher Sprache eher selten sind.

Das vorliegende Buch versteht sich als Reaktion auf diese Situation. Sein Ziel ist es, Diplomanden und Doktoranden die zugrunde liegenden Prinzipien der qualitativen Herangehensweise anschaulich und nachvollziehbar zu erläutern. Es soll helfen, ein qualitativ orientiertes Projekt zu planen, durchzuführen und die Ergebnisse in einer wissenschaftlich strengen Diplom- bzw. Doktorarbeit darzustellen. Dabei wird dem Thema, wie qualitative Untersuchungen wissenschaftlich durchgeführt werden können, viel Aufmerksamkeit gewidmet. Insbesondere werden zwei Grundbegriffe hervorgehoben: auf der einen Seite "qualitativ" (was ist das?), auf der anderen "wissenschaftliche Strenge" (wie erreicht man das?). Durch den Wunsch bedingt, praxisnah zu arbeiten, wird in einer Anlage ein Kontrollbogen bzw. Checkliste vorgeschlagen, mit der die Studierende die Qualität ihrer Arbeit kontrollieren können.

Dargestellt werden:
- (a) die Kernunterschiede zwischen qualitativen und quantitativen Methoden;
- (b) die speziellen Fragen, auf die mittels qualitativer Verfahren eingegangen werden kann;
- (c) die Schritte einer qualitativen Untersuchung;
- (d) Wie kann eine solche Untersuchung in einer Diplom- bzw. Doktorarbeit dargestellt werden .

Es gibt keinen einzig wahren Weg in die qualitative Forschung, auf den sich alle Autoren einigen können und der gleichzeitig als Inbegriff der qualitativen Methodologie betrachtet werden kann. Im vorliegenden Buch werde ich:
1. mich hauptsächlich aber nicht ausschließlich auf *Interviews* als Datenerhebungsverfahren beziehen, weil sie in qualitativ orientierten Untersuchungen in den Verhaltens- und Sozialwissenschaften am häufigsten angewendet werden;
2. Methoden der Datenauswertung hervorheben, die für die *Weiterentwicklung von Theorie* neue Perspektiven bieten, bzw. bestehende Perspektiven zumindest anreichern;
3. auf die drei grundlegenden Schwachstellen qualitativer Ansätze eingehen, und zwar (a) das *Willkürproblem* (qualitativen Forschungsergebnissen wird vorgeworfen, sie ergäben sich in erster Linie aus der Fantasie eines spezifischen Forschers), (b) das *Beweisproblem* (qualitative Verfahren bieten keine Möglichkeit, Hypothesen mittels statistischer Verfahren zu prüfen) und (c) das *Banalitätsproblem* (nicht selten scheinen qualitative Befunde lediglich den gesunden Menschenverstand zu bestätigen).

Standardwerke

Wolf Ritscher
Systemisch-psychodramatische Supervision in der psychosozialen Arbeit
3. korr. und überarb. Aufl. 2004, 365 Seiten, kart., 15,20 €
ISBN 3-88074-263-4

Zunächst wird das Supervisionsmodell des Autors vor, das theoretische und praktische Konzepte der systemischen Therapie und des Psychodramas integriert, vorgestellt und durch kommentierte Fallbeispiele illustriert. Dann wird die Hintergrundtheorie beschrieben und Perspektiven für eine öko-systemische Theorie der psychosozialen Praxis entwickelt. Therapie, Beratung, soziale Arbeit und darauf bezogene Supervision werden als Bestandteile eines integrativen Konzeptes verstanden, das als „psychosoziale Arbeit" bezeichnet wird.

Ute Binder / Johannes Binder
Studien zu einer störungsspezifischen klientenzentrierten Psychotherapie
Mit einem Geleitwort von Ursula Strautmann
3. Aufl. 1999, 468 S., kt., 20,30 €,　　　ISBN 3-88074-239-1

Hier wird das Konzept von Carl Rogers auf Grundlage umfassender Erfahrungen weiterentwickelt in Richtung auf klinisch relevante Behandlungsmodelle. Zentral ist der Versuch, von einem inhaltlichen Verständnis für Störungen auszugehen und darauf bezogene therapeutische Konzepte zu entwerfen.

Jürg Kollbrunner
Das Buch der Humanistischen Psychologie
Eine einführende Darstellung und Kritik des Fühlens, Denkens und Handelns in der Humanistischen Psychologie
3. Aufl. 1995, 564 S., kt., 24,50 €;　　　ISBN 3-88074-175-1

Der wachsende Einfluß der Humanistischen Psychologie gab Anlaß zu diesem lesenswerten Buch. Das *Buch der Humanistischen Psychologie* ist zugleich dreierlei:
1. eine umfassende praktische Einführung in die Humanistische Psychologie und in humanistisch-psychologisches Denken, Fühlen und Handeln;
2. eine allgemeinverständliche Auseinandersetzung mit den erkenntnistheoretischen Besonderheiten humanistisch psychologischer Forschung und
3. eine ausführliche fachliterarische und persönliche Kritik der Humanistischen Psychologie.

Annegret Overbeck / Gerd Overbeck (Hg.)
Seelischer Konflikt - Körperliches Leiden
Reader zur psychoanalytischen Psychosomatik
7. Aufl. 1998, 377 S., kt., 17,80 €; ISBN 3-88074-229-4

Die in diesem Buch angewandte Systematisierung zeigt die historische Entwicklung der psychoanalytischen Psychosomatik auf und führt gleichzeitig zu einem einheitlichen Konzept dieser wissenschaftlichen Disziplin. Beiträge bekannter Autoren, u.a. A. Mitscherlich und H. Stierlin, sind versammelt, um einen Überblick über die psychoanalytische Psychosomatik zu geben.

Wolfgang Stroebe / Margaret S. Stroebe
Lehrbuch der Gesundheitspsychologie
Ein sozialpsychologischer Ansatz
1. Aufl. 1998, 308 S., kt., 30,60 € ; ISBN 3-88074-271-5

Welche Verhaltensmuster schaden der Gesundheit? Warum halten Menschen an gesundheitsschädlichen Verhaltensweisen fest, obwohl sie die möglichen Konsequenzen kennen? Wie können Menschen dazu gebracht werden, ihr Verhalten zu verändern? Diese und andere Schlüsselfragen zum Gesundheitsverhalten werden diskutiert. Neben der theoretischen Darstellung verschiedener psychologischer Modelle und Theorien werteten die Autoren eine Vielzahl von Studien aus und erhielten so eine umfangreiche Materialsammlung, mit der sie ihre Erkenntnisse belegen. Durch graphische Darstellungen der Theorien erleichtern die Autoren vor allem dem Laien und Studierenden das Verständnis für komplexe Vorgänge. Das Buch vermittelt einen integrativen Ansatz, der psychologische und ökonomische Interventionen sowie die Veränderung des Umfeldes miteinander kombiniert, um Risikofaktoren für die Gesundheit zu reduzieren.

Georg Hörmann / Martin R. Textor
Praxis der Psychotherapie
Fünf Therapien. Fünf Fallbeispiele
2. Aufl. 1998, 274 S., kt., 20,30 €, ISBN 3-88074-618-4

In diesem Band wird von der Praxis der Psychotherapie ausgegangen. Psychotherapeuten aus fünf renommierten Schulen (Psychoanalyse, Gesprächstherapie, Verhaltenstherapie, Individualpsychologie, Gestalttherapie) stellen anhand eines Fallbeispiels typische Therapieverläufe dar, was sie denken und fühlen, weshalb sie bestimmte Interventionen einsetzen und wie ihre Klienten darauf reagieren. Dabei wird reichlich von kommentierten Gesprächsauszügen Gebrauch gemacht.

Georg Hörmann / Wilhelm Körner
Klinische Psychologie
Ein kritisches Handbuch
2. Aufl. 1998, 394 S., kt., 24,50 € ISBN 3-88074-277-4

Dieses Buch bietet einen kritischen Überblick über das Gesamtgebiet der Klinischen Psychologie, deren Fragestellungen und Konzepte auch für benachbarte Disziplinen Bedeutung erlangt haben. Es werden die theoretischen Grundlagen und zentralen Problemstellungen erörtert, klinisch-psychologische Methoden untersucht und Störungsformen und Anwendungsbereiche diskutiert.

Michael Brown
Seelische Krankheiten
6. Aufl.2004, 106 Seiten, kart., 10,10 €,　ISBN 3-88074-128-X

Brown beschreibt psychische Störungen einfach und zweckmäßig im Hinblick auf kognitives und affektives Erleben, Verhaltensmerkmale, deren Entstehung und Entwicklung. Zu-gleich beseitigt er die Tabus dieser „Etiketten", indem er die Dynamik der verschiedenen emotionalen Störungen wertfrei darstellt.

BESTSELLER FÜR PÄDAGOGEN